KAPİTAL

BİRİNCİ CİLT

KARL MARX

ALTINCI BASKI
ANKARA 2000

KAPİTAL
KAPİTALİST ÜRETİMİN ELEŞTİREL BİR TAHLİLİ

KARL MARX

ÇEVİREN
ALAATTİN BİLGİ

Karl Marx'ın
Das Kapital, Kritik der politischen Ökonomie, Band 1
(1867)
adlı yapıtını,
Alaattin Bilgi
İngilizcesinden
(*Capital, A Cricital Analysis of Capitalist Production*, volume 1,
Lawrence and Wishart, London 1971)
dilimize çevirdi ve kitap,
Kapital, Kapitalist Üretimin Eleştirel Bir Tahlili, Birinci Cilt
adı ile,
Sol Yayınları
tarafından,
Ekim 2000
(Birinci Baskı: Temmuz 1975; İkinci Baskı: Mart 1978;
Üçüncü Baskı: Ekim 1986; Dördüncü Baskı: Kasım 1993;
Beşinci Baskı: Ekim 1997)
tarihinde,
Ankara'da *Şahin Matbaası*'nda bastırıldı.

ISBN 975-7399-12-4 (Takım)
ISBN 975-7399-32-9 (1. Cilt)

İÇİNDEKİLER

İKİNCİ KISIM
PARANIN SERMAYEYE DÖNÜŞÜMÜ
150

ÜÇÜNCÜ KISIM
MUTLAK ARTI-DEĞERİN ÜRETİMİ
180

DÖRDÜNCÜ KISIM
NİSPİ ARTI-DEĞER ÜRETİMİ
303

KAPİTALİST ÜRETİM

357

DÖRDÜNCÜ KISIM

(DEVAM)

NİSPİ ARTI-DEĞER ÜRETİMİ

359

BEŞİNCİ KISIM

MUTLAK VE NİSPİ ARTI-DEĞER ÜRETİMİ

483

ALTINCI KISIM
ÜCRETLER
508

YEDİNCİ KISIM
SERMAYE BİRİKİMİ
538

SEKİZİNCİ KISIM
SÖZDE İLKEL BİRİKİM
677

DİZİNLER
739

SOL YAYINLARI'NIN NOTU

Karl Marx'ın başyapıtı *Kapital*'in, birinci cildi, ilk kez 1867'de yayınlanmış ve Marx'ın sağlığında, ikinci baskısı (1872) yapılmıştır. *Kapital,* ilk olarak, Rusçaya çevrilmiş ve 1872'de St. Petersburg'da yayınlanmıştır. Fransızca çevirisinde, Marx, önemli ölçüde değişiklikler yapmış ve bu çeviri, 1872'den 1875'e kadar fasiküller halinde tamamlanmıştır. *Kapital*'in ikinci ve üçüncü ciltleri, Marx'ın ölümünden sonra, Engels tarafından baskıya hazırlanmış ve yayınlanmıştır.

Kapital'in birinci cildinin İngilizce çevirisi, gene Marx'ın ölümünden sonra, Engels tarafından hazırlanmış ve bu çeviri 1877'de yayınlanmıştır. Daha sonra, Engels, bu cildin, üçüncü (1883) ve —Marx'ın atıflarına dayanarak metnin ve dipnotların redaksiyonunu yaptığı— dördüncü (1890) Almanca baskısını hazırlamıştır. Engels'in sağlığında, *Kapital*'in birinci cildinin aşağıdaki baskıları yayınlanmıştır: Londra'da İngilizce üç baskı (1887, 1889 ve 1890), Paris'te Fransızca baskısı (1885), Kopenhag'da Danimarka dilindeki baskısı (1885), Madrid'de İspanyolca baskısı (1886), Turin'de İtalyanca baskısı (1886), Leipzig'de Polonya dilindeki baskısı (1884-1889), Amsterdam'da Hollanda dilindeki baskısı (1894) ve tamamlanmamış daha bir dizi baskı.

Kapital'in birinci cildi, Samuel Moore ve Edward Aveling tarafından çevrilen ve Friedrich Engels tarafından redaksiyonu yapılan İngilizcesinden Türkçeye çevrilmiş, çeviride yer yer karşılaşılan güçlüklerin giderilmesinde, Almanca (*Das Kapital,* Erster Band, — Marx-Engels, *Werke,* Band 23, Dietz Verlag, Berlin 1975) ve Fransızca (*Le Capital,* Livre Premier, Tome I, II, III, Editions Sociales, Paris 1974) baskılardan yararlanılmıştır. Özellikle dipnotlar ve tablolarda görülen farklılıklar karşısında, Almanca baskı genel olarak esas alınmıştır. Bu çevirinin hazırlanmasında, çevirmenini ve yayınevini, Almancada yalnızca "*Arbeit*" terimi ile karşılanan "emek", "iş" ve "çalışma" kavramlarının seçimi en çok uğraştıran konulardan biri olmuş, ve bu konuda, *Arbeit* sözcüğünün *labour* (emek) ve *work* (iş) sözcükleriyle karşılandığı İngilizce çeviriye bağlı kalınmaya çalışılmıştır. Marx'ın özgün metne İngilizce, Fransızca, İtalyanca, Yunanca ve Latince olarak aktardığı pasajlar, metnin özgünlüğünü okura sunabilmek amacıyla, kendi dillerinde sunulmuştur.

"Dizinler" bölümünde yeralan "Yazınsal, İncilsel ve Mitolojik Adlar" ile "Öteki Dillerdeki Sözcük, Terim ve Deyimler", "Ağırlık, Uzunluk, Alan, Sığa ve Para Ölçüleri" ve "Kısaltmalar" Almanca baskıdan yararlanılarak *Sol Yayınları* tarafından yeniden düzenlenmiş, öteki dizinler çeviriye esas alınan İngilizce baskıya göre hazırlanmıştır.

PROLETARYANIN YİĞİT, VEFALI VE YÜCE
SAVUNUCUSU
UNUTULMAZ DOSTUM

WILHELM WOLFF'A

SUNULMUŞTUR

21 HAZİRAN 1809'DA TARNAU'DA DOĞDU
9 MAYIS 1864'TE MANCHESTER'DA SÜRGÜNDE ÖLDÜ

ALMANCA BİRİNCİ BASKIYA ÖNSÖZ

ŞİMDİ birinci cildini kamuoyuna sunduğum yapıt, 1859'da yayınlanan *Ekonomi Politiğin Eleştirisine Katkı* adlı yapıtımın devamını oluşturur. Birinci kısım ile onun devamı arasındaki uzun aralık, çalışmamı tekrar tekrar kesen, uzun yıllar süren bir hastalıktan ötürüdür.

Daha önceki yapıtın içeriği, bu cildin ilk üç bölümünde özetlenmiştir. Bu, yalnızca, aradaki ilişki ve bütünlük yönünden yapılmamıştır. Konunun sunuluşu da geliştirilmiştir. Daha önceki kitapta yalnızca dokunulup geçilen birçok nokta, koşulların elverdiği ölçüde, burada, daha tam olarak işlenmişken; öte yandan, orada ayrıntılı olarak ele alınan noktalara bu ciltte yalnızca değinilmiştir. Nitekim, değer ve para teorileri tarihi üzerine olan bölümler, tamamen dışarda bırakılmıştır. Bununla birlikte, daha önceki yapıtın okuru, birinci bölümün dipnotlarında, bu teorilerin tarihi ile ilgili ek başvuru kaynakları bulacaktır.

Her başlangıcın güçlüğü, bütün bilimler için geçerlidir. Bu yüzden, birinci bölümün, özellikle de *metaın tahlilini* kapsayan kesimin anlaşılması, daha zor olacaktır. Özellikle değerin özü ve değerin büyüklüğünün tahlili ile ilgili yerleri, elden geldiğince herkesin anlayabileceği gibi yazdım.* Tam gelişmiş hali para-biçimi olan değer-biçimi, son derece kolay ve yalındır. Bununla birlikte, insan aklı ikibin yıldan fazla zamandan beri boş yere bunun sırrını kavramaya çalışırken, öte yandan, çok daha karışık ve karmaşık biçimlerin başarılı tahliline, hiç değilse bir yaklaşım sağlanmıştır. Niçin? Çünkü, organik bir bütün olarak bir cisim, bu cismin hücrelerinden daha kolay incelenir de ondan. Ayrıca, ekonomi biçimlerinin tahlilinde ne mikroskoptan yararlanılabilir, ne de kimyasal ayıraçlardan. Her ikisinin de yerini, soyutlama gücü almalıdır. Ancak, burjuva toplumda emek ürününün meta-biçimi —ya da metaın değer-biçimi— ekonomik hücre-biçimidir. Bu biçimlerin tahlili, sığ bir gözlemciye, küçük ayrıntılar gibi gelebilir. Gerçekte de, küçük ayrıntılar üzerinde durulmaktadır, ama yalnızca mikroskobik anatomide yapıldığı gibi.

Bu nedenle, değer-biçimi üzerine olan kesim dışında bu cilt zor anlaşılıyor diye suçlanamaz. Ben, burada, elbette, yeni bir şey öğrenmek isteyen, dolayısıyla da kendi başına düşünme çabasında olan okuru kastediyorum.

Fizikçi, fiziksel olguları, ya en tipik biçimde oldukları, bozucu etkilerden en uzak bulundukları yerlerde gözlemler, ya da olanaklıysa, olayın en normal biçimde geçmesini sağlayacak koşullar altında deneyler yapar. Ben, bu yapıtta kapitalist üretim tarzını ve bu tarza tekabül eden üretim ve değişim koşullarını inceleyeceğim. Bugüne kadar, İngiltere, bunların klasik yurdu olmuştur. Teorik düşüncelerimin gelişmesi içinde, İngiltere'nin başlıca örnek olarak gösterilmesinin nedeni işte budur. Ancak eğer Alman okur, İngiliz sanayi ve tarım işçilerinin durumuna omuz silker, ya da iyimser bir biçimde Almanya'da işlerin bu kadar kötü olmadığı düşüncesiyle kendini avutursa, ona açıkça şunu söylemeliyim: "*De te fabula narratur!*"**

Aslına bakılırsa, konu, kapitalist üretimin doğal yasalarının sonucu olan toplumsal uzlaşmaz karşıtlıkların şu ya da bu derecede gelişmiş olmaları değildir. Burada sözkonusu olan, bu yasaların

* Ferdinand Lassalle'ın Schulze-Delitzsh'e karşı yazdığı yapıtın benim bu konular üzerindeki açıklamalarımın "entelektüel özünü" verdiğini iddia ettiği kısmında bile önemli yanlışlar olduğuna bakılırsa, bu, daha da gerekli oluyor. Ferdinand Lassalle'ın iktisat üzerine olan yapıtlarındaki bütün genel teorik önermelerinde, örneğin sermayenin tarihsel karakteri, üretim koşulları ile üretim biçimi arasındaki ilişki vb. üzerine olan önermeleri, benim koyduğum terminolojiye varıncaya kadar, kaynak belirtmeksizin, hemen hemen sözcüğü sözcüğüne benim yazılarımdan alması herhalde propaganda amacı için yapılmış olabilir. Benimle hiçbir ilgisi olmadığı için, onun bu önermeleri ayrıntıları ile nasıl işlediği ve uyguladığı konusunda elbette hiçbir şey söylemiyorum.

** "Bu öyküde senin sözün ediliyor." (Horace). –ç.

kendileridir, kaçınılmaz sonuçlara doğru katı bir zorunlulukla işleyen bu eğilimlerdir. Sanayi yönünden daha çok gelişmiş bir ülke, daha az gelişmiş olan ülkeye ancak kendi geleceğinin imgesini gösterir.

Ama bunu bir yana bırakalım. Kapitalist üretimin Almanlar arasında iyice yerleştiği yerlerde (örneğin fabrikalarda) içinde bulunulan koşullar, Fabrika Yasalarına benzer yasaların bizde bulunmamaları nedeniyle, İngiltere'den daha da kötüdür. Öteki bütün alanlarda, biz, Batı Kıta Avrupası'nın tüm geriye kalan yerlerinde olduğu gibi, yalnızca kapitalist üretimin gelişmesinin değil, bu gelişmenin tamamlanmamış olmasının da acısını çekiyoruz. Modern kötülüklerin yanısıra, dünün mirası olan bir sürü kötülüklerin; çok eski üretim biçimlerinin alttan alta hâlâ sürüp gitmelerinden doğan ve bunların kaçınılmaz olarak beraberinde getirdikleri çağdışı toplumsal ve siyasal ilişkilerin altında eziliyoruz. Yalnızca yaşayanlardan değil, ölülerden de acı çekiyoruz. *Le mort saisit le vif!**

Almanya'nın ve geriye kalan Batı Kıta Avrupası'nın toplumsal istatistikleri, İngiltere'dekilere oranla acınacak durumdadır. Ama gene de, arkasındaki meduza başını şöyle bir görmemize yetecek kadar perdeyi aralıyorlar. Hükümetlerimiz ve parlamentolarımız, İngiltere'deki gibi, zaman zaman, ekonomik koşulları inceleyecek komisyonlar kursa; bu komisyonlara gerçeği araştırmak için aynı biçimde tam yetkiler verilse; bu görevler için İngiltere'nin fabrika denetmenleri, halk sağlığı konusundaki sağlık raportörleri, kadınlar ile çocukların sömürülmesi, konut ve beslenme konularını inceleyen komiserler gibi yetenekli, tarafsız ve saygın insanlar bulunabilse; bizdeki durumu görüp dehşete düşerdik. Perseus, avladığı devler kendisini görmesin diye sihirli bir başlık giyerdi. Biz ise, devlerin varlığını görmemek için, sihirli başlığı gözlerimize ve kulaklarımıza kadar indiriyoruz.

Bu konuda kendimizi aldatmayalım. Amerikan bağımsızlık savaşı, 18. yüzyılda, Avrupa orta sınıfı için uyarı çanını nasıl çaldıysa, Amerikan iç savaşı da, 19. yüzyılda, Avrupa işçi sınıfı için aynı şeyi yaptı. İngiltere'de toplumsal kargaşanın gidişi gözle görülür haldedir. Bu durum, belli bir noktaya ulaştığında, Kıta Avrupası'nı da ister istemez etkileyecektir. Orada, bu, işçi sınıfının kendisinin gelişme derecesine göre, ya daha yabanıl ya da daha insancıl bir biçim alacaktır. Bunun için, yüksek insancıl düşüncelerden ayrı olarak, bugün egemen olan sınıfların en önemli çıkarları, onlara, işçi sınıfının serbestçe gelişmesini engelleyen, yasal olarak kaldırılabi-

* Ölü diriyi yakalar. –ç.

lir bütün engellerin kaldırılmasını buyuruyor. Bu nedenle de, bu ciltte, öteki şeyler yanında, İngiliz fabrika mevzuatının tarihine, ayrıntılarına ve sonuçlarına geniş yer verdim. Bir ulus, öteki uluslardan birçok şeyler öğrenebilir ve öğrenmelidir de. Bir toplum, kendi hareketinin doğal yasalarını ortaya çıkarmak için doğru yola girmiş olsa bile —bu yapıtın son amacı da, zaten modern toplumun ekonomik hareket yasasını ortaya çıkarmaktır— bu toplum, normal gelişmesinin birbirini izleyen aşamalarının ortaya koyduğu engelleri, ne gözüpek sıçrayışlarla temizleyebilir, ne de meşru yasalarla ortadan kaldırabilir. Ancak doğum sancılarını kısaltabilir ve azaltabilir.

Olası bir yanlış anlamayı önlemek için bir noktayı belirtmek isterim. Kapitalisti ve toprakbeyini, hiçbir şekilde *pembeye* boyamadım. Ama burada kişiler, ekonomik kategorilerin temsilcileri oldukları, belirli sınıf ilişkileri ile sınıf çıkarlarını kişiliklerinde topladıkları ölçüde ele alınıp incelenirler. Toplumun, iktisadi biçimlenişinin evrimini doğal tarihin bir süreci olarak gören benim görüşüm, bireyi, o kendini öznel olarak bu ilişkilerin üzerine ne denli çok çıkarırsa çıkarsın, toplumsal olarak yaratığı kaldığı bu ilişkilerden, herhangi bir başka görüşten az sorumlu tutar.

Ekonomi politik alanında özgür bilimsel araştırma, yalnızca öteki bütün alanlarda karşılaşılan düşmanlarla yüzyüze gelmekle kalmaz. Ele alınan malzemenin kendine özgü niteliği, insan yüreğinin en azgın, en bayağı ve en uğursuz tutkularını, özel çıkar çılgınlıklarını, düşman olarak savaş alanına aktarır. Resmî İngiliz Kilisesi, 39 kuralın 38'ine karşı yapılan saldırıyı, gelirinin 1/39'una yapılan saldırıdan daha kolay bağışlar. Bugün bizzat tanrıtanımazlık, mevcut mülkiyet ilişkilerinin eleştirisi ile karşılaştırılırsa, *culpa levis*'tir.* Bununla birlikte, gene de kabul edilmesi gerekli bir gelişme var. Örneğin son haftalarda yayınlanan Mavi Kitabı gösterebilirim: "*Correspondence with Her Majesty's Missions Abroad, regarding Industrial Questions and Trades Unions.*"** İngiliz tahtının dış ülkelerdeki temsilcileri, Almanya'da, Fransa'da, kısacası Kıta Avrupası'nın bütün uygar devletlerinde, sermaye ile emek arasındaki mevcut ilişkilerde köklü bir değişikliğin İngiltere'deki kadar apaçık ve kaçınılmaz olduğunu uzun uzun anlatmaktadırlar. Aynı zamanda, Atlantik Okyanusunun öteki kıyısında, Amerika Birleşik Devletleri başkan yardımcısı bay Wade, halk topluluğu önünde yaptığı konuşmada, köleliğin kaldırılmasından son-

* Küçük günah. —ç.

** "Sanayi Sorunları ile Sendikalar Konusunda Majestelerinin Dış Ülkelerdeki Temsilcileri ile Yazışmalar." —ç.

ra, sermaye ile toprak mülkiyeti ilişkilerinde köklü bir değişiklik yapılmasının günün başlıca sorunu olduğunu ilan etmiştir. Bunlar, çağın, mor şallar ya da kara bürüklerle gizlenemeyecek belirtileridir. Bu sözler, yarın bir mucize olacağı anlamına gelmez. Bu sözler, bizzat egemen sınıflar içinde, bugünkü toplumun kaskatı bir kristal olmayıp, değişebilen ve sürekli olarak değişen bir organizma olduğu konusunda bir sezginin doğduğunu göstermektedir.

Bu yapıtın ikinci cildi sermayenin dolaşım sürecini* (II. Kitap), ve sermayenin gelişme seyri içinde aldığı çeşitli biçimleri (III. Kitap), üçüncü ve son cilt (IV. Kitap) ise teorinin tarihini ele alacaktır.

Bilimsel eleştiriye dayanan her görüşü memnunlukla karşılarım. Kamuoyu denilen şeyin hiçbir zaman ödün vermediğim önyargılarına gelince, önceden olduğu gibi şimdi de büyük Floransalının özdeyişini benimsiyorum:

"*Segui il tuo corso, e lascia dir le genti*"**

Londra, 25 Temmuz 1867

KARL MARX

* Yazar, 579. sayfada, bu başlık altında neyi istediğini açıklamaktadır. –*Ed.*

** "Sen yolunda yürü ve bırak ne derlerse desinler!" Marx, Dante'nin sözcüklerini değiştirerek kullanmaktadır. Aslı şöyledir: "*Vien retro a me, e lascia dir le genti*" ("Beni izle ve bırak ne derlerse desinler"), *İlahi Komedya*, "Araf", 5. şarkı, 13. satır. –ç.

ALMANCA İKİNCİ BASKIYA SONSÖZ

SÖZLERİME, birinci baskının okurlarına, ikinci baskıda yapılan değişiklikler konusunda bilgi vermekle başlamalıyım. Kitabın düzenlenmesinde daha bir açıklığa varıldığı hemen dikkati çekecektir. Ek notlar, her yerde, ikinci baskıya not diye gösterilmiştir. Metinle ilgili en önemli noktalar ise şunlardır:

Birinci Bölüm Birinci Kesimde her değişim-değerinin ifade edildiği eşitliklerin tahlilinden elde edilen değer türetimi, daha büyük bir bilimsel titizlikle ele alınmış ve işlenmiştir; aynı biçimde, birinci baskıda, şöyle bir değinilen, değerin özü ile değer büyüklüğünün toplumsal olarak gerekli emek-zamanına göre belirlenişi arasındaki bağıntı üzerinde şimdi daha geniş ölçüde durulmuştur. Birinci Bölüm Üçüncü Kesim (Değerin Biçimi), başka bir neden olmasa bile, birinci baskıda iki kez yeraldığı için, tümüyle gözden geçirilmiştir. —Geçerken belirteyim ki, bu yinelemeyi Hanover'deki dostum Dr. L. Kugelmann'a borçluyum. Hamburg'dan ilk provalar geldiği sırada, 1867 yılı ilkyazında kendisini ziyaret ediyordum. Beni, okurların çoğunun, değer-biçimi konusunda tamamlayıcı, daha öğretici bir açıklamaya gereksinim duyacaklarına ikna etmişti.— Birinci Bölümün son kesimi, "Metaların Fetiş Karakteri, vb." geniş ölçüde değiştirildi. Üçüncü Bölüm Birinci Kesim (Değerin Ölçüsü) özenle gözden geçirildi, çünkü okura, *Zur Kritik der Politischen Ökonomie,* Berlin 1859'da verilmiş bulunan açıklamalara başvurması belirtilerek bu kesim yeteri kadar titizlikle ele alınmamıştı. Yedinci Bölüm, özellikle İkinci Kısım* geniş ölçüde yeniden yazıldı.

Metinde yer yer ve çoğu zaman yalnızca üslup ile ilgili bütün değişiklikler üzerinde durmak için zaman yitirmenin gereği yoktur. Bütün kitap boyunca böyle değişiklikler olmuştur. Gene de, Paris'te çıkacak Fransızca çeviriyi gözden geçirdiğim şu sıra, Almanca esas metnin bazı yerlerinin üslup bakımından büyük ölçüde düzeltilmesine, bazı yerlerde ise gözden kaçmış hataların ayıklanmasına gerek olduğunu gördüm. Ancak bunun için zaman yoktu. Çünkü, bana, ancak 1871 güzünde çok acil bir çalışma içinde bulunduğum sırada, kitabın tükendiğini ve ikinci baskısına 1872 Ocağında başlanacağını haber vermişlerdi.

Alman işçi sınıfının geniş çevrelerinde *Das Kapital*'in böylesine hızla beğeni kazanması, emeklerimin en iyi ödülü olmuştur. Ekonomik konularda burjuva görüş açısını yansıtan Viyanalı bir fabrikatör olan bay Mayer, Fransız-Alman savaşı sırasında yayınlanan bir broşürde, Almanların geleneksel bir tutkusu diye kabul edilen güçlü teorik düşünme yeteneklerinin, Almanya'da kültürlü denilen sınıflar arasında tamamıyla kaybolduğu, oysa tersine işçi sınıfı arasında bu yeteneğin yeni bir canlılık gösterdiği düşüncesini, çok yerinde olarak ortaya koymuştu.

Almanya'da ekonomi politik şu ana kadar, yabancı bir bilim olarak kaldı. Gustav von Gülich, *Geschichtliche Darstellung des Handels, der Gewerbe usw.*** adlı yapıtının özellikle 1830'da yayınlanan ilk iki cildinde, Almanya'da kapitalist üretim tarzının gelişmesini ve dolayısıyla, bu ülkede modern burjuva toplumun oluşmasını önleyen tarihsel koşulları uzun uzun incelemiştir. Demek ki, ekonomi politiğin yeşereceği toprak yoktu. Bu "bilim", İngiltere ve Fransa'dan hazır mal olarak ithal edilmek zorundaydı; ve Alman [ekonomi politik –ç.] profesörleri öğrenci olarak kaldılar. Yabancı bir gerçeğin teorik ifadesi, bunların elinde, bir dogmalar demeti haline geldi ve çevrelerindeki küçük ticaret aleminin terimleriyle yorumlandı ve bunun için de yanlış yorumlandı. Bilimsel iktidarsızlık duygusunu, tümüyle bastıramadıkları bu duyguyu, gerçekten yabancısı oldukları bir konuya dokunmuş olmanın bilinçaltı rahat-

* Bu baskıda: Dokuzuncu Bölüm, İkinci Kesim. –*Ed.*

** *Geschichtliche Darstellung des Handels, der Gewerbe und des Ackerbaus, etc.,* von Gustav von Gülich, 5 cilt, Jena 1830-45.

sızlığını, ya tarih ve yazın alanlarında allamelik taslayarak, ya da "kameral" bilimler denilen ve Alman bürokrasisinin arafı geçmek zorunda olan umutsuz adaylarının laf kalabalığından alınmış yabancı malzeme karışımı ile beceriksizce örtmeye çalıştılar.

1848'den bu yana Almanya'da kapitalist üretim, hızla gelişmiştir ve bugün spekülasyon ve dolandırıcılık içersinde açılıp saçılmıştır. Ama ne var ki, profesyonel iktisatçılarımıza kader gene gülmüyor. Ekonomi politiği dürüst bir biçimde ele alabilecekleri sırada, modern ekonomik koşullar Almanya'da fiilen yoktu. Ve bu koşullar ortaya çıkar çıkmaz da, onlar öyle bir ortam içindeydiler ki, artık burjuva ufkun sınırları içersinde, bunları gerçekten ve tarafsızca inceleme olanağı yoktu. Ekonomi politik bu ufuk içinde kaldığı sürece, yani kapitalist rejim, evriminin geçici bir tarihsel evresi olarak değil de, toplumsal üretimin mutlak son biçimi olarak görüldüğü sürece, sınıf savaşımı su yüzüne çıkmadığı ya da kendisini ancak dağınık ve tek tek olaylarla ortaya koyduğu sürece, ekonomi politik bir bilim olarak kalabilir.

İngiltere'yi alalım. Orada ekonomi politik, sınıf savaşımının henüz az geliştiği dönemde doğmuştur. Onun son büyük temsilcisi Ricardo, sonunda, bilinçli olarak, sınıf çıkarlarının, ücret ve kârın, kâr ve rantın karşıtlığını, bu karşıtlığı, safça, doğanın toplumsal bir yasası kabul ederek, araştırmalarının hareket noktası yapar. Ancak, buradan hareketle, burjuva ekonomi bilimi, aşamayacağı sınırlara gelip dayanmıştır. Bu bilim, Ricardo daha hayattayken ve ona karşı olarak Sismondi'nin kişiliğinde eleştiri ile karşı karşıya geldi.*

Bunu izleyen 1820-1830 dönemi, İngiltere'de ekonomi politik alanında bilimsel etkinliklerle dikkati çeker. Ricardo'nun teorisinin vülgerleştirildiği, ve yayıldığı kadar, bu teorinin eski okula karşı savaşım verdiği bir dönemdi. Parlak karşılaşmalar yapıldı. O sıralarda olup bitenleri Avrupa pek az bilir, çünkü polemiklerin çoğu, yazılarda, incelemelerde, arasıra çıkan kitap ve broşürlerde dağınık olarak kalmıştır. Bu polemiğin tarafsız nitelikte oluşu —her ne kadar Ricardo'nun teorisi, bazı ayrıksın durumlarda burjuva ekonomik sisteme karşı bir saldırı silahı olarak kullanılmış ise de— zamanın koşullarıyla açıklanabilir. Bu yandan, büyük sanayi, 1825 bunalımı ile modern yaşamının devresel çevrimini ilk kez açarak kendini gösterdiği gibi, çocukluk çağından kurtulmak üzereydi. Öte yanda, sermaye ile emek arasındaki sınıf savaşımı, siyasal bakımdan, bir yanda Kutsal İttifak çevresinde toplanan hükümetler

* Yapıtıma bkz: *Zur Kritik...*, s. 39 [*Ekonomi Politiğin Eleştirisine Katkı*, Sol Yayınları, Ankara 1993, s. 76 vd.].

ve feodal aristokrasi, öte yanda burjuvazinin öncülük ettiği halk kitleleri arasındaki uyuşmazlık; ekonomik bakımdan, sanayi sermayesi ile aristokrat toprak mülkiyeti arasındaki çatışma —bu çatışma, Fransa'da küçük ve büyük toprak mülkiyeti arasındaki karşıtlığın gerisinde saklı kalıyor, İngiltere'de Tahıl Yasalarından sonra açığa çıkıyordu— sonucu arka plana itilmiş bulunuyordu. Bu sırada, İngiltere'de, ekonomi politik yazını Fransa'da, Dr. Quesnay'nin ölümünü izleyen fırtınalı ileri atılış hareketini anımsatır, ama tıpkı kocakarı fırtınasının ilkyazı anımsatması gibi. Ve 1830 yılıyla birlikte tam bir bunalım patlak verdi.

Fransa ve İngiltere'de burjuvazi siyasal iktidarı elegeçirmişti. Bundan sonra sınıf savaşımı, pratik olduğu kadar teorik olarak da gitgide daha açık ve tehdit edici biçimler aldı. Bu, bilimsel burjuva ekonominin ölüm çanını çalıyordu. Artık bundan sonra bu ya da şu teoremin doğru olmaması değil, ama sermayeye yararlı mı yoksa zararlı mı, gerekli mi yoksa gereksiz mi, siyasal bakımdan tehlikeli mi tehlikesiz mi olduğu sözkonusuydu. Çıkar gözetmeyen araştırmaların yerini ücretli yumruklaşmalar, gerçek bilimsel araştırmaların yerini kara vicdanlı ve şeytanca mazur göstermeler almıştı. Bununla birlikte Cobden ve Bright gibi imalatçıların başını çektiği Tahıl Yasalarına Karşı Birliğin yayınladığı dünyayı kaplayan yerli yersiz broşürlerin, bilimsel olmasa bile, toprak aristokrasisine karşı giriştikleri polemik yönünden tarihsel bir değeri vardı. Ne var ki, ondan sonra, sir Robert Peel'in yürürlüğe koyduğu serbest ticaret mevzuatı, vülger ekonomiyi bu son dikenden de yoksun bıraktı.

Kıta Avrupası'ndaki 1848-1849 Devrimi, İngiltere'de de etkisini göstermişti. Bilimsel bir değeri olduğunu hâlâ öne süren ve egemen sınıfların lafebeleri ve dalkavukları olmaktan öte bir şey olduklarını öne sürenler, sermayenin emrindeki ekonomi politik ile, proletaryanın artık daha fazla görmezden gelinemeyen istekleri arasında uzlaşma sağlama çabasına düştüler. İşte böylece, John Stuart Mill'in en iyi temsilciliğini yaptığı sığ uzlaştırma [doğdu –ç.]. Bu, burjuva ekonominin iflasının ilanıydı ve büyük Rus bilgini ve eleştiricisi N. Çernişevski'nin *Mill'e Göre Ekonomi Politiğin Anaçizgileri* adlı yapıtında ustaca aydınlığa çıkarttığı bir olguydu.

Böylece, Almanya'da, kapitalist üretim tarzı, daha önce, Fransa'da ve İngiltere'de, şiddetli sınıf çatışmaları ile uzlaşmaz niteliğini gösterdikten sonra olgunluğa ulaştı. Ve üstelik, bu arada, Alman proletaryası, Alman burjuvaziden çok daha açık bir sınıf bilincine ulaşmıştı. Böylelikle, bir burjuva ekonomi politik bilim, ensonu Almanya'da tam olası göründüğü anda, gerçekte yeniden olanaksız duruma gelmişti.

Bu koşullar altında, onun sözcüleri, iki gruba ayrıldılar. Becerikli, işbilir kimselerden oluşan bir bölüm, en yavan ve bunun için de vülger ekonominin mazur gösterici en uygun temsilcisi olan Bastiat'nın bayrağı altına toplandılar; ötekiler, bilimlerinin profesörlük yüceliğinin gururuyla uzlaşmazları uzlaştırma çabasında olan John Stuart Mill'i izlediler. Tıpkı burjuva ekonominin klasik döneminde olduğu gibi onun çöküşü sırasında da Almanlar ancak öğrenci, taklitçi ve izleyici kaldılar, yabancı büyük toptancıların hizmetinde çalışan küçük perakendeci ve seyyar satıcılar olmaktan kurtulamadılar.

Bunun için, Alman toplumun kendine özgü tarihsel gelişmesi, bu ülkede, burjuva ekonomi konusunda her türlü özgün yapıtı önlüyor, ama bu ekonominin eleştirisine açık bulunuyordu. Böyle bir eleştiri bir sınıf adına yapılacaksa, bu, ancak, tarihsel görevi kapitalist üretim tarzını yıkmak ve bütün sınıfları büsbütün ortadan kaldırmak olan sınıf, yani proletarya adına yapılabilir.

Alman burjuvazinin bilirbilmez sözcüleri, önce *Das Kapital*'i, daha önceki yazılarıma yaptıkları gibi, sessizlikle öldürmeyi denediler. Bu taktiğin, zamanın koşulları ile artık uyuşmadığını görür görmez, kitabımı eleştirme bahanesi altında, "burjuvazinin kafasını huzura kavuşturmak" için reçeteler yazdılar. Ne var ki, işçi basınında —örneğin, Joseph Dietzgen'in *Volksstaat*'taki makalelerine bakınız— kendilerinden daha güçlü hasımları karşılarında buldular, ki onlara borçlu oldukları yanıtı (bugüne kadar hâlâ) verememişlerdir.*

1872 ilkyazında *Das Kapital*'in mükemmel bir Rusça çevirisi çıktı. 3.000 tane basılan kitap nerdeyse tükenmek üzere. Daha 1871 yılında Kiev Üniversitesinde ekonomi politik profesörü N. Ziber, *Teoriya tsennosti i kapitala D. Ricardo* ("D. Ricardo'nun Değer ve Sermaye Teorisi vb.") adlı yapıtında, benim, değer, para ve sermaye teorimden, temelleri bakımından, Smith ve Ricardo'nun öğretilerinin zorunlu bir devamı olarak sözediyordu. Bu mükemmel yapıtı okurken Batı Avrupalıyı şaşırtan şey, yazarın yalın teorik tu-

* Alman vülger ekonomisinin zevzek lafazanları, kitabımın üslubunu yermişlerdir. *Das Kapital*'deki yazınsal kusurları kimse benden daha fazla hissedemez. Bununla birlikte, bu baylarla okurlarının yararlanması ve zevklenmesi için, biri İngilizce biri Rusça iki yazıyı kaydedeceğim. Görüşlerime her zaman karşı olan *Saturday Review,* birinci baskı ile ilgili yazısında şöyle diyordu: "Konunun sunuluş biçimi, en kuru ekonomik sorunlara bile kendine özgü bir sevimlilik veriyor." *S.-P. Vyedomosti* (*St. Petersburg Postası*) 20 Nisan 1872 tarihli sayısında diyor ki: "Konunun sunuluşu, bir ya da iki büyük özelliği olan bölüm dışında, herkesçe anlaşılabilir olması, açıklığı, ve konunun bilimsel karmaşıklığına karşın olağanüstü canlılığı ile dikkati çekiyor. Bu bakımdan yazar, ... son derece kuru ve karanlık bir dille yazdıkları kitapları, sıradan ölümlülerin kafalarını çatlatan ... Alman bilginlerin çoğunluğuna hiç benzemiyor."

tumundaki tutarlılık ve sağlamlıktır.

Das Kapital'de kullanılan yöntem, birbiriyle çelişen çeşitli anlayışların ortaya koyduğu gibi pek az anlaşılmıştır.

Öyle ki, Paris'te yayınlanan *Revue Positiviste,* beni, bir yandan, ekonomi politiği metafizik açıdan ele aldığım için, öte yandan da —düşününüz!— geleceğin aşçı dükkanları için (Comte'cuvari?) tarifeler düzecek yerde, salt güncel gerçeklerin eleştirel tahlillerini yaptığım için suçluyor. Metafiziklik suçlamasına karşı profesör Ziber şöyle diyor: "Gerçek teori sözkonusu olduğu sürece, Marx'ın yöntemi, kusur ve erdemleri ortak olan en iyi teorik iktisatçıların bir okulunun, bütün İngiliz okulunun tümdengelim yöntemidir."* M. Block — *Les Théoriciens du Socialisme en Allemagne*, extrait du *Journal des Economistes,* Juillet et Août 1872 — yöntemimin analitik olduğu konusunda bir keşifte bulunuyor ve şöyle diyor: "*Par cet ouvrage M. Marx se classe parmit les esprits analytiques les plus éminents*".** Alman eleştiriciler, elbette, "hegelci sofistik" diye feryat ediyorlar. St. Petersburg'da yayınlanan *Vyestnik Yevropi* ("Avrupa Postası") yalnızca *Das Kapital*'in yöntemine ayırdığı bir makalede (Mayıs 1872 sayısı, s. 427-436) benim araştırma yöntemimi katı gerçekçi, ama sunuş yöntemimi, yazık ki, Almanvari diyalektik buluyor. Şöyle diyor: "İlk bakışta, eğer konunun sunuluşunun dış biçimine dayanarak bir yargıya varılırsa, Marx, sözcüğün Almanca anlamında, yani kötü anlamında, ideal filozofların en idealidir. Oysa aslında, ekonomik eleştiri konusunda kendisinden önce gelenlerin hepsinden son derece fazla gerçekçidir. Hiçbir bakımdan kendisine idealist denilemez." Ben, yazara, en iyi yanıtı, Rusça özgün metni sağlayamayacak bazı okurlarımın da ilgisini çekebileceğini umduğum kendi eleştirisinden alacağım bazı pasajlarla verebilirim.

Yöntemimin materyalist temelini tartıştığım *Ekonomi Politiğin Eleştirisine Katkı*'nın "Önsöz"ünden (Berlin 1859, s. IV-VII)*** aktarma yaptıktan sonra yazar şöyle devam ediyor: "Marx için önemli olan tek şey, incelediği olguların yasasını bulmaktır; bu olgular, belli bir tarihsel dönemde belirli bir biçim ve karşılıklı ilişkiler içersinde oldukları sürece, onun için önemli olan, yalnızca onlara egemen olan yasa değildir. Onun için daha da önemli olan, bunların değişmelerinin ve gelişmelerinin, yani bir biçimden başka bir biçime, bir ilişkiler düzeninden, farklı bir ilişkiler düzenine geçişlerinin yasasıdır. Bu yasa, bir kez bulunduktan sonra, bunun top-

* N. Ziber, *Teoriya tsennosti i kapitala D. Ricardo vı sıvyazi sı poztneyşimi dopolneniyami i razyasneniyami,* Kiev 1871, s. 170. *–Ed.*

** "Bu yapıtla bay Marx, en önemli analitik düşünürler arasına giriyor." –ç.

*** *Ekonomi Politiğin Eleştirisine Katkı,* s. 23-28. *–Ed.*

lumsal yaşamda ortaya çıkan etkilerini ayrıntılarıyla inceler. Bunun sonucu olarak, Marx, ancak bir tek şeyi dert edinir: Katı bilimsel incelemelerle toplumsal koşulların birbirini izleyen sıralarının zorunluluğunu göstermek, ve kendisine temel çıkış noktaları görevini yapacak gerçekleri elden geldiğince tarafsız saptamak. Bunun için, aynı zamanda, hem şeylerin bugünkü düzeninin zorunluluğunu ve hem de insanlar inansınlar ya da inanmasınlar, onun bilincinde olsunlar ya da olmasınlar, hepsi aynı şeydir, kaçınılmaz olarak içinden geçeceği bir başka düzenin zorunluluğunu tanıtlaması yeter. Marx, toplumsal hareketi, yalnızca insan iradesinden, bilincinden ve düşüncesinden bağımsız olmakla kalmayan, tersine, onların iradesini, bilincini ve düşüncesini belirleyen yasaların yönettiği bir doğal tarihsel süreç olarak ele alır. ... Eğer uygarlık tarihinde bilinçli öğe ikincil olabilecek bir rol oynuyorsa, o zaman açıktır ki, konusu uygarlık olan eleştirel bir inceleme, bilincin herhangi bir biçimini ya da sonucunu, herhangi başka bir şeyden daha az temel alabilir. Yani fikir değil, ancak tek başına maddi olgu, onun çıkış noktası olabilir. Böyle bir inceleme, bir olguyu, fikir ile değil, olguyla, başka bir olguyla karşı karşıya getirerek ve karşılaştırarak kendisini sınırlandırır. Bu incelemede önemli olan, incelenecek her iki olgunun olabildiğince kusursuz olması, ve gerçekten her biri bir ötekine göre, bir evrimin farklı anlarını oluşturmalarıdır; ama hepsinden de önemlisi, ardarda dizilerin, sıraların ve böyle bir evrimin farklı aşamalarının içersinde kendilerini gösterdikleri sonuçların sıralanmasının kesin olarak tahlil edilmesidir. Ama denecektir ki, ekonomik yaşamın genel yasaları, birdir ve aynıdır, ister bugüne, ister düne uygulansınlar bir şey değişmez. Marx, bunu açıkça reddeder. Ona göre böyle soyut yasalar yoktur. Tersine, onun düşüncesine göre, her tarihsel dönemin kendi yasaları vardır. ... Toplum belirli bir gelişme dönemini tamamlar tamamlamaz, belirli bir aşamadan bir ötekine geçerken, başka yasaların da etkisi altına girmeye başlar. Kısacası ekonomik yaşam, karşımıza biyolojinin öteki kollarındaki evrim tarihine benzer bir olgu sunar. Eski iktisatçılar, ekonomi yasaları ile fizik ve kimya yasaları arasında ilişki kurdukları için, bu yasaların niteliklerini yanlış anlamışlardır. Olguların daha derinlemesine bir tahlili, toplumsal organizmaların kendi aralarında, bitkiler ya da hayvanlar kadar, temelden farklı olduğunu gösterir. Dahası var, bir tüm olarak bu organizmaların yapılarının farklı olması, tek tek organlarının gösterdiği değişiklikler, bu organların içinde işledikleri koşulların farklı olması sonucu, bir ve aynı olgu, tamamıyla farklı yasaların egemenliği altına girer. Marx, örneğin, nüfus yasasının, her zaman ve her yerde aynı olmasını reddeder. Tersine, her gelişme aşamasının, kendine özgü nüfus yasası olduğunu öne sürer. ... Üretici güçlerin değişik derecelerde gelişmeleri ile, toplumsal koşullar ve bunlara yön veren yasalar da değişir. Marx, bu görüş açısından, sermayenin ağırlığı ile kurulan ekonomik düzeni, araştırma ve açıklamayı amaçlarken, o, yalnızca, son derece bilimsel bir biçimde ekonomik yaşamın içinde her sağlıklı incelemenin amacını formüle etmiş oluyor. Böyle bir incelemenin bilimsel değeri, belirli bir toplumsal organizmanın, kökeni, varoluşu, gelişmesi ve ölümü ile onun yerini bir başka ve daha yüksek bir organizmanın alışını düzenleyen özel yasaların açıklanmasındadır. İşte aslında, Marx'ın kitabının değeri buradan gelir."

Yazar, benim yöntemim olarak kabul ettiği şeyi, bu derece çarpıcı ve, benim uygulamam yönünden, cömertçe ortaya koyarken, diyalektik yöntemden başka neyi anlatmış oluyor?

Kuşkusuz, sunuş yönteminin, biçim yönünden, araştırma yönteminden farklı olması gerekir. Araştırma yöntemi, işlenecek malzemeyi ayrıntılarıyla ele almalı, onun gelişmesinin farklı biçimlerini tahlil etmeli, içbağıntıların esasını bulmalıdır. Ancak bu yapıldıktan sonra, gerçek hareket yeterince anlatılabilir. Eğer bu başarıyla yapılırsa, eğer ele alınan konunun yaşamı tıpkı bir aynada olduğu gibi ideal bir biçimde yansıtılırsa, karşımızda salt *a priori** bir yapı varmış gibi gelebilir.

Benim diyalektik yöntemim, hegelci yöntemden yalnızca farklı değil, onun tam karşıtıdır da. Hegel için insan beyninin yaşam-süreci, yani düşünme süreci —Hegel bunu "Fikir" ("*Idea*") adı altında bağımsız bir özneye dönüştürür— gerçek dünyanın yaratıcısı ve mimarı olup, gerçek dünya, yalnızca "Fikir"in dışsal ve görüngüsel (*phenomenal*) biçimidir. Benim için ise tersine, fikir, maddi dünyanın insan aklında yansımasından ve düşünce biçimlerine dönüşmesinden başka bir şey değildir.

Hegel diyalektiğinin mistik yönünü, otuz yıl kadar önce, henüz daha moda olduğu bir sırada eleştirmiştim. Ama tam da *Das Kapital*'in birinci cildi üzerinde çalıştığım sırada, kültürlü Almanya'da gevezelik eden hırçın, küstah ve bayağı Επιγονοι,** Lessing zamanında Spinoza'ya "ölmüş köpek" diyen kahraman Moses Mendelssohn'un yaptığı gibi, Hegel'e saldırmanın tadını çıkartıyorlardı. Bu yüzden ben, açıkça bu güçlü düşünürün öğrencisi olduğumu itiraf ettim ve hatta, değer teorisi bölümünde yer yer ona özgü ifade biçimlerine de kur yaptığım oldu. Hegel'in elinde diyalektiğin mistisizmle bozulması, ayrıntılı ve bilinçli bir biçimde diyalektiğin genel

* Önsel. –ç.
** *Epigonentum*, mukallitler. –ç.

işleyiş biçimini, ilk kez onun sunmuş olduğu gerçeğini örtemez. Hegel'de diyalektik başaşağı duruyor. Mistik kabuk içersindeki usa-uygun özü bulmak istiyorsanız, onun yeniden ayakları üzerine oturtulması gerekir.

Mistikleştirilmiş biçimi ile diyalektik Almanya'da moda olmuştu, çünkü şeylerin mevcut durumunu yüceltiyor ve ululuyor gibi görünüyordu. Oysa usa-uygun biçimiyle diyalektik, burjuvazi ile onun doktriner sözcüleri için bir rezalet ve iğrençliktir, çünkü şeylerin mevcut bugünkü durumunu olumlu yanlarıyla kavrar, aynı zamanda da, bu durumun yadsınmasını, onun kaçınılmaz çöküşünün anlaşılmasını içerir; çünkü diyalektik, tarihsel olarak gelişmiş olan her toplumsal biçimi akışkan bir hareket içinde görür ve bu yüzden, onun geçici niteliğini, onun anlık varlığından daha az olmamak üzere hesaba katar; hiçbir şeyin zorla kabul ettirilmesine izin vermez, özünde eleştirici ve devrimcidir.

Kapitalist topluma özgü çelişkiler, içinde büyük sanayinin yaşadığı ve doruk noktası genel bunalımlar olan dönemsel çevrim değişiklikleri içersinde, en çarpıcı biçimde, deneyimli burjuvayı etkiler. Henüz başlangıç aşamasında olsa da, böyle bir bunalım bir kez daha yaklaşıyor; alanının evrenselliği ve hareketinin yoğunluğu, diyalektiği, yeni, kutsal Prusya-Alman İmparatorluğunun başındaki türedi asalaklarının kafalarına bile sokacaktır.

Londra, 24 Ocak 1873

KARL MARX

FRANSIZCA BASKIYA ÖNSÖZ VE SONSÖZ

FRANSIZCA BASKIYA ÖNSÖZ

Yurttaş Maurice La Châtre'a

Değerli Yurttaş,

Das Kapital'in çevirisini bir dizi kitap halinde yayınlama fikrinizi sevinçle karşılıyorum. Böylece kitap, işçi sınıfına daha kolay ulaşacaktır; bu, benim için her şeyden önemlidir.

Bu, önerinizin güzel yanıdır, ama madalyonun bir de öteki yüzü var: Benim kullandığım ve ekonomik konulara daha önce uygulanmayan tahlil yöntemi, başlangıçtaki bölümlerin okunmasını epeyce güçleştirmekte, ve bu yöntemin, sonuca varmakta daima sabırsız davranan, genel ilkeler ile tutkularını harekete getiren acil sorunlar arasındaki ilişkiyi hemen anlamaya meraklı Fransız halkını, bu arzusuna hemen ulaşmayacağı için hayal kırıklığına uğratmasından korkulur.

Gerçeğin ardında koşan girişken okurları önceden uyarmak ve hazırlıklı olmalarına dikkat çekmek dışında, bu güçlüğün yenilmesi konusunda elimden bir şey gelmez. Bilime giden düz yol yoktur, ve ancak onun dik patikalarında yorucu tırmanmaları göze alanlar aydınlık doruklarına ulaşabilirler.

İnanınız bana, değerli yurttaş,

En içten duygularımla.

Londra, 18 Mart 1872

KARL MARX

FRANSIZCA BASKIYA SONSÖZ

Bay J. Roy, elden geldiğince tam ve hatta sözcüğü sözcüğüne bir çeviri yapmayı amaç edinmiş ve bu amacını büyük bir titizlikle tamamlamıştır. İşte onun bu titizliği, beni, okurun daha iyi anlaması için, metinde bazı değişiklikler yapmaya zorladı. Kitap, kısımlar halinde yayınlandığı için, günü gününe yapılan bu değişiklikler, aynı özenle olmamış, bu yüzden üslupta bir uyum sağlanamamıştır.

Bir kez, bu gözden geçirme işine girişince, bunu, esas alınan özgün metinde de (Almanca ikinci baskı) yapmaya yöneldim, yani bazı tartışmaları yalınlaştırmak, bazılarını tamamlamak, ek tarihsel ve istatistiksel malzeme vermek, eleştirici görüşler eklemek vb. gibi. Bunun için, Fransızca bu baskının yazınsal kusurları ne olursa olsun, aslında bağımsız, bilimsel bir değeri vardır ve Almanca bilen okurlar tarafından bile, bu baskıya başvurulmalıdır.

Aşağıda, Almanca ikinci baskının sonsözünden, ekonomi politiğin Almanya'da gelişmesi ve bu yapıtta kullanılan yöntemle ilgili pasajları veriyorum.

Londra, 28 Nisan 1875

KARL MARX

ALMANCA ÜÇÜNCÜ BASKIYA ÖNSÖZ

BU üçüncü baskıyı hazırlamak Marx'a kısmet olmadı. Şimdi, büyüklüğü karşısında hasımlarının bile saygı ile eğildikleri bu güçlü düşünür, 14 Mart 1883'te öldü.

Bu üçüncü baskıyı olduğu kadar, Marx'ın müsvedde halinde bıraktığı ikinci cildi hazırlama görevi de, Marx'ın kişiliğinde kırk yıllık en iyi ve en gerçek dostunu yitiren, ona sözle anlatılamayacak kadar çok şey borçlu olan, bana düşüyor. Burada görevimin birinci bölümünü nasıl yerine getirdiğimi okura anlatmam gerekiyor.

Marx, birinci cildin büyük bir kısmını yeniden yazmak, birçok teorik noktayı daha tam formüle etmek, yenilerini katmak, tarihsel ve istatistiksel malzemeyi en son bilgilerle tamamlamak istiyordu. Ama, sağlık durumunun bozulması ve ikinci cildin baskıya hazırlanması gibi ivedi zorunluluklar, onu, bu düşünceden caymak zorunda bıraktı. Yalnızca en gerekli değişiklikler yapılacak, Fransızca baskıda (*Le Capital,* par Karl Marx, Paris, Lachâtre 1873) zaten bulunan ekler konulacaktı.

Marx'ın bıraktığı kitaplar arasında yer yer düzelttiği ve üzerinde Fransızca baskıya atıflar yaptığı Almanca bir nüsha ile, kesinlikle kullanacağı pasajları işaretlediği Fransızca bir nüsha vardı. Bu değişiklikler ve ekler, birkaç istisna dışında kitabın son kısmında [bu baskıda sondan ikinci kısmında], "Sermaye Birikimi"nde yapılmıştı. Bundan önceki kısımlar daha derinlemesine elden geçirilmişken, burada, bir önceki metin, özgün müsveddeyi başka herhangi bir yerde olduğundan daha yakından izlemiştir. Bu yüzden anlatım daha canlı, amaç daha kısa yoldan anlatılmış, ama aynı zamanda daha özensiz, İngilizce deyimlerle dolu, zaman zaman bulanıktı; kanıtların sunuluşunda yer yer boşluklar vardı, bazı önemli ayrıntılara yalnızca dokunulmakla yetinilmişti.

Marx, anlatım yönünden birçok kısımları baştan sona değiştirmiş ve hem metin üzerinde, hem de çeşitli konuşmalarımızda, İngilizce teknik terimler ile İngilizceye özgü terimlerin ayıklanmasında, nereye kadar gidebileceğimi bana göstermişti. Marx, ekler ve tamamlayıcı metinler üzerinde her fırsatta duracaktı ve Fransızcanın yumuşaklığını kendi özlü Almancası ile değiştirecekti; ben, bunları aktarırken, asıl metinle elden geldiğince uyum sağlamakla yetinmek zorunda kaldım.

Böylece, bu üçüncü baskıda, bizzat yazarın değiştireceğinden kesinlikle emin olmadıkça, bir tek sözcük değiştirilmedi. *Das Kapital*'e Alman iktisatçıların kullanmak alışkanlığında oldukları çapraşık ifadeyi sokmak aklımın ucundan bile geçmedi; örneğin bu karmakarışık dilde peşin parayla, başkalarının emeğini satın almış olana iş-*veren* (Arbeit*geber*), ücret karşılığı emeği satın alınmış olana da iş-*alan* (Arbeit*nehmer*) deniyor. Fransızca'da da, "*travail*" sözcüğü günlük yaşamda "iş" anlamında kullanılır. Ama, kapitaliste *donneur de travail* (iş-veren) ya da işçiye *receveur de travail* (iş-alan) diyen bir iktisatçıya Fransızlar haklı olarak deli gözüyle bakarlar.

Aynı biçimde, metin boyunca kullanılan İngiliz para, uzunluk ve ağırlık ölçülerini şimdiki Alman eşdeğerlerine çevirmeye de kalkışmadım. Birinci baskı yayınlandığı sırada Almanya'da, yılda kaç gün varsa, hemen hemen bir o kadar da uzunluk ve ağırlık ölçüsü vardı. Bundan başka, iki çeşit mark (Reichsmark o sırada, 1830'ların sonlarında yalnızca onu icat eden Soetbeer'in hayalinde mevcuttu), iki çeşit *Gulden* ve en az üç çeşit *taler* vardı ki, bunların bir tanesine *neue Zweidrittel* deniyordu. Doğabilimlerinde metrik sistem, dünya piyasasında İngiliz uzunluk ve ağırlık birimleri egemendi. Bu durumda, neredeyse bütün verilerini, İngiliz sanayi ilişkilerinden alan bir kitap için İngiliz ölçü birimleri oldukça doğaldı. Dünya piyasasındaki koşullar pek az değiştiği, demir ve pamuk gibi kilit sanayilerde İngiliz ağırlık ve uzunluk birimleri hemen hemen tamamen egemen olduğu için sözü edilen son neden, bugün için de geçerlidir.

Son olarak, pek az anlaşılmış olan Marx'ın aktarmalar konusunda uyguladığı yöntem üzerine birkaç söz söylemek isterim. Yalnızca bir olayın anlatıldığı ya da açıklandığı durumlarda, diyelim ki, İngiliz Mavi Kitaplarından yapılan aktarmalar, kuşkusuz yalnız belgesel kanıt işini görürler. Oysa, başka iktisatçıların teorik görüşlerinin alındığı yerlerde durum böyle değildir. Burada, aktarmanın amacı, ekonomik bir fikrin, gelişme süreci içinde ilk kez ne zaman ve kimin tarafından açıkça ortaya konduğunu belirtmektir. Burada tek kaygı, sözkonusu ekonomik kavramın, bilim tarihi yönünden bir değer taşıması ve zamanın ekonomik durumunun azçok uygun bir biçimde teorik bir ifadesi olmasıdır. Yoksa, bu kavramın, yazarın görüş açısından, hâlâ mutlak ya da nispi bir geçerliğe sahip olması, ya da bütünüyle tarihe karışmış bulunması sözkonusu değildir. Demek ki, bu aktarmalar, yalnızca metne eklenilen devamlı bir yorum, iktisat biliminin tarihinden alınan bir yorum oluyor ve ekonomi teorisindeki önemli ilerlemelerin tarihleri ile bu ilerlemeleri sağlayanları saptıyor. Ve bu, o güne kadar tarihçileri, ancak kariyeristlerin özelliği olan cehalet eğilimleriyle sivrilmiş bulunan bir bilim için pek gerekliydi. İkinci baskının sonsözünden de anlaşılacağı üzere, Marx'ın niçin ancak ayrıksın durumlarda Alman iktisatçılardan aktarmalar yaptığı şimdi aydınlanmış oluyor.

İkinci cildin 1884 yılı içinde yayınlanabileceğini umuyoruz.

Londra, 7 Kasım 1883

FRİEDRİCH ENGELS

İNGİLİZCE BASKIYA ÖNSÖZ

DAS KAPİTAL'in İngilizce bir baskısının yayınlanması için bir gerekçe göstermenin gereği yoktur. Tersine, bu kitapta savunulan teorilerin, hem İngiliz, hem Amerikan süreli yayınlarında ve yazınında sürekli olarak sözü edildiği, bazan saldırıya uğradığı, bazan savunulduğu, yorumlandığı ve yanlış yorumlandığı gözönüne alınırsa, bu İngilizce baskının bugüne kadar niçin geciktiğinin açıklanması bile beklenebilir.

Yazarın 1883'te ölümünden hemen sonra, bu yapıtın İngilizce bir baskısının gerçekten gerekli olduğu ortaya çıktığı zaman, Marx ile bu satırların yazarının uzun yıllardır dostu olan ve kitapla belki de herkesten fazla yakınlığı bulunan Mr. Samuel Moore, Marx'ın yazınsal varislerinin bir an önce halka ulaştırmak istedikleri çeviriyi yapmayı kabul etti. Müsveddeleri, yapıtın aslı ile karşılaştıracak ve gerekli gördüğüm değişiklikleri önerecektim. Ancak, çok geçmeden, Mr. Moore'un işleri çeviriyi hepimizin istediği hızda bitirmesine engel olunca, Dr. Aveling'in, yapıtın bir bölümünü üzerine alma önerisini sevinerek kabul ettik. Aynı zamanda, Marx'ın en küçük kızı bayan Aveling, aktarmaları gözden geçirmeyi ve İngiliz yazarları ile Mavi Kitaplardan alınmış ve Marx tarafından Almancaya çevrilmiş pek çok pasajın yerine asıllarını koymayı önerdi. Birkaç kaçınılmaz istisna dışında bu, bütünüyle yapılmış bulunuyor.

Kitabın aşağıdaki kısımları Dr. Aveling tarafından çevrilmiştir: (1) Onuncu Bölüm (İşgünü), ve Onbirinci Bölüm (Artı-Değer Oranı ve Kitlesi); (2) Altıncı Kısım (Ücret, Ondokuzuncu Bölümden Yirmiikinci Bölüme kadar); (3) Yirmidördüncü Bölümün son kısmını, Yirmibeşinci Bölümü ve Sekizinci Kısmın tamamını (Yirmialtıncı-Otuzüçüncü Bölümler) kapsamak üzere, Yirmidördüncü Bölümün Dördüncü Kesiminden (Birikimin Miktarını vb.) kitabın sonuna kadar olan kısım; (4) yazarın iki önsözü. Kitabın geri kalan kısmı Mr. Moore tarafından çevrilmiştir. Çevirmenlerin her biri, yalnızca kendi payına düşen kısımlardan sorumlu olduğu halde, ben, yapıtın tümünün ortak sorumluluğunu taşıyorum.

Çalışmamız boyunca esas alınmış olan Almanca üçüncü baskısı Marx'ın bıraktığı ve ikinci baskının, 1873'te yayınlanmış Fransızca metindeki işaretli pasajlar ile değiştirilecek pasajlarını gösteren notların yardımıyla, 1883'te ben hazırlamıştım.* Böylece ikinci baskının metninde yapılan değişiklikler, on yıl kadar önce Amerika'da tasarlanan, ama yeterli ve uygun bir çevirmen bulunamaması nedeniyle vazgeçilen İngilizce çeviri için Marx'ın hazırladığı müsveddelerde öngörülen değişikliklere genellikle uygun düşmüştür. Bu müsveddeleri, bize, yararlanmamız için eski dostumuz Hoboken, N[ew] J[ersey]'den bay F. A. Sorge verdi. Bu müsveddelerde, Fransızca baskıya dayanılarak yapılacak daha başka değişikliklere de işaret ediliyor; ama üçüncü baskı için elde bulunan son talimattan epeyce eski olduklarından, bunları, özellikle güçlükleri yenmemize yardımcı olduğu durumlar dışında, serbestçe kullanmaya kendimi yetkili görmedim. Aynı şekilde, güç pasajların çoğunun çevirisi sırasında, aslındaki tam anlamdan bir şeyler feda edilmek zorunda kalındığında, bizzat yazarın neleri feda edebileceğinin bir ölçüsü olarak Fransızca metne başvurulmuştur.

Bununla birlikte, okuru, gene de bir güçlükten kurtarabilmiş değiliz: bazı terimlerin yalnız günlük yaşamda değil, ekonomi politikte kullanılan anlamından farklı anlamda kullanılması. Ama bu kaçınılmazdı. Bir bilimin her yeni yönü, bu bilimin teknik terimlerinde bir devrim içerir. Hemen hemen her yirmi yılda bir, terminolojisinin tümü köklü olarak değişen ve bir dizi farklı adlar almamış

* *Le Capital,* par Karl Marx. Traduction de M. J. Roy, entièrement revisée par L'auteur. Paris. Lachâtre. Bu çeviri, özellikle kitabın son kısmında, Almanca ikinci baskının metnindeki önemli değişiklikleri ve ekleri içermektedir.

tek bir organik bileşim bulmanızın zor olduğu kimya biliminde, bu, en iyi biçimde görülür. Ekonomi politik, genellikle, ticaret ve sanayi yaşamının terimlerini oldukları gibi almakla ve bunlarla iş görmekle yetinmiş, böyle yaparak, bu terimlerin ifade ettikleri dar çerçeve içersine kendisini hapsettiğini tamamen gözden kaçırmıştır. Böylece, hem kârın ve hem de rantın, emekçinin işverenine sağlamak zorunda kaldığı ürünün ödenmemiş bölümünün parçaları (son ve tek sahibi olmamakla birlikte ona ilk elkoyan kimsedir) olduğunun tamamen farkında bulunulmasına karşın, henüz İngiliz klasik ekonomi politiği bile, kâr ve rantların kabul edilmiş kavramlarının ötesine asla gidemedi, ürünün bu karşılığı ödenmemiş kısmını (Marx, buna, artı-ürün diyor) bir tüm olarak bütünlüğü içersinde hiç incelemedi ve bunun için de, bunun ne kaynağı, ne niteliği, ne de değerinin daha sonraki bölüşümünü düzenleyen yasalar üzerinde açık bir kavrayışa ulaşabildi. Aynı biçimde, tarımsal ya da el zanaatları dışında kalan bütün sanayi, hiçbir ayrım gözetilmeksizin manüfaktür terimi içersinde toplanmış, böylece iktisat tarihinin büyük ve temelden farklı iki dönemi, yani el işçiliği çerçevesi içinde işbölümüne dayanan asıl manüfaktür dönemi ile makineye dayanan büyük sanayi dönemi arasındaki ayrım gözden kaçırılmıştır. Ayrıca, modern kapitalist üretimi, insanlığın iktisat tarihinde yalnızca bir geçiş aşaması olarak gören bir teorinin, bu üretim biçimine değişmez ve sonsuz gözüyle bakan yazarların alışkın oldukları terimlerden farklı terimler kullanmak zorunda kalacağı apaçıktır.

Yazarın aktarmalar yaparken uyguladığı yöntem konusunda birkaç söz söylemek yersiz olmasa gerekir. Çoğu zaman, başka kaynaklardan yapılan aktarmalar, bilindiği gibi, metinde öne sürülen olumlamaları desteklemek için belgesel kanıt olarak kullanılırlar. Ama birçok durumda, belli bir düşüncenin ilkin ne zaman, nerede ve kim tarafından açık-seçik öne sürüldüğünü göstermek için iktisatçı yazarlardan pasajlar aktarılır. Bu görüş belli bir zamanda egemen olan toplumsal üretim ve değişim koşullarının azçok yeterli bir ifadesi olarak önem taşıyorsa, Marx'ın bu görüşü kabul edip etmemesine ya da genel olarak geçerli olup olmamasına bakılmaksızın, aktarılır. Bu aktarmalar, bu nedenle, bilim tarihinden alınmış sürekli bir açımlama olarak metni tamamlarlar.

Çevirimiz, yapıtın yalnızca Birinci Kitabını [cildini] kapsıyor. Ama bu ilk kitap, geniş ölçüde kendi başına bir bütündür ve yirmi yıldır bağımsız bir yapıt olarak kabul edilmiştir. 1885'te Almanca olarak benim yayınladığım İkinci Kitap [cilt], 1887'nin sonundan önce yayınlanması olanağı bulunmayan Üçüncü Kitap [cilt] olmaksızın mutlaka noksan olacaktır. Üçüncü Kitabın özgün Almancası yayınlandığı zaman, bunların her ikisinin de İngilizce baskısını hazırlamayı düşünmek zamanı gelmiş olacaktır.

Das Kapital'e Kıta Avrupası'nda çoğu zaman "işçi sınıfının İncil"i denir. Bu yapıtta ulaşılan sonuçların, yalnızca Almanya ve İsviçre'de değil, Fransa'da, Hollanda'da, Belçika'da, Amerika'da ve hatta İtalya'da ve İspanya'da her geçen gün giderek artan ölçüde büyük işçi sınıfı hareketinin temel ilkeleri haline geldiğini; her yerde, işçi sınıfının, varılan bu sonuçlarda, kendi durumunun ve özlemlerinin en uygun ifadesini bulduğunu gitgide daha çok fark ettiğini, bu hareketi yakından bilen hiç kimse yadsımayacaktır. Ve İngiltere'de de Marx'ın teorileri, şu anda bile, işçi sınıfı saflarında olduğu kadar, "kültürlü" kimseler arasında da yayılmakta olan sosyalist hareket üzerinde güçlü bir etki yapmaktadır. Ama hepsi bu değil, İngiltere'nin ekonomik durumunun esaslı bir incelemeye tabi tutulması gereğinin karşı konulmaz ulusal bir zorunluluk olarak duyulacağı zaman hızla yaklaşmaktadır. Üretimin sürekli ve hızlı genişlemesi ve bu nedenle de pazarlar olmadan işlemesi olanaklı olmayan İngiliz sanayi sistemi, bir durgunluğa giriyor. Serbest ticaret, kaynaklarını tüketmiş durumda; ve Manchester bile, kendi eski ekonomik inançlarından şüphe eder durumda.* Hızla gelişen yabancı sanayi, her yerde, yalnızca gümrük duvarlarıyla korunan pazarlarda değil, açık pazarlarda da ve hatta Manş'ın bu tarafında bile İngiliz üretiminin karşısına dikilmiş bulunuyor. Üretici güç, geometrik oranla arttığı halde, pazarlar olsa olsa aritmetik oranla büyüyor. 1825'ten 1867'ye kadar durmadan yinelenegelen onar yıllık durgunluk, gönenç, aşırı üretim ve bunalım dönemleri, gerçekten ömrünü tamamlamış gibi görünüyor; ama yalnızca bizi devamlı ve süreğen bir depresyonun bataklığına bırakmak için. Özlemle beklenen gönenç dönemi gelmeyecek; bunu haber veren belirtileri görmemizle bunların ufukta kaybolmaları bir oluyor. Bu arada, birbirini izleyen her kış, "bu işsizleri ne yapmalı?" büyük sorununu yeniden ortaya çıkarıyor, ama işsizlerin sayısı yıldan yıla kabarırken, bu soruyu yanıtlayacak kimse yok; ve biz, sabırları tükenen işsizlerin, yazgılarını kendi ellerine alacakları anı neredeyse hesap edecek hale geldik. Kuşkusuz, teorisinin tümü, İngiltere'nin ekonomik tarihinin ve koşullarının bir ömür boyu incelenme-

* Manchester Ticaret Odasının bugün öğleden sonra yapılan üç aylık toplantısında, serbest ticaret konusunda ateşli bir tartışma oldu. "İngiltere'nin serbest ticaret örneğini başka ülkelerin izlemesi için 40 yıl boşu boşuna bekleyen bu oda, bu durumun yeniden gözden geçirilmesi zamanının geldiği düşüncesindedir" anlamında bir karar tasarısı önerildi. Karar tasarısı 21'e karşı 22 oyla, yani bir oy farkı ile reddedildi. — *Evening Standard,* 1 Kasım 1886.

sinin sonucu olan ve bu çalışmasıyla, hiç değilse Avrupa'da, İngiltere'nin, kaçınılması olanaksız toplumsal devrimin tamamen barışçı ve yasal yollarla gerçekleştirilebileceği biricik ülke olacağı sonucuna varan bir adamın sesine, böyle bir anda, kulak vermek gerekir. O, aynı zamanda, bu barışçı ve yasal devrime, İngiliz egemen sınıflarının "köle yanlısı bir isyana" kalkışmaksızın boyun eğeceklerini pek ummadığını da sözlerine eklemeyi kuşku yok ki unutmadı.

5 Kasım 1886

FRİEDRİCH ENGELS

ALMANCA DÖRDÜNCÜ BASKIYA ÖNSÖZ

DÖRDÜNCÜ baskı, hem metne hem de dipnotlara son biçimlerini vermemi gerektiriyordu. Aşağıdaki kısa açıklama, bu görevi nasıl yerine getirdiğimi gösterecektir.

Fransızca baskı ile Marx'ın müsvedde notlarını bir kez daha karşılaştırdıktan sonra, Almanca metne, bu çeviriden bazı eklemeler daha yaptım. Bunlar şu sayfalardadır: s. 80 (3. baskıda s. 88) [bu baskıda s. 123], s. 458-60 (3. baskıda s. 509-10) [bu baskıda s. 469], s. 547-51 (3. baskıda s. 600) [bu baskıda s. 558-561] s. 591-93 (3. baskıda s. 644) [bu baskıda s. 597-599] ve s. 596 (3. baskıda s. 648) [bu baskıda s. 602] dipnot 1 [bu baskıda not 86]. Ayrıca, Fransızca ve İngilizce baskıları örnek alarak, maden işçileri ile ilgili uzun dipnotu metne kattım (3. baskıda s. 509-15, 4. baskıda s. 461-67) [bu baskıda s. 472-479]. Öteki küçük değişiklikler, tamamen teknik niteliktedir.

Bunlardan başka, özellikle tarihsel koşulların gerektirdiği yerlerde birkaç açıklayıcı not daha ekledim. Bütün bu ek dipnotlar köşeli parantez içine alınmış ya da adımın ilk harfleriyle ya da "D. H." harfleri ile gösterilmiştir.*

Bu arada, İngilizce baskının yayınlanması ile birçok aktarmaların baştan sona gözden geçirilmesi zorunlu duruma gelmişti. Bu baskı için Marx'ın en küçük kızı Eleanor, bütün aktarmaları asıllarıyla karşılaştırmak işini üzerine aldı ve böylece İngilizce kaynaklardan alınan ve büyük çoğunluğu oluşturan aktarmaların, Almancadan tekrar çevirileri değil, İngilizce asılları verilmiş oldu. Dördüncü baskıyı hazırlarken bu metne başvurmak işi de, bana düşüyordu. Bu karşılaştırma çeşitli küçük yanlışlıkları ortaya çıkarttı. Kısmen not defterinden kopya edilirken yapılan yanlışlıklar yüzünden, kısmen de üç baskının birikmiş baskı yanlışlıkları yüzünden bazı sayfa numaraları yanlış gösterilmişti; böylesine büyük aktarmalar not defterinden alınırken kaçınılmaz olarak yanlış yerlere konmuş ya da işaretler atlanmıştı; yer yer bazı sözcükler isabetsiz çevrilmiş; Marx'ın henüz İngilizce bilmediği ve İngiliz iktisatçıları Fransızca çevirilerinden okuduğu, 1843-45 yıllarına ait Paris'te tutulmuş eski not defterlerinden alınan pasajlarda, örneğin şimdi İngilizce asıllarından yararlanılan Steuart, Ure vb. yazarlardan alınan pasajlarda, dilden dile yapılan iki çeviriden dolayı ufak-tefek anlam farkları ortaya çıkmış ve buna benzer bazı küçük yanlışlar ya da ihmaller olmuştu. Ancak, dördüncü baskıyı daha öncekilerle karşılaştıran herkes, bütün bu yorucu gözden geçirme ve düzeltmelerin yapıtta sözü edilmeye değer en küçük bir değişiklik yapmadığı kanısına varacaktır. Yapıtta yalnızca bir tek aktarmanın, Richard Jones'tan yapılan aktarmanın asıl metindeki yeri bulunamamıştır (4. baskı; s. 562, dipnot 47). Marx, belki de kitabın adını yazarken atlamış olacak.** Öteki bütün aktarmalar inandırıcılık değerini aynen korumakta ya da bugünkü tam biçimleriyle bu değeri daha da artırmaktadırlar.

Bununla birlikte, şimdi burada eski bir öyküye dönme gereğini duyuyorum.

Benim bildiğim kadarıyla, Marx tarafından yapılan aktarmalardan yalnız bir tanesinin doğruluğu şüphe konusu olmuştur. Bu konu onun ölümünden sonra da devam ettiği için burada onu bilmezden gelmem yerinde olmaz.

7 Mart 1872 tarihinde Alman Sanayiciler Birliğinin, Berlin'de yayınlanan organı *Concordia*'da "Karl Marx Nasıl Aktarır?" başlıklı imzasız bir yazı çıktı. Yazıda, ahlaka sığmayan ve yakışıksız bir dille, Gladstone'un 16 Nisan 1863 tarihli Bütçe Konuşmasından yapılan aktarmanın (Uluslararası Emekçiler Derneğinin 1864 yılı

* İngilizce ve Türkçe çeviride köşeli parantez [ ] içinde verilmiş ve "*F. E.*" harfleri ile simgelenmiştir. *–Ed.*

** Marx, kitabın adında değil, sayfa numarasında yanlışlık yapmıştır. Sayfa 37 yerine 36 yazmıştır. [Bu baskıda s. 571.] *–Ed.*

Açış Konuşmasında ve sonra tekrar *Kapital*'in I. cilt, s. 617, 4. baskı; s. 671, 3. baskı) [bu baskıda s. 620] tahrif edildiği iddia ediliyor ve, "bu başdöndürücü servet ve kudret artışı ... tamamıyla mülksahibi sınıflarla sınırlı bir artıştır" tümcesindeki tek bir sözcüğün bile *Hansard*'ın* stenoyla tutulmuş (yarı-resmî) raporunda bulunmadığı öne sürülüyordu. "Ama bu tümce Gladstone'un konuşmasının hiçbir yerinde yok. Orada, tam karşıtı ifade edilmiştir." (Altı çizilerek devam ediliyor): "*Bu tümce, hem biçim, hem öz olarak, Marx tarafından araya sıkıştırılmış bir yalandır.*"

Concordia'nın bu sayısı, Marx'a Mayısta gönderilmişti; Marx, 1 Haziran tarihli *Volksstaat*'ta adsız yazara karşılık verdi. Aktarma için hangi gazete haberinden yararlandığını anımsayamadığı için önce iki İngilizce yayında çıkmış aynı anlamdaki parçayı, sonra da *The Times*'da çıkan haberi belirtmekle yetindi. Bu gazeteye göre Gladstone şöyle söylemişti:

"*That is the state of the case as regards the wealth of this country. I must say for one, I should look almost with apprehension and with pain upon this intoxicating augmentation of wealth and power, if it were my belief that it was confined to classes who are in easy circumstances. This takes no cognizance at all of the condition of the labouring population. The augmentation I have described and which is founded, I think, upon accurate returns, is an augmentation entirely confined to classes possessed of property.*"**

Görüldüğü gibi, Gladstone, burada, böyle olsaydı üzülürdüm, diyor, oysa *böyledir*: Bu başdöndürücü servet ve kudret artışı tamamen mülksahibi sınıfa inhisar *ediyor*. Yarı-resmî *Hansard*'a gelince Marx şöyle devam *ediyor*: "Daha sonra üzerinde oynanan metinde [*zurechtgestümpert*], bay Gladstone, bir İngiliz maliye bakanının ağzından çıktığında, kuşkusuz, saygınlığını yitirecek bu pasajı değiştirecek [*wegzupfuschen*] kadar kurnazdı. Aslında bu, İngiliz parlamentosunda geleneksellleşmiş bir usuldür ve hiç de küçük Lasker'in, Bebel'e karşı bir buluşu değildir.

Adsız yazar kızdıkça kızıyor. 4 Temmuz tarihli *Concordia*'da çıkan yanıtında, ikinci elden kaynakları bir yana itiyor ve parlamentoda yapılan konuşmaları, steno ile tutulan tutunaklardan almanın "adet" olduğunu alçakgönüllükle belirtiyor; bununla birlikte,

* İngiliz parlamentosundaki konuşmaların resmî olarak yayınlandığı tutanaklar. –ç.

** "Bu ülkenin zenginliği yönünden işte durum böyle. Ben kendi payıma, bu başdöndürücü servet ve kudret artışının varlıklı sınıflarla sınırlı olduğu inancında olsaydım, bunu kaygıyla ve acıyla karşılardım. Bu, çalışan halkın durumunu hiç dikkate almıyor. Belirttiğim ve sanırım doğru hesaplara dayanan bu artış, tamamıyla mülksahibi sınıflarla sınırlı bir artıştır." –ç.

The Times'da çıkan haber ile ("tahrif edilmiş" tümceyi içeren haber) *Hansard*'ın metninin (bu tümceyi almayan) "esasta birbirine tamamen uyduğunu", oysa aynı biçimde, *The Times*'ın haberinin, "*Açış konuşması*ndaki adı geçen pasajın tam karşıtını" içerdiğini de sözlerine ekliyor. Bu adam, *The Times*'ın haberinin, o "adı geçen pasaj" ile birlikte "onun karşıtını" da açıkça içerdiği gerçeğini özenle gizliyor. Bütün bunlara karşı gene de adsız yazar batağa saplanıp kaldığını ve ancak yeni bir hilenin kendisini kurtarabileceğini hissediyor. Böylece, yukarda gösterdiğimiz gibi kendi makalesi "küstahça yalanlarla" dolu olduğu, ve "kötü niyet", "hilekarlık", "uydurma beyan", "şu uydurma aktarma", "küstahça yalancılık", "tamamıyla tahrif edilmiş bir aktarma", "bu tahrifat", "tek sözcükle rezilce" vb. gibi yüce sövgülerle süslü bulunduğu halde, konuyu başka bir alana kaydırmayı gerekli görüyor ve bunun için "ikinci bir makalede biz (yani yalancı olmayan adsız yazar), Gladstone'un sözlerine atfettiğimiz anlamı açıklayacağız" vaadinde bulunuyor. Sanki hiçbir değer taşımayan özel düşüncesinin konuyla herhangi bir ilişkisi varmış gibi. Bu ikinci makale, 11 Temmuz tarihli *Concordia*'da çıktı.

Marx, gene 7 Ağustos tarihli *Volksstaat*'ta karşılık verdi ve bu kez de sözkonusu pasajın 17 Nisan 1863 tarihli *Morning Star* ve *Morning Advertiser*'in haberlerindeki metnini yayınladı. Her iki habere göre de, Gladstone, bu başdöndürücü servet ve kudret artışının "varlıklı sınıflara" inhisar ettiğine inanmış olsaydı, bunu kaygı verici vb. bir durum olarak kabul edeceğini söylüyordu. Ama bu artış, gerçekten "tamamen mülksahibi sınıflara inhisar *ediyordu*". Böylece bu haberler de sözcüğü sözcüğüne "uydurularak metne katılmış" tümceyi yineliyorlardı. Marx, ayrıca, *The Times* ve *Hansard*'ın metinlerini karşılaştırarak, birbirlerinden ayrı olarak ertesi sabah çıkan üç gazetenin haberlerinin içeriklerinin eşdeğer olmasıyla bu tümcenin gerçekten söylendiğini, *Hansard*'ın bilinen "adetlere" göre gözden geçirilen metninde bulunmadığını ve Gladstone'un bu tümcesinin Marx'ın sözleriyle "sonradan kayıplara karışmış olduğunu" bir kez daha saptıyor. Ensonu, Marx, bu adı belirsiz yazarlarla daha fazla uğraşacak zamanı olmadığını bildiriyor. Yazara da herhalde bu kadarı yetmiş olmalı ki, Marx'a *Concordia*'nın başka sayısı gönderilmiyor.

Bununla sorun kapanmış gibi görünüyordu. Gerçi sonraları biriki kez Cambridge Üniversitesi ile ilişkisi olan kimselerden, Marx'ın *Kapital*'de tariflere sığmaz bir yazınsal cinayet işlediği yolunda esrarengiz söylentiler bize kadar ulaştı. Ancak bütün araştırmalarımıza karşın, kesin hiçbir şey öğrenilemedi. Ardından, 29

Kasım 1883'te Marx'ın ölümünden sekiz ay sonra, *The Times*'da, Trinity College, Cambridge başlıklı ve Sedley Taylor imzalı bir mektup çıktı. En tatlı cinsten şirket işleriyle gönül eğlendiren bu küçük adam, durup dururken bizi ensonu yalnız Cambridge kaynaklı rivayetler konusunda değil, *Concordia*'daki adsız yazar konusunda da aydınlatmış oldu.

"Son derece garip görünen şey", diyordu Trinity College'ın küçük adamı, "Gladstone'un [Açış] konuşmasından açıkça kötü bir niyetle yapılan aktarmayı ... teşhir etmek işinin *profesör Brentano*'ya (o sırada Breslau, şimdi Strasburg Üniversitesinden) ait olmasıdır. Bay Karl Marx ... önce aktarmayı savunmaya çalışmış, ama, Brentano'nun ustaca yürüttüğü saldırıların kendisini düşürdüğü öldürücü acz içersinde, bay Gladstone'un 17 Nisan 1863 tarihli *The Times*'da çıkan metnini, *Hansard*'da yayınlanmadan önce, bir İngiliz maliye bakanı için 'kuşkusuz, saygınlığını yitirecek' olan pasajını 'yok etmek' için 'üzerinde oynadığını' öne sürmek küstahlığını göstermiştir. Brentano, metinleri ayrıntılı bir biçimde karşılaştırarak bay Gladstone'un sözlerine dayandırılan kurnazca seçilip biraraya getirilmiş aktarmaları tamamen dıştaladıktan sonra, *The Times* ve *Hansard*'ın metinlerinin birbirleriyle bağdaştıklarını göstermesi üzerine Marx, 'zamanı olmadığı' bahanesi ile daha fazla tartışmaktan çekildi."

Demek ki, işin aslı buydu! Ve bay Brentano'nun *Concordia*'daki adsız kampanyası, Cambridge'in verimli iş ortaklığının imgeleminde böyle görkemle yansıyordu. Demek, Alman Sanayiciler Birliğinin bu St. George'u, kılıç elde dimdik duruyor, ve "saldırıdaki yönetim ustalığıyla" böylece savaşıyordu, oysa cehennem zebanisi Marx "öldürücü acz içinde" ayaklarının dibinde "hemen" son nefesini veriyordu.

Ne var ki, bütün bu şiirsel savaş sahnesi, bizim St. George'umuzun hilesini gizlemekten başka bir işe yaramaz. Artık, burada, "uydurma sokuşturma" ya da "tahrifat" değil, yalnızca "kurnazca seçilip biraraya getirilmiş aktarma" sözkonusudur. Konu bütünüyle başka bir yöne kaydırılmıştır ve bunun nedenini St. George ile onun Cambridgeli uşağı çok iyi bilirler.

Eleanor Marx, *The Times,* mektubunu yayınlamayı reddettiği için, aylık *To-day* dergisinde (Şubat 1884) karşılık verdi. Tartışmayı, tekrar sözkonusu tek soruya getirdi: Marx bu tümceyi "uydurarak metne sokuşturmuş" muydu, sokuşturmamış mıydı? Bay Sedley Taylor, buna verdiği yanıtta, ona göre, "belirli bir tümcenin bay Gladstone'un konuşmasında geçip geçmediği sorunu", Brentano-Marx tartışmasında, "tartışma konusu aktarmanın, bay Gladstone'un kastettiği anlamı vermek ya da buna engel olmak niyetiyle yapılıp yapılmaması sorunu ile karşılaştırılırsa çok önemsiz kalır" diyordu. Ardından, *The Times*'ın haberindeki "sözlerde çelişkiler" olduğunu kabul ediyor, ama bütünüyle doğru olarak yorumlanırsa, yani Gladstone'cu liberal anlamda, bay Gladstone'un *kastının* ne olduğunu gösterdiğini söylüyordu. (*To-day,* Mart 1884.) Burada en gülünç nokta da, artık bizim Cambridgeli küçük adamın, sözkonusu konuşmayı, adsız Brentano'ya göre "adet olduğu" üzere *Hansard*'dan *değil* de, aynı Brentano'nun "beceriksizce" dediği *The Times*'ın haberinden aktarmakta ısrar etmesidir. Böyle olması da doğaldır, çünkü o cansıkıcı tümce *Hansard*'da yoktur.

Eleanor Marx, *To-day* dergisinin aynı sayısında bütün bu iddiaları çürütmekte hiç de güçlük çekmedi. Bay Taylor, ya 1872'deki tartışmayı okumuştur ve şimdi yalnız "uydurma eklemeler" yapmakla kalmayıp "sahtekarlığı" da gizlemiş oluyordu, ya da bu tartışmayı okumadığı için susmalıydı. Her iki durumda da şurası kesindi ki, dostu Brentano'nun, Marx'ın "uydurma" ekleme yaptığı suçlamasına bir an bile katılmaya cesaret edemedi.

Tersine şimdi anlaşılan, Marx, uydurma ekleme yapmak şöyle dursun, önemli bir tümceyi atlıyordu. Oysa bu aynı tümce *Açış Konuşması*'nın 5. sayfasında, "uydurma ekleme"den birkaç satır önce verilmiştir. Gladstone'un konuşmasındaki "çelişki"ye gelince, *Kapital*'in 618. sayfasında (3. baskı, s. 672), dipnot 105'te [bu baskıda, s. 621-622, dipnot 113], "Gladstone'un 1863 ve 1864 bütçe konuşmalarındaki sürekli ve apaçık çelişkileri"ne işaret eden Marx'ın kendisi değil midir? Ne var ki, o, bunları, bay Sedley Taylor'vari liberal duyguları okşayacak biçimde çözümlemek cesaretini göstermiyordu. Eleanor Marx, yanıtının sonunda durumu şöyle özetliyordu:

"Marx, aktarılmaya değer hiçbir şeyi atlamadığı gibi 'uydurma' hiçbir şey de eklememiştir. Ama o, bay Gladstone'un konuşmasındaki belirli bir tümceyi, söylendiğine hiç kuşku bulunmayan, ama her nasılsa bir yolunu bulup *Hansard*'dan çıkıp giden bir tümceyi yerine yerleştirmiş, yokolup gitmekten kurtarmıştır."

Bay Sedley Taylor da böylece ağzının payını aldı ve bütün bu profesörsel dalaverenin sonucu, yirmi yıl boyunca ve iki büyük ülke arasında uzun uzun konuşuldu, o günden bu yana, hiç kimse, Marx'ın bilimsel dürüstlüğüne dil uzatmak cesaretini gösteremedi; bir de, kuşkusuz bay Sedley Taylor, bundan böyle, bay Brentano'nun yazınsal savaş bildirilerine, tıpkı bay Brentano'nun, *Hansard*'ın kutsal yanılmazlığına duyduğu güven kadar inanacaktır.

Londra, 25 Haziran 1890 FRİEDRİCH ENGELS

BİRİNCİ KİTAP

SERMAYENİN ÜRETİM SÜRECİ

BİRİNCİ KISIM

META VE PARA

BİRİNCİ BÖLÜM

META

BİRİNCİ KESİM. — METAIN İKİ ÖĞESİ: KULLANIM-DEĞERİ VE DEĞER (DEĞERİN ÖZÜ VE DEĞERİN BÜYÜKLÜĞÜ)

Kapitalist üretim tarzının egemen olduğu toplumların zenginliği, "muazzam bir meta birikimi"[1] olarak kendini gösterir, bunun birimi tek bir metadır. Araştırmalarımızın, bu nedenle, metaın tahlili ile başlaması gerekir.

Meta, her şeyden önce, bizim dışımızda bir nesnedir ve, taşıdığı özellikleriyle, şu ya da bu türden insan gereksinmelerini gideren bir şeydir. Bu gereksinmelerin niteliği, örneğin ister mideden, ister hayalden çıkmış olsun, bir şey değiştirmez.[2] Burada nesnenin, bu gereksinmeleri, geçim aracı olarak doğrudan mı, yoksa üretim aracı olarak dolaylı yoldan mı, nasıl giderdiği de bizi ilgilendirmemektedir.

Demir, kağıt vb. gibi her yararlı şeye, iki görüş açısından, nite-

[1] Karl Marx, *Zur Kritik der Politischen Ökonomie,* Berlin 1859, s. 3. [*Ekonomi Politiğin Eleştirisine Katkı,* s. 41.]

[2] "İstek, gereksinme demektir; o, ruhun iştahıdır ve tıpkı vücudun açlığı gibi doğaldır. ... Şeylerin çok büyük bir kısmı, ruhun gereksinmelerini karşıladığı için değerlidir." Nicholas Barbon, *A Discourse Concerning Coining the New Money Lighter. In Answer to Mr. Locke's Considerations, etc.,* London 1696, s. 2, 3.

lik ve nicelik açısından bakılabilir. Her yararlı şey, birçok özelliklerin bir bütünüdür ve bunun için çeşitli yönlerden yararlı olabilir. Şeylerin çeşitli kullanımlarını bulup ortaya çıkarmak tarihin işidir.[3] Yararlı nesnelerin niceliğini ölçmek için toplumca benimsenen ölçüleri saptamak da böyledir. Bu ölçülerin farklı oluşunun nedeni, kısmen ölçülecek nesnelerin niteliklerinin farklı oluşu, kısmen de alışkanlıklardır.

Bir şeyin yararlılığı, onu, bir kullanım-değeri haline getirir.[4] Ama bu yararlılık, belirsiz bir şey değildir. Metaın fiziksel özellikleriyle sınırlı olduğu için, o, metadan ayrı bir varlığa sahip değildir. Demir olsun, buğday olsun ya da elmas olsun, bir meta, bu nedenle, maddi bir şey olduğu için, bir kullanım-değeridir, yararlı bir şeydir. Metaın bu özelliği, o metaın yararlı niteliklerinden yararlanmak için gerekli olan emek miktarına bağımlı değildir.

Kullanım-değeri ele alınırken, biz, her zaman, şu kadar düzine saat, şu kadar metre keten ya da şu kadar ton kömür gibi belirli niceliklerden sözettiğimizi varsayarız. Metaların kullanım-değerleri özel bir bilgi alanının, metaların ticari bilgisinin malzemesini oluşturur.[5] Kullanım-değerleri, ancak kullanım ya da tüketim ile bir gerçek haline gelir: bunlar, ayrıca, toplumsal biçimi ne olursa olsun, her türlü servetin özünü oluştururlar. İncelemek üzere olduğumuz toplum biçiminde, bunlar, ayrıca, değişim-değerinin maddi taşıyıcılarıdır.

Değişim-değeri, ilk bakışta, bir nicel ilişki olarak birbirleriyle değişilen değişik türden kullanım-değerlerindeki oran olarak[6] zamana ve yere göre durmadan değişen bir ilişki olarak görünür. Böyle olunca değişim-değeri, raslantıya bağlı, tamamen göreli, ve bunun sonucu metaın özünde bulunan bir değer olarak görünür; metadan ayrılamayan ve onun özünde bulunan bir değişim-değeri

3 "Şeylerin kendilerine özgü özellikleri" (bu, Barbon'un kullanım-değeri için özel terimidir) "vardır; tıpkı mıknatısın demiri çekmesi gibi, her yerde bu özellik aynıdır" (*l.c.,* s. 6). Mıknatısın demiri çekme özelliğinden ancak, bu özelliğin yardımı ile manyetik kutuplaşma bulunduktan sonra yararlanılmaya başlanılmıştır.

4 "Herhangi bir şeyin doğal değeri, zorunlu gereksinmeleri karşılamaya uygunluğundan, ya da insan yaşamına kolaylık ve rahatlık sağlayıcı olmasından ibarettir." (John Locke, "Some Considerations on the Consequences of the Lowering of Interest." 1691, *Works*'te Edit. Lond. 1777, v. 2, s. 23.) 17. yüzyıl İngiliz yazarlarında sık sık, "*worth*" sözcüğünün kullanım-değeri, "*value*" sözcüğünün değişim-değeri anlamında kullanıldığını görürüz. Bu, gerçekten varolan bir şey için Cermen kökenli, onun zihinde yansıyanı için Latin asıllı bir sözcük kullanmaktan hoşlanan bir dil anlayışına tamamıyla uyan bir durumdur.

5 Burjuva toplumda, her insanın alıcı olarak, ansiklopedik meta bilgisine sahip olduğu yolunda ekonomik bir *fictio juris* [varsayım –ç.] egemendir.

6 "Değer, bir şey ile diğer bir şey, bir ürün miktarı ile diğer bir ürün miktarı arasındaki değişim oranından ibarettir." (Le Trosne, "De l'Intérêt Social", Physiocrates['ta] Ed. Daire, Paris 1846, s. 889.)

ise, terimlerde bir çelişki gibi gelir.[7] Konuyu biraz daha yakından ele alalım.

Belli bir meta, örneğin bir *quarter* buğday, x kadar ayakkabı boyasıyla, y kadar ipekle, ya da z kadar altınla vb., kısacası, çok farklı oranlardaki başka metalarla değişiliyor. Bu durumda, buğdayın, bir değil birçok değişim oranı var demektir. Ama, x kadar ayakkabı boyası, y kadar ipek ya da z kadar altın vb. hep bir *quarter* buğdayın değişim-değerini temsil ettiklerinden, x kadar ayakkabı boyasının, y kadar ipeğin, z kadar altının vb. değişim-değeri olarak, ya birbirlerinin yerlerini alabilmeleri, ya da birbirlerine eşit olmaları gerekir. Bunun için, birincisi: belli bir metaın geçerli değişim-değerleri eşit bir şeyi ifade eder; ikincisi: değişim-değeri, genellikle yalnızca bir anlatım biçimi, metada bulunan, ama ondan ayırdedilebilinen görüngüsel (*phenomenal*) bir biçimdir.

Örneğin, buğday ve demir gibi iki meta alalım. Bunların arasındaki değişim oranı ne olursa olsun, bu daima belli bir miktar buğdayı, bir miktar demire eşit kılan bir denklemle gösterilebilir: Diyelim, 1 *quarter* buğday = x ton demir olsun. Bu denklem bize ne anlatır? Bu denklem, bize, iki farklı şeyde, bir *quarter* buğday ile x ton demirde, her ikisinde de eşit miktarlarda ortak bir şeyin varolduğunu anlatır. Öyleyse bu iki şeyin, ne biri ne de ötekisi olan üçüncü bir şeye eşit olması gerekir. Bunun için de, bunların her birinin, değişim-değeri olarak, bu üçüncü şeye indirgenebilir olması gerekir.

Basit bir geometrik örnek bunu aydınlatacaktır. Çokgenlerin alanlarını hesaplamak ve karşılaştırmak için, bunları üçgenlere ayırırız. Ama üçgenin alanı, onun görünen biçiminden tamamen farklı bir şeyle, yani tabanı ile yüksekliğinin çarpımının yarısı ile ifade edilir. Aynı şekilde, metaların değişim-değerlerinin de kendilerinde az ya da çok miktarda bulunan ortak terimlerle ifade edilebilmesi gerekir.

Bu ortak "şey", metaların geometrik, kimyasal ya da başka bir doğal özelliği olamaz. Bu gibi özellikler, ancak onlara bir yararlılık sağladıkları, onları kullanım-değeri haline getirdikleri zaman bizim için önemli olurlar. Ama metaların değişimi, kuşkusuz, kullanım-değerinden tamamen soyutlanarak karakterize edilen bir iştir. Öyleyse, bir kullanım-değeri, ancak yeterli miktarda olmak kaydıyla, bir başka kullanım-değerinden farksızdır. Ya da, yaşlı Barbon'un dediği gibi, "Değerleri eşitse, bir tür eşya hemen hemen

[7] "Hiçbir şey yaratılışında değere sahip değildir." (N. Barbon, *l.c.*, s. 6.), ya da Butler'ın söylediği gibi:

"Bir şeyin değeri
"Getireceği şey kadardır."

başka bir tür eşyadır. Eşit değerdeki şeyler arasında fark ya da ayrılık yoktur. ... Yüz *pound* değerindeki kurşun ya da demir, yüz *pound* değerindeki gümüş ya da altın kadar değerlidir."[8] Kullanım-değeri olarak metalar, her şeyden önce birbirinden farklı niteliklerdir; ama değişim-değerleri olarak yalnızca farklı miktarlardır ve dolayısıyla zerre kadar kullanım-değeri içermezler.

Demek ki, metaların kullanım-değerini bir yana bırakırsak, geriye ortak tek bir özellikleri, emek ürünleri olmaları özelliği kalır. Ancak, emek ürününün kendisi bile elimizde bir değişikliğe uğramıştır. Emek ürününü, kullanım-değerinden soyutlarsak, aynı zamanda, onu kullanım-değeri yapan maddi öğelerden ve biçimlerden de soyutlamış oluruz; artık o masa, ev, iplik ya da herhangi yararlı bir şey değildir. Maddi bir şey olarak varlığı, yokolmuştur. Ve artık kendisine, bir doğramacının, duvarcının, eğiricinin ya da başka türden belirli bir üretici emeğin ürünü olarak bakılamaz. Ürünlerin yararlı nitelikleri ile birlikte, hem bunlarda şekillenmiş çeşit çeşit emeğin yararlı niteliğini, hem de bu emeğin somut biçimlerini yok etmiş oluruz; hepsinde ortak olandan başka bir şey kalmamıştır; hepsi de tek ve aynı tür emeğe, soyut insan emeğine indirgenmiştir.

Şimdi de bu ürünlerin her birinden artakalan şeyi alalım; bu, her birinde, aynı düşsel bir gerçekten, türdeş insan emeğinin salt billurlaşmasından, harcanış biçimi ne olursa olsun, harcanmış emek-gücünden ibarettir. Bütün bu şeyler, şimdi bize şunu anlatıyorlar: Bunların üretimleri sırasında, insan emek-gücü harcanmıştır, ve bunlarda insan emeği cisimleşmiştir. Hepsinde ortak olan bu toplumsal özün kristalleri olarak bakıldığında, bunlar değerdir, — meta değeridir [*Warenwerte*].

Metalar değişildikleri zaman bunların değişim-değerlerinin kendisini, kullanım-değerlerinden tamamen bağımsız bir şey olarak ortaya koyduğunu görmüştük. Ama bunların kullanım-değerini soyutlarsak, geriye yukarda açıklandığı gibi, değer kalır. Bunun için, metalar değişildiklerinde, kendisini, değişim-değeri olarak ortaya koyan ortak öz, onların değeridir. İncelememiz ilerledikçe, değişim-değerinin, içersinde metaların değerinin kendisini gösterebildiği ya da ifade edilebildiği tek biçim olduğu görülecektir. Bununla birlikte, şimdilik, değerin niteliğini onun biçiminden bağımsız olarak ele almak zorundayız.

Bir kullanım-değeri ya da yararlı bir madde, bu nedenle, an-

[8] "*One sort of wares are as good as another, if the value be equal. There is no difference or distinction in things of equal value... One hundred pounds' worth of lead or iron, is of as great a value as one hundred pounds' worth of silver and gold.*" N. Barbon, *l.c.*, s. 53 ve 7.

cak, içersinde soyut insan emeğinin somutlaştığı ya da maddeleştiği için bir değere sahiptir. Peki öyleyse bu değerin büyüklüğü nasıl ölçülecek? Besbelli ki, malın içerdiği, değer yaratıcı özün, yani emeğin niceliğiyle ölçülür. Emeğin niceliği, onun süresiyle ölçülür, ve emek-zamanının ölçütü de hafta, gün ve saat olarak ifade edilir.

Bazıları, bir metaın değeri, onun için harcanan emeğin niceliğiyle belirlendiğine göre, işçi ne kadar tembel ya da beceriksiz olursa, metaın üretimi için o kadar fazla zaman gerekeceğinden, onun metaının o kadar değerli olacağını sanabilirler. Oysa, değerin özünü oluşturan emek, türdeş insan emeğidir, bir biçimli (*uniform*) emek-gücü harcamasıdır. Bir toplumun ürettiği tüm metaların toplam değerinde somutlaşan toplam emek-gücü birçok tek tek birimlerden oluşmakla birlikte, burada, türdeş insan emek-gücü kitlesi olarak kabul edilir. Bu birimlerin her biri, toplumsal ortalama emek-gücü niteliğini taşıdıkları ve bu nitelikleri ile etkili oldukları sürece, birbirlerinin aynıdır; yani bir metaın üretimi için ortalama olarak gerekli ya da toplumsal olarak gerekli zamandan daha fazlasına gereksinme göstermedikleri sürece, biri diğerinin aynıdır. Toplumsal olarak gerekli emek-zamanı, bir malı, normal üretim koşulları altında, o sıradaki ortalama hüner derecesi ve yoğunluğu ile elde edebilmek için gerekli zamandır. İngiltere'de buharla işleyen dokuma tezgahlarının kullanılmaya başlanmasından sonra, belirli bir miktar ipliği kumaş haline getirmek için gerekli emek-zamanı belki de yarıya inmişti. Oysa el tezgahında çalışan dokumacılar, aynı işi yapmak için öncekiyle aynı emek-zamanına gereksinim duymuşlardır; ama bu değişiklikten sonra, emeklerinin bir saatlik ürünü yalnızca yarım saatlik toplumsal emeği temsil etmiş ve bunun sonucu olarak da eski değerinin yarısına düşmüştür.

Öyleyse görüyoruz ki, herhangi bir malın değerinin büyüklüğünü, toplumsal olarak gerekli-emek miktarı ya da onun elde edilmesi için toplumsal bakımdan gerekli emek-zamanı belirler.[9] Buna bağlı olarak tek tek her meta kendi türünün ortalama örneği olarak kabul edilmelidir.[10] Bunun için, eşit nicelikte emek içeren ya

[9] "*The value of them (the necessaries of life) when they are exchanged the one for another, is regulated by the quantity of labour necessarily required, and commonly taken in producing them.*" "Yaşamak için gerekli şeylerin değeri, birbirleriyle değişildikleri zaman, bunların üretimleri için zorunlu ve normal sayılan emeğin niceliğine bağlıdır." (*Some Thoughts on the Interest of Money in General, and Particularly in the Public Funds etc.*, London, s. 36, 37.) Geçen yüzyılda yazılan ve yazarı belli olmayan bu dikkat çekici yapıtın baskı tarihi de bulunmuyor. Bununla birlikte, içeriğine bakılırsa, George II zamanında, aşağıyukarı 1739 ya da 1740 yıllarında yayınlandığı anlaşılıyor.

[10] "Aynı türden bütün ürünler, gerçekte, fiyatın genel olarak belirlenmesine ve özel koşullara bakılmaksızın belirlenen tek bir kitle oluştururlar." (Le Trosne, *l.c.*, s. 893.)

da aynı sürede üretilebilen metaların değerleri, aynıdır. Bir metaın değeri ile başka bir metaın değeri arasındaki ilişki, birincisinin üretimi için gerekli emek-zamanı ile ikincisinin üretimi için gerekli emek-zamanı arasındaki ilişki gibidir. "Değer olarak, bütün metalar, donmuş emek-zamanının belirli kitlelerinden başka bir şey değildir."[11]

Bu nedenle, bir metaın üretimi için gerekli olan emek-zamanı sabit tutulursa, o metaın değeri de sabit kalır. Ama, emek-zamanı, emeğin üretkenliğinde olan her değişmeyle birlikte değişir. Bu üretkenlik çeşitli koşullar tarafından belirlenir; öteki şeyler yanında, işçilerin ortalama beceri düzeyi, bilimin durumu ve onun pratikte uygulanma derecesi, üretimin toplumsal örgütlenmesi, üretim araçlarının boyutları ve etkililiği ve fiziksel koşullar sayılabilir. Örneğin uygun mevsimlerde aynı emek miktarı 8 kile buğdayda maddeleştiği halde, uygun gitmeyen mevsimlerde yalnızca dört kilede maddeleşir. Aynı emek, zengin madenden, zengin olmayan madene göre, daha çok maden cevheri çıkartır. Elmas yeryüzünde az raslanan bir şeydir, bu yüzden bulunup çıkartılması ortalama olarak çok emek-zamanına malolur. Öyle ki, küçük bir hacmi, çok büyük emek temsil eder. Jacob, altın acaba hiç tam değerini bulmuş mudur diye kuşku duyar. Bu sözler elmas için daha da geçerlidir. Eschwege'ye göre, Brezilya'nın 1823 yılında sona eren seksen yıllık elmas madeni toplam üretimi, elmas daha çok emeğe malolduğu ve çok daha fazla değeri temsil ettiği halde, aynı ülkenin birbuçuk yıllık ortalama şeker ve kahve ürününün fiyatına ulaşamamıştır. Daha zengin madenlerde, aynı nicelikteki emek, daha çok elmasta maddeleşebilir ve elmasın değeri düşebilir. Eğer biz, az emek harcayarak, kömürü elmasa dönüştürmeyi başarabilseydik, elmasın değeri, tuğlanın değerinin altına düşebilirdi. Genel olarak, emeğin üretkenliği ne kadar büyük olursa, bir malın üretimi için gerekli emek-zamanı o kadar kısa, o malda billurlaşan emek miktarı o kadar az, ve değeri de o kadar küçük olur; tersine, emeğin üretkenliği ne kadar azsa, bir malın üretimi için gerekli olan emek-zamanı o kadar çok, malın değeri o kadar büyük olur. Bu nedenle, bir metaın değeri, o metada maddeleşmiş emeğin miktarı ile doğru orantılı, üretkenliği ile ters orantılı olarak değişir.

Bir şey, değere sahip olmadan da bir kullanım-değerine sahip olabilir. Bu, o şeyin insana yararlılığı emeğe bağlı olmadığı zaman sözkonusudur. Hava, işlenmemiş toprak, doğal çayırlar ve otlaklar vb. böyledir. Bir şey, meta olmadan da, yararlı ve insan emeği ürünü olabilir. Gereksinmelerini kendi emeğinin ürünü ile doğrudan

[11] K. Marx, *l.c.*, s. 6. [*Ekonomi Politiğin Eleştirisine Katkı,* s. 44.]

doğruya karşılayan kimse, gerçekte, kullanım-değeri yaratır, ama meta yaratmamıştır. Meta üretmek için, o kimsenin yalnızca kullanım-değerleri değil, başkaları için kullanım-değerleri, toplumsal kullanım-değerleri üretmesi gerekir. (Ve salt başkası için üretmesi de yetmez. Ortaçağ köylüsü, feodal bey için ürün-rant-tahıl, papaz için öşür-tahıl üretirdi. Ama, ne bu ürün-rant-tahıl, ne de öşür-tahıl, bir başkası için üretilmiş olmaları gerçeğine karşın, meta haline gelmişlerdi. Bir ürünün meta olabilmesi için, kullanım-değeri olacağı başka bir kimseye, değişim yoluyla devredilmesi gerekir.)[11a] Ensonu, hiçbir nesne, yararlı bir şey değilse, değere sahip olamaz. Eğer o şey yararsız ise, onda bulanan emek de yararsızdır; bu emek, emek sayılmaz ve bu yüzden değer yaratmaz.

İKİNCİ KESİM. — METADA SOMUTLAŞAN EMEĞİN İKİ YÖNLÜ NİTELİĞİ

İlk bakışta, bir meta, kendini, bize, iki şeyin karmaşığı olarak göstermişti: kullanım-değeri ve değişim-değeri. Daha sonra, emeğin de iki yönlü niteliği olduğunu gördük; çünkü, değerde ifadesini bulduğuna göre, emek de, kullanım-değerlerinin bir yaratıcısı olarak taşıdığı aynı niteliklere sahip değildir. Metalarda bulunan emeğin bu ikili niteliğine ilkönce işaret eden ve eleştirici bir yaklaşımla inceleyen ben oldum.[12] Bu nokta, ekonomi politiğin berrak bir şekilde anlaşılmasında eksen olduğu için, daha fazla ayrıntılara inmek zorundayız.

Bir ceket ile 10 yarda keten bezi gibi iki meta alalım; bunlardan birincisinin değeri, ikincisinin değerinin iki katı olsun; yani 10 yarda keten bezi = W ise, ceket = 2W'dir.

Ceket, belli bir gereksinmeyi karşılayan bir kullanım-değeridir. Onun varlığı, özel bir üretici etkinlik türünün sonucudur; bu etkinliğin niteliği, amacı, çalışma biçimi, malzemesi, araçları ve vardığı sonuçla belirlenir. Yararlılığı ürünün kullanılarak değerlenmesi ile ya da bu ürünün kullanım-değeri haline gelmesiyle kendisini gösteren emeğe, biz, yararlı emek diyoruz. Bu açıdan bakılınca, biz, emeğin yalnızca yararlı işlevini gözönünde bulunduruyoruz.

Ceket ile keten bezi, nitelik bakımından farklı iki kullanım-değeri olduğu gibi, bunları üreten emeğin iki biçimi de, terzilik ve dokumacılık, farklıdır. Bu iki nesne nitelik bakımından farklı ol-

[11a] [*4. Almanca baskıya not:* Bu parantez içindeki metni eklememin nedeni, çoğu zaman üretici tarafından tüketilmeyen her ürünü, Marx'ın meta saydığı gibi bir yanlış anlayışa düşülmesindendir. *–F. E.*]

[12] *Zur Kritik...*, s. 12, 13 ve *passim*. [*Ekonomi Politiğin Eleştirisine Katkı*, s. 41 vd..]

masalardı, farklı türden emeklerin ürünü olmasalardı, birbirleriyle metaların ilişkisi içinde karşı karşıya gelmezlerdi. Ceket ceket ile değişilmez; bir kullanım-değeri, aynı cinsten başka bir kullanım-değeri ile değişilmez.

Tüm farklı kullanım-değerlerinin her çeşidine, eşit farklılıkta yararlı emek tekabül eder ve bunlar, toplumsal işbölümünde ait oldukları sıraya, cinse ve türe göre sınıflandırılırlar. Emeğin bu işbölümü, metaların üretimi için zorunlu bir koşuldur, ama tersi doğru değildir, yani metaların üretimi, işbölümü için zorunlu koşul değildir. İlkel Hint topluluklarında, meta üretimi olmaksızın toplumsal işbölümü vardır. Ya da daha yakınımızdan bir örnek vermek gerekirse, her fabrikada emek (iş), bir sisteme göre bölünmüştür, ama bu bölünme, işçilerin, kendi yaptıkları ürünlerin birbirleri arasında karşılıklı değişimi işlemine yolaçmamıştır. Böyle ürünler, ancak, her biri birbirinden bağımsız olarak oluşan ve bireylerin kişisel emeğine dayanan farklı türdeki emeklerin bir sonucu olarak metalar haline gelebilirler.

Öyleyse özetlersek: Her metaın kullanım-değerinde bulunan yararlı emek, yani belirli bir türde ve belli bir amaca yönelmiş üretken etkinlik vardır. İçlerinde somutlaşan yararlı emek, her birinde nitel olarak farklı olmadığı sürece, kullanım-değerleri, birbirlerinin karşısında meta olarak duramazlar. Ürünleri genel olarak meta biçimini alan bir toplulukta, yani bir meta üreticileri topluluğunda, her biri kendi hesabına çalışan tek tek üreticilerin bağımsız olarak yürüttükleri yararlı emekler arasındaki bu nitelik farkı, karmaşık bir sistem, bir toplumsal işbölümü oluşturacak biçimde gelişir.

Ne var ki, örneğimizdeki ceketi ister terzi giysin isterse müşterisi, her iki durumda da, ceket bir kullanım-değeri olarak iş görür. Ayrıca terziliğin, özel bir meslek, toplumsal işbölümünün bağımsız bir kolu haline gelmesiyle de, ceket ile onu meydana getiren emek arasındaki ilişki değişmiş olmaz. Giyinme gereksinmesi insanoğlunu zorladığından beri, insanoğlu, binlerce yıl, tek bir kişi bile terzi haline gelmeden, giyeceğini yapmıştır. Ancak, ceket ile keten bezi, doğanın kendiliğinden üretmediği maddi servetin bütün öteki unsurları gibi, varlıklarını, daima belirli bir amaçla yerine getirilen bir özel üretken etkinliğe, belli doğa vergisi malzemelerin, belli gereksinmeler için kullanılması etkinliğine borçlu olmalıdır. Bunun için, kullanım-değerinin yaratıcısı olarak emek, yararlı emektir, bütün toplum biçimlerinden bağımsız olarak, insanoğlunun varlığı için zorunlu bir koşuldur; bu ezeli ve ebedi doğal zorunluluk olmaksızın insan ile doğa arasında madde alışverişi, ve dolayısıyla da yaşam olamazdı.

Kullanım-değerleri, ceket, keten bezi vb., yani metaların madde olarak varlıkları, iki öğenin birleşmesinden oluşur: madde ve emek. Bunlar üzerinde harcanan yararlı emeği kaldırırsak, geriye, insanın yardımı olmaksızın doğa tarafından konmuş olan maddi tortu kalır. İnsan, ancak tıpkı doğanın yaptığı gibi iş görür, yani maddenin biçimini değiştirir.[13] Ne var ki, bu biçim değiştirme işinde doğal güçler kendisine durmadan yardım eder. Öyleyse görüyoruz ki, emek, maddi servetin, ürettiği kullanım-değerlerinin tek kaynağı değildir. William Petty'nin dediği gibi, maddi servetin babası emek, anası da topraktır.

Kullanım-değeri olarak ele alınan metalardan, şimdi de metaların değerine geçelim.

Varsayımımıza göre, ceket, keten bezinin iki katı değere sahiptir. Ama bu, şimdilik bizi ilgilendirmeyen yalnızca bir nicel farklılıktır. Ancak şu kadarını akılda tutuyoruz ki, eğer bir ceketin değeri 10 yarda keten bezinin iki katı ise, 20 yarda keten bezi, bir ceket ile aynı değerde olur. Değer olarak ceket ile keten bezi, aynı özün şeyleridir, temelde özdeş emeğin nesnel ifadeleridir. Ama terzilik ile dokumacılık, nitelik yönünden farklı emek türleridir. Bununla birlikte, öyle toplum durumları vardır ki, aynı kişi, terzilik ve dokumacılığı aynı zamanda sırayla yürütür; bu gibi durumlarda, bu iki tür emek biçimi, aynı bireyin çalışmasının salt iki değişik biçimidir ve farklı kişilerin özel ve belirlenmiş uğraşları değildir; terzimizin bir gün ceket, ertesi gün pantolon dikmesi, aynı kişinin, yalnızca emeğindeki bir değişmeyi göstermesi gibidir. Ayrıca, kapitalist toplumumuzda, belli miktarda bir insan emeğinin değişen talebe göre, bir zaman terzilik, başka bir zaman da dokumacılık biçiminde kullanıldığı daha göze çarpar. Emeğin bu biçim değiştirmesi, sürtünmesiz olmayabilir, ama olmak zorundadır.

Üretici etkinlik, aldığı özel biçimi, yani emeğin yararlı niteliğini bir yana korsak, insan emek-gücünün harcanmasından başka bir şey değildir. Terzilik ve dokumacılık, nitelik bakımından farklı üretici etkinlikler olmakla birlikte, her ikisi de, insan beyninin, si-

[13] "İster insan elinin, ister genel fizik yasalarının eseri olsunlar, evrendeki bütün olgular, aslında yeniden yaratılmış şeyler değil, yalnızca maddenin biçim değiştirmesidir. İnsan aklının, yeniden-üretim üzerinde düşünürken ve tahlilde bulunurken, daima karşılaştığı iki öğe, birleştirme ve ayırmadır; aslında bu, toprağın, havanın ve suyun, buğday tanesine dönüşmesi, insan eliyle bir böceğe ipek yaptırılması, ya da devamlı çalışan bir saat yapmak üzere birkaç madeni parçaya biçim verilmesi gibi değer" (Verri, burada, fizyokratlara karşı giriştiği polemikte ne tür değerden söz ettiğini kendisi de iyice bilmemekle birlikte *kullanım-değerini* kasteder) "ve zenginliğin yeniden üretimidir." (Pietro Verri, *Meditazion sulla Economia Politica,* —ilkin 1771'de basılmıştır—, Custodi'nin İtalyan İktisatçıları baskısında, Parte Moderna, t. XV, s. 21, 22.)

nirlerinin ve kaslarının üretici harcamasıdır ve bu anlamda, bunlar, insan emeği olarak aynıdır. Bunlar, insan emek-gücünün farklı iki harcanma biçiminden başka bir şey değildir. Kuşkusuz, bütün değişiklikler içinde aynı kalan bu emek-gücünün, biçimlerin çeşitliliği içinde harcanamadan önce, belli bir gelişme düzeyine ulaşması gerekir. Ama bir metaın değeri, soyut insan emeğini, genel olarak insan emeğinin harcanmasını temsil eder. Tıpkı toplumda sıradan bir insan iken önemsiz bir rol oynadığı halde, bir general ya da bir banker olarak büyük bir rol oynaması gibi,[14] salt insan emeğinin rolü de buna benzer. Yalın emek-gücünün harcanmasıdır, yani, ortalama olarak, özel bir gelişme sözkonusu olmaksızın sıradan her insanın organizmasında mevcut olan emek-gücünün harcanmasıdır. Ortalama yalın emeğin, çeşitli ülkelerde ve değişik zamanlarda niteliğinin değiştiği doğrudur, ama belli bir toplumda o da belirlidir. Vasıflı emek, yalnızca yoğunlaştırılmış yalın emek, ya da daha doğrusu, çoğaltılmış yalın emek demektir; belli miktarda vasıflı emek, daha çok miktarda yalın emeğe eşit olarak kabul edilir. Deneyim bu indirgemenin sürekli olarak yapıldığını göstermektedir. Bir meta, en vasıflı bir emeğin ürünü olabilir, ama değeri, vasıfsız yalın emeğin ürünü ile eşitlenirse, bu, yalnızca yalın emeğin belirli bir miktarını temsil eder.[15] Onların ölçü birimleri olarak, farklı emek türlerinin, vasıfsız emeğe indirgenmesindeki farklı oranlar, üreticilerin gerisinde devam edip giden bir toplumsal süreç tarafından ortaya konur ve dolayısıyla, bunlar gelenek ve alışkanlıklar tarafından saptanmış gibi görünür. İşimizi basitleştirmek için, bundan böyle emeğin her türünü, vasıfsız emek, yalın emek olarak kabul edeceğiz; böylece, devamlı indirgeme yapmak zahmetinden kurtulmuş olacağız.

Ceket ile keten bezini değer olarak ele aldığımız zaman bunları farklı kullanım-değerlerinden soyutladığımız gibi, bu değerlerin temsil ettiği emek için de aynı şeyi yapıyoruz: Onun yararlı biçimleri arasındaki, dokumacılık ve terzilik arasındaki farkı dikkate almıyoruz. Kullanım-değeri olarak ceket ve keten bezi, özel üretici etkinliklerin kumaş ve iplikle birleşmesidir, oysa ceket ile keten bezi, değer olarak, birbirlerinden ayrılmamış emeğin salt türdeş donmuş halidir ve bu değerlerde somutlaşmış olan emek, kumaş ve iplik ile ilişkili üretici etkinlikler açısından değil, yalnızca insan emek-gücünün harcanması olarak hesaba katılırlar. Terzilik ve do-

[14] Karş: Hegel, *Philosophie des Rechts,* Berlin 1840, s. 250, § 190.

[15] Okur, burada, işçinin belirli bir emek-zamanı için aldığı ücretin ya da değerin değil, bu emek-zamanının somutlaştığı metaın değerinin sözkonusu edildiğine dikkat etmelidir. Ücret, bir kategori olarak, incelememizin bu aşamasında henüz mevcut değildir.

kumacılık, ceket ve keten bezinin kullanım-değerlerinin yaratılmasında, yalnız bu iki emek türü farklı nitelikte oldukları için zorunlu etkenlerdir; ama bunlar kendi özel niteliklerinden soyutlandığı ve her ikisinin de aynı nitelikte insan emeğine sahip olduğu gözönüne alınırsa, bu iki emek türü, terzilik ve dokumacılık, aynı malların değerlerinin özünü oluştururlar.

Ancak, ceket ile keten bezi, yalnızca değerler değil, belirli büyüklükte değerlerdir, ve bizim varsayımımıza göre, ceket, on yardalık keten bezinin iki katı değerindedir. Peki ama, değerleri arasındaki bu fark nereden geliyor? Bu fark, keten bezinin içerdiği emeğin, ceketin içerdiği emeğin ancak yarısı kadar olmasından, ve dolayısıyla ikincinin üretimi sırasında, birincinin üretimi için gerekli olan zamanın iki katı emek-gücü harcanmasından ileri gelmektedir.

Öyleyse, kullanım-değeri esas alındığında, bir metaın içerdiği emek, yalnızca nitel olarak hesaba katılır, değer esas alındığında, yalnızca nicelik hesaba katılır ve ilkönce, yalın ve saf insan emeğine indirgenmesi gerekir. Sözkonusu olan, birincisinde Nasıl ve Ne?, ikincisinde Ne kadar? ve Ne sürede? sorularıdır. Bir metaın değerinin büyüklüğü, kendisinde somutlaşan emeği temsil ettiğine göre, belli oranlarda alınan bütün metaların değer olarak eşit olması gerekir.

Bir ceketin yapılması için gerekli her türlü yararlı emeğin üretkenlik gücü aynı kalıyorsa, yapılan ceketlerin değerlerinin toplamı, sayısı ile birlikte artar. Yani bir ceket, *x* günlük emeği temsil ediyorsa, iki ceket 2*x* günlük emeği temsil eder ve bu böyle devam edip gider. Ama varsayalım ki, bir ceketin üretimi için gerekli emek-zamanı iki katına yükselsin ya da yarıya insin. Birinci durumda bir ceket, daha önceki iki ceket değerinde olur; ikinci durumda ise iki ceket, önceki bir ceket değerinde olur: Oysa her iki durumda da ceket aynı işi görür ve içinde somutlaşan yararlı emek aynı niteliktedir. Ancak, üretimi için harcanan emeğin niceliği değişmiştir.

Kullanım-değerinin niceliğindeki artış, maddi servette bir artış demektir. İki ceketle iki insanı giydirebilirsiniz, bir ceketle ancak bir insanı. Bununla birlikte, maddi servetin niceliğindeki artış, aynı anda onun değer büyüklüğünde bir düşmeye tekabül edebilir. Bu karşıt hareket, kökenini, emeğin iki yönlü niteliğinden alır. Üretici güç, kuşkusuz, yalnızca yararlı, somut emek biçimi ile ilgilidir ve belli bir zaman süresinde üretkenliğine bağımlı olarak herhangi bir özel üretici faaliyetin etkinliğidir. Bu nedenle, yararlı emek, üretkenliğindeki artma ya da eksilmeyle orantılı olarak, az ya da çok, ürünlerin bereket kaynağı olur. Öte yandan, bu üretkenlikteki hiçbir değişme, değerle temsil edilen emeği etkilemez. Üretici güç, emeğin somut yararlı biçimlerinin bir niteliği olduğu için, emeği bu yararlı somut biçimlerden soyutladığımız anda, kuşkusuz, emekle artık bir ilgisi kalmaz. Bununla birlikte, üretici güç değişse bile, eşit zaman dönemleri süresince kullanılan aynı emek, daima eşit miktarlarda değer meydana getirir. Ama eşit zaman dönemleri süresince farklı nicelikte kullanım-değerleri yaratır; üretkenlik gücü arttıkça bu miktar yükselir, azaldıkça düşer. Emeğin verimliliğini ve dolayısıyla da bu emeğin ürettiği kullanım-değerlerinin niceliğini artıran üretken güçte meydana gelen bu aynı değişme, böyle bir değişme, onların üretimi için gerekli toplam emek-zamanını kısaltması koşuluyla, kullanım-değerlerinin bu artan niceliğinin toplam değerini azaltır; ve bunun tersi de doğrudur.

Bir yandan, her türlü emek, fizyolojik anlamda, insan emek-gücü harcanmasıdır; ve bu, özdeş soyut insan emeği özelliğinde oluşu ile, metaların değerini yaratır ve ona biçim verir. Öte yandan, her türlü emek, insan emek-gücünün, özel bir biçimde ve belirli bir amaca dönük olarak harcanmasıdır, ve bu somut yararlı emek özelliği ile, kullanım-değerlerini üretir.[16]

[16] Emeğin, her çeşit metaın değerini her zaman ölçmeye ve karşılaştırmaya yarayan yeterli ve gerçek tek ölçü olduğunu tanıtlamak için Adam Smith diyor ki, "Eşit emek miktarlarının, her zaman ve her yerde emekçi için aynı değeri taşıması gerekir. Normal sağlık, güç ve faaliyet halinde, sahip olduğu ortalama beceri derecesi ile, dinlenmesinden, özgürlüğünden ve mutluluğundan daima aynı ölçüde fedakarlık etmek zorundadır." (*Wealth of Nations,* b. I, ch. V, [s. 104-105].) Adam Smith, burada (ama her yerde değil), bir yandan değerin, metaların üretimi sırasında harcanan emek miktarı yoluyla saptanmasını, aynı şeyin, emeğin değeri vasıtasıyla saptanmasıyla karıştırıyor ve bunun sonucu olarak da, eşit miktarda emeğin daima aynı değere sahip olması gerektiğini tanıtlamaya çalışıyor. Öte yandan da, bir önseziyle, metaların değerinde kendisini ortaya koyan emeği, yalnızca emek-gücünün harcanması olarak kabul ediyor ve bunu, canlıların aynı zamanda normal faaliyetleri olarak değil de, dinlenmekten, özgürlükten ve mutluluktan fedakarlık olarak görüyor. Gözönünde tuttuğu, herhalde modern ücretli işçi oluyor. Adam Smith'in yukarda, s. 51, dipnot 9'da, sözü edilen eski ve adsız meslektaşı, daha yerinde olarak şöyle diyor: "Bir insan, yaşaması için gerekli şeyleri sağlamak için bir haftalığına kendisini bir başkasının hizmetine veriyor ... ve bu adama emeği karşılığı başka bir şey veren kimse, bu şeyin gerçek eşdeğerinin ne olduğunu, bunun kendisine ne kadar emeğe ve zamana malolduğunu hesaplamak yoluyla ancak doğru bir tahminde bulunabilir; aslında bu, bir kimsenin bir nesne için belirli bir sürede harcadığı emeğin, bir başkasının aynı sürede bir başka şey için harcadığı emekle değişiminden başka bir şey değildir." (*l.c.,* s. 39.) [İngilizcenin, burada sözkonusu edilen emeğin iki farklı yönü için, iki farklı sözcüğe sahip olmak gibi bir üstünlüğü var. Kullanım-değeri yaratan ve nitel olarak dikkate alınan, *Labour* ["emek"] değil, *Work*'tür ["iş"]; oysa değer yaratan ve nicel olarak dikkate alınan, *Work* ["iş"] değil, *Labour*'dır ["emek"]. –*F. E.*]

ÜÇÜNCÜ KESİM. — DEĞERİN BİÇİMİ YA DA DEĞİŞİM-DEĞERİ

Metalar, dünyaya, kullanım-değerleri ya da demir, keten bezi, buğday vb. gibi ticari mallar olarak gelirler. Bu, onların, sade, yalın, maddi biçimidir. Bununla birlikte, bunlar, yalnızca iki yanlı bir şey oldukları, hem yararlılığın nesneleri ve hem de değerin taşıyıcıları oldukları için metadırlar. Birisi fiziksel ya da doğal biçim, birisi de değer-biçim olmak üzere, iki biçime sahip oldukları sürece, ancak meta olarak görünürler, ya da meta biçimine bürünürler.

Metaların değerinin gerçek varlığı, "onu nerede elegeçireceğimizi bilmememiz" yönünden Gönüllü Yosmadan [*Dame Quickly*]* ayrılır. Metaların değeri, onların özlerinin kaba maddiliğinin tam karşıtıdır, maddenin bir atomu bile bileşimine girmez. Bir metaı kendi başına elimize alıp istediğimiz gibi evirip çevirelim, değerin bir nesnesi olarak kaldığına göre, kavranılması olanaksız gibi görünür. Ama bir de, metaların değerinin salt toplumsal bir gerçeğe sahip olduğunu aklımızdan çıkartmaz ve bu gerçekliği, yalnızca, özdeş bir toplumsal özü, yani insan emeğini ifade ettiği ya da taşıdığı sürece kazandığını gözönünde bulundurursak, değerin, ancak, metaın meta ile toplumsal ilişki içersinde kendini gösterebileceği sonucuna kolayca ulaşmış oluruz. Gerçekte biz, metaların ardında gizlenmiş değere ulaşmak için, metaların değişim-değerlerinden ya da değişim ilişkilerinden hareket etmiştik. Şimdi yeniden, değerin bize ilk kez yüzünü gösterdiği bu biçime dönmemiz gerekiyor.

Başka bir şey bilmese bile, herkes, metaların, hepsinde ortak olan bir değer biçimine sahip olduğunu, ve bunun, kullanım-değerlerinin çeşitli maddi biçimleri ile tam bir karşıtlık gösterdiğini bilir. Bunların para-biçimini kastediyorum.

Burada, bize, *burjuva* iktisadın bugüne kadar elini bile sürmediği bir görev, para-biçiminin doğuşunun kaynağını, metaların değer-ilişkisi içindeki değeri belirten ifadesinin gelişmesinin kaynağını, en yalın ve hemen hemen farkedilemeyecek biçiminden, gözkamaştırıcı para-biçimine gelinceye kadar incelemek görevi bize düşüyor. Bunu yaparken, aynı zamanda, paranın ne olduğu bilmecesini de çözeceğiz.

En basit değer-ilişkisinin, bir metaın, başka türden bir meta ile olan ilişkisi olduğu besbellidir. Bunun için, iki metaın değerleri arasındaki ilişki, bize, tek bir metaın değerinin en basit ifadesini sağlar.

* Shakespeare, *Henry IV*, Part I, Act 3, Scene 3. –*Ed.*

A. DEĞERİN BASİT YA DA RASLANSAL BİÇİMİ

x kadar A metaı = y kadar B metaı, ya da x kadar A metaı, y kadar B metaı değerindedir.
20 yarda keten bezi = 1 ceket, ya da 20 yarda keten bezi, 1 ceket değerindedir.

1. *Değer İfadesinin İki Kutbu: Nispi Biçim ve Eşdeğer Biçim*

Değer biçiminin bütün sırrı, bu basit biçimde gizlidir. Bu nedenle, bunun tahlili oldukça güçtür.

Burada iki farklı türden metaın (örneğimizde keten bezi ile ceket), iki değişik rol oynadıkları açıktır. Keten bezinin değeri ceket ile ifade edilir; ceket bu değerin ifade edildiği araç hizmetini görür. Birincisi aktif, ikincisi pasif bir rol oynar. Keten bezinin değeri, nispi değer olarak ifade edilir, ya da nispi biçimiyle ortaya çıkar. Ceket eşdeğer görevindedir, ya da eşdeğer biçimiyle görünür.

Nispi biçim ile eşdeğer biçim, değer ifadesinin, birbiriyle sıkı sıkıya bağlı, karşılıklı birbirine bağımlı ve ayrılmaz iki öğesidir; ama aynı zamanda da, her biri ötekisini dıştalayan karşıt uçlardır, yani aynı ifadenin kutuplarıdır. Bunlar, bu ifade yoluyla ilişki içine giren iki farklı metaya aittirler. Keten bezinin değerini keten bezi olarak ifade etmek olanaksızdır. 20 yarda keten bezi = 20 yarda keten bezi, değerin ifadesi değildir. Tersine, böyle bir denklem, sadece 20 yarda keten bezinin, 20 yarda keten bezinden başka bir şey olmadığını, kullanım-değeri olan keten bezinin belirli bir niceliği olduğunu ifade etmekten öte bir anlam taşımaz. Bunun için, keten bezinin değeri ancak nispi olarak, yani başka bir meta ile oranlanarak ölçülebilir. Keten bezinin değerinin nispi biçimi, bu yüzden, eşdeğer bir biçimde başka herhangi bir metaın varlığını —burada ceket— öngörür. Öte yandan, eşdeğer olarak düşünülen meta, aynı zamanda, nispi biçimini alamaz. Bu ikinci meta, değeri ifade edilen meta değildir. Onun görevi, yalnızca birinci metaın değerinin ifade edildiği araç olarak hizmet etmektir.

Kuşkusuz, 20 yarda keten bezi = 1 ceket, ya da 20 yarda keten bezi, 1 ceket değerindedir ifadeleri, karşıt bağıntıyı da gösterir: 1 ceket = 20 yarda keten bezi, ya da 1 ceket, 20 yarda keten bezi değerindedir. Ama bu durumda, ceketin değerini nispi olarak ifade etmek için denklemi tersine çevirmem gerekir; ve bunu yaptığım anda keten bezi, ceket yerine eşdeğer haline gelir. Bu nedenle, tek bir meta, değerin aynı ifadesi içinde her iki biçimi aynı anda alamaz. Bu biçimlerin karşıt kutuplar olması nedeniyle, daima birbirlerini dıştalarlar.

Bu durumda, bir metaın nispi biçimine mi, yoksa onun karşıtı eşdeğer biçimine mi bürüneceği, tamamen bu metaın değer ifadesindeki raslansal durumuna bağlıdır; yani değeri ifade olunan meta oluşuna, ya da içersinde değerin ifade edildiği meta oluşuna bağlıdır.

2. *Değerin Nispi Biçimi*

(a) *Bu Biçimin Niteliği ve Anlamı*

İki metaın değer-ilişkisi içinde saklı bulunan bir metaın değerinin basit ifadesini bulabilmek için, ilkin bu ilişkiyi, nicel yönden tümüyle farklı bir biçimde ele almak zorundayız. Genellikle tutulan yol bunun tersidir ve değer-ilişkisinde, birbirine eşit olarak kabul edilen iki farklı türden metaın belirli nicelikleri arasındaki orandan başka bir şey dikkate alınmamıştır. Şeylerin farklı büyüklükleri, ancak bunların büyüklükleri aynı birim ile ifade edildiklerinde, birbirleriyle nicel olarak karşılaştırılabileceği unutulmamalıdır. Yalnızca böyle bir birimle ifade edildikleri zaman, onlar, aynı ad altında toplanırlar ve bu yüzden kıyaslanabilirler.[17]

İster 20 yarda keten bezi = 1 ceket ya da = 20 ceket ya da = x ceket olsun, yani ister belli bir miktar keten bezi, birkaç ya da pek çok ceket değerinde olsun, bu ifadelerin hepsi, keten bezi ile ceketlerin, değer büyüklükleri olarak, aynı birimin ifadeleri, aynı türden şeyler oldukları anlamına gelir. Keten bezi = ceket, denklemin temelidir.

Ancak, nitelikleri böyle eşit varsayılan iki meta, aynı rolü oynamazlar. Burada ifade edilmiş olan, yalnız keten bezinin değeridir. Ama nasıl? Eşdeğer olarak, kendisi ile değişilebilir bir şey olarak ceket, esas alınmıştır. Bu ilişkide ceket, değerin varoluş biçimi içersinde somutlaşan değer, ancak böylece keten bezi ile aynı olur. Öte yandan, keten bezinin kendi değeri ön plana çıkar, bağımsız bir ifade kazanır; artık o, eşit değerde bir nesne olarak, ceketle karşılaştırılabilecek ya da onunla değiştirilebilecek bir varlıktır.

[17] Aralarında S. Bailey de olmak üzere, değer biçiminin tahlili ile uğraşan bir avuç iktisatçı hiçbir sonuca ulaşamamışlardır. Bunun ilk nedeni, değerin biçimi ile değeri birbiriyle karşılaştırmaları, ikincisi, deneyimli burjuvazinin kaba etkisi altında bütün dikkatlerini sorunun nicel yönünde toplamış olmalarıdır. "Nicelik üzerindeki egemenlik ... değeri oluşturur." (S. Bailey, *Money and its Vicissitudes,* London 1837, s. 11.)

Kimyadan bir örnek alırsak, bütrik asit, propil formattan öz olarak farklıdır. Ama her ikisi de, aynı kimyasal maddelerden, karbondan (C), hidrojenden (H) ve oksijenden (O) yapılmıştır, ve üstelik oranları da aynıdır: yani $C_4H_8O_2$. Şimdi eğer biz bütrik asidi, propil formata eşitlersek, önce propil format, bu ilişkide, yalnızca $C_4H_8O_2$'nin bir varoluş biçimi olacaktır; sonra da biz, bütrik asidin de $C_4H_8O_2$'den oluştuğunu söylemiş olacağız. Demek oluyor ki, iki öz, böylece eşitlenerek, farklı fiziksel biçimleri bir yana bırakılarak kimyasal bileşimleri ifade edebiliyor.

Eğer biz, değer olarak metaların, yalnızca donmuş insan emeği olduğunu söylersek, bunları, tahlilimizle soyutlaştırılmış bir şeye, değere indirgediğimiz doğrudur; ancak biz, bu değere, kendi fiziksel biçimi dışında bir biçim vermiş olmuyoruz. Bir metaın başka bir meta ile değer-ilişkisinde durum böyle değildir. Burada bir tanesi, diğerine olan ilişkisi yönünden, değer niteliği içinde ön plandadır.

Ceket ile keten bezini eşdeğer hale getirmekle, birincide somutlaşan emeği, ikincide somutlaşan emek ile eşitlemiş oluyoruz. Burada, ceketi yapan terziliğin, keten bezini yapan dokumacılıktan farklı türden somut bir emek olduğu gerçektir. Ama terzilik, dokumacılığa eşitlenmekle, her iki tür emekte de gerçekten eşit olan bir şeye, ortak nitelikteki insan emeğine indirgenmiş oluyor. Öyleyse bu dolaylı yoldan, dokumacılığın da, değer dokuduğu sürece, terzilikten farklı bir şey olmadığı ve dolayısıyla soyut insan emeği olduğu ifade edilmiş oluyor. Değer yaratan emeğin özgül niteliğini ortaya koyan, ancak farklı türden metalar arasındaki eşdeğer ifadesidir, ve bunu, farklı türden metalarda somutlaşan çeşitli emekleri, ortak nitelikleri olan soyut insan emeğine fiilen indirgemek suretiyle yapar.[18]

Bununla birlikte, keten bezinin değerini oluşturan emeğin özgül niteliğinin ifadesinde başka bir şey daha gereklidir. Akışkan halindeki insan emek-gücü ya da insan emeği değer yaratır, ama kendisi değer değildir. Ancak, bir nesne biçiminde somutlaştığı zaman, donmuş durumda iken değer halini alır. Keten bezinin değerini, donmuş insan emeği olarak ifade etmek için, bu değer nesnel

[18] William Petty'den sonra, değerin niteliğini fark edebilen ilk iktisatçılardan birisi olan ünlü Franklin şöyle diyor: "Ticaret, genel olarak, emeğin emekle değişiminden başka bir şey olmadığı için bütün şeylerin değeri ... çok yerinde olarak emekle ölçülür." (*The Works of B. Franklin, etc.*, edited by Sparks, Boston 1836, v. II, s. 267.) Franklin, her şeyin değerini emekle ölçerken bilinçsizdir; değişim konusu olan emeğin farklılığından soyutlama yapmakta ve böylece hepsini eşit insan emeğine indirgemektedir. Bunun farkında olmamakla birlikte, gene de bunu söyleyebiliyor. Önce "bir emek"ten sözediyor, sonra "başka bir emek"ten, ve ensonu başka bir niteleme yapmaksızın, her şeyin değerinin özü olarak "emek" diyor.

bir varlığa sahipmiş gibi, hem keten bezinden farklı maddi bir varlık, hem de bütün keten bezleri ile öteki her türlü metada ortak bir şeymiş gibi ifade edilmelidir. Bu problem artık çözülmüştür.

Değer denkleminde eşdeğer duruma geldiğinde ceket, değeri nedeniyle, nitel olarak keten bezine eşitmiş gibi, sanki aynı cinsten bir şeymiş gibidir. Bu durumda biz, onda yalnızca değeri görürüz, ya da onun elle dokunulur fiziksel biçimi, değeri temsil eder. Oysa ceketin kendisi, metaın cismidir, ceket yalnızca bir kullanım-değeridir. Bu durumuyla ceket, değer konusunda, elimize geçen herhangi bir keten bezi parçasından fazla bir şey ifade etmez. Bu da gösteriyor ki, keten bezi ile değer-ilişkisi içine konulduğu zaman ceket, bu ilişki dışında olduğu zamankinden çok daha fazla şey ifade ediyor; bu tıpkı, gösterişli üniforması içinde çalım satan bir insanın, sivil elbise içinde olduğundan daha önemli sayılmasına benzer.

Ceketin üretimi sırasında, insan emek-gücü, terzilik biçiminde fiilen harcanmak zorundadır. Öyleyse insan emeği, onda birikmiştir. Bu bakımdan, ceket, değer taşıyıcısıdır, ama lime lime olana kadar giyildiği halde bu gerçeği açığa vurmaz. Oysa, değer denkleminde, keten bezinin eşdeğeri olarak, yalnız bu yönüyle vardır, somutlaşmış değer, değer olan bir cisim olarak hesaba katılır. A'nın, örneğin B için, "saygıdeğer efendimiz" olabilmesi, B'nin gözünde A'nın fiziksel biçimine girmesi gerekir; üstelik, halkın her yeni babası ile birlikte, yüzünü, saçlarını ve daha pek çok şeyi de hemen değiştirmesi gerekir.

Demek oluyor ki, ceketin keten bezine eşdeğer olduğu değer denkleminde, ceket, değer-biçimi görevini görüyor. Keten bezi metaının değeri, ceket metaının maddi biçimiyle ifade ediliyor; yani birinin değeri, ötekinin kullanım-değeri ile ifade ediliyor. Kullanım-değeri olarak keten bezi, gözle görülür elle tutulur biçimde ceketten farklı bir şeydir; değer olarak ise, ceket ile aynıdır ve bu durumda, ceketin görünümüne sahiptir. Böylece keten bezi, kendi fiziksel biçiminden farklı bir değer-biçimine bürünür. Değeri, ceket ile eşitlenmesiyle ortaya çıkar, ve bu, tıpkı bir hıristiyanın koyun niteliğinin tanrının kuzusuna benzeşmesinde olduğu gibidir.

Görüyoruz ki, metaların değeri üzerindeki tahlilimizde de ortaya çıktığı gibi, keten bezi de bir başka meta ile, ceket ile arasında bağlantı kurulur kurulmaz aynı şeyi dile getiriyor. Ancak, keten bezi, düşüncelerini, bir tek kendisinin bildiği bir dille, metaın diliyle açığa vuruyor. Kendi değerinin, insan emeğinin soyut niteliği içersindeki emeğiyle yaratıldığını bize anlatmak için, ceketin keten bezi değerinde olduğunu, yani değer olduğunu, keten bezinin aynı emekten oluştuğunu söylüyor. Değer olarak yüce varlığının, kaba-saba maddesinden farklı olduğunu bize bildirmek için, değerin ceket görünüşünde olduğunu, ve dolayısıyla keten bezi de değer olduğu sürece, birbirlerine iki bezelye gibi benzediklerini söylüyor. Burada belirtebiliriz ki, metaların İbraniceden başka, şu ya da bu derecede doğru daha birçok dili vardır. Örneğin, Almanca değerinde olma anlamına gelen "*Wertsein*" sözcüğü, Latin kökenli *valere, valer, valoir* fiillerinden, yani B metaı A metaına eşitlenirken, A'nın değerinin kendi ifade tarzından daha az çarpıcı bir anlatım tarzına sahiptir. *Paris vaut bien une messe*!*

Bunun için, denklemimizde ifade edilen değer-ilişkisi aracılığıyla B metaının maddi biçimi, A metaının değer-biçimi haline geliyor, ya da B metaının maddesi, A metaının değerinin yansıdığı ayna oluyor.[19] A metaı, *in propriâ personâ*** değer olarak, insan emeğinin meydana geldiği bir madde olarak, kendini B metaı ile ilişki içersine koyarak, A metaı, kullanım-değerini, B'yi, kendi değer ifadesinin maddesine dönüştürüyor. Böylece B'nin kullanım-değeri ile ifade edilen A'nın değeri, nispi değer biçimini alıyor.

(b) *Nispi Değerin Nicel Belirlenmesi*

Değeri ifade edilmek istenen her meta, belli nicelikte yararlı bir nesnedir. 15 kile buğday, 100 libre kahve gibi. Ve herhangi bir metaın belli bir niceliği, belirli nicelikte insan emeği içerir. Değer-biçiminin yalnızca genel olarak değeri değil, aynı zamanda, belirli nicelikte değeri ifade etmesi gerekir. Demek ki, A metaı ile B metaı, keten bezi ile ceket arasındaki değer-ilişkisinde, ceket keten bezine, genel anlamda değer maddesi olarak nitelik bakımından eşitlenmemiş, aynı zamanda belirli miktarda ceket (1 ceket) belirli miktarda (20 yarda) keten bezine eşdeğer yapılmıştır.

20 yarda keten bezi = 1 ceket denklemi, ya da 20 yarda keten bezi bir ceket değerindedir ifadesi, her ikisinin de aynı miktarda değer-özünün (donmuş emeğin) somutlaştığını anlatır; yani iki meta da, aynı miktar emeğe ve aynı nicelikte emek-zamanına malolmuştur. Ancak, 20 yarda keten bezi ya da 1 ceketin üretimi için gerekli emek-zamanı, dokumacılık ya da terzilikteki üretkenlikte

[19] Bir bakıma bu, insan için de, metalarda olduğu gibidir. İnsanoğlu dünyaya elinde aynayla, ya da "ben benim" diyen Fichte'ci bir filozof olarak gelmediği için, kendisini önce başka insanlarda görür ve tanır. Peter kendi kimliğini insan olarak, önce benzeri Paul ile kıyaslayarak saptar. Böylece kendi kişiliği içinde durmakta olan Paul, Peter için yalnızca insan türünün bir tipidir.

* Paris bir ayine değer. –ç.

** Bizzat. –ç.

meydana gelen her değişme ile değişecektir. İşte şimdi biz, değerin nispi ifadesinin nicel yanı üzerindeki bu gibi değişikliklerin etkisini gözönüne almak zorundayız.

I. Ceketin değeri sabit kalırken, keten bezinin değeri değişmiş olsun.[20] Keten üretimi için gerekli emek-zamanı, diyelim keten yetiştiren toprakta verimsizlik sonucu, iki katına çıkmış olsun, ketenin değeri de iki katı olacaktır. 20 yarda keten bezi = 1 ceket denklemi yerine, 20 yarda keten bezi = 2 ceket denklemini bulacağız, çünkü artık bir ceket, 20 yarda keten bezinde somutlaşan emek-zamanının yalnızca yarısını içerecektir. Öte yandan, diyelim ki, dokuma tezgahlarının gelişmesi sonucu bu emek-zamanı yarı yarıya kısalsın, keten bezinin değeri de yarı yarıya azalacaktır. Böylece, 20 yarda keten bezi = 1/2 ceket [denklemini –ç.] elde edeceğiz. A metaının nispi değeri, yani B metaında ifade edilen değeri, B metaı sabit sayılırsa, A'nın değeri ile doğru orantılı olarak yükselir ve düşer.

II. Ceketin değeri değişirken, keten bezinin değeri sabit kalmış olsun. Bu koşullar altında, örneğin yün üretimindeki verimsizlik nedeniyle, ceket yapımı için gerekli emek-zamanı iki katına çıksın, 20 yarda keten bezi = 1 ceket yerine, 20 yarda keten bezi = 1/2 ceket [denklemini –ç.] yazabileceğiz. Öte yandan, eğer ceketin değeri yarıya düşse, 20 yarda keten bezi = 2 ceket olur. Demek ki, A metaının değeri sabit kalırsa, B metaında ifade edilen nispi değeri, B'nin değeri ile ters orantılı olarak yükselir ve düşer.

I ve II'deki farklı durumları karşılaştırırsak, nispi değerin büyüklüğündeki aynı değişmenin, tamamen karşıt nedenlerden ileri gelebileceğini görürüz. Böylece, 20 yarda keten bezi = 1 ceket, ya keten bezinin değerinin iki katına çıkması, ya da ceketin değerinin yarıya inmesi nedeniyle 20 yarda keten bezi = 2 ceket halini alır; ve keten bezinin değerinin yarıya düşmesi ya da ceketin değerinin iki katına çıkması sonucu da, 20 yarda keten bezi = 1/2 ceket olur.

III. Diyelim ki, keten bezi ile ceketin üretimi için gerekli emek-zamanının niceliği, aynı anda, aynı yönde ve aynı oranda değişsin. Bu durumda 20 yarda keten bezi, değerleri ne kadar değişirse değişsin, 1 cekete eşit olmaya devam eder. Bunların değerlerindeki değişiklik değeri, sabit kalan üçüncü bir meta ile karşılaştırıldığı zaman görülür. Bütün metaların değerleri, aynı anda ve aynı oranda yükselse ya da düşse, bunların nispi değerleri değişmeden kalır. Bunlardaki gerçek değer değişmesi, belli bir süre üretilen metaların niceliklerindeki artma ya da azalma ile anlaşılır.

[20] Burada değer, daha önceki sayfalarda da arasıra olduğu gibi, nicel olarak belirlenen değer, ya da değer-büyüklüğü anlamında kullanılmıştır.

IV. Keten bezi ile ceketin üretimi için gerekli emek-zamanı ve dolayısıyla bu metaların değerleri, aynı anda, aynı yönde, ama değişik oranlarda, ya da karşıt yönlerde, ya da başka biçimlerde değişebilir. Bütün bu olası farklı değişmelerin, bir metaın nispi değeri üzerindeki etkisi, I., II. ve III. durumların sonuçlarından çıkartılabilir.

Demek ki, değerin büyüklüğündeki gerçek değişmeler, ne nispi değer ifadelerinde, ne de nispi değerin büyüklüğünü ifade eden denklemde tam ve kesin olarak yansır. Bir metaın nispi değeri, değeri sabit kaldığı halde değişebilir. Değeri değişse bile nispi değeri sabit kalabilir; ve ensonu, değerin büyüklüğü ile bu değerin nispi ifadesinde aynı zamanda ortaya çıkan değişmelerin miktar olarak birbirlerine tekabül etmeleri gerekmez.[21]

3. *Değerin Eşdeğer Biçimi*

A metaının (keten bezi), farklı türden bir metaın (ceket) kullanım-değeriyle ifade edilirken, aynı zamanda ikinci metaya özgül bir değer-biçimi, yani eşdeğer biçimi verdiğini görmüş bulunuyoruz. Keten bezi metaı bir değere sahip bulunma niteliğini, ceketin kendi maddi biçiminden farklı bir değer-biçimine girmeden, keten bezine eşitlenmesiyle ortaya koyar. Keten bezi, kendisinin bir değer olduğunu, doğrudan doğruya ceket ile değişilebilir olması ile ifade etmiş olur. Bir metaın eşdeğer biçimde olduğunu söylerken, demek ki, onun diğer metalar ile değişilebilir olduğunu ifade etmiş oluyoruz.

Ceket gibi bir meta, keten bezi gibi başka bir meta için eşdeğer

[21] Değerin büyüklüğü ile nispi ifadesi arasındaki bu aykırılığı her zamanki kaynakları ile vülger iktisatçılar kendi görüşleri doğrultusunda istismara çalışmışlardır. Örneğin: "A'nın, karşılığında değişildiği B'nin değeri yükseldiği ve aynı zamanda A'ya daha az emek harcanmadığı halde, A'nın değerinin düştüğünü kabul ederseniz, genel değer ilkeniz yere serilmiş olur. ... Eğer o [Ricardo], A'nın değerinin B'ye oranla yükseldiğini, B'nin değerinin A'ya oranla düştüğünü kabul ederse, bir metaın değerinin her zaman kendisinde somutlaşan emekle belirlendiğini öne süren kendi yüce önermesini dayandırdığı temeli yıkmış olur; çünkü, eğer A'nın maliyetindeki bir değişme, yalnızca değişildiği B ile ilişkisi yönünden kendi değerinde bir değişiklik yapmakla kalmaz. B'nin üretimi için gerekli emek miktarında bir farklılık olmadığı halde, A ile ilişkisi yönünden B'nin değerini de değiştirir: Böylece, bir nesnenin değerinin, ona harcanan emek miktarı ile belirlendiğini öne süren öğreti yere serilmekle kalmaz, bir malın maliyetinin onun değerini belirlediğini savunan öğreti de yıkılmış olur." (J. Broadhurst, *Political Economy,* London 1842, s. 11 ve 14.)

Bay Broadhurst şöyle de diyebilirdi: $^{10}/_{20}$, $^{10}/_{50}$, $^{10}/_{100}$ vb. kesirlerini ele alalım, 10 sayısı değişmiyor ama nispi büyüklükleri, 20, 50, 100 vb. sayılarına oranla durmadan küçülüyor. Öyleyse, 10 gibi bir tam sayının büyüklüğü, kendisindeki ünitelerin sayısıyla "belirlenir" diyen büyük ilke de yere serilmiş olur. [Yazar, bu bölümün dördüncü kesiminde s. 80-81, dipnot 2'de [bu baskıda, s. 90, dipnot 33'te] "vülger ekonomi" deyiminden ne anladığını açıklamaktadır. *–F. E.*]

hizmetini görüyorsa, ve dolayısıyla ceketler, keten bezi ile doğrudan doğruya değişebilir olmak gibi karakteristik bir özellik kazanıyorlar ise, biz, bu iki metaın hangi oranlarda değişebildiğini bilmekten uzağız. Keten bezinin değeri büyüklük olarak verildiğinden, bu oran ceketin değerine bağlıdır. İster ceket eşdeğer, keten bezi nispi değer olsun, ya da keten bezi eşdeğer, ceket nispi değer olsun, ceketin değerinin büyüklüğü, değer-biçiminden bağımsız olarak, üretimi için gerekli emek-zamanı ile belirlenir. Ama ceket, ne zaman ki, değer denkleminde eşdeğer durumuna girerse, kendi değeri nicel bir ifadeye sahip değildir; tersine, ceket metaı, şimdi yalnızca belirli nicelikte bir mal olarak hesaba katılır. Örneğin, 40 yarda keten bezinin değeri nedir? 2 ceket. Burada ceket metaı eşdeğer rolü oynadığı için ve kullanım-değeri ceket, keten bezinin karşısında, değerin somutlaşması olarak sayıldığı için, keten bezindeki belirli nicelikteki değeri ifade etmek için belirli sayıda ceket yeter. Demek ki, iki ceket, 40 yarda keten bezinin değer niceliğini ifade edebilir ama, kendi değer niceliğini asla ifade edemez. Bu gerçeği, yani değer denkleminde, herhangi bir malın, herhangi bir kullanım-değerinin basit niceliği olarak eşdeğer sayılar gerçeğini yüzeysel bir gözlemleme, kendisinden önce ve sonra gelenleri olduğu gibi Bailey'i de, değer ifadesini yalnızca nicel bir ilişki gibi görme yanılgısına götürdü. Oysa, gerçekte, bir meta eşdeğer durumunda ise, değerinin nicel olarak belirlenişi ifade edilmez.

Eşdeğer biçimini incelerken gözümüze ilk çarpan şey şudur: Kullanım-değeri, karşıtının, yani değerin, kendini belli ediş biçimi, görünürdeki biçimidir.

Metaın maddi biçimi, onun değer-biçimi halini alır. Ama, dikkat edilsin, bu, *quid pro quo,** bir B metaının yalnızca başka bir A metaı ile bir değer-ilişkisi içersine girmesi halinde ve yalnızca bu ilişkinin sınırları içersinde vardır. Hiçbir meta, kendisi ile eşdeğerlik ilişkisi içine giremeyeceği ve böylece kendi maddi biçimini kendi değerinin ifadesi haline getiremeyeceği için, her metaın eşdeğer olarak başka bir meta seçmesi, ve onun kullanım-değerini, yani maddi biçimini, kendi değer-biçimi olarak kabul etmesi gerekir.

Metalara, maddi özler, kullanım-değerleri olarak uygulayacağımız ölçülerden birisi, bu noktayı aydınlatmaya yarayacaktır. Bir kesmeşeker cisim olduğu için ağırdır, ve bu nedenle bir ağırlığı vardır: ama biz bu ağırlığı ne görebiliriz, ne de ona dokunabiliriz. Sonra, ağırlıkları önceden saptanan çeşitli demir parçaları alalım. Demir, demir olarak bir kesmeşekerden daha fazla ağırlığın görünüş biçimi değildir. Ne var ki, şekerin şu kadar ağırlığı olduğunu

* Bir şeyin, bir başka şeyin yerini tutması. –ç.

ifade etmek için, onunla demir arasında bir ağırlık ilişkisi kurarız. Bu ilişkide demir, ağırlıktan başka hiçbir şey temsil etmeyen bir cisim olarak iş görür. Bu nedenle, belli bir nicelikte demir, şekerin ağırlığının ölçülmesine yarar ve kesmeşeker ile ilişkisinde, ağırlığın somutlaşmasını, ağırlığın ortaya çıkış biçimini temsil eder. Demir, bu rolü ancak bu ilişki içersinde, ağırlığı belirlenecek olan şekerin ya da herhangi bir cismin demir ile girmiş olduğu ilişki içersinde oynar. Her ikisi de ağırlık olmasaydı, bu ilişki içine giremezlerdi ve biri ötekinin ağırlık ifadesi olarak işe yarayamazdı. Her ikisini de teraziye koyduğumuz zaman, ağırlık olarak her ikisinin de aynı olduğunu ve bunun için de belirli oranlarda alındıkları zaman, aynı ağırlıkta olduklarını gerçekten görürüz. Nasıl demir maddesi bir ağırlık ölçüsü olarak şekerle ilişkisinde yalnız ağırlığı temsil ederse, bizim değer ifademizde de ceket maddi nesnesi, keten bezi karşısında yalnızca değeri temsil eder.

Ne var ki, benzeşme burada sona erer. Demir, şekerin ağırlık ifadesinde, her iki cisimde de ortak doğal bir özelliği, yani ağırlıklarını temsil eder; ama keten bezinin değer ifadesinde ceket, her ikisi için de doğal olmayan bir özelliği, tamamen toplumsal bir şeyi, yani değerlerini temsil eder.

Bir metaın —örneğin keten bezinin— nispi değer-biçimi, bu metaın değerini kendi maddesi ve özelliklerinden tamamen farklı bir şey olarak, örneğin ceket gibi bir şey olarak ifade edildiği için, bu ifadenin kendisinin, onun altında yatan toplumsal bir ilişkiyi gösterdiğini görürüz. Eşdeğer biçimde ise tam tersidir. Bu biçimin asıl özü, maddi metaın kendisidir —cekettir—, ve bu haliyle değer ifade eder, ve değer-biçimini doğadan almıştır. Kuşkusuz bu, yalnızca ceketin, keten bezi ile eşdeğer durumda bulunduğu değer-ilişkisi varolduğu sürece geçerlidir.[22] Bununla birlikte, bir şeyin özellikleri, o şeyin başka şeylerle ilişkilerinin sonucu olmadığına göre, yalnızca kendilerini bu gibi ilişkiler içersinde belli ettiklerine göre, ceketin aldığı eşdeğer biçim, doğrudan değişilebilir bir şey olma özelliği, doğanın vermiş olduğu ağırlığı olmak ya da bizi ısıtmak kadar bir özelliktir. Bunun için, eşdeğer biçiminin bu karışık niteliği, bu biçim tamamen gelişip para biçiminde onların karşısına çıkana kadar, burjuva ekonomi-politikçilerin dikkatlerinden kaçıyor. Bundan sonra da, altın ve gümüşün gizemli niteliğini, bunların yerine daha az gözkamaştıran metaları koyarak ve, şu ya da bu zamanda eşdeğer rolü oynamış her türlü metaı tam bir gönül ra-

[22] Hegel'in yansıma-kategorisi dediği bu gibi genel ilişki ifadeleri çok garip bir sınıf oluştururlar. Örneğin, bir adam, yalnızca, başka insanlar ona göre uyruk durumunda oldukları için kraldır. Ötekiler ise, tersine, o, kral olduğu için kendilerini uyruk sayarlar.

hatlığıyla sayıp dökerek açıklamaya çalışıyorlar. 20 yarda keten bezi = 1 ceket gibi çok basit bir değer ifadesinin, eşdeğer bilmecesinin, çözümünü zaten içinde taşıdığını bunlar akıllarının ucuna bile getirmiyorlar.

Eşdeğer ödevini gören metaın maddesi, soyut insan emeğinin maddeleşmiş görünüşüdür ve aynı zamanda özgül olarak yararlı somut emeğin ürünüdür. Bu somut emek, bu yüzden, soyut insan emeğinin ifade edilmesi için bir araç oluyor. Eğer, bir yandan, ceket soyut insan emeğinin maddeleşmesinden başka bir şey değilse, öte yandan onda somutlaşan terzilik de, bu soyut emeğin gerçekleşme biçiminden başka bir şey değildir. Keten bezinin değer ifadesinde, terziliğin yararlılığı, elbise yapmasında değil, hemen ilk bakışta değer olduğunu farkettiğimiz bir nesne meydana getirmesinde ve dolayısıyla donmuş bir emek olmakla birlikte, bu emeğin, keten bezinin değerinde gerçekleşen emekten ayırdedilebilir olmasındadır. Değerin böyle bir aynası olma görevini yapabilmesi için, terzilik emeğinin genel olarak insan emeği olma somut niteliğinden başka bir şeyi yansıtmaması gerekir.

Terzilikte olduğu gibi dokumacılıkta da insan emek-gücü harcanmıştır. Bu nedenle her ikisi de, insan emeği olma genel özelliğine sahiptir ve böylece de bazı durumlarda, değer üretilmesinde olduğu gibi yalnız bu yönüyle dikkate alınmalıdır. Bunda gizemli hiçbir yan yoktur. Ama değer ifadesinde durum büsbütün farklıdır. Örneğin, dokumacılığın, kendisi dokumacılık olduğu için değil de, insan emeği olma genel özelliği nedeniyle, keten bezinin değerini yaratması olgusu nasıl ifade edilebilir? Dokumacılığın karşısına, onun ürünün eşdeğerini üreten, başka bir özel somut emek biçimini (örneğimizde terziliği) koymak suretiyle ifade edilir. Tıpkı ceketin maddi biçimi içinde, doğrudan doğruya değer ifadesi halini alması gibi, şimdi de somut emek biçimi terzilik, genel anlamda insan emeğinin düpedüz ve elle dokunulur maddeleşmesidir.

Demek ki, eşdeğer biçimin ikinci özelliği, somut emeğin, kendi karşıtının, yani soyut insan emeğinin ortaya çıkış biçimi halini almasıdır.

Ancak, bu somut emek, bizim örneğimizde terzilik, farklılaştırılmamış insan emeğiyle doğrudan tanındığı için herhangi türden bir emekle eşdeğerdir ve bu nedenle keten bezinde somutlaşmış emekle de bir ve aynıdır. Bütün diğer meta üreten emekler gibi bireylerin özel emekleri olmakla birlikte, aynı zamanda doğrudan doğruya toplumsal nitelikte emektir. Öteki metalarla doğrudan değişilebilen bir üründe sonuç vermesinin nedeni budur. Öyleyse, eşdeğer biçimin üçüncü bir özelliği daha ortaya çıkıyor: Bireylerin özel emekleri, karşıtlarının biçimini, yani doğrudan doğruya toplumsal emeğin biçimini alıyor.

Eşdeğer biçimin son iki özelliği, düşüncede de olsa, toplum, doğa gibi birçok biçimi, ve bunlar arasında değer-biçimini de ilk kez tahlil eden o büyük düşünüre dönersek, daha anlaşılır hale gelecektir. Aristoteles'i kastediyorum.

İlkin, o, metaların para-biçiminin, yalnızca, değerin basit biçiminin daha ileri bir gelişmesi olduğunu, yani bir metaın değerinin, gelişigüzel alınan başka bir meta ile ifadesi olduğunu açıkça söylüyor; çünkü,

"5 yatak = 1 ev"

("χλιναι πεντε αντι οιχιαζ")

ifadesinin

"5 yatak = şu kadar para"

("χλιναι πεντε αντι ... οσον αι πεντε χλιναι")

ifadesinden ayırdedilemeyeceğini söylüyor.

Aristoteles, ayrıca bu değer ifadesine yolaçan değer-ilişkisinin, evin nitel bakımdan yatağa eşitlenmesini gerektirdiğini, böyle bir eşitleme olmaksızın bu iki farklı şeyin, ölçülebilir nicelikler olarak birbirleriyle karşılaştırılmalarının olanaklı olamayacağını da görüyor. "Eşitlik olmadan değişim, ortak bir ölçü ile ölçülebilme olmadan eşitlik olamaz." ("οντ' ισοτης μη ουσης συμμετριας") diyor. Ne var ki, Aristoteles bu noktada duruyor, değer-biçiminin tahlilini daha ileri götürmekten vazgeçiyor. "Bununla birlikte, bu kadar farklı şeylerin, aynı ölçü ile ölçülebilir olmaları gerçekte olanaklı-değildir." "τη μεν αληθεια αδυνατον" diyor. Yani nitel bakımdan eşit olmaları olanaklı değildir, diyor. Böyle bir eşitleme, eşyanın gerçek niteliğine yabancı bir şeydir ve dolayısıyla, ancak "pratik amaçlar için geçici bir çare" olabilir.*

Aristoteles, böylece, tahlile devam etme yolunu tıkayan şeyin ne olduğunu kendisi söylüyor, onu devamdan alıkoyan şey, değer kavramından yoksunluktur. Bu ortak şey, yatakların değerinin bir evin değeri ile ifade edilmesini sağlayan bu ortak öz nedir? Aristoteles, böyle bir şey gerçekte varolmaz diyor. Ama niçin? Yataklar ile karşılaştırmada ev, onlara eşit bir şeyi temsil ediyor; böylece hem yataklarda hem evde gerçekten eşit olan bir şey temsil edilmiş oluyor. Ve bu — insan emeğidir.

Bununla birlikte, Aristoteles'i metalara değer atfetmenin, aslında, her emeği eşit insan emeği olarak ve bunun sonucu da eşit

* Marx, burada, Aristoteles'in *Ethica Nicamachea* adlı yapıtını anıyor. Bkz: *Aristoteles opera ex recensione Immanuelis Bekkeri*, Bd. 9, Oxinii 1837, s. 99-100. *–Ed.*

nitelikte emek olarak ifade etmenin bir biçimi olduğunu farketmekten alıkoyan önemli bir gerçek vardı. Bunun doğal temeli, Yunan toplumu kölelik üzerine kurulduğu için, insanların ve onların emek-güçlerinin eşitsizliğiydi. Değer ifadesinin sırrı, yani her tür emeğin genel anlamda insan emeği oldukları için eşit ve eşdeğer bulunmaları, insanların eşitliği düşüncesi, halkın önyargıları arasında yerleşmedikçe çözümlenemez. Bu, ancak, emek ürününün büyük kütlesinin meta biçimini aldığı ve bunun sonucu olarak da, metaların, insanla insan arasında, meta sahipleri arasında egemen ilişki halini aldığı bir toplumda olanaklıdır. Yalnızca metaların değeri ifadesinde bir eşitlik ilişkisi bulmuş olması bile, Aristoteles'in dehasının parlaklığını göstermektedir. Bu eşitliğin temelinde "gerçekte" ne bulunduğunu ortaya çıkarmaktan onu alıkoyan tek şey, içinde yaşadığı toplumun özel koşullarıdır.

4. *Bir Bütün Olarak Değerin Basit Biçimi*

Bir metaın değerinin basit biçimi, başka türden bir meta ile olan değer-ilişkisini, ya da aynı türden bir meta ile değişim-ilişkisini ifade eden denklemde bulunur. A metaı, nitel olarak, B metaı ile doğrudan değişilebilir olması gerçeği ile ifade edilir. Nicel olarak değeri, B'nin belirli bir niceliğinin A'nın belirli bir niceliği ile değişilebilir olması ile ifade edilir. Başka bir deyişle, bir metaın değeri, değişim-değeri biçimini almakla bağımsız ve belirli bir ifadeye kavuşur. Bu bölümün başında, günlük konuşma diliyle, bir metaın hem kullanım-değeri hem de değişim-değeri olduğunu söylememiz, doğrusunu söylemek gerekirse, yanlıştı. Bir meta, bir kullanım-değeri ya da yararlılık nesnesi, ve bir değerdir. Meta, kendisini, bu iki yanı ile, değeri, bağımsız biçimini, yani değişim-değeri biçimini alır almaz gösterir. Yalıtılmış halde bu biçimi hiçbir zaman almaz; ama ancak farklı türden başka bir meta ile, bir değer ya da değişim-ilişkisi içine girince bu biçime bürünür. Biz bunu bildikten sonra, bu anlatım şeklinin zararı olmaz ve ancak kısaltmak bakımından yararı vardır.

Tahlilimiz, bir metaın değerinin biçimi ya da ifadesinin, değerin niteliğinden doğduğunu, yoksa bu değer ile değer büyüklüğünün, değişim-değeri olarak ifade edilme biçiminden ortaya çıkmadığını göstermiştir. Ne var ki bu, merkantilistler ile bunların yakın zamandaki izleyicileri Ferrier, Ganilh[23] ve benzerlerinin olduğu

[23] F. L. A. Ferrier (gümrük müfettiş muavini), *Du gouvernement considéré dans ses rapports avec le commerce,* Paris 1805; ve Charles Ganilh, *Des systèmes d'économie politique,* 2. baskı, Paris 1821.

kadar, bunların karşıtlarının, Bastiat gibi modern serbest ticaret işportacılarının yanıldıkları nokta olmuştur. Merkantilistler, değer ifadesinin nitel yönüne özel bir ağırlık vermişler ve bunun sonucu, en yetkin biçimini parada bulan, metaların eşdeğer biçimi üzerinde durmuşlardır. Öte yandan, mallarını ne pahasına olursa olsun elden çıkartmamak zorunda olan modern serbest ticaret işportacıları, değerin nispi biçiminin nicel yanına çok büyük bir önem vermişlerdir. Bunlar için metaların değişim-ilişkisinde, yani günlük cari fiyat listesinde ifade edilenin dışında, ne değer vardır, ne de değer büyüklüğü. Lombard Street'in karmakarışık fikirlerine, pek ince bir bilimsellik içinde çekidüzen vermeyi üzerine alan Macleod, batıl inançlı merkantilistler ile çokbilmiş serbest ticaret işportacıları arasında başarılı bir aracı olmuştur.

A ile B arasındaki değer-ilişkisini ifade eden denklemde, A'nın B cinsinden değer ifadesinin yakından incelenmesi, bu ilişki içersinde, A'nın maddi biçiminin yalnızca kullanım-değeri olarak, B'nin maddi biçiminin yalnızca değer-biçimi ya da yanı olarak yeraldığını bize göstermiş bulunuyor. Her meta içersinde varolan kullanım-değeri ile değer arasındaki karşıtlık ya da zıtlık, iki metaın birbirleri ile böyle bir ilişki içine girmesiyle, yani değeri ifade edilecek metaın, doğrudan doğruya yalnız kullanım-değeri, bu değerin kendisi ile ifade edileceği meta ise, doğrudan doğruya yalnız değişim-değeri olarak yeraldığı zaman açığa çıkmış olur. Böylece, bir metaın değerinin basit biçimi, bu metaın içerdiği kullanım-değeri ile değer arasındaki karşıtlığın ortaya çıktığı basit biçimdir.

Emeğin her ürünü, her toplumsal durumda, bir kullanım-değeridir; ama ancak bir toplumun gelişmesinin belirli bir tarihsel çağında bu ürün, meta halini alır; bu çağ, yararlı bir nesnenin üretimi için harcanan emeğin, bu nesnenin nesnel niteliklerinden birisi, yani onun değeri olarak ifade edildiği çağdır. Bundan şu sonuç çıkar ki, basit değer-biçimi, aynı zamanda, bir emek ürününün, tarih içinde meta olarak ortaya çıktığı ilkel biçimdir, ve bu ürünlerin metalara dönüşmesi, değer-biçiminin gelişmesi ile *pari passu** ilerler.

Değerin basit biçiminin eksikliklerini ilk bakışta fark ederiz: O, fiyat-biçimi halinde olgunlaşana kadar, bir dizi değişimden geçmesi gereken bir tohumdan başka bir şey değildir.

A metaının değerinin, herhangi bir başka B metaı ile ifadesi, ancak A'yı değer-biçimi ve kullanım-değeri olarak ayırdeder, ve bu nedenle A'yı, kendisinden farklı tek bir meta ile, B ile değişim-ilişkisi içersine sokar; ama hâlâ A'nın bütün metalara göre nitel

* Aynı hızla. –ç.

eşitliği ve nicel oranlılığı ifade edilmekten uzaktır. Bir metaın basit nispi değer-biçimine, başka bir metaın tek bir eşdeğer biçimi tekabül eder. Böyle olunca, keten bezinin değerinin nispi ifadesinde, ceket, bu tek meta ile, keten bezi ile ilişki halinde olması nedeniyle, eşdeğer biçimine, ya da doğrudan değişilebilme biçimine sahip olur.

Ne var ki, değerin basit biçimi, kolay bir geçişle daha tam bir biçime geçer. Basit biçim aracılığı ile A metaının değerinin, yalnızca tek bir başka meta ile ifade edildiği doğrudur. Ancak, bu öteki tek meta, herhangi bir şey, ceket, demir, buğday ya da başka bir şey olabilir. Bunun için, A ile, şu ya da bu meta arasında ilişki kurmakla, bir ve aynı meta için farklı basit değer ifadesi elde ederiz.[24] Bu metaın olabilecek değer ifadelerinin sayısı, ancak kendisinden farklı meta türlerinin sayısı ile sınırlıdır. Bu nedenle, A'nın yalıtılmış değer ifadesi, bu değerin farklı basit ifadelerinin istenilen uzunluktaki bir dizisine çevrilebilir.

B. TOPLAM YA DA GENİŞLEMİŞ DEĞER-BİÇİMİ

z kadar A metaı = *u* kadar B, ya da = *v* kadar C, ya da = *w* kadar D, ya da = *x* kadar E, ya da = vb..

(20 yarda keten bezi = 1 ceket, ya da = 10 libre çay, ya da = 40 libre kahve, ya da = 1 kile buğday, ya da = 2 ons altın, ya da = 1/2 ton demir, ya da = vb..)

1. *Genişlemiş Nispi Değer-Biçimi*

Tek bir metaın değeri, örneğin keten bezinin değeri, şimdi, metalar dünyasının sayısız başka unsurlarıyla ifade edilmektedir. Öteki her metaın değeri, şimdi keten bezinin değerinin aynası haline gelmiştir.[25] Böylece, ilk kez, bu değer, kendisini, farklılaşmamış

[24] Örneğin Homeros'ta bir şeyin değeri, birbirinden farklı bir dizi şeyle ifade edilir. II., VII. 472-475.

[25] Bu nedenle, değer, ceketle ifade edildiği zaman keten bezinin ceket-değerinden, buğdayla ifade edildiği zaman buğday-değerinden vb. sözedebiliriz. Bu ifadelerin her biri, bize, kullanım-değerinde görülen şeyin, ceketin, buğdayın vb. keten bezinin değeri olduğunu anlatmış oluyor. "Her metaın değeri, onun değişimdeki ilişkisini gösterdiğinden, kıyaslandığı metaya göre ... buğday-değeri, kumaş-değeri ... diyebiliriz; öyleyse, binlerce farklı türden değer, dünyada ne kadar meta varsa o kadar çeşitli değer olduğu gibi, bunların hepsi de aynı derecede gerçek hem de aynı derecede itibaridir." (*A Critical Dissertation on the Nature, Measure, and Causes of Value: Chiefly in Reference to the Writings of Mr. Ricardo and His Followers. By the Author of Essays on the Formation, etc., of Opinions,* London 1825, s. 39.) Zamanında İngiltere'de epeyce gürültü koparan bu adsız yapıtın yazarı S. Bailey, bir ve aynı değerin çeşitli nispi ifadelerine böylece işaret etmekle, değer kavramının belirlen-

insan emeğinin donmuş hali olarak gerçek yüzüyle göstermiş oluyor. Çünkü kendisini yaratan emeğin, hangi biçimde olursa olsun, ister terzilik, ister çiftçilik, madencilik vb. biçiminde olsun, her türlü insan emeği ile eşit durumda olduğu ve bu nedenle de, cekette, buğdayda, demirde ya da altında somutlaşmasının hiçbir önemi olmadığı apaçık ortaya çıkmış oluyor. Keten bezi, değer-biçimi aracılığıyla şimdi artık tek bir meta ile değil, bütün metalar alemiyle toplumsal ilişki içersine girmiş oluyor. Meta olarak o, artık dünya yurttaşıdır. Aynı zamanda, değerin bitmez tükenmez denklemleri dizisi, kullanım-değerinin, hangi özel biçimi ya da türü altında olursa olsun, bir fark gözetmeksizin, metaın değerini gösterir.

İlk biçimde, 20 yarda keten bezi = 1 ceket ifadesinde, bu iki metaın belirli niceliklerde değişilebilir olması salt raslansal olabilir. İkinci biçimde, bunun tersine, derhal, bu raslansal görünüşü belirleyen ve onda esasta farklı olan temeli görürüz. Ceketle de, kahveyle de, demirle de ya da sayısız farklı metalarla da ifade edilse, bu metaların sahipleri, çok farklı insanlar da olsa, keten bezinin değeri, büyüklük olarak değişmeden kalır. Meta sahibi iki birey arasındaki raslansal ilişki kaybolur. Bunların değerlerinin büyüklüğünü düzenleyen şeyin, metaların değişimi olmadığı açık-seçik hale gelir; ama tersine, bunların değişim oranlarını denetleyen şey, bunların değerlerinin büyüklükleridir.

2. *Özel Eşdeğer Biçimi*

Ceket, çay, buğday, demir vb. gibi her meta, keten bezinin değer ifadesinde bir eşdeğer olarak ve dolayısıyla da değer olan bir şey olarak yeralır. Bu metaların her birinin maddi biçimi, şimdi artık birçok meta içinde tek bir özel eşdeğer biçimdir. Aynı şekilde, bu farklı metalarda somutlaşan emeğin çok yanlı somut yararlı türleri, şimdi artık farklılaşmamış insan emeğinin bu çok farklı gerçekleşme biçimleri ya da ortaya çıkış biçimleri kadar kendini gösterir.

3. *Toplam ya da Genişlemiş Değer-Biçiminin Eksiklikleri*

İlkönce, değerin nispi ifadesi, onu temsil eden dizinin sonsuz olması nedeniyle noksandır. Her değer denkleminin bir halkasını oluşturduğu zincir, her yeni bir meta türünün ortaya çıkması ve

mesinin olanaksızlığını tanıtladığını sanır. Kendi görüşleri ne kadar dar olursa olsun, Ricardo'cu teorinin bazı ciddi kusurlarına parmak basmış olması, Ricardo'nun izleyicilerinin kendisine karşı giriştikleri düşmanca saldırılardan da anlaşılır. Örneğin *Westminster Review*'a bakınız.

değerin yeni bir ifadesi için malzeme sağlamasıyla her an uzayabilir. İkinci olarak, birbirinden farklı ve bağımsız değer ifadelerinin oluşturdukları alacalı-bulacalı bir mozaik görünümündedir. Ensonu, her metaın nispi değeri, sırayla bu genişlemiş biçim içinde ifade edilirse —ki böyle olması gerekir—, bunların her biri için birbirinden farklı bir nispi değer elde ettiğimiz gibi, değer ifadeleri dizisi sonsuza doğru uzar gider. Bu genişlemiş nispi değer-biçiminin eksikleri, buna tekabül eden eşdeğer biçimde yansırlar. Her tek metaın maddi biçimi, sayısız meta arasında yalnız bir tane özel eşdeğer olduğu için, bütün olarak ancak her biri diğerini dıştalayan parça parça eşdeğer biçimler elde etmiş oluruz. Aynı şekilde, her özel eşdeğerde maddeleşmiş, özel, somut, yararlı emek türü, yalnızca özel türde emek olarak temsil edilmiştir ve bunun için de genel olarak insan emeğinin eksiksiz bir temsilcisi değildir. İnsan emeği, gerçekte, çok yanlı özel ve somut biçimlerin bütünlüğü içinde, eksiksiz bir ifadeye kavuşur. Ama o zaman da, sonsuz dizi içindeki ifade daima noksan ve birlikten yoksun olacaktır.

Genişlemiş nispi değer-biçimi, basit nispi değer ifadelerinin veya ilk türdeki denklemlerin toplamından başka bir şey değildir; yani:

20 yarda keten bezi = 1 ceket
20 yarda keten bezi = 10 libre çay, vb. gibi.

Bunların her biri, tarafların yer değiştirdiği denklemler anlamına da gelir:

1 ceket = 20 yarda keten bezi
10 libre çay = 20 yarda keten bezi, vb..

Gerçekten de, bir kimse keten bezini başka birçok meta ile değişir ve malının değerini bu bir dizi öteki metalar ile ifade ettiği zaman, bu metaların değişik sahiplerinin de mallarını keten bezi ile değişmeleri ve bu çeşitli metaların değerini, tek ve aynı üçüncü meta ile, yani keten bezi ile ifade etmeleri gerekir. Bu durumda diziyi tersine çevirir, 20 yarda keten bezi = 1 ceket, ya da = 10 libre çay vb. şekline sokarsak, yani dizide zaten görülen ters ilişkiyi ifade edersek şu sonuca ulaşırız:

C. DEĞERİN GENEL BİÇİMİ

1 ceket	=	20 yarda keten bezi
10 libre çay	=	
40 libre kahve	=	
1 kile buğday	=	
2 ons altın	=	
½ ton demir	=	
x kadar A metaı vb.	=	

1. *Değer-Biçiminin Değişmiş Niteliği*

Bütün metalar, artık değerlerini, (1) tek bir meta ile olduğu için, basit bir biçimde; (2) bir ve aynı meta ile olduğu için birlik halinde ifade etmektedirler. Bu değer-biçimi, hepsi için aynı ve basit olduğundan geneldir.

A ve B biçimleri, ancak bir metaın değerini, onun kullanım-değerinden ya da maddi biçiminden farklı bir şey olarak ifade etmek için uygundu.

Birinci biçim A, şöyle denklemler verir: 1 ceket = 20 yarda keten bezi, 10 libre çay = ½ ton demir. Burada ceketin değeri, keten bezine, çayın değeri demire eşitlenmiştir. Ama önce keten bezine eşitlemek ve tekrar demire eşitlemek, keten bezi ile demirin farklı olduğu kadar farklı şeylerdir. Bu biçim, açıktır ki, pratikte, ancak emek ürünleri raslansal ve gelişigüzel değişimlerle metalara dönüştüklerinde, ilk başlangıçta olur.

İkinci biçim B, bir metaın değerini onun kullanım-değerinden, birincisinden daha uygun bir tarzda ayırdeder; çünkü burada ceketin değeri, olanaklı olan bütün biçimler altında ceketin maddi biçimine karşıt olarak konmuştur; keten bezine, demire, çaya, kısacası kendisi dışında, ceket dışında, her şeye eşitlenmiştir. Öte yandan, hepsinde ortak herhangi bir genel değer ifadesi doğrudan dıştalanmıştır; çünkü her metaın değer denkleminde, bütün öteki metalar şimdi, yalnızca eşdeğerler biçiminde görülür. Genişlemiş değerbiçiminin ilk kez gerçek olarak ortaya çıkışı, özel bir emek ürününün, diyelim sığır sürüsünün artık ayrıksın değil de olağan bir biçimde, öteki çeşitli metalar ile değişilmeye başlanması ile olur.

Üçüncü ve son olarak gelişmiş biçim, bütün metalar dünyasındaki değerleri, bu amaç için seçilmiş tek bir meta ile, yani keten bezi ile ifade eder ve böylece bunların değerlerini, bize, keten bezi ile eşitliği aracılığıyla bildirir. Şimdi artık her metaın değeri ketene eşitlenmekle, yalnızca kendi kullanım-değerinden ayrılmakla kalmaz, genellikle bütün öteki kullanım-değerlerinden de farklılaştırılmış olur ve işte bu nedenle bütün metalarda ortak olan bir şeyle ifade edilir. Bu biçim ile metalar, ilk kez birbirleriyle değer olarak ilişki içersine sokulmuştur, ya da değişim-değeri görünüşüne bürünmüşlerdir.

İlk iki biçim, her metaın değerini, ya farklı türden tek bir meta ile ya da böyle birçok metaın bir dizisi ile ifade eder. Her iki durumda da, kendi değeri için bir ifade bulması, sözgelişi, her metaın özel işiydi ve bunu ötekilerin yardımı olmaksızın yapıyordu. Bu ötekiler, ilkine göre pasif eşdeğer rolünde idiler. Değerin genel biçimi C, tüm meta aleminin ortak hareketinden, bir tek bundan kaynaklanır. Bir meta, genel değer ifadesini ancak tüm öteki metalar ile kazanır ve aynı anda bu metaların değerleri de aynı eşdeğerde ifadesini bulmuş olur; ve her yeni meta aynı yolu izlemek zorundadır. Böylece şu gerçek ortaya çıkar ki, metaların değer olarak varlığı tamamen toplumsal olduğu için, bu toplumsal varlık ancak kendi toplumsal ilişkilerinin toplamıyla ifade edilebilir ve bunun sonucu olarak değerlerinin biçiminin, toplumsal olarak kabul edilen bir biçim olması zorunludur.

Keten bezine eşitlenen bütün metalar, şimdi artık yalnızca genel değerler olmaları yönünden nitelikçe eşit olmakla kalmazlar, aynı zamanda büyüklükleri karşılaştırılabilir duruma gelirler. Değerlerinin büyüklüğü bir ve aynı maddeyle, keten beziyle ifade edilmekle, bu büyüklükler de birbirleri ile karşılaştırılabilirler. Örneğin, 10 libre çay = 20 yarda keten bezi, ve 40 libre kahve = 20 yarda keten bezi olursa, 10 libre çay = 40 libre kahve olur. Şöyle de söyleyebiliriz, 1 libre kahvede, 1 libre çayda bulunanın ancak $1/4$'ü kadar değer özü —emek— vardır.

Tüm metalar alemini kapsayan nispi değerin genel biçimi, geri kalanların içinden seçilip ayrılan ve kendisine eşdeğer rolü verilen tek bir metaı —burada keten bezini—, evrensel eşdeğer haline getirir. Keten bezinin maddi biçimi, şimdi artık, bütün metaların değerlerinde ortak bir biçime bürünmüştür; ve bunun için de hepsiyle ve her biriyle değişilebilir duruma gelmiştir. Keten bezinin maddesi, her türlü insan emeğinin görülür duruma gelmesi, toplumsal kozası durumuna gelmesidir. Belli bir mal, keten bezi üreten belli özel bireyin emeği olan dokumacılık, sonuçta, toplumsal bir niteliğe, bütün öteki türden emeklerle eşit bir niteliğe bürünmüş oluyor. Genel değer-biçimini meydana getiren sayısız denklemler, keten bezinde somutlaşan emeği, öteki bütün metalarda somutlaşanlara eşit kılıyor ve böylece dokumacılığı, ayırdedilmemiş insan emeğini, genel görünüm biçimi haline sokuyor. Bu yolla, metaların değerlerinde gerçekleşen emek, fiilî işin her türlü somut şekli ile yararlı özelliklerinden soyutlanmış bir emek olarak yalnızca olumsuz yönüyle gösterilmiş olmaz, ama olumlu niteliğinin de açıkça kendisini göstermesi saptanmış olur. Genel değer-biçimi, her türlü fiilî emeğin, hepsinde bulunan ortak özelliğe, yani genel insan emeği, ve insan emek-gücünün harcanması olma niteliğine indirgenmesidir.

Bütün emek ürünlerini, ayırdedilmemiş insan emeğinin donması olarak gösteren genel değer-biçimi, metalar aleminin toplumsal özeti olduğunu bizzat kendi yapısı ile gösterir. Bu biçim, sonuç olarak, açıkça ortaya koymaktadır ki, metalar aleminde her emeğin sahip olduğu niteliğin *insan* emeği olması, onun özgül toplumsal niteliğini oluşturmaktadır.

2. Değerin Nispi Biçimi ile Eşdeğer Biçiminin Birbirine Bağlı Gelişmesi

Değerin nispi biçiminin gelişme derecesi, eşdeğer biçiminin gelişme derecesine tekabül eder. Ama şurasını da unutmamak gerekir ki, ikincinin gelişmesi, birincinin gelişmesinin yalnızca sonucu ve ifadesidir.

Bir metaın değerinin birincil ya da yalıtık nispi biçimi, bir diğer metaı yalıtık bir eşdeğer haline getirir. Bir metaın değerinin tüm öteki metalarla ifadesi demek olan nispi değerin genişletilmiş biçimi, bu öteki metalara, farklı türden özel eşdeğer nitelikler verir. Ve son olarak, metaın özel bir türü, tüm öteki metalar, onu, içersinde değerlerini her zaman aynı biçimde ifade ettikleri bir madde haline getirdikleri için, evrensel eşdeğer niteliğini kazanır.

Değer-biçiminin iki kutbu olan değerin eşdeğer biçimi ile nispi biçimi arasındaki karşıtlık bu biçimin kendisiyle birlikte gelişir.

Birinci biçim, 20 yarda keten bezi = 1 ceket eşitliğinde bile bu karşıtlık vardır, ama henüz sabitleşmemiştir. Bu eşitliği soldan sağa ya da sağdan sola okumanıza göre, ceket ile keten bezinin oynadığı rol farklıdır. Bir durumda, keten bezinin nispi değeri ceket ile, öteki durumda, ceketin nispi değeri keten bezi ile ifade edilmiştir. Bunun için, değerin bu ilk biçiminde, kutupsal karşıtlığı kavramak zordur.

B biçimi, bir defada ancak tek bir metaın kendi nispi değerini bütünüyle genişletebileceğini ve, ancak, tüm öteki metalar onun karşısında eşdeğerler olduğu için ve böyle olmakta devam ettikleri sürece, bu genişlemiş biçimi alabileceğini gösterir. Burada, biz, 20 yarda keten bezi = 1 ceket denkleminde yaptığımız gibi, eşitliği, genel niteliğini bozmadan ve değerin genişlemiş biçimini değerin genel biçimine dönüştürmeden tersine çeviremeyiz.

Ensonu C biçimi, tek bir istisna ile bütün metalar eşdeğer biçimin dışında tutulduğu için ve tutulduğu sürece, metalar alemine değerin genel toplumsal nispi biçimini verir. Demek ki, tek bir meta, keten bezi, öteki bütün metalardan bu nitelik esirgendiği için ve sürece, bunların her biri ile doğrudan doğruya değişilebilir bir nitelik kazanmış gibidir.[26]

Evrensel eşdeğer görevindeki meta, öte yandan nispi değer-biçiminin dışında kalmıştır. Eğer keten bezi ya da evrensel eşdeğer görevindeki başka bir meta, aynı zamanda, değerin nispi biçimini de paylaşmış olsaydı, kendi eşdeğeri olarak da iş görebilirdi. Bu durumda, yalnızca 20 yarda keten bezi = 20 yarda keten bezi gibi, ne değeri, ne de değer büyüklüğünü ifade eden boş bir yineleme elde etmiş oluruz. Öyleyse evrensel eşdeğerin nispi değerini ifade etmek için, C biçimini tersine çevirmemiz gerekir. Bu eşdeğer, öteki metaların ortak değerin nispi biçimi olmamakla birlikte, değeri, öteki metaların sonu gelmeyen dizisi ile nispi olarak ifade edilir. Böylece, nispi değerin genişlemiş biçimi ya da B biçimi, şimdi kendisini, eşdeğer metaın özgül nispi değer-biçimi olarak ortaya koyar.

3. *Değerin Genel Biçiminden Para-Biçimine Geçiş*

Evrensel eşdeğer biçimi, genel anlamda, bir değer-biçimidir. Bunun için her meta, bu biçime girebilir. Öte yandan eğer bir meta, bu evrensel eşdeğer biçimine (C biçimi) girmişse, bu, ancak eşdeğer olarak öteki bütün metaların dışında tutulduğu için ve sürece olanaklıdır. Bu dıştalama, ensonu, belirli bir meta ile sınırlandığı andan sonra, ancak bu andan sonra, metalar aleminin nispi değerin genel biçimi gerçek bir tutarlılık ve genel toplumsal geçer-

[26] Bu doğrudan doğruya ve genel değişilebilir olma özelliğinin, bir kutba benzetilmesi ve karşıt kutupla, yani doğrudan değişilebilmenin olanaksız olduğu durumla bağıntılı görünmesi, bir mıknatısın pozitif kutbunun negatif ile bağlı olması gibi apaçık değildir. Bütün metaların aynı anda kendilerine yükletilen bu özelliğe sahip olabileceklerini düşünmek, bütün katolikler toplanırsa papa ederler sözü kadar hayal olur. Meta üretimini insan özgürlüğünün ve bireysel bağımsızlığın doruğu gibi gören küçük-burjuva için, metadaki bu doğrudan değişebilir olmama özelliğinden doğan güçlüklerin ortadan kalkması, kuşkusuz, çok arzu edilir bir şeydir. Proudhon sosyalizmi, bu dargörüşlü ütopyanın işlenmiş bir biçimidir ve başka bir yerde de gösterdiğim gibi özgün olma niteliğinden de yoksundur. Ondan çok daha önce, bu işe, Gray, Bray ve başkaları çok daha başarılı bir şekilde girişmişlerdir. Ama gene de, böylesine bir bilgeliğin şimdi bile bazı çevrelerde "bilim" adı altında çiçeklendiği görülüyor. Hiçbir okul, bilim sözü ile, Proudhon kadar oynamamıştır, çünkü,

"*Wo Begriffe fehlen,*
Da stellt zur rechten Zeit ein Wort sich ein."‡

‡ "Kavramların olmadığı yerde, hemen bir söz onun yerine hazırdır." (Gœthe, *Faust*, Birinci Kısım, Mefistofeles'in sözleri.) –*ç*.

lilik kazanır.

Eşdeğer biçim, kendi maddi biçimi ile böylece toplumsal bir nitelik kazanan o belirli meta, şimdi artık para-meta durumuna gelir, ya da para olarak iş görür. Bu, artık, o metaın özel toplumsal işlevidir ve bu nedenle, metalar aleminde evrensel eşdeğer rolü oynamak, onun toplumsal tekelindedir. B biçiminde keten bezinin özel eşdeğerleri ve C biçimindeki nispi değerlerini ortakça keten bezi ile ifade eden metalar arasında bu seçkin yere belli bir meta ulaşabilmiştir: altın. Öyleyse, C biçimindeki keten bezinin yerine altını koyarsak şu sonucu elde ederiz:

D. PARA-BİÇİMİ

20 yarda keten bezi	=	2 ons altın
1 ceket	=	
10 libre çay	=	
40 libre kahve	=	
1 kile buğday	=	
$^{1}/_{2}$ ton demir	=	
x kadar A metaı	=	

A biçiminden B biçimine ve B biçiminden C biçimine geçişteki değişiklikler temel niteliktedir. Öte yandan, C ile D biçimleri arasında, keten bezi yerine eşdeğerliği altının almasından başka bir değişiklik yoktur. C biçiminde keten bezi neyse, D biçiminde altın odur: genel eşdeğer. Gelişme, yalnızca doğrudan doğruya ve evrensel değişilebilme niteliğinin —başka bir deyimle evrensel eşdeğer biçiminin— şimdi artık, toplumsal bir alışkanlıkla, ensonu bir maddeyle, altınla özdeş duruma gelmiş olmasındandır.

Altın, şimdi, tüm öteki metaların karşısına, zaten daha önce onların karşısında basit bir meta olarak yeraldığı için, para olarak çıkar. Tüm öteki metalar gibi, altın da ya tek tek değişimlerde basit bir eşdeğer olarak, ya da ötekilerin yanında özel bir eşdeğer olarak iş görüyordu. Giderek, değişen sınırlar içersinde evrensel eşdeğer olarak iş görmeye başladı. Metalar aleminde değerin ifadesinde bu konumu kendi tekeline alır almaz, altın, para-meta durumunu alır ve işte ancak o zaman D biçimi, C biçiminden farklılaşır, ve değerin genel biçimi, para-biçimine dönüşür.

Keten bezi gibi tek bir metaın nispi değerinin, para rolündeki altın gibi bir meta ile basit ifadesi, o metaın fiyat-biçimidir. Bu nedenle keten bezinin fiyat-biçimi şöyledir:

20 yarda keten bezi = 2 ons altın, ya da, eğer 2 onsluk altın sikke olarak 2 sterlin ise, 20 yarda keten bezi = 2 sterlindir.

Para-biçimi kavramının oluşumundaki güçlük, evrensel eşdeğer biçiminin ve bunun zorunlu sonucu değerin genel biçiminin, C biçiminin açık-seçik anlaşılmasında yatar. Bu son biçim, değerin genişlemiş biçiminden, yani B biçiminden çıkartılabilir ki, bunun da temel öğesi, gördüğümüz gibi A biçimidir: 20 yarda keten bezi = 1 ceket, veya *x* kadar A metaı = *y* kadar B metaı, bu nedenle, basit meta-biçimi, para-biçiminin çekirdeğidir.

DÖRDÜNCÜ KESİM. — METALARIN FETİŞİZMİ VE BUNUN SIRRI

İlk bakışta bir meta, çok önemsiz ve kolayca anlaşılır bir şey gibi gelir. Oysa metaın tahlili, aslında onun metafizik incelikler ve teolojik süslerle dolu pek garip bir şey olduğunu göstermiştir. Kullanım-değeri olduğu sürece, o ister insan gereksinmelerini karşılayabilen özellikleri açısından, ister bu özelliklerin insan emeğinin ürünü olması yönünden ele alınsın, gizemli bir yanı yoktur. İnsan, çalışmasıyla, doğanın sağladığı maddelerin biçimini, kendisine yararlı olacak şekilde değiştirdiği gün gibi açıktır. Sözgelişi ağacın biçimi, masa yapılarak değiştirilir. Ama gene de masa, o alelade günlük şey olmakta, ağaç olmakta devam eder. Ne var ki, meta olarak ilk adımını atar atmaz, tamamen başka bir şey olur. Yalnız ayakları üzerinde yerde durmakla kalmaz, tüm öteki metalarla ilişki içersinde amuda kalkar ve o ağaç beyninden, "masa yürütmek"ten çok daha çarpıcı, parlak fikirler saçar.[26a]

Bu yüzden, metaların mistik özelliği onların kullanım-değerinden doğmuyor. Tıpkı, değerin belirleyici etkenlerinin niteliğinden de gelmediği gibi. Çünkü her şeyden önce emeğin yararlı türleri ya da üretken etkinlikler ne kadar çeşitli olursa olsun, bunların, insan organizmasının işlevleri olduğu, fizyolojik bir gerçektir, ve bu gibi işlevlerin her biri, niteliği ve biçimi ne olursa olsun, aslında, insan beyninin, sinirlerinin, kaslarının vb. harcanmasıdır.

[26a] Artakalan bütün dünya kımıldamadan durur görünürken Çin'in ve masaların dansa başladığı anımsanır‡ — *pour encourager les autres* [diğerlerini yüreklendirmek için –ç.]. [Bu not, Almanca baskıdan alınmıştır.]

‡ 1848-49 Devriminin yenilgisinden sonra Avrupa'da en karanlık bir siyasal gericilik dönemi başladı. O sırada Avrupa'nın aristokrat ve burjuva çevrelerinde ruhçağırma, özellikle masa yürütme heyecan uyandırırken, Çin'de özellikle köylüler arasında, tarihe Taiping Devrimi olarak geçen pek büyük bir anti-feodal özgürlük hareketi yayılıyordu. Marx, Çin'deki devrim ile Avrupa'daki ruh-çağırma tutkusu arasındaki farklılığı anımsatan bir benzetmeye başvuruyor. *–Ed.*

İkinci olarak, değerin nicel belirlenmesi için temel oluşturan şey, yani bu harcanmanın süresi, ya da emeğin niceliği dikkate alınırsa, emeğin niceliği ile niteliği arasındaki farklılık apaçık olarak görülür. Toplumun her durumunda, yaşam araçlarının üretimi için gerekli emek-zamanı, gelişmenin farklı aşamalarında eşit ölçüde ilgi çekmemekle birlikte, insanlığın zorunlu olarak ilgilendiği bir konu olması gerekir.[27] Ve ensonu, insanlar, herhangi bir biçimde, başkaları için çalışmaya başladıkları andan itibaren, emekleri, toplumsal bir biçim alır.

Öyleyse, emek ürününün anlaşılmaz özelliği, meta biçimine girer girmez, niçin ortaya çıkıyor? Kuşkusuz, bu, biçimin kendisinden geliyor. Her türlü insan emeğinin eşitliği, bu emek ürünlerinin hepsinin eşit değerde olmaları ile nesnel olarak ifade edilir; harcanan emek-gücünün, bu harcanma süresi ile ölçümü, emek ürünlerinin değerinin niceliği biçimini alır; ve en sonu, üreticilerin içersinde emeklerinin toplumsal niteliğinin kendini gösterdiği karşılıklı ilişkiler, ürünler arasında bir toplumsal ilişki biçimini alır.

Demek ki, metaın gizemli bir şey olmasının basit nedeni, onun içinde insan emeğinin toplumsal niteliği, insana, bu emeğin ürününe nesnel bir nitelik damgalamış olarak görünmesine dayanmaktadır; üreticilerin kendi toplam emek ürünleri ile ilişkileri, onlarla kendi aralarında bir ilişki olarak değil de, emek ürünleri arasında kurulan toplumsal bir ilişki olarak görünmesindedir. Emeğin ürünlerinin, metalar haline, niteliklerinin duyularla hem kavranabilir hem de kavranamaz toplumsal şeyler haline gelmelerinin nedeni budur. Bunun gibi, bir nesneden algılanan ışın, bize, görme sinirimizin öznel etkilenmesi olarak değil de, gözün dışında bir şeyin nesnel biçimi gibi geliyor. Oysa, görme olayında her zaman, ışının bir şeyden başka bir şeye, dıştaki bir nesneden göze fiilen geçmesi sözkonusudur. Fiziksel şeyler arasında fiziksel bir ilişki vardır. Ama metalarda bu farklıdır. Şeylerin, *quâ** metaların varlığı, ve bunlara meta damgasını vuran emek ürünleri arasındaki değer-ilişkisi ile bunların fiziksel özellikleri ve bu özelliklerden doğan maddi ilişkiler arasında mutlak olarak bağ yoktur. Burada, insanlar arasındaki belirli toplumsal ilişki, onların gözünde, şeyler arasında düşsel bir ilişki biçimine bürünüyor. Bu nedenle, benzer bir örnek vermek için, din aleminin sislerle kaplı katlarını dolaşma-

[27] Eski Cermenler arasında toprak ölçüsünün birimi, bir günlük hasada göre hesaplanırdı ve bunun için de *Tagwerk, Tagwanne, Mannsmaad,* (*jurnale,* ya da *terre jurnale,* ya da *diornalis*) vb. gibi terimler kullanılırdı. (Bkz: G. L. von Maurer, *Einleitung zur Geschichte der Mark-, Hof-, usw. Verfassung,* München 1854, s. 129 *sq.*.)

* Ki bu. –ç.

mız gerekir. Bu alemde, insan beyninin ürünleri, bağımsız canlı varlıklar gibi görünür, ve hem birbirleriyle, hem de insanoğlu ile ilişki içine girerler. İşte metalar aleminde de, insan elinin yarattığı ürünler için durum aynıdır. Emek ürünlerine, meta olarak üretildikleri anda yapışıveren ve bu nedenle meta üretiminden ayrılması olanaksız olan şeye, ben, fetişizm diyorum.

Tahlilimizin de gösterdiği gibi, metalardaki bu fetişizmin kökeni, bunları üreten emeğin özel toplumsal niteliğindedir.

Genel kural olarak, kullanılır mallar, yalnızca, işlerini birbirlerinden bağımsız olarak yürüten özel bireylerin ya da birey gruplarının emeklerinin ürünleri oldukları için meta haline geliyorlar. Bütün bu özel bireysel emeklerin genel toplamı, toplumun emeğinin tümünü oluşturuyor. Üreticiler ürünlerini değişinceye kadar, birbirleri ile toplumsal temasa geçmedikleri için, her üreticinin emeğinin özgül toplumsal niteliği, kendisini ancak değişim işinde ortaya koyar. Başka bir deyişle, bireyin emeği, toplum emeğinin bir parçası olarak, kendisini, ancak, doğrudan doğruya ürünler arasında, ve dolaylı olarak bunlar aracılığıyla üreticiler arasında kurulmuş olan değişim eylemi olan ilişkiler aracılığıyla açığa vurur. Bunun için, bir bireyin emeğini öteki üreticilerin emeklerine bağlayan ilişkiler, üreticilere, aslında olduğu gibi, çalışan bireyler arasında doğrudan toplumsal bir ilişki olarak değil, tersine, kişiler arasında maddi ilişkiler ve şeyler arasında toplumsal ilişkiler olarak görünür. Ancak değişilmeleri sayesindedir ki, emeğin ürünleri, yararlanılan nesneler olarak, değişik varoluş biçimlerinden ayrı olarak bir tekbiçim toplumsal statüde değer alırlar. Bir ürünün bu şekilde, yararlı bir şey ve bir değer olarak ayrılması, ancak değişimin, yararlı malların değişim amacıyla üretilmesi ve bu nedenle de özelliklerinin her şeyden önce üretimleri sırasında değer olarak hesaba katılması boyutlarına ulaşmasıyla pratik önem kazanır. Bu andan itibaren üreticilerin kişisel emeği, iki yönlü toplumsal bir niteliğe bürünür. Bir yandan, emeğin belirli bir yararlı türü olarak, belirli bir toplumsal gereği karşılamak ve böylece kolektif emeğin ayrılmaz bir parçası, kendiliğinden oluşan toplumsal işbölümünün bir kolu olmak durumundadır. Öte yandan, üretici bireyin çeşitli gereksinmelerini karşılayabilmesi için, her türden yararlı bireysel emeğin karşılıklı olarak değişilebilmelerinin yerleşmiş bir toplumsal olgu olması ve bunun için de, her üreticinin özel yararlı emeğinin bütün ötekilerin yararlı emekleriyle eşit sayılması gerekir. En farklı türden emeklerin eşitlenmesi, ancak, bunların eşitsizliklerinden soyutlanması ya da bunların ortak bir paydaya, yani insan emek-gücü harcaması ya da soyut insan emeğine indirgenmesi sonucu olabilir. Bireyin emeğinin iki yönlü toplumsal niteliği, ona, ancak ürünlerin değişimi ile günlük pratik içersindeki emeği etkileyen biçimler altında beyninde yansıdığı zaman görünür. Böylece, onun kendi emeği, toplumsal nitelikte yararlı olması koşulunu, yani ürünün yalnızca yararlı değil, ama başkaları için yararlı olması koşulunu alır, ve onun özel emeğinin, öteki bütün özel emek türlerine eşit olmakla kazandığı toplumsal nitelik, tüm emek ürünlerinin fiziksel olarak farklı malların ortak nitelik taşıması, yani bir değere sahip olması şekline girer.

Demek ki, emek ürünlerini değer olarak birbirleriyle ilişki içersine sokmamızın nedeni, bu mallarda türdeş insan emeğinin maddi halde birikmesini görmemiz değildir. Tam tersine: Farklı ürünlerimizi değişimle değer olarak eşitlediğimiz zaman, bu davranışımızla, aynı zamanda, biz, bunlara harcanan farklı türden emekleri de, insan emeği olarak eşitlemiş oluyoruz. Bunun farkında olmayız, ama gene de yaparız.[28] Bu nedenle değer, göğsünde ne olduğunu anlatan bir yafta ile ortalıkta dolaşmaz. Aslında her ürünü, toplumsal bir hiyeroglif yazısına çeviren, daha çok değerdir. Kendi toplumsal ürünlerimizin ardında yatan sırrı aydınlatmak için, daha sonra, biz bu hiyeroglifi çözmeye çalışırız; çünkü yararlı bir nesneyi değer olarak damgalamak, dil gibi toplumsal bir üründür. Emek ürünlerinin, değer oldukları sürece, bunların üretimi için harcanan insan emeğinin maddi ifadeleri olduğunu ortaya koyan son bilimsel buluş, gerçekte, insan soyunun gelişme tarihinde bir çağı belirlemiştir, ama emeğin toplumsal niteliğini, bize ürünlerin bizatihi kendilerinin nesnel niteliği gibi gösteren sisi dağıtamamıştır. Ele aldığımız özel üretim biçiminde, yani meta üretiminde, bağımsız olarak yürütülen özel emeğin özgül toplumsal niteliği, her çeşit emeğin, insan emeği olması nedeniyle, eşitliği gerçeğine dayanır; bunun için bu özellik, üründe değer-biçimine bürünür; bu olgu, yukarda sözü edilen buluşa karşın üreticiye tamamen gerçek ve sonal gibi gelir; bu, tıpkı havayı oluşturan gazların bulunuşundan sonra da atmosferin yapısının aynı kalması olgusuna benzer.

Değişim sırasında üreticiyi ilkin ilgilendiren şey, kendi ürünleri karşılığında ne kadar başka ürün alabilecekleri sorusudur: ürünlerini hangi oranlarda değişebileceklerdir? Bu oranlar, adetler yoluyla belli bir kararlılığa erişince, bunlar sanki ürünlerin niteliklerinin sonucu gibi görünür ve böylece, örneğin bir ton demir ile iki

[28] Bunun için, Galiani, "Değer, kişiler arasında bir ilişkidir." —"*La Ricchezza è una ragione tra due persone.*"— (Galiani, *Della Moneta,* s. 221, Custodi koleksiyonu, t. III'te. *Scrittori classici italiani di economia politica. — Parte moderna,* Milano 1803), dediği zaman şunu eklemesi gerekirdi: Şeyler arasında bir ilişki gibi ifade edilen, aslında kişiler arasında bir ilişkidir.

ons altın pek doğal olarak eşit değerde imiş gibi gelir; bu, tıpkı bir libre altın ile bir libre demirin, farklı fiziksel ve kimyasal niteliklerine karşın, eşit ağırlıkta görünmesine benzer. Ürünlerin üzerine etiket gibi yapışan değer olma özelliği, birbirleri karşısına tekrar tekrar değer nicelikleri olarak çıkmaları ile kararlılık kazanır. Bu nicelikler, üreticilerin iradeleri, öngörüleri ve davranışlarından bağımsız olarak durmadan değişir. Bunlar için, kendi toplumsal etkinlikleri, nesnelerin etkinlikleri biçimini alır ve onlar nesneleri yöneteceğine, nesneler onları yönetir. Birbirinden bağımsız yürütülen ve gene de toplumsal işbölümünün aynı anda gelişen kollarını oluşturan farklı türdeki bütün özel emeğin, devamlı olarak toplumun gerektirdiği oranlara indirgenerek, biriken deneyimlere dayanılarak bilimsel bir kanı halini alabilmesi için meta üretiminin esaslı bir gelişme düzeyine ulaşması gerekir. Niçin böyledir? Çünkü, ürünler arasındaki her türlü raslansal ve durmadan dalgalanan değişim ilişkileri ortasında, üretim için toplumsal olarak gerekli emek-zamanı, kendisini, önüne geçilmez bir doğa yasası gibi zorla kabul ettirir. Bu, tıpkı, yerçekimi yasasının, evin başımıza çökmesi ile kendini göstermesi ve kabul ettirmesi gibidir.[29] Değerin büyüklüğünün emek-zamanı ile saptanması, işte bu nedenle, metaların nispi değerlerinde görünürdeki dalgalanmaların altında yatan bir sırdır. Bunun keşfi, emek ürünlerinin değer büyüklüklerinin belirlenmelerinin salt raslantıya bağlı bir şeydir sanısına son vermekle birlikte bu belirlemenin içinde yeraldığı biçimi hiç değiştirmez.

İnsanın toplumsal yaşam biçimleri üzerindeki düşünme ve incelemeleri ve dolayısıyla bu biçimlerin bilimsel tahlilleri, bunların fiilî tarihsel gelişmelerine tamamen ters düşen bir yol izler. İşe *post festum** önünde hazır duran gelişme süreci sonuçları ile başlar. Ürünlere meta damgası vuran ve belirli hale gelmeleri, meta dolaşımı için zorunlu bir başlangıç olan nitelikler, insan, kendi gözünde, bunları değişmez özellikler olarak kabul ettiği için, tarihsel niteliklerini değil de anlamlarını çözmeye kalkışmadan önce, zaten toplumsal yaşamın doğal ve kendiliğinden anlaşılır biçimlerinin kararlılığını kazanmış bulunurlar. İşte bunun için, değer büyüklüğünün belirlenmesine ancak meta fiyatlarının tahlili ile varılmış,

[29] "Kendisini yalnızca dönemsel karışıklıklar yoluyla ortaya koyabilen bir yasa konusunda nasıl bir kanıya sahip olabiliriz ki? Bu, kesinlikle, ona katılanların bilinçsizliklerine dayanan doğal bir yasadır." (Friedrich Engels, "*Umrisse zu einer Kritik der Nationalökonomie*", s. 103. Arnold Ruge ve Karl Marx tarafından yayınlanmış olan *Deutsch-Französische Jahrbücher*'de. Paris 1844. [Friedrich Engels, "Bir Ekonomi Politik Eleştirisi Denemesi", bkz: Karl Marx, *1844 Elyazmaları*, Sol Yayınları, Ankara 1993, s. 371].)

* İş işten geçtikten sonra. *–ç.*

ve ancak tüm metaların para-biçiminde ortak ifadesi, onların değer olarak özelliklerinin ortaya konmasına yolaçmıştır. Ne var ki, metalar aleminin işte bu sonal para-biçimi, aslında, özel emeğin toplumsal niteliğini ve tek tek üreticiler arasındaki toplumsal ilişkiyi aydınlatmak ve açıklığa kavuşturmak yerine, örtbas eden öğe olmuştur. Ceketler ya da ayakkabılar ile, salt soyut insan emeğinin evrensel cisimleşmesi nedeniyle, keten bezi arasında ilişki vardır dediğim zaman, bu önermenin saçmalığı besbellidir. Aynı şekilde, ceket ve ayakkabı üreticileri, bu malları, evrensel eşdeğer olarak keten beziyle ya da aynı şey olan altınla ya da gümüşle oranladıkları zaman, kendi özel emekleri ve toplumun ortaklaşa emeği arasındaki ilişkiyi aynı saçma biçimde ifade etmiş olurlar.

Burjuva iktisadın kategorileri, böylesine saçma biçimlerden oluşmuştur. Bunlar, tarihsel olarak belirlenmiş belirli bir üretim tarzının, koşullarını ve ilişkilerini, yani meta üretimini, toplumsal geçerlik ile ifade eden düşünce biçimleridir. Metaların bütün gizemi ve emek ürünlerinin metalar biçimini aldığı anda çevresini saran büyü ve sihir, öteki üretim biçimlerine geçer geçmez, bu yüzden yokolur.

Robinson Crusoe denemesi, ekonomi politikçiler[30] için gözde bir tema olduğundan, Robinson'a, adasında bir gözatalım. Ne denli mütevazı olsa da, o, bazı gereksinmeleri karşılamak zorundadır ve bu nedenle de, alet ve eşya yapmak gibi, keçileri ehlileştirmek gibi, balık tutmak ve avlanmak gibi, değişik türden biraz yararlı iş yapması gerekir. Dua ve benzeri şeyleri, kendisine zevk verdiği ve bunlara dinlenme gözüyle baktığı için, hiç hesaba katmıyoruz. İşlerinin çeşitli olmasına karşın, şekli ne olursa olsun, emeğinin, bir ve aynı Robinson'un etkinliği olduğunu ve dolayısıyla bu çalışmaların insan emeğinin farklı biçimlerinden başka bir şey olmadığını bilir. Zorunluluk, onu, zamanını, değişik türden işlerine kusursuz olarak bölmeye zorlar. Genel etkinliği içinde, eğer bir iş ötekisinden daha fazla yer tutuyorsa, bu, amaç edinilen yarara ulaşmak için yenilmesi gerekli güçlüğün az ya da çok olmasına dayanır. Dostumuz Robinson, bunu, çok geçmeden deneyimleriyle öğrenir ve batan gemiden bir saat, kayıt defteri, mürekkep ve kalem kurtararak halis bir İngiliz olarak derhal muhasebe tutmaya koyulur. Envanterin-

[30] Ricardo'nun bile Robinson'vari hikayeleri vardır. "Ricardo, ilkel balıkçısı ile ilkel avcısını, balık ve av hayvanlarını, bu değişim-değerlerinde maddeleşmiş emek-zamanıyla orantılı olarak değişen, meta sahipleri yapar. O, burada, ilkel balıkçı ile avcıyı, onların kullandıkları aletlerin hesabını yapmakla 1817 yılında, Londra borsasında yürürlükte olan yıllık temettü tablolarını dikkate alan kimseler haline getirirken, bir zaman tutarsızlığına düşme hatası işler. Öyle görünüyor ki, çok iyi tanıdığı burjuva toplum dışında bildiği tek toplum biçimi, 'bay Owen'ın paralelkenarları'dır." (Karl Marx, *Zur Kritik...*, s. 38, 39. [*Ekonomi Politiğin Eleştirisine Katkı*, s. 77.])

de, kendisine ait yararlı eşyaların, bu eşyaları yapmak için gerekli işlerin ve ensonu bu eşyaların belirli niceliğini elde etmek için harcadığı ortalama emek-zamanının bir listesi bulunur. Robinson ile, kendi yarattığı bu serveti oluşturan eşyalar arasındaki ilişki, o kadar basit ve açıktır ki, bunu, büyük bir çaba harcamaksızın bay Sedley Taylor bile anlayabilir. Ve gene de bu ilişkiler, değerin belirlenmesi için esas olan her şeyi içermektedir.

Şimdi Robinson'un aydınlık adasından, karanlıklara gömülmüş ortaçağ Avrupası'na geçelim. Burada bağımsız insan yerine herkesin bağımlı olduğunu görürüz: serfler ve senyörler, vasallar ve süzerenler, rahipler ve rahip olmayanlar. Burada kişisel bağımlılık, toplumsal üretimin toplumsal ilişkileri karakterize etmesi gibi, bu üretime dayanılarak örgütlenmiş yaşamın öteki alanlarında da aynı etkiyi gösterir. Salt kişisel bağımlılık, ama toplumun temelini kişisel bağımlılığın oluşturması nedeniyle, emeğin ve emek ürünlerinin kendi gerçeklikleri dışında hayalî bir biçime bürünmelerine gerek yoktur. Toplumun işleyişi içersinde, bunlar, ayni hizmetler ve ayni ödemeler biçimini alırlar. Burada, emeğin özel ve doğal biçimi, meta üretimine dayanan toplumlarda olduğu gibi değil de, onun genel soyut biçimi, emeğin mevcut toplumsal biçimidir. Yükümlü emek, meta-üreten emek gibi, zamanla ölçülür; ama her serf, senyörünün hizmetinde harcadığı şeyin, kendi kişisel emekgücünün belirli bir niceliği olduğunu bilir. Papaza verilen öşür, onun kutsamalarından daha gerçektir. Bu toplumdaki farklı sınıflara mensup insanların oynadıkları rol konusunda ne düşünürsek düşünelim, emek harcarken, bireyler arasındaki toplumsal ilişkiler, her durum ve koşulda, her zaman kendi karşılıklı kişisel ilişkileri olarak görünür, ve emek ürünleri arasında toplumsal ilişkiler kılığına bürünmezler.

Ortak ya da doğrudan birleşmiş bir emeği örnek vermek için, bütün uygar kavimlerin tarihlerinin eşiğinde gördüğümüz o kendiliğinden gelişen biçime kadar geri gitmemize gerek yoktur.[31] Kendi gereksinmesi için, hububat, hayvan, iplik, keten bezi ve giyecek üreten bir köylü ailesinin ataerkil sanayisi hemen yakınımızdadır.

[31] "*İlkel* kolektif mülkiyetin özgül olarak bir İslav, hatta özellikle Rus mülkiyet biçimi olduğunu sanmak, son zamanlarda çok yaygın olan gülünç bir önyargıdır. Bu ilkel biçimi, Romenlerde, Cermenlerde, Keltlerde saptamak olanaklıdır, ama bunun kalıntı halinde olsa bile, Hindistan'da birçok çeşitlerine hâlâ raslanmaktadır. Asya'da ve özellikle Hindistan'da, kolektif mülkiyet biçimlerinin ayrıntılı bir incelemesi, bu çeşitli ilkel kolektif mülkiyet biçimlerinin dağılmakla değişik mülkiyet biçimlerini doğurduklarını gösterirdi. Böylece, örneğin Roma'da ve Cermenlerdeki değişik özgün tipteki özel mülkiyeti, Hindistan'da bulunan çeşitli kolektif mülkiyet biçimlerinden tümdengelim yoluyla bulmak olanaklıdır." (Karl Marx, *Zur Kritik...*, s. 10. [*Ekonomi Politiğin Eleştirisine Katkı*, s. 48, not].)

Bu çeşitli mallar, ailenin karşısına, [aile üyelerinin –ç.] emeklerinin çeşitli ürünleri olarak çıkarlar, ama kendi aralarında bunlar meta değildirler. Toprağın sürülmesi, hayvan yetiştirme, iplik eğirme, dokuma, elbise dikme gibi çeşitli ürünlerde yeralan farklı türde emekler, bizatihi ve o halleriyle dolaysız toplumsal işlevlerdir; çünkü ailenin işlevi de tıpkı meta üretimine dayanan toplumda olduğu gibi kendiliğinden doğup gelişmiş bir işbölümü düzeyine sahiptir. Aile içinde işin dağılımı, üyelerinin emek-zamanlarının düzenlenmesi mevsimlere göre değişen doğal koşullara bağlı olduğu kadar, yaş ve cinsiyet farkına da bağlıdır. Her bireyin emek-gücü, bu durumda, zaten ailenin tüm emek-gücünün yalnızca belirli bir bölümüdür, ve bu nedenle, bireysel emek-gücü harcamasının süresine göre ölçülmesi, haliyle emeklerinin toplumsal niteliği olarak ortaya çıkar.

Şimdi de bir değişiklik olsun diye, kendi işlerini ortak üretim araçları ile gören ve bütün bireylerin kendi emek-güçlerini bilinçli olarak o topluluğun birleşik emek-gücü olarak kullanan, özgür insanlardan kurulmuş bir topluluk tablosu çizelim. Robinson'un emeğindeki bütün ayırıcı özellikler burada da yinelenir, ama şu farkla ki, buradaki emek, bireysel değil, toplumsaldır. Robinson'un ürettiği her şey, yalnız kendi kişisel emeğinin sonucuydu ve bunun için de yalnız kendisi için bir kullanım nesnesiydi. Bizim toplumumuzun toplam ürünü, toplumsal bir üründür. Bunun bir kısmı yeni üretim araçları olarak iş görür ve toplumsallığı devam eder. Ama öteki kısmı, üyelerce yaşamı sürdürme aracı olarak tüketilir. Bu ikinci kısmın üyeler arasında dağılımı bu nedenle zorunludur. Bu dağılım biçimi, topluluğun üretken örgütlenmesine ve üreticilerin ulaştıkları tarihsel gelişmenin derecesine bağlı olarak değişir. Salt metaların üretimi ile bir paralellik kurmuş olmak için yaşamlarını sürdürme araçlarında tek tek her üreticinin payının, onun emek-zamanı ile belirlendiğini varsayacağız. Bu durumda emek-zamanı ikili bir rol oynamaktadır. Belirli bir toplumsal plana uygun olarak bunun bölüşümü, yapılacak olan farklı iş türleri ile topluluğun çeşitli gereksinmeleri arasında uygun bir oran kurar. Öte yandan bu, aynı zamanda, her birey tarafından ortaya konan ortak emeğin payının vb. ve bireysel tüketim için ayrılan toplam üründeki payının ölçüsü olarak iş görür. Tek tek üreticilerin, hem kendi emekleri ve hem de emek ürünleri yönünden, toplumsal ilişkileri, bu örnekte, yalnız üretim bakımından değil, bölüşüm bakımından da çok basit ve kolay anlaşılır durumdadır.

Din dünyası, gerçek dünyanın yansımasından başka bir şey değildir. Üreticilerin, genel olarak, ürünlerini meta ve değer olarak ele alarak birbirleriyle toplumsal ilişkilere girdikleri ve böylece kendi bireysel özel emeklerini türdeş insan emeği ölçütüne indirgedikleri meta üretimine dayanan bir toplum için —böyle bir toplum için—, soyut insan *cultus*'u ile hıristiyanlık, ve hele onun burjuva gelişmesi olan protestanlık, yaradancılık vb. en uygun din biçimiydi. Eski Asyatik ve öteki eskiçağ üretim biçimlerinde, ürünlerin metalara dönüştürülmesi ve bu nedenle de insanların meta üreticilerine dönüşmeleri ikincil bir yer tutar; ne var ki, bu ilkel topluluklar dağılmaya yüztuttukça bunun önemi de artar. Gerçek tüccar kavimler, Epiküros'un tanrılarının küreler arasında ya da yahudilerin, Polonya toplumunun gözeneklerinde yaşaması gibi, eski dünyanın ancak çatlaklarında yaşarlardı. Bu eski toplumsal üretim organizmaları, burjuva toplumla karşılaştırıldığında, son derece basit ve saydamdı. Ama bunlar, ya ilkel kabile topluluğu içersinde birlikte yaşadığı kimselerle göbekbağını henüz kesip atamamış olan insanın, birey olarak henüz olgunluğa ulaşmamış gelişmesi üzerine ya da doğrudan zorbalık ve kölelik ilişkileri üzerine kurulur. Ancak bunlar, emeğin üretkenlik gücünün gelişmesi düşük bir aşamanın üstüne çıkmadığı ve bu nedenle de maddi yaşam alanında insan ile insan ve insan ile doğa arasındaki toplumsal ilişkilerin karşılıklı olarak sınırlı olduğu zamanlarda ortaya çıkabilir ve varolabilir. Bu sınırlılık, eskinin doğaya tapınmasında ve halk arasında yaygın dinlerin öteki öğelerinde yansır. Gerçek dünyanın, dinsel yansıması, kaçınılmaz olarak, günlük yaşamın pratik ilişkilerinin insana, onun öteki insanlar ve doğa ile ilişkilerini tam anlamıyla anlaşılır ve usa-uygun bir ilişki olmaktan öte bir şey sunmadığı zaman, ancak o zaman yitip gider.

Maddi üretim sürecine dayanan toplumun yaşam süreci, kendisini saran mistik tülü, üretimin, serbestçe biraraya gelen insanlar tarafından ve saptanmış bir plana uygun olarak bilinçli bir biçimde düzenlenmesi sağlanmadıkça, soyulup atılamaz. Ne var ki bu da toplum için, belli bir maddi temeli, ya da kendileri de uzun ve zahmetli bir gelişme sürecinin kendiliğinden oluşmuş ürünleri olan bir dizi varoluş koşulunun bulunmasını öngörür.

Ekonomi politik ne denli eksik olursa olsun,[32] değer ve değer

[32] Değer büyüklüğü üzerine Ricardo'nun yaptığı tahlilin yetersizliği —bu konuda yapılanların en iyisi olmakla birlikte—, bu yapıtın 3. ve 4. kitaplarında görülecektir. Genel anlamda değerle ilgili olarak klasik ekonomi politik okulunun en zayıf noktası şudur, bir ürünün değerinde göründüğü biçimiyle emek ile aynı emeğin o ürünün kullanım-değeri olarak görüntüsü arasındaki farkı açık-seçik ve bilinçli bir biçimde ortaya koyamamasıdır. Bu okul, emeği, bir defasında nicel, başka bir defasında nitel yönüyle ele aldığına göre, bu ayrım, pratikte kuşkusuz yapılmıştır. Ama, çeşitli emek türleri arasındaki fark, salt miktar olarak ele alındığı zaman, bunların nitel birliği ya da eşitliği, ve dolayısıyla soyut insan emeğine indirgenmesi hiç düşü-

büyüklüğünü gerçekten tahlil etmiş ve bu biçimlerin altında yatan şeyi açığa çıkarmıştır. Ama bir kez olsun, emeğin, niçin onun ürün değeri ile ve emek-zamanının bu değerin büyüklüğü ile temsil edildiği sorusunu sormamıştır.[33] Üretim sürecinin insan tarafından denetimi yerine insana egemen olduğu bir toplum durumuna ait bulundukları üzerlerine silinmez harflerle damgalanmış bulunan

nülmemiştir. Örneğin Ricardo şu önermede Destutt de Tracy ile aynı fikirde olduğunu söyler: "Bizim bedensel ve düşünsel yeteneklerimiz, kuşkusuz, bizim en asli zenginliklerimiz olduklarına göre, bu yeteneklerimizin kullanılması, yani bir tür emek, bizim tek ve asli hazinemizdir, ve işte zenginlik dediğimiz her şey daima bu yetilerimizin kullanılmasıyla yaratılmıştır. ... Şurası da kesindir ki, bütün bu şeyler, yalnızca kendilerini yaratan emeği temsil ederler ve eğer bunların bir ya da hatta iki farklı değerleri varsa, bunları ancak doğdukları emeğin (değerinden) almış olabilirler." (Ricardo, *The Principles of Pol. Econ.*, 3. baskı, Lond., 1821, s. 334.) Şurasını da belirtelim ki, Ricardo, burada, kendi çok daha derin yorumlarını Destutt'nün sözlerine katıyor. Aslında Destutt'nün söylediği, bir yandan serveti oluşturan her şey, bunları yaratan emeği temsil etmeleri, ama öte yandan, bunlar "iki farklı değerleri" (kullanım-değeri ve değişim-değeri) "emeğin değerinden" almalarıdır. O da böylece geriye kalanların değerlerini saptayabilmek için bir metanın (burada emeğin) değerinin belli olduğunu kabul eden vülger iktisatçıların düştükleri yanılgıya düşüyor. Ricardo, emeğin (emeğin değerinin değil), hem kullanım-değerinde, hem de değişim-değerinde somutlaştığını sanki o söylemiş gibi dile getiriyor. Bununla birlikte, Ricardo'nun kendisi de emeğin iki yanlı somutlaşması olan ikili niteliğine o kadar az önem veriyor ki, "Değer ve Zenginlikler, Bunları Farklılaştıran Özellikler" başlıklı bir bölümünü, J. B. Say'nin saçmalıklarının ciddi ciddi incelenmesine ayırıyor. Ve sonunda, Destutt'nün bir yandan, değerin kaynağının emek olduğu konusunda kendisiyle, öte yandan da değer kavramı üzerinde J. B. Say ile aynı fikirde olduğunu görerek hayrete düşüyor.

[33] Klasik ekonominin başlıca kusurlarından birisi de, metaların ve özellikle bunların değerlerinin tahliliyle, değerin, değişim-değeri halini aldığı biçimi ortaya çıkartmaması olmuştur. Bu okulun en iyi temsilcileri Adam Smith ile Ricardo bile, değer-biçimini, önemsiz bir şey, metaların niteliği ile ilgisiz bir şey gibi ele almışlardır. Bunun nedeni, yalnızca, dikkatlerinin, tamamıyla değerin büyüklüğünün tahliline yönelmiş olması değildir. Bunun daha derin nedenleri vardır. Emek ürününün değer-biçimi, burjuva üretimde ürünün aldığı en soyut biçim değil, aynı zamanda en genel biçimdir, ve ürüne toplumsal üretimin özel bir türü damgasını vurur ve böylece ona özel tarihsel niteliğini verir. Bu durumda, eğer biz, bu üretim tarzına, toplumun her hali için doğa tarafından saptanılmış tek ve ebedi biçim gözüyle bakarsak, değer-biçiminin, meta-biçiminin, onun daha sonraki gelişmeleri olan para-biçiminin, sermaye-biçiminin, vb. ayırdedici niteliğini zorunlu olarak ihmal etmiş oluruz. İşte bunun için, değer büyüklüğünün ölçülmesinde emek-zamanının kabul edilmesini benimseyen iktisatçılarda, genel eşdeğerin en yetkin biçimi olan para konusunda çok garip ve çelişik düşüncelere raslıyoruz. Paranın bilinen tanımlarının artık geçerli olmadığı bankacılığı ele aldıkları zaman, bu durum en göze çarpıcı biçimde ortaya çıkar. Bu, değerde toplumsal biçimden ya da bu biçiminin maddi özden yoksun bir hayaletinden başka bir şey görmeyen, restore edilmiş bir merkantil sistemin (Ganilh, vb.) doğmasına yolaçmıştır. İlk ve son kez burada belirtmek isterim ki, ben klasik ekonomi politik deyince, yalnızca görünüşleri ele alan, bilimsel ekonominin uzun süre önce sağladığı malzemeyi durup dinlenmeden ağzında geveleyip duran ve burjuvazinin günlük kullanımı için en münasebetsiz olayların en usa-uygun açıklamalarını arayan, bunun dışında da tuzukuru burjuvazinin onlar için dünyaların en iyisi olan kendi dünyaları ile ilgili bayağı düşüncelerini bilgiççe sistemleştirmeye ve bunları ebedi gerçeklermiş gibi ilan etmeye kalkışan vülger ekonomiye karşılık, W. Petty'den beri, burjuva toplumdaki gerçek üretim ilişkilerini araştıran bir ekonomi bilimini anlıyorum.

bu formüller, burjuva anlayışa, tıpkı üretken emek olarak, doğanın yüklediği apaçık zorunluluk olarak görünür. Bu nedenle burjuva-öncesi toplumsal üretim biçimleri, burjuvalarca, kilise babalarının, hıristiyanlık-öncesi dinleri ele aldıkları gibi incelenir.[34]

Bazı iktisatçıların metalarda bulunan fetişizm ya da emeğin toplumsal niteliklerinin nesnel görünüşü ile ne ölçüde yanılgılara düştüklerini, öteki şeyler yanında, değişim-değerinin oluşumunda doğanın oynadığı rol üzerinde giriştikleri yavan ve cansıkıcı tartışmalar da gösterir. Değişim-değeri, bir nesne üzerinde harcanan emek miktarının belirli bir toplumsal ifade şekli olduğuna göre, doğanın bununla ilişkisi, kambiyo kurlarının saptanmasıyla olan ilişkisinden fazla değildir.

Ürünün meta şeklini aldığı üretim biçimi, ya da doğrudan değişim için üretilmesi, burjuva üretim biçiminin en genel ve en ilkel biçimidir. Bunun için, bugünkü egemen ve karakteristik biçimiyle

34 "İktisatçıların bir tek işlem biçimi vardır. Onlar için ancak iki tür kurum vardır: yapay ve doğal. Feodalizmin kurumları yapay kurumlar, burjuvazininkiler ise doğal kurumlardır. Bu durumlarıyla, kendileri gibi iki tür din kuran tanrıbilimcilere benziyorlar. Kendilerinin olmayan her din insan icadı, kendilerininki ise tanrıdan çıkma. ... İşte bundan ötürüdür ki, bir zamanlar varolan tarih bundan böyle yoktur." (Karl Marx, *Misère de la Philosophie, Reponse à la Philosophie de la Misère par M. Proudhon,* 1847, s. 113 [*Felsefenin Sefaleti,* Sol Yayınları, Ankara 1992, s. 110].) Eski Yunanlıların ve Romalıların yalnızca yağma ile geçindiklerini tasavvur etmekle M. Bastiat gerçekten gülünç oluyor. Ne var ki, insanoğlu yüzlerce yıl yağmacılık ettiğine göre, ortada daima yağma edilecek bir şeylerin bulunması gerekir; yağma edilecek şeylerin durmadan üretilmesi gerekir. Böyle olunca, Yunanlılar ile Romalıların bile bazı üretim süreçleri olduğu anlaşılıyor, dolayısıyla da, tıpkı bizim modern toplumumuzun maddi temelini burjuva ekonominin oluşturması gibi, onların toplumlarının maddi temelini oluşturan bir ekonomileri olması gerekir. Belki de Bastiat, köleliğe dayanan üretim biçiminin bir yağma sistemine dayandığını söylemek istiyor. Öyleyse tehlikeli bir yerde yürüyor demektir. Aristoteles gibi dev bir düşünür köle emeğini değerlendirmede yanıldıktan sonra Bastiat gibi cüce bir iktisatçı, ücretli emeği değerlendirmede niçin doğru düşünüyor olsun? Bu fırsattan yararlanarak, Amerika'da yayınlanan bir Alman gazetesinde, benim *Zur Kritik der Pol. Ökonomie,* 1859, yapıtıma yöneltilen bir itirazı kısaca yanıtlamak istiyorum. O gazetenin değerlendirmesine göre, her özel üretim tarzı ve ona tekabül eden toplumsal ilişkiler, kısacası toplumun ekonomik yapısı, hukuksal ve siyasal üstyapının gerçek temelidir, ve buna belirli toplumsal biçimler tekabül eder; üretim tarzı, toplumsal, siyasal ve genel olarak entelektüel yaşamın niteliğini belirler [*Ekonomi Politiğin Eleştirisine Katkı,* Önsöz, s. 22, 23, 24] şeklindeki görüşlerimin, maddi çıkarların egemen olduğu zamanımız için çok doğru oldukları, ama hıristiyanlığın egemen olduğu ortaçağ için, politikanın egemen olduğu Atina ve Roma için geçerli olmadığı öne sürülüyor. Her şeyden önce, ortaçağ ile eski dünya konusundaki bu kokuşmuş lafları bir başkasının bilmediğini sanması insana garip geliyor. Bununla birlikte, şu kadarı besbellidir ki, ne ortaçağ katoliklik ile, ne de eski dünya politika ile karnını doyurabilirdi. Tam tersine, şurada katolikliğin, burada politikanın niçin başrolü oynadığını açıklayan şey, orada yaşayan insanların yaşamlarını kazanma biçimidir. Bundan başka, örneğin, onun gizemli tarihini, toprak mülkiyeti tarihinin oluşturduğunu bilmek için Roma Cumhuriyetinin tarihi ile biraz tanışıklık yeter. Üstelik gezginci şövalyeliğin toplumun her türlü ekonomik biçimleri ile bağdaşabileceğini sanmakla yaptığı yanılgının cezasını Don Kişot uzun zaman önce çekmiş bulunuyor.

olmamakla birlikte, epeyce eski bir tarihte ortaya çıkmıştır. Böylece fetiş karakter, nispeten daha kolay kavranılabilir. Ama daha somut biçimlere geldiğimizde bu basit görünüm bile kaybolur. Parasal sistemin yanılsamaları nereden gelir? Bu sistem için altın ve gümüş, para olarak iş görürken, üreticiler arasında toplumsal bir ilişkiyi temsil etmiyorlardı, ama garip toplumsal özellikleriyle doğal nesnelerdi. Parasal sisteme küçümseyerek bakan modern ekonomi, sermaye ile ilgilenir ilgilenmez kendi batıl inancını gün gibi ortaya koymuyor mu? Rantın toplumdan değil topraktan doğduğunu söyleyen fizyokratça yanılsamayı, ekonominin bir yana itmesinden bu yana ne kadar zaman geçti?

Bu konuya daha sonra geleceğimiz için, burada, meta biçimi ile ilgili bir başka örnek vermekle yetineceğiz. Metaların dili olsaydı şöyle derlerdi: kullanım-değerimiz insanları ilgilendirebilir. Nesne olarak o bizim bir parçamız değildir. Nesne olarak bize ait olan şey değerimizdir. Meta olarak doğal ilişkilerimiz bunu tanıtlar. Birbirimizin gözünde, değişim-değerinden başka bir şey değiliz. Şimdi de bu metaların, iktisatçıların ağzından nasıl konuştuklarını dinleyelim: "Değer (yani değişim-değeri) şeylerin bir özelliğidir, zenginlik (yani kullanım-değeri) ise insanın. Değer, bu anlamda, zorunlu olarak değişimi varsayar, zenginlik ise varsaymaz."[35] "Zenginlik (kullanım-değeri) insanların sıfatıdır, değer ise metaların sıfatı. Bir insan ya da bir topluluk zengindir, bir inci ya da elmas değerlidir. ... Bir inci ya da bir elmas" inci ya da elmas olarak "değerlidir".[36] Şimdiye kadar hiçbir kimyager, ne incide, ne de elmasta, değişim-değeri keşfedebildi. Keskin eleştirel ferasete her gün daha çok özel olarak sahip çıkan bu kimyasal elemanın iktisadi kaşifleri, gene de nesnelerin kullanım-değerinin, maddi özelliklerinden bağımsız olarak kendilerine ait olduğunu, oysa öte yandan değerlerinin, nesne olarak bir parçalarını oluşturduklarını ortaya koyuyorlar. Onların görüşlerini tanıtlayan şey, nesnelerin kullanım-değerlerinin değişim olmaksızın, nesne ile insan arasındaki doğrudan bir ilişki yoluyla gerçekleşmesi, oysa öte yandan değerlerinin yalnızca değişimle, yani toplumsal bir süreç yoluyla gerçekleşmesi özel koşuludur. Burada sevgili dostumuz Dogberry'nin komşusu Seacoal'a söylediği şu sözleri nasıl anımsamazsınız: "Yakışıklı insan olmak talih işidir, ama okuma-yazma doğadan gelir."[37]

35 *"Value is a property of things, riches of man. Value, in this sense, necessarily implies exchanges, riches do not."* (*Observations on Certain Verbal Disputes in Pol. Econ., Particularly Relating to Value, and to Supply and Demand,* London 1821, s. 16.)

36 *"Riches are the attribute of man, value is the attribute of commodities. A man or a community is rich, a pearl or a diamond is valuable ... A pearl or a diamond is valuable as a pearl or diamond."* (S. Bailey, *l.c.*, s. 165 *sq.*)

[37] *Observations* yazarı ile S. Bailey, Ricardo'yu, değişim-değerini nispi bir şey olmaktan çıkarıp mutlak bir şey haline getirmekle suçlar. Gerçek olan bunun tersidir. Ricardo, örneğin elmas ile inci gibi nesneler arasındaki, değişim-değeri olarak görünen ilişkiyi açıklamış ve görünüşlerin ardındaki gizli gerçek ilişkiyi, yani bunların birbirleriyle yalnızca insan emeğinin ifadeleri olarak ilişki içinde olduklarını aydınlığa kavuşturmuştur. Eğer Ricardo'nun izleyicileri Bailey'e biraz sertçe, ama hiç de kandırıcı biçimde karşılık veremiyorlarsa, bu, bunların Ricardo'nun yapıtlarında, değer ile değer-biçimi, ya da değişim-değeri arasındaki gizli ilişkiyi çözümlemeye yarayacak bir anahtar bulamamalarından ileri geliyor.

İKİNCİ BÖLÜM

DEĞİŞİM

AÇIKTIR Kİ, metalar pazara kendi başlarına gidemezler ve kendi hesaplarına değişim yapamazlar. Bu yüzden, aynı zamanda sahipleri olan koruyucularını da tanımamız gerekir. Metalar, şeylerdir, bunun için de insana karşı direnme güçleri yoktur. Böyle yumuşakbaşlı olmasalar bile, insanoğlu zora başvurabilir; bir başka deyişle insan, bunlara zorla sahip olabilir.[38] Bu nesnelerin, birbirleriyle meta olarak ilişki içine girebilmeleri için, koruyucuların, iradeleri bu nesnelere yerleşmiş kimseler olarak birbirleriyle karşı karşıya gelmeleri ve karşılıklı rızaya dayanan bir anlaşma olmaksızın, birisi diğerinin metaına elkoymayacak ve kendi isteği ile ondan ayrılacak biçimde hareket etmelidirler. Bu nedenle, bu kişilerin, birbirlerinin özel sahiplik haklarını karşılıklı olarak tanımaları gerekir. Böylece, bir sözleşmede ifadesini bulan bu hukuksal ilişki, bu sözleşme, gelişmiş bir yasal sistemin bir parçası olsun ya da

[38] Dindarlığı dillere destan 12. yüzyılda, çok zarif ve ince şeyler de metadan sayılırdı. İşte bunun için o dönemde bir Fransız ozan, Landit pazarında bulunabilecek mallar arasında, giyecek eşyası, ayakkabı, deri, tarım aletlerinin vb. yanısıra, "*femmes folles de leur corps*" ["ateşli dilberleri"] de sayıyor.

olmasın, iki irade arasındaki bir ilişkidir ve bu haliyle iki insan arasındaki gerçek ekonomik ilişkinin yansımasından başka bir şey değildir. Bunun gibi her hukuksal sözleşmenin konusunu belirleyen şey, işte bu ekonomik ilişkidir.[39] Burada kişiler birbirleri için yalnızca metaların temsilcileri ve dolayısıyla sahipleri olarak vardır. Araştırmamız ilerledikçe, ekonomi sahnesinde görülen kimselerin, genellikle aralarında bulunan ekonomik ilişkilerin bir kişiliğe bürünmesinden başka bir şey olmadıklarını göreceğiz.

Bir metaı sahibinden ayıran başlıca şey, her başka metaya, onun kendi değerinin görünüş biçiminden başka bir şey olmadığı gözüyle bakmasıdır. Doğuştan eşitlikçi ve sinik olduğu için, bunlar Maritorne'den daha da iğrenç bir şey olsalar bile, her çeşitten meta ile, yalnız ruhunu değil, vücüdunu da değiştirmeye her zaman hazırdır. Metalarda eksik olan bu somutluk duygusunu mal sahipleri kendi beş ya da daha çok duyusu ile giderirler. Meta, sahibi için doğrudan bir kullanım-değerine sahip değildir. Yoksa onu pazara getirmezdi. Ondaki kullanım-değeri başkaları içindir; kendisi için dolaysız kullanım-değeri olması, yalnızca değişim-değeri taşıyıcısı olması, dolayısıyla değişim aracı olmasındadır.[40] Bu nedenle mal sahibi, metaını, kullanım-değeri kendisine yararlı olacak metalar ile değiştirmeye karar verir. Bütün metalar, sahipleri için kullanım-değeri değildir, ama kendilerine sahip olmayanlar için kullanım-değerleridir. Bunun için, hepsi de, eldeğiştirmek zorundadırlar. Ama bu eldeğiştirme, bunların değişimlerini oluşturan şeydir, ve böylece birbirlerinin karşısına değer olarak çıkarlar ve değer olarak gerçeklik kazanırlar. Demek ki, metalar, kullanım-değeri

39 Proudhon, kafasındaki adalet idealini, *justice éternelle*'i ["ebedi adalet"i] meta üretimine uygun düşen hukuk ilişkilerinden çıkartmakla işe başlar: böylece de, hemen belirtelim, meta üretimi biçiminin adalet kadar ebedi olduğunu bütün iyi yurttaşlara huzur verecek şekilde tanıtlamış olur. Ardından geriye döner ve yürürlükteki meta üretim biçimini ve buna tekabül eden hukuk sistemini bu ideale uygun olarak yeniden düzenlemenin yollarını araştırır. Maddenin bileşimindeki ve ayrışımındaki molekül değişmelerinin yürürlükteki yasalarını inceleyerek bu temel üzerinde belirli sorunları çözeceği yerde, bir kimyacı tutarak, maddenin bileşimi ve ayrışımını, "*ewigen Ideen*" ["ebedi İdeler"], "*naturalite*" ["doğal durum"] ve "*affinite*" ["yakınlık"] aracılığı ile düzenlemek iddiasında bulunsa, bu adam hakkında ne düşünürdük? Tefecilik, *justice éternelle*'e ["ebedi adalet"e], *équité éternelle*'e ["ebedi hakkaniyet"e], *mutualité éternelle*'e ["ebedi dayanışma"ya] ve öteki *vérités éternelles*'e ["ebedi gerçekler"e] aykırıdır dediğimiz zaman, kilise babalarının, tefeciliğin, *grâce éternelle*'le ["ebedi inayet"le], *foi éternelle*'le ["ebedi inanç"la] ve *la volonté éternelle de Dieu*'yle ["tanrının sonsuz iradesi"yle] bağdaşamayacağını söylemelerinden aslında fazla bir şey bilmiş olur muyuz?

40 "Çünkü her nesnenin kullanımı iki yönlüdür. ... Bunlardan bir tanesi nesneye özgüdür, diğeri değildir; bir sandaletin giyilebilmesi ya da değişilebilmesi gibi. Her ikisi de sandaletin kullanım-biçimidir. Çünkü gereksinmesi olan parayla ya da yiyecekle sandaleti değişen kimse de, sandaletten sandalet olarak yararlanmıştır. Ama bu, sandaletin doğal kullanımı gibi olmamıştır. Çünkü sandalet, değişilmek için yapılmamıştır." (Aristoteles, *De Rep,* l. I, c. 9.)

olarak gerçekleşmeden önce, değer olarak gerçekleşmek durumundadır.

Öte yandan metalar, değer olarak gerçekleşmeden önce, kullanım-değerleri olduklarını göstermek zorundadırlar. Onlara harcanan emeğin etkin olarak kabul edilebilmesi, ancak bu emeğin, başkaları için yararlı olabilecek bir biçimde harcanmasıyla olanaklıdır. Bu emeğin başkaları için yararlı olup olmadığı ve dolayısıyla emeğin ürününün başkalarının gereksinmesini karşılayabilmesi, ancak değişim ile tanıtlanabilir.

Her meta sahibi, malını, yalnızca bir kısım gereksinmesini giderecek kullanım-değeri olan meta karşılığında değiştirerek elden çıkarmak ister. Bu açıdan bakılınca, onun için değişim, yalnızca özel bir iştir. Öte yandan, meta sahibi, kendi metaının, karşısındaki meta sahibi için herhangi bir kullanım-değeri olup olmadığına bakmaksızın, eşit değerde olan herhangi bir uygun metaya çevirerek metaının değerini gerçekleştirmek ister. Bu görüş açısından değişim, onun için genel nitelikte toplumsal bir işlemdir. Ne var ki, bir ve aynı işlemler dizisi, bütün meta sahipleri için aynı anda hem tamamen özel, hem tamamen toplumsal ve genel olamaz.

Konuya biraz daha yakından bakalım. Bir meta sahibi için bütün öteki metalar, kendisininkine göre özel bir eşdeğerdir, ve dolayısıyla kendi metaı bütün ötekiler için genel eşdeğerdir. Ama bu, her meta sahibi için geçerli olduğuna göre, gerçekte ortada genel eşdeğer görevini yapan hiçbir meta yoktur, ve metaların nispi değerleri, değer olarak eşitlenebilecek ve değerlerinin büyüklüğü karşılaştırılabilecek genel biçime sahip değildirler. Öyleyse bunlar, birbirlerinin karşısına, metalar olarak değil, yalnızca ürünler olarak ya da kullanım-değerleri olarak çıkmaktadırlar. Bu güçlükler karşısında meta sahiplerimiz Faust gibi düşünürler: "*Im Anfang war die Tat.*"* Bunun için de hiç düşünmeden hemen harekete geçip işe başladılar. Böylece, metaların niteliğinden gelen yasalara içgüdüleriyle uydular. Ellerindeki metaları evrensel eşdeğer olan başka bir meta ile kıyaslamadan, metalarını değerler olarak ilişki içersine sokamazlar ve dolayısıyla da metalar haline getiremezler. Biz, bunu, metaın tahlilinden biliyoruz. Ama ancak toplumsal bir fiil olmaksızın, belli metaın evrensel eşdeğer haline gelmesi de olanaksızdır. Bunun için, bütün öteki metaların toplumsal hareketi, kendi değerlerini ifade edecekleri o belli metaı bir yana bırakır. Böylece bu metaın maddi biçimi, toplumsal olarak kabul edilmiş evrensel eşdeğer biçimini alır. Bu toplumsal süreçle, evrensel eşdeğer olmak, geri kalan metalar tarafından böylece dıştalanan meta-

* Başlangıçta eylem vardı. –ç.

ın özgül işlevi haline gelir. Yani o meta böylece — para olur. "*Illi unum consilium habent et virtutem et potestatem suam bestiæ tradunt. ... Et ne quis possit emere aut vendere, nisi qui habet characterem aut nomen bestiæ, aut numerum nominis ejus.*" (*Apocalypse.*)*

Para, değişim sırasında, zorunluluğun oluşturduğu kristaldir, böylece farklı emek ürünleri fiilen birbirlerine eşitlenir ve bu uygulama sonucu metalara dönüşürler. Tarihsel ilerleme ve değişimin genişlemesi, metalarda saklı bulunan kullanım-değeri ile değer arasındaki karşıtlığı geliştirir. Ticari ilişkiler amacıyla bu karşıtlığa dışsal bir ifade verilmesi zorunluluğu, değerin bağımsız bir biçiminin saptanmasını gerektirir, ve bu durum, metaların, metalar ve para olarak farklılaşması, kesin biçimini alana kadar devam eder. O zaman, ürünlerin metalara dönüşümü ile tek bir özel metaın paraya dönüşümü de aynı ölçüde gerçekleşmiş olur.[41]

Ürünlerin doğrudan trampası, bir bakıma, değerin nispi ifadesinin basit biçimini alır, ama bir bakıma da almaz. Bu biçim, x kadar A metaı = y kadar B metaıdır. Dolaysız trampa biçimi ise, x kadar A kullanım-değeri = y kadar B kullanım-değeri biçimindedir.[42] A ve B malları, bu durumda henüz meta değildirler, ancak trampa fiili ile meta olabilirler. Bir kullanım nesnesinin, değişim-değeri olmaya doğru attığı ilk adım, sahibi için kullanım-değeri olmamasıdır, ki bu da, ancak sahibinin gereksinmelerinden artakalan bir kısım olmasıyla olanaklıdır. Nesneler aslında insanın dışındadır ve dolayısıyla elden çıkartılabilir şeylerdir. Bu elden çıkarmanın karşılıklı olabilmesi için, insanlar için gerekli tek şey, sözsüz bir anlaşma ile birbirlerini, bu elden çıkarılabilir nesnelerin özel sahipleri olarak, ve böylece birbirlerinden bağımsız bireyler olarak kabul etmeleridir. Ama, ortak mülkiyet üzerine kurulan ilkel bir toplumda, bu toplum, ister ataerkil bir aile biçimini alsın, ister eski bir Hint topluluğu ya da Perulu İnka devleti olsun, böyle birbirine karşılıklı bağımsız bir durum görülmez. Bunun için, metaların değişimi önce bu gibi toplulukların sınırlarında, benzer öteki topluluklar

41 Buna bakarak, bir yandan meta üretimini devam ettirirken, para ile meta arasındaki "karşıtlaştırmayı" kaldırmayı amaç edinen ve böylece salt bu karşıtlık sonucu varolan parayı da ortadan kaldırmak isteyen küçük-burjuva sosyalizmin kurnazlığı konusunda bir fikir edinebiliriz. Yani, papa olmaksızın da hıristiyanlığı pekala sürdürebiliriz diye düşünülüyordu. Bu konuda daha fazla bilgi için bkz: *Zur Kritik der Pol. Ökon.*, s. 61 *sqq.* [*Ekonomi Politiğin Eleştirisine Katkı*, s. 103 vd..]

42 İki farklı kullanım-değeri değişilmek yerine, vahşiler arasında çoğu zaman olduğu gibi, tek bir eşyanın eşdeğeri olarak bir yığın öteberi öne sürüldüğü sürece, ürünler arası dolaysız trampa bile, ilk aşamasında bulunuyor demektir.

* "Bunların düşünceleri birdir, güçlerini ve kuvvetlerini canavarca verirler." (*Apocalypse,* XVII, 13.) "Ve canavarın mührünü, adına ya da adının sayısına sahip olmayan kimse ne alabilir, ne de satabilir." (*Apocalypse,* XIII, 17. Trad. Lemaistre de Sacy.) –*Ed.*

ile temas noktalarında, ya da başka toplulukların bireyleriyle temasla başlar. Ne var ki, ürünler, bir topluluğun dış ilişkileri ile bir kez metalar halini alınca, bunlar gerisin geriye toplum içi ilişkilerde de meta halini alırlar. Bunların arasındaki değişim oranı, başlangıçta oldukça bir raslantı işidir. Bunları değişilebilir yapan şey, sahiplerinin bunları elden çıkarma konusundaki karşılıklı istekleridir. Bu arada yararlı yabancı nesne gereksinmesi giderek yerleşir. Değişimin durmadan yinelenmesi, bunu, olağan toplumsal bir fiil haline getirir. Bu nedenle, zamanla, emek ürünlerinin hiç değilse bir kısmı özel bir değişim amacıyla üretilmek zorundadır. İşte o andan itibaren, bir nesnenin tüketim amacı için yararlılığı ile, değişim amaçları için yararlılığı arasındaki fark kesinlik kazanır. Artık kullanım-değeri, değişim-değerinden farklı hale gelmiştir. Öte yandan, malların içersinde değişilebildiği nicel oran, bundan böyle onların üretimine bağlı hale gelir. Âdetler, bunların üzerine, belirli büyüklükte değer damgasını vurur.

Ürünlerin dolaysız trampasında her meta, sahibi için doğrudan bir değişim aracı, başka herkes için ise, ancak onlar için bir kullanım-değeri olduğu sürece, bir eşdeğerdir. Bu aşamada, değişim konusu olan mallar, demek ki, kendi kullanım-değerlerinden, ya da değişim yapanların bireysel gereksinmelerinden bağımsız bir değer-biçimi alamazlar. Değer-biçiminin zorunluluğu, değişilen metaların sayı ve türündeki artışla birlikte büyür. Problem ile çözüm yolları aynı anda ortaya çıkar. Çeşitli biçimlere ait farklı türden metalar, tek ve aynı özel bir nesne ile değişilebilir ve değer olarak eşitlenebilir hale gelmedikçe, meta sahiplerinin bunları başkalarının metaları ile eşitlemesi ve geniş ölçüde değişime girişmesi sözkonusu olamaz. Bu üçüncü meta, öteki çeşitli metaların eşdeğeri haline gelmekle, dar sınırlar içersinde kalmakla birlikte, derhal genel toplumsal bir eşdeğer niteliğine bürünür. Bu nitelik, kendisini yaratan geçici toplumsal hareketle doğar ve kaybolur. Sırayla ve geçici bir süre için bu nitelik, önce şu, ardından da bu metaya bağlanır. Ama değişimdeki gelişme ile yalnızca belli türden metalara sıkı sıkıya yerleşir, ve para-biçimini alarak kristalleşir. Üzerine yapıştığı belli türdeki meta, başlangıçta raslansaldır. Gene de etkisi kesin olan iki durum vardır. Para-biçimi, ya dışardan gelen en önemli değişim mallarına bağlanır; bunlar gerçekte dahili ürünlerin ifade edildikleri değişim-değerlerinin ilkel ve doğal biçimleridir; ya da sığır sürüsü gibi, elden çıkarılabilir yerli servetin bellibaşlı kısmını oluşturan bir kullanım nesnesine bağlanır. Bütün dünyevi malları taşınabilir nesnelerden oluşan ve bu yüzden doğrudan elden çıkarılabilen nesnelerden oluşması nedeniyle, göçebe kavimlerde para-biçimi daha önce gelişmiştir; ayrıca yaşayış biçimleri bunları devamlı olarak yabancı topluluklarla temasa getirdiği için ürünlerin değişimi kolaylaşmıştır. İnsanlar, çoğu zaman, insanları, kölelik biçimi altında ilkel para malzemesi olarak kullanmamışlar, ama toprağı bu amaçla hiç kullanmışlardır. Böyle bir düşünce, ancak iyice gelişmiş burjuva toplumda ortaya çıkabilmiştir. Bu, 17. yüzyılın son otuz yılına raslar ve ulus ölçüsünde ilk uygulanma girişimi bir yüzyıl sonra, Fransız burjuva devrimi sırasında görülür.

Değişimin yerel bağlarını kopardığı ve metaların değeri gitgide soyut insan emeğinin maddeleşmesine doğru genişlediği ölçüde, paranın niteliği de, evrensel eşdeğer toplumsal işlevini yerine getirmek için, doğal haliyle en uygun metalara bağlanır. Bu metalar da değerli madenlerdir.

"Altın ve gümüş, doğası gereği para değildir, ama para doğası gereği altın ve gümüştür",[43] önermesinin doğruluğu bu madenlerin fiziksel özelliklerinin paranın işlevleriyle uygunluk halinde olmasıyla görülmüştür.[44] Ne var ki, bu noktaya kadar biz, paranın yalnızca bir işlevini, yani meta değerinin ortaya çıkış biçimi olarak, ya da bunların değer büyüklüklerinin toplumsal yönden ifade edildiği madde olarak iş görmesini biliyoruz. Değerin uygun bir ortaya konuş biçimi, soyutun, uygun bir cisimlenişi, farklılaşmamış ve bunun için de eşit insan emeğinin uygun bir maddesi, ancak bütün örnekleri aynı tekdüze nitelikleri gösteren bir şey olabilir. Öte yandan da, değer büyüklükleri arasındaki fark, salt nicel olduğu için, para-metaın nicel farklılaştırmaya uygun olması, istenildiği gibi bölünebilmesi ve gene istenildiği zaman yeniden birleştirilmesi olanaklı olmalıdır. Altın ve gümüş bu özelliklere doğal olarak sahiptirler.

Para-metaın kullanım-değeri iki yönlü hale gelir. Meta olarak özel kullanım-değerine ek olarak (örneğin altın, dişçilikte dolgu için, lüks eşyaların hammaddesi olarak vb. kullanılır), özgül toplumsal işlevinden doğan resmî bir kullanım-değeri niteliği kazanır.

Bütün metalar, yalnızca paranın özel eşdeğerleri oldukları için, para bunların evrensel eşdeğerleri olduğu için, evrensel meta olarak para yönünden bunlar özel meta rolü oynarlar.[45]

Para-biçiminin, öteki bütün metalar arasındaki değer ilişkileri-

[43] Karl Marx, *l.c.*, s. 135 [*Ekonomi Politiğin Eleştirisine Katkı*, s. 178]. "Madenler, ... doğal halleriyle paradır." (Galiani, *Della Moneta,* Custodi basımı, *Parte Moderna,* c. III, s. 137.)

[44] Bu konuda daha fazla ayrıntı için yukarda adı geçen yapıtımın, "Değerli Madenler" bölümüne bakınız. [*Ekonomi Politiğin Eleştirisine Katkı,* s. 175 vd..]

[45] "Para evrensel metadır." (Verri, *l.c.*, s. 16.)

nin tek bir meta üzerinde toplanmış yansımasından başka bir şey olmadığını görmüştük. Paranın bir meta oluşu,[46] para tahliline tam gelişmiş biçiminden başlayanlar için yepyeni bir buluştur. Değişim süreci, paraya dönüşen metaya değerini değil, özgül değerbiçimini verir. Bu iki farklı şeyi birbirine karıştıran bazı yazarlar, altın ile gümüşün değerlerinin sanal olduğu sonucuna varmışlardır.[47] Bazı işlevleri yerine getirirken paranın yerine yalnızca simgelerin kullanılması, başka bir yanlış düşüncenin uyanmasına, paranın kendisinin yalnızca bir simge olduğu düşüncesinin doğmasına yolaçtı. Ne var ki, bu yanlışın ardında, bir nesnenin parabiçiminin, bu nesnenin ayrılamaz bir unsuru olmadığı, yalnızca içersinde belli toplumsal ilişkilerin kendilerini ortaya koydukları bir biçim olduğu önsezisi yatıyordu. Bu anlamda her meta bir değer olduğuna göre, bir simgedir, ancak kendisi için harcanan insan emeğinin maddi bir zarfıdır.[48] Ama, nesnelerin kazandıkları top-

[46] Gümüş ile altın (biz bunlara genel olarak değerli cevherler diyoruz) ... değerleri ... yükselen ve düşen ... metalardır. ..... Küçük ağırlıkta bir cevherle, bir ülkenin ürün ya da mamullerinin büyük bir kısmı satın alınabilirse bu cevherin değeri yüksek sayılabilir." ([S. Clement,] *A Discourse of the General Notions of Money, Trade and Exchange, as they stand in relations to each other. By a Merchant,* Lond., 1695, s. 7.) "Sikke haline getirilmiş olsun ya da olmasın gümüş ile altın, diğer şeylerin değerlerinin ölçülmesi için kullanılsalar da, kendileri de tıpkı şarap, yağ, tütün, kumaş ya da öteberi gibi metadırlar." ([J. Child,] *A Discourse concerning Trade, and that in particular of the East-Indies etc.,* London 1689, s. 2.) "Krallığın mal ve zenginlikleri yalnızca parayla sınırlı olmadığı gibi altın ile gümüş de onun mallarının dışında bırakılamaz." ([Th. Papillon,] *The East-India Trade a most Profitable Trade,* London 1677, s. 4.)

[47] Altın ve gümüş, para olmazdan önce maden olarak değere sahiptiler." (Galiani, *l.c.,* [s. 72.]) Locke diyor ki, "İnsanların genel rızaları ile gümüşe, para olmaya uygun nitelikleri nedeniyle imgesel bir değer verildi." [John Locke, *Some Considerations, etc.,* 1691, *Vorks*'ta, ed. 1777, v. II, s. 15.] Öte yandan Law da şöyle diyor: "Farklı uluslar, herhangi tek bir şeye nasıl olur da hayali bir değer verebilirler ... ya da bu hayalî değer nasıl olur da sürüp gidebilir?" Ama aşağıdaki sözler, kendisinin de konuyu ne kadar az anladığını gösterir: "Gümüş sahip olduğu kullanım-değeri ile orantılı olarak, yani gerçek değerine göre değişiliyordu. Para olarak kabul edilmesiyle ek bir değer (*une valeur additionelle*) kazandı." (Jean Law, *Considérations sur le numéraire et le commerce,* E. Daire'nin *Économistes Financiers du XVIII. siècle* baskısında, s. 469, 470.)

[48] "Para onların (zahirelerin) simgeleridir." (V. de Forbonnais, *Éléments du Commerce,* Nouv. Edit. Leyde 1766, t. II, s. 143.) — "Zahireler simge olarak para kılığına bürünürler." (*l.c.,* s. 155.) "Para bir şeyin simgesidir ve onu temsil eder." (Montesquieu, *Esprit des Lois Œuvres,* Lond., 1767, t. II., s. 2.) "Para yalnızca simge değildir, bizzat zenginliktir; para, değerleri temsil etmez, o, eşdeğerdir." (L. Trosne, *l.c.,* s. 910.) "Değer kavramı, değerli şeyleri yalnızca simge olarak görür; oysa ne olduğu için değil, ne kadar ettiği için hesaba katılır." (Hegel, *l.c.,* s. 100.) Paranın yalnızca bir simge olduğu düşüncesini, değerli madenlerin değerlerinin yalnızca imgesel olduğu düşüncesini hukukçular iktisatçılardan çok daha önce başlatmışlardır. Bunu, bütün ortaçağ boyunca paranın ayarını bozma haklarını Roma İmparatorluğunun geleneklerine ve Pandektlerdeki para kavramına "*Qu'aucun puisse ni doive faire doute*" dayanarak destekledikleri taçlı kafalara dalkavukluk hizmeti olarak yapmışlardır. Aklıevvel bilimadamları, Philip de Valois, 1346 tarihli bir bildiride şöyle diyor: "Para işlerinin, darp işinin, ayar ve şeklinin saptanmasının, stok edil-

lumsal niteliklerin, ya da belirli bir üretim tarzının rejimi altında emeğin toplumsal niteliklerinin büründüğü maddi biçimlerin simgeden başka bir şey olmadıkları söylenirse, bunlar için, aynı anda, insanlığın evrensel onayı adı verilen keyfî imgeler olduğu da ifade edilmiş olur. Bu, 18. yüzyılda geçerli olan açıklama biçimine uygun düşüyordu. İnsanla insan arasındaki toplumsal ilişkilerin aldığı şaşırtıcı biçimlerin kökenini kestiremeyen kimseler, bunlara insanlararası uydurma bir köken yakıştırarak bu garip görünüşlerinden onları sıyırma yollarını arıyorlardı.

Bir metaın eşdeğer biçiminin, onun değer büyüklüğünün belirlenmesi anlamına gelmediğine yukarda değinilmişti. Demek ki, altının para olduğunu ve dolayısıyla öteki bütün metalar ile dolaysız değişilebildiğini bilebiliriz, ama bundan, örneğin, 10 libre altının ne kadar ettiğini çıkaramayız. Para da öteki her meta gibi, değerinin büyüklüğünü öteki bütün metalarla kıyaslanmadığı sürece ifade edemez. Bu değer, üretimi için gerekli emek-zamanı ile belirlenir, ve aynı nicelikte emek-zamanına malolan başka bir metaın miktarı ile ifade edilir.[49] Nispi değerin bu şekilde nicel belirlenmesi, üretildiği kaynakta trampa yoluyla olur. Para olarak dolaşıma adım attığında, artık değeri belli olmuştur. 17. yüzyılın son on yıllarında, paranın daha o zaman bir meta olduğu gösterilmiş bulunuyordu, ama atılan bu adım, tahlillerin henüz emekleme döneminde olduğuna işaret ediyordu. Güçlük, paranın bir meta olduğunu anlamak değil, bir metaın nasıl, niçin ve hangi yollardan para halini aldığını ortaya çıkartmaktı.[50]

mesinin ve para ile ilgili bütün tüzük ve kararların, ve nasıl istersek ve uygun görürsek, o fiyatla piyasaya çıkarılacağının yalnız bizi ve hükümranlık hakkımızı ilgilendiren şeyler olduğundan kimse kuşku duyamaz ve kuşku duymaya yetkili değildir." Paranın değerinin imparatorun buyruğu ile belirleneceği, Roma hukukunda değişmez bir kuraldı. Paranın meta olarak işlem görmesi, açık olarak yasaklanmıştı. "Para her ne kadar satın alınabilir bir şey ise de, buna kimse yetkili değildir, çünkü genel kullanım için varolmuştur, meta olamaz." Bu sorunlar üzerinde G. F. Pagnini'nin iyi çalışmaları vardır: *Saggio sopra il giusto pregio delle cose,* 1751; Custodi, *Parte Moderna,* t. II. Yapıtının ikinci kısmında Pagnini, özellikle hukukçulara karşı polemiğe girişir.

49 "Eğer bir kimse, bir kile buğday üretebileceği zaman içersinde, Peru'da, topraktan bir ons gümüş çıkartıp Londra'ya getirebiliyorsa, bunlardan birisi ötekinin doğal fiyatı olur; şimdi, eğer aynı kimse, yeni ya da daha kolay bir madenden bir yerine iki ons gümüş elde edecek olsa, öteki koşullar aynı kalmak kaydıyla, daha önce beş şilin olan buğdayın kilesi şimdi on şilin olur." William Petty, *A Treatise of Taxes and Contributions,* Lond., 1667, s. 31.

50 Bilgili profesör Roscher, bize, önce, "paranın yanlış tanımları iki ana gruba ayrılabilir: onu metadan daha çok ve daha az yapanlar" diye haber verdikten sonra, paranın niteliği üzerine uzun ve karışık bir yapıt listesi sunuyor, ve bundan da, teorinin tarihi üzerine en küçük bir bilgisi olmadığı görülüyor. Sonra da şu yargıya varıyor: "Şurası da yadsınamaz ki, yeni iktisatçıların çoğu, parayı öteki metalardan ayıran özellikleri yeterince akılda tutmuyorlar." (Bu özellikler topu topu, metadan çok ya da az olma değil miydi?) "Bu yönden Ganilh'in yarı-merkantilist tepkisi ta-

Değerin en basit ifadesi olan, x kadar A metaı = y kadar B metaı eşitliğinde, başka bir nesnenin değer büyüklüğünü temsil eden nesnenin bu ilişkilerden bağımsız olarak, sanki doğa tarafından kendisine verilmiş toplumsal bir özellik gibi eşdeğer biçime sahip olma görüntüsünü taşıdığını görmüştük. Bu sahte görünüşü en son tamamlanışına kadar izledik; ki bu tamamlanış, özel bir metaın maddi biçimi ile belirlenerek evrensel eşdeğer biçimi alır almaz, ve böylece para-biçimi halinde kristalleşir kristalleşmez sona erer. Görünürde olan, altının, tüm öteki metaların değerlerini onda ifade etmeleri sonucu para halini alması değil, tam tersine, altın para olduğu için tüm öteki metaların değerlerini, evrensel olarak altında ifade etmeleridir. Sürecin ara adımları sonuçta ortadan kaybolur ve arkalarında bir iz bırakmazlar. Metalar, kendi paylarına hiçbir girişkenlikleri olmaksızın, değerlerinin, yanlarında bulunan başka bir meta ile tamamen temsil edildiğini görürler. Bu nesneler, altın ile gümüş, toprağın bağrından çıktıkları haliyle bundan böyle bütün insan emeğinin doğrudan cisimleşmiş şekilleridir. İşte paranın gizemi burdadır. İncelediğimiz toplum biçiminde, toplumsal üretim sürecinde insanların davranışlarının etkisi çok küçüktür. Bunun için de, üretim sürecinde birbirlerine karşı ilişkileri, kendi denetimlerinden ve bilinçli bireysel hareketlerinden bağımsız maddi bir nitelik alır. Bu olgular, genel bir kural olarak, ilkönce, meta biçimini alan ürünler yoluyla kendilerini gösterirler. Meta üreticilerinden kurulu bir toplumun giderek gelişmesinin ayrıcalıklı bir metaya para damgasını nasıl vurduğunu gördük. Öyleyse, paradaki bilmece metalardaki bilmeceden başka bir şey değildir; ne var ki, şimdi en gözalıcı biçimiyle gözlerimizi kamaştırıyor.

mamen temelsiz değildir." (Wilhelm Roscher, *Die Grundlagen der Nationalökonomie,* 3. baskı, 1858, s. 207-210.) Daha fazla! daha az! yeteri kadar değil! bu yönden! tamamen değil! Düşüncelerdeki ve anlatımdaki açıklığa ve kesinliğe bakınız! Ve bu gibi eklektik kürsü boşboğazlıklarına bay Roscher, büyük bir alçakgönüllülükle, ekonomi politiğin, "anatomik-fizyolojik yöntemi" adını takar! Bununla birlikte, bir buluşu yadsınamaz: Para "hoş bir metadır."

ÜÇÜNCÜ BÖLÜM

PARA YA DA META DOLAŞIMI

BİRİNCİ KESİM. — DEĞERLERİN ÖLÇÜSÜ

Bütün bu yapıt boyunca, kolaylık olsun diye, altını para-meta olarak kabul ediyorum.

Altının ilk esas işlevi, metalara değerlerinin ifadesi için gerekli malzemeyi sağlamak, ya da aynı ad altında, bunların değerlerini nitel olarak eşit, nicel olarak karşılaştırılabilir büyüklükler olarak temsil etmektir. Böylece altın, *değerin evrensel bir ölçüsü olarak* iş görür. Ve salt bu işlevi ile altın, bu *par excellence** eşdeğer meta, para haline gelir.

Metaları ortak bir ölçü ile ölçülebilir hale getiren, para değildir. Tam tersine, tüm metalar değer olarak insan emeğini gerçekleştirdikleri ve bu nedenle de aynı ölçü ile ölçülebilir oldukları içindir ki, bunların değeri bir ve aynı özel meta ile ölçülebilir ve bu meta da, değerlerinin ortak ölçüsüne, yani paraya dönüştürülebilir. Para, bir değer ölçüsü olarak, metalarda içkin değerin ölçüsüne, emek-zamanına bir zorunluluk sonucu verilmiş dışsal bir biçimdir.[51]

* En üstün derecede. –ç.

51 Paranın niçin doğrudan emek-zamanını temsil etmediği sorusu —böylece, bir

Bir metaın değerinin altın olarak ifadesi —x kadar A metaı = y kadar para-meta— onun para-biçimi ya da fiyatıdır. 1 ton demir = 2 ons altın gibi tek bir denklem, artık, demirin değerinin, toplumsal olarak geçerli bir biçimde ifade edilmesine yetecektir. Bundan böyle, bu denklemi, tüm öteki metaların değerlerini ifade eden denklemler zincirinde bir halka gibi göstermeye gerek kalmamıştır, çünkü eşdeğer meta, altın, şimdi para özelliğine sahiptir. Nispi değerin genel biçimi, bundan dolayı, yeniden, yalın ya da yalıtılmış ilk biçimini almıştır. Öte yandan, nispi değerin genişlemiş ifadesi, o sonsuz denklemler dizisi, şimdi artık para-metaının nispi değerine özgü biçimi almıştır. Dizi de şimdi verilidir ve fiilî meta fiyatları ile toplumsal bir gerçeklik kazanmıştır. Paranın her tür meta ile ifade edilen değer büyüklüğünü bulmak için, fiyat listelerindeki satırları geriye doğru okumamız yeter. Ama paranın kendisi fiyata sahip değildir. Bu yönden onu öteki metalar ile eşit bir yere koymak için, kendi eşdeğeri olarak bizzat kendisine eşitlememiz gerekirdi.

Metaların fiyatı ya da para-biçimi, genellikle kendi değer-biçimleri gibi, onların elle tutulur maddi biçimlerinden oldukça farklı bir biçimdir; bu nedenle, tamamen düşünsel ya da zihinsel bir biçimdir. Gözle görülmemekle birlikte, demirin, keten bezinin ve buğdayın değeri bu mallarda fiilen mevcuttur: Onlar altın ile eşitlenmekle, düşünsel olarak algılanır bir ilişki, yani yalnızca onların kafalarında mevcut bir ilişki haline getirilmiştir. Bunun için de, fiyatlarının dış dünyayla ilişki içersine sokulmasından önce, sahiplerinin ya dilini onlara kiralaması ya da üzerlerine bir etiket asması gerekir.[52] Metaların altın ile değerlerinin ifadesi salt düşün-

kağıt parçası, örneğin x kadar emek-zamanını temsil edebilirdi— aslında bizi şu soruya götürür: Meta üretimi ele alındığı zaman, emek ürünleri niçin meta biçimini almak zorundadırlar? Çünkü bunların meta biçimini almaları, bunların meta ve para diye farklılaşmalarını gerektirir de ondan. Bunun gibi bir soru daha: Özel emek —özel kişilerin hesabına emek— onun karşıtı olan toplumsal emek gibi niçin ele alınmasın? Meta üretimi üzerine kurulu bir toplumda ütopik "emek-para" düşüncesini başka bir yerde ayrıntıları ile incelemiştim. (*l.c.*, s. 61 *sqq.* [*Ekonomi Politiğin Eleştirisine Katkı*, s. 103 vd.].) Bu noktada yalnızca şunu eklemek isterim ki, örneğin Owen'ın "emek-parası", tiyatro bileti ne kadar para sayılırsa, o kadar paradır. Owen, meta üretimi ile hiç bağdaşmayan bir üretim biçimi olan dolaysız ortak emeği önceden kabul eder. Emek belgeleri yalnızca, bireyin ortak emekte yeraldığını, ve tüketim için ayrılan ortak üretimdeki belli payını gösterir. Ama Owen'ın aklına, meta üretimini önceden kabul etmek ve aynı zamanda para ile de hokkabazlık ederek, bu üretim için gerekli koşullardan kaçınmaya çalışmak hiç gelmiyor.

[52] Vahşiler ile yarı-uygar kavimler bu dili farklı şekilde kullanıyorlar. Kaptan Parry, Baffin körfezinin batı kıyısında oturan yerliler için şöyle diyor: "Bu durumda (trampa sırasında) onu (kendilerine verilen şeyi) iki kez yaladılar, ve bundan sonra pazarlığın tatmin edici bir şekilde sonuçlandığını belirtir bir tavır takındılar." Bunun gibi Doğu Eskimoları da değişimle aldıkları şeyi yalarlardı. Böylece, kuzeyde, dil, devir-teslim organı olarak kullanılıyorsa, güneyde de, mide birikmiş mülkiyet

sel bir iş olduğuna göre, bu amaç için sanal ya da düşünsel parayı kullanabiliriz. Her tüccar, mallarının değerlerini bir fiyatla ya da sanal parayla ifade ettiğinde, bunların paraya çevrilmiş olmadıklarını, ve milyonlar değerindeki malın değerini altın olarak takdir etmek için, bir zerre bile gerçek altına gerek bulunmadığını çok iyi bilir. Bunun için para, değer ölçüsü olarak iş gördüğünde, o, yalnızca sanal ya da düşünsel para olarak kullanılmış olur. Bu durum, en aşırı teorilerin doğmasına yolaçmıştır.[53] Değer ölçüsü olma işlevlerini yerine getiren yalnızca düşünsel para olmakla birlikte, fiyat tamamıyla paranın fiilî varlığına bağlıdır. Değer, ya da başka bir deyişle, bir ton demirin içerdiği insan emeği niceliği, demirin içerdiği emek miktarı kadar para-metaın niceliğiyle düşüncede ifadesini bulur. Bu yüzden, değerin ölçüsü olarak, altın, gümüş ya da bakır olmasına göre, bir ton demirin değeri birbirinden çok farklı fiyatlarla ifade edilecek, ya da bu madenlerin her birinin çok farklı nicelikleriyle temsil edilecektir.

Bunun için, eğer altın ve gümüş gibi iki farklı meta, aynı anda, değerin ölçüsü olursa, metaların, iki fiyatı olur — birisi altın-fiyatı, öteki gümüş-fiyatı. Gümüşün değerinin oranı, altına göre aynı kaldığı, diyelim ki, 1 : 15 olduğu sürece, bu iki fiyat yanyana sessiz sedasız bulunabilir. Bu orandaki her değişme, metaların altın-fiyatı ile gümüş-fiyatı arasındaki oranı bozar ve bu da, bize, değerin ikili ölçütünün, ölçüt olma işleviyle bağdaşmadığını tanıtlamış olur.[54]

organı ödevi görür, ve kafirler, bir insanın servetini göbeğinin büyüklüğü ile tahmin eder. Bu kafirlerin bayağı akıllı adamlar olduğu şu örnekten de görülür: 1864 tarihli resmî bir İngiliz sağlık raporu, işçi sınıfının büyük bir kesiminde yağlı besinler noksanlığı olduğunu açıkladığı sırada, Dr. Harvey adında biri (kan dolaşımını bulan ünlü kişi değil elbette), burjuvalar ile aristokratların fazla yağlarını eritmek için reçeteler yazarak dünyalığını doğrultmuştu.

[53] Bkz: Karl Marx, *Zur Kritik etc.*, "Theorien von der Masseinheit des Geldes", s. 53 vd. [*Ekonomi Politiğin Eleştirisine Katkı,* "Paranın Ölçü Birimi Üzerine Teoriler", s. 93 vd..]

[54] "Altın ve gümüşün, birbirinin yanında yasal madenî para olarak, yani değer ölçüsü olarak bulundukları yerde, bu ikisini, *tek ve aynı madde* sayma yolunda boşuna çaba harcanmış olması bu yüzdendir. Aynı gümüş ve altın oranlarında değişmez şekilde aynı emek-zamanının maddeleştiğini varsaymak, gerçekte gümüş ile altının aynı madde olduğunu ve daha az değer taşıyan maden olan gümüşün de altının değişmez bir kesri olduğunu varsaymaktır. Edward III zamanından George II zamanına kadar İngiliz parasının tarihi, yasal olarak saptanan altın ve gümüşün değer ilişkisiyle, bu iki madenin gerçek değerinde meydana gelen dalgalanmaların çatışmasından doğan devamlı karışıklıklar tarihidir. Bazan altının değeri gereğinden fazla olarak saptanmıştır, bazen de gümüşün. Değeri gereğinden düşük olarak saptanan maden, dolaşımdan çekilir, eritilip ihraç edilir. Bu durumda, iki madenin değer ilişkisi, yasayla yeniden değiştiriliyordu, ama kısa bir süre sonra yeni itibari değer, gerçek değer ilişkisiyle, tıpkı eskiden olduğu gibi çelişiyordu. Bugün bile, Hindistan'da ve Çin'de gümüş talebinin artmasından ileri gelen altın değerinin gümüşe oranla hafif ve geçici olarak düşmesi durumu, Fransa'da, aynı olaya, gümüşün ihracına ve bu madenin, dolaşımda, büyük ölçülerde altının yerini almasına ne-

Belirli fiyatları ile metalar, kendilerini şöyle ortaya koyarlar: *a* kadar A metaı = *x* kadar altın; *b* kadar B metaı= *z* kadar altın; *c* kadar C metaı = *y* kadar altın vb.. *a, b, c,* burada, A, B, C, metaların belirli niceliklerini, ve *x, y, z,* belirli niceliklerde altını temsil ederler. Bu metaların değerleri, demek ki, düşüncede, birbirinden çok farklı niceliklerdeki altınla değişilir. Böylece, metaların karmakarışık çeşitliliğine karşın, bunların değerleri, aynı adı taşıyan büyüklükler, altın-büyüklükleri halini alırlar. Şimdi artık bunlar birbirleriyle karşılaştırılabilir ve ölçülebilirler, ve bunların, birim ölçüsü olarak sabit bir miktarda altınla kıyaslanması teknik bir gereksinme haline gelir. Bu birim, daha alt küçük bölümlere bölünerek, ölçüt ya da ölçek haline gelir. Altın, gümüş ve bakır, para haline gelmeden önce de, kendi ağırlıklarının ölçütleri içersinde böyle ayarlı ölçütlere sahiptirler; örneğin birim olarak kullanılan bir libre ağırlık, bir yandan onslara bölünür, öte yandan da, yüz librelik ağırlıkları oluşturmak üzere birleşebilirler.[55] İşte bunun içindir ki, bütün madenî paralarda, paranın ya da fiyatın ölçütlerine verilen adlar, ilkin ağırlık ölçütlerinin önce varolan adlarından alınmıştır.

Değerin ölçüsü ve *fiyatın ölçütü* olarak paranın birbirinden tamamen farklı iki işlevi vardır. Para, insan emeğinin cisimleşmesinin toplumsal olarak kabul edilmesi yönünden ele alınırsa değerin ölçüsüdür, belirlenmiş bir madenî ağırlık olması yönünden fiyatın ölçütüdür. Değerin ölçüsü olarak, her türden metaların değerlerini fiyatlara, sanal altın niceliğine çevirmeye hizmet eder; fiyatın ölçütü olarak ise, bu altının niceliğini ölçer. Değerlerin ölçüsü, değer olarak kabul edilen metaları ölçer; fiyatların ölçütü ise, tersine, bir başka ağırlık ile altının bir niceliğinin değerini değil, altının birim

den oldu. Fransa'da, 1855, 1856, 1857 yıllarında, altın ithali, bu madenin ihracatını 41.580.000 sterlin aşıyordu; gümüş ihracı ise, bu madenin ithalini 14.704.000 sterlin aşmaktaydı. Gerçekte, Fransa gibi, bu iki madenin yasal olarak değer ölçüleri sayıldığı ve her ikisinin de zorunlu geçerliği bulunduğu, ama ödemelerin isteğe bağlı olarak altın ya da gümüş ile yapılabileceği ülkelerde, değeri yükselen maden, herhangi bir diğer meta gibi iktisadi akışı dumura uğratan bir etken haline gelir ve bu meta, kendi fiyatını, itibari değeri, gerçek değerinden yüksek takdir edilen öteki maden ile ölçer ve bu durumda, yalnızca ve böylelikle, değeri yükselmeyen maden, biricik değer ölçüsü olarak kalır. Tarihin bu alanda sağlamış olduğu bütün deneyimler şu sonuca varır ki, iki metaın yasal olarak değer ölçüsü görevini yerine getirdikleri yerde, pratikte bu görevi fiilen yerine getiren, yalnızca bu metalardan bir tanesidir." (Karl Marx, *l.c.,* s. 52, 53 [*Ekonomi Politiğin Eleştirisine Katkı,* s. 92-93].)

[55] İngiltere'de bir ons altının, para ölçütü birimi olarak hizmet ettiği halde, sterlinin bunun bir parçasını oluşturmaması gibi garip durum şöyle açıklanır: "Bizim sikke sistemimiz aslında yalnız gümüşün kullanılmasına göre düzenlendiği için bir ons gümüş her zaman belli sayıda ufak paraya bölünebilir; oysa altının, yalnızca gümüşe göre düzenlenmiş sikke sistemine daha sonraki bir dönemde girmesi nedeniyle, bir ons altın, kesirsiz ufak paralar halinde darbedilemez." Maclaren, *A Sketch of the History of the Currency,* London 1858, s. 16.

niceliğiyle, altının niceliklerini ölçer. Altını fiyatın ölçütü yapmak için, belli bir ağırlığın birim olarak saptanılması gerekir. Aynı adı taşıyan niceliklerin ölçülmesi ile ilgili bütün durumlarda olduğu gibi, burada da, değişmeyen bir ölçü biriminin saptanması çok önemlidir. Yani bu birim ne kadar az değişirse, fiyat ölçütü de görevini o kadar iyi yerine getirmiş olur. Altının kendisi de bir emek ürünü olması dolayısıyla değeri değişebilir olduğu için, değerin bir ölçüsü olarak iş görebilir.[56]

Oldukça açıktır ki, her şeyden önce altının değerindeki bir değişme, fiyatın ölçütü olarak işlevinde herhangi bir değişiklik yapmaz. Bu değer ne kadar değişirse değişsin, madenlerin farklı niceliklerinin değerleri arasındaki oran sabit kalır. Değerindeki düşme ne kadar büyük olursa olsun, 12 ons altının değeri, 1 ons altının değerinden her zaman 12 kat büyüktür; ve fiyatlarda dikkate alınan tek şey, farklı altın miktarları arasındaki bağıntıdır. Ayrıca, bir ons altının değerindeki yükselme ya da düşme, ağırlığını değiştirmeyeceğine göre, daha küçük bölümlerinin ağırlığı da değişmez. Böylece altın, değeri ne kadar değişirse değişsin, değişmeyen fiyat ölçütü olarak aynı işi görür.

Sonra, altının değerindeki değişme, değer ölçüsü olma işlevine karışmaz. Değişme, bütün metaları aynı anda etkiler, ve değerleri şimdi daha yüksek ya da daha düşük altın-fiyatları ile ifade edilseler de, bu yüzden *cæteris paribus,** bunların nispi değerlerini, *inter se,* olduğu gibi bırakır.

Herhangi bir metaın değerini, bir başka metaın kullanım-değerinin belirli bir niceliği ile gösterdiğimiz gibi, bu ilk metaın değerinin altın ile gösterilmesinde de, biz, belli bir nicelikte altının üretiminin, belli bir süredeki, belli bir miktar emeğe malolduğunu varsaymış oluyoruz. Genel fiyat dalgalanmaları ise, bir önceki bölümde incelenen basit nispi değer yasalarına tabidir.

Meta fiyatlarındaki genel yükselme, ancak, —paranın değeri sabit kalırken— ya bunların değerlerinin yükselmesinin, ya da meta değerleri sabit kaldığı halde paranın değerindeki bir düşüşün sonucu olabilir. Öte yandan, fiyatlardaki genel bir düşme, ancak, —para değeri sabit kalırken— ya da meta fiyatlarındaki bir düşmenin, ya da meta değerleri sabit kalırken para değerindeki bir yükselmenin sonucu olabilir. Bunun için, para değerindeki bir yükselmenin, zorunlu olarak, meta fiyatlarında orantılı bir düşüşe ya da para değerindeki bir düşmenin fiyatlarda gene orantılı bir yük-

[56] İngiliz yazarlarda, değer ölçüsü ile fiyat ölçütü (değerin ölçütü) üzerindeki karışıklık anlatılamayacak derecededir. Bunların adları da görevleri de durmadan yer değiştirir.

* Her şey aynı kalmak koşuluyla. –*ç.*

selişe yolaçacağı sonucu kesinlikle çıkartılamaz. Bu gibi fiyat değişiklikleri, ancak değerleri sabit kalan metalar için geçerlidir. Değerleri para ile aynı zamanda ve onunla orantılı olarak yükselen metaların fiyatlarında bir değişiklik olmaz. Eğer metaların değeri paranın değerinden daha yavaş ya da daha hızlı yükseliyor ise, fiyatlarındaki düşüş ya da yükseliş, bunların değeri ile paranın değerindeki değişme arasındaki farka bağlı olarak belirlenir; vb., vb..

Şimdi fiyat-biçimi konusundaki incelememize dönelim.

Para olarak kullanılan değerli madenlerin çeşitli ağırlıklarının yürürlükteki para-adları ile bu adların başlangıçta temsil ettikleri fiilî ağırlıklar arasında yavaş yavaş bir tutarsızlık ortaya çıkar. Bu tutarsızlık, tarihsel nedenlerin sonucudur ve bu nedenlerin bellibaşlıları şunlardır: (1) Gelişmesi eksik kalmış topluluklara yabancı paranın girmesi. Buna, altın ve gümüş sikkelerin başlangıçta yabancı meta olarak dolaşıma girdiği Roma'nın ilk günlerinde raslanır. Bu yabancı sikkelerin adları, yerli ağırlık ölçülerinin adlarından her zaman farklı olmuştur. (2) Servet arttıkça, bir değer ölçüsü olarak, daha az değerli madenlerin yerini, daha değerli madenler alır; şairane sıralanışa ne kadar aykırı düşse de, bakırın yerini gümüş, gümüşün yerini altın alır.[57] Örneğin *pound* sözcüğü gerçekten bir *pound* (libre) ağırlığındaki gümüşe takılan para-ad idi. Altın, bir değer ölçüsü olarak gümüşün yerine geçince, aynı ad, gümüş ile altının değerleri arasındaki orana göre, belki de bir *pound*'un $^1/_{15}$'i kadar altına verildi. *Pound* sözcüğü, para-ad olarak, böylece, bir ağırlık adı olan aynı sözcükten farklılaşmış oldu.[58] (3) Krallar ile prenslerin yüzyıllar boyu para ayarını bozmaları sonucu, sikkelerin başlangıçtaki ağırlıklarından geriye yalnızca adları kalmıştır.[59]

Bu tarihsel nedenler, para-adın, ağırlık-addan ayrılmasını toplulukta yerleşmiş bir âdete dönüştürmüştür. Paranın ölçütü, bir yandan, insanlar arası yerleşmiş âdetlere bağlı olduğu, öte yandan da herkesçe kabul edilme zorunluluğu taşıdığı için, sonunda yasayla düzenlenmiştir. Değerli madenlerden birinin belli bir ağırlığı, örneğin bir ons altın, yasalarla verilen pound, dolar vb. gibi adlar, resmî olarak, küçük alt-bölümlere bölünürler. Böylece para birimi hizmetini gören bu küçük bölümler, şilin, peni vb. gibi yasal adlarla yeniden daha küçük birimlere ayrılır.[60] Ne var ki, bu bölünme-

[57] Ayrıca, genel tarihsel bir geçerliği de yoktur.

[58] Öyle ki, İngilizcede *pound* sterlin, özgün ağırlığının üçte-birinden azının; birleşmeden önce İskoç *pound*'u yalnızca 1/36 kadarını; Fransız *livre*'i 1/74'ünü, İspanyol *madavedi*'si 1/1.000'den azını; ve Portekiz *rei*'si ise çok daha küçük bir kesri gösterir.

[59] "Bugün yalnızca adları aklımızda kalan sikkeler, bütün ülkelerde en eski olanlardır; bunların hepsi de bir zamanlar gerçek idiler, ve işte bu nedenle, hesaplar bunlarla yapılmıştır." (Galiani, *Della Moneta, l. c.*, s. 153.)

lerden önce de, sonra da, madenin belirli ağırlığı madenî paranın ölçütüdür. Yapılan tek değişiklik, küçük birimlere bölünmesi ve yeni adlar verilmesidir.

Meta değerlerinin düşünsel olarak dönüştürüldüğü bu fiyatlar, ya da altın nicelikleriyle, şimdi artık, sikkelerin adlarıyla ya da altın ölçütünün alt-bölümlerinin yasal geçerli adlarıyla ifade edilir. Bir kile buğday, bir ons altın eder yerine, 3 sterlin 17 şilin 10,5 peni eder diyoruz. Bu suretle, metalar ne değerde olduklarını fiyatları ile ifade ederler, ve para da, bir malın değerini kendi para-biçimi ile belirlerken *hesap parası* olarak hizmet eder.[61]

Bir şeyin adı, onun niteliklerinden farklı olan bir şeydir. Bir insanın adının Yakup olduğunu bilmekle, o adam hakkında hiçbir şey öğrenmiş olmam. Bunun gibi, parada da, pound, dolar, frank, düka vb. adlarında, bir değer ilişkisinin bütün izleri kaybolur. Para-adları hem metaların değerlerini ve hem de paranın ölçütü olan madenin ağırlığının alt-bölümlerini ifade ettikleri için bu gizemli simgelere verilen gizli anlamlar bu konudaki karışıklığı büsbütün artırmaktadır.[62] Öte yandan, değerin, metaların çeşitli maddi biçimlerinden ayırdedilebilmesi için, bu maddi ve anlamsız, ama aynı zamanda da tamamen toplumsal biçime bürünmesi mutlaka gerekir.[63]

60 David Urquhart, *Familiar Words* adlı yapıtında bazı canavarlıklara (!) değinir: Bugünlerde, İngiliz para ölçütü birimi olan bir *pound* (sterlin) aşağıyukarı bir çeyrek altına eşittir. "Bu, bir ölçütün saptanması değil, düpedüz bir ölçünün tahrif edilmesidir." Altın ağırlığının böylece "sahte adlandırılışında", her şeyde olduğu gibi, uygarlığın yozlaştırıcı elini görür.

61 Anakarsis'e, Yunanlıların parayı hangi amaçla kullandıkları sorulunca, "hesap yapmak için" diye karşılık vermiştir. (Athen[aeus], *Deipn.*, 1. IV, 49, v. 2 [s. 110]. ed. Schweighäuser, Strasbourg 1802.)

62 "Fiyatlar ölçütü olarak altın, tıpkı metaların fiyatları gibi, aynı itibari adlarla ifade edildiğinden, ve böylece, örneğin, tıpkı 1 ton demir gibi, 1 ons altın da 3 sterlin 17 şilin 10½ peni olarak ifade edildiğinden, altının bu itibari adlarına, altının *darp-fiyatı*‡ denmiştir. Altının kendi maddesiyle değerinin ölçüldüğü ve, bu bakımdan öteki metalardan farklı olarak, altının fiyatının devlet tarafından *saptandığı* yolundaki garip düşünce, buradan doğmuştur. Buradaki yanılgı belirli altın ağırlıklarının itibari adlarının saptanmasıyla bu ağırlıkların değerinin saptanmasının birbirine karıştırılmasıdır." (Karl Marx, *l.c.*, s. 52 [*Ekonomi Politiğin Eleştirisine Katkı*, s. 91-92].)

‡ Fransızca baskıda "*prix de monnaie*", İngilizce baskıda "*mint-price*", Almanca baskıda "*Münzpreis*". *–ç.*

63 Bkz: "Theorien von der Masseinheit des Geldes", *Zur Kritik der Pol. Ökon.*, s. 53, vd. [*Ekonomi Politiğin Eleştirisine Katkı*, "Paranın Ölçü Birimi Üzerine Teoriler", s. 93 vd.]. Altının ya da gümüşün daha büyük ya da daha küçük ağırlıklarına, bu madenlerin belirli ağırlıklarına yasa ile verilmiş bulunan adların aktarılması ile paranın darp-fiyatının yükseltilebileceği ya da düşürülebileceği konusundaki garip düşünceler; bu düşüncelerin, kamu ve özel kişi alacaklarına karşı girişilmiş beceriksizce mali işlemler olarak değil de şarlatanca ekonomik önlemler gibi uygulandığı durumlar, W. Petty'nin *Quantulumcunque Concerning Money. To the Lord Marquis of Halifax*, 1682, adlı yapıtında öylesine enine-boyuna işlenmiştir ki, kendisinden hemen sonra gelen sir Dudley North ile John Locke'un, diğerlerini saymıyoruz, yap-

Fiyat, metada gerçekleşen emeğin para-adıdır. Bunun için, bir metaın eşdeğerini, onun fiyatını oluşturan para ile ifade etmek, aynı sözü boş bir yineleme olur,[64] ve tıpkı, genel olarak, bir metaın nispi değer ifadesinin, iki metaın eşitliğini belirtmesine benzer. Fiyat, metaın değer büyüklüğünün göstergesi olarak, onun parayla değişim-oranını da temsil eder, ama bu değişim-oranı göstergesinin, metaın değer büyüklüğünü mutlaka belirlemesi gerekmez. Toplumsal olarak gerekli iki eşit emek niceliğinin 1 kile buğday ve 2 sterlin (yaklaşık olarak 2 ons altın) ile temsil edildiğini düşünürsek, burada, 2 sterlin, 1 kile buğdayın değer büyüklüğünün para ile ifadesi ya da fiyatıdır. Diyelim ki, değişen koşullara göre bu fiyat 3 sterline yükselsin ya da 1 sterline düşmüş olsun, şimdi 1 sterlin ve 3 sterlin, buğdayın değer büyüklüğünü tam tamına ifade etmek için fazla küçük ya da fazla büyük olabilir, ama gene de onun fiyatlarıdır; çünkü, önce buğdayın değerinin ortaya çıktığı biçimdir, yani paradır; sonra da para ile değişim oranının örneğidir. Eğer üretim koşulları, başka bir deyişle emeğin üretkenlik gücü sabit kalıyorsa, fiyattaki değişiklikten önce de sonra da bir kile buğdayın yeniden üretimi için aynı miktar toplumsal emek-zamanının harcanması gerekir. Bu durum, ne buğday üreticisinin, ne de öteki meta sahiplerinin isteğine bağlıdır.

Değer büyüklüğü, bir toplumsal üretim ilişkisi ifadesidir ve belli bir mal ve onu üretmek için gerekli olan toplumsal emek-zamanı bölümü arasında varolan zorunlu bağıntıyı ifade eder. Değer büyüklüğü fiyata çevrilir çevrilmez, bu zorunlu ilişki, tek bir meta ile bir değeri, para-meta arasındaki az ya da çok raslansal değişim-oranı biçimini alır. Ama bu değişim-oranı, ya o metaın değerinin gerçek büyüklüğünü ifade edebilir ya da koşulların zoruyla bu değerden sapan altın niceliğini ifade edebilir. Demek ki, fiyatla değer büyüklüğü arasındaki nicel uyumsuzluk olasılığı, ya da fiyatın değer büyüklüğünden sapma olasılığı, fiyat-biçiminin kendisinde varolan bir şeydir. Bu bir kusur değil, ama tersine, fiyat-biçiminin, iç yasaları birbirini gideren, açık yasasız düzensizliklerin bir ortalaması olarak kendisini gösteren bir üretim biçimine çok iyi bir biçimde uyumlanmasıdır.

Fiyat-biçimi, bununla birlikte, yalnızca, değer büyüklüğü ile fiyat, yani bu büyüklükle onun para olarak ifadesi arasında nicel bir

tıkları tek şey, onun söylediklerini sulandırmak olmuştur. W. Petty şöyle diyor: "Eğer bir ulusun zenginliği bir buyrukla on katına çıkartılabiliyorsa, böyle bir buyruğu hükümdarlarımızın çoktan çıkartmamış olması doğrusu çok garip." (*l.c.*, s. 36.)

[64] "Ya da para biçimindeki bir milyonun aynı büyüklükte meta biçimindeki bir değerden daha değerli olduğu" (Le Trosne, *l.c.*, s. 919.) yani, "bir değerin, aynı büyüklükteki bir başka değerden daha değerli olduğu kabul edilmelidir."

uyuşmazlık olasılığı ile bağdaşmakla kalmaz, aynı zamanda, nitel bir tutarsızlığı da gizleyebilir, ve bu, o dereceye ulaşır ki, para, metaların değer-biçiminden başka bir şey olmadığı halde, fiyat, değeri ifade etmez olur. Kendileri meta olmayan vicdan, onur vb. gibi şeyler, sahipleri tarafından satışa çıkarılır hale gelirler ve böylece bir fiyatları olduğu için meta biçimini alırlar. Demek ki, bir şeyin değeri olmadığı halde, bir fiyatı olabilir. Bu durumda fiyat, matematikteki bazı nicelikler gibi sanaldır. Ayrıca, bu sanal fiyat-biçimi, bazan dolaysız ya da dolaylı bir gerçek değer-ilişkisini gizleyebilir; örneğin, insan emeği katılmadığı için değeri olmayan işlenmemiş toprağın fiyatı gibi.

Fiyat, genellikle nispi değeri gibi bir metaın (diyelim bir ton demirin) değerini, belli miktarda bir eşdeğerin (diyelim bir ons altının) demir ile doğrudan doğruya değişilebileceğini belirtmek suretiyle ifade eder. Ama bunun tersini, yani demirin altınla doğrudan doğruya değişilebileceğini asla ifade etmez. Bu nedenle, bir metaın uygulamada değişim-değeri olarak etkili bir biçimde iş görebilmesi için maddi biçimden sıyrılması, salt sanal olmaktan çıkıp gerçek altına dönüşmesi gerekir; meta için bu öz değiştirme, her ne kadar hegelci "kavram" için, "zorunluluk"tan "özgürlük"e dönüşümden, istakoz için kabuğundan çıkmaktan, ya da Aziz Jerome için Adem babadan[65] kurtulmaktan daha güç ise de, bunu yapması zorunludur.

Bir meta (diyelim demir) imgelemimizde kendi gerçek biçimi ve altın biçimiyle yanyana yeralabilir, ama bu, aynı zamanda, fiilen hem demir, hem de altın olamaz. Değerini saptamak için, imgelemimizde onu altına eşitlememiz yeter. Ama sahibine, evrensel eşdeğer hizmeti görebilmesi için, onun yerine, fiilen altının geçmesi gerekir. Eğer demirin sahibi, değişim için sunulan başka bir metaın sahibine gidip de, demirin fiyatının daha şimdiden para olmasının kanıtı olduğunu söyleseydi, cennette amentüyü ezbere okuyan Dante'ye, St. Peter'in verdiği karşılığı alırdı:

"*Assai bene è trascorsa*
"*D'esta moneta già lega e'l peso,*
"*Ma dimmi se tu l'hai nella tua borsa.*"*

65 Aziz Jerome, yalnız gençliğinde, hayalinde yarattığı güzel kadınlara karşı çölde savaşım vermesinin de gösterdiği gibi bedeniyle çetin savaşlara tutuşmakla kalmamış, yaşlılığında da manevi tutkularına karşı savaşmak zorunda kalmıştır. "Ruhumla, yüce yargıcın önüne çıktığımı zannettim", der. — "Kimsin sen?" diye sordu bir ses. — "Bir hıristiyanım", dedim. — "Yalan söylüyorsun, sen yalnızca bir çiçeroncusun" diye gürledi yüce yargıç.

* "Bu sikkenin karışımı ile ağırlığını iyi bildin. Ama söyle bakalım, bu sikkeden senin kesende var mı?" (Dante, *İlahi Komedya,* Cennet, Yirmidördüncü Manzume, MEB Yayınları, 1956, s. 217.) –ç.

Bunun için para-biçimi, hem metaların para ile değişilebilir olduğu, hem de değişimin gerekliliği anlamlarına geliyor. Öte yandan, altın, değişim sürecinde kendisini zaten para-meta olarak kabul ettirdiği için, ideal bir değer ölçüsü olarak hizmet eder. İşte değerlerin bu ideal ölçüleri ardında, gerçek para yatar.

İKİNCİ KESİM. — DOLAŞIM ARACI

a. *Metaların Başkalaşımı*

Bundan önceki bölümde, metaların değişiminin, çelişik ve birbirlerini karşılıklı dıştalayan koşulları içerdiğini görmüş bulunuyoruz. Metaların böylece meta ve para olarak farklılaşması, bu tutarsızlıkları ortadan kaldırmaz, ama içinde bunların yanyana varolabilecekleri bir biçim, *modus vivendi** yaratır. Bu genel olarak, gerçek çelişkilerin uzlaştığı yoldur. Örneğin, bir cismin sürekli olarak bir başka cisme doğru düştüğünü, ama aynı zamanda da durmadan ondan uzaklaştığını söylemek bir çelişkidir. Elips, hem bir çelişkinin sürüp gitmesini, hem de uzlaşmasını saptayan bir devinim biçimidir.

Değişim, metaların kullanım-değerleri olmadıkları ellerden, kullanım-değerleri olacakları ellere aktarılmasını sağlayan bir süreç olduğu kadar, maddenin toplumsal bir dolaşımıdır da. Yararlı emeğin bir biçiminin bir ürünü, bir başkasının yerini alır. Bir meta, kullanım-değeri olarak işe yarayacağı bir durak-noktası bulunca, değişim alanından çıkıp tüketim alanına girmiş olur. Ama bizi burada şimdilik yalnız değişim alanı ilgilendirmektedir. Bunun için de, şimdi değişimi biçimsel bir açıdan incelemek durumundayız; yani maddenin toplumsal dolaşımını sağlayan biçim değişikliğini ya da metaların başkalaşmasını inceleyeceğiz.

Bu biçim değişikliğinin kavranması, bir kural olarak çok eksiktir. Bu eksikliğin nedeni, değer kavramındaki belirsizlik bir yana, bir metadaki her türlü biçim değişikliğinin, biri meta, öteki parameta olmak üzere iki metaın değişiminden gelir. Yalnız bir maddi olguyu, yani bir metaın altın ile değişilmesi olgusunu gözönünde bulundurursak, asıl gözlemlememiz gereken şeyi, yani metaın biçimine ne olduğu hususunu gözden kaçırırız. Altının salt meta olarak para olmadığı, ve öteki metaların fiyatlarını altın ile ifade ettiği zaman, bu altının yalnızca o metaların para-biçimi olduğu gerçeğini gözden kaçırırız.

Metalar değişim sürecine, her şeyden önce, ne iseler öyle girer-

* Geçici anlaşma. –ç.

ler. Değişim süreci, bunları meta ve para diye farklılaştırır, ve böylece içlerinde taşıdıkları karşıtlığa, yani aynı zamanda hem kullanım-değeri ve hem de değer olmalarından ileri gelen iç karşıtlığa uygun düşen bir dış karşıtlık yaratır. Kullanım-değeri olarak metalar, şimdi paranın karşısında değişim-değeri olarak yeralır. Öte yandan, her iki karşıt yan da metadır, kullanım-değerinin ve değerin birliğidir. Ama farklılığın bu birliği, iki karşıt kutupta kendini gösterir, ve her kutupta karşıt bir yöndedirler. Kutuplar olarak birbirine bağlı oldukları kadar zorunlu olarak karşıttırlar da. Denklemin bir yanında, gerçekte bir kullanım-değeri olan bayağı bir meta vardır. Değeri, ancak düşünsel olarak fiyatıyla ifade edilmiş ve bu fiyat ile karşıtına, ve değerinin gerçekten somutlaştığı altına eşitlenmiştir. Öte yandan da, altın, madenî gerçekliği içersinde, değerin somutlaşması olarak, para olarak bir aşamaya ulaşır. Altın, altın olarak kendisi değişim-değeridir. Kullanım-değeri olarak altın, içersinde öteki bütün metalarla yüzyüze geldiği nispi değerin ifade dizileriyle temsil edilen yalnızca düşünsel bir varlığa sahiptir, ve bu metaların kullanım-değerlerinin toplamı, altının çeşitli kullanım-değerlerinin toplamını oluşturur. Metaların bu karşıt biçimleri, içlerinde onların değişim sürecinin hareket ettiği ve yeraldığı gerçek biçimlerdir.

Şimdi herhangi bir meta sahibi ile, diyelim eski dostumuz keten bezi dokuyucusu ile, olayların geçtiği yere, pazara gelelim. Onun 20 yarda keten bezinin belirli bir fiyatı vardır: 2 sterlin. O, malını 2 sterline değişir ve sonra, dini bütün bir adam olarak, bu 2 sterlini aynı fiyattaki bir aile İnciline yatırır. Onun gözünde yalnızca bir meta, bir değer taşıyıcısı olan keten bezi, metaın değer-biçimi olan altın karşılığında elden çıkar, ve bu biçimi de, yeniden, evine kullanım nesnesi gibi girecek ve aile üyelerini manevi yönden donatacak başka bir meta ile, İncil ile değişir. Değişim, birbirine karşıt, ama birbirini tamamlayan nitelikte iki başkalaşım ile, tamamlanmış bir olgu oluyor — metaın paraya dönüşmesi ve paranın yeniden metaya dönüşmesi.[66] Bu başkalaşımın iki aşaması, dokumacımızın yaptığı iki farklı alışveriştir — satış ya da metaın para ile değişimi; satınalma, ya da paranın bir meta ile değişimi; ve iki eylemin birliği: satınalma için satış.

Dokumacı yönünden bütün alışverişlerin sonucu, keten bezi ye-

[66] "Εx οε του... πυρος ανταμεειβεσθαι παντα, ψησιν ο'Ηραxλειτος, xαι πυρ απαντων, ωοπερ χρυσου χρηματα xαι χρηματων χρυσος." ("Herakleitos, her şey ateşten... olur, ve ateş her şeyden, demişti. Tıpkı bunun gibi, altından metalar ve metalardan altın olur.") (F. Lassalle, *Die Philosophie Herakleitos des Dunkeln,* Berlin 1858, Bd. I, s. 222.) Lassalle bu pasajdaki notunda (s. 224, n. 3) yanlış olarak, altını, yalnızca değer simgesi yapar.

rine şimdi İncile sahip olmaktır; ilk metaı yerine, şimdi elinde aynı değerde ama farklı kullanımda başka bir meta vardır. Aynı biçimde, yaşaması için gerekli öteki araçları ve üretim araçlarını da edinir. Onun görüş açısından, bütün bu süreç, emek ürününün bir başkasının emek ürünü ile değişiminden, yani ürünlerin değişiminden başka bir şey değildir.

Demek ki, metaların değişimi, biçimlerindeki şu değişiklikle birlikte olmaktadır.

Meta—Para—Meta
M—P—M

Salt nesneleri ilgilendirdiği kadarıyla, tüm sürecin sonucu, M—M, bir metaın bir başkası ile değişimi, maddeleşmiş toplumsal emeğin dolaşımıdır. Bu sonuca ulaşıldığında süreç sona ermiştir.

M—P. Metaın ilk başkalaşımı ya da satış

Değerin, metaın bedeninden çıkıp altının bedenine sıçraması, başka bir yerde de söylediğim gibi, metaın *salto mortale*'sidir.* Bu işi beceremedi mi metaya pek bir şey olmaz, ama sahibi hapı yutar. Emeğin toplumsal işbölümü, gereksinmelerinin çok yönlü olmasına karşılık, emeğinin tek yönlü olmasına yolaçar. Emeğinin ürününün ona salt değişim-değeri olarak hizmet etmesinin nedeni de zaten budur. Ama, bu emek, paraya dönüşmedikçe, toplumsal geçerlikte evrensel eşdeğer özelliğini kazanamaz. Ne var ki, bu para da bir başkasının cebindedir. Bu parayı ayartıp cepten çıkartmak için bizim meta dostumuzun her şeyden önce para sahibi için bir kullanım-değeri olması gerekir. Bunun için de, meta üzerinde harcanan emeğin, toplumsal bakımdan yararlı türden, toplumsal işbölümünün bir dalını oluşturan bir türden olması gerekir. Ama işbölümü, kendiliğinden gelişen ve üreticilerin ardında gelişmesini sürdüren bir üretim sistemidir. Değişilecek meta, yeni ortaya çıkan gereksinmeleri karşılayan, yeni türden bir emeğin ürünü olabileceği gibi, kendisi de yepyeni gereksinmelerin doğmasına pekala neden olabilir. Düne kadar, belli bir metaın yaratılmasında tek bir üretici tarafından yönetilen ve birçok işlemden birini oluşturan özel bir işlem, bugün belki de kendisini bu bağıntıdan ayırarak emeğin bağımsız bir kolu olarak ortaya koyabilir ve henüz tamamlanmamış ürününü pazara bağımsız bir meta olarak arzedebilir. Koşullar böylesine bir ayrılış için olgunlaşmış olabilir ya da olmayabilir.

* Ölüm perendesi. *–ç.*

Ürün bugün toplumsal bir gereksinmeyi karşılamaktadır. Yarın, onun yerini, ya kısmen ya da tamamen başka uygun bir ürün alacaktır. Üstelik, bizim dokumacının emeği, toplumsal işbölümünün kabul edilmiş bir dalı olsa bile, bu durum, 20 yarda keten bezinin yararlılığını yeterince güvence altına alamaz. Eğer toplumun keten bezine olan gereksinmesi, böyle bir gereksinme de öteki bütün gereksinmeler gibi sınırlı olduğuna göre, rakip dokumacıların ürünleri ile doymuş duruma gelirse, dostumuzun ürünü, gereksiz, gereksinmeden fazla ve dolayısıyla yararsız hale gelir. Her ne kadar insanoğlu bahşiş atın dişine bakmazsa da, dostumuz, pazarın yolunu, armağan vermek için aşındırmaz. Ama kabul edelim ki, ürünü, gerçekten kullanım-değeri taşıyor ve hâlâ para ediyor olsun. Şimdi de, ne kadar para ediyor sorusu ortaya çıkar. Sorunun karşılığı, kuşkusuz malın fiyatıyla, değer büyüklüğünün göstergesiyle verilmiş bulunur. Dostumuzun değer konusunda yaptığı raslansal bir hesap yanlışını burada dikkate almıyoruz; bu yanlış nasıl olsa çok geçmeden pazarda düzeltilecektir. Biz, onun, ürünü üzerinde, yalnızca toplumsal olarak gerekli ortalama emek-zamanı kadar zaman harcadığını varsayıyoruz. Öyleyse fiyat, yalnızca dokumacının metaında gerçekleşen toplumsal emek niceliğinin para-adıdır. Ama, dokumacımızın ne izni ne de haberi olmadan, eski moda dokumacılık bir değişikliğe uğruyor. Dün bir yarda keten bezinin üretimi için toplumsal olarak gerekli emek-zamanı bugün artık aynı değildir; rakipleri tarafından verilen fiyatlarla, para sahipleri, bu gerçeği ona tanıtlamaya canatarlar. Onun için bir şanssızlık da, dokumacıların az ve ender olmayışlarıdır. Son olarak, bir de, pazardaki her keten bezi parçasının, toplumsal olarak gerekli emek-zamanından fazlasını içermediğini düşünelim. Buna karşın, bütün bu parçalar, bir tüm olarak ele alındığında, bunlar için, gereğinden fazla emek-zamanı harcanmış olabilir. Eğer pazar tüm keten bezini normal fiyattan, yardası 2 şilinden yutamazsa, bu, toplumdaki toplam emeğin gereğinden büyük bir bölümünün dokumacılık biçiminde harcandığını tanıtlar. Sanki her dokumacı, kendi özel ürününe toplumsal olarak gerekli olandan daha çok emek-zamanı harcamış gibidir. Burada bir Alman atasözünü yineleyebiliriz: birlikte tutulan birlikte asılır. Pazardaki bütün keten bezlerinin her parçası yalnızca bütünün bir kısmı olur, tek bir ticari mal olarak değerlendirilir. Ve aslında, her bir yardasının değeri de, aynı belirli ve toplumsal olarak sabit türdeş insan emeği niceliğinin maddeleşmiş biçiminden başka bir şey değildir.*

* N. F. Danielson'a yazdığı 28 Kasım 1878 tarihli mektubunda Marx, bu tümcenin şu şekilde düzeltilmesini önermiştir: "Ve aslında, her yarda bezin fiyatı, bütün yardalar üzerinde harcanmış toplumsal emeğin bir kısmının maddeleşmiş biçimin-

Görüyoruz ki, metalar paraya aşıktır, ama "*the course of true love never did run smooth*".* Emeğin nicel bölünmesi de tıpkı nitel bölünmesi gibi kendiliğinden ve raslansal bir biçimde olur. Bundan dolayı, meta sahipleri, kendilerini bağımsız özel üreticiler haline getiren aynı işbölümünün, toplumsal üretim süreci ile onların bu süreç içersindeki ilişkilerini, kendi ifadelerinden bağımsızlaştırdığını, ve bireyler arasında görünüşteki bu karşılıklı bağımsızlığın, ürünleri içinde ya da ürünler aracıyla karşılıklı bir bağımlılık sistemiyle tamamlandığını göreceklerdir.

İşbölümü, emeğin ürününü metaya çevirir ve böylece, daha sonra paraya dönüşümünü zorunlu hale getirir. Aynı zamanda da, bu bir başka şeye dönüşme olayının gerçekleşmesini de raslantıya bırakır. Ne var ki, biz, burada, olguyu bütünlüğü içersinde ele aldığımız için, bu gelişmeyi normal kabul ediyoruz. Ayrıca, bu dönüşüm mutlaka olacaksa, yani eğer meta satılması büsbütün olanaksız bir şey değilse, gerçekleşen fiyat, değerin çok üzerinde ya da altında olsa bile, metaın başkalaşımı her zaman gerçekleşir.

Satıcının eline meta yerine altın, alıcının eline altın yerine meta geçer. Burada, yüzyüze geldiğimiz gerçek, bir meta ile altının, 20 yarda keten bezi ile 2 sterlinin, el ve yer değiştirmesi, bir başka deyişle, bunların birbirleriyle değişilmeleridir. Ama meta ne ile değişiliyor? Kendi değerinin aldığı biçimle, evrensel eşdeğerle. Peki altın ne ile değişiliyor? Kendi kullanım-değerinin özel bir biçimi ile. Altın, keten bezi karşısında niçin para biçimini alıyor? Keten bezinin 2 sterlinlik fiyatı, yani para olarak ifadesi, para olarak keten bezini altına zaten eşitlemiş olduğu için. Bir meta, başlangıcındaki meta biçiminden, elden çıkarıldığı anda sıyrılır; yani kullanım-değeri, daha önce yalnızca fiyatında düşünsel olarak varolan altını çektiği zaman. Bir metaın fiyatının ya da düşünsel değer-biçiminin gerçekleşmesi, bunun için, aynı zamanda, paranın düşünsel kullanım-değerinin de gerçekleşmesi demektir; bir metaın paraya dönüşmesi aynı anda paranın metaya dönüşmesidir. Görünüşteki tek süreç, gerçekte ikili bir süreçtir. Bu, meta sahibinin bulunduğu kutuptan bir satış, para sahibinin bulunduğu karşı kutuptan bir satın alıştır. Bir başka deyişle, her satış, bir satınalmadır, M—P aynı zamanda P—M'dir.[67]

den başka bir şey değildir." *Kapital*'in Birinci Cildinin Almanca ikinci baskısının Marx'a ait bir nüshası üzerinde de benzer bir düzeltme yapılmıştır, ama yazı, Marx'ın elyazısı değildir. — *Rusça baskıya Marksizm-Leninizm Enstitüsünün notu.*

* "Gerçek aşkın yolu hiçbir zaman dikensiz değildi", (Shakespeare, *Bir Yaz Gecesi Düşü,* 1. perde, 1. sahne). *–Ed.*

67 "Her satış, bir satın alıştır." (Dr. Quesnay. *Dialogues sur le commerce et les travaux des artisans, Physiocrates*['ta]. éd. Daire, I. Partie, Paris 1846, s. 170) ya da Quesnay'nin *Maximes générales*'in de dediği gibi. "Satmak, satın almaktır."

Bu noktaya kadar, insanları, biz, yalnızca bir ekonomik konum, meta sahibi olma konumu içersinde ele almış bulunuyoruz; bu konum içersinde insanlar, kendi emek ürünlerini elden çıkarmak suretiyle, başkalarının emek ürünlerini elde ediyorlar. Bir meta sahibinin, parası olan bir başkası ile karşı karşıya gelebilmesi için, ya bu alıcının emek ürününün para ya da parayı içeren madde, altın olması, ya da bu ürünün derisini zaten değiştirmiş başlangıç biçimi olan yararlı nesne şeklinden soyunmuş bulunması gerekir. Para rolünü oynayabilmesi için, altının, kuşkusuz, şu ya da bu noktada pazara girmesi de zorunludur. Bu nokta, emeğin doğrudan ürünü olarak altının eşit değerde başka bir ürünle değişildiği yer olan madenin üretiminin kaynağında bulunur. Bu andan başlayarak altın, daima herhangi bir metaın gerçekleşmiş fiyatını temsil eder.[68] Üretim kaynağında diğer metalar ile değişiminden ayrı olarak altın, kimin elinde olursa olsun, sahibinin elden çıkardığı bir metaın dönüşmüş biçimidir; bir satışın ya da ilk başkalaşımın, M—P, sonucudur.[69] Gördüğümüz gibi altın, bütün metaların değerlerini onunla ölçmelerinin sonucu olarak, ve böylece onların yararlı nesneler halindeki doğal biçimleriyle onu düşünsel olarak yadsıyarak ve onu değerlerinin biçimi haline getirerek, düşünsel para ya da değer ölçüsü haline gelmiştir. Altın, metaların genel satışı ile, yararlı nesneler olarak bunların doğal biçimleri ile fiilen yerlerini değiştirerek, gerçekte, bunların değerlerinin somutlaşması haline gelerek, gerçek para kimliğini kazanmıştır. Para biçimine büründüğü anda metalar, kendilerini tekdüze, toplumsal olarak kabul edilmiş türdeş insan emeğinin cisimleşmiş haline dönüştürmek için, doğal kullanım-değerlerinin ve yaratılmalarını borçlu oldukları özel emek türünün bütün izlerinden sıyrılırlar. Bir para parçasına şöyle bir gözatmakla, hangi meta ile değişildiğini anlayamayız. Para biçimi altında bütün metalar birbirine benzerler. Demek ki, para pis olabilir ama pislik para olamaz. Dokumacımızın keten bezi karşılığında aldığı iki parça altının, bir kile buğdayın başkalaşmış biçimi olduğunu kabul edelim. Keten bezinin satışı, M—P, aynı zamanda onun satın alınması, P—M'dir. Ama, keten bezinin satışı, karşıt nitelikte bir alışverişle sonuçlanan bir sürecin ilk hareketidir, yani İncilin satın alınmasıdır; öte yandan, keten bezinin satın alınması, karşıt nitelikte bir alışverişle, yani buğdayın satışı ile başlayan bir hareketi sona erdirir. M—P (keten bezi—para), M—P—M (keten bezi—para—İncil) sürecinin ilk evresi olduğu gibi P—

[68] "Bir metaın fiyatı, ancak bir başka metaın fiyatı ile ödenebilir." (Mercier de la Rivière. *L'Ordre naturel et essentiel des sociétés politiques*", *Physiocrates*['ta], éd. Daire, II. Partie, s. 554.)

[69] "Bu paraya sahip olmak için, bir şey satılmış olması gerekir." (*l.c.*, s. 543.)

M (para—keten bezi) diğer bir M—P—M (buğday—para—keten bezi) hareketinin son evresidir. Bunun için, bir metaın ilk başkalaşımı, meta halinden para haline dönüşmesi, aynı zamanda da, değişmez olarak diğer bir metaın ikinci başkalaşımı, para biçiminden gerisingeriye metaya dönüşümüdür.[70]

P—M. Metaın ikinci ya da sonal başkalaşımı: Satınalma.

Para, tüm öteki metaların başkalaşmış biçimi, bunların genel satışının sonucu olduğu için, bu nedenle hiçbir sınırı ya da koşulu olmaksızın bizzat devredilebilir bir şeydir. Bütün fiyatları geriye doğru sayar ve böylece, deyim yerindeyse, kullanım-değerinin gerçekleşmesi için malzeme olabilecek tüm öteki metalarda kendisini ortaya koyar. Aynı zamanda fiyatlar, metaların paraya yönelttiği bu ayartıcı bakışlar, onun dönüşülebilirliğinin sınırlarını, onun niceliğini göstererek belirler. Her meta, para haline gelir gelmez bir meta olarak gözden kaybolduğu için, bizzat parayla, sahibinin eline nasıl geçtiğini ya da ona dönüşen malın ne olduğunu söylemek olanaksızdır. Hangi kaynaktan gelirse gelsin, *non olet.** Bir yandan satılmış bir metaı temsil ederken, öte yandan satın alınacak bir metaı da temsil eder.[71]

P—M, satınalma, aynı zamanda, M—P, satıştır; bir metaın son başkalaşımı, bir diğerinin ilk başkalaşımıdır. Dokumacımızın metaının ömrü, 2 sterline dönüştürdüğü İncil ile sona erer. Ama kabul edelim ki, İncil satıcısı, dokumacıdan aldığı 2 sterlini konyağa, P—M, çeviriyor, M—P—M (keten bezi—para—İncil) hareketinin son evresi, M—P'de aynı zamanda, M—P—M (İncil—para—konyak) hareketinin birinci evresidir. Özel bir meta üreticisi yalnızca bu malı sunmak durumundadır; bunu çoğu zaman büyük miktarlarda satar, ama çok ve çeşitli gereksinmeleri, onu, bu gerçekleşen fiyata aldığı parayı değişik satınalmalar için parçalamaya zorlar. Böylece bir satış, çeşitli malların satın alınmasına yolaçar. Demek ki, bir metaın son başkalaşımı, diğer çeşitli metaların ilk başkalaşımının bir toplamını oluşturur.

Şimdi eğer bir metaın tamamlanmış başkalaşımını bir bütün olarak ele alırsak, bunun, her şeyden önce iki karşıt ve birbirini ta-

[70] Daha önce de işaret edildiği gibi, altını ya da gümüşü fiilen üreten kişi bir istisnadır. O, ürününü, ilk kez satmaksızın, doğrudan doğruya başka bir meta ile değişir.

[71] "Elimizdeki para, satın almayı isteyebileceğimiz şeyleri temsil ederken, aynı zamanda bu para, karşılığında satmış olduğumuz şeyleri de temsil eder." (Mercier de la Rivière, *l.c.*, s. 586.)

* Pis kokmaz. — (Roma imparatoru Vespasiyan (69-79), oğlu ayakyollarının vergilendirmesini önerdiği zaman, paradan böyle sözetmişti.) –ç.

mamlayan hareketten, M—P ve P—M, meydana geldiği görülür. Metaın bu iki karşıt dönüşümü, mal sahibi açısından iki karşıt toplumsal fiille meydana gelir ve bu fiiller onun oynadığı ekonomik rolün niteliğini belirler. Satış yapan kimse olarak satıcı; satın alan biri olarak satın alıcıdır. Ama tıpkı bir metaın buna benzer her dönüşümünde iki biçiminin, meta-biçimi ile para-biçiminin aynı anda, ama karşıt kutuplarda varolması gibi, her satıcıya karşıt bir alıcı, her alıcıya karşıt bir satıcı bulunur. Belli bir meta, ardarda bu iki dönüşümünden, metadan paraya ve paradan bir başka metaya geçerken, meta sahibi de, sırasıyla satıcı rolünden alıcı rolüne geçmiş olur. Demek ki, satıcının ve alıcının bu nitelikleri daimi değildir, ama meta dolaşımında sırasıyla farklı kalıplara girerler.

Bir metaın tam başkalaşımı, en yalın halinde, dört ucu ve üç *dramatis personæ*'yi* gerektirir. Önce, meta, para ile yüzyüze gelir; burada ikinci birincinin değerinin aldığı biçimdir ve bütün katı gerçekliği ile alıcının cebinde vardır. Meta sahibi böylece para sahibi ile temasa getirilmiştir. Şimdi, meta, paraya dönüşür dönüşmez, para onun geçici eşdeğer biçimi halini alır, ve bu eşdeğer biçiminin kullanım-değeri öteki metaların varlıklarında bulunur. Birinci başkalaşımın son ucu olan para, aynı zamanda ikincinin başlangıç noktasıdır. İlk alışverişte satıcı olan kimse böylece ikincide alıcı durumuna girer, ve bu ikinci alışverişte üçüncü bir meta sahibi, satıcı olarak sahneye çıkar.[72]

Bir metaın başkalaşımını meydana getiren birbirine ters olan iki evre, birlikte, dairesel bir hareket, bir devre oluştururlar: meta biçimi, bu biçimden sıyrılış ve meta biçimine dönüş. Kuşkusuz, burada meta, iki farklı yanı ile görünür. Başlangıç noktasında sahibi için bir kullanım-değeri değildir, ama bitiş noktasında kullanım-değeridir. Böylece para da ilk evrede, değerin katı bir kristali, içersinde metaın isteyerek katılaştığı bir kristal olarak görülür, ama ikinci evrede ise, çok geçmeden yerini kullanım-değerine bırakarak geçici eşdeğer biçim içersinde çözülür.

Devreyi oluşturan iki başkalaşım, aynı zamanda, öteki iki metaın karşıt yönlü ters iki kısmi başkalaşımıdır. Bir ve aynı meta, keten bezi, kendi başkalaşım dizisini açar, ve bir diğerinin (buğdayın) başkalaşımını tamamlar. İlk evrede, ya da satışta, keten bezi, bu iki rolü kendi kişiliğinde oynar. Ama ardından altın haline gelince, kendi ikinci ve son başkalaşımını tamamlar ve aynı zamanda, üçüncü bir metaın ilk başkalaşımının tamamlanmasına yardım

72 "Buna göre dört uç, ve birisi ilk kez işe karışan üç sözleşmeci kişi vardır." (Le Trosne, *l.c.*, s. 909.)

* Oyundaki kişiler, pazarlığa girişen kişiler. –ç.

eder. O halde, bir metaın kendi başkalaşım döneminde meydana getirdiği devre, öteki metaların devreleriyle kördüğüm gibi karışmıştır. İşte bütün bu farklı devrelerin toplamı, *metaların dolaşımını* oluşturur.

Metaların dolaşımı, ürünlerin dolaysız değişiminden (trampadan) yalnızca biçim yönünden değil, öz yönünden de farklıdır. Olayların gelişmesine bir gözatalım. Dokumacı, aslında, keten bezini İncil ile, kendi metaını bir başkasının metaı ile değişmişti. Ne var ki, bu ifade yalnızca onun açısından doğrudur. İçini ısıtacak bir şeyi yeğleyen İncil satıcısı, dokumacı nasıl kendi keten bezinin buğdayla değişildiğini bilmiyorsa, İncilin keten bezi ile değişileceğini düşünmemişti. B'nin metaı, A'nın metaının yerini almıştır, ama A ile B, bu metaları, karşılıklı olarak değişmemişlerdir. Kuşkusuz A ile B, birbirlerinden aynı anda satınalmada bulunabilirler, ama böyle özel bir durum, hiçbir şekilde meta dolaşımının genel koşullarının zorunlu bir sonucu değildir. Burada, biz, bir yandan, meta değişiminin, dolaysız trampadan ayrılmaz olan bütün yerel ve kişisel bağları nasıl kopardığını ve toplumsal emek ürünlerinin dolaşımını nasıl geliştirdiğini, öbür yandan da, gelişmelerinde bağımsız, bu işte rol oynayan kişilerin tamamen denetimlerinden uzak toplumsal ilişkiler ağının bütününün nasıl geliştiğini görüyoruz. Ancak, çiftçi buğdayını satabildiği içindir ki dokumacı keten bezini satabilmektedir, ancak dokumacı keten bezini satabildiği için bizim "ehlikeyf", İncilini satabilmektedir, ve ancak sonuncusu ebedi hayat iksirini sattığı içindir ki, içki yapımcısı, *eau-de-vie*'sini* satabilmektedir ve vb..

Dolaşım süreci bu nedenle, ürünlerin dolaysız trampası gibi, kullanım-değerlerinin yer ve el değiştirmeleri ile sona ermiş olmaz. Para, belli bir metaın başkalaşım devresinin dışına düşmekle kaybolmaz. Dolaşım alanında öteki metaların boş bıraktığı yeni yerleri sürekli olarak doldurur. Örneğin keten bezinin başkalaşımının tamamlanmasında, keten bezi—para—İncil, dolaşımdan, ilk kez keten bezi çıkar, onun yerini para alır. Daha sonra İncil dolaşımdan çıkar ve yerini yeniden para alır. Bir meta ötekinin yerini alırken, para-meta her zaman bir üçüncü şahsın eline yapışır.[73] Dolaşım, parayı su gibi terletir.

Her satış bir satınalma, her satınalma bir satıştır diye, meta dolaşımının, satış ile satınalma arasındaki zorunlu bir dengeyi gösterdiğini söylemek kadar çocukça bir dogma olamaz. Eğer bu, fiilî satış sayısının satınalma sayısına eşit olduğu anlamda söyleniyor-

[73] Bu apaçık bir şey gibi gelir, ama çoğu zaman başta, "serbest ticaret çığırtkanları" olmak üzere, ekonomi politikçilerin gözünden kaçmıştır.

* İspirtolu içki. Etimolojik anlamında "yaşam suyu". –ç.

sa, boş bir yinelemedir. Ama bu sözün asıl amacı, her satıcının pazara alıcısını da birlikte getirdiğini tanıtlamaktır. Ama durum hiç de böyle değildir. Satış ve satınalma tek bir özdeş hareket oluştururlar; meta sahibi ile para sahibi, mıknatısın iki kutbu gibi birbirine karşıt iki kişi arasında bir değişim hareketidir. Bir tek kişi tarafından yapıldığı zaman, kutupsal ve karşıt nitelikte farklı iki hareket oluştururlar. Bu nedenle, satış ile satınalmanın özdeşliği, gizemli dolaşım imbiğinden geçtiği zaman, eğer oradan tekrar para biçiminde çıkmıyorsa; bir başka deyişle, eğer sahibi tarafından satılamıyorsa ve bunun için de para sahibi tarafından satın alınmıyorsa, bu, o metaın yararsız olduğunu anlatır. Bu özdeşlik, ayrıca, gerçekleşmesi halinde, değişimin, metaın yaşamında, uzun ya da kısa bir arayı, bir duraklama dönemini oluşturduğunu gösterir. Bir metaın ilk başkalaşımı, bir anda hem satış hem satınalma olduğu için, aynı zamanda bizzat bağımsız bir süreçtir de. Satın alanın elinde meta, satanın elinde para, yani her an dolaşıma girmeye hazır bir meta vardır. Ortada alıcı olmadan, kimse satamaz. Ama salt o satıyor diye de, karşısındakiler almak zorunda değildir. Dolaşım, doğrudan trampanın koyduğu, zaman, yer ve bireylere bağlı bütün sınırlamaları ortadan kaldırır, ve bunu trampadaki, birisinin kendi ürününü elden çıkarması ve bir başkasının bu ürünü elde etmesiyle ortaya çıkan dolaysız özdeşliği, satış ve alış antitezlerine parçalayarak yapar. Bu iki bağımsız ve karşıt fiilin, bir iç birlik (*unity*) olduğunu söylemek, aslında, bu iç birliğin (*oneness*) bir dış antitezle kendini ifade ettiğini söylemekle aynı şeydir. Eğer bir metaın tam başkalaşımının birbirini tamamlayan iki evresi arasındaki zaman aralığı pek büyük ise ve satış ile satınalma arasındaki bölünme çok belirli hale gelmişse, aralarındaki iç bağ, yani bunların iç birliği, kendisini bir bunalım yaratarak ortaya koyar. Kullanım-değeri ve değer, antitez; özel emeğe bağlı olarak kendisini dolaysız toplumsal emek olarak ortaya koyan, soyut insan emeğine geçmek için özelleşmiş somut türde bir emek çelişkileri; nesnelerin kişileştirilmesi ve kişilerin şeyler tarafından temsil edilmesi arasındaki çelişki; işte metalarda varolan bütün bu antitezler ve çelişkiler su yüzüne çıkarlar ve bir metaın başkalaşımının karşıt evrelerinde hareket biçimlerini geliştirirler. Bu nedenle bu biçimler, bir bunalım olasılığına —evet yalnızca olasılığına— işaret ederler. Bu olasılığın gerçeğe dönüşmesi, uzun bir dizi ilişkilerin sonucudur, ve bizim şimdiki basit dolaşım açısından varlıkları henüz sözkonusu olamaz.[74]

[74] *Zur Kritik etc.*, s. 74-76'da [*Ekonomi Politiğin Eleştirisine Katkı*, s. 115-116.] James Mill üzerindeki gözlemlerime bakınız. Bu konu ile ilgili olarak, mazeretçi ekonomiye özgü iki yönteme değinilebilir. Bunların ilki, metaların dolaşımının, ara-

b. *Paranın Devinmesi**

Emeğin maddi ürünlerinin dolaşımlarını sağlayan değişme biçimi, M—P—M, meta biçiminde belli bir değişim süreci başlatmasını, ve gene bir meta biçiminde o süreci sona erdirmesini gerektiriyor. Bu nedenle, metaın hareketi bir devredir. Öte yandan, bu hareket biçimi, parayla yapılan bir devreyi engeller. Sonuçta, paranın, çıkış noktasına dönmesi şöyle dursun, ondan sürekli olarak daha çok uzaklaşır. Satıcı, paraya, metaının bu dönüşmüş biçimine, sıkı sıkıya sarıldığı sürece, bu meta hâlâ başkalaşımının birinci evresindedir ve yolunun ancak ilk yarısını tamamlamış haldedir. Satıcı, süreci tamamlar tamamlamaz, satışını bir satınalmayla bütünler bütünlemez, para, tekrar sahibinin elinden çıkar gider. Dokumacının İncili satın aldıktan sonra daha fazla keten bezi satması halinde, paranın tekrar eline döneceği gerçektir. Ama bu dönüş, ilk 20 yarda keten bezinin dolaşımı nedeniyle değildir; bu dolaşım, paranın İncil satıcısının eline geçmesiyle sonuçlanmıştır. Paranın dokumacının eline dönüşü, dolaşım sürecinin yeni bir meta ile yenilenmesi ya da yinelenmesi ile olmuştur, ve yenilenen bu süreç, bir öncekinin varmış olduğu aynı sonuçla sona erer. Demek ki, metaların dolaşımı ile paraya doğrudan verilen hareket, başlangıç noktasından sürekli olarak uzaklaşan bir hareket biçimini alır, ve bir meta sahibinin elinden bir diğerinin eline geçecek şekilde bir yol izler. İşte izlediği bu yol, onun devinmesidir (*currency, cours de la monnaie*).

Paranın devinmesi, aynı sürecin sürekli ve tekdüze yinelenmesidir. Meta daima satıcının elindedir; para, satınalma aracı olarak daima alıcının elindedir. Ve para, metaın fiyatını gerçekleştirmekle, satınalma aracı olarak hizmet eder. Bu gerçekleşme metaı, satıcıdan alıcıya devreder ve parayı, alıcının elinden satıcının eline geçirir; ve orada da yeniden aynı süreç bir başka meta ile devam eder. Paranın devinmesinin bu tek yönlü niteliğinin, metaın hare-

daki farklı noktalardan soyutlanarak, ürünlerin dolaysız trampası ile özdeş hale getirilmesidir; ikincisi, kapitalist üretimin çelişkilerinin, bu üretime katılan kişiler arasındaki ilişkilerin, metaların dolaşımından doğan basit ilişkilere indirgenmek suretiyle açıklanmaya girişilmesidir. Meta üretimi ve dolaşımı, büyüklükleri ve boyutları farklı olsalar bile, birbirinden çok farklı üretim biçimlerinde de görülür. Eğer biz yalnızca bu dolaşımın bütün bu üretim biçimlerinde ortak soyut kategorilerini biliyorsak, bu üretim biçimleri arasındaki belirli ayrılık noktaları konusunda hiçbir şey bilmiyoruz, ve bu konuda yargılar vermemiz de olanaksız demektir. Hiçbir bilim dalında, ekonomi politikte olduğu kadar sıradan farklarla kuru gürültü kopartılmamıştır. Örneğin, metaın bir ürün olduğunu bilen J. B. Say bir de bakıyorsunuz bunalımlar konusunda ahkam kesmeye kalkıyor.

* Devinme sözcüğü, elden ele geçen paranın izlediği yolu ya da izi anlatmak için kullanılmıştır; bu devinme, dolaşımdan farklı bir hareket biçimidir. –ç.

ketinin iki yönlü niteliğinden ileri gelmesi gerçeği, ilk anda görülmeyen bir durumdur. Meta dolaşımının kendi niteliği, bu karşıt görünüşü doğurur. Metaın ilk başkalaşımı, yalnız paranın hareketi ile değil, metaın kendi hareketi ile de açıkça görüldüğü halde, ikinci başkalaşımda hareket, tersine bize yalnız paranın hareketi olarak görünür. Dolaşımının ilk evresinde meta, para ile yer değiştirir. Bunun üzerine, meta, yararlı nesne niteliği ile dolaşım alanından çıkar, tüketim alanına girer.[75] Şimdi onun yerine elimizde, değer-biçimi olan para vardır. Dolaşımın ikinci evresine artık kendi doğal biçimi altında değil, para-biçimi altında devam eder. Bunun için, hareketin sürekliliği yalnızca para tarafından sağlanıyor ve meta yönünden bir karşıt niteliğin iki sürecinden oluşan aynı hareket, paranın hareketi sözkonusu olduğu zaman daima bir ve aynı süreçtir, her yeni meta ile sürekli bir yer değiştirmedir. Böylece, metaların dolaşımının meydana getirdiği sonuç, yani bir metaın yerini bir başkasının alması, metaların biçim değiştirmesi yoluyla değil de, daha çok kendi içlerinde hareketsiz görünmelerine karşın, bir dolaşım aracı olarak iş yapan para yoluyla, metaları dolaştıran ve bunları kullanım-değeri olmadıkları ellerden kullanım-değeri oldukları ellere aktaran ve paranın doğrultusuna sürekli olarak karşıt doğrultudaki bir eylemle gerçekleşiyormuş gibi görüntü alır. Aslında para, sürekli olarak, metaları dolaşımdan çeker ve onların yerine geçer, ve bu yolla sürekli olarak başlangıç noktasından daha çok uzaklaşır. İşte bunun için, aslında paranın hareketi metaların dolaşımının bir ifadesi olduğu halde, gerçekte bunun tersi oluyormuş gibi gelir; metaların dolaşımı, paranın hareketinin sonucu imiş gibi görünür.[76]

Gene, dolaşım aracı olarak paranın işlevleri, yalnızca metaların değerlerinin onda bağımsız gerçeğe sahip olmalarından ötürüdür. Bundan dolayı, dolaşım aracı olarak onun hareketi, gerçekte, yalnızca biçim değiştirmekte olan metaların hareketidir. Paranın devinmesinde bu gerçeğin kendisini açıkça göstermesi gerekir. *Örneğin keten bezi, böylece, her şeyden önce, kendi metabiçimini, para-biçimine dönüştürür. İlk başkalaşımının ikinci ucu, M—P, para-biçimi, daha sonra son başkalaşımının ilk ucu, P—M, gerisin geriye İncile dönüşüm halini alır. Ama biçimin bu iki değişiminden her biri, meta ile para arasındaki bir değişim ile, bunla-

[75] Bir meta, tekrar tekrar satıldığı zaman bile, bizim için halen varolmayan bir olgu ortaya çıkar; son defa kesin olarak satıldığında, dolaşım alanından çıkarak tüketim alanına girer ve burada, ya tüketim ya da üretim aracı olarak hizmet eder.

[76] "[Paranın] biricik hareket biçimi, ürünlerin ona emrettiği biçimdir." (Le Trosne, *l.c.*, s. 885.)

* Burada ("Örneğin keten bezi böylece..."den "... birbirini sarmalamasını da yansıtır."a kadar) İngilizce metin, 4. Almanca baskıya uygun olarak değiştirilmiştir. *–Ed.*

rın *karşılıklı yer değiştirmeleri* ile gerçekleşir. Aynı paralar satıcının eline, *metaın elden çıkartılmış biçimi olarak* gelirler ve onu, gene *o metaın mutlak olarak elden çıkartılabilir biçimi* olarak terkederler. Böylece iki kez yer değiştirirler. Keten bezinin ilk başkalaşımı bu paraları dokumacının cebine koyar, ikincisi ise cebinden çıkartır. Aynı metaın geçirdiği iki ters değişme, aynı paranın karşıt yönlerde iki kez yinelenen yer değiştirmesinde yansır.

Tersine, başkalaşımın yalnızca bir evresi gerçekleşse, ortada yalnızca satışlar ya da yalnızca satınalmalar olsa, aynı para, yalnızca bir kez yer değiştirir. İkinci yer değiştirmesi daima metaların ikinci başkalaşımını, para biçiminden geriye dönüşünü ifade eder. Aynı paranın yer değiştirmesinin sık sık yinelenmesi, yalnızca tek bir metaın geçirdiği başkalaşımlar dizisini yansıtmakla kalmaz, ama aynı zamanda genellikle metalar alemindeki sayısız başkalaşımların birbirini sarmalamasını da yansıtır. Bütün bunlar, kuşkusuz, yalnızca incelemekte olduğumuz metaların basit dolaşımı için sözkonusudur.

Dolaşıma ilk adımını atan ve ilk biçim değişikliğini geçiren her meta, bunu, yalnızca tekrar dolaşımın dışına düşmek ve yerini başka metalara bırakmak için yapar. Para ise, tersine, dolaşım aracı olarak, sürekli olarak bu dolaşım alanının içinde kalır ve bu alan içersinde hareket eder. Burada şöyle bir soru ortaya çıkar: Bu alan sürekli olarak ne kadar parayı emer?

Belli bir ülkede, her gün aynı anda ama farklı yerlerde sayısız tek yönlü meta başkalaşımları, ya da bir başka deyişle, sayısız satış ve sayısız alış olur. Metalar, her şeyden önce tasarımda, fiyatlarıyla belirli para niceliklerine eşitlenmiştir. Ve para ile metalar şimdi incelemekte olduğumuz dolaşım biçimi içersinde, bir tanesi satınalmanın olumlu kutbunda, diğeri satışın olumsuz kutbunda olmak üzere her zaman maddi olarak yüzyüze geldikleri için, gerekli dolaşım aracı miktarının, bütün bu meta fiyatlarının toplamı ile önceden belirlendiği açıktır. Aslında para, gerçekte, meta fiyatlarının toplamıyla önceden düşünsel olarak ifade edilmiş bulunan altın niceliğini ya da toplamını temsil eder. Bu iki toplamın eşitliği bu nedenle apaçıktır. Bununla birlikte, metaların değeri sabit kaldığı halde, onların fiyatlarının (paranın maddesi) altının değeri ile değiştiğini, altının değerinin düşmesine orantılı olarak yükseldiğini, altının değerinin yükselmesine orantılı olarak düştüğünü biliyoruz. Şimdi, eğer altının değerindeki bu gibi yükselmeler ya da düşmeler sonucu meta fiyatlarının toplamında düşme ya da yükselme olursa, dolaşımdaki para miktarının da aynı ölçüde artması ya da eksilmesi gerekir. Bu durumda dolaşım aracının niceliğindeki değişikliğe, bizzat para neden olmaktadır, gene de bu, onun dolaşım aracı olma işlevinden dolayı değil, değer ölçüsü olma işlevinden ileri gelmektedir. Önce, meta fiyatları, paranın değeriyle ters yönde değişir ve daha sonra da dolaşım aracı miktarı, meta fiyatları ile aynı yönde değişir. Örneğin, eğer altının değerinin düşmesi yerine, değer ölçüsü olarak gümüş onun yerine geçseydi, ya da gümüşün değerinin yükselmesi yerine altın onu değer ölçüsü olmaktan sürüp çıkarsaydı, tamamen aynı şey olurdu. Bir durumda, eskiden dolaşımda olan altından daha fazla gümüş, öteki durumda, eskiden dolaşımda olan gümüşten daha az altın dolaşımda yeralırdı. İki durumda da, para maddesinin değeri, yani değer ölçüsü olarak hizmet eden metaın değeri bir değişiklik geçirir, ve buna bağlı olarak da değerlerini parayla ifade eden meta fiyatları ile, işlevi bu fiyatları gerçekleştirmek olan dolaşımdaki para miktarı da değişirdi. Dolaşım alanında, altının (ya da genellikle para maddesinin) belli değerde bir meta gibi girebileceği bir aralık bulunduğunu görmüş bulunuyoruz. Bunun için değerin bir ölçüsü olarak para, işlevine başladığında, fiyatları ifade ettiğinde, değeri zaten belirlenmiştir. Şimdi, eğer değeri düşerse, bu gerçek, ilk kez, üretimlerinin kaynağında değerli madenlerle doğrudan trampa edilen meta fiyatlarında meydana gelen değişme ile kendini belli eder. Bütün diğer metaların büyük bir kısmı, özellikle uygar toplumların iyice gelişmemiş aşamalarında daha uzun süre değer ölçüsünün artık eskimiş ve hayalî değerleri ile belirlenmeye devam edeceklerdir. Ne var ki, bir meta ötekini ortak değer-ilişkisi içersinde etkiler ve böylece, altın ya da gümüşle ifade edilen değerleri giderek nispi değerleri ile belirlenen oranlarda yerleşir ve bu, bütün meta değerlerinin, parayı oluşturan madenin yeni değeri ile saptanmasına kadar sürer gider. Bu sürecin yanısıra, değerli madenlerin niceliğinde sürekli bir artış olur; bu artışın nedeni, bu madenlerin, üretim kaynaklarında doğrudan trampa edildikleri malların yerini doldurmak üzere durmaksızın akmalarıdır. Bundan dolayı, genellikle metaların gerçek fiyatlarına ulaşmaları oranında, değerlerinin değerli madenlerin düşen değerlerine uygun şekilde belirlenmesi oranında, bu yeni fiyatların gerçekleşmesi için gerekli miktarda maden aynı oranda sağlanmış olur. Yeni altın ve gümüş kaynaklarının bulunmasını izleyen tek yanlı bir gözlemin sonucu, 17. ve özellikle 18. yüzyılda, kimi iktisatçıların, meta fiyatlarının, dolaşım aracı olarak hizmet eden altın ile gümüşün miktarındaki artışın sonucu olarak yükseldiği gibi yanlış bir sonuca varmalarına yolaçmıştır. Bundan böyle, biz de, altının değerinin belirli olduğunu kabul edeceğiz; aslında ise bir metaya fiyat biçtiğimiz zaman, bu değer, o an içindir.

Bu varsayıma göre, dolaşım aracının miktarı, gerçekleşecek olan fiyatların toplamı ile belirlenir. Şimdi eğer bir adım daha atarak her metaın fiyatının belli olduğunu varsayarsak, fiyatların toplamı, kuşkusuz, dolaşımdaki metalar kitlesine bağlı olur. 1 kile buğday 2 sterlin, 100 kile 200 sterlin, 200 kile 400 sterlin vb. iken satıldığı zaman buğday ile yer değiştirecek para miktarının, buğdayın miktarıyla artması zorunluluğunu kavramak için öyle pek fazla kafa yormaya gerek yoktur.

Eğer metaların kitlesi sabit kalırsa, dolaşımdaki para miktarı, bu meta fiyatlarındaki dalgalanmalara göre değişir. Fiyat değişikliği sonucu toplam fiyatlardaki artış ya da düşüş yüzünden para da artar ve eksilir. Bu sonucun ortaya çıkması için bütün meta fiyatlarının aynı anda yükselmesi ya da düşmesi de gerekmez. Önde gelen bir kısım metaın fiyatlarındaki yükselme ya da düşme, bütün metaların toplam fiyatlarının artmasına ya da azalmasına yettiği gibi, dolaşımda daha çok ya da daha az para bulunmasına yolaçar. Fiyatlardaki değişme, ister meta değerlerindeki fiilî değişmeye tekabül etsin ya da yalnızca piyasa-fiyatlarındaki bir dalgalanmanın sonucu olsun, dolaşım aracı miktarı üzerindeki etkisi aynı kalır.

Diyelim ki, aşağıdaki mallar aynı anda farklı yerlerde satılıyor ya da kısmen başkalaşıyorlar: bir kile buğday, 20 yarda keten bezi, bir İncil ve dört galon kanyak. Eğer her kalem eşyanın fiyatı 2 sterlin ise gerçekleşen fiyat toplamı 8 sterlin olur ve dolayısıyla 8 sterlinlik bir para dolaşıma girmek zorundadır. Öte yandan, eğer bu aynı mallar bildiğimiz başkalaşımlar dizisinin, yani 1 kile buğday–2 sterlin–20 yarda keten bezi–2 sterlin–1 İncil–2 sterlin–4 galon kanyak–2 sterlin, bizce çok iyi bilinen bir zincir ise, bu durumda 2 sterlin, değişik metaları birini ötekinin arkasında dolaştırır ve bunların 8 sterlinlik toplam fiyatlarını ardışık olarak gerçekleştirdikten sonra, ensonu kanyakçının cebinde istirahate çekilir. 2 sterlin böylece dört hareket yapmıştır. Aynı madenî paranın bu yinelenen yer değiştirmesi, metaların biçimindeki ikili değişikliğe, iki dolaşım aşamasından geçerek karşıt yönlerde hareketlerine ve farklı metaların başkalaşımlarındaki içiçeliğe tekabül eder.[77] Başkalaşım sürecini oluşturan sürecin bu karşıt ve birbirini tamamlayıcı evreleri, aynı anda değil, ama ardışık olarak geçmişlerdir. Dizinin tamamlanması için bu nedenle zamana gereksinme vardır. Demek ki paranın devinme hızı, belli bir madenî paranın belli bir zaman-

[77] "Ürünler onu" (parayı) "devindirirler ve dolaşımda yeraldırırlar. ..." (Paranın) "devinme hızı ile miktarı tamamlanır. Gerektiği sürece, bir an bile durmadan, bir elden diğerine geçer." (Le Trosne, *l.c.*, s. 915, 916.)

da yaptığı hareketlerin sayısı ile ölçülür. Dört parça malın dolaşımı, diyelim ki, bir gün alsın. Bir günde gerçekleşen fiyatların toplamı 8 sterlin, iki madenî paranın yaptığı hareket sayısı dört, ve dolaşan para miktarı 2 sterlindir. Bu durumda, dolaşım süreci sırasında belli bir zaman aralığı için şu ilişkileri elde ederiz: Dolaşım aracı olarak işlev gören para miktarı, meta fiyatları toplamının, aynı ad altındaki paranın yaptığı hareket sayısıyla bölünmesinden çıkacak sonuca eşittir. Bu yasa, genel geçerliğe sahiptir.

Bir ülkede belli bir zaman aralığındaki toplam meta dolaşımı, bir yandan, birçok yalıtık ve eşzamanlı kısmi başkalaşmalardan, her para parçasının, yerini yalnızca bir kez değiştirdiği ya da yalnızca bir kez hareket ettiği, aynı zamanda satınalma olan satışlardan meydana gelmiştir; öte yandan da, bazan yanyana bazan içiçe geçmiş birçok farklı başkalaşım dizilerinden meydana gelmiştir; bu dizilerin her birinde her bir sikke belli sayıda hareket yapar ve bu sayı, koşullara göre daha büyük ya da küçük olabilir. Aynı ad altında dolaşımda bulunan bütün sikkelerin yapmış oldukları hareketin toplam sayısı bilinirse, o addaki tek bir sikkenin yaptığı ortalama hareket sayısını ya da para devinmesinin ortalama hızını bulabiliriz. Her günün başlangıcında dolaşıma sokulan para miktarı, kuşkusuz, aynı anda yanyana dolaşımda bulunan bütün metaların fiyatlarının toplamı ile belirlenir. Ama dolaşıma giren sikkeler, deyim yerindeyse, birbirinden sorumlu hale gelirler. İçlerinden birisi hızını artırırsa, diğeri ya hızını azaltır ya da dolaşımdan büsbütün çıkar; çünkü dolaşım, tek bir sikkenin ya da unsurun yaptığı ortalama devir sayısı ile çarpımının, gerçekleştirilecek fiyatlar toplamına eşit olan altın miktarını ancak emebilir. Bunun için, eğer ayrı ayrı madenî paraların yaptığı hareket sayısı artarsa, bu madenî paraların dolaşımdaki toplam sayısı azalır. Eğer hareket sayısı azalırsa, toplam para sayısı artar. Dolaşımın emebileceği para miktarı belli bir ortalama dolaşım hızı için bilindiğine göre, belli miktarda bir sterlin altın paranın bu dolaşımdan çekilmesi için aynı miktarda kağıt paranın dolaşıma sokulması yeterlidir, ve bu marifeti bütün bankerler çok iyi bilirler.

Paranın devinmesi, genel anlamda, nasıl metaların dolaşımının ya da onların geçirdikleri karşıt başkalaşımlarının bir yansımasından başka bir şey değilse, aynı şekilde, bu devinmenin hızı da, metaların biçim değiştirme hızını, bir dizi başkalaşımın bir diğeriyle sürekli içiçe geçişini, maddenin hızlı toplumsal değişimini, metaların dolaşım alanından hızla çekilmesini ve yerlerine aynı hızla yenilerinin geçmesini yansıtır. Demek ki, devinmenin hızında, karşıt ve aynı zamanda birbirini tamamlayan evrelerin akıcı birliğini, metaların kullanım-değeri biçiminden değer biçimine dönüşmesinin birliğini, değer biçiminden çıkıp tekrar kullanım-değerine dönüşmesini, ya da satma ve satınalma gibi iki sürecin birliğini görüyoruz. Öte yandan, devinmenin yavaşlaması, bu iki sürecin yalıtık karşıt evrelere ayrılmasını, biçim değiştirmesinde ve dolayısıyla maddenin toplumsal değişimindeki tıkanmayı yansıtır. Dolaşım, tek başına, kuşkusuz bu tıkanıklığın kaynağı konusunda bize bir ipucu veremez; yalnızca olguyu açığa çıkarır. Kamuoyu, devinmedeki yavaşlama ile birlikte dolaşımın çevresinde paranın ortaya çıkışını ve kayboluşunu daha seyrek olarak görür, bu yavaşlamayı, doğal olarak, dolaşım aracındaki nicel eksikliğe bağlar.[78]

Belli bir dönemde dolaşım aracı işlevini yerine getiren toplam para miktarı, bir yandan dolaşımdaki meta fiyatlarının toplamı, öte yandan, başkalaşımın karşıt evrelerinin birbirlerini izleme hızlarıyla belirlenir. Toplam fiyatların ortalama olarak her tek sikkeyle ne oranda gerçekleşebileceği, bu hıza bağlıdır. Ama, dolaşımdaki metaların fiyat toplamı ise, metaların miktarına olduğu kadar fiyatlarına da bağlıdır. Ne var ki, bu üç etmen de, fiyatların durumu, dolaşımdaki meta miktarı ve paranın devinme hızı değişebilir. Bundan dolayı, gerçekleşecek fiyatların toplamı ile bu toplama bağlı olan dolaşım aracı miktarı, bu üç etmenin çeşitli şekillerde biraraya gelmesine göre değişecektir. Bu değişmeler içersinde, biz, yalnızca fiyat tarihinde en büyük önem taşıyanları gözden geçire-

[78] "Para ... alım ve satımın ortak ölçüsü olduğu için; elinde satacak bir şeyi olup da alıcı bulamayan herkes, malını elinden çıkartamamanın nedenini krallıkta ya da ülkedeki para eksikliğinde görmeye ve düşünmeye eğilimlidir; ve böylece herkesin yakınması, yeter para bulunmamasındandır, ama bu büyük bir yanılgıdır. ... Para diye feryat eden bu insanların istedikleri nedir? ... Çiftçi yakınır ... ülkede daha fazla para olsa mallarına bir fiyat elde edebileceğini sanır. Bu durumda, öyle görünüyor ki, onun gereksinme duyduğu şey para değil, satmak isteyip de satamadığı hububat ve hayvanları için fiyattır. ... Peki niçin bir fiyat elde edemez? ... (1) Ya ülkede çok fazla hububat ve hayvan vardır ve bu yüzden pazara gelenlerin çoğu onun gibi malını satmak ve pek az satınalmak gereksinmesi duyar; ya da (2) dışarıya her zamanki ihraç yolu tıkanmıştır ...; ya da (3) yoksulluk nedeniyle insanların ev gereksinmeleri için eskisi kadar para harcayamamaları yüzünden tüketim azalmıştır; bunun için, çiftçinin mallarının satışını sağlamanın yolu para miktarının artırılması değil, aslında piyasayı durgunlaştıran bu üç nedenin ortadan kaldırılmasıdır. ... Tüccar ile küçük esnaf da parayı aynı şekilde isterler, yani piyasa tıkandığı için, ellerindeki mallara bir çıkış noktası ararlar. ..." (Bir ulus) "hiçbir zaman, servetin elden ele geçtiği zamanki kadar gönençli olamaz." (Sir Dudley North, *Discourses upon Trade,* Lond. 1691, s. 11-15 *passim.*) Herrenschwand'ın hayal ürünü düşünceleri de şuna gelir dayanır: Metaların niteliğinden doğan ve dolaşımlarıyla ortaya çıkan çelişkiler, dolaşım aracı miktarının artırılması ile ortadan kaldırılabilir. Bir yandan, halk arasında, üretim ve dolaşımdaki durgunluğu, dolaşım aracındaki yetersizliğe bağlamak gibi yanlış bir kanı olmakla birlikte, bu, öte yandan hiçbir zaman paranın dolaşımının düzenlenmesine bazı acemice yasal müdahaleler sonucu dolaşım araçlarında meydana gelen kıtlık, böylesi durgunluklara yolaçma anlamına gelmez.

ceğiz.

Fiyatlar sabit kalırken, dolaşım aracının niceliği, ya dolaşımdaki metaların sayısının artışı ya da devinme hızındaki düşüş, ya da her ikisinin birlikte olmasıyla yükselebilir. Öte yandan, dolaşım aracı miktarı, meta sayısındaki azalış ya da bunların dolaşım hızındaki yükseliş ile birlikte azalabilir.

Meta fiyatlarının genel yükselmesi ile, dolaşımdaki metaların kitlesi, bu metaların fiyatlarının artması oranında azalması kaydıyla, ya da dolaşımdaki metaların kitlesi sabit kalırken, devinme hızının, fiyatlardaki yükseliş ölçüsünde artması kaydıyla, dolaşım aracı miktarı sabit kalır. Dolaşım aracı miktarı, daha çabuk azalan meta sayısına ya da fiyat yükselmelerinden daha çabuk artan para hızına bağlı olarak azalabilir.

Metaların fiyatlarındaki bir genel düşme ile, meta kitlesinin artışı, fiyatlarının düşmesine orantılı olmak kaydıyla ya da dolaşımdaki paranın hızının azalışının aynı oranda olması kaydıyla, dolaşım aracı miktarı sabit kalır. Metaların kitlesinin daha hızlı artması ya da dolaşım hızının azalması, fiyat düşmelerinden daha çabuk olması kaydıyla, dolaşım aracının miktarı artar.

Çeşitli etmenlerdeki değişmeler karşılıklı olarak birbirlerini yok edebilirler ve böylece bunlardaki sürekli kararsızlığa karşın, fiyatların gerçekleşecek genel toplamı ile dolaşımdaki para miktarı sabit kalır; bu nedenle, özellikle uzun dönemleri dikkate alırsak, herhangi bir ülkede dolaşımdaki para miktarının ortalama düzeyindeki sapmalar ilk bakışta umduğumuzdan çok daha küçüktür. Sınai ve ticari bunalımlardan ileri gelen devresel aşırı bozulmalar ve daha ender olarak da para değerindeki dalgalanmalar, kuşkusuz bu kuralın dışındadır.

Dolaşım aracı miktarının, dolaşımdaki metaların fiyatlarının toplamı ile ortalama dolaşım hızı[79] tarafından belirleneceği yasası,

[79] "Bir ulusun ticaretini yürütmek için gerekli olan para, belli bir ölçü ve orandadır; bunun fazlası da azı da işin yürütülmesine zarar verir. Bu, aynen, küçük perakende ticarette gümüş parayı bozmak ve hatta en küçük gümüş sikkelerle bile yapılamayan hesapların ödenebilmesi için belirli bir oranda paraya gereksinme olduğu gibidir. ... Ve gene ticaret için gerekli bozuk paranın miktarı, alışveriş yapan insanların sayısı ve bunların yaptıkları alışverişin sıklığına; ve aynı zamanda ve özellikle en küçük gümüş paranın değerine bağlı ise; aynı şekilde bizim ticaretimiz için gerekli paranın [altın ve gümüş sikkelerin] oranı da, yapılan alışverişin sıklığı ve ödemelerin büyüklüğü ile belirlenir." (William Petty, *A Treatise of Taxes and Contributions,* Lond., 1667, s. 17.) Hume'un teorisi, J. Steuart ile diğerlerinin saldırılarına karşı, A. Young tarafından *Political Arithmetic,* Lond.., 1774'te savunulmuştur; bu yapıtta, "Fiyatlar Para Miktarına Bağlıdır" başlıklı özel bir bölüm (s. 112) bulunmaktadır. *Zur Kritik etc.,* s. 149'da [*Ekonomi Politiğin Eleştirisine Katkı,* s. 191] şunu belirtmiştim: "Dolaşımdaki sikkelerin miktarına gelince, bunu, sözünü etmeden geçiştirir ve tamamen yanlış bir tutumla parayı basit meta gibi ele alarak bu konuyu dokunmaksızın geçiştirir." Bu ifade, ancak, Adam Smith, parayı, *ex offi-*

şöyle de ifade edilebilir: Metaların değerlerinin toplamı ile bunların başkalaşımlarının ortalama hızı belli ise, para olarak dolaşımda bulunan değerli madenin miktarı, bu madenin değerine bağlıdır. Bunun tersine, fiyatların, dolaşım aracının miktarı ile belirlendiği ve bunun da ülkedeki değerli madenlerin miktarına bağlı olduğu düşüncesi yanlıştır;[80] bu düşünce, onu ilk benimseyenler tarafından şu saçma varsayıma dayandırılmıştı: Dolaşıma ilk girdikleri zaman metalar fiyattan yoksundu, para da değerden; meta yığınından belli bir kısım, değerli maden yığınından belli kısımla değişilir.[81]

cio [mesleği açısından –ç.] ele aldığı sürece geçerlidir. Bununla birlikte, ara sıra, daha önceki ekonomi politik sistemlerinin eleştirisinde yaptığı gibi doğru görüşleri de benimser: "Her ülkedeki sikke miktarı, dolaşımlarına aracılık ettiği metaların değeriyle düzenlenir. ... Herhangi bir ülkede yılda alınıp satılan malların değeri, bunların dolaşımları ve asıl tüketicileri arasında dağılımları için belli bir miktar parayı gerektirir, ama fazlası için bir kullanım yaratmaz. Dolaşım kanalı, zorunlu olarak, kendisine, onu doldurmaya yetecek kadar bir miktarı çeker." (*Wealth of Nations,* [vol. III,] I. IV, ch. I. [s. 87, 89.]) Aynı şekilde, o, yapıtına, *ex officio,* işbölümünü kutsallaştırmayla başlar. Daha sonra, kamu gelirlerinin kaynaklarını ele aldığı son ciltte, hocası A. Ferguson'un yaptığı işbölümü yermelerini arasıra yineler.

80 "Halk arasında altın ile gümüş çoğaldıkça her ulusta mutlaka şeylerin fiyatları yükselecektir; ve bunun için, bir ulusta, altın ile gümüş azalınca her şeyin fiyatının, paranın bu azalışına uygun olarak düşmesi zorunludur." (Jacob Vanderlint, *Money Answers all Things.* Lond. 1734. s. 5.) Bu kitap ile Hume'un *Essays*'ı arasında yapılan dikkatli bir karşılaştırma, bana, kuşkusuz, Hume'un, Vanderlint'in gerçekten önemli olan bu yapıtından haberli olduğu ve ondan yararlandığı kanısını veriyor. Fiyatların, dolaşım aracının miktarı ile belirlendiği fikri, Barbon ve çok daha önceki başka yazarlarca da benimsenmiştir. "Sınırlandırılmamış bir ticaretten hiçbir sakınca doğmaz", der Vanderlint, "tersine büyük yararlar sağlanır; çünkü, eğer ulusun sahip olduğu nakit para ticaretle azalacak olursa —koruyucu önlemlerle, bu, önlenmek istenir— külçe paranın aktığı ülkelerde, sahip bulundukları nakit para miktarı arttığı oranda her şeyin fiyatı yükselir. Ve ... bizim mamul maddelerimiz ile diğer her şey, ticaret dengesini bizim lehimize çevirecek derecede ucuzlayacak ve böylece tekrar para, bize geri dönecektir." (*l.c.,* s. 43, 44.)

81 Her bir tür meta fiyatının, dolaşımdaki bütün metaların fiyatları toplamının bir parçasını oluşturduğu apaçık bir gerçektir. Ama kendi aralarında ölçülemez şeyler olan kullanım-değerlerinin kitle olarak, bir ülkedeki altın ve gümüşün toplam miktarı ile nasıl değişilebileceği tamamen anlaşılmaz bir şeydir. Eğer biz, bütün metaların biraraya gelerek tek bir meta oluşturduğu ve her bir metaın da bu bütünün bir parçası olduğu düşüncesinden hareket edersek şu güzel sonuca ulaşmış oluruz: Toplam meta = x ton altın; A metaı = toplam metaların bir kısmı = x ton altının bu kısım büyüklüğünde bir parçası. Bunu Montesquieu tam bir ciddiyetle ifade etmiştir: "Yeryüzündeki altın ve gümüş kütlesi, gene yeryüzünde varolan metalar toplamı ile karşılaştırılacak olsa, mutlaka her bir ürün, özellikle meta, belli bir para miktarı ile karşılaştırılmış olur. Diyelim ki, dünyada ancak ve yalnız bir ürün ve özellikle bir tek meta vardır, ya da yalnızca bir tek meta satın alınmaktadır ve bu da para gibi küçük parçalara bölünmektedir: Bu durumda, bu metaın belli bir miktarı bir kısım para kitlesine, metaların toplamının yarısı, toplam para kitlesinin yarısına tekabül eder vb.. ... Meta fiyatlarının belirlenmesi, temelinde daima metaların toplam kitlesi ile para simgelerinin toplam kitlesi arasındaki orana bağlıdır." (Montesquieu, *l.c.,* t. III, s. 12, 13.) Bu teorinin Ricardo ile izleyicileri, James Mill, lord Overstone ve diğerleri tarafından daha da geliştirilmesi konusunda bkz: *Zur Kritik etc.,* s. 140-146 ve s. 150 vd. [*Ekonomi Politiğin Eleştirisine Katkı,* s. 192-213]. John Stuart Mill, o her zamanki seçmeci mantığı ile, aynı zamanda hem babası Ja-

c. *Sikke ve Değer Simgeleri*

Paranın sikke biçimini alması, dolaşım aracı olarak işlev görmesinden çıkmıştır. Metaların fiyatları ya da para-adları ile imgelemde temsil edilen altın ağırlığının, dolaşım içinde bu metaların karşısına, belli adlar altında sikke ya da altının para biçiminde çıkması gerekir. Fiyat ölçütünün saptanması gibi sikke basmak da devletin işidir. Altın ile gümüşün, sikke olarak ülke içersinde giydikleri çeşitli ulusal üniformaları dünya pazarında soyunup atmaları, metaların, iç ya da ulusal dolaşım alanları ile evrensel alanları arasındaki ayrılığı gösterir.

Bu nedenle sikke ile külçe arasındaki tek fark, biçim yönündendir ve altın her zaman bir biçimden diğerine geçebilir.[82] Sikke, darphanenin kapısından çıkar çıkmaz, kendisini erime potasının yolunda bulur. Dolaşımları sırasında sikkeler, kimi az kimi çok, aşınırlar. Ad ve öz, itibari ağırlık ve gerçek ağırlık, birbirinden ayrılma sürecine başlarlar. Aynı adı taşıyan sikkeler, ağırlıklarındaki farklılık nedeniyle, farklı değerde olmaya başlarlar. Fiyatların ölçütü olarak saptanılan altın ağırlığı, dolaşım aracı olarak hizmet eden ağırlıktan sapar ve artık fiyatlarını gerçekleştirdiği metaların gerçek eşdeğeri olmaktan çıkar. Ortaçağdan 18. yüzyıla kadar, sik-

mes Mill'in ve hem de karşıt görüşlerin sahibi olabilmeyi becermiştir. Düşüncelerinin özeti olan *Principles of Pol. Econ.*'nin metni ile, kendisini zamanının Adam Smith'i ilan ettiği, birinci baskının önsözü karşılaştırıldığında insan, adamın saflığına mı, yoksa bu ilana bakarak, iyi niyetle, onu, Adam Smith diye kabul eden halkın saflığına mı daha çok hayran olacağını bilmez; oysa onun Adam Smith'e benzerliği, örneğin, ancak general Williams Karl von Kars'ın, Wellington düküne benzerliği gibidir. Bay J. S. Mill'in ekonomi politik alanında genişlikten de, derinlikten de yoksun özgün araştırmalarının hepsi, 1844'te yayınlanan küçük yapıtı, *Some Unsettled Questions of Political Economy*'de bulunur. Locke, düpedüz, altın ve gümüşün değerden yoksunluğu ile, bunların değerlerinin yalnız miktarları ile belirlenmesi arasındaki ilişkiyi öne sürer. "İnsanlar altın ile gümüşe imgesel bir değer verme konusunda anlaştıkları için ... bu madenlerde görülen aslında varolan değer, miktardan başka bir şey değildir." ("Some Considerations, etc." 1691, *Works*['ta], ed. 1777, vol. II, s. 15.)

[82] Darp üzerinden vergi hakkı gibi ayrıntılar üzerinde durmak kuşkusuz benim amacım dışındadır. Bununla birlikte, İngiliz hükümetinin hiçbir karşılık gözetmeksizin para basmakla gösterdiği "cömertçe liberalliğe" hayran olan romantik dalkavuk Adam Müller'in yararlanması için sir Dudley North'un şu görüşlerini buraya alacağım: "Gümüş ile altında diğer bütün metalar gibi yükselmeler ve alçalmalar olur. ... İspanya'dan bunlar geldiğinde ... Tower'e taşınırlar ve darp edilirler. Çok geçmeden, ihraç edilmek üzere külçeye talep doğar. Eğer elde külçe yoksa ve hepsi sikke haline getirilmiş ise ne olacak? Tekrar eritilecektir; sikkelerin darp edilmesi sahibine hiçbir şeye mal olmadığı için bunda bir kayıp yoktur. Ama böylece ulus zarar görür; eşeğin yiyeceği otu hasır gibi örmenin bedelini o öder. Eğer tüccar madenî para basımı için para ödemeyle yükümlü tutulsa, gümüşünü, Tower'e, düşünüp taşınmadan göndermez; ve sikke haline getirilmiş para her zaman külçe gümüşten daha fazla değere sahip olur." (North, *l.c.*, s. 18.) North, Charles II zamanında ileri gelen tüccarlardan biriydi.

ke basma tarihi, bu nedenden ileri gelen devamlı karışıklıklarla doludur. Sikkeleri yalnızca taşıdıkları anlam yönünden değerlendirme ve resmen kabul edilen maden ağırlıklarının birer simgesi haline getirme konusundaki dolaşımın doğal eğilimi, modern yasalarla kabul edilmiş ve bir altın sikkenin para olma özelliğini ya da yasayla kabul edilmiş para olma niteliğini yitireceği ağırlık kayıpları saptanmıştır.

Bizzat sikkenin devinimi, bir yandan yalnızca basit bir maden parçası olarak ve öte yandan da belirli bir işlevle sikkeler olarak aralarında bir fark yaratarak, itibari ve gerçek ağırlığı arasında bir ayrım yapma etkisi gerçeği, madenî sikkeler yerine, sikkeler olarak aynı amaca hizmet eden simgeler ya da herhangi bir başka maddenin konması olanağını sakladığını gösterir. Çok küçük altın ve gümüş miktarlarda sikke yapmanın pratik güçlükleri ile, başlangıçta değer ölçüsü olarak değeri yüksek madenler yerine daha az değerli madenlerin, gümüş yerine bakırın, altın yerine gümüşün kullanılması ve bu durumun, değerli madenlerin bunları tahttan indirmesine kadar sürmesi gibi olaylar, tarihte gümüş ve bakır ufaklıkların, altın sikkelerin yerini tutmada oynadıkları rolü açıklar. Gümüş ve bakır ufaklıklar, sikkelerin elden ele hızla dolaştığı ve dolayısıyla en fazla aşınma ve ufalanmayla karşı karşıya kaldığı dolaşım alanlarında altının yerini almıştır. Bu, çok küçük çapta alışverişlerin devamlı olduğu yerlerde olur. Bu uyduların altının yerine sürekli olarak yerleşmelerini önlemek için ödemelerde altın yerine bunlardan hangi miktarlarda kabul edilebileceği yasalarla saptanmıştır. Devinim halindeki farklı sikke türlerinin izlemiş oldukları özel yollar, doğal olarak, birbirleriyle karşılaşır. Gümüş ve bakır ufaklıklar, en küçük altın sikkelerin kesirlerini ödemek için altın ile kolkola girer; altın bir yandan durmadan perakende dolaşıma akar, öte yandan da ufaklıklar ile değişilerek durmadan tekrar dışarı atılır.[83]

Gümüş ve bakır ufaklıkların madenî ağırlığı, keyfî olarak, yasalarla saptanır. Bunlar devinirken altın sikkelerden de çabuk aşınırlar. Bundan dolayı işlevleri, ağırlıklarından ve dolayısıyla bü-

[83] "Eğer gümüş hiçbir zaman küçük ödemeler için gerektiğinden fazla olmasa, daha büyük ödemeler için yeterli miktarı biraraya toplanamaz. ... Büyük ödemeler için altının kullanılması, onun zorunlu olarak perakende ticarette de kullanılmasını gerektirir: Küçük alışverişlerde altın sikke veren kimse, satın aldığı malla birlikte parasının üzerini gümüş sikkeler ile alır; böylece, bir başka durumda perakendeci tüccar için yük olacak olan fazla gümüş, çekilmiş ve genel dolaşıma sokulmuş olur. Ama eğer, küçük ödemelerin, altından ayrı olarak yapılmasına yetecek kadar gümüş bulunursa, perakendeci tüccar, ufak satınalmalar için gümüş almak durumunda kalır ve sonuçta, bu gümüşler, zorunlu olarak elinde birikir." (David Buchanan, *Inquiry into the Taxation and Commercial Policy of Great Britain,* Edinburgh 1844, s. 248, 249.)

tün değerlerinden tamamen bağımsızdır. Sikke olarak altının işlevi, altının madenî değerinden tamamen bağımsız hale gelir. Bu nedenle, kağıt paralar gibi nispeten değersiz şeyler, onun yerine sikke görevini görebilirler. Bu salt simgesel özellik, belli bir ölçüde madenî ufaklıklarda maskelenmiştir. Kağıt parada ise iyice sırıtır. Aslında, *ce n'est que le premier pas qui coûte.**

Burada sözünü ettiğimiz, yalnızca, devlet tarafından basılan, ve zorunlu dolaşıma sahip, karşılıksız kağıt paradır. En yakın kökeni madenî para devinimindedir. Buna karşılık krediye dayanan para, metaların basit dolaşımı açısından bize henüz tamamen yabancı olan koşulları gerektirmektedir. Ama bu konuda şu kadarı söylenebilir ki, nasıl asıl kağıt para, paranın dolaşım aracı olması işlevinden doğuyorsa, kredi parası da kaynağını, paranın ödeme aracı olma işlevinden kendiliğinden alır.[84]

Devlet, üzerlerinde 1 sterlin, 5 sterlin vb. gibi adlar bulunan kağıt parçalarını dolaşıma sokar. Aynı miktarda altının yerini fiilen aldıkları sürece, bunlar da, bizzat paranın devinmesini düzenleyen yasalara tabidir. Kağıt paranın dolaşımına özgü bir yasa, ancak, bu kağıt paranın altını temsil oranından doğabilir. Böyle bir yasa vardır ve basitçe söylemek gerekirse şöyledir: Çıkartılacak kağıt paranın miktarının yerine simgeler konmadan bizzat dolaşıma girecek olan altın (ya da gümüş) miktarını geçmemesi gerekir. Dolaşımın emebileceği altın miktarı, belli bir düzeyde durmadan dalgalanır. Böyle olmakla birlikte, bir ülkedeki dolaşım aracı kitlesi, fiilî deneylerle doğruluğu kolayca anlaşılabilecek belli bir asgari düzeyin altına düşmez. Bu asgari kitleyi oluşturan kısımlarda durmadan süregelen değişiklikler gerçeği ya da içindeki altın parçalarının sürekli olarak yenileriyle değiştirilmesi, kuşkusuz ne onun miktarını ne de onun dolaşımının sürekliliğini değiştirmeye yolaçar. İşte bunun için yerini kağıt simgeler alabilir. Buna karşılık, dolaşımın bütün kanalları, bugün, para emme kapasitelerinin so-

[84] Çin maliye bakanı, mandarin Van Mao-in bir gün Göklerin Oğluna (imparatora) hazine *tahvillerini* konvertibl banknota çevirme gizli amacını güden bir proje sunmayı kafasına koyar. Hazine komitesi, Nisan 1854 tarihli raporunda, kendisine şiddetli bir zılgıt çeker. Ayrıca, geleneksel kamış sopası yiyip yemediği belirtilmiyor. Raporun son bölümü şöyle: "Komite, bakanın raporunu dikkatle incelemiş ve bunun tamamıyla tüccarların çıkarına olacağı ve krallığın bundan hiçbir yararı olamayacağı sonucuna varmıştır." (*Arbeiten der Kaiserlich Russichen Gesandtschaft zu Pekin über China.* Rusçadan çevirenler: Dr. K. Abel ve F. A. Meckenburg. Erster Bank, Berlin 1858, s. 54.) İngiltere Bankasının yöneticilerinden birisi, Lordlar Kamarası Komitesinde, dolaşım sırasında altın sikkelerin aşınmaları konusunda verdiği ifadede şöyle diyor: "Her yıl bir grup sikke çok hafif hale geliyor. Bir yılı tam ağırlıkları ile geçirenler, ertesi yıl aşınma sonucu ölçüye uymayacak derecede ağırlıklarından kaybederler." (Lordlar Kamarası Komitesi, 1848, nº 429.)

* Yalnızca ilk adım bir değer taşır. –ç.

nuna kadar kağıt para ile dolu olsa, yarın, meta dolaşımındaki bir dalgalanma sonucu, taşacak hale gelebilirler. Bu durumda artık ölçüt diye bir şey kalmaz. Eğer aynı ad altında fiilen dolaşıma girebilecek altın sikkesi yerine konan kağıt para gerçek sınırını aşarsa, genel itibarsızlık tehlikesi bir yana, metaların dolaşım yasaları gereğince, salt kağıt para ile temsil edilebilecek kadar bir altın miktarını ancak temsil edebilir. Çıkartılan kağıt para miktarı, gereken miktarın iki katı olsa, 1 sterlin, ¼ onsluk altının değil, ⅛ ons altının para-adı olur. Bunun etkisi, tıpkı, fiyatların bir ölçütü olarak altının işlevinde sanki bir değişme oluyormuş gibi olur. Daha önce 1 sterlinlik fiyatla ifade edilen değerler, şimdi artık 2 sterlinlik fiyatla ifade edilebilir.

Kağıt para, altını ya da parayı temsil eden bir simgedir. Onunla metaların değerleri arasındaki ilişki, metaların kağıt para tarafından simge olarak temsil edilen aynı altın miktarı ile düşünsel olarak ifade edilmesinden ibarettir. Kağıt para, yalnızca, diğer bütün metalar gibi bir değere sahip olan altını temsil ettiği sürece değerin bir simgesidir.[85]

Ensonu şu soru sorulabilir: Nasıl oluyor da altının yerini kendileri bir değer taşımayan simgeler alabiliyor? Ama, daha önce de görmüş olduğumuz gibi, altın ancak sikke ya da dolaşım aracı olmaktan başka bir işlevde bulunmadığı sürece bu yer değiştirme olanaklıdır. Şimdi paranın bunun yanında başka işlevleri de vardır, ve salt dolaşım aracı olarak hizmet etme işlevi hâlâ devinmesini sürdüren aşınmış sikkelerin bulunmasına karşın, altın sikkeyle sınırlanmış değildir. Her para parçası, fiilen devinmede bulunduğu sürece sikkedir ya da dolaşım aracıdır. Ama bu, yerini kağıt paraya bırakabilecek çok küçük altın kütleler için sözkonusudur. Bu kütle, sürekli dolaşım alanında kalır, sürekli olarak dolaşım aracı işlevini yapar, ve salt bu amaçla vardır. Hareketi, bu nedenle, yalnızca, başkalaşımın sürekli değişen ters evrelerini, M—P—M, metaların değer-biçimlerinde yalnızca tekrar ve hemen kaybolması için karşı karşıya gelmeleri evrelerini temsil eder. Burada metala-

[85] Para konusunda en iyi yazarların bile, çeşitli işlevlerini kavramada açıklıktan uzak olduklarını Fullarton'dan alınan şu pasaj göstermektedir: "İç değişim, işlemlerimiz sözkonusu olduğu sürece, paranın, bugüne kadar genellikle altın ve gümüş sikkelerce yerine getirilen bütün görevleri, aynı etkinlikle, genel kabule dayanan, yapay ve yasayla belirlenen değerlerinden başka değerleri bulunmayan, konvertibl olmayan kağıt paraların dolaşımlarıyla da yerine getirilebileceği sanırım yadsınamayacak bir olgudur. Bu tür bir değer, emisyon miktarı gerekli sınırlar içersinde tutulmak koşuluyla aslen varolan bir iç değerin bütün amaçlarını karşılayabilir ve hatta varlığı zorunlu bir değer ölçüsünün yerini bile alabilir." (Fullarton, *Regulation of Currencies,* 2. ed., London 1845, s. 21.) Para olarak iş gören bir metaın dolaşımda yerini salt bir değer simgesinin alabilmesi karşısında, demek oluyor ki, onun değer ölçüsü ve fiyat ölçütü olma görevleri gereksiz hale geliyorlar!

rın değişim-değerlerinin bağımsız varlıkları geçici bir görüntüdür ve yerini derhal bir başka metaya bırakır. Paranın durmadan elden ele dolaşmasına yolaçan bu süreçte, paranın salt simgesel bir varlığa sahip olması yeterlidir. Deyim yerindeyse, burada paranın işlevsel varlığı, maddi varlığını yutmaktadır. Meta fiyatlarının geçici ve nesnel bir yansıması olması nedeniyle, bizzat kendisinin bir simgesi olarak hizmet etmektedir ve dolayısıyla yerini bir simgeye bırakabilmektedir.[86] Burada tek zorunluluk, bu simgelerin kendi başına nesnel toplumsal bir geçerliğe sahip olması gerekir ki, kağıt simge bunu da zora dayanan devinmesi ile kazanır. Devletin bu zorunlu eylemi, toplumun sınırları ile çakışan ülke için dolaşımda geçerli olabilir, ama aynı zamanda da, ancak bu alan içersinde para, dolaşım aracı olma işlevini tümüyle yerine getirir ya da sikke halini alır.

ÜÇÜNCÜ KESİM. — PARA

Değer ölçüsü işlevini yerine getiren ve ister kendi kişiliğinde ister bir temsilci ile dolaşım aracı olarak hizmet eden meta, paradır. Altın (ya da gümüş) işte bunun için paradır. Bir yandan, kendi altın kişiliği içinde varolması gerektiği zaman para olarak işlev görür. O zaman, değer ölçüsü işlevinde olduğu gibi ne yalnızca düşünseldir, ne de dolaşım işlevindeki gibi temsil edilmeye uygun para-metadır. Öte yandan, işlevini, ister kendisi, ister bir temsilci aracılığı ile yerine getirsin, bu işlevi gereği, para olarak da işlev görür, bütün öteki metaların temsil ettiği kullanım-değerleri karşısında biricik değişim-değerinin uygun biçimi olarak bir tek değer-biçimi halinde pıhtılaşır.

a. *Para-Yığma (İddihar)*

Metaların iki karşıt başkalaşımının devrelerindeki sürekli hareket, ya da satış ve satınalmanın hiç bitmeyen değişmesi, paranın dinmeyen devrinde ya da paranın devinmesinde oynadığı *perpetuum mobile** işlevinde yansır. Ne var ki, başkalaşım dizileri kesilir

[86] Altın ile gümüşün sikke olarak ya da özellikle dolaşım aracı olarak hizmet etmeleri ile kendi kendilerine salt simge haline gelmeleri olgusundan, Nicholas Barbon, hükümetlerin "paranın değerini yükseltme" hakkı olduğunu çıkarır; yani örneğin kuruş adındaki bir gümüş niceliğine, daha büyük bir gümüş niceliğinin (taler gibi) adı verilir ve böylece taler yerine güvenilir kuruş ödenir. "Para eskir, aşınır ve çok fazla sayılıp el değiştirerek hafifleşir. ... Alışveriş sırasında insanların önem verdikleri, paranın adı ve rayicidir, yoksa gümüşün miktarı değildir. ... Madeni para yapan üzerindeki devlet otoritesidir." (N. Barbon, *l.c.*, s. 29, 30, 25.)

* Tükenmez hareket. –*ç*.

kesilmez, satışlar kendisini izleyecek satınalmalarla tamamlanmadığı anda para hareketli olmaktan çıkar; Boisguillebert'in dediği gibi, "*meuble*"den "*immeuble*"ye, hareketlilikten hareketsizliğe dönüşür, sikke iken para olur.

Metaların daha ilk dolaşımı ile birlikte, ilk başkalaşımının ürününü sıkı sıkıya elde tutma zorunluluğu ve tutkusu ortaya çıkmıştır. Bu ürün, metaın dönüşmüş şekli ya da altın-krizalit biçimidir.[87] Artık metalar, başka metaları satın almak için değil, bunların meta-biçimini, para-biçimi ile değiştirmek için satılmıştır. Metaların dolaşımını etkileyen salt amaçlar olmalarından, bu biçim değişikliği kendi başına bir amaç, bir hedef halini almıştır. Metaın bu değişmiş biçiminin, hiçbir koşula bağlı olmadan elden çıkarılabilir biçim olarak ya da yalnızca geçici para-biçimi olarak işlevini yerine getirmesi, böylece önlenmiş oluyordu. Yani para, bir küme halinde taşlaşıyor ve satıcı, para yığıcısı oluyordu.

Metaların dolaşımının ilk aşamalarında, yalnızca kullanım-değerleri fazlaları paraya çevrilirdi. Altın ile gümüş, böylece, fazlalığın ya da servetin toplumsal ifadeleri halini almışlardır. Para yığıcılığın bu ilkel biçimi, geleneksel üretim biçiminin sabit ve sınırlı bir aile çevresi gereksinmelerini karşılamak için sürdürüldüğü topluluklarda süreklilik kazanmıştır. Asya halkında, özellikle Hintlilerde durum böyledir. Bir ülkedeki meta fiyatlarının, orada bulunan altın ve gümüş miktarı ile belirlendiği sanısına kapılan Vanderlint, Hint mallarının niçin bu kadar ucuz olduğunu kendi kendine sorar. Yanıt şudur: Hintliler paralarını gömerler de ondan. 1602 ile 1734 yılları arasında, aslında Amerika'dan Avrupa'ya gelmiş olan 150 milyon gümüş sterlini gömdüklerini belirtir.[88] 1856 ile 1866 yılları arasındaki 10 yılda İngiltere, Hindistan'a ve Çin'e, aldığı Avustralya altınına karşılık 120.000.000 gümüş sterlin ihraç etmiştir. Çin'e ihraç edilen gümüşün büyük kısmı, sonradan Hindistan'a akıyor.

Meta üretimi geliştikçe, her meta üreticisi, *nevrus rerum*'dan* ya da toplumsal güvenceden emin olmak zorundadır.[89] Gereksinmeleri sürekli olarak kendisini hissettirir ve onu durmadan başkalarına ait metaları satın almaya zorlar; oysa kendi öz mallarının üretimi ve satışı, zaman gerektirir ve koşullara bağlıdır. Satmadan

[87] "Paraca zenginlik ... paraya çevrilmiş ürünce zenginlikten başka bir şey değildir." (Mercier de la Rivière, *l.c.,* s. 573.) "Ürün şeklinde bir değer, yalnızca şekil değiştirmiş bir değerdir." (*Id.,* s. 486.)

[88] "İşte bu önlemle, ellerindeki bütün malların fiyatlarını, bu kadar düşük düzeyde tutarlar." (Vanderlint, *l.c.,* s. 95, 96.)

[89] "Para ... bir taahhüttür." (John Bellers, *Essays about the Poor, Manufactures, Trade, Plantations, and Immorality,* Lond. 1699, s. 13.)

* Eşyanın siniri. –ç.

satın alabilmek için, satın almadan önce satmış olması gerekir. Bu işlem genel ölçüde ele alındığında bir çelişki taşıyormuş gibi görünür. Ama, değerli madenler, üretim kaynaklarında, öteki metalar ile dolaysız olarak değişilir. Ve işte burada, meta sahipleri tarafından yapılan satış, (altın ya da gümüş sahipleri tarafından) satınalma olmadan yapılmıştır.[90] Diğer üreticilerin ardından satınalmayı izlemeyen satışlar, yeni yeni üretilen değerli madenlerin meta sahipleri arasında dağılımını sağlar. Böylece, bütün değişim çizgisi boyunca çeşitli miktarlarda altın ve gümüş kümeleri birikir. Değişim-değerini belli bir meta biçiminde elde tutma ve biriktirme olanağı ile birlikte altın hırsı da artar. Dolaşımdaki genişlemeyle birlikte paranın gücü, her an kullanılmaya hazır bu mutlak toplumsal servet biçiminin gücü de artar. "Altın harika bir şeydir! Ona sahip olan arzuladığı her şeyi elde eder. Altınla bir kimse ruhlar cennetinin kapılarını bile açar." (Colombus'un 1503'te Jamaika'dan yazdığı mektup.) Altın, kendisine dönüşen şeyleri açığa vurmadığı için, her şey, meta olsun ya da olmasın, altına dönüştürülebilir. Her şey, satılabilir ve satın alınabilir hale gelir. Dolaşım, her şeyin içine atılabileceği ve altın-kristali olarak tekrar çıkacağı büyük bir toplumsal imbik olur. Bu simya ilmine azizlerin kemikleri bile dayanamadıktan sonra, *res sacrosanctæ, extra commercium hominum** nasıl dayansın.[91]

Metalar arasındaki her nitel farklılık parada nasıl kayboluyorsa, para da, kendi payına, radikal eşitçiler gibi bütün farklılıkları yok eder.[92] Ne var ki, paranın kendisi de bir meta, dışsal bir nesne,

90 Satınalma, "kategorik" anlamda, altın ile gümüşün, metaların zaten değişmiş şekilleri ya da bir satışın ürünü olduğu anlamına gelir.

91 Fransa'nın dini bütün kralı Henry III, manastırlardaki kutsal emanetleri soymuş ve bunları paraya çevirmişti. Delfi Tapınağının Foçalılar tarafından soyulmasının Yunan tarihinde oynadığı rol herkesçe bilinir. Eski insanlar arasında tapınaklar mal tanrılarının oturdukları yerler sayılırdı. Buralar "kutsal bankalardı". Yetkin tüccar bir halk olan Fenikeliler için para, her şeyin biçim değiştirmiş şekliydi. Bunun için, Aşk Tanrıçaları adına yapılan şölenlerde, kendilerini yabancılara teslim eden bakirelerin aldıkları paraları tanrıçaya sunmaları çok doğaldı.

* İnsanların alışverişi dışında kutsallaşmış şeyler. –ç.

92 "Altın, sarı, gözkamaştırıcı, değerli altın!
Bunun şu kadarı, karayı ak, çirkini güzel,
Eğriyi doğru, adiyi soylu, yaşlıyı genç, korkağı yiğit yapar.
... Ah tanrılar nedir bu? Niçin bu
Rahiplerinizi, uşaklarınızı yanınızdan kaçırır;
Çeker güçlü insanların yastıklarını başlarının altından;
Bu sarı köle
Din de kurar, din de bozar, kutsar lanetliyi;
Hayran eder herkesi kocamış cüzzamlıya;
Hırsızlara yer, senatörlere kürsüde
Ün, şan, saygınlık kazandırır;
Odur geçkin dullara yeniden koca bulan;
... Gel lanetli maden.

herkesin özel malı olabilecek bir şeydir. Böylece toplumsal güç, özel kişilerin özel güçleri halini alır. Eskiler, bu yüzden parayı, ekonominin ve şeylerin ahlaksal düzeninin yıkıcısı olarak lanetlemişlerdir.[93] Modern toplum doğar doğmaz, Plutus'u saçlarından tutarak toprağın karnından[94] çıkarmış ve altını, Kutsal Kase* olarak, kendi öz yaşamının gerçek ilkesinin parıltılı cisimleşmesi olarak selamlamıştır.

Meta, içerdiği kullanım-değeriyle belli bir gereksinmeyi karşılar ve maddi servetin belli bir öğesidir. Ama bir metaın değeri, maddi servetin diğer bütün öğeleri için taşıdığı çekim gücünün derecesini ve bu nedenle sahibinin toplumsal servetini ölçer. Metaların sahibi olan bir barbar ve hatta bir Batı Avrupa köylüsü için, değer, değer-biçimi ile aynı şeydir, ve bundan dolayı, ona göre, altın ve gümüş istifindeki artış, değerde bir artış demektir. Paranın değerinin, bazan kendi değerindeki değişmenin, bazan da metaların değerlerinde bir değişmenin sonucu olarak değiştiği doğrudur. Ama bu, bir yandan, 200 ons altının 100 ons altından daha fazla değer taşımasına engel olamayacağı gibi, öte yandan da bu malın o andaki madenî biçiminin, diğer bütün metaların evrensel eşdeğer biçimi ve insan emeğinin doğrudan toplumsal cisimleşmesi olmasını da önleyemez. Para-yığma hırsı, doğası gereği doymak bilmez. Nitelik ya da biçim açısından paranın yararlılığının sınırı yoktur, yani her metaya doğrudan doğruya çevrilebildiği için maddi servetin evrensel temsilcisidir. Ama aynı zamanda, her fiilî para toplamı miktar olarak sınırlıdır, dolayısıyla, satınalma aracı olarak sınırlı bir yararlılığı vardır. Paranın nicel sınırlılığı ile nitel sınırsızlığı arasındaki bu karşıtlık, istifçi için, Sisyphus-benzeri** emek

Orta malı orospusu insanlığın."

(Shakespeare, *Atinalı Timon.*)

93 "Ουδεν γαρ ανθρωποισιν οιν αργυρος,
Καχον νομισμα εβλαστε τουτο χαι πολεις,
Πορθει, τοδ ανδρας εξανιστησιν δομων.
Τοδ εχδιδασχει χαι παραγγασσει ψρενας,
Χρηστας προς αισχρα ανθρωποις εχειγ,
Και παντος εργου δυσσεβειαν ειοεναι."

(Sophocles, *Antigone.*)

"Çünkü insanoğlunun hiçbir icadı para kadar kötülük saçıcı değildir. Ülkeleri harap ve yerlebir eden odur: dessaslığı öğreterek mertliği bozar ve böylece asil ruhları fenalığın iğrenç yoluna saptırır. İnsanları her türlü hileye başvurdurur ve onlara her günahı işletir." (Sofokles, *Antigone,* [MEB Yayınları, Ankara 1941, s. 24].)

94 "Ελπιζουσης τηζ πλεονεξιας αναξειν εχ των μυχων της γης αυτον τον Πλουτωνα". "Pluton, kendisini yerin derinliklerinden sınırsız hırsının çekip çıkartacağını umar." (Athen[aeus], *Deipnos[ophistarum,* 1802, t. II, s. 397].)

* İsa'nın son akşam yemeğini yediği kase ya da tabak. –ç.

** Ölüler diyarında sarp bir tepeye büyük bir kayayı iterek çıkarmaya mahkum biriktirmesinde, para yığıcısı için, sürekli bir mahmuz olur. Bu, tıpkı, aldığı her yeni ülkede, yalnızca yeni bir sınır gören bir fatihi andırır.

Altının para olarak elde tutulması ve istiflenmesi için, dolaşımına ya da zevk aracına dönüşmesine engel olunması gerekir. Para yığıcı, bunun için, altın fetişi adına, bedensel zevklerden fedakarlık yapar. Kutsal kitabın perhiz bahsine büyük bir içtenlikle uyar. Öte yandan, dolaşımdan, ona metalar biçiminde katmış olduğundan fazlasını çekemez. Ne kadar çok üretirse o kadar çok satabilir. Çok çalışmak, tutumluluk ve hasislik onun başlıca üç erdemidir, ve çok satıp, az satın almak ekonomi politiğin özetidir.[95]

Para yığıcılığın kaba biçiminin yanısıra, altın ve gümüş eşyalara sahip olma şeklinde, estetik bir biçimini de görüyoruz. Bu, uygar toplumun serveti ile birlikte gelişir. "*Soyons riches ou paraissons riches*"* (Diderot). Böylece, bir yandan, altın ve gümüş için, para işlevlerinden kopuk, durmadan genişleyen bir pazar doğar, ve öte yandan, bunalım ve toplumsal çalkantılar sırasında başvurulabilecek bir kaynak doğar.

Para yığıcılığı, madenî dolaşım ekonomisinde çeşitli amaçlara hizmet eder. İlk işlevi, altın ve gümüş sikkelerin devinmelerinin tabi olduğu koşullarda doğar. Metaların dolaşımı ve fiyatlarının büyüklüğü ve hızındaki sürekli dalgalanmalarının yanısıra, dolaşımdaki para miktarının durmaksızın nasıl yükseldiğini ya da alçaldığını görmüş bulunuyoruz. Demek ki, bu kitlenin genişleyebilir ve daralabilir olması gerekir. Bazan para, dolaşan sikke olarak iş görmek üzere çekilmek, bazan da dolaşan sikke, az ya da çok durgun para olarak iş görmek üzere itilmek zorundadır. Fiilen dolaşımdaki para kitlesinin, dolaşımın emme gücünü sürekli doyum noktasında tutabilmesi için, ülkedeki altın ve gümüş miktarının, sikke olarak işlev yapması, gerekli miktardan daha fazla olması zorunludur. Bu koşul, yığılı para biçimini alan para tarafından yerine getirilir. Bu rezervler, dolaşıma para çıkarmak ya da dolaşımdan para çekmek için kanal hizmetini görürler ve böylece kanallarından dolup taşmaları önlenmiş olur.[96]

edilen, ama kayayı tepeye her yaklaştırdığında, kayanın yuvarlanmasıyla birlikte aşağı inen ve bunu sürekli olarak yineleyen Korent'in masal kahramanı. –ç.

95 "Her metaın satıcılarının sayısını olanaklı olduğu kadar çoğaltmak, alıcıların sayısını olanaklı olduğu kadar azaltmak, işte, ekonomi politiğin işlemlerinin özeti." (Verri, *l.c.*, s. 52, 53.)

* "Zengin olalım ya da zengin görünelim." –ç.

96 "Bir ulusun ticaretini yürütmek için, içinde bulunulan koşullara göre değişen, bazan büyüyen, bazan küçülen, belirli miktarda paraya gereksinme vardır. ... Paranın bu yükselmesi ve alçalması olayı, politikacıların herhangi bir yardımı olmaksızın kendi kendisini düzenler. ... Kepçeler sırasıyla çalışır; para azalınca külçeler sikke haline getirilir, külçe azalınca sikkeler eritilir." (Sir D. North, *l.c.*, [Post-

b. *Ödeme Aracı*

Metaların şimdiye kadar gözönünde tuttuğumuz basit dolaşımı biçiminde, belli bir değerin, daima iki biçimde karşımıza çıktığını görmüştük: bir kutupta meta, karşı kutupta para. Meta sahipleri bu nedenle, zaten eşdeğer şeylerin temsilcileri olarak temasa gelirler. Ama dolaşım geliştikçe, metaların elden çıkarılmasını sağlayan koşullar, bir zaman aralığı ile, fiyatlarının gerçekleşmesinden ayrı hale gelir. Burada, bu koşulların en basitine işaret etmek yetecektir. Bir çeşit malın üretimi için daha uzun zaman, bir başka malın üretimi için daha kısa zaman gerekir. Gene, farklı metaların üretimi yılın çeşitli mevsimlerine bağlıdır. Bir tür meta kendi pazar yerinde doğabilir, bir diğerinin pazara gitmesi için uzun bir yolculuk yapması gerekir. Bunun için 1 numaralı meta sahibi, 2 numaralı satın almaya hazır olmadan önce, satışa hazır olabilir. Aynı kişiler arasında aynı alışverişler sürekli yinelenince, satış koşulları, üretim koşullarına göre düzenlenir. Öte yandan, belli bir metaın, örneğin, bir evin kullanımı, belirli bir süre için satılır (halk dilinde kiralanır). Burada ancak bu sürenin sonunda, alıcı, o metaın kullanım-değerini fiilen elde etmiş olur. Bunun için o, bedelini ödemeden önce satın almıştır. Satıcı varolan bir malı satar, alıcı yalnızca paranın, ya da daha doğrusu gelecekteki paranın temsilcisi olarak satın alır. Satıcı alacaklı, satın alan borçlu olur. Burada, metaların başkalaşımı ya da değer-biçimlerinin gelişmesi yeni bir yönüyle ortaya çıktığı için, para da yeni bir işlev yüklenir, ödeme aracı olur.

Alacaklı ya da borçlu olma niteliği, burada basit dolaşımdan gelmektedir. Bu dolaşımın biçimindeki değişme, alıcı ve satıcıya bu yeni damgayı vurur. Başlangıçta bunlar, tıpkı satıcının ve alıcının geçici ve birbiri ardına gelen yeni rolleriydi ve aynı aktörler tarafından sırayla oynanırdı. Ama şimdi bu karşıtlık eskisi kadar hoş olmadığı gibi, kristalleşmeye daha da yatkındır.[97] Bununla birlikte,

script], s. 3.) Uzun süre Doğu Hindistan Şirketinin ileri gelenlerinden olan John Stuart Mill, Hindistan'da gümüş süs eşyalarının hâlâ, doğrudan doğruya para-yığma görevini görmeye devam ettiği olayını doğrular. Bu gümüş süs eşyaları, faiz oranı yükseldiği zaman ortaya çıkar ve sikke haline getirilir, faiz oranı düşünce de eski haline dönerler. (J. S. Mill'in kanıtı; *Reports on Bank Acts,* 1857, 2084, 2011.) Hindistan'ın altın ve gümüş ithali ve ihracı konusunda 1864 tarihli bir parlamento belgesine göre, 1863 yılında altın ve gümüş ithalatı, ihracatı 19.367.764 sterlin aşmıştır. 1864 yılını hemen izleyen 8 yıl süresince, değerli madenler ithali, ihracını 109.652.917 sterlin aşmıştır. Bu yüzyıl boyunca, Hindistan'da, 200 milyon sterlinden çok daha fazla miktarda sikke basılmıştır.

[97] Aşağıdaki satırlar, 18. yüzyılın başında, İngiliz tüccarlar arasında mevcut olan borçlu-alacaklı ilişkisini gösterir. "Burada, İngiltere'de, ticaret erbabı arasında öylesine bir insafsızlık duygusu egemendir ki, buna ne bir başka toplumda, ne de dünyanın başka bir krallığında raslamak olanaklıdır." (*An Essay on Credit and the Bankrupt Act,* Lond. 1707, s. 2.)

aynı özellikler, meta dolaşımından bağımsız olarak da kabul edilebilir. Eski dünyada sınıf savaşımları, borçlu ile alacaklı arasında bir savaşım biçimini almış ve Roma'da borçlu pleblerin mahvolması ile sona ermiştir. Köleler, bunların yerlerini almıştır. Ortaçağda, çatışma, ekonomik temeli ile birlikte onun üzerine kurulan siyasal güçlerini de yitiren borçlu feodallerin mahvolması ile sonuçlanmıştı. Ne var ki, bu iki dönemdeki borçlular ile alacaklılar arasındaki para ilişkisi, yalnızca, sözkonusu sınıfların dayandıkları genel ekonomik koşullar arasındaki derin uzlaşmaz karşıtlığı yansıtır.

Şimdi tekrar metaların dolaşımına dönelim. Satış sürecinin iki kutbunda iki eşdeğerin, meta ile paranın aynı anda yeralması artık sona ermiştir. Şimdi artık, para, ilkönce, satılan metaın fiyatının belirlenmesinde değer ölçüsü olarak işlev yapmaktadır; sözleşme ile saptanılan fiyat, borçlunun yükümlülüğünü, ya da saptanılan tarihte ödemek zorunda olduğu para miktarını gösterir. İkinci olarak para, düşünsel satınalma aracı olarak hizmet eder; alıcının, ödeme konusunda yalnızca verdiği sözde varolmakla birlikte, metaın el değiştirmesini sağlar. Ödeme için saptanılan günden önce, ödeme aracı, dolaşıma adımını atmaz, alıcının elinden çıkıp satıcının eline geçmez. Dolaşım aracının, bu yığılmış hale dönüşmesinin nedeni, ilk evreden sonra sürecin kesilmesi, metaın dönüşmüş şeklinin, yani paranın dolaşımdan çekilmesiydi. Ödeme aracı, dolaşıma, ancak meta onu terkettikten sonra girer. Para artık dolaşım sürecini oluşturan araç olmaktan çıkmıştır. O, ancak onu, değişim-değerinin mutlak varlık biçimi olarak ya da evrensel meta olarak, dolaşıma adımını atmak suretiyle sona erdirir. Satıcı, metaını, bazı gereksinmelerini karşılamak için paraya çevirmiştir, oysa para yığıcı, aynı şeyi, metaını para-biçiminde elde tutmak için yapmış, borçlu ise borcunu ödemek amacıyla aynı yola başvurmuştur; zaten borcunu ödemese, onun malları, icra dairesi tarafından satılacaktır. Metaların değer-biçimi para, şimdi artık, satışın bir sonu ve amacıdır, ve bizzat dolaşım sürecinden toplumsal bir zorunluluk olarak ortaya çıkmaktadır.

Alıcı, metaları paraya çevirmeden önce, parayı tekrar metaya çevirir; bir başka deyişle, metaların ikinci başkalaşımını birinciden önce tamamlar. Satıcının metaı dolaşıma girer, fiyatını gerçekleştirir, ama bu, ancak, para üzerinde yasal bir hak şeklinde olur. Meta, paraya dönüşmeden önce kullanım-değerine dönüşmüştür. Birinci başkalaşımının tamamlanması, ancak daha sonraki bir dönemde olur.[98]

[98] 1859'da yayınlanan kitabımdan alınan aşağıdaki bir pasajdan, metinde karşıt biçimi niçin dikkate almadığım görülecektir: "Tersine P—M sürecinde para, gerçek satınalma aracı olarak elden çıkartılabilir ve bu şekilde, meta fiyatı, paranın

Belli bir dönemde, vadesi gelen borç ödemesi, satışları ile bu borçları oluşturan metaların toplam fiyatlarını temsil ederler. Bu fiyat toplamının gerçekleşmesi için gerekli altın miktarı, her şeyden önce, ödeme aracının dolaşım hızına bağlıdır. Bu miktar iki durumla koşullanır: birincisi, borçlular ile alacaklılar arasındaki ilişkiler öyle bir zincir oluştururlar ki, A, borçlusu B'den para aldığında, bunu hemen alacaklısı C'ye devreder, ve bu böyle devam eder gider; ikincisi, çeşitli ödeme günleri arasındaki aralıkların uzunluğudur. Sürekli ödemeler zinciri ya da gecikmiş ilk başkalaşımlar, daha önceki sayfalarda gözden geçirdiğimiz, içiçe geçmiş başkalaşımlar dizisinden büsbütün farklıdır. Dolaşım aracının dolaşımı ile, alıcılar ile satıcılar arasındaki bağ yalnızca ifade edilmiş olmaz, bu bağ, yalnız dolaşım sırasında doğmuştur ve onunla vardır. Buna karşılık ödeme aracının hareketi, çok daha önceden varolan toplumsal bir ilişkiyi ifade eder.

Birkaç satışın aynı anda ve yanyana olması olgusu, dolaşım hızının, sikkenin yerini hangi ölçüde alabileceğini sınırlar. Öte yandan bu olgu ödeme araçlarında tasarruf sağlayıcı yeni bir kaldıraçtır. Ödemelerin tek bir noktada toplanması ölçüsünde, bunların tasfiyesi (*liquidation*) için özel kurumlar ve yöntemler geliştirilir. Ortaçağlarda Lyon'da *virement*'ler* böyleydi. A'nın B'den, B'nin C'den ve C'nin A'dan vb. alacaklarının pozitif ve negatif miktarlar olarak bir ölçüde birbirlerini yok etmek üzere karşı karşıya getirilmeleri yeter. Böylece geriye, ödenecek tek bir bakiye kalır. Bir merkezde toplanan ödemeler miktarı ne kadar büyük olursa, bu borç bakiyesi o kadar az olur ve dolaşımdaki ödeme aracı kitlesi o kadar küçük olur.

Paranın ödeme aracı işlevi, sınırsız bir çelişkinin varlığına işaret eder. Ödemeler birbirlerini dengeledikleri sürece, para, yalnızca, bir hesap parası, bir değer ölçüsü olarak düşünsel bir işlevi yerine getirir. Fiilî ödemeler yapılması gerektiği sürece, para, artık bir dolaşım aracı, ürünlerin değişiminde geçici bir etken olarak hizmet etmez, toplumsal emeğin bireysel cisimleşmesi, değişim-değerinin bağımsız varlık biçimi, evrensel meta olarak iş görür. Bu çelişki, para bunalımı diye bilinen iktisadi ve ticari bunalımların bu evrelerinde açıkça görülür.[99] Bu gibi bunalımlar, ancak, uzayıp

kullanım-değerinden ya da meta elden çıkartılmadan önce gerçekleştirilebilir. Bu, günlük yaşamda, önceden ödeme (peşin verme) şeklinde her zaman olur. Ve İngiliz hükümeti de Hintli çiftçiden afyonu işte bu şekil altında alır. ... Gene de, bu durumlarda para, her zaman satınalma aracı olarak iş görür. ... Sermaye de, kuşkusuz, para şeklinde yatırılmıştır. ... Bu görüş, ne var ki, basit dolaşımın ufku içersine girmez." (*Zur Kritik...*, s. 119, 120. [*Ekonomi Politiğin Eleştirisine Katkı*, s. 161, 162.])

* Virman, borç aktarması, hesap aktarması. –*ç.*

[99] Metinde işaret edilen para bunalımı, her genel bunalımın bir aşaması ola-

giden ödemeler zincirinin ve bunların kapanması için yapay bir sistemin iyice geliştiği yerlerde görülür. Bu mekanizmada genel ve yaygın bir bozukluk olduğu zaman, bunun nedeni ne olursa olsun, para, birdenbire ve doğrudan, hesap parasının düşünsel biçiminden çıkar ve nakit para halini alır. Sıradan mallar artık onun yerini alamaz. Metaların kullanım-değeri değersiz hale gelir, ve onların değeri de, kendi bağımsız biçiminin varlığı içersinde kaybolur. Bunalım öngününde, burjuvazi, bolluğun verdiği sarhoşlukla, kendine güven içinde, parayı boş bir hayal ilan eder. Yalnızca meta paradır. Ama şimdi her yerde şu çığlık: Yalnızca para metadır. Karacanın su peşinde koşması gibi, onun ruhu da para, o biricik servet peşinde nefes nefesedir.[100] Bunalım sırasında, metalarla onların değer-biçimi, para arasındaki zıtlık, mutlak çelişki düzeyine yükselir. Bu gibi durumlarda, para hangi biçimde görünürse görünsün hiç önemi yoktur. Ödemeler ister altın ile ister banknot gibi kredi parasıyla yapılsın, para kıtlığı devam eder.[101]

Eğer şimdi belli bir dönemde dolaşımdaki paranın toplam miktarını gözönünde tutacak olursak, dolaşım ve ödeme aracının verilen devinme hızının, gerçekleşebilecek fiyatların toplamı, artı, günü gelmiş ödemelerin toplamı, eksi, birbirini götüren ödemeler, son olarak, eksi, aynı sikke parçasının sıra ile dolaşım ve ödeme aracı olarak hizmet gördüğü devreler sayısı sonucuna eşit olduğunu görürüz. Bundan dolayı, fiyatlar ile devinme hızı ve ödemelerinin hacmi bilinmiş olsa bile, belirli bir sürede, diyelim bir günde,

rak, kendilerine gene para bunalımı adı verilen, ama kendi başlarına ortaya çıkabilen ve böylece ticaret ve sanayi üzerinde ancak dolaylı bir etki yapan özel tür bunalımlardan açıkça ayırdedilmelidir. Bu bunalımlar, para sermayesi ekseni etrafında döndüğü için, doğrudan doğruya hareket alanı da, bu sermaye, yani bankalar, borsalar ve mali çevrelerdir.

100 "Kredi sisteminden birdenbire nakit sisteme geçilmesi, teorik olan korkuyu paniğe çevirir; ve dolaşım süreci içersinde aracılık yapan kimseler, kendi ekonomik ilişkilerindeki anlaşılması olanaksız gizem karşılığında ürperirler." (Karl Marx, *l.c.*, s. 126. [*Ekonomi Politiğin Eleştirisine Katkı*, s. 168.]) "Yoksullar boş dururlar, çünkü zenginlerin elinde bunları çalıştıracak para yoktur; oysa yiyecek ve giyecek sağlamak için, tıpkı eskiden olduğu kadar toprakları ve işçileri vardır; ... ulusun gerçek zenginliği de budur, yoksa para değil." (John Bellers, *Proposals for Raising a College of Industry*, Lond. 1696, s. 3, 4.)

101 Böyle bir zamanın "*amis du commerce*" ["ticaret dostları" –ç.] tarafından nasıl sömürüldüğünü aşağıdaki pasaj göstermektedir: "Bir seferinde" (1839 yılında) (o kentin) "yaşlı tamahkar bir bankeri, özel odasında oturduğu masanın kapağını kaldırdı ve bir dostuna bir tomar banknotu gösterdi; 600.000 sterlin olduğunu büyük bir zevkle söylediği bu paralar, para sıkıntısı yaratmak için burada tutuluyordu ve aynı gün saat üçten sonra hepsi de piyasaya sürülecekti." ([H. Roy,] *The Theory of Exchanges. The Bank Charter Act of 1844*, Lond. 1864, s. 81.) Yarı-resmî hükümet organı *The Observer* gazetesinde, 24 Nisan 1864 tarihinde şu paragraf yeralıyordu: "Banknot kıtlığı yaratmak için başvurulan yollar üzerine çok acayip söylentiler dolaşıyor. ... Böylesine hilelere başvurulduğunu kabul etmek her ne kadar kuşkulu görülse de, haberler öylesine yaygınlaşmıştır ki, üzerinde gerçekten durulmaya değer."

dolaşımdaki para miktarı ile dolaşımdaki metalar kitlesi artık birbirine tekabül etmez. Çoktandır dolaşımdan çıkmış olan metaları temsil eden para, devinmesini sürdürür. Eşdeğeri para olan dolaşımdaki metalar ilerdeki bir tarihe dek sahnede görünmezler. Ayrıca, her gün sözleşmeye bağlanan borçlar ile aynı gün vadeleri gelen ödemeler tamamen kıyás kabul etmez niceliklerdir.[102]

Kredi-para, ödeme aracı olarak paranın işlevinden doğrudan ortaya çıkar. Satın alınmış metalar için düzenlenen borç belgeleri, bu borçların başkalarına devredilmesi amacıyla dolaşır. Öte yandan, kredi sisteminin gelişmesi ölçüsünde, ödeme aracı olarak paranın işlevi de büyür. Bu niteliği ile, kendine özgü çeşitli biçimlere girerek, büyük ticari alışverişler alanında kendi evindeymiş gibi hareket eder. Buna karşılık altın ve gümüş sikkeler perakende ticaret alanına sürülür.[103]

Meta üretimi kendisini yeterince yaygınlaştırınca, para, metaların dolaşım alanı ötesinde ödeme aracı olarak hizmet etmeye başlar. Bütün sözleşmelerin evrensel konusu olan meta halini alır.[104]

102 "Belli bir gün boyunca yapılmış bulunan satış ve sözleşmeler, o gün dolaşan para miktarını etkilemezler, ve ama çoğu durumlarda daha sonraki, azçok uzak bir tarihte, dolaşımda olacak para miktarı üzerinde çok sayıda poliçe çekilmesine yolaçarlar. ... Bugün verilen poliçeler ya da açılan krediler, sayıca, miktarca ya da sürece yarın veya daha sonra verilecek ya da açılacak olanlara herhangi bir benzerlik göstermezler; ayrıca, bugünkü poliçe ya da kredilerin birçoğu vadeleri gelince, daha önceki tarihlerde ne zaman ortaya çıktıkları belirsiz bir dizi alacak ve verecekle takas edilirler; 12, 6, 3 ya da 1 ay süreleri dolan alacak dereceleri büyük bir miktara ulaşabilirler." (*The Currency Theory Reviewed; in a Letter to the Scottish people. By a Banker in England,* Edinburgh 1845, s. 29, 30 *passim.*)

103 Gerçek ticari işlemlerde ne kadar az hazır para kullanıldığını bir örnekle göstermek için Londra'nın en büyük kurumlarından birisinin yıllık gelir ve giderlerini gösteren tabloyu aşağıya alıyorum. 1856 yılındaki, milyonlarca sterline ulaşan ticari işlemler burada bir milyona indirgenmiştir:

Tahsilat (£)	
Banker ve tüccarlardan alınmış vadeli poliçeler	533.596
Bankerin vb. talebi üzerine ödenecek çekler	357.715
Eyalet tahvilleri	9.627
İngiltere Bankası tahvilleri	68.554
Altın	28.089
Gümüş ve bakır	1.486
Posta havaleleri	933
Toplam	*1.000.000*

Ödemeler (£)	
Vadeli poliçeler	302.674
Londra bankerlerine ödenecek çekler	663.672
İngiltere Bankası tahvilleri	22.743
Altın	9.427
Gümüş ve bakır	1.484
Toplam	*1.000.000*

(*Report form the Select Committee on the Bank Acts,* July 1858, s. LXXI.)

104 "Ticaret işlemleri öylesine bir değişikliğe uğramıştır ki, malın malla değişimi, ya da mal teslimi ve kabulü şimdi yerini satışa ve ödemeye bırakmış bulunuyor

Rantlar, vergiler ve benzeri ödemeler, ayni ödemeler halinden çıkıp nakdi ödemelere dönüşürler. Bu dönüşümün, üretimin genel koşullarına ne ölçüde dayandığını, örneğin, Roma İmparatorluğunun, devlete yapılan bütün ödemelerin para olarak ödenmesi için yaptığı girişimin iki kez başarısızlıkla sonuçlanması çok iyi gösterir. Fransız tarım nüfusunun Louis XIV zamanındaki korkunç sefaleti, Boisguillebert, Marshal Vauban ve başkalarının açık bir dille yerdikleri bu sefalet, yalnız vergilerin yüksekliği yüzünden değil, ayni vergilerin nakdi vergilere çevrilmesi yüzünden de ileri gelmişti.[105] Öte yandan Asya'da devlet vergilerinin esasta ayni olarak ödenen rantlardan ibaret oluşu, doğal olay düzenliliği ile yeniden ortaya çıkan üretim koşullarına bağlıdır. Ve bu ödeme biçimi de eski üretim biçiminin devamını sağlıyordu. Osmanlı İmparatorluğunun ayakta kalmasının sırlarından birisi de budur. Avrupa'nın Japonya'ya zorla kabul ettirdiği dış ticaret, ayni rant yerine nakdi rantın geçmesine yolaçarsa, bu, ülkenin örnek tarımının sonu olacaktır. Bu tarımın sürdürüldüğü dar ekonomik koşullar yokolup gidecektir.

Her ülkede yılın belli günleri, törelerle, çeşitli büyük ve devamlı borçların kapatılması günleri olarak kabul edilir. Bu tarihler, yeniden-üretim çarkındaki devrimlerin yanısıra, mevsimlerle sıkı ilişki halindeki koşullara bağlıdır. Bunlar, aynı zamanda, vergiler, rantlar vb. gibi, metaların dolaşımı ile doğrudan bağlantısı bulunmayan ödemelerin tarihlerini de düzenler. Bütün ülkede bu tarihlere raslayan ödemeler için gerekli para miktarı, ödeme aracı ekonomisinde dönemsel ama tamamen yapay bozukluklara yolaçar.[106]

Ödeme aracının devinme hızı yasasından şu sonuç çıkar ki,

ve bütün alışverişler şimdi para olarak bir fiyat üzerinde belirleniyor." (*An Essay upon Public Credit,* 3. ed., London 1710, s. 8.)

105 "Para ... her şeyin celladı haline geldi." Maliye, "bu belgin uğursuzu elde etmek için, şeylerin ve malların korkunç bir yığınının buharlaştığı bir imbik"tir. "Para, bütün insanlığa karşı savaş açmış bulunuyor." (Boisguillebert, *Dissertation sur la nature des richesses, de l'argent et des tributs,* edit. Daire, "*Économistes financiers*", Paris 1843, t. I, s. 413, 419, 417, 418.)

106 Mr. Craig, 1826 tarihli Avam Kamarası Komitesi önünde şöyle diyordu: "1824 yılında, Paskalya yortusu sonunda, Edinburgh bankalarında banknot talebi öylesine artmıştı ki, saat 11'de bunların elinde tek bir banknot kalmadı. Ödünç almak için çevredeki bütün bankalara başvuruldu, ama boşuna; işlemlerin çoğu yalnızca makbuzlar ile yapılabildi; ama saat üç sıralarında, bütün banknotlar, çıkartıldıkları bankalara geri dönmüş bulunuyordu! Yalnızca elden ele geçmişlerdi." İskoçya'da ortalama efektif banknot dolaşımı, üç milyon sterlinden az olmakla birlikte, yılın belirli ödeme günlerinde, bankerlerin elinde bulunan ve hepsi aşağıyukarı 7.000.000 sterlin tutan banknotlar görev başına çağrılır. Bu gibi durumlarda banknotların tek ve belirli bir görevleri vardır ve bunu yerine getirir getirmez tekrar gene çıktıkları bankalara dönerler (Bkz: John Fullarton, *Regulation of Currencies,* 2. ed., Lond. 1845, s. 86, not.) Açıklamak için şunu belirtmek gerekir ki, İskoçya'da Fullarton'un yapıtının yayınlandığı tarihte, mevduatın çekilmesi, çekle değil, senetle oluyordu.

kaynağı ne olursa olsun, bütün dönemsel ödemeler için gerekli ödeme aracı miktarı, bu dönemlerin uzunluğu ile ters orantılıdır.[107]

Paranın ödeme aracı olarak gelişmesi, borçlanılmış miktarların ödenme tarihi için para biriktirilmesini gerektirir. Zenginliğe kavuşmanın belli bir yolu olarak para-yığma, uygar toplumun ilerlemesiyle ortadan kalkarken, ödeme aracı rezervlerinin oluşumu bu ilerlemeyle birlikte artar.

c. *Evrensel Para*

Para, iç dolaşım alanından çıktığı anda, orada büründüğü, fiyatların ölçütü, sikke, işaret ve değer simgesi gibi yerel giysilerinden soyunur ve ilk biçimi külçe haline döner. Dünya pazarları arasındaki ticarette, metaların değeri, evrensel olarak kabul edilebilecek biçimlerde ifade edilir. Bu nedenle, onların bağımsız değer-biçimleri de, bu durumlarda, evrensel para biçiminde onların karşısına çıkarlar. Para, maddi biçimi aynı zamanda soyut insan emeğinin doğrudan doğruya toplumsal cisimleşmiş biçimi olan meta niteliğini, tam anlamıyla, ancak dünya pazarlarında kazanır. Bu alandaki gerçek varoluş biçimi, onun düşünsel kavramına en uygun şekilde tekabül eder.

İç dolaşım alanında, ancak tek bir meta değer ölçüsü olarak hizmet etmekle para haline gelir. Dünya pazarlarında değerin çift ölçüsü hüküm sürer, altın ve gümüş.[108]

[107] "Yılda, 40 milyonluk işlemi yürütmek durumu ortaya çıksa, ticaretin gerektirdiği devir ve dolaşımlar için bunun 6 milyonu" (altın) "yeter mi acaba?" sorusuna Petty her zamanki usta haliyle karşılık verir: "Yanıtım evettir: 40 milyonluk bir toplam için, eğer devirler kısa vadeli ise, yani her cumartesi ücret alan ve borçlarını ödeyen yoksul zanaatçılar ile işçiler arasında olduğu gibi haftalık ise, bir milyonluk paranın 40/52'si bunun için yeterlidir; yok eğer devreler üçer yıllık ise, bizim kira ödeme ve vergi toplama âdetlerimiz gereğince 10 milyona gerek vardır. Bunun için, çeşitli süredeki ödemelerin genel olarak 1 ile 13 hafta arasında yapıldığını varsayarsak, 10 milyonun 40/52'ye eklenmesi gerekir ve bunun yarısı 5½ milyon eder ki, 5½ milyonumuz olursa yetecek demektir." (William Petty, *Political Anatomy of Ireland 1672*, Lond. 1691, s. 13, 14.)

[108] Bir ülkenin bankalarının yedek fonlarının yalnızca ülke içinde dolaşımda bulunan değerli madenden meydana getirilmesini öngören yasaların saçmalığı buradan gelir. İngiltere Bankasının, kendi kendine yarattığı "tatlı güçlükler" çok ünlüdür. Altın ve gümüşün nispi değer değişimlerinin büyük tarihsel dönemleri konusunda bkz: Karl Marx, *l.c.*, s. 136, *sq* [*Ekonomi Politiğin Eleştirisine Katkı*, s. 175 vd.]. Sir Robert Peel, 1844 tarihli Banka Yasası ile, İngiltere Bankasına, altın mevcudunun dörtte-birini aşmamak üzere gümüş yedek fonu bulundurma ve külçe gümüş karşılığında banknot çıkarma yetkisi vererek güçlüğü yenmeye çalıştı. Bu amaç için, gümüşün değeri, Londra piyasasındaki fiyatına göre takdir edildi. [*Dördüncü Almanca baskıya ek:* Bir kez daha kendimizi altın ile gümüşün nispi değerlerinde ciddi bir değişiklik döneminde buluyoruz. 25 yıl kadar önce, altın ile gümüşün nispi değerlerini ifade eden oran = 15½ : 1 idi; şimdi aşağıyukarı = 22 : 1 ve gümüşün altına göre değeri de devamlı düşüyor. Bunun başlıca nedeni, her iki madenin üretim biçimindeki köklü değişikliklerdir. Altın, eskiden, hemen tamamen havanın

Dünya parası, evrensel ödeme aracı, evrensel satınalma aracı, ve her türlü servetin evrensel olarak kabul edilen somutlaşmış şekli gibi hizmet eder. Onun başlıca işlevi, uluslararası bakiyelerin tasfiyesinde ödeme aracı işlevidir. Merkantilistlerin "ticaret dengesi" sloganı, işte buradan gelir.[109] Altın ile gümüş, çeşitli uluslar

etkisiyle ufalanmış taşların meydana getirdiği, içinde altın bulunan alüvyonlu toprakların yıkanması yoluyla elde edilirdi. Şimdi bu yöntem yetersiz hale gelmiş ve eski insanların çok iyi bildikleri, ama sonraları yalnızca ikinci derecede önem verilen altınlı kuars damarlarının doğrudan doğruya işlenmesi ile arka plana itilmiştir. (Diodorus, III, 12-14) (Diodor's, v. Sicilien, *Historische Bibliothek,* book III, 12-14. Stuttgart 1828, s. 258-261). Ayrıca, yalnız Kuzey Amerika ile Kayalık Dağların batı kesiminde zengin gümüş yatakları bulunmakla kalmamış, bu nedenlerle Meksika'daki gümüş madenlerinde, modern makinelerle yakıt taşınmasını kolaylaştıran demiryollarının döşenmesiyle, az masraflarla büyük ölçülerde ve gerçek anlamıyla gümüş madenciliği başlamıştır. Bununla birlikte, iki madenin kuars damarlarındaki bulunuş şekilleri arasında büyük bir fark vardır. Altın saf halde olmakla birlikte, kuars damarları içersinde ufak zerrecikler halinde dağılmış durumdadır. Bunun için, kütle halindeki damarın bütünüyle parçalanması ve altının, ya yıkanıp ayıklanması ya da cıva ile temizlenmesi gerekir. Çoğu kez 1.000.000 gram kuarstan ancak 1-3 ya da nadiren 30-60 gram altın elde edilir. Gümüş saf halde pek seyrek bulunmakla birlikte özel kuars yataklarında raslanır ve damardan nispeten kolay ayrılır, çoğu kez de %40-90 gümüş içerir; ya da daha az miktarlarda bakırda, kurşunda ve işlenmeleri zaten kârlı olan diğer cevherlerde bulunur. Yalnızca bu açıklamadan da anlaşılmaktadır ki, altın üretimi için harcanan emek, artmış olduğu halde, gümüş üretimi için harcanan emekte bir azalma olmuştur ve bu durumda gümüşün değerinde de bir düşme görülmesi doğaldır. Bu değer düşmesi, eğer bugün bile gümüş fiyatları yapay yollardan yüksek tutulmamış olsa, gümüş fiyatlarında daha fazla düşmelere yolaçabilirdi. Ama Amerika'nın zengin gümüş yatakları şimdiye kadar pek fazla işlenmemiş olduğu için, bu madenin değerinin daha uzun zaman düşmeye devam edeceği tahmin olunur. Bundan daha büyük bir etmen de, her gün kullanılan lüks eşya için gümüşe olan talepte nispi bir azalma olması, bu gibi eşyaların artık kaplamalar ve alüminyum gibi madenlerle karşılanmasıdır. Uluslararası zorunlu bir kur ile gümüşün tekrar eski 1 : 15½ oranının yükseltilebileceğini düşünen çifte maden ütopyacılığının buna göre değerlendirilmesi yerinde olur. Gümüşün dünya pazarındaki para işlevini gitgide yitirmesi daha büyük bir olasılıktır. *–F. E.*]

[109] Ticaret bilançosunun altın ve gümüş olarak fazlalıkla kapanmasını uluslararası ticaretin amacı olarak gören merkantilist sistemin karşısında olanlar bile, dünya parasının görevlerini tamamen yanlış anlamışlardır. Ricardo örneğiyle, bunların dolaşım aracı miktarını düzenleyen yasalar hakkındaki yanlış düşüncelerin, değerli madenlerin uluslararası hareketleri konusunda aynı derecede hatalı düşüncesinde ne şekilde yansıdığını göstermiştim. (*l.c.*, s. 150 *sqq.*) [*Ekonomi Politiğin Eleştirisine Katkı*, s. 198 vd..] Onun "Aleyhte bir ticaret bilançosu ancak para bolluğundan ileri gelir. ... Sikke ihracı, sikkenin ucuzlamasından dolayı olur ve bu, aleyhte bir bilançonun sonucu değil, nedenidir." şeklindeki yanlış dogma daha önce Barbon'da görülür: "Ticaret bilançosu, eğer böyle bir şey varsa, paranın ülke dışına gönderilmesinin nedeni değildir; bu, değerli madenlerin her ülkedeki değerleri arasındaki farktan ileri gelmektedir." (N. Barbon, *l.c.*, s. 59-60.) MacCulloch, *The Literature of Political Economy: a classified catalogue,* Lond. 1845, adlı yapıtında bu öngörüşü nedeniyle Barbon'u över, ama "dolaşım ilkeleri"nin dayandığı saçma varsayımlara Barbon'un verdiği safça biçimlerin adını anmadan geçmeyi de ihmal etmez. Bu katalogdaki gerçek eleştiri ve hatta dürüstlük yoksunluğu, para teorisi tarihine ayrılan bölümde doruğa ulaşır, çünkü MacCulloch, yapıtının bu bölümünde, "*facile princeps argentariorum*" ["para aleminin ünlü lideri" *–ç.*] adını verdiği lord Overstone'a dalkavukluk etmektedir.

arasındaki ürün değişiminde alışılagelen dengenin birdenbire bozulduğu dönemlerde, başlıca ve zorunlu uluslararası satınalma aracı olarak hizmet ederler. Ve ensonu, satınalma ya da ödemenin sözkonusu olmadığı, ama servetin bir ülkeden diğerine aktarılması gerektiği ve bu aktarmanın, ya dünya pazarının o andaki konumu, ya da güdülen özel amaçlar nedeniyle metalar biçiminde yapılmasının olanaksız olduğu durumlarda, bu, toplumsal servetin evrensel somutlaşmış şekli olarak hizmet eder.[110]

Her ülkenin iç dolaşım için bir para rezervine gereksinmesi olduğu gibi, dünya pazarlarındaki dış dolaşım için de böyle bir rezerve gereksinme vardır. Demek ki, para-yığmanın işlevleri, paranın kısmen iç dolaşım ve iç ödeme aracı işlevinden, kısmen de dünya parası olma işlevinden doğmuş oluyor.[111] Bu son işlev için, gerçek para-meta, gerçek altın ve gümüş gereklidir. Bu nedenle, sir James Steuart, altın ile gümüşe, bunları, salt yerel temsilcilerinden ayırdetmek için "dünya parası" demektedir.

Altın ile gümüşün akımı iki yönlüdür. Bir yandan, kaynağından çıkarak yeryüzünün bütün pazarlarına yayılır, çeşitli ulusal dolaşım alanlarında farklı ölçülerde emilir, dolaşım kanallarını doldurur, altın ve gümüş sikkelerin aşınmalarının yerine geçer, lüks eşyalara malzeme olur, para-yığma şeklinde donar.[112] Bu ilk akım, metalarda gerçekleşmiş emekleri, altın ve gümüş üreten ülkelerin değerli madenlerde somutlaşan emekleriyle değişmeleri ile başlar. Öte yandan, altın ile gümüş, çeşitli ülkelerin dolaşım alanlarında durmadan bir ileri bir geri akar, ve bu akımın hareketi, kambiyo kurlarındaki bitmez tükenmez dalgalanmalara bağlıdır.[113]

[110] Örneğin, subvansiyonlarda, savaşları yürütmek ya da bankaları yeniden nakit ödemeler yapabilecek duruma getirmek için vb. yapılan ikrazlarda, değer, başka hiçbir şekilde değil, para şeklinde isteniyor olabilir.

[111] "Madenî para ile ödeme yapan ülkelerde para-yığma mekanizmasının, genel dolaşımdan gelen herhangi hissedilir bir yardım olmaksızın, uluslararası dengeleşmede gerekli her görevi yerine getirmede, yıkıcı bir yabancı istilanın felaketli sonuçlarından kurtulmaya çalışan Fransa'nın, 27 ay gibi bir sürede müttefik devletlere, sırtına yüklenmiş bulunan yaklaşık 20 milyonluk tazminatı, hem de büyük kısmını madenî para olarak, ülke için para dolaşımında hissedilir bir daralma ya da bozulma ve hatta kambiyosunda kaygı verici herhangi bir dalgalanma olmaksızın, ödeyebilme kolaylığından daha inandırıcı bir kanıt gerçekten olamaz." (Fullarton, *l.c.,* s. 141.) [*Dördüncü Almanca baskıya ek:* Bundan daha da çarpıcı bir örnek, gene aynı Fransa'nın, 1871-73 arasında, 30 ay içersinde bundan on kez daha fazla bir savaş tazminatını, gene büyük bir kısmı madenî para olmak üzere ödeyebilmesiyle karşımıza çıkar. *–F. E.*]

[112] "Para, ülkeler arasında, gereksinmeleri oranında dağılır ... ve her zaman ürünlerin para kılığına bürünmesiyle olur." (Le Trosne, *l.c.,* s. 916.) "Sürekli altın ve gümüş veren maden ocakları, her ulusa gerekli miktarın sağlanmasına yetecek kadarını vermiş olurlar." (J. Vanderlint, *l.c.,* s. 40.)

[113] "Kambiyo kurları, her hafta yükselir ve düşer, ve yılın bazı belirli zamanlarında bir ulusun zararına yükselirler ve başka zamanlarda ise bu yükseliş tam tersine sonuç verir." (N. Barbon, *l.c.,* s. 39.)

Burjuva üretim biçiminin belli bir boyuta ulaştığı ülkeler, bankaların kasa dairelerinde biriken altın ve gümüş miktarını, kendilerine özgü işlevleri, gereği gibi yerine getirebilecekleri asgari ölçüde tutabilmek için sınırlandırırlar.[114] Birikmiş bu miktarların ortalama düzeylerinin üzerine göze batacak derecede çıkmaları bazı istisnalar dışında meta dolaşımındaki bir durgunluğun, başkalaşımlarındaki düzenli akışta kesintinin bir belirtisidir.[115]

[114] Bu çeşitli işlevlerin, altın ile gümüşün, banknotların konversiyonu için bir fon olarak da iş görmeleri halinde birbirleriyle tehlikeli çatışmalara düşmeleri olasılığı vardır.

[115] "Para iç ticaret için mutlak zorunlu bir şey olmaktan daha fazla, ölü bir sermaye demektir ... ve onu bulunduran ülkeye, ihraç ve ithal edilmesi dışında hiçbir kâr sağlamaz." (John Bellers, *Essays,* s. 13.) "Elimizde çok fazla sikke olursa ne olur? En ağırlarını eritir ve altın ya da gümüşten görkemli tabaklar, vazolar ya da eşyalar yapabiliriz; ya da gereksinme duyulan ya da istenilen yerlere meta olarak gönderebiliriz." (W. Petty, *Quantulumcunque,* s. 39.) "Para, devlet gövdesinde yağdan başka bir şey değildir, bunun için fazlası çevikliğini önlediği gibi azı da onu hasta eder ... yağın, kasların hareketini sağlaması, besin yetersizliğini tamamlaması, boşlukları doldurması ve bedeni güzelleştirmesi gibi; para da, devletin hareketini kolaylaştırır, ülkede kıtlık olunca dışardan onu besler; hesapları öder ... ve her şeyi güzelleştirir; hele özellikle ona bolca sahip olan kişileri." (W. Petty, *Political Anatomy of Ireland,* s. 14, 15.)

İKİNCİ KISIM
PARANIN SERMAYEYE DÖNÜŞÜMÜ

DÖRDÜNCÜ BÖLÜM
SERMAYENİN GENEL FORMÜLÜ

META dolaşımı sermayenin çıkış noktasıdır. Meta üretimi dolaşımı ve ticaret denen daha gelişmiş dolaşım biçimi, sermayenin doğup büyüdüğü tarihsel temeli oluştururlar. 16. yüzyılda dünyayı saran ticaret ile yeryüzüne yayılan pazar, sermayenin modern tarihinin başlangıcı olmuştur.

Meta dolaşımının maddi özünü, yani çeşitli kullanım-değerlerinin değişimini bir yana bırakır ve yalnızca bu dolaşım sürecinin yarattığı ekonomik şekilleri dikkate alırsak, bunun sonal sonucunun para olduğunu görürüz: meta dolaşımının bu son ürünü, sermayenin göründüğü ilk biçimidir.

Tarih açısından sermaye, toprak mülkiyetinin tersine, her zaman başlangıçta para biçimini alıyor; paradan oluşan servet, tüccar ve tefeci sermayesi olarak ortaya çıkıyor.[1] Ne var ki, sermayenin ilk ortaya çıkış biçiminin para olduğunu keşfetmek için, serma-

[1] Toprak mülkiyetinden gelen ve kişisel efendilik ve serflik ilişkilerine dayanan güç ile paranın sağladığı kişisel olmayan güç arasındaki karşıtlığı iki Fransız atasözü pek güzel ifade eder. "*Nulle terre sans seigneur*" ["Efendisiz toprak olmaz"] ve "*L'argent n'a pas de maître*" ["Paranın efendisi yoktur"].

yenin kökenine kadar inmemize hiç de gerek yoktur. Bunu her gün kendi gözümüzle görüyoruz. Her yeni sermaye, başlangıçta sahneye, yani pazara, ister meta, ister emek ya da ister para piyasasına, günümüzde bile, belirli bir süreçle sermayeye dönüşeceği para biçiminde çıkıyor.

Para ile, yani yalnızca para ile sermaye olan para arasındaki gözümüze çarpan ilk fark, dolaşım biçimlerindeki ayrılıktan başka bir şey değildir.

Metaın en basit dolaşım biçimi M—P—M, metaın paraya dönüşmesi, ve paranın gerisin geriye meta haline gelmesidir; ya da satın almak için satmaktır. Ama, bu biçimin yanısıra ondan tamamen farklı başka bir biçim görüyoruz: P—M—P, paranın metaya dönüşümü ve tekrar para halini alışı; ya da satmak için satın almak. Bu ikinci biçimde dolaşımını tamamlayan para, böylece sermayeye dönüşür, sermaye halini alır, ve zaten aslında sermaye olma özelliğindedir.

Şimdi P—M—P devresini biraz daha yakından inceleyelim. Bu da, öteki gibi, iki karşıt evreyi kapsar. İlk evrede, P—M, ya da satınalmada, para, metaya dönüşmüştür. İkinci evrede, M—P, ya da satışla meta, tekrar para halini almıştır. Bu iki evrenin birleşmesi, paranın bir meta ile ve aynı metaın tekrar parayla değişildiği tek bir hareket meydana getirir; burada meta, satılmak için satın alınmıştır, ya da satınalma ile satma arasındaki biçim farkını bir yana bırakırsak, metaın para ile, ve ardından paranın meta ile satın alındığını söyleyebiliriz.[2] Sürecin evrelerinin yokolduğu sonuç, paranın parayla değişilmesi, P—P'dir. 2.000 libre pamuğu 100 sterline alırsam ve 2.000 libre pamuğu 110 sterline yeniden satarsam, aslında 100 sterlini 110 sterlinle, parayı para ile değişmiş olurum.

Bu yolla, şimdi, birbirine eşit iki miktar para, 100 sterlin ile 100 sterlin, birbiriyle değişilmek istense, açıktır ki, P—M—P devresi, saçma ve anlamsız bir şey olurdu. Cimrinin uyguladığı plan daha sade ve daha güvenliydi; 100 sterlinini dolaşımın tehlikesine atacağına, ona sıkı sıkıya sarılıyordu. Öte yandan, tüccar 100 sterline aldığı pamuğu, ister 110 sterline, ister 100, ve hatta ister 50 sterline satsın, onun parası, tahıl satarak elde ettiği parayla kendisine elbise satın alan köylünün parasının hareketinden nitelik ve ilk hareket yönünden tamamen farklıdır. Bunun için, bizim, ilkin, P—M—P ile M—P—M dolaşım biçimleri arasındaki ayırdedici niteliği incelememiz gerekir; böylece yalnızca biçim farklarının ardında yatan gerçek durum da ortaya çıkmış olur.

2 "Para ile metalar ve metalar ile para satın alınır." (Mercier de la Rivière, *L'ordre naturel et essentiel des sociétés politiques*, s. 543.)

Öyleyse ilkin iki biçimin ortak yanlarını görelim.

Her iki dolaşım da, aynı iki karşıt evreye ayrılabilir: M—P, satış, ve P—M, satınalma. Her iki evrede de aynı maddi öğeler, meta ve para, ve aynı ekonomik *dramatis personæ* alıcı ve satıcı, birbirleriyle karşı karşıya gelirler. Her dolaşım, aynı iki karşıt aşamanın birliğidir, ve her iki durumda da bu birlik, alışverişe dahil olan üç ayrı tarafın işlemleri ile meydana gelir: bunlardan birisi yalnızca satar, öteki yalnızca satın alır, üçüncüsü ise hem satın alır hem satar.

Bununla birlikte, M—P—M ile P—M—P devrelerini birbirinden ayıran başlıca şey, iki evrenin ardarda geliş sırasının tersine çevrilmiş olmalarıdır. Basit meta dolaşımı, bir satış ile başlar ve bir satınalma ile sona erer, oysa paranın sermaye olarak dolaşımı bir satınalma ile başlar ve satışla sona erer. Bir durumda, hem çıkış noktası, hem amaç, metadır, ötekinde paradır. İlk biçimde hareketi meydana getiren paradır, ikincide metadır.

M—P—M devresinde para, sonunda kullanım-değeri olarak hizmet eden bir metaya dönüşür, büsbütün harcanmış olur. Tersine dönmüş biçim olan P—M—P'de, tersine, alıcı, sonra da satıcı olarak parayı yeniden elegeçirmek üzere elden çıkartır. Meta satın almakla parayı dolaşıma sokar, aynı metaı satarak parayı tekrar çeker. Parayı elden çıkartır, ama bunu, tekrar elegeçirmek gibi kurnazca bir amaçla yapar. Demek ki, para harcanmamış oluyor, yalnızca sürülmüş oluyor.[3]

M—P—M biçiminde aynı para parçası iki kez yer değiştirir. Satıcı, onu alıcıdan alır, başka bir satıcıya öder. Tam dolaşım, meta için paranın alınması ile başlar ve başka meta için para ödemekle sona erer. P—M—P devresinde ise durum tersinedir. Burada iki kez yer değiştiren şey, para değil metadır. Alıcı, onu satıcının elinden alır ve başka bir alıcıya devreder. Tıpkı basit meta dolaşımında aynı para parçasının iki kez yer değiştirerek bir elden diğerine geçmesini sağlıyorsa, burada da aynı metaın iki kez yer değiştirmesi, paranın ilk çıkış noktasına dönmesini sağlıyor.

Bu geri dönüş, kendisi için ödenenden daha fazlasına satılan metaya bağlı değildir. Bu durum, ancak geriye dönen paranın miktarını etkiler. Geriye dönüş, satın alınan meta satılır satılmaz, bir başka deyişle, P—M—P devresi tamamlanır tamamlanmaz olur. Burada, paranın sermaye olarak dolaşımı ile salt para olarak dolaşımı arasındaki fark açıkça görülür.

[3] "Bir şey tekrar satmak için satın alınmışsa, kullanılan meblağa para denir; tekrar satmak için satın alınmamış ise, bu meblağa harcanmıştır denebilir." (James Steuart, *Works, etc.*, edited by general sir James Steuart, yazarın oğlu, Lond. 1805, v. I., s. 274.)

Bir metaın satışı ile elegeçen para, bir başkasının alınmasıyla elden çıkar çıkmaz M—P—M devresi tamamlanmış olur.

Bununla birlikte, eğer para, tekrar çıkış noktasına dönüyorsa, bu, ancak işlemin yenilenmesi ya da yinelenmesi ile olur. Eğer bir kile buğdayı 3 sterline satarsam ve bu 3 sterlinle elbise alırsam, benim yönümden bu para harcanıp bitmiştir. Artık o, elbise tüccarına aittir. Hem şimdi ikinci bir kile buğday daha satarsam, para bana gelir, ama bu ilk alışverişin sonucu değil, onun yinelenmesinin sonucudur. Bu ikinci alışverişi yeni bir satınalmayla tamamlar tamamlamaz, para tekrar elimden çıkar. Bu nedenle, M—P—M devresinde paranın harcanması ile paranın geri dönüşü arasında hiçbir ilgi yoktur. Öte yandan, P—M—P devresinde paranın dönüşü, harcanış şekli ile koşullanmıştır. Bu dönüş olmaksızın, tamamlayıcı ve sonal aşamanın, yani satışın bulunmaması nedeniyle bu işlem noksan kalmış ya da süreç kesintiye uğramış ve tamamlanmamıştır.

M—P—M devresi, bir meta ile başlar ve, dolaşımdan çıkıp tüketim alanına giren başka bir meta ile sona erer. Tüketim, gereksinmelerin karşılanması, tek sözcükle kullanım-değeri, bu devrenin sonu ve amacıdır. P—M—P devresi, tersine, parayla başlar, parayla biter. Bunun için, onu harekete getiren şey, onu çeken amaç, yalnızca değişim değildir.

Metaın basit dolaşımında, devrenin iki ucunda da aynı ekonomik biçim vardır. Bunların her ikisi de meta, ve eşit değerde metadır. Ama bunlar, aynı zamanda, örneğin buğday ve giyside olduğu gibi, farklı nitelikte kullanım-değerleridir. Ürünlerin, toplum emeğinin cisimleştiği farklı maddelerin değişimi, burada hareketin temelini oluşturur. P—M—P dolaşımında durum farklıdır; salt bir yineleme olduğu için ilk bakışta amaçsız gibi görünür. Her iki uçta da aynı ekonomik biçim vardır. İkisi de paradır ve bu nedenle nitelikçe farklı kullanım-değerleri değildir; çünkü para, özel kullanım-değerlerinin içinde kaybolduğu metaların dönüşmüş biçiminden başka bir şey değildir. 100 sterlini pamuk ile değişmek ve ardından tekrar aynı pamuğu 100 sterlinle değişmek, parayı parayla, aynı şeyi aynı şeyle değişmenin yalnızca dolaylı bir yoludur ve, saçma olduğu kadar amaçsız bir işlem gibi görünür.[4] Para miktarı, birbir-

[4] Mercier de la Rivière, merkantilistlere, "Para, para ile değişilmez" diyor. (*l.c.*, s. 486.) "Ticaret" ve "spekülasyon" konularını *ex professo* inceleyen bir yapıtta şunlar söylenmektedir: "Bütün ticaret, farklı türden şeylerin değişilmesinden ibarettir; sağlanan avantaj (tüccara mı?) bu farktan ileri gelir. Bir libre ekmeği bir libre ekmekle değişmek ... hiçbir avantaj sağlamayabilir; ... ticaretin yalnızca paranın para ile değişimi demek olan kumara karşılık avantajlı olması bundandır." (Th. Corbet, *An Inquiry into the Causes and Modes of the Wealth of Individuals; or the Principles of Trade and Speculation Explained,* Lond. 1841, s. 5.) Corbet, P—P'nin, paranın

lerinden ancak büyüklükleri ile ayırdedilebilir. Demek ki, P—M—P sürecinin özelliği ve eğilimi, her ikisi de para olduğu için, uçları arasındaki herhangi bir nitel farktan değil, yalnız bunların nicel farklarından ileri geliyor. Dolaşımdan, sonuçta, başlangıçta konulduğundan daha fazla çekilmiş oluyor. 100 sterline alınan pamuk, belki de 100 +10 ya da 110 sterline tekrar satılıyor. Bu sürecin doğru biçimi, bu nedenle, P—M—P′'dür ki, burada P′ = P + ΔP = ilk sürülen para, artı, bir fazlalık. İşte ilk değerinin üstünde bu artışa ya da fazlalığa ben "artı-değer" diyorum. Başlangıçta sürülen değer, demek ki, dolaşımda ilk haliyle kalmak şöyle dursun, kendisine bir artı-değer katar ya da kendisini çoğaltır. İşte onu sermayeye çeviren şey, bu harekettir.

Kuşkusuz, M—P—M devresindeki iki uç, M—M, diyelim buğday ile giysi, pekala farklı değerin farklı niceliklerini temsil edebilirler. Çiftçi buğdayını değerinin üzerinde satabilir ya da giysiyi değerinin altında satın alabilir. Ya da giysi tüccarı tarafından "kazıklanabilir." Böyle de olsa, incelediğimiz dolaşım biçiminde bu gibi değer farkları tamamen raslansaldır. Buğday ile giysinin eşdeğer olmaları gerçeği, P—M—P devresinde olduğu gibi süreci anlamsız hale getirmez. Değerlerinin eşdeğerlikleri burada, daha çok, sürecin normal gidişinin zorunlu bir koşuludur.

Satın almak için satmak işinin yinelenmesi ya da yenilenmesi, bu hareketin amacıyla, yani tüketim ya da belirli gereksinmelerin karşılanmasıyla sınırlıdır; bu sonal amaç, dolaşım alanının dışında kalır. Ama satmak için satın aldığımızda, tersine, aynı şeyle, parayla, değişim-değeriyle başlar, aynı şeyle bitiririz; ve böylece hareket bitmez tükenmez hale gelir. Kuşkusuz, P, P + ΔP olur, 100 sterlin 110 sterlin olur. Ama yalnız onların nitel yanlarına bakıldığında, 110 sterlin, 100 sterlinin aynısıdır, yani paradır, ve miktar yönünden ele alınırsa, 110 sterlin de 100 sterlin gibi belirli ve sınırlı bir değer toplamıdır. Eğer şimdi 110 sterlin para olarak harcanırsa, rolünü bırakmış olur; artık sermaye değildir. Dolaşımdan çekilirse yığılmış para halinde donup kalır, ve bu durumda kıyamete

para ile değişiminin, yalnız tüccar sermayesinin değil bütün sermayenin karakteristik dolaşım şekli olduğunu görmemekle birlikte, hiç değilse bu şeklin kumar ve bir tür ticaret olan spekülasyonda ortak bir şekil olduğunu kabul etmektedir; ama arkasından MacCulloch gelir ve satmak için satınalmanın spekülasyon olduğunu keşfeder ve böylece spekülasyon ile ticaret arasındaki fark kaybolur gider. "Bir kimsenin, satmak için bir ürünü satın aldığı her işlem aslında bir spekülasyondur." (MacCulloch, *A Dictionary Practical etc. of Commerce,* Lond. 1847, s. 1009.) Amsterdam borsası Pindar'ı Pinto, daha büyük bir saflıkla şöyle der: "Ticaret bir kumardır;" (bu Locke'tan alınmıştır) "ve dilenciler ile oynanırsa hiçbir şey kazandırmaz. Uzun bir süre herkesin elindeki alınmış olsaydı, oyuna tekrar başlayabilmek için bu kârın büyük bir kısmının isteyerek geriye verilmesi gerekirdi." (Pinto, *Traité de la circulation et du crédit,* Amsterdam 1771, s. 231.)

kadar beklese bir kuruş bile artmaz. Öyleyse, değerin genişlemesi bir kez amaç edinilirse, 100 sterlinin olduğu gibi, 110 sterlinin de değerinin artması için aynı neden sözkonusudur; her ikisi de, nicel artışla mutlak servete olanaklı olduğu kadar yaklaşmak için değişim-değerlerinin sınırlı ifadesinden başka bir şey olmamaları nedeniyle aynı amaca yönelmişlerdir. Başlangıçta sürülen 100 sterlin, daha sonra dolaşım sırasında kendisine eklenen 10 sterlinlik artı-değerden geçici olarak farklıymış gibi görünür, ama bu fark derhal kaybolur. Sürecin sonunda, bir elimizle ilk 100 sterlini, öteki elimizle artı-değer olan 10 sterlini almayız. Biz, yalnızca, çoğalma sürecine başlamak için ilk 100 sterlinin sahip olduğu aynı koşullara ve uygunluğa sahip olan 110 sterlinlik bir değer elde ederiz. Para, hareketini, ancak yeniden başlamak üzere sona erdirir.[5] Bu nedenle, bir satınalma ve dolayısıyla bir satma ile tamamlanan her tek tek dolaşımın sonal sonucu, bizzat yeni bir dolaşımın çıkış noktasını meydana getirir. Metaların basit dolaşımı —satın almak için satmak—, dolaşımla bağıntısı olmayan bir amacı yerine getirmek, yani kullanım-değerlerine sahip olmak, gereksinmeleri gidermek yoludur. Oysa paranın sermaye olarak dolaşımı, tersine, kendi başına bir amaçtır, çünkü değerin büyümesi ancak bu hareketin sürekli yenilenmesiyle olur. Bu yüzden, sermayenin hareketinin sınırı yoktur.[6]

5 "... sermaye bir kez daha başlangıç sermayesi ve kâr —... pratikte, kâr, derhal sermaye ile birleştirilir ve onunla birlikte harekete geçirilir— olarak bölünür." (F. Engels, "Umrisse zu einer Kritik der Nationalökonomie" *Deutsch-Französische Jahrbücher, herausgegeben von Arnold Ruge und Karl Marx,* Paris 1844, s. 99. ["Bir Ekonomi Politik Eleştirisi Denemesi", *1844 Elyazmaları*'nda, s. 367-368.])

6 Aristoteles, *iktisat*'ı *krematistik*'in karşısına koyar. Ve ilkinden hareket eder. İnsanın geçimini kazanma sanatı olduğu sürece, varolmak için gerekli ve, ya ev idaresi için ya da devlet için yararlı nesnelerin sağlanması ile sınırlıdır. "Gerçek zenginlik (ο αληθινσς πλουτος) bu gibi kullanım-değerlerinden oluşur; çünkü, yaşamı, tatlı ve hoş hale getiren bu türlü şeylerin sahip olunabilecek miktarı sınırsız değildir. Bununla birlikte, tercihan ve doğru olarak *krematistik* diyebileceğimiz ikinci tür bir sahip olma şekli daha vardır ve bu durumda zenginliğe de, sahip olunan şeylere de hiçbir sınır yokmuş gibi görünür. Ticaret ("ηϰαπηλιϰη" tam karşılığı, perakende ticarettir ve Aristoteles, kullanım-değeri egemen olduğu için bu tür ticareti alıyor) niteliği gereği krematistik'e girmez, çünkü, değişim, burada, onların (alıcı ile satıcının) kendileri için gerekli şeyler üzerinde olur." Burada da Aristoteles, ticaretin ilk şeklinin trampa olduğunu ama bunun gelişmesiyle de para gereğinin ortaya çıktığını gösterir. Paranın bulunması üzerine, trampanın zorunlu olarak ϰαπηλιϰη meta ticareti şeklinde gelişmesi ve bunun da başlangıçtaki eğilimin tersine krematistik, yani servet toplama sanatı haline gelmesi gerekir. Şimdi krematistik, ekonomik'ten, şu şekilde ayrılır, "Krematistik'te dolaşım, zenginliğin kaynağıdır (ποιητιϰη χρηματων ... δια χρηματων μεταβολης). Ve o paranın etrafında dolanır görünür, çünkü para, bu tip dolaşımın hem başlangıcı hem de sonudur (το γαρ νομισμα στοιχειον ϰαι περας της αλλαγης εστιν). Bu nedenle, krematistik'in peşinde koştuğu zenginlik de sınırsızdır. Bir amaca araçlık etmeyen, ama kendi başına amaç olan her sanatın, her an bu amaca biraz daha yaklaşma peşinde olması nedeniyle, erekleri yönünden sınırsız olmalarına karşın, bir amaca ulaşmak için araç kullanan sanatların, bizzat

Bu hareketin bilinçli temsilcisi olarak para sahibi, kapitalist haline gelir. Kişiliği, ya da daha doğrusu cüzdanı, paranın yola çıktığı ve dönüp dolaşıp geldiği noktadır. P—M—P dolaşımının nesnel ya da esas kaynağı olan değerin büyümesi, kapitalistin öznel amacı halini alır; gitgide daha fazla soyut servete sahip olma etkinliklerinin tek dürtüsü haline geldiği ölçüde o, bir kapitalist olarak, yani bir kişiliğe bürünmüş, bilinç ve iradeye sahip sermaye olarak işlev yapar. Kullanım-değerine, bunun için, kapitalistin gerçek amacı gözüyle bakılmaması gerekir;[7] tek bir alışverişteki kârı için de aynı şey geçerlidir. Onun biricik amacı kâr etmenin, durup dinlenmeyen, bitip tükenmeyen sürecidir.[8] Bu sınırsız zenginlik hırsı, bu değişim-değeri avcılığı[9] tutkusu, kapitalist ile cimride ortak bir yandır; ne var ki, cimri, çılgın bir kapitalist olduğu halde, kapitalist akıllı bir cimridir. Cimrinin, parasını dolaşımdan çekmek suretiyle sonu gelmez değişim-değeri biriktirme[10] amacını, ondan daha akıllı ve kurnaz kapitalist, parayı tekrar tekrar dolaşıma sokmak suretiyle gerçekleştirir.[11]

Bağımsız biçim, yani basit dolaşım durumunda meta değerinin büründüğü para-biçimi, yalnız tek bir amaca, yani metaların değişimine hizmet eder ve hareketin sonunda ortadan kaybolur. Öte yandan, P—M—P dolaşımında, para da, meta da, yalnızca değerin kendi çeşitli varlık biçimlerini temsil ederler; bunlardan para, değerin genel biçimini, meta ise, özel, ya da deyim yerindeyse kılık

ereğin kendisine bir sınır çizmesi sonucu, sınırsız olmaması gibi, krematistik için de, amaçları yönünden hiçbir sınır mevcut değildir ve bu amaçlar mutlak zenginliktir. Krematistik'in değil ama iktisat'ın bir sınırı vardır ... ikincinin amacı paradan başka bir şeydir, birincinin amacı ise paranın çoğaltılmasıdır. ... Birbiri üzerine gelen bu bu iki biçimin birbirine karıştırılması, bazı kimselerin, paranın sonsuz bir şekilde muhafaza edilmesi ve çoğaltılması işini, ekonomik'in ereği ve amacı saymalarına yolaçmıştır." (Aristoteles, *De Republica,* edit. Bekker, lib. I, c. 8 ve 9 *passim.*)

7 "Metalar" (burada kullanım-değerleri anlamında kullanılmıştır) "ticaret yapan kapitalistin son amacı değildir, onun son amacı paradır." (Th. Chalmers, *On Politic. Econ. etc.,* 2. edit., Glasgow 1832, s. 165, 166.)

8 "Tüccar halen elde ettiği kârı az bulmuyorsa da, gözü, daha ilerde elde edeceği kârdadır." (A. Genovesi, *Lezioni di Economia civile,* (1765), Custodi'nin İtalyan İktisatçıları baskısı, Parte Moderna, t. VIII, s. 139.)

9 "Bitip tükenmez kâr tutkusu, *auri sacra fames* [altına duyulan lanetli hırs. –ç.] kapitaliste her zaman yol gösterecektir." (MacCulloch, *The Principles of Polit. Econ.,* Lond. 1830, s. 179.) Bu görüş aynı MacCulloch ve benzerlerini, teorik güçlük çektikleri zaman, örneğin, aşırı üretim gibi sorunlarda, aynı kapitalisti, tek amacı kullanım-değeri olan ve hatta kendisinden, çizme, şapka, yumurta, basma ve diğer çok bilinen türden kullanım-değerleri için doyumsuz bir açlık duygusu gelişen ahlaklı bir yurttaşa dönüştürmekten kuşkusuz alıkoyamaz.

10 "Σωζειν" [kurtarmak. –ç.], para-yığma için kullanılan karakteristik bir Grek terimidir. İngilizcede de, *to save* fiilinin gene iki anlamı vardır: kurtarmak ve biriktirmek.

11 "Şeyler oluş halinde iken sahip olmadıkları sonsuzluğa dolaşımda sahip olurlar." (Galiani, [*l.c.,* s. 156].)

değiştirmiş biçimini temsil eder.[12] Hiç kaybolmadan sürekli olarak biçimden biçime girer ve böylece otomatik olarak etkin bir nitelik kazanır. Eğer şimdi de, biz, kendiliğinden büyüyen değerin yaşama seyrinde ardarda girdiği iki farklı biçimin her birini sırasıyla ele alırsak, şu iki önermeye varırız: sermaye paradır: sermaye metadır.[13] Ama gerçekte değer, burada bir sürecin etkin etmenidir; bir yandan durmadan sırasıyla para ve meta biçimlerine girerken, aynı zamanda da, kendi büyüklüğünü değiştirir, artı-değeri üzerinden atarak kendini farklılaştırır; bir başka deyişle, başlangıçtaki değer kendiliğinden büyür. Çünkü kendisine artı-değer kattığı hareket, kendi hareketi olduğu için de, büyümesi, otomatik büyümedir. Değer olması nedeniyle, kendisine değer katabilecek gizli bir nitelik kazanmış oluyor. Canlı döller yavruluyor, ya da hiç değilse altın yumurtalar yumurtluyor.

Değer bu yüzden, böyle bir süreçte etkin bir etmen olur, ve bazan para, bazan meta biçimine girer, ama bütün bu değişiklikler boyunca kendisini korurken ve genişlerken her zaman kimliğinin saptanabileceği bağımsız bir biçime sahip olması gerekir. İşte bu biçime, o, ancak para biçiminde sahip olabiliyor. Değer, her kendiliğinden doğuşuna para-biçimi altında başlar, sona erer ve yeniden başlar. İşte 100 sterlin olarak başlamıştı, şimdi 110 sterlindir vb.. Ama paranın kendisi, değerin iki biçiminden yalnızca bir tanesidir. Meta biçimine girmedikçe, para, sermayeye dönüşmez. Ama burada, para ile meta arasında, para yığmada olduğu gibi bir uzlaşmaz karşıtlık yoktur. Kapitalist, bütün metaların, ne denli çirkin görünse de, ne denli pis koksa da, imanda ve gerçekte para olduğunu, gerçekten sünnetli yahudi olduğunu çok iyi bilir; üstelik bu, paradan para yapan harika araçtır.

Basit dolaşımda M—P—M biçiminde, metaların değeri, en fazla, kullanım-değerlerinden bağımsız bir biçime, yani para biçimine ulaşabiliyordu; oysa aynı değer, şimdi, P—M—P dolaşımında ya da sermaye dolaşımında, birdenbire, kendine özgü hareketi olan, kendi yaşamını yaşayan bağımsız bir varlık olarak ortaya çıktığı gibi, bu yaşam sürecinde, para da meta da onun büründüğü ve soyunduğu biçimlerden başka bir şey değildir. Dahası da var: değer, artık, metalar arasındaki ilişkileri yalnızca temsil etmek yerine, deyim yerindeyse, kendi kendisiyle özel ilişki içersine girer. Tanrının (ba-

12 *"Ce n'est pas la matière qui fait le capital, mais la valeur de ces matières."* ["Sermayeyi oluşturan madde değil, bu maddenin değeridir." –ç.] (J. B. Say, *Traité d'Econ. Polit.*, 3. éd., Paris 1817, t. II, s. 429.)

13 "Nesnelerin üretiminde kullanılan dolaşım aracı (!) ... sermayedir." (Macleod, *The Theory and Pratictice of Banking.* Lond. 1855, v. I. ch. 1, s. 55.) "Sermaye metadır." (James Mill, *Elements of Polit. Econ.*, Lond. 1821, s. 74.)

banın) kendisini, tanrının oğlu olarak kendisinden ayırdetmesi, ve ikisinin de aynı yaşta olması ve gerçekte bir tek kişi oluşturması gibi, başlangıçtaki değer olarak, kendisini artı-değer olarak kendisinden ayırdeder; ilkönce öne sürülen 100 sterlin, ancak 10 sterlinlik artı-değerle sermaye olur, ve sermaye olur olmaz, oğul ve onunla birlikte baba doğar doğmaz farkları yeniden kaybolur, ikisi birdir, 110 sterlindir.

Demek ki, değer, şimdi, süreç içersinde değer, süreç içersinde para ve böylece sermaye oluyor. Değer dolaşımdan çıkıyor, tekrar giriyor, süreç boyunca kendisini koruyor ve çoğaltıyor, daha genişlemiş olarak dolaşımdan çıkıyor ve aynı devre yeniden başlıyor.[14] P—P´, para, paradan doğar, işte ilk yorumcuların, merkantilistlerin ağzıyla sermayenin açıklanması böyledir.

Satmak için satın almak ya da daha doğrusu, daha pahalı satmak için satın almak, P—M—P´, yalnız tek bir tür sermayeye, tüccar sermayesine özgü bir biçim gibi görünür. Ama sanayi sermayesi de paradır; yani para, metalara ve bu metaların satışıyla da yeniden daha fazla paraya dönüşür. Dolaşım alanı dışında kalan ve satınalma ile satma arasındaki sürede geçen olaylar, bu hareketin biçimini etkilemez. Ensonu, faiz getiren sermayenin sözkonusu olduğu durumlarda, P—M—P´ dolaşımı kısaltılmış olarak belirir. Ara aşama olmaksızın, P—P´ biçiminde sonuca ulaşırız, deyim yerindeyse, "*en style lapidaire*"* para daha fazla değerde para, değer kendisinden daha büyük değerdir.

Demek ki, P—M—P´, dolaşım alanında *prima facie*** görüldüğü gibi, gerçekte sermayenin genel formülüdür.

[14] Sermaye: "birikmiş servetin üretken kısmı ... durmadan çoğalan değer." (Sismondi, *Nouveaux Principes d'Econ. Polit.*, [Paris 1819] t. I., s. 88, 89.)

* "Özlü anlatımıyla." –ç.

** İlk bakışta. –ç.

BEŞİNCİ BÖLÜM

SERMAYENİN GENEL FORMÜLÜNDEKİ ÇELİŞKİLER

PARA, sermayeye dönüşürken dolaşımın aldığı biçim, metaların, değerin, paranın ve hatta bizzat dolaşımın niteliğiyle ilgili olarak şimdiye kadar incelediğimiz bütün yasalara karşıttır. Bu biçimi, metaların basit dolaşımından ayıran şey, iki karşıt sürecin, birbirini izleyen tersine dönmüş sırasıdır, satış ve satınalmadır. Bu iki süreç arasında böylesine tamamen biçimsel bir fark nasıl olur da, sanki sihirli bir el dokunmuş gibi bunların niteliklerini değiştirir?

Hepsi bu kadar da değil. Süreçlerin bu ters yönü birbirleriyle alışverişte bulunan üç kişiden ikisi için sözkonusu bile değildir. Kapitalist olarak, A'dan metalar satın alırım ve bunları tekrar B'ye satarım, ama basit bir meta sahibi olarak, bunları B'ye satar ve ardından, A'dan yenilerini satın alırım. A ile B için, iki alışveriş arasında hiçbir fark yoktur. Bunlar, yalnızca alıcı ya da satıcıdır. Ve ben, her fırsatta, onlarla, ya para ya meta sahibi olarak, alıcı ya da satıcı olarak karşı karşıya gelirim, ve üstelik her iki alışverişte de A'nın karşısında yalnızca alıcı, B'nin karşısında yalnızca satıcı olarak bulunurum ve bunlardan birisi için yalnız param, diğeri için yalnız metalarım önemlidir, ikisinin de karşısında ne sermaye ve ne de kapitalist olarak yeralmadığım gibi, para ve metalardan daha fazla bir şeyin temsilcisi ya da para ve metaların ötesinde bir etki yaratacak kimse gibi de bulunmam. Benim için A'dan satınalma ve B'ye satış, bir dizinin bölümleridir. Ama iki fiil arasındaki bağ, yalnızca benim için vardır. Ne A, B ile alışverişim konusunda, ne de B, A ile iş ilişkimden bir sıkıntı duyar. Ve ben sıralanış düzenini tersine çevirme hareketimin yararlarından söz açmaya kalksam, belki de onlar sıralanış düzeni konusunda yanıldığımı, bütün alışverişin bir satınalmayla başlayıp bir satışla sona ermesi yerine, tersine, bir satışla başlayıp bir satınalma ile bittiğine parmak basarlar. Gerçekten de, ilk hareketim satınalma, A bakımından bir satış, ve ikinci hareketim satış, B bakımından bir satınalmadır. Bununla da yetinmeyen A ile B, bütün bu işlerin gereksizliğini, bir *Hokus Pokus*tan başka bir şey olmadığını öne sürebilirler ve bundan böyle A'nın doğrudan doğruya B'den satın alacağını ve B'nin doğrudan A'ya satacağını söyleyebilirler. Böylece bütün alışveriş, sıradan meta dolaşımının, tek tek ve tamamlanmamış bir evresini oluşturan tek bir fiile indirgenmiş olur; A açısından yalnızca bir satış, B açısından yalnızca bir satınalma haline gelir. Sıralanış düzenini tersine çevirmekle, demek ki, basit meta dolaşımı alanından çıkılmış olmuyor, ve asıl bizim dikkat etmemiz gereken nokta, bu basit dolaşımda, devreye giren değerin büyümesine, dolayısıyla da bir artı-değerin doğmasına elverişli bir yanın bulunup bulunmadığıdır.

Dolaşım sürecini, kendini basit ve dolaysız meta değişimi biçimi altında ortaya koyuyor diye kabul edelim. İki meta sahibinin birbirleriyle alışveriş yaptıkları ve hesap gününde borçlu oldukları miktarların eşit ve birbirini götürdükleri durumlarda, bu, her zaman böyledir. Bu durumda para, hesap parasıdır ve metaların değerlerini fiyatları ile ifade etmeye yarar, ama metaların karşısına bizzat nakit para olarak çıkmaz. Kullanım-değerleri yönünden her iki tarafın da bazı yararlar sağlayabileceği açıktır. Her ikisi de, kullanım-değeri olarak işlerine yaramayan malları elden çıkartıp, kullanabilecekleri malları alırlar. Daha başka kazançlar da olabilir. Şarap satıp buğday satın alan A, belki de, belli bir emekzamanında çiftçi B'den daha fazla şarap üretebilir, öte yandan B, şarap üreticisi A'dan daha fazla buğday üretebilir. Bu nedenle, her biri kendi şarabını ve kendi buğdayını üreterek, herhangi bir değişim olmaksızın elde edeceklerinden, aynı değişim-değeri karşılığında A daha fazla buğday, B daha fazla şarap alabilir. Öyleyse, kullanım-değeri konusunda şu sözü söylemek yerinde olur: "Değişim, her iki tarafın da kazandığı bir alışveriştir."[15] Değişim-değeri için durum böyle değildir. "Elinde bol şarabı olup hiç buğdayı olmayan bir kimse, elinde buğdayı bol ama şarabı olmayan birisiyle alışverişe girişir, aralarında 50 değerinde buğday ile aynı değerde şarap için bir değişim yapılır. Bu işlem, her ikisi için de değişimdeğerinde bir artış sağlayamaz; çünkü her ikisi de, bu işlem aracılığı ile elde ettiklerine eşit bir değere, değişimden önce de zaten sahip bulunuyorlardı."[16] Paranın, metalar arasında dolaşım aracı olarak işe dahil edilmesi ve satış ile satınalmanın birbirinden farklı iki hareket haline getirilmesiyle sonuç değişmez.[17] Bir metaın değeri, dolaşıma girmeden önce fiyatıyla ifade edilir, ve bu nedenle de dolaşımın sonucu değil, bir önkoşuludur.[18]

Soyut olarak düşünüldüğünde, yani metaların basit dolaşımı yasalarından doğrudan doğmuş olmayan koşullar bir yana bırakılacak olursa, dolaşımda (bir kullanım-değerinin yerini bir başkasının almasını konu dışı bırakırsak), bir başkalaşımdan, metaın biçiminin basit değişiminden başka bir şey olmayan bir değişim vardır. Aynı değişim-değeri, yani aynı miktarda gerçekleşmiş toplumsal emek, önce kendi metaı biçiminde, sonra değiştirdiği para biçiminde ve ensonu, bu parayla satın aldığı meta biçiminde olmak üzere, daima meta sahibinin elinde kalmaktadır. Bu biçim değişikliği, değer büyüklüğünde bir değişikliği gerektirmiyor. Ama bu süreç içersinde metaın geçirdiği değer değişmesi, onun para biçimindeki bir değişmesiyle sınırlıdır. Bu biçim, önce, satışa sunulan metaın fiyatı, sonra, zaten fiyatla ifade edilmiş bulunan bir para miktarı ve ensonu, eşdeğer bir metaın fiyatı olarak mevcuttur. Bu biçim değişikliği, tek başına alındığında, 5 sterlinlik bir banknot, İngiliz altın liralarına, yarım İngiliz altın liralarına ve şilinlere bozdurulduğu zaman, ne gibi bir değer değişikliği geçirirse, değerin miktarında öyle bir değişmeye tanıklık eder. Bunun için, metaların dolaşımı, yalnız değerlerinin biçiminde bir değişiklik meydana getirdiği ve yan etkilerden serbest olduğu sürece, eşdeğer şeylerin değişimi demektir. Vülger ekonomi, değerin niteliği hakkında

15 "Değişim, sözleşme taraflarının *toujours*‡ (!) kârlı çıktıkları harika bir işlemdir." (Destutt de Tracy, *Traité de la Volonté et ses effets,* Paris 1826, s. 68.) Bu yapıt daha sonra, *Traité d'Écon. Polit.* adı altında yayınlanmıştır.

‡ Daima, her zaman. –ç.

16 Mercier de la Rivière, *l.c.,* s. 544.

17 "*Que l'une de ces deux valeurs soit argent, ou qu'elles soient toutes deux marchandises usuelles, rien de plus indifférent en soi.*" ["Bu iki değerden biri ister para olsun, ister ikisi de herhangi iki meta olsun, bu, aslında hiçbir şeyi değiştirmez."] (Mercier de la Rivière, *l.c.,* s. 543.)

18 "*Ce ne sont pas les contractants qui prononcent sur la valeur; elle est décidée avant la convention.*" ["Değer üzerinde karar verenler sözleşme tarafları değildir; değer anlaşmadan önce saptanmıştır."] (Le Trosne, *l.c.,* s. 906.)

pek az şey bildiği için, ne zaman dolaşım olayını saf şekliyle ele almak istese, arz ve talebin eşit olduğunu varsayar ki, bu da etkilerinin sıfır olduğu anlamına gelir. Demek ki, kullanım-değerlerinin değişimi sözkonusu olduğu sürece, hem alıcı hem satıcı bir şeyler kazanabilir, ama değişim-değerleri için durum böyle değildir. Burada şunu söyleyebiliriz: "Eşitliğin varolduğu yerde kazanç olamaz."[19] Metaların, değerlerinden sapmış fiyatlarla satılabileceği doğrudur, ama bu sapmaların, değişim yasalarının bir ihlali gibi görülmesi gerekir;[20] normal durumunda, eşdeğerlerin değişimidir, ve bu nedenle de değer artmasının bir yolu değildir.[21]

Böylece, artı-değerin kaynağı olarak meta dolaşımını gösterme çabalarının ardında bir *quid pro quo**, kullanım-değeri ile değişim-değerinin karıştırılmasının yattığını görüyoruz. Örneğin, Condillac diyor ki: "Metaların değişimi sırasında, değer karşılığında, değer verdiğimiz doğru değildir. Tersine, taraflardan birisi, her zaman, daha büyük bir değere karşılık daha küçük bir değer verir. ... Eğer biz, gerçekten eşit değerleri değişirsek taraflardan hiçbirisi kâr edemez. Oysa, her ikisi de kazanır, ya da kazanmaları gerekir. Niçin? Bir şeyin değeri, yalnızca, gereksinmelerimiz ile ilişkisinde yatar. Birisi için fazla olan diğeri için azdır, ve *vice versâ*.** ... Kendi tüketimimiz için gerekli malı satışa arzettiğimiz düşünülemez. ... Gereksinmemiz olan bir şeyi almak için yararsız bir şey elden çıkarmak isteriz; daha fazla için daha az vermek isteriz. ... Bir değişim sırasında, değişilen her iki malın aynı miktar altın ile eşit değerde olmaları halinde, değer karşılığında değer verildiğini düşünmek doğaldı. ... Ama bizim hesabımızda dikkate alınması gerekli bir nokta daha var. Sorun, her ikimizin de, gerekli bir şey karşılığında, gereksiz bir şeyi değişip değişmediğimizdir."[22] Bu pasajda, Condillac'ın, yalnızca kullanım-değeri ile değişim-değerini karıştır-

[19] *"Dove è egualità, non è lucro."* ["Eşitliğin kazançlı olmadığı yer."] (Galiani, *Della Moneta, Custodi*'de, Parte moderna, t. iv, s. 244.)

[20] *"L'échange devient désavantageux pour l'une des parties, lorsque quelque chose etrangère vient diminuer ou exagérer le prix; alors l'égalité est blessée, mais la lésion procède de cette cause et non de l'échange."* ["Herhangi bir etki, fiyatı düşürür ya da yükseltirse, değişim, taraflardan birisi için elverişsiz hale gelir; denge bu durumda bozulmuş olur; ama bu bozulma herhangi bir nedenden ileri gelebilir, değişim yüzünden olmaz."] (Le Trosne, *l.c.*, s. 904.)

[21] *"L'échange est de sa nature un contrat d'égalité qui se fait de valeur pour valeur égale. Il n'est donc pas un moyen de s'enrichir, puisque l'en donne autant que l'on reçoit."* ["Değişim, niteliği bakımından, eşitlik üzerine kurulan, yani birbirine eşit iki değer arasında yapılan bir sözleşmedir. O halde değişim, verilen kadar karşılık bir şey alındığı için, zenginleşme aracı olamaz."] (Le Trosne, *l.c.*, s. 903.)

[22] Condillac, *Le Commerce et la Gouvernement* (1776), Edit. Daire et Molinari, *Mélanges d'Economie Politique*, Paris 1847, s. 267, 291.

* Bir şeyin, bir başka şeyin yerini tutması. –ç.

** Tersi. –ç.

makla kalmayıp, gerçekten çocukça bir tutumla, meta üretiminin epeyce geliştiği bir toplumda, her üreticinin, kendi yaşamı için gerekli şeyleri ürettiğini ve yalnızca gereksinme fazlalarını dolaşım alanına sürdüğünü varsaydığını görüyoruz.[23] Böyle olmakla birlikte, Condillac'ın uslamlaması modern iktisatçılar tarafından sık sık kullanılır; özellikle, gelişmiş biçimiyle meta değişiminin, yani ticaretin, artı-değerin yaratıcısı olduğunu göstermek için bu yola başvurulur. Örneğin, "Ticaret ... ürüne değer katar, çünkü tüketicinin elindeki aynı ürün, üreticinin elindekinden daha değerlidir, ve bu nedenle ticaretin mutlaka bir üretim etkinliği olarak kabul edilmesi gerekir."[24] Ne var ki, metaya, bir kez kullanım-değeri için, bir kez de değeri için, iki kez ödeme yapılmaz. Ve bir metaın kullanım-değeri, alıcı için satıcıdan daha yararlı ise de, para-biçimi, satıcı için daha yararlıdır. Böyle olmasa onu satar mıydı? Bu nedenle, aynı biçimde, alıcının da, sözgelişi çorabı paraya dönüştürürken, "mutlak bir üretim etkinliği " içersinde bulunduğunu söyleyebilirdik.

Eşit değişim-değerindeki ve dolayısıyla eşdeğer metalar ya da metalar ile para birbirleri ile değişildiği takdirde, dolaşımdan kimsenin, oraya koyduğundan fazla değer çekemeyeceği açıktır. Burada artı-değer yaratılmamıştır. Ve normal şekliyle meta dolaşımı eşdeğerlerin değişimini gerektirir. Ama uygulamada süreç normal biçimini koruyamıyor. Bu durumda, eşdeğer olmayan şeylerin değişimini düşünelim.

Her zaman, meta piyasasına yalnızca meta sahipleri gidip gelirler, ve bu kişilerin birbirleri üzerindeki güçleri, ellerindeki metaların gücünden başka bir şey değildir. Bu metaların maddi çeşitliliği, değişim hareketinin maddi dürtüsüdür ve alıcı ile satıcıyı karşılıklı bağımlı hale getirir; çünkü bunların hiçbirisinin elinde kendi gereksinmesini karşılayacak eşya yoktur, ve her birinin elinde bir başkasının gereksindiği eşyalar vardır. Metaların kullanım-değerlerinin bu maddi farklılığından başka, bunlar arasında başka bir fark daha vardır; bu da, onların fizik biçimleri ile, satış sonucu dönüştükleri biçim arasındaki, metalar ile para arasındaki farktır.

[23] Le Trosne, bu nedenle, dostu Condillac'a haklı olarak şu karşılığı verir: "*Dans une ... société formée il n'y a pas de surabondant en aucun genre.*" ["Gelişmiş bir toplumda ... hiçbir meta türü için fazlalık sözkonusu olamaz."] Aynı zamanda alaylı bir biçimde ekler: "Değişimde bulunan kimselerin eline, biri diğerinin eksik aldığı kadar fazla geçmiş olsa bile, her ikisi de aynı şeyi alırlar." Condillac, değişim-değerinin niteliği konusunda en küçük bir fikre sahip olmadığı içindir ki, bay profesör Wilhelm Roscher, onu, kendi çocukça kavramlarının doğruluğuna destek olabilecek uygun bir kimse olarak seçmiştir. Bkz: Roscher, *Die Grundlagen der Nationalökonomie,* Dritte Auflage, 1858.

[24] S. P. Newman: *Elements of Polit. Econ.*, Andover and New York 1835, s. 175.

Dolayısıyla meta sahipleri birbirlerinden ancak, meta sahibi satıcılar, ve para sahibi alıcılar diye ayrılabilirler.

Şimdi satıcıya, açıklanması olanaklı olmayan bir ayrıcalıkla, metalarını, değerinin üzerinde bir değerle, 100 değerinde bir metaı 110'a, yani %10'luk bir nominal fiyat fazlasıyla satma olanağının verilmiş olduğunu düşünelim. Satıcı, böylece 10'luk bir artı-değeri cebe indirir. Ama sattıktan sonra alıcı haline gelir. Üçüncü bir meta sahibi şimdi onun karşısına satıcı olarak çıkar, ve onun da elindeki metaların %10 daha pahalı ayrıcalığı vardır. Dostumuz, satıcı olarak kazandığı 10'u, alıcı olarak yeniden yitirmektedir.[25] Sonuç şu oluyor ki, bütün meta sahipleri, mallarını birbirlerine değerlerinin %10 fazlası ile sattıkları için, tıpkı gerçek fiyatları üzerinden satmış gibi bir sonuca varıyorlar. Fiyatlardaki böyle genel ve nominal bir artış, değerlerin, gümüşün ağırlığı yerine altının ağırlığı ile ifade edilmesi gibi bir etki yaratır. Metaların nominal fiyatları yükselir, ama değerleri arasındaki gerçek ilişki öylece kalır.

Şimdi de tersini düşünelim: alıcının, metaları değerlerinin altında satınalma ayrıcalığı olsun. Bu durumda, onun, sonradan satıcı olacağını akılda tutmaya gerek yoktur. Alıcı olmadan önce satıcıydı, ve alıcı olarak %10'u kazanmadan önce, satıcı olarak %10'u zaten yitirmişti.[26] Burada da her şey tıpkı eskisi gibidir.

Artı-değerin yaratılması ve dolayısıyla paranın sermayeye dönüşmesi, ne metaların değerlerinin üzerinde satılmasını, ne de bunların değerlerinin altında satın alınmasını varsaymakla açıklanabilir.[27]

Sorun, Torrens'in yaptığı gibi birtakım gereksiz öğelerin işe karıştırılmasıyla basitleştirilmiş de olmuyor: "Fiilî talep, tüketicilerin, dolaysız ya da dolaylı trampa yoluyla, metalar karşılığında, bu metaların üretim maliyetinden daha fazla, ... sermaye parçası verme gücünde ve eğiliminde (!) olmalarından ibarettir."[28] Dolaşım ilişkisinde, üreticiler ile tüketiciler, ancak alıcı ve satıcı olarak karşı karşıya gelirler. Üreticilerin elde ettikleri artı-değerin kaynağının, tüketicilerin metalara değerinden fazla para ödemelerinden

[25] "Ürünün nominal değerini artırarak ... satıcılar zenginleşemez ... çünkü satıcı olarak kazandıklarını, alıcı olarak aynen harcarlar." ([J. Gray,] *The Essential Principles of the Wealth of Nations etc.*, Lond. 1797, s. 66.)

[26] "Belirli bir ürünün 24 livre değerinde olan bir miktarını 18 livreye satmak zorunda kalınsa, aynı para başka şeyler satın almak için kullanıldığında, gene 18 livreye, 24 livre ile satın alınan kadar şey elde edilir." (Le Trosne, *l.c.*, s. 897.)

[27] "Hiçbir satıcı bu nedenle, kendisi de diğer satıcıların metalarına daha yüksek bir bedel ödemek zorunda kalmaksızın malların fiyatını, kural olarak yükseltemez; ve aynı nedenle, hiçbir tüketici, kendi sattığı malların fiyatını düşürmek zorunda kalmaksızın, satın aldığı şeyleri, kural olarak, daha ucuza satın alamaz." (Mercier de la Rivière, *l.c.*, s. 555.)

[28] R. Torrens, *An Essay the Production of Wealth,* London 1821, s. 349.

geldiğini ileri sürmek, şu sözcükleri sıralamaktan başka bir şey değildir: meta sahipleri, satıcı olarak mallarını değerinden daha pahalıya satmak ayrıcalığına sahiptirler. Satıcı, ya metaları kendisi üretmiştir, ya da o metaların üreticisini temsil etmektedir, ama alıcı da, parasıyla temsil olunan malları en az onun kadar üretmiştir ya da üreticileri temsil etmektedir. Bunlar arasındaki ayrım, birisinin alıcı, birisinin satıcı olmalarıdır. Meta sahibinin, üretici adı altında, bunları değerlerinin üzerinde satması, ve tüketici adı altında bunlar için değerlerinden fazla para ödemesi olayı, bizi, bir adım bile ileriye götürmez.[29]

Bu nedenle, artı-değerin kökeninin, fiyatlardaki nominal yükselmede ya da satıcının da pahalı satma ayrıcalığında olduğu hayalini savunanlar, tutarlı olabilmek için, yalnızca satın alıp hiç satmayan, yani yalnızca tüketip hiç üretmeyen bir sınıfın varlığını varsaymak zorundadırlar. Böyle bir sınıfın varlığı, şimdiye kadar ulaştığımız noktadan, yani basit dolaşım açısından açıklanamaz. Ama böyle bir şey olabilir diyelim. Böyle bir sınıfın devamlı olarak satınalmada kullanacağı paranın, ortada ne değişim ne de bağış olmaksızın, keyfi bir hak ya da zor yoluyla meta sahiplerinin ceplerinden kendi ceplerine akması gerekir. Böyle bir sınıfa metaları değerinden fazlaya satmak, kendilerine daha önceden verilen paranın bir kısmının tekrar aşırılması demektir.[30] Küçük Asya kasabaları, eski Roma'ya böyle bir yıllık haraç verirlerdi. Bu parayla, Roma, onlardan mal alır, hem de oldukça pahalıya alırdı. Bu kasabaların halkı, Romalıları kandırır ve alışveriş sırasında haracın bir kısmını böylece efendilerinden sızdırmış olurlardı. Ama ne olursa olsun kazığı gene bu kasabalılar yemiş olurdu. Malları karşılığı aldıkları para, zaten kendi paralarıydı. Zengin olmanın ya da artı-değer yaratmanın yolu bu değildir.

Öyleyse biz, satıcının aynı zamanda alıcı, alıcının da satıcı olduğu değişim sınırları içersinde kalalım. Karşılaştığımız güçlük, belki de, [dolaşımın –ç.] tek tek öğelerini, kişileştirilmiş öğeler olarak ele alışımızdan geliyor.

A, belki de, B ya da C'nin misilleme yapma yeteneğinden yoksun olmalarından yararlanacak kadar kurnaz olabilir. A, 40 sterlin

[29] "Kârların tüketiciler tarafından ödendiği düşüncesi, kuşkusuz çok saçmadır. Tüketiciler kimlerdir?" (G. Ramsay, *An Essay on the Distribution of Wealth,* Edinburgh 1836, s. 183.)

[30] Çömezi rahip Chalmers gibi bu basit alıcı ya da tüketici sınıfı, ekonomik bakımdan göklere çıkaran Malthus'a, öfkeli bir Ricardo'cu şu soruyu sorar: "Metalarına talep olmadığı zaman bir adama bay Malthus, bir başkasına metalarını alması için para vermesini mi öneriyor?" (Bkz: *An Inquiry into those Principles, Respecting the Nature of Demand and the Necessity of Consumption, lately advocated by Mr. Malthus, etc.,* London 1821, s. 55.)

değerinde şarabı B'ye satıyor ve ondan karşılık olarak 50 sterlin değerinde buğday alıyor. A, 40 sterlini 50 sterline çevirmiştir, parasını çoğaltmıştır, ve metaını sermayeye çevirmiştir. Şimdi bu olayı biraz daha yakından inceleyelim. Değişimden önce A'nın elinde 40 sterlinlik şarap, B'nin elinde 50 sterlinlik buğday vardı ve bunların toplam değeri 90 sterlindi. Değişimden sonra gene aynı toplam 90 sterlinimiz vardır. Dolaşımdaki değer, zerre kadar artmamıştır, yalnızca A ile B arasında farklı bir şekilde dağılmıştır. B için değer kaybı, A için artı-değerdir; birisi için "eksi" olan, diğeri için "artı"dır. Eğer A, değişim işlemine girmeksizin 10 sterlini doğrudan B'den çalsaydı, gene aynı değişme olurdu. Dolaşımdaki değer toplamının, bunların dağılımındaki bir değişme ile artmayacağı apaçıktır; tıpkı Kraliçe Anne zamanından kalma bir meteliği, yahudinin bir altın liraya satmasıyla, bir ülkedeki değerli maden miktarının çoğalmaması gibi. Bir ülkenin kapitalist sınıfının tümü, kendi kendisinden kâr sağlayamaz.[31]

İstediğimiz kadar eğip bükelim, olgu değişmeden kalır. Eğer eşdeğerler değişilse, bundan artı-değer çıkmaz, ve eğer eşdeğer olmayanlar değişilse gene artı-değer yoktur.[32] Dolaşım ya da metaların değişimi, hiçbir değer doğurmaz.[33]

Bundan dolayı, sermayenin standart biçimini, modern toplumun ekonomik yapısını belirleyen bu biçimi tahlil ederken, herkesin bildiği ve deyim yerindeyse Nuh tufanından kalma biçimleri olan tüccar sermayesi ve tefeci sermayesini tamamen inceleme dışında bırakmamızın nedeni şimdi açıklığa kavuşmuş oluyor.

P—M—P devresi, daha pahalı satmak için satın almak, hakiki tüccar sermayesinde en açık biçimde görülür. Ama hareket, bütünüyle dolaşım alanı içersinde yeralır. Bununla birlikte, paranın

31 Destutt de Tracy, enstitü üyesi olmasına karşın ya da belki de enstitü üyesi olduğu için karşıt görüştedir. Sanayici kapitalistlerin kâr etme nedeninin, "her şeyi kendilerine malolduğundan daha yüksek fiyata satmaları", olduğunu söyler. "Ve bunları kime satarlar? Önce birbirlerine." (*l.c.,* s. 239.)

32 "Birbirlerine eşit iki değer arasında yapılan değişim, toplumda bulunan değerler kitlesini ne büyütür, ne de küçültür. Birbirine eşit olmayan değerler arasındaki değişim de ... aynı şekilde, toplumsal değerler toplamında hiçbir değişiklik meydana getirmez; çünkü değişim, burada, taraflardan birinin varlığında ne kadar bir artışa yolaçmışsa, diğerinin varlığında o kadar bir azalmaya neden olmuştur." (J. B. Say, *l.c.,* t. II, s. 443, 444.) Say, bu ifadenin sonuçlarıyla hiç ilgilenmeden, onu, neredeyse sözcüğü sözcüğüne fizyokratlardan aktarmıştır. Aşağıdaki örnek monsieur Say'nin, kendi "değer"ini büyütme amacıyla, fizyokratların, onun zamanında tamamen unutulmuş yazılarına nasıl başvurduğunu gösterecektir. Onun ünlü, "*On n'achète des proquits qu'avec des produits.*" ["Ürünler ancak ürünlerle satın alınabilir."] (*l.c.,* t. II, s. 441.) sözünün fizyokratlardaki aslı şöyledir: "*Les productions ne se paient qu'avec des productions.*" ["Ürünler ancak ürünlerle ödenir."] (Le Trosne, *l.c.,* s. 899.)

33 "Değişim, ürünlere hiçbir değer katmaz." (F. Wayland, *The Elements of Political Economy,* Boston 1843, s. 169.)

sermayeye dönüşmesi, artı-değerin oluşumu, yalnızca dolaşım ile açıklanamayacağına göre, eşdeğerler değişildiği sürece tüccar sermayesinin olanaksız bir şey olduğu görülür;[34] öyleyse, bunun kökeni, ancak, hem satıcı hem alıcı üreticinin arasına bir asalak gibi sokulan tüccarın sağladığı iki yönlü kazançtadır. Franklin şu sözleri, bu anlamda söylemiştir: "Savaş soygunculuktur, ticaret genellikle dolandırıcılıktır."[35] Tüccar parasının sermayeye dönüşmesi, üreticilerin düpedüz dolandırılmasından başka bir şekilde açıklanmak gerekirse, uzun bir ara aşamalar dizisi gerekli olacaktır ki, halen metaların basit dolaşımı bizim tek varsayımımız olduğuna göre, şimdilik bunlar tümüyle ortada yoktur.

Tüccar sermayesi ile ilgili olarak söylediğimiz şeyler tefeci sermayesi için daha da geçerlidir. Tüccar sermayesinde, iki uç, piyasaya sürülen para ile oradan artmış olarak çekilen para hiç değilse satınalma ve satışla, bir başka deyişle, dolaşım hareketi ile ilişkilidir. Tefeci sermayesi biçimi, P—M—P′ bir ara terim olmaksızın iki uç terime indirgenmiştir, P—P′; paranın para ile değişildiği bu biçim, paranın doğası ile bağdaşmadığı için, metaların dolaşımı açısından açıklanamaz bir durum gösterir. Bu yüzden Aristoteles şöyle der: "Krematistik,* bir yönü ticarete, diğer yönü ise ekonomiye bağlı iki yönlü bir bilim olduğu için, ekonomiye ilişkin yönü gerekli ve değerli, ticarete ilişkin yönü ise dolaşıma dayanır ve haklı olarak hoşgörülmez (çünkü bu, doğaya değil karşılıklı aldatmaya dayanır); bu nedenle tefeci pek haklı olarak nefret edilen bir kimsedir, çünkü paranın kendisi, onun kazanç kaynağıdır ve icat edildiği amaçlar için kullanılmamaktadır. Para, metaların değişimi için meydana geldiği halde, faiz, paradan daha çok para yapar. Bu yüzden de adı buradan gelir (τoϰoς faiz ve döl). Çünkü, doğanlar doğurana benzerler. Ama faiz, paranın parasıdır ve insanın yaşamını kazanma biçimleri içersinde doğaya en karşıt olanıdır."[36]

İncelememiz sırasında, tüccar sermayesi ile faiz getiren sermayenin, türevsel biçimler olduğunu göreceğiz ve aynı zamanda, bu iki biçimin tarihin akışı içersinde, standart modern sermaye biçi-

[34] Değişmeyen eşdeğerlerin egemenliği altında ticaret olanaksız olabilirdi. (G. Opdyke, *A Treatise on Polit. Economy,* New York 1851, s. 66-69.) "Gerçek değer ile değişim-değeri arasındaki fark bir olguya dayanmaktadır — yani bir şeyin değerinin, ticarette bu şeye karşılık verilen ve eşdeğer denilen şeyden farklı olduğu olgusuna; yani bu eşdeğerin bir eşdeğer olmadığı olgusuna." (F. Engels, "*Umrisse zu einer Kritik der Nationalökonomie*", *l.c.,* s. 95, 96. ["Bir Ekonomi Politik Eleştirisi Denemesi", *1844 Elyazmaları*'nda, s. 363].)

[35] Benjamin Franklin, *Works,* II, edit. Sparks, *Positions to be Examined Concerning National Wealth,* s. 376.

[36] Arist[oteles], *l.c.,* c. 10, [s. 17].

* Servet toplama. –*ç.*

minden önce niçin ortaya çıktıkları açıklığa kavuşmuş olacaktır.

Artı-değerin dolaşım tarafından yaratılamayacağını, ve onun oluşması için, bizzat dolaşımda görülmeyen, ama arka planda yeralan bir şeyin varolması gerektiğini göstermiş bulunuyoruz.[37] Ama, artı-değer, meta sahiplerinin metaları tarafından belirlenen karşılıklı ilişkilerinin toplamı olan dolaşımın dışında nereden gelebilir? Dolaşım dışında meta sahipleri yalnızca kendi metaları ile ilişki halindedirler. Değer bakımından ise bu ilişki, o metada sahibinin belirli bir toplumsal ölçüt ile ölçülen bir miktar emeğinin bulunması ile sınırlıdır. Bu emek miktarı, metaın değeri ile ifade edildiğine ve değer de hesap parası ile hesaplandığına göre, bu miktar, fiyat ile de ifade edilir; biz, buna, 10 sterlin diyelim. Ama onun emeği, hem metaın değeri, hem bu değerin üzerindeki bir fazlalıkla temsil edilmez; hem 10 fiyatıyla, hem 11 fiyatıyla, yani kendisinden daha büyük olan bir değerle gösterilemez. Meta sahibi kendi emeği ile değer yaratabilir, ama kendiliğinden büyüyen bir değer yaratamaz. Elindeki metaın değerini ona yeni emek katarak artırabilir, örneğin deriyi çizme yaparak, elindeki değere daha çok değer katabilir. Aynı malzeme, daha büyük bir miktar da emek içerdiği için şimdi daha çok değere sahiptir. Çizme, deriden daha çok değere sahiptir, ama derinin değeri eskiden neyse şimdi de aynıdır; kendisini büyütmemiş, çizme yapımı sırasında artı-değer katmamıştır. İşte bunun için, dolaşım alanı dışında, meta üreticisi, diğer meta sahipleri ile temasa gelmeden, değeri büyütemez ve dolayısıyla parayı ya da metaları sermayeye dönüştüremez.

O halde sermayenin dolaşımdan doğması olanaksız olduğu gibi, dolaşımdan ayrı olarak oluşması da aynı ölçüde olanaksızdır. Sermayenin kökeninin aynı zamanda hem dolaşımın içinde, hem de dışında olması gerekir.

Böylece, çifte bir sonuca ulaşmış oluyoruz.

Paranın sermayeye dönüşmesi, meta değişimini düzenleyen yasalara dayanılarak, çıkış noktası, eşdeğerlerin değişimi olacak biçimde açıklanmalıdır.[38] Dostumuz parababasının, bu henüz çekir-

[37] "Kâr, piyasanın olağan koşulları altında, değişimle sağlanamaz. Daha önce varolmasaydı, bu işlemden sonra da varolamazdı." (Ramsay, *l.c.*, s. 184.)

[38] Buraya kadarki incelemelerimizden, okur bu sözün, yalnızca, bir metaın fiyatı ile değeri aynı olsa bile sermaye oluşumunun olanaklı olacağı anlamına geldiğini görecektir; çünkü sermayenin oluşumu, bu ikisinin birbirinden sapmasına bağlanamaz. Eğer fiyatlar, fiilen değerlerden sapma gösterirlerse, her şeyden önce, fiyatların değerlere indirgenmeleri gerekir; yani bu olgunun en saf şekilde gözlenebilmesi ve gözlemlerimizin, sözkonusu süreçle bir ilgisi bulunmayan yanıltıcı durumlarla bulandırılmaması için bu sapma raslansalmış gibi ele alınır. Biz, ayrıca, bu indirgemenin salt bilimsel bir işlem olmadığını da biliyoruz. Fiyatlardaki sürekli dalgalanmalar, yükselmeler ve düşmeler birbirlerini telafi ederler ve gizli düzenleyicileri olan ortalama bir fiyata kendilerini indirgerler. Bu, tüccara ve sanayiciye, uzun za-

dek halindeki kapitalistin, metaları değerlerine satın alması ve tekrar değerlerine satması, ama gene de sürecin sonunda, dolaşıma koyduğundan daha fazla değeri oradan çekmesi gerekmektedir. Palazlanmış bir kapitalist haline gelişi, hem dolaşımın içinde, hem de dışında olacaktır. Çözümlenmesi gerekli sorunun koşulları işte bunlardır. *Hic Rhodus, hic salta!**

mana gerek gösteren her girişimde, yol gösterici yıldız görevini görür. Bunlar, uzun bir sürede metaların ne yüksek ve ne de alçak değil, ortalama fiyatları ile satılacağını bilirler. Bu nedenle, eğer bu konu üzerinde kafa yoracak olursa, sermaye oluşumunu şöyle formüle ettiği tahmin edilir: Sermayenin kökenini, fiyatların ortalama fiyatla, yani sonal olarak metaların değerleriyle düzenlendiği varsayımına dayanarak nasıl açıklayabiliriz? "Sonal olarak" diyorum, çünkü ortalama fiyatlar, Adam Smith, Ricardo ve diğerlerinin inandıkları gibi, metaların değerleriyle doğrudan çakışmazlar.

* İşte hendek, işte deve! (Ezop'un bir fablından. Bu masalda, bir palavracı, bir zamanlar Rodos'ta olağandışı uzun bir atlayış yaptığını öne sürer.) –ç.

ALTINCI BÖLÜM

EMEK-GÜCÜNÜN ALIM VE SATIMI

PARANIN sermayeye dönüştürülmesi sözkonusu olduğunda, değer değişikliği, paranın kendisinde olamaz; çünkü paranın, satınalma ve ödeme aracı göreviyle, satın alınan ya da bedeli ödenen metaın fiyatını gerçekleştirmekten öte bir rolü yoktur; nakit olarak ise, hiç değişmeyen katılaşmış değerdir.[39] Değer değişikliği, dolaşımın ikinci aşamasından, metaın yeniden satışından da ileri gelmiş olamaz, çünkü burada da, mal, yalnızca maddi biçiminden çıkıp tekrar para-biçimine dönüşmektedir. Değişiklik, öyleyse, eşdeğerler değişildiğinden ve metaın tüm değeri için ödeme yapılmış olduğundan, değerde değil, ilk işlem ile, P—M, satın alınan metada olmalıdır. Bundan da, zorunlu olarak, şu sonuca varmış oluyoruz ki, değişiklik, metaın kullanım-değerinden, yani tüketiminden ileri gelmektedir. Bir metaın tüketiminden değer sızdırabilmek için dostumuz parababası, dolaşım alanında, piyasada kullanım-değeri, değer kaynağı olmak gibi özel bir niteliğe sahip bulunan ve bunun için de fiilen tüketimi bizzat emeğin maddeleşmiş şekli ve dolayı-

39 "Para şeklinde iken ... sermaye kâr üretmez." (Ricardo, *Princ. of Pol. Econ.*, s. 267.)

sıyla da değer yaratacak bir metaı bulacak kadar şanslı olmalıdır. Ve gerçekten de para sahibi, emek kapasitesi [*capacity for labour, Arbeitsvermögen*] ya da emek-gücü [*labour-power, Arbeitskraft*] niteliği taşıyan böyle özel bir metaı piyasada bulur.

Emek-gücü ya da emek kapasitesi sözünden, insanın kendisinde bulunan ve hangi türden olursa olsun bir kullanım-değeri üretirken harcadığı zihinsel ve fiziksel yetilerin toplamı anlaşılmalıdır.

Ama, bizim para sahibinin, meta olarak satışa çıkartılmış emek-gücü bulabilmesi için, önce çeşitli koşulların yerine getirilmiş olması gerekir. Meta değişiminin kendisi, kendi niteliğinden ileri gelenlerin dışında, bir bağımlılık ilişkisini gerektirmez. Bu varsayıma göre, emek-gücü, meta olarak piyasada, ancak, ona sahip olan kimsenin emek-gücünü bir meta olarak satışa sunması ya da satması halinde görülebilir. Bunu yapabilmesi için bu kimsenin, kendi emek-gücü üzerinde tasarrufta bulunabilmesi, emek kapasitesinin, yani kendi kişiliğinin kayıtsız şartsız sahibi olması gerekir.[40] Emek sahibi ile para sahibi, pazarda karşı karşıya gelirler, eşit haklara sahip kimseler olarak temasa geçerler, aralarındaki tek fark birisinin satıcı, diğerinin alıcı olmasıdır; bu yönden yasalar karşısında her ikisi de eşittir. Bu ilişkinin sürekli olabilmesi için, emek-gücü sahibinin, bunu, yalnızca, belirli bir süre için satması gereklidir, çünkü eğer onu toptan ve süresiz satacak olursa, kendini satmış, kendini özgür bir insan olmaktan çıkartıp köleye, meta sahibi olmaktan çıkartıp meta haline dönüştürmüş olur. Emek-gücüne daima kendi öz malı, kendi metaı gözüyle bakması gerekir, ve bunu da ancak, onu, alıcının emri altına geçici bir süre için, belirli bir zaman süresi için vermekle yapabilir. Ancak bu yolla, emek-gücü üzerindeki mülkiyet hakkından feragat etmemiş olur.[41]

40 Klasik çağlar ansiklopedilerinde şöyle budalalıklar görülür: Eski dünyada sermaye tam anlamıyla gelişmişti "ama, serbest işçi ve kredi sistemi yoktu". Mommsen bile, *Roma Tarihi*'nde, bu konuda pot üstüne pot kırar.

41 Bunun için, çeşitli ülkelerde yasakoyucu, iş sözleşmeleri için bir üst sınır koyar. Emeğin özgür olduğu yerlerde, yasalar bu sözleşmeye son verme biçimini bir düzene bağlar. Bazı devletlerde, özellikle Meksika'da (Amerikan iç savaşından önce Meksika'dan alınan topraklarda ve gene gerçekte, Kusa ayaklanmasına kadar Tuna eyaletlerinde) kölelik, *peonage* adını taşıyan bir biçim altında gizlidir. Karşılığı emekle ödenmek üzere verilen ve kuşaktan kuşağa geçen avanslarla yalnız tek tek işçiler değil, aileleri de, *de facto* [fiilen –ç.] başka insanların ve onların ailelerinin malları haline geldiler. Juarez, *peonage*'ı kaldırdı. Sözümona imparator Maximilian, bunu tekrar buyrukla kurdu ve Washington'da Temsilciler Meclisinde, bu haklı olarak, Meksika'da köleliğin yeniden kuruluşu diye kınandı. "Özel bedensel ve ussal olanak ve yeteneklerimi, sınırlı bir süre için bir başkasının kullanımına bırakabilirim; bu sınırlılık sonucu, bunlar, benim bütünlüğüm yönünden yabancı bir nitelik kazanırlar. Ama, bütün çalışma zamanımı ve bütün işimi elden çıkartmakla, kendi

Para sahibinin pazarda emek-gücünü meta olarak bulabilmesi için ikinci temel koşul şudur: emekçi, kendi emeğinin gerçekleştirdiği metaları satacak durumda olmayıp, kendi benliğinde varolan emek-gücünü bir meta olarak satışa sunmak zorunda kalmalıdır.

Bir kimsenin, emek-gücü dışında meta satabilmesi için, kuşkusuz, üretim araçlarına, hammaddeye, birtakım gereçlere vb. sahip bulunması gerekir. Derisiz çizme yapılmaz. Üstelik yaşamını sürdürebilmesi için de bazı şeylere gereksinmesi vardır. Hiç kimse —"geleceğin müzisyeni" bile— geleceğin ürünleri ile ya da bitmemiş durumdaki kullanım-değerleri ile yaşayamaz; ve yeryüzüne ilk adımını attığı andan beri insanoğlu, üretmeden önce de, üretirken de, her zaman bir tüketici olmuştur ve olmaya devam etmek zorundadır. Bütün ürünlerin meta biçimine büründükleri bir toplumda, bu metalar üretildikten sonra satılmak zorundadır; ancak bunların satışından sonradır ki, üreticilerin gereksinmelerini karşılamaya hizmet ederler. Bunların satışı için geçen zaman, üretimleri için gerekli zamana eklenir.

Paranın sermayeye çevrilebilmesi için, demek ki, para sahibinin özgür emekçi ile karşı karşıya gelmesi gerekir; bu, emekçinin iki anlamda özgür olması demektir: hem emek-gücünü kendi öz metaı gibi satabilecek durumda özgür bir insan olması gerekir, hem de satmak için elinde başka bir meta olmaması, emek-gücünü gerçekleştirmesi için gerekli her şeyden yoksun bulunması gerekir.

Bu özgür emekçinin pazarda onun karşısına niçin çıktığı sorunu, emek-pazarını, genel meta pazarının bir dalı olarak gören para sahibini hiç ilgilendirmez. Aslında şu anda bizi de pek az ilgilendirir. Bu konu para sahibini nasıl pratik olarak ilgilendiriyorsa, biz de bu konuya teorik yönden yaklaşıyoruz. Gene de bir nokta apaçık ortada: doğa, bir yanda para ya da meta sahibi, öte yanda emek-gücünden başka bir şeyi olmayan insanlar üretmiyor. Bu ilişkinin doğal bir temeli olmadığı gibi, bütün tarihsel dönemler için ortak toplumsal bir yanı da yoktur. Bunun, geçmiş tarihsel gelişmelerin sonucu, ve çeşitli ekonomik devrimler ile bir dizi eski toplumsal üretim biçimlerinin yokolup gitmesinin bir ürünü olduğu açık bir şeydir.

Daha önce incelediğimiz ekonomik kategoriler de, aynı biçimde, tarihin damgasını taşır. Bir ürünün meta halini alabilmesi için, belirli tarihsel koşullar gereklidir. Bunların, üreticinin bizzat kendi gereksinmelerinin karşılanması için üretilmiş olmaması gerekir.

özümü, diğer bir deyişle, genel faaliyet gerçekliğimi, kişiliğimi, bir başkasının mülkiyeti haline getirmiş olurum." (Hegel, *Philosophie des Rechts,* Berlin 1840, s. 104, § 67.)

Daha da ileri gider, bütün ya da hatta ürünlerin çoğunun hangi koşullar altında metalar biçimini aldığını araştırırsak, bunun, ancak çok özgül türde bir üretim biçiminde, kapitalist üretim biçiminde olabileceğini görürüz. Ne var ki, böyle bir inceleme, metaların tahliline yabancı bir şey olurdu. Üretilen nesnelerin büyük kitlesi, üreticilerin kendi gereksinmelerini karşıladığı ve metalara dönüşmediği, dolayısıyla toplumsal üretimin henüz derinliğine ve genişliğine daha uzun süre değişim-değerinin egemenliği altına giremeyeceği zamanlarda bile meta üretimi ve dolaşımı yeralabilir. Ürünlerin metalar olarak ortaya çıkması, toplumsal işbölümünün gelişmesini, kullanım-değerinin değişim-değerinden ayrılmasını, ilkönce trampayla başlayan bu ayrılmanın tamamlanmış olmasını öngörür. Ama böyle bir gelişme derecesi, başka bakımlardan çok farklı tarihsel özellikler gösteren pek çok toplum biçimlerinin ortak yanıdır. Öte yandan, parayı ele alsak, varlığı, meta değişiminde belirli bir aşamaya işaret eder. Paranın kendine özgü işlevleri, ister metaların eşdeğeri olsun, ister dolaşım ya da ödeme aracı olsun, ister yığılmış ya da evrensel para olsun, bir işlevin diğerine bakarak büyüklüğü ve nispi önceliğine göre, toplumsal üretim sürecinin çok çeşitli aşamalarına işaret ederler. Bununla birlikte, daha ilkel meta dolaşımının bile, bütün bu biçimlerin ortaya çıkmasına yettiğini deneyimlerimizle biliyoruz. Sermayede ise böyle olmuyor. Yalnız başına para ve meta dolaşımı, sermayenin varoluşunun tarihsel koşullarının doğmasına yetmiyor. Onun doğabilmesi için, ancak üretim ve tüketim araçlarını elinde bulunduran kimse ile emek-gücü satan özgür emekçilerin pazarda karşı karşıya gelmesi gerekiyor. Ve bu tek tarihsel koşul, bir dünya tarihini kapsıyor. Onun için sermaye, ilk ortaya çıkışı ile, toplumsal üretim sürecinde yeni bir çağın başladığını ilan ediyor.[42]

Emek-gücü denilen bu özel metaı şimdi biraz daha yakından incelememiz gerekiyor. Bütün ötekiler gibi, o da bir değere sahiptir.[43] Bu değer nasıl belirlenir?

Emek-gücünün değeri, öteki her metada olduğu gibi, bu özel nesnenin üretimi ve dolayısıyla yeniden-üretimi için gerekli emek-zamanı ile belirlenir. Emek-gücü bir değere sahip olduğuna göre, kendisinde maddeleşmiş ortalama toplumsal emeğin belirli bir ni-

[42] Demek ki, kapitalist döneme niteliğini kazandıran şey, emek-gücünün, işçinin kendi gözünde, kendi malı olan bir meta şeklini alması ve dolayısıyla emeğinin, ücretli emeğe dönüşmesidir. Öte yandan, emek ürünün genel olarak meta halini alması ancak bu andan sonra olur.

[43] "Bir adamın değeri ya da kıymeti, diğer bütün şeylerde olduğu gibi fiyatıdır; yani onun gücünün kullanılması karşılığında ödenen miktar demektir." (Th. Hobbes, *Leviathan, Works*'te, Ed. Molesworth, Lond. 1839-44, v. III, s. 76.)

celiğinden daha fazlasını temsil etmez. Emek-gücü, yalnızca, bir kapasite, ya da canlı bireyin gücü olarak vardır. Bunun sonucu olarak, emek-gücünün üretimi, bu bireyin varlığını öngörür. Belli bir bireyin emek-gücü üretimi, onun kendisini yeniden-üretmesinden ya da varlığının devamından oluşur. Bireyin varlığını sürdürebilmesi için, belli miktarda geçim aracına gereksinmesi vardır. Bu nedenle, emek-gücünün üretimi için gerekli emek-zamanı, kendini bu geçinme araçlarının üretimi için gerekli zamana indirgiyor; başka bir deyişle, emek-gücünün değeri, emekçinin varlığını sürdürmesi için gerekli olan geçim araçlarının değeridir. Ne var ki, emek-gücü, ancak kullanılmakla gerçekleşir; ancak çalışma ile kendini faaliyete sokar. Bu arada belirli miktarda insan adalesi, siniri, beyni vb. harcanmış olur, ve bunların yerine konması gerekir. Bu masraf artışı, daha fazla bir gelir ister.[44] Emek-gücü sahibi, bugün çalışıyorsa, yarın da, aynı süreci, sağlık ve kuvvet yönünden aynı koşullarla yineleyebilmelidir. Öyleyse geçim araçları, onun, çalışan bir insan olarak normal durumunu sürdürmesine yeterli olmalıdır. Yiyecek, giyecek, yakıt, barınak gibi doğal gereksinmeler, yaşadığı ülkenin iklimi ile diğer fiziksel koşullara göre değişir. Öte yandan, zorunlu denilen gereksinmelerinin çeşidi ve büyüklüğü, tıpkı bunları karşılama şekilleri gibi, bizzat kendileri tarihsel bir gelişmenin ürünleri olduğu için, ve bu yüzden geniş ölçüde o ülkenin uygarlık düzeyine ve özellikle de, özgür emekçiler sınıfının (*class of free labourers*) oluştuğu koşullara ve alıştıkları rahatlık derecesine bağlıdır.[45] Bu nedenle, diğer metalarda olduğunun tersine, emek-gücü değerinin belirlenmesine, tarihsel ve manevi bir öğe de giriyor. Bununla birlikte, belli bir ülkede, belli bir dönemde, emekçi için gerekli olan geçim araçlarının ortalama miktarı pratik olarak bilinir.

Emek-gücü sahibi de ölümlüdür. Öyleyse, pazardaki varlığının sürekli olabilmesi için —ki, paranın durmadan sermayeye dönüşmesi bunu gerektirir— emek-gücü satıcısının, "yaşayan her bireyin kendisini sürdürdüğü şekilde, yani döllenerek"[46] varlığını sürdürmesi gerekir. Aşınma, yıpranma ve ölüm nedeniyle, pazardan çekilen emek-gücünün yerini, hiç değilse aynı miktarda yeni emek-gücünün sürekli olarak doldurması gerekir. Böylece, bu özel meta sahipleri soyunun pazarda varlıklarını sürdürmeleri için, emek-

[44] Bu nedenle Romalı Villicus, tarım kölelerinin gözcüsü olarak, "işi daha hafif olduğu için, çalışan kölelerden çok daha az bir ücret" alıyordu. (Th. Mommsen, *Röm. Geschichte,* 1856, s. 810.)

[45] Karşılaştırınız: W. Th. Thornton, *Over-Population and its Remedy,* Lond. 1846.

[46] Petty.

gücü üretimi için gerekli geçim araçlarının toplamı, emekçinin yerini dolduracak olanların, yani çocuklarının gereksinmelerini de karşılayacak şekilde olmalıdır.[47]

İnsan organizmasının belli bir sanayi dalında hüner ve beceri kazanabileceği şekilde değişikliğe uğramasını ve özel türde bir emek-gücü olabilmesini sağlamak için, özel bir öğrenim ya da eğitim gereklidir; bu da, az ya da çok bir meta eşdeğerine malolur. Bu miktar, emek-gücünün az ya da çok karmaşık olma niteliğine göre değişir. Bu eğitim masrafları (basit emek-gücü için pek küçüktür) üretim için harcanan toplam değerin içersinde *pro tanto,** yeralır.

Bu durumda, emek-gücünün değeri, kendisini belirli bir miktarda geçim aracının değerine indirgiyor. Bu nedenle de, araçların değeri, bunların üretilmeleri için gerekli emek miktarına bağlı olarak değişir.

Yiyecek ve yakacak gibi bazı geçim araçları, günü gününe tüketildiği için, her gün yeniden sağlanması gerekir. Elbise ve ev eşyası gibi diğer şeyler, daha uzun süre gider ve bunların daha uzun zaman aralıkları ile yenilenmeleri gerekir. Bazı malları her gün, bazılarını haftada, üç ayda bir vb. satınalma durumu vardır. Bunlar için harcanan toplam miktar, yıl boyunca nasıl dağılırsa dağılsın, her günü bir diğeri gibi olmak üzere, ortalama gelirle karşılanması gerekir. Emek-gücü üretimi için gerekli günlük meta toplamı = A, haftalık = B, üç aylık = C, vb. olsa, bu metaların günlük ortalaması

$$= \frac{365A+52B+4C+vb.}{365} \text{ olur.}$$

Ortalama bir gün için gerekli metalar kitlesinde, diyelim 6 saatlik toplumsal emek cisimleşmiş bulunsun, bu durumda, günlük emek-gücünde, ortalama yarım günlük toplumsal emek maddeleşmiş olarak vardır, bir başka deyişle, günlük emek-gücü üretimi için yarım günlük emek gereklidir. Bu emek miktarı, bir günlük emek-gücünün değerini ya da her gün üretilen emek-gücünün değerini meydana getirir. Eğer bir günlük ortalama toplumsal emek üç şilinde maddeleşmiş ise, bu üç şilin, bir günlük emek-gücünün değerine tekabül eden fiyatıdır. Sahibi, bunu, günde üç şiline satışa çıkarsa, bu satış fiyatı, onun değerine eşittir ve bizim varsayımımıza göre, bu üç şilini sermayeye dönüştürmek niyetinde olan pa-

47 "Onun" (emeğin) "doğal fiyatı ... iklimin niteliği ve ülkenin âdetlerine göre, işçiyi geçindirebilecek ve piyasada eksilmeyen bir emek arzını sürdürecek bir aileyi besleyebilecek miktarda gerekli tüketim maddeleri ile huzuru sağlayabilecek şeylerden ibarettir." (R. Torrens, *An Essay on the External Corn Trade,* London 1815, s. 62.) Burada emek-gücü yerine yanlış olarak emek sözcüğü kullanılmıştır.

* O ölçüde. –ç.

rababası dostumuz bu değeri ödemektedir.

Emek-gücü değerinin asgari sınırı, işçinin, her gün almadığı takdirde yaşamsal enerjisini yenileyemeyeceği meta değeri ile, yani fiziksel bakımdan vazgeçilmesi olanaksız geçim araçlarının değeri ile belirlenir. Eğer emek-gücünün fiyatı bu alt sınıra düşerse, bu koşullar altında varlığını ancak kötürüm bir durumda koruyup sürdürebileceği için, değerinin altına düşmüş olur. Ama, her metaın değeri, o metaın normal nitelikte olacak şekilde üretilmesi için gerekli emek-zamanı ile belirlenir.

Emek-gücü değerinin bu şekilde belirlenmesi yöntemini, konunun niteliği gereği ortaya çıkan bu yöntemi, merhametsiz bir yöntem olarak ilan etmek ve Rossi ile birlikte şu yaygarayı koparmak çok ucuz bir duygululuk olur: "Emek kapasitesini (*puissance de travail*), üretim süreci sırasında emekçilerin geçim araçlarından soyutlayarak düşünmek, bir hayaleti (*être de raison*) düşünmek demektir. Emekten ya da emek kapasitesinden söz açtığımız zaman, aynı zamanda, emekçiden ve onun geçim araçlarından, işçiden ve ücretten de sözetmiş oluyoruz."[48] Emek kapasitesi dediğimiz zaman, emekten sözetmiş olmuyoruz; tıpkı sindirim kapasitesi denildiği zaman, sindirimden sözedilmiş olmayacağı gibi. Bu son süreç, sağlam bir mideden daha fazla bir şeyler gerektirir. Emek kapasitesi derken, biz, [onu –ç.] gerekli geçim araçlarından soyutlamış olmuyoruz. Tersine, bunların değeri, onun değerinin içersinde ifade edilir. Emek kapasitesi eğer satılmazsa, bundan hiçbir yarar sağlayamayacak olan emekçi, üretimi belirli miktarda geçim aracına malolan ve yeniden-üretimi için bunun durmadan gerekli olacağını düşünür ve bu kapasiteyi, zalim bir doğal zorunluluk diye kabul eder. İşte o zaman Sismondi ile aynı görüşü paylaşır: "Emek kapasitesi ... satılmadığı sürece bir hiçtir."[49]

Emek-gücünün bir meta olarak kendine özgü niteliğinden çıkan sonuçlardan birisi, kullanım-değerinin, alıcı ile satıcı arasındaki sözleşmenin tamamlanmasıyla, alıcının eline doğrudan geçmemesidir. Üzerinde belli miktarda bir toplumsal emek harcandığı için öteki her meta gibi onun değeri de dolaşıma girmeden önce belirlenmiş haldedir; ama onun kullanım-değeri ancak daha sonra bu gücün harcanması ile ortaya çıkar. Emek-gücünün elden çıkartılması ve alıcı tarafından fiilen elegeçirilmesi, onun kullanım-değeri olarak kullanılması, bir zaman aralığıyla ayrılmıştır. Ama, bir metaın kullanım-değerinin satışı yoluyla resmen elden çıkartılmasının, alıcıya fiilen teslim edilmesi ile aynı zamana raslamadığı du-

48 Rossi, *Cours d'Écon-Polit.*, Bruxelles 1842, s. 370, 371.
49 Sismondi, *Nouv. Princ., etc.*, t. I, s. 112.

rumlarda, alıcının parası, genellikle ödeme aracı olarak iş görür.[50] Kapitalist üretim biçiminin egemen olduğu her ülkede, sözleşmeyle belirlenen süre içersinde, emek-gücü kullanılmadan önce ödemenin yapılmaması bir gelenektir, örneğin her hafta sonunda ödenir. Bunun için, her zaman, emek-gücünün kullanım-değeri, kapitaliste avans olarak verilir: emekçi, henüz karşılığını almadığı emekgücünün satın alıcı tarafından tüketilmesine izin vermekte, ve her yerde kapitaliste kredi açmaktadır. Bu kredinin bir hayal ürünü olmadığı, yalnız kapitalistin iflası[51] üzerine zaman zaman işçinin uğradığı ücret kayıpları ile değil, bir dizi uzun süreli sonuçlarla da görülür.[52] Bununla birlikte, para, ister satınalma, ister ödeme ara-

[50] "Her iş, yapılıp bittikten sonra ödenir." (*An Inquiry into those Principles Respecting the Nature of Demand, etc.*, s. 104.) "Ticari kredi, üretimin ilk yaratıcısı işçinin, tasarrufları nedeniyle, yaptığı işin ücretini haftanın, onbeş günün, ayın, üç ayın sonuna kadar bekleyebilecek hale gelmesiyle başlamış olmalıdır." (Ch. Ganilh, *Des Systémes d'Écon. Polit.*, 2. édit., Paris 1821, t. II, s. 150.)

[51] "İşçi çaba ve hünerini ödünç verir", ama, Storch kurnazca şunu ekler: o "ücretini yitirmekten" başka "hiçbir şeyini tehlikeye sokmamıştır ... işçi kendisinden maddi olarak hiçbir şey vermez." (Storch, *Cours d'Écon. Polit.*, Petersbourg 1815, t. II, s. 37.)

[52] Bir örnek: Londra'da iki çeşit fırıncı vardır; ekmeği tam değeri üzerinden satan "tam fiyatlı" fırıncılar, değerinin altında satan "düşük fiyatlı" fırıncılar. Bu sonuncular, toplam fırıncı sayısının dörtte-üçünden fazlasını meydana getirirler. ("Fırıncı kalfasının şikayetlerini" incelemekle görevli hükümet komiseri H. S. Tremenheere'in *Report*'u, xxxii, Lond. 1862.) Ucuzcuların hemen hepsi, beslenmeye ve sağlığa zararlı şap, sabun, potas, tebeşir, Derbyshire-tozu ve benzeri şeylerle karıştırılmış bozuk ekmek satarlar. (Yukarda sözü edilen Mavi Kitap ile, "Hileli ekmek konusunda 1855 tarihli komitenin" hazırladığı rapora ve Dr. Hassall'ın, *Adulterations Detected,* 2. edit., London 1861, yapıtına bakınız.) 1855 tarihli komitede verdiği ifadede sir John Gordon şöyle diyordu: "Yapılan bu karıştırma ve hileler sonucu, günde iki libre ekmekle karnını doyuran yoksul bir insan, sağlığı üzerindeki bozucu etkileri bir yana, besleyici maddelerden ancak dörtte-birini alabilmektedir." Tremenheere (*l.c.,* s. xlviii) işçi sınıfının büyük bir kısmının bu hilenin pekala farkında oldukları halde, şap, toz-toprak gibi şeyleri niçin satın aldıkları konusunda şöyle diyor: "Fırıncılarından ya da bakkallarından keyiflerince yaptıkları ya da sattıkları ekmeği satın almak onlar için bir zorunluluktur." Hafta sonundan önce ücretlerini alamadıkları için, "ailelerinin hafta boyunca yedikleri ekmeğin parasını, hafta sonundan önce ödeyemezler" ve Tremenheere, tanıkların ifadeleri konusunda şunları ekliyor: "Bu karıştırmalardan meydana gelen ekmeğin, salt bu şekilde satılmak üzere yapıldığı esef edilecek bir gerçektir." Birçok İngiliz ve daha da çok İskoç tarım bölgelerinde ücretler onbeş günde bir ve hatta ayda bir ödenir; ödemeler arasındaki bu uzun aralıklar sonucu tarım işçileri veresiye alışveriş yapmak zorunda kalırlar. Daha yüksek fiyatla satın almak zorunda oldukları gibi aslında ona veresiye veren dükkana da bağlanmış durumdadırlar. Böylece örneğin, ücretlerin aylık ödendiği Wilts'teki Horningham'da, başka yerde bir stone için 1 şilin 10 peni ödediği aynı unu, buralarda 2 şilin 4 peniye ancak satın alabilir. (Medical Officer of Privy Council'in halk sağlığı konusunda *Sixth Report*'u, 1864, s. 264.) "Paisley ve Kilmarnock'taki mürettipler, greve gitmek suretiyle, ücretlerin aylık olarak ödenmesi yerine onbeş günde bir ödenmesini zorla kabul ettirirler." (*Reports of the Inspectors of Factories for 31st Oct. 1853,* s. 34.) İşçinin kapitaliste açtığı kredinin daha güzel bir sonucu olarak da, pek çok İngiliz kömür madeninde kullanılmakta olan bir yönteme işaret edebiliriz; buralarda işçiye ancak ay sonunda ücret ödenir ve bu arada madenci, çoğu kez mal şeklinde olan ve bedelini sonradan piyasa fiyatının üzerinde

cı olarak iş görsün, bu, meta değişiminin niteliği üzerinde hiçbir değişiklik yapmaz. Emek-gücünün fiyatı, sonuna kadar gerçekleştirilmemesine karşın, konut kiralarında olduğu gibi, sözleşme ile saptanılır. Emek-gücü, karşılığı ancak daha sonra ödenmesine karşın satılmış olur. Taraflar arasındaki ilişkinin açık olarak kavranabilmesi için, emek-gücü sahibinin her satışta, sözleşmede belirtilen karşılığı derhal aldığını geçici olarak kabul etmek yararlı olacaktır.

Şimdi artık bu özel metaın, emek-gücünün sahibine, satın alan tarafından ödenen değerin nasıl belirlendiğini biliyoruz. Satın alanın değişimle elde ettiği kullanım-değeri, kendisini, ancak fiilen kullanılmakla, emek-gücünün tüketimi ile ortaya koyar. Para sahibi bu amaç için hammadde gibi her şeyi piyasadan satın alır ve bunların tam değerlerini öder. Emek-gücünün tüketimi, metaların ve artı-değerin birlikte ve aynı zamanda üretimidir. Emek-gücünün tüketimi, diğer her türlü metada olduğu gibi, piyasanın ya da dolaşım alanının sınırları dışında tamamlanır. Bay parababasını ve emek-gücü sahibini birlikte yanımıza alarak bir süre için her şeyin ortada ve herkesin gözüönünde geçtiği bu gürültülü alanı bırakıyoruz ve hep birlikte kapısında, "işi olmayan giremez!" levhası ile bizi karşılayan, gizli kapaklı üretim alanına geçiyoruz. Burada biz, sermayenin, yalnız nasıl ürettiğini değil, ama nasıl üretildiğini de göreceğiz. Ve ensonu, kâr sağlamanın sırlarını da zorlayacağız.

Sınırları içersinde emek-gücü alım ve satımının sürüp gittiği ayrıldığımız bu alan, aslında, insanın doğuştan varolan haklarının tam bir cenneti idi. Burada egemen olan yalnızca, Özgürlük, Eşitlik, Mülkiyet ve Bentham'dır.* Özgürlüktür, çünkü, metaın, diyelim emek-gücünün hem alıcısı hem satıcısı yalnızca kendi serbest iradelerinin etkisi altındadırlar. Serbest taraflar olarak sözleşme yaparlar ve vardıkları anlaşma, ortak iradelerinin yasal ifadesinden başka bir şey değildir. Eşitliktir, çünkü birbirleriyle basit meta sahipleri olarak ilişki içine girerler ve eşdeğeri eşdeğerle değişirler. Mülkiyettir, çünkü taraflar, kendi malı olan şeyler üzerinde tasarrufta bulunur. Ve Bentham'dır, çünkü her iki taraf da yalnız kendisini düşünür. Bunları biraraya getiren ve ilişki içersine sokan

ödemek zorunda kaldığı şeyleri kapitalistten avans olarak alır (*truck-system,* [takas sistemi –ç.]). "İşçilere ücretlerini ayda bir kez ödemek ve her hafta sonunda avans vermek, kömür madeni patronları arasında uygulanagelen bir usuldür. Avanslar dükkanda ödenir: (yani, patronlara ait dükkanda) "işçiler bir eliyle aldıklarını diğeriyle buralara yatırırlar." (*Children's Employment Commission, III. Report,* Lond. 1864, s. 38, n. 192.)

* Jeremy Bentham, İngiliz hukuk yazarı, faydacılığın kurucusu. Bu yapıtın "Artı-Değerin Sermayeye Dönüşümü" bölümünde, Marx, ona ayırdığı uzun bir notta (69 nolu notta), onu şöyle adlandırır: "burjuva budalalığın dehası." –ç.

tek güç, bencillik, kazanç ve özel kişisel çıkardır. Herkes yalnız kendini düşünür, kimse geri kalana kulak asmaz, ve böyle yaptıkları için de, şeylerin önceden düzenlenmiş uyumu gereği ya da kadiri mutlak ve takdiri ilahi ile hepsi de, herkesin mutluluğu ve yararı adına, kendi karşılıklı çıkarları adına elbirliği ile çalışırlar.

"Vülger serbest ticaretçi"lerin görüşlerini, fikirlerini ve sermaye ile ücrete dayanan toplum hakkındaki yargılarının ölçüsünü aldıkları bu basit dolaşım ve meta değişimi alanından çıkarırken, *dramatis personæ*'mizin* yüzlerinde bir değişiklik olduğunu görüyoruz. Eski para sahibi, şimdi kapitalist olarak önde çalımla yürüyor; emek-gücü sahibi onun emekçisi olarak peşisıra onu izliyor. Biri önemli insan pozunda, sırıtkan, işbilir; öteki sıkılgan, çekingen, kendi derisini pazara götüren ve yüzülmekten başka umudu olmayan bir kimse gibi.

* Oyundaki kişiler, pazarlığa girişen kişiler. –ç.

ÜÇÜNCÜ KISIM

MUTLAK ARTI-DEĞERİN ÜRETİMİ

YEDİNCİ BÖLÜM

EMEK-SÜRECİ VE ARTI-DEĞER ÜRETİM SÜRECİ

BİRİNCİ KESİM. — EMEK-SÜRECİ YA DA KULLANIM-DEĞERLERİNİN ÜRETİMİ

Kapitalist, emek-gücünü, kullanmak için satın alır; kullanılan bu emek-gücü, emeğin kendisidir. Emek-gücünü satın alan, satıcıyı çalıştırarak bu emek-gücünü tüketir. Çalışarak, emek-gücü sahibi, daha önce yalnızca potansiyel olan emek-gücünü fiilî eyleme çevirir, işçi olur. Emeğinin bir metada yeniden ortaya çıkması için, her şeyden önce, onu, yararlı bir iş üzerinde, herhangi bir gereksinmeyi karşılayabilecek bir şey üzerinde harcaması gerekir. Demek ki, kapitalistin, işçiye ürettirdiği belli bir kullanım-değeri, belirli bir nesnedir. Kullanım-değerlerinin ya da malların üretiminin kapitalistin denetimi altında ve onun adına yapılması olgusu, bu üretimin genel niteliğini değiştirmez. Bu nedenle, biz, ilkin, emek-sürecini, belli toplumsal koşullar altında aldığı özel biçimlerden bağımsız olarak incelemek durumundayız.

İş, her şeyden önce, hem insanın hem doğanın katıldığı ve insanın kendisi ile doğa arasındaki maddi tepkimeleri dilediği şekilde başlattığı, düzenlediği ve denetlediği bir süreçtir. Doğanın ürünlerini kendi gereksinmelerine uygun bir biçimde elegeçirebilmek için, kollarını, bacaklarını, kafasını, ellerini ve vücudunun doğal güçlerini harekete geçirerek, doğa güçlerinden birisi olarak onun karşısına geçer. Dış dünya üzerinde bu şekilde etki yaparak onu değiştirmekle, aynı zamanda kendi doğasını da değiştirir. Uyuklamakta olan güçlerini geliştirir ve bunları dilediği gibi hareket etmeye zorlar. Biz, şimdi burada, bize hayvanı anımsatan ilkel içgüdüsel iş biçimleri ile ilgili değiliz. İnsanın emek-gücünü pazara bir meta olarak satmak için getirdiği durum ile başlangıçtaki içgüdüsel aşamasında olan insan emeğinin durumunu birbirinden ayıran çok büyük bir zaman aralığı vardır. Biz, emeği, salt insana özgü biçimi içersinde ele alıyoruz. Örümcek, işini dokumacıya benzer şekilde gördüğü gibi, arı da peteğini yapmada pek çok mimarı utandırır. Ne var ki, en kötü mimarı en iyi arıdan ayıran şey, mimarın, yapısını gerçekte kurmadan önce, onu imgesinde kurabilmesidir. Her emek-sürecinin sonunda, daha önceden işçinin imgeleminde başlangıç halinde varolan bir sonuç elde ederiz. İşçi, üzerinde çalıştığı malzemede yalnızca bir biçim değişikliği yapmakla kalmaz, aynı zamanda, onun *modus operandi*'sini* bir yasa haline getiren kendi amacını da gerçekleştirir ve kendi iradesini bu amaca tâbi kılmak zorundadır. Bu tâbi oluş, geçici bir şey de değildir. Bu süreç, organlarının çalışmasının yanısıra, bütün iş boyunca, işçinin iradesinin amacıyla sürekli olarak uyum halinde olmasını gerektirir. Bu, sıkı bir özen demektir. İşin niteliği ve yapılma biçimi onun için ne kadar az çekici ise ve bu nedenle de hem beden hem kafa gücünü kullanma yönünden ne kadar az zevk alırsa o derece dikkatli olmak zorundadır.

Emek-sürecinin basit öğeleri şunlardır: 1. insanın kişisel etkinliği, yani işin kendisi; 2. işin konusu, ve 3. işin araçları.

İnsana gerekli şeyleri ya da yaşama araçlarını kullanıma hazır olarak sunduğu[1] bakir toprak (ekonomik bakış açısından su da ona dahildir) insandan bağımsız olarak vardır ve insan emeğinin evrensel konusudur. Çevresiyle yakın bağlarını ancak emeğin çözdüğü her şey, doğanın kendiliğinden sağladığı ve emeğin işlediği konulardır. Yakaladığımız ve yaşadığı ortamdan çekip aldığımız balık, bakir ormanda devirdiğimiz tomruk ve maden yataklarından çıkardığımız maden cevherleri, bunun örnekleridir. Öte yandan, eğer emeğin konusu, deyim yerindeyse, daha önceki bir emeğin süzgecinden geçmişse, buna, hammadde diyoruz; daha önce çıkar-

[1] "Yeryüzünün doğal ürünleri, az miktarda ve insandan tamamen bağımsız olmalarıyla, sanki, onu çalışmaya sevketmek ve kendi servetini yaratmaya teşvik etmek üzere genç bir insana verilen az miktarda para gibi, doğa tarafından sağlanıyor gibidir." (James Steuart, *Principles of Polit. Econ.*, edit. Dublin 1770, v. I., s. 116.)

* Çalışma tarzı. –ç.

tılmış olan ve yıkanmaya hazır maden cevheri gibi. Bütün hammaddeler emeğin konusudur, ama her emek konusu hammadde değildir; bu, her şey daha önce harcanan emek yoluyla bir değişiklik geçirdikten sonra ancak hammadde olabilir.

Emek aracı, işçinin kendisi ile emek konusu arasına soktuğu ve etkinliğinin ileticisi olarak yararlandığı bir şey ya da şeyler bileşimidir. Amaçlarına uygun başka maddeleri yapmak için bazı maddelerin mekanik, fizik ve kimyasal özelliklerinden yararlanır.[2] İnsanın kendi organlarını emek araçları gibi kullanarak topladığı meyve gibi hazır yaşama araçlarını bir yana bırakırsak, işçinin ilk sahip olduğu şey, emeğin konusu değil, emeğin araçlarıdır. Böylece doğa onun etkinliğinin organlarından birisi haline geliyor, onu kendi organlarına katıyor ve İncile karşın, kendisine yeni bir boyut eklemiş oluyor. Toprak onun ilk kileri olduğu gibi ilk alet deposu da oluyor. Toprak, ona, örneğin fırlatmak, öğütmek, basmak, kesmek için vb. taşlar sağlıyor. Toprak kendi başına bizzat emek aracıdır, ama tarımsal amaçlarla kullanılmak istendiği zaman bir dizi başka araçlara ve oldukça gelişmiş bir emeğe gerek duyuluyor.[3] Emeğin geçirdiği çok az bir gelişme bile, hemen özel olarak hazırlanmış araçlara gerek gösteriyor. Bu yüzdendir ki, en eski mağaralarda taştan yapılmış alet ve silahlara raslıyoruz. İnsanlık tarihinin en eski dönemlerinde evcilleştirilmiş hayvanlar, yani belli bir amaç için yetiştirilmiş ve emek verilerek bazı özellikleri değiştirilmiş hayvanlar, özel olarak hazırlanmış taşlar, ağaçlar, kemikler ve hayvan kabuklarının yanısıra bellibaşlı emek araçları ödevini görüyorlar.[4] Bazı hayvan türleri arasında embriyon halinde varolmakla birlikte, emek araçlarının kullanımı ve yapımı, insanın emek-sürecinin özgül özelliğidir ve Franklin bu nedenle insanı alet yapan hayvan diye betimliyor. Geçmişteki emek araçlarının kalıntıları, toplumun artık yokolmuş ekonomik biçimlerinin aydınlığa kavuşturulmasında, tıpkı nesli tükenmiş hayvan türlerinin saptanmasında fosilleşmiş kemiklerin taşıdığı önemi taşıyorlar. Birbirinden farklı ekonomik çağların ayırdedilmesinde işe yarayan şey, yapılan eşyalar değil, bunların nasıl ve hangi araçlarla yapıldıkları-

[2] "Akıl, güçlü olduğu kadar kurnazdır da. Aklın kurnazlığı, başlıca nesnelerin kendi özelliklerine uygun olarak birbirleri üzerinde etki ve tepkide bulunmasına yolaçarak, böylece, sürece doğrudan müdahale etmeksizin, aklın amacının yerine gelmesini sağlayan aracılık faaliyetinde görülür." (Hegel, *Enzyklopädie,* Erster Teil, *Die Logik,* Berlin 1840, s. 382.)

[3] Diğer yönlerden değersiz olan yapıtında (*Théorie de l'Écon. Polit.*, Paris 1815) Ganilh, fizyokratlara karşı, gerçek anlamıyla tarımın başlamasından önce gerekli süreçlerin uzun bir listesini çarpıcı bir biçimde sıralar.

[4] Turgot, *Réflexions sur la Formation et la Distribution des Richesses* (1766) adlı yapıtında, evcilleştirilmiş hayvanların, uygarlığın başlangıç dönemindeki önemine dikkati çekmiştir.

dır.[5] Emek araçları, yalnız insan emeğinin ulaştığı gelişme düzeyinin bir ölçüsünü vermekle kalmıyor, bunlar, aynı zamanda, işin yapıldığı toplumsal koşulların göstergeleri de oluyorlar. Emek araçları içersinde, bütünüyle alındığında üretimin kemikleri ve kasları diyebileceğimiz mekanik nitelikte olanlar, belli bir üretim çağının en kesin özellikleri konusunda, genel bir deyişle, üretimin dolaşım sistemi diyebileceğimiz ve yalnızca iş malzemesini saklamaya yarayan borulara, fıçılara, sepetlere ve küplere göre, daha kesin bilgiler verebilirler. Bu sonuncular, kimya sanayisi ile birlikte önemli bir rol oynamaya başlarlar.

Daha geniş bir anlamda, emek araçları arasında, emeği, emek konusuna doğrudan aktarmak için kullanılan ve bu nedenle şu ya da bu şekilde faaliyet iletkeni ödevi yapan araçlara ek olarak, emek-sürecinin yürütülmesi için gerekli bütün nesneleri katabiliriz. Bunlar, doğrudan sürece girmezler, ama bunlar olmaksızın da süreç ya hiç yeralmaz ya da ancak bir ölçüde yeralabilir. Bu türden evrensel emek aracı olarak yeryüzünü bir kez daha karşımızda görürüz: işçiye, bir *locus standi** ve etkinliği için bir iş alanı sağlayan odur. Daha önceki bir işin sonucu olan ve aynı zamanda bu sınıfa dahil olan araçlar arasında işlikleri, kanalları, yolları ve benzerlerini buluyoruz.

Emek-sürecinde, insan etkinliği, demek ki, emek araçlarının yardımı ile üzerinde çalışılan malzemede, başlangıçta tasarlanan bir değişikliği meydana getiriyor. Süreç, üründe sona erer, ve ürün, bir kullanım-değeridir. Doğanın sağladığı malzeme bir biçim değişikliğiyle insan gereksinmelerine uyarlanır. Emek, kendisini, konusuyla birleştirmiştir: emek maddeleştirilmiş, konu dönüştürülmüştür. İşçide hareket olarak ortaya çıkan şey, şimdi üründe hareketsiz, sabit bir nitelik olarak görülür. Demirci döver ve ürün dövülmüş demirdir.

Eğer sürecin tümünü, sonucu açısından, ürün açısından incelersek, hem emek araçları, hem de emek konusunun üretim araçları olduğu,[6] ve emeğin kendisinin üretken bir emek olduğu açıkça görülür.[7]

[5] Çeşitli üretim dönemlerinin teknolojik yönden karşılaştırılmasında, metalar içersinde en az önemli olanı, sözcüğün dar anlamıyla, lüks eşyalardır. Tüm toplumsal yaşamın ve bu nedenle bütün gerçek tarihin temeli olan maddi üretim koşullarındaki gelişmeyi, yazılı tarihimiz şimdiye değin ne denli az dikkate alsa da, tarihöncesi çağlar, gene de, tarihsel denilen sonuçlara göre değil, materyalist araştırmaların sonuçlarına göre sınıflandırılmıştır. Bu dönemler, kullanılan aletler ile silahların malzemesine göre, yani taş, bronz ve demir çağları olarak ayrılmışlardır.

[6] Örneğin, yakalanmamış bir balığın, balıkçılık sanayisinde üretim aracı olarak kabul edilmesi düşünceye aykırı gibi görünebilir. Ama şimdiye kadar, hiç kimse, balık olmayan sularda balık avlama yöntemini bulamamıştır.

* Tesis yeri. –ç.

Bir kullanım-değeri, emek-sürecinden ürün olarak çıkarken, öteki kullanım-değerleri, daha önceki emeğin ürünleri, sürece, üretim araçları olarak girerler. Aynı kullanım-değeri, hem daha önceki sürecin ürünü, hem de daha sonraki sürecin üretim aracıdır. Bunun için, ürünler, yalnızca sonuç değil, aynı zamanda emeğin temel koşullarıdır.

İçersinde madencilik, avcılık, balıkçılık ve tarım gibi (yalnızca bakir toprağın tarıma hazırlanması yönünden) doğrudan doğa tarafından sağlanan emek malzemesi bulunan istihraç sanayisi dışında, sanayinin bütün kolları, emeğin süzgecinden geçmiş olan nesneler, daha önce emeğin ürünleri olan hammaddeler üzerinde çalışırlar. Tarımda tohum böyledir. Doğanın ürünleri olarak görmeye alışkın olduğumuz hayvanlar ve bitkiler, bugünkü biçimlerinde yalnızca, diyelim geçen yılın ürünleri değil, insanın denetimi altında ve onun emeği aracılığı ile, kuşaklar boyu süren tedrici bir dönüşümün sonucudur. Zaten, çoğu zaman, emek araçları, en dikkatsiz gözlemciye bile, geçmiş çağlardaki emeğin izlerini belli eder.

Hammadde, ürünün anamaddesi olabileceği gibi, onun yapısına bir yardımcı olarak da girebilir. Yardımcı madde, buhar kazanının altındaki kömür, çarkların yağı, yük beygirlerinin samanı gibi, emek araçlarınca tüketileceği gibi, keten bezini ağartmada klor, demir elde etmede kömür, yünün boyanmasında boya maddesinde olduğu gibi, hammadde de, bir değişiklik yapılması için ona katılabilir ya da iş yerlerini ısıtmak ve aydınlatmak için kullanılan malzemede olduğu gibi işin yürütülmesine yardımcı olabilir. Anamadde ile yardımcı arasındaki fark, gerçek kimya sanayisinde ortadan kalkar, çünkü burada hiçbir hammadde, ürünün cevherinde ilk bileşimi ile görülmez.[8]

Her nesne çeşitli özellikler taşır ve bunun için de farklı yerlerde kullanılabilir. Bu nedenle aynı ürün, çok farklı süreçlerde, hammadde olarak iş görebilir. Örneğin buğday, değirmencinin, nişasta yapımcısının, içki damıtıcısının ve hayvan yetiştiricisinin hammaddesidir. Ayrıca kendi üretimine tohum halinde hammadde olarak girdiği gibi, kömür de, kömür madenciliğinin hem bir ürünüdür, hem de bir üretim aracıdır.

Ayrıca, belli bir ürün, aynı süreçte, hem emek aracı olarak, hem de hammadde olarak kullanılabilir. Örneğin hayvan beslemede, hayvan, hem hammadde, hem de gübre üretiminin bir aracıdır.

[7] Üretken emeğin ne olduğunu yalnız emek-süreci açısından belirlemeye yarayan bu yöntem, hiçbir zaman, kapitalist üretim sürecine doğrudan uygulamaz.

[8] Storch, gerçek hammaddelere "*matières*" ve yardımcı malzemeye "*matériaux*" der. Cherbuliez yardımcı maddeler için "*matières instrumentales*" terimlerini kullanır.

Derhal tüketime hazır olmakla birlikte, bir ürün, daha sonraki ürün için hammadde olabilir; üzümün, şarabın hammaddesi olması gibi. Öte yandan, emek, bize, ürününü yalnızca hammadde olarak kullanabileceğimiz şekilde verebilir; pamuk, iplik, ve dokuma ipliği durumunda olduğu gibi. Kendisi ürün olmakla birlikte, böyle bir hammadde bir dizi farklı süreçten geçebilir: bunların her birinde daima değişen şekillerde hammadde olarak onu tam bir ürün haline getireceği son sürece kadar, bireysel tüketime ya da emek aracı olarak kullanılmaya hazır tam bir ürün olarak ortaya koyduğunu serinin son sürecine kadar iş görür.

Görüyoruz ki, bir kullanım-değeri, ister hammadde, ister emek aracı ya da ister ürün olarak alınsın, bu tamamıyla emek-sürecindeki göreviyle, orada işgal ettiği konumla belirlenir: bu değiştikçe, niteliği de değişir.

Bu nedenle, bir ürün, yeni bir emek-sürecine üretim aracı olarak girer girmez ürün niteliğini yitirir ve süreçte yalnızca bir öğe halini alır. İplikçi, iği yalnızca bir eğirme aracı olarak kullanır, ve keten de yalnızca onun eğirmesi için bir malzemedir. Kuşkusuz, malzeme ve iğ olmaksızın iplik eğirmek olanaksızdır; ve bunun için de, eğirme işleminin başlangıcında bu şeylerin ürün olarak varolmaları önkoşuldur: ama sürecin kendisinde, bunların daha önceki emeğin ürünleri olmasının hiçbir önemi yoktur; bu, tıpkı ekmeğin, çiftçinin, değirmencinin, fırıncının daha önceki emeklerinin ürünü olmasının, sindirim süreci için hiçbir önem taşımamasına benzer. Tersine, üretim araçları, ürün olarak tam ve yetkin olmayışları yüzünden, herhangi bir süreçte kendilerini ürün nitelikleri ile ortaya koyarlar. Kör bir bıçak ya da çürük bir iplik, bıçakçı A'yı ya da iplikçi B'yi anımsatır. Tamamlanmış ürüne, taşıdığı yararlı nitelikleri kazandıran emek, artık görünmez olur.

Emeğin amaçlarına hizmet etmeyen bir makine yararsızdır. Ayrıca, bir makine, doğa güçlerinin yıkıcı etkilerinden kendisini kurtaramaz. Demir paslanır, tahta çürür. Dokunmayan, örülmeyen iplik, boşa harcanmış pamuktur. Canlı emeğin bunlara el atması, ölüm uykusundan uyandırması, yalnızca olası kullanım-değerleri olmaktan çıkartıp gerçek etken değerler haline getirmesi gerekir. Bunlar emeğin ateşinde yıkanarak, emek organizmasının esas unsuru olarak, eskiden olduğu gibi, süreçteki işlevlerini yerine getirmek için canlanırlar; gerçekte tüketilirler, ama yeni kullanım-değerlerinin, yeni ürünlerin temel öğeleri olarak, bireysel tüketim için geçim aracı olmaya her zaman hazır ya da yeni bir emek-süreci için üretim aracı olmaya hazır bir amaçla tüketilirler.

Öyleyse bir yandan tamamlanmış ürünler yalnızca emek-sürecinin sonuçları olmayıp onun zorunlu koşulları olduğu gibi, öte yandan bunların bu sürece girmeleri, canlı emekle temasa gelmeleri, kullanım-değeri niteliklerini korumaları ve kullanılabilmeleri için tek yol oluyor.

Emek, maddi öğelerini, konusunu ve araçlarını kullandığı, bunları tükettiği için, bir tüketim sürecidir de. Bu üretken tüketim, bireysel tüketimden şöyle ayrılır: bireysel tüketimde canlı bireyin hayatta kalabilmesi için ürünler kullanılıp bitirilir, üretken tüketimde ise, ürünler, emeğin, canlı bireylerin emek-gücünün etkinliklerinin devamı için tüketilir. Bunun için, bireysel tüketimin ürünü bizzat tüketicidir; üretken tüketimin sonucu ise, tüketiciden farklı bir üründür.

Öyleyse, araçları da konusu da zaten ürün olan emek, ürün yaratmak amacıyla bu ürünleri tüketir, ya da başka bir deyişle, bir dizi ürünü, başka bir dizi ürünün üretim aracı haline getirmek için tüketir. Ama nasıl ki, başlangıçta emek-sürecine katılanlar yalnızca insan ve ondan bağımsız olarak varolan yeryüzü ise, şimdi de biz hâlâ doğanın doğrudan sağladığı ve doğal maddeler ile insan emeğinin birleşimini temsil etmeyen pek çok üretim aracı kullanmaktayız.

Yukarda yapıldığı gibi, basit öğelerine indirgenen emek-süreci, kullanım-değerleri üretimi ve doğal maddelerin insan gereksinmelerini karşılar hale getirilmesi amacıyla girişilen bir eylemdir; insanla doğa arasında madde değişimini sağlamanın zorunlu koşuludur; insan varlığının doğa tarafından zorlanan ebedi koşuludur, ve bunun için de, bu varlığın her toplumsal evresinden bağımsız, ya da daha doğrusu böyle her evrede ortaktır. Bu nedenle, işçimizi öteki işçilerle bağıntılı olarak göstermek gereksizdi; bir yanda insan ile emeğini, öte yandan doğa ile onun sağladığı maddeleri ele almakla yetindik. Çorbayı tadarak nasıl ki yulafı kimin yetiştirdiğini bilemezsek, bu basit süreç ile de onun hangi toplumsal koşullar altında yeraldığını kestiremeyiz; belki köle sahibinin zalim kamçısı, ya da kapitalistin kuşkulu bakışları altında, belki Cincinnatus ufacık tarlasını sürerken, belki de vahşi insan taşla yabanıl hayvanları avlarken olmuştur.[9]

Şimdi biz, gene, bizim filizlenmekte olan kapitalistimize dönelim. Onu, açık pazarda emek-süreci için gerekli bütün öğeleri, süre-

[9] Olağanüstü bir mantıksal kavrayışla albay Torrens, vahşilerin bu taşında sermayenin başlangıcını bulur. "Vahşinin ardına düştüğü yabanıl hayvana fırlattığı ilk taşta, ulaşamadığı meyveye vurmak için kavradığı ilk sopada, bir eşyaya, bir diğerini elde etmeye yardımcı olması amacıyla sahip olma olayına tanık oluyoruz ve buradan da sermayenin başlangıcını buluyoruz." (R. Torrens, *An Essay on the Production of Wealth, etc.*, s. 70-71.)

cin nesnel öğelerini, üretim araçlarını, ve öznel öğeyi, emek-gücünü satın aldıktan sonra terketmiştik. Bir uzmanın keskin gözleriyle, kendi özel ticaretine, diyelim iplikçiliğe, kunduracılığa ya da başka tür bir ticarete en uygun üretim araçlarını ve emek-gücünü seçmişti. Daha sonra, emeğiyle üretim araçlarını tüketmek için bu emek-gücünü kişiliğinde taşıyan işçiyi harekete geçirerek metaı, hemen satın almış olduğu emek-gücünü harcamaya koyulur. İşçinin kendisi için değil de kapitalist hesabına çalışması gerçeği, açıktır ki, emek-sürecinin genel niteliğini değiştirmez; ayrıca, kunduracılıkta ya da iplikçilikte kullanılan özel yöntemler ve işlemler, kapitalistin işe karışmasıyla, doğrudan değişmez. Kapitalist, pazarda bulabildiği emek-gücünü almakla başlamak zorundadır ve bunun sonucu olarak, kapitalizmin doğmasından hemen önceki dönemde bulunabilecek türde bir emekle yetinmek zorundadır. Emeğin sermayeye tabi olmasıyla üretim yöntemlerinde meydana gelen değişiklikler ancak daha sonraki bir dönemde yeralabilir; bu yüzden de, daha sonraki bir bölümde ele alınması doğru olacaktır.

Kapitalistin emek-gücünün tüketilmesi haline dönüştürdüğü iş süreci, kendine özgü iki olgu gösterir. Birincisi, işçi, emeğinin ait bulunduğu kapitalistin denetimi altında çalışır; kapitalist, işin usulüne uygun yapılmasına, üretim araçlarının akıllıca kullanılmasına büyük bir özen gösterir. Böylece gereksiz hammadde israfı olmayacağı gibi, araçların, zorunlu olarak işte yıpranmasının ötesinde, yıpranma ve aşınması da önlenmiş olur.

İkincisi, ürün, onu doğrudan üretenin, işçinin değil, kapitalistin malıdır. Diyelim bir kapitalist, bir günlük emek-gücünün değerini ödüyor; böylece bu gücü bir günlüğüne kullanma hakkı herhangi bir meta gibi, sözgelişi bir günlüğüne kiraladığı at gibi, ona ait oluyor. Metaı satın alan, onun kullanma hakkını satın alıyor, ve emek-gücünü satan, emeğini vererek, aslında, sattığı kullanım-değerinden ayrılmış olmaktan başka bir şey yapmamıştır. İşyerine adımını attığı anda, emek-gücünün kullanım-değeri, ve bundan ötürü de emek olan onun kullanımı artık kapitaliste aittir. Emek-gücünü satın almakla kapitalist, emeği, bu canlı mayayı, ürünün cansız öğeleri ile birleştirir. Onun açısından emek-süreci, satın aldığı metaın, yani emek-gücünün tüketiminden başka bir şey değildir; ne var ki, bu tüketim, ancak emek-gücünün üretim araçları ile tamamlanmasıyla gerçekleştirilebilir. Emek-süreci, kapitalistin satın aldığı şeyler, yani onun malı haline gelen şeyler arasında cereyan eden bir süreçtir. Bu sürecin ürünü, tıpkı mahzende mayalanma sürecini tamamlayan şarap gibi, gene kapitaliste aittir.[10]

Kapitalistin kendisine malettiği ürün, örneğin, iplik ya da kundura gibi bir kullanım-değeridir. Ama, her ne kadar kundura bir bakıma bütün toplumsal ilerlemenin temeli ve kapitalistimiz de keskin bir "ilerici" olmakla birlikte, gene de kundurayı, sırf kunduralara olan aşkından yapmaz. Kullanım-değeri meta üretiminde *qu'on aime pour lui même** bir şey değildir. Kullanım-değerlerini, kapitalistler, salt değişim-değerinin maddi özü ve taşıyıcısı oldukları için ve sürece üretirler. Kapitalistimizin gözünde iki amaç vardır: önce, değişim-değeri olan bir kullanım-değeri üretmek ister, yani satılacak bir mal, bir meta üretmek ister; sonra, değeri, üretiminde kullanılan metaların toplam değerlerinden daha fazla olan bir meta üretmek ister; yani ürettiği şeyin değeri, serbest piyasadan satın aldığı üretim araçları ve emek-gücünden fazla olmalıdır. Amacı, yalnız kullanım-değeri değil, onunla birlikte meta üretmektir; yalnız kullanım-değeri değil, değer üretmektir; yalnız değer değil, aynı zamanda artı-değer üretmektir.

Şurası akılda tutulmalıdır ki, biz, şimdi meta üretimini ele alıyoruz; oysa şimdiye değin sürecin yalnız bir yanını incelemiş bulunuyoruz. Metaların, aynı zamanda, hem kullanım-değeri, hem de değer olması gibi, bunların üretim sürecinin de hem emek-süreci ve hem de bir değer yaratma süreci olması gerekir.**

Şimdi de, üretimi, değerin bir yaratılışı olarak inceleyelim.

Her metaın değerinin, üzerinde harcanan ve kendisinde maddeleşen emek miktarıyla, üretimi için belli toplumsal koşullar altında gerekli emek-zamanı ile belirlendiğini biliyoruz. Bu kural,

[10] "Ürünlere, bunlar sermayeye dönüşmeden önce sahip olunur; bu dönüşme, bu gibi sahip olunmalardan onları kurtaramaz." (Cherbuliez, *Richesse ou Pauvreté*, édit. Paris 1841, s. 54.) "Proletarya, emeğini, belli miktarda gerekli tüketim maddesi karşılığında satmakla, ürün üzerinde bir pay sahibi olmak talebinden tamamen vazgeçer. Ürünlere sahip olma biçimi gene eskisi gibi kalır; bu sözünü ettiğimiz anlaşma ile herhangi bir değişikliğe uğramaz. Ürün bütünüyle, hammaddeyi ve gerekli tüketim maddelerini sağlayan kapitaliste ait olur; bu, mülkedinme yasasının kesin bir sonucu olup bu yasanın temel ilkesi, her işçinin ürettiği şey üzerinde mutlak bir sahiplik hakkı vardır diyen ilkenin tam tersidir." (*ibid.*, s. 58.) "İşçiler emekleri karşılığında ücret aldıkları zaman ... kapitalist, yalnız sermayenin" (üretim araçlarının demek istiyor) "sahibi olmakla kalmaz, emeğin de sahibi olur. Eğer ücret olarak ödenen şey, genellikle kabul edildiği gibi sermaye kavramı içersine giriyorsa, sermayeden ayrı olarak emeği sözkonusu etmek saçmadır. Bu anlamda kullanılan sermaye sözcüğü, emeği de, sermayeyi de kapsar." (James Mill, *Elements of Pol. Econ. etc.*, ed. 1821, s. 70, 71.)

* Kendisi için sevilen. *–ç.*

** [Daha önceki bir dipnotta da belirtildiği gibi, İngilizcede, emeğin bu iki farklı yanı için iki ayrı deyim vardır: basit emek-sürecinde, kullanım-değerleri üretim sürecinde bu *work*'tür ["iş"]; Değer yaratma sürecinde, deyimin tam ekonomik anlamıyla, *labour*'dır ["emek"]. *–F. E.*]

kendi adına yürütülen emek-sürecinin sonucu olarak, kapitalistimizin adına gerçekleşen ürün için de geçerlidir. Bu ürünün 10 libre iplik olduğunu varsayalım, ilk işimiz bunda gerçekleşmiş olan emek miktarını hesaplamak olacaktır.

İplik eğirmek için hammadde gereklidir; diyelim bu 10 libre pamuk olsun. Kapitalistimizin, bunu, sözgelişi 10 şiline, tam değerine satın aldığını varsaydığımıza göre, bu pamuğun değerini şimdilik incelememize gerek yoktur. Pamuğun üretimi için gerekli emek, bu fiyatla, toplumun ortalama emeği cinsinden ifade edilmiş bulunmaktadır. Gene diyelim ki, şimdilik işin gerektirdiği öteki tüm araçları temsil eden iğin aşınması ve yıpranması da, 2 şilinlik bir değere eşit olsun. Eğer oniki şilinin temsil ettiği altın kütlesini üretmek için yirmidört saat ya da iki işgünü gerekirse, bundan, iplikte iki işgünlük emeğin maddeleşmiş olduğu sonucu çıkar.

İğin maddesinin bir ölçüde aşınıp yokolması ile pamuğun yeni bir biçime girmiş olması bizi yanıltmamalıdır. Genel değer yasasına göre, eğer, 40 libre ipliğin değeri = 40 libre pamuğun değeri + tam bir iğin değeri ise, yani eşitliğin her iki yanındaki metaı üretmek için aynı emek-zamanı gerekiyorsa, 10 libre iplik, 10 libre pamuk ve dörtte-bir iğin eşdeğeri olur. Bu durumda biz, aynı emek-zamanının bir yanda 10 libre iplikte ve öte yandan 10 libre pamuk ile iğin bir kısmında maddeleştiğini düşünüyoruz. Öyleyse, değer, ister pamukta, ister iğde, ister iplikte görünsün, değerin miktarında değişen bir şey olmaz. İğ ile pamuk yanyana duracaklarına, sürece birlikte katılmışlar, biçimleri değişmiş, ipliğe dönüşmüşlerdir; ama değerleri, olsa olsa ancak, bunların eşdeğerleri olan iplikle değişilmeleri olayındaki kadar etkilenmiştir.

Pamuğun, ipliğin hammaddesinin üretimi için gerekli olan emek, ipliğin üretimi için gerekli olan emeğin bir kısmıdır ve bu nedenle iplikte zaten vardır. Aynı şey, aşınmaksızın pamuğun eğirilmesi olanaklı olmayan iğde maddeleşen emek için de sözkonusudur.

Demek ki, ipliğin değerinin ya da üretimi için gerekli emek-zamanının belirlenmesinde, önce pamuk ile iğin aşınan kısmının üretimi, sonra da pamuk ile iğin birarada ipliği eğirmek için gerekli olup, çeşitli zamanlarda ve farklı yerlerde yürütülen bütün özel süreçlere, bir ve aynı sürecin farklı ve birbirlerini izleyen evreleri olarak bakılabilir. İplikteki bütün emek geçmişte kalmış emektir; ve onu oluşturan öğelerin üretimi için gerekli işlemlerin, en son eğirme işlemine göre çok daha eskiden yapılmış olmasının hiçbir önemi yoktur. Bir evin yapımı için eğer belli bir miktar emek, diyelim otuz gün gerekliyse, son günün işinin ilk günün işinden yirmidokuz gün sonra yapılması ile eve dahil emek miktarı değişmiş olmaz. Bu nedenle hammadde ile emek araçlarındaki emek, eğirme işlemine başlanmasından önce, eğirme sürecinin ilk aşamasında harcanan emek gibi ele alınabilir.

Üretim araçlarının, yani pamukla iğin oniki şilinde ifadesini bulan değerleri, bunun için, ipliğin değerini, ya da başka bir deyimle ürünün değerini oluşturan kısımlardır.

Yalnız, burada iki koşulun yerine getirilmesi gereklidir. Önce, pamuk ile iğ, bir kullanım-değerinin üretiminde birlikte çalışmalıdır; örneğimizde bunların ikisinin iplik haline gelmesi gerekir. Değer, doğmuş bulunduğu özel kullanım-değerinden bağımsızdır, ama bir tür kullanım-değerinde somutlaşmış olması da gerekir. Sonra, üretim sürecinde harcanan zaman, belli toplumsal koşullar altında gerçekten gerekli süreyi aşmamalıdır. Bunun için, eğer 1 libre iplik eğirmek için 1 libre pamuk yetiyorsa, 1 libre ipliğin üretiminde, bu ağırlıkta pamuktan fazlasını tüketmemek için dikkat gösterilmesi gerekir; iğ için de aynı şey sözkonusudur. Kapitalist, çelik bir iğ yerine altından yapılma bir iğ kullanma hevesine kapılsa bile, ipliğin değerinin hesaplanmasında dikkate alınan emek, çelik bir iğin üretilmesi için gerekli olan emektir, çünkü belli toplumsal koşullar altında bundan fazlası gereksizdir.

Şimdi artık, ipliğin değerinin, ne kadarının pamuktan ve ne kadarının iğden geldiğini biliyoruz. Bunun toplamı oniki şilin, ya da iki işgününün değerine eşittir. Bunun ardından inceleyeceğimiz nokta, ipliğin değerinde, iplikçinin pamuğa katmış olduğu emeğin ne kadar olduğudur.

Bizim, artık bu emeği, emek-sürecini incelediğimiz zamankinden çok daha başka bir yönden ele almamız gerekiyor; biz, daha önce, bunu, yalnızca pamuğu ipliğe dönüştüren belli türden bir insan emeği açısından görmüştük; orada, diğer koşullar aynı kalmak kaydıyla, emek, yapılan işe ne kadar uygun ise, o kadar iyi iplik elde edilirdi. İplikçinin emeği, orada, diğer türden üretken emekten özgül olarak farklı bir iş olarak görülmüştür; bir yandan, özel amacı yönünden, yani iplikçilik yönünden farklıydı, öte yandan, etkinliğinin özel niteliği, üretim araçlarının özel niteliği ve ürününün özel kullanım-değeri yönünden farklıydı. İplikçilik işi için pamuk ile iğ gerekliydi, ama top yapımı için bunların hiçbir yararı yoktur. Burada ise, tersine, iplikçinin emeği değer-yaratan, yani bir değer kaynağı olarak ele alındığı sürece, top dökümcüsünün emeğinden, ya da bizi daha yakından ilgilendirmesi bakımından, pamuk yetiştiricisinin ve iğ yapımcısının üretim araçlarında geçerlilik kazanan emeklerinden hiçbir şekilde farklı değildir. İşte yalnızca bu özdeşlik nedeniyle, pamuk yetiştiriciliği, iğ yapımcılığı ve iplikçilik, birbirlerinden miktar olarak farklı olmakla birlikte, bir bütünün, yani ipliğin değerinin birer öğesini oluşturma niteliğine sahiptirler. Bizi burada ilgilendiren, emeğin niteliği, mahiyeti ve özgül özelliği değil, yalnızca miktarıdır. Bu da çok basit bir hesap işlemidir. Biz, eğirmenin, basit, beceri istemeyen bir emek, belli bir toplumsal durumun ortalama emeği olduğu varsayımından hareket ediyoruz. Bunun karşıtı varsayımın, hiçbir fark yaratmadığını ilerde göreceğiz.

İşçi çalışırken emeği devamlı bir dönüşüm içindedir: hareket olmaktan çıkar, hareketsiz bir eşya halini alır; işçinin çalışması olmaktan çıkar, üretilen bir şey halini alır. Bir saatlik eğirmenin sonunda bu hareket, belirli miktarda iplikle temsil edilir; başka bir deyişle, belirli miktardaki emek, yani bir saatlik emek, pamukta somutlaşmış olur. Biz, emek, yani iplikçinin harcadığı canlı kuvvet diyoruz, eğirme işi demiyoruz; çünkü, özel eğirme işi burada eğiriciye özgü bir iş olarak değil, genel emek-gücünün harcanması olarak hesaba katılır.

Şimdi incelemekte olduğumuz süreçte, pamuğun ipliğe dönüştürülmesi işinde, belli toplumsal koşullar altında gerekli olandan fazla zaman harcanmaması çok önemlidir. Normal koşullar altında, yani ortalama toplumsal üretim koşulları içinde, *a* libre pamuğun *b* libre iplik haline getirilmesi için bir saatlik emek gerekiyorsa, 12*a* libre pamuk 12*b* libre iplik haline getirilmedikçe, bir günlük emek, 12 saatlik emek sayılamaz; çünkü değer yaratımında yalnızca toplumsal bakımdan gerekli zaman hesaba katılır.

Yalnız emek değil, hammadde ile ürün de, şimdi, bunları saf ve yalın emek-sürecinde incelediğimizden çok farklı bir ışık altında görünürler. Hammadde, burada, belli nicelikte emeği emen bir şey ödevini görür. Bu emilmeyle, o, gerçekte, eğirilmiş olduğu için, eğirilme biçiminde emek-gücü ona katıldığı için, pamuk, ipliğe dönüşmüştür, ama ürün, iplik, şimdi, pamuğun emdiği emeğin bir ölçüsünden başka bir şey değildir. Eğer bir saatte $1^2/_3$ libre pamuk, $1^2/_3$ libre iplik halinde eğiriliyorsa, 10 libre iplik, 6 saatlik emeğin emildiğini belirtir. Belirli niceliklerde ürün —bu nicelikler deneyimle belirlenmiştir— şimdi, belirli nicelikteki emeği, kristalleşmiş emek-zamanının belirli bir kitlesinden başka bir şeyi temsil etmez. Bu ürünler, şu kadar saatlik ya da şu kadar günlük toplumsal emeğin maddeleşmesinden başka bir şey değildirler.

Artık bizi, burada, emeğin özel eğirme işi olması, konusunun pamuk ve ürününün iplik olması gerçeği, konunun kendisinin zaten ürün ve bu nedenle de hammadde olması gerçeğinden fazla ilgilendirmiyor. İplikçi, eğer eğirme işinde değil de kömür madeninde çalışsaydı, işinin konusu, kömür, doğa tarafından sağlanmış olacaktı; ama gene de belirli bir nicelikte çıkartılmış kömür, örneğin bir kental kömür, belirli nicelikte emilmiş emeği temsil edecekti.

Satışı dolayısıyla, bir günlük emek-gücünün değerinin üç şilin ve altı saatlik emeğin, bu miktarda maddeleşmiş olduğunu kabul etmiştik; dolayısıyla, işçinin, günlük yaşama araçlarının ortalama miktarını üretmesi için bu miktarda bir emek gerekmektedir. Şimdi eğer bizim eğirici bir saat çalışmakla, 1²/₃ libre pamuğu, 1²/₃ libre ipliğe[11] dönüştürebiliyorsa, altı saatte 10 libre pamuğu, 10 libre ipliğe dönüştürecek demektir. Bu durumda, eğirme süreci sırasında pamuk altı saatlik emeği emmektedir. Üç şilin değerindeki altın parçasında da aynı nicelikte emek somutlaşmıştır. Öyleyse, yalnızca eğirme işiyle, üç şilinlik bir değer pamuğa katılmıştır.

Şimdi de, ürünün, 10 libre ipliğin toplam değerini ele alalım. İki-buçuk günlük emek onda somutlaşmıştı ve bunun iki günü pamuk ile iğin aşınan kısmında, yarım günlük emek de eğirme süreci sırasında emilmişti. Bu iki-buçuk günlük emek, ayrıca, onbeş şilin değerindeki bir altın parçası ile temsil edilmiştir. Bu durumda, onbeş şilin, 10 libre iplik için uygun bir fiyat, ya da bir libre ipliğin fiyatı bir-buçuk şilindir.

Kapitalistimiz şaşkınlıktan gözleri açılmış bakıyor. Ürünün değeri, konan sermayenin değerine tamı tamına eşittir. Koyduğu değer, büyümemiştir, artı-değer yaratılmamıştır ve sonuç olarak para, sermayeye dönüşmemiştir. İpliğin fiyatı onbeş şilindir, ve onbeş şilin, serbest piyasada, ürünü oluşturan öğelere, yani aynı şeyin miktarı demek olan emek-sürecinin öğelerine harcanmıştır; on şilin pamuk için, iki şilin iğin aşınan kısmı için, üç şilin de emek-gücü için ödenmiştir. İpliğin kabaran değerinin, yalnızca pamukta, iğde ve emek-gücünde önceden varolan değerlerin bir toplamı olduğu için hiçbir yararı yok: böylesine varolan değerlerin basit toplamından artı-değerin çıkmayacağı besbelli.[12] Bu birbirlerinden ayrı değerler, şimdi, hepsi birden bir şey üzerinde toplanmış oluyor; ama bunlar, metaların satın alınmasıyla üç kısma bölünmeden

[11] Bu sayılar tamamen gelişigüzel alınmıştır.

[12] Fizyokratların, tarımda harcanan emek dışındaki bütün emeği, üretken olmayan emek sayan öğretilerinin dayandığı temel önerme budur: ve bu, ortodoks iktisatçılar için çürütülemez bir önermedir. "Bir şeyin değerini bulmak için, onun üretimi için kullanılan diğer şeylerin değerlerinin hesaba katılması (örneğin, dokuma işçisinin temel tüketim maddelerinin değeri, işlediği ketene katılır) yani, deyim yerindeyse, farklı değerlerin bir değer üzerinde kat kat yığılması, bu değerin aynı ölçüde büyümesi sonucunu verir. ... Elzanaatları ürünlerinin fiyatlarının nasıl meydana geldiğini, toplama terimi çok güzel gösterir: bu fiyat, kullanılan ve birarada sayılan çeşitli değerlerin toplamından başka bir şey değildir; bununla birlikte, toplamak, çarpmak demek değildir." (Mercier de la Rivière, *l.c.*, s. 599.)

önce, aynı onbeş şilinin içersindeydiler.

Aslında bu sonuçta, şaşırtıcı olan bir şey yok. Bir libre ipliğin değeri, bir-buçuk şilin olduğuna göre, kapitalistimiz, piyasadan 10 libre iplik alırken, bunun için onbeş şilin ödeyecektir. Açıktır ki, bir insanın, bir evi hazır olarak satın alması ya da kendisi adına yaptırmış olması, o eve sahip olması için gerekli para miktarını ne artırır, ne eksiltir.

Ama vülger ekonomiye yatkın kapitalistimiz şöyle haykıracaktır: "Ama ben, paramı, daha fazla para kazanmak için yatırmıştım." Cehenneme giden yolun iyi niyetlerle döşenmesi gibi, o da parasını, pekala hiç üretim yapmadan çoğaltmak niyetinde olabilir.[13] Çevresine tehditler yağdırmaya başlar. Bir daha gafil avlanmayacaktır. Artık, metaları, bizzat imal etmek yerine pazardan alacaktır. Ne var ki, bütün kapitalist kardeşleri aynı şeyi yaparlarsa, piyasada istediği metaları nereden bulacaktır? Ve parasını da çıtır çıtır yiyemez. Karşısındakini inandırmaya çalışır: "Yaptığım özveriyi bir düşünün; bu onbeş şilini pekala keyfimce harcayabilirdim; oysa ben bunu yapmadım, onu, üretken bir yolda tükettim, onunla iplik yaptım." Çok güzel, ve şimdi ödül olarak elinde vicdan azabı yerine, epeyce iplik vardır; ve bir cimri gibi davransaydı, kendisini kurtaramayacağı bir batağa saplanırdı; böyle bir keşişliğin nelere yolaçtığını daha önce görmüş bulunuyoruz. Üstelik, hiçbir şeyin olmadığı yerde, kral, haklarını yitirmiştir; yaptığı özverinin erdemleri ne olursa olsun, bunları sıralamaya gerek yoktur, çünkü ürünün değeri, üretim sürecine sürülen metaların değerlerinin toplamından ibarettir. Bırakalım kapitalistimiz, kendisini, erdemin ödülü gene kendisidir düşüncesiyle avutsun. Ama hayır, sızlanmaya devam eder. "İplik benim ne işime yarar, ben onu satmak için ürettim" der. Öyleyse bırakın satsın ya da özel doktoru MacCulloch'un aşırı üretim salgınına karşı hazırladığı koruyucu önlemler reçetesi uyarınca, ilerde salt kendi gereksinmelerini giderecek şeyler üretsin. Şimdi de mızıklamaya başlar. "İşçi, ortada bir şey olmadan yalnız kollarını-bacaklarını kullanarak meta üretebilir mi?" diye sorar. "Emeğinin ancak onun aracılığı ile ve yalnız onun içinde somutlaşabileceği malzemeyi ona sağlayan ben değil miyim? Ve toplumun büyük kısmı yoksullardan oluştuğuna göre, üretim araçlarımla, pamuğumla ve iğimle topluma, ve yalnızca topluma değil, ayrıca, yaşaması için gerekli şeyleri sağladığım işçiye de büyük bir hizmette bulunmuş olmuyor muyum? Yani bütün bu hizmetlerime

[13] Böylece sermayesinin bir kısmını 1844-47 yılları arasında, demiryolu spekülasyonlarına yatırmak için üretken şekilde kullanmaktan çekti; ve gene Amerikan iç savaşı sırasında, Liverpool pamuk borsasında oynamak üzere fabrikasını kapattı ve işçilerini sokağa attı.

karşı bana bir pay verilmeyecek mi?" Çok güzel, ama işçi de ona, pamuğu ile iğini ipliğe çevirmekle, eşdeğer bir hizmette bulunmadı mı? Üstelik burada hizmet diye bir şey sözkonusu değildir.[14] Hizmet, bir meta ya da emek olsun, bir kullanım-değerinin yararlı etkisinden başka bir şey değildir.[15] Ama bizim burada ele aldığımız, şey, değişim-değeridir. Kapitalist, işçiye üç şilinlik bir değer ödedi ve işçi de, pamuğa kattığı üç şilinlik değerle tam bir eşdeğeri geri verdi: değere karşılık, değer vermiş oldu. Şimdiye kadar kesesi ile öğünen dostumuz birden işçinin mütevazı tavrına bürünür ve yaygarayı basar: "Bizzat ben de çalışmadım mı? İplikçinin başında denetleyicilik ve gözetleyicilik işini yapan ben değil miyim? Bu iş de değer yaratmıyor mu?" Gözcüsü ile yöneticisi bu sözlere bıyıkaltından gülerler. Bu arada o, yürekten bir kahkaha attıktan sonra, her zamanki tavrını yeniden takınır. Bize iktisatçıların tüm amentüsünü okumakla birlikte, bunun, aslında beş para etmeyeceğini söyler. O, bu ve buna benzer uyduruk bahaneleri ve laf cambazlıklarını, bu işten para kazanan ekonomi politik profesörlerine bırakır. O, pratik bir adamdır; işi dışında söyledikleri gerçi daima düşünerek söylemez, ama iş içersinde ne yaptığını çok iyi bilir.

Konuyu biraz daha yakından inceleyelim. Bir günlük emek-gücünün değeri 3 şilin ediyor, çünkü bizim varsayımımıza göre, yarım günlük emek, bu miktar emek-gücünde somutlaşıyor; çünkü emek-gücünün üretimi için gerekli günlük tüketim aracı, yarım günlük emeğe maloluyor. Ama, emek-gücünde somutlaşmış geçmişteki emekle bunun harekete getirdiği canlı emek, emek-gücünün günlük muhafaza ve bakım giderleri ile bunun iş başında harcanması, birbirinden tamamen farklı iki şeydir. Bunlardan ilki, emek-gücünün değişim-değerini belirler, ikincisi ise onun kullanım-değeridir. İşçiyi 24 saat süreyle canlı tutmak için yarım günlük emeğin gerekli oluşu, onun bütün gün çalışmasına engel oluş-

[14] "Güzel giysiler giyin, süslen, yücelt kendini ... ama her kim ki, verdiğinden daha çoğunu ya da daha iyisini alır, bu tefeciliktir, ve hizmet değil komşuya yapılan kötülüktür, tıpkı hırsızlık ve soygunculuk gibi. Hizmet ve yarar denilen her şey, komşuya yapılan hizmet ve sağlanan yarar değildir. Çünkü, zina eden bir kadınla bir erkek de birbirlerine büyük hizmette bulunur ve zevk verirler. Bir süvari, yol kesmekte, tarlaları, evleri yağmalamakta yardımcı olduğu bir fesatçıya büyük hizmet etmiş olur. Papacılar bizimkilere, bunları bağlamadıkları, yakmadıkları ve hepsini öldürmedikleri ya da zindanlarda çürütmedikleri, ve ama hayatta bırakarak yalnızca ülkeden sürdükleri ya da ellerindekilerini almakla yetindikleri için büyük bir hizmette bulunuyorlar. Şeytan da kendi hizmetkarlarına paha biçilmez hizmette bulunur. ... Özetle dünya, büyük, kusursuz ve günlük hizmet ve yararlarla doludur." (Martin Luther, *An die Pfarrherrn, wider den Wucher zu predigen, etc.*, Wittenberg 1540.)

[15] *Zur Kritik der Pol. Ök.*, s. 14'te [*Ekonomi Politiğin Eleştirisine Katkı*, s. 52n] bu noktada şuna işaret ediyorum: "J. B. Say ve F. Bastiat gibi iktisatçılara, 'hizmet' kategorisinin, nasıl büyük bir 'hizmet'te bulunduğu takdir edilebilir."

turmaz. Bu nedenle, emek-gücü değeri ile bu emek-gücünün emek-süreci içersinde yarattığı değer, birbirinden tamamen farklı büyüklüklerdir; kapitalistin, emek-gücünü satın alırken gözönünde bulundurduğu şey, işte iki değer arasındaki bu farktır. Emek-gücünün taşıdığı yararlı nitelikler ve iplik ile kunduranın bu nitelikler sayesinde yapılmış olması, onun için bir *conditio sine qua non*'dan* fazla bir şey değildir; çünkü değer yaratmak için emeğin yararlı bir şekilde harcanması gerekir. Onu gerçekten etkileyen şey, bu metaın, *yalnızca bir değer kaynağına sahip olması değil, onun sahip olduğundan daha fazla değerin kaynağı olması,* özgül kullanım-değerine sahip olmasıdır. Kapitalistin, emek-gücünden beklediği özel hizmet budur ve bu alışverişte o, meta değişimi konusundaki "ebedi yasalar" uyarınca hareket eder. Emek-gücü satıcısı, başka herhangi bir meta satıcısı gibi, değişim-değerini gerçekleştirir ve onun kullanım-değerinden ayrılmış olur. Bunlardan birini vermeden diğerini alamaz. Emek-gücünün kullanım-değeri ya da bir başka deyişle emek, satılmış bulunan yağın kullanım-değeri, ne ölçüde yağcıya ait bulunursa, o kadar satıcısına ait olur. Para sahibi bir günlük emek-gücünün değerini ödemiştir; bunun için onun bir günlük kullanımı, bir günlük emek ona aittir. Emek-gücünün günlük tüketimi yarım günlük çalışmaya malolmasına karşılık aynı emek-gücünün tam bir gün çalışabilmesi ve dolayısıyla bir gün zarfında kendisi için ödenenin iki katı değer yaratması, kuşkusuz satın alan için iyi bir şanstır, ama satıcı için hiç de bir haksızlık değildir.

Kapitalistimiz işte bu durumu önceden görmüştür ve kahkahasının nedeni de budur. İşçi, işyerinde, bu nedenle, yalnız altı saat değil, oniki saat süreyle çalışmak için gerekli üretim araçlarını hazır bulur. Tıpkı, altı saatlik iş sırasında 10 librelik pamuğumuzun altı saatlik emekle emilmesi ve 10 librelik iplik olması gibi, şimdi 20 libre pamuk 12 saatlik emeği emecek ve 20 libre ipliğe dönüşecektir. Öyleyse şimdi biz de bu uzatılmış sürecin ürününü inceleyelim. 20 libre iplikte beş günlük emek maddeleşmiştir ve bunun dört günü pamuğa ve iğin aşınan çeliğine tekabül eder, geri kalan bir gün ise eğirme süreci sırasında pamuk tarafından emilmiş bulunur. Altın ile ifade edilirse, beş günlük emek, otuz şilindir. Bu, aynı zamanda, 20 libre ipliğin, daha önce olduğu gibi, libresi birbuçuk şilinden fiyatıdır. Ama sürece giren metaların değerlerinin toplamı, 27 şilin tutmaktadır. İpliğin değeri ise, 30 şilindir. Bu durumda ürünün değeri, onun üretimi için yatırılan değerden 1/9 daha büyüktür; yani 27 şilin, 30 şilin haline dönüşmüştür, ve üç şi-

* Vazgeçilmez koşul. –ç.

linlik bir artı-değer yaratılmıştır. Oyun, ensonu meyvesini veriyor: para, sermayeye dönüşmüş oluyor.

Metaların değişimini düzenleyen yasalar hiçbir şekilde çiğnenmeden, sorunun bütün koşulları yerine getirilmiştir. Eşdeğer, eşdeğerle değişilmiştir. Kapitalist, alıcı olarak, her metaın, pamuğun, iğin ve emek-gücünün tam değerini ödemiştir. Ardından, her meta satın alanın yaptığı gibi, bunların kullanım-değerini tüketmiştir. Aynı zamanda üretilen metaların süreci de olan emek-gücünün tüketimi sonunda, 30 şilin değerinde 20 libre iplik elde edilmiştir.

Eskiden alıcı durumundaki kapitalist, şimdi pazara bir satıcı olarak, meta satıcısı olarak döner. İpliğini, tam değeri olan, libresi bir-buçuk şilinden satmaktadır. Gene de dolaşımdan, başlangıçta koyduğundan üç şilin fazla çekmektedir. Bu değişim, paranın sermayeye dönüşümü, hem dolaşım alanının içinde, hem de dışında olmaktadır; dolaşımın içindedir, çünkü emek-gücünün pazardan satın alınmasıyla koşullanmıştır; dolaşımın dışındadır, çünkü, onun içersinde yapılan tek şey, artı-değer üretimine, yani tamamen üretim alanına giren sürece yalnızca bir sıçrama tahtası oluşturmasıdır. Böylece "*tout est pour le mieux dans le meilleur des mondes possibles*".*

Kapitalist, parasını, yeni ürünün maddi öğeleri ve emek-sürecinin öğeleri olarak hizmet edecek metalara çevirmekle, canlı emeği bunların ölü cevherleri ile birleştirmekle, aynı zamanda, değere dönüştürür, yani geçmiş, maddeleşmiş ve ölü emeği, sermayeye, kendi kendinin değerini artıran bir değere, üreyip çoğalan canlı bir canavara dönüştürür.

Eğer şimdi biz, değer üretmenin ve artı-değer yaratmanın iki sürecini karşılaştırırsak, ikincisinin belirli bir noktadan sonra birincinin devamından başka bir şey olmadığını görürüz. Eğer bir yandan, süreç, o noktadan, yani emek-gücü için kapitalistin ödediği değerin yerini tam eşdeğerinin aldığı noktadan sonra sürdürülmezse, bu, yalnızca bir değer yaratma sürecidir, eğer öte yandan, bu noktadan öteye devam ederse artı-değer yaratma süreci halini alır.

Bir adım daha atar ve değer üretme süreci ile saf ve basit emek-sürecini karşılaştırırsak, bunlardan ikincisinin, kullanım-değerleri üreten yararlı emeği, çalışmayı içerdiğini görürüz. Burada, biz, emeği, belli bir malı üreten iş olarak düşünüyoruz; onu yalnızca nitel yönüyle, sonucu ve amacı bakımından görüyoruz. Ama, değer yaratma süreci olarak bakarsak, aynı emek-süreci, kendisini, yalnızca nicel yönüyle sunar. Burada sözkonusu olan, yalnızca

* "Olanaklı olan dünyaların en iyisinde, her şey, daha iyi içindir." –ç.

iş yaparken işçinin harcadığı zaman, emek-gücünün yararlı olarak harcandığı süredir. Burada sürece katılan metalar, artık belirli ve yararlı bir nesnenin üretiminde, emek-gücünün gerekli parçaları olarak hesaba katılmazlar. Bunlar, yalnızca, şu kadar miktardaki emilmiş ya da maddeleşmiş emeğin taşıyıcılarıdır; üretim araçlarında daha önce somutlaşmış olsun, ya da, süreç sırasında emek-gücünün etkinliği ile bunlara ilk kez katılmış olsun, her iki durumda da ancak süresine göre hesaba katılır; duruma göre, şu kadar saat ya da gün harcanmıştır denir.

Bundan başka, herhangi bir malın üretimi için harcanan emeğin miktarı, belli toplumsal koşullar altında gerekli olduğu kadarıyla hesaba katılır. Bunun sonuçları çeşitlidir. Her şeyden önce, işin, normal koşullar altında yapılması gerekir. Eğer iplik eğirme ve bükme makinesi bu işte yaygın bir kullanım aracı ise, iplikçinin eline öreke ya da elçıkrığı vermek anlamsız olur. Pamuğun da, çalışırken zaman kaybına yolaçacak cinsten döküntü değil, bu işe uygun nitelikte olması gerekir. Yoksa iplikçi, bir libre iplik üretmek için toplumsal olarak gerekli olandan daha fazla zaman harcayacak ve bu zaman fazlasında, ne değer, ne de para yaratmış olacaktır. Ne var ki sürecin maddi öğelerinin normal nitelikte olup olmaması, işçiye değil, bütünüyle kapitaliste bağlı bir husustur, ayrıca, emek-gücünün de ortalama yeterlikte olması gerekir. Kullanıldığı işkolunda yaygın ortalama hüner derecesine, yatkınlığa ve çevikliğe sahip olması gerekir; zaten kapitalistimiz de, böyle normal nitelikte emek-gücü satın almak için gözünü dört açar. Bu gücün, normal sayılan ortalama bir çaba, toplumda yaygın bir yoğunluk derecesinde uygulanması gerekir; ve kapitalist de, zaten bunun böyle olmasına, işçinin bir an bile boş kalmamasına, gerekli özeni gösterir. Emek-gücünün kullanılmasını belirli bir dönem için satın almıştır ve bu hakkını kullanmada kararlıdır. Soyulmaya hiç niyeti yoktur. Ensonu, ve bu amaçla dostumuzun kendine özgü bir ceza yasası vardır, hammaddenin ya da üretim aletlerinin israf edilmesi kesinlikle yasaklanmıştır, çünkü böylece israf edilen şey, boşuna harcanan emek demektir, bu emek, üründe yeralmaz ya da ürünün değerine dahil olmaz.[16]

[16] Bu, köle emeğine dayanan üretimin pahalılaşmasına yolaçan durumlardan bir tanesidir. İşçi, burada, eskilerin kullandıkları çarpıcı bir deyimle, yarı-sesli alet olan hayvan ile sessiz bir alet olan emek araçlarından, ancak sesli bir alet olması ile ayrılır. Ama o, hem emek aracına, hem de hayvana, onlardan birisi olmayıp insan olduğunu duyurur, hissettirir. Bunlardan birisine acımasızca davranarak, diğerini ise kırıp dökerek, kendisinin onlardan farklı bir yaratık olduğuna, büyük bir zevkle gene kendisini inandırır. Bundan dolayı, bu üretim yönteminde, en kaba ve en ağır araçların salt kabalık ve hantallıkları yüzünden daha zor kırılıp dökülmeleri nedeniyle kullanılmaları genellikle uygulanan bir ilkedir. Meksika körfezini çevreleyen köle devletlerinde, iç savaşa kadar, toprakta iz açmak yerine, onu domuz ya da kös-

Şimdi görüyoruz ki, emeğin, bir yandan yararlılık üretmesi, öte yandan da değer yaratması arasındaki fark, bizim, metaın tahliliyle bulmuş olduğumuz bu fark, kendini üretim sürecinin iki yanı arasındaki bir ayrılığa indirgemektedir.

Bir yandan emek-sürecinin birliği ve değer yaratma süreci kabul edilen üretim süreci, metaların üretimidir; öte yandan, emek-sürecinin birliği ve artı-değer üretme süreci olarak kabul edilen üretim süreci, üretimin kapitalist süreci ya da kapitalist meta üretimidir.

Biz, yukarda, kapitalist tarafından alınıp kullanılan emeğin, ortalama nitelikte basit hünersiz emek ya da daha karmaşık hünerli emek olup olmamasının artı-değer yaratılmasında en ufak bir önemi bulunmadığını belirtmiştik. Ortalama emekten daha üstün ya da daha karmaşık nitelikteki her türlü emek, daha pahalı türden bir emek-gücü harcanmasıdır, üretimi daha fazla zamana ve emeğe malolan emek-gücü, bu yüzden de, hünersiz ya da basit emek-gücüne göre daha yüksek değerdedir. Bu gücün değeri daha yüksek olduğu için, tüketimi daha yüksek düzeyde bir emektir, ve bu emek, hünersiz emeğin eşit zamanda yaratmış olduğundan daha yüksek değerler yaratır. İplikçi ile kuyumcunun hünerleri arasındaki fark ne olursa olsun, kuyumcunun, kendi emek-gücünün değerine karşılık harcadığı emek parçası ile artı-değer yaratmak için harcadığı ek bir emek parçası, nitel bakımdan birbirinden hiç farklı değildir. Kuyumculukta da, iplikçilikte olduğu gibi, artı-değer yalnızca fazladan harcanan emek miktarı ile, bir ve aynı emek-sürecinin uzatılmasından doğar; bu, birisinde mücevher yapma sürecinde, diğerinde iplik eğirme sürecinde olur.[17]

tebek gibi altüst eden eski Çin tipi sabanların kullanıldığı görülür. Bkz: J. E. Cairnes, *The Slave Power,* London 1862, s. 46 vd.. *Seaboard Slave States* adlı yapıtında, Olmsted, bize şunları anlatıyor: "Bana, burada, öyle âdetler gösterdiler ki, bizde aklıbaşında hiç kimse, ücret ödediği işçisini, bunlara karşı savaşım verip, engellemek istemez; bana kalırsa bunların fazla ağırlığı ve hantallığı yüzünden işçi, bizde kullanılanlara göre yüzde-on daha büyük bir çaba harcar. Beni inandırmak için söyledikleri̇ne göre, kölelerin bu aletleri, umursamaz ve hoyratça kullanmaları yüzünden, daha hafif ya da daha az kaba olanların kullanılması hiçbir tasarruf sağlamayacağı gibi, bizim, işçilerimize vermekle kârlı çıktığımız cinsten araçlar, bizimkinden daha yumuşak ve taşsız olan Virginia buğday tarlalarında bir gün bile dayanmazmış. Ve gene, çiftliklerde genellikle at yerine niçin katır kullanıldığını sorduğum zaman, bunun ilk ve en önemli nedeninin, atların zencilerden gördükleri ağır ve eziyetli muameleye dayanamayacakları olmuştur; atlar daima kısa zamanda sakat ya da kötürüm bırakılmaktaydı. Oysa katırlar sopaya dayanıklı oldukları gibi, arasıra yem yemeseler de oluyor, kolayca sakatlanmıyorlar. Bakılmadıkları ya da çok çalıştıkları zaman soğuk alıp hastalanmıyorlardı. Hayvanlara reva görülen ve kuzeyde bir çiftçinin bakıcılarına derhal yol vermesine neden olabilecek muameleleri her an görebilmek için, şu satırları yazmakta olduğum odanın penceresinden öteye geçmeme hiç gerek yok."

[17] Hünerli ve hünersiz emek arasındaki ayrım, kısmen salt hayalî bir nedene

Ama bir yandan da, her değer yaratma sürecinde, hünerli emeğin ortalama toplumsal emeğe indirgenmesi, örneğin bir günlük hünerli emeğin altı günlük hünersiz emek sayılması kaçınılmazdır.[18] Biz, bu yüzden, gereksiz işlemlerden kendimizi kurtarıyoruz, tahlillerimizi, kapitalistin kullandığı işçi emeğinin, hünersiz ortalama emek olduğu varsayımına dayandırarak basitleştiriyoruz.

dayanmakta ya da en azından, gerçekliğini çoktan yitirmiş ve ancak geleneksel töreler olma niteliği yüzünden yaşayabilen ayrımlara, kısmen de, işçi sınıfının bazı kesimlerinin içinde bulundukları ve emek-güçlerinin karşılığını diğerleri ile eşit değer üzerinden almalarını önleyen çaresiz duruma dayanmaktadır. Raslansal koşullar burada o kadar büyük bir rol oynar ki, bu iki çeşit emek, bazan yer değiştirir. Örneğin, kapitalist üretimin iyice geliştiği bütün ülkelerde görüldüğü gibi, işçi sınıfının fizik yönden bozulduğu ve nispî bir tükenme gösterdiği yerlerde, büyük adale gücünü gerektiren düşük nitelikte emek, çok daha ince bir emeğe göre, genellikle hünerli emek sayılır ve diğerleri ise hünersiz emek düzeyine iner. Sözgelişi İngiltere'de duvarcı ustasının işi, Şam ipeklisi dokuyucusundan çok daha yüksek düzeyde bir yer tutar. Buna karşılık, kadife biçicisinin işi büyük beden gücüne gerek gösterdiği ve aynı zamanda sağlığa zararlı olduğu halde, bu iş, yalnızca hünersiz iş sayılır. Ve gene, şunu da unutmamak gerekir ki, sözde hünerli emek, ulusal emek alanında geniş bir yer tutmamaktadır. Laing, İngiltere'de (Galler dahil) 11.300.000 kişinin geçiminin, hünersiz emeğe dayandığını tahmin etmektedir. Onun bu hesabı yaptığı sırada, buralarda yaşayan toplam 18.000.000 nüfustan "soylular" için 1.000.000, dilenciler, serseriler, suçlular, orospular vb. için 1.500.000, orta sınıf için 4.650.000 düşersek, yukardaki 11.000.000 sayısını buluruz. Ama o, bu orta sınıfa, küçük yatırımların faizleriyle geçinenleri, devlet memurlarını, yazarları, sanatçıları, öğretmenleri ve benzerlerini de katmakta ve sayıyı kabartmak için bu 4.650.000 sayısına, fabrika işçilerinin iyi ücret alan kesimini de eklemektedir! Duvarcı işçileri de bunlar arasında sayılmaktadır. (S. Laing, *National Distress etc.,* London 1844.) "Yiyecek karşılığında bildiğimiz emekten başka verecek şeyleri olmayan büyük sınıf, halkın büyük çoğunluğudur." (James Mill, "*Colony*", *Supplement to the Encyclop.* Brit., 1831.)

[18] "Emek, değer ölçüsü olarak sözkonusu edildiği zaman, bu, zorunlu olarak, belli türde bir emek anlamını taşır ... diğer türden emeklerin buna oranı kolaylıkla saptanabilir." ([J. Cazenove,] *Outlines of Polit. Economy,* London 1832, s. 22, 23.)

SEKİZİNCİ BÖLÜM

DEĞİŞMEYEN SERMAYE VE DEĞİŞEN SERMAYE

EMEK-SÜRECİNİN çeşitli öğeleri, ürünün değerinin oluşmasında farklı roller oynarlar.

İşçi, emeğinin özgül niteliği ve yararlılığı ne olursa olsun, emeğinin konusu üzerinde ek bir emek harcayarak ona yeni bir değer katar. Öte yandan süreçte kullanılmış olan tüketim araçlarının değerleri aynen korunmuştur ve ürünün değerini oluşturan parçalar olarak yeniden karşımıza çıkarlar; örneğin pamuk ile iğin değerleri, ipliğin değerinde yeniden ortaya çıkar. Üretim araçlarının değeri, demek ki, ürüne aktarılmakla aynen korunmuş oluyor. Bu aktarma, o araçların ürüne dönüşmesi sırasında ya da bir başka deyişle, emek-süreci sırasında olmaktadır. Bunu yapan emektir, ama nasıl?

İşçi, birisi pamuğa değer eklemek, diğeri üretim araçlarının değerini korumak için iki işi birbiri ardısıra aynı zamanda yapmaz; yani üzerinde çalıştığı pamuğun değeri ile iğin değerinin bir kısmını ipliğe, ürüne aktaracak şekilde çalışmaz. Ama işçi yeni değer katma etkinliği ile bunların eski değerlerini muhafaza etmiş olur. Bununla birlikte, emeğin konusuna yeni bir değer katmak ve onun eski değerini korumak, işçinin bir işlem sırasında aynı zamanda ürettiği birbirinden tamamen ayrı sonuçlar olduğu için, açıktır ki, sonucun bu iki yönlü niteliği, ancak emeğinin iki yönlü niteliği ile açıklanabilir; bir ve aynı zamanda, bir özelliği ile değer yaratmakta, diğer özelliği ile de değeri korumakta ya da değer aktarmaktadır.

Öyleyse, her işçi, yeni emeği ve dolayısıyla yeni değeri ürüne nasıl katar? Açıktır ki, ancak belli bir yolda üretken biçimde çalışarak; iplikçi eğirerek, dokumacı dokuyarak, demirci döverek. Ama böylece genel olarak katılan emek, yani değer, ancak emeğin özel biçimi ile, eğirmekle, dokumakla ve dövmekle, üretim araçları, pamuk ve iğ, iplik ve dokuma tezgahı, demir ve örs, ürünün, bu yeni kullanım-değerinin öğeleri haline gelirler.[19] Her kullanım-değeri, yeni kullanım-değerinde yeni biçimde yeniden ortaya çıkmak üzere yokolur. Değer yaratma sürecini incelerken, eğer bir kullanım-değeri, yeni bir kullanım-değerinin üretiminde gereği gibi tüketiliyorsa, bu tüketilen şeyin üretimi için harcanan emek miktarının, yeni bir kullanım-değerini üretmek için gerekli olan emek miktarının bir kısmını oluşturduğunu görmüştük; bu kısım, öyleyse, üretim aracından yeni ürüne aktarılan emektir. Demek oluyor ki, işçinin, tüketilen üretim araçlarının değerlerini muhafaza etmesi ya da bunları değerlerinin kısımları olarak ürüne aktarması, soyut olarak düşünüldüğü zaman, emeğini katmasıyla değil, bu emeğin özel yararlı niteliği, özel üretken biçimi dolayısıyla olmaktadır. Öyleyse, emeğin bu özgül üretken etkinliği, dokumayla, eğirmeyle ya da dövmeyle, şöyle bir dokunma sonucu, üretim araçlarını ölüm uykusundan kaldırmakta, bunları emek-sürecinin yaşayan öğeleri haline getirmekte, ve yeni ürünler meydana getirmek üzere onlarla birleşmektedir.

Eğer işçinin özel üretici emeği eğirmek olmasaydı, pamuğu ipliğe dönüştüremez, pamukla iğin değerini ipliğe aktaramazdı. Diyelim aynı işçi, işini değiştirip doğramacı olsun, o, gene, bir günlük emeği ile üzerinde çalıştığı malzemeye değer ekleyecektir. Öyleyse önce, yeni değer ilavesinin, emeğinin özel olarak iplikçilik ya da özel olarak doğramacılık olmasından değil, emeğin soyut bir emek, toplumun toplam emeğinin bir kısmı olmasından ileri geldiğini görüyoruz. Bundan sonra da, belirli miktarda eklenen değerin, onun emeğinin özel bir yararlılıkta olmasından değil, belirli bir süre harcanmasından ileri geldiğini görüyoruz. Öyleyse, bu bir yandan, soyut insan emek-gücünün harcanması açısından genel niteliği saye-

[19] "Emek, yokolanın yerine, yeni bir yaratma verir." (*An Essay on the Polit. Econ. of Nations*, London 1821, s. 13.)

sinde eğirme, pamuk ile iğe yeni bir değer katmakta; öte yandan da, somut ve yararlı bir emek-süreci olması açısından özel niteliği sayesinde, aynı eğirme işi, hem üretim araçlarının değerlerini ürüne aktarmakta ve hem de bunları üründe muhafaza etmektedir. Yani bir ve aynı zamanda, iki yanlı bir sonuç elde edilmektedir.

Yalnızca belli nicelikte emeğin basit katılışıyla, yeni değer eklenmekte ve katılan bu emeğin niteliğiyle, üretim araçlarının ilk değerleri üründe muhafaza edilmiş olmaktadır. Emeğin iki yönlü niteliğinden doğan bu iki yanlı etki, çeşitli olgularda izlenebilecek durumdadır.

Yeni bir buluşun, iplik eğiricisine, eskiden 36 saatte ipliğe çevirebildiği pamuğu şimdi 6 saatte çevirebilme olanağını sağladığını varsayalım. Emeği, şimdi eskisine göre, yararlı üretim amacı yönünden altı kez daha fazla etkin hale gelmiştir. Altı saatlik çalışmasının ürünü altı kat artmış, 6 libreden 36 libreye yükselmiştir. Ama şimdi, 36 libre pamuk, yalnızca eskiden 6 libre pamuğun emdiği kadar emek miktarını emmektedir. Şimdi her libre pamuk, eskisinin altıda-biri kadar yeni emek emmekte, dolayısıyla emeğin her libre pamuğa kattığı değer yalnızca eskinin altıda-biri kadar olmaktadır. Öte yandan, ürüne, 36 libre ipliğe, pamuktan aktarılan değer, öncekinden altı kez daha büyüktür. Altı saatlik eğirmeyle, muhafaza edilen ve ürüne aktarılan hammaddenin değeri, aynı hammaddenin her libresine iplikçinin emeğiyle katılan yeni değer, eskisinin altıda-biri kadar olduğu halde, daha öncekinin altı katıdır.

Bu, bize, bir durumda değeri muhafaza etmeyi ve bir başka durumda değeri yaratmayı olanaklı kılan emeğin iki özelliğinin esasta farklı olduğunu gösterir. Bir yandan belli ağırlıkta pamuğun iplik halinde eğirilmesi için gerekli zaman ne kadar uzun olursa, malzemeye eklenen yeni değer o kadar büyük olur, öte yandan, belli bir sürede eğirilen pamuğun ağırlığı ne kadar fazla olursa, ondan ürüne aktarılan korunmuş değer o kadar büyük olur.

Şimdi de varsayalım ki, iplikçinin emeğinin üretkenliği değişmiyor, sabit kalıyor, bu nedenle, bir libre pamuğu ipliğe çevirmek için eskiden olduğu kadar zamana gereksinme gösteriyor, ama pamuğun değişim-değeri, ya eski değerinin altı katı kadar yükselerek, ya da altıda-bire kadar düşerek değişiyor. Her iki durumda da, iplikçi, bir libre pamuğa aynı miktar emek veriyor ve bu nedenle, değerdeki değişmeden önce kattığı kadar değer katmış oluyor; aynı zamanda, o, daha öncekinin aynısı bir sürede, belli ağırlıkta iplik üretiyor. Bununla birlikte, pamuktan ipliğe aktardığı değer, duruma göre ya değişiklikten öncekinin altıda-biri, ya da eskisinin altı katı fazla oluyor. Emek araçlarının süreçteki yararlı etkinlikleri değişmediği halde, bu araçların değerlerindeki yükselme ya da düşüş de aynı sonuçları verir.

Eğer, eğirme sürecinin teknik koşulları değişmezse ve üretim araçlarının değerlerinde de herhangi bir değişiklik olmazsa, iplikçi, eşit çalışma-sürelerinde eşit miktarda hammadde ve değeri değişmeyen eşit miktarda makine tüketmeye devam eder. Üründe muhafaza ettiği değer, ürüne kattığı yeni değerle doğru orantılıdır. İki haftada verdiği emek ve kattığı değer, bir haftadakinin iki katı olduğu gibi, aynı sürede tükettiği malzeme ve aşınan makine de iki katıdır. Bu durumda, üründe muhafaza ettiği değer de, bir haftadakinin iki katı olur. Üretim koşulları aynı kaldığı sürece, işçi, yeni emek sarfıyla ürüne daha fazla değer kattığı gibi, daha fazla değeri aktarmış ve muhafaza etmiş olur; ama bunu, o, yeni değer katkısı, değişmeyen koşullar altında olduğu ve kendi emeğinden bağımsız bulunduğu için yapar. Elbette, bir bakıma, işçinin, üründe, ona kattığı yeni değer oranında eski değeri koruduğu söylenebilir. Pamuğun değeri, bir şilinden ister iki şiline yükselsin, ister yarım şiline düşsün, işçi, bir saatlik üründe daima iki saattekinin ancak yarısı kadar değeri muhafaza etmiş olacaktır. Aynı şekilde, kendi emeğinin üretkenliği de, yükselmek ya da düşmek suretiyle değişecek olursa, bir saat içersinde eskisine göre daha çok ya da daha az iplik eğirecektir; dolayısıyla o bir saatlik üründe daha çok ya da daha az pamuğun değerini korumuş olacaktır. Ama ne olursa olsun, iki saatlik emekle, bir saattekinin iki katı değeri korumuş olacaktır.

Değer, yalnız kullanıma yararlı mallarda ve nesnelerde mevcuttur; değerin itibari paralarda tamamen simgesel olarak temsilini biz burada konu dışı bırakıyoruz. (İnsana, eğer emek-gücünün kişileşmiş temsilcisi gözüyle bakılırsa, insan, bizzat yaşayan ve bilinçli bir şey olmakla birlikte, doğal bir nesne, bir şeydir; ve emek de onda bulunan bu gücün ortaya çıkışı, belirmesidir.) Bu nedenle, eğer bir mal yararlılığını yitirirse, değerini de yitirir. Üretim araçlarının, kullanım-değerlerini yitirirlerken, değerlerini yitirmeyişlerinin nedeni şudur: Emek-süreci içersinde kullanım-değerlerinin ilk biçimini, yalnızca, üründe yeni kullanım-değeri biçimine girmek üzere yitirmeleridir. Ama değer için önemi ne olursa olsun, bizzat içinde bazı kullanım nesnelerinin somutlaşmış olması gerekir, gene de hangi özel nesnenin bu amaca hizmet ettiğinin hiçbir önemi yoktur; metaların başkalaşımını ele alırken bunu görmüştük. Bundan dolayı, emek-sürecinde üretim araçlarının değeri, ürüne, ancak kendi kullanım-değerleri ile birlikte değişim-değerini de yitirmesiyle aktarılır. Onlar, ürüne, yalnızca üretim aracı olarak yitirdikleri değeri verirler. Ama bu bakımdan, emek-sürecinin maddi öğeleri her zaman aynı şekilde davranmazlar.

Kazanın altında yakılan kömür, iz bırakmaksızın kaybolur gider; dingilleri yağlamak için kullanılan yağ da öyle. Boyalar ile diğer yardımcı maddeler de ortadan kaybolur, ama ürünün özellikleri olarak yeniden ortaya çıkarlar. Hammaddeler, ürünün cevherini, ancak kendi biçimlerini değiştirdikten sonra oluştururlar. Öyleyse hammadde ile yardımcı maddeler, emek-sürecine girerken taşıdıkları kendilerine özgü biçimi yitirirler. Emek araçlarında ise, durum böyle değildir. Araçlar, makineler, işyerleri ve kaplar, emek-sürecinde, ancak, ilk biçimlerini korudukları ve her sabah değişmeyen bu biçimleriyle süreci yinelemeye hazır oldukları sürece yararlıdırlar. Ömürleri boyunca, yani hizmet ettikleri emek-sürecinin devamı boyunca, üründen bağımsız olarak şekillerini korudukları gibi, ölümlerinden sonra da bu böyledir. Makinelerin, araçların, işyerlerinin vb. cesetleri, her zaman oluşmalarına yardım ettikleri üründen ayrı ve farklıdır. Herhangi bir emek aracının, işyerine girdiği günden hurdalığa atılana kadar tüm hizmet süresince durumunu incelersek, bu süre boyunca kullanım-değerinin tamamıyla tüketildiğini ve dolayısıyla değişim-değerinin tümüyle ürüne aktarıldığını görürüz. Örneğin, eğer bir eğirme makinesinin ömrü 10 yıl ise, bu çalışma süreci içersinde, toplam değerinin 10 yıllık ürüne yavaş yavaş aktarıldığı açıktır. Bir emek aracının ömrü bu nedenle benzer işlemlerin şu ya da bu sayıda yinelenmesiyle tükenir. Emek aracının ömrü, bu yönden insan ömrü ile kıyaslanabilir. Her geçen gün, insanı, mezarına 24 saat daha yaklaştırır: ama bu yolda daha kaç gün yolculuk yapacağını kimse kendisine bakarak kesenkes söyleyemez. Gene de bu güçlük yaşam sigortası yapan şirketleri, ortalama insan ömrü teorisine dayanarak son derece güvenli, aynı zamanda epeyce de kârlı sonuçlara ulaşmaktan alıkoymaz. Bu, emek araçları için de böyledir. Özel türdeki bir makinenin ortalama yaşını deneyimlerimize dayanarak biliriz. Diyelim emeksürecindeki kullanım-değeri ancak altı günlüktür. Bu durumda, ortalama olarak her gün kullanım-değerinin altıda-birini kaybetmekte ve değerinin altıda-birini her gün ürüne vermektedir. Bütün aletlerin aşınması ve yıpranması, günlük kullanım-değeri kaybı ve buna karşılık ürüne aktardıkları değer, bu esasa dayanılarak hesaplanır.

Şurası apaçıktır ki, üretim araçları, ürüne, emek-süreci sırasında kendi kullanım-değerlerinin aşınıp yıpranmasıyla yitirdiklerinden daha fazla değer aktarmış olmazlar. Eğer böyle bir aracın yitirecek değeri yoksa, bir başka deyişle, eğer insan emeği ürünü değilse, ürüne de değer aktaramaz. Değişim-değerinin oluşmasına katkıda bulunmaksızın kullanım-değerinin yaratılmasına yardım ederler. Bu sınıfa, toprak, rüzgar, su, yatağındaki madenler, bakir ormandaki tomruklar gibi, insanın yardımı olmaksızın doğanın sağladığı bütün üretim araçları girer.

Burada karşımıza ilginç bir olgu daha çıkıyor. Diyelim bir makinenin değeri 1.000 sterlin olsun ve 1.000 günde aşınsın. Bu durumda, her gün, günlük üretime, makinenin değerinin binde-biri kadarı aktarılmaktadır. Aynı zamanda, azalan bir yaşama gücüyle de olsa, makine, bütünüyle emek-sürecinde yeralmaya devam eder. Görülüyor ki, emek-sürecinin bir öğesi olan üretim aracı, bütünüyle bu sürece devamlı olarak girmekle birlikte, değer yaratma sürecine ancak parça parça katılmaktadır. İki süreç arasındaki fark, burada, maddi öğelerinin içersinde yansımaktadır: aynı üretim aracı, emek-sürecinde bütünüyle yeraldığı halde, değerin oluşmasına ancak bir öğe katılmaktadır.[20]

Öte yandan, bir üretim aracı, değerin oluşmasında bütünüyle yeraldığı halde, emek-sürecine parça parça girebilir. Pamuğun eğirilmesinde her 115 libre pamuktan 15 libresinin ziyan edildiğini kabul edelim; bu, 15 libre iplik haline değil, "şeytan tozu" haline gelmiş olsun. Bu 15 libre pamuk hiçbir zaman ipliğin bir öğesini oluşturmamakla birlikte, biz, eğer bu miktarı normal bir eğirme işleminin ortalama koşulları altında kaçınılmaz diye kabul edersek, onun değeri de tıpkı ipliğin değerine aktarılan ve onun maddesini

20 Emek araçlarının onarılması bizi burada ilgilendirmiyor. Onarılmakta olan bir makine, o anda bir aracı rolünü oynamamakta, ama bir emeğin konusu olmaktadır. Artık onunla iş yapılmamakta, ama onun üzerinde çalışılmaktadır. Emek araçlarının onarılması için harcanan emeğin, bunların ilk üretimleri için gerekli emekten sayılmasının, bizim amacımız yönünden tamamen geçerli olduğu kabul edilebilir. Ama bizim burada ele aldığımız aşınma ve yıpranma, hiçbir doktorun çare bulamadığı ve hastayı her an ölüme yaklaştıran bir durumdur; ve "zaman zaman onarımı olanaksız türden bu aşınma ve yıpranma, bıçak kullanıldığı anda, onu, cerrahın, yeni bir bıçağın kullanılmasına değmez dediği duruma düşürecek bir duruma getirecektir." Bir makinenin, her emek-sürecine, ayrılmaz bir parça olarak katıldığı halde, aynı andaki değer yaratma sürecine parça parça girdiğini metinde göstermiş bulunuyoruz. Bu durumda, aşağıya aldığımız parçada gözler önüne serilen fikir karışıklığı ne kadar büyüktür! "Mr. Ricardo, çorap makinesinin yapımında mühendisin emeğinin bir kısmının", örneğin, bir çift çorabın değerinde içerildiğini söylüyor. "Oysa, her çift çorabı üreten toplam emek ... mühendisin emeğinin bir bölümünü değil tümünü içerir; çünkü bir tek makine, birçok çift çorap yapar ve bu çoraplardan hiçbirisi, makinenin bir parçası olmaksızın yapılamazdı." (*Obs. on Certain Verbal Disputes in Pol. Econ., Particularly Relating to Value, and to Demand and Supply*, London 1821, s. 54.) Kendini beğenmiş lafebesi yazar, düştüğü şaşkınlıkla ve dolayısıyla bir ölçüye kadar da öne sürdüğü savda haklıdır, çünkü, Ricardo da, ondan önce ve sonra herhangi bir iktisatçı da, emeğin bu iki yönlülüğünü doğru olarak birbirlerinden ayırdedemedikleri gibi, değerin oluşumunda bunların her birinin oynadıkları rolü de fark edememişlerdir.

oluşturan 100 libre pamuğun değeri gibi ipliğe aktarılmış demektir. Bu durumda, bu miktarda pamuğun boşa gitmesi iplik üretiminde zorunlu bir koşul oluyor. Başka bir nedenle değil, salt bu zorunlu koşul nedeniyle, pamuğun değeri ürüne aktarılmıştır. Emeksürecinden çıkan her türlü döküntü için aynı şey geçerlidir, yeter ki, bu gibi döküntü yeni ve başka kullanım-değerlerinin üretiminde kullanılmasınlar. Buna benzer döküntü kullanılması, Manchester'daki büyük makine fabrikalarında görülebilir; burada dağlar gibi demir döküntü, geceleri ocaklara taşınır ve ertesi sabah işyerlerinde demir kütleleri halinde tekrar ortaya çıkarlar.

Üretim araçlarının emek-süreci sırasında, eski kullanım-değeri şeklinde kaybettikleri değer kadar, yeni ürünlere değer aktardıklarını görmüş bulunuyoruz. Süreç sırasında uğrayabilecekleri azami değer kaybı, kuşkusuz, sürece girdikleri sırada taşıdıkları değer miktarı ya da başka bir deyişle, üretimleri için gerekli emekzamanı ile sınırlıdır. Bunun için, üretim araçları, ürüne, yardımcı olarak katıldıkları sürece, girerken sahip bulundukları değerden daha fazlasını katamazlar. Belli türden bir hammadde ya da makine ya da başka bir üretim aracı, ne kadar yararlı olursa olsun, 150 sterlin değerinde ya da 500 işgünü değerinde ise, hiçbir koşul altında ürünün değerine 150 sterlinden fazla katamazlar. Değeri, üretim aracı olarak katıldığı emek-süreciyle değil, kendisinin ürün olarak üretildiği emek-süreciyle belirlenir. Emek-sürecinde, yalnızca kullanım-değeri, yararlı özellikleri olan bir şey olarak hizmet eder, ve daha önce böyle bir değere sahip olmadıkça ürüne herhangi bir değer aktaramaz.[21]

[21] Artı-değeri (Faiz, Kâr, Rant) üretim araçları, toprak, aletler ve hammaddenin, emek-sürecinde kullanım-değerleri aracılığı ile yapmış oldukları "*services productifs*"den ["üretken hizmetliler" –ç.] çıkarmaya uğraşan J. B. Say'nin saçmalığını buradan anlayabiliriz. Marifetli mazur gösterme hayallerini, yazıyla kayda geçirme fırsatını hiç kaçırmayan bay Wilhelm Roscher ise aşağıdaki örnekleri veriyor: "J. B. Say (*Traité,* t. I, ch. 4) doğru olarak işaret ediyor: bir yağhanede üretilen değer, bütün masraflar çıkarıldıktan sonra, yeni bir şey, yağhanenin kendisinin yapıldığı emekten tamamen farklı bir şeydir." (*l.c.,* s. 82, not.) Çok doğru bay profesör! Yağhanede üretilen yağ, yağhanenin yapımında harcanan emekten gerçekten farklı bir şeydir! Değer sözünden bay Roscher, "yağ" gibi bir maddeyi anlıyor, çünkü yağın bir değeri vardır, oysa, nispeten "az miktarda" olsa bile "doğa" petrol üretmektedir; daha sonraki gözlemlerinde de bu olguya işaret eder gibidir: "O" (doğa) "nadiren bir değişim-değeri üretir." Bay Roscher'in "doğası" ile, ürettiği değişim-değeri, bir çocuğu olduğunu itiraf eden ama "o kadar minicikti ki" diyen saf bakireyi andırıyor. Bu "*savant sérieux*" ["alim kişi" –ç.] devamla şöyle diyor: "Ricardo'cu okul, sermayeyi de, biriktirilmiş emek olarak, emek başlığı altına koyma alışkanlığındadır. Bu beceriksizce [!] bir iştir, çünkü [!] sermaye sahibi [!], hiç değilse [!], salt [?!] aynı şeyi yaratma [?] ve muhafazadan [??] fazla bir şey yapar: yani [?!?] onu keyfi için kullanmaktan kaçınır ve bunun için, örneğin [!!!] faiz talep eder." (*l.c.,* [s. 82.]) "Gerçekten", salt bir isteği "hiç değilse" bir değer kaynağı haline çeviren bu "anatomikofizyolojik" ekonomi politik "yöntemi", doğrusu çok "beceriklice"dir.

Üretken emek, üretim araçlarını, yeni bir ürünün onu oluşturan öğelerine dönüştürürken, kendi değerleri de bir ruh göçümüne uğrarlar. Tükenmiş bedenden ayrılıp, yeni yaratılmış olana geçerler. Ama bu göç işlemi, emekçinin dışında olur. İşçi, eski değerleri korumadan, buna yeni emek katamaz, yeni değer yaratamaz, çünkü kattığı bu emeğin belirli yararlı türden bir emek olması gerekir; ürünleri, yeni bir ürünün üretim araçları olarak kullanmadan ve böylece değerlerini yeni bir ürüne aktarmadan, yararlı türden bir iş göremez. Demek ki hareket halindeki emek-gücünün, canlı emeğin, değer koruma ve aynı zamanda da değer katma özelliği, işçiye hiçbir şeye malolmayan, ama kapitalist için sermayesinin mevcut değerini korumasından ötürü çok yararlı olan bir doğa vergisidir.[22] Ticareti yolunda gittiği sürece, kapitalist, kendisini para kazanma hırsına öylesine kaptırmıştır ki, emeğin bu lütfunun farkına bile varmaz. Bunun farkına ancak, emek-sürecinde, bir bunalım yarattığı şiddetli bir duraklama ile varır.[23]

Üretim araçları yönünden asıl tüketilen şey, bunların kullanım-değeridir, ve bu kullanım-değerinin emek aracılığı ile tüketimi, ürünü meydana getirir. Üretim araçlarının değerlerinin tüketilmesi[24] diye bir şey olmadığı gibi, bu değerlerin yeniden üretildiklerinin söylenmesi de doğru değildir. Bu değer, korunmuştur; nedeni, süreçte kendisinin bir işlem geçirmesi değil, başlangıçta içinde mevcut olduğu malın gerçekten yokolması, ama bir başka mal içersinde yokolmasıdır. Öyleyse, ürünün değerinde üretim aracının değeri yeniden ortaya çıkar, ama bu değerin yeniden üretilmesi diye bir şey sözkonusu değildir. Üretilen şey, eski değişim-değerinin ye-

22 "Çiftçilikte emek araçları içersinde insan emeği ... çiftçinin sermayesini geri almada en çok güvendiği araçtır. Diğer ikisi ... iş hayvanları ile ... arabalar, sabanlar, kürekler ve diğer şeyler, belirli miktarda insan emeği olmaksızın hiçbir işe yaramazlar." (Edmund Burke, *Thoughts and Details on Scarcity, originally presented to the Right Hon. W. Pitt, in the Month of November 1795,* Edit. London 1800, s. 10.)

23 26 Kasım 1862 tarihli *The Times*'ta, fabrikasında 800 işçi çalıştıran ve ortalama 150 balya Doğu Hindistan ya da 130 balya Amerikan pamuğu işleyen bir fabrikatör, fabrikasının çalışmadığı zamanki devamlı masraflarından hüzünlü bir şekilde yakınır. Tahminen bu masraf yılda 6.000 sterlindir. Bunlar arasında bizi burada ilgilendirmeyen, kira, faiz, vergiler, sigorta, yönetici, sayman ve mühendis aylıkları gibi harcamalar vardır. Daha sonra, arasıra fabrikayı ısıtmak ve motoru çalıştırmak için 150 sterlin de kömüre koyar. Bundan başka, makineleri çalışır durumda tutmak için belirsiz zamanlarda çalıştırılan kimselerin ücretlerini de hesaba katar. Ensonu, makinelerin aşınma payları olarak 1.200 sterlin daha ekler, çünkü, "buhar makineleri çalışmalarını tatil etti diye, iklim ve doğa koşulları da faaliyetlerini tatil etmemektedirler". Sonra acıklı bir eda ile, makineleri zaten eski olduğu için, bu 1.200 sterlin gibi küçük miktardan fazla bir aşınma payı tahmini yapmadığını da sözlerine ekler.

24 "Üretken tüketim ... bir metaın tüketiminin, üretim sürecinin bir parçası olduğu durumlarda. ... Bu gibi durumlarda, değer tüketimi diye bir şey yoktur." (S. P. Newman, *l.c.,* s. 296.)

niden ortaya çıktığı yeni bir kullanım-değeridir.[25]

Emek-gücünün faal olduğu emek-sürecinin nesnel etkeni sözkonusu olduğundan, durum değişir. İşçi, özel bir amaca yönelmiş özelleşmiş türden emeği sayesinde, üretim araçlarının değerini korur ve ürüne aktarır, aynı zamanda, o, yalnızca çalışmasıyla her an ek ya da yeni bir değer yaratır. Diyelim ki, işçinin tam emek-gücünün değerinin eşdeğeri kadar üretim yaptığı anda üretim süreci kesilmiş olsun; sözgelişi altı saatlik emekle işçi üç şilinlik bir değer katmış olsun. Bu değer, ürünün toplam değerinin üretim araçlarından gelen değerin dışındaki fazlalıktır. Bu değer, bu süreç sırasında doğmuş olan biricik özgün değerdir; ürünün bu süreçte yaratılan biricik değer kısmıdır. Kuşkusuz bu yeni değerin ancak kapitalistin emek-gücünü satın almak için yatırdığı paranın yerine geçtiğini ve yaşaması için gerekli şeyleri satın almak için işçi tarafından harcandığını unutmuyoruz. Harcanan bu para yönünden yeni değer yalnızca bir yeniden-üretimdir, ama gerçekten bir yeniden-üretimdir, yoksa üretim araçlarının değerlerinin sözkonusu olduğu zamandaki gibi, görünüşte bir yeniden-üretim değildir. Bir değer yerine, bir başkasının geçmesi, burada, yeni bir değerin yaratılmasıyla gerçekleştirilmiştir.

Daha önce olup bitenlerden, emek-sürecinin, üründe yalnızca emek-gücünün değerini karşılayacak eşdeğerin yeniden-üretilmesi ve ürüne katılması için gerekli zamanın ötesinde de devam edeceğini biliyoruz. Bu amacın karşılanması için altı saat yettiği halde, süreç oniki saat devam edebilir. Emek-gücünün etkinliği bu nedenle yalnızca kendi değerini yeniden üretmekle kalmaz, onun üzerinde ve ötesinde de üretimde bulunur. Bu artı-değer, ürünün değeriyle, bu ürünün oluşması için tüketilen öğelerin değeri arasındaki farktır; bir başka deyişle, üretim araçları ile emek-gücü arasındaki farktır.

Ürünün değerinin oluşmasında emek-sürecinin çeşitli etkenle-

[25] Belki yirmi baskısı yapılan bir Amerikan yıllığında şu pasaj yeralır: "Sermayenin hangi şekli altında yeniden ortaya çıkacağı önemli değildir"; bunun ardından, üretimin, değerleri üründe yeniden kendini gösteren olası bütün öğeleri uzun uzadıya sayılıp döküldükten sonra pasaj şöyle sona eriyor: "İnsanoğlunun varlığı ve rahatı için gerekli çeşitli türde yiyecekler, giysiler ve barınaklar da değişikliğe uğrar. Bunlar zaman zaman tüketilirler ve taşıdıkları değerler insanın vücuduna ve ruhuna katılan yeni bir güç olarak tekrar ortaya çıkarlar ve üretim içinde yeniden kullanılacak yeni bir sermaye oluştururlar." (F. Wayland, *l.c.*, s. 31, 32.) Öteki acayiplikler bir yana, şuna dikkati çekmekle yetinelim: yeni güçte tekrar kendini gösteren, ekmeğin fiyatı değil de onun kan yapıcı özü oluyor. Oysa, bu güçte tekrar kendini gösteren değer, tüketim maddeleri değil, bunların değerleridir. Yarı fiyatına sağlanan aynı gerekli tüketim maddeleri, gene aynı eti, kemiği ve gücü yaratır, ama bu gücün değeri aynı olmaz. "Değer" ile "gücün" böyle birbirine karıştırılması, yazarımızdaki ikiyüzlü belirsizlikle birlikte, artı-değerin açıklanmasını, salt daha önce varolan değerlerin tekrar ortaya çıkmasına dayandırmak gibi boş bir çabaya işarettir.

rinin oynadıkları çeşitli rolleri anlatırken, aslında, biz, sermayenin kendi değerini genişletme sürecinde çeşitli öğelere verilen farklı işlevlerin özelliklerini aydınlığa kavuşturmuş olduk. Ürünü meydana getiren etmenlerin değerlerinin toplamını aşan toplam değerin fazlası, genişlemiş sermayenin, işin başında yatırılan sermayeyi aşan fazladır. Bir yanda üretim araçları, öte yanda emek-gücü, yalnızca başlangıçta sermayenin değerinin para şeklinden çıkıp, emek-sürecinin çeşitli etmenlerine dönüştüğü anda büründüğü çeşitli varlaşma biçimleridir. Bu durumda, sermayenin üretim araçları, hammadde, yardımcı malzemeler ve iş aletlerince temsil edilen kısmı, üretim süreci sırasında nicel bakımdan bir değer değişimine uğramaz. Bu nedenle, bu kısma, ben, sermayenin değişmeyen kısmı, ya da kısaca *değişmeyen sermaye* adını veriyorum.

Öte yandan, sermayenin, emek-gücü tarafından temsil edilen kısmı, üretim sürecinde bir değer değişimine uğrar. Bu, kendi değerinin eşdeğerini yeniden ürettiği gibi, bir fazlalığı da, değişen koşullara göre az ya da çok olabilen bir artı-değeri de üretir. Sermayenin bu kısmı, durmadan, değişmeyen bir büyüklükten değişen bir büyüklüğe dönüşür. Bu nedenle ben, buna, sermayenin değişen kısmı ya da kısaca *değişen sermaye* diyorum. Sermayenin aynı öğeleri, emek-süreci açısından kendilerini, nesnel ve öznel öğeler, üretim araçları ve emek-süreci olarak, artı-değer yaratan süreç açısından, değişmeyen ve değişen sermaye olarak ortaya koyuyorlar.

Yukarda verilen değişmeyen sermaye tanımı, onu oluşturan öğelerin değerindeki bir değişme olanağını hiçbir zaman dıştalamaz. Diyelim ki, bir libre pamuğun fiyatı bir gün yarım şilin olsun, ertesi gün pamuk ürünündeki azalma sonucu bir şiline yükselsin. Yarım şiline satın alınan ve değer yükselmesinden sonra işlenen her libre pamuk, ürüne bir şilinlik bir değer aktarır; fiyat yükselmesinden önce eğirilmiş bulunan ve belki de piyasada iplik olarak dolaşan pamuk aynı şekilde ürüne ilk değerinin iki katı değer aktarmış olur. Açıktır ki, bu değer değişmesinin, pamuğun eğirilmesiyle değerine eklenen artışla ya da artı-değerle bir ilişkisi yoktur. Eğer eski pamuk eğirilmemiş olsaydı, fiyat yükselmesinden sonra gene de libresi yarım şilin yerine bir şiline tekrar satılabilirdi. Üstelik, pamuk süreçten ne kadar az geçmiş olursa, bu sonuç o kadar kesin demektir. İşte bu nedenle, spekülatörler böyle ani değer değişimleri halinde, üzerinde en az emek harcanmış maddelerde spekülasyon yapmayı bir kural haline getirmişlerdir; kumaş yerine iplik, iplik yerine pamuk üzerinde spekülasyon yapmak gibi. İncelemekte olduğumuz durumda değer değişimi, pamuğun üretim aracı olarak rol oynadığı ve bunun için de değişmeyen sermaye işlevini yerine getirdiği süreçten değil, pamuğun kendisinin üretildiği süreçten doğmaktadır. Gerçi bir metaın değeri, içerdiği emek miktarıyla belirlenir, ama bu miktarı da sınırlayan şey toplumsal koşullardır. Herhangi bir metaın üretimi için toplumsal bakımdan gerekli zamanda bir değişme olursa —ve belli ağırlıktaki pamuk, kötü bir hasattan sonra, iyi bir hasattan sonrakine göre daha fazla emeği temsil eder— aynı sınıfa dahil daha önce varolan bütün metalar bunun etkisinde kalır, çünkü bütün bunlar aynı türe ait bireyler olup,[26] belirli zamanlardaki değerleri, toplumsal bakımdan gerekli-emekle, yani o sırada mevcut toplumsal koşullar altında üretilmesi için gerekli-emekle ölçülür.

Hammaddenin değeri değişebileceği gibi, süreçte kullanılan iş araçlarının, makinelerin vb. değerleri de değişebilir; dolayısıyla bunlardan ürüne aktarılan değer kısmı da değişebilir. Yeni bir buluş sonucu aynı tip makineler daha az emek harcanması ile üretilebilir olsalar, eski makineler azçok bir değer kaybına uğrarlar ve sonuçta ürüne o oranda az değer aktarırlar. Ama burada da, değerdeki değişme, gene, makinenin üretim aracı olarak iş gördüğü sürecin dışında olmaktadır. Makine bu sürece girdikten sonra, bu süreçten ayrı olarak sahip olduğu değerden daha fazlasını ürüne aktaramaz.

Nasıl ki, üretim aracı emek-sürecine girdikten sonra değerindeki değişme, değişmeyen sermaye olma niteliğini etkilemezse, değişmeyen sermayenin değişen sermayeye olan oranındaki bir değişiklik de bu iki tür sermayenin işlevlerini etkilemez. Emek-sürecinin teknik koşullarında öylesine köklü bir değişiklik olabilir ki, eskiden on işçi düşük değerde on alet kullanarak nispeten küçük miktarda hammadde işlerken, şimdi bir işçi pahalı bir makineyle yüz kat daha fazla hammadde işleyebilir. Bu durumda, kullanılmakta olan üretim araçlarının toplam değerlerinin temsil ettiği değişmeyen sermaye son derece büyür, oysa emek-gücüne yatırılmış değişen sermaye büyük ölçüde azalır. Bununla birlikte, böyle bir devrim, yalnızca değişmeyen ve değişen sermaye arasındaki nicel ilişkiyi, ya da toplam sermayenin, değişmeyen ve değişen sermaye öğelerine bölünme oranını değiştirir; buna karşılık, bu iki sermaye arasındaki temel ayrım üzerinde en ufak bir etki yapmaz.

26 "Aynı türden bütün ürünler, aslında yalnızca bir kitle meydana getirirler ve bunun fiyatı özel durum ve koşullara bakılmaksızın genel olarak belirlenir." (Le Trosne, *l.c.*, s. 893.)

DOKUZUNCU BÖLÜM

ARTI-DEĞER ORANI

BİRİNCİ KESİM. — EMEK-GÜCÜNÜN SÖMÜRÜLME DERECESİ

Yatırılan sermaye, *S*, ile üretim sürecinde doğan artı-değer, ya da başka bir deyişle, sermayenin, *S*, değerini büyütmesi, her şeyden önce karşımıza bir fazlalık, ürün değerinin, onu meydana getiren öğelerin değerleri toplamını aşan bir miktarı olarak çıkar.*

Sermaye, *S*, iki kısımdan oluşur, birincisi, üretim araçlarına yatırılan para miktarı *s*, ve ikincisi, emek-gücü için harcanan para miktarı *d*; bunlardan *s*, değişmeyen sermayeye dönüşen kısmı, *d* de değişen sermayeye dönüşen kısmı temsil ederler. Öyleyse başlangıçta, $S = s+d$'dir, örneğin yatırılan sermaye 500 sterlin ise, bölünüşü şöyle de olabilir: 500 sterlin = 410 sterlin değişmeyen sermaye + 90 sterlin değişen sermayedir. Üretim süreci bittiğinde, değeri = $(s+d)+a$ olan bir meta elde edilir, burada *a,* artı-değerdir; ya da daha önceki rakamlarımızı alırsak bu metaın değeri = (410 sterlin *s* + 90 sterlin *d*) + 90 sterlin *a* olur. Başlangıçtaki sermaye *S*, şimdi *S´* olmuştur, 500 sterlin 590 sterlin haline gelmiştir. Aradaki fark *a,* yani 90 sterlin artı-değerdir. Ürünü meydana getiren öğele-

* Yatırılan sermaye *S*, değişmeyen sermaye *s*, değişen sermaye *d*, artı-değer *a* harfleri ile simgelenmiştir. –ç.

rin değeri, yatırılan sermayenin değerine eşit olduğu için, ürünün değerinin, onu meydana getiren öğelerin değerini aşan kısmının, yatırılan sermayenin genişleme miktarına ya da üretilen artı-değere eşit olduğunu söylemek, yalnızca boş bir yineleme olur.

Bununla birlikte, bizim, gene de bu boş yinelemeyi biraz daha yakından incelememiz gerekiyor. Karşılaştırılan iki şey, ürünün değeri ile ürünün üretim sürecinde tüketilen kısımlarının değeridir. Değişmeyen sermayenin emek araçlarındaki kısmının, ürüne, ancak değerinin küçük parçaları halinde aktarıldığı halde, bu değerin geriye kalan kısmının emek araçlarında varolmaya nasıl devam ettiklerini görmüş bulunuyoruz. Bu geri kalan kısmı, değerin oluşmasında hiçbir rol oynamadığı için, biz, şimdilik bir yana bırakıyoruz. Bunun hesaba katılması zaten bir şey değiştirmez. Daha önceki örneğimizi alalım, *s* = 410 sterlin: bu miktar, 312 sterlin değerinde hammaddenin, 44 sterlin değerinde yardımcı malzemenin ve 54 sterlin değerinde makinenin süreçte aşınan kısmının toplamı olsun; ve gene diyelim ki, kullanılan makinenin toplam değeri 1.054 sterlindir. Bu son miktardan, yalnızca ürün değerinin meydana getirilmesi için yatırılmış değer olarak, makinelerin süreçteki aşınma ve yıpranma sonucu yitirdikleri ve dolayısıyla ürüne geçirdikleri 54 sterlinlik miktarı hesaba katarız. Eğer biz, aynı zamanda, hâlâ makinede bulunan geri kalan 1.000 sterlini de ürüne aktarılmış olarak sayarsak, onu da yatırılan değerin bir kısmı olarak kabul etmemiz ve hesabımızın iki yanında göstermemiz gerekirdi.[27] Böylece bir yanda 1.500 sterlin, öte yanda 1.590 sterlin miktarlarını elde etmiş olurduk. Bu iki miktar arasındaki fark, ya da artı-değer, gene 90 sterlin olurdu. Bundan dolayıdır ki, bu kitap boyunca, biz, değer üretimi için yatırılan değişmeyen sermaye kavramı ile, daima, eğer orada tersi kastedilmiyorsa, yalnız süreçte fiilen tüketilen üretim araçlarının değerini ifade etmiş olacağız.

Bunu belirttikten sonra, $S = s + d$ formülümüze dönelim; bu formülün $S' = (s+d) + a$ haline dönüştüğünü, *S*'nin S' olduğunu görmüştük. Değişmeyen sermayenin değerinin ürüne aktarıldığını, onda yeniden ortaya çıktığını biliyoruz. Süreçte fiilen yaratılan yeni değer, üretilen değer, ya da değer-ürün, bu nedenle ürünün değeri ile aynı şey değildir; ilk bakışta sanıldığı gibi $(s+d) + a$ ya da 410 sterlin değişmeyen sermaye + 90 sterlin değişen sermaye + 90 sterlin artı-değer şeklinde değil; $d+a$ ya da, 90 sterlin değişen sermaye + 90 sterlin artı-değerdir. 590 sterlin değil, ama 180 sterlin-

[27] "Kullanılan sabit sermayenin değerini, eğer yatırılmış olan sermayenin bir kısmı olarak düşünürsek, yıl sonunda bu sermayenin geriye kalan değerini, yıllık gelirin bir parçası olarak hesaba katmamız gerekir." (Malthus, *Princ. of Pol. Econ.*, 2. baskı, London 1836, s. 269.)

dir. Eğer $s = 0$ olsaydı, bir başka deyişle, kapitalistin, hammadde olsun, yardımcı malzeme ya da emek araçları olsun, daha önceki emeğin oluşturduğu her türlü üretim aracından vazgeçebileceği bir sanayi kolu olsaydı, yalnız emek-gücünü ve doğanın sağladığı malzemeleri kullanmakla yetinseydi; bu durumda, ürüne aktarılacak değişmeyen sermaye de olmazdı. Ürün değerinin bu öğesi, yani örneğimizde 410 sterlin, dıştalanacaktı, ama 90 sterlinlik artı-değeri de içeren ve, yaratılan yeni değerin ya da üretilen değerin karşılığı olan 180 sterlin, *s,* düşünülebilecek en yüksek değeri temsil ediyormuş gibi, eski büyüklüğünde kalırdı. $S = (0+d) = d$ ya da genişlemiş sermaye $S' = d+a$ olacaktır; bu nedenle de, daha önce olduğu gibi $S'-S = a$'dır. Öte yandan eğer $a = 0$ ise, ya da başka bir deyişle, değeri, değişen sermaye şeklinde yatırılmış olan emek-gücü ancak kendi eşdeğerini üretiyorsa, $S = s + d$ olur, ya da ürün değeri $S' = (s+d) + 0$ ya da $S = S'$ olurdu. Bu durumda yatırılan sermaye kendisini genişletmemiş olurdu.

Daha önceki incelemelerimizden biliyoruz ki, artı-değer, salt *d* değerindeki, emek-gücüne dönüşen sermaye kısmındaki bir değişmenin sonucudur, ve dolayısıyla $d+a = d+d'$ ya da *d* artı *d*'nin bir fazlalığıdır. Yalnız *d*'nin değişmesi ve bu değişmenin koşullarını sağlayan ilişki, sermayenin değişen kısmının büyümesiyle yatırılan sermayenin toplamında da bir artış olması nedeniyle açıkça görülmez. Başlangıçta bu 500 sterlin idi, sonra 590 sterlin oluyor. Bu nedenle, araştırmamızın doğru sonuçlara ulaşabilmesi için ürünün değerinde yalnız değişmeyen sermayenin görüldüğü kısmından soyutlanarak değişmeyen sermayeyi sıfıra eşitlemeliyiz ya da $s = 0$ demeliyiz. Bu, yalnızca birbirleriyle yalnız artı ve eksi işaretleriyle ilişki halinde olan değişmeyen ve değişen büyüklüklerle işlem yaparken kullandığımız bir matematik kuralın uygulanmasıdır.

Bir başka güçlük de, değişen sermayenin başlangıçtaki biçiminden doğar. Örneğimizde, S' = 410 sterlin değişmeyen + 90 sterlin değişen + 90 sterlin artı-değerdir; ama 90 sterlin, belirli ve bunun için değişmeyen bir miktardır; bu durumda onu değişen olarak ele almak saçma görünebilir. Ama aslında, 90 sterlinlik değişen değer, burada yalnız bu değerin geçirdiği süreci temsil eden bir simgedir. Sermayenin emek-gücü satın alınması için yatırılan kısmı, belirli bir miktarda maddeleşmiş emek, satın alınan emek-gücünün değeri gibi değişmeyen bir değerdir. Ama üretim sürecinde, 90 sterlinin yerini faal emek-gücü alıyor; ölü emeğin yerine canlı emek, donmuş bir şeyin yerine akıcı bir şey, değişmeyen bir şeyin yerine değişen bir şey geçiyor. Sonuç, *d*'nin artı *d*'deki küçük bir fazlalığın yeniden-üretimidir. Öyleyse kapitalist üretim açısından bütün süreç, emek-gücüne dönüşen aslında değişmeyen değerin kendiliğinden değişmesi gibi görünüyor. Sanki hem süreç ve hem de onun sonucu bu değere bağlıymış gibi görünür. Bu nedenle, eğer, "90 sterlinlik değişen sermaye" ya da "şu kadarlık kendini genişleten değer" ifadeleri çelişik gibi gözüküyorlarsa, bu, yalnızca kapitalist üretimde yatan bir çelişkiyi suyüzüne çıkarmaları nedeniyledir.

Değişmeyen sermayeyi sıfıra eşitlemek, ilk bakışta acayip bir işlem gibi gelebilir. Ama bu, bizim her gün yaptığımız bir şeydir. Örneğin, İngiltere'nin pamuklu sanayisinden sağladığı kâr miktarını hesaplarken, önce pamuk için, Birleşik Devletler'e, Hindistan'a, Mısır'a ve öteki ülkelere ödenen miktarları düşüyoruz; bir başka deyişle, ürünün değerinde tekrar ortaya çıkan sermaye değerini sıfıra eşit kılıyoruz.

Kuşkusuz, artı-değer oranı, yalnızca, sermayenin doğrudan kendisinden çıktığı ve değerindeki değişmeyi temsil ettiği kısmı ile ilişkili değildir; yatırılmış toplam sermaye de ekonomik bakımdan büyük önem taşır. Biz, bu nedenle, üçüncü kitapta bu oranı enine-boyuna ele alacağız. Sermayenin bir bölümünün, emek-gücüne çevirmekle değerini genişletebilmesi için, diğer bir kısmının üretim araçlarına çevrilmesi gerekir. Değişen sermayenin görevini yerine getirebilmesi için, değişmeyen sermayenin uygun oranda yatırılması gerekir ve bu oran her emek-sürecinin özel teknik koşullarınca belirlenir. Bir kimyasal süreç için imbik ve diğer kaplara gereksinme duyulması, kimyacıyı, tahlil sonucunda bunları hesaba katmaya zorlayamaz. Eğer biz, üretim araçlarına, değer yaratma ilişkileri açısından, ve her şeyden ayrı olarak değerin miktarındaki değişmeler yönünden bakacak olursak, bunlar, yalnızca emek-gücünün, değer yaratıcısının maddeleştiği malzeme gibi görünürler. Ne doğanın, ne de bu malzemenin bir önemi vardır. Gerekli olan tek şey, üretim sırasında harcanan emeği emecek miktarda malzemenin bulunmasıdır. Bu miktar varsa, malzemenin değerinin yükselmesinin ya da düşmesinin, veya toprak ya da deniz gibi hiçbir değer taşımamasının, değerin yaratılması ya da miktarının değişmesi üzerinde herhangi bir etkisi olamaz.[28]

Öyleyse önce değişmeyen sermayeyi sıfıra eşitleyeceğiz. Böylece, yatırılmış sermaye $s+d$'den d'ye indirgenmiş olur ve ürün değeri $(s+d)+a$ yerine şimdi üretilen değeri $d+a$ elde etmiş oluruz. Süreç boyunca harcanan bütün emeği temsil eden üretilen yeni değer = 180 sterlin olsa, bundan, değişen sermayenin değeri 90 sterlini çı-

[28] Lucretius'un söylediği söz apaçaktır: "*nil posse creari de nihilo*", yoktan hiç bir şey yaratılamaz. Değer yaratımı, emek-gücünün emeğe çevrilmesidir. Emek-gücünün kendisi ise, besleyici maddeler aracılığı ile insan organizmasına aktarılan enerjidir. [Lucretius, *De Rerum Natura,* I, 149, 205; II, 287.]

karırsak, geriye 90 sterlinlik bir artı-değer miktarı kalır. Bu 90 sterlin ya da *a,* üretilmiş olan artı-değerin mutlak miktarını ifade eder. Üretilen nispi miktar büyüklük ya da değişen sermayenin artış yüzdesi, kuşkusuz artı-değerin değişen sermaye oranı ile belirlenir ya da *a* : *d* ile ifade edilir. Örneğimizde bu oran 90 : 90 olup, %100 bir artış verir. Değişen sermayenin değerindeki bu nispi artışa ya da artı-değerin nispi büyüklüğüne, ben, "artı-değer oranı" adını veriyorum.[29]

İşçinin, emek-sürecinin bir kısmında yalnızca kendi emekgücünün değerini, yani yaşaması için gerekli tüketim araçlarını ürettiğini görmüş bulunuyoruz. Ama onun çalışması, toplumsal işbölümüne dayanan sistemin bir kısmını oluşturduğu için, o, tükettiği bu gerekli maddeleri doğrudan kendisi üretmez; o, belli bir meta, diyelim iplik üretir ve bu ürünün değeri, bu gerekli maddelerin ya da bunları satın alabileceği paranın değerine eşittir. Günlük emeğinin bu amaca ayrılan bölümü, kendisine ortalama olarak günde gerekli olan maddelerin değeriyle ya da aynı şey demek olan, bunların üretimi için gerekli olan emek-zamanıyla orantılı olarak çok ya da az olabilir. Eğer bu gerekli maddelerin değeri ortalama altı saatlik emek sarfını temsil ederse, işçinin bu değeri üretmek için ortalama altı saat çalışması gerekir. İşçi, kapitalist hesabına çalışmayıp da kendi adına bağımsız çalışsaydı, diğer şeyler aynı kalmak üzere, gene de emek-gücünün değerini üretmek ve böylece varlığının korunması ya da üretime devam edebilmesi için gerekli tüketim maddelerini sağlayabilmek için aynı saat süresince çalışmak zorunda kalacaktı. Ama biz gördük ki, emek-gücünün değerini, diyelim üç şilini, ürettiği günlük emeğinin bu bölümü sırasında yalnızca kapitalist tarafından zaten yatırılmış* bulunan emek-gücü değerinin eşdeğerini üretmektedir; yaratılan yeni değer, ancak yatırılan değişen sermayenin yerini almaktadır. İşte bunun için, üç şilin değerindeki yeni üretim, salt bir yeniden-üretim görünüşünü alır. İşgününün bu yenidenüretimin yapıldığı kısmına ben "*gerekli*" emek-zamanı ve bu sürede harcanan emeğe "*gerekli*"-emek diyorum.[30] İşçi yönünden, emeğinin özel toplumsal biçiminden bağımsız olduğu için gereklidir;

[29] Bunu, İngilizlerin, "kâr oranı" (*rate of profit*) ve "faiz oranı" (*rate of interest*) ifadelerini kullandıkları şekilde kullanıyorum. Üçüncü Ciltte, artı-değer yasaları bilindikten sonra, kâr oranının bir sır olmadığı görülecektir. Eğer süreci tersinden alırsak, ne birini, ne de ötekini anlayabiliriz.

* [*Üçüncü Almanca baskıya ek not*: Yazar, burada günlük yaşamda kullanılan ekonomik dile başvuruyor. Anımsanacağı gibi, gerçekte, kapitalist işçiye değil, işçi kapitaliste avans vermektedir. *–F. E.*]

[30] Biz, bu yapıtta şimdiye kadar, herhangi bir metaın üretimi için belli toplumsal koşullar altında gerekli olan zamanı belirtmek için "gerekli-emek zamanı" teri-

sermaye açısından ve kapitalist dünya açısından, işçinin devamlı olarak varolması onların varlığının da temel koşulu olduğu için gereklidir.

Emek-sürecinin, emeğinin artık gerekli olmadığı ikinci dönemi boyunca da işçinin çalıştığı ve emek-gücü harcadığı doğrudur, ama onun emeği artık gerekli-emek olmadığından kendisi için bir değer yaratmaz. Bu dönemde, kapitalist için, hiç yoktan yaratmanın bütün güzelliklerini taşıyan artı-değeri yaratır. İşgününün bu kısmına ben artı-emek zamanı ve bu zamanda harcanan emeğe artı-emek adını veriyorum. Değerin niteliğinin iyice kavranması için nasıl ki onun, salt şu kadar saatlik emeğin maddeleşmiş şekli olduğu, ve bu madde haline gelmiş emekten başka bir şey olmadığının anlaşılması önemliyse, artı-değerin doğru bir şekilde kavranması için de, onun salt artı-emek zamanının madde haline gelmiş şekli, salt maddeleşmiş artı-emek olduğunun anlaşılması da o kadar önemlidir. Toplumun çeşitli ekonomik biçimleri arasındaki temel ayrım, örneğin, köle emeğine dayanan toplum ile ücretli emeğe dayanan toplum arasındaki ayrım, bu artı-emeğin fiilî üreticisinden, işçiden sızdırılması biçimine dayanır.[31]

Bir yandan, değişen sermayenin değeri ile, bu sermayeyle satın alınan emek-gücünün değeri eşit olduğuna, ve bu emek-gücünün değeri, işgününün gerekli kısmını belirlediğine göre; öte yandan da işgününün artı kısmı artı-değeri belirlediğine göre: artı-emeğin gerekli-emeğe oranı ne ise, artı-değerin değişen sermayeye oranı odur, ya da başka bir deyişle, artı-değerin oranı $\frac{a}{d} = \frac{\text{artı-emek}}{\text{gerekli-emek}}$ dir. Her iki orantıda, $\frac{a}{d}$ ile $\frac{\text{artı-emek}}{\text{gerekli-emek}}$ aynı şeyi değişik biçimlerde ifade ederler; birinde somutlaşmış, maddeleşmiş emek, diğerinde canlı, akıcı emek biçiminde.

mini kullandık. Bundan sonra, özel bir meta olan emek-gücünün üretimi için gerekli zamanı belirtmek üzere de bu terimi kullanacağız. Bir ve aynı teknik terimi farklı anlamlarda kullanmak, sakıncalı olabilir, ama bundan büsbütün kaçınmak hiçbir bilimde olanaklı değildir. Örneğin, matematiğin yüksek dalları ile alçak dallarını karşılaştırınız.

[31] Bay Wilhelm Thukydides Roscher, boşa giden bir buluş yaptı. Önemli buluşu şuydu: bir yandan, artı-değerin ya da artı-ürünün meydana gelmesi ve dolayısıyla sermaye birikimi, bugün artık kapitalistin tutumluluğu sayesinde olurken, öte yandan, uygarlığın başlangıç aşamalarında, güçsüzleri tasarrufa zorlayan güçlükler oluyordu (*l.c.,* s. 78). Neden tasarrufa? Emekten mi? Yoksa, zaten varolmayan fazla servetten mi? Roscher ve benzerlerini, kapitalistin artı-değere elkoymasını, azçok usa-uygun göstermek amacıyla buldukları mazur gösterme nedenlerini, artı-değerin kökeni şeklinde tersine çevirmeye zorlayan şey nedir? Gerçek bilisizliklerinin yanısıra, mazur gösterme korkusu içersinde, değer ve artı-değeri, bilimsel şekilde incelemekten ve büyük olasılıkla, güçlülerin hoşuna gitmeyecek sonuçlara ulaşmaktan kaçınmak istemektedirler.

Artı-değer oranı, bu nedenle, emek-gücünün sermaye, ya da işçinin kapitalist tarafından sömürülme derecesinin tam ve kesin ifadesidir.[32]

Bizim örneğimizde, ürünün değeri = 410 sterlin değişmeyen + 90 sterlin değişen + 90 sterlin artı-değer ve yatırılmış sermaye = 500 sterlindi. Artı-değer = 90 sterlin ve yatırılmış sermaye = 500 sterlin olduğuna göre, her zamanki hesaplarımızla (çoğu zaman kâr oranı ile karıştırılan) artı-değer oranı olarak %18'i buluruz; bulunan bu oran o kadar düşüktür ki, bay Carey ile diğer telifçilere herhalde hoş bir sürpriz gibi gelecektir. Ama aslında artı-değer oranı, $\frac{a}{S}$ ya da $\frac{a}{s+d}$'ye değil, $\frac{a}{d}$'ye eşittir: böylece $\frac{90}{500}$ değil, $\frac{90}{90}$ ya da %100'dür, ve görünüşteki sömürü derecesinin beş katından fazladır. Ele aldığımız durumda, işgününün fiilî uzunluğunu, emek-sürecinin gün ya da hafta olarak süresini, kullanılan işçi sayısını bilmemekle birlikte, artı-değer oranı $\frac{a}{d}$ eşdeğer ifadesi olan, $\frac{\text{artı-emek}}{\text{gerekli-emek}}$ oranı aracılığı ile, bize, işgününün iki kısmı arasındaki ilişkiyi doğru olarak açıklamaktadır. Oran %100 olmakla buradaki ilişki tam bir eşitlik ilişkisidir. Yani örneğimizdeki işçinin, günün yarısında kendisi için, öbür yarısında kapitalist için çalıştığı açıktır.

Artı-değer oranını hesaplama yöntemi bu nedenle kısaca şöyledir: Ürünün toplam değerini alır, bu değerde salt tekrar görünen değişmeyen sermayeyi sıfıra eşitleriz. Geriye kalan, meta üretimi sürecinde fiilen yaratılan biricik değerdir. Eğer artı-değer miktarı verilmişse, değişen sermayeyi bulmak için yapılacak tek şey, bu artı-değeri geriye kalan değer-üründen çıkarmaktır. Yok eğer değişen sermaye verilmişse ve biz artı-değeri bulmak istiyorsak, işlemi ters yönden yaparız. Eğer her ikisi de verilmişse, bizim yalnızca son işlemi yapmamız gerekir, yani artı-değerin değişen sermayeye oranını $\frac{a}{d}$'yi hesaplamak.

Yöntem çok basit olmakla birlikte, birkaç örnek vererek okuru bunun temelinde yatan yeni ilkenin uygulanmasına alıştırmak yerinde olacaktır.

32 Artı-değer oranı, emek-gücünün sömürü derecesini gösteren kesin bir ifade olmakla birlikte, sömürünün mutlak büyüklüğünü hiçbir zaman ifade edemez. Örneğin, gerekli-emek = 5 saat ve artı-emek = 5 saat ise, sömürü derecesi %100'dür. Sömürme büyüklüğü burada 5 saat ile ölçülmüştür. Oysa gerekli-emek = 6 saat, artı-emek = 6 saat olsaydı, sömürme derecesi, gene eskisi gibi %100 olurdu, ama fiilî sömürü miktarı %20 artmış olurdu, yani beş saatten altı saate çıkardı.

Önce, içinde 10.000 iplik eğirme ve bükme makinesi olan, Amerikan pamuğundan 32 numara iplik eğiren ve iğ başına haftada bir libre iplik üreten bir iplik fabrikasını alalım. Diyelim ki, %6 fire veriliyor: bu koşullar altında, haftada 10.600 libre pamuk tüketilmekte, bunun 600 libresi fireye gitmektedir. 1871 Nisanında, pamuğun libresi, 7¾ peni idi; bu durumda hammadde yuvarlak hesap 342 sterlindir. 10.000 iğ, hazırlayıcı makineler ve güç kaynağı ile birlikte, diyelim her iğ için 1 sterlin hesabıyla 10.000 sterlin olsun. Yıpranma ve aşınma payı olarak %10 hesabıyla, yıllık 1.000 sterlin, haftalık 20 sterlin koyalım. Bina kirası, diyelim yılda 300 sterlin ya da haftada 6 sterlindir. Tüketilen kömür (haftada 60 saat, her saat beygirgücü başına 4 libreden 100 beygirgücü için, ve fabrikanın ısıtılması için tüketilen de dahil olmak üzere) tonu 8 şilin 6 peniden, haftada 11 ton, yani haftada yaklaşık 4,5 sterlin; gaz haftada 1 sterlin, yağ vb. haftada 4,5 sterlin. Yukarda sayılan malzemenin toplam masrafı haftada 10 sterlin. Bunun sonucu haftalık ürünün değerinin değişmeyen kısmı 378 sterlin. Ödenen ücret haftada 52 sterlin. İpliğin fiyatı, libresi 12¼ peniden, 10.000 librenin değeri 512 sterlin. Bu durumda artı-değer 510 - 430 = 80 sterlin. Ürün değerinin değişmeyen kısmını, değer yaratmamızda bir rol oynamadığı için sıfıra eşitliyoruz. Geriye haftalık yaratılan değer olarak 132 sterlin kalıyor, bunun 52 sterlini değişen sermaye, 80 sterlini artı-değerdir. Öyleyse artı-değer oranı $\frac{80}{52} = \%153^{11}/_{13}$ olur. Ortalama emek 10 saatlik bir işgününde sonuç: gerekli-emek $= 3^{31}/_{33}$ saat, ve artı-emek $= 6^{2}/_{33}$ saattir.[33]

Bir örnek daha, Jacob, 1815 yılı için şu hesabı veriyor. Hesap daha önce birkaç kez yapılan düzeltmeler nedeniyle epeyce hatalıdır, ama bizim amacımızı belirtmek için yeterlidir. Hesapta o, buğdayın 25 libresi için 8 şilin ve *acre* başına ortalama mahsul 22 kile diyor.

ACRE BAŞINA ÜRETİLEN DEĞER

Tohum	1 sterlin	9 şilin	Ondalık ve vergiler	1 sterlin	1 şilin
Gübre	2 sterlin	10 şilin	Kira........................	1 sterlin	8 şilin
Ücretler	3 sterlin	10 şilin	Çiftçinin kârı ve faiz	1 sterlin	2 şilin
Toplam	*7 sterlin*	*9 şilin*	*Toplam*	*3 sterlin*	*11 şilin*

Ürünün fiyatının, değeri ile aynı olduğu varsayımıyla, artı-

[33] Güvenilebileceğini sandığım yukardaki bilgiyi Manchesterlı bir iplikçi vermiştir. İngiltere'de bir makinenin beygirgücü, eskiden silindirinin çapı ile ölçülürdü, şimdi göstergenin gösterdiği fiilî beygirgücü alınıyor.

değerin kâr, faiz, kira vb. gibi çeşitli koşullar altında dağıldığını görürüz.

Bu ayrıntılar ile bizim ilgimiz yoktur; biz, yalnızca, bunları biraraya topluyoruz ve sonuç 3 sterlin 11 şilinlik bir artı-değer oluyor. Tohum ile gübreye ödenen 3 sterlin 19 şilin değişmeyen sermayedir ve biz, bunu, sıfıra eşitliyoruz. Geriye, önceden yatırılan değişen sermaye 3 sterlin 10 şilin kalıyor: ve görüyoruz ki, onun yerine, 3 sterlin 10 şilin + 3 sterlin 11 şilin yeni bir değer üretilmiştir. Öyleyse $\frac{a}{d} = \frac{3 \text{ sterlin } 11 \text{ şilin}}{3 \text{ sterlin } 10 \text{ şilin}}$ olur ki, burada artı-değer oranı %100'den fazladır. Bu durumda, işçi, işgününün yarısından fazlasını artı-değer üretmek için kullanıyor, ve bunu çeşitli kimseler, çeşitli bahanelerle aralarında bölüşüyorlar.[34]

İKİNCİ KESİM. — ÜRÜNÜN DEĞERİNİ OLUŞTURAN PARÇALARIN, ÜRÜNÜN BU PARÇALARA TEKABÜL EDEN ORANTILI KISIMLARI İLE TEMSİL EDİLMESİ

Şimdi, kapitalistin parayı sermayeye nasıl dönüştürdüğünü bize göstermiş olan örneğe dönelim.

Oniki saatlik bir işgününün ürünü, 20 libre ağırlığında, 30 şilin değerinde ipliktir. Bu değerin $^{8}/_{10}$'inden, 24 şilinden az olmayan kısmı, üretim araçlarının (20 şilinlik 20 libre pamuk, 4 şilinlik aşınan iğ) üründe yalnızca tekrar görünen değerlerdir, bu nedenle değişmeyen sermayedir. Geriye kalan $^{8}/_{10}$'lik kısım ya da 6 şilin, eğirme süreci sırasında yaratılan yeni değerdir: bunun yarısı, günlük emek-gücünün değerini, yani değişen sermayeyi, geri kalan yarısı, 3 şilinlik artı-değeri karşılar. Bu durumda 20 libre ipliğin toplam değeri şöyle oluşur:

30 şilin iplik değeri = 24 şilin değişmeyen + 3 şilin değişen + 3 şilin artı-değer.

Bu değerin tümü, üretilen 25 libre iplikte bulunduğuna göre, bu değerin çeşitli öğelerinin de, ürünün buna tekabül eden kısımlarında bulunuyormuş gibi temsil edilebilmesi gerekir.

Eğer 30 şilinlik bir değer 20 libre iplikte bulunuyorsa, bu değerin $^{3}/_{10}$'ü ya da bunun 24 şilinlik değişmeyen kısmı, ürünün $^{8}/_{10}$'inde, ya da 16 libre iplikte bulunuyor demektir. Bunun $13^{1}/_{3}$ libresi, hammaddenin değerini, yani eğirilen 20 şilin değerindeki pa-

34 Metindeki hesaplar, salt örnek olsun diye verilmiştir. Biz, aslında, fiyatlar = değerler varsayımına dayandık. Ne var ki, ortalama fiyatlar sözkonusu olduğu zamanlar bile, varsayımın böyle çok basit şekilde yapılamayacağını Üçüncü Kitapta [Ciltte –ç.] göreceğiz.

muğu, ve $2\frac{2}{3}$ libresi, süreçte aşınan iğin vb. 4 şilinlik değerini temsil eder.

Bu durumda, $13\frac{1}{3}$ libre iplik, 20 libre ipliğin tamamı için harcanan bütün pamuğu temsil etmektedir. Bu miktar iplikte, gerçi ağırlık olarak yalnız $13\frac{1}{3}$ şilin değerinde, $13\frac{1}{3}$ libreden fazla pamuk yoktur ama onda bulunan $6\frac{2}{3}$ şilinlik ek değer, geri kalan $6\frac{2}{3}$ libre ipliğin eğirilmesinde kullanılan pamuğun eşdeğeridir. Ama öyle bir izlenim bırakır ki, sanki bu $6\frac{2}{3}$ libre iplik hiç pamuk taşımamaktadır, ve sanki 20 libre ağırlığındaki tüm pamuk $13\frac{1}{2}$ libre iplikte yoğunlaşmıştır. Öte yandan bu son ağırlık, yardımcı malzemeler ile emek araçlarının değerinden tek bir zerre bile taşımadığı gibi, süreçte yaratılmış bulunan yeni değerden de bir şey taşımaz.

Aynı şekilde, değişmeyen sermayeden geride kalan 4 şilinini taşıyan $2\frac{2}{3}$ libre iplik, 20 libre ipliğin üretim sırasında tüketilen yardımcı maddeler ile emek araçlarının değerinden başka bir şeyi temsil etmez.

Bu durumda şöyle bir sonuca ulaşmış oluyoruz: ürünün ondasekizi, yani 16 libre iplik, bir kullanım-değeri niteliğiyle, tıpkı ürünün geri kalan kısmı gibi iplikçinin emeğinin yarattığı bir şey olmakla birlikte, biraz önce belirtilen açıdan bakıldığı zaman, eğirme sürecinde harcanan emekten hiçbir şey taşımamıştır ve hiçbir şey emmemiştir. Sanki dışardan hiçbir yardım görmeksizin pamuk kendi başına ipliğe dönüşmüştür: sanki büründüğü bu şekil, bir hokkabazlık ve hile sonucudur: çünkü kapitalistimiz, bunu, 24 şiline satıp da bu para ile üretim araçlarını yenileyince, bu 16 libre ipliğin yalnızca kılık değiştirmiş pamuk ile aşınan iğden başka bir şey olmadığı gün gibi açığa çıkar.

Öte yandan, ürünün geri kalan $\frac{2}{10}$'si ya da 4 libre iplik, 12 saatlik eğirme süreci sırasında yaratılmış 6 şilinlik yeni değer temsil eder. Bu dört libre ipliğe hammadde ile tüketilen emek araçlarından aktarılan tüm değer, deyim yerindeyse, ilk eğirilen 16 libreye dahil edilmek için alıkonulmuştur. Bu durumda sanki iplikçi 4 libre ipliği havadan eğirmiş, ya da bunu doğa vergisi pamuk ile iğin yardımıyla eğirmiştir de, bu yüzden ürüne hiçbir değer aktarılmamıştır.

Süreç sırasında yeni yaratılan değerin bütününün yoğunlaştığı bu 4 libre ipliğin yarısı, tüketilen emeğin eşdeğerini ya da 3 şilinlik değişen sermayeyi, diğer yarısı 3 şilinlik artı-değeri temsil eder.

Eğiricinin 12 işsaati 6 şilinde maddeleştiği için, 30 şilin değerindeki iplikte 60 işsaatinin cisimleşmesi gerekir. Ve gerçekten de 20 libre iplikte, bu miktarda emek-zamanı vardır: çünkü bunun $\frac{8}{10}$'inde ya da 16 libresinde, eğirme sürecinin başlamasından önce, üretim aracı üzerinde harcanan 48 saatlik emek maddeleşmiştir; ve geriye kalan $^{2}/_{10}$'sinde ya da 4 libresinde, sürecin kendisinde yapılan 12 saatlik emek maddeleşmiştir.

Daha önce gördük ki, ipliğin değeri, üretimi sırasında yaratılan yeni değer ile üretim araçlarında önceden varolan değerin toplamına eşittir.

Şimdi, ürünün değerini oluşturan bölümlerin, birbirinden işlevsel olarak farklı olan bölümlerin ürünün kendisinin bunlara tekabül eden orantılı kısımlarıyla nasıl temsil edilebildikleri gösterilmiş oluyor.

Ürünün bu biçimde farklı parçalara bölünmesi ve bunlardan birisinin, yalnızca üretim araçları üzerinde önceden harcanan emeği ya da değişmeyen sermayeyi, diğerinin salt üretim süreci sırasında harcanan gerekli-emeği ya da değişen sermayeyi, ve ensonu bir diğerinin de yalnız aynı süreç sırasında harcanan artı-emeği ya da artı-değeri temsil etmesi, bunun daha sonraki karmaşık ve henüz çözümlenmemiş problemlere uygulanmasından görüleceği gibi, basit, ama önemli bir şeydir.

Biz, bu incelememizde, toplam ürünü, 12 saatlik işgününün sonunda kullanıma hazır ürün olarak ele aldık. Bununla birlikte, biz, bu toplam ürünü, üretimin bütün aşamaları boyunca izleyebiliriz; farklı üretim aşamalarında elde edilen kısımları, son ve toplam ürünün işlevsel olarak farklı bölümleri olarak temsil edersek gene aynı sonuca ulaşmış oluruz.

İplikçi 12 saatte 20 libre, ya da saatte $1^{2}/_{3}$ libre iplik üretir; dolayısıyla 8 saatte ürettiği $13^{2}/_{3}$ libre iplik, bir tam işgününde ipliğe çevrilen pamuğun toplam değerine eşit değerden bir parça üründür. Aynı şekilde, bunu izleyen 1 saat 36 dakikada üretilen parça ürün $2^{2}/_{3}$ libre ipliktir: bu miktar, 12 saatte tüketilen emek araçlarının değerini temsil eder. Bundan sonraki 1 saat 12 dakikada iplikçi üç şilin değerinde 2 libre iplik üretmektedir ve bu değer onun 6 saatlik gerekli-emeği boyunca yarattığı bütün değere eşittir. Ensonu, son 1 saat 12 dakikada tekrar 2 libre iplik üretir, ve bunun değeri, yarım gün süresince artı-emeği ile yarattığı artı-değere eşittir. Bu hesaplama yöntemi, İngiliz imalatçıların kullanageldikleri hesaplama yöntemidir; bunlar, işgününün ilk 8 saatinde, ya da $^{2}/_{3}$'sinde pamuğun değerini elde ettiklerini söylerler; ve geri kalan saatler de diğerlerini karşılar. Bu, gerçekten de mükemmel bir yöntemdir: aslında yukarda verilen ilk yöntemden ancak şu farkla ayrılır ki, ürünün tamamlanmış kısımlarının yanyana bulundukları "mekan" yerine, bu parçaların birbiri ardına üretildikleri zaman ele alınmış oluyor. Ne var ki, böylece, değer büyümesine, değere değer katma sürecine pratik olarak ilgi duyan ve ama aynı süreci teorik olarak yanlış anlayan kimselerin kafalarında çok barbarca düşünceleri de birlikte getirebilir. Bu gibi kimseler, örneğin bizim iplikçinin, işgününün ilk 8 saatinde pamuğun *değerini,* bunu izleyen 1 saat 36 dakikada aşınan emek araçlarının *değerini,* daha sonraki 1 saat 12 dakikada da ödenen ücretlerin *değerini,* ürettiğini ya da yerine koyduğunu; fabrikada sahibi için ürettiği artı-değere de yalnızca o çok ünlü "son saati" ayırdığını kafalarına koyabilirler. Böylece zavallı iplikçiden iki mucizeyi birarada yaratması beklenir; hem pamuğu, iği, buhar makinesini, kömürü, yağı vb. üretecek, hem de bunlarla ipliği eğirdikten başka, bir işgününü beş işgünü haline getirecek; çünkü ele aldığımız örnekte, hammadde ile iş araçlarının üretimi, her biri oniki saatlik dört işgününü gerektirdiği gibi bunların ipliğe çevrilmesi için de böyle bir gün daha gerekmektedir. Para sevdası insanı böylesine mucizelere kolayca inandırabilir ve bunların doğruluğunu tanıtlamaya yeltenen dalkavuk doktrinerler, tarihte şu ünlü olayın da gösterdiği gibi hiç de nadir değildir.

ÜÇÜNCÜ KESİM. — SENİOR'ÜN "SON SAATİ"

1836 yılının güzel bir sabahı, kendisine İngiliz iktisatçıların en esprilisi denilebilecek, ayrıca ekonomi "bilimi" ve güzel üslubu ile de ünlü Nassau W. Senior, Oxford'da öğrettiği ekonomi politiği öğrensin diye Manchester'a çağrıldı. İmalatçılar, onu, yalnız yeni çıkmış olan *Factory Act*'a karşı değil, aynı zamanda daha da tehdit edici On Saatlik [işgünü –ç.] kışkırtmasına karşı savunucu olarak seçmişlerdi. Her zamanki pratik zekalarıyla, bilge profesörün, "daha epeyce derse gereksinmesi olduğunu" keşfettiler, ve bu nedenle onu çağırdılar. Profesörün yanında, Manchesterlı imalatçılardan aldığı dersi içeren, *Letters on the Factory Act, as it affects the cotton manufacture,* London 1837, başlıklı bir kitapçık vardı. Bu kitapçıkta, diğerleri arasında şu öğretici bölümü buluyoruz: "Bugünkü yasaya göre, 18 yaşından küçük kimseleri kullanan hiçbir fabrika, ... günde 11,5 saatten fazla, yani haftada 5 gün için 12 saatten fazla ve cumartesi de 9 saatten fazla çalıştıramaz.

"Şimdi aşağıdaki tahlil [!], böyle çalışan bir fabrikada bütün net kârın *son saatten* elde edileceğini gösterecektir. 80.000 sterlini fabrikaya makineler, 20.000 sterlini hammadde ile ücretler olmak üzere, bir imalatçının 100.000 sterlin yatırımda bulunduğunu varsayıyorum. Sermayenin yılda bir kez devrettiği gayri safi kârın yüzde-onbeş olduğu hesabıyla fabrikanın yıllık gelirinin 115.000

sterlin değerinde malın satışı ile meydana gelmesi gerekir. ... Bu 115.000 sterlinin, 23 yarım işsaatinin her biri, $^{5}/_{115}$'ini ya da $^{1}/_{23}$'ini üretir. 115.000 sterlinin tümünü oluşturan bu $^{23}/_{23}$'ün $^{20}/_{23}$'si, yani 115.000 sterlinin 100.000 sterlini, yalnızca sermayeyi yerine koyar; $^{1}/_{23}$'i (ya da 115.000 sterlinin 5.000 sterlini) fabrika ile makinelerdeki aşınma payını karşılar. Geriye kalan $^{2}/_{23}$'si, yani her günün yirmiüç yarım saatinin son ikisi, %10'luk net kârı üretir. Bu durumda, (fiyatlar aynı kalmak üzere) fabrika, $11^{1}/_{2}$ saat yerine 13 saat çalıştırılırsa, aşağıyukarı 2.600 sterlinlik döner sermaye ilavesiyle net kâr iki katından fazla olur. Öte yandan, eğer işsaati, günde 1 saat azaltılırsa (fiyatlar aynı kalmak üzere) *net* kârın hepsi, $1^{1}/_{2}$ saat azaltılırsa *gayri safi* kârın tamamı yokedilmiş olur."[35]

İşte profesörün "tahlil" dediği şey bu. Eğer imalatçıların şamatasına güvenerek, işçinin günün en iyi kısmını üretimde, yani binaların, makinelerin, pamuğun, kömürün vb. yeniden-üretimi ya da yerine konulması için harcadığına inandıysa, yaptığı bu tahlil gereksizdi. Bu durumda vereceği yanıt hemen şu olacaktı: — Baylar! Eğer fabrikanızı onbir-buçuk saat yerine on saat çalıştırırsanız, diğer şeyler eşit olmak üzere, pamuğun, makinenin vb. günlük tüketimi aynı oranda azalacaktır. Bu durumda kazancınız, tam kaybınız kadar olur. İşçileriniz ilerde, yatırılan sermayenin yenidenüretimi, ya da yerine konulması için bir-buçuk saat daha az zaman harcayacaktır. Yok eğer, daha fazla soruşturmaksızın onlara inan-

35 Senior, *l.c.*, s. 12, 13. Amaçlarımız bakımından önem taşımayan bu garip düşünceler üzerinde durmayacağız; örneğin, fabrikatörün, makinelerin yıpranma ve aşınmalarını karşılamak, ya da bir başka deyişle sermayenin bir kısmını yerine koymak için gerekli meblağı, brüt ya da net kârının bir kısmı olarak hesaba katma iddiası bunlardan bir tanesidir. Aynı şekilde, verdiği rakamların doğruluğu üzerinde de durmayacağız. Leonard Horner, *A Letter to Mr. Senior etc.*, London 1837'de, bunların, sözde "tahlil"den öte bir değer taşımadıklarını göstermiştir. Leonard Horner 1833 yılında kurulan Fabrika Araştırma Komisyonu üyelerinden biriydi ve 1859 yılına kadar fabrika denetmeni, ya da daha doğrusu fabrika sansürcüsü idi. İngiliz işçi sınıfı için ölümsüz hizmetlerde bulunmuştur. Yaşamı boyunca yalnız candüşmanı fabrikatörlere karşı savaşım vermekle kalmamış, patronların Avam Kamarasında verecekleri oyların sayısı, fabrikalardaki "işçiler"in çalışma saatlerinin sayısından çok daha önemli olan kabineye karşı da savaşım vermiştir.

İlke yanlışlıklarından başka, Senior'ün ifadesi karışıktır. Söylemek istediği aslında şudur: Fabrikatör, işçileri, günde, $11^{1}/_{2}$ tam saat ya da 23 yarım saat çalıştırmaktadır. İşgünü gibi iş yılının da $11^{1}/_{2}$ tam ya da 23 yarım saatten meydana geldiği düşünülebilir, ama bunların, bir yıldaki işgünleri sayısı ile çarpılmaları gerekir. Bu varsayıma göre, 23 yarım işsaati, yılda 115.000 sterlin değerinde ürün üretir; yarım işsaati 1/23x115.000 sterlin; 20 yarım işsaati 20/23x115.000 = 100.000 sterlin değerinde ürün üretir, yani bunlar yatırılan sermayeyi yerine koymuş olurlar. Geriye, 3 yarım işsaati kalır ki, bu da, 3/23x115.000 = 15.000 sterlin ya da brüt kârı üretir. Bu, 3 yarım işsaatinden birisi 1/23 x115.000 = 5.000 sterlin, yani makinelerin yıpranma ve aşınmalarını karşılayan bir meblağ üretir; geriye kalan 2 yarım işsaati, yani son saat, 2/23x115.000 = 10.000 sterlin, ya da net kârı üretir. Senior metinde, ürünün son 2/23'sini, bizzat emek-gücünün kısımlarına dönüştürür.

mayıp da bu konuların uzmanı olarak bir tahlili gerekli gördüyse, o zaman da yalnızca net kâr ile işgünü uzunluğu arasındaki ilişkilerle ilgili bir sorunda, her şeyden önce imalatçılara, makineleri, işyerini, hammaddeyi ve emeği üstüste yığmamalarını, ve binalara, makinelere, hammaddeye vb. yatırılan değişmeyen sermayeyi hesabın bir yanına, ücretlere yatırılan sermayeyi ise öteki yanına koymaya dikkat etmelerini öğütlemesi gerekirdi. Eğer o zaman profesör, imalatçıların hesabı gereğince işçinin ücretini 2 yarım saatte yeniden ürettiğini ya da yerine koyduğunu görürse tahliline şöyle devam etmesi gerekirdi:

Sizin rakamlarınıza göre, işçi, sondan bir saat önce ücretini, son saatte de artı-değerinizi ya da net kârı üretmektedir. Öyleyse, eşit sürelerde eşit değerler üreteceğine göre, sondan bir önceki saatin ürünü ile son saatin ürününün aynı olması gerekir. Ayrıca işçi, ancak, çalıştığı sürece değer üretebilir ve bu emeğin miktarı emek-zamanı ile ölçülür. Söylediğinize göre, bu süre, günde 11½ saattir. O, bu 11½ saatin bir kısmını ücretini üretmek ya da yerine koymak, geri kalan kısmını sizin net kârınızı üretmek için kullanıyor. Bunun ötesinde bir şey yaptığı yok. Ama sizin varsayımınız gereği, ücreti ile ürettiği artı-değer eşit değerler olduğuna göre, ücretini 5¾ saatte, ve sizin net kârınızı öteki 5¾ saatte üretmesi gerekir. Gene, 2 saatte üretilen ipliğin değeri, ücretler ile net kârınızın değerleri toplamına eşit olduğuna göre, bu ipliğin değer ölçüsünün 11½ işsaati olması gerekir; bu işsaatinin, 5¾ saati son saatte üretilen ipliğin değerini ölçer. Şimdi çok nazik bir noktaya geldik, aman dikkat! Sondan bir önceki işsaati, tıpkı ilki gibi, olağan bir işsaatidir; ne eksik, ne de fazla. Öyleyse nasıl olur da, bir iplikçi, 1 saatte iplik şeklinde, 5¾ saatlik emeğin maddeleştiği bir değer üretebilir? Aslında onun böyle bir mucize falan gösterdiği yok. Onun 1 saatte ürettiği kullanım-değeri, belirli miktarda ipliktir. Bu ipliğin değeri, 5¾ işsaati ile ölçülür, ve bunun 4¾'ü onun hiç rolü olmadan üretim araçlarında, pamukta, makinede vb. daha önce maddeleşen kısımdır, yalnız geriye kalan 1 saati o katmıştır. Bu nedenle, onun ücreti 5¾ saatte üretildiğine ve aynı zamanda 1 saatte üretilen iplik de 5¾ saatlik emeği içerdiğine göre, sonuçta, 5¾ saatlik eğirmeyle yarattığı değerin, bir saatte ürettiği değerle eşit olması gibi bir büyücülük de yoktur. Eğer siz onun, pamuğun, makinenin vb. yeniden-üretimi ya da yerine konması için emek-gücünün bir anını bile yitirdiğini sanıyorsanız, tamamen aldanıyorsunuz. Tersine, onun emeği, pamuk ile iği ipliğe çevirdiği ve o, bu eğirme işini yaptığı için, pamuk ile iğin değerleri, ipliğe, kendiliğinden geçmektedir. Bu sonuç, işçinin emeğinin niteliği ile meydana gelir, niceliği ile değil. Onun bir saatte pamuk biçiminde ipliğe kattığı değerin, yarım saatte kattığı değerden daha fazla olduğu doğrudur; ama bu, yalnızca bir saatte, yarım saatte olduğundan daha çok pamuk eğirdiği içindir. Görüyorsunuz ki, sizin, işçinin sondan bir önceki saatte ücretinin değerini ve son saatte de sizin net kârınızı ürettiği yolundaki iddianız yalnızca şu anlama geliyor: onun 2 işsaatinde ürettiği iplikte, bu 2 saat, ister işgününün başında, ister sonunda olsun, bu iplikte, 11½ işsaatlik emek ya da tam bir günlük çalışma somutlaşmıştır, yani onun çalışmasının iki saati ile başka kimselerin çalışmasının 9½ saati. Ve gene benim, işçi ilk 5¾ saatte kendi ücretini, ve son 5¾ saatte sizin net kârınızı üretir biçimdeki tezim, siz bunun ancak ilk kısmının karşılığını ödüyorsunuz, ama son kısmının karşılığını ödemiyorsunuz anlamına gelir. Sizin dilinizi kullanarak, emek-gücünün karşılığının ödenmesi yerine, emeğin karşılığının ödenmesi diyorum. Şimdi baylar, karşılığını ödediğiniz emek-zamanı ile karşılığını ödemediğiniz emek-zamanını karşılaştırırsanız, bunun, yarım güne yarım gün olduğunu göreceksiniz, bu %100 gibi bir oranı verir ve çok iyi bir yüzde oranıdır. Üstelik şunda da en küçük bir kuşku yoktur ki, eğer siz, "işçiler"inize ("*hands*") 11½ saat yerine 13 saat ter döktürürseniz sizlerden umulacağı gibi bu fazladan 1½ saatlik emeği salt artı-değer olarak ele alırsanız, son bölüm 5¾ işsaatinden 7¼ işsaatine, artı-değer de, %100'den %126²/₂₃'ye yükselecektir. İşgününe 1½ saatlik bir ekleme yapmakla, eğer siz, bu oranın %100'den %200'e ve daha fazlasına, ya da başka bir deyimle "iki katından fazlasına" çıkacağını umuyorsanız, pek heyecanlı bir tip sayılırsınız. Öte yandan, —hele kesesinde taşırsa insan kalbi ne kadar fevkalade bir şeydir— işsaatinin 11½'den 10'a indirilmesiyle bütün net kârınızın uçup gideceğinden korkuyorsanız, o zaman da siz, çok kötümsersiniz demektir. Bu kadar da değil. Bütün öteki koşullar aynı kalmak üzere, artı-emek 5¾ saatten 4¾ saate düşecek, ve bu süre %82¹⁴/₂₃ gibi çok kârlı bir artı-değer oranı verecektir. Ama üzerinde, bin yıl sonra İsa'nın tekrar yeryüzüne ineceği kıyamet gününden daha fazla masallar uydurduğunuz o korkunç "son saat" ise "*all bosh*".* Böyle olsa bile, siz ne net kârınızdan olursunuz, ne de kullandığınız kızlar ile oğlanlar "ruh temizlikleri"nden.[36] Günü gelip de *sizin* "son

* "Baştan sona zırva." –ç.

36 Bir yandan Senior, fabrikatörlerin net kârlarının, İngiliz pamuklu sanayisinin varlığının, İngiltere'nin dünya piyasası üzerindeki eğemenliğinin, "sonuncu işsaatine" bağlı olduğunu tanıtlamış, öte yandan da, Dr. Andrew Ure çocuklar ile 18 yaşından küçük delikanlıların fabrikanın sıcak ve temiz moral havası içersinde tam 12 saat tutulma yerine, kalpsiz ve anlamsız dış dünyaya bir saat önce salıverilmeleri halinde, aylaklık ve kötü alışkanlıklar yüzünden, ruhlarının kurtuluş umudunun

saat"iniz gerçekten çaldığında, Oxfordlu profesörü anımsayınız. Ve şimdi baylar, "Elveda, daha iyi bir dünyada tekrar görüşmek üzere, ama daha önce değil."

1836 yılında Senior'ün icat ettiği "son saat" borusu işte bu.[37] 15

büsbütün yoksun bırakılmış olacaklarını göstermiştir. 1848 yılından beri fabrika denetmenleri, bu "sonuncu", bu "öldürücü saat" konusunda patronlarla çekişmekten bıkıp usanmamışlardır. Mr. Hovell, 31 Mayıs 1855 tarihli raporunda şöyle diyor: "Eğer aşağıdaki dahice hesap (Senior'ün hesapları) doğru olsaydı, Birleşik Krallıktaki bütün pamuklu fabrikaları, 1850'den beri zararına çalışmış olurlardı." (*Reports of the Insp. of Fact., for the half-year, ending 30th April, 1855,* s. 19, 20.) 1848 yılında, 10 saatlik çalışmanın yasalaşmasından sonra, Dorset ve Somerset sınırlarında birbirlerinden uzak bölgeler üzerinde dağılmış bulunan bazı keten dokuma fabrikalarının patronları, bu yasaya karşı bir dilekçe vermeyi işçilerinden birkaçının omuzlarına yıkmışlardı. Bu dilekçenin maddelerinden bir tanesi şöyle: "Biz dilekçe sahipleri, ana ve baba olarak, boş geçen bir ek saatin, çocukların ahlakını bozmaktan başka bir işe yaramayacağına inanıyoruz, çünkü aylaklık her türlü kötülüğün kaynağıdır." Bu konuda, 31 Ekim 1848 tarihli rapor şöyle diyor: Bu erdemli ve şefkatli ana-babaların çocuklarının çalıştıkları keten dokuma fabrikalarındaki hava, hammaddeden çıkan toz ve liflerle o kadar doludur ki, iplikhanelerde 10 dakika kalmak bile son derece güçtür: çünkü, gözlere, kulaklara, burun deliklerine ve ağza derhal dolan ve kaçınılması olanaksız keten tozu bulutları dayanılmaz bir acı verir. İşin kendisi de, makinelerin korkunç hızı nedeniyle, yorulmak nedir bilmeyen bir denetim altında, sürekli bir hüner ve hareketliliği gerektirir; böyle bir hava içersinde, böyle bir işte, yemek saatleri dışında tam 10 saat çalışan kendi öz çocuklarına anababaların "aylaklık" sözünü yakıştırmaları doğrusu çok yersiz görülüyor. ... Bu çocuklar çevre köylerdeki tarım işçilerinden daha uzun süre çalışıyorlar. ... "Aylaklık ve kötü alışkanlıklar" gibi bu zalimce sözleri, katıksız bir müraililik ve en yüzsüzce ikiyüzlülük damgasıyla damgalamak gerekir. ... Oniki yıl kadar önce halkın bir kısmı, yüksek bir otoriteye dayanılarak, fabrikatörlerin bütün net kârlarının sonuncu saatteki emekten doğduğu ve bu nedenle, işgününde yapılacak bir saatlik kısaltmanın fabrikatörün bu net kârını yok edeceğinin açıkça ve büyük bir ciddilikle ilan edilmesi üzerine o kadar etkilenmişti ki, şimdi halkın bu kesimi, eğer "sonuncu saatin" erdemleri konusundaki bu özgün buluşun o zamandan beri, kârla birlikte ahlaksal yönleri de kapsayacak biçimde bir gelişme gösterdiğini bir görecek olsalar kendi gözlerine bile inanmazlar; öyle ki, eğer çocukların çalışma süresi tam 10 saate indirilecek olsa, net kârla birlikte çocukların ahlakları da, her ikisi de bu sonuncu ve yaşamsal önem taşıyan saate bağlı olduklarından, mahvolup gidecektir. (Bkz: *Repts., Insp. of Fact., for 31st Oct., 1848,* s. 101.) Aynı rapor daha sonra bu temiz yürekli fabrikatörlerin ahlak ve erdemlerinden örnekler vererek, önce birkaç zavallı işçiye böyle bir dilekçeyi zorla imzalatmak, ardından da, bunu, parlamentoya, bütün sanayi kollarının ya da ülkenin dileğiymiş gibi, kabul ettirmek için başvurdukları hileleri, çevirdikleri dolapları, aldatmaları, tehditleri ve sahtekarlıkları anlatır. Ne daha sonraki dönemde —lehine olarak kaydetmek gerekir ki— fabrika yönetmeliğini canlabaşla destekleyen Senior'ün kendisinin ve ne de baştan sona kadar ona karşı çıkmış olanların, bu "özgün buluşun" yanlış sonuçları konusunda bir açıklama yapmamış olmaları, sözde iktisat biliminin bugünkü durumunu gösteren oldukça karakteristik bir noktadır. Bunlar fiilî deneyimlerin sözünü ediyorlar, ama niçin ve neden soruları bir sır olarak kalıyor.

[37] Ne olursa olsun, alim profesör, Manchester gezisinden hayli yararlandı. *Letters on the Factory Act*'ında tüm net kazancın, "kâr", "faiz" ve hatta işçinin karşılığı ödenmeyen tek bir işsaatine dayanan "bir fazlalığı" içerdiği sonucuna vardı. Bir yıl önce, Oxford öğrencilerinin ve dargörüşlü aydınların yetişmesi için yazılan *Outlines of Political Economy* adlı yapıtında ayrıca bir de "Ricardo'nun, değerin emekle belirlenmesi görüşüne karşı, kârın, kapitalistin emeğinden, faizin, onun tutumluluğundan, yani '*abstinence*'ından ["perhiz"]" ileri geldiğini keşfetmişti. Yaptığı düzenbazlık eskiydi, ama "*abstinence*" sözcüğü yeniydi. Bay Roscher, bunu, doğru olarak

Nisan 1848 tarihli *Economist* dergisinde aynı çığlık bu sefer de sözü geçen bir iktisatçı tarafından atıldı: şimdi de, 10 saatlik yasaya karşı.

DÖRDÜNCÜ KESİM. — ARTI-ÜRÜN

Ürünün, artı-değeri temsil eden kısmına (kesim 2'de verilen örnekte, 20 libre ipliğin onda-birine, ya da 2 libresine) biz "artı-ürün" adını veriyoruz. Tıpkı, artı-değer oranının, sermayenin toplamı ile değil, onun değişen kısmıyla orantılı olması gibi, artı-ürünün nispi miktarı da aynı şekilde, bu ürünün, geri kalan kısmı ile değil, gerekli-emeğin somutlaştığı kısmı ile orantılı olarak belirlenir. Artı-değerin üretimi, kapitalist üretimin başlıca ereği ve amacı olduğuna göre, insanın ya da ulusun servetinin büyüklüğünün, ürünün mutlak büyüklüğü ile değil, artı-ürünün nispi büyüklüğü ile ölçülmesi gerekir.[38]

Gerekli-emek ile artı-emeğin toplamı, yani işçinin, kendi emek-gücünün değeri ile artı-değeri ürettiği zaman süreleri, onun fiilen çalıştığı zamanı, yani işgününü meydana getirir.

"*Enthaltung*" sözcüğü ile çevirdi. Latinceden onun kadar haberdar olmayan Brown, Jones ve Robinson gibi bazı yurttaşları, buna rahiplere yakışan bir sözcükle karşılayıp "*Entsagung*" ["dünyadan vazgeçme" –ç.] dediler.

[38] "Yıllık kârı 2.000 sterlin olan 20.000 sterlinlik sermayeye sahip bir kimse için, bu sermaye ile 100 ya da 1.000 kişi çalıştırması, ürettiği metaın 10.000 ya da 20.000 sterline satılmış olması, bütün bu durumlarda sağladığı kâr 2.000 sterlinin altına düşmemek koşuluyla hiçbir şey farkettirmez. Bir ulusun gerçek çıkarı da böyle değil midir? Net gerçek geliri, rantı ve kârları aynı olmak koşuluyla bir ulusun nüfusunun 10 ya da 12 milyon olması hiçbir önem taşımaz." (Ricardo, *l.c.*, s. 416.) Fanatik bir artı-ürün taraflısı olması dışında, geveze ve ünlü meziyetleri ile ters orantılı, eleştiri gücünden yoksun bir yazar olan Arthur Young, Ricardo'dan çok daha önce şöyle diyordu: "Modern bir krallıkta bütün bu eyaletin eski Roma'daki gibi küçük bağımsız köylüler arasında böylece bölüştürülmesinin, bu topraklar ne kadar iyi işlense de, tek başına alındığında son derece yararsız bir amaç olan, salt insan yetiştirme ve beslenme amacı dışında ne yararı olabilir?" (Arthur Young, *Political Arithmetic, etc.*, London 1774, s. 47.)

"Net olması nedeniyle yararına olmadığı apaçık iken ... net serveti işçi sınıfının yararına gibi gösterme yolundaki ... güçlü eğilim" çok gariptir. (Th. Hopkins, *On Rent of Land, etc.*, London 1828, s. 126.)

ONUNCU BÖLÜM

İŞGÜNÜ

BİRİNCİ KESİM. — İŞGÜNÜNÜN SINIRLARI

Emek-gücünün, değerine alınıp satıldığı varsayımıyla hareket etmiştik. Onun değeri de diğer bütün metalar gibi, üretimi için gerekli emek-zamanı ile belirlenir. Eğer işçinin günlük ortalama yaşamı için gerekli şeylerin üretimi 6 saat alıyorsa, günlük emekgücünü üretmesi ya da onun satışı sonucu elde ettiği değeri yeniden-üretmesi için ortalama günde 6 saat çalışması gerekir. İşgününün gerekli kısmı 6 saattir ve bu nedenle, *caeteris paribus,** bu bilinen bir niceliktir. Ama bununla, işgününün boyutu henüz verilmemiştir.

Diyelim ki, A------B doğrusu, 6 saatlik gerekli emek-zamanının uzunluğunu temsil etsin. Eğer iş, A------B doğrusunun ötesinde 1, 3 ya da 6 saat uzarsa, üç ayrı doğru daha vardır:

İşgünü I: A------B-C
İşgünü II: A------B---C
İşgünü III: A------B------C

ve, 7, 9 ve 12 saatlik üç ayrı işgününü temsil eder. AB doğrusunun uzantısı BC, artı-emeğin uzunluğunu temsil eder. İşgünü AB+BC ya da AC olduğuna göre, büyüklüğü, değişken büyüklük BC'ye göre

* Öteki şeyler aynı kalmak koşuluyla. –ç.

değişir. AB değişmediği için, BC'nin AB'ye oranı daima hesaplanabilir. Bu, işgünü I'de AB'nin $\frac{1}{6}$'i, II'de $\frac{3}{6}$'ü, III'te $\frac{6}{6}$'sıdır. Bundan başka, $\frac{\text{artı emek-zamanı}}{\text{gerekli emek-zamanı}}$ oranı, artı-değerin oranını belirlediğine göre, bu oran BC'nin AB'ye oranı ile elde edilir. Bu, üç farklı işgününde sırasıyla, %16$\frac{2}{3}$, 50 ve 100'dür. Buna karşılık, artı-değer oranı tek başına bize işgününün uzunluğunu veremez. Diyelim bu oran, %100 olsa, işgünü, 8, 10, 12, ya da daha fazla saat olabilir. Demek ki, artı-değer oranı, işgününün iki öğesinin, gerekli-emek ile artı-emeğin aynı büyüklükte olduğunu gösterir, ama bunların her birinin ne büyüklükte olduklarını göstermez.

Görülüyor ki, işgünü, değişmeyen değil, değişken bir niceliktir. Onun bir kısmı, kuşkusuz, işçinin kendisinin emek-gücünün yeniden-üretimi için gerekli emek-zamanıyla belirlenir. Ama onun toplam miktarı, artı emek-zamanına bağlı olarak değişir. Öyleyse, işgünü belirlenebilir ama, *per se** belirsiz bir şeydir.[39]

İşgünü sabit olmamasına karşın, akıcı bir niceliktir, öte yandan da ancak belli sınırlar içersinde değişebilir. Ne var ki, asgari gene de belirsizdir; kuşkusuz, eğer BC doğrusunun uzantısı ya da artı-emek = 0 dersek, bir asgari sınır elde ederiz; bu, günün, işçinin kendi yaşamını sürdürmek için zorunlu olarak çalışması gerektiği kısmıdır. Bununla birlikte, kapitalist üretime dayanan sistemde, bu gerekli-emek, işgününün ancak bir kısmını oluşturabilir; işgününün kendisi, hiçbir zaman bu asgariye indirgenemez. Öte yandan, işgününün bir de azami sınırı vardır, ve belli bir noktanın ötesinde uzatılamaz. Bu azami sınır, iki şeyle koşullanmıştır. Birincisi, emek-gücünün fiziksel sınırlarıyla. Doğal bir günün 24 saatinde, bir kimse, yaşamsal gücünün ancak belirli bir miktarını harcayabilir. Aynı şekilde, bir beygir, üstüste her gün ancak 8 saat çalışabilir. Günün bir kısmında bu gücün dinlenmesi, uyuması; diğer kısmında, beslenme, yıkanma ve giyinme gibi diğer fizik gereksinmelerini karşılaması gerekir. Bu salt fizik sınırlamalardan başka, işgününün uzatılması, moral sınırlamalar ile karşılaşır. İşçinin, entelektüel ve toplumsal gereksinmelerini karşılamak için zamana gereksinmesi vardır; bu gereksinmelerin büyüklüğü ile sayısını toplumsal ilerlemenin genel durumu belirler. Demek oluyor ki, işgününün uzunluğundaki değişmeler, fizik ve toplumsal sınırlar içersinde dalgalanmalar gösterir. Ne var ki, bu sınırlayıcı koşulların her ikisi de çok esnek niteliktedir ve çok büyük değişme-

39 "Bir günlük emek, belirsizdir, uzun ya da kısa olabilir." (*An Essay on Trade and Commerce, containing Observations on Taxation, etc.*, London 1770, s. 73.)
* Kendisi. –ç.

lere uygundur. Bu yüzden, 8, 10, 12, 14, 16, 18 saat gibi çok farklı uzunlukta işgünleri ile karşılaşırız.

Kapitalist, emek-gücünü, günlük değeri üzerinden satın almıştır. Bir işgünü süresince kullanım-değeri ona aittir. Böylece işçiyi, kendi adına, bir gün boyunca çalıştırma hakkını elde etmiştir. Ama bu işgünü nedir?[40]

Doğal bir günden herhalde daha az bir şey. Ama ne kadar az? Kapitalistin bu *ultima Thule*'si,* işgününün zorunlu sınırı konusunda kendine göre görüşleri vardır. Kapitalist olarak o, ancak kişileşmiş sermayedir. Onun ruhu, sermayenin ruhudur. Ama sermayenin bir tek yaşam dürtüsü vardır, değer ve artı-değer yaratmak, üretim araçlarını olanaklı olduğu kadar büyük miktarda artı-emeği emebilecek değişmeyen etmen haline getirmek eğilimi.[41]

Sermaye, ölü emektir ve ancak vampir gibi canlı emeği emmekle yaşayabilir, ve ne kadar çok emek emerse, o kadar çok yaşar. İşçinin çalıştığı süre, kapitalistin ondan satın aldığı emek-gücünü harcadığı süredir.[42]

İşçi, eğer bu süreyi kendisi için harcarsa, kapitalisti soymuş olur.[43]

Öyleyse, kapitalist, metaların değişimi yasasına dayanmaktadır. O da, bütün alıcılar gibi, metaının kullanım-değerinden olanaklı olduğu kadar büyük yarar sağlama peşindedir. Ama birdenbire işçinin, üretim sürecinin gürültü-patırtısı arasında bastırılmış olan sesi yükselir:

Benim sana sattığım meta, bütün öteki metalardan farklıdır; onun kullanımı değer yaratır, kendisinden daha büyük olan bir değer. Zaten sen de, onu, bunun için satın almıştın. Senin yönünden sermayenin kendiliğinden genişlemesi gibi görünen şey, benim

40 Bu soru, sir Robert Peel'in, Birmingham ticaret odasına yönelttiği ünlü, "*What is a pound*?" ["Bir pound nedir?"] sorusundan çok daha önemlidir. Bu soru, ancak, Peel'in de paranın niteliği konusunda, Birmingham'ın "küçük şilin adamları" kadar karanlıkta olması nedeniyle sorulabilecek bir soruydu.

41 "Harcanmış sermayesi ile elden geldiğince çok miktarda emek elde etmek kapitalistin amacıdır." ("*D'optenir du capital dépensé la plus forte somme de travail possible.*") J.-G. Courcelle-Seneuil, *Traité théorique et pratique des entreprises industrielles,* 2. édit., Paris 1857, s. 63.

42 "Günde bir saatlik iş kaybı, ticari bir devlet için sınırsız bir zarardır. ... Bu krallığın yoksul emekçileri, özellikle sanayi nüfusu arasında, çok büyük bir lüks tüketim vardır: böylece bunlar, zamanları da tüketmiş oluyorlar ki, bu, tüketimlerin en yıkıcı olanıdır." *An Essay on Trade and Commerce, etc.,* s. 47 ve 153.

43 "*Si le manouvrier libre prend un instant de repos, l'économie sordide qui le suit des yeux avec inquiétude, prétend qu'il la vole.*" ["Özgür gündelikçi bir an dinlenmeye dalsa, kaygılı gözlerle onu izleyen iğrenç iktisat, bunu çaldığını ileri sürer."] N. Linguet, *Théorie des Lois Civiles, etc.,* London 1767, t. II, s. 466.

* Azami sınır. — Kuzey Avrupa'da bir adaya, belki de Shetland takımadalarından birine, Romalılar tarafından "*Thule*" adı verilmişti ve bu adayı dünyanın sınırı (sonu) olarak düşünüyorlardı. –ç.

için, fazla emek-gücü harcanmasıdır. Sen de, ben de, piyasada tek bir yasa tanırız, metaların değişim yasası. Metaın tüketimi, onu elden çıkartan satıcıya değil, onu elegeçiren alıcıya aittir. Benim günlük emek-gücüm, işte bu yüzden, sana ait oluyor. Onun için her gün ödediğin fiyatla, onu her gün yeniden üretebilmen ve tekrar satabilmen gerekiyor. Benim, yaşlılık ve benzeri doğal tükenmeler dışında, yarın, gene tıpkı bugünkü gibi aynı normal güçle, sağlıkla ve zindelikle çalışabilmem gerek. Sen, bana, durmadan "tutumluluk" ve "perhizkarlık" konusunda vaazlar verirsin. Güzel! Ben de akıllı bir mal sahibi gibi, tek servetim olan emek-gücüme gözkulak olacak ve onun her türlü israfından kaçınacağım. Her gün, yalnızca onun normal ömrü ve sağlıklı gelişmesine uygun düşecek kadarını harcayacak, harekete geçirecek ve eyleme sokacağım. İşgününü sınırsız olarak büyütmekle, sen bir gün içinde, benim üç günde yerine koyamayacağım kadar emek-gücünü kullanabilirsin. Senin emekten kazandığını ben özden yitiriyorum. Emek-gücünün kullanılması ile, yağma edilmesi birbirinden çok farklı şeylerdir. Ortalama bir işçinin (normal miktarda iş görerek) yaratabileceği ortalama zaman süresi 30 yıl ise, senin bana emek-gücümün karşılığı olarak günde ödediğin miktar, emek-gücümün toplam değerinin $\frac{1}{365x30}$ ya da $\frac{1}{10.950}$'i olur. Ama sen bunu 10 yılda tüketirsen, onun toplam değeri olan $^{1}/_{3.650}$'si yerine günde $^{1}/_{10.950}$'sini ödemiş olursun; yani benim metaımın günlük değerinin ancak $^{1}/_{3}$'ini ödemekle, sattığım metaın her gün $^{2}/_{3}$'sini çalmış olursun. Bir günlük emek-gücü için bana para ödediğin halde, onu üç gün kullanmış olursun. Bu, hem aramızdaki sözleşmeye, hem de değişim yasasına aykırıdır. Bu nedenlerle ben normal uzunlukta bir işgünü istiyorum, ve bunu da kalbimi işe karıştırmadan yapıyorum, çünkü para konularında duyguların yeri yoktur. Örnek bir yurttaş olabilirsiniz, belki de Hayvanları Koruma Derneği üyesi, dindarlığınızla ün yapmış bir kişisinizdir; sizin benim karşımda temsil ettiğiniz şeyin, göğsünde kalbi yoktur. Orada çarpar gibi görünen benim kalp atışlarımdır. Normal bir işgünü istiyorum, çünkü ben de diğer bütün satıcılar gibi malımın değerini talep ediyorum.[44]

Görüyorsunuz ki, çok esnek sınırları olmasından başka, meta değişiminin niteliğinin kendisi de, ne işgünü için, ne de artı-değer için sınır tanıyor. Kapitalist, alıcı kişiliği içinde işgününü olanaklı

[44] İşgününün 9 saate indirilmesi için yapılan 1860-61 Londra inşaat işçileri büyük grevi sırasında, grev komitesi, bir ölçüde işçilerimizin dileklerini içeren bir bildiri yayınlamıştı. Bildiride, inşaat patronları arasında en büyük kârı sağlayan bezirganın, sir M. Peto adında dini bütün bir kişi olduğu alaycı bir dille belirtilmişti. (Bu aynı Peto, 1867'den sonra, Strousberg biçimi bir akibete uğradı!)

olduğu kadar uzatmaya, ve elinden gelse bir işgününden iki işgünü çıkartmaya çabalama hakkını kendisinde görmektedir. Buna karşılık, satılmış olan metaın özel niteliği, onu satın alanın tüketme isteğine bir sınır konulmasını gerektirmekte ve işçi, işgününün belirli normal bir süreye indirilmesini isterken, satıcı olmaktan gelen hakkını kullanmaktadır. Öyleyse burada bir karşıtlık, her ikisi de değişim yasasının damgasını taşıyan iki hak arasında bir çatışma vardır. Eşit haklar arasında son sözü kuvvet söyler. Ve bunun için de, kapitalist üretim tarihinde, bir işgününün belirlenmesi sürüp giden bir savaşımın kolektif sermaye, yani kapitalist sınıf ile kolektif emek, yani işçi sınıfı arasındaki savaşımın bir sonucu olarak kendisini gösterir.

İKİNCİ KESİM. — ARTI-EMEK HIRSI
İMALATÇI VE BOYAR

Sermaye, artı-emeği icat etmemiştir. Toplumun bir kesiminin üretim araçları üzerinde tekele sahip olduğu her yerde, işçi, özgür olsun olmasın, kendi varlığını sürdürmek için gerekli emekzamanına, üretim araçlarına sahip olanların yaşamaları için gerekli tüketim maddelerini üretmek için de[45] fazladan bir emekzamanı eklemek zorunda kalmıştır; üretim araçlarının tekelini elinde bulunduran bir kimse ister Atinalı χαλος χ'αγαθός* Etrüsklü teokrat, Romalı yurttaş, Norman baronu, Amerikalı köle sahibi, Eflaklı boyar, modern topraksahibi ya da kapitalist olsun, bu, hep böyledir.[46] Bununla birlikte, şurası da açıktır ki, ürünlerin değişim-değerinin değil, kullanım-değerinin egemen olduğu toplumun herhangi bir belli ekonomik oluşumunda, artı-emek, az ya da çok olabilen belirli gereksinmeler grubu ile sınırlı olur, ve üretimin kendi niteliğinden, artı-emeğe karşı sınırsız bir açlık doğmaz. Bu nedenle, antikçağda, ancak özgül bağımsız para biçiminde değişimdeğeri elde etmek amacıyla, altın ve gümüş üretiminde aşırıçalışma korkunç bir hal almıştır. Ölesiye zorla çalışma, burada, kabul edilmiş aşırı-çalışma şekli idi. Bu konuda yalnız Diodorus Siculus'u okumak yeter.[47] Gene de bunlar, antikçağda istisnalardır.

[45] "Çalışanlar ... aslında [zengin denilen] emeklileri de, kendilerini de ... beslerler. (Edmund Burke, *l.c.,* s. 2,3.)

[46] Niebuhr *Roma Tarihi*'nde çok safça şöyle der: "Kalıntıları bizleri şaşkınlığa uğratan Etrüsk yapıtları gibi yapıtların, küçük (!) devletlerde efendiler ile kölelerin varlığını gerektirdiği apaçıktır." Sorunu daha yakından kavrayan Sismondi, "Brüksel dantelasının" ücret ödeyen efendiler ile ücret alan köleleri gerektirdiğini söyler.

* Aristokrat. –*ç.*

[47] "Vücutlarını bile temizleyemeyen ya da çıplaklıklarını örtemeyen (Mısırla, Etiyopya ve Arabistan arasında altın madenlerinde çalışan) bu talihsiz kimselere,

Ama, üretimleri, henüz köle emeği ve angarya vb. gibi aşağı şekiller içinde dönüp duran halk, kapitalist üretim tarzının ağır bastığı uluslararası piyasanın girdabına kapılıp da ürünlerinin satışının ihracata yönelmesi başlıca kaygıları haline gelince, kölelik, serflik vb. gibi barbarca aşırı-çalışma dehşetine, bir de uygar aşırı-çalışma dehşeti eklendi. Amerika Birleşik Devletleri'nin güney eyaletlerinde zenci emeği, üretim, esas olarak doğrudan yerel tüketime yöneldiği sürece, ataerkil özelliğini korumuştur. Ama pamuk ihracının bu eyaletlerin yaşamsal çıkarları halini alması ölçüsünde, zencilerin aşırı-çalıştırılması ve bazan yaşamlarının 7 iş-yılında tükenip gitmesi, bu hesaplı kitaplı sistemin bir öğesi halini aldı. Artık sorun, köleden belli miktarda yararlı ürün sağlanması değil, bizzat artı-emeğin üretilmesi idi. Örneğin Tuna Prensliklerinde (şimdi Romanya) angarya için de durum böyleydi.

Tuna Prensliklerindeki artı-emek hırsının İngiliz fabrikalarındaki artı-emek hırsı ile bir karşılaştırmasını yapmanın özel, ilginç bir yanı vardır, çünkü angaryada artı-emek bağımsız ve gözle görülür bir biçimdedir.

İşgünü, diyelim ki, 6 saat gerekli-emekle, 6 saat artı-emeği içersin. Bu durumda, özgür işçi her hafta kapitaliste 6x6 = 36 saat artı-emek verir. Haftada üç gün kendisi için, üç gün de kapitalist için çalışsa aynı şey olurdu. Ama bu durum, yüzeyde görülmez. Artı-emek ile gerekli-emek birbirine karışmış durumdadır. Bunun için de ben aynı ilişkiyi, örneğin, işçi her dakikada 30 saniye kendisi için, 30 saniye de kapitalist için çalışıyor diye ifade edebilirim. Ama angarya için böyle değil. Eflaklı köylünün kendi yaşamı için harcadığı gerekli-emek, boyar için harcadığı artı-emekten belirli şekilde ayrılmıştır. Bunlardan birincisini kendi tarlasında harcar, diğerini efendisinin malikanesinde. Emek-zamanının her iki kısmı da bu nedenle birbirinden bağımsız, ama yanyana vardır. Angaryada artı-emek, gerekli-emekten kesinlikle ayrılmıştır. Ne var ki, bu durum, artı-emeğin gerekli-emekle miktar yönünden ilişkisi bakımından hiçbir değişiklik yapmaz. Haftada üç günlük artı-emek, ister buna angarya, ister ücretli-emek densin, işçinin kendisine bir eşdeğer sağlamaz. Ama kapitalist için artı-emek hırsı, işgününün sınırsız olarak uzatılması yolunda bir baskı olarak kendini gösterir, boyarda ise daha basitinden doğrudan angarya günleri avcılığı şeklindedir.[48]

bu zavallı yazgılarına, insan acı duymadan bakamaz. Hastalara, zayıflara, yaşlılara, kadınların güçsüzlüğüne karşı en küçük bir gözyumma ve acıma yoktur. Ölüm, ıstırap ve yazgılarına bir son verinceye kadar, herkes kırbaç altında çalışmak zorundadır." (Diod. Sic., *Hist. Bibl.*, Buch 3, c. 13, [s. 260].)

[48] Bundan sonra söylenenler, Romanya eyaletlerinde, Kırım Savaşından sonra görülen değişikliklerin öncesiyle ilgilidir.

Tuna Prensliklerinde angarya, ayni rant ve köleliğin diğer yükümlülükleri ile karışmıştı, ama egemen sınıfa ödenen en önemli haracı oluşturuyordu. Böyle durumlarda, angarya serflik sisteminden ender olarak doğuyordu; çoğu zaman, tersine, serflik angaryadan doğuyordu.* Romanya eyaletlerinde durum böyle olmuştur. Özgün üretim biçimleri, toprağın ortaklığına dayanıyordu, ama bu, Slav ya da Hint biçiminde değildi. Toprakların bir kısmı, serbest özel mülkiyet olarak topluluğun üyeleri tarafından diğer kısmı —*ager publicus***— ortaklaşa ekilirdi. Bu ortak emeğin ürünü, kısmen kötü ürün ve diğer olasılıklar hesaba katılarak yedek fon olarak, kısmen de savaş harcamalarını, dinsel giderleri ve diğer ortak harcamaları karşılamak üzere kamu geliri olarak kullanılırdı. Zamanla askerî ve dinsel bakımdan ileri gelenler, topluluğa ait ortak topraklarla birlikte, bunlar üzerinde harcanan emeğe de elkoydular. Özgür köylülerin ortak toprak üzerindeki emeği, bu ortak toprağın hırsızları hesabına angaryaya dönüştü. Bu angarya, çok geçmeden serflik ilişkileri halinde gelişti ve, dünyanın kurtarıcısı rolündeki Rusya, serfliği ortadan kaldırma bahanesi altında buna yasal bir biçim verene kadar hukuken değil ama fiilen devam etti. Rus generali Kisselef'in 1831'de yayınladığı angarya kanunnamesi, kuşkusuz, boyarlar tarafından dikte ettirilmiştir. Böylece Rusya, bir vuruşta Tuna eyaletlerini kendine çekiyor, ve bütün Avrupa'nın budala liberallerinin alkışlarını kazanıyordu.

Angarya kanunnamesinin adı olan *Règlement organique*'e göre, Eflaklı her köylü, sözde-topraksahibine, bir yığın ayni ödemeler dışında: (1) 12 gün genel hizmet; (2) bir gün tarlada çalışma; (3) bir gün de odun taşıma hizmetini yerine getirecekti. Hepsi yılda 14 gündü. Ne var ki, ekonomi politiğe olan derin bir kavrayışla bu işgünleri olağan anlamda değil, ortalama günlük ürünün üretilmesi için gerekli işgünü diye alınmış, ve bu ortalama günlük ürün de o kadar kurnazca belirlenmiştir ki, hiçbir tepegözün bu işin üstesinden 24 saatte gelmesine olanak bırakılmamıştı. *Règlement,* kuru sözcüklerle ve gerçek bir Rus alaycılığı ile, 12 işgününden, 36 gün-

* [Bu, aynı şekilde, Almanya ile özellikle Prusya'nın Elbe'nin doğusunda kalan kesimi için geçerlidir. 15. yüzyılda, Alman köylüsü, her yerde ürün ya da emek olarak yaptığı bazı ayni ödemeler dışında, hiç değilse fiilen özgür bir insandı. Brandenburg, Pomeranya, Silezya ve Doğu Prusya'daki Alman koloni halkı, hatta yasa ile özgür insan olarak kabul edilmişti. Köylü Savaşlarında, soyluların zaferi, bu duruma bir son verdi. Yalnız, yenilen Güney Almanya köylüleri tekrar köleleştirilmekle kalmadı. 16. yüzyılın ortasından sonra, Doğu Prusya, Brandenburg, Pomeranya ve Silezya köylüleri, serf durumuna indirildiler. (Maurer, Fronhöfe, IV. Band, - Meitzen, *Der Boden des Preussischen Staats,* — Hanssen, *Leibeigenschaft in Schleswig-Holstein.*) –*F.E.*]

** Kamu toprağı. –ç.

lük el emeği ürününün, 1 günlük tarla çalışmasından 3 günün, ve 1 günlük odun taşınmasından gene üç katının anlaşılması gerektiğini ilan eder. Yani toplam 42 günlük angarya. Buna, bir de, olağanüstü zamanlarda efendiye sağlanacak Jobaji denilen hizmetin eklenmesi gerekiyor. Nüfusuyla orantılı olarak, her köyün, yılda, bu Jobaji için belli bir miktar ayırması gerekiyordu. Bu ek angaryanın her Eflaklı köylüye 14 gün yüklediği tahmin ediliyor. Böylece yasayla belirli angarya, yılda 56 işgünü oluyordu. Ama Eflak'ta tarım yılı sert iklim nedeniyle yalnızca 210 gündü ve bunun da 40 günü pazar ve bayramlar, ortalama 30 günü kötü havalar olmak üzere 70 günü sayılmazsa, geriye 140 işgünü kalıyordu. Angaryanın gerekli-emeğe oranı 56/84 ya da %66²/₃, İngiliz tarım veya sanayi işçisininkinden çok daha küçük bir artı-değer oranı ifade eder. Ne var ki, bu, yalnızca yasa ilè belirlenmiş angaryadır. İngiliz Fabrika Yasalarından daha "liberal" bir görünüş altında olmasına karşın, *Règlement organique,* kendi getirdiği hükümlerden kaçınmanın yollarını da açmıştı. 12 günden 56 gün çıkarttıktan sonra, bu 56 angarya gününün her birinin itibari günlük çalışması yeniden öyle düzenlenmişti ki, bunun bir bölümü, ertesi güne düşecek şekildeydi. Örneğin, bir günde yabanıl otlardan temizlenecek toprak parçasının büyüklüğü öylesine olurdu ki, özellikle mısır tarlalarında bu işin yapılması için iki kat zaman gerekirdi. Bazı tarımsal işlerde yasayla belirli günlük çalışma öyle yorumlanırdı ki, gün mayıs ayında başlar, ekim ayında biterdi. Moldavya'da koşullar daha da ağırdır. "Zafer sarhoşluğu içersinde bir boyar, *Règlement organique*'teki 12 angarya günü, yılda 365 gün eder diye bağırmıştı."[49]

Eğer Tuna eyaletlerinin *Règlement organique*'i, her paragrafı yasalaşmış artı-emeğin hırsının olumlu ifadesi idiyse, İngiliz Fabrika Yasaları da, aynı açgözlülüğün olumsuz ifadesidir. Bu yasalar, sermayenin, emek-gücünü sınırsız bir şekilde soğurması tutkusunu, kapitalistler ile topraksahiplerinin yönettiği bir devlet tarafından yapılan düzenlemelerle işgününe zorunlu sınırlamalar koyarak önlüyordu. Her gün daha tehlikeli hal alan işçi sınıfı hareketinden ayrı olarak, fabrikada çalışmanın sınırlandırılması, İngiltere'de tarlaların kuvvetli bir biçimde gübrelenmesini kaçınılmaz hale getiren aynı zorunluluk ile dikte edilmiştir. Aynı kör yağma hırsı, birinde toprağı tüketiyor, diğerinde ulusun yaşayan gücünü kökünden söküyordu. Devresel salgın hastalıklar, Almanya ile Fransa'da askerî gücün azalmasını açıkladığı gibi, bu noktayı da

[49] Daha fazla ayrıntı, E. Regnault'un, *Histoire Politique et sociale des Principautés Danubiennes,* Paris 1855, [s. 340 *sqq.*‡] adlı yapıtında bulunabilir.
‡ Fransızca baskıda: s. 288, 321 vd.. –ç.

açıkça gözler önüne seriyordu.[50]

Şimdi (1867) yürürlükte olan 1850 tarihli Fabrika Yasası ortalama işgünü için 10 saate izin veriyor; ilk 5 gün için sabah altıdan akşam altıya kadar 12 saat, buna yarım saatlik kahvaltı paydosu ile bir saatlik öğle yemeği paydosu dahil olup geriye 10½ işsaati kalıyordu; cumartesileri sabah 6'dan öğleden sonra 2'ye kadar 8 saattir, buna yarım saatlik kahvaltı paydosu dahildir. Böylece, ilk 5 gün için 10½ saat ve son gün için 7½ saat olmak üzere toplam 60 işsaati oluyordu.[51] Bu yasaların uygulanmasını denetlemek üzere doğrudan içişleri bakanlığına bağlı fabrika deneticileri atandı ve bunların raporları, diğer parlamento raporları ile birlikte altı ayda bir yayınlandı. Bunlar, artı-değer konusunda kapitalistlerin doymak bilmez oburluklarını gösteren düzenli ve resmî istatistikleri içeriyordu.

Şimdi bir an fabrika denetmenlerine kulak verelim.[52] "Hilekar fabrika sahipleri, işe, sabah saat altıdan bir çeyrek saat önce (bazan daha fazla, bazan daha az) başlıyorlar ve akşam saat altıdan bir çeyrek saat sonra (bazan daha çok, bazan daha az) son veriyor-

[50] "Türünün ortalama büyüklüğünü genellikle ve belli sınırlar içersinde aşma, organik varlıkların gelişmesinin kanıtıdır. İnsanda boy uzunluğu, eğer gelişmesi fizik ya da toplumsal koşullarla engellenirse küçülür. Askerliğin zorunlu olduğu bütün Avrupa ülkelerinde, bu usulün uygulanmasından beri, ergin erkeklerin ortalama boyu ve genellikle askerlik hizmetine uygunluk koşulları azalmıştır. Devrimden (1789) önce Fransa'da piyade için en alt sınır 165 cm. idi; 1818'de (10 Mart tarihli yasa) 157 cm.; 21 Mart 1832 tarihli yasa ile 156 cm.; ortalama olarak Fransa'da başvuranların yarısından çoğu boy kısalığı ya da vücut zayıflığı nedeniyle askere alınmamışlardır. Saksonya'da 1870 yılında konulan askerî ölçüt 178 cm. idi. Şimdi 155 cm.. Prusya'da 157 cm.. Dr. Meyer'in 9 Mayıs 1862 tarihli *Bayrisscher Zeitung*'daki demecine göre, 9 yılın ortalama sonuçları, Prusya'da askerlik için başvuran 1.000 kişiden 716'sı askerlik için uygun bulunmamış, bunların 317'si boy kısalığı, 399'u vücut yetersizliği nedeniyle geri çevrilmiştir. ... Berlin, 1858 yılında, askere alınma sayısını dolduramamıştı. 156 kişi eksik kalmıştı." J. von Liebig. *Die Chemie in ihrer Anwendung auf Agrikultur und Physiologie,* 1862, Band I, 7. baskı, s. 117, 118.

[51] 1850 tarihli Fabrika Yasasının öyküsü bu bölüm boyunca görülecektir.

[52] İngiltere'de modern sanayinin başlangıcından 1845'e kadar olan dönem üzerinde ben ancak yer yer duruyorum. Bu dönem için okura Friedrich Engels'in *Die Lage der arbeitenden Klasse in England,* Leipzig 1845, adlı yapıtını öğütlüyorum. Engels'in kapitalist üretim tarzının niteliğini ne kadar ayrıntılı bir biçimde kavradığı, 1845'ten beri yayınlanan fabrika raporları ile madenler vb. üzerine raporlardan anlaşıldığı gibi, durumu ayrıntıları ile ne denli hayret edecek biçimde canlandırdığı, adı geçen yapıtın 18-20 yıl sonra (1863-1867) yayınlanan Çocukların Çalıştırılması Hakkındaki Komisyonun resmî raporları ile şöyle bir karşılaştırılması bile ortaya koymaktadır. Bu raporlar, özellikle, fabrika yasalarının 1862'ye kadar uygulanmadığı ve aslında, hâlâ da uygulanmamakta olduğu sanayi kollarını ele almaktadır. Öyleyse, buralarda, Engels'in çizmiş olduğu durumlarda, yetkili makamlarca ya az değişiklik yapılmış ya da hiç yapılmamıştır. Ben, başlıca örneklerimi 1848'den sonraki serbest ticaret döneminden alıyorum; bu cennet çağının büyük serbest ticaret şirketlerinin gezginci çığırtkanları, bilisizlikleri ölçüsünde yüksek perdeden bu gibi inanılmaz öyküler anlatıyorlar. Bütün bunlardan başka, İngiltere'nin burada ön planda yeralmasının nedeni, kapitalist üretimin klasik temsilcisi ve bizim incelemekte olduğumuz konularda devamlı resmî istatistiklere sahip tek ülke olmasıdır.

lar. Kahvaltı için itibari olarak izin verilen yarım saatin başlangıcından da sonundan da 5 dakika aldıkları gibi, öğle yemeği için itibari olarak izin verilen bir saatin gene başlangıcından ve sonundan 10'ar dakikasını almaktadırlar. Cumartesileri saat 2'den sonra bir çeyrek saat (bazan daha fazla, bazan daha az) fazla çalışmaktadır. Kazancı böylece şuna ulaşıyor.

Sabah altıdan önce	15 dakika
Akşam altıdan sonra	15 "
Kahvaltı zamanında	10 "
Öğle yemeği zamanında	20 "
	60 dakika
Beş günde:	300 dakika
Cumartesi sabah altıdan önce	15 dakika
Kahvaltı zamanında	10 "
Öğleden sonrası 2'den sonra	15 "
	40 dakika
Haftalık toplam:	340 dakika

Haftalık 5 saat 40 dakika, yılda 50 çalışma haftası ile (iki hafta tatiller ve beklenmeyen olaylar için çıkınca) çarpıldığında, sonuç 27 işgününe eşit olur.[53]

"Her gün 5 dakikalık fazla çalışma, haftaların sayısı ile çarpılınca yılda iki-buçuk günlük üretime eşit olur."[54]

"Sabah 6'dan önce ve akşam 6'dan sonra ve yemek zamanı için saptanan sürenin başında ve sonunda günde ufak parçalar halinde kazanılan bir saat, yılda neredeyse 13 ay çalışmaya eşittir."[55]

Üretimin kesintiye uğradığı ve fabrikaların "kısa süre", yani haftanın yalnızca bir bölümünde çalıştığı bunalımlar, doğaldır ki, işgününü uzatma eğilimini etkilemez. İşin azlığı ölçüsünde yapılan işten sağlanan kârın da büyük olması gerekir. İşe harcanan zaman ne kadar azsa, bu zamanın o kadar büyük kısmı fazla emek-zamanına çevrilmelidir.

1857'den 1858'e kadarki bunalım dönemi konusunda fabrika denetmeni raporu şöyle:

"Ticaretin böyle bozuk gittiği bir zamanda, herhangi bir şekilde aşırı-çalışma tutarsız görünebilir, ama işlerdeki bu bozukluk vicdansız kimseleri aşırılıklara götürür, ve bunlar, bundan fazladan

[53] "Suggestions etc., by Mr. L. Horner, Inspector of Factories", *Factories Regulation Act. Ordered by the House of Commons to be printed, 9 Aug. 1859*'da, s. 4, 5.
[54] *Reports of the Insp. of Fact. for the half year, Oct. 1856,* s. 35.
[55] *Reports etc., 30th April 1858,* s. 9.

bir kâr sağlarlar. ... Leonard Horner, son altı ay içersinde, diyor, bölgemde 122 fabrika tamamen işten çekildi, 143'ü de işlerini durdurdu" ama aşırı-çalışma gene de yasal saatler ötesinde sürdürülmektedir.[56]

Bay Howell, "Ticaretteki bunalım yüzünden" diyor, "fabrikaların çoğu çok uzun bir süre için tümüyle kapandı, daha büyük bir kısmı da kısa süreli olarak çalışıyor. Bununla birlikte, ben, gene de işçilerin yasayla tanınmış dinlenme ve yemek zamanlarından her gün yarım ya da üç çeyrek saatinin çalındığı konusunda gene eskisi gibi şikayetler almaya devam ediyorum."[57] Aynı durum, 1861-1865'teki korkunç pamuk bunalımı sırasında da daha küçük ölçüde olmak üzere yinelendi.[58] "Yemek saatinde ya da yasalarda belirlenmiş saatler dışında, fabrikada çalışır durumda kimseler görüldüğü zaman, bunların fabrikayı belirlenmiş saatte terketmeyecekleri, özellikle cumartesi günleri öğleden sonra" (makinelerini temizlemek ve benzeri) "işleri bırakmamaları için kendilerini zorlayacak yükümlülükler konması gerektiği, bazan özür yollu ileri sürülmüştür. Ama, işçiler, eğer makineler durduktan sonra da fabrikada kalıyorlarsa ... cumartesi günleri sabah 6'dan önce [*sic!**] ya da öğleden sonra 2'den önce temizlik ve benzeri işler için kendilerine yeterli zaman ayrılmadığı içindir.[59]

[56] *Reports etc., l.c.*, s. 10.
[57] *Reports etc., l.c.*, s. 25.
[58] *Reports etc., for the half year ending 30th. April 1861*. Bkz: *Appendix* n° 2; *Reports etc., 31st Oct. 1862*, s. 7, 52, 53. 1863 yılının son altı ayında yasalara uyulmaması olayları yaygınlaştı. Karş: *Reports etc., ending 31st. Oct. 1863,* s. 7.
[59] *Reports etc., 31st Oct. 1860,* s. 23. Fabrikatörlerin mahkemedeki ifadelerine göre, işçilerin, fabrikadaki herhangi bir iş duraklaması halinde, nasıl bir fanatiklikle buna karşı çıktıklarını aşağıdaki garip durum göstermektedir. 1863 Haziran başlarında Dewsbury (Yorkshire) yargıçlığına, Batley yörelerinde, 8 büyük fabrika sahibinin, fabrika yasalarına uymadıkları haberi ulaştı. Bu baylardan bazıları, 12 ile 15 yaş arasında 5 erkek çocuğunu, cuma günü sabahı saat 6'dan, cumartesi günü öğleden sonra saat 4'e kadar, yemek zamanları ile gece yarısı bir saatlik uyku dışında herhangi bir dinlenme aralığı tanımadan çalıştırmakla suçlanıyorlardı. Ve bu çocuklar, bu 30 saatlik aralıksız işi, yünlü paçavraların didiklendiği ve havadaki yoğun toz, iplik vb. yüzünden büyüklerin bile ciğerlerini korumak için ağızlarını devamlı şekilde mendille kapatmak zorunda kaldıkları, "süprüntü ini" adı verilen yerlerde yapmaktadırlar! Bu suçlanan baylar, yemin etmek yerine —Quaker olarak bunlar, yemin etmeye gerek duymayacak kadar sıkı dindardırlar— bu umutsuz çocuklara karşı duydukları büyük sevgi nedeniyle dört saat uyumalarına izin verdiklerini, ama inatçı çocukların yatmamakta ayak dirediklerini doğrulamışlardır. Quaker baylara 20 sterlin ağır para cezası verildi. Anlaşılan Dryden bu soylu bayların geleceklerini önceden görmüştü:

"Sözde kutsallık içinde yüzen tilki,
"Korkardı yeminden, ama iblis gibiydi yalancılıkta,
"Paskalya perhizinde sanırdınız kutsal şehvet içinde,
"Ama işlemezdi hiç günah, duasını etmeden!"‡

‡ Dryden, *The cock and the fox...* (Horoz ve Tilki) dize 480-483. *–Ed.*
* Tıpkı böyle. –ç.

"Böyle (yasayı ihlal ederek aşırı çalıştırma yoluyla) elde edilen kazanç, birçok kimse için karşı konulamayacak kadar çekici bir şey gibi geliyor; daima, yakalanmama olasılığını hesaba katıyorlar; ve üstelik, yakalanıp da mahkum olanların ödedikleri ceza miktarının küçüklüğünü görünce, yaptıkları iş fark edilse bile bundan gene kârlı çıkacaklarını düşünüyorlar."[60] "Bu ek zamanın, gün boyunca yapılan küçük miktarlardaki hırsızlıkların tamamıyla elde edildiği durumlarda, durumu saptama konusunda deneticilerin karşısına büyük güçlükler çıkarmaktadır."[61]

Sermayenin, işçinin yemek ve dinlenme zamanında yaptığı bu "küçük hırsızlıkları" fabrika deneticileri, "dakikaların aşırılması"[62] "birkaç dakikanın tırtıklanması"[63] diye adlandırdıkları gibi, işçilerin kullandıkları teknik terim de, "yemek zamanlarının kemirilmesi"dir.[64]

Görülüyor ki, böyle bir ortamda, artı-değerin, artı-emekle yaratılması artık sır olmaktan çıkmıştır. Çok saygıdeğer bir bay, bana, "Günde bana on dakikalık aşırı çalışma izni verecek olsanız, cebime yılda fazladan bin sterlin koymuş olursunuz."[65] demişti. "An'lar kârın öğeleridir."[66]

Tam gün çalışan işçilere, "tam-zamanlılar", 13 yaşından küçük olup da ancak 6 saat çalışmalarına izin verilen çocuklara "yarı-zamanlılar" denmesi kadar karakteristik bir ifade olamaz. İşçi, burada, kişileşmiş emek-zamanından başka bir şey değildir. Bütün bireysel farklılıklar, "tam-zamanlılar" ve "yarı-zamanlılar" içinde eriyip gitmiştir.[67]

ÜÇÜNCÜ KESİM. — SÖMÜRÜYE YASAL SINIRLAR KONULMAYAN İNGİLİZ SANAYİ KOLLARI

Biz, işgününün uzatılması konusundaki eğilimin, bir İngiliz burjuva iktisatçısının belirttiği gibi, Amerikan Kızılderililerine[68]

60 *Rep. etc., 31st Oct. 1856*, s. 34.
61 *l.c.*, s. 35
62 *l.c.*, s. 48
63 *l.c.*, s. 48
64 *l.c.*, s. 48
65 *l.c.*, s. 48
66 *Reports of the Insp. etc., 30th April 1860*, s. 56.
67 Bu deyim, hem fabrikalarda, hem raporlarda resmî deyimdir.
68 "Açgözlü fabrika sahiplerinin kazanç peşinde koşarken yaptıkları zulümler, İspanyolların altın elde etmek amacıyla Amerika'yı elegeçirmeleri sırasında giriştikleri insafsızca hareketleri neredeyse geride bırakır." (John Wade, *History of the Middle and Working Classes*, 3. ed., Lond. 1835, s. 114.) Bu kitabın, bir tür ekonomi politik elkitabı olan teorik bölümü, yayın tarihi dikkate alındığında, yer yer, örneğin ticari bunalımlar konusunda, özgün bir nitelik taşır. Oysa tarih bölümü, büyük

İspanyolların yaptıkları vahşetin bile erişemediği sermayenin neden olduğu canavarca zorbalıklar alanındaki artı-emeğe duyulan kurt gibi açlığın, yasal düzenlemelerin zincirleriyle sonunda sınırlandığını gözden geçirmiş bulunuyoruz. Şimdi de, emeğin sömürülmesinin, bugüne ya da daha düne kadar her türlü engelden uzak kaldığı bazı üretim kollarına bir gözatalım.

Nottingham kent meclisi salonunda 14 Ocak 1860'ta yapılan bir toplantıya başkanlık eden il yargıcı bay Broughton Charlton şöyle diyordu: "Dantela yapımı ile uğraşan halk arasında, krallığın diğer yerlerinde ve hatta uygar dünyada görülmemiş bir sefalet ve ıstırap vardır. ... Dokuz-on yaşındaki çocuklar, sabahın ikisinde, üçünde ya da dördünde çul yataklarından zorla kaldırılmakta, bir dilim ekmek için gece saat ona, onbire, onikiye kadar çalıştırılmaktadır. Elleri ayakları yorgunluktan bitkin, vücutları kavruk, yüzleri kireç gibi, insanlıkları taş gibi bir uyuşukluğa dönüşmüş; düşünmek bile insana dehşet veriyor. ... Bay Mallet ya da başka bir imalatçının ileri fırlayıp bu tartışmalara karşı çıkmalarına şaşmıyoruz. ... Sistem, rahip Montagu Valpy'nin belirttiği gibi, tam bir kölelik düzeni; hem toplumsal, hem fizik, hem ahlak ve hem de manevi yönden. ... Erkeklerin günlük çalışmaları, onsekiz saate indirilsin diye öneride bulunmak amacıyla toplantı düzenleyen bir kasaba hakkında ne düşünülür? ... Virginia ile Carolinalı pamuk yetiştiricilerini yeriyoruz. Oysa, onların zenci pazarlarından, kamçılarından, insan eti bezirganlığından, kapitalistlerin kâr ve kazançları uğruna tüller ve yataklık danteller örmek için sürdürülen insanlığın bu yavaş yavaş kırımı daha mı az lanetliktir?"[69]

Staffordshire'daki seramikçilik, son 22 yılda, üç parlamento soruşturmasına konu olmuştur. Soruşturmaların sonuçları, bay Scriven'in 1841 tarihli *Children's Employment Commissioners*'e* sunduğu raporla; Dr. Greenhow'un 1860 tarihli, Privy Council'in emriyle yayınlanan raporuyla (*Public Health, 3rd Report,* I, 112-113); ve ensonu bay Longe'un 1862 tarihli *First Report of the Children's Employment Commission,* 13 Haziran 1863, raporuyla açıklanmıştır. Benim için, 1860 ve 1863 tarihli raporlardan, sömürülen çocukların kendi ifadelerinden bazı kısımları buraya almak yetecektir. Çocukların söylediklerinden, yetişkinler, özellikle kızlarla kadınlar için bir fikre ulaşabiliriz, ve üstelik bu işkolunun yanında pamuk eğirme sanayisi, kabul edilebilir ve sağlıklı bir iştir.[70]

ölçüde, sir F. M. Eden'in, *The State of the Poor,* London 1797, adlı yapıtının utanmazca bir aşırmasıdır.

69 London *Daily Telegraph,* 17th January, 1860.

70 Karş: F. Engels, *Lage etc.,* s. 249-51.

* Çocukların Çalıştırılması Hakkındaki Komisyon. –ç.

William Wood, dokuz yaşında, 7 yıl 10 aylıkken işe başlamış. Başlangıçta "kalıp taşıma" işinde çalıştı, hazırlanmış kalıpları kurutma odasına taşır, sonra da boş kalıpları geri taşırdı. Haftanın altı günü işe sabah altıda gelir, gece dokuzda işten çıkardı. "Haftanın altı günü gece saat dokuza kadar çalışırdım. Yedi ya da sekiz hafta bu böyle sürdü." Yedi yaşında bir çocuğun günde onbeş saat çalışması! 12 yaşındaki J. Murray şöyle diyor: "Tornayı çevirir, kalıp dökerim. Sabah altıda, bazan dörtte gelirim. Akşamdan bu sabahın altısına kadar bütün gece çalıştım. Önceki geceden beri yatağa yatmadım. Dün gece benimle birlikte çalışan sekiz-dokuz çocuk daha vardı. Bu sabah birisi dışında hepsi geldiler. Ben üç-buçuk şilin alıyorum. Gece çalıştığım için fazladan bir şey almıyorum. Geçen hafta iki gece çalıştım." On yaşındaki Fernyhough: "Öğle yemeği için her zaman bir saat paydos olmaz. Bazan ancak yarım saat olur: perşembe, cuma, cumartesi günleri."[71]

Dr. Greenhow, Stoke-on-Trent ve Wolstanton çömlekçilik bölgelerinde yaş ortalamasının son derece düşük olduğunu söylüyor. Yirmi yaşın üzerinde yetişkin erkek nüfusun Stoke bölgesinde yalnız %36,6'sı, Wolstanton'da %30,4'ü çömlekçilikte çalışmakla birlikte, birinci bölgede bu yaştaki erkekler arasındaki ölümlerin yarısı, ikincide ise 2/5'si akciğer hastalıklarından ileri gelmektedir. Hanley'de pratisyen hekimlik yapan Dr. Boothroyd şöyle diyor: "Her yeni çömlekçi kuşağı bir öncekinden daha çelimsiz ve cılız oluyor." Aynı şekilde, bir başka doktor bay McBean diyor ki: "Yirmibeş yıldır çömlekçiler arasında hekimlik yaparım, vücut yapısı ve ağırlık bakımından açıkça görülen bir yozlaşmaya tanık oldum." Bütün bu sözler, Dr. Greenhow'un 1860 tarihli raporundan alınmıştır.[72]

Aşağıdakiler de 1863 tarihli komisyon raporundan alınmıştır: Kuzey Staffordshire kliniği başhekimi Dr. J. T. Arledge diyor ki: "Çömlekçiler bir sınıf olarak, hem kadın, hem erkek, hem fizik, hem moral bakımından yozlaşmış bir topluluğu temsil ediyorlar. Genellikle çelimsiz, biçimsiz yapıda, sık sık da dar göğüslüdürler; zamanından önce yaşlanırlar ve kısa ömürlüdürler; ağır tabiatlı ve kansızdırlar; bu zayıflıkları nedeniyle, hazımsızlık, karaciğer ve böbrek hastalıkları arasında en fazla göğüs hastalıklarına, zatürreye, vereme, bronşit ve astıma yatkındırlar. Bunlara musallat olan bir tür hastalık vardır ki, çömlekçi astımı ya da çömlekçi veremi denilmektedir. Bademciklere, kemiklere ya da vücudun öteki organlarına musallat olan sıraca, çömlekçilerin üçte-ikisinin ya da daha fazlasının yakalandığı yaygın bir hastalıktır. ... Bu bölge nü-

[71] *Children's Employment Commission, First Report etc., 1863, Evidence,* s. 16, 19, 18.

[72] *Public Health, Third Report etc.,* s. 102, 104, 105.

fusu içersinde 'yozlaşmanın' daha da fazla olmamasının nedeni; çevre köylerden devamlı insan akımı olması ve daha sağlıklı soylarla yapılan evlenmelerdir."[73]

Aynı hastanenin eski operatörü olan Dr. Charles Parsons, komisyon üyesi Longe'a yazdığı mektupta, diğer şeyler arasında, şöyle diyor: "Ben, istatistik verilerden değil, ancak kendi gözlemlerimden sözedebilirim, ama sağlıkları, ya ana-babalarının, ya da işverenlerin kazanç hırslarına kurban edilen zavallı çocuklar karşısında her seferinde büyük bir azap duyduğumu derhal söyleyebilirim." Çömlekçilerin arasındaki hastalıkların nedenlerini saydıktan sonra, bunları şu sözlerle özetliyor: "uzun saatler [çalışma]". Komisyonun raporunda şu umut dile getirilir: "Bütün dünyada böylesine seçkin bir yere ulaşan bir sanayi kolunun, bu büyük başarısının yanısıra, emek ve hünerleri ile önemli sonuçlar elde eden işçilerinin, fizik bakımdan yozlaşması, yaygın hale gelen bedensel ıstırapları ve zamanından önce ölümleri ile birarada anılmasına artık bir son verme zamanı gelmiştir."[74] Ve İngiltere'de çömlekçiler için söylenen bütün bunlar, İskoçya için de aynen geçerlidir.[75]

Kibrit yapımı, fosforun kibrit çöpüne yapıştırılması usulünün bulunduğu 1833 tarihinde başlar. 1845'ten beri bu işkolu, İngiltere'de hızla gelişmiş ve özellikle Londra'nın yoğun nüfuslu bölgeleri ile Manchester, Birmingham, Liverpool, Bristol, Norwich, New-Castle ve Glasgow'da yaygın hale gelmiştir. Bununla, aynı zamanda, Viyanalı bir doktorun 1845'te keşfettiği ve kibrit yapanlara özgü tetanoz hastalığı da yayılmıştır. İşçilerin yarısı, onüç yaşından küçük çocuklar ile onsekizden küçük delikanlılardır. Kibrit yapımı sağlığa zararlı ve kötü kokusu nedeniyle o kadar tatsız bir iştir ki, ancak çalışan sınıfın en sefil kesimi, yarı-aç dullarla benzerleri, çocuklarını, "paçavralar içinde, açlıktan bitkin, alfabesiz çocuklarını"[76] bu işe vermektedirler.

Komisyon üyesi White'ın dinlediği (1863) tanıkların, 270'i 18 yaşından, 50'si 10 yaşından küçük, 10 tanesi ancak 8, ve 5 tanesi yalnızca 6 yaşındaydı, 12 ile 14 saate, bazan da 15 saate varan bir işgünü, gece işi, düzensiz yemek zamanları, çoğu zaman fosforla soluk alınamaz işyerlerinde yenen yemek. Dante, kendi cehennemindeki en korkunç betimlemelerin herhalde bu işyerinden geri kaldığını kabul ederdi.

[73] *Children's Employment Commission, First Report,* s. 24.
[74] *Children's Employment Commission,* s. 24, 22 ve XI.
[75] *l.c.,* s. XLVII.
[76] *l.c.,* s. LIV.

Duvar kağıdı yapımında, kaba cinsler makineyle basılır, daha zarifleri elle basılır (*block printing*). En canlı iş ayları, ekim başı ile nisan sonudur. Bu zaman aralığı içinde, işler, sabah saat 6'dan gece 10'a kadar ve hatta bütün gece büyük bir hızla devam eder.

J. Leach yeminli ifadesinde diyor ki: "Geçen kış, aşırı çalışmadan ötürü, ondokuz kızdan altısı sağlıklarının bozulması yüzünden iş-dışı kaldılar. Onları uyanık tutmam için onlara bağırıp çağırmam gerekiyordu." W. Duffy: "İşbaşında, tüm çocukların gözlerini açık tutamadıkları zamanlar olduğunu gördüm; gerçekten hepimiz böyleydik." J. Lightbourne: "13'ündeyim. ... Geçen kış, (gece) dokuza kadar çalıştık, daha önceki kış ona kadar. Geçen kış ayaklarımın sızlamasından hemen her gece ağlardım." G. Apsten: "Şu benim oğlumu ... daha yedi yaşındayken, karda-kışta gidip gelirken sırtımda taşırdım, günde onaltı saat çalışırdı. ... Makinenin önünde ayakta doyurmak için çoğu zaman diz çökerdim, çünkü ne makinenin başından ayrılabilirdi, ne de onu durdurabilirdi." Manchester'da bir fabrikanın yönetici ortağı Smith: "Biz" (kendileri hesabına çalışan işçiler demek istiyor) "yemek için hiç aralık vermeden çalışırız, böylece 10½ saatlik günlük iş, öğleden sonra saat 4.30'da biter, bundan sonraki süre fazla mesai demektir."[77] (Acaba bu bay Smith, bu 10½ saat sürede hiç yemek yemiyor mu?) "Biz", (yani aynı bay Smith) "öğleden sonra saat 6'dan önce işten pek çıkmayız", (bizim emek-gücü makinelerinin tüketimi o zaman son bulur demek istiyor) "böylece biz" (*iterum Crispinus**) "gerçekten bütün yıl fazla mesai yapıyoruz demektir. ... Bunların hepsi de, çocuklar da, yetişkinler de (152 çocuk ile delikanlı, 140 yetişkin) son 18 ay süreyle ortalama çalışma, haftada en az 7 gün 5 saat, ya da 78½ saat idi. Bu yılın" (1862) "2 Mayısında sona eren altı hafta için, ortalama daha yüksekti: 8 gün, yani haftada 84 saat!" Kendinden *pluralis majestatis* bahsetmeye pek meraklı olan aynı bay Smith, gülümseyerek ekliyor: "Makine işi yorucu değil." Elle yapılan baskı işinde çalışanlar ise şöyle diyorlar: "Elle çalışma, makineyle çalışmaktan daha sağlıklı bir iştir." Bütünüyle alınırsa, fabrikatörler, "makinelerin hiç değilse yemek zamanında durdurulması" önerisine öfkeyle karşı çıkıyorlar. Borough'daki duvar kağıdı fabrikasının

[77] Bu, bizim artı-emek zamanı anlamında alınmamalıdır. Bu baylar, 10½ işsaatini, normal artı-emeği de içeren normal işgünü olarak kabul etmektedirler. Bu süreden sonra, karşılığı biraz daha iyi ödenen "fazla mesai" başlamaktadır. Sözde normal işgünü sırasında harcanan emeğin karşılığının, değerinin altında ödendiği ilerde görülecektir; böylece fazla mesainin daha fazla artı-emek sızdırmak için salt bir kapitalist hilesi olduğu anlaşılıyor, çünkü normal işgünü boyunca harcanan emeğe gerçekten karşılığı ödense bile, zaten içersinde artı-emek vardır.

* Gene mi sen Crispinus! (Crispinus, İtalyan komedisinin küstah ve kuruntulu uşağı.) –ç.

müdürü bay Otley, "Sabah 6'dan akşam 9'a kadar çalışmaya izin veren bir madde ... bizim çok işimize gelirdi, ama sabah 6'dan akşam 6'ya kadar çalışma saatleri hiç uygun değil. Makinelerimiz öğle yemeği saatinde hep duruyor." (Ne alicenaplık!) "Sözü edilecek kadar kağıt ve boya israfı yok." Sevimli bir tavırla ifade ediyor: "Ama bu zaman kaybı da hoş bir şey değil." Komisyonun raporu, bazı "ileri gelen firmaların" zaman kaybı konusundaki korkularını safça dikkate alıyor, yani başkalarının emeğine elkoymak için zaman kaybı; böylece 13 yaşından küçük çocuklarla, 18 yaşına basmamış gençlerin her gün 12-16 saat çalışarak yemek saatlerini kaybetmeleri, ve tıpkı buhar kazanına su ve kömür atar, pamuğa sabun katar, çarklara yağ koyarmış gibi —yani sanki iş araçları yardımcı malzeme ile beslenmiş gibi— üretim süreci sırasında bir şeyler atıştırmaları için yeter neden olup olmadığını dikkate alıyor. İngiltere'de hiçbir sanayi kolu (yakında uygulanan makineyle ekmek yapımını hesaba katmıyoruz) fırıncılık kadar, o eski köhnemiş yöntemlerini bugüne kadar sürdürmemiştir; Roma İmparatorluğu ozanlarından öğrendiğimize göre, bunun bir ucu ta hıristiyanlık-öncesi döneme kadar gidiyor. Ne var ki, sermaye, daha önce de belirtildiği gibi, başlangıçta emek-sürecinin teknik niteliğiyle ilgilenmez, nasıl bulduysa işe öyle başlar.[78]

Başta Londra olmak üzere, ekmeğe karıştırılan hileli akılalmaz maddeler, ilk kez, Avam Kamarasının, "yiyecek maddelerine karıştırılan hileler" konusunda kurduğu komitenin araştırması (1855-56) ve Dr. Hassall'ın *Adulterations detected* adlı yapıtında açıklanmıştır.[79] Bu açıklamaların sonucu, 6 Ağustos 1860 tarihli, "*for preventing the adulteration of articles of food and drink*"* konusundaki yasa oldu. Başlangıçta ölü doğan bu yasa, "*to turn an honest penny*"** hileli malların alımı ve satımıyla uğraşan serbest ticaret erbabına her türlü anlayışı gösteriyordu.[80] Komitenin kendisi, biraz da bönce bir tutumla, serbest ticaretin, aslında hileli, ya da İngiliz kurnazlığıyla söylendiği gibi, "sofistik" ("katışık") malların ti-

[78] *l.c., Evidence,* s. 123, 124, 125, 140 ve LXIV.

[79] İnce çekilen ya da tuzla karıştırılan şap, "*baker's stuff*" ["fırıncı malı" –ç.] gibi anlamlı bir ad taşıyan normal bir ticaret metaıdır.

[80] Kurum, karbonun pek saf ve enerji sağlayan bir biçimidir, kapitalist baca temizleyicilerin İngiliz çiftçiye sattıkları bir gübreyi oluşturur. Şimdi, 1862 yılında, İngiliz "*Juryman*", ["Jüri üyesi" –ç.] açılan bir davada, alıcının haberi olmaksızın %90 toz ve kum karıştırılan kurumun, ticari anlamda gerçek kurum mu, yoksa yasal anlamda madde karıştırılmış kurum mu olduğunu karara bağlamak zorunda kalmışlardı. Bu "*amis du commerce*" ["ticaret dostları" –ç.] sonuçta eldeki malın gerçek ticari kurum olduğuna karar verdiler ve üstelik davacı çiftçiyi mahkeme giderlerini ödemeye mahkum ettiler.

* "Yiyecek ve içecek maddelerine hile karıştırılmasını önleme." –ç.

** "Namusluca bir kuruş kazanmak için." –ç.

careti olduğu inancını belirtiyordu. Gerçekten de bu tür sofistlik, akı kara, karayı ak yapmayı Protasgoras'tan daha iyi bildiği gibi, her şeyin görüntüden ibaret olduğunu, nasıl *ad oculos** serileceğini Elealılardan daha iyi bilir.[81]

Ne olursa olsun komite, halkın dikkatini, "günlük ekmeğine" ve dolayısıyla fırıncılığa çekti. Aynı anda, Londralı fırıncı kalfalarının açık hava toplantıları ve parlamentoya verdikleri dilekçeler ile aşırı-çalışmaya karşı yükselttikleri çığlıklar ortalığı sardı. Şikayetler o derece yaygındı ki, daha önce birkaç kez adı geçen 1863 Komisyonunda da üye bulunan bay H. S. Tremenheere, Krallık Araştırma Komisyonuna atandı. Hazırladığı rapor,[82] toplanan kanıtlarla birlikte, halkın kalbini değil ama midesini altüst etti. İncil ile her zaman büyük yakınlıkları olan İngilizler, bir kapitalist, bir topraksahibi ya da koltuksuz bir bakan gibi ilahi lütfa erişmiş olmadıkça, kişinin ekmeğini alnının teriyle kazanmasının bir tanrı buyruğu olduğunu çok iyi bilirlerdi, ama her günkü ekmeğinde bir miktar insan teriyle birlikte, azıcık irin, örümcek ağı, hamamböceği ölüsü, ekşimiş Alman bira mayası karışımını da yemekte olduğunu doğrusu bilmiyordu; bu arada biz, elbette, şap, kum ve diğer lezzetli minarelleri saymıyoruz. Kutsallığına aldırış etmeksizin, serbest ticaret, yani serbest fırıncılık, devlet denetimi altına sokuldu (parlamentonun 1863 yılı oturumunda) ve parlamentonun çıkardığı aynı yasa ile, 18 yaşından küçük fırıncı çıraklarının gece 9'dan sabah 5'e kadar çalışmaları yasaklandı. Bu son madde, bu eski moda ve babadan kalma işkolundaki aşırı çalışmanın ciltler dolusu ifadesiydi.

"Londra'da bir fırıncı kalfasının işi, kural olarak, gece onbir sıralarında başlar. O saatte 'hamuru karar', bu, unun miktarına ya da harcanan emeğe göre, yarım saatten üç çeyreğe kadar zaman alan yorucu bir iştir. Aynı zamanda, hamur teknesinin kapağı olan somun tablasının üzerine uzanır. Altında bir çuval, başının altında gene dürülmüş bir çuval vardır; bir-iki saat kadar kestirir. Ardından bir saat kadar süren hızlı ve devamlı bir çalışma başlar: ha-

81 Fransız kimyacısı Chevallier, metaların "tağşiş"i konusundaki incelemesinde, elden geçirdiği 600 kadar maddede rasladığı 10, 20, 30 çeşit hile yöntemini sıralamaktadır. Kimyacı, ayrıca, bu konuda bütün yöntemleri bilmediği gibi, bildiklerinin de hepsini yazmadığını eklemektedir. Şekerde yapılan 6 çeşit, zeytinyağında 9 çeşit, tereyağında 10 çeşit, tuzda 12 çeşit, sütte 19 çeşit, ekmekte 20 çeşit, kanyakta 23 çeşit, unda 24 çeşit, çikolatada 28 çeşit, şarapta 30 çeşit, kahvede 32 çeşit vb., hileli karıştırma anlatmaktadır. Yüce tanrı bile kendisini bu yazgıdan kurtaramamaktadır. Bkz: Rouard de Card, *De la falsification des substances sacramentelles,* ["Kutsal Emanetlerde Yapılan Tahrifler"], Paris 1856.

82 *Report etc. relating to the Grievances complained of by the Journeymen Bakers etc.,* London 1862, ve *Second Report etc.,* London 1863.

* Gözler önüne. –ç.

mur yayılır, tartılır, somunlanır, fırına verilir; yuvarlak ve süslü ekmekler hazırlanır, pişmiş ekmek fırından çekilir, dükkana götürülür, vb., vb.. Bir fırında sıcaklık, 75 ile 90 derece* arasında değişir, küçük fırınlarda daha da yüksektir. Ekmek, francala vb. yapımı işi bitince, bunların dağıtımı başlar, ve bu işte çalışan kalfaların çoğu, yukarda anlatıldığı gibi, gece yorucu bir çalışmadan sonra, gündüz de küfelerle ya da el arabaları ile ekmek taşıyarak saatlerce ayak üzerindedirler; ve bazan tekrar fırına dönerek, mevsime ya da efendilerinin işlerinin hacmine göre, işten, öğleyin bir ile altı arasında çıkarlar. Bu arada, ötekiler, akşamın geç saatine kadar ekmek pişirme işine devam ederler."[83] ... " 'Londra mevsimi' denilen süre boyunca, kentin West End mahallesindeki 'tam fiyatlı' fırınlarda çalışanlar genellikle gece saat 11'de işe başlarlar ve bir ya da iki kısa (bazan çok kısa) dinlenme aralığıyla, ertesi sabah sekize kadar ekmek yapımıyla uğraşırlar. Daha sonra da, bütün gün, 4, 5, 6 ve hatta akşam 7'ye kadar dışarı ekmek taşırlar ya da bazı zamanlar öğleden sonra gene fırına dönüp peksimet yapımına yardım ederler. Böylece işlerini bitirdikten sonra ertesi gün yeniden başlamak üzere bazan beş-altı saat, bazan da dört-beş saat uyuyabilirler. Cuma günleri daima daha erken başlarlar; bazıları saat on sıralarında başlayıp ekmek yapımı ve dağıtımı ile cumartesi gecesi saat sekize kadar çalışırlar, ama çoğu zaman da iş, pazar sabahı dördü-beşi bulur. Pazar günleri işçilerin, günde iki-üç kez bir-iki saat süreyle ertesi günün ekmeği için hazırlık yapması gerekir. ... Ucuz ekmek satan patronların" (bunlar, ekmeklerini 'tam fiyat'ın altında satan fırıncılardır ve daha önce belirtildiği gibi Londra'daki fırıncıların dörtte-üçünü kapsarlar) "emrinde çalışanlar, ortalama olarak daha uzun süre çalışmaları bir yana, işleri, hemen daima fırının içinde geçer. Ucuz satan patronlar, genellikle, ekmeği ... dükkanda satarlar. Bazı bakkallar dışında dışarıya pek ekmek satmayan bu fırıncılar, eğer dışarı gönderirlerse, ki bu yaygın değildir, bu iş için başka işçi kullanırlar. Kapı kapı ekmek satmak adetleri değildir. Haftanın sonuna doğru ... işçiler perşembe gecesi saat onda başlarlar, pek önemsiz aralıklarla cumartesi gecesi geç saate kadar çalışmaya devam ederler."[84]

Burjuva zekası bile "ucuzcu" patronların durumunu kavramaktadır. "İşçilerin ödenmeyen emeği, uygulanan bu rekabetin kaynağını oluşturmaktadır."[85] Ve "tam fiyatlı" fırıncılar, ucuzcu rakiplerini, soruşturma komisyonuna, yabancı emeğin hırsızları ve hile-

[83] *l.c., First Report etc.*, s. VI/VII.
[84] *l.c.*, s. LXXI.
[85] George Read, *The History of Baking*, London 1848, s. 16.
* Fahrenheit. *–ç.*

karlar diye suçlayarak ihbar ederler. "Bunlar, ancak, önce, halkı aldatarak, sonra da işçilerini oniki saatlik ücretle onsekiz saat çalıştırarak varlıklarını sürdürüyorlar."[86]

Ekmeğe hile karıştırılması ve ekmeği tam fiyatının altında satan bir fırıncı sınıfının meydana gelmesi, 18. yüzyılın başında, bu işkolunun lonca niteliğini yitirmesiyle başlamıştır, ve kapitalist, değirmenci ya da uncu kisvesi altında, sözde patron olan fırıncının arkasında yükselmiştir.[87] Böylece bu işkolunda kapitalist üretimin, işgününün alabildiğine uzatılmasının ve gece işinin —gece işinin Londra'da bile ancak 1824'te ciddi olarak yerleşmesine karşın— temelleri atılmış oldu.[88]

Bütün bu anlatılanlardan sonra, komisyon raporunun, fırın işçilerini, kısa ömürlü işçiler arasında saydığı anlaşılıyor; elbette, işçi sınıfının çocukları, normal sayılan kırımdan yakayı kurtarabilirse seyrek de olsa 42 yıl yaşayabilir. Bununla birlikte, fırın işçiliği için başvuranların sayısı, daima çok büyük olmuştur. Londra'ya emek-gücü sağlayan kaynaklar, İskoçya, İngiltere'nin batıdaki tarım bölgeleri ve Almanya idi.

1858-60 yıllarında, fırın işçileri, İrlanda'da, gece ve pazar çalışmalarına karşı, giderlerini kendileri karşılayarak büyük mitingler düzenlediler. Halk, örneğin 1860 Mayısındaki Dublin mitingine, İrlandalılara özgü sıcakkanlılıkla katıldı. Bu hareketin sonucu olarak, Wexford, Kilkenny, Clonmel, Waterford ve başka yerlerde yalnızca gündüz çalışma, başarıyla sağlandı. "Fırın işçilerinin şikayetlerinin çok fazla olduğu Limerick'te, bu hareket, fırın sahiplerinin ve özellikle ekmek fabrikası sahiplerinin karşı koymaları ile yenilgiye uğradı. Limerick örneği, Ennis ve Tipperary'de gerilemelere yolaçtı. Kırgınlıkların en şiddetli bir şekilde ortaya döküldüğü Cork'ta, patronlar, işçilerin işlerine son verme yetkilerini kullanarak hareketi yenilgiye uğrattılar. Dublin'de, fırın sahipleri, harekete karşı en kararlı tutumlarını takındılar ve harekete elebaşılık edenleri iyice yıldırarak, isteklerine aykırı olarak, pazar çalışmalarına ve gece işine zorla razı ettiler."[89]

[86] *Report (First) etc., Evidence,* "Tam fiyatlı" fırıncı Cheeseman'in tanıklığı, s. 108.

[87] George Read, *l.c.,* 17. yüzyılın sonunda ve 18. yüzyılın başında, akla gelebilecek her türlü işkoluna sızan aracılar (*agents*) "kamunun huzurunu kaçıran" kimseler olarak kötüleniyordu. Böylece, Somerset eyaleti sulh yargıçlarının üç aylık toplantısında Büyük Jüri, Avam Kamarasına sunulmak üzere bir öneri kaleme aldı ve bu öneride diğer şeyler yanında şöyle deniyordu: "Blackwell Hall'deki bu aracılar kamunun huzurunu kaçırmaktadırlar, kumaş ticaretine zarar vermektedirler ve bir bela olmaları nedeniyle ezilmeleri yerinde olur." *The Case of our English Wool etc.,* London 1685, s. 6, 7.

[88] *First Report etc.,* s. VIII.

İrlanda'da tepeden tırnağa silahlanmış ve genel olarak bu gücünü göstermesini bilen İngiliz hükümetinin bu komitesi, Dublin, Limerick, Cork ve başka yerlerdeki yolagelmez fırın sahiplerine, acıklı ama yumuşak bir ihtarla yetindi: "Komite, çalışma saatlerinin, doğal yasalarla sınırlı olduğuna ve karşılığında ceza görülmeden bunun ihlal edilemeyeceğine inanmaktadır. Fırın sahipleri, işçilerini, işlerinden atılma korkusu içine sokarak, dinsel ve manevi inançlarını sarsmaya, ülkenin yasalarını saymamaya, halkoyunu hesaba katmamaya" (bütün bunlarla pazar günü çalışma kastediliyor) "zorluyorlar ve, işçi ile patron arasında kötü duygular körükleniyor, ... ve din, ahlak ve toplumsal düzen için tehlikeli örnekler yaratılıyor. ... Komite, günde 12 saati geçen devamlı çalışmanın, işçinin aile ve özel yaşamını zedeleyeceğine, ahlaksal bakımdan felaketli sonuçlara yolaçacağına, ve her insanın evine müdahale ederek evlat, kardeş, koca ve baba olarak aile ödevlerini yerine getirmesine engel olacağına inanmaktadır. 12 saatin ötesinde çalışma, işçinin sağlığını tehlikeye atma eğilimini taşır ve böylece zamanından önce kocamaya ve ölüme yolaçarak, aile reisinin bakım ve desteğinin en fazla gerekli olduğu anda, bundan yoksun bırakmakla işçi ailelerine büyük zararlar verir."[90]

Biz, buraya kadar, yalnız İrlanda'yı ele aldık. Kanalın öteki yakasında, İskoçya'da, tarım işçileri, çift sürücüler, en dayanılmaz iklim koşulları altında, 13-14 saatlik işgününe, pazar günleri ek 4 saate (sabataryanların* bu ülkesinde)[91] karşı protestoda bulunurken, tam o sırada, üç demiryolu işçisi Londra'da jürinin karşısına çıkartılmış bulunuyorlardı: bir bekçi, bir makinist ve bir hareket memuru. Büyük bir tren kazası, yüzlerce yolcuyu öbür dünyaya göndermişti. Bu memurların ihmali, felaketin nedeniydi. Sanıkların üçü de tek bir ses gibi jüriye, on-oniki yıl önce görevlerinin günde yalnız sekiz saat olduğunu söylüyorlar. Son beş-altı yılda, bu, basamak basamak 14, 18 ve 20 saate çıkıyor, ve özellikle tatile gidenle-

[89] *Report of Committee on the Baking Trade in Ireland for 1861.*
[90] *l.c.*
[91] Tarım işçilerinin, Edinburg yakınlarında Lasswade'de, 5 Ocak 1866'da yaptıkları açık toplantı. (Bkz: *Workman's Advocate,* 13 Ocak 1866.) 1865'ten beri tarım işçileri arasında önce İskoçya'da bir sendika kurulması tarihsel bir olaydır. İngiltere'nin en çok ezilen tarım bölgelerinden birisi olan Buckinghamshire'da işçiler haftalık ücretlerinin 9-10 şilinden 12 şiline yükseltilmesi için 1867 Martında büyük bir grev yaptılar. (Yukardaki satırlardan da anlaşılacağı gibi, İngiliz tarım proletaryasının hareketi, 1830'dan sonraki şiddet belirtilerinin bastırılmasından ve özellikle yeni Yoksullar Yasasının uygulanmasından beri tamamen ezilmiş ve altmışlarda tekrar canlanarak, ensonu 1872'de çığır açıcı duruma ulaşmıştır. Bu konuya ve İngiliz tarım işçilerinin durumu konusunda 1867'den beri yayınlanan *Mavi Kitaplara,* ikinci ciltte tekrar döneceğim. — *Üçüncü Almanca baskıya ek.*)
* Sabataryan, cumartesi ya da pazar gününü kutsal kabul eden kimse. –ç.

rin şiddetli baskıları altında, gezi trenleri zamanında, çalışmaları çoğu zaman hiç aralıksız 40-50 saat sürüyor. Bunların üçü de sıradan insanoğlu, Tepegöz falan değiller. Bir noktada emek-güçleri tükeniyor. Uyuşukluk bastırıyor. Kafaları çalışmaz, gözleri görmez oluyor. Tamamen "saygıdeğer" İngiliz jüri üyeleri, buna, işçileri adam öldürme suçuyla bir üst mahkemeye göndermekle yanıt verdi, ve bu yargıya bağlı nazik bir "ek" ile, demiryollarını işleten kapitalist dev firmaların, bundan böyle, yeteri miktarda emek-gücü satın almada daha eliaçık olmalarını, ve parasını ödedikleri emek-gücünün tüketiminde daha "ılımlı", daha "fedakar" ve daha "tutumlu" olmalarını kutsal bir dilek olarak ifade etti.[92]

Her meslekten, her yaştan ve her cinsiyetten, karışık bir işçi kalabalığına, üzerimizde kılıçtan geçirilen ruhların Ulysses'ın üzerinde bıraktığı izlenimlerden daha çarpıcı etki bırakan topluluğa bakar bakmaz —koltuklarındaki Mavi Kitapları görmesek bile— aşırı-çalışmanın izlerini derhal görürüz; çarpıcı karşıtlık, sermaye karşısında bütün insanların aynı olduğu yargısını tanıtlayan iki kişiyi örnek olarak alalım: bir kadın şapkacısı ile bir demirciyi.

1863 Haziranının son haftasında, Londra'daki bütün günlük gazeteler "sansasyonel" bir başlık altında bir haber yayınladılar: "Aşırı-çalışmanın neden olduğu ölüm." Haber, çok saygıdeğer bir giysi firmasında çalışan ve Elise tatlı adıyla bir hanımefendi tarafından sömürülen 20 yaşındaki şapkacı Mary Anne Walkley'in ölümü ile ilgiliydi. Sık sık yinelenen o eski öykü,[93] bir kez daha anlatılıyordu. Bu kız, ortalama 16½ saat, işlerin hızlı gittiği mevsimde

[92] *Reynolds' Newspaper,* [21.] Jan. 1866. — Her hafta bu aynı gazete, "*Fearful and fatal accidents*" ["Korkunç ve feci kazalar" –ç.], "*Appalling tragedies*" ["Dehşet verici trajediler" –ç.] vb. gibi "*sensational headings*" ["sansasyonel başlıklar" –ç.] altında, yeni demiryolu kazalarının uzun bir listesini yayınlıyordu. Bu konuda, North Staffordshire hattında çalışan bir memur şöyle diyordu: "Bir lokomotif makinistinin ve ateşçisinin devamlı tetikte bulunmaması halinde neler olabileceğini herkes bilir. 29-30 saat açık havada ve dinlenmeksizin çalışan bir insandan böyle bir dikkat nasıl beklenebilir? Aşağıda çok sık karşılaşılan bir örnek veriyorum: Bir ateşçi, pazartesi sabahı çok erken saatlerde işe başlıyordu. Günlük çalışma denilen şeyi tamamladığı zaman, 14 saat 50 dakika çalışmış bulunuyordu. Daha çayını içmeden tekrar işbaşına çağrıldı. ... Bu iş bitiminde de işbaşında 14 saat 25 dakika kalmış oluyor ve böylece, aralıksız toplam 29 saat 15 dakika çalışmış bulunuyordu. Haftanın geriye kalan kısmındaki çalışması da şöyleydi: çarşamba, 15 saat; perşembe, 15 saat 35 dakika; cuma, 14 saat 30 dakika; cumartesi, 14 saat 10 dakika; haftalık toplam 88 saat 40 dakika. Şimdi bayım, bu adamın, bütün bu çalışması için yalnızca 6¼ günlük ücret aldığı zamanki şaşkınlığını düşününüz. Bir yanlışlık olduğunu sanarak saymana başvurdu ve ... bir günlük çalışmadan ne anlaşıldığını sordu, yük katarlarında çalışanlar için 13 saatlik çalışma (yani haftada 78 saat) olduğu karşılığını aldı. Haftada bu 78 saatin üzerindeki çalışmasının karşılığını istedi, ama vermediler. Gene de en sonunda kendisine bir çeyrek daha (yani 10 peni) verebileceklerini söylediler. *l.c.,* 4th February, 1866.

[93] Bkz: F. Engels, *l.c.*, s. 253, 254.

ise aralıksız 30 saat çalışıyor, azalan emek-gücü, arasıra, likör, şarap ya da kahve ile takviye ediliyordu. Şimdi ise mevsimin en hızlı zamanıydı. Yeni ithal edilmiş Gal Prensesi onuruna verilecek baloda soylu hanımların giyecekleri süslü püslü tuvaletlerin göz açıp kapayana kadar hazırlanması gerekiyordu. Mary Anne Walkley, 60 kızla birlikte hiç aralıksız 26½ saat çalışmıştı; 30 kız bir odada oturmuşlardı ve odanın havası ancak bunların ⅓'ine yetecek kadardı. Gece, yatak odasının tahtalarla bölünmüş havasız bölmelerinde ikişer ikişer yatıyorlardı.[94] Ve bu da, Londra'nın en iyi modaeviydi. Mary Anne Walkley, cuma günü hastalandı ve elindeki işi bitiremediği için Madam Elise'yi şaşkın bırakıp pazar günü öldü. Ancak ölümünden sonra çağrılan doktor, bay Keys, jüri önünde dosdoğru tanıklık etti ve şunları söyledi: "Mary Anne Walkley, çok kalabalık bir odada uzun saatler çalışması ve çok küçük ve havasız bir yatak odasında bulunması nedeniyle ölmüştür." Doktora iyi bir nezaket dersi vermiş olmak için jüri kararını şöyle açıkladı:

"Müteveffa inme sonucu ölmüştür, ama kalabalık bir odada aşırı-çalışmasının ölümünü çabuklaştırdığı kaygısını veren nedenler de vardır, vb.." "Bizim beyaz kölelerimiz" diye feryat ediyordu Cobden ile Bright'ın serbest ticaret organı *Morning Star,* "Bizim beyaz kölelerimiz, mezara girene kadar didinip dururlar ve çoğu zaman sessizce eriyip, ölür giderler."[95]

[94] Sağlık müdürlüğü hekimlerinden Dr. Letheby şu açıklamayı yapıyor: "Yetişkin bir insan için gerekli asgari hava miktarı, yatak odası için 300, oturma odası için 500 *foot* küptür." Londra hastanelerinden birinde başhekimlik yapan Dr. Richardson ise şöyle diyor: "Şapkacılar, terziler ve dikimevlerinde çalışanlar da dahil bütün dikiş işçisi kadınlar için üç büyük felaket var: aşırı-çalışma, hava yetersizliği ve, ya besin azlığı ya da hazımsızlık. ... Dikiş işi, aslında ... kadınlara, erkeklere göre, çok daha fazla uygun bir iştir. Ama mesleğin zararlı yanları, özellikle başkentte, bu mesleğin yirmialtı kadar kapitalistin tekelinde olması ve bunların, sermayenin verdiği kolaylıklardan yararlanarak, emekten zorla daha fazla tasarrufta bulunmaya kalkışmalarıdır. Bu güç, işçi kadınlardan oluşan bütün sınıfı kucaklamaktadır. Eğer bir terzi kadın, küçük bir müşteri çevresi edinse, rekabet, bunu, evinde, işleri yürütebilmesi için ölesiye çalışmaya zorladığı gibi, bu aynı aşırı-çalışmayı, yanında çalıştırdıklarına da yüklemek zorunda bırakır. Eğer bu işi beceremezse ya da bağımsız olarak çalışmayı yürütemeyecek duruma düşerse, büyük bir kuruluşa katılmak zorunda kalır, burada iş daha az olmamakla birlikte, hiç değilse ücreti güvencelidir. Böylece tam bir köle haline gelerek, toplumdaki değişikliklerle oradan oraya sürüklenir. Bazan evde tek bir odanın içinde, 24 saatin 15, 16 ve hatta 18 saatini dayanılması güç bir hava içersinde geçirir; yediği yemek iyi olsa bile, temiz hava yokluğundan dolayı sindirilemez. Tamamıyla kötü havanın yaşattığı verem mikrobu, bu kurbanlar üzerinde beslenir." Dr. Richardson, "Works and Over-Work", *Social Science Review,* 18th July, 1863.

[95] *Morning Star,* 23rd June, 1863, *The Times,* Amerikalı köle sahipleri Bright ve diğerlerine karşı savunmak için bu durumdan yararlanmıştı; liderlerden birisi 2 Temmuz 1863 günlü sayısında şöyle diyordu: "Çoğumuzun düşüncesi şudur ki, biz, genç kadınlarımızı, zorlama aracı olarak kamçı şakırtısı altında değil de, açlığın zulmü altında öldürmeye çalışırken, doğuştan köle sahibi olan ve hiç değilse kölelerini iyi besleyen, daha az çalıştıran ailelere böylesine şiddetle saldırmaya hakkımız

Sevmek bir eylemdir edilgen bir duygu değil. Bir şeyin içinde olmaktır, bir şeye kapılmak değil. En genel biçimiyle sevginin etken yapısı, sevmenin almak değil öncelikle vermek olduğu biçiminde tanımlanabilir.

En basit örneği cinsel yaşamda görülebilir. Erkeğin cinsel işlevinin en ulaşılmaz anında, ~~doyum anında dölünü~~ verme edimi yatmaktadır. Erkek kendini, cinsel organını, doyum anında dölünü kadına vermektedir. Eğer güçlüyse vermekten kendini alıkoyamaz. Veremiyorsa eğer, güçsüz demektir. Kadın için süreç pek farklı değildir. Hatta bir ölçüde daha da karmaşıktır. Kadın ayrıca kendisini de vermektedir. Kadınlığının merkezine giden kapıları açmakta, alma edimi içinde vermektedir. Eğer bu verme edimini başaramıyorsa, sadece alıyorsa, o zaman soğuk bir kadın olduğu ortaya çıkar. Kadında verme eylemi, sevgili olmanın dışında bir kez de ana olarak belirir. Anne, içinde büyüyen çocuğa kendini veriş sağlığını verir. Vermekten alıkonmak annede acı yaratır.

Bir kişi bir başkasına ne verebilir? Sahip olduğu en değerli şeyden, yaşamından, kendisinden bir şeyler kuşkusuz. Bu, tabi ki kişinin yaşamını bir başkasına adaması anlamına gelmez — içinde yaşattıklarıdır vereceği şeyler, sevinçleri, ilgisi, anlayışı, bilgisi, nüktesi, üzüntüleri gibi — içinde yaşayan şeylerin dışa yansıyan her türlü belirtisidir verecekleri.

Ocak

January
Janvier
Januar
Январь

22

Monday
Lundi
Montag
Понедельник

4
22- 344

Pazartesi

Makbuz karşılığı Damga Vergisi son günü
Ücretlilere ait Gelir Vergisi son günü

8

9

10

11

12

13

14

15

16

17

18

19

20

1	2	3	4	5	6	7	8	9	10	11	12	13	14	15	16	17	18	19	20	21	22	23	24	25	26	27	28	29	30	31	OCAK
P	S	Ç	P	C	C	P	P	S	Ç	P	C	C	P	P	S	Ç	P	C	C	P	P	S	Ç	P	C	C	P	P	S	Ç	1996

"Ölesiye çalışma yalnız terzi atelyelerinde değil, başka binlerce yerde her gün olagelmekte; 'işlerin iyi gittiği' hemen her yerde de diyebilirdim. ... Örnek olarak demirciyi alalım. Ozanların dedikleri doğruysa, demirciden canlı, daha keyifli insan bulunmazmış; sabah erkenden kalkar, gün doğmadan kıvılcımlar saçmaya başlar; yemesi, içmesi, uyuması bile başkasına benzemez. Normal çalışsa, gerçekten de, fizik yönünden en iyi durumda olan insanlardan biri sayılır. Ama biz, onun ardına takılıp, kente ya da kasabaya inelim, bu güçlü adam üzerinde işin ezici ağırlığını ve ülkedeki ölüm oranındaki yerini görelim. Marylebone'da demircilerin yıllık ölüm oranı binde 31'dir, ve bu oran ülkede toplam erkek ölüm oranından binde 11 daha yüksektir. İnsan uğraşının neredeyse içgüdüsel bir kolu olan bu meslek, çalışma alanı olarak hiç de kötü bir yanı olmadığı halde, sırf aşırı-çalışma yüzünden, insanı yiyip bitiren bir iş halini alıyor. Her gün şu kadar sayıda çekiç sallayabilir, şu kadar adım atabilir, şu kadar nefes alabilir, şu kadar iş yapabilir, ve diyelim ortalama elli yıl yaşayabilir; ama, şu kadar fazla çekiç sallamaya, nefes almaya, adım atmaya ve yaşamını dörtte-biri kadar fazla harcamaya zorlanır. Bu çabayı gösterir, sonuçta belli zamanda dörtte-biri kadar fazla iş çıkartır, ama 50 yerine de 37 yaşında ölür."[96]

DÖRDÜNCÜ KESİM. — GÜNDÜZ VE GECE İŞİ. VARDİYA SİSTEMİ

Değişmeyen sermaye, üretim araçları, artı-değer üretilmesi açısından düşünüldüğünde, yalnızca, emeği, ve emeğin her damlası ile birlikte, onunla orantılı miktarda artı-emeği emmek için vardır. Bunu yapamadığı sürece, onların varlığı kapitalistin nispi bir kaybına neden olur, çünkü böyle atıl yattıkları sürece, yararsız bir sermaye yatırımını temsil ederler. Bu sermayenin kullanılmasının

yoktur." Tory organı olan *Standard* gazetesi de, aynı şekilde rahip Newman Hall'u ayıplıyordu: "Köle sahiplerini aforoz ediyor, ama Londralı otobüs şoförleri ile biletçilerini bir köpek ücreti ile hiç acımadan günde 16 saat çalıştıran sayın kişilerle birlikte dua etmektedir." Daha 1850 yılında kendisi için, "*Zum Teufel ist der Genius, der Kultus ist geblieben*" ["Dehanın canı cehennemde, ama yarattığı efsane hâlâ yaşıyor" –*ç*.] [*Neue Rheinische Zeitung,* Mayıs 1850 –*Ed.*] diye yazdığım‡ Thomas Carlyle da, ensonu kehanette bulundu. Çağdaş tarihin tek büyük olayı Amerikan iç savaşını, kısa bir benzetmeyle şu düzeye indirgedi: kuzeyli Peter, vargücüyle, güneyli Paul'un kafasını kırmak ister, çünkü, kuzeyli Peter, işçisini günlüğüne kiralar, güneyli Paul ise yaşam boyunca. (*Macmillan's Magazine,* Illias Americane in nuce, Ağustos, 1863.) Böylece, sonunda, yapmacık Tory duygudaşlığı, kent işçileri için —kır işçileri için asla değil— başladı. Bütün bunların sonucu — kölelik!

‡ Marx, Thomas Carlyle'in kitabı *Latter-Day Pamphlets* hakkındaki eleştirisini kastediyor. Bkz: Marx-Engels, *Werke,* Band 7, s. 255-265. –*Ed.*

[96] Dr. Richardson, *l.c.,* [s. 476 vd.].

sekteye uğraması, işin yeniden başlaması için ek bir harcamayı zorunlu kılar kılmaz, bu kayıp, somut ve mutlak hale gelir. Emekgücünün, doğal günün sınırları ötesinde, geceye geçecek şekilde uzatılması, yalnızca, geçici bir etki yapar. Böylece ancak vampirin, emeğin canlı kanına olan susuzluğu azıcık giderilmiş olur. İşte bunun için, günün 24 saati boyunca, emeğe elkonulması, kapitalist üretimin kaçınılmaz eğilimidir. Ne var ki, aynı bireysel emekgücünü, hem gece, hem de gündüz devamlı olarak sömürmek maddi olarak olanaksız olduğuna göre, bu maddi engelin üstesinden gelmek için, gündüz, emek-gücü tükenen işçilerle, gece tükenenler arasında bir nöbetleşme gereklidir. Bu nöbetleşme çeşitli şekillerde olabilir; örneğin işçilerin bir kısmı bir hafta gündüz, ertesi hafta gece işinde çalıştırılırlar. Bu vardiya sisteminin, iki grup işçinin böyle nöbetleşe çalışmasının, İngiliz pamuklu sanayisinin en hızlı gençlik döneminde geniş ölçüde uygulandığı, ve bugün de, diğerleri yanında, Moskova bölgesindeki pamuk ipliği sanayisinde hâlâ uygulanmakta olduğu çok iyi bilinmektedir. Bu 24 saatlik üretim süreci, bugün de, bir sistem olarak, Büyük Britanya'da hâlâ "serbest" olan birçok sanayi kolunda, Gal ve İskoçya'daki yüksek fırınlarda, demir fabrikalarında, levha ve sac fabrikalarında ve diğer madenî eşya tesislerinde uygulanır. Buralarda emek-zamanı, altı işgününün 24'er saati dışında, pazar gününün 24 saatinin büyük bir kısmını da içine alır. İşçiler, erkek ve kadın yetişkinlerden ve her iki cinsiyetten çocuklardan oluşmuştur. Çocuklarla gençlerin yaşları, 8 ile (bazan 6 olabilir) 18 yaş arasında değişen bütün kademeleri içerir.[97]

Bazı sanayi kollarında kızlar ve kadınlar geceleri erkeklerle birarada çalışıyorlardı.[98]

Gece işinin genellikle yıpratıcı etkileri bir yana,[99] üretim süre-

[97] *Children's Employment Commission. Third Report,* London 1864, s. IV, V, VI.

[98] "Hem Staffordshire ve hem de South Wales'de genç kızlarla kadınlar, kömür ocaklarında ve kokkömürü yığınlarında gece-gündüz çalışırlar. Bu uygulama, parlamentoya sunulan raporlarda, büyük ve yaygın kötülüklerin kaynağı olarak sık sık belirtilmiştir. Erkeklerle birlikte çalışan, giyimleri onlardan pek de farklı olmayan, kir-pas içindeki bu kadınlar, kadınlığa yakışmayan bu işin doğal sonucu olarak kendilerine olan saygılarını yitirirler ve kişilikleri yozlaşır." (*l.c.,* 194, s. XXIV. Bkz: *Fourth Report* (1865), 6, s. XIII.) Cam fabrikalarında da durum aynıdır.

[99] Gece işinde çocuk çalıştıran bir çelik fabrikatörü şöyle demişti: "Gece işinde çalışan çocukların gündüzleri uyuyup gereği gibi dinlenmek yerine sağda-solda dolaşacakları doğal bir şeydir." (*l.c., Fourth Report,* n 63, s. XIII.) Vücudun bakımı ve gelişmesi için güneş ışığının önemi konusunda bir hekim şöyle yazıyor: "Güneş ışığı vücut dokuları üzerinde, bunları sertleştirici ve esnekliklerini koruyucu bir etki yapar. Yeterli miktarda günışığından yoksun bırakılan hayvanların kasları gevşer ve esnekliğini yitirir, uyarım yetersizliği yüzünden sinir sistemi gücünü kaybeder ve her türlü gelişme eksik kalır. ... Çocuklarda ise, gündüzleri devamlı bol aydınlık ve günün bir kısmında doğrudan günışığı sağlık için son derece önemlidir. Işık, temiz kanın oluşmasına yardımcı olduğu gibi, vücutta liflerin sertleşmesini de sağlar.

cinin aralıksız olarak 24 saat sürmesi, normal işgününün sınırlarının aşılması için çok uygun olanaklar sağlamaktadır; örneğin, aslında çok yorucu olan adı geçen sanayi kollarında, resmî işgünü her işçi için gündüz ya da gece genellikle 12 saat demektir. Ama bu sınırı aşan aşırı-çalışma, birçok durumda, İngiliz resmî raporlarının diliyle, "gerçekten korkunç"tur.[100]

Rapor şöyle devam ediyor: "Aşağıdaki bölümlerde anlatılan işlerin 9 ile 12 yaşlarındaki çocuklar tarafından yapıldığını anladıktan sonra, ana-babalarla işverenlerin, ellerindeki gücü bu kadar kötüye kullanmalarına artık bir son verilmesi zamanının geldiği sonucuna varılmaması olanaklı değildir."[101]

"Çocukların olağan zamanlarda olduğu gibi sıkı zamanlarda da gece ve gündüz çalıştırılması, bunların sık sık aşırı-çalıştırılmalarına ister istemez yolaçmaktadır. Bu saatler, bazan yalnız düpedüz zulüm değil, çocuklar için inanılmayacak derecede uzundur. Bu durum karşısında çocukların bazılarının sık sık işe gelmedikleri görülüyor. Bu gibi durumlarda bunların yerini öteki vardiyada çalışan çocuklar alıyor. Büyük bir sac fabrikası yöneticisine, işe gelmeyen çocukların yerlerinin nasıl doldurulduğunu sorduğum zaman, aldığım yanıt, bu sistemin herkesçe bilindiğini açıkça gösteriyordu: 'Affedersiniz ama efendim, bunu benim kadar siz-de biliyorsunuz'; böylece gerçeği aynen kabul ediyordu."[102]

"Normal çalışma saatlerinin sabah 6'dan akşam 5½'a kadar devam ettiği bir sac levha fabrikasında, bir çocuk, haftanın dört gecesi en az akşam 8½'a kadar çalıştı ve ... bu böyle altı ay sürdü. 9 yaşında diğer bir çocuk bazan 12 saatlik ardarda üç vardiya çalışmış ve 10 yaşına geldiğinde aralıksız iki gün iki gece çalışmıştı." "Şimdi 10 yaşında olan" bir üçüncüsü, "... sabah 6'dan gece 12'ye kadar üstüste üç gece çalışmış, diğer geceler 9'a kadar çalışmıştı." "Şimdi 13'ünde olan bir başkası, toplam bir hafta, akşam 6'dan ertesi gün öğleyin 12'ye kadar çalıştığı gibi, bazı zamanlar da üç vardiya işe

Görme organları üzerinde uyarıcı etki yapar ve böylece beynin çeşitli işlevlerinin faaliyetini artırır." [*The Seven Sources of*] *Health* (1864) adlı yapıtın yazarı ve Worcester genel hastanesi başhekimi Dr. W. Strange, yukardaki satırlardan başka, komisyon üyesi Mr. White'a yazdığı bir mektupta şöyle diyor: "Daha önce Lancashire'da çalıştığım sırada, gece işinin çocuklar üzerindeki etkilerini gözlemleme fırsatı bulmuştum ve *bazı* işverenlerin öne sürmekten hoşlandıkları iddiaların tersine, gece işinin bu çocukların sağlıkları üzerinde kısa zamanda çok kötü etkileri görüldüğünü hiç duraksamadan söyleyebilirim." (*l.c., Fourth Report,* 284, s. 55.) Bu gibi sorunların ciddi tartışmalara konu olması, kapitalist üretimin, kapitalistler ile *retainer*'lerinin [hizmetlilerinin –ç.] beyinsel işlevleri üzerinde nasıl bir etki yaptığını açıkça gösteriyor.

100 *l.c.,* 57, s. xıı.

101 *l.c., Fourth Report* (1865), 58, s. xıı.

102 *l.c.*

devam etmiş, yani pazartesi sabahı başlayıp salı gecesine kadar aralıksız çalışmıştı." "Şimdi 12'sinde olan bir başkası Stavely'deki bir dökümhanede tam bir hafta sabah altıdan gece onikiye kadar çalışmış ve işe devam edemez hale gelmiş." "Dokuz yaşındaki George Allinsworth, geçen cuma, kilerde çalışmak için buraya geldi; ancak ertesi sabah 3'te işe başlayacağımız için bütün gece burada bekledi. Beş mil uzakta oturuyordu. Ocağın yanında yere yattım, altıma önlüğümü yaydım, üzerime ceketimi aldım. Diğer iki gün sabah 6'da buradaydım. Aman! Burası çok *sıcak*. Buraya gelmeden önce, köyde bir yıla yakın gene böyle bir işte çalıştım. Orada da, cumartesi sabahı üçte başlardım, ama ev yakındı, gider evde uyurdum. Diğer günler sabah altıda başlıyordum, gece 6'ya, 7'ye kadar çalışıyordum." vb..[103]

Şimdi de, sermayenin, bu 24 saatlik sistemi nasıl gördüğünü

[103] *l.c.,* s. xııı. Bu "emek-güçlerinin" kültür derecesi, komisyon üyelerinden birisi ile yapılan aşağıdaki konuşmadaki gibi olması gerekir: Jeremiah Haynes, yaşı 12: "Dört kere dört 8 eder; 4 tane dört 16 eder. Kral bütün para ve altınların sahibi olan kimsedir. Bizim bir kralımız var, (kraliçemiz var diyorlar) adı prenses Alexandra'dır. Onun, kraliçenin oğluyla evli olduğunu söylüyorlar. Kraliçenin oğlu prenses Alexandra'dır. Prenses bir erkektir." — William Turner, yaşı 12: "İngiltere'de yaşamıyorum. Sanırım orası bir ülke, ama daha önce bilmiyordum." — John Morris, yaşı 14: "Tanrının dünyayı yaptığını söylediklerini işittim; bir kişi dışında bütün insanlar boğulmuş; bir de küçük bir kuş kalmış." — William Smith, yaşı 15: "Tanrı erkeği yaptı, erkek de kadını." — Edward Taylor, yaşı 15: "Londra'yı bilmiyorum." — Henry Matthewman, yaşı 17: "Kiliseye gittim, ama son zamanlarda pek uğramadım. Dua ettiklerinden birisinin adı Hazreti İsa, ama ötekileri bilmem ve onun da ne olduğunu bilmiyorum. Onu öldürmediler, o da herkes gibi öldü. Bazı bakımlardan öteki insanlara benzemezdi, çünkü o dindardı, başkaları değil." (*l.c.,* 74, s. XV.) "Şeytan iyi bir kimsedir. Nerede yaşadığını bilmiyorum." "İsa kötü bir insandır." "Bu küçük kız (10 yaşında) *God*'ı (tanrıyı), *dog* (köpek) gibi yazdı." (*Ch. Employment Comm., V. Report,* 1866, s. 55, n° 278.) Madenî eşya sanayisindeki sistem, aynen cam ve kağıt sanayisinde de görülür. Kağıdın makineyle yapıldığı kağıt fabrikalarında gece işi, paçavra ayıklanması dışında, bütün işlemler için kuraldır. Bazı durumlarda, gece işi, vardiyalar halinde, genellikle pazar gecesinden gelecek cumartesi gece yarısına kadar bütün hafta durmadan devam eder. Gündüz vardiyasındakiler haftada 5 gün 12 saat ve 1 gün 18 saat çalışırlar; gece vardiyasındakiler, 5 gece 12 saat ve 1 gece 6 saat çalışırlar. Diğer bazı durumlarda, her vardiya, günaşırı 24 saat çalışır, vardiyalardan birisi pazartesi 6 saat, cumartesi 18 saat olmak üzere 24 saati doldurur. Bazı durumlarda bir ara sistem uygulanır ve makineyle kağıt yapım işinde çalışan herkes, haftanın her günü, 15-16 saat çalışır. Komisyon üyesi lord, bu sistem için şöyle diyor: "Hem 12 ve hem de 24 saatlik vardiya sistemlerinin her ikisi de bütün kötülükleri içinde toplar gibidir." 13 yaşından küçük çocuklar, 18 yaşın altında gençler ve kadınlar, bu gece sisteminde çalışırlar. 12 saatlik sistemle çalışanlar, yerlerini alacak olanların o gün işe gelmemeleri nedeniyle, bazan 24 saat çalışmak zorunda kalırlar. Eldeki kanıtlar, oğlanlar ile kızların çoğu zaman fazla mesai yaptıklarını ve bunun sık sık, hiç durmaksızın 24 ve hatta 36 saate kadar uzadığını göstermektedir. Devamlı ve hiç değişiklik göstermeyen parlatma işinde, 12 yaşındaki kızların, "yemekler için 2 ya da en fazla 3 kez yarımşar saatlik paydos dışında herhangi düzenli bir dinlenme ya da duraklama olmaksızın" günde 14 saat üzerinden tam bir ay çalıştıkları görülmüştür. Düzenli gece işinin tamamen bırakıldığı bazı fabrikalarda "ve çoğu zaman en pis, en sıcak ve en cansıkıcı şekilde monoton işlerde" aşırı çalıştırma korkunç derecelere ulaşmaktadır. (*Ch. Employment Comm. Report IV.,* 1865, s. XXXVIII ve XXXIX.)

dinleyelim. Bu sistemin aşırı biçimleri, işgününün, "zalimce ve inanılmaz ölçülerde" uzatılması suçlaması, doğal olarak sessizlikle geçiştirilmiş. Sermaye, sistemden yalnızca normal "biçimi" içinde sözetmekte.

Aralarında yalnız yüzde onu 18 yaşın altında olan ve 18'in altında olanların da yalnız 20'sinin gece vardiyasında çalıştığı 600 ile 700 kişiyi çalıştıran çelik fabrikatörleri Naylor ile Vickers beyefendiler şunları anlatıyorlar: "Çocukların sıcaktan yana bir sıkıntıları yoktur; sıcaklık olsa olsa 86° ile 90°. ... Demirhane ile sac fabrikalarında işçiler, vardiya ile gece-gündüz çalışırlar, ama işin geri kalan kısmı hepsi de gündüz işi, yani sabah 6 ile akşam 6 arası çalışması. Dökümhanede çalışma saatleri 12'den 12'ye. İşçilerin bazıları daima gece çalışır; gece-gündüz çalışması diye nöbet yoktur. ... Biz, sürekli olarak, gece çalışanlarla gündüz çalışanların sağlık yönünden aralarında bir fark olduğunu görmüyoruz, ve eğer değişiklik olmasa da işçiler hep aynı zamanda dinlenseler belki de daha iyi uyuyabilirler. ... 18 yaşının altında 20 kadar çocuk gece vardiyasında çalışıyor. ... 18 yaşından küçük çocuklar gece çalışmasa bu sonucu alamayız. Üretim maliyetinin artmasından şikayetler başlar. ... Her işkolunda usta işçi bulmak zor, ama istediğiniz kadar çocuk bulabilirsiniz. ... Bizim çalıştırdığımız çocuklarla ilgili yönetmelik (gece işi konusundaki sınırlamalar) bizim için pek önemli değildir."[104]

3.000 kadar erkek ve çocuk çalıştıran, demir ve ağır çelik gibi işlerin bir kısmı gece ve gündüz vardiyası ile devam eden, John Brown ve Ortakları firmasından bay J. Ellis, "ağır çelik işlerinde, iki erkeğe karşılık bir ya da iki tane çocuk çalıştırıyoruz" diyor. Firmalarında, yaşı 18'in altında 500'e yakın çocuk çalışıyor, bunların 1/3'i, yani 170 kadarı, 13 yaşının altında. Önerilen yasa değişikliği konusunda bay Ellis şöyle diyor: "18 yaşından küçüklerin, 24 saatte 12 saatten fazla çalışmamalarının istenmesine herhangi bir itiraz olacağını sanmıyorum. Ama gece işinde çalışacaklar için 12 yaşın üzerinde bir sınır çizilebileceğini biz düşünmüyoruz. Geceleri çocuk çalıştırmamıza izin verilmemektense, 13 ya da hatta 14 yaşından küçük çocukları çalıştırmamızın önlenmesi daha yerinde olur. Gündüz vardiyasında çalışan çocukların gece vardiyasında da çalışmaları gerekir, çünkü gece vardiyasında yalnız erkekler çalışamaz; bu, onların sağlıklarını mahveder. ... Bununla birlikte, her hafta değişirse gece çalışmasının zararlı olacağını sanmıyoruz. (Buna karşılık Naylor ile Vickers beyefendiler, işlerinin çıkarı yönünden, gece çalışmasında bu gibi nöbetleşmenin, sürekli gece ça-

[104] *Fourth Report, etc.*, 1865, 79, s. XVI.

lışmasından daha zararlı olabileceği düşüncesinde idiler.) Biz, gece çalışanların da, yalnızca gündüz çalışanlar kadar sağlıklı olduklarını görüyoruz. ... 18'inden küçük çocukların, gece çalıştırılmasına izin verilmemesine itirazımız, masrafların artması nedenine dayanabilir, zaten tek neden budur." (Ne de kurnazca bir bönlük!) "Bu artışın, işin başarıyla yürütülmesi yönünden, kaldırılamayacak kadar büyük olacağı kanısındayız." (Ne tatlı dilli düzmece!) "Burada, emek zaten kıt, böyle bir düzen konursa daha da kıtlaşır." (Yani, Ellis Brown ve Ortakları, işgücüne tam değerini ödemek gibi feci bir duruma düşebilirler.)[105]

Cammel ve Ortakları, "Cyclops Çelik ve Demir Şirketi", yukarda sözü edilen John Brown ve Ortakları gibi büyük bir firma. Şirketin müdürü, hükümet komiseri White'a ifadesini yazılı olarak vermiştir. İfadesi, gözden geçirmesi için kendisine verilince, her nedense müsveddeyi yok etmeyi uygun bulmuştur. Ne var ki, bay White'ın belleği çok kuvvetli, Cyclops ve Ortakları için çocuklarla delikanlıların gece çalışmalarının yasaklanmasının, "olanaksız ve işlerin durdurulmasıyla aynı anlama gelen bir hareket olduğunu" gayet iyi anımsıyordu. Oysa firmalarında, 18 yaşının altındaki çocuk oranı %6'dan biraz fazla, 13 yaşından küçük olanlar ise yalnızca %1 kadardı.[106]

Attercliffe'deki, Sanderson ve kardeşleri demir-çelik ve sac levha fabrikasından bay E. F. Sanderson aynı konuda şöyle diyor: "18 yaşından küçük çocukların gece çalışmaları önlenmekle büyük güçlükler doğacak. Bunların başlıcası, çocuk yerine erkek çalıştırmakla masrafların artması olacak. Bunun ne kadar olacağını söyleyemem ama, belki de yapımcıları çelik fiyatlarını yükseltmeye yöneltecek kadar olmayabilir; bu nedenle, yetişkin erkekler bunu yüklenmeyi kabul etmeyeceklerine göre" (amma da tuhaf insanlarmış bunlar da!) "zararı gene biz çekmiş olacağız." Bay Sanderson, çocuklara ne verdiğini bilmiyor, "daha küçük çocuklar belki haftada 4-5 şilin alıyorlardır. ... Çocukların yaptığı işler için genellikle" ("genellikle" elbette, daima değil) "çocukların güçleri yetmekte, bu nedenle, uğranılan kaybı karşılamak için, erkeklerin daha büyük olan güçleri bize bir kazanç sağlayamaz, ya da bu, ancak madenin çok ağır olduğu durumlarda sözkonusu olabilir. Büyükler daha az söz dinler oldukları için, yetişkin işçiler emirlerinde çocuk bulunmasını yeğlerler. Ama ayrıca mesleği iyi öğrenmek için çocukların küçük yaşta işe başlamaları gereklidir. Yalnız gündüz işinin çocuklara açık bırakılması bu amacı gerçekleştiremez." Acaba niçin? Ço-

[105] *l.c.,* 80, s. XVI, XVII.
[106] *l.c.,* 82, s. XVII.

cuklar zanaatı niçin gündüz öğrenmezler acaba? Sizce neden nedir? "Erkekler, bir hafta gece, bir hafta gündüz vardiyasında çalıştıkları için, çocuklardan yarı yarıya ayrı düşebilecekler ve bunlardan elde ettikleri kazancın yarısını yitireceklerdir. Bunların çıraklarına öğrettikleri şeyler, çocukların çalışmasının bir karşılığı diye kabul edilir, bu nedenle de yetişkinler çocuk emeğini düşük bir fiyatla elde ederler. Her yetişkin erkek, bu fiyatın yarısını isteyecektir." Yani öyle anlaşılıyor ki, bay Sanderson, yetişkin erkeklerin ücretlerinin yarısını, çocukların gece çalışmaları yerine kendi cebinden ödeme durumunda kalacaktır. Sandersonların kârları böylece bir ölçüde düşeceğine göre, çocukların gündüz niçin zanaatlarını öğrenemeyeceklerinin Sandersonca bir zihniyetle açıklanışı böylece aydınlığa kavuşmuş oluyor.[107] Buna ek olarak, çocukların bıraktıkları gece işleri, onların yerine çalışacakların omuzlarına yüklenecektir ki, onların da bunu taşımaları olanaksızdır. Ortaya çıkacak güçlükler öylesine büyük olacaktır ki, belki de gece işini büsbütün bırakmaları gerekecektir, ve E. F. Sanderson'un dediğine göre, "İşin yürütülmesi yönünden pek de büyük önemi yoktur, ama —" ama bay Sanderson'un çelikten başka yapacağı şeyler de var. Aslında çelik yapımı, artı-değer yapımı için yalnızca bir bahane. Yüksek fırınlar, haddehaneler vb., binalar, makineler, demir, kömür vb., çeliğe dönüşmekten daha fazla bir şey yapmak zorundadırlar. Bütün bunların burada bulunuş nedenleri, artı-emeği emmek; bu emme işi de, kuşkusuz 24 saatte, 12 saatten daha fazla olur. Ve bunlar, tanrının ve yasaların bağışlamasıyla, Sandersonlara bir miktar işçinin, günün bütün 24 saatini kapsayan bir emek-zamanı için senet vermişlerdir; ve bunların emeği emme işlevleri kesintiye uğrar uğramaz, sermaye olma özelliklerini yitirecekleri gibi, Sandersonlar için de net bir kayıp oluştururlar. "O zaman, hem bu kadar pahalı makineler zamanın yarısında boş kaldıkları için kayba uğranır ve hem de, şimdiki sistemle üretebildiğimiz miktara ulaşmak için, binalar ile fabrikayı iki katına çıkartmamız, yani masrafları iki kat artırmamız gerekir." İyi ama, yalnızca gündüz çalışan, binaları, makineleri, hammaddeleri, geceleri "boş" duran diğer kapitalistlerin yararlanmadıkları bir hakkı, bu Sandersonlar niçin ayrıcalık olarak istemeye kalkışırlar? E. F. Sanderson bu soruya diğer bütün Sandersonlar adına karşılık veriyor: "Yalnızca gündüz çalışan farikalarda boş duran makineler nedeniyle bir kayıp olduğu doğrudur. Ama bizim için fırınların kullanılması ayrıca bir kay-

107 Bizim düşünen ve usavuran çağımızda, ne kadar kötü ya da çılgınca olursa olsun, her şey için iyi ve yerinde bir neden gösteremeyen bir insan fazla değer taşımaz. Dünyada yanlış yapılan her şey, en iyi nedenlerle yanlış yapılmıştır. (Hegel, *l.c.*, s. 249.)

bı gerektirir. Eğer yakılmaya devam edilse, boşuna yakıt harcanmış olur" (yani şimdi işçilerin yaşamsal özlerinin harcanması yerine), "yakılmasa, ateşin yeniden yakılması ve sıcaklık yükselmesi zaman kaybına yolaçar" (oysa, 8 yaşından küçük çocukların bile uyku zamanlarından verdikleri kayıp, Sanderson kabilesi için emek-zamanı kazancıdır), "ve sıcaklık değişmesi, fırınlar üzerinde ayrıca olumsuz etki yapar." (Oysa, bu aynı fırınlar, gece-gündüz emek değişiminden hiç etkilenmezler.)[108]

BEŞİNCİ KESİM. — NORMAL BİR İŞGÜNÜ İÇİN SAVAŞIM. İŞGÜNÜNÜN UZATILMASI İÇİN 14. YÜZYILIN ORTASINDAN 17. YÜZYILIN SONUNA KADAR ÇIKARTILAN ZORUNLU YASALAR

İşgünü nedir? Sermayenin satın aldığı emek-gücünün günlük değerini tüketebileceği zamanın uzunluğu nedir? Emek-gücünün kendisinin yeniden-üretimi için gerekli emek-zamanının ötesinde, işgünü ne kadar uzatılabilir? Bu sorulara sermayenin verdiği kar-

[108] *l.c., Fourth Report,* 1865, s. xvıı ve 85. Cam yapımcılarının ocaklardan çıkan bir miktar ısının, "boşa gideceği" ya da "kaybolacağı" nedeniyle, çocuklara düzenli yemek saatleri verilemeyeceği konusundaki nazik itirazlarına komiser White şu karşılığı veriyor. Bu karşılık, kapitalistlerin, altınlarını harcarken gösterdikleri "perhiz"den, "nefislerini yoksun bırakmak"tan ve "tutumluluk"tan, oysa insan yaşamı sözkonusu olduğu zaman takındıkları timurlenkvari hovardaca tavırlardan duygulanan Ure'nin, Senior'ün vb. ve onların Roscher tipi küçük Alman taklitçilerininkine hiç benzemez! "Bu gibi durumlarda, düzenli yemek paydosları verildiğinde, şimdikinden daha fazla bir ısı kaybına yolaçılabilir, ama halen bütün ülkede, yemeklerini rahatça yiyebilecekleri ve ardından sindirim için dinlenebilecekleri vakitleri olmadığı için yetişme çağındaki çocukların cam yapım yerinde uğradıkları yaşamsal kayıp, parayla ölçülemeyecek kadar büyük olsa gerektir." (*l.c.,* s. xlv.) Ve bu, ilerleme yılı olan 1865'te oluyor! Kaldırma ve taşıma için harcanan güç bir yana, böyle bir çocuk, cam ve kristal yapılan yerlerde, işini yaptığı sırada, her 6 saatte, 15-20 mil yol yürümüş olur! Ve bu çalışma, çoğu zaman, 14-15 saat sürer! Bu cam yapım yerlerinin çoğunda, Moskova iplik fabrikalarında olduğu gibi, 6 saatlik vardiya sistemi yürürlüktedir. "Haftanın çalışmayla geçen kısmında, dinlenmek için elde edilebilecek aralıksız en uzun süre altı saattir ve işe gidip gelirken, yıkanırken, giyinirken, yemek yerken geçen zaman hep bunun içersindedir; dinlenmek için geriye pek az zaman kaldığı gibi, temiz hava almak ve oyun için hiç zaman kalmaz; bunun için ancak, böylesine yorucu ve bunaltıcı sıcakta yapılan işten sonra, genç çocuklar için çok gerekli olan uykudan fedakarlık yapmak gerekir. ... Bu kısacık uyku bile, eğer geceyse, çocuğun kendi kendini uyandırmak zorunda olması, gündüz ise, gürültü nedeniyle bölünür." Mr. White, bazan bir çocuğun devamlı 36 saat çalıştırıldığını ve bazan da 12 yaşındaki çocukların sabah saat 2'ye kadar çalıştırıldıktan sonra, işyerinde saat 5'e kadar (yalnız 3 saat) uyuduklarını ve tekrar işe koyulduklarını anlatmaktadır. Genel raporun taslağını hazırlayan Tremenheere ile Tufnell, "Gündüz ya da gece vardiyasında, oğlanların, delikanlıların, kızların ve kadınların çıkardıkları iş miktarı, kuşkusuz, olağanüstüdür." (*l.c.,* xlııı ve xlıv) diyorlar. Bu arada, belki de, bir gece yarısı, nefsini her şeyden yoksun bırakan bay cam-sermaye, porto şarabı ile kafası dumanlı, kulüpten çıkıp, sallanarak evin yolunu tutar ve ağzında budalaca bir mırıltı gevelemektedir: "*Britons never, never shall be slaves!*" ["İngilizler asla, asla köle olmayacaklardır!" –ç.]

şılıklar görülmüş bulunuyor: İşgünü, 24 saatlik tam günün, emek-gücünün yeniden işe koşulabilmesi için mutlaka gerekli birkaç dinlenme saati çıktıktan sonraki kısmıdır. Bundan da apaçık görülüyor ki, işçi, bütün yaşamı boyunca emek-gücünden başka bir şey değildir; bu nedenle de bütün kullanılabilir zaman, hem doğal yönden hem de yasalarla, sermayenin kendi büyümesine adanmış emek-zamanından ibarettir. Kişinin eğitimi için, düşünsel gelişimi için, toplumsal etkinliklerini ve toplumsal ilişkilerini yerine getirmesi için, bedensel ve ussal etkinliklerini serbestçe kullanması için zaman ve hatta pazar (üstelik sabateryanlar ülkesinde)[109] dinlenme zamanı bile — boş lakırdı! Ama, kör ve önüne geçilmez tutkusuyla, artı-değere duyduğu kurt açlığı ile sermaye, işgününün yalnız manevi değil, fiziksel en üst sınırlarını da çiğner geçer. İnsan bedeninin büyümesi, serpilip gelişmesi ve sağlığının devamı için gerekli olan zamanı gaspeder. Temiz hava ile güneş ışığının tüketimi için gerekli olan zamanı bile çalar. Yemek zamanına elkoyarak, elinden geldiğince onu da üretim sürecine katar, böylece, ocağa kömür atılır, makineye yağ verilir gibi, işçiye de, üretim aracıymış gibi, yiyecek verilir. Bedensel gücün yerine gelmesi, derlenip toparlanması, tazelenmesi için gerekli sağlıklı uyku süresi, tamamen tükenmiş bir organizmanın şöyle böyle canlanması için kaçınılmaz birkaç saatlik uyuklamaya indirgenmiştir. İşgününün sınırlarını belirleyen, emek-gücünün normal varlığını sürdürmesi değildir; bu sınırlar, işçinin dinlenme zamanının sınırı ne kadar ezici, zorunlu ve acılı olursa olsun, emek-gücünün günlük olanaklı olan en üst düzeyde harcanması ile belirlenir. Emek-gücünün ömrünün uzunluğu sermayeye vız gelir. Onu ilgilendiren tek şey, bir işgünü boyunca akışı sağlayabilecek azami emek-gücüdür. Bu amacına, tıpkı açgözlü bir çiftçinin, toprağın verimliliğini tüketerek ondan elden geldiğince fazla ürün koparması gibi, işçinin yaşamını kısaltarak ulaşır.

109 İngiltere'de, şimdi bile, kırsal bölgelerde, bir işçinin, pazar günü evinin ön bahçesinde çalışmakla, pazar gününün kutsallığını bozduğu için hapse atıldığı görülür. Aynı işçi, bir pazar günü, dinsel nedenlerle de olsa, metal, kağıt ya da cam fabrikasına gitmezse sözleşmeyi bozdu diye cezalandırılır. Geleneğine bağlı parlamento, eğer sermayenin genişlemesi sırasında olmasa, pazar gününün kutsallığının bozulmasına kulaklarını tıkayıverir. Londra'da balıkçı ve tavukçu dükkanlarında çalışan gündelikçiler, bir muhtıra ile (Ağustos 1863), işlerinin, haftanın ilk altı gününde, günde ortalama 15 saat, pazar günleri ise 8-10 saat sürdüğünü belirterek, pazar günleri çalışılmamasını istediler. Gene bu muhtıradan, Exeter Hall'un ikiyüzlü aristokratları arasındaki hassas mideli oburların, "pazar çalışmasını" özellikle isteklendirdiklerini öğreniyoruz. *Maddi zevklerine düşkün* bu "kutsal kişiler", hıristiyanlıklarını, başkalarının aşırı-çalışmasına, yoksulluk ve yoksunluğuna, açlığına karşı gösterdikleri alçakgönüllü tahammül ile ortaya koyuyorlar. *Obsequium ventris istis* (işçiler) *perniciosius est.* [Zevke düşkünlük, onlar (işçiler) için çok zararlıdır. —ç.]

Kapitalist üretim tarzı (aslında artı-değer üretimi, artı-emeğin emilmesi), böylece işgününün uzatılmasıyla, insan emek-gücünü, normal, manevi ve fiziksel gelişme koşullarını ve işlevlerini yozlaştırır. Aynı zamanda, bu emek-gücünün, zamanından önce tükenmesine ve ölümüne neden olur.[110] Belli bir dönem içersinde emekçinin gerçek yaşam süresini kısaltarak, onun üretim süresini uzatır.

Ama, emek-gücünün değeri, işçinin yeniden-üretimi ya da işçi sınıfının varlığını sürdürmesi için gerekli metaların değerini içerir. Bu durumda, sermayenin ölçüsüz kendini genişletme tutkusu içinde, işgününün anormal uzatılması, işçinin ömrünü, dolayısıyla emek-gücünün süresini kısaltır; böylece kullanılıp tüketilen güçlerin yerini daha hızlı doldurma zorunluluğu ortaya çıkar ve emek-gücünün yeniden-üretimi için gerekli giderler daha büyük olur. Bu, makine ne kadar çabuk yıpranırsa, makinenin her gün yeniden üretilmesi gereken değer bölümünün o kadar daha büyük olması gibidir.

Köle sahibi, emekçisini, at satın alır gibi alır. Kölesini kaybederse, bunu yerine koymak için köle pazarında yeniden para harcaması gerekli bir sermayeyi kaybetmiş olur. Ama, "Georgia'nın pirinç tarlaları ya da Mississippi bataklıkları, insan sağlığı için çok tehlikeli olabilir; ne var ki, bu bölgelerin ekilip-biçilmesinin zorunlu kıldığı insan kaybı, Virginia ve Kentucky'nin verimli insan kaynaklarından yerine konulamayacak kadar büyük değildir. Ekonomik kaygılar, doğal bir sistem içersinde, efendinin çıkarı ile kölenin yaşamının sürdürülmesinin özdeşliği derecesinde ona insanca davranılmasının gerekçesi olabilir, ama köle ticareti alıp yürüyünce, gene aynı kaygı, kölenin ölçüsüzce sömürülmesi ve ezilmesinin nedeni haline gelir; çünkü, yeri her zaman dış pazarlardan doldurulabildikten sonra, ömrünün uzunluğu, yaşadığı sürece ondan sağlanacak verimin yanında önemsiz bir konu halini alır. Buna uygun olarak köle ithal eden ülkelerde, en etkin ekonomik yolun, köle sürüsünden olanaklı olan en kısa zamanda elden geldiğince fazla emek sızdırılması şeklinde bir kural vardır. Yıllık kârın çoğu zaman çiftliğin tüm sermayesine eşit olduğu tropik alanlarda zenci halkın yaşamı hiç düşünülmeden harcanır. Batı Hint Adalarında yüzyıllardır korkunç servetlere kaynak olan tarım, milyonlarca Afrikalının yaşamını yutan mezar olmuştur. Bugün gelirleri milyonlarla hesaplanan ve çiftlik sahiplerinin prensler gibi yaşadığı

110 "Daha önceki raporlarımızda birkaç deneyimli fabrikatörün, fazla saatlerin ... kuşkusuz, insanların çalışma gücünün vaktinden önce tükenmesine yolaçtığı şeklindeki açıklamalarını vermiş bulunuyoruz." (*l.c.*, 64, s. xııı.)

Küba'da köle sınıfının, en korkunç yaşama koşulları, en öldürücü ve bitip tükenmez bir çalışma içinde olduklarını görüyoruz; ve hatta, her yıl, bir bölümü tamamen yokolup gidiyor."[111]

*Mutato nomine de te fabula narratur.** Köle ticareti yerine emek-pazarını, Kentucky ile Virginia yerine İrlanda ve İngiltere'nin tarım bölgelerini, İskoçya ve Galler'i, Afrika yerine Almanya'yı koyunuz. Aşırı-çalışmanın Londra'da fırın işçilerinin saflarını nasıl erittiğini gördük. Gene de Londra'daki emek-pazarı, fırınlarda çalışmak için Almanya ile diğer ülkelerden gelen ölüm adayları ile her zaman tıklım tıklım doludur. Çömlekçilik, gördüğümüz gibi, en ömür tüketici işkollarından biri. Ama ortalıkta çömlekçi kıtlığı mı var? Modern çömlekçiliği icat eden ve aslında kendisi de sıradan bir işçi olan Josiah Wedgwood, 1785 yılında, Avam Kamarası önünde, bu işkolunda, 15-20 bin kişinin çalıştığını söyledi.[112] 1861 yılında Büyük Britanya'da yalnız bu işle ilgili sanayi merkezlerinin nüfusu 101.302 idi. "Pamuklu sanayisi kurulalı doksan yıl oluyor. ... İngiltere'de üç kuşak boyunca varolan bu sanayi kolunun bu sürede, fabrika işçilerinin dokuz kuşağını mahvettiğini güvenle söyleyebilirim."[113]

Kuşkusuz işlerin kızıştığı bazı dönemlerde, emek-pazarında dikkati çekici boşluklar olmaktadır. Örneğin 1834'te böyleydi. O sırada imalatçılar, hemen, Yoksullar Yasası Komisyonuna, tarım bölgesindeki "fazla-nüfus"un kuzeye gönderilmesini önerdi; açıklamalarına göre, "oradaki fabrikatörler bu fazla-nüfusu emebilir ve tüketebilirdi."[114] "Yoksullar Yasası Komisyonunun onayı ile temsilciler atandı. ... Manchester'da bir büro kuruldu, tarım bölgesinde çalışmak isteyen işçilerin listesi gönderildi ve bunların adları deftere geçirildi. İmalatçılar bu bürolara giderek istedikleri kişileri seçiyorlar ve 'gerekli görülenlerin' Manchester'a yollanmaları için talimat veriyorlardı. Ve bunlar, eşya denkleri gibi etiketlendiler, nehir yolları ya da arabalarla gönderildiler; kimisi de yola yayan koyuluyorlardı, çoğu yollarını yitirmiş, aç-susuz durumda bulunuyordu. Bu sistem düzenli bir ticaret halini aldı. Avam Kamarası buna pek inanmayacaktır, ama ben onlara diyorum ki, bu insan eti trafiği sürüp gitti, ve bunlar, aslında, [Manchesterlı] imalatçılara satılıyorlardı, tıpkı, Birleşik Amerika'da pamuk yetiştiricilerine kölelerin satıldıkları gibi. ... 1860'ta 'pamuk ticareti doruğuna ulaştı.' ... İmalatçılar gene işçi sıkıntısı çekmeye başladılar. ...

[111] Cairnes, *The Slave Power,* s. 110, 111.

[112] John Ward, *The Borough of Stoke-upon-Trent,* London 1843, s. 42.

[113] Ferrand'ın Avam Kamarasındaki konuşması, 27 Nisan 1863.

[114] "Bunlar, pamuklu fabrikatörlerinin kullandıkları sözcüklerdi", *l.c.*.

* Bu öyküde, bir başka ad altında, senin sözün ediliyor. *–ç.*

Gene, 'et ajanları' adını taktıkları bürolara başvurdular. Bu ajanlar, derhal İngiltere'nin güney vadilerine, Dorsetshire çayırlıklarına, Devonshire tepelerine, Wiltshire'da hayvancılık yapılan yerlere dağıldılar, ama boşuna. Fazla-nüfus, 'emilmiş'ti." *Bury Guardian*'ın yazdığına göre, Fransızlarla yapılan sözleşme gereği, "Lancashire rahatça daha 10.000 işçiyi emebilirdi, ve 30.000-40.000 işçiye daha gerek olacaktı." Tarım bölgelerini, "et ajanları ve yardımcıları" boşu boşuna taradıktan sonra, "Londra'ya bir heyet geldi ve [Yoksullar Yasası yönetim kurulu başkanı sayın bay Villiers'den], bazı işevlerinde bulunan yoksul çocukları Lancashire fabrikalarında çalıştırmak üzere istekte bulundu."[115]

Deneyimler, kapitaliste, genel olarak sürekli bir nüfus-fazlası

[115] *l.c.,* Mr. Villiers, bütün iyi niyetine karşın, fabrikatörlerin isteklerini "yasal bakımdan" reddetmek zorundaydı. Gene de bu baylar, amaçlarına, bölgedeki Yoksullar Yasası yönetim kurullarının yumuşak başlılıklarından yararlanarak ulaştılar. Fabrika denetmeni, Mr. A. Redgrave, yetim, öksüz ve yoksul çocukların "yasal bakımdan" çırak sayıldıkları sistemin bu kez, "eskisi gibi kötüye kullanılmamakla" birlikte (bu kötüye kullanmalar konusunda bkz: Engels, *l.c.*), "İskoçya'nın tarım bölgelerinden Lancashire ve Cheshire'a getirilen genç kızlar ve kadınlar bakımından bu sistemin kötüye kullanılması" kuşkusuz sözkonusudur. Bu sistemde, fabrikatör, işevi yöneticileri ile belli bir süre için sözleşme yapar. Çocukları doyurur, giydirir, barındırır ve kendilerine küçük bir harçlık verir. İngiliz pamuklu ticaretinin bolluk yılları arasında, 1860 yılının eşi görülmemiş bir yıl olmasının yanısıra, ücretlerin de olağanüstü yüksek olduğu dikkate alınırsa, Mr. Redgrave'in buraya alınan sözleri çok garip görünür. Çünkü İrlanda'nın nüfusunun azaldığı, İngiltere ve İskoçya'nın tarım bölgelerinden Avustralya ve Amerika'ya eşi görülmemiş göçler olduğu, İngiltere'de bazı tarım bölgelerinde nüfusun kısmen işçilerin yaşam güçlerinde fiilî bir çökme ve kısmen de kullanılabilir nüfusun köle tüccarları marifetiyle dağıtılması sonucu fiilen azalmasıyla birlikte, bu olağanüstü emek talebinin karşılanması da gerekiyordu. Bütün bunlara karşın, Mr. Redgrave şöyle diyor: "Ne var ki, bu tür bir emek, başka çeşit emeğin bulunamaması halinde aranır, çünkü bu, yüksek fiyatlı bir emektir. 13 yaşında bir çocuğun olağan ücreti haftada 4 şilin kadardır, ama bu çocuklardan 50 ya da 100 tanesinin barındırılması, giydirilmesi, beslenmesi, bunlara tıbbi bakım sağlanması, gerektiği gibi denetlenmeleri ve ücretlerinin bir yanda biriktirilmesi, haftada adam başına 4 şilinle olacak iş değildir." (*Report of the Insp. of Factories for 30th April 1860,* s. 27.) Yalnız burada Mr. Redgrave, bize, bir fabrikatörün 50 ya da 100 çocuğun birarada barındırılması, beslenmesi, denetlenmesi işini yapamaması halinde nasıl olup da bir işçinin tek başına çocukları için, haftada dörder şilinlik ücretleriyle bütün bunları becerebildiğini anlatmayı unutuyor. Metinden yanlış bir sonuç çıkartılmasına engel olmak için burada şuna da değinmem gerekiyor ki, İngiliz pamuklu sanayisi, emek-zamanını vb. düzene bağlayan 1850 tarihli Fabrika Yasasının kapsamına alındığından beri, İngiltere'de örnek bir sanayi olarak görülmek gerekir. İngiliz pamuklu işçileri, her bakımdan, Kıta Avrupası'ndaki sefalet içinde bulunan arkadaşlarından daha iyi durumdadır. "Prusyalı fabrika işçileri, İngiliz işçilere göre haftada en az on saat fazla çalışmaktadırlar ve eğer kendi tezgahı ile kendi evinde çalışıyorsa, bu çalışması, bu ek saatlerle de sınırlı değildir." (*Rep. of the Insp. of Fact., 31st October 1855*, s. 103.) Yukarda adı geçen fabrika denetmeni Redgrave, 1851 Sanayi Fuarından sonra, fabrikalardaki durumu yerinde incelemek amacıyla Avrupa'ya, özellikle Fransa'ya ve Almanya'ya gitti. Prusyalı işçiler için şöyle diyor: "Alışkın olduğu yalın yaşamı ve pek az konforu sağlayacak kadar bir ücret alıyor ... bu az ücretle geçimini sağlıyor, çok çalışıyor ve oradaki durumu İngiliz işçilerden daha düşüktür." (*Rep. of the Insp. of Fact., 31st Oct. 1855, s. 85.)*

bulunduğunu göstermiştir; bu fazlalık, bodur, kısa ömürlü, çabucak birbirinin yerine geçen, yani olgunlaşmadan dalından kopartılan insan kuşaklarından oluşsa bile, artı-emek emen sermayenin o andaki gereksinmelerine ilişkin bir fazlalıktı.[116] Ve gerçekten de, deneyimler, aklıbaşında bir gözlemciye, kapitalist üretim tarzının, tarih açısından daha dün denecek kadar yeni olmasına karşın insanların yaşamsal güçlerini büyük bir elçabukluğu ile ta kökünden kavradığını gösterdiği gibi, sınai nüfusun yozlaşmasının, ancak köylerden gelen ilkel ve fizik yönden bozulmamış öğelerin sürekli olarak emilmesiyle nasıl geciktiğini ve hatta köy emekçilerinin bile temiz havaya ve aralarında güçlü etkisini sürdüren ve ancak en güçlü olanların yaşamalarına izin veren doğal seçmeye karşın nasıl yokolmaya başladığını da göstermektedir.[117] Dörtbir yanını çeviren işçi kuşaklarının ıstıraplarını görmezden gelmek için böylesine geçerli nedenlere sahip bulunan sermaye, uygulamada da, insan soyunun adım adım yozlaşması ve ensonu insanlıktan çıkması olasılığı karşısında da, dünyanın batma olasılığı kadar az ilgilidir. Her borsa oyununda, fırtınanın ergeç kopup her şeyin altüst olacağını herkes bilir, ama gene de hepsi, kendisinin altın yağmuru ile küplerini doldurup onu sağlama aldıktan sonra, dünyanın kendinin değil, komşusunun başına yıkılabileceğini düşünür. *Après moi le déluge!** her kapitalistin ve bütün kapitalist ulusların sloganıdır. Demek ki, sermaye, toplumun koyduğu zorunluluklar olmaksızın işçinin sağlığına karşı da, yaşayacağı ömrün uzunluğuna karşı da vurdumduymazdır.[118] Maddi ve manevi yozlaşmaya, erken ölüme,

[116] Aşırı çalıştırılanlar "şaşırtıcı bir hızla ölüyorlar; ama bu yokolanların yeri hemen dolduruluyor ve insanların böyle sık sık değişmesi, sahnede herhangi bir değişiklik yapmıyor". (*England and America,* London 1833, vol. I, s. 55. By E. G. Wakefield.)

[117] Bkz: *Public Health. Sixth Report of the Medical Officer of the Privy Council, 1863,* Londra'da 1864'te yayınlanmıştır. Bu rapor özellikle tarım işçilerini ele almaktadır. "Sutherland ... genellikle çok gelişmiş bir ilçe olarak gösterilir ... ama ... yakında yapılan bir araştırma, bir zamanların kusursuz ve gözüpek askerleriyle ünlü bu bölgede bile, halkın, zavallı ve güdük bir soy halinde yozlaştığını ortaya koymuştur. Denize bakan yamaçlardaki en sağlıklı yerlerde bile, açlıktan kavrulan çocukların yüzleri, Londra'nın dar sokaklarındaki kirli havada yaşayanlar gibi soluktur." (W. Th. Thornton, "*Over-population and its Remedy*", *l.c.,* s. 74, 75.) Bunlar aslında, Glasgow sokaklarıyla avlularında, domuzlar, orospular ve hırsızlarla birarada bulunan 30.000 "yiğit yayla insanına" benziyorlar.

[118] "Halk sağlığının ulusal sermaye için bu kadar önemli bir etmen olmasına karşın, işverenler sınıfının, bu hazineyi saklamak ve geliştirmek konusunda bir şey yapmadığını itiraf etmeliyiz. ... İşçilerin sağlığının dikkate alınması fabrika sahiplerine zorla kabul ettirilmiştir." (*The Times,* 5 Kasım 1861.) "Batı Riding erkekleri insanlığın kumaşçısı haline geldiler ... işçilerin sağlığı feda edildi ve birkaç kuşak boyunca ırk yozlaşacaktı. Ama derhal bir tepki görüldü. Lord Shaftesbury yasası, çocukların çalışma saatlerini sınırladı vb.." (*Twenty-second annual Report of the Registrar-General,* Ekim 1861.)

* Benden sonra tufan. *–ç.*

aşırı-çalışma işkencesi konusundaki feryatlara şu karşılığı verir: Bizim kârlarımızı artırdığı için bunlara üzülmek mi gerek? Ama işlere bütünü ile bakılırsa bütün bunlar gerçekten de tek tek kapitalistlerin, iyi ya da kötü niyetine bağlı şeyler değildir. Serbest rekabet, kapitalist üretimin içinde yatan yasaları, tek tek her kapitalist üzerinde güce sahip zorlayıcı dış yasalar olarak ortaya çıkarır.[119]

Normal işgününün saptanması, kapitalist ile emekçi arasında yüzyıllarca süren savaşımların sonucudur. Bu savaşımın tarihi, iki karşıt eğilimi gösterir. Örneğin, zamanımızdaki İngiliz fabrika yönetmeliği ile, 14. yüzyıldan ta 18. yüzyılın ortalarına kadar süregelen İngiliz İş Statüleri karşılaştırılabilir.[120] Modern Fabrika Yasaları işgününü zorla kısalttığı halde, daha önceki yönetmelik bu süreyi zorla uzatmaya çalışmıştı. Kuşkusuz, henüz çekirdek halindeki sermayenin —gelişmeye başladığı sıralarda, artı-emeğin bir *quantum sufficit*'ini* emme hakkını sırf ekonomik ilişkilerin gücüyle değil de, devletin yardımıyla sağlama aldığı zaman— talepleri, sermayenin olgunluk çağına ulaştıktan sonra da boğaz boğaza verilen savaşımlar sonucu vermek zorunda kaldığı ödünlerle karşılaştırılırsa, pek masum görünürler. "Özgür" emekçinin, ancak kapitalist üretimin gelişmesi sayesinde, toplumsal koşulların baskısıyla, yaşaması için gerekli şeyler karşılığında yaşamının tüm faal kısmını, çalışma yeteneğinin ta kendisini satmak, bir tas çorba için doğumla kazandığı haklarını devretmek zorunda bulunduğunu anlayabilmesi için aradan yüzyılların geçmesi gerekmiştir. Böylece, sermayenin, 14. yüzyılın ortasından 17. yüzyılın sonuna kadar, devlet önlemleri ile yetişkin emekçilerin işgünlerinin uzatılmasını

[119] Bu nedenle, 1863 yılı başında, Staffordshire'da büyük çömlek yapımevlerine sahip 26 firma ve bu arada Josiah Wedgwood ve oğulları, "bazı yasal önlemler" için bir muhtıra verdiler. Diğer kapitalistler ile aralarındaki rekabet, bunlara, çocukların çalışma saatlerinin gönüllü olarak sınırlandırılması olanağını vermemektedir. "Sözü edilen kötülükler karşısında üzüntümüz ne denli büyük olursa olsun, bunların fabrikatörler arasındaki bir anlaşma ile önlenmesi olanaksızdır. ... Bütün bu noktaları dikkate alarak, bazı yasal önlemlerin alınması gerektiği kanısına varmış bulunuyoruz." (*Children's Empl. Comm. Rep. 1.,* 1863, s. 322.) Geçenlerde çok daha çarpıcı bir örnek görüldü. Çok hızlı bir faaliyet dönemi sırasında pamuk fiyatlarındaki artış, Backburn'deki fabrikatörleri, fabrikalarındaki çalışma zamanını belli bir süre için karşılıklı anlaşma yoluyla kısaltmaya zorladı. Bu dönem, 1871 Kasım ayı sonlarında bitti. Bu arada, iplikçilik ile dokumacılığı birarada yürüten daha zengin fabrikatörler, bu anlaşmadan doğan üretim düşüklüğünü, kendi işlerini genişletmede, ve böylece küçük işverenlerin aleyhine büyük kârlar sağlamada kullandılar. Bunun üzerine küçük patronlar, çaresizlik içersinde işçilere başvurdular ve bunları, 9 saatlik sistem için harekete geçmeye isteklendirdiler ve bu amaç için para yardımında bulunmayı vaadettiler.

[120] Fransa'da, Hollanda'da ve başka yerlerde aynı zamanda yürürlüğe konulan buna benzer iş yönetmelikleri, üretim yöntemlerindeki değişiklikler bunları geçersiz hale getirdikten çok sonra, 1813 yılında, İngiltere'de resmen yürürlükten kaldırıldı.

* Yeterli nicelik. –ç.

sağlamaya çalışması ile, 19. yüzyılın ikinci yarısında, çocuk kanının sermayeye dönüşmesini engellemek için devletin şurada burada yürürlüğe koyduğu işgününün kısaltılmasının aşağıyukarı birbirleriyle çakışması doğaldır. Örneğin yakın zamana kadar Kuzey Amerika Cumhuriyetinin en özgür eyaleti olan Massachusetts'te bugün 12 yaşından küçük çocukların çalışmasını yasaklayan yönetmelik, İngiltere'de daha 17. yüzyılın ortalarında, güçlü-kuvvetli zanaatçıların, gürbüz işçilerin ve atletik yapılı demircilerin normal işgünüydü.[121]

İlk "*Statute of Labourers*"* için (23 Edward III, 1349) en yakın bahane (neden olarak değil, çünkü bu tür yönetmelik bahaneleri ortadan kalktıktan sonra da yüzyıllarca sürüp gider), halkı kırıp geçiren veba salgını oldu; öyle ki, bir Tory yazarın dediği gibi, "Usa-uygun koşullarla (yani işverene usa-uygun nicelikte artıemek bırakacak bir fiyatla) işçi bulmak öylesine güçleşmişti ki, artık buna müsamaha gösterilmezdi."[122] Bu nedenle, usa-uygun ücretler yasayla belirlendiği gibi, işgününün sınırları da saptandı. Burada, bizi ilgilendiren bu son nokta, 1496 tarihli statüde de (Henry VII) yinelendi. Bütün zanaatçılar ile toprak işçilerinin işgünü, bu statüye göre (ne var ki, bu statü uygulanmadı) marttan eylüle kadar, sabah beşten akşam 7-8'e kadardı. Ama yemek zamanları, 1 saat kahvaltı, 1½ saat öğle yemeği ve ½ saat ikindi kahvaltısı olarak belirlenmişti; bu süre bugün de yürürlükte olan fabrika yasası hükümlerinin iki katıydı.[123] Kış aylarında çalışma sabah

121 "12 yaşından küçük hiçbir çocuk, herhangi bir fabrikada günde 10 saatten fazla çalıştırılmayacaktır." (*General Statutes of Massachusetts,* ch. 60, § 3. 1836 ile 1858 yılları arasında çeşitli yönetmelikler çıkartılmıştır.) "Her türlü pamuklu, yünlü, ipekli, kağıt, cam ve keten fabrikalarında ya da demir ve pirinç yapımı yerlerinde, bir günde 10 saat süreyle yapılan iş, bir günlük yasal iş sayılacaktır. Bu yasanın yürürlüğe girmesi üzerine bir fabrikada çalışan küçük yaştaki kimse, bundan böyle, bir günde 10 saatten ya da bir haftada 60 saatten fazla fabrikada alıkonamayacak ya da çalışması istenemeyecektir; ve gene bundan böyle, 10 yaşından küçük hiçbir kimse, bu eyalet içinde hiçbir fabrikaya işçi olarak kabul edilemeyecektir." (*State of New Jersey, An act to limit the hours of labour etc.,* § 1 ve 2. 18 Mart 1851 tarihli yasa.) "12 yaşından büyük, ama 15 yaşından küçük hiçbir kimse, herhangi bir yapım yerinde bir günde 12 saatten fazla çalıştırılamayacağı gibi, sabah 5'ten önce ve akşam 7.30'dan sonra da çalıştırılamayacaktır." (*Revised Statutes of the State of Rhode Island etc.,* ch. 139, § 23, 1 Temmuz 1857.)

122 [J. B. Byles], *Sophisms of Free Trade,* 7th edit., London 1850, s. 205; 9th edit., s. 253. Bu aynı Tory, ayrıca şunu da kabul ediyor: "Ücretleri, işçinin zararına ve patronun çıkarına düzenleyen parlamento yasaları, 464 yıl gibi uzun bir süre devam etti. Nüfus çoğaldı. Sonra bu yasalar gerçekten de gereksiz bir yük haline geldiler." (*l.c.,* s. 206.)

* "İşçiler statüsü". -ç.

123 Bu yönetmelik ile ilgili olarak J. Wade haklı olarak şöyle söylüyor: "Yönetmelik konusunda yukardaki ifadeden anlaşıldığına göre, 1496 yılında yiyecek giderleri bir zanaatçının gelirinin üçte-biri, bir işçinin gelirinin yarısı oluyor ve bu da, işçi sınıfı arasında şimdikinden daha büyük ölçüde bir bağımsızlık olduğunu göste-

5'ten akşam hava kararana kadar sürecek ve yemek paydosları aynı olacaktı. Elizabeth zamanında 1562 tarihli statü, "günlük ya da haftalık olarak tutulan" bütün işçilerin işsaatlerinin uzunluğunu aynen bırakıyor, ama paydos saatlerini yazın 2 ½ saatle, kışın ise 2 saatle sınırlıyordu. Öğle yemeği yalnız 1 saat sürecek, "yarım saatlik ikindi uykusuna" yalnız mayıs ayı ortası ile ağustos ayı ortası arasında izin verilecekti. İşbaşında bulunulmayan her saat için ücretten 1 peni kesilecekti. Bununla birlikte, uygulamada, koşullar, statü kitabından daha fazla işçilerden yanaydı. Ekonomi politiğin babası ve bir ölçüde de istatistiğin kurucusu William Petty, 17. yüzyılın son üçte-birinde yayınladığı bir yapıtta şöyle diyor: "Emekçi-kimseler" (o zamanki tarım emekçileri) "günde 10 saat çalışırlar ve haftada 20 kez yemek yerler, yani her işgününde üç kez, pazar günleri iki kez; açıkça görülüyor ki, cuma akşamları oruç tutup, şimdi olduğu gibi, onbirden, [öğleden sonra –ç.] bire kadar, iki saat yerine bir-buçuk saat harcasalar ve böylece 1/20 daha fazla çalışıp, 1/20 daha az harcasalar, yukarda sözü edilen (vergi) yükselebilirdi."[124] Bu durumda, Dr. Andrew Ure, 1833 tarihli 12 Saat Yasasını, geçmişin karanlık çağlarına dönüş diye küçümsemekte haksız mıydı? Petty'nin sözünü ettiği statüdeki bu koşulların çıraklara da uygulandığı gerçi doğruydu, ama 17. yüzyılın sonunda bile, çocuk emeğiyle ilgili koşullar, şu şikayetten de açıkça görülebilir: "Onların oradaki (Almanya'daki) uygulaması, bizde, bu krallıkta olduğu gibi, çıraklık süresini mutlaka yedi yılla sınırlamamıştır; onların ortak ölçütü üç ya da dört [yıldır –ç.]: nedeni de onların beşikten başlayarak iş için eğitilmeleri ve böylece de işe daha yatkın, uysal, dolayısıyla da, mesleklerinde olgunluğa ve yetkinliğe daha çabuk ulaşmış olmalarıdır. Oysa bizim gençlerimiz, burada, İngiltere'de, çırak olacak şekilde yetiştirilmedikleri için, gelişmeleri çok ağır olmakta, yetkin bir zanaatçı olabilmeleri daha fazla zaman almaktadır."[125]

riyor; çünkü şimdi, hem işçilerin ve hem de zanaatçıların yiyecek giderleri, ücretlerinin daha büyük bir kısmı olarak hesaplanmaktadır." (J. Wade, *History of the Middle and Working Classes*, s. 24, 25 ve 577.) Bu farkın, o zaman da, şimdi de, yiyecek ve giyecek fiyatları arasındaki farktan ileri geldiği düşüncesi, Bishop Fleetwood'un *Chronicon Pretiosum etc.*, 1st edit., London 1707, 2nd edit., London 1745, adlı yapıtına şöyle bir gözatmakla çürütülebilir.

[124] W. Petty, *Political Anatomy of Ireland, Verbum Sapienti*, 1672, edit. 1691, s. 10.

[125] *A Discourse on the Necessity of Encouraging Mechanick Industry*, London 1690, s. 13. İngiltere tarihini, Whiglerle burjuvazi çıkarları doğrultusunda tahrif eden Macaulay şöyle diyor: "Henüz ergenlik çağına ulaşmamış çocukların çalıştırılmaları ... 17. yüzyılda geniş ölçüde uygulanmaktaydı ve manüfaktür sistemi ile karşılaştırıldığında inanılmaz boyutlara ulaştığı görülür. Kumaş sanayisinin merkezi olan Norwich'te, altı yaşında küçük bir yaratık, çalışabilecek duruma gelmiş sayılıyordu. O zamanın bazı yazarları ve bunlar arasında iyi kalplilikleri ile ün salmış

Gene de, 18. yüzyılın büyük bir kısmında, modern sanayi ve makineleşme çağına kadar İngiltere'de, sermaye, emek-gücünün, haftalık değerini ödeyerek işçinin bir hafta boyu emeğine elkoymayı başaramamıştır; bunun tek istisnası tarım emekçileridir. Dört günlük ücretle bütün bir hafta yaşayabilmeleri olgusu, işçilere, diğer iki gün de kapitalistler için çalışmaları gerektiği yolunda yeterli bir neden olarak görünmemişti. İngiliz iktisatçıların bir bölümü, sermayenin çıkarına, bu küstahlığı en ağır biçimde yermişler, diğer bir grup ise işçileri savunmuştur. Örneğin, o sıralarda, bugünkü MacCulloch ve MacGregor'un benzer yapıtları gibi ünlü olan [*Universal*] *Dictionary of Trade* [*and Commerce*] adlı yapıtın yazarı Postlethwayt ile (daha önce sözü edilen) *Essay on Trade and Commerce*[126] adlı yapıtın yazarı arasındaki şu tartışmaya kulak verelim.

Postlethwayt başka şeyler arasında şunları da söyler: "Bu birkaç gözlemlemeye, pek çok kimsenin ağzında dolaşan bayat sözlere değinmeden son veremeyiz; onlara göre, eğer çalışan yoksul halk, beş günde yaşaması için kendine yetecek kadarını elde ederse, altıncı günü hiç çalışmaz. Bunlar, bu nedenle yaşamak için gerekli

olanlar, bu tek bir kentte, çok körpe çağdaki oğlan ve kız çocuklarının, kendi giderleri çıktıktan sonra yılda onikibin sterlini bulan bir servet yarattıklarını coşkun bir dille ifade etmişlerdir. Geçmişteki tarihimizi ne kadar dikkatle incelersek, çağımızın yeni toplumsal kötülükler yönünden verimli olduğunu düşünenlerden ayrılmak için o kadar fazla neden buluruz. ... Yeni olan, bunlara çare bulan, zeka ve insanca davranışlardır." (*History of England,* vol. I, s. 417.) Macaulay, ayrıca, 17. yüzyılda "çok iyi kalpli" *amis du commerce*'ın ["ticaret dostları"nın –ç.], Hollanda'da bir yoksullar yurdunda dört yaşında bir çocuğun nasıl çalıştırıldığını "coşkuyla" hikaye ettiklerini ve bu "*vertu mise en pratique*" ["pratik olarak ortaya konan erdem" –ç.] örneğinin Adam Smith'e kadar, *à la* Macaulay bütün insansever yapıtlarda model olarak yeraldığını da anlatabilirdi. Elzanaatlarının yerine manüfaktürün geçmesiyle, çocukların sömürülmesiyle ilgili izlerin görülür hale geldiği doğrudur. Bu sömürü, köylüler arasında da bir ölçüde her zaman vardı ve köylünün boynuna geçirilen boyunduruğun ağırlaşması ölçüsünde de gelişmişti. Sermayenin eğilimi orada kuşkuya yer bırakmayacak şekilde ortadadır; ama bu olguların kendileri, henüz, ikibaşlı çocuk kadar az görülen bir yaygınlıktadır. İşte bunun için, bu olaylar, uzak görüşlü "*amis du commerce*" tarafından, özel bir dikkate ve ilgiye değer şeyler olarak "coşkuyla" fark edilmiş ve kendi zamanları ve kuşakları için model diye tavsiye edilmiştir. Bu aynı İskoçyalı asalak ve lafebesi Macaulay şöyle diyor: "Biz, bugün, yalnız gerileme sözünü duyuyor ve yalnız ilerlemeyi görüyoruz." Ne göz ve özellikle ne kulak!

126 İşçileri suçlayanlar arasında en öfkelisi, metinde sözü edilen, *An Essay on Trade and Commerce, containing Observations on Taxes, etc.,* London 1770, adlı yapıtın adı bilinmeyen yazarıdır. Bu konu üzerinde daha önceki *Considerations on Taxes,* London 1765, adlı yapıtında da durmuştur. Eşi bulunmaz, istatistik kumkuması Polonius Arthur Young da aynı yolun yolcusudur. İşçi sınıfını savunanlar arasında önde gelenler şunlardır: Jacob Vanderlint, *Money Answers all Things,* London 1734; Rev. Nathaniel Forster, D. D., *An Inquiry into the Causes of the Present* [*High*] *Price of Provisions,* London 1767; Dr. Price ve özellikle Poslethwayt, *Universal Dictionary of Trade and Commerce,* adlı yapıtında yazdığı ek ve, *Great Britain's Commercial Interest explained and improved,* 2nd. edit., London 1755, adlı yapıtıyla. Bu olguların kendileri, zamanın diğer birçok yazarları ve bu arada Josiah Tucker tarafından da doğrulanmıştır.

ve hatta zorunlu yaşama araçlarını, vergiler ya da başka yollarla pahalılaştırarak, zanaat ve manüfaktür işçilerini haftanın altı gününde aralıksız çalışmaya zorlamayı öneriyorlar. Bu ülkenin çalışan insanlarının devamlı köleliğinden yana olan o büyük politikacıların duygularını paylaşamadığım için özür dilerim; bunlar, o yaygın atasözünü unutuyorlar: *All work and no play.** İngiliz mallarına o genel ünü ve güveni sağlayan zanaatçılar ile el işçisinin deha ve hüneriyle İngilizler övünmüyorlar mıydı? Bunu kime borçluyuz? Herhalde, en çok emekçi halkın dilediği gibi eğlenme ve dinlenmesine. Bütün yıl boyunca haftada tam altı gün aynı işi yinelemek zorunda kalsalardı, bu yetenekleri körlenmez, canlılık ve hünerlerin yerini budalalık almaz mıydı, böyle bir ebedi kölelikle, bizim işçilerimiz, ünlerini sürdüreceklerine yitirmezler miydi? ... Böyle zora koşulmuş hayvanlardan ne tür bir işçilik beklersiniz? ... Bunların çoğu, dört gün içinde, bir Fransızın beş-altı günde yapacağı kadar iş çıkarır. Ama İngilizler böyle ebedi köleler haline getirilirse, Fransızlardan daha fazla yozlaşmalarından korkulur. Halkımızın savaştaki kahramanlık ününün, anayasal özgürlük ruhunun yanısıra, karınlarındaki ünlü İngiliz bifteği ile pastasından ileri geldiğini söylemez miyiz? Öyleyse, zanaatçılarımızın ve işçilerimizin üstün yetileri ile becerileri, niçin diledikleri gibi kullandıkları özgürlük ve serbestlikten ileri gelmiş olmasın? Ve diliyorum ki, işçilerimizin cesaretlerinin olduğu kadar dehalarının da kaynağı olan ayrıcalıklarını ve iyi yaşamalarını ellerinden hiçbir zaman almayalım."[127] *Essay on Trade and Commerce*'in yazarı, buna, şu karşılığı verir: "Eğer haftanın yedinci günü, öteki altı günün işe ait olması" (birazdan göreciğimiz gibi sermayeye ait olması demek istiyor) "yönünden kutsal bir kurum olarak tatil kabul edilirse, kuşkusuz bu, bir gaddarlık olarak düşünülemez. ... İnsanoğlu genellikle rahata ve tembelliğe eğilimlidir; biz, bu korkunç gerçeği, gerekli tüketim maddeleri çok pahalı olmadıkça, ortalama haftada dört günden fazla çalışmaya yanaşmayan manüfaktür işçisinin davranışlarından anlıyoruz. ... Yoksul halk için gerekli olan şeyleri tek bir ad altında toplayalım; sözgelişi buna buğday diyelim ve bir kile buğday da beş şilin olsun; işçi günlük emeğiyle bir şilin kazanarsa, haftada yalnız beş gün çalışma zorunluluğunu duyacaktır. Yok eğer buğdayın kilesi dört şilin olursa, ancak dört gün çalışmak zorunda kalacaktır; ama bu krallıkta ücretler, zorunlu maddelerin fiyatlarına oranla çok yüksek olduğu için ... dört gün çalışan bir işçinin elinde, haftanın geri kalan kısmında aylak yaşayacak kadar para kalmaktadır.

[127] Postlethwayt, *l.c.*, "First Preliminary Discourse", s. 14.
* Hep çalış ve hiç oynama. –ç.

... Haftada altı gün ortalama çalışmanın kölelik olmadığını göstermek için söylediklerimin yeterli olduğunu umuyorum. Bizim tarım işçilerimiz bunu yapıyor, ve bunlar çalışan yoksul insanlarımız içinde herhalde en mutlu olanlarıdır.[128] Ama Hollandalılar bunu el işçiliğinde de yapıyorlar, ve onların da çok mutlu oldukları görülüyor. Bayram tatilleri girmedikçe, Fransızlar da böyle yapıyor.[129] Ama bizim halkımızın edindiği bir düşünceye göre, İngiliz olmakla, sanki, Avrupa'daki herhangi bir ülkeden daha fazla özgür ve bağımsız olmayı doğuştan bir ayrıcalık sayıyorlar. Bu düşüncenin, birliklerimizin kahramanlıklarını etkilemesi yönünden bir yararı olabilir, ama yoksul el işçisi, bu düşünceyi ne kadar az benimserse, kendisi için de, devlet için de o kadar iyi olur. Emekçi halk kendisini hiçbir zaman üstlerinden bağımsız saymamalıdır. ... Bizimki gibi toplam nüfusunun sekizde-yedisinin hiç mülksüz ya da pek az mülke sahip olduğu bir ticaret devletinde ayaktakımını isteklendirmek son derece tehlikelidir. Bizim yoksul el işçilerimiz, şimdi dört günde kazandıkları parayla altı gün çalışmaya razı olmadıkça bu duruma hiçbir çare kâr etmeyecektir."[130] Bu amaca ulaşmak için ve "tembelliğin, oburluğun ve aşırılığın kökünün kazınması", çalışma ruhunun isteklendirilmesi, "işyerlerinde emeğin fiyatının düşürülmesi ve yoksulluk yükünün azaltılması", için, sermayenin sadık dostu şu denenmiş çareyi önerir: Halkın yardımına muhtaç hale gelmiş işçileri, yani tek sözcükle, yoksulları "*an ideal workhouse*"a* hapsetmek. Bu ideal işyeri, yoksullar için "midelerini şişirecekleri, giyinip kuşanacakları, azıcık da çalışacakları" bir barınak değil, bir "dehşet evi" olmalıdır.[131] Bu "dehşet evi"nde, bu "ideal işyerinde, yoksullar, günde 14 saat çalışacak ve kendilerine ancak geriye 12 saatlik net çalışma kalmak üzere yemek paydosları verilecektir."[132]

1770 yılında "dehşet evi"nde, bu ideal işyerinde, günde oniki saat çalışma! 63 yıl sonra, 1833'te, İngiliz parlamentosu, 13 ile 18 yaş arasındaki çocukların işgününü, dört sanayi kolunda 12 tam

128 *An Essay etc.*. Kendisi 96. sayfada, daha 1770 yılında İngiliz tarım işçisinin "mutluluğunun" ne olduğunu anlatır. "Bunların güçleri daima gergin haldedir, bunlar şimdikinden ne daha ucuz yaşayabilirler, ne de daha fazla çalışabilirler."

129 Protestanlık, hemen hemen bütün geleneksel tatilleri çalışma günlerine çevirerek, sermayenin oluşumunda önemli bir rol oynar.

130 *An Essay etc.*, s. 15, 41, 96, 97, 55, 57, 69. — Jacob Vanderlint daha 1734 yılında, kapitalistlerin, çalışan halkın tembelliği konusunda kopardıkları yaygaranın sırrının, işçilerin, yalnızca, aynı ücretle, 4 gün yerine 6 günlük emek verdiklerini öne sürmeleri olduğunu söylüyordu.

131 *l.c.*, s. 242.

132 *l.c.*, "Fransızlar" diyor, "bizim özgürlük konusundaki heyacanlı fikirlerimize gülüyorlar", s. 78.

* Bir ideal işyeri. –ç.

saate indirdiği zaman, İngiliz sanayisi için sanki kıyamet günü gelmiş çatmıştı! Ve 1852'de Louis Bonaparte, burjuvaziye karşı durumunu sağlama almak için, yasal işgününe elattığı zaman, Fransız işçi tek bir ses gibi haykırdı: "İşgününü 12 saat ile sınırlandıran yasa, cumhuriyet yasama döneminden bize kalan tek iyi şeydir!"[133] Zürih'te 10 yaşından büyük çocukların çalışması 12 saatle sınırlandırıldı; 1862'de Aargau'da 13 ile 16 yaş arasındaki çocukların çalışması 12½ saatten 12 saate indirildi; 1860'ta Avusturya'da, 14 ile 16 yaş arasındaki çocuklar için aynı indirim yapıldı.[134] 1770 yılından beri "Ne büyük gelişme!" diye sevinçle haykırabilirdi Macaulay!

Kapitalist ruhun 1770 yılında fakir fukara için ancak hayal edilen "dehşet evi", birkaç yıl sonra sanayi işçileri için dev bir "işevi" biçiminde gerçekleşti. Bunun adına *fabrika* dendi. Ve bu kez, ideal, gerçeğin karşısında solup gitti.

ALTINCI KESİM. — NORMAL İŞGÜNÜ İÇİN SAVAŞIM. EMEK-ZAMANI YASASIYLA ZORUNLU SINIRLANDIRMA. İNGİLİZ FABRİKA YASALARI, 1833'TEN 1864'E

Sermayenin, işgününü, önce normal üst sınırına kadar uzatması ve ardından bundan da öteye, 12 saatlik doğal günün sınırına[135]

[133] "Bunlar özellikle günde 12 saatten fazla çalışmaya karşı çıktılar, çünkü, bu saatleri belirleyen bir yasa, cumhuriyet yasama döneminden onlara kalan tek iyi şeydi." (*Rep. of Insp. of Fact., 31st Octob. 1856*, s. 80.) Geçici Hükümetin 2 Mart 1848 tarihli buyruğunun burjuvalaştırılmış bir kopyası olan, 5 Eylül 1850 tarihli Fransız Oniki Saat Yasası, ayrım gözetmeksizin bütün işyerlerini kapsar. Bu yasadan önce Fransa'da işgünü sınırsızdı. Fabrikalarda 14, 15, ya da daha fazla saat sürerdi. Bkz: *Des classes ouvrières en France, pendant l'année 1848, par M. Blanqui.* Devrimci olmayıp iktisatçı olan M. Blanqui'ye, hükümet, işçi sınıfının durumunu araştırma görevini vermişti.

[134] İşgününün düzenlenmesi konusunda Belçika, örnek bir burjuva devlettir. İngiliz hükümetinin Brüksel'deki tam yetkili temsilcisi lord Howard of Welden, 12 Mayıs 1862'de dışişleri bakanlığına şöyle yazıyordu: "Bakan M. Rogier, bana çocukların çalışmasının ne genel bir yasayla ve ne de bölgesel yönetmeliklerle sınırlandırılmış olduğunu bildirdi; hükümet son üç yıl içinde, her oturumda, bu konuda bir yasa önerisinde bulunmaya niyetlenmiş, ama eksiksiz çalışma özgürlüğü ilkesine karşıt düşen bir yasaya karşı gösterilen kıskançça direnme nedeniyle hep aşılamaz bir engelle yüzyüze gelmiştir."

[135] "Bır sınıftan insanların bir günde 12 saat çalışmak zorunda olmaları, kuşkusuz çok üzülünecek bir durumdur; bu süreye, yemek zamanları ile işe gidiş-geliş de katılırsa aslında bu, 24 saatin 14 saati eder. ... Sağlık sorununa hiç girmeksizin yalnızca ahlaksal açıdan, 13 yaşından ve sınırlamanın sözkonusu olmadığı mesleklerde daha da küçük yaşlardan başlayarak, işçi sınıfının zamanına hiç ara verilmeksizin bütünüyle elkonulmasının son derece zararlı ve korkunç bir fenalık olduğunu sanırım hiç kimse kabul etmekte duraksamayacaktır. ... Bu nedenle, kamu sağlığının korunması, düzenli bir nüfus yetiştirilmesi ve büyük halk kitlesine usa-uygun ölçüde yaşamdan zevk alma hakkının sağlanması için, bütün işkollarında işgününün bir kısmının dinlenme ve eğlenceye ayrılması çok arzu edilen bir şeydir." (Leonard Horner, *Reports of Insp. of Fact., 31st Dec. 1841.*)

uzatılması yüzyılları aldıktan sonra, 18. yüzyılın son üçte-birinde, makineleşmenin ve modern sanayinin doğuşuyla birlikte, bunu, yoğunluğu ve boyutları bakımından bir çığı andıran müthiş bir sınır tanımazlık izledi. Ahlakın ve doğanın, yaşın ve cinsiyetin, gecenin ve gündüzün bütün sınırları yıkıldı. Eski statülerdeki o çok yalın gündüz ve gece kavramları bile, öylesine karmakarışık hale geldi ki, daha 1860'ta bir İngiliz yargıcın, gündüzün ve gecenin ne olduklarını "hukuken" açıklayabilmesi için tam Talmud'a yaraşır bir bilgelik göstermesi gerekmişti.[136] Sermaye çılgın bir cümbüş içindeydi.

Önceleri bu yeni üretim sisteminin gürültü patırtısıyla şaşkına dönen işçi sınıfı, biraz kendine gelir gelmez, direnmeye başladı ve bu, ilk kez, makineleşmenin doğum yerinde, İngiltere'de oldu. Ne var ki, çalışan halkın 30 yılda koparabildiği ödünler sözden ibaret kaldı. Parlamento 1802 ve 1833 arasında 5 iş yasası çıkardı, ama bunların uygulanması, gerekli memur giderleri vb. için bir kuruşluk ödenek koymama kurnazlığını da gösterdi.[137]

Bunlar kuru harfler olarak kaldılar. "1833 Yasasından önce gençlerle çocuklar bütün gece, bütün gündüz ya da *ad libitum,** hem gece, hem gündüz çalışıyordu."[138]

Modern sanayi için normal işgünü, pamuklu, yünlü keten ve ipek fabrikalarını kapsayan 1833 tarihli Fabrika Yasası ile başlar. Sermayenin ruhu açısından, hiçbir şey, 1833'ten 1864'e kadar olan İngiliz Fabrika Yasaları tarihi kadar ilginç değildir. 1833 tarihli yasanın belirlediğine göre, normal fabrika işgünü, sabahın beşbuçuğundan akşamın sekiz-buçuğuna kadardı; 15 saat süreyle, bu sınırlar içersinde, genç kimselerin (yani 13 ile 18 yaş arasında olan kimselerin) günün herhangi bir zamanında çalıştırılması yasaya uygundu; ancak yasada belirtilen bazı özel durumlar dışında hiçbir genç insan, bir gün içersinde 12 saatten fazla çalıştırılmayacaktı.

[136] Bkz: *Judgement of Mr. J. H. Otway, Belfast, Hilary Sessions, County Antrim, 1860.*

[137] Burjuva kral Louis-Philippe'in hükümdarlığı sırasında çıkartılan 22 Mart 1841 tarihli tek fabrika yasasının hiçbir zaman yürürlüğe konmamış olması, bu rejim için çok karakteristiktir. Ve bu yasa, yalnız çocukların çalışmasını ele alıyordu. Bu yasa, 8 ile 12 yaş arasındaki çocuklar için günde 8 saat, 12 ile 16 yaş arası için 12 saat vb. çalışmayı öngörmekle birlikte, 8 yaşındaki çocuklar için bile gece işine izin veren kural-dışı hükümlerle doluydu. Her farenin bile polis gözetimi altında bulundurulduğu bir ülkede, bu yasanın denetimi ve yürütülmesi, "*amis du commerce*"ın iyi niyetlerine bırakılmıştı. 1853 yılından beri yalnız bir bölgede —Département du Nord— ücretli hükümet denetmeni atanmıştır. Louis-Philippe yasasının her konudaki bir yığın Fransız yasası kalabalığı arasında 1848 Devrimine kadar tek başına durması da, Fransız toplumunun gelişmesini gösteren bir olgu olarak daha az karakteristik değildir.

[138] *Report of Insp. of Fact., 30th April, 1860,* s. 50.

* Keyfe göre. *–ç.*

Yasanın 6. maddesine göre, "yasada öngörülen bu gibi kişilere, her gün boyunca bir-buçuk saatten az olmamak üzere, yemek paydosu verilecek"ti. Dokuz yaşından küçük çocukların çalıştırılmaları, daha sonra belirtilen istisnalar dışında yasaklanmıştı; 9 ile 13 yaş arasındaki çocukların çalışması, günde 8 saatle sınırlandırılmıştı. Bu yasaya göre, gece işi, yani akşam sekiz-buçukla sabah beş-buçuk arasındaki çalışma, 9 ile 18 yaş arasındaki herkese yasaklanmıştı.

Yasakoyucular, sermayenin yetişkin insan emeğini sömürme özgürlüğüne ya da kendi deyimleri ile "çalışma özgürlüğü"ne bir set çekmekten o kadar uzaktılar ki, Fabrika Yasasının böylesine feci sonuçlar vermesini engellemek için özel bir sistem yarattılar.

Komisyon Merkez Kurulunun 28 Haziran 1833 tarihli ilk raporunda şöyle deniliyordu: "Bugün uygulanan fabrika sisteminin en büyük kötülüğü, bize göre, çocukların çalışma süresini, yetişkinlerin çalışma sürelerinin en üst sınırına kadar uzatma zorunluluğunu yaratmış olmasıdır. Bu kötülüğün önüne geçmenin tek yolu, yetişkinlerin çalışma sürelerine hiç dokunulmaksızın —çünkü böyle bir şey, bizce, çözümlenmesi istenen kötülükten daha büyük kötülük yaratabilir— çocukların iki posta halinde çalışmalarını saptayacak bir plan olabilir." ... Bu "plan" vardiya sistemi adı altında yürürlüğe kondu, ve böylece örneğin 9 ile 13 yaş arasındaki bir posta çocuk, sabah beş-buçuktan öğleden sonra bir-buçuğa kadar, bir başka posta çocuk, öğleden sonra bir-buçuktan gece sekiz-buçuğa kadar "işe koşulacaktı" vb..

Fabrikatörlerin son yirmiiki yıl içersinde çıkarılmış olan çocukların çalışmaları ile ilgili bütün yasaları en vurdumduymaz biçimde görmezden gelmiş olmalarının ödülü olarak, yasa, daha da allanıp pullanmıştı. Parlamento, çıkardığı yasalarla, 1 Mart 1834'ten itibaren 11 yaşından küçük, 1 Mart 1835'ten itibaren 12 yaşından küçük, 1 Mart 1836'dan itibaren 13 yaşından küçük çocukların fabrikalarda sekiz saatten fazla çalıştırılamayacağını öngörüyordu. "Sermaye"nin üzerine titreyen bu "liberalizm", Dr. Farre, sir A. Carlisle, sir B. Brodie, sir C. Bell, Mr. Guthrie, vb., kısacası, Londra'nın en seçkin doktorları ile operatörlerinin Avam Kamarası önünde gecikmenin tehlikeli olduğu konusunda tanıklık etmeleri üzerine, daha da dikkate değer bir durum aldı. Dr. Farre düşüncelerini daha kabaca ortaya koydu: "Her ne şekilde olursa olsun zamansız ölümlere yolaçılmasını önlemek için aynı ölçüde yasalar gereklidir, ve bu yol" (yani fabrikaların uyguladığı yöntem) "bu gibi ölümlere yolaçan en gaddarca şekil olarak görülmelidir."[138a]

[138a] *"Legislation is equally necessary for the prevention of death, in any form in which it can be prematurely inflicted, and certainly this must be viewed as a most cruel mode of inflicting it."*

Fabrikatörlere karşı beslediği şefkat duyguları ile 13 yaşından küçük çocukları gelecek yıllar için fabrika cehenneminde haftada 72 saat çalışmaya mahkum eden aynı "reformcu" parlamento, öte yandan da, özgürlüğü ancak damla damla veren Kölelikten Kurtuluş Yasasıyla, çiftlik sahiplerinin, zenci köleleri haftada 45 saatten fazla çalıştırmasını daha başlangıçta yasaklamıştı.

Ama, uzlaşmaya hiç niyeti olmayan sermaye, şimdi de yıllarca sürecek olan gürültülü bir propagandaya girişti. Bu propaganda, esas olarak, yaşları bakımından çocuk adı altında toplanan, çalışmaları 8 saat ile sınırlandırılan ve belli süre zorunlu öğrenim görmeleri gerekli yaştakilere yöneltilmişti. Kapitalist antropolojiye göre, çocukluk yaşı 10'da, haydi bilemediniz 11'de sona ererdi. Fabrika Yasasının bütünüyle yürürlüğe gireceği zaman, yani o uğursuz 1836 yılı yaklaştıkça, imalatçılar güruhu da şamatayı artırıyordu. Gerçekten de, hükümetin gözünü öylesine korkutmayı becerdiler ki, hükümet, 1835'te çocukluk yaşının sınırının 13'ten 12'ye indirilmesini önerdi. Bu arada, dıştan gelen baskı daha da tehdit edici bir durum aldı. Ama Avam Kamarası daha fazlasına cesaret edemedi; 13 yaşından küçük çocukları, Juggernaut arabasının* altına günde sekiz saatten fazla atmayı reddetti, ve 1833 Yasası tüm olarak yürürlüğe girdi. 1844 Haziranına kadar da değişmedi.

Yasanın, fabrika çalışmasını önce kısmen sonra da bütünüyle düzenlediği on yıl içersinde, fabrika denetmenlerinin resmî raporları, yasanın uygulanmasının olanaksızlığı konusundaki şikayetleri ile doluydu. 1833 tarihli yasa, her "genç kimse"nin ve "her çocuk"un, 12 ya da 8 saat çalışmasını, sabah beş-buçuk ile akşam sekiz-buçuk arasındaki 15 saatlik sürede, işe başlama, yemek aralığı, yeniden işe başlama ve işi bitirme zamanlarının belirlenmesini, sermaye ağalarının keyfine bıraktığı gibi, farklı kişilere, çeşitli zamanlarda yemek paydosu verme yetkisini de verdiği için, bu baylar çok geçmeden yeni bir "vardiya sistemi" keşfettiler ve böylece yük-beygirleri belli duraklarda değiştirileceği yerde, yalnızca değişik duraklarda durmadan yeniden işe koşuldular. İlerde aynı konuya döneceğimiz için bu sistemin güzelliği üzerinde daha fazla durmayacağız. Ama ilk bakışta şurası apaçık görülüyor ki, bu sistem, Fabrika Yasasının bütününü yalnız ruhuyla değil, metniyle de geçersiz hale getiriyordu. Her çocuk ya da genç insanla ilgili olarak tutulan bu karmaşık muhasebe sistemi karşısında, fabrika denetmenleri,

* *Juggernaut,* aynı adı taşıyan kentin tapınağında, yıllık ayin sırasında, Hint tanrısı Vişnu'nun heykelinin üzerinde gezdirildiği ve meczuplarının kendilerini altına attıkları araba tekerleği. *–ç.*

yasaların belirlediği emek-zamanı ve yemek paydoslarını nasıl uygulayabilirlerdi? Çok geçmeden fabrikaların çoğunda eski vahşet yeniden hortladı ve hiçbir ceza görmedi. İçişleri bakanı ile yaptıkları bir görüşmede (1844) fabrika denetmenleri, bu yeni icat edilmiş vardiya sistemi altında herhangi bir denetimin olanaksızlığını gösterdiler.[139] Ne var ki, bu arada koşullar epeyce değişmişti. Fabrika işçileri, özellikle 1838'den beri, Charter'ı politik seçim sloganı yaptıkları gibi, On Saatlik Yasayı ekonomik seçim sloganı haline getirdiler. Fabrikalarını 1833 yasasına uygun olarak yöneten bazı fabrikatörler bile, cüretkarlıkları ya da daha şanslı yerel koşulları nedeniyle, yasalara uymayan sahte biraderlerinin ahlaka uymayan rekabetleri konusunda parlamentoya muhtıralar yağdırmaya başladılar. Üstelik, fabrikatörler, birey olarak, o eski kazanç hırslarına gem vurmasalar da, fabrikatörler sınıfının sözcüleri ile siyasal temsilcileri, çalışanlara karşı bir cephe ve ağız değişikliği yapılmasını emretmişlerdi. Tahıl Yasalarının kaldırılması için kampanyaya girişmişlerdi, zafere ulaşmak için işçilerin yardımına gereksinmeleri vardı. Bu nedenle, yalnızca ekmeklerini çifte somuna çıkartmayı değil, serbest ticaretin mutluluk döneminde On Saatlik Çalışma Yasasının gerçekleştirilmesini de vaadediyorlardı.[140] Böylece, 1833 yasasını gerçekleştirmekten öte bir amaç taşımayan bir önleme karşı çıkmaya pek cesaret edemediler. En kutsal çıkarlarının, toprak rantının tehdit edilmesi karşısında Toryler, düşmanlarının bu "alçakça hareketleri"ne[141] karşı insancıl bir öfkeyle gürlediler.

7 Haziran 1844 tarihli ek fabrika yasasının kökeni işte buydu. Bu yasa, 10 Eylül 1844'te yürürlüğe girdi. Yeni bir işçi grubunu, yani 18 yaşın üzerindeki kadınları himayesi altına alıyordu. Bunlar her bakımdan genç işçilere eşit duruma getiriliyordu; emekzamanları oniki saat ile sınırlanıyor, gece çalışmaları yasaklanıyordu vb.. İlk kez yasakoyucu, yetişkinlerin çalışmasını doğrudan doğruya ve resmen denetim altında tutmaya kendini zorunlu görüyordu. 1844-1845 tarihli fabrika raporunda şu alaylı sözler vardı: "Yetişkin hanımların, *haklarına* bu şekilde müdahale edilmiş olmasından yakındıkları konusunda herhangi bir bilgi bana ulaşmış değildir."[142] Onüç yaşın altındaki çocukların emek-zamanı 6½ saate, ve bazı durumlarda da gene günde 7 saate indiriliyordu.[143]

[139] *Rept. of Insp. of Fact., 31st October, 1849*, s. 6.

[140] *Rept. of Insp. of Fact., 31st October, 1848*, s. 98.

[141] Leonard Horner, kendi resmî raporunda, "alçakça uygulamalar" deyimini kullanmaktadır. (*Report of Insp. of Fact., 31st October*, 1859, s. 7.)

[142] *Rept. etc., 30th Sept., 1844*, s. 15.

[143] Yasa, her gün çalışmayıp da günaşırı çalışan çocukların 10 saat çalıştırılmalarına izin vermektedir. Aslında bu madde işlemez halde kaldı.

"Sözde vardiya sistemi"nin kötüye kullanılmasından kurtulmak için yasa, diğerleri yanında, şu önemli hükümleri de getiriyordu: — "Çocukların ve gençlerin çalışma saatleri, bu çocuk ya da gençlerin, sabah işe başladıkları zamandan itibaren hesaplanacaktır." Böylece, örneğin, eğer A, sabah 8'de, B de 10'da işe başlarsa, B'nin işgününün, gene de A'nınki ile aynı saatte sona ermesi gerekecektir. "Zaman resmî saate göre hesaplanacaktır", örneğin, fabrikanın saati en yakın demiryolu istasyonunun saatine göre ayarlanacaktı. Fabrika sahibi, işin başlama, sona erme ve çeşitli yemek saatlerini gösteren "okunaklı" bir levha asacaktı. Öğleyin 12'den önce işe başlayan çocuklar, öğleyin 1'den sonra tekrar çalıştırılamayacaktı. Böylece, öğleden sonraki ekip, sabah çalışan çocuklar ile kurulamayacaktı. Yemek paydosu için verilen bir-buçuk saatin, "en az bir saati, öğleden sonra saat üçten önce verilecekti ... ve aynı vardiya içine isabet edecekti. Yemek zamanı için en az 30 dakikalık bir aralık verilmeksizin, öğleyin saat birden önce hiçbir çocuk ya da genç beş saatten fazla çalıştırılamayacaktı." Bu sırada (yani yemek zamanında) "fabrikanın emek-sürecinin devam ettiği yerlerinde hiçbir çocuk ya da genç erkek veya kadın çalıştırılamayacak ya da buralarda bulunmayacaktı." vb..

Görüldüğü gibi, zaman sınırlarını, paydos saatlerini, askerî bir disiplinle saatin tik-takları ile düzenleyen bu hassaslık asla parlamentonun eseri değildi. Bütün bunlar, modern üretim biçiminin doğal yasaları olarak, koşullardan giderek doğmuştu. Bunların biçimlenmesi, resmen tanınması ve devlet tarafından ilan edilmesi, sınıfların uzun savaşımlarının sonucu olmuştur. Bunların ilk sonuçlarından biri, uygulamada, fabrikadaki yetişkin erkeklerin işgününün, aynı sınırlamalara bağlı olmasıdır; çünkü üretim süreçlerinin çoğunda, çocuklarla gençlerin ve kadınların elbirliği vazgeçilmezdi. Bunun için, 1844'ten 1847'ye kadarki dönemde 12 saatlik işgünü, Fabrika Yasasına bağlı bütün sanayi kollarında genel ve tekdüze bir uygulama olmuştur.

Bununla birlikte, fabrikatörler, bu "ilerleme"ye, bunu karşılayacak bir "gerileme" olmaksızın izin vermediler.

Bunların çabaları ile, Avam Kamarası, sömürülmeye uygun en küçük çocuk yaşını 9'dan 8'e indirdi; böylece, hem tanrısal yasaya, hem de insan yasasına uygun olarak kapitalistlerin hakları olan bir miktar daha fabrika çocuğu sağlanmış oldu.[144]

1846-47 yılları, İngiltere'nin ekonomik tarihinde, çığır açıcı yıl-

144 "Çalışma saatlerinde yapılacak bir kısaltma, daha çok sayıda çocuğun çalıştırılmalarına yolaçabileceği için, 8-9 yaşlarında ek bir çocuk işçi arzının artan talebi karşılayabileceği sanıldı." (*l.c.*, s. 13.)

lar olmuştur. Tahıl Yasaları ve pamuk ile öteki hammaddelerden alınan ithalat vergileri kaldırılmış; serbest ticaret, yaşam için yol gösterici yıldız ilan edilmiş; kısacası, mutluluk dönemi başlamıştı. Buna karşılık, aynı yıllarda, çartist hareket ile 10 saatlik işgünü savaşımı en yüksek noktasına ulaşmıştı. Onlar, öcalmak için fırsat kollayan Toryler arasında müttefikler bulmuşlardı. Başlarında Bright ile Cobden olmak üzere ikiyüzlü serbest ticaret ordusunun bağnazca direnmelerine karşın, uzun zamandır savaşımı verilen On Saatlik İşgünü, parlamentodan geçti.

8 Haziran 1847 tarihli yeni Fabrika Yasasına göre, 1 Temmuz 1847'den itibaren "genç kimseler" (13 ile 18 yaş arası) ve bütün kadın işçiler için işgünü, bir ön kısaltma yapılarak 11 saate indiriliyor, ve 1 Mayıs 1848'den itibaren de işgünü, kesin olarak, 10 saatle sınırlandırılıyordu. Diğer yönlerden bu yasa, yalnızca 1833 ve 1844 yasalarını değiştiriyor ve tamamlıyordu.

Sermaye, şimdi de, yasanın, 1 Mayıs 1848'de tümüyle yürürlüğe girmesini engellemek için bir hazırlık kampanyasına girişti. Ve işçiler de, geçirdikleri deneyimlerle çok şey öğrendiklerini sanarak, kendi eserlerini yıkmakta, onlara yardımcı olacaklardı. Zaman kurnazca seçilmişti. "Şurasını da unutmamak gerekir ki, fabrika işçileri arasında, 1846-47'deki korkunç bunalımlar nedeniyle, iki yıldan fazla bir süre büyük bir ıstırap sürüp gitmişti; fabrikaların çoğu ya kısa süreli çalışmış ya da büsbütün kapanmıştı. İşçilerin büyük bir kısmı, bu nedenle çok güç duruma düşmüşlerdi; çoğu borçlanmıştı; bu yüzden, geçmiş kayıplarını telafi etmek, belki de borçlarını ödeyebilmek, eşyalarını rehinden kurtarmak ya da sattıklarının yerine yenisini almak ya da kendileriyle ailelerine yeni giysiler edinebilmek için, bugün artık daha uzun süre çalışmayı yeğleyeceklerini düşünmek yerinde olurdu."[145]

Fabrikatörler, bu koşulların doğal etkilerini, ücretlerde genellikle %10'luk bir genel indirim yaparak iyice artırmaya çalıştılar. Bu, deyim yerindeyse, yeni serbest ticaret çağının açılış kutlamasıydı. İşgünü 11 saate indirilir indirilmez, bunu, %8⅓'lik bir indirim izledi, ensonu 10 saate indirilince bu ücretlerdeki indirim de iki katına çıkartıldı. Demek ki, koşulların elverdiği anda, ücretlerde, en az %25'lik bir indirim yapılmış oluyordu.[146] İşte böylesine uygun koşullar altında, 1847 yasasının kaldırılması için fabrika işçileri arasında faaliyete geçildi. Bu girişim sırasında, söylenen ya-

[145] *Rep. of Insp. of Fact., 31st Oct., 1848*, s. 16.

[146] "Haftada 10 şilin alan işçilerden, %10 oranında bir indirim için 1 şilin ve geriye kalan 9 şilinden de zaman kısalığı nedeniyle 1 şilin 6 peni olmak üzere toplam 2 şilin 6 peni kesildiğini ve bu durum karşısında bunlardan çoğunun günde 10 saat çalışmayı yeğlediklerini söylediklerini gördüm." *l.c.*.

lanın, verilen rüşvetin, yapılan tehdidin sınırı yoktu. Ama hepsi boşa gitti. "Yasanın kendilerini ezdiği" yolunda yarım düzine dilekçe veren işçiler, sonradan yapılan sözlü soruşturmada, bunların, kendilerine zorla imzalatıldığını söylediler. "Kendilerini ezilmiş hissettikleri doğruydu, ama onları asıl ezen bu yasa değildi."[147] Fabrikatörler işçileri diledikleri gibi konuşturmayı başaramayınca, bu kez de, hem basında, hem parlamentoda, onlar adına daha yüksek perdeden feryada başladılar. Fabrika denetmenlerini, Fransız Ulusal Konvansiyonunun devrimci üyelerine benzeterek, zavallı fabrika işçilerini kendi sözde insancıl heveslerine acımasızca feda etmekle suçladılar. Bu manevra da başarısızlığa uğradı. Fabrika denetmeni Leonard Horner, hem kendisi, hem de yardımcıları aracılığı ile, Lancashire fabrikalarında birçok tanık dinledi. Dinlenen işçilerin %70 kadarı 10 saatlik işgününden, çok daha küçük bir yüzdesi, 11 saatlik işgününden ve pek küçük bir azınlığı da 12 saatlik işgününden yana olduklarını söylediler.[148]

Diğer bir "dostça" çıkış, yetişkin erkekleri 12 ile 15 saat arasında çalıştırmak ve bunu, proletaryanın kalbinin ta derinliklerinde yatan bir özlemin kanıtı olarak her yana yaymaktı. Ne var ki, "acımasız" fabrika denetmeni Leonard Horner, gene karşılarındaydı. "Aşırı çalışanlar"ın çoğunluğu şöyle diyordu: "Daha düşük ücretle on saat çalışmayı yeğleriz, ama bunu seçmek elimizde değil; aramızda o kadar çok işsiz var ki (örneğin, iplikçilerin pek çoğu başka çıkar yol bulamadıkları için, bölük-pörçük çalışarak çok düşük ücret alıyorlar) daha uzun süre çalışmayı kabul etmediğimiz zaman, bunlar hemen yerimizi alabilirler; bu durum karşısında ya daha uzun süre çalışmaya razı olacaksınız, ya da büsbütün işten atılmaya."[149]

Böylece sermayenin hazırlık kampanyası başarısızlıkla sonuçlandı, ve On Saatlik Yasa 1 Mayıs 1848'de yürürlüğe girdi. Ama bu sırada, liderleri tutuklanan ve örgütü dağıtılan çartist partinin uğradığı başarısızlık, İngiliz işçi sınıfının kendi gücüne olan güvenini

[147] " 'Onu [dilekçeyi] imzalamakla birlikte, daha o zaman elimi yanlış bir şey üzerine koyduğumu söyledim.' 'Öyleyse niçin bu işe karıştın?' 'Çünkü, eğer reddedecek olsam beni işten atardı.' Böylece bu dilekçe sahibinin kendisini 'ezilmiş' hissetmekle birlikte bunun fabrika yasasından ileri gelen bir duygu olmadığı anlaşılıyor." *l.c.*, s. 102.

[148] s. 17, *l.c.*, Mr. Horner'in bölgesinde 181 fabrikada 10.270 yetişkin erkek işçi bu şekilde sorguya çekilmiştir. Bunların tanıklıkları, 1848 Ekiminde sona eren altı aylık raporların ekinde bulunabilir. Bu sorgular, başka konularda da değerli malzeme içermektedir.

[149] *l.c.*, Leonard Horner'in topladığı ifadeler, raporun 69, 70, 71, 72, 92 ve 93 numaralı eklerinde, denetmen yardımcısı A.'nın topladığı ifadeler, 51, 52, 58, 59, 62 ve 70 numaralı eklerinde görülebilir. Bir fabrikatör de, apaçık gerçeği söylemektedir. Bkz: n° 14 ve n° 165, *l.c.*.

sarstı. Aradan çok geçmemişti ki, Paris'teki Haziran ayaklanması ile bu ayaklanmanın kanlı bir biçimde bastırılması, Kıta Avrupası'nda olduğu kadar İngiltere'de de egemen sınıfların bütün fraksiyonlarını, toprak ağaları ile kapitalistleri, borsa kurtları ile dükkancıları, himayeciler ile serbest ticaretçileri, hükümet ile muhalefeti, rahipler ile zındıkları, genç orospular ile yaşlı rahibeleri, mülkiyetin, dinin, ailenin ve toplumun kurtarılması ortak feryadında birleştirdi. İşçi sınıfı, her yerde lanetlenmiş, yasadışı ilan edilmiş ve suçlanmıştı. Artık fabrikatörlerin elini-kolunu bağlayan bir şey kalmamıştı. Şimdi yalnızca On Saatlik Yasaya karşı değil, 1833'ten beri emek-gücünün "serbestçe" sömürülmesini bir ölçüde sınırlandırmayı amaçlayan bütün yönetmeliğe karşı da açıkça başkaldırdılar. Bu, isyancı kapitalistlerin "ellerinin" derilerinden başka kaybedecek bir şeyleri olmadığı için son derece ucuz, alaylı bir dikkatsizlik ve terörcü bir enerjiyle iki yıldan fazla sürdürülen kölecilikten yana minyatür bir isyanıydı.

Bundan sonra olanları anlayabilmemiz için, 1833, 1844 ve 1847 fabrika yasalarını, biri öbürünü değiştirmediği sürece, her üçünün de yürürlükte olduğunu anımsamamız gerekir: bunlardan hiçbiri, 18 yaşın üzerindeki erkek işçilerin işgününü sınırlamadığı gibi, 1833'ten beri, sabah beş-buçuktan akşam sekiz-buçuğa kadar 15 saat yasal "gün" olarak kalmıştı, ve bu sınırlar içersinde önce 12 sonra 10 saatlik iş, gençler ile kadınların belirlenen koşullar altında çalışma süresi olarak saptanmıştı.

Fabrikatörler şurada burada gençlerle kadın işçilerin bir kısmını, çoğu zaman da yarısını işten çıkarmaya ve ardından yetişkin erkeklerin hemen hepsini yeniden gece işinde çalıştırmaya başladılar. On Saatlik Yasa başka seçenek bırakmıyor diye haykırıyorlardı.[150]

İkinci adımları, yasaların tanıdığı yemek paydosları ile ilgiliydi. Şimdi bu konuda fabrika denetmenlerini dinleyelim: "Çalışma saatlerinin on saatle sınırlandırılmasından beri, fabrikatörler, düşüncelerini henüz daha tam anlamıyla uygulamamakla birlikte, çalışma saatlerinin sabah 9'dan akşam 7'ye kadar olması karşısında, yasanın gereklerini, sabah 9'dan önce bir saat ve akşam 7'den sonra yarım saat [yemek paydosu] vermek suretiyle karşılamayı deniyorlar. Şimdi bazı durumlarda, bir saat ya da yarım saat yemek paydosuna izin vermekle birlikte bu bir-buçuk saatin herhangi bir kısmını, fabrika işgünü içinde vermek zorunda olmadıklarında ısrar ediyorlar."[151] Bu durumda fabrikatörler, 1844 yasasının yemek

[150] *Reports etc., for 31st October, 1848*, s. 133, 134.
[151] *Reports etc., for 30th April, 1848*, s. 47.

saatleriyle ilgili çok kesin hükümlerini, işçilerin, fabrikaya gelmeden ve fabrikadan çıktıktan sonra —yani evlerinde— yemelerine içmelerine izin vermek şeklinde anlıyorlardı. Ve işçilerin öğle yemeklerini sabah saat 9'dan önce yemelerinde ne gibi bir sakınca olabilirdi? Ne var ki, krallık hukukçuları, yasada öngörülen yemek zamanlarının, "çalışma saatleri sırasında verilecek paydoslarda olması gerektiğine ve böyle bir aralık verilmeksizin sabah 9'dan akşam 7'ye kadar 10 saat sürekli çalışmanın yasalara uygun olmadığına" karar verdiler.[152]

Sermaye, bu hoş gösterilerden sonra, 1844 yasasının lafzına uygun düşen ve bu nedenle de yasal olan bir adımla ayaklanmasına bir giriş yaptı.

1844 yasası, kuşkusuz, 8 ile 13 yaş arasındaki çocukların, öğleden önce çalıştırıldıklarında, öğleden sonra saat 1'den itibaren yeniden çalıştırılmasını yasaklıyordu. Ama, çalışma zamanı öğleyin 12'de ya da daha sonra başlayan çocukların 6½ saatlik çalışma sürelerini hiçbir şekilde düzenlememişti. Sekiz yaşında bir çocuk, öğleyin işe başlasa 12'den 1'e kadar bir saat, öğleden sonra 2'den 4'e kadar iki saat, akşam 5'ten 8.30'a kadar 3½ saat olmak üzere, yasaya uygun olarak, toplam 6½ saat çalıştırılabilirdi. Ya da daha iyisi, bunların çalışmalarını, yetişkin erkek işçilerin 8.30'a kadar süren çalışmalarıyla aynı zamana raslatmak için fabrikatörlerin, bunları, öğleden sonra 2'ye kadar işe başlatmamaları yeterdi; böylece bunları, hiç aralık vermeden akşam 8.30'a kadar fabrikada tutabilirlerdi. "Ve şimdi açıkça kabul edilmektedir ki, İngiltere'de fabrikatörlerin, makinelerini, günde on saatten fazla çalıştırma istekleri sonucu, bütün gençlerle kadın işçiler fabrikadan çıktıktan sonra, çocukları, yetişkin erkeklerle birlikte saat 8.30'a kadar çalıştırmaları yaygın bir uygulama halini almıştır."[153] İşçilerle fabrika denetmenleri, hem sağlık, hem de ahlak yönünden bu uygulamaya itiraz ettiler; ama sermaye şu yanıtı verdi:

> "Sözleşmelerimin ağırlığı başımın üstünde duruyor!
> "Ben, yasadan, senedimin cezasını ve karşılığını istirham ederim."*

Gerçekten de, 26 Temmuz 1850 tarihinde Avam Kamarasının önüne serilen istatistiklere göre, bütün protestolara karşın, 18 Temmuz 1850'de 257 fabrikada 3.742 çocuk bu "uygulamanın" konusu idi.[154] Ne var ki, bu da yetmemişti. Sermayenin keskin gözleri,

[152] *Reports etc., for 31st October, 1848,* s. 130.
[153] *Reports etc., l.c.,* s. 142.
[154] *Reports etc., for 31st October, 1850,* s. 5, 6.
* Shakespeare, *Venedik Taciri,* perde IV, sahne I, dize 204-205'te insafsız yahudi tefeci Shylock'un sözleri. *–ç.*

1844 yasasının, en az yarım saatlik paydos vermeksizin öğleden önce 5 saat çalışmaya izin vermediği halde, öğleden sonraki çalışma için böyle bir kayıt koymadığını keşfetmişti. Böylece, 8 yaşındaki çocukları hiç aralıksız 2'den 8.30'a kadar çalıştırma zevkinin yanısıra, bütün bu süre içersinde aç bırakma zevkini de tatmış oluyordu.

"Daima onun kalbi
"Böyle diyor: senet."[155]*

1844 yasasının çocukların çalışmasını düzenleyen lafzına, böylece Shylock cimriliği ile sıkısıkıya sarılmış, ama aynı yasanın "gençlerle kadınların" çalışmasını düzenleyen hükümlerine açıktan açığa başkaldırmıştır. Anımsanacağı gibi "sözde vardiya sistemi"ne son vermek bu yasanın başlıca hedefi ve amacıydı. Efendiler ayaklanmalarına şu basit bildiri ile başladılar: 1844 yasasının, gençlerin ve çocukların, işverenin arzusuna göre 15 saatlik günün ufak bölümlerinde *ad libitum* kullanılmasını yasaklayan hükümleri, emek-zamanı 12 saat olarak saptandığı sürece "nispeten zararsız"dı. Ama, On Saatlik Yasa altında, bu "ıstırap verici bir güçlük" halini almıştı.[156] Fabrikatörler, denetmenlere, büyük bir soğukkanlılıkla, yasanın lafzı üstüne çıkarak eski sistemi kendi hesaplarına, yeniden uygulayacaklarını söylediler.[157] "Onlara daha yüksek ücret ödeyebilmek için", kafalarına yanlış düşünceler sokulmuş işçilerin çıkarlarına göre hareket etmiş olacaklardı. "On Saatlik Yasa altında, Büyük Britanya'nın sınai üstünlüğünü sürdürmenin olanaklı olan tek planı buydu." "Vardiya sistemindeki düzensizlikleri fark etmek belki biraz güç olabilirdi; ama ne çıkar? Fabrika denetmenleri ve yardımcılarını ufak-tefek güçlüklerden kurtarmak için, bu ülkenin büyük üretim çıkarı ikincil bir konu haline mi getirilecekti?"[158]

Bütün bu bahanelerin doğal olarak hiçbir yararı olmadı. Fabri-

[155] Sermayenin niteliği, gelişmemiş şeklinde neyse gelişmiş şeklinde de öyle kalır. Amerikan iç savaşının çıkmasından kısa süre önce, köle sahiplerinin etkisiyle yeni Meksika topraklarında yürürlüğe konulan yasada, işçinin, kapitalistin onun emek-gücünü satın aldığı sürece "onun (kapitalistin) parası olduğunu" söyler. Aynı görüş, Romalı patrisyenler arasında da geçerliydi. Bunların borçlu pleblere avans olarak verdikleri para, tüketim maddeleri *aracılığıyla,* borçlunun eti ve kanı haline dönüşürdü. Bu "et ve kan", bunun için "onların parasıydı". Shylock'un On Masa Yasası işte buydu. Alacaklı patrisyenlerin zaman zaman Tiber ırmağının öte yakasında, borçlu etleriyle şölenler düzenledikleri konusunda Linguet'in iddiası, Daumer'in, hıristiyanların Aşai Rabbani Ayini gibi aydınlanmamış olarak kalacaktır.

[156] *Reports etc., for 30th April, 1848*, s. 28.

[157] Diğerleri arasında filantropist Ashworth'un Leonard Horner'e yazdığı mide bulandırıcı mektupta böyledir. (*Reports etc., April 1849*, s. 4.)

[158] *l.c.,* s. 140.

* Shakespeare, aynı yapıt, dize 250-251. *–ç.*

ka denetmenleri mahkemeye başvurdular. Ama çok geçmeden, fabrikatörler, içişleri bakanı sir George Grey'i öyle bir dilekçe yağmuruna tuttular ki, 5 Ağustos 1848 tarihli genelgeyle, bakan, denetmenlere, "genç işçilerin, yasada öngörülenden daha uzun süre fiilen çalıştırıldıklarına inandırıcı nedenler bulunmadıkça, yasa metnine uyulmadığı ya da bunların vardiya ile çalıştırıldıkları konusunda fabrika sahipleri aleyhine rapor verilmemesi" için tavsiyede bulundu. Bunun üzerine fabrika denetmeni J. Stuart, bu sözde vardiya sisteminin 15 saat süreyle bütün İskoçya'da uygulanmasına izin verdi, ve çok geçmeden eski duruma dönülmüş oldu. İngiliz fabrika denetmenleri, bir yandan da, içişleri bakanının yasayı keyfî olarak yürürlükten kaldıracak yetkisi olmadığını açıklayarak bu kölecilikten yana ayaklanmaya karşı yasal kovuşturmaya devam ettiler.

Mahkemeler, yani taşra sulh yargıçları —Cobbett'in deyimiyle "bu ücretsiz büyük yargıçlar"— beraat kararı verdikten sonra, kapitalistleri, yargıç önüne çıkarmanın ne gereği vardı? Bu mahkemelerde, efendiler, kendi kendilerinin yargıcı durumunda idiler. Bir örnek: Kershaw, Leese ve Ortakları firmasından pamuk iplikçisi Eskrigge adında biri, bölgesindeki fabrika denetmenine, fabrikasında uygulanacak vardiya sistemi ile ilgili bir plan vermişti. Olumsuz yanıt alınca önce hiç ses çıkarmadı. Birkaç ay sonra, Robinson adında gene bir pamuk iplikçisi —eğer bu adam Robinson'un uşağı Cuma değilse bile herhalde Eskrigge'nin bir akrabası olmalı— Eskrigge'nin icat ettiği vardiya planının aynısını uygulama suçlaması ile Stockport sulh yargıcının karşısına getirildi. Mahkeme dört yargıçlıydı, bunların üçü pamuk iplikçisiydi ve başlarında da aynı Eskrigge bulunuyordu. Eskrigge, Robinson'u beraat ettirdi, ve bu durumda, Robinson için hak olan şey, Eskrigge için de elbette sözkonusu olacaktı. Ve o da kendi verdiği karardan yararlanarak, fabrikasında bu sistemi hemen uygulamaya geçti.[159] Bizzat bu mahkemenin bileşimi yasanın çiğnenmesiydi.[160] Denetmen Howell bu hukuk komedilerine "derhal bir çare bulunmalıdır" diye feryat eder: "Ya yasalar, bu gibi mahkeme kararlarına uyacak şekilde değiştirilmelidir, ya da bu gibi davalar açıldığı zaman ... verecekleri kararlar yasalara uygun düşecek daha dürüst mahkemelerde görülmelidir. Bence en iyisi maaşlı yargıçların atanmasıdır."[161]

159 *Reports etc., for 30th April, 1849*, s. 21, 22. Karş: benzer örnekleri, *ibid.*, s. 4, 5.

160 Sir John Hobhouse Fabrika Yasası diye bilinen (1 ve 2 W[illia]m IV, c. 29, s. 10) yasa ile, bir pamuk ipliği ya da dokuma fabrikası sahibinin ya da babasının, oğlunun ya da kardeşinin, fabrika yasası ile ilgili bir soruşturmada, sulh yargıcı olarak görev yapması yasaklanmıştı.

161 *l.c.* [s. 22].

Krallık hukukçuları, 1844 yasasının patronlar tarafından yapılan yorumunun saçma olduğunu ilan ettiler. Ama "toplumun kurtarıcıları" yollarından saptırılmalarına gözyumacak gibi değillerdi. Leonard Horner raporunda şöyle diyordu: "Yasanın uygulanması için yedi ayrı mahkemede açtığım on davadan, sulh yargıçlarından ancak birisi yasayı destekledi. ... Yasanın böylesine uygulanmaması karşısında artık dava açmanın gereksizliğine karar verdim. 1844 yasasının işsaatlerinde düzeni sağlamak amacıyla konulan hükümleri ... böylece benim bölgemde (Lancashire) artık yürürlükte değildir. Ne ben, ne de birlikte çalıştığımız denetmen yardımcıları, vardiya ile çalışan bir fabrikayı denetlediğimiz zaman, gençlerle kadınların günde on saatten fazla çalıştırılmadıklarından eminiz. ... 30 Nisandan beri benim bölgemde, vardiya ile çalışan fabrikaların sayısı 114'e ulaşıyordu, ve bu rakam hızla artmaktadır. Genellikle fabrikada çalışma saati, sabah 6'dan akşam 7½'a kadar, 13½ saate inmiştir ... ve bazı durumlarda da sabah 5½'tan akşam 8½'a kadar, 15 saate çıkmaktadır."[162] Daha 1848 Aralığında, Leonard Horner'in elinde, bu vardiya sistemi altında hiçbir denetim sisteminin bu muazzam aşırı-çalışmaya engel olamayacağını oybirliği ile belirten 65 fabrikatör ile 29 fabrika gözcüsünün listesi vardı.[163] 15 saatlik çalışma sırasında aynı çocuklarla genç insanlar iplik atelyesinden dokuma atelyesine, bir fabrikadan ötekine aktarılıyordu.[164] Nasıl olur da, "vardiya sistemi adı altında, 'işçiler'i sonu gelmez tertipler içersinde, bir orada bir burada kullanan, her gün herkesin çalışma ve dinlenme saatlerini durmadan değiştiren ve böylece belli bir ekibi aynı zamanda aynı işyerinde bulmayı olanaksız hale getiren bir düzende denetim görevi yerine getirilebilir?"[165]

Ama fiilen uygulanan bu aşırı-çalıştırma bir yana bırakılırsa, bu sözde vardiya sistemi, kapitalist hayal gücünün bir ürünüydü ve Fourier'nin alaycı "*Courtes Séances*" tablosu, bu fanteziyi, ancak, "emeğin cazibesi" yerine "sermayenin cazibesi" sözleri konulduğu zaman geride bırakabilirdi. Örneğin "saygıdeğer" basının, "biraz dikkat ve iyi bir yöntemle nelerin başarılabileceğine" örnek diye övdüğü şu fabrikatör planlarına bir gözatalım. Çalışan *personel,* bazan 12-14 kategoriye ayrılıyor ve bunlar da durmadan birinden diğerine aktarılıyorlardı. Fabrikanın 15 saatlik çalışma süresi boyunca, sermaye, işçiyi, bazan 30 dakika, bazan bir saat fabrikaya çekiyor, sonra tekrar dışarı atıyor ve onu bölük-pörçük sürelerle

162 *Reports etc., for 30th April, 1849*, s. 5.
163 *Reports etc., for 31st Oct., 1849*, s. 6.
164 *Reports etc., for 30th April, 1849*, s. 21.
165 *Reports etc., for 31st Oct. 1848*, s. 95.

tazı gibi bir oraya bir buraya koşturuyor ve 10 saatlik çalışma tamamlanana kadar hiç yakasını bırakmadan bu böyle sürüp gidiyordu. Tıpkı sahnede olduğu gibi, aynı kişiler, her perdenin çeşitli sahnelerinde sırayla sahneye çıkıyorlardı. Ve bir aktörün oyun boyunca sahneye ait olması gibi, işçiler de, geliş-gidiş saatleri hesaba katılmazsa, 15 saat süreyle fabrikaya aittir. Böylece, dinlenme saatleri, delikanlıları meyhaneye, kızları kerhaneye sürükleyen zoraki tembellik saatleri haline geliyordu. Kapitalistin, çalıştırdığı işçi sayısını artırmaksızın, makinelerini 12 ile 15 saat süreyle devamlı çalıştırmak için her gün icat ettiği yeni bir hile ve kurnazlık sonucu, işçiler, yemeklerini, bazan şu bazan da bu zaman aralığında atıştırmak zorunda kalıyorlardı. On saatlik işgünü için girişilen hareketler sırasında, patronlar, işçi sürüsünün, 10 saatlik çalışmaya karşılık 12 saatlik ücret almak amacıyla sağa-sola başvurduklarını haykırıyorlardı. Oysa şimdi madalyonu tersine çevirmişlerdi. Emek-gücü üzerindeki 12 ile 15 saatlik efendiliklerine karşılık, 10 saatlik ücret ödüyorlardı.[166] Oyunun özü buydu; on saatlik çalışma yasasının patronca yorumu böyleydi! Tahıl Yasasına karşı girişilen hareket sırasında tam 10 yıl, işçilere, tahılın serbest ithali ve İngiliz sanayisinin sahip olduğu olanaklarla 10 saatlik çalışmanın kapitalistleri zengin etmeye yeteceğini, insanlık aşkıyla terler dökerek, kuruşu kuruşuna hesaplayarak anlatmaya çalışan işte bu aynı numaracı serbest ticaretçilerdi.[167] Sermayenin giriştiği bu ayaklanma, ensonu iki yıl sonra, İngiltere'deki dört büyük mahkemeden birinin, Maliye Mahkemesinin (*Court of Exchequer*), verdiği bir kararla, sonunda, tacını giydi. Bu mahkeme, 8 Şubat 1850'de, bir dava sonunda, fabrikatörlerin kuşkusuz 1844 yasasının ruhuna aykırı hareket ettiklerini, ama bizzat bu yasanın da, onu anlamsız hale getiren bazı sözcükleri içerdiğine karar verdi. "Bu karar ile On Saatlik Yasa yürürlükten kalkmış oluyordu."[168] Şimdiye kadar vardiya sistemini gençlerle kadınlara uygulamaktan çekinen patronlar, bu karara dörtelle sarıldılar.[169]

Ama sermayenin görünüşteki bu kesin yengisinin ardından,

166 Bkz: *Reports etc., for 30th April, 1849*, s. 6, ve fabrika denetmenleri Howell ile Saunders'in, 31 Ekim 1848 tarihli raporlarındaki "vardiya sistemi" ile ilgili ayrıntılı açıklamalar. Ayrıca bkz: Ashton ve çevresi din adamlarının, "vardiya sistemi"ne karşı 1849 ilkyazında kraliçeye sundukları dilekçe.

167 Örneğin, *The Factory Question and the Ten Hours' Bill*, by R. H. Greg, 1837, ile karşılaştırınız.

168 F. Engels, "The English Ten Hours' Bill" (*Neue Rheinische Zeitung, Politische ökonomische Revue*, edited by K. Marx, Nisan 1850, s. 13.) Aynı yüksek mahkeme, Amerikan iç savaşı sırasında, korsan gemilerinin silahlandırılmalarına karşı olan yasanın anlamını tamamıyla tersine çeviren bir anlam belirsizliği keşfetmişti.

169 *Rep. etc., for 30th April, 1850.*

derhal bir tepki doğdu. Emekçi halk, şimdiye kadar, katı ve eksilmeyen bir direnme göstermekle birlikte pasif bir tutumdaydı. Oysa şimdi, Lancashire ve Yorkshire'da tehdit edici protesto toplantıları yapıyorlardı. Göstermelik On Saatlik Yasa düpedüz dalavereydi, parlamento aldatmasıydı ve hiçbir zaman da varolmamıştı! Fabrika denetmenleri, sınıflar arası husumetin inanılmaz bir gerilim noktasına ulaştığı konusunda, hükümeti, derhal uyardılar. Patronlardan bazıları da kendi aralarında mırıldanıyorlardı: "Yargıçların çelişik kararları yüzünden, işler büsbütün anormal ve anarşik bir hal aldı. Yorkshire'da ayrı yasa uygulanır, Lancashire'da ayrı; Lancashire'ın bir kasabasında uygulanan bir yasayla, hemen komşu kasabada uygulananlar birbirini tutmaz. Büyük kasabalardaki fabrikatörler yasalara uymamanın yollarını bulurlar, oysa taşradaki fabrikatörler vardiya sistemi için yeterli işçi bulamadıkları gibi, işçileri bir fabrikadan ötekine taşıma olanağına hiç sahip değillerdir." vb.. Oysa sermayenin doğuştan gelen ilk hakkı, emekgücünün, bütün kapitalistlerce eşit olarak sömürülmesidir.

Bu koşullar altında, patronlarla işçiler arasında, 5 Ağustos 1850 tarihli ek fabrika yasasında, parlamentonun mührünü taşıyan bir uzlaşmaya varıldı. "Gençler ve kadınlar" için işgünü, haftanın ilk beş günü için 10 saatten 10½ saate çıkarıldı, cumartesi günü için de 7½ saate indirildi. Çalışma sabah 6'dan akşam 6'ya kadar devam edecek,[170] yemek zamanı için 1½ saatten az olmamak üzere paydos yapılacak ve bu yemek zamanları herkes için aynı anda olup 1844 yasası koşullarına uygun olacaktı. Bununla, vardiya sistemine bütünüyle son verilmiş oluyordu.[171] Çocukların çalışmalarıyla ilgili olarak 1844 yasası yürürlükte kalacaktı.

Bir kısım patronlar eskiden olduğu gibi bu kez de, proletaryanın çocukları üzerinde özel senyörlük hakları sağlamışlardı. Bunlar ipek fabrikatörleri idi. 1833'te kurt gibi ulumuşlardı: "Eğer her yaştan işçi çocukların günde 10 saatlik çalışma özgürlükleri geri alınırsa, bu, onların işlerini durdurabilirdi."[172] Yeterli sayıda 13 yaşından büyük çocuk satın almak, onlar için olanaksız olacaktı. Diledikleri ayrıcalığı koparttılar da. Öne sürdükleri bahanenin, kasıtlı bir yalan olduğunu daha sonraki bir araştırma ortaya koymuştur.[173] Ne var ki, bütün bunlar, 10 yıl süreyle, işlerini görebilmeleri

[170] Kışın, sabah 7 ile akşam 7 olabilir.

[171] Bugünkü yasa (1850 tarihli) bir uzlaşma idi; bununla, işçiler işsaatleri sınırlandırılan kimselerin işe başlama ve işi bırakma konusunda tek bir sürenin tanınmasının sağladığı yarardan dolayı On Saatlik Yasanın getirdiği yararlardan vazgeçmişlerdi." (*Reports etc., for 30th April, 1852*, s. 14.)

[172] *Reports etc., for 30th September, 1844*, s. 13.

[173] *l.c.*

için taburelere oturmak zorunda bırakılan küçücük çocukların kanından günde 10 saat ipek eğirmekten onları alıkoymamıştır.[174] 1844 yasası, gerçi bunları, 11 yaşından küçük çocukları günde $6^1/_2$ saatten fazla çalıştırma "özgürlüğünden yoksun bırakmıştı". Ama, öte yandan da, bunlara, 11 ile 13 yaşları arasındaki çocukların günde 10 saat çalıştırılma ayrıcalığını tanıdığı gibi, öteki fabrika çocukları için zorunlu olan öğrenimden de bu zorunluluğu kaldırmıştı. Bu kez bahane şuydu: "Üzerinde çalıştıkları kumaşın çok ince ve narin dokusu, bu çocukların ancak bu tür fabrikalara çok küçük yaşta girmeleriyle elde edilebilecek, hafif, kıvrak bir çalışmayı gerektirir."[175] Çocuklar, tıpkı Güney Rusya'da boynuzlu hayvanların, derileriyle yağları için boğazlanmaları gibi, salt hafif ve kıvrak parmakları için boğazlanıyordu. Ensonu, 1850'de, 1844'te verilen ayrıcalık, ipek bükme ve ipek eğirme bölümleriyle sınırlandı. Ama gene, "özgürlüğü" elinden alınan sermayeye ödün vermek için, 11 ile 13 yaş arasındaki çocukların çalışma zamanı 10'dan $10^1/_2$ saate çıkarıldı. Bahane: "İpek fabrikalarında çalışma öteki dokuma fabrikalarından daha hafifti ve diğer yönlerden de sağlığa çok daha az zararlıydı.[176] Resmî sağlık araştırmaları, sonradan bunun tersini tanıtladı: "Ortalama ölüm oranı ipek bölgelerinde çok daha yüksektir, ve kadın nüfus arasında hatta Lancashire'daki pamuk bölgelerinden de fazladır."[177] Fabrika denetmenlerinin her altı ayda bir yeniledikleri protestolarına karşın, bu kötülük hâlâ devam edip gitmektedir.[178]

1850 yasası, sabah 6'dan akşam 9'a kadar 15 saatlik çalışmayı, yalnız "genç kimseler ile kadınlar için", sabah 6'dan akşam 6'ya, 12 saate indirdi. Bu haliyle, bu yasa, bütün çalışma süresi $6^1/_2$ saati aşmamak üzere, bu süreden yarım saat önce ve $2^1/_2$ saat sonra çalışan çocukları etkilememiş oluyordu. Tasarı tartışılırken, fabrika denetmenleri, parlamentoya bu bozukluktan doğan kötüye kullanmalar üzerine istatistikler verdiler. Ama hiçbir işe yaramadı. Kafaların içinde, bolluk yıllarında yetişkin erkeklerin işgünlerini, çocukların yardımıyla tekrar 15 saate çıkarmak gibi bir art niyet vardı. Bunu izleyen üç yıl içindeki denemeler, böyle bir girişimin, ye-

[174] *l.c.*
[175] *Reports etc., for 31st Oct., 1846*, s. 20.
[176] *Reports etc., for 31st Oct., 1861*, s. 26.
[177] *l.c.*, s. 27. Fabrika yasasının kapsamına giren çalışan nüfus, genellikle fizik bakımından büyük bir düzelme göstermiştir. Bütün hekim ifadeleri bu noktada birleşmektedir ve çeşitli zamanlardaki kişisel gözlemlerim de beni buna inandırdı. Gene de, çocuklar arasında yaşamlarının ilk yıllarında görülen müthiş ölüm oranı konu dışı bırakılırsa, Dr. Greenhow'ın resmî raporları, "normal sağlık koşullarındaki tarımsal bölgelere" göre fabrika bölgelerindeki elverişsiz sağlık durumlarını ortaya koymaktadır. Kanıt olarak, 1861 tarihli raporundan aşağıdaki tablo alınabilir.

tişkin erkek işçilerin direnmesiyle başarısızlığa uğrayacağını, gösteriyordu. 1850 yasası, bu nedenle, "çocukların, gençler ve kadınların sabahları fabrikaya gelmeden, akşamları da fabrikadan ayrılmalarından sonra çalıştırılmalarını" yasaklayarak, ensonu 1853'te tamamlandı. Böylece, birkaç istisna dışında, 1850 Fabrika Yasası, kapsadığı sanayi kollarındaki bütün işçilerin işgünlerini düzenlemiş oluyordu.[179] İlk fabrika yasasının kabulünün üzerinden yarım yüzyıl geçmişti.[180]

Yasakoyucu, ilk kez, başlangıçta koyduğu sınırların dışına, "1845 Basma Fabrikası Yasası" ile çıktı. Sermayenin bu yeni "aşırılıktan" duyduğu hoşnutsuzluk, yasanın her satırından anlaşılır. 8

177 [Devam]

Manüfaktürde Çalıştırılan Yetişkin Erkekler % olarak	Akciğer Hastalığından Ölen Erkeklerin Oranı 100.000'de	Bölgenin Adı	Akciğer Hastalığından Ölen Kadınların Oranı 100.000'de	Manüfaktürde Çalıştırılan Yetişkin Kadınlar % olarak	Kadınların Çalıştığı İşkolları
14.9	598	Wigan	644	18.0	Pamuklu
42.6	708	Blackburn ...	734	34.9	"
37.3	547	Halifax	564	20.4	Yünlü
41.9	611	Bradford	603	30.0	"
31.0	691	Macclesfield .	804	26.0	İpekli
14.9	588	Leek	705	17.2	"
36.6	721	Stoke - Upon . Trent	665	19.3	Çömlekçilik
30.4	726	Woolstanton ..	727	13.9	"
—	305	Sağlıklı sekiz tarım bölgesi	340	—	

178 İngiliz "serbest ticaretçileri"nin ipekli mamullerden alınan koruyucu gümrük vergilerinin kaldırılmasına nasıl güçlükle razı oldukları çok iyi bilinir. Fransa'dan yapılan ithalata karşı koruma yerine şimdi aynı işi, İngiltere'de fabrikalardaki çocukların korunmadan yoksun bırakılmaları görmektedir.

179 İngiliz pamuklu sanayisinin en parlak olduğu 1859 ve 1860 yıllarında bazı fabrikatörler, fazla mesai için daha yüksek ödeme yeminiyle, yetişkin erkek işçileri işgününün uzatılması konusunda kandırmaya çalıştılar. Elle işletilen iplik eğirme makineleriyle otomatik makinelerde çalışan işçiler, işverenlere verdikleri bir dilekçeyle bu denemeye bir son verdiler. Bu dilekçede şöyle diyorlardı: "Açık konuşmak gerekirse, yaşamımız bize bir yük haline geldi; ülkedeki diğer işçilere göre bizler fabrikaya haftada neredeyse iki gün daha fazla kapatılmış durumdayız ve bu topraklar üzerinde kendimizi köle gibi hissediyor ve hem kendimize ve hem de gelecek kuşaklara zararlı bir sistemi yerleştiriyor gibiyiz. ... Bu nedenle, Noel ve yeni yıl tatillerinden sonra işe başladığımız zaman, haftada ancak 60 saat, yani günde birbuçuk saat hariç olmak üzere sabah 6'dan akşam 6'ya kadar çalışacağımızı sizlere en derin saygılarımızla bildirmek isteriz." (*Reports etc., for 30th April, 1860*, s. 30.)

180 Bu yasanın kaleme alınış biçiminden, bunun ihlali için bulunan olanaklar, Parliamentary Return, *Factories Regulation Act*'te (6 Ağustos 1859) ve Leonard Horner'in "Suggestions for amending the Factory Acts to enable Inspectors to prevent illegal working, now becoming very prevalent" adlı yazısında görülebilir.

ile 13 yaş arasındaki çocuklar ile kadınlar için işgününün sınırlarını, yemek için hiçbir yasal paydos vermeksizin, sabah 6 ve akşam 10 olmak üzere 16 saat olarak saptıyordu. 13 yaşından büyük erkeklerin, gece-gündüz istenildiği gibi çalıştırılmalarına izin veriyordu.[181] Bu yasa, tam bir parlamenter başarısızlıktır.[182]

Bununla birlikte, konulan ilke, modern üretim biçiminin en karakteristik yaratığı olan büyük sanayi kollarında zafer kazanmıştı. Bunların 1853-1860 arasında gösterdiği olağanüstü gelişme, fabrika işçilerinin hem fizik, hem moral yönden yeniden doğuşları ile elele, en kör gözleri bile açtı. Yasal sınırlamalar ile düzenlemelerin, yarım yüzyıl süren bir iç savaş sonucu kendilerinden adım adım sökülüp alındığı patronlar, hâlâ "serbest" olan sömürü alanları ile kendi durumları arasındaki karşıtlığı gereksiz bir gösteri havası içinde belirtiyorlardı.[183] "Ekonomi politik"in yalancı pehlivanları, şimdi, yasayla belirlenmiş bir işgününün zorunluluğunu takdir etmenin, mensup oldukları "bilim dalı"nın kendine özgü yeni bir buluşu olduğunu ilan ediyordu.[184] Kolayca anlaşıldığı gibi, fabrika kodamanları, kaçınılmaz sonuca boyun eğip onunla uzlaştıktan sonra, sermayenin direnme gücü gitgide zayıfladı, oysa aynı sıralarda, işçi sınıfının saldırı gücü, doğrudan bu sorunla ilişkili olmayan toplumun sınıflarındaki müttefiklerinin sayısı ile birlikte arttı. 1860'tan sonraki daha hızlı ilerlemenin nedeni budur.

Boyacılık ile ağartıcılık bütünüyle 1860 yılında,[185] örgü ve ço-

181 "Sekiz ve daha yukarı yaştaki çocuklar sabah altıdan akşam dokuza kadar son altı ay içersinde bölgemde çalıştırılmaktadırlar." (*Reports etc., for 31st October, 1857*, s. 39.)

182 "Basma işevleri yasasının, hem eğitim ve hem de koruyucu önlemler yönünden başarısız olduğu kabul edilmektedir." (*Reports etc., for 31st October, 1862,* s. 52.)

183 Örneğin, E. Polter'in *Times*'a yazdığı 24 Mart 1863 tarihli mektup. *Times,* kendisine, fabrikatörlerin On Saatlik Yasaya karşı ayaklanmalarını anımsatmıştır.

184 Bunu, diğerleri yanında, Tooke'un *History of Prices* adlı yapıtının yazılmasına katkıda bulunan ve editörlüğünü yapan Mr. W. Newmarch'ta görürüz. Kamuoyuna korkakça ödünler vermek bilimsel bir ilerleme midir?

185 1860 tarihinde çıkartılan yasa ile, boyama ve ağartma işlerinde, işgününün 1 Ağustos 1861'den başlayarak geçici olarak 12 saat, 1 Ağustos 1862'den sonra da kesin olarak 10 saat olması, yani cumartesi günü 7½, diğer günler 10½ saat olması karara bağlanmıştır. Ama, uğursuz 1862 yılı gelince eski komedi gene oynandı. Üstelik fabrikatörler, gençler ile kadınların bir yıl daha 12 saat çalıştırılmalarına izin verilmesi için parlamentoya başvurdular. "Sanayinin bugünkü durumda (pamuk kıtlığı sırasında) işçilerin günde 12 saat çalışmaları ve elden geldiğince fazla ücret almaları onların çok yararına olacaktır." Bu yönde bir yasa tasarısı getirilmiş ise de, "başta İskoçyalı ağartma işçilerinin eylemleri nedeniyle bu tasarı bir yana bırakılmıştır." (*Report etc., for 31st October, 1862*, s. 14-15.) Böylece, sözde adlarına konuştuğu işçiler tarafından yenilgiye uğratılan sermaye, avukat gözlüklerinin de yardımıyla, "emeğin korunması amacıyla çıkartılan bütün parlamento yasalarında olduğu gibi kaçamaklı sözcüklerle kaleme alınan 1860 yasasının, kendilerine, perdahçılar ile mala son şeklini veren işçileri, bu yasanın kapsamı dışında bırakma olanağını sağladığını keşfettiler. Her zaman sermayeye sadık uşaklık eden İngiliz yar-

rap yapımı 1861'de, 1850 tarihli fabrika yasasının kapsamı içersine alındı.

Çocukların çalıştırılması konusunda kurulan komisyonun ilk raporu (1863) sonucu, (yalnız çömlekçiler değil) bütün seramikçiler, kibritçiler, kapsülcüler, kartuşçular, halıcılar, kadifeciler ve daha pek çok işkolu, "işlemecilik" adı altında, yasanın kapsamı içersine alındı. 1863 yılında, açık havada yapılan ağartıcılık[186] ve fırıncılık, özel yasaların kapsamına alındı; adı geçen ilk işkolunda gençler ile kadınların geceleri (akşam 8'den sabah 6'ya kadar) çalışmaları, ikincisinde 18 yaşından küçük fırın işçilerinin, akşam 9 ile sabah 5 arasında işe koşulmaları yasaklanmıştı. Tarım, madencilik ve ula-

gı organları, hukuk mahkemesinde, bu küçük ve bayağı hileye yasallık kazandırdı. "İşçiler büyük hayal kırıklığına uğradılar ... aşırı-çalışmadan şikayetçilerdi ve yasakoyucunun apaçık niyetinin yanlış bir tanım nedeniyle hükümsüz duruma gelmesi çok üzülünecek bir durumdu." (*l.c.,* s. 18.)

[186] "Açık havada çalışan ağartıcılar", geceleri bu işte hiçbir kadın çalıştırılmadığı yalanıyla 1860 tarihli yasanın kapsamına girmekten kurtuldular. Bu yalan, fabrika denetmenlerince açığa vurulduğu gibi, aynı zamanda, parlamento da, işçilerin verdikleri dilekçelerde, açık havada yapılan ağartmaların sözde serin çayır kokusu içinde yürütüldüğü inancından yoksun kaldı. Bu açık hava ağartmalarında, 90°-100° fahrenhayt sıcaklığında kurutma odaları kullanılıyor ve buradaki işler çoğunlukla kızlar tarafından yapılıyordu. Bunların, bu odalardan açık havaya arasıra yaptıkları kaçamaklar için "serinleme" teknik terimi kullanılıyordu. "Fırınlarda onbeş kız vardır. Sıcaklık, keten bezi için 80-90°, patiska için 100° ve daha yukarı derecelerdir. On *foot* kare kadar büyüklüğünde ufacık bir odanın ortasında kapalı bir soba vardır ve burada oniki kız ütü ve katlama işini yaparlar. Kızlar, korkunç bir sıcaklık saçan sobanın çevresine dizilerek, ütücüler için patiskaları hızla kuruturlar. Bu işçilerin çalışma saatleri sınırsızdır. İşler çoksa, ardarda her gece saat 9 ya da 12'ye kadar çalışırlar." (*Reports etc., for 31st October, 1862,* s. 56.) Bir hekim şöyle diyor: "Serinlemek için özel bir zaman ayrılmamış, ama sıcaklık dayanılmaz hale gelince ya da işçilerin elleri terden kirlenince, birkaç dakika dışarıya çıkartılırlar. ... Soba işçilerinin hastalıklarını tedavi konusundaki geniş deneyimlerime dayanarak şunu söyleyebilirim ki, bunların sağlık durumları, iplik fabrikası işçilerininkinden daha berbattır." (Ve sermayenin, parlamentoya verdiği muhtıralarda, bu kızlar, Rubens'in tabloları örneği, çiçek gibi sağlıklı gösterilmiştir!). "Bunlar arasında en yaygın hastalıklar, verem, bronşit, rahim hastalıkları, şiddetli histeri ve romatizmadır. Kanımca bütün bu hastalıklar doğrudan doğruya ya da dolaylı olarak, işçilerin çalıştırıldıkları küçük odalardaki pis ve aşırı sıcak hava ile, kışın evlerine dönerken soğuk ve rutubetli havadan kendilerini koruyacak yeterli giyecek eksikliğinden ileri gelmektedir." (*l.c.,* s. 56-57.) Fabrika denetmenleri, bu açık hava ağartıcılarının yoksun bırakıldıkları 1860 tarihli ek yasa konusunda şunları öne sürüyorlar: "Bu yasa, işçilere sağlar gibi göründüğü korumayı sağlayamadığı gibi, kaleme alınmış öyle bir maddeyi de içermektedir ki, gece saat 8'den sonra çalışan işçilerin bulundukları saptanılmadıkça, bunların koruyucu hükümlerden yararlanması olanaksız görülmekte ve böyle bir saptama yapılsa bile, öngörülen tanıtlama şekli öylesine sugötürmektedir ki, bunun bir mahkumiyetle sonuçlanması son derece olanaksızdır." (*l.c.,* s. 52.) "Bu nedenle, bütün iyi niyetlere ve amaçlara karşın, insancıl ya da eğitsel amaçlara yönelik bir yasa olarak tam bir başarısızlıktır; çünkü kadınlarla çocukların, duruma göre aç ya da tok, 14 saat ve belki de daha uzun bir süre, ne yaşa, ne cinsiyete ve ne de bu gibi işlerin" (ağartma ve boyama) "yapıldığı çevredeki ailelerin toplumsal alışkanlıklarına kulak asılmaksızın çalıştırılmalarına izin vermek" (ki bu aslında zorlamak demektir) "herhalde insancıl bir hareket olmasa gerektir." (*Reports etc., for 30th April, 1863,* s. 40.)

şım araçları dışında İngiliz sanayisinin bütün önemli kollarını, yararlandıkları "özgürlükler"den yoksun bırakmakla tehdit eden aynı komisyonun daha sonraki önerilerine ilerde değineceğiz.[187]

YEDİNCİ KESİM. — NORMAL İŞGÜNÜ İÇİN SAVAŞIM. İNGİLİZ FABRİKA YASALARININ BAŞKA ÜLKELERDEKİ TEPKİSİ

Okurların anımsayacağı gibi artı-değer üretimi, ya da artıemeğin sızdırılması, emeğin, sermayenin egemenliği altına girmesinden doğabilecek üretim tarzlarındaki herhangi bir değişiklikten tamamen ayrı olarak, kapitalist üretimin özgül amacı ve varoluş nedenidir. Okur, gene buraya kadar yaptığımız incelemelerden, ancak bağımsız ve bu nedenle yasal yönden kendi adına hareket etme yetkisine sahip işçinin, bir meta satıcısı olarak kapitalist ile sözleşme yapabildiğini de anımsayacaktır. Demek ki, bizim çizdiğimiz bu tarihsel tabloda, bir yandan modern sanayi, öte yandan hem fizik bakımdan, hem de yasal yönden reşit olmayan emek, önemli roller oynamaktadır; bunlardan ilki, bizim açımızdan özel bir iş alanı, ikincisi ise, emek sömürüsünün çarpıcı bir örneğinden başka bir şey değildir. Bununla birlikte, incelememizin bundan sonra ortaya çıkartacağı gelişmeleri beklemeksizin, salt tarihsel olgular arasındaki ilişkiden şu sonuçlara varabiliriz:

Birincisi. Sermayenin, işgününün sınırsız ve hesapsız uzatılması konusundaki hırsı, su gücü, buhar ve makineyle ilk devrimlerini yapan sanayi kollarında, modern üretim tarzının ilk yaratıkları olan, pamuk, yün, keten, ipek eğirme ve dokumacılık alanlarında tatmin edilmiştir. Maddi üretim tarzındaki değişmeler ve buna tekabül eden üreticiler[188] arasındaki toplumsal ilişkilerdeki değişmeler, önce sınırsız aşırılıklara, ardından da, buna bir tepki olarak, işgünü ile paydos saatlerini yasalarla sınırlayan, düzenleyen ve aralarında birlik kuran toplumsal bir denetimin doğmasına yolaçtı. Bu denetim, bu yüzden, 19. yüzyılın ilk yarısında yalnızca ayrıksın yönetmelik gibi görünür.[189] Yeni üretim tarzının bu ilkel egemenliği aşılır aşılmaz, bu arada, yalnız diğer birçok üretim kol-

[187] *İkinci baskıya not.* Yukardaki pasajları yazdığım 1866 yılından beri, yeni bir tepki başlamış bulunmaktadır.

[188] "Bu sınıfların" (kapitalistler ve işçiler) "her birinin tutum ve davranışı, içine sokuldukları durumun sonucu olmuştur." (*Reports etc., for 31st October, 1848*, s. 113.)

[189] "Sınırlandırmaya tabi tutulan işler, dokuma sanayisinde buhar ya da su gücünden yararlanılan manüfaktürler ile ilgiliydi. Bir işyerinin denetlenmesini gerektirecek iki koşul vardı: buhar ya da su gücünden yararlanılması ve bazı belirlenen liflerin işlenmesi." (*Reports etc., for 31st October, 1864*, s. 8.)

larının bu aynı fabrika sistemini benimsedikleri değil, çömlekçilik camcılık vb. gibi ilkel yöntemlerle çalışan manüfaktürlerin yanısıra fırıncılık gibi eski moda zanaatların, ve ensonu mıhçılık gibi ev sanayilerinin[190] bile, çoktan, fabrikalar gibi tamamen kapitalist sömürünün pençesine düştüğü görüldü. Böylece, yönetmelik, giderek ayrıksın niteliğinden sıyrılmak zorunda kaldı, ya da İngiltere'de olduğu gibi, Romalı Casuist'lerin yaptığı şekilde, iş yapılan her evin fabrika ilan edilmesi biçimini aldı.[191]

İkincisi. İşgününün, bazı üretim kollarında düzenlenmesinin tarihi, ve bu düzenlenmeye göre öteki kollarda hâlâ süregelen savaşım, tek tek emekçinin, bu "özgür" emek-gücü satıcısının, kapitalist üretimin belli bir aşamaya ulaşmasıyla, direnme gücünden tamamen yoksun hale düşürüldüğünü tanıtlar. Normal işgününün yaratılması, bu nedenle, kapitalist sınıf ile işçi sınıfı arasındaki az-çok gizli, uzun süren bir iç savaşın sonucudur. Çatışma, modern sanayi arasında olduğu için, ilk kez bu sanayinin beşiğinde, İngiltere'de başlamıştır.[192] İngiliz fabrika işçileri, yalnız İngilizlerin değil, genel olarak modern işçi sınıfının savunucuları olduğu gibi, bunların teorisyenleri de sermaye teorisine ilk kez meydan okuyan kimseler olmuştur.[193] Bu yüzden, fabrika filozofu Ure, "emeğin eksiksiz özgürlüğü"[194] uğruna mertçe savaşım veren sermayeye kar-

[190] Ev sanayisi denilen sanayinin durumu hakkında, Çocukların Çalıştırılması Hakkındaki Komisyonun son raporlarında özellikle değerli malzemeler bulunabilir.

[191] "Son oturumun (1864) yasaları ... adetlerin büyük farklılıklar gösterdiği ve makinelere hareket veren mekanik gücün kullanılması artık eskisi gibi, yasal bakımdan bu işyerinin 'fabrika' sayılması için gerekli koşullar arasında bulunmadığı çeşitli koşullarını kapsar." (*Reports etc., for 31st October, 1864*, s. 8.)

[192] Kıta Avrupası liberalizminin cenneti Belçika'da bu hareketin izleri görülmez. Kömür ve maden ocaklarında bile, her iki cinsiyetten ve her yaştan işçi, her dönemde ve istenildiği sürece tam bir "özgürlük" içersinde tüketilirler. Buralarda çalıştırılan her 1.000 kişiden 733'ü erkek, 88'i kadın ve geriye kalanın 135'i oğlan, 44'ü kız olmak üzere 16 yaşından küçük çocuktur; yüksek fırınlarda vb. her 1.000 kişiden 668'i erkek, 149'u kadın ve geriye kalanın 98'i oğlan ve 85'i kız olmak üzere 16 yaşından küçük çocuklardır. Buna, bir de, yetişkin ve henüz olgunluk derecesine ulaşmamış emek-gücünün pek büyük ölçüde sömürülmesine karşılık ödenen düşük ücretleri ekleyiniz. Ortalama günlük ücret erkek için 2 şilin 8 peni, kadın için 1 şilin 8 peni, erkek çocuk için 1 şilin 2,5 penidir. Bunun sonucu olarak Belçika, 1863 yılında, 1850 yılına göre, kömür, demir vb. ihracatını hem miktar ve hem de değer olarak neredeyse iki katına çıkartmıştır.

[193] Robert Owen, 1810 yılından hemen sonra yalnız işgününün sınırlandırılması zorunluluğunu teori olarak benimsemekle kalmadı, 10 saatlik işgününü, New Lanark'ta kendi fabrikasında fiilen uyguladı da. Bu hareketiyle, komünistçe ütopya diye alay edildiği gibi, "çocukların eğitiminin üretken emekle birleştirilmesi" fikri ve ilk kez onun tarafından kurulan İşçi Kooperatifleri Dernekleri de aynı şekilde karşılandı. Bugün birinci ütopya fabrika yasası haline gelmiş, ikincisi bütün fabrika yasalarında resmî ifade olarak yeralmıştır, üçüncüsü ise gericilerin elinde bir dalavere aracı halinde kullanılmaktadır.

[194] Ure, *Philosophie des Manufactures,* Fransızca çevirisi, Paris 1836, t. II, s. 39, 40, 67, 77 vb..

şı, bayraklarına "fabrika yasalarının köleliği" sözlerini yazan İngiliz işçi sınıfını, silinmez yüzkarası olarak lanetlemektedir.

Fransa, ağır aksak İngiltere'yi izledi. İngiltere'deki aslından çok daha kusurlu Oniki Saatlik Yasanın[195] doğumu için Şubat Devriminin yapılması gerekti. Gene de, Fransızların devrimci yöntemlerinin kendine özgü avantajları vardı. İşgününü, bütün işyerleri ile fabrikalarda, hiçbir ayrım tanımadan bir defada aynı şekilde sınırladı, oysa bazan şu, bazan bu noktada koşulların baskısına ister istemez boyun eğen İngiliz yasakoyucuları, karmakarışık ve birbirleriyle çelişen uygulamalar içersinde yollarını yitiriyorlardı.[196] Buna karşılık, Fransız yasası, İngiltere'de, ancak çocuklar, ergin olmayanlar ve kadınlar için kazanılmış ve ancak son zamanlarda ilk kez genel bir hak olarak öne sürülmüş bir konuyu, ilke olarak ilan etmişti.[197]

Kuzey Amerika Birleşik Devletleri'nde, her bağımsız işçi hareketi, kölelik, cumhuriyetin bir bölümünü çarpıklaştırdığı için kötürümleşti. Emeğin, kara deriye damgalandığı yerde, beyaz deriden kendini kurtarması olanaklı değildir. Ne var ki, köleliğin ölümüyle birlikte derhal yepyeni bir yaşam doğdu. İç savaşın ilk meyvesi, Atlantikten Pasifiğe, New England'dan California'ya soluk soluğa gidip-gelen bir lokomotif hızıyla yayılan sekiz saatlik çalışma hareketi oldu. Baltimore'da 6 Ağustos 1866'da yapılan Genel İş Kongre-

195 1855 yılında Paris'te toplanan Uluslararası İstatistik Kongresinin tutanaklarında şöyle deniyor: "Fabrikalar ile işyerlerinde günlük çalışmayı 12 saat olarak sınırlandıran Fransız yasası, bu çalışmayı belli saatler içersinde saptamaz. Yalnız çocukların çalışma zamanı sabah 5 ile akşam 9 olarak belirlenmiştir. İşte bu yüzden bazı patronlar bu uğursuz boşluğun kendilerine verdiği hakkı, işyerlerinde, belki yalnızca pazar günü dışında, çalışmayı aralıksız her gün sürdürmek için kötüye kullanırlar. Bu amaçla, iki ekip halinde işçi çalıştırırlar ve bunlardan her biri, ancak 12 saat işyerinde bulunduğu halde, çalışma gece-gündüz sürmüş olur. Yasanın gerekleri yerine getirilmiştir, ama ya insanlığın gerekleri?" Ayrıca, "gece işinin insan organizması üzerindeki yıkıcı etkileri" ile "her iki cinsiyetten insanın geceleri aynı loş işyerlerinde birarada bulunmalarının meşum sonuçları" üzerinde de durulmuştur.

196 "Örneğin benim bölgemde, aynı fabrikada tek bir işveren, Ağartıcılık ve Boyacılık İşleri Yasasına göre ağartıcı ve boyacı olduğu halde, aynı zamanda, Basmacılık İşleri Yasasına göre de, basmacı, Fabrika Yasasına göre ise, işe son şeklini veren, işçidir." (Mr. Baker'in raporu, *Reports etc., for 31st October 1861*, s. 20.) Bu yasaların çeşitli hükümleri ile bunlardan ileri gelen karışıklıkları sıraladıktan sonra Mr. Baker şöyle diyor: "İşverenin yasalara uymaktan kaçındığı yerlerde, bu üç ayrı parlamento yasasının hükümlerinin uygulanmasını sağlamanın ne kadar zor olacağı böylece görülmüş olacaktır." Ama böylece avukatlara da bir yığın dava konusu sağlamış oluyor.

197 Böylece, fabrika denetmenleri en sonunda şunu söylemeye cesaret ediyorlar: "Bu itirazlar" (işgününün yasayla sınırlandırılması konusunda sermayenin itirazları) "büyük çalışma hakkı ilkesi karşısında yenilgiye uğramak zorundadır. ... Patronun, işçisinin emeği üzerindeki hakkının sona ereceği ve yorulup tükenmek sözkonusu olmasa bile işçinin bu süreyi kendine ayırabileceği bir zaman vardır." (*Reports etc., for 31st Oct., 1862*, s. 54.)

si şu bildiriyi yayınladı: "Bugünün ilk ve en büyük zorunluluğu, bütün Amerika Birleşik Devletleri'nde, sekiz saatlik çalışmayı, normal işgünü kabul eden bir yasayı yürürlüğe koyarak, bu ülkenin emeğini kapitalist kölelikten kurtarmaktır. Bu şanlı sonuca erişene dek bütün gücümüzle çalışmaya kararlıyız."[198] Aynı sıralarda, Uluslararası Emekçiler Derneğinin Cenevre'de yaptığı kongrede, Londra Genel Konseyinin önerisi üzerine şu karar alındı: "İşgününün sınırlandırılması önkoşuldur, bu sağlanmadan, kurtuluş yolunda atılacak diğer bütün adımlar başarısızlığa mahkumdur. ... Kongre, sekiz saatlik süreyi, işgününün yasal sınırı olarak önerir."

Böylece, Atlantiğin her iki yakasında, üretim koşullarının kendilerinden içgüdüsel bir şekilde doğup büyüyen işçi sınıfı hareketi, İngiliz fabrika denetmeni R. J. Saunders'in şu sözlerini doğruladı: "Toplumda reformlar yapılmasına doğru atılacak ileri adımların başarıya ulaşması çalışma saatleri sınırlandırılmadan ve bu sınırlar sıkısıkıya uygulanmadan asla beklenemez."[199]

Kabul etmek gerekir ki, işçilerimiz, üretim sürecinden çıktıklarında, girdiklerinden daha farklıdırlar. Pazarda, bir meta, "emek-gücü" sahibi olarak, öteki meta sahipleri ile karşı karşıya, satıcıya karşı satıcı olarak durmuştu. Kapitaliste emek-gücünü sattığı sözleşme, kendisini, onun tasarrufuna serbestçe verdiğini, deyim yerindeyse, ak ile kara gibi tanıtlar. Pazarlık tamamlandıktan sonra, onun "başına buyruk insan" olmadığı anlaşılır; emek-gücünü satmak için özgür olduğu süre, onu satmaya zorlandığı süredir,[200] ve gerçekten de, vampir, "sömürülecek tek bir adalesi, siniri, bir damla kanı olduğu sürece"[201] onu elinden bırakmayacaktır. "Acılarının yılanına" karşı "korunmak" için işçilerin başbaşa vermeleri ve bir sınıf olarak, bu işçilerin bizzat kendilerinin, sermaye ile yaptıkları

[198] "Biz Dunkirk işçileri, ilan ediyoruz ki, bugünkü sistem altında öngörülen çalışma zamanının uzunluğu çok fazladır ve işçiye dinlenme ve eğitim için zaman bırakmamakta ve onu kölelikten pek az farklı bir kul haline getirmektedir. İşte bunun için, 8 saatin bir işgünü için yeterli olduğu ve yasal olarak da yeterli sayılması gerektiği kararına vardık; güçlü bir araç olan basını yardımımıza çağırmamızın nedeni bu olduğu gibi ... bize bu yardımı yapmaya yanaşmayanlara, emek ve işçi haklarında yapılacak reformun düşmanı gözüyle bakmamızın nedeni de bu olacaktır." (Dunkirkli İşçilerin Kararı, New York State 1866.)

[199] *Reports etc., for 31st October 1848*, s. 112.

[200] "Ayrıca, bu gibi işlemler (örneğin, sermayenin 1848-50 arası giriştiği manevralar), işçilerin korunmaya gereksinmeleri olmadığı, ama el emeği ve alınteri gibi sahip bulundukları tek metaı satan özgür kimseler olarak düşünülebilecekleri şeklinde sık sık öne sürülen iddiaların yanlışlığının kesin kanıtlarıdır." (*Reports etc., for 30th April, 1850*, s. 45.) "Özgür emek" (eğer ona bu ad verilebilirse) "hatta özgür bir ülkede bile, kendisinin korunması için yasasının güçlü koluna gereksinme duyar." (*Reports etc., for 31st October, 1864*, s. 34.) "Yemek paydosu verilerek ya da verilmeksizin 14 saat çalıştırmaya izin vermek, işçilerin zorlanmasıyla aynı anlama gelir vb.." (*Reports etc., for 30th April 1863*, s. 40.)

[201] Friedrich Engels, *l.c.*, s. 5.

gönüllü sözleşme ile, hem kendilerini ve hem de ailelerini köleliğe ve ölüme satmalarını engelleyecek bir yasanın, güçlü bir toplumsal engelin yaratılmasını gerçekleştirmeleri gerekir.[202] "İnsanın vazgeçilmez haklarını" sayıp döken cafcaflı liste yerine, yasayla sınırlı işgününün gösterişsiz *Magna Carta*'sı geliyor; bunun la "işçinin sattığı zamanın ne zaman sona ereceği, ve kendisine ait olanın ne zaman başlayacağı" açıklığa kavuşmuş olacak.[203] *Quantum mutatus ab illo!**

[202] On Saatlik Yasa, kapsamına giren sanayi kollarında, "daha önce uzun saatler çalışan işçilerin, vaktinden önce yaşlanıp elden ayaktan düşmelerine bir son verdi". (*Reports etc., for 31st October 1859*, s. 47.) "Sermaye (fabrikalarda), çalıştırılan işçilerin sağlık ve morallerinde bazı tahriplere yolaçmaksızın, makineleri sınırlı bir zamanın ötesinde asla hareket halinde tutamaz; ve işçiler kendilerini bundan koruyacak durumda değillerdir." (*l.c.*, s. 8.)

[203] "Daha da büyük bir iyilik, ensonu, işçinin kendisine ait zaman ile patronuna ait zaman arasında bir ayrım yapılmasıdır. Şimdi işçi, artık, zamanının, sattığı kısmı ne zaman sona eriyor, kendisine ait olanı ne zaman başlıyor, bunu biliyor; ve bu konuda önceden kesin bir bilgiye sahip bulunması, ona kendine ait dakikaları kendi amacına göre önceden düzenleme olanağını veriyor." (*l.c.*, s. 52.) "Onları kendi zamanlarının efendisi yapmakla" (Fabrika Yasaları) "bunlara, eninde sonunda siyasal iktidara sahip olma yönünde moral bir canlılık kazandırdı." (*l.c.*, s. 47.) Belli belirsiz bir alay ve çok ölçülü sözcüklerle fabrika denetmenleri, bu yasanın aynı zamanda, sermayenin salt bir somutlaşmış şekli olan bir insan için doğal olan bazı zalimce davranışlardan kapitalistleri kurtardığına ve azıcık "kültür" edinme zamanı sağladığına da değinmişlerdir. "Eskiden patronun paradan, işçinin de çalışmaktan başka bir şey için vakti yoktu." (*l.c.*, s. 48.)

* Ne büyük değişiklik. –ç.

ONBİRİNCİ BÖLÜM

ARTI-DEĞERİN ORANI VE KİTLESİ

ŞİMDİYE kadar olduğu gibi bu bölümde de, emek-gücünün değeri ve bu nedenle, bu emek-gücünün yeniden-üretimi ya da sürekliliği için işgününün gerekli kısmı, bilinen, sabit büyüklükler olarak kabul edilmiştir.

Bu varsayımla, artı-değer oranı bilindiğine göre, aynı zamanda tek bir işçinin, belirli bir sürede kapitaliste sağladığı artı-değer kitlesi de verilmiş olur. Örneğin, eğer bir günlük 6 saatlik gerekli-emek 3 şiline eşit bir altının kitlesi ile ifade ediliyorsa, bu 3 şilin, bir emek-gücünün günlük değeri ya da bir emek-gücü satın alınması için yatırılan sermayenin değeridir. Ayrıca, eğer bu artı-değer oranı %100 ise, bu 3 şilinlik değişen sermaye, 3 şilinlik bir artı-değer kitlesi üretir ya da işçi, günde 6 saatlik bir artı-emek kitlesi sağlıyor demektir.

Ama kapitalistin değişen sermayesi, aynı anda kullandığı bütün emek-güçlerinin toplam değerinin para cinsinden ifadesidir. Bundan dolayı, bu değişen sermayenin değeri, tek bir emek-gücünün ortalama değerinin, kullanılan emek-güçleri sayısı ile çarpımına eşittir. Bunun için, eğer emek-gücünün değeri belli ise, değişen sermayenin büyüklüğü, aynı anda kullanılan işçi sayısı ile doğru orantılı olarak değişir. Tek bir emek-gücünün günlük değeri 3 şilin ise, her gün 100 emek-gücünü sömürmek için 300 şilin sermayenin yatırılması gerekir; yani günde *n* sayıda emek-gücünün sömürülmesi için, *n* kadar 3 şilin yatırılması gerekir.

Aynı şekilde, tek bir emek-gücünün günlük değeri olan 3 şilinlik değişen sermaye, günde 3 şilinlik bir artı-değer üretirse, 300 şilinlik bir değişen sermaye, günde, 300 şilinlik artı-değer üretir; yani *n* x 3 şilinlik değişen sermaye, günde *n* x 3 şilinlik artı-değer üretir. Demek oluyor ki, üretilen artı-değer kitlesi, tek bir işçinin, bir işgününde sağladığı artı-değerin, kullanılan işçi sayısı ile çarpımına eşittir. Ama ayrıca, tek bir işçinin ürettiği artı-değer kitlesi, emek-gücünün değeri verildiğine göre, artı-değer oranı ile belirlendiği için, şu yasa ortaya çıkıyor: üretilen artı-değer kitlesi, yatırılan değişen sermaye miktarı ile artı-değer oranının çarpımına eşittir; bir başka deyişle, bu, aynı kapitalistin aynı anda sömürdüğü emek-gücü sayısı ile her emek-gücünün sömürülme derecesi arasındaki bileşik oranla belirlenir.

Artı-değer kitlesi A, bir işçinin günde ortalama olarak sağladığı artı-değer *a,* tek bir emek-gücünün satın alınması için yatırılan günlük değişen sermaye *d,* değişen sermaye toplamı D, ortalama emek-gücünün değeri G, bu emek-gücünün sömürülme derecesi $\frac{é}{e}$ $\left(\frac{\text{artı-emek}}{\text{gerekli-emek}}\right)$ ve kullanılan işçi sayısı *n* ise şu denklemi elde ederiz:

$$A = \begin{cases} \frac{a}{d} \times D \\ G \times \frac{é}{e} \times n \end{cases}$$

Yalnızca emek-gücünün ortalama değeri sabit bir büyüklük olarak değil, kapitalistin kullandığı işçinin de her zaman ortalama işçiye indirgendiği varsayılmıştır. Üretilen artı-değerin, sömürülen işçi sayısı ile orantılı olarak artmadığı kural-dışı durumlar vardır, ama o zaman da, emek-gücünün değeri sabit kalmaz.

Belirli bir artı-değer kitlesi üretiminde, bu nedenle, bir etmendeki azalma, bir diğerindeki artışla karşılanabilir. Değişen sermaye azalırsa, aynı zamanda, artı-değer oranı aynı oranda artar ve üretilen artı-değer kitlesi değişmeden kalmış olur. Daha önceki varsayımımızda olduğu gibi, kapitalistin günde 100 işçiyi sömürebilmesi için 300 şilin yatırması gerekiyorsa, ve artı-değer oranı %50 ise, bu 300 şilinlik değişen sermaye, 150 şilinlik, ya da 100 x 3 işsaatlik bir artı-değer sağlar. Eğer artı-değer oranı iki katına çıkarsa, ya da işgünü, 6 saatten 9 saate değil de 12 saate uzatılır ve aynı zamanda değişen sermaye yarıya, 150 şiline indirilse, gene 150 şilinlik ya da 50 x 6 işsaatlik bir artı-değer sağlar. Demek oluyor ki, değişen sermayedeki azalma, emek-gücünün sömürülme derecesinde orantılı bir artışla, ya da kullanılan işçi sayısındaki azalma, işgününde aynı oranda bir uzatma ile karşılanabilir. Bu nedenle, sermayenin sömürebileceği emek arzı, belli sınırlar içersinde, işçi arzından bağımsızdır.[204] Tersine eğer değişen sermaye miktarı ya da kullanılan işçi sayısı aynı oranda artacak olursa, artı-değer oranındaki düşme, üretilen artı-değer kitlesinde bir değişikliğe yolaçmaz.

Bununla birlikte, kullanılan işçi sayısındaki ya da yatırılan değişen sermaye miktarındaki azalmanın, artı-değer oranında bir yükselmeyle ya da işgününün uzatılmasıyla karşılanmasında bazı aşılamayacak sınırlar vardır. Emek-gücünün değeri ne olursa olsun, işçinin yaşayabilmesi için gerekli emek-zamanı ister 2, ister 10 saat olsun, bir işçinin günde üretebileceği toplam değer, 24 saatlik emeğin somutlaştığı değerden daima daha azdır; yani diyelim 12 şilin, 24 saatte gerçekleşen emeğin para olarak ifadesi ise, bu, 12 şilinden daima daha küçüktür. Daha önceki varsayımımıza göre, emek-gücünün kendisinin yeniden üretilmesi ya da onun satın alınması için yatırılan sermayenin yerine konması için günde 6 işsaati gerekliyse, 500 işçiyi %100'lük bir artı-değer oranı ile 12 saatlik işgünü kullanan 1.500 şilinlik bir değişen sermaye, günde 1.500 şilinlik ya da 6 x 500 işsaatlik bir artı-değer üretir. Günde %200 bir artı-değer oranıyla ya da 18 saatlik bir işgünü ile 100 işçi kullanan 300 şilinlik bir sermaye, ancak 600 şilinlik ya da 12 x 100 işsaatlik bir artı-değer kitlesi üretir; yatırılan değişen sermaye ile artı-değerin toplamına eşit olan toplam değer-ürünü hiçbir zaman 1.200 şiline ya da 24 x 100 işsaatine ulaşamaz. Ortalama işgününün mutlak sınırı —doğal olarak daima 24 saatten küçüktür— değişen sermayedeki bir azalmanın, artı-değer oranındaki bir yükselmeyle, ya da sömürülen işçi sayısındaki bir azalmanın, işgününün sömürülme derecesinde bir yükselme ile karşılanmasına mutlak bir sınır koymuş oluyor. Bu canlı yasa, sermayenin, elden geldiğince çalıştırdığı işçi sayısını, ya da onun emek-gücüne çevrilebilen değişen kısımlarını azaltma eğilimi ile, buna karşıt düşen, olanaklı olan en büyük artı-değer üretme eğiliminden doğan olguların (bunlar daha sonra işlenecektir) açıklanması bakımından büyük önem taşır. Öte yandan, eğer kullanılan emek-gücü kitlesi ya da değişen

[204] Bu vülger iktisatçılar, emeğin piyasa fiyatının arz ve taleple belirlenmesi konusunda Arşimet'i tepetaklak ederek, dünyayı yerinden oynatmak için değil, hareketini durdurmak için dayanak noktası bulduklarını hayal etmekle, bu temel yasadan habersiz görünüyorlar.

sermaye miktarı, artı-değer oranındaki düşüş ile orantılı olmayacak şekilde artarsa, üretilen artı-değer kitlesi düşer.

Üretilen artı-değerin kitlesinin iki etmen tarafından, yani artı-değer oranı ve yatırılan değişen sermaye ile belirlenmesinden, üçüncü bir yasa çıkar. Artı-değer oranı, ya da emek-gücünün sömürülme derecesi ile emek-gücü değeri, yani gerekli emek-zamanı belli olduğuna göre, değişen sermaye ne kadar büyük olursa, üretilen değerin, ve artı-değerin kitlesi de doğal olarak o kadar büyük olur. İşgünü ile bunun gerekli kısmının sınırları belli ise, kapitalistin ürettiği değer ile artı-değer kitlesi, kuşkusuz, yalnızca harekete getirdiği emeğin kitlesine bağlıdır. Ama bu, yukarda varsayılan koşullar altında, emek-gücü kitlesine ya da sömürdüğü işçi sayısına bağlı olduğu gibi, bu sayı da, yatırılan değişen sermayenin miktarıyla belirlenmiştir. Demek ki, artı-değer oranı ile emek-gücü değeri belli ise, üretilen artı-değer kitlesi, yatırılan değişen sermayeye bağlı olarak değişir. Bildiğimiz gibi kapitalist, sermayesini iki kısma ayırmaktadır. Bunun bir kısmını üretim araçlarına yatırıyor; bu, sermayenin değişmeyen kısmıdır. Diğer kısmını canlı emek-gücüne yatırıyor; bu da, sermayenin değişen kısmıdır. Toplumsal üretim biçiminin aynı olduğu yerde bile, sermayenin böyle değişmeyen ve değişen kısımlara bölünmesi, çeşitli üretim kollarında, farklı oranlarda olur; ve aynı üretim kolunda bile bu oran teknik koşullar ile, üretim sürecinin toplumsal bileşimindeki değişmelerle birlikte, o da değişir. Ama belli bir sermayenin, değişmeyen ve değişen kısımlara bölünme oranı ne olursa olsun, ister 1 : 2, 1 : 10 ya da 1 : x olsun, biraz önce belirtilen yasa üzerinde hiçbir etkisi olmaz. Çünkü, daha önceki tahlillerimize göre, değişmeyen sermayenin değeri, ürünün değerinde tekrar ortaya çıkar, ama yeni üretilen değere, yeni yaratılan değer-ürüne girmez. 100 iplik işçisi yerine 1.000 işçi çalıştırılması, kuşkusuz daha fazla hammaddeye, makineye gereklilik gösterir. Bu ek üretim araçlarının değeri yükselebilir, düşebilir, aynı kalabilir, az ya da çok olabilir, ama bunun, bu makineleri harekete getiren emek-gücü aracılığı ile artı-değer yaratma süreci üzerinde hiçbir etkisi olamaz. Bunun için yukarda öne sürülen yasa, şimdi şu şekle giriyor: farklı sermayeler tarafından üretilen değer ve artı-değer kitleleri —emek-gücünün değeri belli ve sömürülme derecesi eşit olmak üzere— bu sermayelerin değişen kısımlarının, yani canlı emek-gücüne dönüşen kısımlarının büyüklükleri yönünde değişir.

Bu yasa, görünüşe dayanan bütün deneyimlerle açıkça çelişmektedir. Kullandığı tüm sermayesini yüzde olarak hesaplayan bir pamuk iplikçisinin, daha çok değişmeyen ve daha az değişen sermaye kullanmakla, ona göre daha çok değişen ve daha az değişmeyen sermaye kullanan bir fırıncıdan, bu nedenle daha az kârı ya da daha az artı-değeri cebe indirmediğini herkes bilir. Çünkü bu, görünüşteki çelişkinin çözümlenmesi, daha birçok ara terimlerin varlığını gerektirir; tıpkı basit cebirde $^0/_0$'ın gerçek bir büyüklüğü temsil ettiğini anlamak için birçok ara terimlere gereksinme bulunması gibi. Klasik ekonomi bu yasayı formüle edememekle birlikte, diğer yasanın zorunlu bir sonucu olduğu için ona içgüdüsel bir şekilde uymaktadır. Bu yasayı, çelişkili olgularla çatışmadan, zoraki bir soyutlama ile kurtarmayı denemiştir. Ricardo'cu okulun bu engele tökezleyerek nasıl felakete uğradığı ilerde[205] görülecektir. "Gerçekten hiçbir şey öğrenmemiş olan"* vülger ekonomi, her zaman olduğu gibi, burada da, görünüşleri düzenleyen ve açıklayan yasalar yerine, yalnızca görünüşlere sarılmıştır. Spinoza'nın tersine, "bilisizliğin yeterli bir neden olduğu"na inanmaktadır.

Bir toplumun toplam sermayesi tarafından her gün harekete geçirilen emek, bir tek ortak işgünü olarak kabul edilebilir. Örneğin, işçi sayısı bir milyon ve bir işçinin ortalama işgünü 10 saat olsa, toplumsal işgünü on milyon saat olur. Bu işgününün uzunluğu belli olduğuna göre —bu sınırlandırma fiziksel ya da toplumsal olarak belirlenmiş olabilir— artı-değer kitlesi ancak işçi sayısının, yani emekçi nüfusun artırılmasıyla çoğaltılabilir. Nüfus artışı, burada, toplam toplumsal sermaye ile yaratılan artı-değer üretimi için matematik sınırı oluşturur. Tersine, belli bir nüfusla, bu sınır, işgününün olanaklı olduğu kadar uzatılmasıyla belirlenir.[206] Bununla birlikte, bir sonraki bölümde görüleceği gibi, bu yasa, yalnızca, buraya kadar ele alınmış artı-değer biçimi için geçerlidir.

Artı-değer üretimi ile ilgili olarak şimdiye kadar yapılan incelemelerden şu sonuç çıkıyor ki, eldeki her para ya da değer, keyfî olarak sermayeye dönüştürülemez. Bu dönüşümün gerçekleşebilmesi için, para ya da meta sahibi bireyin elinde, belli asgari miktarda bir para ya da değişim-değerinin bulunması gerekir. Asgari değişen sermaye miktarı, artı-değer üretimi için bütün yıl her gün çalıştırılan tek bir emek-gücünün maliyet fiyatıdır. Eğer bu işçi kendi üretim araçlarına sahip olsaydı ve işçi olarak yaşamayı yeterli

[205] Daha fazla ayrıntı dördüncü kitapta [ciltte] verilecektir.

[206] "Bir toplumun emeği, yani ekonomik zamanı belli bir miktardır, diyelim, bir milyon insanın günde on saati ya da on milyon saattir. ... Sermayenin bir artma sınırı vardır. Bu sınıra, belli bir dönemde kullanılan ekonomik zamanın fiilî büyüklüğü ile ulaşılabilir." (*An Essay on the Political of Nations*, London 1821, s. 47, 49.)

* "Hiçbir şey öğrenmediler ve hiçbir şey unutmadılar." — 1815 yılında, Bourbon egemenliğinin restorasyonundan sonra Fransa'ya geri dönen, toprak mülkiyetlerini yeniden elde etmeyi ve köylüleri yeniden feodal yükümlülüklerini üstlenmeye zorlamayı deneyen aristokrat, göçmenler hakkında, Talleyrand böyle diyordu. *–Ed.*

görseydi, kendi üretim araçlarının yeniden-üretimi için gerekli süreden, diyelim 8 saatten fazla çalışmasına gerek kalmazdı. Ayrıca ancak, 8 işsaati için yetecek kadar üretim aracına gereksinme duyardı. Oysa, bu 8 saatin yanısıra, onu bir de 4 saatlik artı-emeğe zorlayan kapitalist, ek üretim araçlarının sağlanabilmesi için bir miktar daha paraya gereksinme duyar. Bununla birlikte, bizim varsayımımıza göre, kapitalistin, günlük olarak elde ettiği artı-değerle, tıpkı bir işçi gibi yaşayabilmesi, yani zorunlu gereksinmelerini karşılayabilmesi için iki işçi çalıştırması gerekir. Bu durumda, servetini artırmak değil, yaşamını sürdürmek, üretiminin amacı olurdu; oysa kapitalist üretim demek, bunlardan ilki demektir. Sıradan bir işçinin sürdüğü yaşamın iki katı daha iyi bir yaşam sürmek ve bunun yanısıra üretilen artı-değerin yarısını sermayeye çevirebilmek için, işçi sayısı ile birlikte, yatırdığı asgari sermayeyi de 8 katına çıkarması gerekir. Kuşkusuz kendisi de, işçileri gibi eli-kolu sıvayıp üretim sürecine doğrudan katılabilir; o zaman kapitalist ile işçi arasında bir melez, ancak "küçük bir patron" olur. Kapitalist üretimin belli bir aşaması, kapitalistin bütün zamanını, kapitalist olarak, yani kişileşmiş sermaye olarak, başkalarının emeklerini elde etmeye ve dolayısıyla denetlemeye ve bu emeğin ürünlerini satmaya vermesini gerektirir.[207] Ortaçağlardaki loncalar, bu yüzden, usta bir zanaatçının kapitaliste dönüşmesini, bir ustanın kullanabileceği işçi sayısını çok küçük bir azami rakamla sınırlandırarak, zorla önlemeye çalıştı. Para ya da meta sahibinin fiilen kapitalist olabilmesi için, üretim için yatırılan asgari miktarın, ortaçağların azamisini büyük ölçüde aşması gerekir. Hegel'in (*Logic*'inde) keşfettiği yasanın doğruluğu, doğabilimde olduğu gibi burada da görülür: Salt nicel farklılıklar bir noktadan sonra nitel değişikliklere dönüşürler.[207a]

207 "Bir çiftçi kendi emeğine güvenmemelidir, eğer güvenirse bence bundan zararlı çıkar. Onun işi, genel bir gözetim olmalıdır: harmancısını gözetlemek zorundadır, yoksa, ücretlerini, harmanlanmayan tahıl olarak kaybetmiş olur; orakçısının, biçicisinin, vb. denetlenmesi gerekir; her zaman çitlerinin etrafını dolaşmalı, ihmal edilmiş mi edilmemiş mi görmelidir; tek bir yere bağlanırsa olacağı budur zaten." ([J. Arbuthnot,] *An Inquiry into the Connexion between the Present Price of Provisions and the Size of Farms etc.,* By a Farmer, London 1773, s. 12.) Bu kitap çok ilginç. Burada, "kapitalist çiftçinin" ya da daha açık adıyla "tüccar çiftçinin" oluşumu incelenebilir ve yalnızca yaşaması için gerekli şeylerle yetinmek durumunda bulunan küçük çiftçi aleyhine kendisini yüceltmesi görülebilir. "Kapitalistler sınıfı, başlangıçta kısmen ve ensonu tamamen el ile çalışma zorunluluğundan kurtulmuş oldular." (*Textbook of Lectures on the Political Economy of Nations,* By the Rev., Richard Jones, Hertford 1852, Lecture III, s. 39.)

207a Modern kimyada, ilk kez Laurent ve Gerhardt tarafından geliştirilmiş olan molekül teorisi de bundan başka bir yasaya dayanmaz. [Üçüncü baskıya ek.] — Kimya ile yakından ilişkisi bulunmayanlar için çok açık olmayan bir ifadeyi açıklamak amacıyla, biz, burada, yazarın, ilk kez 1843 yılında C. Gerhardt'ın homolog diziler adını verdiği karbon bileşimlerinden sözettiğine değinmek isteriz; bu diziler-

Para ya da meta sahibi bireyin, kendisini kapitaliste dönüştürebilmesi için elde bulundurması gerekli asgari değer miktarı, kapitalist üretimin farklı gelişme aşamalarına göre değiştiği gibi, farklı üretim alanlarında içinde bulundukları aşamanın kendi özel ve teknik koşullarına bağlı olarak değişiklik gösterirler. Bazı üretim alanları, kapitalist üretimin daha başlangıcında, tek bir kişinin elinde henüz bulunduramadığı asgari bir sermayeye gereksinme gösterir. Bu durum, kısmen, Fransa'da Colbert zamanında olduğu ve birçok Alman devletlerinde günümüze kadar süregeldiği gibi, özel kişilerin devletçe desteklenmesine, ve kısmen de, bizim modern anonim şirketlerin öncüleri olan bazı ticaret ve sanayi kollarının sömürülmesi için, yasal tekelleri ellerinde bulunduran şirketlerin meydana gelmesine yolaçar.[208]

Üretim sürecinin seyri içinde kapitalist ile ücretli-emekçi arasındaki ilişkide yeralan değişiklikleri ayrıntılarıyla incelemeyeceğiz, sermayenin kendi nitelikleriyle de daha fazla ilgilenmeyeceğiz. Burda yalnızca belirli temel noktaları vurgulayacağız.

Üretim süreci sırasında gördüğümüz gibi, sermaye, emek üzerinde, yani çalışan emek-gücü ya da bizzat işçi üzerinde egemenlik kurar. Kişileşmiş sermaye, kapitalist, işçinin işini düzenle ve uygun bir yoğunluk derecesinde yapmasına dikkat eder.

Sermaye, ayrıca, işçi sınıfını kendi yaşamı için gerekli gereksinmelerin dar çerçevesini aşan bir çalışmaya yönelten zorlayıcı bir ilişkiye ulaşmıştı. Başkalarının etkinliğinin bir üreticisi olarak, bir artı-emek soğurucusu ve emek-gücü sömürücüsü olarak, yükümlü çalışmaya dayanan daha önceki bütün üretim sistemlerini, enerjisi, sınır tanımazlığı, keyfiliği ve etkinliği yönünden geride bırakmıştır.

Sermaye, ilkin, emeği, onu tarih içinde bulduğu teknik koşulla-

den her birinin kendine özgü cebirsel formülü vardır. Böylece, parafin dizileri: $C_nH_{2n+2}O$, normal alkol dizileri: $C_nH_{2n+2}O$; normal yağ asitleri dizileri: $C_nH_{2n}O_2$ formülü ile gösterilir ve daha birçok böyle diziler vardır. Yukardaki örneklerde, molekül formülüne yalnızca CH_2 niceliklerinin eklenmesi ile her seferinde nitelikçe farklı bir cisim meydana gelmektedir. Bu önemli olgunun saptanmasında Laurent ve Gerhardt'ın katkıları (Marx bunu olduğundan büyük görmüştür) konusunda bkz: Kopp, *Entwicklung der Chemie,* München 1873, s. 709, 716 ve Schorlemmer, *The Rise and Development*‡ *of Organic Chemistry,* London 1879, s. 54. *–F. E.*

‡ Almanca baskıda: "*Progress*" *–ç.*

208 Martin Luther bu tür kurumlara, "Die Gesellschaft Monopolia"‡‡ demektedir.

‡‡ Kim, ticari şirketlerin saf tekelden başka bir şey olmadığını göremeyecek kadar aptaldır?' (Von Kaufshandlung und Wucher, 1524, in Dr. Martin Luthers Werke, Kritische Gesamtausgabe, Vol. 15, Weimar, 1899, p. 312).

ra dayanarak kendisine bağımlı hale getirir. Bu yüzden de, üretim tarzını hemen değiştirmez. Artı-değer üretimi, —bizim buraya kadar incelediğimiz biçimiyle— yani işgününün basit bir şekilde uzatılması ile elde edilmesi, bu nedenle, üretim tarzındaki herhangi bir değişiklikten bağımsız olması gerektiğini tanıtlamıştır. Bu şekil, eski moda fırıncılıkta, bugünün modern pamuk fabrikalarından daha az uygulanan bir şey de değildi.

Eğer biz, üretim sürecini, basit emek-süreci açısından ele alırsak, işçi, üretim araçlarının sermaye olma nitelikleriyle değil, onlarla, yalnızca kendisinin bilinçli üretken etkinliğinin basit bir aracı olarak ilişki içersine girer. Örneğin dericilikte, işçi, deriyi, üzerinde çalıştığı, emek harcadığı basit bir nesne gibi görür. Elinde işlediği deri, kapitalistin derisi değildir. Ama üretim sürecine, artı-değer yaratma süreci açısından baktığımız anda, durum değişir. Üretim araçları, burada, derhal başkalarının emeğini emen araçlar haline dönüşürler. Şimdi artık, işçi, üretim araçlarını değil, üretim araçları işçiyi kullanmaktadır. İşçinin üretken etkinliğinin maddi unsurları olarak tüketilmek yerine, onlar, kendi yaşam süreçleri için gerekli maya olarak işçiyi tüketirler; ve sermayenin yaşam-süreci, yalnızca değerin, devamlı olarak genişlemesi, devamlı olarak kendisini çoğaltması hareketinden ibarettir. Geceleri boş duran ve canlı emeği yutmayan yüksek fırınlar ile işyerleri, kapitalist için "düpedüz kayıptır". Fırınlar ile işyerleri işte bunun için, işçinin gece emeği üzerinde hak iddiasında bulunurlar. Paranın, üretim sürecinin maddi etmenlerine, üretim araçlarına dönüşmesi, bu araçları, başkalarının emeği ve artı-emeği üzerinde hak talep edecek hale getirir. Konuyu bağlarken vereceğimiz bir örnek, kapitalist üretime özgü ve onun karakteristiği olan bu elçabukluğunun, ölü ile canlı emek arasındaki, değer ile değer yaratan güç arasındaki ilişkinin bu tepetaklak edilişinin, kapitalistlerin bilincinde nasıl yansıdığını gösterecektir. İngiliz fabrika patronlarının 1848-1850 arasındaki ayaklanmaları sırasında, "Batı İskoçya'nın en eski ve en saygıdeğer firmalarından olup 1752'den beri etkinliğini sürdüren ve dört kuşaktır aynı ailenin yönettiği, Paisley'deki neredeyse yüzyıllık, keten ve pamuk ipliği fabrikasının, Messrs Carlile Sons & Co.'nun başkanı...", bu "çok akıllı centilmen", o sırada, 25 Nisan 1849 tarihli *Glasgow Daily Mail*'e, "Vardiya Sistemi" başlıklı bir mektup gönderdi.[209] Bu mektupta, diğer şeyler yanında, şu pek bönce pasaj da bulunuyor: "Fabrikaların çalışmasını 10 saatle sınırlandırmanın ... birlikte getireceği kötülüklere ... bir gözatalım. ... Bu durum, fabrikatörün planlarını, projelerini ve mallarını çok

[209] *Reports of Insp. of Fact., for 30th April, 1849*, s. 59.

ciddi bir zarara uğratacaktır. Eğer o" (yani, "işçileri") "daha önce 12 saat çalışırken bu süre 10 saatle sınırlandırılırsa, kuruluşundaki her 12 makine ya da tezgah 10'a inmiş olacaktır, ve eğer fabrikasını satmaya kalksa bunlar ancak 10 olarak değerlendirilecektir; böylece ülkedeki bütün fabrikaların değeri, altıda-bir kadar azalmış olacaktır."[210]

"Dört kuşak" boyunca biriken kapitalist niteliklerin mirasçısı bu Batı İskoçyalı burjuva kafasında, üretim araçlarının, eğirme makinelerinin vb. değerleri, sermaye olarak kendi değerini artırma ve her gün başkalarına ait bedeli ödenmemiş bir miktar emeği yutma özellikleriyle öylesine karmakarışık hale gelmiş ki, Carlile & Co.'nun başkanı fabrikasını satmaya kalksa, kendisine yalnızca eğirme tezgahlarının değil, ayrıca, bunların artı-değer katma güçlerinin de, yalnız bunlarda somutlaşan ve bu türden tezgahların üretimi için gerekli olan emeğin değil, bu olanakların her gün Paisleyli yiğit İskoçlardan pompaladıkları artı-emeğin değerinin de ödeneceğini düşünüyor, ve işte bu nedenle, işgününün iki saat kısaltılması ile, 12 adet eğirme makinesinin satış fiyatının 10 adedinin fiyatına düşeceğini hesaplıyor!

[210] *l.c.*, s. 60. Kendisi de bir İskoç olan ve İngiliz fabrika denetmenlerinin tersine kapitalist düşünce biçimine kendisini kaptırmış bulunan Stuart, raporuna aldığı bu mektup konusunda, açıkça, "bu mektup, vardiya sistemi ile çalışan bir fabrika sahibinin, aynı işle uğraşanlara sağladığı en yararlı belge olduğu gibi, işsaatlerinin düzenlenmesinde yapılacak herhangi bir değişiklik konusunda kaygıları bulunanların önyargılarını yok edecek son derece iyi düşünülmüş bir belgedir de" diyor.

DÖRDÜNCÜ KISIM

NİSPİ ARTI-DEĞER ÜRETİMİ

ONİKİNCİ BÖLÜM

NİSPİ ARTI-DEĞER KAVRAMI

İŞGÜNÜNÜN, kapitalistin yalnızca emek-gücüne ödediği değerin eşdeğerinin üretken kısmı, buraya kadar değişmeyen bir büyüklük olarak ele alındı, ve aslında bu, belli üretim koşulları altında ve toplumun belli bir ekonomik gelişme aşamasında böyledir. İşçinin bu gerekli emek-zamanının ötesinde, daha 2, 3, 4, 6 vb. saat çalışmaya devam edebileceğini gördük. Artı-değer oranı ile işgününün uzunluğu, bu uzatmanın büyüklüğüne bağlı bulunuyordu. Gerekli emek-zamanı değişmediği halde, gördüğümüz gibi, işgünü toplamı değişkendi. Şimdi, uzunluğu ile, gerekli-emek ve artı-emek arasındaki bölünüşü ve uzunluğu belli olan bir işgününü ele alalım. Burada *ac* çizgisinin bütünü

a ---------- *b* -- *c*

örneğin, 12 saatlik bir işgününü temsil etsin; *ab* kısmı 10 saatlik gerekli-emek, *bc* ise 2 saatlik artı-emek olsun. Bu durumda, artı-değer üretimi nasıl artırılabilir: Yani, *ac* çizgisi uzatılmadan ya da ondan bağımsız olarak artı-emek nasıl uzatılabilir?

Burada *ac* çizgisinin uzunluğu belli olmakla birlikte, işgününün de sınırı olan *c* noktasının aşılmaması halinde bile, başlangıç noktası *b*'yi *a* yönünde geriye kaydırarak *bc*'nin uzatılması olanaklı gibi görünüyor. Bu örneğimizde, *ab´bc* çizgisinde *b'b, bc*'nin yarısına ya da 1 saatlik emek-zamanına eşit olsun.

a --------- *b´* - *b* -- *c*

Şimdi eğer, 12 saatlik işgünü *ac* çizgisinde *b* noktasını *b´* noktasına doğru kaydırırsak, *bc, b´c* olur ve, işgünü eskisi gibi 12 saat kaldığı halde, artı-emek yarı yarıya artmış, 2 saatten 3 saate çıkmış olur. Artı emek-zamanının böylece, *bc*'den *b´c*'ye, 2 saatten 3 saate uzatılması, hiç kuşkusuz gerekli emek-zamanının *ab*'den *ab´*ne, yani 10 saatten 9 saate indirilmesiyle ancak olanaklı olabilir. Artı-emeğin uzatılması, gerekli-emeğin kısaltılmasına tekabül edecektir; yani gerçekte işçinin daha önce kendi yararı için tükettiği emek-zamanının bir kısmı, şimdi kapitalistin çıkarına emek-zamanına dönüşmüş olur. İşgününün uzunluğunda bir değişme olmadığı halde, onun gerekli emek-zamanı ve artı emek-zamanı bölünmesinde bir değişiklik olmuştur.

Öte yandan, işgününün uzunluğu ile emek-gücünün değeri belli ise, açıktır ki, artı emek-zamanı da bellidir. Emek-gücünün değeri, yani emek-gücünün üretimi için gerekli emek-zamanı, bu değerin yeniden-üretimi için gerekli emek-zamanını belirler. Eğer bir emek-zamanı yarım şilinde (altı penide) maddeleşmiş olsa, ve bir günlük emek-gücünün değeri beş şilin etse, işçinin, sermayenin onun emek-gücü için ödediği değeri yerine koyması ya da kendi günlük yaşamı için, gerekli değerin eşdeğerlerini üretebilmesi için günde 10 saat çalışması gerekir. Geçim araçlarının değeri belli ise, emek-gücünün değeri biliniyor demektir;[1] ve bu emek-gücünün değeri verilmişse, gerekli emek-zamanı da biliniyor demektir. Artı emek-zamanı, ayrıca, toplam işgününden gerekli emek-zamanının çıkartılması ile de bulunabilir. Oniki saatten on saat çıkartılırsa, geriye iki saat kalır; belirli koşullar altında artı-emeğin nasıl olup

[1] "Onun günlük ortalama ücretinin değeri, işçinin 'yaşaması, çalışması ve çoğalması' için gerekli olan şeylerle belirlenir." (William Petty, *Political Anatomy of Ireland,* 1672, s. 64.) "Emeğin fiyatı her zaman gerekli tüketim maddelerinin fiyatıyla belirlenir ... ve ne zaman ... işçinin ücreti, emekçi bir insan olarak, düşük derece ve durumuna uyacak şekilde, çoğunun yazgısı olan böyle kalabalık bir aileyi geçindirmeye yetmezse" uygun ücreti almıyor demektir. (J. Vanderlint, *l.c.,* s. 15.) "*Le simple ouvrier, qui n'a que ses bras et son industrie, n'a rien qu'autant qu'il parvient à vendre à d'autres sa peine. ... En tout genre de travail il doit arriver, et il arrive en effet, que le salaire de l'ouvrier se borne à ce qui lui est nécessaire pour lui procurer la subsistance.*" ["Kendi kolundan ve çalışmasından başka hiçbir şeyi olmayan basit işçinin, onu bir başkasına sattığı zaman elde edeceği şeyden başka hiçbir şeyi yoktur. ... Her türden emekte, işçi ücretinin onun yaşaması için gerekli şeylerle sınırlı olması gerekir ve gerçekte de bu böyle olur."] (Turgot, *Réflexions etc., Œuvres* éd. Daire, t. I, s. 10.) "Yaşamak için gerekli tüketim maddelerinin fiyatı, gerçekte üretici emeğin maliyetidir." (Malthus, *Inquiry into the Nature of Rent...,* London 1815, s. 48, not.)

da iki saatten fazla uzatılabileceğini görmek kolay değildir. Kuşkusuz, kapitalist, işçiye, beş şilin yerine dört şilin altı peni ya da daha azını verebilir. Bu dört şilin altı penilik değerin yeniden-üretimi için dokuz saatlik emek-zamanı yetebilir; bunun sonucu olarak kapitaliste iki yerine üç saatlik artı-emek gider, ve artı-değer, bir şilinden bir şilin altı peniye yükselebilir. Ne var ki, bu sonuç, yalnızca işçinin ücretini emek-gücünün değerinin altına düşürerek de elde edilebilirdi. Dokuz saatte ürettiği dört şilin altı peni ile öncekine göre onda-bir kadar az tüketim aracı sağlar ve dolayısıyla emek-gücünün gereği gibi yeniden-üretimi sakatlanmış olur. Artı-emek, bu durumda, ancak normal sınırları çiğnenerek uzatılabilir; kapladığı alan, gerekli emek-zamanının alanını gaspederek genişletilebilir. Uygulamada bu yolun oynadığı önemli role karşın, bunu, emek-gücü de dahil bütün metaların, tam değerleri üzerinden alınıp satıldıkları varsayımımıza uyarak, burada, konudışı bırakıyoruz. Bu varsayımdan hareket edilirse, emek-gücünün üretimi ya da değerinin yeniden-üretimi için gerekli emek-zamanının işçinin ücretinin, emek-gücünün değerinin altına düşürülmesiyle değil, ancak bu değerin kendisinde bir düşmeyle azalabileceği sonucu çıkar. İşgününün uzunluğu belli olduğuna göre, artı emek-zamanının uzatılması, ancak gerekli emek-zamanında bir kısıntı yapmakla olanaklı olabilir; bunun tersi olanaklı değildir. Aldığımız örneğe göre, gerekli emek-zamanının $^1/_{10}$ kadar azalması için, emek-gücü değerinin $^1/_{10}$ kadar düşmesi; yani gerekli emek-zamanının 10 saatten 9 saate inmesi sonucu artı-emeğin iki saatten üç saate çıkması gerekir.

Ne var ki, emek-gücünün değerindeki böyle bir düşüş, eskiden on saatte üretilen tüketim araçlarının, şimdi dokuz saatte üretilebildiği anlamını taşır. Ama bu, emeğin üretkenliğinde bir artma olmaksızın, olanaklı değildir. Diyelim bir kunduracı, belli araçlarla, oniki saatlik bir işgününde, bir çift kundura yapmaktadır. Eğer aynı sürede iki çift kundura yapması gerekirse, emeğinin üretkenliğinin iki kat olması zorunludur; ve bu, ya kullandığı araçlarda, ya çalışma biçiminde, ya da her ikisinde bir değişiklik olması dışında olanaksızdır. Demek ki, üretim koşullarının, yani üretim biçimi ile emek-sürecinin kendisinin köklü bir değişime uğraması gerekli oluyor. Emeğin üretkenliğinde bir artış sözüyle, biz, genellikle, emek-sürecinde bir metaın üretimi için toplumsal olarak gerekli emek-zamanının kısaltılması türünden bir değişikliği, ve belli nicelikteki emeğe, daha fazla kullanım-değeri üretme gücünün sağlanmasını anlıyoruz.[2] Şimdiye kadar, işgününde yapılan basit bir

2 "*Quando si perfezionano le arti, che non è altro che la scoperta di nuove vie,*

uzatmadan doğan artı-değeri ele alırken, biz, üretim biçiminin belli ve değişmez olduğunu kabul ettik. Ama artı-değerin, gerekli-emeğin artı-emeğe çevrilmesiyle üretilmesi gerektiğinde, sermayenin, emek-sürecini geçmişteki haliyle devralması ve yalnızca bu sürecin zamanını uzatması yetmez. Emeğin üretkenliğini artırmadan önce, sürecin teknik ve toplumsal koşullarının ve dolayısıyla üretim biçiminin kendisinin kökten değiştirilmesi gerekir. Ancak bu yoldan, emek-gücünün değerinin düşürülmesi ve bu değerin yeniden-üretimi için gerekli işgünü parçasının kısaltılması olanaklı olur.

İşgününün uzatılmasıyla üretilen artı-değere, ben, *mutlak artı-değer* diyorum. Buna karşılık, gerekli emek-zamanının kısaltılması, ve bunun sonucu, işgününün iki kısmının uzunluklarındaki değişiklikten doğan artı-değere, *nispi artı-değer* diyorum.

Emek-gücünün değerinin düşürülebilmesi için, emeğin üretkenliğindeki artışın, ürünleri emek-gücünün değerini belirleyen ve bunun sonucu olarak, ya alışılmış geçim araçları sınıfına giren, ya da bunların yerlerini alabilen sanayi kollarına yönelmesi zorunludur. Ama bir metaın değeri, yalnız işçinin doğrudan onun üzerinde harcadığı emek niceliğiyle değil, aynı zamanda, üretim araçlarında bulunan emekle de belirlenir. Örneğin, bir çift kunduranın değeri, yalnız kunduracının emeğine değil, derinin, balmumunun, ipliğin vb. değerlerine de bağlıdır. Demek ki, emek-gücünün değerindeki düşme, emeğin üretkenliğinde bir artışla, ve gerekli tüketim maddelerinin üretiminde kullanılan değişmeyen sermayenin maddi öğelerini oluşturan emek araçları ile hammaddeleri sağlayan sanayi kollarına ait metaların ucuzlatılmasıyla da meydana getirilebilir. Ama, ne gerekli tüketim maddelerini üreten, ne de bunların elde edilmesi için gerekli üretim araçlarını sağlayan sanayi kollarında emeğin üretkenliğindeki bir artış, emek-gücünün değerini etkilemez.

Metaların ucuzlaması, kuşkusuz, emek-gücünün değerinde ancak *pro tanto** bir düşme, emek-gücünün yeniden-üretiminde bunların kullanılması oranında bir düşme meydana getirir. Örneğin, gömlek, gerekli bir geçim aracıdır, ama birçok geçim aracından bir

onde si possa compiere una manufattura con meno gente o (che é lo stesso) in minor tempo di prima." ["Sanayinin yetkinleşmesi, kendileri yardımıyla bir işin eskisinden daha az insan ile ya da (aynı anlama gelmek üzere) daha az zamanda tamamlanabildiği yeni araçların bulunmasından başka bir şey değildir."] (Galiani, *l.c.*, s. 159.) "*L'économie sur les frais de production ne peut donc être autre chose que l'économie sur la quantité de travail employée pour produire.*" ["Öyleyse, üretim masrafları üzerinden tasarruf, üretmek için kullanılan emek miktarı üzerinden tasarruftan başka bir şey olamaz."] (Sismondi, *Etudes, etc.*, [Edition de Bruxelles, 1837] t. I, s. 22.)

* O ölçüde. –ç.

tanesidir. Ne var ki, gerekli geçim araçlarının toplamı, her biri ayrı sanayi kollarının ürünü olan çeşitli metalardan oluşur; ve bu metaların her birinin değeri, emek-gücünün değerinin bir kısmını oluşturur. Bunların yeniden-üretilmeleri için gerekli emek-zamanındaki bir azalma ile emek-gücünün değeri de azalır; emek-zamanındaki toplam azalma, çeşitli ve birbirinden ayrı sanayi kollarındaki emek-zamanlarının kısalmalarının toplamına eşittir. Biz, bu genel sonucu, burada, her ayrı durumda doğrudan hedef alınan bir amacın sonucuymuş gibi ele alıyoruz. Bir kapitalist, örneğin, emeğin üretkenliğini artırarak gömlek fiyatlarını ucuzlatsa, bu, hiçbir zaman onun, emek-gücünün değerini ve dolayısıyla da gerekli emek-zamanını *pro tanto* düşürmek amacıyla hareket ettiğini göstermez. Ama ensonu, bu sonucun doğmasına katkıda bulunduğu sürece, genel artı-değer oranının yükselmesine de yardım etmiş olur.[3] Sermayenin genel ve zorunlu eğilimlerini, ortaya çıkış biçimlerinden ayırdetmek gerekir.

Kapitalist üretim biçimine özgü yasaların, bireysel sermaye kitlelerinin hareketleri sırasında kendilerini nasıl gösterdiklerini, rekabetin zorlayıcı yasaları olarak nerelerde ortaya çıktıklarını ve bireysel kapitalistlerin kafalarında ve bilinçlerinde hareketlerine yön veren dürtüler olarak nasıl yeraldıklarını burada incelemek niyetinde değiliz. Ama şurası açıktır ki, sermayenin asıl niteliğini kavramadan, rekabetin bilimsel bir tahlilinin yapılması olanaksızdır; bu, tıpkı, gökcisimlerinin görünüşteki hareketlerinin ancak, duyularla doğrudan algılanamayan gerçek hareketlerini bilen birisi için anlaşılır ve açıklanabilir olmasına benzer. Gene de, nispi artı-değer üretiminin daha iyi anlaşılması için, yalnızca buraya kadar vardığımız sonuçlara dayanarak aşağıdaki düşünceleri ekleyebiliriz.

Eğer altı penide* 1 saatlik emek somutlaşmış ise, altı şilinlik bir değer, 12 saatlik bir işgününde üretilebilir. Diyelim ki, emeğin bugünkü üretkenliği ile, bu 12 saatte, 12 parça mal üretilsin. Her mal için kullanılan üretim aracının değeri yarım şilin olsun. Bu koşullar altında her parça mal bir şiline malolur: bunun altı penisi üretim araçlarının değeridir, altı peni de bu araçlar ile çalışılarak eklenen yeni değerin. Diyelim ki, şimdi bir kapitalist, emeğin üretkenliğini iki katına çıkarmanın yolunu bulsun ve 12 saatlik işgününde, bu maldan 12 parça yerine 24 parça üretsin. Üretim araçla-

[3] "Diyelim ... makinelerdeki gelişmelerle fabrikatörün ... ürünleri iki katına çıktı ... o, toplam gelirin daha küçük bir kısmı ile işçilerini giydirebilecek ... ve böylece kârı artmış olacaktır. Ama bir başka yolda etkilenmeyecektir." (Ramsay, *l.c.*, s. 168, 169.)

* 1 şilin = 12 peni. –ç.

rının değeri aynı kalmışsa, her parça malın değeri dokuz peniye düşecek, bunun altı penisi üretim araçlarının değeri, üç penisi de emeğin eklediği yeni değer olacaktır. Emeğin üretkenliği iki katına çıktığı halde, bir günlük emek, gene eskisi gibi altı şilinlik yeni bir değer yaratacak, ama bu değer, şimdi eskisinin iki katı mala dağılmış olacaktır. Şimdi her parça mal bu değerin 1 : 12'si yerine 1 : 24'ünü, altı penilik değer yerine üç penilik bir değer taşımış olacaktır; ya da bunu şöyle de söyleyebiliriz: şimdi üretim araçlarına, bunların mal haline dönüşmeleri sırasında, tam bir saatlik emek-zamanı yerine yalnızca yarım saatlik emek-zamanı katılmıştır. Bu malların her birinin değeri, şimdi toplumsal değerinin altında olur; bir başka deyişle, aynı malın ortalama toplumsal koşullar altında üretilen büyük yığınından daha az emek-zamanına malolmuştur. Her parça mal, ortalama olarak bir şiline malolur ve iki saatlik toplumsal emeği temsil eder; ama değişen üretim tarzı altında, yalnızca dokuz peniye malolur, ya da ancak 1½ saatlik emeği içerir. Ama bir metaın gerçek değeri, onun bireysel değeri değil, toplumsal değeridir; yani gerçek değer, bir malın her ayrı durumda üreticiye malolduğu emek-zamanı ile değil, onun üretimi için toplumsal olarak gerekli emek-zamanı ile ölçülür. Bu nedenle, yeni yöntemi uygulayan ve ürettiği metaı bir şilinlik toplumsal değeri üzerinden satan kapitalist, bu malı bireysel değerinin üç peni fazlasına satmıştır ve böylece üç penilik bir artı-değer elde etmiştir. Öte yandan, 12 saatlik işgünü, onun için, şimdi, 12 parça yerine 24 parça mal ile temsil edilmektedir. Bu durumda, bir işgününün ürününün elden çıkartılabilmesi için, talebin eskisinin iki katına çıkması, yani piyasanın iki kat daha geniş olması gerekir. Diğer koşullar aynı kalmak üzere, bu kapitalistin ürettiği metalar, ancak fiyatlarındaki bir azalma ile daha geniş bir pazara egemen olabilir. Bu yüzden, bunları, bireysel değerlerinin üzerinde, ama toplumsal değerlerinin altında, diyelim on peniye satacaktır. Böylece, gene de, her bir parçadan bir penilik fazla artı-değer sızdırmış olacaktır. Bu mallar, emek-gücünün genel değerinin belirlenmesinde rol oynayan gerekli geçim araçları sınıfına girsin girmesin, bu artı-değer fazlası, onun cebine girmiş olur. Demek oluyor ki, bu son koşuldan bağımsız olarak, her kapitalist, emeğin üretkenliğini artırmak yoluyla metalarının fiyatını ucuzlatmak eğilimindedir.

Ama ne olursa olsun, hatta bu durumda bile, artı-değer üretimindeki bu artış, gerekli emek-zamanının kısaltılması ve buna tekabül eden artı emek-zamanının uzatılmasından doğar.[4] Gerekli

[4] "Bir insanın kârı, başka insanların emeğinin ürünü üzerindeki kumandasına değil, emeğin kendisi üzerindeki kumandasına bağlıdır. İşçilerin ücreti aynı kaldığı

emek-zamanı 10 saat, bir günlük emek-gücünün değeri beş şilin olsa, artı emek-zamanı 2 saat ve günlük artı-değer bir şilin olur. Ama kapitalist, şimdi 24 parça mal üretmekte, bunların her birini on peniye satmakta, toplam yirmi şilin elde etmektedir. Üretim araçlarının değeri oniki şilin olduğuna göre, bu malların $14^2/_5$ parçası, yalnızca yatırılan değişmeyen sermayeyi yerine koyar. 12 saatlik işgününde harcanan emek, geriye kalan $9^3/_5$ parçada temsil edilmektedir. Emek-gücü fiyatı beş şilin olduğuna göre, 6 parça mal gerekli emek-zamanını, $3^3/_5$ parça da artı-emeği temsil eder. Ortalama toplumsal koşullar altında gerekli-emeğin artı-emeğe oranı 5 : 1 idi; şimdi ise 5 : 3'tür. Aynı sonuç, aşağıdaki şekilde de elde edilebilir. 12 saatlik işgünü ürününün değeri yirmi şilindir. Bu miktarın oniki şilini üründe yalnızca yeniden beliren üretim araçlarının değeridir. Geriye kalan sekiz şilin ise, o işgününde yeniden-üretilen değerin para olarak ifadesidir. Bu miktar, aynı türden ortalama toplumsal emeğin ifade edildiği miktardan büyüktür: bu tür emeğin oniki saati yalnızca altı şilin ile ifade edilmiştir. Olağanüstü üretken emek, yoğunlaştırılmış emek olarak iş görür; eşit sürelerde, aynı türden ortalama toplumsal emekten daha büyük değer yaratır. (Bkz: Birinci Bölüm, İkinci Kesim, s. 58-59.) Ama kapitalistimiz hâlâ, bir günlük emek-gücü değeri olarak eskisi gibi yalnızca beş şilin ödemeye devam etmektedir. Oysa, bu değerin yaratılması için, işçinin, şimdi, 10 saat yerine $7^1/_5$ saat çalışması yetmektedir. Artı-emeği, böylece $2^4/_5$ saat artmış, ürettiği artı-değer bir şilinden üç şiline yükselmiştir. Demek oluyor ki, geliştirilmiş üretim yöntemi uygulayan kapitalist, aynı işi yapan diğer kapitalistlere göre, işgününün daha büyük bir kısmına artı-emek olarak elkoymaktadır. Onun tek başına yaptığı bu şey, kapitalistler grubunun nispi artı-değer yaratmada ortaklaşa yaptıklarının aynısıdır. Ne var ki, öte yandan, bu yeni üretim yöntemi yaygınlaşıp da, bu bireysel metaın ucuzlatılmış değeri ile toplumsal değeri arasındaki fark ortadan kalkar kalkmaz, artı-değer fazlası da yokolup gider. Yeni üretim yöntemini uygulayan bireysel kapitalisti, malını toplumsal değerinin altında satmaya zorlayarak egemenliği altına alan, değerin emek-zamanı ile belirlenmesi yasası, aynı zamanda rekabetin zorlayıcı yasası olarak, rakiplerini bu yeni yöntemi benimsemeye zorlar.[5] Bunun için, genel artı-değer oranının, sürecin

halde eğer mallarını daha yüksek bir fiyata satabilirse, bundan yararlanacağı açıktır. ... Ürettiği şeylerin küçük bir kısmı, emeği harekete getirmesi için yeterlidir, ve böylece daha büyük bir kısım ona kalmış olur." ([J. Cazenove.] *Outlines of Pol. Econ.*, London 1832, s. 49, 50.)

5 "Eğer komşum, az emekle çok şey yaparak ucuza satabilirse, ben de onun kadar ucuza satmanın bir yolunu aramak zorunda kalırım. Böylece, daha az işçinin

bütününün etkisi altına girebilmesi, ancak, emekteki üretkenlik artışının, gerekli geçim araçlarını kapsayan metaların fiyatında ve dolayısıyla emek-gücünün değerinin öğelerinde bir ucuzluk sağlayan sanayi kollarını içine aldığı zaman olanaklı olur.

Metaların değeri, emeğin üretkenliği ile ters orantılıdır. Metaların değerlerine bağlı bulunması nedeniyle, emek-gücünün değeri de öyledir. Oysa tersine, nispi artı-değer bu üretkenlik ile doğru orantılıdır. Üretkenliğin artması ile artar, düşmesi ile azalır. Paranın değeri değişmez kabul edilirse, 12 saatlik ortalama bir toplumsal işgünü, aynı yeni değeri —bu miktar, artı-değer ile ücretler arasında nasıl bölünmüş olursa olsun— 6 şilinlik değeri üretir. Ama, üretkenlikteki artış sonucu gerekli tüketim maddelerinin değeri düşer, ve bir günlük emek-gücünün değeri beş şilinden üç şiline inerse, artı-değer bir şilinden üç şiline yükselmiş olur. Emek-gücünün değerinin yeniden-üretilmesi için gerekli on saat yerine, şimdi yalnız altı saat gereklidir. Bu serbest hale gelen dört saat, artı-emek alanına rahatça katılabilir. Demek oluyor ki, metaları ucuzlatmak ve ucuzluk aracılığı ile işçinin kendisini ucuzlatmak için, emeğin üretkenliğini yükseltmek, sermayenin özünde bulunan bir istek ve sürekli bir eğilimdir.[6]

Metaın değeri, kendi başına, kapitalisti hiç ilgilendirmez. Onu ilgilendiren tek şey, metada yatan ve satışı ile gerçekleşen artı-değerdir. Artı-değerin gerçekleştirilmesi, yatırılan değerin yeniden elde edilmesini zorunlu olarak birlikte getirir. Şimdi, nispi artı-değer, emeğin üretkenliğindeki gelişme ile doğru orantılı olarak artarken, öte yandan, metaların değerleri aynı oranda azaldığı için; bir ve aynı sürecin metaları ucuzlattığı ve bu metalarda bulunan artı-değeri artırdığı için; bir bilmecenin çözümü ile yüzyüze geliyoruz: tek kaygısı değişim-değeri üretmek olan kapitalist, niçin durmadan metaların değişim-değerlerini düşürmeye uğraşıyor? Eko-

emeği ile iş yapan ve dolayısıyla daha ucuza iş çıkaran her sanat, meslek ya da makine, diğerlerinde de, herkes aynı düzeyde bulunsun ve hiç kimse komşusundan daha ucuza satmasın diye, ya aynı sanatı, mesleği ya da makineyi kullanmak ya da bunların bir benzerini bulmak gibi bir zorunluluğu ve çabayı yaratır." (*The Advantages of the East-India Trade to England,* London 1720, s. 67.)

6 "Bir işçinin giderleri hangi oranda azalırsa, eğer sanayinin üzerindeki kısıtlamalar aynı zamanda kaldırılmış ise, ücretleri de aynı oranda azalmış olur." (*Considerations Concerning Taking off the Bounty on Corn Exported, etc.,* Lond. 1753, s. 7.) "Sanayinin çıkarı, tahıl ile diğer bütün tüketim maddelerinin olanaklı olduğu kadar ucuz olmasını gerektirir; bunları pahalılaştıran şey, emeği de pahalılaştırır ... sanayinin kayıt altına alınmadığı bütün ülkelerde, gerekli tüketim maddelerinin fiyatı, emeğin fiyatını da etkilemek zorundadır. Gerekli tüketim maddeleri ucuzladıkça bu da daima düşecektir." (*l.c.,* s. 3.) "Ücretler, üretici güçlerin artması oranında azalır. Makinelerin, gerekli tüketim maddelerini ucuzlattığı doğrudur, ama o aynı zamanda işçiyi de ucuzlatır." (*A Prize Essay on the Comparative Merits of Competition and Co-operation,* London 1834, s. 27.)

nomi politiğin kurucularından biri olan Quesnay'in rakiplerine eziyet etmek için yönelttiği ve onların hiçbir yanıt veremedikleri bir bilmecedir. Quesnay diyor ki: "Siz, sanayi ürünlerinin yapımında, giderlerden ve emeğin maliyetinden, ürüne zarar vermeksizin ne kadar fazla indirim yapılırsa, bu, son şeklini almış malın fiyatını düşüreceği için, o derece yararlıdır diyorsunuz. Ve gene de, çalışan halkın emeğinden doğan servet üretiminin, bu ürünlerin değişim-değerlerinin birikiminden meydana geldiğine inanıyorsunuz."[7]

Kapitalist üretimde, bu nedenle, üretkenliğin artmasıyla emekten tasarruf sağlandığı zaman, işgününün kısaltılması hiçbir zaman düşünülmez.[8] Amaç, yalnızca belirli miktarda metaın üretimi için gerekli olan emek-zamanının kısaltılmasıdır. Emeğindeki üretkenliğin artması sonucu, işçinin, eskisinin diyelim 10 katı meta üretmesi ve böylece her biri üzerinde onda-bir kadar az emek-zamanı harcaması, onu eskisi gibi 12 saat çalışmaktan alıkoyamayacağı gibi, bu, 12 saatte 120 parça yerine 1.200 parça üretmesini de engellemez. Dahası var, işgünü, aynı zamanda, 14 saatte, diyelim 1.400 parça üretecek şekilde uzatılabilir de. İşte bunun için, MacCulloch, Ure, Senior ve benzeri iktisatçıların yapıtlarının bir sayfasında, işçinin, üretkenliğinin gelişmesi sonucu gerekli emek-zamanının kısaltılması nedeniyle, sermayeye şükran borçları olduğu yazılıdır, ardından gelen sayfada da, bu minnettarlığını göstermesi için gelecekte 10 saat yerine 15 saat çalışmaları gereği! Kapitalist üretim sınırları içersinde, emeğin üretkenliğinin gelişmesinin tüm amacı, işgününde, işçinin kendi yararına olarak çalıştığı sürenin kısaltılması, ve bu kısaltma yoluyla, kapitalistin çıkarına bedavadan çalışacağı sürenin uzatılmasıdır. Metaları ucuzlatmak-

[7] "*Ils conviennent, disait-il, que plus on peut, sans préjudice, épargner de frais ou de travaux dispendieux dans la fabrication des ouvrages des artisans, plus cette épargne est profitable par la diminution du prix de ces ouvrages. Cependant ils croient que la production de richesse, qui résulte des travaux des artisans, consiste dans l'augmentation de la valeur vénale de leurs ouvrages.*" ["Onlar, zanaatçıların ürettikleri şeylerin yapımında, masraflardan ya da masraflı çalışmalardan, zarar vermeksizin ne kadar tasarruf edebilirlerse, bu tasarrufun, o ürünlerin fiyatındaki düşme aracıyla, o kadar yararlı olacağını kabul ediyorlar, diyordu. Bununla birlikte, zanaatçıların çalışmasından doğan zenginlik üretiminin, bunların ürünlerinin parasal değerinin artışına dayandığına da inanırlar."] (Quesnay, *Dialogues sur le Commerce et les Travaux des Artisans,* s. 188, 189.)

[8] "*Ces spéculateurs si économes du temps et du travail des ouvriers qu'il faudrait qu'ils payassent!*" ["İşçilerin, ödemeleri gerekecek emek-zamanının öylesine tutumlu bu spekülatörleri!"] (J. N. Bidaut, *Du Monopole qui s'établit dans les arts industriels et le commerce,* Paris 1828, s. 13.) "İşveren daima zaman ve emekten tasarruf etme peşinde olacaktır." (Dugald Stewart, *Works,* ed. by sir W. Hamilton, Edinburgh, v. VIII, 1855. *Lectures on Polit. Econ.,* s. 318.) "Onların" (kapitalistlerin) "çıkarı, çalıştırdıkları işçilerin üretken güçlerinin olanaklı olduğu kadar büyük olmasıdır. Dikkatlerini ve hem de neredeyse bütün dikkatlerini bu üretkenliğin yükseltilmesi üzerine toplarlar." (R. Jones, *l.c.,* Lecture III, [s. 39].)

sızın bu sonuca ne ölçüde ulaşılabileceği, nispi artı-değerin, şimdi incelenmesine girişeceğimiz özel üretim yöntemleri açıklanırken görülecektir.

ONÜÇÜNCÜ BÖLÜM

ELBİRLİĞİ

KAPİTALİST üretim, görmüş olduğumuz gibi, ancak her bireysel sermayenin aynı anda oldukça çok sayıda işçi kullanmasıyla, ve bunun sonucu emek-sürecinin büyük ölçüde yürütülmesi ve nispeten geniş miktarda ürün vermesiyle başlar. Çok sayıda işçinin, aynı zamanda, aynı yerde (ya da isterseniz aynı iş alanında diyebilirsiniz), tek bir kapitalistin patronluğu altında aynı türden meta üretmek üzere birarada çalışmaları, hem tarih hem mantık açısından, kapitalist üretimin çıkış noktasını meydana getirir. Üretim tarzı yönünden, manüfaktür, sözcüğün dar anlamıyla, ilk aşamalarında, lonca elzanaatlarından, bir ve aynı bireysel sermaye tarafından aynı anda çok sayıda işçi kullanılması dışında güçlükle ayırdedilebilir. Ortaçağ lonca ustasının işyeri, yalnızca genişlemiştir.

Demek ki başlangıçta farklılık salt niceldi. Belli bir miktardaki sermaye ile üretilen artı-değerin, her işçinin ürettiği artı-değerin aynı anda kullanılan işçi sayısıyla çarpımına eşit olduğunu göstermiş bulunuyoruz. İşçi sayısı, tek başına, ne artı-değer oranı, ne de emek-gücünün sömürülme derecesi üzerinde etkilidir. 12 saatlik bir işgünü, altı şilinde somutlaşmış ise, 12 saatlik 1.200 işgünü,

1.200 kez altı şilinde somutlaşır. Birinci halde 12 x 1.200 işsaati, diğerinde böyle 12 işsaati ürüne katılmıştır. Değer üretiminde işçi sayısı, yalnızca, şu miktarda tek tek işçi demektir; bu yüzden, 1.200 kişinin ayrı ayrı çalışması ya da tek bir kapitalistin denetimi altında birleşmesi, değer üretimi yönünden hiç fark etmez.

Bununla birlikte, belli sınırlar içersinde bir değişiklik yeralır. Değerde gerçekleşmiş emek, ortalama toplumsal nitelikte bir emektir; bunun için de bir ortalama emek-gücü harcamasıdır. Ne var ki, herhangi bir ortalama büyüklük, hepsi de aynı türden, ama farklı nicelikte ayrı ayrı büyüklüklerin yalnızca ortalama sayısıdır. Her sanayide, her bireysel işçi, Peter ya da Paul olsun, ortalama işçiden farklıdır. Bu bireysel farklılıklar, ya da matematikteki adıyla "hatalar" birbirini giderir ve belli bir asgari sayıda işçinin kullanıldığı yerlerde ortadan kalkar. Ünlü sofist ve dalkavuk Edmund Burke, bir çiftçi olarak pratik gözlemlerine dayanarak şu iddiayı öne sürebiliyor: Beş tarım işçisinden kurulma "küçük bir takımda" emekteki bütün bireysel farklılıklar yokolur ve sonuçta, herhangi beş yetişkin tarım işçisi birarada alındığında, aynı sürede diğer herhangi beş kişi kadar iş yapmış olurlar.[9] Böyle olmakla birlikte, şurası da açıktır ki, aynı anda çalışan çok sayıda işçinin ortaklaşa işgünü, bu işçilerin sayısına bölünürse, bir günlük ortalama toplumsal emeği verir. Tek bir işçinin işgünü, örneğin 12 saat olsun. Bu durumda, aynı anda çalıştırılan 12 işçinin ortaklaşa işgünü 144 saat olur; bu bir düzine insanın her birinin emeği, ortalama toplumsal emekten az ya da çok sapmakla birlikte, aynı işi her birinin farklı zamanlarda yapmalarına karşın, bunların her birinin işgünü, 144 saatlik ortaklaşa işgününün onikide-biri olduğu için ortalama toplumsal işgünü niteliğini taşır. Bununla birlikte, bu 12 kişiyi çalıştıran kapitalist açısından ise, işgünü, bu bir düzine işçinin toplam işgünüdür. Her işçinin işgünü, ortaklaşa işgününün bölünmüş bir kısmıdır; bu 12 kişinin çalışma sırasında birbirlerine yardımcı olup olmadıklarının, ya da çalışmaları sırasındaki ilişkinin, bu işçilerin hepsinin aynı kapitalist hesabına çalışmaktan ibaret olmasının hiçbir önemi yoktur. Ama bu 12 işçi altı küçük patron tarafın-

[9] "Kuşkusuz, bir insanın emeğinin değeri ile bir diğer kimsenin emeğinin değeri arasında, güçlülük, beceri ve dürüst çalışma yönünden epeyce büyük farklar vardır. Yaptığım dikkatli gözlemlere dayanarak, herhangi beş insanın, toplam olarak, belirli bir sürede, belirttiğim yaş dönemindeki diğer beş kişinin emeğine eşit bir emek sağlayacaklarına tamamen eminim; yani böyle bir beş kişi içersinde bir tanesi, iyi bir işçinin, bir diğeri kötü bir işçinin bütün niteliklerine sahip bulunacak ve diğer üçü, birinciyle sonuncunun ortalaması, orta halli nitelikleri taşıyacaktır. Böylece, beş kişilik küçük bir toplulukta bile, bütün bu beş insanın yapabilecekleri işin tamamlayıcı öğelerini bulabilirsiniz." (E. Burke, *l.c.,* s. 15, 16.) Ortalama birey konusunda Quételet ile karşılaştırınız.

dan ikişer ikişer çalıştırılmış olsalar, bu patronların her birinin aynı değeri üretmeleri ve dolayısıyla genel artı-değer oranını gerçekleştirmeleri tamamen raslansal olurdu. Tek tek durumlarda sapmalar olabilir. Eğer bir işçi için bir metaın üretiminde toplumsal olarak gerekli-zamandan oldukça fazla bir zaman gerekiyorsa, bu durumda gerekli-emek zamanı ortalama toplumsal gerekli emek-zamanından büyük bir sapma gösterir; böylece, emeği, ortalama emek sayılamayacağı gibi, emek-gücü de ortalama emek-gücü sayılamaz. Bu emek-gücü ya hiç satılamaz ya da ortalama emek-gücü değerinin altında bir fiyatla satılabilir. Bu nedenle, her türlü emek için saptanmış asgari bir etkinlik varsayılır, ve biz, ilerde, kapitalist üretimin bu asgariyi saptama yollarını sağladığını göreceğiz. Öte yandan, kapitalist, ortalama emek-gücü değerini ödemek durumunda olduğu halde, bu asgari, gene de ortalamadan bir sapma gösterir. İşte bunun için, altı küçük patrondan biri, ortalama artı-değer oranından fazlasını, diğeri daha azını sızdırabilecektir. Bu eşitsizlikler toplum ölçüsünde birbirini götürür, ama aynı şey, tek tek patronlar için sözkonusu değildir. Böylece, değer üretme yasaları, tek üretici için, ancak bir kapitalist gibi üretimde bulunduğu, çok sayıda işçiyi birarada çalıştırdığı ve bunların emeklerinin ortaklaşa nitelikleri yüzünden ortalama toplumsal emek niteliğinde olmaları nedeniyle, daha başlangıçta bütünüyle gerçekleşmiş olur.[10]

Çok sayıda işçinin aynı zamanda çalıştırılmaları, çalışma sisteminde bir değişiklik olmadan bile, emek-sürecinin maddi koşullarında bir devrime yolaçar. Çalıştıkları işyerleri, hammadde depoları, işçilerin aynı anda hep birlikte ya da sırayla kullandıkları araç ve gereçler; kısacası, üretim araçlarının bir kısmı şimdi ortaklaşa tüketilmektedir. Bir yandan, bu üretim araçlarının değişim-değeri artmamıştır; çünkü, bir metaın değişim-değeri, kullanım-değerinin daha kapsamlı ve çok daha büyük bir yararlılıkla tüketilmesiyle yükselmiş olmaz. Öte yandan, bu araçlar ortaklaşa tüketildikleri için, eskisinden daha büyük ölçüde kullanılmış olurlar. Yirmi tezgah üzerinde yirmi dokumacının çalıştığı bir oda, tek dokumacının iki çırağı ile çalıştığı odadan daha büyük olmalıdır. Ama, yirmi kişilik bir işyerinin yapımı, her birinde ikişer dokumacının çalıştığı on odadan daha ucuza malolacaktır; yani, geniş ölçüde ve ortaklaşa kullanılmak üzere biraraya toplanan üretim araçlarının değeri,

[10] Profesör Roscher, bayan Roscher'in iki gün süreyle çalıştırdığı tek bir dikişçi kadının, bir gün süreyle birarada çalıştırılan iki dikişçi kadından daha fazla iş yaptığını keşfetmiş bulunduğunu iddia ediyor. Bilge profesör, kapitalist üretim sürecini yalnız fidanlıkta ve başroldeki kapitalistin bulunmadığı koşullar altında incelemese çok iyi eder.

bu araçların çoğalması ve yararlı etkilerinin fazlalaşması ile doğru orantılı olarak artmaz. Ortaklaşa tüketildikleri zaman, her bir tek ürüne değerlerinin küçük bir kısmını katmış olurlar; bunun nedeni, kısmen katıldıkları değerin çok miktarda ürüne dağılması, kısmen de bunların değerlerinin, mutlak olarak daha büyük olmakla birlikte, süreçteki faaliyet alanları bakımından, tek tek üretim araçlarının değerinden nispeten daha az olmasıdır. Buna bağlı olarak değişmeyen sermayenin bir kısmının değeri düşer ve, bu düşüşün büyüklüğü ile orantılı olarak, metaın toplam değeri de düşer. Üretim araçlarının daha aza malolması halinde de aynı sonuca varılmış olur. Bu tür kullanımla sağlanan tasarruf, tamamıyla, çok sayıda işçi tarafından ortaklaşa tüketilmelerinden ileri gelir. Ayrıca toplumsal emeğin zorunlu koşullarından olan bu özellik —tek tek bağımsız işçilerin ya da küçük patronların dağınık ve nispeten daha pahalı üretim araçlarından farklı olan bu özellik— çok sayıda işçinin toplu bulundukları halde birbirlerine yardımcı olmadıkları, yalnızca yanyana çalıştıkları durumlarda bile kazanılmış olur. Emek araçlarının bir kısmı, bu toplumsal niteliği, bizzat emek-süreci kazanmadan önce kazanır.

Üretim araçlarının kullanımındaki tasarrufun, iki bakımdan incelenmesi gerekir. Önce meta fiyatlarını ucuzlatmaları ve böylece emek-gücü değerinde bir düşüş yaratmaları yönünden. İkincisi, artı-değerin yatırılan toplam sermayeye oranı, yani değişmeyen ve değişen sermayenin toplam değerleri arasındaki oranı değiştirmeleri bakımından. Bu son nokta ancak üçüncü ciltte ele alınacaktır; aralarındaki yakın ilişki içersinde ele alınmalarının daha uygun olacağı düşüncesiyle, şu anda konumuzla ilgisi bulunan birçok noktayı da o cilde bırakıyoruz. Tahlilimizin gidişi, konunun böylece bölünmesini zorunlu kılıyor, ve bu bölünme, kapitalist üretimin ruhuna da çok uygun düşüyor. Çünkü bu üretim tarzında, işçi, emek aracını, kendisinden bağımsız olarak başka birisinin mülkiyeti altında bulduğu için, bunların kullanılmasındaki tasarruf, ona, kendisini ilgilendirmeyen ve bunun için de kendi kişisel üretkenliğini artıracak yöntemlerle bir ilişkisi olmayan apayrı bir işlem gibi görünüyor.

Çok sayıda işçinin, bir ve aynı, ya da farklı, ama aralarında ilişki bulunan süreçlerde birarada yanyana çalışmalarına, elbirliği etmek ya da elbirliği içinde çalışmak denir.[11]

Tıpkı bir süvari taburunun saldırı gücü ya da bir piyade alayının savunma gücü, tek tek süvari ya da piyade erlerinin ayrı ayrı saldırı ya da savunma güçlerinin toplamından büsbütün farklı ol-

11 "*Concours des forces.*" (Destutt de Tracy, *l.c.*, s. 80.)

duğu gibi, işçilerin tek başlarına ortaya koyabilecekleri mekanik güçlerin toplamı da, büyük bir ağırlığı kaldırırken, bir vincin kolunu çevirirken ya da bir engeli ortadan kaldırırken olduğu gibi, birçok kişinin aynı işe birarada katıldıkları zaman oluşan toplumsal güçten farklıdır.[12] Bu gibi durumlarda, sözkonusu olan bu ortaklaşa emekle alınan sonuç, tek tek bireysel emek tarafından ya hiç yaratılamazdı, ya büyük zaman harcayarak, ya da çok küçük boyutlarda elde edilebilirdi. Burada gördüğümüz şey, yalnızca elbirliğiyle çalışma yoluyla bireyin üretici gücünde bir artma değil, yepyeni bir gücün, yani kitlelerin ortak gücünün yaratılmasıdır.[13]

Birçok kuvvetin tek bir kuvvet halinde kaynaşmasından doğan bu yeni güç yanında, doğrudan toplumsal temas, birçok sanayide, tek tek her işçinin etkinliğini yükselten bedensel canlılığın rekabetine ve dürtüsüne yolaçar. Böylece, birarada çalışan bir düzine insan, 144 saatlik ortaklaşa işgününde, ayrı ayrı çalışan oniki kişinin 12'şer saatlik çalışmalarından, ya da birbiri ardına oniki gün çalışan tek bir kişiden çok daha fazla ürün üretirler.[14] Bunun nedeni, insanın, Aristoteles'in dediği gibi politik bir hayvan[15] olmasa bile, her durumda toplumsal bir hayvan olmasıdır.

Birkaç kişi, aynı zamanda, aynı ya da benzer türden bir iş üzerinde birlikte çalışabilir, ama ortaklaşa emeğin bir parçası olarak her birinin yaptığı iş, emek-sürecinin farklı bir evresini karşılar ve bütün bu evrelerden geçilerek elbirliği sonucu üzerinde çalıştıkları iş daha büyük bir hızla yürür. Örneğin, bir düzine duvarcı merdivenin basamaklarına sırayla dizilseler ve taşları yukarıya doğru el-

[12] "Parçalara bölünmesi olanaksız ve ama biraraya gelmiş işçilerin elbirliği olmaksızın yapılamayan, pek basit türden sayısız işlemler vardır. Büyük bir ağacın bir arabaya yüklenmesini örnek diye verebilirim ... kısacası, aynı ve tek bir işte ve aynı anda birbirine yardımcı olan pek çok sayıda el olmaksızın yapılamayan her şey." (E. G. Wakefield, *A View of the Art of Colonisation,* London 1849, s. 168.)

[13] "On tonluk bir ağırlığı tek bir insan kaldıramazken ve aynı yükü on kişi güçlükle kaldırabilirken, 100 kişi, bunu, her birinin tek bir parmağının gücüyle yapabilir." (John Bellers, *Proposals for Raising a Colledge of Industry,* London 1696, s. 21.)

[14] "Çalıştırılan işçi oranında da (aynı sayıda işçinin, her biri 30 *acre* toprağa sahip on çiftçi yerine, 300 *acre* toprağa sahip tek bir çiftçi tarafından çalıştırılmasında) işadamları dışında herkesin kolayca anlayamayacağı bir avantaj vardır; 1'in 4'e oranı neyse 3'ün 12'ye oranı da aynı şeydir demek doğaldır, ama bu, uygulamada geçerli değildir; birçok işçinin biraraya getirilmesiyle bu türden bir beraberliği gerektiren hasat zamanı ve daha birçok çalışmalarda, iş hem daha iyi ve hem de daha hızlı yapılmış olur: Örneğin hasat zamanında 2 arabacı, 2 yükleyici, 2 tırmıkçı, 2 boşaltıcı ve samanlık ya da ambarda beraberce çalışan işçiler, aynı sayıda işçinin, çeşitli çiftliklerde ayrı topluluklar halinde çıkaracakları işin iki katını çıkartırlar." ([J. Arbuthnot,] *An Inquiry into the Connexion between the Present Price of Provisions and the Size of Farms,* by a Farmer, London 1773, s. 7, 8.)

[15] Aristoteles'in tanımı, tam anlamıyla, insanın kent yurttaşı olması, doğası gereğidir. Franklin'in, "insan alet yapan hayvandır" şeklindeki tanımı, Yankeeler topluluğu için ne denli karakteristik ise, bu tanım da klasik antik toplum için o denli karakteristiktir.

den ele geçirseler, her biri aynı şeyi yapar, ama gene de onların ayrı ayrı hareketleri, bir toplam işlemin birbirine bağlı kısımlarını oluşturur; bunlar, her taşın geçmek zorunda olduğu belli evrelerdir, ve taşlar, böylece, sırayla dizilmiş 24 elin üzerinde, tek bir kişinin taşıdığı yükle merdiveni tırmanıp inmesinden daha büyük bir hızla yukarıya taşınmış olur.[16] Nesne, aynı uzaklığa daha kısa zamanda taşınmıştır. Aynı şekilde, örneğin bir yapıya birkaç yerinden birden aynı zamanda başlansa, burada duvarcılar elbirliği ile aynı ya da aynı türden işi yapmakla birlikte, elbirliği halinde bir emek sözkonusudur. 12 duvarcının 144 saatlik ortaklaşa işgününde yapıdaki ilerleme, bir duvarcının 12 günlük ya da 144 saatlik çalışmasından daha fazla olur. Bunun nedeni, bir insan grubunun uyum içersinde çalışırken elleri ve gözlerinin hem arkada, hem önde olması ve bir ölçüde uyanık bulunmasıdır. Üzerinde çalışılan işin çeşitli kısımları aynı anda gelişir.

Yukardaki durumlarda, insanların, aynı ya da aynı türden bir işi yapmaları üzerinde durmamızın nedeni, bu en yalın ortaklaşa emek biçiminin, en gelişkin aşamalarda bile elbirliği ile çalışmanın rolü olmasıdır. Yapılan iş karmaşık bile olsa, elbirliği yapan insanların basit sayısı, çeşitli işlemlerin farklı kimseler arasında dağıtılması olanağını doğurur, ve bunun sonucu olarak, iş aynı zamanda yürütülür. Bu yüzden, işin tamamının bitirilmesi için gerekli zaman kısalmış olur.[17]

Birçok sanayi kolunda, işin niteliğinin belirlediği, belirli sonuç-

[16] "*On doit encore remarquer que cette division partielle du travail peut se faire, quand même les ouvriers sont occupés à une même besogne. Des macons, par exemple, occupés à faire passer de mains en mains des briques à un échafaudage supérieur, font, tous la même besogne, et pourtant ile existe parmi eux une espèce de division de travail, qui consiste en ce que chacun d'eux fait passer la brique par un espace donné, et que, tous ensemble, la font parvenir beaucoup plus promptement à l'endroit marqué, qu'ils le feraient si chacun d'eux portait sa brique séparement jusqu'à l'étage superieur.*" ["Bu parçasal işbölümünün, hatta işçilerin ayrı bir işte çalıştırıldıkları zaman bile yapılabildiğine de dikkat etmeli. Örneğin, tuğlaları elden ele bir üst iskeleye geçirmekle meşgul duvarcıların hepsi aynı işi yapar, ama gene de aralarında, her birinin tuğlayı belirli bir yerden geçirmesine, ve hepsinin birarada, onu istenen yere, içlerinden her birinin kendi tuğlasını tek başına üst kata kadar götürebileceğinden çok daha çabuk ulaştırmalarına dayanan bir çeşit işbölümü vardır."] (F. Skarbeck, *Théorie des richesses sociales,* 2. éd., Paris 1839, t. I, s. 97, 98.)

[17] "*Est-il question d'exécuter un travail compliqué? Plusieurs choses doivent être faites simultanément; l'un en fait une, pendant que l'autre en fait une autre, et toutes contribuent à l'effet qu'un seul homme n'aurait pu produire. L'un rame pendant que l'autre tient le gouvernail, et qu'un troisième jette le filet ou harponne le poisson, et la pêche a un succès impossible sans ce concours.*" ["Karmaşık bir işi yapmak mı sözkonusu? Birçok şey aynı anda yapılmalı; biri bir işi yaparken, öbürü de başka bir işi yapar, ve hepsi, bir tek adamın yapamayacağı bir işin yapılmasına katkıda bulunur. Biri dümeni tutarken öbürü kürek çeker, ve bir üçüncüsü de ağ atar ya da balığı zıpkınlar, ve bu elbirliği olmadıkça balık tutulamaz."] (Destutt de Tracy, *l.c.,* [s. 78].)

ların sağlanması gereken kritik dönemler vardır. Diyelim, bir koyun sürüsünün kırkılması ya da bir buğday tarlasının biçilip harman yapılmasında ürünün niceliği de, niteliği de, işin belli zamanda başlamasına ve bitirilmesine bağlıdır. Bu durumlarda, emeksürecinin alacağı zaman, tıpkı ringa balığı avındaki gibi önceden saptanmıştır. Tek bir insan, doğal bir günden, diyelim 12 saatten fazla bir işgünü çıkartamaz, ama elbirliği yapan 100 kişi, işgününü 1.200 saate uzatabilir. Eldeki işin bitirilmesi için zorunlu sürenin kısalığı, o kritik anda üretim alanına çok miktarda bir emek kitlesinin sürülmesi ile karşılanır. İşin uygun zamanda tamamlanması, birçok bileşik işgününün aynı zamanda uygulanmasına bağlıdır; istenilen yeterli sonucun alınması, kullanılan işçi sayısına bağlıdır; bununla birlikte, bu sayı, aynı işin aynı sürede tamamlanması için gerekli tek tek işçilerin sayısından daima küçüktür.[18] Bu tür elbirliğinin yokluğu nedeniyle, Birleşik Devletler'in batı kesiminde büyük miktarda buğday, İngiliz yönetiminin eski toplulukları yok ettiği Doğu Hindistan'ın bazı kesimlerinde büyük miktarlarda pamuk, her yıl ziyan olur.[19]

Bir yandan, elbirliği, işin geniş ve yaygın bir alan üzerinde yürütülmesine olanak sağlar; bunun sonucu olarak, bataklıkların kurutulması, bentlerin yapımı, sulama işleri ve kanal yapımı, yol ve demiryolları yapımı gibi birtakım girişimleri zorunlu kılar. Öte yandan, üretimin boyutlarını büyütmekle birlikte, üretimin yapılmakta olduğu alanda nispi bir daralmayı da sağlar. Üretim alanındaki bu daralma ile birlikte boyutlarındaki artış, işçilerin biraraya toplanması, çeşitli süreçlerin yanyana getirilmesi ve üretim araçlarının yoğunluk kazanması, bazı gereksiz harcamalardan tasarruf edilmesini sağlar.[20]

18 "Onun (tarım işinin) kritik anlarda yapılmasının çok önemli sonuçları olur." (*An Inquiry into the Connexion between the Present Price, etc.,* [London 1773], s. 9.) "Tarımda, zamandan daha önemli bir etmen yoktur." (Liebig, *Über Theorie und Praxis in der Landwirtschaft,* 1856, s. 23.)

19 "Belki, Çin ile İngiltere dışında, dünyanın herhangi bir ülkesinden daha fazla emek ihraç eden bir ülkede karşılaşılması pek umulmayan diğer bir kötü durum da, pamuk toplanması için yeteri kadar işçi bulma olanaksızlığıdır. Bunun sonucu, büyük miktarda ürünün toplanmadan kalması, diğer bir kısmının ise, rengi bozulmuş ve kısmen çürümüş halde düştüğü topraktan toplanması ve böylece, tam mevsiminde işçi yokluğu nedeniyle ekicinin, İngiltere'nin büyük bir sabırsızlıkla beklediği ürünün büyük bir kısmının kaybına göz göre göre boyun eğmek zorunda kalmasıdır." (*Bengal Hurkaru, Bi-Monthly, Overland Summary of News,* 2 Temmuz 1861.)

20 Tarımın gelişmesiyle, "eskiden 500 *acre* toprak üzerine seyrek olarak dağılmış bulunan sermaye ile emeğin hepsi ve belki de bundan daha fazlası şimdi daha iyi ekilen 100 *acre*'da toplanmış bulunuyor. Kullanılan sermaye ve emek miktarına oranla, ekim alanı daralmakla" birlikte, "bu alan, eskiden tek bir bağımsız üreticinin elinde bulunan ya da onun tarafından işlenen üretim alanına göre daha geniştir." (R. Jones, *An Essay on the Distribution of Wealth,* Part I., "On Rent", London 1831, s. 191.)

Birleştirilmiş işgünü, eşit miktarda tek tek işgünleri toplamına göre, daha büyük miktarda kullanım-değeri üretir ve böylece belli bir sonucun alınması için gerekli emek-zamanını kısaltır. Birleştirilmiş işgünü, bu artan üretkenlik, emek-gücünü, ister mekanik iş kuvvetini yükseltmekle, ister çalışma alanını daha büyük bir alana yaymakla, ya da üretimin boyutlarındaki büyümeye oranla üretim alanındaki daralmayla, ya da kritik anlarda büyük emek kitlesini işe koşmakla, ya da bireyler arasındaki rekabeti körükleyerek onların bedensel canlılığını yükseltmekle, ya da birçok kimse tarafından yapılan işlere süreklilik ve çok yanlılık damgasını vurmakla, ya da farklı işlemleri aynı anda yürütmekle, ya da ortaklaşa kullanılan üretim araçlarında tasarruf sağlamakla, ya da bireysel emeğe ortalama toplumsal emek niteliğini kazandırmakla olsun — yani artışın nedeni bunlardan hangisi olursa olsun, birleştirilmiş işgününün kendine özgü üretkenlik gücü, bütün koşullar altında, emeğin toplumsal üretkenlik gücü, ya da toplumsal emeğin üretme gücüdür. Bu güç doğrudan elbirliğinden doğmaktadır. İşçi diğer işçiler ile sistemli bir elbirliğine girdiği anda, bireyselliğin verdiği bağları parçalar, türünün yetilerini geliştirir.[21]

Genel kural olarak, işçiler, biraraya getirilmeksizin elbirliği yapamazlar: tek bir yerde toplanmaları, elbirliğinin zorunlu bir koşuludur. Ücretli işçiler aynı sermaye, aynı kapitalist tarafından, aynı zamanda çalıştırılmadıkça ve bunun için de emek-güçleri kapitalist tarafından aynı zamanda satın alınmadıkça, elbirliği yapamazlar. Bu emek-güçlerinin toplam değeri, ya da duruma göre bu işçilerin günlük ya da haftalık ücretlerinin toplamı, hangi durumda olursa olsun, işçilerin üretim süreci için biraraya toplanmalarından önce kapitalistin cebinde hazır olmalıdır. Bir tek gün için bile olsa, 300 işçinin ücretinin ödenmesi daha az sayıda işçinin bütün bir yıl haftadan haftaya ücretlerinin ödenmesinden daha fazla sermayeyi gerektirir. Bu nedenle, elbirliği yapacak emekçi sayısı, yani elbirliğinin hacmi, her şeyden önce, bir kapitalistin emek-gücü satın almak için ayırabileceği sermaye miktarına bağlıdır; bir başka deyişle, tek bir kapitalistin, belli sayıda işçinin gereksindiği tüketim maddelerini sağlayabilme olanaklarına bağlıdır.

Değişen sermaye için sözkonusu olan şeyler, değişmeyen ser-

21 "*La forza di ciascuno uomu è minima, ma la riunione delle minime forze forma una forza totale maggiore anche della somma delle forze medesime fino a che le forze per essere riunite possono diminuere il tempo ed accrescere lo spazio della loro azione.*" ["Her tek insanın gücü çok küçüktür, ama küçük güçlerin biraraya gelmesi, bu güçlerin toplamından daha büyük bir bütünsel güç doğurur, öyle ki, yalnızca biraraya gelmeleri ile, eylemlerinin zamanını azaltıp alanını artırabilirler."] (G. R. Carli, Note to P. Verri, *l.c.,* t. XV, s. 196.)

maye için de sözkonusudur. Örneğin, 300 kişi çalıştıran bir kapitalistin hammadde için yatırımı, 10 işçi çalıştıran 30 kapitalistin her birinin aynı iş için harcayacağı paradan 30 kat daha fazladır. Ortaklaşa kulanılan emek araçlarının değeri ve miktarı, gerçekte işçi sayısı ile aynı oranda artmaz, ama gene de önemli miktarda artar. Böylece, büyük üretim araçları kütlelerinin tek kapitalistin elinde toplanması, ücretli işçilerin emek birliğinin maddi koşulu olduğu gibi, emek birliğinin hacmi ya da üretimin büyüklüğü de bu yoğunlaşmanın derecesine bağlıdır.

Daha önceki bölümde görmüştük ki, çok sayıda işçinin çalıştırılması ve dolayısıyla belli miktarda artı-değer üretilmesi için belli miktarda asgari bir sermayeye gereksinme vardır, ve bunun sonucu olarak, elde ettiği artı-değer miktarı, işvereni küçük bir patrondan bir kapitaliste dönüştürecek, el emeğinden kurtaracak ve böylece kapitalist üretimi açıkça kurabilecek yeterlikte olmalıdır. Şimdi de, birbirinden ayrı ve bağımsız birçok sürecin birleşik tek bir toplumsal sürece çevrilmesi için belli asgari bir miktarda sermayenin zorunlu koşul olduğunu görüyoruz.

Gene gördük ki, başlangıçta emeğin sermayenin boyunduruğu altına girmesi, yalnızca kendi hesabına değil, kapitalist hesabına ve dolayısıyla onun egemenliği altında çalışmasının biçimsel sonucundan başka bir şey değildir. Çok sayıda ücretli işçinin elbirliği ile sermaye, bizzat emek-sürecini gerçekleştiren bir gereklilik, üretimin gerçek bir gerekliliği haline gelmiştir. Şimdi artık kapitalistin, bir generalin komutayı savaş alanında ele almasının zorunluluğu gibi, bizzat üretim alanında komutayı ele alması vazgeçilmez bir zorunluluk haline gelmiştir.

Geniş boyutlu her türlü ortaklaşa emek, bireysel etkinliklerinin uyum içersinde çalışmasının sağlanması, ayrı ayrı organların etkinliklerinden farklılık gösteren birleşmiş organizmanın çalışmasından doğan genel görevlerin yerine getirilmesi için, şu ya da bu ölçüde yönlendirici bir otoriteye gerek duyar. Tek bir kemancı kendi kendisinin yöneticisidir, ama orkestra için bir şefe gerek vardır. Sermayenin denetimi altındaki emeğin elbirliği haline geldiği andan itibaren yönlendirme, denetleme ve düzenleme işi, sermayenin işlevlerinden biri haline gelir. Bu, sermayenin işlevi olur olmaz, sermaye, özel nitelikler kazanır.

Kapitalist üretimin başlıca amacı ve yönlendirme dürtüsü, elden geldiğince fazla artı-değer sızdırmak,[22] dolayısıyla emekgücünü olanaklı olan en geniş ölçüde sömürmektir. Elbirliği yapan işçi sayısı arttıkça, sermayenin egemenliğine karşı direnmeleri de

22 "Kâr ... işin biricik amacıdır." (J. Vanderlint, *l.c.,* s. 11.)

artar, ve bununla birlikte, sermayenin bu direnmenin üstesinden gelmesi için, karşı-baskı gereği de fazlalaşır. Kapitalistin uyguladığı denetim, yalnızca, toplumsal emek-sürecinin niteliğinden doğan ve bu sürece özgü özel bir işlev değil, aynı zamanda, bu toplumsal emek-sürecinin sömürülmesi işlevidir ve kökleri, sömürücü ile onun sömürdüğü canlı ve çalışan hammadde arasındaki kaçınılmaz uzlaşmaz karşıtlıkta bulunur.

Ayrıca, artık işçilerin değil kapitalistin malı olan üretim araçları kütlesindeki artışla orantılı olarak, bu araçların gereği gibi kullanılmasını denetleme zorunluluğu da ortaya çıkar.[23] Bundan başka, ücretli işçilerin elbirliği tamamen bunları çalıştıran sermaye tarafından oluşturulmuştur. Tek bir üretici organ halinde birleştirilmeleri ve bireysel görevleri arasında gerekli bağlantının kurulması onların dışında ve kendilerine yabancı konular olup, işçileri biraraya getiren sermayeye ait bir iştir. Bu nedenle de, yaptıkları çeşitli işler arasındaki ilişki, onlara, kapitalistin önceden tasarladığı bir plan, pratikte gene aynı kapitaliste ait yetkinin bir uygulama şekli, ve bütün çalışmalarını kendi amaçlarına uyduran bir başka insanın güçlü iradesi gibi görünür. Eğer durum böyleyse, kapitalistin denetimi, özünde, üretim sürecinin iki yanlı niteliğinden dolayı, —bu süreç, bir yandan kullanım-değerleri üreten toplumsal bir süreç, öte yandan da artı-değer yaratan bir süreçtir— iki yanlıdır ve şekil bakımından zorbacadır. Elbirliğinin boyutları büyüdükçe, bu zorbalık da kendisine özgü biçimlere girer. Tıpkı başlangıçta, sermayesinin gerçek anlamında kapitalist üretime başlayabileceği asgari miktara ulaştığı anda, kapitalistin elini fiilen çalışmadan çekmesi gibi, şimdi de, işçilerin ve işçi topluluklarının doğrudan ve devamlı denetimini, bu tür ücretli bir kimseye bırakır. Bir kapitalistin komutası altında sanayi işçilerinden kurulmuş ordu, gerçek bir ordu gibi subaylara (yöneticilere) ve assubaylara (ustabaşı, postabaşı) gereksinme gösterir, ve bunlar, işin yapılması sırasında, kapitalist adına bu orduya komuta ederler. Denetim ve gözetim işi, bunların yerleşmiş ve özel görevleri olur. Ayrı ayrı köylü ve zanaatçıların üretim tarzını, köle emeğine daya-

[23] Kültür yoksunu *Spectator*, "Manchester Tel Kumpanyasında" kapitalistler ile işçiler arasında bir tür ortaklığın kurulmasından sonra şöyle yazıyordu: "Alınan ilk sonuç, malzeme israfının birdenbire azalması oldu, işçiler kendi mallarına karşı, patronların mallarına karşı olduğundan daha dikkatliydiler; ve malzeme israfı, belki de, tahsil olunamayacak borçlardan sonra, fabrikalar için en büyük zarar kaynağıdır." Aynı gazete, Rochdale kooperatif denemesinde başlıca kusur olarak şunu buluyor: "Bunlar, işçi birleşmelerinin, mağazaları, fabrikaları ve hemen hemen bütün sanayi şekillerini başarıyla yönetebileceklerini gösterdi, ve bunlar insanların durumlarını hemen düzelttiler, iyileştirdiler; ama o zaman da bunlar, patronlar için hiçbir açık yer bırakmadılar." *Quelle horreur*! [Ne korkunç! –ç.]

nan üretim ile karşılaştırdığında ekonomi politikçi, bu denetim ve gözetim emeğini, üretimin *faux frais*'si* arasında sayar.[24] Ama kapitalist üretim tarzını incelerken, tersine, o, emek-sürecinin elbirliği niteliğinin gerektirdiği denetim işini, bu sürecin kapitalist niteliği ve, kapitalist ile işçi arasındaki uzlaşmaz çıkar karşıtlığının zorunlu kıldığı farklı denetim işiyle bir tutar.[25] Bir kimse, sanayinin lideri olduğu için kapitalist değil; tersine, kapitalist olduğu için sanayinin lideridir. Sanayi liderliği, sermayenin bir niteliğidir; tıpkı feodalite döneminde general ve yargıçlık görevlerinin toprak mülkiyetinin nitelikleri olduğu gibi.[26]

İşçi, satışı için kapitalistle pazarlığa giriştiği ana kadar, kendi emek-gücünün sahibidir; sahip olduğundan başka bir şeyi, yani kişisel yalıtılmış emek-gücünden fazlasını satamaz. Kapitalistin, bir kişinin emek-gücü yerine, 100 kişinin emek-gücünü satın alması, bir kişi yerine 100 tane birbiriyle ilişkisiz insanla ayrı ayrı sözleşme yapması gerçeği, bu durumu hiçbir şekilde değiştirmez. O, isterse bu 100 kişiyi hiç elbirliği yapmaksızın da çalıştırabilir. Kapitalist, birleşmiş 100 emek-gücünün değil, 100 tane birbirinden bağımsız emek-gücünün değerini ödemektedir. Birbirinden bağımsız olan bu işçiler, teker teker kapitalist ile ilişki halindedir, ama kendi aralarında herhangi bir ilişki yoktur. Bu elbirliği, ancak emek-süreci ile başlamaktadır, ama o zaman da, artık onlar kendilerine ait olmaktan çıkmaktadırlar. Bu sürece girmekle sermaye ile birleşir ve ona ait olurlar. Faaliyet halindeki bir organizmanın elbirliği halinde çalışan elemanları ve üyeleri olarak, onlar, sermayenin özel varoluş biçimlerinden başka bir şey değildirler. Bu nedenle, elbirliği halinde çalışan işçilerin geliştirdikleri üretici güç, sermayenin üretici gücüdür. İşçiler belli koşullar altına sokulduğu zaman, bu güç, ücretsiz olarak gelişir, ve onları bu koşulların içersine sokan sermayenin kendisidir. Bu güç sermayeye bedavaya geldiği için, ve öte yandan işçi de, emeği sermayeye ait olmadan önce, bu

24 Profesör Cairnes, "*superintendence of labour*" ["emeğin denetiminin" –ç.] Kuzey Amerika'nın güney eyaletlerinde köleler tarafından yapılan üretimin başlıca özelliklerinden olduğunu belirttikten sonra şöyle devam ediyor: "Mülksahibi köylü (kuzeyde), emeğinin bütün ürününe sahip olduğu için, çaba harcaması için başka bir dürtüye gereksinmesi yoktur. Denetim burada tamamen ortadan kalkmıştır." (Cairnes, *l.c.*, s. 48, 49.)

25 Çeşitli üretim tarzları arasındaki belirleyici toplumsal farkları derhal kavramasıyla dikkate değer bir yazar olan sir James Steuart şöyle diyor: "Manüfaktürde büyük işletmeler, özel sanayiyi eğer kendi işlerini köleliğin yalınlığına yaklaştırmakla yıkmıyorlarsa, hangi şekilde yıkıyorlar?" (*Prin. of Pol. Econ.*, London 1767, v. I., s. 167, 168.)

26 Bu nedenle, Auguste Comte ile okulu, sermaye beyleri için yaptıkları gibi, aynı şekilde feodal beylerin de ebedi bir zorunluluk olduğunu gösterebilirlerdi.

* Üretken olmadığı halde zorunlu olan ikinci maliyetler. –ç.

gücü harekete geçirmediği için, bu, sanki sermayeye doğa tarafından bahşedilmiş bir güç olarak, yani sermayenin özünde bulunan üretici bir güçmüş gibi görünür.

Basit elbirliğinin yarattığı pek büyük etkiler, eski Asyalıların, Mısırlıların, Etrüsklerin vb. dev yapılarında görülebilir. "Geçmiş zamanlarda bu doğulu devletlerin elinde, sivil ve askerî kuruluşların giderlerini karşıladıktan sonra, görkemli ya da yararlı yapılara harcayabilecekleri bir fazlalık bulunabiliyordu, ve bunların yapımında, neredeyse tarım-dışı bütün nüfusun elleri ve kolları üzerindeki egemenlikleri, bunların güçlerine hâlâ tanıklık eden görkemli anıtların yapımını sağlıyordu. Bereketli Nil vadisi ... karınca gibi kaynaşan tarım-dışı nüfusun besinini üretiyor ve kral ve rahiplere ait bu yiyecekler, bütün ülkeyi dolduran dev anıtların yükselmesinin gerekli araçlarını sağlıyordu. ... Taşınmaları insanı hayrete düşüren dev heykellerin ve büyük kütlelerin hareketinde hemen hemen yalnızca insan emeği hovardaca harcanıyordu. ... İşçi sayısı ile bunların çabalarının birleştirilmesi yetiyordu. Her bir parçası küçük, dayanıksız ve önemsiz olmasına karşın, okyanusun derinliklerinden yükselen mercan resiflerinin oluşturduğu büyük adalar, dayanıklı karalar görüyoruz. Bir Asya hükümdarlığının tarım-dışı işçilerinin, bedensel çabaları dışında işe yarar bir şeyleri yok gibiydi, ama bunların güçleri sayılarındaydı, ve bu kitleleri bir amaca yöneltme gücü, bugün kalıntıları bizi şaşkınlıktan ağzı açık bırakan sarayların, tapınakların, piramitlerin ve dev gibi anıtların yükselmesini sağlamıştı. İşçilerin beslenmelerini sağlayan gelirlerin bir ya da birkaç elde toplanması, bu gibi girişimleri olanaklı kılmıştı.[27] Asya ve Mısır kralları ile Etrüsk teokratlarının vb. bu gücü, modern toplumda kapitaliste aktarılmıştır ve bu, tek bir kapitalist olabileceği gibi, anonim ortaklıklarda olduğu gibi, bir kolektif kapitalist de olabilir.

İnsanlığın gelişmesinin şafağında, avcılıkla[28] ya da örneğin Hint topluluklarındaki gibi tarımla geçinen soylar arasında rasladığımız bu tür elbirliği, bir yandan üretim araçları üzerindeki ortak sahipliğe, öte yandan bu gibi durumlarda bireylerin tıpkı arının kovanıyla olan bağından kendisini kurtaramaması gibi, hâlâ kendisini kabilesine ya da topluluğuna bağlayan göbek bağından kopartamaması gerçeğine dayanıyordu. Bu elbirliği, kapitalist el-

[27] R. Jones, *Textbook of Lectures etc.*, s. 77, 78. Londra ile diğer Avrupa başkentlerindeki eski Asur, Mısır ve başka koleksiyonlar, bize, bu tür ortaklaşa emeğin yürütülme biçimlerini göstermiş oluyorlar.

[28] Linguet, *Théorie des Lois Civiles* adlı yapıtında, avcılığın, elbirliğinin ilk şekli, insan avcılığının (savaşın) ise, avcılığın en eski şekillerinden birisi olduğunu söylemekte belki de haklıdır.

birliğinden yukardaki her iki özelliği ile ayrılır. Eski zamanlarda, ortaçağlarda ve modern sömürgelerde, yer yer büyük ölçüde uygulanan elbirliği, boyunduruk ve kulluk ilişkilerine ve esas olarak, köleliğe dayanır. Kapitalist biçim ise, tersine, başından sonuna kadar, emek-gücünü sermayeye satan özgür ücretli işçinin varlığını öngörür. Bununla birlikte tarihsel bakımdan bu biçim, köylü tarımına ve, loncalar halinde olsun olmasın, bağımsız olarak yürütülen elzanaatlarına karşı olarak gelişmiştir.[29] Bu bakımdan kapitalist elbirliği, kendisini elbirliğinin özel tarihsel bir biçimi olarak ortaya koymaz, ama bu tür elbirliğinin kendisi, kapitalist üretim sürecine özgü ve onun ayırdedici bir niteliği olarak görülür.

Tıpkı, elbirliği ile harekete getirilen emeğin toplumsal üretken gücünün, sermayenin üretken gücü şeklinde görünmesi gibi, elbirliği de, tek tek bağımsız işçiler, hatta küçük topluluklar tarafından yürütülen üretim süreci karşısında, sanki kapitalist üretim sürecinin özgül bir biçimi gibi görünür. Fiilî emek-sürecinin sermayenin boyunduruğu altına girmesiyle geçirdiği ilk değişiklik budur, ve bu değişiklik kendiliğinden olur. Çok sayıda ücretli işçinin bir ve aynı süreçte aynı zamanda çalıştırılmaları, bu değişikliğin zorunlu koşulu olduğu gibi, kapitalist üretimin de çıkış noktasını oluşturur. Bu nokta, sermayenin kendisinin doğumu ile aynı ana raslar. Demek ki, bir yandan kapitalist üretim tarzı, kendisini, bize, tarih içersinde, emek-sürecinin toplumsal bir sürece dönüşmesinde zorunlu bir koşul olarak göstermesi gibi, aynı şekilde, öte yandan, bu toplumsal emek-süreci biçimi de, kendisini, emeğin üretkenliğini artırarak daha kârlı bir şekilde sömürülmesi için sermaye tarafından kullanılan bir yöntem olarak gösterir.

Şimdiye kadar incelediğimiz yalın biçimi içersinde elbirliği, geniş-ölçekli her üretimin zorunlu koşulu olmakla birlikte, kendi başına, kapitalist üretim tarzının gelişmesinde belirli bir döneme özgü değişmez bir şekil olarak görünmez. Olsa olsa bu, ancak, manüfaktürün elzanaatlarına benzer başlangıcında,[30] ve manüfaktür çağına tekabül eden, ve esas olarak, köylü tarımından, aynı anda kullanılan işçi sayısı ile ve bunların kullanımları için biraraya geti-

[29] Beraberce feodal üretim tarzının temelini oluşturmuş olan ve bu sistemin çözülüp dağılmasından sonra da kapitalist üretim tarzı ile yanyana devam eden küçük çapta köylü tarımı ve bağımsız elzanaatları işletmesi, ilkel ortaklaşa toprak mülkiyeti ortadan kalktıktan sonra ve köleliğin üretimde iyice yer etmesinden önce de, klasik toplulukların en iyi çağlarında bunların ekonomik temelini oluşturmuşlardır.

[30] "Birçok kişinin hünerini, çabasını ve rekabet duygusunu aynı işte biraraya getirmek, bu işi ilerletmenin yolu değil midir? İngiltere'nin yünlü sanayisini böyle bir yetkinlik derecesine ulaştırmak başka türlü olabilir miydi?" (Berkeley, *The Querist,* London 1751, s. 56, § 521.)

rilmiş üretim araçlarının kütlesi ile ayrılan geniş-ölçekli tarım türünde sözkonusu olabilir. Basit elbirliği, sermayenin, büyük ölçüde faaliyet gösterdiği, ama işbölümü ile makinenin ancak ikinci derecede rol oynadığı üretim kollarında daima egemen bir biçimidir.

Elbirliği, kapitalist üretim tarzının daima temel biçimini oluşturur; bu yalın şekliyle de kapitalist üretimin özel bir biçimi olarak, bu sürecin daha gelişmiş şekilleriyle yanyana bulunmaya devam eder.

ONDÖRDÜNCÜ BÖLÜM

İŞBÖLÜMÜ VE MANÜFAKTÜR

BİRİNCİ KESİM. — MANÜFAKTÜRÜN İKİ YANLI KÖKENİ

İşbölümüne dayanan elbirliği, tipik şeklini manüfaktürde kazanır ve asıl manüfaktür dönemi boyunca kapitalist üretim sürecinin egemen karakteristik biçimidir. Bu dönem, kabaca, 16. yüzyılın ortasından 18. yüzyılın son üçte-birine kadar uzanır.

Manüfaktür iki yoldan ortaya çıkar:

(1) Çeşitli bağımsız elzanaatlarına bağlı olan ama belli bir malın son şeklini alabilmesi için teker teker ellerinden geçmek zorunda bulunduğu, işçilerin, tek bir kapitalistin denetimi altında bir işyerinde toplanmaları ile. Örneğin bir binek arabası, eskiden, tekerlekçi, koşumcu, terzi, çilingir, döşemeci, tornacı, kaytankordon ve püskülcü, camcı, boyacı, cilacı, kaplamacı vb. gibi çok sayıda bağımsız zanaatçının emeğinin ürünüydü. Binek arabası manüfaktüründe ise, bütün bu çeşitli zanaatçılar, birbirlerinin yaptıkları işi tamamlayacak şekilde çalıştıkları tek bir yapı içersinde toplanmıştır. Bir arabanın yapılıp bitmesinden önce kaplamasına geçilemeyeceği doğrudur, ama aynı zamanda birkaç tane araba yapılırsa, bunlardan bir kısmı daha önceki yapım sürecinde oldukları halde bazıları da kaplamacıların elinde olabilir. Buraya kadar

biz hâlâ, insan ve diğer şeyler şeklindeki malzemeyi kullanıma hazır bulan basit elbirliği alanında bulunuyoruz. Ama çok geçmeden önemli bir değişiklik olur. Şimdi salt binek arabası yapımıyla uğraşan terzi, çilingir ve öteki zanaatçılar, yavaş yavaş artık eskisi gibi çalışmadıkları için, asıl zanaatlarını bütünüyle yerine getirme yeteneklerini yitirirler. Ama öte yandan, tek bir dala yönelen bu çalışma, bu daralmış iş alanına en iyi uyan bir biçime girer. Başlangıçta binek arabası manüfaktürü, çeşitli bağımsız elzanaatlarının bir birleşimi idi. Ama zamanla yavaş yavaş araba yapımının çeşitli ufak süreçlere parçalanması halini almış, ve bunlardan her biri belli bir işçinin özel işi halinde billurlaşarak, bütünüyle manüfaktür, birbirlerine bağlı insanların birarada yürüttükleri bir iş alanı olmuştur. Aynı şekilde elbise manüfaktürü de, öteki bütün manüfaktürler dizisi de, çeşitli elzanaatlarının tek bir kapitalistin denetimi altında biraraya toplanmaları ile doğmuştur.[31]

(2) Manüfaktür, bunun tam tersi bir şekilde de doğabilir; yani, diyelim, hepsi de kağıt, hurufat ya da iğne gibi aynı ya da benzer türden işi yapan birçok zanaatçı, tek bir kapitalist tarafından bir işyerinde aynı zamanda çalıştırılmak suretiyle. Bu, en yalın şekliyle bir elbirliğidir. Bu zanaatçıların her biri (belki de bir ya da iki çırağın yardımı ile) metaın tamamını yapar ve dolayısıyla onun üretimi için gerekli bütün işlemleri sırasıyla yerine getirir. Hâlâ eski usul elzanaatları şeklinde çalışır. Ne var ki, çok geçmeden dış koşullar, işçilerin tek bir yerde toplanmasından ve aynı zamanda çalışmalarından başka türlü yararlanılmasına yolaçar. Belli bir sürede daha çok sayıda malın teslim edilmesi gerekebilir. Bunun için eldeki iş, yeniden bölünür. Her zanaatçının çeşitli işlemle-

[31] Daha yeni bir örnek: Lyon ve Nîmes ipek iplikçiliği, "*est toute patriarcale; elle emploie beaucoup de femmes et d'enfants, mais sans les épuiser ni les corrompre; elle les laisse dans leurs belles vallées de la Drôme, du Var, de l'Isère, de Vaucluse, pour y élever des vers et dévider leurs cocons;... jamais elle n'entre dans une véritable fabrique. Pour être aussi bien observé... le principe de la division du travail s'y revêt d'un caractère spécial. Il y a bien des dévideuses, des moulineurs, des teinturiers, des encolleurs, puis des tisserands; mais ils ne sont pas réunis dans un même établissement, ne dépendent pas d'un même maître; tous ils sont indépendants.*" ["İyice ataerkildir; birçok kadın ve çocuk çalıştırır, ama onları tüketip bozmaksızın; onları, ipekböceği yetiştirmek ve kozalarını çözüp açmak için, o güzelim Drôme, Var, Isère, Vaucluse vadilerinde bırakır; ... hiçbir zaman gerçek bir fabrika içine girmez. Bu kadar iyi uyması için, ... işbölümü ilkesi burada özel bir niteliğe bürünür. Birçok ipek çilecisi, iplik eğiricisi, boyacı, çirişleyici, sonra dokumacı vardır; ama aynı bir kurum için biraraya toplanmış bir tek efendiye bağlı değildirler; hepsi de bağımsızdır."] (A. Blanqui, *Cours d'Economie Industrielle,* recueilli par A. Blaise, Paris 1838-39, s. 79.) Blanqui bunu yazdığından beri, çeşitli bağımsız işçiler, bir ölçüde fabrikalarda birleşmişlerdir. [Ve Marx yukardaki pasajı yazmış olduğundan beri, makineli dokuma tezgahı, bu fabrikaları istila etmiştir ve şimdi [1886] el tezgahlarının yerine geçmektedir. (*4. Almanca baskıya ek.* — Krefeld ipekli sanayisinin de bu konuda anlatacak masalı var.) –*F. E.*]

ri ardarda yapması yerine, bu işlemler, yanyana yürütülen, birbiriyle ilişkisi olmayan, tek tek işler haline getirilir; her iş, ayrı bir zanaatçıya verilir ve işin tümü, elbirliği halindeki işçiler tarafından aynı zamanda yapılır. İşin böylece rasgele parçalanması yinelenir, kendine göre yararlı yanları gelişir ve giderek sistemli bir işbölümü halinde yerleşir. Bağımsız zanaatçının bireysel ürünü olmaktan çıkan meta, her biri bütün işlemin yalnız tek bir kısmını yapan zanaatçı topluluğunun toplumsal ürünü halini alır. Bir Alman loncasına ait kağıt yapımında, aynı işlemler, tek bir zanaatçının birbirini izleyen hareketleri halinde içiçe geçmişken, Hollanda kağıt manüfaktüründe, elbirliği yapan çok sayıda işçi tarafından yanyana yürütülen çok sayıda ayrı işlemler halini almıştır. Nuremberg loncasına bağlı iğne yapımcısı, İngiliz iğne manüfaktürünün üzerinde yükseldiği temel taş olmuştur. Ama Nuremberg'de, tek bir zanaatçı belki de 20 işlemi birbiri ardına yaptığı halde, İngiltere'de çok geçmeden her biri bu yirmi işlemden ancak bir tanesini yapan 20 iğneci yanyana çalışmaya başlamış ve kazanılan deneyimler sonucu, bu 20 işlem de tekrar parçalanmış ve ayrı bir işçinin özel işi haline gelmiştir.

Demek ki, manüfaktürün doğuş şekli, elzanaatlarından çıkıp gelişmesi, iki yanlı oluyor. Bir yandan, bağımsızlıklarından sıyrılarak, tek bir metaın üretimindeki salt yardımcı, kısmi bir süreçte uzmanlaşan çeşitli bağımsız elzanaatçılarının elbirliğinden doğuyor. Öte yandan da, bir zanaatın zanaatçılarının elbirliğinden doğuyor; manüfaktür, bu belirli zanaatı çeşitli parça işlemlere bölüyor ve her biri belli bir emekçinin özel işi haline gelinceye kadar onları yalıtıyor ve birbirinden bağımsız hale getiriyor. Bu nedenle manüfaktür, bir yandan bir üretim sürecine işbölümü getiriyor ve bu bölünmeyi daha da geliştiriyor, öte yandan da eskiden ayrı ayrı olan elzanaatlarını biraraya topluyor. Ama özel çıkış noktası ne olursa olsun, son biçimi, her zaman aynıdır — parçaları insan olan bir üretim mekanizmasıdır.

Manüfaktürde işbölümünün tam olarak anlaşılabilmesi için, aşağıdaki noktaların iyice kavranması gerekir. Önce, bir üretim sürecinin, ardışık çeşitli basamaklarına ayrışması, burada, elzanaatlarının ardışık el-işlemlerine çözülmesiyle tamamen çakışır. İster karmaşık, ister yalın olsun, her işlemin elle yapılması gerekir, elzanaatı niteliğini korur, ve bunun için de bireysel işçinin, araçlarını kullanmadaki gücüne, hünerine, çabukluğuna ve güvenine bağlıdır. Elzanaatı temel olmakta devam eder. Bu dar teknik temel, belirli bir üretim sürecinin gerçekten bilimsel bir tahlilini dıştalar, çünkü ürünün geçirdiği her parça işlemin elle yapılabilmesi ve kendi başına ayrı bir zanaatın konusu olması, hâlâ bir koşul olarak karşımıza çıkar. Zanaat hüneri, böylece, üretim sürecinin temelini oluşturduğu için, her işçi, yalnızca bir bölüm işe atanmış olur ve yaşamı boyunca emek-gücü, bu parça işlevin organı durumuna girer.

İkinci olarak, bu işbölümü, özel türde bir elbirliğidir ve sakıncalarının çoğu, bu özel biçiminden değil, elbirliğinin genel niteliğinden gelmektedir.

İKİNCİ KESİM. — PARÇA-İŞÇİ VE ONUN ALETLERİ

Eğer burada daha fazla ayrıntıya girersek şurası açıkça görülür ki, bütün yaşamı boyunca tek ve aynı basit işi yapan işçi, bütün vücudunu, bu işlemin otomatik ve özel aracı haline getirmiştir. Bunun sonucu, bir dizi işlemi ardarda yapan bir zanaatçıya göre, bu işi daha az zamanda yapar. Ama manüfaktürün canlı mekanizmasını oluşturan kolektif işçi, yalnızca bu gibi uzmanlaşmış parça-işçilerden meydana gelir. Böylece, bağımsız zanaata göre, belli bir zamanda daha çok üretilir, ya da emeğin üretken gücü artmıştır.[32] Üstelik, bu bölünmüş iş, bir kez, bir kişinin özel işlevi olarak yerleşince, kullandığı yöntem yetkinleşir. İşçinin aynı yalın hareketi durmadan yinelemesi ve bütün dikkatini onun üzerinde toplaması, ona, denemeleriyle istenilen sonuca en az çaba harcayarak nasıl ulaşılabileceğini öğretir. Ama daima aynı zamanda yaşayan ve belli bir malın manüfaktüründe birlikte çalışan birkaç kuşak bulunduğu için, teknik beceri ve böylece elde edilen işin incelikleri yerleşmiş hale gelir, birikir ve kuşaktan kuşağa geçer.[33]

Manüfaktür, aslında, toplumda hazır bulduğu, kendiliğinden gelişmiş mesleki farklılaşmayı işyerinde yeniden oluşturmak ve sistemli bir şekilde ilerletmek yoluyla, parça-işçinin becerisini de geliştirir. Öte yandan, bölünmüş işin, bir insanın yaşamı boyunca sürecek bir uğraş haline getirilmesi, daha önceki toplumlarda görülen uğraşın kalıtsal hale getirilmesi eğilimine tekabül eder; bu, kastlar halinde taşlaşmış olabileceği gibi, belirli tarihsel koşulların bireyde kast düzeni ile çatışan bir eğilim yarattığı durumlarda, loncalar halinde katılaşmış da olabilir. Kastlar ile loncalar, bitkiler ile hayvanların, türler ve çeşitler içersinde farklılaşmasını düzenle-

[32] "Çok çeşitli işleri gerektiren bir manüfaktür ne kadar fazla bölünür ve çeşitli zanaatçıların işi haline gelirse, bu işin, daha az zaman ve emek kaybıyla, daha iyi ve hızlı yapılması gerekir." (*The Advantages of the East-India Trade,* London 1720, s. 71.)

[33] "Kolay iş, geçmişten aktarılan hünerdir." (Th. Hodgskin, *Popular Political Economy,* s. 48.)

yen aynı doğal yasaların işlemesiyle oluşurlar; ancak, belirli bir gelişme derecesine ulaştıktan sonra kastların kalıtsallığı ve loncaya dahil olmanın tekel haline gelişi, toplumsal bir yasa olarak belirir.[34] "Dakka müslinlerinin zerafetleri, Coromandel patiskaları ile diğer mallarının parlak ve dayanıklı renkleri hiçbir zaman aşılamamıştır. Böyle olmakla birlikte, bunlar, sermaye, makine, işbölümü ya da Avrupa manüfaktürünün yararlandığı araçların hiçbiri olmadan üretilmişlerdir. Dokumacı, müşterinin siparişi üzerine, zaten birkaç çubuğun ya da çıtanın kabaca biraraya getirilmesinden yapılmış basit bir tezgahla bez dokuyan tek başına bir insandı. Kumaşın sarılması için bir araç bulunmadığından, tezgahın boylu boyunca uzatılması gerekir ve bu öylesine uzardı ki, dokumacının kulübesine sığmaz olur, adamcağız işini, elverişsiz havaların sık sık kestiği açık havada yapmak zorunda kalırdı."[35] Kuşaktan kuşağa biriken ve babadan oğula geçen özel hüner, tıpkı örümcekte olduğu gibi Hintlilere bu yeteneği ve beceriyi kazandırmıştır. Üstelik böyle bir Hintli dokumacının yaptığı iş, manüfaktür işçisininkine göre çok daha karmaşıktır.

Son şeklini alan bir malın üretiminde çeşitli ufak işlemleri birbiri ardına yapan bir zanaatçı, bazan yerini, bazan araçlarını değiştirmek zorunda kalır. Bir işlemden diğerine geçiş, iş akımında kesintiler yapar ve, deyim yerindeyse, işgününde boşluklar yaratır. Gün boyunca bir ve aynı işleme bağlanırsa, bu boşluklar kapanır; işindeki değişmeler ne kadar az olursa, bunlar da o ölçüde ortadan kalkarlar. Üretme gücündeki yükselme, burada, ya belli sürede harcanan emek-gücündeki artış —yani emeğin yoğunluğundaki artış— ya da üretken olmayan biçimde tüketilen emek-gücü miktarındaki azalma nedeniyledir. Hareketsizlikten harekete her geçiş sırasında fazladan harcanan güç, bir kez ulaşıldıktan sonra normal hız süresinin uzatılmasıyla kapatılabilir. Öte yandan, tek bir türde sürekli çalışma, insanın canlılığının yoğunluğunu ve akışını bozar;

34 "Sanatlar da ... Mısır'da gerekli yetkinlik derecesine ulaşmıştır. Çünkü burası, zanaatçıların herhangi bir şekilde diğer sınıftan yurttaşların işlerine karışmayıp, yalnızca yasayla kendi klanlarına kalıtsal yolla geçmiş bulunan mesleği izlemek zorunda oldukları tek ülkedir. ... Öteki ülkelerde, zanaatçıların, dikkatlerini pek çok konu arasında dağıttıkları görülür. Bunlar bir süre tarımı denerler, ardından ticarete geçerler ve bir başka zaman da, iki-üç işle birlikte uğraşırlar. Özgür ülkelerde bunlar sık sık halk meclislerine katılırlar. ... Mısır'da ise tersine, bir zanaatçı eğer devlet işlerine karışırsa ya da birkaç işi aynı zamanda yürütürse şiddetle cezalandırılır. Böylece, işleriyle uğraşmalarını engelleyecek hiçbir şey yoktur. ... Üstelik bunlar, atalarından birçok kuralı devraldıklarından, yeni avantajlar bulmak için didinirler." (Diodorus Siculus, *Bibl. Hist.*, L. I, ch. 74.)

35 *Historical and descriptive account of Brit. India etc.*, by Hugh Murray and James Wilson, etc., Edinburgh 1832, v. II, s. 449. Hint dokuma tezgahı dik durumdadır, yani çözgüler diklemesine gerilmiştir.

çünkü bu duygu, yapılan işteki ufak bir değişiklikle yeni bir canlılık kazanır.

Emeğin üretkenliği yalnız işçinin yetenekli oluşuna değil, çalıştığı araçların da yetkinliğine bağlıdır. Bıçak gibi, burgu gibi, zımba gibi aynı türden araçlar farklı süreçlerde kullanılabileceği gibi, aynı araç, tek bir süreçte farklı işler için kullanılabilir. Ama bir emek-sürecindeki çeşitli işlemler birbirinden ayrılıp da her küçük işlem, parça-işçinin elinde özel ve amaca uygun bir şekle girince, daha önce birden fazla amaç için kullanılan araçlarda değişiklik yapılması zorunlu hale gelir. Bu değişikliğin ne yönde yapılacağını, aracın eski şekliyle kullanıldığı zaman karşılaşılan güçlükler belirler. Manüfaktür, emek araçlarındaki farklılaşmalarla karakterize edilir — bu farklılaşma sonucu, belli türdeki bu araç, kullanıldığı işe uygun sabit bir şekil alır, ve araçlardaki özelleşme sonucu, bunlar ancak özel parça-işçinin elinde en verimli biçimde kullanılabilirler. Yalnız Birmingham'da 500 tür çekiç yapılmıştır ve bunların her biri, yalnızca belirli bir işe uygun olmakla kalmayıp çoğu zaman bir ve aynı süreçte bunların birkaç türü yalnızca farklı işlemler için kullanılmaktadır. Manüfaktür dönemi, emek araçlarını, her parça-işçinin özel görevine uygun hale getirerek bunları basitleştirir, geliştirir ve çoğaltır.[36] Böylece manüfaktür, yalın araçların biraraya gelmesiyle oluşan makinenin varolması için gerekli maddi koşulları da yaratmıştır.

Parça-işçi ile onun kullandığı araçlar, manüfaktürün en yalın öğeleridir. Şimdi de ona bütünüyle bir gözatalım.

ÜÇÜNCÜ KESİM. — MANÜFAKTÜRÜN İKİ TEMEL BİÇİMİ: HETEROJEN MANÜFAKTÜR VE SERİ MANÜFAKTÜR

Manüfaktür örgütlenmesinin zaman zaman birbirine karışmış olmasına karşın, iki temel biçimi vardır; bunlar esasta farklı türdedirler ve, ayrıca manüfaktürün daha sonra makineyle yürütülen modern sanayiye dönüşmesinde, çok farklı roller oynamışlardır. Bu çifte özellik, üretilen malın niteliğinden ileri gelmektedir. Bu mal,

[36] Darwin türlerin kökeni konusundaki çığır açıcı yapıtında, bitki ve hayvanların doğal organları ile ilgili olarak şunları belirtir: "Bir ve aynı organ çeşitli işler yapmak durumunda olunca onun değişkenliğinin bir nedeni doğal seçmenin biçimdeki her küçük değişimi, o organın yalnız özel bir amacı olduğu zamankinden daha az özenle saklamasında ya da engellemesinde bulunabilir. Bundan ötürü, her türlü nesneyi kesmeye uyarlanmış bir bıçak, genellikle, birbiçimli olabilir; oysa özellikle belirli bir tarzda kullanılmak için yapılmış bir alet, farklı her kullanım için farklı bir biçimde olmak gerekir." [Charles Darwin, *Türlerin Kökeni,* Onur Yayınları, Ankara 1996, s. 167. *Türlerin Kökeni*'nin çevirisinde esas alınan orijinal ile, *Capital*'de verilen dipnotun İngilizce metinleri birbirinden farklıdır. *–Ed.*]

ya bağımsız olarak yapılan parça ürünlerin yalnızca mekanik olarak birleştirilmesi sonucudur, ya da son şeklini bir dizi birbiriyle ilişkili süreç ve işlem sonunda almıştır.

Örneğin bir lokomotif, 5.000'den fazla ayrı parçadan yapılmıştır. Ne var ki, lokomotif, gerçek manüfaktürün ilk türüne bir örnek olamaz, çünkü yapısı modern makine sanayisinin bir ürünüdür. Ama saat olabilir, ve William Petty de, manüfaktürde işbölümünü göstermek için saati kullanmıştır. Başlangıçta Nurembergli bir zanaatçının bireysel eseri olan saat, çok büyük sayıda parça-işçisinin toplumsal bir ürünü olmuştur: zemberek yapımcıları, kadran yapımcıları, helezon zemberek yapımcıları, elmaslı yuva yapımcıları, taşdelik yapımcıları, akrep-yelkovan yapımcıları, çerçeve yapımcıları, vidacı, çarkçı, (pirinç ve çelik ayrı olmak üzere) gibi sayısız çeşitleriyle kaplamacı, milci, çalıştırma yapımcıları, *acheveur de pignon* (çarkları millere takar ve yüzeyleri parlatır vb.), mil yatağı yapımcıları, *planteur de finissage* (çarkları ve yayları yerlerine yerleştirir), *finisseur de barillet* (çarklara diş açar, uygun büyüklükte yuvalar yapar vb.), rakkas çarkı maşacısı, balans çarkı yapımcısı, saatin hareketini düzenleyen aletin yapımcısı, maşacı; sonra *repasseur de barillet* (zemberekleri ve kutuyu parlatır vb.), çelik parlatıcısı, çark parlatıcısı, vida parlatıcısı, rakam yazıcısı, kadran kaplayıcısı (bakır üzerine emaye kaplar), *fabricant de pendats* (kutunun asıldığı halkayı yapar), *finisseur de charniere* (dıştaki kutuya pirinç çengeli takar), *faiseur de secret* (kutuyu açan yayı takar), kakmacı, oymacı, *polisseur de boîte,** vb. vb., ve ensonu bütün saati biraraya getirip çalıştıran usta. Saatin ancak pek az parçası birkaç elden geçer, bütün bu *membra disjecta,*** ilk kez, bunları tek bir mekanik bütün haline getiren elde toplanırlar. Bu son şeklini almış ürün ile, çeşitli ve farklı öğeleri arasındaki dış ilişki, burada olduğu gibi buna benzer bütün tamamlanmış mallarda, parça-işçilerin tek bir işyerinde biraraya getirilip getirilmemesini raslantıya bırakmış olur. Parça işlemler Vaud ve Neuchâtel kantonlarında olduğu gibi bağımsız zanaatlar olarak yürütülebilir; oysa Cenevre'de parça-işçilerin, doğrudan tek bir kapitalistin denetimi altında elbirliği yaptıkları büyük saat manüfaktürleri vardır. Ne var ki, bu ikincisinde bile kadran, zemberekler ve kutu, nadiren aynı fabrikada yapılır. Saatçilikte işçileri biraraya toplayarak manüfaktür sanayisi tarzında bu işi devam ettirmek, ancak bazı koşullar altında kârlı olmaktadır, çünkü evde çalışmak isteyen işçiler arasında rekabet daha büyük olduğu gibi, işin bir dizi heterojen süreçlere

* Kutu cilacısı. –ç.

** Dağınık parçalar. –ç.

bölünmesi, emek araçlarının ortaklaşa kullanılmasına pek az izin vermekte, ve işi böylece dağıtmakla, kapitalist, yalnızca işyeri vb. için yapacağı masraflardan kurtulmuş olmaktadır.[37] Gene de, evinde, kapitalist (manüfaktürcü, *établisseur*) hesabına çalışan bu parça-işçinin durumu, kendi müşterileri hesabına çalışan bağımsız zanaatçıdan çok farklıdır.[38]

İkinci tür manüfaktür, onun daha yetkin biçimi, birbiriyle ilişkili gelişme evrelerinden geçen, bir dizi süreci adım adım tamamlayan mallar üretir; iğne manüfaktüründe telin 72 ve bazan 92 farklı parça-işçinin elinden geçmesi gibi.

Bu tür bir manüfaktür daha işin başlangıcında, dağınık zanaatları biraraya toplar ve üretimin çeşitli evrelerini birbirinden ayıran alanı daraltır. Bir aşamadan diğerine geçiş süresi kısaldığı gibi, bu geçişi gerçekleştiren emekte de bir azalma olur.[39] Elzanaatına göre üretken güç artar, ve bu artış, manüfaktürün genel elbirliği niteliğinden gelir. Öte yandan, manüfaktürün ayırdedici ilkesi olan işbölümü, üretimin çeşitli aşamalarının ayrı ayrı ve birbirinden bağımsız oluşunu gerektirir. Ayrı ayrı işlevler arasındaki bağın kurulması ve sürdürülmesi, malın durmadan bir elden diğerine, bir süreçten ötekine taşınmasını zorunlu kılar. Modern makineleşmiş sanayi açısından bu zorunluluk, karakteristik, masraflı ve manüfaktür ilkesinin özünde bulunan bir sakınca olarak kendini gösterir.[40]

Dikkatimizi belli bir hammadde, diyelim, kağıt manüfaktüründe paçavra, ya da iğne manüfaktüründe tel üzerinde toplarsak,

[37] 1854'te Cenevre 80.000 saat yapmıştır ve bu, Neuchâtel kantonunda yapılan saatlerin beşte-biri bile değildir. Dev bir saat fabrikası gözüyle bakabileceğimiz La Chaux-de-Fond, tek başına, yılda, Cenevre'nin iki katı saat yapmaktadır. 1850-61 yılları arasında Cenevre 720.000 saat yapmıştır. Bkz: "Report from Geneva on the Watch Trade", *Reports by H. M's. Secretaries of Embassy and Legation on the Manufactures, Commerce, etc.*'de n° 6, 1863. Parçaların salt biraraya getirilerek takılmasıyla ortaya çıkan bir eşyanın üretim süreçleri arasında bir bağlantı olmayışı, böyle bir manüfaktürün, makineyle yürütülen büyük bir sanayi kolu haline getirilmesini çok güçleştirmektedir; ama saat konusunda ayrıca iki güçlük daha vardır: parçaların çok küçük ve hassas olması ve bir lüks eşya özelliğini taşıması. Bu nedenle çeşitleri o kadar fazladır ki, Londra'nın kaliteli işyerlerinde, bir yılda birbirine benzeyen bir düzine saat hemen hemen yapılmaz. Makinelerin başarıyla kullanıldığı Messrs. Vacheron & Constantin saat fabrikasında, en fazla üç-dört ayrı büyüklük ve biçimde saat yapılmaktadır.

[38] Heterojen manüfaktürün klasik örneği olan saat yapımcılığında, elzanaatlarının da alt-kollara bölünmesinin yolaçtığı ve yukarda sözü edilen emek araçlarının farklılaşması ve özelleşmesi olayını tam bir doğrulukla inceleyebiliriz.

[39] "İnsanların böyle içiçe yaşadıkları bir yerde, taşımanın daha az olması zorunluluğu vardır." (*The Advantages of the East-India Trade*, s. 106.)

[40] "El emeğinin kullanılması sonucu manüfaktürde çeşitli aşamaların birbirinden ayrılması, üretimin maliyetini büyük ölçüde artırır ve uğranılan kayıp, başlıca, salt bir süreçten diğerine geçişten ileri gelir." (*The Industry of Nations*, Lond. 1855, part II, s. 200.)

bunların tamamlanana kadar çeşitli parça-işçilerin elinde birbirini izleyen bir dizi aşamadan geçtiğini görürüz. Öte yandan, işyerine bir bütün olarak bakarsak, hammaddeyi, üretimin bütün aşamalarında aynı anda görürüz. Kolektif işçi, her biri bir tür alet tutan çok sayıdaki ellerinden bir bölümü ile teli çeker, başka aletler taşıyan bir diğer bölümü ile aynı anda teli düzeltir, bir diğeriyle keser, sivriltir ve böyle sürer gider. Zaman içersinde birbirini izleyen çeşitli parça-süreçler, bir alan içersinde yanyana giden eşzamanlı süreç halini alırlar. Demek ki, belli bir sürede daha fazla miktarda son şeklini almış meta elde edilir.[41] Bu eşzamanlılığın, sürecin bütününün genel elbirliği şeklinde olmasının bir sonucu olduğu doğrudur, ama manüfaktür yalnız elbirliğinin uygulanması için koşulları hazır bulmakla kalmaz, bunları elzanaatı emeğinin çeşitli dallara ayrılmasıyla bir ölçüde yaratır da. Öte yandan da emeksürecinin bu toplumsal örgütlenmeye ulaşması, ancak her işçinin tek bir parça işe sıkıca bağlanmasıyla olanaklı olmuştur.

Her parça-işçinin elindeki parça-ürün, aynı zamanda, son şeklini almış bir ve aynı malın gelişme sürecinde yalnızca belli bir aşama olduğu için, her işçi ya da işçi topluluğu, bir diğer işçi ya da topluluk için hammadde hazırlayıcısıdır. Bir işçinin emek-ürünü, bir diğerinin başlangıç noktasıdır. Bir işçi, bu nedenle, bir diğerinin başlangıç noktasıdır. Bu nedenle, bir işçi, bir diğerine doğrudan iş sağlamaktadır. İstenilen sonucu elde etmek için her parçasüreç için gerekli emek-zamanı, deneyimle öğrenilir; ve bir tüm olarak manüfaktürün işleyişi, belli bir sürede, belli bir sonucun elde edileceği varsayımına dayanır. İşte ancak bu varsayıma dayanarak çeşitli tamamlayıcı emek-süreçleri, aralıksız, eşzamanlı ve yanyana devam eder. İşlemlerin ve dolayısıyla işçilerin birbirlerine bu doğrudan bağımlılığı, her birini, işi üzerinde gerekli olandan fazla zaman harcamamaya zorlayarak, bağımsız elzanaatında ve hatta basit elbirliğinde görülenden büsbütün farklı bir süreklilik, tekdüzelik, uyum, düzen[42] ve hatta emek yoğunluğu sağlar. Bir meta üzerinde harcanan emek-zamanının, onun üretimi için toplumsal olarak gerekli miktarı aşmaması kuralı, genellikle meta üretiminde salt rekabetin etkisiyle doğmuş bir zorunluluk olarak görünür; çünkü, kabaca söylemek gerekirse, her üretici, metaını pi-

[41] "O" (işbölümü), "yapılan işi, hepsi de aynı anda yapılabilecek olan çeşitli kollarına ayırmakla, zamandan bir tasarruf da sağlar. ... Bir bireyin ayrı ayrı yapmak zorunda olduğu çeşitli süreçlerin hepsini bir anda yerine getirerek, tek bir iğnenin kesilebileceği ya da sivriltilebileceği bir sürede, birçok iğnenin son biçimini almış olarak yapılmasını sağlar." (Dugald Stewart, *l.c.*, s. 319.)

[42] "Her manüfaktürde zanaatçıların çeşidi ne kadar fazla olursa ... her işin sırası ve düzeni o kadar büyük olur; aynı şey daha az zamanda yapılır, emek daha az olur." (*The Advantages, etc.*, s. 68.)

yasa fiyatı üzerinden satmak zorundadır. Oysa manüfaktürde, tersine, belli miktarda ürünün belli sürede üretilmesi, üretim sürecinin kendisinin teknik yasasıdır.[43]

Ne var ki, farklı işlemler, eşit olmayan sürelere gereksinme gösterdiği için eşit sürelerde eşit olmayan niceliklerde parça-mal üretilmiş olur. Bunun için de, aynı işçi, eğer her gün aynı işlemi yaparsa, her işlem için farklı sayıda işçi bulunması gerekir; örneğin hurufat manüfaktüründe, bir tesviyeciye karşılık, dört dökümcü, iki kırıcı vardır: dökümcü saatte 2.000 harf döker, kırıcı 4.000 harf kırar ve tesviyeci 8.000 harf parlatır. Burada gene, elbirliği ilkesini en yalın biçimiyle görüyoruz; aynı şeyi yapan birçok kişinin aynı zamanda çalıştırılması. Ancak şimdi bu ilke, organik bir ilişkinin ifadesidir. Manüfaktürde uygulanan işbölümü, toplumsal kolektif işçinin nitelik bakımdan farklı kısımlarını yalınlaştırmak ve çoğaltmakla kalmaz, bu parçaların büyüklüklerini, yani her parça-iş için gerekli nispi işçi sayısını ya da işçi gruplarının nispi büyüklüklerini düzenleyen sabit bir matematik ilişki ya da oran yaratır. Toplumsal emek-sürecinin nitelik yönünden kısımlara ayrılmasının yanısıra, bu süreç için nicel bir kural ve oranlılık geliştirir.

Belli ölçüler içersinde üretim yaparken, çeşitli gruplardaki parça-işçi sayısı için en uygun oran bir kez denemelerle saptandıktan sonra, bu ölçü, her özel grubun katları alınarak istenildiği gibi büyütülebilir.[44] Şurasını da söylemek gerekir ki, aynı birey, belli türdeki işleri, ölçü büyüse de, gene eskisi kadar iyi yapar; örnek olarak, gözetim ve denetim işi, parça-ürünlerin bir aşamadan diğerine taşınması vb. gösterilebilir. Bu gibi işlerin ayrılması ve belli işçilere verilmesi, çalıştırılan işçi sayısında belli bir artıştan sonra ancak yararlı olabilir; ama bu artışın da her grubu aynı oranda etkilemesi gerekir.

Belli bir işin yapılmasına ayrılan tek tek işçi grupları, türdeş öğelerden kurulmuş olur ve toplam işleyişin bir parçasını oluşturur. Bununla birlikte, çoğu manüfaktürde bu grubun kendisi örgütlenmiş bir iş organıdır ve toplam işleyiş, bu yalın organizmaların bir yinelenmesi ya da toplanmasıdır. Örneğin cam şişe manüfaktürünü alalım. Bu manüfaktür birbirinden tamamen farklı üç aşama-

[43] Bununla birlikte, manüfaktür sistemi, sanayinin birçok kolunda bu sonuca çok eksik olarak ulaşır, çünkü üretim sürecinin genel kimyasal ve fiziksel koşullarının kesinlikle nasıl denetlenebileceğini bilmemektedir.

[44] "Her manüfaktürde ürünün kendisine özgü niteliğine göre, süreç sayısının parçalara en iyi şekilde bölünmesi ve aynı zamanda çalıştırılacak işçi sayısının da ne olacağı saptandığı zaman, bu sayının doğrudan katlarını kullanmayan diğer bütün manüfaktürler, ürünü daha büyük bir maliyetle üretirler. ... Manüfaktür kuruluşların büyük boyutlarda olmasının nedenlerinden birisi de işte budur." (C. Babbage, *On the Economy of Machinery,* 1st ed., London 1832, ch. XXI, s. 172, 173.)

ya ayrılabilir. İlk hazırlık aşamasında, camı oluşturan öğeler hazırlanır, kum ile kireç vb. karıştırılır ve akıcı bir cam kütlesi halinde eritilir.[45] Bu ilk aşama ile, şişelerin kurutma fırınından çıkartıldığı, ayrıldığı, paketlendiği vb. son aşamada çeşitli parça-işçiler kullanılır. Bu iki aşamanın ortasında ise, asıl cam kütlesinin eritilmesi ve bu akıcı kütlenin şekillendirilmesi yeralır. "Delik" adı verilen her fırının ağzında bir grup işçi çalışır; bunlardan biri şişeci ya da şekil verici, biri üfleyici, biri toplayıcı, biri istifçi ya da soğutucu, biri de taşıyıcıdır. Bu beş parça-işçi, ancak bir bütün olarak iş görebilen ve bunun için de bu beş kişinin tamamının, doğrudan elbirliği ile işleyebilen tek bir çalışma sisteminin özel organlarıdır. Üyelerinden tek bir kişi eksik olsa, grup, iş yapamaz hale gelir. Ama bir cam fırının birkaç ağzı vardır (İngiltere'de 4 ile 6 tanedir); her birinde, içi, erimiş cam dolu toprak bir eritme kazanı bulunur ve önlerinde gene beşer kişilik gruplar çalışır. Her grubun yapısı işbölümüne dayanır, ama çeşitli gruplar arasındaki bağ, basit elbirliği olup, aynı üretim aracını, fırını kullanmakla, tüketimde tasarruf sağlanmış olur. Dörtlü ya da altılı grupları ile böyle bir fırın, bir camevidir, ve bir cam manüfaktüründe, ilk hazırlık aşaması ile son aşama için gerekli araç ve işlerle birlikte böyle birçok camevi bulunur.

Ensonu, tıpkı manüfaktürün, çeşitli elzanaatlarının bileşiminden meydana gelmesi gibi, aynı şekilde gene çeşitli manüfaktürlerin bileşimi olarak gelişir. Örneğin büyük İngiliz cam manüfaktürleri kendi toprak eritme potalarını kendileri yaparlar, çünkü sürecin başarısı geniş ölçüde bu potalara bağlıdır. Üretim araçlarından birisinin manüfaktürü, burada, ürünün manüfaktürü ile birleşmiştir. Bir de, ürünün manüfaktürü, bu ürünün hammadde olduğu ya da sonradan kendilerinin ürünleri ile karışacağı manüfaktürler ile birleşebilir. Kristal manüfaktürünün, böylece, cam perdahı ve pirinç dökümcülüğü ile birleştiğini görüyoruz; bu sonuncusu, çeşitli cam eşyanın madenî kısımlarını yapmaktadır. Böylece birleştirilmiş çeşitli manüfaktürler, geniş bir manüfaktürün az ya da çok ayrı kısımlarını oluşturmakla birlikte, aynı zamanda, her biri kendi içersindeki işbölümü ile bağımsız süreçlerdir. Manüfaktürün böylece birleşmelerinin sağladığı birtakım üstünlüklere karşın, bu, hiçbir zaman kendi temelleri üzerinde tam bir teknik sistem halini alamaz. Bu, ancak, makine ile yürütülen sanayiye dönüşmesiyle olur.

Manüfaktür döneminin başlangıcında, meta üretiminde gerekli

[45] İngiltere'de eritme fırınları, camın işlendiği cam fırınlarından farklıdır. Belçika'da, bir ve aynı fırın her iki iş için de kullanılır.

emek-zamanının azaltılması ilkesi[46] benimsenmiş ve formüle edilmiştir: geniş ölçüde ve büyük kuvvetlerin uygulanması ile yürütülme zorunluluğu olan bazı yalın başlangıç süreçlerinde, şurada burada makine kullanıldığı görülmüştür. Böylece, kağıt manüfaktürünün başlangıç döneminde, paçavralar, büyük kağıt değirmenleri ile parçalanmıştır; metal işlerinde, cevher, büyük merdanelerde dövülmüştür.[47] Roma İmparatorluğu, su çarkları ile, bütün makinelerin ilkel biçimlerinin modelini sağlamıştır.[48]

Elzanaatları dönemi, bize, pusula, barut, matbaa ve otomatik saat gibi büyük buluşları armağan etmişti. Ama bütünüyle alındığında makine, Adam Smith'in, işbölümüne kıyasla verdiği ikinci derecede rol oynamıştır.[49] 17. yüzyılda makinenin dağınık olarak kullanılması büyük önem taşır, çünkü zamanın büyük matematikçilerine, mekanik bilimin yaratılmasında pratik bir temel, itici bir kuvvet sağlamıştır.

Çok sayıda parça-işçinin birleşmesi ile oluşan kolektif işçi, manüfaktür döneminin kendine özgü makinesidir. Bir meta üreticisinin sırayla yaptığı ve üretim sırasında birbirine eklenip karışan çeşitli işlemler, onda çeşitli yeteneklerin bulunmasını ister. İşlemlerin birinde fazla güç, diğerinde fazla beceri, bir diğerinde fazla dikkat harcanması gerekirdi; ama aynı bireyin bütün bu niteliklere eşit ölçüde sahip olması olanaksızdı. Manüfaktürün, çeşitli işlemleri ayırmasından, bağımsızlaştırmasından sonra işçiler, ağır basan niteliklerine göre bölündüler, sınıflandılar ve gruplandılar. Eğer bunların doğal yetenekleri, bir yandan, işbölümünün üzerinde yükseldiği temel ise, öte yandan, manüfaktür ortaya çıkar çıkmaz, bunlarda, niteliği bakımından uygun, ancak sınırlı ve özel işlevleri olan yeni güçler geliştirir. Kolektif işçi, şimdi, aynı yetkinlik dere-

[46] Bu, başkalarını saymasak bile, W. Petty, John Bellers, Andrew Yarranton, *The Advantages of the East-India Trade* ve J. Vanderlint'te görülebilir.

[47] 16. yüzyılın sonuna kadar Fransa'da, cevherin dövülüp yıkanması için hâlâ havan ve kalbur kullanılıyordu.

[48] Makinenin gelişmesinin tüm tarihi, tahıl değirmenlerinin tarihi ile belirlenebilir. İngiltere'de fabrika, hâlâ "*mill*"dir ("değirmen"). Almanya'da bu yüzyılın ilk on yılındaki teknolojik yapıtlarda yeralan "*Mühle*" terimi, yalnızca doğa kuvvetleriyle döndürülen bütün makineler için değil, aynı zamanda, aygıt yapısı itibarıyla makinenin uygulandığı bütün manüfaktürlerde bugün de kullanılmaktadır.

[49] Bu yapıtın dördüncü kitabında daha ayrıntılı olarak görüleceği gibi, Adam Smith, işbölümü ile ilgili tek bir önerme getirmemiştir. Bununla birlikte, manüfaktür döneminin sözcüğün tam anlamıyla ekonomi politikçisi olarak ona özellik kazandıran şey, işbölümü konusuna ağırlık vermesidir. Onun makineye ikinci derecede bir rol tanımış olması, modern mekanik sanayinin başlangıcında Landerdale ve daha sonraki dönemde Ure tarafından polemik konusu edilmesine yolaçmıştır. A. Smith, ayrıca, parça-işçinin de bizzat etkin bir rol oynadığı, iş aletlerinin farklılaşması ile, yeni makinelerin bulunmasını da birbirine karıştırır; bu sonuncuda rol oynayan, manüfaktür işçileri değil, bilgi sahibi kişiler, zanaatçılar ve hatta köylülerdir (Brindley).

cesinde olmak üzere, üretim faaliyetinin gerektirdiği bütün niteliklere sahiptir ve, bunları, özel işçiler ya da işçi gruplarından oluşan bütün organlarına yalnızca kendi özel işlerini yaptırmak suretiyle en ekonomik biçimde harcar.[50] Parça-işçinin tek yanlılığı ile eksiklikleri, kolektif işçinin bir parçası haline gelince, yetkinleşir.[51] Tek bir işi yapma alışkanlığı onu, hiçbir hata yapmayan bir araç haline getirirken, işleyişin bütünüyle ilişkisinde, bir makine parçasının düzeni ile çalışmaya zorlar.[52]

Kolektif işçinin, hem basit hem karmaşık, hem yüksek hem düşük düzeyde işlevleri olduğu için, üyeleri olan bireysel emek-güçlerinin de farklı eğitim dereceleri ve dolayısıyla farklı değerleri olması gerekir. Manüfaktür, bunun için, emek-güçlerinde bir kademelenmeye ve buna uygun bir ücret sıkalasının saptanmasına yolaçar. Bir yandan bireysel işçiler, yaşamları boyunca sınırlı bir işleve ayrılır ve bağlanırken, öte yandan da, kademelerdeki çeşitli işlemler, bunların doğal ve sonradan edindikleri yeteneklerine göre bu işçiler arasında bölüştürülmüş olur.[53] Bununla birlikte, her üretim süreci, herkesin yapabileceği bazı basit el işlemlerini gerektirir. Bu işlemlerin de, şimdi faaliyetin daha önemli anlarıyla bağları çözülmüştür ve özel olarak bu işe atanmış işçilerin ayrı işlevleri içersinde katılaşmıştır. Böylece manüfaktür, elattığı bütün zanaatlarda, bu zanaatların hiç barındırmadığı ve adına vasıfsız işçiler denilen bir sınıf yaratır. Tek yanlı bir uzmanlaşmayı, insanın tüm çalışma kapasitesi aleyhine olmak üzere yetkinleştirdiği gibi, her

[50] "Manüfaktür patronu, yapılacak işi, her biri farklı derecede hüner ve güç isteyen çeşitli süreçlere bölmekle, her sürecin tam gerektirdiği miktarda hüner ve güç satın alabilirdi; oysa eğer bütün iş tek bir işçi tarafından yapılsaydı, bu kimsenin, işin gerektireceği en ince işlemleri yapabilecek hünere ve gene işin gerektireceği en yorucu işlemleri yapabilecek güce sahip olması gerekirdi." (Ch. Babbage, *l.c.*, ch. XIX.)

[51] Örneğin, bazı kasların anormal derecede gelişmesi, kemiklerin eğrilmesi vb. gibi.

[52] Soruşturma kurulu üyelerinden birisinin, bir cam manüfaktürünün genel yöneticisi olan Mr. Wm. Marshall'a yönelttiği, gençlerin çalışmalarında düzenliliğin nasıl sağlandığı şeklindeki sorusuna, yönetici çok doğru olarak şu yanıtı vermiştir: "İşlerini ihmal etmeleri olanaksızdır; bir kez işe başlayınca devam edip gitmek zorundadırlar; bunlar tıpkı bir makinenin parçaları gibidirler." (*Children's Empl. Comm., Fourth Report*, 1865, s. 247.)

[53] Dr. Ure, modern makine sanayisini göklere çıkarttığı yapıtında, manüfaktürün kendine özgü niteliklerini, konuya onun polemikçi ilgisiyle yaklaşmayan daha önceki iktisatçılardan ve hatta matematikçi olarak kendisinden çok daha üstün olmakla birlikte, makine sanayisini yalnız manüfaktür açısından ele alan Babbage gibi çağdaşlarından daha kesin bir biçimde ortaya koyar. Ure der ki: "Bu ayrımın yapılması ... her işçiye kendiliğinden bir değer ve fiyat biçilmesi, işbölümünün esasını oluşturur." Öte yandan, o, bu bölünmeyi, "işlerin, insanın farklı yeteneklerine uydurulması" diye tanımlar ve ensonu, manüfaktür sisteminin bütününü, "işbölümü ya da işin derecelere ayrılması sistemi" ve "işin beceri derecelerine bölünmesi" vb. olarak nitelendirir. (Ure, *l.c.*, s. 19-23 *passim.*)

türlü gelişmeden yoksunluğu da bir uzmanlık haline getirir. Kademeli derecelenmenin yanısıra, işçiler arasında, vasıflı ve vasıfsız diye basit bir ayrım başlar. Bunların ikincisi için, çıraklık gideri ortadan kalkar; birincisi için ise, yapılan işin yalınlaşması sonucu, elzanaatçısına oranla yapılan gider azalır. Her iki durumda da emek-gücü değeri düşer.[54] Emek-sürecinin çözülmesi sonucu, elzanaatlarında ya pek az yeri olan ya da hiç olmayan yeni ve ayrıntılı görevlerin ortaya çıkması halinde, bu durum, sözü edilen yasanın dışında sayılır. Çıraklık dönemi eğitim giderlerinin ortadan kalkması ya da azalması sonucu emek-gücü değerindeki düşüş, kapitalist yararına artı-değerde bir artış demektir; çünkü emek-gücünün yeniden-üretimi için gerekli emek-zamanını kısaltan her şey, artı-emek alanını genişletir.

DÖRDÜNCÜ KESİM. — MANÜFAKTÜRDE İŞBÖLÜMÜ VE TOPLUMDA İŞBÖLÜMÜ

Önce manüfaktürün kökenini, sonra onun yalın öğelerini, daha sonra parça-işçi ve aletlerini ve en sonunda da işleyişin bütününü inceledik. Şimdi de, manüfaktürdeki işbölümü ile, her türlü meta üretiminin temelini oluşturan toplumsal işbölümü arasındaki ilişkiye şöyle bir değineceğiz. Yalnızca emeği gözönünde bulundurursak, toplumsal üretimin ana bölümlerine ya da *genera*'ya* —yani tarıma ve sanayiye— ayrılmasına, genel işbölümü; ve bu ailelerin, türlere ve alt-türlere ayrılmasına özel işbölümü; işyeri içersindeki işbölümüne de tekil, ya da parça-işbölümü diyebiliriz.[55]

Toplumdaki işbölümü ve buna uygun olarak bireylerin belli iş-

[54] "Tek bir nokta üzerinde pratik yaparak kendisini yetkinleştirme olanağı sağlanan ... her zanaatçı ... daha ucuz bir işçi haline geldi." (Ure, *l.c.*, s. 19.)

[55] "İşbölümü, birbirinden son derece farklı işlerin birbirlerinden ayrılmalarıyla başlar; manüfaktürde olduğu gibi, birkaç işçi, bir ve aynı ürünün hazırlanması işlemini aralarında bölüşürler." (Storch, *Cours d'Econ. Pol.*, Paris Edn., t. I, s. 173.) "*Nous rencontrons chez les peuples parvenus à un certain degré de civilisation, trois genres de divisions d'industrie: la première, que nous nommons générale, amène la distinction des producteurs en agriculteurs, manufacturiers et commerçants, elle se rapporte aux trois branches principales d'industrie nationale; la seconde, que l'on pourrait appeler spéciale, est la division de chaque genre d'industrie en espèces. ... La trosième division d'industrie, celle enfin que l'on devrait qualifier du titre de division de besogne ou de travail proprement dit, est celle qui s'établit dans les arts et les métiers séparés ... qui s'établit dans la plupart des manufactures et des ateliers.*" ["Uygarlığın belli bir derecesine erişmiş halklarda, üç türlü sanayi bölümü görüyoruz: genel adını verdiğimiz birincisi, ulusal sanayinin başlıca üç koluna tarımsal, elyapımcısı ve ticari üreticiler ayrımına uygun düşer; özel ad verilebilecek olan ikincisi, her cins sanayi türünün bölünmesidir. ... Sanayinin, üçüncü, ensonu asıl çalışma ya da işbölümü adıyla nitelendirilebilecek olan bölümü de, ayrı ayrı sanat ve mesleklerde ... manüfaktür ve atelyelerin çoğunda gerçekleşen bölümdür."] (F. Skarbek, *l.c.*, s. 84, 85.)

* *genus,* cins, kısım, takım. *–ç.*

lere bağlanması, tıpkı manüfaktürdeki işbölümü gibi, karşıt çıkış noktalarından hareketle gelişirler. Bir aile içersinde[55a] ve daha sonraki gelişmelerle bir kabile içersindeki işbölümü, cinslik ve yaş farklarına, salt fizyolojik temele dayanan doğal bir işbölümü meydana gelir; bu işbölümü, alanını, topluluğun yayılması, nüfusun artması, ve özellikle, çeşitli kabileler arasındaki çatışmalar sonucu bir kabilenin diğerinin boyunduruğu altına girmesiyle genişletir. Öte yandan, daha önce de belirttiğim gibi, ürünlerin değişimi, çeşitli ailelerin, kabilelerin, toplulukların birbirleriyle ilişki kurdukları noktalarda başlar; çünkü uygarlığın başlangıcında, birbirlerinin karşısına bağımsız olarak çıkan, bireyler değil, aileler, kabileler ve benzeri topluluklardır. Çeşitli topluluklar, kendi doğal çevrelerinde, farklı üretim araçları ve farklı geçim araçları bulurlar. Böylece, üretim tarzları, yaşayışları ve ürünleri farklı olur. İşte bu kendiliğinden gelişen farklılıklar, çeşitli toplulukların ilişki kurmalarıyla ürünlerin karşılıklı olarak değişimine, ve dolayısıyla bu ürünlerin giderek metalara dönüşmesine yolaçar. Değişim, üretim alanları arasında farklılıklar yaratmaz, yalnızca bu çeşitli şeyler arasında ilişki kurarak, bunları, genişlemiş bir toplumun ortak üretiminin azçok birbirine bağlı dalları haline getirir. Burada toplumsal işbölümü, aslında birbirinden farklı ve bağımsız üretim alanları arasındaki değişimden doğar. Fizyolojik işbölümünün çıkış noktası olduğu durumda ise, birbirine kenetli bir bütünün özel organları, her şeyden önce yabancı topluluklar ile meta alışverişi nedeniyle gevşeyerek koparlar, ve öylesine bağımsız duruma gelirler ki, çeşitli çalışma alanlarını birbirine bağlayan tek bağ, ürünlerin meta olarak birbiriyle değişilmesi olur. Bu durumda, daha önce bağımsız olanın bağımlı duruma gelmesi, diğer durumda ise daha önce bağımlı olanın bağımsızlaşmasıdır.

İyi gelişmiş ve meta değişimi ile ortaya çıkmış olan her işbölümünün temeli, kent ile kır arasındaki ayrılıktır.[56] Toplumun bütün ekonomik tarihinin, bu antitezlerin hareketinde özetlendiği söylenebilir. Bununla birlikte, biz şimdilik bu konu üzerinde durmayacağız.

Nasıl ki, manüfaktürde işbölümü için aynı zamanda çalıştırılan

55a [*Üçüncü Almanca baskıya not.* — İnsanlığın ilkel durumları üzerinde daha sonra derinlemesine yaptığı incelemeler, yazarı, başlangıçta ailenin gelişerek kabile halini almadığı, tersine, kabilenin, kan ve akrabalığa dayanan insan topluluğunun ilk ve kendiliğinden gelişmiş şekli olduğu ve kabile bağının gevşemeye başlaması ile birlikte, daha sonraları, ailenin pek çok ve çeşitli şekillerinin geliştiği sonucuna götürmüştür. *–F. E.*]

56 Sir James Steuart, bu konuyu en iyi ele alan iktisatçıdır. *Ulusların Zenginliği*'nden on yıl önce yayınlanan kitabının bugün bile ne kadar az tanındığı şu olaydan da anlaşılmaktadır ki, Malthus'un hayranları, onun nüfus konusundaki yapıtının, salt büyük laflar ettiği bölüm dışında, Steuart'tan ve daha az olmak üzere de Wallace ile Townsend'den yaptığı aktarmalar ile dolu olduğunu bile bilmiyorlar.

belli sayıda işçi, maddi önkoşulu oluşturursa, toplumda da işbölümünün gerekli koşulu —burada, tek bir işyerinde çok sayıda işçi toplanmasına tekabül eden— nüfus büyüklüğü ve yoğunluğudur.[57] Ne var ki, bu yoğunluk azçok göreli bir şeydir. Nüfusu nispeten seyrek olan, ama ulaştırma ve haberleşme araçları gelişmiş bir ülke, bu araçları gelişmemiş daha fazla nüfuslu bir ülkeden daha yoğun nüfusa sahip olur; bu anlamda Amerika Birleşik Devletleri'nin kuzey eyaletleri, örneğin, Hindistan'dan daha yoğun nüfusa sahiptir.[58]

Meta üretimi ile dolaşımı, kapitalist üretim tarzının genel önkoşulu olduğu için, manüfaktürde işbölümü, toplum ölçüsündeki işbölümünün daha önce belli bir gelişme düzeyine ulaşmasını gerektirir. Buna karşılık, manüfaktürdeki işbölümü, toplumdaki işbölümü üzerinde etkili olur ve onu hem geliştirir, hem de çoğaltır. İş aletlerinin farklılaşması ile birlikte, bu aletleri üreten sanayiler gitgide daha farklılaşmış hale gelir.[59] Eğer manüfaktür sistemi, daha önce ötekilerle esas ya da ikincil sanayi olarak ilişki içersinde olan tek bir üretici ile yürütülen bir sanayiye elatarsa, bu sanayi kolları arasındaki ilişkiler derhal kopar ve bağımsız duruma gelirler. Eğer, bir meta üretiminde, belirli bir aşamaya elatarsa, üretimin diğer aşamaları, bir o kadar bağımsız işkolu haline gelir. Son şeklini almış bir malın, yalnızca birkaç parçasının biraraya getirilmesiyle meydana geldiği durumlarda, bu parça parça işlemlerin, gerçek ve ayrı ayrı elzanaatları haline gelebileceği daha önce belirtilmişti. Manüfaktürde işbölümünü daha yetkin biçimde yürütebilmek için, üretimin tek bir kolu, kullandığı hammaddenin çeşitliliğine ya da, bir ve aynı hammaddenin girebileceği çeşitli şekillere göre, birçok ve bir ölçüde de tamamen yeni manüfaktürlere bölünür. Buna uygun olarak yalnız Fransa'da, 18. yüzyılın ilk yarısında, 100 farklı türde ipekli kumaş dokunmuş ve Avignon'da, "her çırağın, kendisini yalnız tek bir çeşit kumaşa vermesi, birkaç çeşit kumaşın hazırlanmasını aynı zamanda öğrenmemesi", yasa halini almıştır. Belirli üretim kollarını, ülkenin belli bölgelerinde yoğunlaştıran bölgesel işbölümü, her özel olanaktan yararlanan manü-

[57] "Hem toplumsal ilişkiler ve hem de emeğin verimini artırıcı bir güçler bileşimi için uygun düşen belirli bir nüfus yoğunluğu vardır." (James Mill, *l.c.*, s. 50.) "İşçi sayısı büyüdüğü zaman, toplumun üretken gücü, bu artışla aynı oranda yükselir ve işbölümünün etkisiyle çoğalır." (Th. Hodgskin, *l.c.*, s. 120.)

[58] 1861 yılından sonra pamuğa karşı artan büyük talep sonucu pamuk üretimi, Hindistan'ın nüfusu yoğun bazı bölgelerinde, pirinç yetiştirilmesi aleyhinde genişledi. Bu yüzden yer yer kıtlık başgösterdi ve ulaştırma araçlarındaki yetersizlik, bir bölgedeki pirinç yokluğunun başka bir bölgeden getirilecek pirinçle karşılanmasını engelliyordu.

[59] Böylece mekik yapımı, daha 17. yüzyılda Hollanda'da özel bir sanayi kolu halini aldı.

faktür sisteminden taze bir dürtü kazanır.[60] Her ikisi de, manüfaktür döneminin genel varoluş koşulları içersinde olan sömürge sistemi ile dünya pazarlarının açılması, toplumda işbölümünün gelişmesi için zengin malzeme sağlar. İşbölümünün, toplumun yalnız ekonomik değil, diğer alanlarını da nasıl sardığını ve her yerde, insanı uzmanlaştırma ve türlere ayırma sisteminin temellerini nasıl attığını, ve Adam Smith'in ustası A. Ferguson'a, "Köle bir ulus yaratıyoruz, özgür vatandaş kalmıyor."[61] diye feryat ettiren, insandaki, tek bir yetinin diğerleri aleyhine nasıl geliştiğini göstermeye devam etmenin yeri burası değildir.

Toplum içersindeki işbölümü ile bir işyeri içersindeki işbölümü arasında sayısız benzerlikler ve bağlar olsa bile, bunlar, yalnız derece bakımından değil, ama aynı zamanda tür bakımından da ayrıdırlar. Benzerliğin en tartışma götürmediği yer, çeşitli işkollarını birleştiren görünmeyen bir bağın varolduğu durumlardır. Örneğin, hayvan yetiştirici ham-deri üretir, derici bu ham-deriden deri üretir ve ayakkabıcı da kundura. Burada, her birinin ürettiği şey, hepsinin birleşmiş emeklerinin ürünü olan son biçime doğru atılmış birer adımdan başka bir şey değildir. Ayrıca, hayvan yetiştiriciye, dericiye ve ayakkabıcıya, üretim araçları sağlayan çeşitli işkolları vardır. Şimdi burada Adam Smith ile birlikte, yukardaki toplumsal işbölümü ile manüfaktürdeki işbölümü arasındaki farkın tamamen öznel olduğu, manüfaktürde, bir bakışta bir yığın işlemin aynı yerde yapıldığını gören bir gözlemci için, verilen örnekte olduğu gibi geniş bir alana yayılmış ve her işkolunda çok sayıda insanın çalıştığı toplumda bu bağın belirsizleşmesinden ileri geldiği düşünülebilir.[62] Peki öyleyse, hayvan yetiştiricisi ile dericinin ve ayakkabıcı-

60 "İngiliz yünlü dokuma manüfaktürü birkaç kısma ya da kola ayrılmış olup, kendilerine özgü yerlere yerleşmiştir ve buralarda tek ya da başlıca iş haline gelmişlerdir: ince kumaşlar Somersetshire'da, kaba kumaşlar Yorkshire'da, çift enli kumaşlar Exeter'de, ipekliler Sudbury'de, krepler Norwich'de, yarı-yünlü kumaşlar Kendal'da, battaniyeler Whitney'de, vb." (Berkeley, *The Querist,* 1751, § 520.)

61 A. Ferguson, *History of Civil Society.* Edinburgh 1767, part IV, sect. II, s. 285.

62 Asıl manüfaktürde işbölümü daha fazlaymış gibi görünür, diyor, çünkü, "çeşitli işkollarında çalıştırılan herkes, çoğu kez aynı işyerinde biraraya getirilebilir ve bir gözcünün denetimi altına sokulabilir. Oysa, büyük halk kitlesinin geniş gereksinmelerini karşılayan büyük manüfaktürlerde (!) tersine, her işkolunda o kadar fazla işçi çalıştırılmaktadır ki, bunların aynı işyerinde biraraya toplanmaları olanaksızdır ... işbölümü o kadar açık değildir." (A. Smith, *Wealth of Nations,* b. I, ch. I.) Aynı bölümde, "Uygar ve ilerleme yolunda olan bir ülkede, en sıradan bir zanaatçının ya da gündelikçinin sahip olduğu şeylere bakınız" vb. sözleri ile başlayan ve sonra sıradan bir işçinin gereksinmelerini karşılamak için ne kadar çok sayıda ve türde sanayilerin katkıda bulunduğunu anlatan ünlü pasaj, neredeyse sözcüğü sözcüğüne, B. de Mandeville'in, *Fables of the Bees, or Private Vices, Publick Benefits* yapıtında koyduğu notlardan kopya edilmiştir. (Birinci baskı, notsuz, 1706; notlu baskı, 1714.)

nın bağımsız emekleri arasındaki bağı oluşturan şey nedir? Bu bağı sağlayan şey, hepsinin ürününün meta olmasıdır. Bu durumda, manüfaktürdeki işbölümünü karakterize eden nedir? Parça-işçinin meta üretmemesi gerçeğidir.[63] Ancak parça-işçilerin hepsinin ortak ürünü, meta halini almaktadır.[64] Toplumdaki işbölümü, çeşitli sanayi kollarının ürünlerinin satın alınması ve satışı ile doğduğu halde, bir atelyedeki parça işlemler arasındaki bağlantı, çeşitli işçilerin emek-güçlerini, bunları ortak emek-gücü olarak çalıştıracak bir kapitaliste satışları ile meydana gelir. İşyerinde işbölümü, üretim araçlarının tek bir kapitalistin elinde toplanması anlamını taşır; toplumda işbölümü ise bunların, bağımsız birçok meta üreticisi arasında dağılması anlamını içerir. İşyerinde, oranlılığın tunç yasası, belli görevlere belli sayıda işçinin ayrılmasını zorunlu kılar, oysa işyeri dışında, toplumda, üreticiler ile üretim araçlarının çeşitli sanayi kolları arasındaki dağılımında raslantılar ile keyfilik büyük rol oynar. Çeşitli üretim alanlarının, aralarında bir denge kurulması için sürekli bir eğilim gösterdikleri doğrudur: çünkü, bir yandan, her meta üreticisi, belirli bir toplumsal gereksinmeyi karşılamak için bir kullanım-değeri üretmek durumunda iken, ve bu gereksinmelerin büyüklüğü nicel olarak değişirken, gene de, bunlar arasındaki orantıyı uygun bir sistem haline getiren bir iç bağ vardır ve bu sistem kendiliğinden doğup gelişir; öte yandan, metaların değer yasası, toplumun elinde mevcut emek-zamanından ne kadarını özel bir meta türü için harcayabileceğini sonal olarak belirler. Ama, çeşitli üretim alanlarının denge durumuna gelme yolunda gösterdiği bu sürekli eğilim, ancak bu dengenin durmadan bozulmasına karşı bir tepki biçiminde kendini göste-

[63] "Artık ortada, bireysel işçinin emeğinin doğal karşılığı diyeceğimiz bir şey kalmadı. Her işçi bir bütünün yalnız bir kısmını üretmekte ve her kısım kendi başına bir değer ya da yarar taşımadığı için, işçinin elkoyup da, 'işte bu benim ürünüm, bunu ben kendime alıkoyacağım' diyebileceği bir şey yoktur." (*Labour Defended against the Claims of Capital,* Lond. 1825, s. 25.) Bu hayranlık verici yapıtın yazarı, yukarda sözünü ettiğim Th. Hodgskin'dir.

[64] Toplumdaki işbölümü ile manüfaktürdeki işbölümü arasındaki bu ayrımı yankiler gözleriyle de görmüş oldular. İç savaş sırasında Washington'un koyduğu vergilerden bir tanesi de, "bütün sanayi ürünlerine" konulan %6 resimdi. Soru: sanayi ürünü nedir? Yasakoyucunun yanıtı: bir şey "yapıldığı zaman" üretilmiş olur, ve satışa hazır olduğu zaman yapılmış olur. Şimdi pek çok örnekten bir tanesi New York ve Philadelphialı manüfaktürcüler eskiden şemsiyeyi her türlü parçası ile birlikte "yaparlardı". Ama bir şemsiye, birçok parçanın *mixtum compositum*'u ["karmaşık bileşim" –ç.] olduğu için, yavaş yavaş bu parçalar, ayrı ayrı yerlerde bağımsız olarak yürütülen, çeşitli ayrı sanayilerin ürünleri haline geldiler. Ve bunlar, biraraya takıldıkları şemsiye manüfaktürüne ayrı metalar olarak girdiler. yankiler, böylece biraraya getirilen mallara, "birleşik mallar" adını verdiler ve bu ad, bir vergiler birleşimi için tam uygun olan addı. Çünkü şemsiye "birleşimi" önce tek tek parçalarının fiyatı üzerinden %6, sonra da toplam fiyatı üzerinden tekrar %6 vergilendirilmiş oluyordu.

rir. Bir işyerinde, işbölümünün dayandığı *a priori** sistem, düzenli olarak yürüdüğü halde, toplumdaki işbölümünün de, doğanın zorladığı, üreticilerin yasa tanımayan keyfiliklerini denetleyen ve pazar fiyatlarının barometrik dalgalanmalarında kendini belli eden *a posteriori*** bir sistem halini alır. İşyerinde işbölümü, kapitaliste ait bir işleyişin yalnızca bir parçasından başka bir şey olmayan insanlar üzerinde onun tartışma götürmez otoritesi demektir. Toplumdaki işbölümü ise, rekabetin otoritesinden başka otorite, karşılıklı çıkarların yarattığı baskıdan başka zorlayıcı bir güç tanımayan bağımsız meta üreticilerini temasa getirir; tıpkı hayvanlar aleminde *bellum omnium contra omnes*'in,*** azçok her türün varoluş koşullarını sürdürmesi gibi. İşçiyi, yaşamı boyunca tek bir parça işleme bağlayan ve onu tümüyle sermayenin boyunduruğu altına sokan işyerindeki işbölümünü, üretkenliği artıran emeğin bir örgütlenmesi olarak göklere çıkaran burjuva kafa — ki bu aynı burjuva kafa, üretim sürecinin toplumsal bir denetim ve düzen altına alınması yolundaki bilinçli her girişimi, mülkiyet hakkı, özgürlük ve bireysel kapitalistin sınırsız gücü gibi kutsal şeylerin çiğnenmesi olarak yerin dibine batırmaktadır. Fabrika sisteminin tutkulu savunucularının, toplumsal emeğin genel bir örgütlenmesine karşı, böyle bir şeyin bütün toplumu muazzam bir fabrikaya dönüştüreceğini öne sürmekten öteye bir şey bulup söylememeleri, çok ilginç bir durumdur.

Kapitalist üretim biçimine dayanan bir toplumda, toplumsal işbölümünde anarşi, işyerindekinde ise zorbalık, birbirlerinin karşılıklı koşulları ise, işkollarının kendi gelişmeleri sonucu birbirlerinden ayrıldığı, billurlaştığı ve ensonu yasayla sürekli bir durum aldığı çok eski toplum biçimlerinde, tam tersine, bir yandan toplumsal işin bir plan ve zorunlu bir düzen içersinde yürütüldüğü bir örgütlenme örneğini, öte yandan, işyeri içersinde, işbölümünün ya hiç bulunmadığını ya da olsa olsa, güdük, dağınık ve raslansal bir gelişme düzeyinde bulunduğunu görüyoruz.[65]

65 "*On peut ... établir en règle générale que moins l'autorité préside à la division du travail dans l'intérieur de la société, plus la division du travail se développe dans l'intérieur de l'atelier, et plus elle y est soumise à l'autorité d'un seul. Ainsi l'autorité dans l'atelier et celle dans la société, par rapport à la division du travail, sont en raison inverse l'une de l'autre.*" ["Hatta genel kural olarak denilebilir ki, toplum içindeki işbölümü ne kadar az otoriteyle yapılırsa, atelye içindeki işbölümü de o kadar gelişir ve o kadar tek kişinin otoritesi altına girer. Demek ki, atelyedeki otorite ile toplumdaki otorite, işbölümü bakımından, birbirleriyle *ters orantılıdırlar.*"] (Karl Marx, *Misére de la philosophie,* s. 130, 131. [Karl Marx, *Felsefenin Sefaleti,* Sol Yayınları, Ankara 1992, s. 123.].)

* Önsel. –ç.

** Sonsal. –ç.

*** Herkesin herkese karşı savaşı. –ç.

Bazıları bugüne kadar gelen küçük ve son derece eski Hint topluluklarɪ, ortaklaşa topraksahipliğine, tarım ile elzanaatlarının birbirine karışımına, yeni bir topluluğun kuruluşunda hazır ve katılaşmış bir plan ve program hizmetini gören değişmeyen bir işbölümüne dayanır. 100 ile birkaç bin *acre*'lık bölge üzerinde her birisi kapalı bir bütün oluştururlar ve kendileri için gerekli bütün şeyleri üretirler. Ürünlerin esas kısmı topluluğun doğrudan kullanımı içindir, ve meta biçimini almaz. Bu nedenle, buradaki üretim, bütünüyle Hint toplumunda, meta değişimi ile oluşan işbölümünden bağımsızdır. Ancak ürün fazlası meta halini alabilir ve hatta bunun bir kısmı, bilinemeyecek kadar eski zamanlardan beri belli bir miktarda ayni rant biçiminde devletin eline geçtikten sonra ancak meta halini alır. Bu toplulukların yapısı, Hindistan'ın çeşitli bölgelerine göre değişir. Bunların en basit biçiminde, toprak ortaklaşa işlenir ve ürün üyeler arasında bölüşülür. Aynı zamanda, iplik eğirme ile dokuma, her ailede yardımcı zanaatlar olarak yapılır. Tek ve aynı işle uğraşan yığınların yanısıra, hem yargıç, hem polis ve vergi toplayıcı görevlerini yerine getiren "mukim-başı", toprağın ekimi ve bununla ilgili her şeyi kaydeden bir sayman; suçluları kovuşturan ve gezgin yabancıları koruyarak bitişik köye kadar bunlara yoldaşlık eden bir görevli memur; sınırları komşu topluluklara karşı koruyan bir sınır koruyucusu; sulama işleri için ortak depolardan su dağıtan bir su-gözcüsü; dinsel hizmetleri yürüten bir budist rahip; kum üzerinde çocuklara okuma-yazma öğreten bir öğretmen; tohum ekme ile hasat ve her türlü tarımsal işler için uğurlu ve uğursuz günleri ilan eden bir takvim rahibi ya da müneccim; tarım araçlarını yapan ve onaran bir demirci ile marangoz; köyün bütün toprak kaplarını yapan bir çömlekçi; bir berber ile giyecekleri yıkayan bir çamaşırcı; bir kuyumcu ile, bazı topluluklarda kuyumcunun, bazılarında öğretmenin yerini alan bir ozan bulunur. Bu bir düzine insanın bakımı, bütün toplum tarafından sağlanır. Nüfus artınca, boş bir toprak üzerinde aynı modele uygun yeni bir topluluk kurulur. Bütün işleyiş, sistemli bir işbölümü gösterir, ama manüfaktürde olduğu gibi bir işbölümü olanaksızdır, çünkü demirci ile marangoz vb. ancak değişmeyen bir pazar bulabilir, ve olsa olsa köyün büyüklüğüne göre, bu zanaatçılardan bir yerine iki-üç kişi olabilir.[66] Toplulukta işbölümünü düzenleyen yasa, bir doğa yasasının karşı konulmaz otoritesi ile işler, aynı zamanda her zanaatçı, demirci, marangoz ve diğerleri, işyerlerini zanaatçıları-

[66] Lieut.-Col. Mark Wilks, *Historical Sketches of the South of India,* Lond. 1810-17, v. I, s. 118-20. Hint topluluklarının çeşitli biçimlerinin iyi bir betimlemesi George Campbell'in *Modern India,* Lond. 1852, adlı yapıtında bulunabilir.

nın bütün işlerini, zorlayıcı, geleneksel olarak, ama bağımsız ve üstlerinde herhangi bir otorite olmaksızın yürütürler. Durmadan kendisini aynı biçim içersinde üreten ve raslansal olarak yok edildiği zaman da aynı yerde ve aynı adla[67] yeniden türeyen bu kendi kendine yeterli topluluklardaki üretim için örgütlenme sadeliği — bu sadelik, asyatik toplumların değişmezliğinin sırrının anahtarını verir; bu değişmezlik, asyatik devletin sürüp giden dağılmaları, yeniden kurulmaları ve bitip tükenmez hanedan değişiklikleri ile çarpıcı bir karşıtlık oluşturur. Toplumun ekonomik öğelerinin yapısı, politik gökyüzündeki fırtına bulutlarının etkisi dışındadır.

Lonca kuralları, daha önce de belirttiğim gibi, tek bir ustanın çalıştırabileceği çırak ve kalfa sayısını sınırlayarak, onun kapitalist haline gelmesini önlemişti. Üstelik, bu usta, ustası olduğu zanaat dışındaki alanlardan kalfa çalıştıramazdı. Loncalar, temasa geldikleri tek özgür sermaye biçimi olan tüccar sermayesinin her işe karışmasını şiddetle geri itmişlerdir. Bir tüccar, her türlü metaı satın alabilirdi, ama bir meta olarak emek satın alamazdı. Ona, yalnızca elzanaatı ürünlerinin bir dağıtıcısı olarak gözyumuluyordu. Koşullar eğer daha fazla bir işbölümünü gerektirirse, varolan loncalar, ya aralarında türlere bölünüyor ya da eskilerin yanısıra yeni loncalar kuruluyordu; ama bütün bunlar, çeşitli elzanaatlarını tek bir işyerinde toplamaksızın oluyordu. Demek oluyor ki, lonca örgütü, manüfaktürün varolması için maddi koşulları yaratmada, elzanaatlarının ayrılmasına, ve yetkinleşmesine ne kadar yardımcı olursa olsun, işyerinde işbölümüne olanak vermemiştir. Tümüyle alınırsa, emekçi ve onun üretim araçları, salyangoz ile kabuğu gibi, yakın bir birlik içersinde kalmışlar ve böylece manüfaktürün başlıca temeli olan, emekçiyi onun üretim araçlarından ayırma ve bu araçları sermayeye dönüştürme olayı ortaya çıkmamıştır.

Toplum ölçüsünde işbölümü, meta değişimi ile meydana gelsin ya da gelmesin, birbirinden çok farklı toplumsal ekonomik kuruluşlarda ortak bir şekildir, oysa manüfaktürde uygulandığı şekliyle, işyerindeki işbölümü ancak kapitalist üretim tarzına özgü bir durumdur.

67 "Bu ülkenin yerlileri bu basit biçim altında ... çok eski zamanlardan beri yaşamışlardır. Köylerin sınırları ancak pek az hallerde değişmiştir; köyler, zaman zaman, savaş, kıtlık ve hastalık nedeniyle hasar görmüş ve hatta yanıp yıkılmışsa da, aynı ad, aynı sınırlar, aynı ilişkiler ve hatta aynı aileler yüzyıllarca sürüp gitmiştir. Krallıkların parçalanması ve bölünmesi köy halkını hiç ilgilendirmez; köy bütünüyle kaldığı sürece köyün hangi iktidara bırakıldığı ya da hangi hükümdarın eline geçtiği hiç umurlarında değildir; iş ekonomisi aynen devam eder." (Th. Stamford Raffles, Cava valisi müteveffa yardımcısı, *The History of Java,* London 1817, c. I, s. 285.)

BEŞİNCİ KESİM. — MANÜFAKTÜRÜN KAPİTALİST NİTELİĞİ

Daha fazla sayıda işçinin tek bir kapitalistin denetimi altında bulunması, genellikle elbirliğinin olduğu gibi özellikle manüfaktürün de doğal başlangıç noktasıdır. Ama manüfaktürdeki işbölümü, işçi sayısındaki bu artışı teknik bir zorunluluk haline getirir. Bir kapitalistin çalıştırmak zorunda olduğu asgari işçi sayısı, burada, daha önce yerleşmiş işbölümü ile belirlenir. Öte yandan, daha ileri bir işbölümünün sağlayacağı üstünlüklerden yararlanmak için, yalnızca işçi sayısını artırmak yetecektir ve bu da ancak çeşitli parça gruplarına eklenen katlarla yapılabilir. Ama, kullanılan sermayenin değişen kısmındaki artış, değişmeyen kısmında da bir artışı zorunlu kılar; işyerlerinde, araç ve gereçlerde vb. ve özellikle hammaddeye duyulan gereksinme, işçi sayısından daha büyük bir hızla artış gösterir. Belli bir sürede, belli büyüklükte emek tarafından tüketilen hammadde miktarı, emeğin işbölümü sonucu artan üretkenliği oranında fazlalaşır. Bu durumda, her kapitalistin, elinde bulundurmak zorunda olduğu asgari sermaye miktarının durmadan artma zorunluluğu, manüfaktürün yapısından doğan bir yasa olur; bir başka deyişle, toplumsal üretim araçları ile gerekli geçim araçlarının sermayeye dönüşmesi, sürekli genişlemek zorundadır.[68]

Basit elbirliğinde olduğu gibi manüfaktürde de kolektif çalışma organizması, sermayenin bir varoluş biçimidir. Çok sayıda parça-işçilerden oluşan işleyiş, kapitaliste aittir. Bunun için de, emeğin bir birleşiminden doğan üretken güç de, sermayenin üretken gücüymüş gibi görünür. Tam anlamıyla manüfaktür, daha önce bağımsız olan işçileri sermayenin emir ve komutası altına sokmakla kalmaz, ayrıca işçilerin de kendi aralarında kademeli bir derecelenmesine yolaçar. Basit elbirliği, bireylerin çalışma biçimini büyük ölçüde değişikliğe uğratmadığı halde, manüfaktür, bunu, baş-

[68] "Elzanaatlarının, alt-bölümlere ayrılması için gerekli sermayenin" (yazarın, gerekli tüketim maddeleri ve üretim araçları demesi gerekirdi) "toplumda, hazır bulunmuş olması yetmez: Bu sermayenin aynı zamanda, işverenlerin elinde, büyük boyutlu işleri yürütebilmelerine yetecek miktarda birikmiş olması gerekir. ... Bölünme ne kadar fazla olursa, belli sayıda işçinin sürekli olarak çalıştırılmaları, alet, hammadde vb. için daha büyük sermaye yatırımını gerektirir." (Storch, *Cours d'Écon. Polit.*, Paris Ed., t. I, s. 250, 251.) "*La concentration des instruments de production et la division du travail sont aussi inséparables l'une de l'autre que le sont, dans le régime politique la concentration des pouvoirs publics et la division des intérêst privés.*" ["Siyasal rejimde, kamu otoritesinin yoğunlaşması ile özel çıkarların bölünmesi ne kadar birbirlerinden ayrılmazlar ise, üretim araçlarının yoğunlaşması ve işbölümü de o kadar birbirlerinden ayrılmazlar."] (Karl Marx, *l.c.*, s. 134. [*Felsefenin Sefaleti*, s. 126.])

tan sona altüst eder, emek-gücünü ta kökünden kavrar. İşçinin tek bir işteki becerisini, bir yığın üretici yetenekleri ve içgüdüleri aleyhine zorlayarak, onu, çoğu organlarından yoksun, garip bir yaratık haline getirir; bu, tıpkı La Plata devletlerinde, salt derisi ya da yağı için koca hayvanın boğazlanmasına benzer. Yalnızca parça-işler, farklı bireyler arasında dağıtılmakla kalmaz, bireyin kendisi de, bir parça-işlemin otomatik motoru haline getirilir[69] ve, insanı kendi vücudunun yalnızca bir parçası yapan Menenius Agrippa'nın saçma masalını gerçekleştirmiş olur.[70] Başlangıçta işçi, salt meta üretimi için gerekli maddi araçlara sahip olmadığından emek-gücünü sermayeye satıyordu, oysa şimdi aynı emek-gücü, sermayeye satılmadıkça işgörmez hale gelir. İşlevlerini, ancak satıştan sonra kapitaliste ait işyerinde bulunan bir çevrede yerine getirebilir. Kendi yaratılışına göre bağımsız bir şey yapma yeteneğini yitiren manüfaktür işçisi, üretken faaliyetini yalnızca kapitaliste ait işyerinin bir parçası olarak geliştirir.[71] Seçkin kimselerin yüzlerinde Yehova'nın elyazısıyla imzasını taşımaları gibi, işbölümü de, manüfaktür işçisine, sermayenin malı damgasını vurur.

Vahşilerin tüm savaş sanatını kendi kişisel kurnazlığını kullanma haline getirmeleri gibi, bağımsız köylülerle zanaatçıların az da olsa uyguladıkları bilgi, yargı ve irade gibi yetiler, şimdi yalnızca işyerinin bütünü için gerekli şeyler olur. Üretimde zeka tek yönde gelişir, çünkü diğer birçok yönlerde yokolmuştur. Parça-işçilerin yitirdikleri, onları çalıştıran sermayede toplanmıştır.[72] İşçilerin karşısına bir başkasının malı ve, egemen bir güç olarak çıkan maddi üretim sürecinin akıl ve zeka ile ilgili yönleri, manüfaktürdeki işbölümünün bir sonucudur. Bu ayrılma, kapitalistin tek bir işçinin karşısına, birleştirilmiş emeğin bütünlüğünün ve iradesinin temsilcisi olarak çıktığı basit elbirliği ile başlar. İşçiyi, parça-işçi halinde bölük bölük eden manüfaktür içersinde gelişir. Ve bilimi, emekten farklı üretken bir güç haline getirerek sermayenin hizme-

69 Dugald Stewart, manüfaktür işçilerine, "parça işlerde kullanılan ... canlı otomatlar" adını verir. (*l.c.*, s. 318.)

70 Mercanlarda her birey, aslında, bütün topluluğun midesidir; ama o, topluluğa yiyecek maddesi sağlar, yoksa Romalı patrisyen gibi ondan yiyecek maddesi çekmez.

71 "*L'ouvrier qui porte dans son bras tout un métier, eput aller partout exercer son industrie et trouver des moyens de subsister; l'autre* [manüfaktür işçisi] *n'est qu'un accessoire qui, séparé de ses confrères, n'a plus ni capacité, ni indépendance, et qui se trouve forcé d'accepter la loi qu'on juge à propos de lui imposer.*" ["Kolunda tüm bir mesleği taşıyan işçi, becerisini uygulamak ve geçim araçları bulmak için her yere gidebilir; öbürü [manüfaktür işçisi], iş arkadaşlarından ayrıldıktan sonra, artık ne yeteneği, ne de bağımsızlığı kalan, ve kendisine yüklenmesi uygun görülen yasayı kabul etme zorunda bulunan bir aksesuardan başka bir şey değildir."] (Storch, *l.c.*, édit. Petersb. 1815, t. I, s. 204.)

72 A. Ferguson, *l.c.*, s. 281: "Diğerinin yitirdiğini, birincisi kazanmış olabilir."

tine veren modern sanayi içersinde tamamlanır.[73]

Kolektif işçiyi ve onun aracılığı ile sermayeyi toplumsal üretme gücü bakımından zenginleştirmek için, manüfaktürde her işçinin bireysel üretme gücü yönünden yoksullaşması gerekir. "Bilisizlik, boşinanların olduğu gibi, sanayinin de anasıdır. Düşünme ve tasarım gücü her zaman yanılabilir, ama eli ya da ayağı hareket ettirme alışkanlığı bunların her ikisinden de bağımsızdır. Buna uygun olarak manüfaktürler, akla, düşünceye en az yer verilen ve işyerinin ... parçaları insan olan bir makine gibi görüldüğü yerlerde en iyi şekilde gelişirler."[74] Gerçekten de, 18. yüzyılın ortalarında bazı manüfaktürlerde, meslek sırrı sayılan belirli işler için, yarı-aptal kimselerin çalıştırılması yeğlenilmiştir.[75]

"İnsan kavrayışının büyük bir bölümü" diyor Adam Smith "zorunlu olarak, onların günlük uğraşılarından oluşur. Tüm yaşamı, birkaç basit işlemi yapmakla geçen insanın önünde ... kavrayışını kullanacak fırsat yoktur. ... Genellikle böyle bir kimse, bir insanoğlunun olabileceği kadar aptal ve bilisiz kalır." Parça-işçinin budalalığını anlattıktan sonra şöyle devam ediyor: "Durgun yaşamının tekdüzeliği doğal olarak zihinsel atılganlığını da yozlaştırır. ... Bedensel etkinliğini bile kısırlaştırarak, onu, alışkın olduğu işin dışındaki çalışmalarda, gücünü, canlı ve azimli bir biçimde kullanamaz hale getirir. Böylece, özel zanaatında gösterdiği beceri, onun ussal, toplumsal ve savaşımcı yetenekleri pahasına gelişmiş gibidir. Ama bu, her gelişmiş ve uygar toplumda çalışan yoksul halkın, yani halkın büyük çoğunluğunun, içine zorunlu olarak yuvarlandığı bir durumdur."[76] Halkın büyük kısmının işbölümü ile tamamen yozlaşmasının önüne geçmek için A. Smith, halkın devlet tarafından eğitilmesini öğütler; ama bu eğitim çok dikkatli ve yeter doz-

[73] "Bilimadamı ve üretken işçi, birbirinden çok uzaklaşmış hale geldiler, ve bilim, işçinin elinde, üretken gücünü artırmasına hizmet eden bir araç olarak kalmak yerine ... hemen her yerde emeğin karşısında yeraldı .... adale güçlerini tamamıyla mekanik ve boyun eğici hale sokmak için sistemli olarak onları (işçileri) yanlış yollara saptırdı ve ayarttı." (W. Thompson, *An Inquiry into the Principles of the Distribution of Wealth,* London 1824, s. 274.)

[74] A. Ferguson, *l.c.,* s. 280.

[75] J. D. Tuckett, *A History of the Past and Present State of the Labouring Population,* London 1846, v. I, s. 148.

[76] A. Smith, *Wealth of Nations,* b. V., ch. I, art. II. İşbölümünün sakıncalı etkilerini göstermiş bulunan A. Ferguson'un öğrencisi olarak Adam Smith bu nokta üzerinde çok açıktır. İşbölümünü *ex professo* övdüğü yapıtının giriş bölümünde, ancak bunun toplumsal eşitliğin kaynağı olduğunu üstünkörü bir biçimde belirtir. Ancak, devlet gelirleri üzerine olan 5. kitapta Ferguson yeniden konuşturulmaya başlanır. *Felsefenin Sefaleti*'nde, işbölümünü eleştirmeleri yönünden Ferguson ile A. Smith, Lemontey ve Say arasındaki tarihsel bağıntıyı yeterince açıkladım ve manüfaktürde uygulanan işbölümünün, kapitalist üretim tarzının özel bir biçimi olduğunu ilk kez ortaya koymuş oldum. (*l.c.,* s. 122 vd. [*Felsefenin Sefaleti,* s. 125 vd.].)

larda olacaktır. A. Smith'in Fransızca çevirmeni ve yorumcusu olup Birinci Fransız İmparatorluğu sırasında çok doğal olarak senatörlüğe yükselen G. Garnier, gene çok doğal olarak bu noktada ona karşı çıkıyor. Kitlelerin eğitiminin, işbölümünün ilk yasası ile birlikte "bütün toplumsal sistemimize" aykırı olduğunu şiddetle savunuyor. "Diğer bütün işbölümlerinde olduğu gibi" diyor G. Garnier, "el-işi ile kafa-işi[77] arasındaki işbölümü, toplum" (sermaye, toprak mülkiyeti ve onların devleti için haklı olarak bu terimi kullanıyor) "zenginleştiği oranda belirgin ve kesin bir hal alır. Bu işbölümü de, diğerleri gibi, geçmişin bir sonucu, gelecekteki ilerlemenin bir nedenidir ... durum böyleyken, hükümetin bu işbölümüne karşı çıkması, onun doğal akışını engellemesi yerinde olur mu? Birbirinden ayrılma ve bölünme çabası içersinde olan bu iki sınıf emeğin, birbirine katılıp kaynaştırılması girişimi için hükümetin, halkın parasının bir kısmını harcaması doğru mudur?"[78]

Bazı beden ve zihin cılızlıkları, toplumdaki işbölümünden bile, bir bütün olarak ayrılmaz durumdadır. Ama, manüfaktür, işkollarındaki bu toplumsal bölünmeyi o derece ileri götürmekte, ve ayrıca kendisine özgü işbölümü ile bireyin tam candamarına saldırmaktadır ki, sanayi patolojisine ilk malzemeyi veren ve bu hastalığı başlatan o olmaktadır.[79]

"Bir insanı bölümlere ayırmak, eğer haketmişse onu ölüme mahkum etmek, eğer haketmemişse onu katletmektir. ... Emeğinin bölümlere ayrılması, bir halkın katledilmesidir."[80]

İşbölümüne dayanan elbirliği, bir başka deyişle manüfaktür, kendiliğinden bir oluşum olarak başlar. Bir dereceye kadar tutarlı-

77 Ferguson şöyle diyordu, *l.c.*, s. 281: "Ve düşünmenin kendisi, bu bölünmeler çağında, özel bir zanaat haline gelebilir."

78 G. Garnier'in A. Smith çevirisi, t. V, s. 4-5.

79 Padua'da pratik tıp profesörü olan Ramazzini'nin yapıtı *De morbist artificum,* 1713'te yayınlandı ve 1781 yılında Fransızcaya çevrildi ve 1841 yılında *Encyclopédie des Sciences Médicales. 7. Dis. Auteurs Classiques*'te yeniden basıldı. Modern makine sanayisi dönemi, kuşkusuz, onun iç hastalıkları kataloğunu epeyce genişletti. Bkz: *Hygiène physique et morale de l'ouvrier dans les grandes villes en général et dans la ville de Lyon en particulier,* Par le Dr. A. L. Fonteret, Paris 1858, ve *Die Krankheiten, welche verschiednen Ständen, Altern und Geschlechtern eigenthümlich sind.* 6 vol. Ulm, 1860, ve diğerleri, 1854 yılında *Society of Arts,* sınai patoloji konusunda bir araştırma komisyonu kurdu. Bu komisyonun topladığı belgelerin listesi *Twickenham Economic Museum*'un kataloğunda görülebilir. *Reports on Public Health* da çok önemlidir. Ayrıca bkz: Eduard Reich, M. D., *Über die Entartung des Menschen,* Erlangen 1868.

80 *"To subdivide a man is to execute him, if he deserves the sentence, to assassinate him, if he does not ... the subdivision of labour is the assassination of a people."* (D. Urquhart, *Familiar Words,* Lond. 1855, s. 119.) İşbölümü konusunda Hegel'in epeyce aykırı görüşleri vardır. *Rechtsphilosophie* adlı yapıtında şöyle der: "İyi eğitimli insan sözünden, biz, her şeyden önce, başkalarının yaptığı her şeyi yapabilen insanı anlarız."

lık ve genişlik kazanır kazanmaz, kapitalist üretimin kabul edilen yöntemli ve sistemli bir biçimi halini alır. Gerçek anlamıyla manüfaktüre özgü işbölümünün, başlangıçta, sanki onda rol alan aktörlerin ardında cereyan ediyormuş gibi, denemelerle kendisine en uygun biçime girdiğini, ardından da, lonca elzanaatlarında olduğu gibi bu biçime nasıl sıkı sıkıya sarıldığını ve şurada burada bu şekli yüzyıllarca korumayı başardığını tarih bize göstermektedir. Ufak tefek konular dışında, bu biçimde herhangi bir değişiklik, ancak emek araçlarındaki köklü bir değişmeyle olur. Modern manüfaktür (burada sözkonusu ettiğim, makineye dayanan modern sanayi değildir), doğup geliştiği her yerde, ya *disjecta membra poetæ*'yı,* büyük kentlerde elbise manüfaktüründe olduğu gibi biraraya toparlamayı bekler durumda, hazır bulmuş, ya da (ciltçilikte olduğu gibi) bir elzanaatının çeşitli işlemlerini belirli kimselere dağıtarak, işbölümü ilkesini kolayca uygulayabilmiştir. Bu gibi durumlarda, çeşitli işlevler için genel işçi sayısı arasındaki oranın saptanmasında, bir haftalık deneyim yeter.[81]

Elzanaatlarının çözüşmesiyle, emek araçlarının özelleşmesiyle, parça-işçilerin oluşmasıyla ve bunların tek bir işleyiş içersinde gruplandırılması ve birleştirilmesiyle manüfaktürdeki işbölümü, toplumsal üretim sürecinde nitel bir derecelenme ve nicel bir oran yaratır; ve böylece toplumsal emeği belli bir örgütlenmeye kavuşturarak, toplumdaki yeni üretici güçleri geliştirir. Özgül kapitalist biçimi içersinde —ve belli koşullar altında, kapitalist biçimden başka bir biçim alamazdı— manüfaktür, nispi artı-değer elde etmenin, ya da işçiler aleyhine sermayenin kendi kendisini genişleterek büyütmesinin —genellikle buna toplumsal servet, "Ulusların Zenginliği" vb. deniyor— özel bir yönteminden başka bir şey değildir. Emeğin toplumsal üretken gücünü, işçi adına değil kapitalist adına artırmakla kalmaz, üstelik bunu, bireysel işçiyi güdükleştirerek yapar. Sermayenin emek üzerindeki üstünlüğü için yeni koşullar yaratır. Bu yüzden de, bir yandan, kendisini, tarihsel olarak, toplumun ekonomik gelişmesinde bir ilerleme ve bir zorunlu evre olarak gösterir. Öte yandan da o, inceltilmiş ve uygarlaştırılmış bir sömürü yöntemidir.

Manüfaktür dönemi sırasında ilk kez bir bilim olarak ortaya çı-

[81] İşbölümü konusunda bireysel kapitalistin, *a priori* olarak gösterdiği yaratıcı dehaya karşı duyulan safça inanç, bugün, ancak, bay Roscher tipinde Alman profesörler arasında görülmektedir; o Roscher ki, Jupiter'e benzeyen kafasından işbölümünün hazır olarak fırladığı kapitaliste, teselli ödülü olarak "*çeşitli ücretler*" ("*diverse Arbeitslöhne*") adar. İşbölümünün az ya da çok ölçüde uygulanması, dehanın büyüklüğüne değil, kesenin büyüklüğüne bağlıdır.

* Ozanın dağınık dizeleri. — (Horace'ın taşlamalarından, 1. kitap, 4. taşlama). —Ç.

kan ekonomi politik, toplumsal işbölümüne yalnızca manüfaktür[82] açısından bakmakta ve onda, ancak, belli miktarda emekle daha fazla meta üretmenin, ve dolayısıyla metaların ucuzlatılmasının, sermaye birikiminin hızlanmasının yollarını görmektedir. Bu nicelik ve değişim-değeri üzerinde durmanın en çarpıcı çelişkisi, klasik antikçağ yazarlarının nitelik ve kullanım-değerine özel bir ağırlık vermiş olmalarıdır.[83] Toplumsal üretim kollarının ayrılması sonucu, metalar daha iyi yapılır, insanın çeşitli eğilim ve yetenekleri daha uygun alanları seçer,[84] ve bazı sınırlamalar olmaksızın hiçbir yerde önemli sonuçlar alınamaz.[85] Demek oluyor ki, işbölümü ile hem ürün hem de üretici daha iyi hale gelmiştir. Üretilen miktardaki büyüme, eğer yer yer sözkonusu edilmişse, bu, yalnızca daha bol kullanım-değerleri üretilmesi bakımından yapılmıştır. Değişim-değeri ya da metaların ucuzlatılması konusunda tek sözcük söylenmemiştir. Yalnız kullanım-değeri açısından konunun bu

82 Petty ve *Advantages of the East-India Trade*'in adsız yazarı gibi eski yazarlar, manüfaktürde uygulanan işbölümünün kapitalist niteliğini, A. Smith'ten daha iyi ortaya koyarlar.

83 İşbölümü konusunda nerdeyse eskilerin izinden giden Beccaria ve James Harris gibi birkaç 18. yüzyıl yazarı, modern yazarlar arasında belki de istisna sayılabilirler. Beccaria şöyle diyor: "*Ciascuno prova coll'esperienza, che applicando la mano e l'ingegno sempre allo stesso genere di opere e di produtte, egli più facili, più abbondanti e migliori netraca risultati, di quello che se ciascuno isolatamente le cose tutte a se necessaire soltanto facesse. ... Dividendosi in tal maniera per la comune e privata utilità gli uomini in varie classi e condizioni.*" ["Herkes kendi denemesiyle bilir ki, el ve kafa daima aynı tür işler ve ürünler için kullanılırsa, bu iş ve ürünler, herkesin gereksindiği şeyi kendisinin yapmasından daha kolay, daha bol ve daha iyi yapılır ve elde edilir. ... Böylece insanlar, herkesin ve kendilerinin yararlarına, çeşitli sınıf ve katlara bölünürler."] (Cesare Beccaria, *Elementi di Econ. Pubblica*, ed. Custodi, Parte Moderna, t. XI, s. 29.) St. Petersburg elçiliği "Anılar"ı ile ünlü ve daha sonraları Malmesbury kontu olan James Harris, *Dialogue Concerning Happiness,* Lond. 1841, adlı yapıtında (bu yapıt, daha sonra *Three Treatises, etc.*, 3 Ed., Lond. 1772, adıyla basılmıştır) yazdığı bir notta, der ki: "Toplumun doğal olduğunu, (yani, işbölümüyle oluştuğunu) tanıtlamak için öne sürülen savlar ... Platon'un *Cumhuriyet*'inin [*Devlet*] ikinci kitabından alınmıştır."

84 *Odyssey,* XIV, 228'de [Homeros, *Odysseia,* Sander Yayınları, İstanbul 1970] şöyle denir: "αλλος γαρ τ αλλουσιν ανηρ επιτερπεναι εργοις" ("Her insanın hoşlandığı şeyler başka başka.") ve Sextus Empiricus'ta [Adversus Mathematicos. XI Ed. Bekker, s. 555, I, 5] Arşilokus şöyle der: "Αλλος αλλω επ εργω *χαρ*διην ιαινεται" ("Herkes kendi işinde ve tüm insanlar memnun.")

85 "Πολλ'ηπιστατο εργα, *χαχως* δ'ηπιοτατο παντα." ("İki karpuz bir koltuğa sığmaz.") Her Atinalı kendisini, meta üretiminde bir Ispartalıdan üstün görüyordu; çünkü, bir savaş sırasında Ispartalı, elinin altında yeteri kadar adam bulunduruyordu ama paraya kumanda edemezdi; tıpkı, Atinalıları, Peloponez savaşına kışkırtmak için Thucydides'in Perikles'e söylediği söylev gibi: "Σωμασι τε ετοιμοτεροι οι αυτσυργσι των ανθρωπων η χρημαοι πολεμειν" ("Ve elleriyle çalışan insanlar, savaşı, mallarından çok bedenleriyle yapmaya yatkındırlar.") (Thuc., 1, *l.c.,* c. 41.) Bununla birlikte, maddi üretim yönünden bile, işbölümünün karşısında yeralan "l'ανταρ*χ*ειαʺ ("öz yeterliği") Atinalıların ideali olarak kaldı, "παρ ων γαρ το εν, παρα τουτων *χ*αι το αυταρ*χ*ες" ("Onlar kendi kendilerine yetebilme nimetine sahipler"). Burada şunu da söylemek gerekir ki, 30 Tiranın yıkıldığı tarihte, toprak sahibi olmayan 5.000 Atinalı bile yoktu.

yönü, işbölümünü, toplumun sınıflara bölünmesinin temeli olarak alan Platon[86] ile, karakteristik bir burjuva önsezi ile işyerindeki işbölümüne daha fazla yaklaşan Ksenefon[87] tarafından ele alınmıştır. Platon'un *Devlet*'i, işbölümü devletin biçimleniş ilkesi olarak ele alındığı ölçüde, Mısırlıların kast sistemlerinin, Atina tarafından idealleştirilmesinden başka bir şey değildir. Mısır, bir sanayi ülkesinin modeli olarak, Platon'un pek çok çağdaşına ve bu arada İsokrates'e[88] hizmet ettiği gibi, Roma İmparatorluğundaki Yunanlılar için de bu önemini korumaya devam etmiştir.[89]

[86] Platon'a göre, toplum içindeki işbölümü, gereksinmelerin çeşitliliğinden ve bireylerin yeteneklerinin sınırlılığından doğar ve gelişir. Onun için önemli olan son nokta, işçinin kendisini işe uydurmasıdır, yoksa işin işçiye uydurulması değil; eğer işçi birkaç zanaatı birden yürütür ve bunlardan birini ikinci plana atarsa, bu son durum kaçınılmaz olur. "Çünkü iş, işçinin boş vaktini beklemez; tam tersine, işçi işe ayak uydurmak zorundadır. ... Böylece herkes, başka işleri bırakıp yeteneğine uygun tek bir işle uğraşırsa, bunu da zamanında yaparsa, hem daha çok, hem daha iyi, hem de daha kolay iş çıkarır." (*Rep.*, 2. Ed. Baiter, Orelli, *etc.*, [Eflatun, *Devlet*, Hürriyet Yayınları, İstanbul 1973, s. 76.].) Thucydides de şöyle der (*l.c.*, c. 142): "Denizcilik de diğerleri gibi bir zanaattır ve durum gereği, ikinci bir uğraş olarak yürütülemez; ayrıca, başka ikinci uğraşlar da bunun yanısıra yürütülemez." "Bir işin zamanı geçirildi mi", diyor Platon, "o iş yapılmamış olur."(εργου καιρον διολλυται). [*Devlet*, s. 76.] Aynı platoncu fikir, İngiliz ağartmacı patronlarının, fabrika yasasının, bütün işçilere belirli yemek paydosları verilmesini öngören maddesine karşı giriştikleri protestoda gene karşımıza çıkar. Bunların işleri, işçinin uygun zamanını bekleyemez, çünkü, "ütüleme, yıkama, ağartma, silindirden geçirme, ve boyama gibi çeşitli işlemlerin hiçbirisi, işin bozulması tehlikesi göze alınmaksızın aynı anda durdurulamaz ... bütün işçilere aynı yemek saatinin tanınması, yarım kalan işlemler yüzünden sık sık değerli malların tehlikeye atılması demektir." *Le platonisme où va-t-il se nicher!* [Platonculuk nereye yuva yapacak! –ç.]

[87] Ksenefon, Pers kralının sofrasında yemek yemenin yalnızca bir onur olmayıp bu yemeklerin diğerlerinden çok daha lezzetli olduğunu da söylüyor. "Ve bunda da olağanüstü bir yan yoktur, çünkü öteki sanatların büyük kentlerde özel bir yetkinliğe ulaşması gibi, kralın yemekleri de özel bir biçimde hazırlanıyordu. Çünkü küçük kentlerde aynı adam hem kerevet yapar, hem de kapı, saban ve masa: çoğu kez üstelik ev bile yapar ve geçimini sağlayacak kadar müşteri bulursa yaşamından memnundur. Bu kadar çok şey yapan bir insanın hepsini de iyi yapması elbette olanaksızdır. Ama büyük kentlerde, her eşyanın pek çok alıcısı olduğu için, tek bir zanaat bir insanı geçindirmeye yeter. Üstelik, çoğu kez bir insanın işin tamamını yapması da gerekmez, bir kişi erkek ayakkabısı yapar, bir başkası kadın. Şurada birisi deriyi keserek, burada bir diğeri dikerek yaşamını kazanır; birisi yalnızca kumaş keser, bir diğeri bu parçaları biraraya getirip diker. Bundan da zorunlu olarak şu sonuç çıkar ki, en basitinden bir iş yapan insan, kuşkusuz bunu başkalarından daha iyi yapar. İşte aşçılık sanatı için de böyle." (Xénophon, *Cyrop*, I, VIII, c. 2.) İşbölümünün gelişmesinin pazarın büyüklüğüne bağlı bulunduğunu pekala bildiği halde, Ksenefon, burada, yalnızca kullanım-değerinde ulaşılacak yetkinlik üzerinde duruyor.

[88] "O" (Busiris) "hepsini özel kastlara ayırdı ... aynı kimselerin daima aynı işleri yapmalarını emretti, çünkü o, uğraşını değiştiren insanların bunların hiçbirinde hüner kazanamayacağını biliyordu; oysa, tek bir işe sürekli olarak sarılanlar onu en üst yetkinliğe ulaştırırlardı. Gerçekten de, sanat ve zanaat yönünden bunların rakiplerini bir ustanın acemi bir çırağı geçmesinden daha da geride bıraktıklarını görüyoruz; krallık ile devletin diğer kurumlarını ayakta tutmak için uyguladıkları düzen o kadar hayranlık verici ki, bu konuyu inceleyen en ünlü filozoflar, Mısır devletinin anayasasını diğer bütün devletlerinkinden üstün buluyorlar." (İsokrates, *Busiris*, c. 8.)

Gerçek manüfaktür döneminde, yani manüfaktürün, kapitalist üretimin egemen biçimi olduğu sürece, kendisine özgü eğilimlerin iyice gelişmesine karşı koyan pek çok engeller çıkar. Manüfaktür, daha önce gördüğümüz gibi, işçilerin, vasıflı ve vasıfsız diye basit bir ayrımına ve bununla birlikte sınıflar halinde kademeli bir derecelenmeye uğramasına yolaçmakla birlikte, bu vasıfsız işçilerin sayısı, vasıflıların daha baskın olan etkisiyle, çok sınırlı kalır. Parça-işlemler, canlı emek araçlarının çeşitli derecelerdeki olgunluğuna, gücüne ve gelişmesine göre ayarlanmakla, ve böylece kadınlarla çocukların sömürülmelerini sağlamakla birlikte, bu eğilim, bütünüyle alınırsa, erkek işçilerin, alışkanlıkları, gelenekleri ve direnmeleri ile karşılaşır ve kırılır. Elzanaatlarının bölünüp parçalanması, işçinin yetişme giderlerini azaltarak değerini düşürmekle birlikte, daha güç parça-işler için daha uzun bir çıraklık ve yetişme devresi gerekir, ve bu dönemin o kadar uzamasının gereksiz olduğu durumlarda bile işçiler bu konuda kıskançlıkla ayak direrler. Örneğin, İngiltere'de yedi yıllık çıraklık dönemini öngören çıraklık yasalarının, manüfaktür döneminin sonuna kadar yürürlükte kaldığını ve bunların ancak modern sanayinin ilerlemesiyle bir yana itildiğini görüyoruz. El becerisi manüfaktürün temeli oldu. El becerisinin manüfaktürün temeli olması yüzünden ve bir tüm olarak manüfaktür işleyişinin işçilerin kendilerinden başka bir çerçevesi olmaması nedeniyle, sermaye, sürekli olarak işçilerin başkaldırmaları ile uğraşmak zorunda kalır. Dostumuz Ure, "İnsan doğasındaki zayıflık nedeniyle" diyor, "işçi ne derece becerili olursa, başına buyrukluğu ve dikkafalılığı o kadar artar; böyle olunca da, tümüne büyük zararlar verebileceği mekanik sisteme o derece az uyan bir öğe halini alır.[90] Böylece bütün manüfaktür dönemi boyunca, işçiler arasında disiplin eksikliği şikayet konusu olur.[91] Çağdaş yazarların tanıklıkları olmasaydı bile, 16. yüzyıl ile büyük sanayi çağı arasındaki dönemde, sermayenin, manüfaktür işçilerinin çalışma zamanlarının bütünü üzerinde tam bir egemenlik kuramadığı, bütün manüfaktürlerin kısa ömürlü oldukları ve dışardan gelen ya da dışarıya giden işçilerin hareketlerine uyarak ülkeden ülkeye yer değiştirmeleri gibi gerçekler, ciltler doldurabilirdi. *Essay on Trade and Commerce* adlı yapıtın sık sık sözünü ettiğimiz yazarı, 1770 yılında, "Düzen şu ya da bu şekilde kurulmalıdır." diye feryat ediyordu. 66 yıl sonra bu "düzen" sözü, Dr. Andrew Ure'nin ağzından yankılanıyordu! "İşbölümünün skolastik dogmasına" dayanan manüfak-

[89] Karş: Diodorus Siculus.
[90] Ure, *l.c.,* s. 20.
[91] Bu durum, Fransa'dan çok İngiltere, ve Hollanda'dan çok Fransa için sözkonusudur.

türde "düzen" yoktu, ve bu "düzeni Arkwright yaratmıştı".

Aynı zamanda manüfaktür, ne toplumsal üretimi bütünüyle kavrayabilmiş, ne de kökünden değiştirebilmişti. Kentteki elzanaatları ile kırsal ev sanayisinin yarattığı geniş temel üzerinde, ekonomik bir sanat yapıtı gibi yükselmişti. Gelişmesinin belli bir aşamasında, manüfaktürün dayandığı dar teknik temel, manüfaktürün kendi yarattığı üretim gereksinmeleri ile çatışır hale gelmişti.

Yarattığı en tamamlanmış şeylerden birisi, özellikle zaten kullanılmakta olan karmaşık mekanik aygıtları da kapsayan emek araçlarının üretimi için kurulan işyerleriydi. Bir makine fabrikası, diyor Ure, "işbölümünü, çok yanlı dereceleriyle gözler önüne serer: eğeleme, delme, torna işinin her birini, beceri derecelerine göre ayrı bir işçi yapar" (s. 21). Manüfaktürde işbölümünün ürünü olan bu işyeri, sırası geldiğinde makineler de üretir. Elzanaatçısının işini, toplumsal üretimin düzenleyici ilkesi olarak sona erdiren, işte bu makinelerdir. Böylece, bir yandan, işçinin yaşamı boyunca bir parça işe bağlanmasını gerektiren teknik neden ortadan kaldırılır. Öte yandan da, bu aynı ilkenin sermayenin egemenliğine vurduğu prangalar kırılıp atılır.

KAPİTALİST ÜRETİM

DÖRDÜNCÜ KISIM
(DEVAM)
NİSPİ ARTI-DEĞER ÜRETİMİ

ONBEŞİNCİ BÖLÜM
MAKİNE VE BÜYÜK SANAYİ

BİRİNCİ KESİM. — MAKİNENİN GELİŞMESİ

John Stuart Mill, *Principles of Political Economy* adlı yapıtında, "Bugüne kadar yapılan bütün mekanik buluşların, insanoğlunun katlandığı günlük sıkıntıları hafiflettiği kuşkuludur."[1] der. Ne var ki, bu, hiçbir şekilde, makinenin kapitalistçe uygulanmasının amacı değildir. Emeğin üretkenliğindeki diğer bütün artışlar gibi makine de, metaların ucuzlatılması ve, işçinin kendisi için çalıştığı işgünü kısmını kısaltarak, karşılığını almadan kapitaliste verdiği diğer kısmını uzatmak amacıyla kullanılır. Kısacası makine, bir artı-değer üretme aracıdır.

Üretim tarzında devrim, manüfaktürde emek-gücü ile, büyük sanayide emek araçları ile başlar. Öyleyse bizim ilk inceleyeceğimiz şey, emek araçlarının, alet olmaktan çıkıp makineye nasıl dönüştüğü ya da makine ile elzanaatı aletleri arasındaki farkların neler olduğu soruları olmalıdır. Biz, burada, yalnızca göze çarpan

1 "*It is questionable, if all the mechanical inventions yet made have lightened the day's toil of any human being.*" Mill, "*of any human being not fed by other people's labour*" ["başka insanların emeğiyle beslenmeyen insanın"] demeliydi, çünkü, makineler, kuşkusuz, hali-vakti yerinde aylakların sayısını büyük ölçüde artırmıştır.

ve genel karakteristikler ile ilgileneceğiz, çünkü toplumun tarihindeki çağlar jeolojik devirler gibi birbirlerinden kesin ve belirli sınır çizgileri ile ayrılmamıştır.

Matematikçiler ile mekanikçiler, bir ölçüde de bazı İngiliz iktisatçılar, alete basit bir makine, makineye de karmaşık bir alet derler. Bu ikisi arasında esaslı bir fark görmedikleri gibi, manivela, eğik düzlem, vida ve kama gibi basit mekanik güçlere, makine adını verirler.[2] Aslına bakılırsa her makine, ne kadar kılık değiştirirse değiştirsin, bu gibi basit güçlerin bir bileşimidir. Tarihsel öğe eksik olduğu için, bu açıklamanın ekonomik açıdan hiçbir değeri yoktur. Başka bir açıklamaya göre de alet ile makine arasındaki fark, alette devindirici güç insan olduğu halde, makinede bu gücün insandan farklı bir şeyden, örneğin, hayvandan, sudan, rüzgardan vb. gelmesidir.[3] Buna göre, öküzle çekilen ve çok farklı tarihsel çağlarda kullanılan sabanı, bir makine, tek bir işçinin kullandığı, dakikada 96.000 ilmik atan Claussen döner çıkrığını yalnızca bir alet saymak gerekecektir. Bu kadar da değil, elle çalıştırıldığı zaman alet sayılan aynı çıkrık, buharla çalıştırılırsa, makine olacaktır. Hayvan gücünü kullanma, insanın en eski buluşlarından birisi olduğu için, makineli üretim, elzanaatı ile üretimden önce gelmiş olacaktı. John Wyatt, 1735'te, iplik eğirme makinesini muştuladığı ve 18. yüzyıl sanayi devrimi başladığı zaman, bunu, insanın yerine eşeğin çalıştıracağı konusunda tek söz etmemişti, ama bu iş gene eşeğin sırtına yüklendi. O, makinesini, "parmaksız iplik eğiren" bir makine diye tanımlıyordu.[4]

[2] Örneğin bkz: Hutton, *Course of Mathematics.*

[3] "Bu görüş açısından hareketle, alet ile makine arasında keskin bir sınır çizebiliriz: Bel, çekiç, keski vb., manivela ve vida karışımı şeyler, diğer bakımlardan ne kadar karmaşık olurlarsa olsunlar, bunları devindiren güç insandır, ... hepsi de alet kavramı içersine girer; ama hayvan gücüyle çekilen saban, yel değirmenleri ve benzeri şeylerin makineler arasında sayılması gerekir." (Wilhelm Schulz, *Die Bewegung der Produktion,* Zurich 1843, s. 38.)

[4] Onun zamanından önce iplik eğirme makineleri, çok ilkel olsalar da, kullanılmıştı ve İtalya belki de bunların ilk ortaya çıktığı ülkeydi. Eleştirici bir teknoloji tarihi, 18. yüzyılın buluşlarından ne kadar azının, tek bir kimsenin eseri olduğunu ortaya koyabilir. Bugüne kadar böyle bir kitap yazılmamıştır. Darwin, ilgimizi, doğal teknoloji tarihine çekmiştir; yani yaşamın sürdürülmesi için, üretim aracı olarak hizmet eden, bitki ve hayvan organlarının oluşumuna dikkatimizi çekmiştir. İnsanın üretici organlarının, bütün toplumsal örgütün maddi temeli olan bu organların tarihi, aynı türden dikkate layık değil midir? Ve Vico'nun dediği gibi, insanlığın tarihini doğa tarihinden ayıran şey, ilkini bizim yapmamız ve ama ikincisini yapmamamız olduğuna göre, böyle bir tarihin derlenmesi daha kolay olmaz mı? Teknoloji, insanın doğayı ele alış biçimini, yaşamını sürdürmek için başvurduğu üretim sürecini açıklayarak, toplumsal ilişkilerin oluşum biçimini ve bu ilişkilerden doğan kavramları ve düşünce biçimlerini ortaya koyuyor. Bu maddi temeli hesaba katmayan din tarihleri bile, eleştirici bir tarih sayılamaz. Dinin imgesel yaratıklarının bu dünyadaki özlerini inceleyerek bulmak, aslında, tersinden giderek, yaşamın gerçek ilişkilerinden yola çıkarak, bu ilişkilerin kutsallaştırılmış şekillerini bulmaktan çok

Tam gelişmiş bütün makineler, birbirinden tamamen ayrı üç kısımdan yapılmıştır: motor mekanizması, güç iletici mekanizma ve ensonu alet ya da çalışma mekanizması. Makinenin bütününü devindiren motor mekanizmasıdır. Bu makine, devindirici gücünü, ya buhar makinesi, ısı makinesi, elektromanyetik makine vb. ile kendisi üretir, ya da bu gücü, çağlayanlardaki su çarkları, yel değirmenleri gibi zaten hazır bulunan bir doğa kuvvetinden alır. Güç iletici mekanizma, volanlar, şaft, dişli tekerlekler, kayışlar, halatlar, saplamalar ve çok çeşitli türde dişlilerden yapılmış olup, devinimi düzenler, hareket şeklini gerektiği gibi değiştirir, örneğin düz iken dairesel yapar ve bunları işletme makineleri arasında böler ve dağıtır. Tüm mekanizmasının bu ilk iki kısmı, salt iş-makinelerini devindirmek ve bu devinim aracılığı ile iş konusunu ele alarak ona istenilen biçimi vermek için vardır. Makinenin işte bu aleti ya da iş-makinesi kısmı ile, 18. yüzyılda sanayi devrimi başlamıştır. Bugün bile, bir elzanaatı ya da manüfaktür, makine ile yürütülen sanayiye dönüştüğü zaman, bu kısım devamlı olarak çıkış noktası görevini yerine getirir.

Gerçek anlamıyla bir iş-makinesini daha yakından incelersek, çoğu zaman epeyce değişik şekillerde olmakla birlikte, genel kural olarak, onda, elzanaatları ile manüfaktür işçilerinin kullandıkları aygıt ve aletleri buluruz; ancak şu farkla ki, bunlar, eskiden insan tarafından kullanılan aletler iken, şimdi bir mekanizmanın aletleridir ya da mekanik aletlerdir. Bütün makine, ya örneğin mekanik dokuma tezgahında olduğu gibi,[5] eski elzanaatı aletinin azçok değiştirilmiş mekanik bir şeklidir, ya da örneğin eğirme makinesindeki iğler, çorap tezgahındaki iğneler, bıçkı makinesindeki testereler, kıyma makinesindeki bıçaklar gibi, eski makineye takılan iş parçalarıdır. Bu aletler ile makinenin asıl gövdesi arasındaki fark, ilk doğuşlarıyla birlikte vardır; çünkü bunlar, çoğu kez, elzanaatları ya da manüfaktür tarafından üretilmeye hâlâ devam edilir ve sonradan, makinenin ürünü olan makinenin gövdesine takılır.[6] Bunun için makine, bir kez harekete geçirildikten sonra, taşıdığı aletlerle, daha önce işçinin benzer aletlerle yaptığı aynı işleri ya-

daha kolaydır. Bu sonuncu yöntem, biricik materyalist ve dolayısıyla biricik bilimsel yöntemdir. Tarih ile tarihsel süreçleri dışarda bırakan, soyut doğal bilimsel materyalizmin zayıf noktaları, bunun sözcülerinin, kendi uzmanlık alanlarının dışına çıkar çıkmaz ortaya koydukları soyut ve ideolojik kavramlardan derhal belli olur.

5 Özellikle, mekanik dokuma tezgahının ilk şeklinde, eski tezgahı ilk bakışta fark ederiz. Modern şeklinde mekanik tezgah önemli değişikliklere uğramıştır.

6 Ancak son 15 yıldır (yani aşağıyukarı 1850'den beri) bu mekanik aletlerin gittikçe artan bir kısmı İngiltere'de makinelerle yapılmakta ve bunları da, makine yapan aynı fabrikatörler yapmamaktadırlar. Bu mekanik aletlerin yapımı için kullanılan makinelere örnekler, otomatik bobin yapma makinesi, tarak makinesi, mekik yapma makinesi, çıkrık ve iğ yapma makinesidir.

pan bir mekanizmadır. Devindirici gücün, insandan ya da başka bir makineden alınmasının bu yönden hiçbir farkı yoktur. Bir aletin insan elinden alınıp bir mekanizma içersine yerleştirilmesi ile, salt araç olan bir şeyin yerini bir makine almış olur. İnsanın kendisi ilk devindiren güç olmaya devam etse bile, aradaki fark derhal göze çarpar. İnsanın aynı anda kullanabileceği aletlerin sayısı, kendi doğal üretim araçları ile, onun bedensel organ sayısı ile sınırlıdır. Almanya'da, önceleri, bir iplikçinin iki eğirme aracını çalıştırmasını, yani aynı anda hem ellerini hem ayaklarını kullanmasını denediler. Bu, çok zor bir işti. Daha sonraları, iki iğli eğirme makinesi yapıldı, ama iki ipliği aynı anda eğirebilecek birisini bulmak, iki başlı insan bulmak kadar nadirdi. Oysa Jenny, daha başlangıçta 12-18 iğle iplik eğiriyor, çorap örme tezgahı aynı anda birkaç bin iğne ile çalışıyordu. Bir makinenin aynı anda iş gördüğü aletlerin sayısı, daha başlanıçta, bir elzanaatçısının kullanabileceği aletlerin alanını daraltan organik sınırları kaldırmıştır.

Elle kullanılan araçların çoğunda, yalnızca devinim gücü sağlayan insanla, gerçek anlamıyla işçi ya da işletici insan arasındaki fark, göze çok çarpıcı bir karşıtlık gösterir. Örneğin, bir eğirme tezgahında insan ayağı salt devinim gücü sağlar, oysa iğlerle çekme ve bükme gibi işlerle uğraşan eller, asıl eğirme işini yapmaktadır. Sanayi devriminin ilk kez elattığı şey, elzanaatları aletlerinin bu ikinci kısmı olmuş, işçiye bu yeni işi, yani makineyi gözleriyle izleme ve hatalarını elleriyle düzeltmenin yanısıra, salt devindirici güç olma gibi mekanik bir işi de bırakmıştır. Öte yandan, insanın her zaman basit devindirici güç olarak kullandığı araçlar, örneğin değirmen milinin çevrilmesi,[7] tulumba ve körüğün kolunun aşağı yukarı oynatılması, havan ve dibek dövülmesi vb. gibi işler çok geçmeden devindirici güç olarak hayvanların, suyun[8] ve rüzgarın kullanıldığı ilk araçlar olmuşlardır. Manüfaktür döneminden çok önce ve hatta bir ölçüde bu dönem sırasında, şurada burada, bu araçlar,

[7] Musa, "Harman döven öküzün ağzı bağlanmaz." [*Deuteronome,* (*Tevrat,* 8. Kitap), XXV, V. 4] demişti. Oysa, Almanya'daki hıristiyan insanseverler, tersine, un öğütme işinde kullandıkları serflerin boyunlarına, elleriyle ağızlarına un koymasınlar diye tahtadan geniş bir halka geçiriyorlardı.

[8] Bir yandan üzerlerinde uygun şelaleler bulunan akarsuların yokluğu, bir yandan da başka bakımlardan bol olan sularla savaşmak zorunda kalmaları, Hollandalıları devindirici güç olarak, rüzgara başvurmak durumunda bırakmıştır. Yel değirmenini de Hollandalılar, aslında, Almanya'dan almışlardır ve bunun oradaki icadı da, soylularla, rahipler ve imparator arasında geçen ve rüzgarın bu üçünden hangisine "ait" bulunduğu konusundaki komik bir değişmenin sonucu olmuştur. Almanya'da hava bile kölelik getiriyor diye feryat edildiği sırada, rüzgar, Hollandalıları özgürlüğe kavuşturuyordu. Bu durumda, boyunduruk altına aldığı şey Hollandalılar değil, Hollandalılar için topraktı. 1863 yılında bile hâlâ Hollanda'da 6.000 beygirgücünde 17.000 yel değirmeni, toprağın üçte-ikisinin tekrar bataklık haline gelmesini önlemek için kullanılıyordu.

makine haline gelmişlerdir, ama üretim tarzında herhangi bir devrim yaratmamışlardır. Büyük sanayi döneminde, bu aletlerin, el araçları halinde oldukları zaman bile zaten makine oldukları açıkça görülür hale geliyor. Örneğin, Hollandalıların 1836-7 yıllarında, Harlem gölünü boşalttıkları pompalar, basit pompa ilkesine göre yapılmıştır, aradaki tek fark, bunların pistonlarının insan yerine dev yapılı buhar makineleriyle çalıştırılmasıydı. İngiltere'de demircilerin kullandıkları sıradan ve hiç de yetkin olmayan körükler, bazı yerlerde, kolları buhar makinesine bağlanarak hava pompası haline getirilmişlerdir. 17. yüzyılın sonunda manüfaktür döneminde icat edildiği ve 1780'e[9] kadar kullanıldığı şekliyle buhar makinesi bile, herhangi bir sanayi devrimine yolaçmamıştır. Tam tersine, makinenin icadıdır ki, buhar makinelerinin biçiminde köklü bir devrimi gerektirmiştir. İnsan, iş konusunu bir aletle işlemek yerine, bir alet-makinenin yalnızca devindirici gücü halini alır almaz, bu devinim gücünün insan adalesi biçimine girmesi, yalnızca bir raslantıdır; bu devinim gücü, pekala rüzgar, su ya da buhar gücü olabilir. Kuşkusuz bu, aslında, yalnızca insan tarafından çalıştırılmak için yapılmış olan mekanizmada büyük teknik değişikliklerin yapılmasındaki bir biçim değişikliğini önlemez. Bugünlerde, artık, dikiş makinesi gibi, ekmek yapma makineleri gibi vb. yerleşme çabasında olan bütün makineler, kullanım yerleri gereği küçük boyutlarda olma zorunluluğu dışında, hem insan gücüyle ve hem de salt mekanik güçle çalışabilecek gibi yapılmaktadır.

Sanayi devriminin çıkış noktası olan makine, tek bir aleti kullanan işçi yerine, çok sayıda benzer aletleri çalıştıran, ve gücünün biçimi ne olursa olsun tek bir devindirici güç tarafından devindirilen bir mekanizmayı koyar.[10] Burada şimdi elimizde bir makine vardır, ama bu, henüz yalnızca makineli üretimin basit bir öğesi durumundadır.

Makinenin boyutları ile işlettiği araçların sayısındaki artış, onu devindirecek çok daha büyük bir mekanizmaya gereksinme gösterir; ve bu mekanizma, insanın, tekdüze ve sürekli bir devinim meydana getirme yönünden çok yetersiz bir araç olması bir yana, makinenin direncini yenebilmesi için insandan çok daha güçlü bir devindirici güce sahip olmalıdır. İnsanın salt bir motor gibi iş gördüğünü, bir makinenin, onun kullandığı aletin yerini aldığını kabul edersek, açıktır ki, onun yerine doğal güçler konabilir. Manü-

9 Bu makine, gerçekten de, Watt'ın ilk tek tepkili denilen makinesi ile epeyce geliştirilmişti, ama bu şekliyle, yalnızca suyu ve tuz ocaklarında sıvı maddeleri yukarıya çıkarmak için kullanılan bir makine olarak kaldı.

10 "Tek bir motorla devindirilen bütün bu basit aletlerin biraraya gelmesi bir makineyi meydana getirir." (Babbage, *l.c.*, [s. 136].)

faktür döneminden devralınan büyük güçler arasında en kötüsü beygir gücüydü; bunun nedeni, kısmen beygirin bir kafasının olmasından, kısmen masraflı olmasından, kısmen de fabrika içersinde kullanılma alanının sınırlı olmasındandı.[11] Gene de beygir, büyük sanayinin çocukluk döneminde geniş ölçüde kullanılmıştır. Bunu, çağdaş tarımcıların şikayetlerinden olduğu kadar, günümüze kadar, mekanik kuvvetin ifadesi olarak kullanılagelen "beygirgücü" teriminden de anlıyoruz.

Rüzgar çok kararsız ve denetimi olanaksızdı, ayrıca, büyük sanayinin doğum yeri olan İngiltere'de, su gücünün kullanılması, manüfaktür döneminde bile ağır basıyordu. Daha 17. yüzyılda, tek bir su çarkı ile çift değirmen taşının döndürülmesi için girişimlerde bulunulmuştu. Ama dişli donanımının boyutlarındaki artışa, artık su gücü yetmez olmuştu; bu durum, sürtünme yasalarının daha doğru bir açıdan incelenmesine yolaçan koşullardan birisi oldu. Aynı şekilde, bir kaldıraç kolunun itilmesi ve çekilmesiyle işletilen değirmenlerde düzenli bir devinim gücü sağlamaması, sonraları modern sanayide büyük rol oynayan volan tekerleği teorisinin bulunmasına ve uygulanmasına yolaçtı.[12] Böylece, manüfaktür dönemi sırasında, büyük mekanik sanayinin ilk bilimsel ve teknik öğeleri gelişti. Arkwright'ın iplik eğirme fabrikası (*throstle-spinning mill*) daha başından beri su ile döndürülüyordu. Ama bütün bunlara karşın, suyun başta gelen devindirici güç olarak kullanılması, güçlüklerle doluydu. İstenildiği gibi artırılamaması bir yana, yılın bazı mevsimlerinde gereksinmeyi karşılayamaz duruma geliyor, ve hepsinden önemlisi de tamamen yerel kalıyordu.[13] Ancak Watt'ın

[11] 1861 Ocağında, John C. Morton, *Society of Art*'ta, "tarımda kullanılan güçler" konusunda bir bildiri okudu. Burada şöyle diyor: "Toprak düzenini ileriye götüren her gelişme, buhar motorunun, salt mekanik güç üretimine daha fazla uygulanmasına yolaçıyor. ... Eğri-büğrü çitler ile giden engellerin düzenli bir hareketi engellediği yerlerde beygirgücü gereklidir. Bu engeller günden güne yokoluyor. Fiilî kuvvetten çok, iradenin kullanılmasını gerektiren işlemlerde, tek uygulanabilir güç, her an insan aklının denetleyebileceği bir güç, diğer bir deyimle insan gücüdür." Daha sonra Mr. Morton, buhar gücünü, beygirgücünü ve insan gücünü, buhar makineleri için genellikle kullanılan bir birime indirgiyor, yani 33.000 librelik bir ağırlığı bir dakikada bir *foot* yüksekliğe çıkarmak için gerekli kuvvete ve bir beygirgücünün maliyetini saatte, buhar motoru için 3 peni, bir at için 5,5 peni olarak hesaplıyor. Ayrıca, bir at, sağlığını tam olarak sürdürmek koşuluyla bir günde 8 saatten fazla çalışamaz. Buhar gücü kullanılarak, bir yıl boyunca toprağın sürülmesinde kullanılan yedi attan en az üç tanesinden tasarruf sağlanabileceği gibi, bu, artık kullanılmasından vazgeçilen atların, kendilerinden etkili bir biçimde yararlanıldığı 3-4 aylık masraflarından daha fazla olmayan bir meblağ ile yerine getirilebilir. Son olarak, kullanılabildiği tarımsal işlemlerde buhar gücü, beygirgücüne göre yapılan işin niteliğinde bir gelişme sağlar. Bir buhar makinesinin işinin yapılması için, saatte toplam 15 şiline malolan 66 kişinin çalışmasına gerek vardır; bir atın işinin yapılması için saatte toplam 8 şiline malolan 32 insana gerek vardır.

[12] Faulhaber, 1625; De Caus, 1688.

[13] Modern türbinler, su gücünün sanayide kullanılmasını, eskiden karşılaşılan

ikinci ve çift-tepkili buhar makinesi ile gücünü kömür ve su tüketerek sağlayan, gücü tamamıyla insanın denetimi altında olan, taşınabilir ve taşıyabilir özelliklerini kendisinde toplayan, su çarkı gibi köylü değil kentli olan, üretimin gene su çarkı gibi ülkenin şurasına burasına dağılmasına[14] yolaçmak yerine, kentlerde toplanmasına elverişli bulunan, evrensel teknik uygulamaya uygun, ve yer seçiminde yerel koşullardan pek az etkilenen bir makine bulunmuş oluyordu. Watt'ın dehasının büyüklüğü, 1784 Nisanında aldığı patent belgesinde görülür. Bu belgede buhar makinesi, belirli bir amaç için kullanılacak bir buluş olarak değil, makineli sanayiye genel olarak uygulanabilecek bir öğe olarak tanımlanmaktadır. Watt, öylesine çok uygulamalara değinmişti ki, örneğin buharlı çekiçte olduğu gibi, ancak yarım yüzyıl geçtikten sonra uygulanabilmişti. Gene de o, buharlı makinelerin, deniz araçlarında kullanılabileceğinden kuşkuluydu. Kendisinden sonra gelenler, Boulton ve Watt firması, 1851 yılındaki Büyük Sergiye, okyanus buharlı gemileri için dev büyüklüğünde buharlı motorlar göndermişlerdir.

Aletler, insanın el araçları olmaktan çıkıp da, bir mekanik aygıtın, bir makinenin araçları haline gelir gelmez, devindirici mekanizma da, insan takatının sınırlarından tamamen kurtulmuş bağımsız bir şekle giriyordu. Böylece, buraya kadar ele aldığımız bireysel makine, makine ile üretimde yalnızca bir öğe durumuna düşüyordu. Tek bir devindirici mekanizma, şimdi, pek çok makineyi birarada çalıştırabiliyordu. Devindirici mekanizma, aynı zamanda, çalıştırdığı makine sayısına bağlı olarak artıyor ve devinim iletici mekanizma yaygın bir aygıt halini alıyordu.

Bizim, şimdi, burada, aynı türden birkaç makinenin birarada çalışmasıyla, karmaşık bir makineler sistemini birbirinden ayırdetmemiz gerekir.

Bunların ilkinde ürün, daha önce tek bir zanaatçının elindeki aletiyle yaptığı bütün çeşitli işlemleri yapabilen tek bir makine tarafından meydana getirilir; örneğin, dokumacının çıkrığı ile yaptı-

birçok engellerden kurtarmıştır.

14 "Tekstil manüfaktürünün ilk günlerinde, fabrikanın kuruluş yeri, bir su çarkını çevirmeye yetecek güçte bir çağlayanın bulunduğu bir akarsuyun varlığına bağlıydı; ve suyla çalışan fabrikaların kuruluşu, ev sanayisi sisteminin dağılışının başlangıcı olmakla birlikte, bu fabrikalar, zorunlu olarak akarsular üzerinde yeraldığı ve çoğu zaman birbirlerinden epeyce uzak mesafede oldukları için, kentten çok kırsal bir sistemin parçalarını oluştururlar; ve ancak akarsuların yerini buhar gücü aldıktan sonradır ki, fabrikalar kentlerde ve buhar elde edilmesi için yeterli miktarda kömür ile suyun bulunduğu bölgelerde toplanmıştır. Buharlı makine, fabrika kentlerinin ana-babası olmuştur." (A. Redgrave, *Reports of the Insp. of Fact., 30th April, 1860*, s. 36.)

ğı, veya, ya ayrı ayrı ya da bir manüfaktür sisteminin üyeleri olarak birkaç zanaatçının birbiri ardına çalışmasıyla oluşturdukları ürünler gibi.[15] Sözgelişi zarf manüfaktüründe bir kişi katlayıcı ile kağıtları katlardı, diğeri zamk sürerdi, bir üçüncüsü aletin bastırıldığı tabakayı çevirirdi, dördüncüsü aleti gevşetirdi ve bu böyle devam ederdi; ve bu işlemlerin her biri için zarfın el değiştirmesi gerekirdi. Şimdi tek bir zarf makinesi bu işlemlerin hepsini aynı anda yerine getiriyor ve saatte 3.000'den fazla zarf yapıyor. 1862 Londra Sergisinde kesekağıdı yapmak için bir Amerikan makinesi vardı. Kağıdı kesiyor, zamklıyor, katlıyor ve dakikada 300 tane kesekağıdı yapıyordu. Burada, manüfaktür halinde yapıldığı zaman parçalara ayrılan ve her biri bir dizi işlemle yürütülen sürecin bütünü, çeşitli aletlerin bir karması olarak çalışan tek bir makine tarafından tamamlanıyordu. Şimdi biz, burada da, böyle bir makine, ister yalnızca karmaşık bir el aracının mekanik bir yeni yapımı, ister manüfaktürün özelleştirdiği çeşitli basit araçların bir karması olsun, her iki durumda da, fabrikada, yani yalnız makine kullanılan işyerinde basit elbirliği ile tekrar karşı karşıya geliyoruz; bir an için işçiyi bir yana bırakırsak, bu elbirliği kendisini, bize her şeyden önce, birbirine benzer ve aynı zamanda çalışan makinelerin tek bir yerde toplanması olarak gösterir. Yani bir dokuma fabrikası, yanyana çalışan çok sayıda mekanik dokuma tezgahından, bir dikiş fabrikası, hepsi de aynı binada iş gören çok sayıda dikiş makinesinden oluşmaktadır. Ama burada sistemin tümünde, bütün makinelerin, güçlerini, iletici mekanizma aracılığı ile ortak bir güç kaynağından aynı zamanda ve eşit derecelerde almalarından ileri gelen teknik bir birlik vardır; ayrıca bu iletici mekanizma da, her biri bir makineye giden küçük kollara ayrıldığından, bir ölçüde hepsi için ortak demektir. Tıpkı, çok sayıda aletin, bir makinenin organlarını oluşturduğu gibi, aynı türden makineler de, devindirici mekanizmanın organlarını oluşturur.

Gerçek bir makine sisteminin, bu bağımsız makinelerin yerini alması, ancak işin konusunun, biri diğerini tamamlayan çeşitli türden bir makineler zincirinin yapmış olduğu parça süreçlerin birbirine bağlı bir dizisinden geçmesiyle olanaklı olur. Burada da, gene, manüfaktürü karakterize eden işbölümünün yolaçtığı elbirliğini

[15] Manüfaktürde işbölümü açısından dokumacılık basit bir iş olmayıp, tam tersine, karmaşık bir el işiydi; dolayısıyla, buharlı dokuma tezgahı, çok karmaşık iş yapan bir makinedir. Modern makinelerin, başlangıçta, yalnızca işbölümünün basitleştirildiği işlemlere elattığını sanmak tamamıyla yanlıştır. İplik eğirilmesi ve dokumacılık, manüfaktür dönemi boyunca, yeni türlere bölünmüş ve emek araçları değiştirilmiş ve geliştirilmiştir; ama emeğin kendisi hiçbir şekilde bölünmemiş, elzanaatı niteliğini korumuştur. Makineye çıkış noktası olarak hizmet eden şey, emek olmamış, emek araçları olmuştur.

görürüz; ne var ki, buradaki elbirliği yalnızca parça makinelerin bir bileşimidir. Diyelim, yünlü manüfaktüründe, dövücü, tarakçı, eğirici vb. gibi çeşitli parça-işçilerin kullandıkları özel aletler, şimdi özelleşmiş makinelerin her biri, sistemin bütünü içersinde, özel görevi olan özel bir organı oluşturan aletlere dönüşmüşlerdir. Makine sisteminin ilk kez girdiği sanayi kollarında manüfaktürün kendisi, genel bir biçimde, üretim sürecindeki bölünmenin doğal temeli ile buna bağlı örgütlenmeyi zaten sağlamış durumdadır.[16] Bununla birlikte, esaslı bir fark hemen göze çarpar. Manüfaktürde işçi, ya tek başına, ya da topluluklar halinde elindeki aletlerle, her özel parça süreci yerine getirmek zorundadır. İşçi sürece alıştığı ve ona uygun hale geldiği gibi, süreç de daha önceden işçiye uygun hale getirilmiştir. İşbölümünün bu öznel ilkesi, makineli üretimde artık yoktur. Burada süreç, nesnel olarak tümüyle incelenmiştir, yani insan elleriyle yürütülmesi sorunu hesaba katılmaksızın, onu oluşturan evreler tahlil edilmiş, ve her parça sürecin nasıl yürütüleceği ve bütünün içersinde nasıl yeralacağı sorunu, mekaniğin, kimyanın vb. yardımıyla çözülmüştür.[17] Ama kuşkusuz burada da teorinin geniş ölçüde birikmiş deneyimlerle yetkinleştirilmesi gerekir. Her parça-makine, sıradaki bir sonraki makineye hammadde hazırlar; bunların hepsi de aynı zamanda çalıştıkları için, ürün, daima, yapımının çeşitli aşamalarından geçmekte, ve sürekli olarak, bir evreden ötekine geçiş durumunda bulunmaktadır. Tıpkı, manüfaktürde, parça-işçilerin dolaysız elbirliğinin, özel gruplar arasındaki sayısal orantıyı saptaması gibi, bir parça-makinenin bir diğerini sürekli çalıştırdığı örgütlü bir makine sisteminde de, bunların sayıları, büyüklükleri ve hızları konusunda belli sabit bir ilişki kurulmuştur. Çeşitli türdeki tek tek makinelerin ve makine topluluklarının organize sistemi halindeki kolektif makine, sürecin tü-

[16] Mekanik sanayi çağından önce, yünlü dokuma manüfaktürü, İngiltere'de egemen manüfaktürdü. Bu nedenle, 18. yüzyılın ilk yarısında denemelerin çoğu bu sanayide yapılmıştı. Makinelerde işlenmesi için daha az dikkatli bir hazırlığı gerektiren pamuk, yün üzerinde kazanılan deneyimlerden yararlandı; tıpkı daha sonra, yünün makineyle işlenmesinin, makineyle pamuk ipliği eğirilmesi ve dokuması çizgisinde gelişmesi gibi. Ancak, 1866 yılını hemen izleyen 10 yıl boyunca, pamuklu manüfaktürün, pamuğun taranması gibi tek başına yapılan işlemler, fabrika sistemine katılmıştır. "Mekanik gücün yün tarama sürecine uygulanması ... başta Lister tipi olmak üzere tarama makinelerinin geniş ölçüde kullanılmaya başlanması ... kuşkusuz çok sayıda işçinin işten çıkartılması sonucunu doğurmuştur. Yün, eskiden elle ve çoğu kez tarakçının kulübesinde taranırdı. Şimdi ise genellikle fabrikada taranıyor ve elle taranmış yünlerin tercih edildiği bazı özel türden işler dışında el emeği artık ortadan kalkmış bulunuyor. El tarakçılarının çoğu fabrikalarda iş buldu, ama bunların ürünü, makineye oranla o kadar küçük oranda kalıyor ki, tarakçıların pek çoğu işsiz kaldılar." (*Rep. of Insp. of Fact., for 31st October, 1856*, s. 16.)

[17] "Öyleyse, fabrika sisteminin ilkesi, işin zanaatçılar arasında bölünmesi ya da derecelenmesi yerine, sürenin kendi temel öğelerine bölünmesini koymak oluyor." (Andrew Ure, *The Philosophy of Manufactures,* Lond. 1835, s. 20.)

mündeki süreklilik arttığı ölçüde, yani hammaddenin ilk evresinden son evresine kadar ne kadar az duraklama olursa, o derece yetkinleşir; bir başka deyişle, bir evreden diğerine geçiş, insan eliyle değil de makineyle yapılması ölçüsünde kolektif makinenin etkinliği artar. Manüfaktürde, her parça sürecin ayrılığı, işbölümünün niteliğinden ileri gelen bir durumdur, ama tam gelişmiş bir fabrikada bu süreçlerin sürekliliği, tersine, zorunlu bir koşuldur.

Bir makineler sistemi, ister dokumacılıkta olduğu gibi benzer makinelerin birlikteliğinden, ister iplikçilikte olduğu gibi farklı makinelerin birleşiminden oluşsun, kendi kendine devinen bir ilk motor tarafından işletilmeye başlar başlamaz, kendi başına dev bir otomat oluşturur. Ama bütünüyle ele alındığında, fabrika, buhar makinesiyle çalıştırılmakla birlikte, bazı makineler, onların bazı hareketlerini yapmak için işçinin yardımını gerektirebilirler (otomatik iplik sarma makinesinin bulunmasından önce bu işin yapılması için ve hatta bugün bile ince iplik sarımında bu yardıma gereksinme vardır); ya da, bir makinenin işini yapabilmesi için bazı kısımlarının, bir el aleti gibi işçi tarafından kullanılması gerekebilir; torna tezgahının otomatik hale gelmesinden önce makine yapımında durum böyleydi. Bir makine, insanın yardımı olmaksızın yalnızca onun gözetimi altında, hammaddenin işlenmesi için gerekli bütün işlemleri yerine getirebilir duruma gelmiş ise, elimizde, ayrıntıları sürekli geliştirebilecek otomatik bir makine sistemi var demektir. Bir tek iplik kopar kopmaz iplik makinesini, makara biter bitmez buharlı dokuma tezgahını durduran aygıtlar gibi gelişmeler, tamamen modern buluşlardır. Hem üretimin sürekliliğini ve hem de otomatiklik ilkesini görmek için, modern bir kağıt fabrikasını örnek olarak alabiliriz. Kağıt sanayisinde, genellikle, yalnız farklı üretim araçlarına dayalı üretim tarzları arasındaki farklılıkları değil, toplumsal üretim koşullarının bu üretim tarzları ile ilişkilerini de rahatlıkla inceleyebiliriz: Çünkü, eski Alman kağıt yapımcılığı, bize, elzanaatı üretiminin, 17. yüzyıl Hollandası ile 18. yüzyıl Fransası, sözcüğün tam anlamıyla, manüfaktür tipi üretimin, ve bugünkü İngiltere'de, bu malın otomatik fabrikasyonunun bir örneğini sağlamaktadır. Bunlardan başka, Hindistan ile Çin'de, bu aynı sanayinin, iki farklı antik asyatik biçimi hâlâ sürüp gitmektedir.

Hareketini bir iletim mekanizması aracılığı ile merkezî bir otomattan alan organize bir makineler sistemi, makineli üretimin en gelişmiş şeklidir. Burada, önümüzde, tek bir makine yerine, gövdesi bütün fabrikayı dolduran ve önceleri azman organlarının yavaş ve ölçülü devinimleri altında saklı duran şeytanca görünüşünü bir anda sayısız çalışma organlarının başdöndürücü hızıyla ortaya koyan mekanik bir dev vardır.

İşleri yalnızca iplik sarmak ve buhar makineleri yapmak olan işçiler yokken de bu makineler vardı; tıpkı ortada terzi diye birisi yokken insanların giyinmeleri gibi. Bununla birlikte, Vaucanson, Arkwright, Watt ve diğerlerinin buluşları, ancak, bunların ellerinin altında manüfaktür döneminden kalma çok sayıda yetişmiş mekanik işçiyi hazır bulmaları nedeniyle gerçekleşmiştir. Bu işçilerden bazıları, çeşitli mesleklerden bağımsız zanaatlarda, diğerleri de, daha önce de belirtildiği gibi, sıkı bir işbölümünün uygulandığı manüfaktürlerde biraraya gelmişlerdi. Buluşların sayısı arttıkça ve yeni bulunan makinelere talep fazlalaştıkça makine yapım sanayisi gitgide artan sayıda çeşitli kollara ayrıldı ve bu manüfaktürlerdeki işbölümü aynı ölçüde gelişti. Biz, burada, öyleyse, manüfaktürde, büyük sanayinin doğrudan teknik temelini görüyoruz. Büyük sanayi, manüfaktürün ürettiği makinelerle, ilk elattığı üretim alanlarındaki elzanaatları ile manüfaktür sistemlerini ortadan kaldırdı. Demek ki, fabrika sistemi, işlerin doğal gidişi içersinde yetersiz bir temel üzerinde yükselmiş oldu. Bu sistem belli bir gelişme düzeyine ulaşınca, hazır bulduğu ve bu arada eski şekli içersinde gelişmesini sürdüren temeli yıkmak ve kendi üretim yöntemlerine uygun bir temeli yeni baştan kurmak zorunda kaldı. Tıpkı yalnız insan gücüyle çalıştığı sürece makinenin güdüklüğünü sürdürmesi, ve buhar makinesinin, hayvan, rüzgar ve hatta su gibi daha önceki devindirici güçlerin yerlerini almadan önce hiçbir makine sisteminin gerektiği şekilde gelişememesi gibi, aynı şekilde büyük sanayi de, üretiminin karakteristik aracı olan makinenin bütün varlığını bir kişinin gücüne ve becerisine borçlu olduğu ve bir insanın kas gelişmesine, göz keskinliğine ve el ustalığına dayandığı sürece tam bir gelişmeye ulaşamaz; manüfaktürde parça-işçi ve elzanaatlarında elişçileri, ellerindeki güdük araçları bu sayılan niteliklere dayanarak kullanıyorlardı. Böylece, makinelerin pahalılığı bir yana —ki, bu kapitalistin aklından hiç çıkmayan bir şeydir— makineyle yürütülen sanayi kollarındaki genişleme ve makinenin, üretimin yeni dallarını istila etmesi, bunların hepsi, çalıştırılmaları konusunda patronların gösterdiği marifet nedeniyle, sayıları büyük hızla artmayıp, ancak yavaş yavaş çoğalan bir işçi sınıfının büyümesine bağlıydı. Bunun yanısıra, gelişmesinin belli bir aşamasında büyük sanayi, elzanaatı ve manüfaktürün kendisine sağladığı temel ile teknolojik olarak bağdaşamaz duruma geldi. İlk devindiricilerin iletim mekanizmasının ve makinelerin kendi boyutlarındaki büyüme, el emeği ile ilk yapıldığı modelden gitgide ayrılan bu makinelerin parçalarındaki karmaşıklığın, çeşitliliğin ve düzenliliğin artması ve içinde çalıştıkları koşullardan başka bir engel tanımayan bir biçime girmesi,[18] otomatik sistemin yetkinleşmesi ve kullanılması, her geçen gün, örneğin odun yerine demir gibi, işlenmesi daha zor malzemenin kullanılması — işte koşulların zorlamasıyla ortaya çıkan bütün bu sorunların çözülmesi, manüfaktürün kolektif işçisinin bile ancak sınırlı bir şekilde kırıp aşabileceği, kişisel sınırlamalar biçiminde engellerle kaçınılmaz olarak karşılaşır. Modern hidrolik pres, modern buharlı dokuma tezgahı ve modern tarama makinesi gibi makineleri, manüfaktür hiçbir zaman sağlayamadı.

Sanayinin bir alanında üretim tarzındaki köklü bir değişme, diğer alanlarda da benzer değişiklikleri birlikte getirir. Bu, ilkönce, bir sürecin ayrı ayrı evreleri olmaları nedeniyle aralarında ilişki bulunmakla birlikte, her biri bağımsız bir meta imal edecek şekilde toplumsal işbölümü sonucu ayrılmış sanayi kollarında olur. Böylece, makineyle iplik eğirilmesi, dokumacılığın da makineyle yapılmasını gerektirmiş, ve bunlar da, birarada, ağartmada, basmada ve boyacılıkta, mekanik ve kimyasal devrimi zorunlu hale getirmişlerdir. Gene aynı şekilde, pamuk ipliği eğirilmesindeki devrim, tohumların liflerden ayrılması için, çırçır makinesinin bulunmasına yolaçmıştır; bugünün büyük ölçüdeki pamuk üretimi, ancak bu buluşla olanaklı olabilmiştir.[19] Ama sanayinin ve tarımın üretim tarzlarındaki devrim, özellikle toplumsal üretim sürecinin genel koşullarında, örneğin iletişim ve ulaştırma araçlarında bir devrimi zorunlu hale getirir. Fourier'nin bir deyimiyle, ekseni, yardımcı ev sanayisi ve kent zanaatları ile birlikte küçük-ölçekte tarım olan bir toplumda, iletişim ve ulaştırma araçları, manüfaktür döneminin geniş toplumsal işbölümü, emek araçları ile işçilerin yoğunlaşması ve sömürge pazarları yönünden üretici gereksinmeleri

[18] Mekanik dokuma tezgahı, başlangıçta, esas olarak ağaçtan yapılırdı; geliştirilmiş modern şekli demirden yapılıyor. Üretim araçlarının eski şekillerinin, başlangıç aşamasında yeni şekillerini ne ölçüde etkilediği, diğer şeyler arasında, bugünkü mekanik tezgahın eskisiyle, eritme fırınlarındaki modern körükle, bildiğimiz demirci körüğünün başlangıçtaki mekanik taklidinin gelişigüzel karşılaştırılması ve belki de diğerlerinden daha çarpıcı olarak da, bugünkü lokomotifin icadından önce, iki ayağı olan ve tıpkı bir at gibi ayaklarını birbiri ardına yerden kaldıran bir lokomotifin yapılması çabaları ortaya koyabilir. Mekanik bilimindeki hatırı sayılır gelişmelerle pratik deneyimlerin birikiminden sonradır ki, bir makinenin şekli, bütünüyle mekanik ilkelere uygun bir durum almış ve kendisini doğuran aletin geleneksel biçiminden kurtulmuştur.

[19] Eli Whitney'in çırçır makinesi, 18. yüzyılın diğer makinelerine göre çok yakın zamanlara kadar daha az önemli değişikliklere uğramıştır. Ancak son on yılda (yani 1856'dan beri) başka bir Amerikalı, Albanyli (New York) Mr. Emery, basit olduğu kadar etkili de olan bir geliştirmeyle Whitney'in çırçır makinesini modası geçmiş hale getirmiştir.

için o kadar yetersizdi ki, hepsi de köklü bir değişikliğe uğradılar. Aynı şekilde, manüfaktür döneminden devralınan iletişim ve ulaştırma araçları, çok geçmeden modern sanayi için başdöndürücü üretim hızı, üretimin ulaştığı dev boyutlar, bir üretim alanından diğerine sürekli sermaye ve işçi aktarılması ve bütün dünya pazarları ile kurulan yeni bağlar nedeniyle taşınması olanaksız ayakbağları halini almışlardı. Bu yüzden, yelkenli teknelerin yapımında uygulanan köklü değişikliklerden başka, nehir ulaşımı, demiryolları, okyanus vapurları ve telgrafların oluşturduğu bir sistemde, iletişim ve ulaştırma araçları, giderek, mekanik sanayinin üretim tarzlarına uyarlandı. Ne var ki, büyük demir kütlelerinin, şimdi artık, dövülmesi, birbirlerine kaynatılması, kesilmesi, delinmesi ve şekillendirilmesi için manüfaktür döneminin yöntemleri tamamen yetersiz kalıyor, dev makinelerin kullanılmasını gerektiriyordu.

Bu yüzden büyük sanayi, karakteristik aracı olan makineyi ele almak ve makineyle makine yapmak zorunda kalmıştı. Ancak bundan sonradır ki, kendisine uygun teknik bir temel kurabilmiş ve kendi ayakları üzerinde durabilmiştir. Makine, bu yüzyılın ilk on yılında, giderek artan kullanımıyla birlikte, gerçek makine fabrikasyonuna derece derece elattı. Ama ancak 1866'yı izleyen on yıl içersindedir ki, demiryolları ile okyanus gemilerinin muazzam ölçülere ulaşan yapımıyla, şimdi ilk devindiricilerin yapımında kullanılan dev makinelerin yapımı gereği ortaya çıktı.

Makine ile makine üretiminin en temel koşulu, ilk devindirilecek ve aynı zamanda da tam bir denetim altında çalıştırılabilecek büyük bir güç kaynağının varlığıydı. Bu koşulu, zaten buharlı makine sağlamış bulunuyordu. Ama aynı zamanda, makinenin parçalarının yapımı için gerekli olan geometrik bakımdan sağlıklı düz çizgilerin, düzlemlerin, çemberlerin, silindirlerin, konilerin ve kürelerin de üretilmesi gerekiyordu. Bu sorun bu yüzyılın ilk on yılında, Henry Maudsley'in, çok geçmeden otomatik hale getirilen ve başlangıçta yapılırken torna tezgahı için düşünülmüş olan şeklinde değişiklik yapılarak, alet ve makine yapan diğer makinelere de uygulanan bir nevi sürgülü torna tezgahını bulmasıyla çözüldü. Bu mekanik araç, yalnız bazı aletlerin yerini almakla kalmıyor, üzerinde çalışılan demir ya da diğer malzeme üzerinde kesici aleti gezdirmek suretiyle ona belli bir biçim vererek, bizzat insan elinin yerini de almış oluyordu. Böylece, "en becerili elin, birikmiş deneyimleriyle ulaşamayacağı bir kolaylık, doğruluk ve hızla"[20] makine

[20] *The Industry of Nations,* Lond. 1855, Part II, s. 239. Bu yapıtta şuna da değiniliyor: "Torna tezgahına yapılan bu ek, basit ve dıştan önemsiz göründüğü halde, onun, makinelerin geliştirilmesini ve yaygınlaştırılmasını Watt'ın buhar makinesinde yaptığı geliştirmeler kadar çok etkilediğini söylemenin aşırı bir iddiada bulun-

parçalarının bu özel biçimlerini yapmak olanaklı oluyordu.

Şimdi eğer dikkatimizi, asıl makinenin, makine yapımında kullanılan ve çalışma aletini oluşturan kısmı üzerinde toplarsak, el aletlerinin bu kez dev ölçüler içersinde yeniden ortaya çıktığını görürüz. Örneğin delme makinesinin alet kısmı, buhar motoru ile çalışan büyük bir matkap olup, bu makine olmaksızın geniş buhar motorları ile hidrolik preslerin silindirlerinin yapımı olanaksızdır. Mekanik torna tezgahı, basit ayaklı tornanın dev bir kopyasıdır; planya makinesi, bir marangozun tahta üzerinde kullandığı aynı aleti, demir üzerinde kullanan, demirden bir marangozdur; Londra rıhtımlarında kaplama tahtalarını kesen alet, dev bir usturadır; demiri, bir terzi makinesinin kumaşı kestiği gibi biçen keski aleti, dev bir makastan başka bir şey değildir; buharlı tokmak, bildiğimiz çekiç başı ile çalışır, ama öyle ağırdır ki, Thor'un kendisi gelse yerinden oynatamaz.[21] Bu buharlı tokmaklar, Nasmyth'ın bir icadı olup, her biri 6 ton ağırlığındadır ve 36 tonluk bir örs üzerine 7 *foot* yükseklikten dik olarak düşerler. Bir granit kitlesini tuz-buz etmek onun için çocuk oyuncağı gibidir, ama yumuşak bir tahta parçası üzerine bir çiviyi hafif vuruşlarla çakmaya da aynı derecede elverişlidir.[22]

Makine biçimine gelen emek araçları, insan kuvveti yerine doğal kuvvetlerin konulmasını, ve el alışkanlığı yerine bilimin bilinçli uygulanmasını gerektirir. Manüfaktürde, toplumsal emek-sürecinin örgütlenmesi tamamen özneldi, ve parça-işçilerin bir birleşimiydi; makine sistemine dayanan büyük sanayide ise, tümüyle nesnel bir üretici organizma vardır ve işçi, zaten varolan maddi üretim koşullarına eklenen bir şey haline gelmiştir. Basit elbirliğinde ve hatta işbölümüne dayanan elbirliğinde, tek başına çalışan işçinin yerini kolektif işçinin alması, azçok raslantıya bağlı bir şey gibi görünür. Oysa makineler, daha sonraki durumlarda, birkaç istisna dışında, yalnızca birleşmiş emek ya da ortaklaşa emekle işletilir. Demek ki, burada, emek-sürecinin ortaklaşa niteliği, emek aracının kendisinin zorladığı teknik bir gerekliliktir.

mak olduğuna inanıyoruz. Onun ortaya konması, bütün makinelerin birdenbire yetkinleşmesine, ucuzlamasına, icat ve ilerlemenin kamçılanmasına yolaçtı."

[21] Londra'da, [geminin –ç.] yan çark şaftlarını dövmek için kullanılan bu makinelerden birisine "Thor" denir. Bu makine 16,5 ton ağırlığında bir şaftı, demircinin at nalını dövmesi gibi döver.

[22] Küçük işlerde de kullanılabilen kereste işleme makinelerinin çoğu Amerikan icadıdır.

İKİNCİ KESİM. — MAKİNEYLE ÜRÜNE AKTARILAN DEĞER

Elbirliği ile işbölümünden doğan üretken kuvvetlerin, sermayeye ayrıca bir gider yüklemediğini görmüştük. Bunlar, toplumsal emeğin doğal kuvvetleridir. Aynı şekilde, buhar, su vb. gibi fiziksel kuvvetler de, üretken sürece katıldıkları zaman [kuvvet olarak –ç.] hiçbir gidere yolaçmazlar. Ama, nasıl ki, insanın nefes alabilmesi için ciğere gereksinmesi varsa, doğal kuvvetlerin üretken bir biçimde tüketilmesi için de, insan elinden çıkma bir şeye gerek vardır. Su gücünden yararlanmak için bir su çarkına, buharın genleşmesinden yararlanmak için bir buhar makinesine gerek vardır. Bir elektrik akımı alanında manyetik bir ibrenin sapma yasası, ya da çevresinde elektrik akımı dolaşan bir demirin mıknatıs özelliğini kazanacağı yasası bir kez bulununca, artık bir kuruş bile harcamaya neden olmazlar.[23] Ama bu yasalardan, telgraf vb. amaçlar için yararlanılması, çok masraflı bir donanıma gerek gösterir. Makine, gördüğümüz gibi, aletin yaşamına son vermiş olmaz. İnsan organizmasının güdük bir aletiyken, insanın yarattığı bir mekanizmanın aleti olarak genişler ve çoğalır. Sermaye, şimdi artık işçiyi bir el aleti ile değil, bizzat aletler kullanan bir makineyle işe koşar. Bu nedenle, büyük sanayinin, büyük fiziksel kuvvetleri ve doğabilimlerini üretim sürecine katarak, emeğin üretkenliğini olağanüstü derecede yükselttiği ilk bakışta görülür, ama bu artan üretken gücün, artan bir emek harcaması karşılığı satın alınmadığı derhal görülmez. Makine de, değişmeyen sermayenin bütün diğer öğeleri gibi yeni değer yaratmaz, yalnızca oluşmasına hizmet ettiği ürüne kendi değerini katar. Makine bir değere sahip olduğu ve dolayısıyla ürüne değer kattığı sürece, bu ürünün değerinde bir öğe oluşturur. Ürün ucuzlayacak yerde, makinenin değeri oranında pahalılaşır. Büyük sanayinin karakteristik emek araçları olan makineler ile makine sistemlerinin, elzanaatları ile manüfaktürde kullanılan araçlardan kıyaslanmayacak ölçüde daha çok değer taşıdıkları gün gibi açık bir gerçektir.

Her şeyden önce şurası gözden ırak tutulmamalıdır ki, emeksürecine her zaman bütün olarak girmekle birlikte, makine, değer yaratma sürecine ancak parça parça katılır. Ürüne, ortalama ola-

[23] Bilim, genellikle kapitaliste hiçbir şeye malolmaz, ama bu durum, onun bilimi sömürmesine gene de engel değildir. Başkalarına ait bilim de tıpkı başkalarına ait emek gibi sermayeye katılır. Bununla birlikte, bilime olsun, maddi servete olsun, kapitalist biçimde elkoyma ile kişisel biçimde elkoyma birbirinden tamamen farklı şeylerdir. Dr. Ure'nin kendisi bile, makineden yararlanan sevgili fabrikatörleri arasında mekanik bilgi konusundaki ham bilisizliğini kınıyor, ve Liebig ise, İngiliz kimyasal madde fabrikatörlerinin kimya konusundaki şaşkınlık verici bilisizliklerini anlata anlata bitiremiyordu.

rak aşınma ve yıpranma ile yitirdiğinden fazla değer katmaz. Demek oluyor ki, bir makinenin değeri ile, bu makinenin belli bir sürede ürüne aktardığı değer arasında bir fark vardır. Makinenin emek-sürecindeki yaşamı, ne kadar uzun olursa, bu fark da o kadar büyük olur. Daha önce de gördüğümüz gibi, her emek aracının emek-sürecine bütünüyle girmesine karşılık, değer yaratma sürecine, aşınma ve yıpranma ile günlük ortalama kaybı ile orantılı olarak ancak bir kısmıyla katıldığı kuşkusuz doğrudur. Ama, aletin bütünüyle, günlük aşınma ve yıpranması arasındaki bu fark, makinede alete göre çok daha büyüktür, çünkü daha dayanıklı malzemeden yapılan makinenin ömrü daha uzundur; çünkü kullanılması tamamen bilimsel yasalara göre düzenlendiği için, hem parçalarının aşınıp yıpranmasında ve hem de tükettiği malzemede daha büyük tasarruf sağlar; ve ensonu, makinenin üretim alanı, aletinkinden kıyaslanmayacak derecede geniştir. Hem makine ve hem de alet için günlük ortalama giderleri, yani günlük ortalama aşınma ve yıpranmayla ürüne aktardıkları değer, ve yağ, kömür vb. gibi yardımcı malzeme tüketimleri için gerekli indirimi yaptıktan sonra bunların her ikisinin de, tıpkı, insanın yardımı olmaksızın doğanın sağladığı kuvvetler gibi işlerini bedavadan yaptıkları görülür. Makinenin alete göre üretme gücü ne kadar fazla ise sağladığı bedava hizmet de aynı ölçüde büyüktür. İnsanoğlu, geçmişte harcadığı emeğinin ürününü, geniş ölçüde ve tıpkı doğa güçleri gibi bedava iş gördürmeyi ilk kez büyük sanayide başarmıştır.[24]

Elbirliği ile manüfaktür incelenirken gösterilmişti ki, binalar gibi bazı genel üretim öğeleri, tek işçinin dağınık üretim araçlarına göre, ortaklaşa tüketimden doğan bir tasarruf sağlamakta ve bu yüzden de ürünü ucuzlatmaktadır. Bir makine sisteminde, yalnız bir makinenin bütünü, onun sayısız aletleri tarafından ortaklaşa kullanılmakla kalmaz, ama güç kaynağı ile, iletme mekanizmasının bir kısmıyla birlikte, sayısız iş makineleri tarafından ortaklaşa kullanılır.

Makinenin değeri ile, bir günde ürüne aktardığı değer arasındaki fark belli ise, bu ikinci değerin ürünü pahalılaştırma derecesi

[24] Ricardo, makinenin (başka durumlarda, emek-süreci ile artı-değer yaratma süreci arasındaki genel ayrımdan öteye bir önem vermediği makinenin) bu etkisine ağırlık verir ki, arasıra, makinenin ürüne aktardığı değeri gözden kaçırarak onu doğa güçleri ile bir tutar. Örneğin şöyle söyler: "Adam Smith hiçbir zaman doğal güçlerin ve makinelerin bize yaptıkları hizmetlerin değerini küçümsemez ama haklı olarak, o, bunların metalara kattığı değerin niteliğini ayırdeder ... bunlar, karşılıksız olarak iş gördükleri için, bize yaptıkları yardım, değişim-değerine hiçbir şey katmış olmaz." (Ric., *l.c.,* s. 336, 337.) Ricardo'nun bu gözlemi, makinelerin, "kâr"ın bir kısmını oluşturan değer yaratıcı bir "hizmet" gördüklerini sanan J. B. Say'ye yöneltildiği sürece, kuşkusuz doğrudur.

her şeyden önce ürünün büyüklüğüne, yani alanına bağlı olur. Blackburnlü Mr. Baynes'in 1858'de yayınlanan bir konuşmasında şöyle bir tahminde bulunulmaktadır: "Her gerçek mekanik beygirgücü[24a] yardımcıları ile birlikte, 450 otomatik iplik eğirme veya 200 iplik bükme makinesini, ya da düzeltme ve çekme vb. gibi donanımları ile birlikte 40 inçlik 15 dokuma tezgahını işletebilir." Birinci durumda 450 eğirme, ikinci durumda 200 bükme makinesinin, üçüncüde 15 mekanik tezgahın günlük ürününe, bir beygirgücünün günlük masrafı ile, bu gücün devindirdiği makinenin aşınma ve yıpranma payı dağılır, ki böylece bir libre ipliğe ya da bir yarda kumaşa, pek küçük bir değer aktarılmış olur. Yukarda sözü edilen buharlı çekiç için de durum aynıdır. Günlük aşınma ve yıpranmasıyla kömür tüketimi vb. her gün dövdüğü muazzam demir kitlesine yayıldığı için, yüzlerce kiloluk bir demire ancak pek küçük bir değer eklenmiş olur; ne var ki, eğer bu dev araç, çivi çakmakta kullanılsaydı, bu değer çok büyük olurdu.

Bir makinenin iş kapasitesi, yani çalışma aletlerinin sayısı ya da kuvveti sözkonusu ise, kitlesi verildiğinde, elde edilecek ürünün miktarı, çalışan kısımlarının, hızlarına, örneğin eğirme makinesinde iğlerin çalışma hızına ya da çekicin bir dakikadaki vuruş sayısına bağlıdır. Bu dev yapılı çekiçlerin çoğu dakikada yetmiş vuruş, Ryder'in küçük çekiçli iğ dövme makinesi dakikada 700 vuruş yapar.

Makinenin ürüne aktardığı değerin oranı belli ise, bu aktarılan değer miktarı, makinenin toplam değerine bağlı olur.[25] Makine ne

[24a] [Bir beygirgücü, dakikada 33.000 *foot*-libre bir kuvvete eşittir; yani 33.000 libreyi bir dakikada bir *foot* ya da bir libreyi 33.000 *foot* yüksekliğe kaldıran bir kuvvete eşittir. Metinde sözü edilen beygirgücü budur. Günlük dilde ve bu yapıttaki aktarmalarda, yer yer, aynı makinenin, "nominal", "ticari" ya da "üzerinde yazılı" beygirgüçleri arasında bir ayrım yapılmıştır. Eski ya da nominal beygirgücü, yalnızca piston kolunun boyu ile silindirin çapından hesap edilir ve buhar basıncı ile piston hızını hiç dikkate almaz. Pratikte bu şu demektir: Bu makine, sanki Boulton ve Watt zamanındaki gibi, aynı düşük buhar basıncı ve aynı düşük piston hızıyla çalışıyormuş gibi, diyelim, 50 beygirgücünde olabilir. Ne var ki, bu son iki etmen, o zamandan beri büyük ölçüde artmıştır. Bugün artık, bir makinenin sağladığı mekanik gücün ölçülmesi için, silindirdeki buharın basıncını gösteren bir gösterge icat edilmiştir. Piston hızı ise kolayca hesap edilebilir. Böylece, bir makinenin "üzerinde yazılı" ya da "ticari" beygirgücü, silindirin çapını, piston boyunu, piston hızını, buhar basıncını, aynı zamanda hesaba katan ve bu makinenin bir dakikada fiilen kaç tane 33.000 libre kaldırdığını gösteren mekanik bir formül ile ifade edilir. Bu yüzden, bir "nominal" beygirgücü, üç, dört ve hatta beş "belirtilen" ya da "gerçek" beygirgücünün karşılığını sağlıyor olabilir. Bu açıklama, ilerdeki sayfalardaki çeşitli aktarmaları açıklamak amacıyla yapılmıştır. *–F. E.*]

[25] Kapitalist kavramlarla dolu okur, burada, doğal olarak, makinenin, kendi sermaye değeri oranında ürüne kattığı faizi arayacaktır. Ama şurası da kolayca görülebilir ki, bir makine de, değişmeyen sermayenin diğer kısımlarından daha fazla yeni değer yaratmadığı için, ürüne "faiz" adı altında herhangi bir değer katamaz. Gene açıktır ki, artı-değer üretimini de ele aldığımız bir yerde, bu değerin herhangi

kadar az emek içeriyorsa ürüne kattığı değer o kadar azdır. Aktardığı değer ne kadar az olursa, o kadar fazla üretken olur, ve yaptığı hizmet, doğa kuvvetlerininkine o kadar fazla yaklaşır. Ama makinenin makineyle üretimi, onun değerini, büyüklük ve etkinliğine oranla azaltır.

Elzanaatları ya da manüfaktürler ile üretilen metaların fiyatlarıyla, makineyle üretilen aynı metaların fiyatları arasında yapılacak bir karşılaştırma ve inceleme, genellikle, makine ürünlerinde, emek araçlarına bağlı değerin nispi olarak arttığını, ama mutlak olarak azaldığını gösterir. Bir başka deyişle, mutlak değer büyüklüğü küçülür, ama ürünün, örneğin bir libre ipliğin toplam değerine oranla büyüklüğü artar.[26]

Şurası açıktır ki, bir makinenin üretimi için harcanan emek, eğer o makinenin kullanımıyla tasarruf edilen emek kadar ise, burada sözkonusu olan şey, yalnızca emeğin yer değiştirmesidir; sonuç olarak da, ne bir metaın üretimi için gerekli toplam emekte bir azalma olmuş, ne de emeğin üretkenliğinde bir artma. Bununla birlikte, şurası da açıktır ki, bir makinenin malolduğu emek ile tasarruf ettiği emek arasındaki fark, bir başka deyişle, makinenin üretkenlik derecesi, kendi değeri ile yerini aldığı aletin değeri arasındaki farka bağlı değildir. Bir makinede harcanan emek ve dolayısıyla makinenin değerinden ürüne katılan kısım, işçinin aletiyle ürüne kattığı değerden daha küçük olduğu sürece, burada, daima

bir kısmının, faiz adı altında mevcudiyetini *a priori* olarak varsayamayız. *Prima facia* saçma ve değer yaratma yasalarına aykırı görünen kapitalist hesaplama biçimi, bu yapıtın üçüncü kitabında [cildinde] açıklanacaktır.

[26] Makine tarafından eklenen değerin bu kısmı, makinelerin, maddenin biçimini değiştiren makineler olarak değil de salt devindirici güç olarak kullanılan iş hayvanlarının, ve genellikle atların yerini almasıyla, hem mutlak ve hem de nispi olarak azalır. Bu nedenle, şurası da belirtilebilir ki, hayvanları basit makine olarak tanımlayan Descartes, durumu, manüfaktür döneminin gözüyle görüyordu, oysa, ortaçağların gözünde hayvanlar, tıpkı daha sonraları Von Haller'in *Restauration der Staatswissenschaften* adlı yapıtında olduğu gibi, üretim biçiminde bir değişiklik olacağını bekliyordu; değişik düşünce yöntemleri sonucu, doğanın fiilen insanın boyunduruğu altına alınacağı, *Discours de la Méthode* adlı yapıtında açıkça görülür. Burada şöyle der: "Yaşam için son derece yararlı bilgilere [felsefeye uyguladığı yöntemlerle] ulaşmak, okullarda öğretilen teorik felsefe yerine, kendisinin yardımıyla, ateşin, suyun, havanın, gök cisimlerinin ve çevremizdeki diğer bütün cisimlerin güç ve etkinliklerini —zanaatçılarımızın zanaatlarını öğrenmeleri gibi kesinlikle öğrenirken— aynı zamanda en uygun oldukları yerlerde ve amaçlar için kullanmayı öğrenebileceğimiz ve böylece de" insan yaşamının yetkinleşmesine katkıda bulunacağımız "pratik bir felsefe bulmak olasıdır." [Descartes, *Metot Üzerine Konuşma,* MEB, Ankara 1947, Altıncı Bölüm, s. 75.] Sir Dudley North'un, *Discourses upon Trade* (1691) adlı yapıtının önsözünde, Descartes'ın yönteminin ekonomi politiği, altın, ticaret vb. üzerine olan eski masallardan ve boşinanlardan kurtardığı belirtilmektedir. Bununla birlikte, genellikle ilk İngiliz iktisatçıları, filozofları olarak Bacon ve Hobbes'u benimsemişler daha sonraki dönemde ise, İngiltere, Fransa ve İtalya'da ekonomi politiğin *κατ'* εξοχην [özellikle –ç.] filozofu, Locke olmuştur.

makinenin lehine bir fark vardır. Bunun için, bir makinenin üretkenliği de, yerini aldığı insan emek-gücü ile ölçülür. Baynes'e göre, bir beygirgücü ile çalışan 450 iplik eğirme makinesi için, yardımcı makineler de dahil 2,5 işçi gerekir;[27] on saat çalışan her otomatik eğirme makinesi, ortalama kalınlıkta 13 ons iplik üretir; sonuç olarak, 2,5 işçi haftada 365⅝ libre iplik üretir. Demek oluyor ki, verilen fireyi bir yana bırakırsak, 366 libre pamuk, ipliğe dönüşmesi sırasında yalnızca 150 saatlik emek, yani her biri onar saatlik onbeş günlük emeği emmiş oluyor. Ama bir eğirme çarkı ile bir iplikçinin, altı saatte onüç ons iplik eğirdiğini kabul edersek, aynı ağırlıktaki pamuk, her biri on saatlik 2.700 günlük emeği, yani 27.000 saatlik emeği emmiş olur.[28] El ile eski usul basma yapımının yerini basma makinesinin aldığı yerlerde, tek bir makine, bir insanın ya da çocuğun yardımıyla, bir saatte, eskiden 200 işçinin basabileceği kadar dört renkli basma yapar.[29] Eli Whitney, 1793'te çırçır makinesini bulmadan önce, bir libre pamuktan çekirdeğin ayrılması, ortalama bir işgününü alıyordu. Bu buluş ile, zenci bir kadın, günde 100 libre temizleyebildi; ve o günden beri de çırçır makinesinin etkinliği oldukça artmış bulunuyor. Eskiden 50 sente malolan bir libre temiz pamuk, bu buluştan sonra daha çok, karşılığı ödenmeyen emek içerir hale gelmiş ve dolayısıyla daha da fazla kârla 10 sente satılmıştır. Hindistan'da pamuğu çekirdeğinden ayırmak için, çurka denilen yarı-makine, yarı-alet kullanılır, ve bununla, bir erkek ve bir kadın, günde 28 libre pamuk temizleyebilir. Birkaç yıl önce Dr. Forbes'in bulduğu çurka ile bir erkek ve bir çocuk günde 250 libre pamuk temizleyebilir. Bunu çalıştırmak için eğer öküz, buhar ya da su kullanılırsa, makineye pamuk atmak için birkaç tane oğlan ve kız yeter. Öküz ile çalışan bu makinelerden onaltı tanesi, günde, eskiden ortalama 750 kişinin yaptığı kadar iş çıkarabilir.[30]

Daha önce de belirtildiği gibi buharlı pulluk, bir saatte, üç peniye malolan 66 kişinin 15 şiline yapacağı kadar iş yapar. Yanlış bir kanıyı aydınlığa kavuşturmak için bu örneğe dönüyorum. 15 şi-

27 Essen ticaret odasının yıllık raporuna (1863) göre, Krupp dökme çelik fabrikaları, 161 fırın ve aşağıyukarı 2.400 işçi ile, 1862 yılında, otuziki buharlı makine (1800 yılında, bu hemen hemen Manchester'de çalışan bütün buharlı makinelerin sayısı kadardı), ondört buharlı tokmak (hepsi birlikte 1.236 beygirgücünde), kırkdokuz demirci ocağı, 203 alet makinesi ve onüç milyon libre dökme çelik üretmiştir. Burada her beygirgücüne iki işçi düşmez.

28 Babbage, Java'da eğirme işinin tek başına, pamuğun değerine %117 bir katkıda bulunduğunu hesap etmektedir. Aynı dönemde (1832) ince iplik sanayisinde makine ve emeğin pamuğa kattığı toplam değer, pamuğun değerinin aşağıyukarı %33'ü kadardır. (*On the Economy of Machinery,* s. 165, 166.)

29 Makineyle baskı aynı zamanda boyadan da tasarruf sağlamaktadır.

30 Dr. Watson'un 17 Nisan 1860 tarihinde *Society of Arts*'ta okuduğu, *Reporter on Products to the Government of India* başlıklı tebliğe bakınız.

lin, hiçbir zaman, 66 kişinin bir saatte harcadığı emeğin para olarak ifadesi değildir. Eğer artı-emeğin gerekli-emeğe oranı %100 olsaydı, 15 şilinlik ücretleri yalnızca yarım saatlik emeklerini temsil etmekle birlikte, bu 66 kişi bir saatte 30 şilinlik değer yaratırlardı. Bir makinenin, yerini doldurduğu 150 kişinin bir yıllık ücretlerinin, 3.000 sterline malolduğunu varsayalım; bu 3.000 sterlin hiçbir zaman, bu 150 kişinin makinenin kullanılmaya başlamasından önce ürettikleri ürünlere kattıkları emeğin para olarak ifadesi olmayıp, yıllık emeklerinin yalnızca kendileri için harcadıkları ve ücretlerinin temsil ettiği kısımdır. Öte yandan, makinenin para değeri olan 3.000 sterlin, ücret olarak işçinin eline geçenle, artı-değer olarak kapitaliste kalan arasındaki oran ne olursa olsun, makinenin üretimi sırasında harcanan bütün emeği ifade eder. Bunun için, makinenin değeri, yerini aldığı emek-gücüne eşit olsa bile, gene de onda maddeleşen emek, yerine geçtiği canlı emekten çok daha azdır.[31]

Salt ürünü ucuzlatmak amacıyla makine kullanılması, makinenin üretimi için harcanan emeğin, bu makinenin kullanılmasıyla yerini aldığı emekten daha az olması gerekir ilkesiyle sınırlandırılmıştır. Kapitalist için bu tür kullanım daha da sınırlıdır. Kapitalist, emeğin karşılığını ödeyeceği yerde, yalnızca kullanılan emek-gücünün karşılığını ödemektedir; bunun için de, makineyi bu amaçla kullanmasının sınırı, makinenin değeriyle, makinenin yerine geçtiği emek-gücünün değeri arasındaki fark tarafından saptanmıştır. Günlük çalışmanın, gerekli ve artı-emek diye ikiye ayrılması, çeşitli ülkelere göre değiştiği gibi, aynı ülkede farklı dönemlerde ya da sanayinin farklı kollarında değişiklik gösterdiği için; ve ayrıca, işçinin fiilî ücreti bazan emek-gücü değerinin altına düştüğü, bazan da bu değerin üzerine çıktığı için, makinenin üretilmesi için gerekli-emek niceliği ile, onun yerini aldığı toplam emek niceliği arasındaki fark sabit kaldığı halde, makinenin fiyatı ile, o makinenin yerini doldurduğu emek-gücünün fiyatı arasındaki fark büyük değişiklik gösterebilir.[32] Ne var ki, kapitalist için bir metaın üretim maliyetini belirleyen ve onu rekabetin zoruyla etkileyen şey, ancak birinci tür farktır. İşte bunun için bugünlerde İngiltere'de, yalnızca Kuzey Amerika'da kullanılan makineler icat ediliyor; tıpkı 16. ve 17. yüzyıllarda Almanya'da icat edilen makinelerin yalnız Hollanda'da ve 18. yüzyıldaki birçok Fransız icadının yalnız İngil-

[31] "Bu dilsiz işçiler" (makineler), "her zaman, aynı para değerinde oldukları zaman bile, yerlerinden ettikleri emekten çok daha az emeğin ürünleridirler." (Ricardo, *l.c.*, s. 40.)

[32] Bu nedenle komünist bir toplumda makinelerin kullanımı için, burjuva bir topluma göre çok daha farklı bir faaliyet alanı olacaktır.

tere'de kullanılması gibi. Daha eski ülkelerde, makinenin bazı sanayi kollarında kullanılması, diğer kollarda öylesine emek bolluğu yaratıyor ki, buralarda ücretlerin, emek-gücünün değerinin altına düşmesi, makinenin kullanılmasını önler, ve kârı, kullanıldığı emeğin değil, karşılığını ödediği emeğin azalmasından gelen bu kullanım, kapitalist açısından, gereksiz ve çoğu zaman olanaksız duruma gelir. İngiltere'de yünlü manüfaktürün bazı kollarında son yıllarda çocukların çalıştırılması oldukça azalmış, bazı durumlarda da tamamen ortadan kalkmıştır. Neden? Çünkü, fabrika yasaları, birisi altı, diğeri dört ya da her biri beşer saat olmak üzere çocukların iki posta halinde çalıştırılmalarını gerektiriyordu. Ama anababalar, "yarı-zaman" çalışanları, "tam-zaman" çalışanlardan daha ucuza satmak istemiyorlardı. Bu nedenle, "yarı-zaman" çalışanların yerini makineler aldı.[33] Kadınlarla on yaşından küçük çocukların madenlerde çalışması yasaklanmadan önce, kapitalistler, çıplak kadınlarla kızların çoğu zaman erkeklerle birarada çalıştırılmasını kendi ahlak yasaları ile özellikle defter-i kebirlerine öylesine uygun bulmuşlardı ki, ancak bu yasanın yürürlüğe girmesinden sonra makineye başvurmak zorunda kaldılar. Yankeeler bir taş kırma makinesi icat etmişlerdi. İngilizler bunu kullanmıyorlardı, çünkü bu işi yapan "*wretch*",[34] emeğinin o kadar az bir kısmının karşılığını alıyordu ki, makine, kapitalistin üretim masraflarını artırabilirdi.[35] İngiltere'de kanallardaki teknelerin çekimi için at yerine hâlâ şurada burada kadınlar kullanılır.[36] Çünkü at ile makinenin üretimi için gerekli-emek tamı tamına belli olduğu halde, kadının artı-nüfus olarak devamı için gerekli-emek her türlü hesabın altındadır. İşte bu yüzden, en aşağılık amaçlar için insan emekgücünün böylesine utanmazca tüketilip gitmesi hiçbir yerde makinenin yurdu İngiltere'den daha yüzkızartıcı olamaz.

[33] "İşverenler, onüç yaşından küçük çocuklardan oluşan iki ekibi gereksiz olarak tutmak istemiyorlar. ... Gerçekte, bir grup fabrikatör, yün iplik eğiricileri, onüç yaşından küçük çocukları, yani yarım-zamanlıları, nadiren çalıştırıyorlar. Çocukların" (yani onüç yaşından küçük olanların) "yerini alan çeşitli türden gelişmiş ve yeni makineler kullanıyorlar; çocuk sayısındaki bu azalmayı anlatmak için bir süreci burada örnek olarak vermek istiyorum; bu süreçte mevcut makinelere, parçalama makinesi denilen bir aracın eklenmesiyle her makinenin özelliğine göre, altı ya da dört yarım-zaman sistemi, parçalama makinesinin bulunmasında 'dürtü' olmuştur." (*Reports of Insp. of Fact., for 31st October, 1858.*)

[34] "Sefil" sözü, İngiliz ekonomi politiğinde tarım işçileri için kabul edilen deyimdir.

[35] "Makineler ... emek yükselene" (ücretler demek istiyor) "kadar çoğu zaman kullanılamaz." (Ricardo, *l.c.*, s. 479.)

[36] Bkz: *Report of the Social Science Congress at Edinburgh*, Ekim 1863.

ÜÇÜNCÜ KESİM. — MAKİNENİN İŞÇİ ÜZERİNDEKİ DOLAYSIZ ETKİLERİ

Büyük sanayinin çıkış noktası, gösterdiğimiz gibi, emek araçlarındaki devrimdir, ve bu devrim, en gelişmiş biçimine, bir fabrikadaki organize makine sistemi ile ulaşır. İnsan öğesinin bu nesnel organizma ile nasıl birleştiğini incelemeden önce bu devrimin işçi üzerindeki genel etkilerini gözden geçirelim.

a. *Sermayenin Ek Emek-Gücüne Elkoyması. Kadınlarla Çocukların Çalıştırılmaları*

Makine, kas gücünü vazgeçilmez bir öğe olmaktan çıkardığı ölçüde, kasları zayıf, vücut gelişmesi eksik, ama eklem ve organları kıvrak işçileri çalıştıran bir araç halini alır. Bu nedenle de kadın ve çocuk emeği, makine kullanan kapitalist için aranan ilk şey olmuştur. Emek ve emekçinin yerini alan bu güçlü araç, çok geçmeden, yaş ve cinsiyet farkı gözetmeksizin işçi ailelerinin bütün üyelerini doğrudan sermayenin egemenliği altına sokarak, ücretli işçi sayısını artırmanın bir aracı olup çıkmıştır. Kapitalist hesabına yapılacak zorunlu iş, yalnız çocukların oyun alanlarına elatmakla kalmamış, aile çevresinde bireylerin kendileri için diledikleri gibi harcayabilecekleri zamana ve emeğe de elatmıştır.[37]

Emek-gücünün değeri, yalnız yetişkin işçinin yaşamının devamı için gerekli emek-zamanı ile değil, aynı zamanda ailesinin bakımı için gerekli olan emek-zamanıyla da belirleniyordu. Makine, bu ailenin bütün üyelerini emek-pazarına sürerek, yetişkin erkeğin emek-gücünün değerini bütün ailesinin üzerine dağıtmıştır. Böylece, erkeğin emek-gücünün değerini düşürmüştür. Dört kişilik bir ailenin emek-gücünün satın alınması, belki de, eskiden yalnız aile reisinin emek-gücünün satın alınmasından daha pahalıya malolabilir, ama buna karşılık şimdi bir günlük emeğin yerini dört günlük emek almış ve, bir kişiye göre dört kişinin artı-emeğinin fazla-

[37] Amerikan iç savaşının yolaçtığı pamuk bunalımı sırasında, pamuk işçilerinin sağlık durumlarını incelemek için İngiliz hükümetince Lancashire, Cheshire ve başka yerlere gönderilen Dr. Edward Smith, sağlık açısından ve işçilerin fabrika atmosferinden uzaklaşmaları dışında bu bunalımın bazı yararlı yanları olduğunu bildirmiştir. Kadınların, şimdi "*Gotfrey's Cordial*" ile zehirlenmek yerine, bebeklerini emzirmek için yeterli boş zamanları vardı. Yemek pişirmeyi öğrenecek zamanları da vardı. Ama ne yazık ki, bu sanatı, tam da, pişirecek bir şeyleri olmadığı bir sırada öğrenmişlerdi. Sermayenin, kendini genişletme amacıyla, aile yuvaları için gerekli-emeğe bile nasıl elkoyduğunu buradan da görüyoruz. Bu bunalım, aynı zamanda, işçilerin kızlarının dikiş okullarında dikiş öğrenmeleri için de yararlı olmuştur. Bütün dünya için iplik eğiren emekçi kızların dikiş dikmeyi öğrenebilmeleri için, bir Amerikan devrimi ve uluslararası bir bunalım gerekmişti!

lığı oranında, fiyatında bir düşme olmuştur. Ailenin yaşayabilmesi için artık bu dört kişi yalnız çalışmış olmayacak, kapitalist için artı-emeği de çoğaltacaklardır. Böylece görüyoruz ki, makine, sermayenin sömürücü gücünün başlıca konusu olan insan malzemesini artırmanın[38] yanısıra, bu sömürünün derecesini de yükseltir.

Makine, ayrıca daha önce karşılıklı ilişkilerini saptamış olan işçi ile kapitalist arasındaki sözleşmede de baştan sona bir devrim yapar. Meta değişimini temel alan bizim ilk varsayımımız, kapitalist ile işçinin, serbest kişiler ve bağımsız meta sahipleri olarak karşı karşıya geldikleri, ve birisinin parayla üretim aracına, diğerinin ise emek-gücüne sahip olduğu idi. Ama şimdi kapitalist, çocukları ve reşit olmayan gençleri de satın almaktadır. Daha önce işçi, serbest bir kimse olarak şeklen sahip bulunduğu kendi emek-gücünü satardı, şimdi ise karısını ve çocuğunu satmaktadır. Artık o bir köle tüccarı olmuştur.[39] Çocuk işçi aranırken verilen ilanlar çoğu zaman, eskiden Amerikan dergilerinde çıkan zenci köle aranırken verilen ilanlara biçim olarak pek benzer. Bir İngiliz fabrika denetmeni şöyle diyor: "Bölgemdeki en önemli sanayi kentlerinden birinin yerel gazetesinde şu ilan dikkatimi çekmişti: 12 ile 20 yaşlar arasında gençler aranıyor; 13 yaşından küçük görünmemeleri şarttır. Ücret haftada 4 şilindir. Başvurma vb.."[40] "13 yaşından kü-

38 "Erkekler yerine gitgide daha fazla kadın ve hepsinden fazla da, yetişkin işçi yerine çocuk çalıştırılması nedeniyle işçilerin sayı bakımından artışları çok fazlaydı. Onüç yaşında üç kız çocuğu, haftada 6 şilin ile 8 şilin arasında değişen ücretle, gene haftada 18 şilin ile 45 şilin arasında ücret alan tek bir yetişkin erkek işçinin yerini almıştı." (Th. de Quincey, *The Logic of Political Econ.,* London 1844, s. 147, not.) Çocuk bakımı ve emzirme gibi bazı aile görevleri bütünüyle ortadan kaldırılabilir şeyler olmadığı için, sermayenin elkoyduğu analar, bunun bir çaresini bulmak zorundaydılar. Dikiş, yama ve tamir gibi ev işlerinin yerine, hazır eşya satın alınması geçecekti. Böylece evde harcanan emek azaldıkça, harcanan para miktarı artıyordu. Ailenin geçim giderleri çoğalıyor, kazanç fazlasını alıp götürüyor. Buna ek olarak, yaşamak için gerekli maddelerin tüketimi ve hazırlanmasında tasarruf ve yerinde karar verme olanaksız hale geliyordu. Resmî ekonomi politik tarafından gizlenen bu olgularla ilgili bol bilgi, *Children's Employment Commission*'un fabrika denetmenleri raporlarında ve özellikle de *Reports on Public Health*'da bulunabilir.

39 İngiliz fabrikalarında, erkek işçilerin sermayeden zorla elde ettikleri, kadın ve çocukların çalışma saatlerinin kısaltılması gibi büyük bir olgu ile taban tabana karşıt bir durumu, Çocukların Çalıştırılması Hakkındaki Komisyonun en son raporlarında, işçi çocukların ana ve babalarının çocuklar üzerindeki aşağılık tutumları ile ilgili ve gerçekten dehşet verici ve tamamıyla köle ticaretini andırır davranışlarında görüyoruz. Ama aynı ikiyüzlü kapitalist, aynı raporlardan görülebileceği gibi, kendi eliyle yarattığı, sürdürdüğü, sömürdüğü ve üstelik, "çalışma özgürlüğü" adını taktığı bu vahşeti lanetler. "Hatta kendi günlük ekmeklerini kazanmaları için ... çocuk işçiler yardıma çağrılmıştı. Kendileri için çok ağır olan böylesine güç bir çalışmaya dayanacak güçten, gelecekteki yaşamlarına yön verecek eğitimden yoksun bir halde, fizik ve moral yönden pis bir ortam içersine fırlatılıp atıldılar. Kudüs kentinin Tifüs tarafından yıkılması üzerine bir yahudi tarihçi, insanlığını yitirmiş bir ananın korkunç açlığını gidermek için kendi öz evladını feda etmesi üzerine, bu kentin böylesine bir yıkıma uğramasına hiç şaşmamak gerektiğine dikkati çekmişti." (*Public Economy Concentrated,* Carlisle 1833, s. 66.)

çük görünmemeleri şarttır" ifadesi, fabrika yasasında yeralan ve 13 yaşından küçük çocukların günde yalnızca 6 saat çalışabilecekleri hükmüyle ilgilidir. İşçilerin yaşlarını resmen atanmış bir hekimin saptaması da şarttı. İşte bunun için fabrikatör, 13 yaşındaymış gibi görünen çocuklar aramaktadır. Fabrikalarda çalıştırılan 13 yaşından küçük çocukların sayısında sık sık sıçramalar gösteren azalmalar, son 20 yıllık İngiliz istatistiklerinde de şaşılacak bir şekilde görüldüğü gibi çoğu zaman, fabrika denetmenlerinin kendi tanıklıklarına göre, çocukların yaşlarını, kapitalistin sömürü hırsına ve ana-babalarının kirli ticaret gereksinmelerine uygun biçimde büyük gösteren resmî hekimlerin işidir. Londra'nın dile düşmüş Bethnal Green semtinde her pazartesi ve salı günü her iki cinsten 9 yaşında ve daha büyük çocukların, ipek fabrikatörlerine kendilerini kiraladıkları açık bir pazar kurulur. "Genellikle haftalık, 1 şilin 8 penidir (bu para, ana-babaya aittir) ve 2 peni de kendim ve çay içindir. Sözleşme yalnızca haftalıktır. Bu pazarın görüntüsü de, orada konuşulan dil de utanç vericidir."[41] Kadınların, "çocukları, işevlerinden alıp, önlerine gelene haftalığı 2 şilin 6 peniden kiralamaları" İngiltere'de de görülür.[42] Yasalara karşın, Büyük Britanya'da canlı baca temizleyicisi olarak kullanılmak üzere (bu iş için bir yığın makine olduğu halde) ana-babaları tarafından satılan çocukların sayısı 2.000'i aşar.[43] Emek-gücü satıcısı ile satın alıcısı arasındaki hukuksal ilişkilerde, makinenin yolaçtığı devrim, bütünüyle bu alışverişin serbest kimseler arasında bir sözleşme olması görünüşünü yitirmesine neden oldu ve İngiliz parlamentosuna da, devletin fabrikalara karışması için, hukuk ilkelerine dayanan bir mazeret hazırladı. Daha önce karışılmayan sanayi kollarında, yasa, çocukların çalışmasını ne zaman 6 saat ile sınırlasa, fabrikatörlerin şikayetleri yeniden duyulmaya başlıyordu. Bunların öne sürdüklerine göre, ana-babalar, çocuklarını, yasaların kapsamı içine sokulan sanayi kollarından çekerek, hâlâ "çalışma özgürlüğü"nün egemen olduğu yerlere, yani 13 yaşından küçük çocukların da büyükler gibi çalıştırılabildiği ve bu nedenle daha yüksek bir fiyattan kaçınılabildiği alanlara satıyorlardı. Ne var ki, sermaye, niteliği gereği eşitlikçi olduğundan emeğin sömürülmesi koşullarında bütün üretim alanlarında eşitliği uyguladığından, sanayinin bir

[40] A. Redgrave, *Reports of Insp. of Fact., for 31st October, 1858*, s. 40, 41.

[41] *Children's Employment Commission, Fifth Report,* London 1866, s. 81, nº 31. [*Dördüncü Almanca baskıya ek.* – The Bethnal Green ipekli sanayisi şimdi neredeyse yokolmuştur. –*F. E.*]

[42] *Children's Employment Commission, Third Report,* London 1864, s. 53, nº 15.

[43] *l.c., Fifth Report,* s. xxıı, nº 137.

kolunda çocuk çalıştırılmasının yasayla sınırlandırılması, diğer kollarında da bir sınırlandırmanın nedeni olmuştur. Makinenin, önce doğrudan kendisine dayanarak yükselen fabrikalarda, sonra da dolaylı olarak geri kalan bütün sanayi kollarında, sermayenin sömürüsüne bağlı kıldığı, kadınların, çocukların ve gençlerin üzerinde yarattığı fizik bozukluklara daha önce de değinmiş bulunuyoruz. Bu nedenle burada yalnız tek bir nokta üzerinde işçi çocuklarının doğumlarından sonraki ilk birkaç yıl içersindeki büyük ölüm oranı üzerinde duracağız. İngiltere'de onaltı nüfus kayıt bölgesinde, bir yaşından küçük her 100.000 çocuk için yılda ortalama ölüm sayısı yalnızca 9.000'dir (yalnız bir bölgede 7.047'dir); 24 bölgede ölüm sayısı 10.000'in üzerinde, ama 11.000'in altında. 39 bölgede 11.000'in üzerinde 12.000'in altında; 48 bölgede 12.000'in üzerinde ama 13.000'in altında, 22 bölgede 20.000'in üzerinde, 25 bölgede 21.000'in üzerinde, 17 bölgede 22.000'in üzerinde, 11 bölgede 23.000'in üzerinde, Hoo, Wolverhampton, Ashton-under-Lyne ve Preston'da 24.000'in üzerinde, Nottingham, Stockport ve Bradford'da 25.000'in, Wisbeach'de 26.000'in, Manchester'da 26.125'in üzerindedir.[44] 1861 yılında yapılan resmî bir sağlık araştırmasına göre, yüksek ölüm oranının nedenleri, yerel nedenler dışında, başlıca, annelerin dışarda çalışmaları, ve bu yüzden çocukların kötü beslenmeleri, uygun olmayan şeyler yemeleri, afyonlu mama almaları gibi ihmal ve kötü bakımdır; bunlardan başka, anne ile çocuk arasında doğal olmayan bir yabancılaşma başlamakta ve bunun sonucu bilerek aç bırakma ve zehirlemeler görülmektedir.[45] "Kadın çalışmasının en az olduğu tarımsal bölgelerde ise ölüm oranı çok düşüktür."[46] Bununla birlikte 1861 Araştırma Komisyonu beklenilmeyen bir sonuçla karşılaştı: Kuzey Denizi kıyılarındaki bazı tarımsal bölgelerde bir yaşından küçük çocuklar arasındaki ölüm oranı, nerdeyse, en kötü fabrika bölgelerindekine eşitti. Bu yüzden Dr. Julian Hunter, bu olayı yerinde incelemekle görevlendirildi. Dr. Hunter'ın hazırladığı rapor, *VI. Report on Public Health* ile birleştirildi.[47] O zamana kadar çocukların sıtma ile, çukur ve bataklık bölgelere özgü diğer hastalıklardan kırıldıkları sanılıyordu. Ama inceleme bunun tam tersini ortaya koydu; yani sıtmayı ortadan

[44] *Sixth Report on Public Health,* Lond. 1864, s. 34.

[45] "Bu" (1861 araştırması) "... ayrıca şunu da göstermiştir ki, anlatılan koşullar altında çocuklar, annelerinin çalışmalarından ileri gelen ihmal ve bakımsızlık yüzünden yokolup gittikleri gibi, anneler de çocuklarına karşı elem verici derecede yabancılaşmakta, çoğu kez ölümleri karşısında fazla keder duymamakta ve hatta bazan ... bunu sağlamak için doğrudan önlem almaktadırlar." (*l.c.*)

[46] *l.c.,* s. 454.

[47] *l.c.,* s. 454-463. Dr. Henry Julian Hunter'ın İngiltere'nin bazı kırsal bölgelerindeki fazla çocuk ölümleri üzerine raporu.

kaldıran aynı neden, toprağın kışın bataklık, yazın cılız bir çayırlık halinden çıkartılıp verimli bir ekim bölgesi haline getirilmesi, çocuklar arasındaki olağanüstü ölüm oranını doğurmuştu.[48] Dr. Hunter'ın bu bölgede görüştüğü 70 sağlık memuru bu nokta üzerinde "tam görüşbirliği" içindeydiler. Gerçekten de, ekim tarzında devrim, tarıma sanayi sistemini sokmuştu. Erkek ve kız çocuklarla birlikte çalışma grupları halinde çalışan evli kadınlar, belli bir ücret karşılığında, bütün topluluğu kiralayan "ırgatbaşı" tarafından çiftlik sahibinin emrine verilir. "Bu çalışma grupları bazan kendi köylerinden çıkıp kilometrelerce uzağa giderler; sabah ve akşamları bunlara yollarda raslanır; kısa bir eteklik, gömlek ve çizme, bazan da pantolon giyerler; çok sağlam ve sağlıklı bir görünüşleri vardır, ama alışageldikleri hafif ahlakın yanısıra, sevdikleri bu hareketli ve bağımsız yaşamın, evlerinde kıvranan talihsiz yavrulara getirdiği öldürücü sonuçlara aldırmaz bir halleri vardır."[49] Fabrika bölgelerindeki bütün olaylar, burada, hem de daha geniş ölçülerde yinelenmektedir: gizli çocuk öldürme, çocuklara afyonlu maddeler verilmesi gibi.[50] Özel kurul üyesi ve Halk Sağlığı Raporunun başyazarı Dr. Simon, "Yetişkin kadınların sanayide geniş ölçülerde çalıştırılması konusundaki derin kaygılarımı, bu gibi kötülükler konusunda bildiklerim haklı ve mazur gösterebilir."[51] diyor. Fabrika müfettişi Mr. Baker ise, resmî raporunda şöyle söylüyor: "İngiltere'deki sanayi bölgelerinde aile sahibi evli kadınların kumaş fabrikalarında çalışmaları yasaklandığı gün, bu bölgeler için büyük mutluluk olacaktır."[52]

Kapitalist sömürünün çocuklarla kadınlar üzerinde yolaçtığı ahlak yozlaşması, F. Engels'in *Lage der arbeitenden Klasse Englands* adlı yapıtıyla ve diğer yazarlarca o kadar enine boyuna anlatılmıştır ki, ben, burada, yalnızca değinmekle yetiniyorum. Ama, henüz olgunluk çağına erişmemiş insanları, salt bir artı-değer yaratma makinesi haline getirmenin yapay olarak yarattığı entelektüel yozlaşma —bu, aklı, gelişme ve olgunlaşma yeteneklerini bozmadan kısır bir halde tutan bilisizlikten tamamen farklı bir du-

48 *l.c.*, s. 35, 455, 456.

49 *l.c.*, s. 456.

50 Tarımsal bölgelerde olduğu gibi fabrika bölgelerinde de, hem erkek ve hem de kadın yetişkin işçiler arasındaki afyon tüketimi, her gün biraz daha artmaktadır. "Uyuşturucu madde satışını hızlandırmak ... bazı girişken toptancı tüccarların başlıca amacıdır. Eczacılar bunu, sürümü en fazla madde saymaktadırlar." (*l.c.*, s. 459.) Uyuşturucu madde alan çocuklar, "ihtiyar adamlar gibi kavrulmakta" ya da "küçük maymunlar gibi kartlaşmaktadırlar." (*l.c.*, s. 460.) Burada, Hindistan ile Çin'in, İngiltere'den nasıl öç aldıklarını görüyoruz.

51 *l.c.*, s. 37.

52 *Rep. of Insp. of Fact., for 31st October, 1862*, s. 59. Mr. Baker daha önce hekimlik yapmıştır.

rumdur— ensonu İngiliz parlamentosunu bile, fabrika yasalarına giren sanayi kollarında 14 yaşından küçük çocukların "verimli" bir şekilde çalıştırılmaları için ilk öğrenimi zorunlu hale getirmek zorunda bıraktı. Kapitalist üretimin ruhu, fabrika yasalarındaki sözde öğrenim maddesinin gülünç bir şekilde kaleme alınışında, bu zorunluluğu denetleyecek yönetimsel bir mekanizmanın bulunmayışında, öğrenimle ilgili maddelere fabrikatörlerin kendilerinin karşı koymalarında, ve bunların uygulanmasından kaçınmak için başvurdukları binbir türlü hilede açıkça görülür. "Bu konuda bütün suç yasakoyucudadır: Bir yandan fabrikalarda çalışan bütün çocukların *öğrenim* görecekleri konusunda yönetmelik getirirken, öte yandan bunun sağlanması için herhangi bir hüküm getirmemekte ve adeta gözboyamak için bir yasa geçirmiş olmaktadır. Yasa, çocukların haftanın belli günlerinde birkaç (üç) saat okul adı verilen dört duvar arasında bir yere kapatılmalarından ve işverenin her hafta bu işle görevlendirilmiş erkek ya da kadın öğretmenin imzasını taşıyan ve bu hususun yerine getirildiğini belirten bir belgeyi almasından başka bir hüküm getirmemektedir."[53] 1844 tarihli, değiştirilmiş fabrika yasasından önce, bu okula devam belgesinin, kendileri de yazma bilmeyen öğretmenler tarafından yalnız bir çarpı işareti konularak imzalandığı sık sık görülen olaylardandı. "Devam belgelerinin verildiği okul denilen bir yere yaptığım bir ziyaret sırasında öğretmenin bilisizliğiyle öylesine çarpıldım ki, 'Afedersiniz bayım, siz okuma biliyor musunuz?' diye sormaktan kendimi alıkoyamadım. Verdiği karşılık: 'Eh biraz!' oldu ve, belge verme yetkisini haklı göstermek için şu sözleri ekledi: 'Hiç değilse ben öğrencilerimden ilerde sayılırım.' 1844 tarihli yasa hazırlanırken denetmenler, verdikleri belgeleri, yasa gereğince kabul etmek zorunda oldukları, okul denilen yerlerin utanç verici durumunu belirtmeyi ihmal etmediler, ama elde ettikleri tek başarı, 1844 yasasının yürürlüğe girmesinden sonra, okul belgelerindeki rakamların öğretmenin elyazısı ile doldurulması ve altına da adını ve soyadını yazarak imzalaması zorunluluğu oldu."[54] İskoçya bölgesi fabrika denetmeni sir John Kincaid de aynı türden olaylar anlatmaktadır. "Ziyaret ettiğimiz ilkokul Mrs. Ann Killin adında bir hanımın yönetimindeydi. Adını hecelemesi istenildiği zaman C harfi ile başlayarak hemen bir yanlış yaptı, ama bunu derhal düzelterek K ile başladığını söyledi. Ne var ki, okul belgeleri ile ilgili deftere bakınca adını çeşitli şekillerde yazdığını gördüğüm gibi, elyazısı da, öğretmenlik yapma yeteneğinden yoksun olduğu konusunda insanda hiç

[53] L. Horner, *Reports of Insp. of Fact., for 30th June, 1857*, s. 17.
[54] L. Horner, *Reports of Insp. of Fact., for 31st October, 1855*, s. 18, 19.

kuşku bırakmıyordu. Kayıtları kendisinin tutmadığını da zaten kendisi itiraf etti. ... Ziyaret ettiğim ikinci okulda, 15 *foot* boyunda 10 *foot* eninde bir sınıf vardı ve burada, ne mırıldandıkları anlaşılmayan 75 çocuk saydım."[55] "Çocukların herhangi bir öğrenim görmeden devam belgeleri aldıkları yerler, yalnızca bu anlatılan sefil yerler değildi, yetkili bir öğretmenin bulunduğu pek çok okulda da, üç yaşından başlayarak her yaştan bir çocuk kalabalığının doldurduğu yerlerde bütün çabalar boşunaydı; öğretmenin en iyi durumda bile sefalet içinde diyebileceğimiz geçimi, bu daracık yere doldurabildiği çocuklardan topladığı penilere bağlıydı. Buna, bir de, okuldaki pek az eşyayı, kitap ve diğer öğrenim araçları eksikliğini, kalabalık ile gürültünün bu yoksul çocuklar üzerindeki olumsuz etkisini eklemek gerekir. İçlerinde hiçbir şey yapmaksızın dizi dizi çocukların oturduğu böyle pek çok okulu ziyaret ettim; buna okula devam deniliyordu ve istatistiklerde bu çocuklar öğrenim görmüş olarak gösteriliyordu."[56] İskoçya'da fabrikatörler, okula gitmek zorunda olan çocukları işe almamak için ellerinden geleni yaparlar. "Fabrika sahiplerinin hiç hoşlanmadıkları fabrika yasasındaki eğitimle ilgili hükümlerin, bu çocukların işe alınmalarını büyük ölçüde engellediğini ve yasada öngörülen öğrenimden böylece hiç yararlanamadıklarını tanıtlamak için başka kanıtlar getirmeye gerek yoktur."[57] Özel bir yasayla düzenlenen basmacılık işinde, bu, ürkütücü bir soytarılık halindedir. Bu yasa gereğince, "basma işine alınmadan önce, her çocuğun, 150 saatten az olmamak üzere en az 30 gün okula devam etmesi gerektiği gibi, işe başlamasını izleyen altı ay içinde ve bu işte çalıştığı süre boyunca her altı ayda bir gene 30 gün ve 150 saatlik öğrenim görmesi zorunludur. ... Okul saatleri sabah 8 ile akşam 6 arasında olacaktır. Günde 2½ saatten az, 5 saatten fazla öğrenim, bu 150 saate dahil edilmeyecektir. Olağan koşullar altında, çocuklar, 30 gün sabah ve öğleden sonra en az her gün beş saat okula devam edecekler ve 30 günün sonunda 150 saati tamamlayarak kitaplarını kendi başlarına okuyacak hale geldikten sonra basmacılık işine başlayacaklar ve altı ayın sonunda yeni bir öğrenim dönemine girecekler ve kitaplarını yeni baştan okumaya çalışacaklardır. ... Gerekli saati tamamlamak için okula devam eden çocuklardan çoğunun, altı aylık işten sonra, yeniden okula dönünce, daha önce öğrendikleri her şeyi unuttukları ve tıpkı basmacı çocuklar olarak okula ilk başladıkları gündeki gibi oldukları görülmektedir. ... Başka basma işlerinde çocukların okula devamı, ta-

[55] Sir John Kincaid, *Reports etc., for 31st October, 1858*, s. 31, 32.
[56] L. Horner, *Reports etc., 31st October, 1857*, s. 17, 18.
[57] Sir J. Kincaid, *Reports etc., 31st October, 1856*, s. 66.

mamen fabrikanın iş durumuna bağlıdır. Her altı ay için gerekli okul saati, bir kerede 3 ile 5 saat arasında olmak üzere bölünmekte ve bazan bütün altı aya yayılmaktadır. ... Sözgelişi okula devam bir gün sabah 8 ile 11, başka bir gün öğleyin 1 ile 4 olabilir ve birkaç gün aradan sonra çocuk tekrar öğleden sonra 3 ile 6 arasında okulda boy gösterebilir; bu böylece birkaç gün ya da bir hafta sürer, sonra gene 3 hafta ya da bir ay okula hiç gitmez, ve ardından onu çalıştıranın keyfine kalmış tuhaf bir günün tuhaf bir saatinde yeniden okula başlar; böylece çocuk, 150 saatlik masal tamamlanana kadar okul ile iş arasında mekik dokur."[58]

Kadınlarla çocukların yığınlar halinde işçi saflarına katılmalarıyla, makine, ensonu, manüfaktür döneminde erkek işçilerin sermayenin zorbalığına karşı sürdürdüğü direnmeyi kırmış olur.[59]

b. *İşgününün Uzatılması*

Emeğin üretkenliğini yükseltmek, yani bir metaın üretimi için gerekli emek-zamanını kısaltmak için en güçlü araç olan makine, sermayenin elinde, ilk kez elattığı sanayi alanlarında, işgününü, insan doğasının koyduğu bütün sınırların ötesine uzatmak için en güçlü araç haline geldi. Makine, bir yandan, sermayeye, devamlı eğilimini rahatça uygulama olanağını sağlayan koşullar yaratırken öte yandan da, sermayenin, başkalarının emeğini sömürmek konusundaki iştahını kamçılayacak yeni dürtüler hazırlıyordu.

Her şeyden önce emek araçları, makine biçimine girmekle, işçiden bağımsız hareket eden ve çalışan otomatik şeyler halini almıştır. Böylece emek araçları, hizmetindeki insanların zayıf vücutlarında ve güçlü iradelerindeki bazı doğal engellerle karşılaşmadığı sürece, durmadan üretime devam eden sınai *perpetuum mobile** ol-

58 A. Redgrave, *Rep. of Insp. of Fact., for 31st October, 1857*, s. 41-42. Fabrika yasasının (metinde sözü edilen basma işleri yasası değil) bir süredir yürürlükte bulunduğu sanayi kollarında, eğitim maddesinin önüne çıkan engeller son yıllarda kaldırılmıştır. Yasa kapsamına girmeyen sanayi kollarında, cam fabrikatörü Mr. J. Geddes'in görüşleri hâlâ geniş ölçüde egemendir. Araştırma komisyonu üyesi Mr. White'a şu bilgileri vermiştir: "Benim gördüğüm kadarıyla, işçi sınıfının bir kısmının son yıllarda yararlandığı daha büyük ölçüdeki eğitim, kötü bir şeydir. Onları bağımsız hale getirdiği için tehlikelidir." (*Children's Empl. Comm., Fourth Report*, Lond. 1865, s. 253.)

59 "Fabrikatör Mr. E. ... bana, buharlı dokuma tezgahlarında yalnız kadınları çalıştırdığını ... evli kadınları ve özellikle evde bakımıyla sorumlu aileleri bulunanları yeğlediğini söyledi; bunlar, bekar kadınlara göre daha dikkatli ve yumuşakbaşlı oluyorlar ve gerekli tüketim maddelerini sağlayabilmek için bütün çabalarını harcıyorlardı. Böylece, kadına özgü erdemler, onun aleyhine olarak kullanılıyor ve fabrikalarında varolan en ince görev duygusu ve şefkat, onun köleleştirilmesi ve ıstırap çekmesi için birer araç haline getiriliyordu." (*Ten Hours' Factory Bill. The Speech of Lord Ashley, 15 March*, Lond. 1844, s. 20.)

* Devri-daim. –ç.

muştu. Bu yüzden otomat, sermaye olarak ve sermaye olduğu için de kapitalistin kişiliğinde akıl ve iradeye sahip olması nedeniyle, itici olmakla birlikte esnek de olan bu doğal engelin, yani insanın, gösterdiği direnmeyi en düşük ölçüye indirmek isteğiyle yüklüdür.[60] Bu direnme, ayrıca, makinede çalışmanın görünüşteki hafifliği ve onunla çalışan kadınlarla çocukların daha uysal ve yatkın karakterde olmaları ile daha da azalır.[61]

Makinenin üretkenliği, daha önce de gördüğümüz gibi, ürüne aktardığı değerle ters orantılıdır. Makinenin ömrü ne kadar uzun olursa, ürettiği ürünlere kattığı değer o kadar geniş bir kitle üzerine yayılır ve bu değerden her bir metaya eklenen miktar o kadar az olur. Bununla birlikte, bir makinenin etkin ömrü, açıkça, işgününün uzunluğuna, ya da emek-sürecinin günlük devam süresi ile, sürecin devam ettiği günlerin sayısı ile çarpımına bağlıdır.

Bir makinenin aşınma ve yıpranması çalışma süresi ile tam bir orantı içinde değildir. Böyle olsa bile, 7,5 yıl boyunca günde 16 saat çalışan bir makine, aynı makinenin 15 yıl, günde yalnız 8 saat çalıştırılması halinde kapsayacağı uzunlukta bir çalışma süresini kapsar ve ürüne aynı miktarda değer aktarır. Ama, birinci durumda makinenin değeri, ikinciye göre iki katı hızla yeniden-üretilir, ve kapitalist, makineyi böyle kullanarak, 7,5 yılda, ikinci durumdaki 15 yıla eşit artı-değer sağlamış olur.

Bir makinenin aşınması ve yıpranması iki türlüdür. Birisi, dolaşım sırasında sikkelerin aşınması gibi, kullanımdan ileri gelir, diğeri de, kılıcın kınında paslanması gibi kullanılmamaktan ileri gelir. Bu ikinci tür, makinenin öğelerine bağlıdır. Birincisi, makinenin kullanılması ile azçok doğru orantılı, ikincisi ise bir ölçüde ters orantılıdır.[62]

60 "Makinenin yaygın şekilde kullanılmasından beri, insan doğası, ortalama gücünün çok ötesinde zorlanıyor." (Rob[ert] Owen, *Observations on the Effects of the Manufacturing System,* 2. ed., Lond. 1817, [s. 16].)

61 Bir şeyin görünüşünün en eski şeklini, onun varlık nedeni olarak görmeye eğilimli İngilizler, fabrikalardaki uzun çalışma saatlerini, kapitalistlerin, fabrika sisteminin emekleme çağında, işlevleri ile yetimhanelerden yaptıkları ve bu yoldan kendilerine, savunmasız sömürü malzemesi sağladıkları, geniş ölçüdeki çocuk hırsızlıklarına bağlamak alışkanlığındadırlar. Örneğin, kendisi de bir fabrikatör olan Fielden şöyle diyor: "Şurası açıktır ki, uzun çalışma saatleri, ülkenin her yerinden sağlanan çok sayıda kimsesiz çocuğun varlığı nedeniyle ortaya çıkmıştır; böylelikle patronlar işçilerden bağımsız duruma gelmişler ve bu şekilde sağlamış oldukları bu zavallı malzeme aracılığı ile sağladıkları usule dayanarak bunu komşularına daha büyük bir kolaylıkla kabul ettirmişlerdir." (J. Fielden, *The Curse of the Factory System,* Lond. 1836, s. 11.) Kadınların çalıştırılmasıyla ilgili olarak fabrika denetmeni Saunders, 1844 tarihli raporunda şunları söylüyor: "Kadın işçiler arasında öyleleri var ki, birkaç gün dışında ardarda birçok hafta, iki saatten az bir yemek paydosu ile sabah altıdan gece yarısına kadar çalıştırılmaktadır; böylece haftanın 5 gününde kendilerine ancak eve gidip gelmek ve yatmak için 24 saatten 6 saat kalmaktadır."

Ne var ki, bir makinenin maddi aşınma ve yıpranmasının yanısıra, bir de moral yıpranma diyebileceğimiz bir aşınması vardır. Ya, aynı türden daha ucuz başka makinelerin üretilmesiyle ya da daha iyi makinelerin rekabete girmesiyle, değişim-değerini yitirir.[63] Bir makine, ne kadar genç ve yaşam dolu olursa olsun, her iki durumda da, değeri, artık, onda fiilen maddeleşen emek ile değil, onu ya da daha iyisini üretmek için gerekli emek-zamanı ile belirlenir. Bu durumda, azçok bir değer kaybına uğramış demektir. Toplam değerinin yeniden-üretimi için gerekli zaman ne kadar az olursa, moral yıpranma tehlikesi o kadar az, ve işgünü ne kadar uzun olursa bu süre o kadar kısa olur. Makine, bir sanayi koluna ilk kez girdiği zaman, onu daha ucuza üretmek için yeni yöntemler birbirini izlediği gibi,[64] onun yalnız parçalarını ve kısımlarını değil, bütün yapısını da etkileyecek geliştirme çabaları ardarda gelir. İşte bu yüzden, makinenin ömrünün ilk günlerinde, işgününün uzatılması için bu özel dürtü kendisini daha büyük bir şiddetle duyurur.[65]

Diğer bütün koşullar aynı kalmak üzere, işgünü uzunluğu belli ise, çalıştırılan işçilerin iki katına çıkartılarak sömürülmesi, yalnızca makine ile binalara yatırılmış bulunan değişmeyen sermaye kısmının iki katına çıkartılmasını değil, hammadde ile yardımcı maddelere yatırılan kısmının da iki katına çıkartılmasını gerektirir. İşgününün uzatılması, öte yandan, makineler ile binalara yatırılan sermaye miktarında bir değişiklik olmaksızın üretim hacminde bir artış sağlar.[66] Bu nedenle, artı-değer miktarında bir artma olmakla birlikte, bunun elde edilmesi için gerekli harcamalarda bir azalma olur. İşgününün uzatıldığı her durumda gerçi azçok böyle

[62] "Metal mekanizmanın hareketli hassas kısımlarındaki arızanın nedeni ... hareketsizlik olabilir." (Ure, *l.c.*, s. 281.)

[63] Daha önce sözü edilen *Manchesterlı İplikçi* (*Times,* 26 Kasım 1862) bu konuya ilişkin olarak şöyle diyor: "O" (yani, "makinelerin yıpranma fonu") "makinelerin daha eskimeden daima daha yeni ve daha iyi yapılmış olanları ile değiştirilmelerinden ileri gelen kayıpları karşılamak için de konulmuştur."

[64] "Kaba bir tahmine göre, yeni icat edilmiş bir makinenin ilkinin yapımı, ikincisinin yapımından, aşağıyukarı beş katına malolur." (Babbage, *l.c.*, s. 211, 212.)

[65] "Yakın zamanlarda tül yapımı alanında meydana gelen gelişmeler o kadar büyük olmuştur ki, 1.700 sterlin değerinde iyi durumda bir makine birkaç yıl sonra 60 sterline satılmıştır ... gelişmeler birbirini öylesine büyük bir hızla izlemiştir ki, henüz daha son şeklini almamış durumdaki makineler, yeni gelişmeler bunları modası geçmiş hale getirdiği için yapımcıların ellerinde kalmışlardır." (Babbage, *l.c.*, s. 233.) Bu fırtınalı atılım döneminde, bu nedenle, tül fabrikatörleri, çok geçmeden işgününü, iki posta çalışan işçilerle başlangıçtaki 8 saatten 24 saate çıkarmışlardır.

[66] "Şurası açıktır ki, piyasanın gelgitleri ve talebin ardarda genişlemesi ve daralması ortamında ... eğer, binalar ve makineler için ek harcama gerektirmeksizin, daha fazla hammadde işlenebilecekse, fabrikatörün, ek değişmeyen sermaye kullanmaksızın, ek değişen sermaye kullanabilmesine olanak veren fırsatlar çıkacaktır." (R. Torrens, *On Wages and Combination,* London 1834, s. 64.)

bir şey olur, ama şimdi incelemekte olduğumuz durumda bu değişiklik daha belirlidir, çünkü emek araçlarına dönüştürülen sermaye kısmı çok daha ağır basmaktadır.[67] Fabrika sisteminin gelişmesi, sermayenin gittikçe büyüyen kısmını, bir yandan değerini sürekli olarak kendisini büyetebileceği, öte yandan da, canlı emekle ilişkisini kopardığı anda hem kullanım-değerini ve hem de değişim-değerini yitireceği bir şekle sokar. Dokuma sanayisinin büyük patronlarından Ashworth, profesör Nassau W. Senior'e şöyle diyordu: "Bir tarım işçisi küreğini elinden bıraktığı anda, bir süre için, onsekiz penilik bir sermayeyi yararsız duruma getirir. Oysa adamlarımızdan birisi fabrikadan ayrıldığı anda 100.000 sterlinlik bir sermayeyi yararsız kılar."[68] Düşününüz bir kez: 100.000 sterlinlik bir sermayenin bir an için "yararsız" duruma getirilmesi ne demektir! Adamlarımızdan tek bir kişinin bile fabrikayı terk etmesi gerçek bir felakettir! Makinenin kullanım alanındaki genişleme, Ashworth'tan aldığı dersten sonra Senior'ün de iyice anladığı gibi, işgününün devamlı bir şekilde artan uzamasını "arzu edilir" bir duruma getirir.[69]

Makinenin nispi artı-değer üretmesi, yalnız emek-gücünün değerini doğrudan düşürerek ve emek-gücünün yeniden-üretimi için gerekli metaların fiyatlarını ucuzlatarak onun da değerini dolaylı yoldan ucuzlatmakla değil, aynı zamanda, ilk kez sanayiye dağınık olarak girdiği zaman, makine sahibinin çalıştırdığı emeği, daha üstün ve daha etkili bir emek haline getirerek, üretilen malın toplumsal değerini onun bireysel değerinin üzerine çıkartarak ve böylece kapitaliste, günlük ürünün daha küçük bir parçası ile, emekgücünün değerini yerine koyabilme olanağını sağlayarak olur. Makine kullanımının bir tür tekel olduğu bu geçiş döneminde bu nedenle yüksek kârlar elde edilir ve kapitalist, "bu ilk aşkının güneşli günlerinde" işgününü elden geldiğince uzatarak son anına kadar yararlanmak ister. Kârın büyüklüğü, kâr iştahını iyice körükler.

67 Bu durum, yalnızca bir bütünlük sağlanması için sözkonusu edilmiştir, çünkü ben, kâr oranını, yani artı-değerin yatırılan toplam sermayeye oranını, üçüncü kitaba [cilde] gelene kadar ele almayacağım.

68 Senior, *Letters on the Factory Act,* London 1837, s. 13, 14.

69 "Sabit sermayenin, döner sermayeye oranının büyüklüğü ... çalışma saatlerinin uzunluğunu istenilir duruma getirmektedir." Makinelerin vb. daha fazla ölçüde kullanılması ile, "uzun çalışma saatlerini uzatma dürtüsünü daha da artırıyor, çünkü sabit sermayenin büyük bir kısmını kârlı duruma getirmenin tek yolu budur." (*l.c.,* s. 11-13.) "Bir fabrikada, ister kısa, ister uzun süreli çalışma saati uygulansın, aynı oranda devam edip giden bazı giderler vardır, örneğin kiralar, vergiler, yangın sigortası, bazı devamlı hizmetlilerin ücretleri, makinelerin yıpranması ve işletmenin yüklenmek durumunda bulunduğu, kâra olan oranları, üretimin azalmasıyla yükselen diğer çeşitli giderler gibi." (*Reports of the Insp. of Fact., for 31st October, 1862,* s. 19.)

Belli bir sanayide makine kullanılmasının daha yaygın duruma gelmesiyle ürünün toplumsal değeri bireysel değeri düzeyine iner ve, artı-değerin, makinenin yerini aldığı emek-gücünden değil, makinenin başında çalışan emek-gücünden doğduğu konusundaki yasa kendisini göstermeye başlar. Artı-değer yalnız değişen sermayeden doğar ve, daha önce gördüğümüz gibi, artı-değer miktarı, iki öğeye bağlıdır: artı-değer oranı ile, aynı zamanda çalıştırılan işçi sayısına. İşgününün uzunluğu belli ise, artı-değer oranı, bir günlük gerekli emek-zamanının artı emek-zamanına oranıyla belirlenir. Aynı anda çalıştırılan işçi sayısı ise, değişen sermayenin değişmeyen sermayeye oranına bağlıdır. Bu durumda, makinenin kullanılması sonucu emeğin üretkenliğindeki artış nedeniyle, artı-emek, gerekli-emek aleyhine ne denli artarsa artsın, bu sonuca, ancak, verilen miktarda sermayeyle çalıştırılan işçinin sayısındaki azalmayla vardığı açıktır. Makine daha önce emek-gücüne yatırılmış bulunan değişen sermayeyi, değişmeyen sermaye olan makineye dönüştürdüğü için artı-değer üretmez. Örneğin, 2 işçiden, 24 işçiden sızdırıldığı kadar artı-değer sızdırmak olanağı yoktur. Eğer bu 24 kişiden her biri, 12 saatte, yalnız bir saatlik artı-emek sağlasa, 24 işçi birarada 24 saatlik artı-emek sağlar, oysa 2 kişinin toplam emekleri, 24 saat eder. Demek oluyor ki, makinenin artı-değer üretimine uygulanması, içinde taşıdığı bir çelişkiyi de birlikte getiriyor: Belli bir sermaye miktarının yarattığı artı-değerin iki öğesinden biri olan artı-değer oranı, diğer öğenin, yani işçi sayısının azaltılması dışında artırılamaz. Belli bir sanayi kolunda makinenin yaygın olarak kullanılmaya başlaması üzerine, makine ile üretilen bir metaın değeri, aynı türden bütün metaların değerlerinin yön verici değeri haline gelmesiyle bu çelişki ortaya çıkar; kapitalisti bilincinde olmaksızın,[70] işçilerin nispi sayısındaki azalmayı yalnız nispi artı-emekteki bir artışla değil, mutlak artı-emekteki bir artışla da telafi edebilmek için işgününü alabildiğine uzatmaya sevkeden işte bu çelişkidir.

Demek ki, makinenin kapitalist biçimde kullanılması, bir yandan, işgününün alabildiğine uzatılması için yeni ve güçlü dürtüler sağlar ve, çalışma yöntemlerini olduğu kadar toplumsal çalışma organizmasının niteliğini de bu eğilime karşı koyan bütün engelleri yıkacak şekilde kökünden değiştirirken, öte yandan da, kapitaliste, kısmen işçi sınıfının daha önce el atamadığı yeni tabakalarına yaklaşma olanağını sağlayarak, kısmen de yerlerini aldığı işçilerin

70 Kapitalist ile, onun görüşlerini aynen benimseyen ekonomi politikçilerin bu işin özünde yatan çelişkinin bilincine niçin varmadıkları, üçüncü kitabın [cildin] ilk kısmında görülecektir.

açıkta kalmalarına yolaçarak, sermayenin diktasına boyun eğmeye zorunlu, bir fazla işçi nüfusu[71] meydana getirir. Makinenin, işgününün uzatılması konusundaki her türlü ahlaksal ve doğal sınırlamaları bir yana itmesi şeklinde ortaya çıkan modern sanayi tarihindeki dikkat çekici olay, işte böylece meydana gelir. Emek-zamanının kısaltılması için en güçlü aracın, emekçi ile ailesinin ömürlerinin her anını, sermayenin değerini genişlemek amacıyla kapitalistin emrine verme konusunda en şaşmaz bir aracı haline gelmesi gibi, ekonomik bir paradoksun doğmasının nedeni de gene budur. Antikçağın en büyük düşünürü, "Eğer" diyordu, "her araç, Dædalus'un yarattıklarının kendi başlarına hareket etmeleri, ya da Hephæstos'un üç ayaklılarının kutsal görevlerine diledikleri şekilde gitmeleri gibi, kendisine uyan işi, gene kendi istekleriyle yapmış olsalardı, dokumacının çıkrığı kendi başına dokuma yapsaydı, ne ustalar için çırağa, ne de efendiler için köleye gerek kalırdı."[72] Çiçero devrinde yaşayan Yunan ozanı Antipatros, buğday öğütmek için bulunan su değirmenini, bütün makinelerin bu basit şeklinin bulunmasını, kadın kölelere özgürlük veren ve altın çağı geri getiren bir buluş diye selamlamıştı.[73] Ah şu zındıklar! Bilge Bastiat'nın ve ondan önce de, bilgelerin bilgesi MacCulloch'un keşfetmiş oldukları gibi, bunların, ekonomi politikten de, hıristiyanlıktan da bir şey anladıkları yoktu. Sözgelişi bunlar, makinenin, işgününün uzatılmasında en güvenilir araç olduğunu kavrayamamışlardı. Belki de, bunlar, bir insanın köleliğini, bir diğerinin tam gelişmesinin aracı olarak hoşgörmüşlerdi. Birkaç hamhalat ve yarı-bilisiz sonradan görmüş, "*eminent spinners*", "*extensive sausage makers*" ve "*inf-*

[71] Ricardo'nun en büyük yararlılıklarından biri de, makinede, yalnız meta üretme aracı değil, "*reduntant population*" ["nüfus fazlalığı" –ç.] yaratma özelliğini de görmüş olmasıdır.

[72] F. Biese, *Die Philosophie des Aristoteles,* Zweiter Band, Berlin 1842, s. 408.

[73] Tıpkı, işbölümü ile ilgili daha önceki aktarmalardaki anlayış içersinde, antik ve modern görüşler arasındaki karşıtlığı aydınlığa kavuşturduğu için, bu şiirin Stolberg tarafından yapılmış çevirisini aşağıda veriyorum. "Ey değirmenci kızlar, koruyun tahıl üreten ellerinizi ve uyuyun tatlı tatlı. Horoz boşuna ötsün sabahleyin! Deo, kızların işini, su perileri yapsın buyurdu ve şimdi onlar çarklar üzerinde keklik gibi sekiyorlar, sarsılan dingiller dönüyor tekerlekleriyle ve çeviriyor ağır değirmen taşlarını. Gelin sürelim atalarımızın yaşamını, çekelim elimizi işten ve tanrıçaların bağışladığı şeylerin sürelim keyfini."

"Schonet der mahlenden Hand, o Müllerinnen, und schlafet
Sanft! es verkünde der Hahn euch den Morgen umsonst!
Däo hat die Arbeit der Mädchen den Nymphen befohlen,
Und itzt hüpfen sie leicht über die Räder dahin,
Dass die erschütterten Achsen mit ihren Speichen sich wälzen,
Und im Kreise die Last drehen des wälzenden Steins.
Lasst uns leben das Leben der Väter, und lasst uns der Gaben
Arbeitslos uns freun, welche die Göttin uns schenkt."

(Gedichte aus dem Griechischen übersetzt, von Christian Graf zu Stolberg, Hamburg 1782.)

luential shoe black dealers"* olabilsinler diye geniş halk kitlelerine kölelik vaazları vermeleri için, anlaşılan, bunlarda eksik olan hıristiyanlığın din kuvvetiydi.

c. *Emeğin Yoğunlaştırılması*

Sermayenin elinde bulunan makine aracılığı ile işgününün alabildiğine uzatılması, yaşam kaynakları tehdit edilen toplum tarafından tepkiyle karşılanır ve uzunluğu yasa ile belirlenmiş normal bir işgününe ulaşılır. Böyle olunca da daha önce karşılaştığımız bir olay, yani emeğin yoğunlaştırılması büyük bir önem kazanır. Mutlak artı-değer incelenirken, ilkönce emeğin süresi ya da uzatılması sözkonusu edilmiş, yoğunluk derecesinin değişmediği varsayılmıştı. Şimdi ise süresi uzatılmış emek yerine, daha yoğunlaştırılmış emeğin geçmesi olayını ve bu yoğunluğun derecesini inceleyeceğiz.

Açıktır ki, makine kullanımının yayılması ve makineyle çalışmaya alışan özel bir işçi sınıfının deneyimlerinin birikmesiyle orantılı olarak, emeğin hızıyla yoğunluğunun da artacağı doğal bir sonuçtur. Böylece İngiltere'de yarım yüzyıl boyunca, işgününün uzatılması, fabrika işinin yoğunluğunun artmasıyla elele gitmiştir. Bununla birlikte, okur, açıkça görecektir ki, düzensizlik içersinde değil de, her gün değişmeyen bir tekdüzelik içersinde yinelenerek yapılan bir işin sözkonusu olması halinde, işgününün uzatılması ile emeğin yoğunlaştırılmasının, işgünündeki uzamanın ancak düşük bir emek yoğunluğu ile, ya da tersine, yüksek bir yoğunluk derecesinin ise yalnızca işgününün kısaltılması ile bağdaşabileceği bir noktaya gelinmesi kaçınılmaz bir sonuçtur. İşçi sınıfının gitgide büyüyen başkaldırışı, parlamentoyu, çalışma saatlerini zorunlu olarak kısaltmaya ve gerçek anlamda fabrikalarda normal bir işgününün uygulanmasına zorladığı ve bunun sonucu, artı-değer üretiminin işgününün uzatılmasıyla çoğaltılması yolu bütünüyle kapatıldığı andan itibaren, sermaye, olanca gücüyle, nispi artı-değer üretimini, makinelerdeki gelişmeleri hızlandırarak elde etmeye yöneldi. Aynı zamanda nispi artı-değerin niteliğinde bir değişme oldu. Genel bir deyişle, nispi artı-değer üretim tarzı, işçinin üretken gücünü, belli bir sürede, aynı miktarda emek harcayarak daha fazla üretimde bulunabilecek hale getirmektedir. Bu emek-zamanı, toplam ürüne tıpkı eskisi kadar değer katmakla birlikte, bu aynı değişim-değeri, şimdi daha fazla kullanım-değerine yayılmıştır; böylece her bir metaın değeri düşmüştür. Oysa, çalışma saatlerinin

* "Seçkin iplikçi", "büyük sosis fabrikatörü" ve "saygın kundura boyası tüccarı". –Ç.

kısaltılması zorunlu duruma gelir gelmez başka türlü olur. Bu, üretici güçlerin gelişmesi ve, üretim araçlarında tasarruf sağlanması konularında yarattığı büyük dürtü, işçiye aynı sürede daha fazla emek harcama, emek-gücü geriliminde bir yükselme, işgününün her anını doldurma ya da, ancak kısaltılmış bir işgününün sınırları içersinde ulaşılabilecek ölçüde bir emek yoğunlaşmasına yolaçar. Daha büyük bir emek kitlesinin belli bir süre içersinde bu yoğunlaşması, şimdi de, aslında ne ise o, yani daha büyük bir emek miktarı olarak hesaba katılır. Emeğin büyüklüğünün, yani süresinin ölçülmesinin yanısıra, artık onun şiddetinin, yoğunluk derecesinin ya da yoğunluğunun ölçülmesi gibi yeni bir ölçü ortaya çıkar.[74] On saatlik işgününün bu daha yoğun saatleri, şimdi, oniki saatlik işgününün daha gözenekli saatlerinden daha fazla emek, yani harcanmış emek-gücü içerir. Bu yüzden, eski bir saatlik emeğin ürünü, sonraki 1¹/₅ saatlik emeğin ürünü kadar ya da daha fazla değer taşır. Emeğin üretkenliğinin yükseltilmesi sonucu nispi artı-değerdeki artış bir yana, şimdi kapitalist için diyelim 3¹/₃ saatlik artı-emek ve 6²/₃ saatlik gerekli-emek, eskiden 4 saatlik artı-emek ve 8 saatlik gerekli-emek ile üretilen bir değer kitlesi sağlar.

Şimdi şu soruya gelmiş bulunuyoruz: Emek nasıl yoğunlaştırılır?

Kısalan işgününün ilk etkisi, şu açık yasanın sonucudur: emek-gücünün etkinliği, harcadığı süreyle ters orantılıdır. Bu nedenle, belli sınırlar içersinde, bu sürenin kısaltılması ile uğranılan kayıp, emek-gücündeki artan gerilimle kazanılır. Ayrıca, işçinin daha fazla emek-gücü harcaması da, kapitalistin, kendisine yaptığı ücret ödeme şekliyle sağlama alınır.[75] Çömlekçilik gibi makinenin pek az rol oynadığı ya da hiç rol oynamadığı manüfaktürlerde, fabrika yasalarının uygulanması sonucu, yalnızca işgünündeki kısalma, işin düzenliliğinde olağanüstü bir düzgünlüğü, birlikteliği, düzeni, sürekliliği ve canlılığı gözler önüne sermiştir.[76] Bununla birlikte, işçinin, makinenin sürekli ve düzenli hareketlerine bağımlı bulunduğu ve sıkı bir iş düzeninin zaten yaratılmış olduğu bir fabrikada, aynı etkinin doğabileceği kuşkuyla karşılanmıştır. Bu yüzden, 1844 yılında, işgününün oniki saatin altına indirilmesi sorunu tar-

[74] Çeşitli sanayi kollarındaki iş yoğunluklarında, kuşkusuz her zaman farklılıklar vardır. Ama bu farklılıklar, Adam Smith'in de gösterdiği gibi, her türden işe özgü şekiller ile bir ölçüde birbirini telafi eder. Bununla birlikte, değer ölçüsü olarak emek-zamanı, ancak emeğin yoğunluğu ile süresinin bir ve aynı emek niceliğinin birbirine karşıt ve biri diğerini dıştalayan ifadelerini temsil ettiği ölçüde etkilenir.

[75] Özellikle, bu kitabın [cildin] Dördüncü Kısmında inceleyeceğimiz parçabaşına ödenen ücretle.

[76] Bkz: *Rep. of Insp. of Fact., for 31st October, 1865.*

tışılırken, patronlar, "çeşitli bölümlerdeki gözcülerin, işçilerin zaman yitirmemelerine dikkat ettiklerini", "işçilerin, uyanıklık ve dikkat derecelerinin artırılmasının hemen hemen olanak-dışı bulunduğunu" ve bu nedenle, makinelerin hızı ile, diğer koşullar aynı kalmak üzere, "iyi yönetilen bir fabrikada, işçilerin dikkatlerindeki bir artış nedeniyle herhangi önemli bir sonuç beklemenin saçma olduğunu" oybirliği ile ilan etmişlerdir.[77] Deneyimler ise, bu iddiaları yalanlıyordu. Bay Robert Gardner, Preston'daki iki büyük fabrikasında, 20 Nisan 1844'ten itibaren çalışma saatini oniki saatten onbir saate indirmişti. Aşağıyukarı bir yıllık çalışmanın verdiği sonuç şöyleydi: "Aynı masrafla aynı miktar ürün elde edilmiş ve toplam olarak işçiler şimdi onbir saat çalışarak eskiden oniki saatlik çalışmayla aldıkları kadar ücret almışlardır."[78] Şimdi, eğirme ve tarama yerlerindeki deneyimlere geçeceğim, çünkü buralarda, makinelerin hızında %2'lik bir artış görülmüştür. Ama ayrıca çok çeşitli kumaşların yapıldığı dokuma kısmında, çalışma koşullarında en ufak bir değişme olmamıştı. Sonuç şuydu: "1844 yılında 6 Ocak ile 20 Nisan arasında, 12 saatlik işgününde, ortalama haftalık ücret, 10 şilin 1,5 peni, 20 Nisan ile 29 Haziran arasındaki 11 saatlik işgününde, ortalama haftalık ücret, 10 şilin 3,5 peni."[79] Burada, şimdi onbir saatte eskiden oniki saatte üretildiğinden fazla ürün elde edilmektedir ve bu, tamamen, işçilerin daha düzenli çalışması ve zamandan sağlanan tasarruf sonucudur. İşçiler, aynı ücreti alır ve bir saatlik zaman kazanırlarken, kapitalist de aynı miktar ürün elde eder ve, kömür, gaz ve benzeri masraflardan bir saatlik tasarruf sağlamış olur. Horrocks ile Jacson beylerin fabrikalarında da aynı denemeler yapılmış ve aynı başarılar sağlanmıştır.[80]

Çalışma saatlerinin kısaltılması, her şeyden önce, belli bir sürede işçinin daha fazla güç harcamasını sağlayarak, emeğin yoğunlaştırılması için öznel koşulları hazırlar. Bu kısaltma zorunlu duruma gelir gelmez, makineler, sermayenin elinde, belli bir sürede daha fazla emek sızdırmak için sistemli bir şekilde kullanılan nesnel araçlar halini alırlar. Bu iki türlü yapılır: makinenin hızını artırarak, ve işçiye çalıştıracağı daha fazla makine vererek. Makine-

77 *Rep. of Insp. of Fact. for 1844, and the Quarter Ending 30th April 1845,* s. 20-21.

78 *l.c.,* s. 19. Parça-başı ücret değişmediği için, haftalık ücretler, üretilen miktara bağlı bulunuyordu.

79 *l.c.,* s. 20.

80 Yukardaki deneylerde moral öğe, önemli bir rol oynuyordu. İşçiler fabrika denetmenine şunları anlatmıştı: "Daha büyük bir zevkle çalışıyoruz, gece daha erken işten çıkma ödülü her zaman aklımızdadır ve en gencinden en yaşlısına kadar, bütün fabrikaya canlı ve neşeli bir ruh egemendir, birbirimize çok yardım ederiz." (*l.c.,* s. 21.)

lerin yapımının gittikçe geliştirilmesi, kısmen makine olmaksızın işçi üzerinde daha fazla baskı yapmanın olanaksızlığından, kısmen de kısalan çalışma saatlerinin, kapitalisti, üretim giderleri üzerinde daha sıkı bir denetimde bulunmaya zorlamasından ileri gelen bir gerekliliktir. Buhar makinelerindeki gelişmeler, piston hızını artırdığı gibi, aynı zamanda, daha büyük güç tasarrufu ile, aynı ya da daha az kömür tüketimiyle, aynı donanımla, daha fazla makinenin çalıştırılmasını olanaklı duruma getirmiştir. İletim mekanizmasındaki gelişmeler, sürtünmeyi azaltmış ve, modern makineleri eskilerinden çarpıcı bir şekilde ayıran şaftların çapları ile ağırlıklarında devamlı bir küçülmeyi sağlamıştır. Ensonu, iş makinelerindeki gelişmeler, modern buharlı dokuma tezgahlarında olduğu gibi hem boyutlarını küçültmüş ve hem de hızları ile etkinliklerini artırmıştır; ya da iplik eğirme makinelerinde olduğu gibi hem boyutlarını büyütmüş ve hem de iş yapan kısımlarının sayısını ve büyüklüklerini artırmış; ya da ayrıntılarda yapılan fark edilmeyecek kadar küçük değişikliklerle bu kısımların hızlarında bir artma olmuştur; örneğin, otomatik iplik makinelerinde iğlerin hızı, on yıl öncesine göre beşte-bir oranında artmıştır.

İşgününün 12 saate indirilmesi, İngiltere'de 1832 tarihinde başlar. 1836 yılında bir fabrikatör şöyle diyordu: "Fabrikalarda yapılan iş, bugün, makinelerin önemli derecede artan hızı yüzünden işçinin göstermek zorunda kaldığı daha büyük dikkat ve çaba sayesinde, otuz-kırk yıl öncesine göre çok daha fazladır."[81] 1844 yılında, şimdi Shaftesbury dükü olan lord Ashley, Avam Kamarasında belgelere dayanan şu açıklamayı yaptı:

"Manüfaktür süreçlerinde çalışanların yaptıkları iş, şimdi bu işlerin başlangıcına göre üç katı fazladır. Makineler, kuşkusuz, milyonlarca insanın enerjisini gerektiren işleri yapmaktadır; ayrıca, korku verici hareketleri ile egemenliği altına aldığı insanların çalışmalarını da inanılmayacak derecede artırmıştır. ... 1815 yılında 40 numara iplik eğiren bir çift iplik makinesini —12 saatlik bir işgününde— izlemek, 8 millik bir yolu yürümeye eşitti. 1832'de, aynı numarada pamuk ipliği eğiren bir çift iplik makinesini izlemek için alınan yol, 20 mil ve çoğu zaman daha fazlaydı. 1835 yılında" (bu yıl 1815 ya da 1825 olabilir) "bir iplikçi her gün bu makinelerin her birinde 820 çekme yapar ve iki makinenin toplamı 1.640 çekme ederdi. 1832'de, iplikçi, bir makinede 2.200, iki makinede 4.400 çekme yapıyordu. 1844'te çekme sayısı 2.400 ve toplam 4.800'e ulaştı; ve bazı durumlarda gereken iş miktarı daha da fazla oluyordu. ... Elimde, 1842 yılında bana gönderilmiş olan bir başka

[81] John Fielden, *l.c.*, s. 32.

belge daha var, bu belgede deniliyor ki, iş giderek artıyor — bu artış, yalnızca alınan yolun gittikçe uzaması yüzünden değil, ama çalıştırılan işçi sayısı düzenli olarak azaldığı halde üretilen malın miktarının artmasından ötürüdür, ve ayrıca, şu sıralarda, işlenmesi çok daha zor olan kötü cins pamuğun eğirilmesindendir. ... Tarama odasında da, iş büyük miktarda artmıştır. Burada bir kişi, şimdi, eskiden iki kişinin yaptığı işi yapmaktadır. Çoğu kadın olmak üzere pek çok kişinin çalıştırıldığı dokuma odasında ... eğirme makinelerinin hızının artması nedeniyle son birkaç yıl içersinde yapılan işte tam %10 oranında bir artış olmuştur. 1838 yılında haftada eğirilen *hanks** sayısı 18.000 idi, 1843'te bu 21.000'e çıkmıştır. 1819 yılında, buharlı dokuma tezgahlarında dakikada *picks*** sayısı 60 idi, 1842'de 140 oldu ve yapılan işte büyük bir artma olduğunu gösterdi."[82]

1844 yılında Oniki Saatlik Yasa altında ulaşılmış bulunan bu dikkate değer yoğunlaşma, o sırada İngiliz fabrikatörlerin bu yönde daha fazla bir geliştirmenin olanaksız bulunduğu ve bu nedenle bundan sonra çalışma saatlerinde yapılacak herhangi bir azaltmanın üretimin düşmesi demek olacağı yolundaki iddialarını haklı gösterir gibi görünmekteydi. Bu iddiaların görünüşteki doğruluğu, fabrikatörlerin her an uyanık bir denetçisi olan fabrika denetmeni Leonard Horner'in şu çağdaş sözlerinde en iyi şekilde görülür:

"Üretilen miktar aslında makinenin hızına bağlı olduğuna göre, bunları, aşağıdaki koşullara uymak suretiyle en hızlı bir biçimde çalıştırmak, fabrika sahibinin çıkarına olacaktır: makinelerin çabuk yıpranmaktan korunması; üretilen malın kalitesinin korunması; işçinin sürekli olarak gösterebileceği çabadan daha fazlasını harcamadan hareketi izleyebilecek durumda olması. Fabrika sahibinin çözümlemek zorunda olduğu en önemli sorunlardan birisi, bu nedenle, yukardaki koşulları gözönünde bulundurarak makineleri çalıştırabileceği en yüksek hızı bulmaktır. Çoğu zaman işi fazla hızlandırdığı, kopma ve kırılmalar ile, çıkartılan kötü işin, hız artışından ağır bastığı ve böylece işi yavaşlatmak zorunda kaldığı görülür. Bu nedenle bana kalırsa, çalışkan ve aklıbaşında bir fabrika sahibi, güvenilir bir azami hıza ulaştığında, onbir saatte oniki saatteki kadar üretimde bulunamayacaktır. Ayrıca bence, parça-başı çalışan işçi, aynı hızda devam edebileceği güce uygun en yüksek çabayla çalışacaktır."[83] Horner, bu nedenle, çalışma saatle-

[82] Lord Ashley, *l.c.*, s. 6-9 *passim.*

[83] *Reports of the Insp. of Fact., for the Quarter Ending 30th September 1844, and from Ist October 1844 to 30th April 1845*, s. 20.

* Çile. –ç.

** Atkı. –ç.

rinin, oniki saatin altına düşmesiyle üretimin zorunlu olarak azalacağı sonucuna varmıştır.[84] Aradan on yıl geçtikten sonra, gene kendisi, her ikisi de işgününün zorunlu olarak kısaltılmasıyla son derece uzayabilen makine ve insanın emek-gücündeki esnekliği, o yıl nasıl gereği gibi tahmin edemediğini tanıtlamak için, 1845'teki bu görüşünü nakleder.

Şimdi, On Saatlik Yasanın 1847 yılında İngiliz pamuklu, yünlü, ipekli ve keten fabrikalarına uygulanmalarını izleyen döneme gelmiş bulunuyoruz.

"İğlerin hızı çıkrık tipi makinelerde dakikada 500, bükme tipi olanlarda 1.000 devir artmıştır; yani 1839'da dakikada 4.500 olan birinci tip makinenin iğ hızı, şimdi (1862) 5.000'dir; ikinci tip makinede 5.000 olan hız ise, şimdi dakikada 6.000'dir; bu, birinci durumda onda-bir, ikinci durumda beşte-bir artış demektir."[85] Manchester yakınındaki Patricroftlu tanınmış mühendis James Nasmyth, 1852 tarihinde Leonard Horner'a yazdığı bir mektupta, bir buharlı makinede 1848 ve 1852 tarihleri arasında yapılan gelişmeleri anlatmaktadır. Resmî kayıtlarda her zaman benzeri makinelerin 1828 yılındaki güçlerine göre tahmin edilen[86] buhar makinelerinin beygirgüçlerinin yalnızca nominal olduklarını ve ancak gerçek güçlerinin bir göstergesi olarak işe yarayabileceklerini belirttikten sonra, şunları söylemektedir: "Aynı ağırlıktaki buharlı makinelerden şimdi ortalama en az yüzde 50'den fazla çalışma ya da iş elde ettiğimize ve birçok durumda, dakikada 220 ayaklık sınırlı hızla çalıştığı günlerde 50 beygirgücü sağlayan buharlı makinelerin şimdi 100 beygirgücünün üzerine çıktıklarına inanıyorum." ..."100 beygirgücündeki buharlı makineler, yapılarında ve kazanlarının kapasitesi ile yapılışındaki bazı düzeltmeler sonucu, eskisine göre daha büyük bir güçle çalışabilmektedir." ... "Beygirgüçlerine oranla eskisi kadar işçi çalıştırmakla birlikte, makineye oranla daha az işçi kullanılmaktadır."[87] 1850 yılında, İngiltere'deki fabrikalar, 25.633.716 iplik ve 301.445 dokuma tezgahı işletmek için 134.217 nominal beygirgücü kullanmışlardır. 1856'da iğ ve tezgah sayısı sırasıyla 33.503.580 ve 369.205 idi; gerekli nominal beygirgücü 1850'dekinin aynı olsaydı, 175.000 beygirgücüne eşit bir güç

[84] *l.c.*, s. 22.

[85] *Rep. of Insp. of Fact., for 31st October 1862*, s. 62.

[86] Bu, 1862 tarihli "parlamento kararı" ile değiştirildi. Burada, modern buharlı makineler ve su çarklarının fiilî beygirgücünün yerini nominal beygirgücü almıştır. Çift iğler de (1839, 1850 ve 1856 kararları tersine) iplik eğirme işleri arasında yeralmadığı gibi, yünlü dokuma fabrikalarında, "*gigs*" ["kabartma tezgahı" –ç.] sayısı eklenmiş, bir yandan jüt ve kenevir fabrikaları, öte yandan keten fabrikaları arasında ayrım yapılmış ve ensonu çorap dokumacılığı ilk kez rapora alınmıştır.

[87] *Rep. of Insp. of Fact., for 31st October 1856*, s. 13-14, 20 ve 1852, s. 23.

gerekirdi, oysa 1856 yılı istatistiklerinde, fiilî beygirgücü 161.435 olup, 1850 yılı esas alınarak hesap edildiğinde 10.000 beygirgücünden daha fazla bir noksanlık gösteriyordu."[88] "İstatistiklerin (1856 yılı) ortaya koydukları bu gerçekler, fabrika sisteminin hızla ilerlediğini göstermektedir; beygirgücüne oranla eskisi kadar işçi kullanmamakla birlikte, makinelere oranla daha az işçi çalıştırılmaktadır; buhar makinesi, güçte sağlanan tasarruf ve diğer yöntemlerle daha büyük ağırlıktaki makineleri çalıştırabilmektedir; makineler ile yapım yöntemlerinde iyileştirmeler, ve makinelerin hızında artış ve diğer çeşitli nedenlerle, daha büyük miktarda iş üretilebilir."[89]

"Her tür makinede yapılan büyük gelişmeler, bunların üretim gücünü geniş ölçüde artırmıştır. Çalışma saatlerinin kısaltılması, kuşkusuz ... bu gelişmelerde etken olmuştur. Bu gelişmeler ile birlikte, işçinin daha fazla çaba harcaması, kısaltılmış (iki saat ya da altıda-bir) işgününde, en az eskisi kadar ürün elde edilmesini sağlamıştır."[90]

Emek-gücünün daha yoğun bir biçimde sömürülmesiyle fabrikatörlerin servetlerinin nasıl büyük ölçüde arttığını göstermeye tek bir olay yeterlidir. 1838 ile 1850 arasında İngiliz pamuklu sanayisinde ve diğer sanayilerde ortalama artış %32 idi, oysa 1850-1856 arası bu sayı %86'ya ulaşmıştır.

On saatlik işgününün etkisi altında 1848 ile 1856 arasında 8 yıl süresince İngiliz sanayisindeki gelişme ne kadar büyük olursa olsun, bunu izleyen 1856-1862 yılları arasındaki 6 yıllık dönemde bu gelişme, çok daha fazla olmuştur. Örneğin ipek fabrikalarında 1856'da 1.093.739 iğ varken, 1862'de bu sayı 1.388.544 olmuş; dokuma tezgahı ise 1856'da 9.260 iken 1862'de 10.709'a yükselmiştir. Böylece iğ sayısındaki artış %26,9, tezgah sayısındaki artış %15,6 olduğu halde, bu işlerde çalışanların sayısı %7 azalmıştır. 1850 yılında yün ipliği fabrikalarında 875.830 iğ çalışıyordu. 1856'da ise 1.324.549 (artış %51,2), ve 1862'de 1.289.172 (azalış %2,7). Eğer 1856 yılı sayısında görülen, ama 1862 yılı sayısında görülmeyen iğ sayısını düşersek, 1856 yılından sonra iğ sayısının hemen hemen aynı kaldığını görürüz. Öte yandan, 1850'den sonra iğ ve tezgahların hızı çoğu zaman iki katına çıkmıştır. Yünlü fabrikalarında buharlı dokuma tezgahı sayısı 1850'de 32.617, 1856'da 38.956, 1862'de 43.048'dir. İşçilerin sayısı 1850'de 79.737, 1856'da 87.794,

[88] *l.c.*, s. 14-15.
[89] *l.c.*, s. 20.
[90] *Reports, etc., for 31st October 1858*, s. 9-10. Karş: *Reports, etc., for 30th April, 1860*, s. 30 vd..

1862'de 86.063'tür; bu sayılara, 14 yaşından küçük olmak üzere 1850'de 9.956, 1856'da 11.228, 1862'de 13.178 çocuk dahildir. Bu nedenle, 1856'ya göre 1862'de dokuma tezgahı sayısında büyük bir artış olduğu halde, çalışan toplam işçi sayısı azalmış, sömürülen çocuk sayısı artmıştır.[91]

27 Nisan 1863'te bay Ferrand, Avam Kamarasında şunları söylüyordu: "Burada adlarına konuştuğum Lancashire ve Cheshire'ın 16 bölgesinden gelen delegeler, bana, makinelerdeki gelişmeler nedeniyle fabrikalardaki işin sürekli olarak arttığını söylemişlerdir. Eskiden bir kişinin iki yardımcıyla birlikte bir tezgaha bakmaları yerine, şimdi bir kişi hiç yardımcısı olmaksızın üç tezgaha birden baktığı gibi, dört tezgaha birden baktığı da sık sık görülmektedir. Oniki saatlik işin şimdi on saatten daha az bir süreye sıkıştırıldığını olaylar açıkça göstermektedir. Bütün bunlardan, fabrika işçilerinin katlandıkları zahmetin son on yıl içersinde ne kadar büyük ölçüde arttığı apaçık ortaya çıkmaktadır."[92]

Bu nedenle fabrika denetmenleri, 1844 ve 1850 yasalarının sonuçlarını durmadan ve haklı olarak övmelerine karşın, çalışma saatlerinin kısaltılmasının, işin, işçinin sağlığını ve çalışma kapasitesini tehlikeye düşürecek şekilde yoğunlaşmasına yolaçtığını da itiraf etmekten geri kalmamışlardır. "Pamuklu, yünlü ve ipekli fabrikaların çoğunda görülen ve son birkaç yıl içersinde hızları büyük ölçüde artan makinelere işçilerin yetişebilmeleri için gerekli başdöndürücü ve tüketici heyecan Dr. Greenhow'un bu konudaki son raporunda belirttiği gibi ciğer hastalıklarından ileri gelen fazla ölümlerin nedenlerinden birisi olabilir."[93] Çalışma saatlerinin uzatılması yolları bütünüyle tıkanır tıkanmaz, emeğin yoğunluğunu sistemli bir şekilde yükseltmek ve makinedeki her gelişmeyi işçiyi sömürmede daha yetkin bir araç haline getirmek suretiyle, sermayenin uğradığı kaybı yerine koymak için, çok geçmeden çalışma saatlerini kaçınılmaz olarak yeniden kısaltacağı bir duruma getirmek zorundaydı.[94] Öte yandan, İngiliz sanayisinde, 1848 ile bugün

[91] *Reports of Insp. of Fact., for 31st October 1862*, s. 100 ve 130.

[92] Şimdi bir dokumacı 2 modern buharlı tezgah ile, 60 saatlik bir haftada, belli nitelik, genişlik ve uzunlukta 26 parça iş yapmaktadır; oysa eski tezgahı ile, 4 parçadan fazla yapamazdı. Böyle bir parça kumaşın dokunma maliyeti, 1850'den hemen sonra 2 şilin 9 peniden 5 1/8 peniye düşmüştür.

"Otuz yıl önce" (1841) "bir iplikçi üç çırağıyla birlikte, 300-324 iğli bir çift eğirme tezgahından fazlasına bakamazdı. Şimdi ise" (1871) "beş çırağın yardımı ile 2.200 iğe bakmak durumundadır ve 1841 yılına göre yedi katından fazla üretimde bulunabilmektedir." (Fabrika denetmeni Alex Redgrave, *Journal of the Soc. of Arts*, 5 Ocak 1872.)

[93] *Rep. of Insp. of Fact., for 31st October 1861*, s. 25, 26.

[94] Sekiz saatlik işgünü için hareket, şimdi (1867) Lancashire'da fabrika işçileri arasında başlamış bulunuyor.

arasındaki hızlı gelişme, on saatlik işgününün yürürlükte olduğu, 1833-1846 dönemi arasındaki gelişmeyi geçmiştir, fabrika sisteminin ilk kez ortaya çıktığı ve işgününün sınırsız olduğu son yarım yüzyıldaki ilerlemeyi daha çok aşmıştır.[95]

[95] Aşağıdaki birkaç sayı, Birleşik Krallıkta 1848'den beri, "fabrika" sayısındaki artışı göstermektedir:

	İhracat miktarı 1848	İhracat miktarı 1851	İhracat miktarı 1860	İhracat miktarı 1865
Pamuklu				
Pamuk ipliği (libre)	135.831.162	143.966.106	197.343.655	103.751.455
Dikiş ipliği (libre)	—	4.392.176	6.297.554	4.648.611
Pam. Kumaş (yarda)	1.091.373.930	1.543.161.789	2.776.218.427	2.015.237.851
Keten ve Kenevir				
İplik (libre)	11.722.182	18.841.326	31.210.612	36.777.334
Kumaş (yarda)	88.901.519	129.106.753	143.996.773	247.021.529
İpekli				
İplik (libre)	466.825†	462.513	897.402	812.589
Kumaş (yarda)	—	1.181.455††	1.307.293††	2.869.837
Yünlü				
Yün ve bükme iplik (libre)	—	14.670.880	27.533.968	31.669.267
Kumaş (yarda)	—	151.231.153	190.371.537	278.837.418

† 1846. *–Ed.* †† libre. *–Ed.*

	İhracat değeri 1848	İhracat değeri 1851	İhracat değeri 1860	İhracat değeri 1865
	£	£	£	£
Pamuklu				
İplik	5.927.831	6.634.026	9.870.875	10.351.049
Kumaş	16.753.369	23.454.810	42.141.505	46.903.796
Keten ve Kenevir				
İplik	493.449	951.426	1.801.272	2.505.497
Kumaş	2.802.789	4.107.396	4.804.803	9.155.358
İpekli				
İplik	77.789	196.380	826.107	768.064
Kumaş	—	1.130.398	1.587.303	1.409.221
Yünlü				
İplik	776.975	1.484.544	3.843.450	5.424.047
Kumaş	5.733.828	8.377.183	12.156.998	20.102.259

Mavi Kitaplara bkz: *Statistical Abstract of the United Kingdom,* n° 8 ve n° 13, Lond., 1861 ve 1866. Lancashire'da, 1839 ile 1850 arasında fabrika sayısı yalnız %4;

Bu bölümün başında, fabrikanın gövdesi diyebileceğimiz şeyi, yani bir sistem halinde örgütlenen makineyi incelemiştik. Orada, makinenin, kadınlarla çocukların da emeğini katarak, kapitalist sömürünün malzemesini oluşturan insanoğlunun sayısını nasıl çoğalttığını, çalışma saatlerini alabildiğine uzatarak işçinin bütün zamanına nasıl elkoyduğunu, ve ensonu, gitgide kısalan sürelerde üretimin çok büyük ölçülerde artmasını sağlayan gelişmelerle, daha kısa sürede daha fazla iş yaptırmanın, yani emek-gücünü daha yoğun bir biçimde sömürmenin bir aracı haline nasıl geldiğini görmüştük. Şimdi, bir bütün olarak fabrikaya, onun en yetkin biçimine dönüyoruz.

Otomatik fabrikanın Pindar'ı* Dr. Ure, fabrikayı, bir yandan, "bitmez tükenmez bir hünerle, çeşitli düzenlemelerdeki yetişkin ve genç işçilerin bileşmiş elbirliği, merkez bir güçle (bir ilk devindiriciyle) sürekli olarak çalıştırılan bir üretken makineler sistemi" olarak, öte yandan da "çeşitli mekanik ve zihinsel organlardan oluşan, ortak bir nesnenin üretimi için kesiksiz bir uyum içersinde işleyen ve hepsi de kendi kendine düzenlenmiş bir devindirici güce bağlı bulunan muazzam bir otomat" olarak açıklıyor. Bu iki açıklama, özdeş olmaktan çok uzaktır. Birinde, kolektif işçi ya da emeğin toplumsal gövdesi egemen özne ve mekanik otomat nesne olarak görünüyor; diğerinde ise, otomatın kendisi öznedir, işçiler yalnızca bilinçli organlar, ve otomatın bilinçsiz organları ile işbirliği içersinde ve onlarla birlikte merkezî devindirici güce bağlı görünürler. İlk açıklama, makinenin büyük ölçüdeki her türlü kullanımı için geçerli, ikincisi, makinenin sermaye tarafından kullanılmasına ve bu nedenle modern fabrika sistemine özgü ve onu karakterize eden bir açıklamadır. Bu yüzden Ure, devinimin geldiği merkezî makineyi, yalnız bir otomat olarak değil, otokrat olarak da açıklamayı yeğ tutar. "Bu geniş salonlarda buharın şefkatli gücü, onbinlerce gönüllü hizmetkarını çevresinde toplar."[96]

Aletle birlikte işçinin onu kullanmadaki becerisi de makineye

1850 ile 1856 arasında %19; 1856 ile 1862 arasında %33 artmıştır; oysa, yukardaki 11 yıllık dönemlerin her birinde burada çalıştırılan işçi sayısı mutlak olarak artmış, nispi olarak azalmıştır. (Bkz: *Rep. of Insp. of Fact., for 31st Oct. 1862,* s. 63.) Pamuklu fabrikaları Lancashire'da ağır basar. Birleşik Krallıktaki toplam tekstil fabrikalarının %45,2'sinin, iğlerin %83,3'ünün; buharlı dokuma tezgahlarının %81,4'ünün, mekanik beygirgücünün %72,6'sının ve çalıştırılan toplam personel sayısının %58,2'sinin burada toplandığını düşünürsek, bu bölgedeki pamuklu sanayinin ezici niteliği konusunda bir fikir edinmiş oluruz. (*l.c.,* s. 62-63.)

[96] Ure, *l.c.,* s. 18.

* Yunanlı lirik şair. –ç.

geçer. Aletin iş yapma olanağı, insanın emek-gücünün zorunlu sınırlamalarından kurtulur. Böylece, manüfaktürde işbölümünün dayandığı teknik temel yıkılmış olur. Manüfaktürü nitelendiren uzmanlaşmış işçiler arasındaki kademeleşmenin yerini, otomatik fabrikaya, makineyi kullananlar tarafından yapılan her türlü işin bir ve aynı düzeye indirilmesi ve eşitlenmesi eğilimi alır;[97] parça-işçiler arasında yapay olarak yaratılmış olan farklılaşmaların yerine, yaş ve cinsiyet gibi doğal farklılıklar geçer.

Fabrikada işbölümünün yeniden ortaya çıkması, esas olarak, işçilerin özelleşmiş makineler arasında dağılımı; ve işçi kitlelerinin, fabrikanın çeşitli bölümleri arasında gruplar halinde örgütlenmemiş olmalarına karşın, her biri, biraraya getirilmiş benzer makinelere dağılması yüzünden, aralarındaki elbirliği, basit bir elbirliğidir. Manüfaktüre özgü organik grupların yerini, ustabaşı ile birkaç yardımcısı arasındaki bağlantı alır. Temel bölünme, makineler üzerinde fiilen çalışan işçiler (makinelere bakan birkaç işçi de bunların içindedir) ile bu işçilerin salt çıraklığını yapanlar (hemen hemen özellikle çocuklardan oluşmuşlardır) arasındadır. İşlenecek malzemeyi makineye veren aşağıyukarı bütün "besleyiciler", çıraklar arasında sayılır. Bu bellibaşlı iki sınıfa ek olarak, işleri, bütün makinelere bakmak ve zaman zaman bunları onarmak olan, sayı bakımından önemsiz kimselerin sınıfı vardır: mühendis, makinist, marangoz vb. gibi. Bu sınıf, bazıları bilimsel öğrenim görmüş, bazıları meslekten yetişme, fabrika işçileri sınıfından farklı, yalnızca onlara eklenen daha üst bir sınıftır.[98] Bu işbölümü, tamamen teknik bir işbölümüdür.

İşçinin makine üzerinde çalışmayı, kendi hareketlerini otomatın tekdüze ve sürekli hareketine uydurabilmesi için ta çocukluk yıllarından öğrenmesi gerekir. Makineler, bütünüyle, hep birlikte ve uyum içersinde çalışan çok yanlı bir sistem meydana getirdiğine göre, buna dayanan elbirliğinin de, çeşitli işçi gruplarının farklı türdeki makineler arasında dağılımını gerektirir. Ama makinenin kullanılması, manüfaktürdeki gibi belli bir adamın belli bir göreve sürekli olarak bağlı kalması biçimindeki bu dağılımın katılaşması zorunluluğunu ortadan kaldırır.[99] Sistemin bütününün devinimi,

97 Ure, *l.c.*, s. 31. Bkz: Karl Marx, *l.c.*, s. 140-141 [*Felsefenin Sefaleti*, s. 128-129.]

98 Parlamento kararları, açık bir şekilde, fabrika işçileri kategorisine yalnız mühendisler ve makine işçilerini vb. değil, aynı zamanda yöneticileri, satış memurlarını, habercileri, depo işçilerini, ambalajcıları vb., kısacası fabrika sahibinden başka herkesi aldığı halde, İngiliz fabrika yasalarının metinde son sözü edilen işçileri kapsamı dışında bırakması halinde, bunu, kasıtlı bir istatistik yanıltması diye kabul etmek gerekir; ve bu türden yanıltmaları, başka durumlar için ayrıntılı olarak tanıtlamak da pekala olanaklıdır.

işçiden değil de makineden doğduğu için, iş kesintiye uğramaksızın, her an, herhangi bir kimsenin değişmesi olanaklıdır. Fabrikatörlerin 1848-1850 başkaldırmaları sırasında yürürlüğe koydukları *vardiya sistemi,* bunun en çarpıcı kanıtıdır. Ensonu makine üzerinde çalışmanın genç insanlara kazandırdığı hızlılık salt makine üzerinde çalışmak üzere özel bir sınıfın eğitilmesi zorunluluğunu ortadan kaldırır.[100] Yalnızca çırakların yaptıkları işler, bir ölçüde, fabrikada makineler tarafından da görülebilir,[101] ve zaten son derece basit olmaları nedeniyle de bu cansıkıcı işleri yüklenenlerin sık sık ve sürekli değiştirilmeleri olanağı da vardır.

Teknik deyimiyle eski işbölümü sistemi, makine tarafından tahtından indirilmesine karşın manüfaktürden devralınan geleneksel bir alışkanlık olarak sürüklenir gider ve daha sonra emekgücünün sömürülme aracı olarak sermaye tarafından daha iğrenç bir şekilde sistemleştirilir ve yerleştirilir. Bir ve aynı aleti yaşam boyu kullanmanın verdiği uzmanlık, şimdi, bir ve aynı makineye yaşam boyu hizmet etmenin verdiği uzmanlık halini alır. Makine, işçiyi, ta çocukluğundan başlayarak, parça makinenin bir kısmı haline sokmak amacıyla kötüye kullanmıştır.[102] Böylece işçinin ken-

[99] Ure, bunu kabul eder. "Gerektiğinde" işçilerin, yöneticinin isteğine bağlı olarak, bir makineden alınıp diğerine verilebildiğini söyler ve zaten çığlığı atar: "Böyle bir değiştirme, işi bölen ve her bir iğnenin başını yuvarlatma işini bir işçiye, ucunu sivriltme işini bir başkasına veren eski uygulama ile tam bir çelişki halindedir." Oysa Ure'nin kendi kendisine, otomatik fabrikada bu "eski uygulamadan" niçin ancak "gerektiğinde" ayrılındığını sorması çok daha yerinde olurdu.

[100] Örneğin, Amerikan iç savaşı sırasında olduğu gibi büyük tehlike anında, fabrika işçileri, burjuvazi tarafından, yol yapımı vb. gibi en kaba işlere koşulurlar. 1862 yılı ile bunu izleyen yıllarda boşta kalan pamuk işçileri için kurulan İngiliz "*ateliers nationaux*" ["ulusal işlikler" –ç.] 1848 yılında Fransa'da kurulmuş bulunanlardan şu bakımlardan ayrılır ki, bu sonuncuda işçiler devlet hesabına üretken olmayan işlerde çalıştırıldığı halde, ilkinde işçiler, burjuvazi yararına üretken belediye işlerinde çalışmak zorundaydılar ve bu işleri normal işçiden daha düşük ücretle yaptıkları için de, bu işçiler ile rekabet haline getirilmiş oluyorlardı. "Pamuk işçilerinin fiziksel görünüşleri kuşkusuz düzeldi. Ben, bunu ... bu insanlar bakımından, kamu işlerinin açık havada yapılmasına bağlıyorum." (*Rep. of Insp. of Fact., 31st October 1863*, s. 59.) Yazar, burada, Preston kırında çalıştırılan, Prestonlu fabrika işçilerini kastediyor.

[101] Bir örnek: 1844 yasasından beri, pamuklu dokuma fabrikalarına, çocuk emeğinin yerini almak üzere çeşitli mekanik aygıtlar girmiş bulunuyor. Fabrikatörlerin kendi çocukları, fabrikalarında çırak olarak bir öğrenimden geçecekleri gün, bu el değmemiş mekanik alanında çok büyük ilerlemeler olacaktır. "Makineler içersinde belki de otomatik tezgah bile diğerleri kadar tehlikelidir. Bunlardaki kazaların çoğu küçük çocukların başlarına gelmektedir; bu çocuklar, tezgahlar hareket halindeyken yeri süpürmek için altlarına sürünerek giriyorlar. Birkaç ustabaşı bu suç yüzünden para cezasına çarptırılmış ise de, bunun pek yararı olmamıştır. Eğer makine yapımcıları, otomatik bir süpürge icat etmiş olsalardı, bu küçük çocukların makinelerin altına sürünerek girmeleri önlenir ve bizim koruyucu önlemlerimize mutlu bir katkıda bulunulmuş olurdu." (*Reports of Insp. of Fact., for 31st October 1866*, s. 63.)

[102] Demek ki, Proudhon'un şahane fikri buradan geliyor: O makineleri, emek araçlarının bir sentezi olarak değil, bizzat işçinin yararına olmak üzere, parça işlemlerin bir sentezi olarak "alıyor".

disinin yeniden-üretim masrafları büyük ölçüde azaldığı gibi, aynı zamanda, tümüyle fabrikaya ve dolayısıyla kapitaliste olan çaresiz bağımlılığı da tamamlanmış olur. Her yerde olduğu gibi burada da, toplumsal üretim sürecindeki gelişme nedeniyle artmış bulunan üretkenlikle, bu sürecin kapitalist biçimde sömürülmesi sonucu artan üretkenliği birbirinden ayırmamız gerekir. Elzanaatları ile manüfaktürde, işçi aleti kullanırdı, oysa fabrikada, şimdi, makine, işçiyi kullanmaktadır. Orada, emek aracının hareketi işçiden geliyordu, burda ise makinenin hareketlerini izlemek zorunda olan odur. Manüfaktürde işçiler canlı mekanizmanın birer parçasıydı. Fabrikada, onun yalnızca canlı bir eklentisi olan işçiden bağımsız cansız mekanizma vardır. "Aynı mekanik işin tekrar tekrar yapıldığı bu bitip tükenmez sefil cansıkıntısı ve alınteri, aynen Sisyphus'un işine benzer. Sırtlanılan ağır iş yükü, tıpkı bir kaya parçası gibi durmadan perişan işçinin üzerine yuvarlanır."[103] Aynı zamanda, bu fabrika işi, sinir sistemini tükettiği gibi, kasların çok yanlı çalışmasını engeller ve, hem vücut, hem zihin faaliyetlerindeki özgürlüğün her atomunu tümüyle elinden alır.[104] Makine, işçiyi işten kurtarmadığı, ama yalnızca çalışmanın bütün ilginçliğini yok ettiği için, işin hafiflemesi bile bir çeşit işkence halini alır. Her türlü kapitalist üretim, yalnızca bir emek-süreci olmayıp, aynı zamanda bir artı-değer yaratma süreci de olduğu için, şu ortak özelliği gösterir: emek araçlarını kullanan işçi değildir, tersine, işçiyi kullanan emek araçlarıdır. Ne var ki, bu tersine dönüş, ilk kez yalnız fabrika sisteminde teknik ve somut bir gerçeklik kazanır. Otomat haline dönüşen emek aracı, emek-sürecinde işçinin karşısına, canlı emek-gücüne egemen olan ve onu bitirip tüketen sermaye ve ölü emek şeklinde çıkar. Üretimin zihinsel güçlerinin el emeğinden ayrılması ve bu güçlerin, sermayenin emek üzerindeki gücü haline dönüşmesi, daha önce gösterdiğimiz gibi, ensonu, makine temeli üzerinde yükselen büyük sanayi tarafından tamamlanmıştır. Fabrika işçisi için önemsiz olan her bireyin özel hüneri, bilim, dev fizik güçler, ve fabrika mekanizmasında somutlaşan ve bu mekanizma ile birlikte "patron"un gücünü oluşturan kitle emeği karşısında, küçücük bir miktar olarak yokolur gider. Beyninde, makine ve makine üzerindeki tekelin ayrılmaz bir biçimde kenetlendiği bu "pat-

[103] F. Engels, *l.c.*, s. 217. Mr. Molinari gibi, sıradan ve iyimser bir serbest ticaret yanlısı bile şöyle diyebiliyor: "Günde onbeş saat, bir makinenin tekdüze hareketini gözlemek durumunda olan bir kimse, aynı sürede kendi fizik gücünü kullanmasından daha fazla tükenir. Çok uzun süreli olmamak üzere belki de zihinsel bir jimnastik hizmeti görebilecek olan bu gözcülük, süre uzun olursa, aşırılığı nedeniyle, zihni de, vücudu da yorar." (G. de Molinari, *Études Économiques,* Paris 1846, [s. 49].)

[104] F. Engels, *l.c.*, s. 216.

ron", "işçiler"i ile ne zaman bir anlaşmazlığa düşse, onları küçümser bir eda ile şunları söyler: "Fabrika işçileri şunu bir an akıllarından çıkarmasınlar ki, onlarınki gerçekten çok küçük cinsten hüner isteyen bir iştir; bundan daha kolay öğrenilebilecek ve niteliği bakımından bundan daha fazla ücret ödenen, ya da en az uzmanlık veren çok kısa bir eğitimle bundan daha çabuk ve bol elde edilebilecek başka hiçbir iş yoktur. ... Patronun makinesi, aslında, üretim işinde, altı aylık bir eğitimin öğreteceği ve sıradan bir tarım işçisinin bile öğrenebileceği fabrika işçisinin emek ve hünerinden çok daha önemli rol oynar."[105] İşçinin, emek araçlarının tekdüze hareketlerine teknik bakımdan bağlı oluşu ile, her iki cinsiyetten ve her yaştan bireyleri içersinde toplayan işçi topluluğunun kendine özgü yapısı, fabrikada tam bir sistem halini alan bir kışla disiplini yaratarak daha önce de sözü edilen denetim ve gözcülük işini ayrı bir uğraş haline getirir; ve böylece, çalışanları, işçiler ve gözcüler ya da sanayi ordusunun erleri ve çavuşları diye sınıflara bölmüş olur. "[Otomatik fabrikada] karşılaşılan başlıca güçlük ... her şeyden önce, insanları gelişigüzel çalışma alışkanlıklarından kurtarmak ve onları karmaşık otomatın değişmeyen düzenliliği ile özdeş hale gelecek biçimde eğitmektir. Fabrikanın çalışma hızının gereklerine uygun düşen bir disiplin yönetmeliğini meydana getirmek ve uygulamak, Arkwright'ın giriştiği herkülce bir iş ve soylu bir başarıdır! Sistemin en iyi biçimde örgütlendiği ve işin son derece hafifletildiği bugün bile, organik çağını geçmiş kimseleri yararlı fabrika işçileri haline getirmek adeta olanaksız haldedir."[106] Burjuvazinin başka konularda dörtelle sarıldığı sorumluluğun bölüşülmesi ilkesi ile, bundan daha da fazla beğendiği temsilî sistemi hiç dikkate almaksızın, sermayenin bir yasakoyucusu gibi, işçiler üzerindeki kayıtsız şartsız egemenliğini dilediği şekilde formülleştirdiği fabrika yönetmeliği, geniş ölçüde elbirliği ve emek araçları ile özellikle makinelerin ortaklaşa kullanılmasıyla emek-sürecinin gerekli kıldığı

[105] *"The factory operatives should keep in wholesome remembrance the fact that theirs is really a low species of skilled labour; and that there is none which is more easily acquired or of its quality more amply remunerated, or which, by a short training of the least expert can be more quickly as well as abundantly acquired ... The master's machinery really plays a far more important part in the business of production than the labour and the skill of the operative, which six months' education can teach, and a common labourer can learn."* (*The Master Spinners' and Manufacturers' Defence Fund. Report of the Committee,* Manchester 1854, s. 17.) Patronların, "canlı" otomatlarını kaybetme tehlikesi ile yüzyüze geldikleri zaman büsbütün ayrı bir telden çaldıklarını daha ilerde göreceğiz.

[106] Ure, *l.c.,* s. 15. Arkwright'ın yaşam öyküsünü bilen bir kimse, bu berber dahiye hiçbir zaman "asil" ünvanını veremez. 18. yüzyılın bütün büyük mucitleri içersinde o, kuşkusuz, başkalarının icatlarını çalan en büyük hırsız ve en aşağılık adamdır.

toplumsal düzenin kapitalistçe bir karikatüründen başka bir şey değildi. Köle çalıştıranların ellerindeki kamçının yerini, şimdi, gözcülerin elindeki ceza kitabı alıyordu. Bütün cezalar eninde sonunda, doğal olarak, para cezası ve ücret biçimine gelip dayanıyor ve fabrika Lycurgus'unun yasa koyma marifeti, her şeyi öyle düzenliyordu ki, bu yasaların çiğnenmesi, onun için, yasalara uyulmasından daha kârlı oluyordu.[107]

[107] "Burjuvazinin, proletaryayı bağladığı tutsaklık, hiçbir yerde fabrika sisteminden daha açıkça günışığına çıkmamıştır. Burada bütün özgürlükler hem yasada ve hem de gerçekte sona erer. İşçilerin saat beş-buçukta fabrikada olmaları gerekir. Birkaç dakika geç kalsalar cezalandırılırlar; 10 dakika gecikirlerse, kahvaltıdan sonraya kadar içeriye alınmazlar ve böylece, dörtte-bir günlük ücreti kaybetmiş olurlar. Komuta ile yemek, içmek ve uyumak zorundadırlar. ... Despot çan sesiyle yatağından kaldırılır, kahvaltıdan, yemekten çağrılır. Ve fabrikada başından neler geçer? Burada patron mutlak yasakoyucudur. Gönlünün dilediği gibi yönetmelikler yapar; bunda, keyfince değişiklikler, ekler yapar; ve en budalaca şeyleri koysa, mahkemeler işçiye şöyle söyler: Bu sözleşmeye gönlünüzle girdiğinize göre, şimdi onu yürütmek zorundasınız. ... Bu işçiler, dokuz yaşından başlayarak ölene kadar, bu maddi ve manevi işkence altında yaşar." (F. Engels, *l.c.,* s. 217, *sq.*) "Mahkemenin ne dediğini" bir örnekle göstereceğim. Olaylardan biri, 1866 yılı sonunda Sheffield'da geçer. Bu kentte bir işçi iki yıl bir çelik fabrikasında çalışır. İşverenle yaptığı bir kavga sonucu işi bırakır ve ne olursa olsun bu patron için çalışamayacağını söyler. Sözleşmeyi bozduğu gerekçesiyle yargılanır ve iki ay hapse mahkum edilir. (Eğer sözleşmeyi patron bozmuş olsaydı, ancak hukuk mahkemesinde kovuşturmaya uğrar ve olsa olsa para cezasına çarptırılırdı.) İşçi iki aylık hapis cezasını çektikten sonra, patron, sözleşme gereğince işçiyi işbaşı yapmaya davet eder. İşçi, hayır der, sözleşmeye uymadığı için zaten cezasını çekmiştir. Patron tekrar dava açar ve yargıçlardan bir tanesi, Mr. Shee, bunu, bir insanın yaşadığı sürece, bir ve aynı suç ya da cinayet için tekrar cezalandırılmış olacağı bir hukuk garibesi olarak açıkça yermesine karşın, mahkeme, işçiyi tekrar mahkum eder. Ve bu hükmü, "*Great Unpaid*" ["Büyük Ücretsizler" *–ç.*], taşralı meşe odunları değil, Londra'daki en yüksek mahkemelerden biri veriyordu. [*Dördüncü Almanca baskıya ek.* — Bu usul artık uygulanmıyor. Havagazı gibi bazı kimyasal hizmetler dışında, İngiltere'de işçi, sözleşmenin bozulması halinde işverenle eşit koşullar içersinde ancak hukuk mahkemelerinde yargılanabiliyor. *–F. E.*] İkinci olay, 1863 Kasımının sonunda Wiltshire'da geçiyor. Westbury Leigh'de, Leower's Mill'de kumaş fabrikatörlüğü yapan Harrup adında birisinin yanında çalışan 30 kadar dokuma işçisi, patronları Harrup'un sabahları işe geç kaldıkları için ücretlerinden 2 dakikaya karşılık 6 peni, 3 dakikaya karşılık 1 şilin, 10 dakikaya karşılık 1 şilin 6 peni kesmek gibi tatlı bir alışkanlığı sürdürmesi karşısında greve gidiyorlar. Bu, bir saat için 9 şilin, bir gün için 4 sterlin 10 şilin eder ki, dokumacıların bir yıldaki ortalama ücretleri hiçbir zaman haftada 10-12 şilini geçmemektedir. Ayrıca Harrup, işe başlama saatini ilan etmek üzere bir çocuk görevlendiriyor, ki bu çocuk çoğu kez sabahın altısından önce düdüğü öttürüyordu, ve eğer düdüğün bittiği anda bütün işçiler orada hazır değilseler, kapılar kapanıyor, dışarda kalan işçiler cezalandırılıyor, ve binalarda saat olmadığı için, talihsiz işçiler, Harrup yetiştirmesi genç düdükçünün insafına kalıyorlardı. Grevdeki işçiler, yani aile anaları ve kızlar, bir düdükçünün yerine bir saat konulduğu ve daha usa-uygun bir ceza uygulandığı takdirde işe başlama önerisinde bulundular. Harrup, 19 kadın ile kızı sözleşmeye uymadıkları gerekçesiyle yargıç karşısına çıkarttı. Orada bulunanların bu haksızlık karşısındaki büyük öfkesine karşın işçilerin hepsi de 6 peni para cezasına ve 2 şilin 6 peni mahkeme giderlerini ödemeye mahkum edildiler. Mahkemeden sonra Harrup'un peşine, ıslıklar çalan bir kalabalık takıldı. — Fabrikatörlerin pek sevdikleri bir şey de, istenilen malzemedeki kusurlar nedeniyle, ücretlerinden kesinti yaparak işçileri cezalandırmaktı. Bu yöntem, 1866'da İngiltere'de çömlekçilik bölgesinde genel bir greve yolaçtı. Çocukların Çalış-

Biz, burada, yalnızca, fabrika işinin yürütüldüğü maddi koşullara değinmiş bulunuyoruz. Her duyu organının, yapay olarak yükselen sıcaklık, toz-toprak dolu hava, kulakları sağır edici gürültü ile aynı derecede zarar görmesinin, üst üste sıralanmış makineler arasındaki ölüm ve yaralanma tehlikesinin burada sözünü bile etmiyoruz; bunlar, adeta mevsimlerin düzenliliğiyle yayınlanan, sanayi savaşındaki ölü ve yaralı listelerinde yeralmaktadır.[108] Fabri-

tırılması Hakkındaki Komisyonun raporlarında (1863-1866), işçilerin yalnız ücretlerini almamakla kalmayıp, harcadıkları emek ve ceza yönetmelikleri aracılığı ile kıymetli patronlarına karşı borçlu duruma düşürüldükleri olaylar anlatılmaktadır. Son pamuk bunalımı da, ücretlerde kesinti yapma konusunda fabrika otokratlarının gösterdikleri marifetlerin ölümsüz örneklerini sağlamıştır. Fabrika denetmeni Mr. R. Baker şöyle diyor: "Bu zor ve ıstıraplı zamanlarda, çalıştırdığı bazı genç işçilerin her birinden, sağlık belgesi için, yasaya göre 3 peni kesmesi gerekirken, 10 peni kesen (oysa bu belge için ancak 6 peni ödemektedir) bir pamuklu fabrikası sahibi aleyhinde, son zamanlarda, ben kovuşturma açmak zorunda kaldım. ... Bana bildirilen diğer bir olay da, yasayla çatışmadan aynı amaca ulaşmak için bir fabrikatörün, çalıştırdığı çocuklardan, çalışmaya uygun oldukları hekim belgesiyle belirtilenlerden, derhal, pamuk ipliği eğirme sanatını ve sırrını öğrenmeleri karşılığı bir şilin ücret istediği haber verilmekteydi. Bu nedenle, grevler gibi olağanüstü olaylar konusunda, yalnız bunların ortaya çıktıkları yerlerle ilgili değil, özellikle içinde bulunduğumuz zamanlarda görülmelerinin bazı derin nedenleri olabilir, ve bunlar açıklanmaksızın, halkın bunları anlayabilmesi olanaksızdır." Burada 1863 Haziranında, Darwen'deki dokuma işçileri grevine değiniliyor. (*Reports of Insp. of Fact., for 30th April, 1863*, s. 50-51.) Raporlar her zaman resmî tarihlerin gerisindeki olayları kapsamaktadır.

108 Fabrika yasalarının tehlikeli makinelere karşı getirdiği koruma önlemlerinin yararlı etkileri olmuştu. "Ama ... şimdi, yirmi yıl önce bulunmayan başka tehlike kaynakları var; bunlardan en başta geleni makinenin artan hızıdır. Çarklar, silindirler, volanlar, iğler ve mekikler gitgide artan bir hızla dönmektedir; kopan bir ipliği yakalamak için parmaklar şimdi daha hızlı ve becerikli hareket etmek zorundadır, çünkü bir anlık duraksama ya da dikkatsizlik, kurban edilmelerine yolaçar. ... Kazaların büyük bir kısmı, işçilerin işlerini hızla bitirmek kaygılarından ileri gelir. Şurası unutulmamalıdır ki, makinelerin hareket halinde olması, yani iplik ve kumaş üretmesi, fabrikatörlerin en önde gelen kaygılarıdır. Bir dakikalık duraklama, yalnız bir güç kaybı değil, bir üretim kaybıdır da ve, çıkartılan iş miktarında çıkarları bulunan gözcüler, işçileri, makineleri daima hareket halinde tutmaya zorlarlar; ve ağırlık ya da parça-başına ücret alan işçiler için de, makinelerin devamlı hareket halinde olmaları daha az önemli değildir. Bunun sonucu olarak, bazı ve hatta çoğu fabrikalarda, makinelerin hareket halindeyken temizlenmeleri yasaklandığı halde, fabrikaların çoğunda ve belki de hepsinde işçilerin, herhangi bir uyarıya ya da azarlanmaya uğramaksızın, makineler çalışır haldeyken, artıkları, kırıntıları aldıkları, silindirleri, çarkları vb. sildikleri her zaman görülen bir uygulamadır. Böylece, yalnız bu yüzden altı ay içersinde 906 kaza olmuştur. ... Her gün devamlı olarak epeyce bir temizlik yapılmakla birlikte, cumartesi günleri genellikle makinelerin genel temizliğine ayrılmıştır ve bunun da büyük bir kısmı gene makineler hareket halindeyken yapılmaktadır." Temizlik için bir ücret ödenmediğinden, işçiler bunun bir an önce bitirilmesine bakarlar. Bu nedenle, "cuma ve özellikle cumartesi günleri meydana gelen kazaların sayısı, diğer günlerden çok daha fazladır. Cuma günlerinin, haftanın ilk dört günü ortalamasına göre kaza fazlalığı neredeyse %12; cumartesi günlerinde ise, onu izleyen beş günün ortalamasına göre kaza fazlalığı %25'tir; ya da, eğer, cumartesi günlerinin çalışma saatleri hesaba katılırsa —diğer günler 10½ saat olduğu halde cumartesi günleri 7½ saattir— bu fazlalık %65'i bulur." (*Rep. of Insp. of Fact., 31st October, 1866*, s. 9, 15, 16, 17.)

ka sistemiyle, sanki bir yerde yetiştirilmiş gibi olgunlaşan ve güçlenen toplumsal üretim araçlarında sağlanan tasarruf sermayenin ellerinde, işçinin çalışırken yaşamı için zorunlu şeyi, sistemli bir soygunculuğa dönüştürür; yer, ışık, hava ve üretim sürecinin beraberinde getirdiği tehlikelere karşı onun yaşamını korumak için alınacak her türlü önlem üzerinde aynı soygun yapılır; işçinin rahatlığı için gerekli şeyler üzerindeki soygunun burada hiç sözünü etmiyoruz.[109] Fourier, fabrikaları, "ıslah edilmiş hapisaneler" diye adlandırdığında haksız mıydı?[110]

BEŞİNCİ KESİM. — İŞÇİ İLE MAKİNE ARASINDAKİ ÇEKİŞME

Kapitalist ile ücretli işçi arasındaki savaşımın tarihi, sermayenin kökenine kadar gider. Bütün manüfaktür dönemi boyunca bu çekişme, şiddetle devam edip gitmiştir.[111] Ne var ki, ancak makinenin kullanılmaya başlamasıyla, işçi, sermayenin somutlaşmış şekli olan bu emek aracının kendisiyle savaşmaya başlamıştır. Kapitalist üretim tarzının maddi temeli olduğu için bu özel üretim aracı şekline karşı başkaldırmıştır.

17. yüzyılda hemen hemen bütün Avrupa'da işçilerin, kurdele

[109] Üçüncü Kitabın [Cildin] Birinci Kısmında, fabrika yasasının, "işçileri" tehlikeli makinelere karşı koruyan maddelerine karşı İngiliz fabrikatörlerin son günlerde giriştikleri savaşımın bir öyküsünü vereceğim. Şimdilik, Leonard Horner'ın resmî raporundan alınan şu parçayla yetinelim: "Bazı fabrika sahiplerinin, bazı kazalar konusunda affedilmez bir hafiflikle sözettiklerini duydum; örneğin, bir parmak kaybedilmesi önemsiz bir şeydi. Bir işçinin yaşamı ve geleceği, parmaklarına o kadar bağlıydı ki, bunlardan herhangi birisinin kaybı onun için çok ciddi bir sorundur. Bu gibi düşüncesizce sözleri işittiğim zaman, genellikle şu soruyu soruyordum: Fazladan bir işçiye gereksinmeniz olsa, başka bakımlardan eşit nitelikte iki kişi başvursa, bunlardan bir tanesi bir başparmağını ya da işaret parmağını kaybetmiş olsa, hangisini işe alırsınız? Bu sorunun yanıtında herhalde hiç duraksamazsınız." ... Fabrikatörlerin, "insanseverlik gösterisi diye tanımlandığını duydukları yönetmeliğe karşı yanlış bir önyargıları" bulunmaktadır. (*Rep. of Insp. of Fact., 31st Oct., 1855.*) Bu fabrikatörler kurnaz kişiler doğrusu ve köle sahiplerinin ayaklanması karşısındaki sevinçleri de boşuna değil.

[110] Çalışma saatlerine zorunlu sınırlar koyan fabrika yasaları ile diğer yönetmeliklerin kapsamına uzun zaman önce girmiş bulunan fabrikalarda, eski kötüye kullanmaların çoğu ortadan kalkmıştır. Makinelerdeki her gelişme, bir ölçüde, "binaların yapımında da bazı gelişmeleri" gerektiriyor ve bu da işçinin yararına bir şeydir. (*Rep. of Insp. of Fact., 31st Oct., 1863*, s. 109.)

[111] Bkz: diğerleri arasında, John Houghton, *Husbandry and Trade Improved*, London 1727; *The Advantages of the East-India Trade*, 1720; John Bellers, *l.c.*, "Patronlar ile işçiler birbirleriyle ne yazık ki, devamlı bir savaşım halindeler. Bunlardan ilkinin değişmeyen amacı, işlerini elden geldiğince ucuza yaptırmaktır; ve bu amaca ulaşmak için her türlü çareye başvurmaktan geri kalmıyorlar; buna karşılık ikinciler de, patronlarını daha yüksek taleplerine boyun eğmeye zorlamak için her fırsattan yararlanmaya aynı derecede dikkat ve titizlik gösterirler." (*An Enquiry into the Causes of the Present High Price of Provisions*, s. 61-62. Yazar, rahip Nathaniel Forster, tamamen işçilerden yanadır.)

ve şerit dokumakta kullanılan ve Almanya'da *Bandmühle, Schnurmühle, Mühlenstuhl* denilen, kurdele dokuma tezgahına karşı ayaklandıkları görülmüştür. Bu makineler, Almanya'da icat edilmişlerdi. Abbé Lancellotti, 1579'da yazdığı ve 1636'da Venedik'te yayınlanan yapıtında şöyle diyor: "Danzigli Anthony Müller 50 yıl kadar önce, bu kentte, aynı anda 4-6 parça kumaşı birden dokuyan olağanüstü bir makine görmüştü. Ama bu icadın, birçok işçiyi sokağa dökeceğinden kuşkulanan belediye başkanı, icadı yapanı gizlice boğazlattı ya da boğdurdu." Leyden'de, bu makine, 1629'a kadar kullanılmadı; kurdele dokumacılarının ayaklanması, ensonu, şehir meclisini bu makineyi yasaklamaya zorladı. Bu makinenin Leyden'e getirilişine değinen Boxhorn (*Inst. Pol.*, 1663) şöyle diyor: "*In hac urbe ante hos viginti circiter annos instrumentum quidam invenerunt textorium, quo solus quis plus panni et facilius conficere poterat, quam plures aequali tempore. Hinc turbæ ortæ et querulæ textorum, tandemque usus hujus instrumenti a magistratu prahibitus est.*"* Bu tezgaha karşı 1632-1639 vb. yıllarında azçok yasaklayıcı çeşitli kararnameler çıkardıktan sonra Hollanda Devlet Meclisi, sonunda 15 Aralık 1661'de yayınlanan bir kararname ile bunun kullanılmasına belirli koşullar altında izin verdi. İngiltere'de kullanılması işçiler arasında huzursuzluklara yolaçtığı sıralarda, 1676'da, bu tezgah, Kolonya'da da yasaklandı. 19 Şubat 1685 tarihli bir imparatorluk kararı ile bütün Almanya'da kullanılması yasaklandı. Hamburg'da ise, senatonun emriyle, halkın önünde yakıldı. 9 Şubat 1719'da, imparator Charles VI, 1685 tarihli kararı yeniledi ve ancak 1765'te Saksonya seçim bölgesinde kullanılmasına izin verildi. Avrupa'yı temelinden sarsan bu makine, aslında, buharlı iplik ve dokuma tezgahının, ve 18. yüzyıl sanayi devriminin öncüsüydü. Bu makinede, hiç deneyimi olmayan bir çocuk, yalnızca bir kolu ileri-geri çekerek bütün makineleri harekete geçirebiliyor ve gelişmiş şekliyle aynı anda 40-50 parçayı birden dokuyabiliyordu.

1630 yıllarında Londra yakınında bir Hollandalı tarafından kurulan bir yel bıçkı değirmeni halkın taşkınlığı sonucu yıkılmıştı. 18. yüzyılın başlarına kadar su ile çalışan bıçkı tezgahları, parlamentonun desteği olduğu için, halkın direnişi karşısında güçlükle dayanabilmiştir. Everet, 1758 yılında, ilk kez su gücüyle çalışan yün kırpma makinesini yaptığı zaman, işsizliğe itilen 100.000 kişi

* "Bazı kimseler 20 yıl kadar önce, bu kentte bir dokuma makinesi icat etmişlerdi. Bu makine ile bir kişi, eski yöntem ve araçlarla çalışan birçok insanın aynı sürede yapabileceklerinden daha fazla kumaşı, hem de daha kolay yapabiliyordu. Bu yüzden dokumacılar arasında huzursuzluklar ve şikayetler başladı. Bu durum, şehir meclisinin makineyi yasaklamasına kadar devam etmişti." (Boxhorn, *Insp. Pol.*, 1663.) –ç.

makineyi ateşe vermişti. Yaşamlarını o zamana kadar yün taramakla kazanan ellibin kişi, Arkwright'ın tarama makinesine karşı, parlamentoya dilekçe vermişlerdi. Bu yüzyılın ilk 15 yılında, İngiltere'de manüfaktür bölgelerinde görülen ve özellikle buharlı tezgahların kullanılmasının yolaçtığı, Luddite hareketi diye bilinen, büyük ölçüde makine tahribi olayları, Sidmouth, Castlereagh ve benzerlerinin, anti-jakoben hükümetlerine, en gerici ve zorlu önlemleri alma bahanesini sağlamıştır. İşçilerin, makine ile sermayeyi birbirinden ayırdetmeleri ve saldırılarını maddi üretim araçlarına değil, bunların kullanılış tarzına yöneltmeyi öğrenmeleri için, hem zamana, hem de deneyime gereksinmeleri vardı.[112]

Manüfaktürde ücret konusundaki savaşımlar, manüfaktürü önkoşul olarak kabul etmiş ve hiçbir zaman onun varlığına yöneltilmemiştir. Yeni manüfaktürlerin kurulmasına karşı direnme, işçilerden değil, loncalardan ve ayrıcalıklı kentlerden gelmiştir. Bu nedenle, manüfaktür döneminin yazarları, işbölümünü, işçileri işlerinden eden bir yöntem olarak değil, işçi noksanlığını kapatan bir yol olarak ele almışlardır. Aradaki fark besbellidir. Örneğin, İngiltere'de, şimdi 500.000 kişiyle eğirilen pamuğu, eski eğirme çarklarıyla eğirmek için 100 milyon insana gerek vardır, denirse, bu, hiçbir zaman makinenin, zaten mevcut olmayan bu milyonlarca insanın yerini aldığı anlamına gelmez. Bu, yalnızca, eğirme makinesinin yerini ancak şu kadar milyon insanın doldurabileceği anlamını taşır. Öte yandan, biz, eğer İngiltere'de buharlı dokuma tezgahının 800.000 dokumacıyı sokağa attığını söylersek, belirli sayıda işçi tarafından yeri doldurulabilecek mevcut makineden sözetmiş olmayız, ama bu tip tezgahlar tarafından fiilen yeri alınan ya da yerinden edilen şu kadar sayıda işçiyi sözkonusu etmiş oluruz. Manüfaktür döneminde, işbölümü ile değişmiş olmakla birlikte, el emeği hâlâ temel öğeydi. Yeni sömürge pazarlarının talepleri, ortaçağlardan kalma nispeten az sayıdaki kentli işçiler ile karşılanamıyordu, ve asıl anlamıyla manüfaktür, feodal bir sistemin dağılmasıyla topraklarından atılan kırsal bölge nüfusuna yeni üretim alanları açtı. Bu nedenle, o sıralarda, işyerlerindeki işbölümü ile elbirliği, işçilerin üretim gücünü artırdığı için, daha çok olumlu bir açıdan görülüyordu.[113] Büyük sanayi döneminden çok önce, elbirli-

[112] Eski tip manüfaktürlerde işçilerin makinelere karşı ayaklanmaları bugün bile, Sheffieldlı eğe yapımcıları olayındaki gibi, bazan vahşi bir şekil alabiliyor.

[113] Sir James Steuart da makineleri tam bu anlamda anlamaktadır. "*Je considère done les machines comme des moyens d'augmenter* [*virtuellement*] *le nombre de gens industrieux qu'on n'est pas obligé de nourrir. ... En quoi l'effet d'une machine diffère-t-il de celui de nouveaux habitants*?" ["Ben, makineleri, beslemek zorunda olmadığı hünerli insanların sayısını [bilkuvve] çoğaltan araçlar olarak görüyorum. ... Bir makinenin etkisi, yeni sakinlerin etkisinden neden farklı olsun?"] (Fransızca

ği ve emek araçlarının birkaç elde toplanması, bu yöntemlerin tarıma uygulandığı birçok ülkede, üretimin biçimlerinde, büyük, ani ve zorunlu devrimlere ve dolayısıyla, kırsal bölge halkının yaşama koşullarıyla emek araçlarında devrimlere yolaçtı. Ama bu çatışma, başlangıçta sermaye ile ücretli işçi arasında olmaktan çok, büyük ve küçük topraksahipleri arasında olur; öte yandan toprak işçilerinin yerini, emek araçlarının, koyunların, beygirlerin vb. aldığı durumlarda zora dayanan hareketler, sanayi devriminin başlangıcı olarak derhal görülür. İşçiler topraktan sürülmüş, ardından, yerlerine koyunlar getirilmiştir. İngiltere'de olduğu gibi büyük ölçüde toprak gaspı, geniş çapta tarımın kurulması için bir alan yaratmada atılacak ilk adımdır.[113a] Bu nedenle tarımdaki bu köklü değişim, başlangıçta daha da politik bir devrim görünüşündedir.

Emek aracı, makine şeklini alır almaz, bizzat işçinin rakibi olur.[114] Makine aracılığı ile sermayenin kendi kendisini genişletmesi, o zamandan beri geçim araçları bu makine tarafından tahrip edilen işçilerin sayısı ile doğru orantılıdır. Tümüyle kapitalist üretim sistemi, işçinin emek-gücünü bir meta olarak satması olgusuna dayanır. İşbölümü, bu emek-gücünü, belli bir aleti kullanma hünerine indirgeyerek uzmanlaştırır. Bu aletin kullanılması, makinenin işi olur olmaz, işçinin emek-gücünün kullanım-değeri ile birlikte değişim-değeri de yokolur; kağıt paranın yasalarla dolaşımdan kalkması gibi, işçi de, şimdi satılamaz hale gelmiştir. İşçi sınıfının, makinenin fazlalık haline getirdiği bu kısmı, yani sermayenin kendi kendisini genişletmesi için hemen gereksinmesi bulunmayan bu kesim, ya eski elzanaatları ve manüfaktür ile makine arasında eşit olmayan koşullar altında geçen bir savaşımda yokolur, ya da sanayinin daha kolay ulaşılabilir kollarına akar, emek pazarını doldurur ve emek-gücünün fiyatını değerinin altına düşürür. Istıraplarının hem geçici ("geçici bir rahatsızlık") ve hem de makinenin belli bir üretim alanının tümü üzerinde egemenliğini ancak yavaş yavaş

çev., t. I, 1. I, ch. XIX.) Makinelerin, "poligami"nin yerini aldığını söyleyen Petty daha saftır. Yukardaki görüş olsa olsa, Birleşik Devletler'in ancak bazı kısımları için geçerli olabilir. Öte yandan, "makineler, bireyin emeğini azaltacak şekilde başarıyla nadiren kullanılabilir; yapımı için kaybedilen zaman, kullanımı ile tasarruf edilecek zamandan daha fazla olabilir. Büyük kitleler halinde hareket ettikleri, tek bir makine binlercesinin işine yardımcı olduğu zaman ancak gerçekten yararlı olabilirler. Bu yüzden, nüfusu çok kalabalık, işsiz-güçsüz insanı çok fazla olan ülkelerde makine de fazla olur. ... Makine, insan kıtlığı nedeniyle değil, ama bu işsizleri kitle halinde işe sokabilme kolaylığı nedeniyle kullanılır." (Piercy Ravenstone, *Thoughts on the Funding System and its Effects,* London 1824, s. 45.)

113a [*Dördüncü Almanca baskıya not.* — Bu, Almanya için de geçerlidir. Ülkemizde, tarımın büyük boyutlarda varolduğu yerlerde, yani özellikle doğuda, büyük malikanelerin ("*Bauernlegen*") temizlenmesi sonucu olanaklı olabilmiş ve bu uygulama, 16. yüzyılda ve özellikle 1648'den beri yaygın bir hal almıştır. –*F. E.*]

114 "Makine ile emek daimi bir rekabet halindedir." Ricardo, *l.c.,* s. 479.

kurması nedeniyle, yıkıcı etkisinin genişlik ve yoğunluğunun azalacağı düşüncesi, işçiler için büyük bir teselli olur. Bu iki tesellіden ilki, ikincisini etkisiz kılar. Makine, bir sanayiyi yavaş yavaş elegeçirdiği zaman, kendisi ile rekabet eden işçiler arasında müzmin bir sefalet yaratır. Geçişin hızlı olduğu durumlarda, etkisi de şiddetli olur ve geniş kitlelerce duyulur. Tarih, İngiliz eldokumacılarının yavaş yavaş yokolmasından daha korkunç bir trajedi kaydetmez; birkaç on yıl boyunca süren bu yokolma, ensonu 1838'de sona ermiştir. Bunların çoğu açlıktan ölmüşler, pek çok aile günde 2½ peni ile uzun süre bitkisel bir yaşam sürmüşlerdir.[115] Öte yandan, İngiliz pamuklu makineleri, Hindistan'da vahim bir etki yarattı. 1834-35'te genel vali şöyle yazıyordu: "Buradaki sefaletin bir eşine tarihte zor raslanır. Pamuk dokumacılarının kemikleri Hindistan ovalarını beyaza boyamıştır." Hiç kuşkusuz, bu dokumacıları, bu "geçici" dünyadan göçürmekle, makine, yalnız "geçici bir rahatsızlık"tan fazlasına yolaçmamıştır. Geride kalanlara gelince, makine durmadan yeni üretim alanlarına elattığına göre, geçici etkisi aslında kalıcı ve daimidir. Demek oluyor ki, kapitalist üretim tarzının, işçiye karşı, bütünüyle emek araçlarına ve ürüne kazandırdığı bağımsız ve yabancılaşmış nitelik, makine aracılığı ile tam bir uzlaşmaz çelişki halini almaktadır.[116] İşte bunun için, makinenin ortaya çıkışıyla birlikte, ilk kez işçi, emek aracına karşı şiddetle başkaldırmaktadır.

Emek aracı, işçiyi yere serer. İkisi arasındaki bu dolaysız uzlaş-

[115] İngiltere'de eldokumacılığı ile makine dokumacılığı arasındaki rekabet, 1833 tarihli yoksullar yasasının yürürlüğe girmesinden önce, asgarinin epeyce altına düşen ücretlerin kilise yardımıyla desteklenmesiyle uzamıştı. "1827 yılında rahip Mr. Turner, sanayi bölgesi olan Cheshire'da, Wilmslow kilisesi papazıydı. Göçmen Komitesinin sorduğu sorular ile Mr. Turner'in yanıtları, insan emeğinin makineye karşı rekabeti nasıl sürdürdüğünü gösteriyor, 'Soru: Buharlı tezgahın kullanılması, el tezgahının yerini almadı mı? Yanıt: Kuşkusuz aldı; eğer eldokumacıları, ücret indirimine boyun eğecek duruma getirilmeselerdi, bu, daha da fazla olurdu. Soru: Ama, geçimine yetmeyecek bu ücreti kabul etmiş oluyor ve geriye kalan için de kilise yardımına belbağlıyor, öyle mi? Yanıt: Evet öyle ve aslında, el tezgahı ile buharlı tezgah arasındaki rekabet, yoksullara yardım fonu ile sürüp gidiyor.' Böylece, makinenin kullanılmaya başlanmasının çalışkan işçilere sağladığı yarar, saygıdeğer ve bir dereceye kadar bağımsız usta işçinin, alçaltıcı sadaka ekmeği ile yaşayan sürüngen sefiller haline düşmesi oluyor. İşte buna da geçici huzursuzluklar deniyor." (*A Prize Essay on the Comparative Merits of Competition and Co-operation*, Lond. 1834, s. 29.)

[116] "Ülkenin gelirini" (yani, Ricardo'nun aynı pasajda açıkladığı gibi, servetleri ekonomik açıdan, ulusun zenginliğini oluşturan, büyük topraksahipleri ile kapitalistlerin gelirlerini) "artırabilecek aynı neden, aynı zamanda, nüfusu gereğinden fazla duruma getirebilir ve işçinin durumunu kötüleştirebilir." (Ricardo, *l.c.*, s. 479.) "Makinelerdeki her gelişmenin daimi amacı ve eğilimi, aslında, insan emeğinden büsbütün kurtulmak ya da yetişkin erkek işçinin emeğinin yerine kadın ve çocuk emeğini ya da vasıflı işçinin yerine vasıfsız işçinin emeğini koyarak, emeğin fiyatını azaltmaktır." (Ure, [*l.c.*, s. 23].)

maz karşıtlık, yeni kullanılmaya başlanan bir makinenin, eski zamanlardan süregelen elzanaatları ya da manüfaktürlerle rekabet ettiği zaman, en şiddetli şekilde ortaya çıkar. Ama büyük sanayilerde bile, makinelerdeki sürekli iyileştirmeler ve otomatik sistemdeki gelişmeler, buna benzer etkiler yapar. "Geliştirilen bir makinenin amacı, el emeğini azaltmak ve fabrikadaki üretim sürecindeki bir halkayı insandan bir aygıt yerine demirden bir aygıt koyarak tamamlamaktır."[117] "Şimdiye kadar elle işletilen bir makineye buhar gücünün uyarlanması günlük olaylardandır ... makineler üzerinde, güç tasarrufu, daha iyi üretmek, aynı sürede daha fazla iş çıkartmak, ya da bir çocuğun, bir kadının ya da bir erkeğin yerini doldurmak gibi amaçlarla yapılan ufak-tefek düzeltmeler devamlı olup, bunlar bazan önemli şeyler gibi görünmemekle birlikte, önemli sonuçlar doğururlar."[118] "Bir sürecin hünerli ve hata yapmayan bir eli gerektirdiği durumlarda, bu iş, hünerli olmakla birlikte, her türlü düzensizliklere eğilimli işçiden derhal alınıyor ve, bir çocuğun bile denetleyebileceği kendi kendine düzenlenen özel bir mekanizmaya veriliyor."[119] "Otomatik sistemde hünerli emek gitgide önemini yitirir."[120] "Makinelerdeki gelişmeler aynı sonucu almak için eskisi kadar yetişkin işçi çalıştırma zorunluluğunu ortadan kaldırmakla kalmaz, aynı zamanda, bir tür insan emeği yerine bir diğerini, daha hünerli olan yerine daha az hünerlisini, erkek yerine kadını, yetişkin insan yerine çocuğu koymakla, işçi ücretlerinde yeni çalkantılara neden olur."[121] "Öteden beri kullanılan iplik makinesinin yerini otomatik eğirme makinesinin alması ile, erkek eğiricilerin çoğu işten çıkarıldı, delikanlılar ile çocuklar işlerinde kaldılar."[122] Birikmiş pratik deneyimler, hazır mekanik araçlar ve sürekli teknik gelişmeler nedeniyle, fabrika sistemindeki olağanüstü gelişme gücü, kısaltılmış işgününün baskısı altında, bu sistemin dev adımlarıyla ilerle-

[117] *Rep. of Insp. of Fact., for 31st October, 1858*, s. 43.

[118] *Rep. of Insp. of Fact., for 31st October, 1856*, s. 15.

[119] Ure, *l.c.*, s. 19. "Tuğla yapımında kullanılan makinenin sağladığı en büyük yarar, işvereni, hünerli işçiden büsbütün bağımsız hale getirmesidir." (*Ch. Empl. Comm., Fifth Report,* Lond. 1866, s. 130, n° 46.) Great Northern Railway firmasının makine bölümü şefi Mr. A. Sturrock, lokomotif yapımı ile ilgili olarak şöyle diyor: "Pahalı İngiliz işçileri her gün daha az kullanılıyor. İngiliz işyerlerinde üretim, geliştirilmiş aletlerin kullanılması ile artırılmakta ve bu aletler gene daha düşük bir emek tarafından kullanılabilmektedir. ... Eskiden bunların hünerli emekleri zorunlu olarak makinelerin bütün parçalarını üretirdi. Şimdi ise, makinenin parçaları, daha az hünerli emek, ama daha iyi aletlerle yapılıyor. Aletler derken, mühendislik makineleri demek istiyorum, torna tezgahı, planya makinesi, matkap ve benzeri aletler gibi." (*Royal Com. on Railways, Minutes of Evidence,* Lond. 1867, n° 17862 ve 17863.)

[120] Ure, *l.c.*, s. 20.

[121] Ure, *l.c.*, s. 321.

[122] Ure, *l.c.*, s. 23.

miş olduğunu bize tanıtlar. Ama İngiliz pamuklu sanayisinin en parlak yılı olan 1860'ta, Amerikan iç savaşının dürtüsüyle birbirini izleyen üç yıl içinde, makinelerdeki dörtnala gelişmeler ve bunun sonucu işçilerin işsiz kalacakları kimin aklına gelirdi? Bu konuda fabrika denetmenlerinin raporlarından alınacak birkaç örnek yeterli olacaktır. Manchesterlı bir fabrikatör şöyle diyor: "Eskiden elimizde 75 tarama makinesi vardı, şimdi aynı miktarda iş çıkartan 12 makinemiz var. ... 14 işçi daha az çalıştırıyoruz, haftada 10 sterlin tasarruf etmiş oluyoruz. Tüketilen pamuk miktarındaki fire %10 civarında bir azalma gösterdi." "Manchester'daki bir başka ince iplik fabrikasında, bana, artan hız ve bazı otomatik süreçlerin benimsenmesiyle kullanılan işçi sayısında bir bölümde dörtte-bir, diğer bir bölümde yarıdan fazla indirim yapıldığı ve ikinci tarama yerine bir tarama makinesi konulmasıyla, bu işte çalıştırılan işçi sayısında önemli bir azalma olduğu ifade edildi." Başka bir iplik fabrikasında ise işçi sayısındaki tasarruf %10 olarak tahmin ediliyor. Manchesterlı iplikçi Gilmour beyler şöyle diyorlar: "Yeni makinelerle masraflarımız havalandırma *department*ında* ücret ve işçi olarak üçte-bir daha az, germe ve sarma *room*'unda,** masraf olarak aşağıyukarı üçte-bir, işçi olarak gene üçte-bir daha az; eğirme odasında masraflar yaklaşık olarak üçte-bir azdır. Ama hepsi bu kadar da değil, ipliğimiz dokumacılara gittiği zaman, yeni makinelerin uygulanmasıyla o derece kalitesi yükselmiştir ki, hem miktar olarak daha fazla bez dokuyacaktır, hem de eski makinelerle üretilen iplikten daha ucuza üretileceklerdir."[123] Bay Redgrave aynı raporda daha sonra şunları söyler: "Artan üretime karşı işçi sayısındaki azalma gerçekte her zaman olmakta; yünlü fabrikalarında bu azalma bir süre önce başladı ve hâlâ devam etmekte; Rochdale yakınlarındaki bir okulun müdürü, bana, birkaç gün önce, kız öğrenci sayısındaki azalmanın yalnız bunalımdan ileri gelmediğini, pamuklu fabrikalarındaki makinelerin değişmesiyle kısa süreli çalışanlar arasında 70 kişiye yol verilmesinin de bunda rolü olduğunu söylemiştir."[124]

[123] *Rep. of Insp. of Fact., 31st Oct., 1863*, s. 108, 109.

[124] *l.c.*, s. 109. Bunalım sırasında, makinelerdeki hızlı gelişme İngiliz fabrikatörlere, Amerikan iç savaşının bitiminden hemen sonra dünya pazarlarını tekrar mala boğma olanağını sağladı. 1866 yılının son altı ayında kumaş neredeyse hiç satılamaz hale gelmişti. Bunun üzerine, Hindistan ve Çin'e mal gönderilmeye başlandı ve bu da, doğal olarak "*glut*"ı ["bolluk" –ç.] iyice yoğunlaştırdı. 1867 başlarında, fabrikatörler, güçlükten kurtulmak için her zamanki çareye başvurdular, yani ücretleri %5 indirmek istediler. İşçiler direndiler ve tek çarenin, kısa süreli olarak haftada 4 gün çalışma olduğunu söylediler; ve bu görüşleri çok yerindeydi. Bir süre dayandıktan sonra, sanayinin kendi kendilerine oy veren kaptanları, bazı yerde indirilmiş ücretle, bazılarında eski ücretle kısa süreli çalışmaya razı oldular.

* Bölüm. –ç.

** Oda. –ç.

Aşağıdaki tablo, İngiliz pamuklu sanayisinde Amerikan iç savaşı nedeniyle makinelerdeki gelişmelerin toplam sonucunu göstermektedir.

FABRİKA SAYISI

	1858	1861	1868
İngiltere ve Gal	2.046	2.715	2.405
İskoçya	152	163	131
İrlanda	12	9	13
Birleşik Krallık	2.210	2.887	2.549

BUHARLI DOKUMA TEZGAHI SAYISI

	1858	1861	1868
İngiltere ve Gal	275.590	368.125	344.719
İskoçya	21.624	30.110	31.864
İrlanda	1.633	1.757	2.746
Birleşik Krallık	298.847	399.992	379.329

İĞ SAYISI

	1858	1861	1868
İngiltere ve Gal	25.818.576	28.352.125	30.478.228
İskoçya	2.041.129	1.915.398	1.397.546
İrlanda	150.512	119.944	124.240
Birleşik Krallık	28.010.217	30.387.467	32.000.014

ÇALIŞTIRILAN PERSONEL SAYISI

	1858	1861	1868
İngiltere ve Gal	341.170	407.598	357.052
İskoçya	34.698	41.237	39.809
İrlanda	3.345	2.734	4.203
Birleşik Krallık	379.213	451.569	401.064

Demek oluyor ki, 1861 ile 1868 arasında 338 pamuklu fabrikası yokolmuş, bir başka deyişle, büyük çapta daha çok üretken makine, daha az sayıda kapitalistin elinde toplanmıştır. Buharlı dokuma tezgahı sayısı, 20.663 tane azalmıştır; ama aynı sürede üretici güçler arttığı için, gelişmiş bir tezgahın eskisine göre daha fazla üretimde bulunmuş olması gerekir. Ensonu, iğ sayısında 1.612.541 adetlik bir artış olduğu halde, işçi sayısında 50.505 kişilik bir azalma olmuştur. Pamuk bunalımının işçiler arasında yarattığı "geçici" sefalet artmış ve, makinedeki hızlı ve sürekli gelişmeyle geçici olmaktan çıkıp sürekli bir durum almıştır.

Ama makine, işçinin karşısına daima onun sırtını yere getiren ve devamlı olarak onu gereksiz kılan bir rakip gibi çıkmakla kalmaz. Aynı zamanda, o, işçiye düşman bir güçtür ve bunu, sermaye, hem bütün gücüyle ilan eder, hem de bundan yararlanır. O, grevleri, işçi sınıfının sermayenin tahakkümüne karşı bu devresel başkaldırmalarını ezmede en güçlü silahtır.[125] Gaskell'e göre, buharlı makine daha işin başında insan gücünün hasmı ve düşmanı idi, ve kapitalist, yeni doğan fabrika sistemini bir bunalımla tehdit eden işçilerin artan taleplerini ezmede bu düşmanlıktan yararlanmıştır.[126] Salt işçi sınıfının ayaklanmalarına karşı sermayenin eline silah vermek amacıyla 1830'dan beri yapılan icatların bir tarihini yazmak olanaklıdır. Otomatik sistemde yeni bir dönem açtığı için, bu önemli buluşların başında, kendi kendine işleyen tezgah yeralır.[127]

Buharlı çekici bulan Nasmyth, Sendikalar Birliği Komisyonu önünde, 1851 yılında makinistlerin yaygın ve uzun süren grevleri sonucu, kendisinin makineler üzerinde yapmış olduğu geliştirmeler konusunda şu açıklamalarda bulunmuştur: "Bizim modern mekanik geliştirmemizin başlıca özelliği, kendi kendine hareket eden makine-aletlerin sisteme katılmasıdır. Şimdi artık her makine işçisinin ya da hatta çocuğun yapabileceği şey, bizzat çalışmak değil, güzel güzel işleyen makineye yalnızca gözkulak olmaktır. Salt hünerlerine dayanan tüm işçiler sınıfına artık gereksinme kalmamıştır. Eskiden her makinistin yanında, dört çocuk çalıştırırdım. Yeni mekanik düzenlemeler nedeniyle yetişkin işçi sayısını 1.500'den 750'ye indirdim. Böylece kârım oldukça artmış oldu."

Ure, pamuklu basma işinde kullanılan bir makine için şunları söylüyor: "Kapitalistler, ensonu bu dayanılmaz kölelikten" (yani işçiler ile yaptıkları sözleşmelerin ağır hükümlerinden) "bilimin bulacağı deneyle kurtulma yollarını aradılar ve çok geçmeden mantık kuralları gereğince, kafanın, vücudun daha aşağı derecedeki organları üzerindeki meşru egemenliğini kurdular." İplik düzeltme makinesi için şöyle diyor: "İşbölümünün eski siperleri gerisinde kendilerini çok güvenli gören hoşnutsuzlar takımı, yeni mekanik buluşlarla kanatlarının sarıldığını ve savunma hatlarının hiçbir işe yaramadığını gördüler ve ister istemez teslim olmak zorunda kaldılar." Otomatik dokuma tezgahının bulunuşuyla ilgili olarak da şöyle diyor: "Çalışkan sınıflar arasında düzeni yeniden kurma

125 "İşlemlerin nefesle yapıldığı cam ve şişe fabrikalarında, patron ile işçiler arasındaki ilişki, kronik bir grev halindedir." Başlıca işlemlerin makine ile yapıldığı basınçlı cam fabrikalarının gelişme nedeni işte budur. Newcastle'da, eskiden nefesle 350.000 libre billur cam üreten bir fabrika, şimdi bunun yerine basınçla 3.000.500 libre cam üretmektedir. (*Ch. Empl. Comm., Fourth Rep.*, 1865, s. 262-263.)

126 Gaskell, *The Manufacturing Population of England,* London 1833, s. 3, 4.

127 W. Fairbairn, kendine ait işyerlerindeki grevler sonucu, makine yapımında kullanılan birkaç çok önemli makine bulmuştur.

görevini yüklenen bir yaratık. ... Bu buluş, daha önce ileri sürülmüş bulunan büyük öğretiyi doğruluyor: Sermaye, bilimi hizmetine aldığı anda, işçinin söz dinlemez eli, uysallığı öğrenecektir."[128]

Ure'nin yapıtı, 30 yıl önce, fabrika sisteminin henüz pek az gelişme gösterdiği bir sırada yayınlanmış olmakla birlikte, gene de, fabrika ruhunu yetkin bir biçimde dile getirmekte ve yalnızca yüzeydeki sinisizmini değil, aynı zamanda, kapitalist beynin budalaca çelişkilerini açığa vuran bönlüğünü de yansıtmaktadır. Örneğin yukarda sözü edilen "öğreti"yi, yani sermayenin ücrete bağladığı bilimin yardımıyla daima işçinin inatçı elini uysallaştırdığını öne sürdükten sonra, "fiziko-mekanik biliminin, yoksulları ezmede bir araç olarak zengin kapitalistlere kendisini kiraladığı yolundaki suçlamalar" karşısında öfkeye kapılıyor. Makinelerdeki hızlı gelişmenin işçi sınıfı için ne kadar yararlı olduğu konusunda uzun bir vaaz verdikten sonra, dikkatsizlik ve grevlerle, bu gelişmeyi çabuklaştırdıklarını da kendilerine anımsatıyor ve diyor ki, "Bu tür şiddetli başkaldırmalar, kendi başını derde sokan dargörüşlü bir adamın bayağı karakterini açığa vurur.". Oysa birkaç sayfa önce, bunun tersini söyler: "Fabrika işçileri arasındaki yanlış görüşlerden ileri gelen şiddetli çatışmalar ve iş kesilmeleri olmasa, fabrika sistemi, bütün ilgililerin yararına olmak üzere daha hızlı bir gelişme gösterirdi." Ardından tekrar feryat eder: "Makinelerdeki gelişmelerin yavaş olması, Büyük Britanya'nın pamuk bölgesindeki halkın iyiliğine olmuştur." "Makinelerdeki gelişmelerin bir kısmı yetişkin işçilerin bir bölümünü işsiz bırakarak kazanç derecesini düşürdüğü ve böylece emeklerine olan gereksinmeye oranla sayılarını çok bollaştırdığı söylenir. Bu durum, kuşkusuz, çocuk emeğine olan talebi artırır ve *onların* ücret derecelerini de yükseltir." Öte yandan, bu aynı teselli meleği, çocuklara verilen ücretin düşüklüğünü, anababaların çocuklarını çok küçük yaşta fabrikaya göndermelerine engel olduğu için savunur. Kitabı baştan sona, sınırsız bir işgününü haklı göstermeye dayanır; parlamentonun 13 yaşındaki çocukların günde 12 saat çalıştırılarak tüketilmesini yasaklaması, onun liberal ruhuna, ortaçağların en karanlık günlerini anımsatır. Bu durum, gene de, onu, bütün fabrika işçilerini, makine sayesinde "ölümsüz çıkarlarını" düşünmeye daha çok zaman buldukları için yüce tanrıya şükretmeye davet etmekten alıkoyamaz.[129]

[128] Ure, *l.c.,* s. 368-370.
[129] Ure, *l.c.,* s. 368, 7, 370, 280, 281, 321, 370, 475.

ALTINCI KESİM. — MAKİNELERİN İŞSİZ BIRAKTIĞI İŞÇİLERLE İLGİLİ TELAFİ TEORİSİ

James Mill, MacCulloch, Torrens, Senior, John Stuart Mill ve daha bir dizi burjuva ekonomi politikçi, işçileri yerlerinden eden bütün makinelerin aynı zamanda ve zorunlu olarak, aynı miktarda işçiyi çalıştırmaya yetecek kadar sermayeyi serbest bıraktığını öne sürerler.[130]

Diyelim ki, bir kapitalist, bir halı fabrikasında, her biri yılda 30 sterline 100 işçi çalıştırmaktadır. Böylece yılda yatırılan değişen sermaye miktarı 3.000 sterlin eder. Gene diyelim ki, bu kapitalist, işçilerin 50 tanesini işten çıkarsın ve geriye kalan 50'sini, kendisine 1.500 sterline malolan makinelerde çalıştırsın. Konuyu basitleştirmek için, binaları, kömürü vb. hesaba katmıyoruz. Ayrıca bu değişiklikten önce de, sonra da, yılda tüketilen hammadde 3.000 sterlin değerinde olsun.[131] Bu başkalaşım ile, serbest duruma gelen herhangi bir sermaye var mıdır? Değişiklikten önce, yarısı değişmeyen, yarısı da değişen sermayeden oluşan toplam 6.000 sterlinlik sermaye vardı. Değişiklikten sonra, bu sermaye, 4.500 sterlinlik değişmeyen (3.000 sterlin hammadde ve 1.500 sterlin makine) ve 1.500 sterlinlik değişen sermayeden oluşmuştur. Değişen sermaye, toplam sermayenin yarısı olacağı yerde şimdi yalnızca dörtte-biridir. Sermayenin bir kısmı serbest kalmak yerine, burada, emek-gücüyle değişimden çıkacak şekilde bağlanmış ve kilitlenmiştir: değişen sermaye, değişmeyen sermaye haline getirilmiştir. Diğer şeyler aynı kalmak üzere, 6.000 sterlinlik sermaye, gelecekte de 50 kişiden fazla işçi çalıştıramaz. Makinelerdeki her gelişmeyle daha da az işçi çalıştıracaktır. Eğer yeni kullanılmaya başlayan makineler, yerini aldığı emek-gücü ile aletlerden daha aza, örneğin 1.500 sterlin yerine yalnızca 1.000 sterline malolursa, 1.000 sterlinlik bir değişen sermaye, değişmeyen sermayeye dönüşür ve kilitlenir; ve 500 sterlinlik bir sermaye serbest kalabilirdi. Bu 500 sterlin, işçi ücretinin değişmediği kabul edilirse, işten çıkarılan 50 işçinin aşağıyukarı 16'sını çalıştırmaya yeterli bir fon oluşturabilirdi. Dahası da var: bu fonla çalıştırılacak işçi 16'dan da az olacaktır, sermaye olarak kullanılabilmesi için bu 500 sterlinin bir kısmının şimdi gene değişmeyen sermaye olması gerektiği için, ancak geriye kalan kısmı emek-gücüne yatırılacak kısım olabilir.

130 Ricardo, başlangıçta bu görüşteydi, ama daha sonra, kendisine özgü bilimsel tarafsızlık ve gerçekseverlikle bunu açıkça reddetti. Bkz: *l.c.*, ch., XXXI, "On Machinery".

131 *Nota bene.* Verdiğim örnek, yukarda adı geçen iktisatçıların verdikleri örneklerle tamamen aynı doğrultudadır.

Ama diyelim ki, yeni makinelerin yapımında daha fazla sayıda makine işçisi çalıştırılmaya başlansın; buna, sokağa atılan halı işçilerine karşı bir telafi diyebilir miyiz? Olsa olsa, bunların yapımında, gene de işlerinden ettiği halı işçilerinden daha azı çalıştırılır. Eskiden halı işçilerinin ücretlerini temsil eden 1.500 sterlinlik toplam, şimdi makine şeklinde şunları temsil eder: (1) bu makinenin yapımında kullanılan üretim araçlarının değerini, (2) bu yapımda çalışan makine işçilerinin ücretlerini, ve (3) "patronlar"ının payına düşen artı-değeri. Üstelik, makine eskiyene kadar, yenilenmesine gerek yoktur. Bu durumda, artan sayıda makine işçisini sürekli olarak çalıştırabilmek için, halı yapımcılarının, birbiri ardından, işçilerin yerine makine koyması gerekir.

Aslında, bu savunumcuların da demek istedikleri, bu tür bir serbest bırakma değildir. Bunların söylemek istedikleri, serbest duruma getirilen işçilerin geçim araçlarıdır. Yadsınamaz ki, yukardaki örnekte, makine, yalnız 50 işçiyi serbest bırakmakla ve böylece bunları başkalarının emrine hazır duruma getirmekle kalmamakta, aynı zamanda, 1.500 sterlin değerinde geçim araçlarını da işçilerin tüketiminden çekip almakta ve bunu serbest bırakmaktadır. Yeni olmamakla birlikte, yalın gerçek şudur ki, makinenin, işçileri, geçim araçlarından ayırmasının anlamı, iktisat dilinde, makinenin, geçim araçlarını işçi için serbest duruma getirmesi, ya da bunları, işçinin patronu için sermayeye dönüştürmesidir. Görüldüğü gibi, her şey, bir ifade ediş biçimine gelip dayanıyor. *Nominibus mollire licet mala.**

Bu teoriye göre, 1.500 sterlin değerindeki geçim aracı, kendilerine yol verilmiş bulunan 50 kişinin emekleriyle genişletilmiş sermaye idi. Bundan dolayı, bu sermaye, bunlar zoraki tatillerine başlar başlamaz kullanım dışına düşer ve, bu aynı 50 kişi tarafından yeniden üretken bir biçimde tüketilebileceği yeni bir yatırım alanı bulana kadar da rahat edemezdi. Sermaye ile işçi, bu nedenle, eninde sonunda yeniden biraraya gelmek zorundadır ve ancak bundan sonra telafi tamamlanmış olur. Makinenin işinden ettiği işçilerin ıstırapları da, bu dünyanın zenginlikleri gibi gelip geçicidir.

İşinden atılan işçilerle ilişkisi yönünden bu 1.500 sterlinlik geçim aracı hiçbir zaman sermaye değildi. Gerçekte onların karşısına sermaye olarak çıkan şey, sonradan makineye yatırılan 1.500 sterlindi. Daha yakından bakıldığında görüleceği gibi, bu 1.500 sterlin, işlerinden atılmış bulunan 50 işçi tarafından bir yıl içinde üretilen halıların bir kısmını temsil eder ve işçiler, bu kısmı, işverenden, ücret şeklinde, ayni olarak değil, para olarak almaktaydılar. İşçi-

* Kötülükleri sözcüklerle yumuşatmak yerinde olur. –ç.

ler, paraya dönüşmüş halılar ile, 1.500 sterlin değerinde geçim aracı satın alıyorlardı. Bu araçlar, bu nedenle, onlar için sermaye değil, meta idi ve onlar bu meta karşısında ücretli işçi değil, satın alıcı idiler. Makinenin, işçileri satınalma araçlarından "azat" etmesi koşulu, bunları alıcı olmaktan çıkartır, alıcı olmayan kişiler durumuna sokar. Böylece bu metalara talep azalır — *voila tout.** Eğer bu azalma, başka yönden artan taleple karşılanmazsa, metaların pazar fiyatı düşer. Ve eğer bu durum, bir süre devam eder ve yayılırsa, bunu, bu metaların üretiminde çalışan işçilere yol verilmesi izler. Daha önce, gerekli geçim araçlarının üretimine ayrılan sermayenin bir kısmının, bir başka biçimde yeniden-üretilmesi zorunluluğu doğar. Fiyatlar düşer ve sermaye yer değiştirirken gerekli geçim araçlarının üretiminde çalışan işçiler de ücretlerinin bir bölümünden "azat" olur. Bu durumda, makinenin, işçileri, onun geçim araçlarından azat etmesiyle birlikte, bu araçları işçilerin daha sonraki çalışmaları için kullanılacak sermayeye dönüştürdüğünü tanıtlayacak yerde, savunumcu beylerimiz, tersine, her derde deva arz ve talep yasası ile, makinenin yalnız kullanılmaya başlandığı üretim alanında değil, henüz kullanılmadığı üretim kollarında da işçilerin sokağa atılmasına neden olduğunu tanıtlamış olurlar.

İktisatçıların iyimserlikleri yüzünden acayipleşen olgular gerçekte şöyledir: Makinenin fabrikadan sürüp çıkardığı işçiler, kapitalistlerin emrine amade işçi sayısını artırmak üzere doğruca emek pazarına atılırlar. Bu kitabın yedinci bölümünde görüleceği gibi, makinenin, bize, burada, işçi sınıfı için bir telafi gibi gösterilen bu etkisi, tersine çok ürkünç bir afettir. Şimdilik yalnız şunu söylemekle yetineceğim: Bir sanayi kolunda işten atılan işçiler, kuşkusuz bir başka sanayi kolunda iş arayacaklardır. Eğer iş bulur da, kendileriyle geçim araçları arasındaki bağı yenileyebilirse, bu, ancak, yatırım alanları arayan yeni ve ek bir sermayenin aracılığı ile olabilir; yoksa bu iş, daha önce kendilerini çalıştırıp da sonradan makineye dönüşen sermaye aracılığı ile gerçekleşemez. Yeni bir iş bulabilseler bile, ne zavallıca bir bekleyiştir onlarınki! İşbölümü ile çalışma alanları daralmış bulunan bu zavallıların eski uğraşları dışında değerleri o kadar azdır ki, ancak, aşağı türden ve zaten az ücretli işçiler ile dolup taşan sanayilerde kendilerine iş bulabilirler.[132] Üstelik, her sanayi kolu, her yıl, boşlukları dolduran ve nor-

* İşte hepsi bu. –ç.

132 Ricardo'nun bir öğrencisi, J. B. Say'nin saçmalıklarına karşılık olarak, bu nokta üzerinde şöyle diyor: "İşbölümünün iyice geliştiği yerlerde işçinin hüneri, yalnızca, bu hüneri kazandığı belli alanda kullanılabilir; işçinin kendisi bir tür makinedir. Bu nedenle, şeylerin kendi düzeylerini bulma yolunda bir eğilimleri olduğunu papağan gibi yinelemenin, konuya zerrece yararı yoktur. Çevremize baktığımızda, biz, yalnızca, bunların kendi düzeylerini uzun bir süre bulamadıklarını görürüz; ve

mal genişleme gereksinmesini karşılayan yeni bir insan kaynağını kendisine çeker. Belli bir sanayi kolunda çalışan işçilerin bir kısmı, makine tarafından azat edilir edilmez, yedek insanlar da yeni iş kanallarına yöneltilir ve diğer kollar tarafından emilirler; bu arada makinenin ilk kurbanlarının büyük kısmı, bu geçiş döneminde açlık ve sefalet içinde kırılırlar.

Kuşku götürmeyen bir gerçektir ki, yalnızca makine, işçileri, gerekli geçim araçlarından "azat etmekte" sorumlu değildir. Girdiği sanayi kollarında üretimi ucuzlatır ve artırır, ama başlangıçta, diğer sanayilerde üretilen geçim araçlarının kitlesinde bir değişiklik yapmaz. Böylece, makinenin sanayiye girmesiyle, işlerinden edilen işçiler için toplumun sahip olduğu gerekli geçim araçları eskisinden daha fazla değilse, eskisi kadardır. Yıllık üretimin, işçi olmayanlar tarafından telef edilen büyük bir kısmı, bunun dışındadır. Ve işte bizim savunumcularımızın dayandıkları nokta budur! Makinenin kapitalist kullanımından ayrılmaz çelişki ve uzlaşmaz karşıtlıklar, makineden değil, ama aslında makinelerin kapitalist biçimde kullanımından doğduklarından ötürü, mevcut değildir diyorlar! İşte bu yüzden, makine tek başına alındığında çalışma saatlerini kısalttığı halde, sermayenin hizmetine girdiği zaman bunu uzatmakta; ve gene kendi başına, çalışmayı hafiflettiği halde, sermaye tarafından kullanıldığı zaman, işin yoğunluğunu artırmaktadır; kendi başına, o, insanın doğa üzerindeki zaferi olduğu halde, sermayenin elinde, insanları bu kuvvetlerin kölesi haline getirmektedir; kendi başına, üreticilerin servetini artırdığı halde, sermayenin elinde, bunları sefilleştirmektedir — bütün bu ve öteki nedenlerle, burjuva iktisatçılar kendilerinde varolmadıklarını, ve öyleyse teorik varoluşlarının da olmadığını rahatlıkla öne sürebiliyorlar. Böylece, o, kendisini, kafa yormaktan kurtardığı gibi, üstelik, kendi karşıtının üstü kapalı olarak, makinenin kapitalist kullanımına değil de, bizzat makineye karşı çıkacak kadar aptal olduğunu söyler.

Makinenin kapitalist biçimde kullanılması yüzünden geçici huzursuzlukların doğacağını o da yadsımaz. Ama, öbür yüzü olmayan bir madalyon nerede vardır? Makinenin, sermaye dışında herhangi bir kullanımı, onun için olanaksızdır. Bunun için de, işçinin makine tarafından sömürülmesiyle, makinenin işçi tarafından sömürülmesi ona göre özdeş şeylerdir. Makinenin kapitalist kullanımının içyüzünü ortaya koyan herkes, bu nedenle, onun herhangi bir şe-

buldukları zaman da, bu düzey, daima, sürecin başlangıcındakinden daha düşüktür." (*An Inquiry into those Principles Respecting the Nature of Demand etc.*, Lond. 1821, s. 72.)

kilde kullanımına karşıdır ve toplumsal gelişmenin düşmanıdır.[133] Bu, ünlü Bill Sykes'ın usavurmasının aynıdır: "Sayın jüri üyeleri, bu gezginci tüccarın gırtlağı kuşkusuz kesilmiş. Ama kabahat bende değil, bıçakta. Böyle arızi münasebetsizlikler oluyor diye, bıçağın kullanılmasını büsbütün ortadan kaldıralım mı yani? Düşünün bir kez! Bıçaksız tarım da, ticaret de olur muydu? Bıçak, anatomide meşhur bir araç olduğu gibi, cerrahlıkta da sağlığa yararlı değil midir? Ayrıca ziyafet masalarının da gönüllü bir yardımcısı değil midir? Eğer bıçağı ortadan kaldırırsanız ... bizi barbarlığın uçurumlarına fırlatıp atmış olursunuz."[134]

Makine, kullanılmaya başlandığı sanayi kollarında zorunlu olarak işçileri işlerinden atmakla birlikte, gene de, öteki sanayi kollarındaki işçi sayısında bir artışa yolaçabilir. Bununla birlikte, bu etkinin, telafi teorisi denilen şeyle hiçbir ilişkisi yoktur. Makine ile üretilen her mal, elle üretilen aynı maldan ucuz olduğu için, şu kesin yasaya ulaşmış oluruz: Eğer, makineyle üretilen toplam mal miktarı, daha önce elzanaatları ya da manüfaktürle ve şimdi makineyle üretilen toplam mal miktarına eşitse, bu durumda harcanan toplam emek azalmış olur. Şimdi emek araçları, makine, kömür vb. üzerinde harcanan yeni emek, makinenin kullanılmasıyla yerlerinden edilen emekten zorunlu olarak daha az olmak durumundadır; aksi takdirde makineyle elde edilen ürünün, el emeğiyle elde edilen kadar ya da daha pahalı olması gerekirdi. Ama daha az sayıda işçiyle makinenin ürettiği mal miktarı, eşit kalma yerine, yerini aldığı toplam el ürünü, mal kitlesini aslında epeyce aşar. Diyelim makineli tezgah üzerinde 400.000 yarda kumaş, elle dokunan 100.000 yarda kumaştan daha az dokumacıya gereksinme gösterir. Dört kat büyümüş üründe, dört kez daha fazla hammadde bulunur. Öyleyse, hammadde üretiminin de dört katına çıkması gerekir. Ama binalar, kömür, makine ve benzeri emek aracı yönünden durum farklıdır; bunların üretimleri için gerekli ek emeğin miktarı, makine ile yapılan mal miktarı ile, aynı malın aynı sayıdaki işçinin elle yapabileceği miktar arasındaki farka göre, değişen sınırlar içinde artabilir.

133 MacCulloch, diğerleri arasında, bu budalalık gösterisinde büyük üstattır. Sekiz yaşındaki bir çocuğun taklitçi saflığı ile şöyle diyor: "Eğer işçinin hünerini, aynı ya da daha az bir emekle, devamlı artan miktarda meta üretebilecek şekilde gitgide geliştirmekte bir yarar varsa, bu sonuca ulaşmakta kendisine en etkin biçimde yardımcı olacak bu gibi makinelerin yardımından yararlanmak da gene onun için avantajlı olacaktır." (MacCulloch, *Princ. of Pol. Econ.*, Lond. 1830, s. 182.)

134 "İplik eğirme makinesinin bulucusu Hindistan'ı mahvetmiştir, ama bu olgunun bizim üzerimizdeki etkisi pek azdır." A. Thiers, *De la propriété,* [s. 275]. — M. Thiers, burada, iplik makinesi ile mekanik dokuma tezgahını birbirine karıştırmaktadır, ama "bu olgunun, bizim üzerimizdeki etkisi pek azdır."

Bu duruma göre, belli bir sanayi kolunda makinenin kullanılması yaygınlaştıkça, bunun görülen ilk etkisi, ona ilk üretim araçlarını sağlayan diğer sanayi kollarındaki üretimin artması oluyor. Çalışan işçi kitlesinde böylece ne kadarlık bir artış olacağı, işgününün uzunluğu ve emek yoğunluğu belli olduğuna göre, kullanılan sermayenin bileşimine, yani değişen ve değişmeyen kısımları arasındaki orana bağlıdır. Bu oran ise, bu sanayi kollarına makinenin girmiş olduğu ya da gireceği ölçüde büyük değişiklikler gösterir. Kömür ve maden ocaklarında çalışmaya mahkum edilen insanların sayısı, İngiliz fabrika sistemindeki gelişmelere bağlı olarak büyük ölçüde artmıştır; ama son birkaç on yıl içersinde bu artışın hızı, madenlerde yeni makinelerin kullanılması nedeniyle daha az olmuştur.[135] Makine ile birlikte yeni tip bir işçi ortaya çıkmıştır: makine yapımcısı. Makinenin bu üretim koluna da her gün büyüyen bir ölçüde egemen olduğunu görmüş bulunuyoruz.[136] Hammaddeye gelince,[137] pamuk ipliği üretimindeki hızlı ilerlemenin, yalnız Amerika Birleşik Devletleri'nde tropikal bir bolluk içinde pamuk yetiştirilmesini, ve Afrika köle ticaretini zorlamakla kalmamış, aynı zamanda, köle yetiştirilmesini *border slave-states*'in* başlıca uğraşı haline getirdiğine de hiç kuşku yoktur. İlk köle nüfus sayımının yapıldığı 1790 yılında Amerika Birleşik Devletleri'nde köle sayısı 697.000 idi; bu sayı 1861'de neredeyse dört milyona ulaşmıştır. Öte yandan, İngiliz yünlü sanayisindeki gelişmelerin, ekilebilir toprakların koyunlar için mera haline getirilmesiyle birlikte, tarım işçilerini gereksiz hale getirerek, bunların kitleler halinde kentlere akmasına yolaçtığı da aynı derecede kesindir. Son yirmi yıl içersinde nüfusu neredeyse yarıya inen İrlanda ise, topraksahipleri ile İngiliz yünlü fabrikatörlerinin gereksinmelerini tıpatıp karşılayacak şekilde nüfusunda daha da azalmaların görüldüğü bir süreç içinde bulunmaktadır.

Bir iş konusunun, son şeklini alıncaya kadar geçtiği başlangıç

135 1861 sayımına göre (vol. II., Lond. 1863) İngiltere ve Gal'de kömür ocaklarında çalışan işçi sayısı 246.613 olup bunların 73.546'sı 20 yaşın altında, 173.067'si 20 yaşın üzerindeydi. Yirmi yaşın altında olanlardan 20.835'i 5 ile 10 yaş arasında, 30.701'i 10 ile 15 yaş arasında, 42.010'u 15 ile 19 yaş arasındaydı. Demir, bakır, kurşun, kalay ve diğer madenlerde çalışanların sayısı 319.222 idi.

136 1861 yılında İngiltere ile Gal'de, makine yapımında 60.807 kişi çalışıyordu; bu sayıya, patronlar ile memurlar vb., bu işkolu ile ilgili bütün çalışan kimseler giriyor, ama dikiş makinesi vb. gibi küçük makine yapımcıları ile, mekik gibi makinenin üzerinde kullanılan parçaları yapanlar girmiyordu. İnşaat mühendislerinin toplam sayısı 3.329 idi.

137 Demir en önemli hammaddelerden birisi olduğu için, burada şu sayıları vermek isterim: 1861 yılında İngiltere ile Gal'de 125.771 demir işçisi olup, bunların 123.430'u erkek, 2.341'i kadındı. Erkeklerin 30.810'u 20 yaşın altında, 92.620'si ise 20 yaşın üzerindeydi.

* Sınır devletleri. –ç.

ve ara aşamalarda makine kullanımına başlandığı zaman, bu aşamalarda malzeme gereksinmesinde bir artış olduğu gibi, makinenin sağladığı ürünleri işleyen elzanaatları ile manüfaktürlerde emeğe duyulan gereksinmeler de artar. Örneğin, makineyle iplik eğirilmesiyle, o kadar ucuz ve o kadar bol iplik sağlanmıştı ki, başlangıçta, çıkrıkla çalışan dokumacılar, yatırımda bir artış olmaksızın durmadan çalışıyorlardı. Gelirleri de bu ölçüde artmıştı.[138] Böylece, Jenny dokuma ve eğirme makinelerinin pamuklu dokuma sanayisine çektiği insan seli, sonunda buharlı dokuma tezgahları tarafından boğulana kadar 800.000 dokumacıya ulaşmıştır. Aynı şekilde, makinenin ürettiği kumaş ve diğer malzemelerin bollaşması sonucu, terzi, elbiseci ve kadın terzisi sayısı, dikiş makinesinin ortaya çıkmasına kadar artmaya devam etmişti.

Nispeten az sayıda işçinin çalışmasıyla makinelerin sağladıkları hammadde, ara ürünler, emek araçları vb. kitlesinde meydana gelen artışla orantılı olarak, bu hammaddeler ve ara ürünlerin işlenmesi ile ilgili sayısız işler ortaya çıktı ve toplumsal üretim kolları çeşit yönünden arttı. Fabrika sistemi, toplumsal işbölümünü, manüfaktüre göre çok daha ileri götürdü, çünkü girdiği işkollarında üretkenliği çok daha yüksek düzeye çıkartıyordu.

Makinelerin doğurduğu ilk sonuç, artı-değer ile, artı-değerin içinde yeraldığı ürünlerin kitlesini artırmaktı. Kapitalistler ile, kendilerine bağlı olanların tükettikleri maddeler bollaştığı için, toplumun bu katında da, bir büyüme olur. Bunların artan zenginlikleri ve gerekli tüketim maddelerini üretmek için çalıştırılan işçi sayısındaki nispi azalma, yeni lüks gereksinme maddeleri ile birlikte, bu gereksinmeleri giderme araçlarını da doğurur. Toplumun üretiminin büyük bir bölümü, artı-ürün şeklini aldığı gibi, bu artı-ürünün daha büyük bir bölümü, daha çeşitli ve daha incelmiş biçimlerde üretilir ve tüketilir. Başka bir deyişle, lüks eşya üretimi artar.[139] Ürünlerin incelmesi ve çeşitlenmesi, aynı zamanda, büyük sanayinin yarattığı dünya pazarlarındaki yeni ilişkilerden de ileri gelir. Yerli ürünler daha hızlı miktarlarda yabancı lüks eşyalar ile değişilmekle kalmaz, daha fazla yabancı hammadde, ara-ürün ve diğer çeşitli maddeler, yerli sanayilerde üretim aracı olarak kullanılır. Dünya pazarları arasında kurulan bu ilişkiler nede-

138 "Dördü büyük ve ikisi çocuk, *winders* [çıkrıkçı –ç.] olarak çalışan bir ailenin, geçen yüzyılın sonu ile bu yüzyılın başında, günde on saat çalışarak haftada kazandıkları para 4 sterlindi. İşler çok fazla ise, daha fazla kazanabilirlerdi. ... Bundan önce, her zaman iplik sıkıntısı çekerlerdi." (Gaskell, *l.c.*, s. 25-27.)

139 F. Engels, *Lage etc.*'de bu lüks eşya işlerinde çalışanların büyük kısmının sefil durumlarına işaret eder. Ayrıca *Reports of the Children's Employment Commission*'daki sayısız örneklere bakınız.

niyle, ulaştırma ve taşıma işlerinde emek talebi artar ve bu işler sayısız kollara bölünür.[140]

İşçi sayısının nispeten azalmasına karşın, üretim araçları ile tüketim maddelerindeki artış, kanallar, doklar, tüneller, köprüler vb. gibi, meyvelerini gelecekte verecek olan işlerin yapılmasında emek talebinin artmasına yolaçar. Ya doğrudan makinenin ya da onun eseri olan genel sınai değişmenin etkisiyle, yepyeni iş alanları açan yeni üretim dallarını oluşturur. Ne var ki, bu üretim dallarının genel üretim içinde tuttuğu yer, en gelişmiş ülkelerde bile önemli sayılmaz. Buralarda iş bulan işçi sayısı, doğrudan doğruya bu sanayilerin yarattığı en kaba türden el işçisine olan taleple orantılıdır. Bu türden bellibaşlı sanayiler, şimdilik, gaz işleri, telgraf, fotoğrafçılık, buharlı deniz ulaşımı ve demiryollarıdır. İngiltere ve Gal bölgesi için 1861 sayımına göre, gaz sanayisinde (gaz işleri ile mekanik aygıtların üretimi, gaz şirketlerinde çalışanlar vb.) 15.211 kişi; telgrafçılıkta 2.399; fotoğrafçılıkta 2.366; buharlı deniz ulaşımında 3.570; demiryollarında 70.599 kişi çalıştığını görüyoruz. Bunlardan hünersiz "denizyolu işçileri" azçok devamlı çalışıyorlardı ve büro işleriyle ticaret işlerini yürüten bütün personel aşağıyukarı 28.000 kişiydi. Böylece, bu beş yeni sanayi kolunda çalışan toplam personel 94.145'e ulaşmış oluyordu.

Ensonu, büyük sanayinin olağanüstü üretkenliği, diğer bütün üretim alanlarında emek-gücünün daha geniş ve yoğun bir şekilde sömürülmesiyle elele vererek, işçi sınıfının büyük bir kesiminin üretken olmayan bir biçimde çalıştırılmasına ve, böylece eskiden ev işlerini yapan kölelerin şimdi de, erkek ve kadın hizmetçi, uşak vb. gibi adlar altında bir hizmetkarlar sınıfı olarak tekrar ortaya çıkmasına izin vermiş olur. 1861 sayımına göre, İngiltere ve Gal'in toplam nüfusu, 9.776.259'u erkek ve 10.289.965'i kadın olmak üzere 20.066.224 idi. Çalışmak için yaşları çok küçük olanlarla ihtiyarları; üretken olmayan bütün kadınları, gençleri ve çocukları; devlet memurları ile rahipleri, hukukçuları, askerleri vb. gibi "ideolojik" sınıfları; daha sonra başkalarının emeğini rant, faiz vb. şekillerinde sömürerek çalışmadan geçinenleri; ve ensonu, dilencileri, serserileri ve suçluları bu toplamdan düşersek, geriye her iki cinsiyetten ve her yaştan yuvarlak hesap sekiz milyon insan kalır ki, bu sayıya, herhangi bir şekilde, sanayi, ticaret ve mali işlerle uğraşan kapitalistler de dahildir. Bu 8 milyon içersinde şunlar vardır:

[140] 1861'de, İngiltere ve Gal'de, deniz ticaretinde çalışan 94.665 denizci vardı.

Tarım işçileri (çobanlar, çiftlik hizmetçileri, ve çiftçinin yanında yaşayan kadın hizmetçiler)	1.098.261
Bütün pamuklu, yünlü, yün kumaş, keten, kenevir, ipekli ve tül fabrikaları ile makineyle çorap ve dantel yapımında da çalışanlar	642.607[141]
Bütün kömür ve maden ocaklarında çalışanlar	565.835
Her türlü metal işlerde çalışanlar (yüksek fırınlar, haddehaneler vb.) ve her türden metal yapımcılar	396.998[142]
Hizmetkarlar sınıfı	1.208.648[143]

Tekstil fabrikaları ile madenlerde çalışanlar birarada 1.208.442 kişi ediyor; tekstil fabrikaları ile metal sanayisinde çalışanlar birlikte alındığı zaman ise 1.039.605 kişi ediyor; her iki durumda da bu toplamlar, modern ev köleleri sayısından daha azdır. İşte makinelerin kapitalist biçimde sömürüsünden çıkan görkemli sonuç!

YEDİNCİ KESİM. — İŞÇİLERİN FABRİKA SİSTEMİ TARAFINDAN İTİLMELERİ VE ÇEKİLMELERİ. PAMUKLU SANAYİSİNDE BUNALIMLAR

Makinelerin girmesinin, bu makinelerin ilk rekabete girdikleri eski elzanaatları ile manüfaktürlerdeki işçiler üzerinde zararlı bir etki yaptıklarını, bütün bellibaşlı ekonomi politikçiler kabul ederler. Hemen hepsi de, fabrika işçilerinin düştükleri köle durumundan yakınırlar. Peki, bunların oynadıkları büyük koz nedir? Makineler, onların ilk uygulama ve gelişme dönemindeki dehşet yatıştıktan sonra, emek kölelerinin sayısını, azaltacak yerde, uzun sürede, artırmaktadır! Evet, ekonomi politik, kapitalist üretim biçiminin ebedi ve doğal bir zorunluluk olduğuna inanan her "insansever" için çirkin bir teori ile, yani makineye dayanan fabrika sisteminin bir büyüme ve geçiş döneminden sonra, başarısının tepe noktasında bile, ilk uygulandığında sokağa fırlatıp attıklarından daha fazla işçiyi pençesinde kıvrandıracağı yolundaki o iğrenç teori ile gönül eğlendirmektedir.[144]

141 Bunlardan ancak 177.596'sı 13 yaşından büyük erkektir.

142 Bunlardan 30.501'i kadındır.

143 Bunlardan 137.447'si erkektir. Özel evlerde çalışmayanlar, 1.208.648 sayısına dahil değildir. 1861 ile 1870 yılları arasında, erkek uşak sayısı, neredeyse iki katına çıkmıştır. Bunlar, 267.671'e ulaştı. 1847 yılında (büyük toprakbeylerinin av korularında) 2.694 av korucusu vardı, bu sayı, 1869'da 4.921'e ulaştı. Londra'da altorta sınıfa ait evlerde çalışan genç hizmetçi kızlara, halk dilinde "kölecikler" denmektedir.

144 Buna karşılık Ganilh, emek kölelerinin mutlak olarak azalan sayısını ve sonra onların yiyecekleriyle artan bir sayıda beslenen "*gens honnêtes*"in ["seçkin ki-

İngiliz yünlü ve ipekli fabrikalarında daha önce gördüğümüz gibi bazı durumlarda, fabrika sisteminin olağanüstü gelişmesinin belirli bir aşamasında, çalıştırılan işçi sayısında, yalnız nispi değil mutlak bir azalmayı da beraberinde getirebileceği doğrudur. 1860 yılında, parlamentonun bir emriyle Birleşik Krallıktaki bütün fabrikalar ile ilgili olarak yapılan özel bir sayımda, fabrika denetmeni bay Baker'in bölgesine giren Lancashire, Cheshire ve Yorkshire'daki fabrika sayısının 625 olduğu görülmüştür; bunlardan 570'inde, 85.622 dokuma tezgahı, 6.819.146 iğ (çiftli iğler hariç), 27.439 beygirgücünde buhar ve 1.390 beygirgücünde su kullanılmakta ve 94.119 kişi çalışmaktaydı. 1865 yılında, aynı fabrikalarda, 95.163 dokuma tezgahı, 7.025.031 iğ vardı, ve 28.925 beygirgücü buhar, 1.445 beygirgücü su kullanılıyor, 88.913 kişi çalışıyordu. Bu duruma göre, 1860 ile 1865 yılları arasında, tezgah sayısında %11, iğ sayısında %3, beygirgücünde %3 bir artış olduğu halde, çalışanların sayısında %5½ bir azalma olmuştu.[145] 1852 ile 1862 yılları arasında, İngiliz yünlü sanayisinde önemli bir büyüme olduğu halde, burada çalışan işçi sayısı hemen hemen aynı kalmıştı; bu da, bize, yeni makinelerin, daha önceki dönemdeki işçilerin yerini ne kadar büyük ölçüde doldurduğunu göstermektedir.[146] Bazı du-

şiler" –ç.] beslenmesini ve o ünlü "*perfectibilité perfectible*"ini ["yetkinleşebilir yetkinleşebilirlik" –ç.] geliştirmesini, fabrika sisteminin sonucu sayar. Üretim hareketini o kadar az anlar ki, gelişimi sırasında ezdiğinden daha çok emek kölesi yaratırken, yaygınlaşması, çalışan işçiyi yoksullaştırırsa, makinenin çok belli bir kurum olduğunu pek az fark eder. Onun kendi görüş noktasının çarpıklığı ancak kendi sözleriyle anlatılabilir: "*Les classes qui condamnées à produire et à consommer diminuent, et les classes qui dirigent le travail, qui soulagent, consolent, et éclairent toute la population, se multiplient ... et s'approprient tous les bienfaits qui résultent de la diminution des frais du travail, de l'abondance des productions, et du bon marché des consommations. Dans cette direction, l'espèce humaine s'élève aux plus hautes conceptions du géine, pénètre dans les profondeurs mystérieuses de la religion, établit les principes salutaires de la morale*" (ki bu '*s'approprier tous les bienfaits*', ibarettir), "*les lois tutélaires de la liberté*" ('*les classes condamnées à produire*?'ın özgürlüğü), "*et du pouvoir, de l'obéissance et de la justice, du devoir et de l'humanité.*" ["Üretmeye ve tüketmeye yargılanmış sınıflar azalır, ve emeği yöneten, bütün nüfusa yatıştırıcı, avuntu ve anlayış sunan sınıflar çoğalır ... ve emek giderlerinin azaltılmasından, meta bolluğundan ve tüketim mallarının düşük fiyatından doğan bütün çıkarlardan yararlanır. Bu yönetimde, insan soyu, dehanın en yüksek yaratılarına kavuşur, dinin sırlarla dolu derinliğini kavrar, ahlakın sağlıklı temelini atar." (Ki bu "bütün çıkarları maledinmek vb"den ibarettir.) "Özgürlüğü" ("üretmeye yargılanmış sınıflar" için mi özgürlük?) "ve iktidarı, uyruğu ve adaleti, görevi ve insanlığı korumak için yasalar koyar."] Bu çapraşık sözler için bkz: *Des Systèmes d'Economie Politique etc.*, Par M. Ch. Ganilh, 2. éd., Paris 1821, t. I. s. 224, ve bkz: s. 212.

145 *Reports of Insp. of Fact., 31st Oct., 1865*, s. 58 vd.. Bununla birlikte aynı zamanda, 11.625 dokuma tezgahı, 628.576 iğ ve toplam 2.695 buhar ya da su gücü ile çalışan 110 yeni fabrika, artan sayıdaki işçiler için çalışma yeri olarak hazır durumdaydı (*l.c.*).

146 *Reports etc., 31st Oct., 1862*, s. 79. Fabrika denetmeni Mr. A. Redgrave, 1871 yılı sonunda, Bradford'da, New Mechanics' Instution'da yaptığı bir konuşmada

rumlarda işçi sayısındaki artış yalnızca görünüştedir; yani bu artış, zaten kurulmuş bulunan fabrikalardaki gelişme sonucu değil, ilgili kolların yavaş yavaş birbirine eklenmesi sonucudur; örneğin, 1838 ile 1856 yılları arasında pamuklu sanayisindeki tezgah ve işçi artışı yalnızca bu işkolundaki genişlemenin sonucuydu, oysa diğer sanayi kollarındaki artış, daha önce insan gücüyle çalışan, halı, kurdele ve bez dokuma tezgahlarına buhar gücünün uygulanması sonucuydu.[147] Bu durumda, bu işkollarında çalışan işçi sayısındaki artış, yalnızca toplam işçi sayısındaki bir azalışın belirtisinden başka bir şey değildir. Ensonu, biz, burada, bu sorunu, metal sanayisi dışında, her yerde, gençlerin (18 yaşından küçük), kadınların ve çocukların, fabrika işçileri sınıfında önemli bir yer tutması gerçeğinden tamamen ayrı olarak incelemiş bulunuyoruz.

Ne olursa olsun, makine tarafından fiilen işinden edilen ve makinenin bizzat yerini aldığı işçi kitlesine karşın, daha fazla fabrikaların açılması ve belli bir sanayi kolunda eskilerinin genişletilmesi nedeniyle fabrika işçilerinin sayısının, daha önce işlerinden atılan manüfaktür işçileri ile elzanaatçılarından daha kalabalık olabilecekleri anlaşılmış bulunuyor. Örneğin, diyelim, eski üretim tarzında, haftada kullanılan 500 sterlinlik sermayenin beşte-ikisi değişmeyen ve beşte-üçü değişen olsun, yani 200 sterlini üretim araçlarına, 300 sterlini, diyelim adam başına 1 sterlinden, emek-gücüne yatırılmış olsun. Makinenin kullanılmaya başlanmasıyla bu sermayenin bileşimi de değişecektir. Şimdi de, örneğin beşte-dördü değişmeyen, beşte-biri değişen sermaye olsun; bu durumda emek-gücü için yalnız 100 sterlin yatırılmış olacaktır. Bunun sonucu işçilerin üçte-ikisine yol verilecektir. Eğer şimdi iş genişlese ve kullanılan toplam sermaye, değişmeyen koşullar altında, 1.500 sterline yükselse, çalışan işçi sayısı, tıpkı makinenin kullanılmasından önce olduğu gibi 300'e çıkacaktır. Sermaye biraz daha artarak 2.000 sterline yükselse, 400 işçi çalıştırılacak, yani eski sisteme göre üçte-bir artış olacaktır. İşçi sayısında aslında 100 kadar bir artış olmuştur, ama nispi olarak, yani yatırılan sermayeye oranla 800 kişilik bir düşme olmuştur, çünkü, 2.000 sterlinlik bir sermaye eski durumda 400 kişi değil 1.200 işçi çalıştırabilirdi. Demek ki, çalıştırılan işçi sayısındaki nispi azalma, fiilî bir artış ile bağdaşır. Yukarda, top-

şöyle diyordu: "Bir süredir dikkatimi çeken şey, pamuklu dokuma fabrikalarının görünüşlerindeki değişiklikler olmuştur. Eskiden buralar, kadın ve çocuklarla doluydu, şimdi bütün işi makineler yapıyor gibi. Bir fabrikatörden bunu açıklamasını istediğim zaman şu yanıtı verdi: Eski sistemde 63 kişi çalıştırıyordum; geliştirilmiş makinelerin kullanılmaya başlanılmasıyla işçilerimin sayısını 33'e indirdim ve son zamanlarda, yeni ve büyük değişiklikler sonucu bu 33 kişiyi 13'e indirmek durumuna geldim!"

[147] Bkz: *Reports, etc., 31st Oct., 1856*, s. 16.

lam sermaye arttığı halde, üretim koşulları değişmediği için, bu sermayenin bileşiminin aynı kaldığını varsaymıştık. Ama, makine kullanımındaki her gelişme ile, sermayenin, makineleri, hammaddeyi vb. kapsayan değişmeyen kısmı arttığı halde, emek-gücüne yatırılan değişen kısmının azaldığını yukarda görmüş bulunuyoruz. Biz, ayrıca, hiçbir üretim sistemindeki gelişmenin ve kullanılan sermayenin bileşiminin fabrika sistemindeki kadar sürekli değişikliğe uğramadığını da biliyoruz. Bununla birlikte, bu değişmeler, her zaman duraklama dönemleri ile kesintiye uğrarlar ve bu sürelerde, mevcut teknik temel üzerinde fabrikalarda yalnız nicel bir genişleme olur ve bu sırada işçi sayısı da artar. Böylece, 1835 yılında, Birleşik Krallıkta, pamuklu, yünlü, keten ve ipekli fabrikalarında toplam işçi sayısı yalnızca 354.684 iken, 1861'de, yalnız buharlı dokuma tezgahlarında çalışan (her iki cinsiyetten ve sekiz yaşından yukarı her yaştan) dokumacı sayısı 230.654'tür. El dokuma tezgahı ile çalışan dokumacıların, aileleriyle birlikte, 1838 yılında hâlâ 800.000 kişi olduklarını gözönüne alırsak, bu büyüme kuşkusuz daha az önemli görünecektir;[148] Asya ile Avrupa'da işlerinden atılan işçilerin ise burada hiç sözünü etmedik.

Bu nokta üzerinde bir-iki şeye daha işaret etmem gerekiyor; buraya kadarki teorik incelemelerimizin henüz açıklığa kavuşturmadığı fiilen mevcut bazı ilişkilere işaret etmek istiyorum.

Belli bir sanayi kolunda, fabrika sisteminin, eski elzanaatları ile manüfaktür aleyhine genişlemesi halinde, sonucun, ateşli silahlar ile donanmış bir ordunun, ok ve yayla donanmış bir orduyla karşılaşması kadar kesin olacağı apaçıktır. Makinenin, hareket alanını elegeçirdiği bu ilk dönem, elde edilmesine yardımcı olduğu büyük kârlar nedeniyle çok önemlidir. Bu kârlar, hızı gitgide artan bir sermaye birikiminin kaynağı olmakla kalmazlar, devamlı olarak yaratılan ve yeni yatırım alanları arayan ek toplumsal sermayenin büyük bir kısmını en uygun üretim alanlarına çekerler. Bu hızlı ve ateşli ilk faaliyet döneminin özel avantajları, makinenin istila ettiği bütün üretim kollarında kendisini duyurur. Bununla birlikte, fabrika eylemi belli bir büyüme ve olgunluk derecesine ulaşır ulaşmaz, ve özellikle, teknik temeli olan makinenin kendisi makine ile üretilmeye başlar başlamaz; kömür ve demir madenciliği ile meta sanayileri ve ulaştırma araçlarında köklü bir devrim olur ol-

148 "Eltezgahı dokumacılarının ıstırabı, bir kraliyet komisyonunun soruşturmasına konu olmuş, ama çektikleri bu sıkıntılar kabul edilmekle ve bu durum esefle karşılanmakla birlikte, durumlarının düzeltilmesi, belki de haklı olarak raslantıya ve zamana bırakılmıştır; şimdi" (yani tam 20 yıl sonra!) "bu sefaletlerin *neredeyse* ortadan kalktığı umut edilebilir ve bunun nedeni de buharlı tezgahların bugünkü yaygınlığı olabilir." (*Rep. of Insp. of Fact., 31st Oct., 1856,* s. 15.)

maz; kısacası, modern sanayi sistemiyle üretim için gerekli genel koşullar kurulur kurulmaz, bu üretim tarzı bir esneklik kazanır ve yalnızca hammadde ve sürüm pazarları bulunması dışında hiçbir engel tanımayan ani sıçramalı bir genişleme olasılığına ulaşır. Bir yandan, makine, aynı şekilde hammaddeyi çoğaltıcı bir etki yaratır; örneğin, çırçır makinesinin pamuk üretimini artırması gibi.[149] Öte yandan, makineyle üretilen malların ucuzluğu ile birlikte, ulaştırma ve iletişim araçlarındaki gelişmeler, dış pazarların elegeçirilmeleri ile silah sağlamış olur. Başka ülkelerdeki elzanaatlarını ortadan kaldırarak buraları zorla hammadde ikmal alanları haline getirir. Doğu Hindistan, bu yolla, Büyük Britanya için, pamuk, yün, kenevir, jüt, indigo üretmek zorunda kalmıştı.[150] Büyük sanayi, işçilerin bir kısmını sürekli bir şekilde "fazlalık" haline getirerek, kök saldığı bütün ülkelerde, büyük çapta göçlere ve yabancı toprakların sömürgeleştirilmelerine yolaçar, ve bu ülkeleri anayurt için hammadde yetiştiren yerleşme yerleri haline getirir; örneğin Avustralya'nın, yün yetiştiren bir ülke haline sokulması gibi.[151] Yeni ve uluslararası bir işbölümü, büyük sanayinin başlıca merkezlerinin gereksinmelerine uyan bir işbölümü ortaya çıkarır, ve yeryüzünün bir bölümünü, temel olarak sanayi alanı halinde kalan, öteki bölümünü hammadde sağlayan tarımsal üretim alanı haline getirir. Bu devrim, tarımda, burada üzerinde daha fazla durmak gereğini duymadığımız köklü değişikliklerle birarada bulunur.[152]

Bay Gladstone'un önerisi üzerine Avam Kamarası, 17 Şubat 1867'de, 1831 ile 1866 yılları arasında Birleşik Krallığın ithal ve ihraç ettiği her türden hububat, tahıl ve unun toplam miktarını gösteren bir istatistik yapılmasını emretti. Aşağıda alınan sonuçla-

149 Makinelerin, hammadde üzerindeki diğer etkileri, üçüncü kitapta [ciltte] ele alınacaktır.

150 Hindistan'dan Büyük Britanya'ya pamuk ihracatı, 1846: 34.540.143 libre; 1860: 204.141.168 libre; 1865: 445.947.600 libre. — Hindistan'dan Büyük Britanya'ya yün ihracatı, 1846: 4.570.581 libre; 1860: 20.214.173 libre; 1865: 20.679.111 libre.

151 Güney Afrika'dan Büyük Britanya'ya yün ihracatı, 1846: 2.958.457 libre; 1860: 16.574.345 libre; 1865: 29.920.623 libre. — Avustralya'dan Büyük Britanya'ya yün ihracatı, 1846: 21.789.346 libre; 1860: 59.166.616 libre; 1865: 109.734.261 libre.

152 Birleşik Devletler'in ekonomik gelişmesi, Avrupa ve özellikle de İngiliz modern sanayisinin bir ürünüdür. Bugünkü durumlarında (1866) Birleşik Devletler'in hâlâ bir Avrupa sömürgesi sayılması gerekir. [*Dördüncü Almanca baskıya ek.* — "O zamandan beri Birleşik Devletler, bu gelişme nedeniyle sömürge niteliğini kaybetmeksizin, sanayisi, dünyada ikinci sırayı tutan bir ülke haline gelmiştir." –*F. E.*]

BİRLEŞİK DEVLETLER'DEN BÜYÜK BRİTANYA'YA PAMUK İHRACATI

1846: 401.949.393 libre,	1852: 765.630.543 libre
1859: 961.707.264 libre,	1860: 1.115.890.608 libre

rın bir özetini veriyorum. Un miktarı, *quarter* tahıl olarak verilmiştir. [433. sayfadaki tabloya bakınız.]

Fabrika sisteminin özünde bulunan ve sıçramalarla genişlemesini sağlayan muazzam güç ile, bu sistemin dünya pazarına bağımlılığı, zorunlu olarak hummalı bir üretime yolaçar ve bunu, pazarların mal fazlası ile dolması izlediği gibi, pazarların daralması da üretimi felce uğratır. Modern sınai yaşam, birbirini izleyen, ılımlı faaliyet, gönenç, aşırı üretim, bunalım ve duraklama dönemleri halini alır. Makinenin, çalışma yaşamı ve dolayısıyla işçinin varolma koşullarında yarattığı bu güvensizlik ve kararsızlık, sınai çevrimin bu dönemsel değişmeleri nedeniyle, normal görülen şeyler olur. Gönenç dönemleri dışında, kapitalistler arasında, pazarların paylaşılması için çok şiddetli bir savaşım olur. Bu pay, ürünün ucuzluğu ile doğru orantılıdır. Emek-gücünün yerini almak üzere daha gelişmiş makinelerin kullanılması ve yeni üretim yöntemlerinin uygulanması konusundaki bu savaşımın doğurduğu rekabet dışında, her sınai çevrimde, metaları ucuzlatma amacıyla ücretleri zorla emek-gücünün değerinin altına düşürme çabalarının ortaya çıktığı bir döneme gelinir.[153]

152 [devam]

BİRLEŞİK DEVLETLER'DEN BÜYÜK BRİTANYA'YA TAHIL, vb. İHRACATI
(Cwt Olarak)‡

	1850	*1862*
Buğday	16.202.312	41.033.503
Arpa	3.669.653	6.624.800
Yulaf	3.174.801	4.426.994
Çavdar	388.749	7.108
Buğday unu	3.819.440	7.207.113
Kara buğday	1.054	19.571
Mısır	5.473.161	11.694.818
Bere ya da Bigg (bir tür arpa)	2.039	7.675
Bezelye	811.620	1.024.722
Fasulye	1.822.972	2.037.137
Toplam ihracat	*35.365.801*	*74.083.351*

‡ cwt = 112 libre; yaklaşık olarak 50 kg. –ç.

153 Bir lokavt sonucu sokağa atılmış bulunan Leicesterli kundura yapımcıları İngiliz Ticaret Kurumuna 1866 Temmuzunda verdikleri dilekçede şöyle diyorlardı: "Yirmi yıl önce Leicester ayakkabı yapımında, dikişin yerini çivinin almasıyla büyük bir değişiklik oldu. O sıralarda iyi bir ücret kazanılabiliyordu. Çeşitli firmalar arasında, kimin en temiz malı çıkartacağı konusunda büyük rekabetler olduğu görülürdü. Ne var ki, kısa süre sonra kötü bir rekabet türü ortaya çıktı, yani birbirlerini pazardan sürme yarışına giriştiler. Çok geçmeden bunun zararlı sonuçları kendisini, ücretlerin düşmesi şeklinde gösterdi ve emeğin fiyatındaki düşüş o kadar yaygın ve hızlıydı ki şimdi birçok firma, ilk ücretlerin ancak yarısını ödüyor. Ve gene de, ücretler gitgide düştüğü halde, ücret tarifesindeki her değişiklikle birlikte kârın arttığı görülüyor." Ücretleri aşırı derecede düşürerek, yani işçinin tüketim maddelerini düpedüz soyarak olağanüstü kâr sağlamak için fabrikatörler, güç ve

BEŞ YILLIK DÖNEMLER VE 1866 YILI

Yıllık Ortalama	*1831-1835*	*1836-1840*	*1841-1845*	*1846-1850*	*1851-1855*	*1856-1860*	*1861-1865*	*1866*
İthalat (Qrs)	1.096.373	2.389.729	2.843.865	8.776.552	8.345.237	10.913.612	15.009.871	16.457.340
İhracat (Qrs)	225.263	251.770	139.056	155.461	307.491	341.150	302.754	216.218
İthal fazlası (Qrs) .	871.110	2.137.959	2.704.809	8.621.091	8.037.746	10.572.462	14.707.117	16.241.122
Nüfus								
Her dönemde yıllık ortalama	24.261.107	25.929.507	27.262.569	27.797.598	27.572.923	28.391.544	29.381.460	29.935.404
Adam başına yıllık iç ürün tüketimi fazlası (Qrs) . . .	0.036	0.082	0.099	0.310	0.291	0.372	0.501	0.543

Bu nedenle, fabrika işçilerinin sayısındaki büyüme, fabrikalara yatırılmış bulunan sermaye miktarında, nispeten çok daha büyük bir büyümeyi zorunlu kılar. Bununla birlikte, bu büyüme, sınai çevrimdeki yükselme ve alçalmalarla koşullandırılmıştır. Ayrıca, bu büyüme, bazan yeni işçilerin yerini dolduran, bazan da eski işçileri fiilen işlerinden eden teknik gelişmeler ile sürekli olarak kesintiye uğratılır. Makine sanayisindeki bu nitel değişme, işçileri sürekli olarak fabrikadaki işlerinden uzaklaştırır, ya da yeni işçi akımlarına karşı kapılarını kapar, oysa fabrikalardaki salt nicel büyüme, yalnız işlerinden atılanları emmekle kalmaz, yeni işçilere de iş sağlar. Böylece işçiler durmadan işten atılır, işe alınır, oradan oraya sürüklenir, ve bu arada da işçilerin cinsiyetleri, yaşları ve hünerleri konusunda sürekli bir değişme sürer gider.

Fabrika işçilerinin yazgısı, İngiliz pamuklu sanayisinin gelişme çizgisine bir gözatmakla en iyi şekilde ortaya konabilir.

Bu işkolunda, 1770 ile 1815 arasında işler yalnız beş yıl kötü gitmiş ya da durgunluk göstermiştir. Bu 45 yıllık dönemde, İngiliz fabrikatörler, dünya pazarları ile makine tekelini ellerinde tutmuşlardır. 1815 ile 1821 arasında bunalım, 1822 ile 1823'te gönenç görüldü; 1824'te işçi sendikalarına karşı olan yasalar ortadan kaldırıldı, fabrikalar her yerde büyük genişleme gösterdi; 1825'te bunalım; 1826'da fabrika işçileri arasında büyük sefalet ve ayaklanmalar; 1827'de biraz düzelme; 1828'de buharlı dokuma tezgahı sayısı ile ihracatta büyük artış; 1829'da ihracat, başta Hindistan olmak üzere bütün yılları geride bıraktı; 1830'da pazarlar bozuldu, büyük sıkıntı başgösterdi; 1831'den 1833'e kadar bunalım sürdü ve, Hindistan ve Çin'le yapılan ticaretin tekeli, Doğu Hindistan Şirketinin elinden alındı; 1834'te fabrika ve makine sayısında büyük artış oldu, işçi sıkıntısı görüldü. Yeni çıkartılan yoksullar yasası, tarım işçilerinin fabrika bölgelerine göçmesini hızlandırdı. Kırsal bölgelerde çocuk diye bir şey kalmadı. Beyaz köle ticareti başladı; 1835, büyük gönenç yılı ve aynı zamanda el dokumacılarının açlıktan kırılması; 1836, genel büyük gönenç yılı; 1837 ve 1838 depresyon ve

kötü zamanlardan bile yararlanmışlardır. Bir örnek (Coventry'deki ipekli dokuma bunalımına değiniliyor): "Fabrikatörler ile işçilerden aldığım bilgiler, ücretlerde, yabancı üreticilerin rekabetinden ya da bunu gerekli kılabilecek diğer koşullardan daha büyük ölçüde bir indirim yapıldığını kuşkuya yer bırakmayacak şekilde ortaya koymaktadır ... dokumacıların çoğu, ücretlerinde yüzde 30 ile yüzde 40 bir indirim ile çalışmaktadırlar. Beş yıl önce dokumacıya 6 ya da 7 şilin getiren bir parça şerit, şimdi ancak 3 şilin 3 peni ya da 3 şilin 6 peni getirmektedir; eskiden 4 şilin ve 4 şilin 3 peni eden diğer işler, şimdi 2 şilin ve 2 şilin 3 peni ediyor. Ücretlerdeki indirim, talebi artırmak için gerekli olandan çok daha fazla ölçüde yapılmaktadır. Gerçekten de, dokuma giderlerindeki indirim birçok şerit türlerinde, imal edilmiş malın satış fiyatlarında buna göre bir düşüşü birlikte getirmemektedir." (Mr. F. D. Longe'un raporu, *Ch. Emp. Com., Fifth Report,* 1866, s. 114, n° 1.)

bunalım; 1839, canlanma; 1840, büyük depresyon, ayaklanmalar ve askerî birliklerin çağrılması; 1841 ile 1842, fabrika işçileri arasında korkunç sefalet; 1842, tahıl yasalarının yürürlükten kaldırılmasını sağlamak için fabrikatörlerin işçileri fabrikalara sokmamaları, binlerce fabrika işçisinin Lancashire ve Yorkshire kentlerine akışı, askerî birliklerce geri sürülmeleri ve işçi liderlerinin Lancaster'de yargılanması; 1843, büyük sefalet; 1844, canlanma; 1845, büyük gönenç; 1846, başlangıçta sürekli düzelme, sonra gerileme, Tahıl Yasalarının kaldırılması; 1847, bunalım ve "büyük somun" onuruna ücretlerde genel olarak %10 ya da daha fazla indirim; 1848, sürekli depresyon, Manchester'ın askerî koruma altına alınması; 1849, canlanma; 1850, gönenç; 1851, fiyatlarda düşme, düşük ücretler, sık sık grevler; 1852, düzelmelerin başlaması, grevlerin devamı ve fabrikatörlerin yabancı işçi getirme tehditleri; 1853, ihracatın artışı, sekiz aylık grev ve Preston'da büyük sefalet; 1854, gönenç ve pazarların malla boğulması; 1855, Birleşik Devletler, Kanada ve doğudaki pazarlardan devamlı başarısızlık haberleri; 1856, büyük gönenç; 1857, bunalım; 1858, düzelme; 1859, büyük gönenç, fabrika sayısında artış; 1860, İngiliz pamuklu ticaretinin doruk noktası, ve Hindistan, Avusturya ve diğer pazarlar mal ile o derece boğuldu ki, 1863'te bile bu malı emmeleri olanaklı olmadı; Fransa ile ticaret sözleşmesi, fabrikalar ile makinelerde muazzam artış ve büyüme; 1861, gönencin bir süre devamı, geri gidiş, Amerikan iç savaşı, pamuk kıtlığı; 1862 ile 1863, tam bir çöküş.

Pamuk kıtlığının tarihi o kadar kendine özgüdür ki, buna değinilmeden geçilemez. 1860 ve 1861 yıllarında dünya pazarlarında egemen olan koşullardan da anlaşılacağı gibi, pamuk kıtlığı fabrikatörlerin tam zamanında imdatlarına yetişmiş ve bir ölçüde de yararlarına olmuştur; bu gerçeği, Manchester Ticaret Odasının raporları kabul ettiği gibi, parlamentoda, Palmerston ve Derby, bunu, açıkça ilan etmişler ve olaylar da doğrulamıştır.[154] Kuşkusuz, 1861 yılında, Birleşik Krallıktaki 2.887 pamuklu fabrikası arasında, küçük boyda olanları da çoktu. Bay A. Redgrave'in raporuna göre, bölgesindeki 2.109 fabrikadan 392'si, yani %19'u, her biri 10 beygirgücünden daha az, 345'i yani %16'sı 20 beygirgücünden az, 1.372'si 20 beygirgücünün üzerinde buhar gücü kullanıyorlardı.[155] Küçük fakrikaların çoğunluğu dokuma atelyeleriydi ve birisi ipliği, bir diğeri makineleri, bir üçüncüsü binaları sağlayan spekülatörler tarafından, 1858'den sonraki gönenç dönemi sırasında yapılmıştır; daha önceleri işçibaşılık etmiş ya da fazla varlıklı

[154] Bkz: *Reports of Insp. of Fact., 31st October, 1862*, s. 30.
[155] *l.c.*, s. 18, 19.

olmayan kimseler tarafından işletiliyorlardı. Bu küçük fabrikatörlerin çoğu battı. Pamuk kıtlığının ertelediği ticaret bunalımı, onları da aynı akıbete uğratacaktı. Toplam fabrikatör sayısının üçtebirini oluşturdukları halde, gene de onların fabrikaları, pamuklu ticaretine yatırılan sermayenin çok küçük bir kısmını temsil ediyorlardı. İş duraklamalarına gelince, güvenilir hesaplara göre 1862 Ekiminde iğlerin %60,3'ü, dokuma tezgahlarının %58'i durmuştu. Bu, pamuklu sanayisinin bütünü için sözkonusuydu ve her bölge için farklıydı. Ancak birkaç fabrika, tam-zaman (haftada 60 saat), gerisi aralıklı olarak çalışıyordu. Tam-zaman çalışılan yerlerde bile, alışılagelen belirli parça-başı ücrete karşın, işçilerin haftalık ücretleri, iyi pamuk yerine kötüsü, Sea Island yerine Mısır pamuğu (ince iplik eğirilmesinde), Amerikan ve Mısır pamuğu yerine Surat pamuğu kullanılması, saf pamuğun kırpıntı ve Surat pamuğu ile karıştırılması nedeniyle, zorunlu olarak düşük oluyordu. Surat pamuğunun liflerinin kısa ve kirli oluşu, ipliğin kolayca kopması, ilmikleri tutturmak için un yerine daha ağır türden maddeler kullanılması, makinelerin hızıyla birlikte tek bir dokumacının denetleyebileceği tezgah sayısını da azaltıyor, makinelerden kusurlu çıkan iş için harcanan emeği artırıyor ve üretilen ürünün kitlesindeki azalma yüzünden parça-başı ücreti düşürüyordu. Surat pamuğunun kullanıldığı yerlerde tam-zaman çalışan işçilerin kaybı yüzde 20, 30 ya da daha fazlaydı. Bu yetmiyormuş gibi fabrikatörlerin çoğu parça-başı ücreti yüzde 5, 7½, 10 oranında indirmişlerdi. Bu durum karşısında, haftada yalnız 3, 3½, 4 gün, ya da günde yalnız 6 saat çalışan işçilerin durumlarının ne olduğunu anlayabiliriz. Nispi bir düzelmenin görüldüğü 1863 yılında bile, iplikçiler ile dokumacıların haftalık ücretleri, 3 şilin 4 peni, 3 ş. 10 p., 4 ş. 6 p., ve 5 ş. 1 peni idi.[156] Ne var ki, bu sefil durumda bile patronun yaratıcı zekası durmadan çalışıyor, ücretlerde sürekli indirmeler icat ediyordu. Bunlar, bir ölçüde, son şeklini almış maldaki kusurlar nedeniyle ceza şeklinde oluyordu, ama aslında bu kusurların nedeni kullandığı kötü cins pamuk ve elverişsiz makineler idi. Üstelik işçilerin oturdukları kulübeler eğer fabrika sahibine aitse, kiraları da bu çok düşük ücretlerden kesiliyordu. Bay Redgrave, otomatik bakıcılar (bir çift otomatik dokuma tezgahını yöneten işçiler) için şöyle diyor: "Tam-zamanlı çalışmayla geçen iki haftanın sonunda aldıkları 8 şilin 11 peniden ev kirası kesiliyor ve fabrika sahibi, kiranın yarısını bahşiş olarak geri veriyordu. İşçiler ellerine geçen 6 şilin 11 peni ile evlerine dönüyorlardı. 1862 yılının sonlarında birçok yerlerde, otomatik dokuma tezgahı işçilerinin haftalık ücretleri 5

[156] *Rep. of Insp. of Fact., 31st October, 1863*, s. 41-45.

ile 9 şilin, dokumacıların 2 ile 6 şilin arasındaydı."[157] Ancak kısa süreli olarak çalıştıkları zamanlarda bile ev kiraları çoğu kez işçilerin ücretlerinden kesiliyordu.[158] Lancashire'ın bazı kesimlerinde açlık hummasının başgöstermesine hiç şaşmamak gerekir. Ama bunların hepsinden daha dikkat çekici olanı, üretim sürecinde, işçilerin sırtından yapılan devrimdir. Anatomistlerin kurbağalar üzerinde yaptıkları gibi, işçilerin *experimenta in corpore vili** yapılıyordu. Bay Redgrave şöyle diyor: "Birkaç fabrikadaki işçilerin fiilî kazançlarını verdim, ama bu, hiçbir zaman, her hafta aynı miktarı kazandıkları anlamına gelmez. İşçiler, fabrikatörlerin sürekli denemelerinden ileri gelen büyük dalgalanmalar ile karşı karşıya kalırlar. ... İşçilerin kazancı, denenmekte olan pamuk karışımının niteliğine bağlı olarak yükselir ve düşer; bazan bu düşüş, eski kazançlarına göre, %15 olduğu halde, bir-iki hafta içersinde bu düşüş %50'den %60'a kadar çıkabilir.[159] Bu denemeler, yalnız işçilerin geçim araçları konusunda ve onun zararına yapılmakla kalmıyordu. İşçinin beş duyusu da bunun acısını çekiyordu. "Surat pamuğu üzerinde çalışan işçilerin şikayetleri çok fazlaydı. Pamuk balyalarını açtıkları zaman dayanılmaz bir koku ile karşılaştıklarını ve bunun hastalıklara neden olduğunu söylüyorlardı. ... Karıştırma, kırpma ve *scribbling*** odalarında pamuktan çıkan toz ve kir, solunum yollarını tahriş ediyor, öksürüğe ve nefes darlığına yolaçıyordu. Surat pamuğunda bulunan kirin tahrişinden ileri geldiğine hiç kuşku bulunmayan bir deri hastalığı da yaygındı. ... Lifler çok kısa olduğu için çok miktarda hem hayvansal ve hem de bitkisel haşıl kullanılıyordu. ... Toz nedeniyle bronşit yaygındı. Aynı nedenle iltihaplı boğaz hastalıkları da çoktu. Dokumadaki atkılar sık sık kırıldığı için, dokumacı, atkıyı tezgahın göz deliğinden emmek zorunda kalıyor ve bu da mide hastalıklarına ve hazımsızlığa yolaçıyordu." Öte yandan, un yerine kullanılan maddeler, ipliğin ağırlığını artırdığı için fabrikatörlere para doğuran sihirli cüzdan gibi oldular, "15 libre hammadde, dokunduktan sonra 26 libre çekiyordu."[160] Fabrika denetmenlerinin, 30 Nisan 1864 tarihli raporunda şu satırları okuyoruz: "Sanayi bu yollara, şimdi namus sınırlarını aşacak ölçüde başvuruyor. Bu işleri iyi bilen birisi, bana, 8 libre ağırlığında bir kumaşın 5½ libresinin pamuk, 2¾ libresinin haşıl olduğunu söyledi; 5¼ libre ağırlığındaki başka bir kumaşın ise 2 libresi

157 *l.c.*, s. 41-42.
158 *l.c.*, s. 57.
159 *l.c.*, s. 50-51.
160 *l.c.*, s. 62-63.
* Değersiz bedenleri üzerinde deney. –ç.
** Tarama. –ç.

haşıldı. Bunlar her zaman kullanılan ihraç malı gömleklik kumaşlardı. Başka cins kumaşlara bazan %50'ye kadar haşıl katıldığı oluyordu; böylece bir fabrikatör, bir kumaşı, yapıldığı ipliğin fiyatından daha ucuza satarak zengin olduğunu söyleyerek övünebilirdi ve övünüyordu da."[161] Ama işçiler, yalnız fabrika içersinde fabrika sahiplerinin, dışarda ise yöneticilerin deneylerinden, ücretlerin indirilmesinden, iş yokluğundan, yoksulluk içinde kıvranıp sadakaya muhtaç olmaktan, lordlarla Avam Kamarası üyelerinin övgülü nutuklarından ıstırap çekmekle kalmıyorlardı. "Pamuk kıtlığı sonucu işlerinden atılan talihsiz kadınlar, böylece toplum dışına sürülmüş oldular; ve şimdi işler yeniden canlandığı ve iş çoğaldığı halde, bu talihsiz sınıfın üyesi olmaya devam ettiler ve belki de bu böyle sürüp gidecektir. Kasabada şimdi son 25 yılda gördüğümden çok daha fazla genç orospu var."[162]

Bu duruma göre, 1770 ile 1815 yılları arasında İngiliz pamuklu sanayisinde 45 yıl içersinde yalnızca, 5 yıllık bunalım ve duraklama olduğunu ve bunun da tekel dönemine rasladığını görüyoruz. 1815 ile 1863 arasındaki 48 yıllık ikinci dönemde, 28 yıllık depresyon ve durgunluğa karşılık, yalnızca 20 yıllık canlanma ve gönenç dönemi var. 1815 ile 1830 yılları arasında, Kıta Avrupası ve Birleşik Devletler ile rekabet başlamıştır. 1833'ten sonra Asya pazarlarının genişlemesi, "insan soyu yok edilerek" (Hintli el dokumacılarının toptan ortadan kaldırılması) zorla gerçekleştirildi. Tahıl yasalarının kaldırılmasından sonra, 1846'dan 1863'e kadar 9 yıllık depresyon ve durgunluğa karşı, 8 yıllık ılımlı bir gidiş ve gönenç dönemi vardır. Yetişkin erkek işçilerin gönenç yıllarındaki durumları aşağıdaki nottan anlaşılabilir.[163]

161 *Rep. etc., 30th April, 1864*, s. 27.

162 Bolton başkomiseri Mr. Harris'in bir mektubundan, *Rep. of Insp. of Fact., 31st October, 1865*, s. 61-62.

163 Dış ülkelere örgütlü göç yapılması için bir kurum kurulması aracıyla Lancashire vb. fabrika işçilerinin 1863 tarihli dilekçesinde şu satırları okuyoruz: "Fabrika işçilerinin bugün içinde bulundukları çaresiz durumdan kurtulmaları için geniş ölçüde bir göçe gerek bulunduğunu pek az kimse yadsıyabilir; her zaman için devamlı bir göç akımının gerekli olduğu ve bu göç olmaksızın işçilerin normal zamanlarda da durumlarını koruyamayacaklarını göstermek için aşağıdaki gerçeklere dikkatinizi çekmek istiyoruz: 1814 yılında ihraç edilen pamuklu malların resmî değeri 17.665.378 sterlin olduğu halde, gerçek piyasa değeri 20.070.824 sterlindi. 1858 yılında ihraç edilen pamuklu malların değeri 182.221.681 sterlin, ama, gerçek ya da piyasa değeri ancak 43.001.322 sterlin idi, ve bu satılan miktar on katına ulaştığı halde, eski fiyatın iki katından biraz fazla bir fiyat demekti. Genellikle ülke ve özellikle fabrika işçileri için bu kadar zararlı bir sonucun ortaya çıkması için, birkaç neden biraraya gelmiş bulunmaktadır ve biz, bunları, eğer koşullar elvermiş olsaydı daha göze çarpacak şekilde dikkatinize sunmuş olurduk; en belirgin nedenin emek bolluğu olduğunu söylemek bugün için yeterlidir; ve yokolma tehlikesi karşısında,

SEKİZİNCİ KESİM. — BÜYÜK SANAYİNİN MANÜFAKTÜRDE, ELZANAATLARINDA VE EV SANAYİSİNDE YOLAÇTIĞI DEVRİM

a. *Elzanaatları ile İşbölümüne Dayanan Elbirliğinin Ortadan Kalkması*

Makinenin, elzanaatlarına dayanan elbirliği ile, el işçiliği arasındaki işbölümüne dayanan manüfaktürü nasıl ortadan kaldırdığını görmüştük. Bunlardan ilkine örnek, ekin biçme makinesiydi ve biçiciler arasındaki elbirliğinin yerini almıştı. İkincisi için çarpıcı bir örnek, iğne yapma makinesiydi. Adam Smith'e göre onun zamanında 10 kişi bir günde elbirliğine dayanarak 48.000'in üzerinde iğne yapıyordu. Öte yandan, 11 saatlik bir işgününde tek bir iğne makinesi 145.000 iğne yapmaktadır. Bir kadın ya da kız, bu türden dört makineyi denetleyebilir ve bir günde 600.000'e yakın, bir haftada ise 3.000.000'a kadar iğne üretir.[164] Tek bir makine, elbirliğinin ya da manüfaktürün yerini aldığında, elzanaatı özelliğini taşıyan bir sanayinin temeli olarak iş görebilir. Ne var ki, elzanaatlarına böyle bir dönüş, fabrika sistemine doğru bir geçişten başka bir şey değildir; fabrika sistemi, kural olarak, makineyi hareket ettirmek için insan kasının yerini, buhar ya da su gibi, mekanik bir gücün almasıyla ortaya çıkar. Orada burada, ama her durumda kısa bir süre için, bir sanayi, küçük çapta mekanik güç ile yürütülebilir. Bu, Birmingham'daki bazı manüfaktürlerde buhar gücü kiralanarak, ya da dokumacılığın bazı kollarında olduğu gibi küçük kalorik makineler kullanılarak yapılmıştır.[165] Coventry'deki ipek dokuma sanayisinde "kulübe fabrikalar" deneyi yapılmıştır. Çepeçevre kulübelerle çevrili bir meydanın ortasına bir *engine-house**

pazarını sürekli genişletmek zorunda olan bir işkolu, bu emek bolluğu olmaksızın yürütülemezdi. Pamuklu dokuma fabrikalarımız, devresel durgunluklar nedeniyle faaliyetlerini durdurmak zorunda kalabilirler ve bugünkü düzenlemeler altında bu, ölüm kadar kaçınılmaz bir şeydir, ama insan aklı devamlı faaliyet halindedir ve biz, son 25 yılda altı milyon insanın bu kıyılardan ayrıldıklarını söylerken, bu sayının daha da yüksek olduğuna inanıyoruz; ayrıca, nüfustaki doğal artış ile, üretimi ucuzlatmak için işçiye yol verilmesi sonucu, en yüksek gönenç dönemlerinde bile, yetişkin erkeklerin büyük bir kısmının hangi koşullarda olursa olsun fabrikalarda iş bulmaları olanaksız hale gelmektedir." (*Rep. of Insp. of Fact., 30th April, 1863*, s. 51-52.) Dostumuz fabrikatörlerin, pamuklu işkolunun felaketli yıllarında bile, devlet müdahalesi de dahil, her çareye başvurarak, işçilerin göç etmelerine nasıl engel olmak istediklerini ilerdeki bölümlerde göreceğiz.

164 *Ch. Empl. Comm., Third Report,* 1864, s. 108, n° 447.

165 Birleşik Devletler'de, makineye dayanan elzanaatlarının bu şekilde yeniden ortaya çıkışı sık görülür; bu nedenle de, eninde sonunda fabrika sistemine geçişte, bunu izleyen yoğunlaşma, Avrupa ve İngiltere'ye göre dev boyutlarda olacaktır.

* Makine dairesi. *–ç.*

yapılmış bir kulübedeki tezgahlar bu makine şaftları ile bağlanmıştı. Bütün bu gibi durumlarda, güç, tezgah başına kiralanıyordu. Tezgahlar çalışsın çalışmasın kira, haftalık olarak alınıyordu. Her kulübede, 2-6 tezgah bulunuyordu; bunlardan bazıları dokumacılara aitti, bazıları krediyle satın alınmıştı, bazıları da kiralanmıştı. Bu kulübe fabrikalar ile gerçek fabrikalar arasındaki savaşım, 12 yıldan fazla sürdü ve, 300 kulübe fabrikanın tamamıyla yokolmasıyla sona erdi.[166] Üretim sürecinin niteliğinin geniş ölçekli bir üretimi gerektirmediği durumlarda, zarf yapımı gibi, çelik kalem yapımı vb. gibi son birkaç on yılda ortaya çıkan yeni sanayiler, genel bir kural olarak, önce elzanaatı aşamasından geçtiler ve daha sonra manüfaktür aşamasının kısa bir geçiş evresiyle fabrika aşamasına ulaştılar. Bir manüfaktürün ürettiği mal, eğer, kademeler halinde bir dizi sürecin sonucu değil de, çok sayıda birbirinden bağımsız süreçlerin sonucu ise, bu geçiş, çok güç olur. Bu durum, çelik kalem fabrikalarının kurulmasında büyük engel olmuştur. Bununla birlikte, 15 yıl kadar önce, 6 ayrı işlemi aynı anda yapabilen otomatik bir makine bulunmuştur. İlk çelik kalemi, 1820 yılında, elzanaatı sistemi, düzinesi, 7 sterlin 4 şiline, sağlamıştı; 1830 yılında manüfaktür tarafından bu kalemler 8 şiline sağlanmış, ve bugün fabrika sistemi, bunları, pazara toptan 6 peni ile 2 şilin arasında değişen fiyatlara sağlamaktadır.[167]

b. *Fabrika Sisteminin Manüfaktür ve Ev Sanayisi Üzerindeki Etkileri*

Fabrika sistemindeki gelişme ile onunla yürüyen tarımdaki devrimle birlikte, diğer sanayi kollarında üretim yalnız genişlemekle kalmaz, bunların niteliklerini değiştirir. Fabrika sisteminde uygulanan ve üretim sürecinin bütün evrelerini tahlil etme ve ortaya çıkan sorunları, mekanik, kimya ve diğer bütün doğabilimlerin yardımıyla çözümleme ilkesi, artık, her yerde geçerli ve uygulanan bir ilke halini alır. Demek ki, makine, manüfaktür sanayilerine, bir ayrıntı süreç, daha sonra başka bir ayrıntı süreç olarak yavaş yavaş sızmış olur. Böylece, manüfaktürün eski işbölümüne dayanan örgütlenmesinin katılaşmış yapısında bir gevşeme olur, çözü-

166 Bkz: *Rep. of Insp. of Fact., 31st Oct., 1865*, s. 64.

167 Mr. Gillot, Birmingham'da, büyük çapta ilk çelik kalem fabrikasını kurdu. Daha 1851 yılında burada, yılda 180 milyon çelik kalem üretiliyor ve 120 ton çelik tüketiliyordu. Birmingham, Birleşik Krallık'ta bu sanayi kolunda tekeli elinde tutuyor ve bugün milyonlarca çelik kalem üretiyor. 1861 sayımına göre, burada çalıştırılan işçi sayısı 1.428 olup, bunların 1.268'i beş ve daha büyük yaşlarda kız ve kadınlardır.

şür ve sürekli değişmelerin yolunu açar. Bundan bağımsız olarak kolektif işçinin bileşiminde, birlikte çalışan kimselerin yapısında köklü bir değişme olur. Manüfaktür döneminin tersine, bundan böyle işbölümü, olanaklı olan her yerde, kadınların, her yaştan çocukların, vasıfsız işçilerin çalıştırılmalarına, yani İngiltere'de karakteristik bir deyimle ifade edildiği gibi, tek sözcükle, ucuz emeğe dayanır. Bu, yalnız makine kullanılsın kullanılmasın geniş boyutlu üretim kolları için değil, ister çalışan kimselerin evlerinde, ister küçük iş yerlerinde yapılsın, ev sanayileri denilen üretim biçimleri için de geçerliydi. Modern denilen bu ev sanayisinin, bağımsız kent elzanaatlarını, bağımsız köylü tarım işletmelerini ve her şeyden önce de, işçi ile ailesinin içinde yaşadığı bir evin varlığını önkoşul olarak gerektiren eski tarz ev sanayisi ile ad benzerliği dışında ortak bir yanı yoktur. Bu eski tarz sanayi, şimdi, fabrikanın, manüfaktürün ya da eşya deposunun, bir dış bölümü halini almıştır. Sermaye, tek bir yerde geniş kitleler halinde topladığı ve doğrudan komuta ettiği fabrika işçilerinden, manüfaktür işçilerinden ve elzanaatçılarından başka, şimdi, gözle görünmeyen iplerle, diğer bir orduyu da harekete getirmiştir: bunlar, büyük kentlerde oturanlarla birlikte bütün ülke yüzeyine yayılmış bulunan ev sanayisi işçileridir. Bir örnek: Londonderry'deki Tillie gömlek fabrikasında 1.000 işçi çalışıyor, ve ülkenin her yanına dağılmış 9.000 kişi de kendi evlerinde gene bu fabrika için çalışıyorlar.[168]

Ucuz ve henüz olgunlaşmamış emek-gücünün sömürülmesi, modern manüfaktürde gerçek fabrika sisteminden çok daha utanç verici bir biçimde yapılmıştır. Bunun nedeni de, fabrika sisteminin teknik temelinin, yani kas gücünün yerini makinenin almasının ve yapılan işin hafiflemesinin, manüfaktürde hemen hemen hiç sözkonusu olmaması, ve aynı zamanda, kadınlarla çok küçük çocukların, zehirli ya da sağlığa zararlı maddelerin etkilerine en acımasız biçimde bırakılmasıdır. Bu sömürünün, ev sanayisi denilen üretim kollarında manüfaktürden daha utanç verici olmasının nedeni, dağınık oldukları için işçilerdeki direnme gücünün azalması; işveren ile işçi arasında bir yığın soyguncu asalağın yeralması; ev sanayisinin, her zaman, ya fabrika sistemiyle, ya da aynı üretim kolundaki manüfaktür ile rekabet etmek zorunda kalması; yoksulluğun işçiyi, yer, ışık, havalandırma gibi en gerekli çalışma koşullarından yoksun bırakması; çalışmanın gitgide daha düzensiz duruma gelmesi; ve ensonu, büyük sanayi ile tarımın "fazlalık" haline getirdiği yığınların son sığınakları olan bu yerlerde işçiler arasındaki rekabetin en son noktaya ulaşmasıdır. Üretim araçlarında bile ilk kez

[168] *Ch. Empl. Comm., Second Rep.*, 1864, s. LXVIII, n° 415.

fabrika sisteminde sistemli biçimde uygulanan tasarruf, burada, başlangıcından beri, emek-gücünün en acımasız biçimde israfı ve işçinin en normal çalışma koşullarından yoksun bırakılması sonucunu doğurmuştu — şimdi bir sanayi kolunda emeğin toplumsal üretkenliği ve birbirine bağlı süreçlerin teknik temeli ne kadar az gelişmiş olursa, bu tasarruf da, uzlaşmaz karşıt ve öldürücü yanını o derecede ortaya koyuyor.

c. *Modern Manüfaktür*

Yukarda ortaya konan ilkeleri açıklamak için birkaç örnek vererek konuya devam etmek istiyorum. Okur, aslında, işgünü konusundaki bölümde verilen çeşitli örneklerin ve olayların zaten yabancısı değildir. Birmingham ile çevresindeki metal eşya manüfaktürlerinde 10.000 kadından başka, 30.000 çocuk ve genç, çoğu pek ağır işlerde çalışmaktadır. Bunların sağlığa zararlı koşullar içinde pirinç dökümhanelerinde, düğme fabrikalarında, emaye, kaplama ve cilalama işlerinde çalıştıkları görülür.[169] Hem yetişkin, hem de yetişkin olmayan işçilerin aşırı derecede çalıştırılmaları nedeniyle, Londra'da, gazete ve kitapların basıldığı bazı basımevlerine şu uğursuz ad takılmıştır: "mezbaha."[170] Başlıca kurbanları, kadınlar, kızlar ve çocuklar olan ciltevlerinde, benzeri aşırı çalıştırma uygulanır; halat bükme işinde, tuz madenlerinde, mum manüfaktüründe ve kimyasal madde yapan yerlerde gece işlerinde gençler ağır işler yapmak zorundadır; makineyle yapılmayan ipek dokumacılığında, tezgahları çevirme işinde, gençler, ölesiye çalıştırılırlar.[171] En rezil, en pis ve en kötü ücret ödenen, kadınlarla genç kızların çalıştırılması yeğlenen işlerden birisi de, paçavraların ayıklanmasıdır. Büyük Britanya, kendi muazzam paçavra depoları dışında, bütün dünyada paçavra ticaretinin merkezi olarak da ün yapmıştır. Japonya'dan, Güney Amerika'nın en uzak devletlerinden, Kanarya Adalarından buraya paçavra akar. Ama başlıca ikmal kaynakları, Almanya, Fransa, Rusya, İtalya, Mısır, Türkiye, Belçika ve Hollanda'dır. Paçavralar, gübre, yatak için, yapay yün yapmada kullanılır ve kağıt yapımında hammadde olarak işe yarar. Paçavra ayıklayıcılar, çiçek hastalığı ile diğer bulaşıcı hastalıkların yayılma aracı oldukları gibi ilk kurbanları da gene kendileridir.[172] Aşırı çalıştır-

169 Ve şimdi Sheffield'da, törpücülükte gerçekten çocuklar çalıştırılıyor.

170 *Ch. Empl. Comm., Fifth Rep.*, 1866, s. 3, n° 24; s. 6, n° 55, 56; s. 7, n° 59, 60.

171 *l.c.*, s. 114, 115, n° 6, 7. Komisyon üyesi haklı olarak, kural olarak makinelerin insanların yerini aldıkları halde, burada genç insanların makinelerin yerini aldığına işaret ediyor.

172 Paçavra ticareti ve sayısız ayrıntılar için bkz: *Public Health, Eighth Rep.*, Lond. 1866, ek, s. 196, 208.

manın, ağır ve kötü koşullar altında yapılan işin, ve bunun çocukluk yaşından beri işçi üzerinde yaptığı korkunç etkilerin klasik bir örneğini, yalnız, genellikle kömür madenleriyle madenciler vermekle kalmıyorlar, aynı zamanda İngiltere'de, makineleri yakın zamanda bulunan ve ancak şurada burada kullanılan tuğla ve kiremit sanayisinde de aynı şeyi görüyoruz. Mayıs ile eylül ayları arasında çalışma, sabah 5'ten gece 8'e kadar devam ediyor, kurutmanın açık havada yapıldığı yerlerde çoğu zaman sabah 4'ten gece 9'a kadar sürüyor. Sabah 5'ten akşam 7'ye kadar süren iş, "kısa" ve "ılımlı" sayılıyor. Altı, hatta dört yaşında oğlan ve kız çocuklar çalıştırılıyor. Bunlar yetişkinler kadar ve çoğu kez daha uzun süre çalışıyorlar. İş ağır olduğu gibi, yaz sıcağı, daha da tüketici oluyor. Örneğin Mosley'deki bir kiremit ocağında 24 yaşında genç bir kadın, kendisine çamur taşıyan ve kiremitleri dizen iki küçük kızın yardımıyla günde normal 2.000 kiremit yapıyor. Bu küçük kızlar, 30 *foot* derinlikte ve 210 *foot* uzaklıkta kaygan balçık kuyusundan, günde 10 ton çamur taşıyorlar. "Büyük bir manevi yozlaşmaya uğramaksızın bir kiremit ocağından geçip kurtulmak bir çocuk için olanaksızdır ... en narin yıllarında kulaklarını dolduran kaba konuşmalar, hiçbir eğitim görmeden yarı-yabanıl bir şekilde büyürlerken edindikleri pis, bayağı ve yüzkızartıcı alışkanlıklar, onları, daha sonraki yaşamlarında yasa tanımayan, ahlaksız ve sefih bir insan yapar. ... Yaşam tarzları korkunç bir ahlaksızlık kaynağıdır. Usta işçi ve grubun başı olan her ustabaşı, yanında çalışan 7 işçiye, kulübesinde yatacak yer ve yiyecek sağlar. Ailenin üyesi olsun olmasın, erkekler, oğlanlar ve kızlar çoğu zaman iki, bazan da üç odalı havasız kulübelerde hep birarada, yerlerde yatarlar. Günlük ağır çalışmadan sonra bitkin düşen bu insanlar, ne sağlık, ne temizlik, ne de ahlak kurallarına dikkat edecek durumdadırlar. Bu kulübelerden çoğu, dağınıktır, pislik ve toz-toprak yuvasıdır. ... Genç kızları böylesine bir işte çalıştıran bu sistemin en büyük kötülüğü, bunları, ta çocukluklarından başlayarak daha sonraki bütün yaşamları boyunca sürecek bir ahlaksızlık zincirine bağlamasıdır. Daha doğanın kendilerine kadın olduklarını öğretmesine kalmadan, bu kızlar, kaba ve küfürbaz oğlan çocukları haline gelirler. Üzerlerinde birkaç kirli paçavra, bacakları yarıdan fazla açık, saçları ve suratları kir-pas içinde olan bu çocuklar, bütün ahlak ve utanma duygularını küçümsemeyi ve bunlarla alay etmeyi öğrenirler. Yemek zamanlarında çayırlara boylu boyunca uzanırlar ya da yakındaki bir kanalda yıkanan oğlanları seyrederler. Ensonu günlük ağır işleri bitince, daha iyice olan elbiselerini giyerler ve erkeklerle birlikte meyhanelerin yolunu tutarlar." Çocukluk yaşlarından başlayarak bütün bu sınıf arasında aşırı içki düşkünlüğü pek doğaldır. "İşin en kötü yanı, kiremitçilerin, bütün umutlarını yitirmiş olmalarıdır. Aralarında biraz iyice olan birisi, Southallfield rahibine, eğer kiremitçiyi ıslah ederseniz, şeytanı da ıslah etmeyi deneyebilirsiniz efendim, demişti!"[173]

Modern manüfaktürde (ben, gerçek fabrikanın dışında kalan bütün büyük işyerlerini buraya sokuyorum) çalışma koşullarında sermayenin sağladığı tasarruf ile ilgili olarak, resmî ve son derece zengin malzeme, *Public Health Fourth Report* (1862) ve *Sixth Report*'ta (1864) bulunabilir. İşyerleri ve özellikle Londra'daki basımevleri ile terziler konusunda anlatılanlar, roman yazarlarımızın en ürpertici imgelemlerini geride bırakır. Bu durumun işçiler üzerindeki etkisi apaçıktır. Privy Council'ın başhekimi ve *Public Health Reports*'un resmî editörü Dr. Simon şöyle diyor: "Dördüncü raporumda (1861) [1862'de yayınlandı], işçilerin, en başta gelen sağlık hakları konusunda direnmelerinin aslında olanaksız olduğunu göstermiştim; bu hak, işçileri hangi iş için biraraya getirmiş olursa olsun, işverenin, işin sağlık için zararlı ve kaçınılması olanaklı her türlü koşullardan arınmış olmasını sağlamasını gerektirir. İşçilerin bu sağlık hakkını kendilerinin gerçekleştiremeyeceklerini, ücretli sağlık polisi yönetiminden de etkili bir destek elde edemeyeceklerini de ayrıca belirtmiştim. ... Onbinlerce erkek ve kadın işçinin yaşamları, bugün, salt yaptıkları işin yarattığı bitip tükenmez fiziksel ıstıraplar yüzünden, gereksiz bir işkence ile geçmekte ve kısaltılmaktadır."[174] İşyerlerinin sağlık durumu üzerindeki etkisini göstermek için Dr. Simon aşağıdaki ölüm tablosunu vermektedir:[175] [445. sayfadaki tabloya bakınız.]

d. *Modern Ev Sanayisi*

Şimdi de, ev sanayisi denilen konuya gelmiş bulunuyoruz. Sermayenin, modern mekanik sanayinin arka planında sömürdüğü bu alandaki dehşet verici durum üzerinde bir fikir edinebilmek için İngiltere'nin uzak birkaç köyünde sürdürülen ve görünüşte pek şa-

[173] *Ch. Empl. Comm., Fifth Report,* 1866 s. xvi-xviii, n° 86-97, ve s. 130-133, n° 39-71. Ayrıca bkz: *Third Report,* 1864, s. 48-56.

[174] *Public Health, Sixth Rep.,* Lond. 1864, s. 29, 31.

[175] *l.c.,* s. 30. Dr. Simon, Londra'da 25-35 yaşları arasında terziler ve basımevi işçileri arasında ölüm oranının aslında çok daha büyük olduğuna değiniyor; çünkü Londra'da işverenler, buraya sanatlarını ilerletmek için gelen 30 yaşına kadar pek çok genci "çırak" ve "kalfa" olarak taşradan sağlarlar. Bunlar, Londralı sayılırlar ve ölüm oranlarının hesaplandığı tüm nüfusa eklendikleri halde, bu kentteki ölüm sayısına dahil edilmezler. Bunların büyük kısmı, özellikle ağır hasta halde taşraya dönerler.

Ele Alınan Sanayi Kollarında Çalışan Her Yaştaki İnsan Sayısı	Sağlık Yönünden Karşılaştırılan Sanayiler	Bu Sanayilerde, Yaşlara Göre, Her 100.000 Erkek İçin Ölüm Oranı		
		25-35 Yaş	35-45 Yaş	45-55 Yaş
958.265	İngiltere ve Gal'de tarım	743	805	1.145
22.301 erkek 12.379 kadın }	Londra'da terziler ...	958	1.262	2.093
13.803	Londra'da basımevi işçileri	894	1.747	2.367

irane bir izlenim bırakan çivi yapımcılarını incelemek gerekir.[176] Bununla birlikte, biz, burada, henüz makinenin yardımıyla yapılmayan ve bu durumuyla da henüz fabrika ve manüfaktürler ile rekabet halinde olmayan dantelacılık ve hasır örgüsü sanayilerinden birkaç örnek vermekle yetineceğiz.

İngiltere'de dantela yapımında çalışan 150.000 kişinin aşağıyukarı 10.000 kadarı 1861 tarihli fabrika yasasının kapsamı içersine girmektedir. Geriye kalan 140.000 kişinin hemen tamamı kadın, genç insan ve her iki cinsiyetten çocuklar olup, ancak erkekler pek azdır. Bu ucuz sömürü malzemesinin sağlık durumu, Nottingham genel dispanseri hekimi Dr. Trueman'ın hesaplayıp düzenlediği tablodan görülecektir. Çoğunluğu 17 ile 24 yaş arasında olan dantela yapımcısı 686 kadın hastadan verem olanların sayısı şöyledir:

1852'de	45	kişiden	1	kişi	1857'de	13	kişiden	1	kişi
1853'te	28	"	1	"	1858'de	15	"	1	"
1854'te	17	"	1	"	1859'da	9	"	1	"
1855'te	18	"	1	"	1860'ta	8	"	1	"
1856'da	15	"	1	"	1861'de	8	"	1	"[177]

Verem artış hızındaki bu ilerlemenin, en iyimser ilericilik yanlılarına ve Alman serbest ticaret çığırtkanlarının en kurnaz yalancısına bile yeterli bir karşılık olması gerekir.

1861 tarihli fabrika yasası, yalnız makine ile yapılan dantela işkollarını düzenler ve bu, İngiltere'de kuraldır. Bizim şimdi burada inceleyeceğimiz sanayi kolları, işçinin manüfaktürlerde ya da depolarda değil, kendi evlerinde çalıştıkları işkollarıdır ve bunlar

176 Burada sözünü ettiğim çiviler, çekiçle dövülerek yapılır ve makineyle kesilen ve yapılan çivilerden farklıdır. Bkz: *Ch. Empl. Comm., Third Rep.*, s. XI, XIX, n° 125-130; s. 52, n° 11; s. 114, n° 487; s. 137, n° 674.

177 *Ch. Empl. Comm., Second Report,* s. XXII n° 166.

ikiye ayrılırlar: (1) son elden geçirme; (2) onarım. Bunlardan ilkinde makine ile yapılan dantelaya son şekli verilir ve bu iş, sayısız alt-bölümlere ayrılır.

Son şeklini verme işi, ya "patron evleri" denilen yerlerde yapılır, ya da çocuklarının yardımıyla, ya da kendi başına çalışan kadınlar tarafından kendi evlerinde yapılır. Bu "patron evleri"ni işleten kadınların kendileri de, aslında, yoksul kadınlardır. İşyeri, oturulan özel evin içersindedir. Hanım patron, manüfaktürcülerden, mağazalardan sipariş alır ve odalarının büyüklüğü ile iş talebinin dalgalanmalarına uygun olarak değişen sayıda kadın, kız ve çocuk çalıştırır. Bu iş odalarında çalıştırılan kadın işçilerin sayısı, bazılarında 20 ile 40, bazılarında 10 ile 20 arasında değişir. Çocukların ortalama işe başlama yaşı altı ve çoğu durumlarda da beşin altındadır. Çalışma saatleri sabah 8'den akşam 8'e kadar olup, düzensiz aralıklarla, çoğu zaman pis çalışma odalarında yenilen yemekler için 1½ saat ara verilir. İşlerin sıkı olduğu sıralarda, çalışma, çoğu zaman sabah 8'den ve hatta 6'dan gece 10'a, 11'e, 12'ye kadar devam eder. İngiltere'de, yönetmelikler kışlalarda, her asker için 500-600 *foot* küp yeri, askerî hastanelerde ise 1.200 *foot* küp yeri öngörür. Ama bu işyerlerinde herkese 67 ile 100 *foot* küp arasında yer düşer. Aynı zamanda, havadaki oksijen, gaz lambaları tarafından da tüketilir. Yerler taş ve tuğla ile kaplı olduğu halde, dantelaları temiz tutmak için, çocuklar kışın bile ayakkabılarını çıkarmak zorundadırlar. "Nottingham'da 14 ile 20 çocuğun, belki de 12 *foot* kareden küçük bir odaya doldurularak günün 24 saatinin 15 saatinde, bıkkınlık verici ve tekdüze olmasıyla insanı zaten bitirip tüketen bir işte, üstelik sağlığa zararlı koşullar altında çalıştırılması, çok görülen bir şeydir. ... Çok küçük yaştaki çocuklar bile insanı şaşırtacak bir hızla ve dikkatle çalışmakta, parmakları bir an için olsun dinlenmediği gibi hareketleri de yavaşlamamaktadır. Kendilerine bir soru sorulduğu zaman, bir an bile kaybetmemek kaygısı ile gözlerini işlerinden ayırmıyorlar." Çalışma saatleri uzadıkça patron hanımlar, uyarıcı olarak, "uzun sopalarını" daha sık kullanmak zorunda kalırlar. "Çocuklar giderek yorulurlar ve bu denli tekdüze ve göz yorucu bir işle uzun süre uğraşmaktan ve aynı şekilde durmaktan bitip tükenerek işin sonuna doğru kuşlar gibi huzursuzlaşırlar. Bunların çalışması kölelikten farksızdır."[178] Kadınlar ve çocuklar, evde, yani günümüzde kiralık oda ya da çatı arası anlamına gelen bir yerde çalışıyorlarsa, durumları daha da kötü demektir. Bu tür işler, Nottingham'dan, 80 mil çapında bir daire içine dağılır. Depolardan, saat gecenin 9 ya da 10'unda çıkan ço-

178 *Ch. Empl. Comm., Second Rep.*, 1864, s. XIX, XX, XXI.

cuklara, çoğu zaman, eve götürüp orada tamamlamaları için bir çıkın dantela verilir. Kapitalisti temsil eden ikiyüzlü uşaklardan birisi bu sırada, şu kaypak tümceyi söylemeyi elbette hiç ihmal etmez: "Bu annen için." Ama bunu söylerken, çocuğun da bütün gece oturup bu iş için annesine yardım etmek zorunda olduğunu da pekala bilir.[179]

Tığ dantelacılığı İngiltere'de başlıca iki tarım bölgesinde yaygındır: bir tanesi, Devonshire'ın güneyinde 20 ile 30 mil derinliğindeki kıyıları ile, North Devon'un birkaç bölgesini içine alan Honiton dantela bölgesidir; diğeri de, Buckingham, Bedford ve Northamptoon eyaletlerinin büyük bir kısmıyla, Oxfordshire ve Huntingdonshire'ın sınır kesimlerini kapsayan yerlerdir. İşler, genellikle, tarım işçilerinin kulübelerinde yapılır. Manüfaktürcülerin çoğu 3.000'e kadar dantelacı çalıştırırlar ve bunların büyük bir çoğunluğu çocuk ve genç kızlardır. Dantela yapımı ile anlatılan şeyler burada da ayrıca yinelenir, yalnız burada "patron evleri" yerine "dantela okulu" deyimi kullanılır ve buralar yoksul kadınların işlettiği kulübelerdir. Beş ya da daha küçük yaşlardan başlayarak çocuklar oniki ya da onbeş yaşlarına kadar bu okullarda çalışırlar; ilk yıl, çok küçükler, dört ile sekiz saat çalışırlar, daha sonraları ise, sabah altıdan gece sekize, ona kadar çalışırlar. "Odalar genellikle küçük kulübelerin oturma odalarıdır, ocakların bacaları hava girmesin diye kapatılmıştır, çocuklar çoğu zaman kışın bile yalnız kendi ısıları ile ısınmak zorundadırlar. Bazan da, bu sözde sınıflar, küçük depolar gibidir ve içlerinde ocak bile yoktur. ... Bu daracık yerler tıka-basa doldurulur ve böylece hava solunmayacak duruma gelir. Ayrıca bir de, lağımların, helaların ve bu gibi küçük kulübelerin çevresinde her zaman görülen pislik, sağlığa çok zararlı etkiler yapar." Yerin büyüklüğüne gelince: "bir dantela okulunda 18 kız ve bir bayan öğretmen, her insana 35 *foot* küp düşüyor; bir diğerinde, 18 kişi, insan başına 24½ *foot* küp, koku dayanılmaz derecede. Bu sanayide, 2 ve 2½ yaşında çocukların çalıştığı da görülür."[180]

Buckingham ve Bedford eyaletlerinde dantelacılığın bittiği yerlerde, hasır örücülüğü başlar ve Hertfordshire'ın geniş bir kısmıyla Essex'ın batı ve kuzey kesimlerine kadar uzanır. 1861 yılında, hasır örücülüğü ile hasır şapka yapımında 40.043 kişi çalışıyordu; bunların 3.815'i her yaştan erkek, geri kalanı kadındı ve bunların da, 7.000'i çocuk olmak üzere 14.913'ü 20 yaşın altındaydı. Dantela okulları yerine buralarda da "hasır örgü okullarını" görüyoruz. Ço-

179 *l.c.*, s. xxı, xxıı.
180 *l.c.*, s. xxıx, xxx.

cuklar hasır örme öğrenimine genellikle 4 yaşında, bazan da 3-4 yaş arasında başlıyorlar. Kuşkusuz, öğrenim gördükleri de yok. Çocuklar, ilkokullara, kendi aralarında, "sahici okul" diyorlar ve böylece, yarı-aç analarının öngördüğü günde 30 yardalık işi bitirmek için hapsedildikleri bu kanemici yerlerden, ilkokulları ayırdediyorlar. Bu aynı analar, bunları okuldan sonra çoğu zaman gece 10, 11, 12'ye kadar çalıştırıyorlar. Sürekli olarak ıslatmak zorunda oldukları kamış, dudaklarını ve parmaklarını kesiyor. Londra'daki bütün hekimlerin genel kanısı olarak Dr. Ballard, bir yatak odası ile işyerinde her insan için en az 300 *foot* küpe gerek olduğunu belirtiyor. Ne var ki, hasır okullarında yer, dantela okullarından daha cimrice kullanılıyor ve "bir kişiye $12\frac{1}{3}$, 17, $18\frac{1}{2}$ ve 22 *foot* küpün altında yer düşüyor." Komisyon üyelerinden Mr. White, bu sayılardan en küçüğünün, eğer bir çocuk, boyutları 3 *foot* olan bir kutuya konulsa, burada kaplayacağı yerin yarısından daha azını temsil edeceğini söylüyor. İşte çocukların, 12 ya da 14 yaşlarına kadar yaşamdan tattıkları zevk bu. Sefil ve yarı-aç yaşayan ana-babaların düşündükleri tek şey, çocukların elden geldiğince çok para kazanmaları. Çocuklar ise biraz büyür büyümez, çok doğal olarak anababalarına on paralık değer vermiyorlar ve onları bırakıp gidiyorlar. "Böyle yetiştirilen insanlar arasında bilisizlik ve kötülüğün yaygın olması çok doğaldır. ... Ahlak en düşük düzeyde. Kadınların pek çoğunun evlilik-dışı çocukları vardır ve bu kadınların yaşları o kadar küçüktür ki, suç istatistikleri ile ilgili olanları bile şaşkınlığa düşürür."[181] Ve bu örnek ailelerin anayurdu, Avrupa için örnek bir hıristiyan ülke oluyor; bu sözleri, hıristiyanlık üzerindeki derin bilgisi hiç kuşku götürmeyen kont Montalembert söylüyor!

Yukarda sözü edilen sanayilerde zaten acınacak düzeyde olan ücretler (hasır örme okullarında bir çocuğun alabileceği en yüksek ücret, ender olarak 3 şiline ulaşabilir), her yerde ve özellikle dantela bölgelerinde egemen olan ayni sistemle, nominal miktarının çok daha altına düşer.[182]

e. *Modern Manüfaktürden ve Ev Sanayisinden Büyük Modern Makine Sanayisine Geçiş. Fabrika Yasalarının Bu Sanayilere Uygulanması ile Bu Devrimin Hızlandırılması*

Kadınlarla çocukların emeğinin düpedüz kötüye kullanılması, yaşama ve çalışma için gerekli her türlü normal koşullardan işçilerin tamamen yoksun bırakılmaları ve, aşırı-çalışma ile gece işinde

[181] *l.c.*, s. xl, xlı.
[182] *Child. Empl. Comm.*, *First Report*, 1863, s. 185.

uygulanan düpedüz zulüm yoluyla emek-gücünde sağlanan ucuzluk, en sonunda aşılması olanaksız doğal engellere gelip dayanır. Bu yöntemlere dayanarak meta fiyatlarında sağlanan ucuzluk ile, genellikle kapitalist sömürü de son sınırına gelmiş demektir. Ensonu bu noktaya gelindiğinde —bu, uzun yıllar alır— makine kullanma ve bundan böyle dağınık ev sanayileri ile manüfaktürlerin de fabrika sanayilerine dönüşme saati gelip çatmış demektir.

Bu hareketin en muazzam örneği, giyim eşyası üretiminde görülür. Çocukların Çalıştırılması Hakkındaki Komisyonun sınıflandırmasına göre, bu sanayi, hasır şapka yapımcılarını, kadın şapkası yapımcılarını, berecileri, terzileri, kadın giyim eşyası yapımcılarını, gömlekçileri, korsecileri, eldivencileri, ayakkabıcıları ve kravat, yaka vb. yapımı gibi pek çok küçük kolları kapsar. 1861 yılında bu sanayilerde çalışan kadınların sayısı İngiltere ile Gal'de 586.298 olup, bunların 115.242'si hiç değilse 20 yaşın, 16.650'si de 15 yaşın altındaydı. Birleşik Krallıkta bu işçilerin sayısı, 1861 yılında, 750.334 idi. İngiltere ve Gal'de, şapkacılıkta, ayakkabıcılıkta, eldivencilikte ve terzilikte çalışan erkeklerin sayısı 437.969 olup, bunların 14.964'ü 15 yaşın altında, 89.285'i 15 ile 20 yaş arasında ve 333.117'si yirmi yaşın üzerindeydi. Küçük sanayi kollarından çoğu, bu sayılara dahil edilmemiştir. Ama, biz, bu rakamları oldukları gibi alırsak, 1861 sayımına göre yalnız İngiltere ve Gal için 1.024.267 kişilik bir rakam elde ederiz ve bu, aşağıyukarı tarım ve hayvancılıkta çalışan insan sayısı kadardır. Böylece, makinenin yarattığı mucize ile, bu derece muazzam ürün kitlesinin doğmasına ve bu derece muazzam işçi kitlesinin serbest kalmasına niçin yolaçtığını anlamaya başlarız.

Giyim eşyası üretimi, kısmen parçaları dağınık bir şekilde zaten hazır bulunan işbölümünü, atelyelerinde, yalnızca yeniden uygulayan manüfaktürlerde, kısmen küçük elzanaatı ustaları tarafından yürütür; ne var ki, bu ustalar, eskiden olduğu gibi bireysel tüketiciler için değil de, şimdi manüfaktürler ve mağazalar için çalışmakta ve bu, öyle ölçülere ulaşmaktadır ki, bazı kent ve kasabalar ile dolaylarında, örneğin kunduracılık gibi işler, çoğu zaman bölgeyi bütünüyle içine alan uzmanlık alanları haline gelmektedir; ve ensonu bu üretim, büyük ölçülerde, manüfaktürlerin, mağazaların ve hatta küçük zanaat ustalarının, işyerlerinin uzantılarını oluşturan ev sanayisi işçileri tarafından sağlanır.[183]

Hammadde vb., makine sanayisi tarafından sağlanır, lütuf ve inayete terk edilmiş ucuz insan malzemesi kitlesi (*taillable à merci*

[183] İngiltere'de kadın şapkacılığı ve terziliği, çoğu kez, işverene ait binalarda yapılır; kadın işçilerin bazıları buralarda kalırlar, bazıları da başka yerlerde otururlar.

*et miséricorde**) ise, makine sanayisi ve geliştirilmiş tarımın "özgür hale getirdiği" insanlardan oluşur. Bu sınıftan manüfaktürler, kaynaklarını, esas olarak, kapitalistin, talepteki herhangi bir artışı karşılamak için elinin altında hazır donatılmış bir ordu bulundurma gereksinmesine borçludurlar.[184] Bununla birlikte, bu manüfaktürler, dağınık elzanaatları ile ev sanayilerinin geniş bir temel olarak varlıklarını sürdürmelerine izin vermiştir. Bu işkollarında büyük ölçüde artı-değer üretimi ve yaptıkları ürünlerin gitgide ucuzlaması, başlıca, sefil bir yaşamı sürdürmeye ancak yetecek kadar düşük ücret ödenmesi ve emek-zamanının insan vücudunun dayanabileceği son sınıra kadar uzatılması nedeniyle olmuştur. Gerçekten de, metalar haline dönüştürülen insan teri ve kanının ucuzluğu sayesinde, pazarlar, sürekli genişlemiş ve günden güne de genişlemektedir; İngiliz zevkleri ile alışkanlıklarının ağır bastığı İngiliz sömürge pazarları için durum özellikle böyledir. En sonunda kritik noktaya ulaşmıştır. Eski yöntemin temelleri, azçok sistemli bir işbölümü ile birlikte işçilerin düpedüz ve zalimce sömürülmesi, artık, pazarların genişletilmesine yetmediği gibi, ondan da daha hızlı gelişen kapitalistler arasındaki rekabeti karşılamaktan uzaktı. Makinenin öne geçmesi saati gelip çatmıştı. Elbisecilik, terzilik, ayakkabıcılık, şapkacılık ve birçok benzeri gibi bu geniş üretim alanının bütününe aynı derecede saldıracak olan, kesin sonuçlu devrimci makine, dikiş makinesiydi.

Büyük sanayinin gelişmesinden beri, bütün makinelerin elattığı yeni sanayi kollarında işçi sınıfı üzerinde yapmış olduğu etkinin aynısını, dikiş makinesi yapıyor. Çok küçük yaştaki çocuklar başıboş kalmışlardı. Makinede çalışan işçilerin ücretleri, çoğu yoksulun da yoksulu olan ev işçilerine göre yükselmiştir. Daha iyi durumdaki elzanaatçılarının ücretleri, makinenin rekabetiyle düşmüştür. Yeni makine işçileri, özellikle kızlar ve genç kadınlardır. Mekanik kuvvetin yardımıyla, bunlar, erkeklerin ağır işler üzerindeki tekelini yıkmışlar, hafif işlerden yaşlı kadınları ve küçük çocukları sürüp atmışlardır. Londra'da son on yılda açlık sonucu ölümlerdeki korkunç artış, dikiş makinesinin yayılması ile paralel gitmektedir.[185] Yeni kadın işçiler, şimdi, makineyi, makinenin ağırlığına, büyüklüğüne ve özelliğine göre, bazan oturarak, bazan

[184] Komisyon üyesi Mr. White, hemen hemen hepsi kadın olan, 1.000 ile 1.200 kişi çalıştıran askerî bir elbise manüfaktürü ile, 1.300 kişi çalıştıran bir ayakkabı fabrikasını ziyaret etmişti; buralarda çalışanların neredeyse yarısı çocuk ve genç işçilerdi.

[185] Bir örnek. Genel sayım memurunun 26 Şubat 1864 tarihli haftalık raporunda, 5 tane açlıktan ölüm olayı vardı. Aynı gün *The Times,* bir başka olayı daha bildiriyordu.Tek bir haftada açlık nedeniyle altı ölüm olayı!

* Acıma ve merhamete sığınmış. –ç.

ayakta, elleriyle ve ayaklarıyla ya da yalnız elleriyle çalıştırıyorlar ve büyük emek-gücü harcıyorlardı. Eski düzene göre daha az olmakla birlikte, uzun süre çalışmaları nedeniyle, bu yaptıkları iş sağlığa zararlıydı. Dikiş makinesinin zaten dar ve kalabalık odalara girmesiyle, sağlığa zararlı koşullar, daha da artmış oldu. Bay lord bu konuda şöyle diyor: "Tavanları çok alçak olan ve içlerinde 30-40 makine işçisinin çalıştıkları odalara girildiği zaman karşılaşılan durum dayanılmaz derecede. ... Ütüleri kızdırmak için kullanılan gaz sobalarından doğan sıcaklık çok korkunç. ... Çalışma saatlerinin ılımlı olduğu, yani sabah saat sekizden akşam altıya kadar olduğu zamanlarda bile, böyle yerlerde her gün üç-dört kişi bayılıp kendinden geçiyor."[186]

Üretim araçlarındaki devrimin zorunlu bir sonucu olan sanayi yöntemlerindeki devrim, karmakarışık geçiş biçimleriyle sonuca ulaştı. Bu biçimle, dikiş makinesinin, şu ya da bu sanayi kolunda egemen duruma gelmesine, çalıştığı süreye, işçilerin daha önce içinde bulundukları koşullara, manüfaktürün, elzanaatlarının ya da ev sanayisinin, bu sanayi kolundaki ağırlığına, işyerlerine ödenen kiraya vb. bağlı olarak değişiklikler gösterir.[187] Örneğin, işin büyük kısmının zaten basit elbirliği ile örgütlenmiş olduğu elbisecilikte, dikiş makinesi, başlangıçta, bu manüfaktür biçimi sanayi kolunda yalnızca yeni bir öğe oldu. Terzilikte, gömlekçilikte, kunduracılıkta vb. bütün biçimler içiçeydi. Bir yerde, gerçek anlamıyla fabrika sistemi vardı, bir diğerinde aracılar, hammaddeyi kapitalist *en chef** alıyor, "oda" ya da "tavan aralarında" dikiş makinelerinin çevresinde, 10-50 ya da daha fazla işçi topluyordu. Ensonu makinenin bir sistem halinde örgütlenmediği ve küçük boyutlarda da kullanılabileceği yerlerde her zaman olduğu gibi, zanaatçılar ile ev işçileri, kendi aileleri ya da dışardan sağlanan az miktarda emekle kendi dikiş makinelerinden yararlanıyorlardı.[188] Bugün İngiltere'de egemen olan sistemde ise, kapitalist, çok sayıda makineyi kendisine ait binalarda topluyor ve bu makinelerin yaptıkları nesneleri, üzerlerinde daha fazla işlenmesi için ev işçilerine dağıtıyordu.[189] Geçiş biçimlerindeki bu çeşitlilik, gene de gerçek anlamıyla

186 *Child. Empl. Comm., Second Rep.,* 1864, s. lxvii, n° 406-9; s. 84, n° 124; s. lxxiii, n° 441; s. 68, n° 6; s. 84, n° 126; s. 78, n° 85; s. 76, n° 69; s. lxxii, n° 438.

187 "Gerekli binalar ile işyerlerinin kira bedelinin, bu noktada en önemli öğe olduğu anlaşılıyor; bu nedenle, küçük girişimlere ve ailelere iş verme esasına dayanan eski sistemin en uzun sürdüğü ve en erken başladığı yer başkent olmuştur." (*l.c.,* s. 83, n° 123.) Bu tümcenin son kısmı, yalnızca kunduracılığa aittir.

188 Eldivencilik ile işçilerin durumunun yoksullardan pek de farklı olmadığı diğer sanayilerde, bu durum görülmez.

189 *l.c.,* s. 83, n° 122.

* Şef olarak. –ç.

fabrika sistemine dönüşme eğilimini gizleyememektedir. Bu eğilim dikiş makinesinin taşıdığı özellik ile de besleniyor ve bu makinenin çeşitli işlerde kullanılması, daha önce çeşitli kollara ayrılmış bulunan işlerin tek çatı ve yönetim altında toplanmasını kolaylaştırıyordu. Ayrıca, hazırlık niteliğindeki iğne işleri ile diğer bazı işlemlerin, makinenin bulunduğu binalarda yapılmasının daha uygun olacağı koşulları yarattığı gibi, el dikişçilerine ve kendi makineleri ile çalışan ev işçilerine de kaçınılmaz olarak elkoyar. Bu kaçınılmaz son, zaten bazılarını yakalamıştır bile. Dikiş makinelerine sürekli olarak artan miktarlarda sermaye yatırılması,[190] makine ile yapılan malların üretimini kamçılıyor, pazarları bu mallar ile doldurup taşırıyor ve böylece ev işçilerine, makinelerini satma zamanının geldiğini haber veriyordu. Bizzat bu makinelerin üretimindeki aşırılık da, sürüm güçlüğü içersinde kıvranan üreticileri, bunları haftalık olarak kiraya vermeye zorluyor, böylece de küçük makine sahiplerinin bu öldürücü rekabet altında ezilip gitmelerine yolaçıyordu.[191] Makinelerin yapısındaki sürekli değişiklikler ve gittikçe, ucuzlamaları, eski tiplerin fiyatını her gün biraz daha düşürüyor. bunların, kitle halinde, gülünç fiyatlarla, bunları kârlı bir şekilde çalıştırabilecek tek insan olan büyük kapitalistlere satılmalarına neden oluyordu. Ensonu, insanın yerini buhar makinelerinin alması, bütün benzeri devrimlerde olduğu gibi burada da öldürücü darbeyi indiriyordu. Başlangıçta, buhar gücünün kullanılması, makinelerde düzensizlik, hızlarını ayarlama zorluğu, hafif olanların çabuk yıpranıp aşınması vb. gibi salt teknik güçlüklerle karşılaşılıyor ve deneyimlerle bunların hepsinin de üstesinden geliniyordu.[192] Bir yandan, birçok makinenin geniş bir manüfaktürde toplanması, buhar gücünün kullanılmasına yolaçarken, öte yandan, buharın insan kası ile rekabeti de, makineler ile insanların büyük fabrikalarda toplanmasını hızlandırıyordu. Böylece İngiltere, şimdi, yalnızca muazzam giyim eşyası sanayisinde değil, yukarda sözü edilen işkollarının çoğunda, manüfaktürün, elzanatlarının ve ev işinin uzun süre önce ortaya çıkan büyük sanayinin etkisi altında tümüyle değişen ve düzeni bozulan bu üretim biçimlerinin her biri fabrika sistemine dönüştükten sonra, bunun içerdiği toplumsal gelişme öğelerinin hiçbirisine karışmadan, fabrika sisteminin bütün dehşetini daha da canlı bir biçimde yaşamaktadır.[193]

[190] Toptancı çizme ve ayakkabı işinde yalnız Leicester'de, 1864 yılında 800 dikiş makinesi kullanılıyordu.

[191] *l.c.*, s. 84, nº 124.

[192] Örnekler: Londra'da Pimlico ordu elbise deposu, Londonderry'de Tillie ve Henderson gömlek fabrikası ve Limerick'te 1.200 işçi çalıştıran Tait elbise fabrikası.

Bu kendiliğinden başlayan sanayi devrimine, fabrika yasalarının, kadınları, gençleri ve çocukları çalıştıran bütün sanayi kollarına uygulanması yapay olarak yardımcı olmuştur. İşgününün süresi, yemek ve dinlenme paydosları, başlangıç ve bitiş saatlerinin zorunlu olarak düzenlenmesi, çocuklar için vardiya sisteminin uygulanması, belli bir yaşın altındaki çocukların çalıştırılması yasağı vb., bir yandan daha fazla makine kullanılmasını[194] ve devindirici güç olarak kas yerine buhar gücünün geçmesini zorunlu kılar.[195] Öte yandan, zaman kaybını telafi etmek için, ortaklaşa kullanılan üretim araçlarında, fırınlarda, binalarda vb., bir genişleme olur, yani kısacası, üretim araçlarında daha büyük bir yoğunlaşma ve buna uygun olarak işçilerin sayısında bir artma meydana gelir. Fabrika Yasasının tehdit ettiği bu manüfaktür adına tekrar tekrar ve hararetle öne sürülen başlıca itiraz, aslında, işin eski ölçüsünde sürdürülebilmesi için daha büyük miktarda sermaye yatırılması gereğini saklamasıydı. Ama ev sanayisi denen ve bunlarla manüfaktür arasındaki ara biçimlerdeki emek açısından işgünü ile çocukların çalıştırılmaları konusunda getirilen sınırlamalar, bu sanayilerin yıkımı demektir. Çünkü, ucuz emek-gücünün sınırsız bir şekilde sömürülmesi, bunların rekabetteki güçlerinin tek temelidir.

Özellikle işgününün uzunluğu belirlendiği zaman, fabrika sisteminin varlığı için temel koşullardan birisi, alınacak sonuçtaki kesinlik, yani belli sürede belli miktarda meta üretilmesi ya da belli bir yararlı etkinin yaratılmasıdır. Ayrıca, işgünü boyunca verilecek paydoslar, çalışmanın zaman zaman ve birdenbire kesilmesinin üretim süreci içinde bulunan mala zarar vermeyeceği varsayımına dayanır. Ulaşılacak sonuçtaki bu kesinlik ve işe bu şekilde ara verilmesi olanağı, tamamıyla makine sanayilerinde, kuşkusuz, çömlekçilik, ağartıcılık, boyacılık, fırıncılık ve metal sanayilerinin ço-

193 *Tendency to Factory System* (*l.c.*, s. lxvıı. "Şu sırada bütün işkolu bir geçiş durumunda olup, dantelacılığın, dokumacılığın vb. geçirdiği aynı değişikliği geçiriyor." (*l.c.*, nº 405.) "Tam bir devrim." (*l.c.*, s. xlvı, nº 318.) 1840 yılında Çocukların Çalıştırılması Hakkındaki Komisyonun görev tarihinde çorap yapımı henüz bir el işiydi. 1846'dan beri buharla çalışan çeşitli makineler kullanılmaya başlandı. İngiltere'de çorap yapımında her iki cinsiyetten ve 3 yaşından yukarı her yaştan çalıştırılanların toplam sayısı, 1862 yılında 120.000 kadardı. 11 Şubat 1862 tarihli parlamento kararına göre, bunlardan ancak 4.063'ü fabrika yasaları kapsamına giriyordu.

194 Örneğin, çömlekçilik işkolu için, Britain Pottery (Glasgow) firmasından Mr. Cochrane şöyle demiştir: "Üretim miktarını devam ettirmek için çok sayıda makine kullanma yoluna gittik ve bunları hünersiz işçiler çalıştırmaktadırlar; eski yönteme göre daha fazla üretimde bulunabileceğimize, her geçen gün daha fazla inanmaktayız." (*Rep. of Insp. of Fact., 31st Oct., 1865*, s. 13.) "Fabrika yasaları, daha fazla makine kullanılması yolunda etki yapmaktadır." (*l.c.*, s. 13-14.)

195 Böylece, çömlekçiliğin, fabrika yasaları kapsamına alınmasıyla, elle kullanılan çarkların yerine, çok sayıda buharlı çarklar kullanılmaya başlandı.

ğunda olduğu gibi kimyasal ve fiziksel süreçlerin daha büyük rol oynadıkları sanayilerden daha kolay gerçekleştirilir. İşgününün sınırsız uzunluğa ulaştığı gece işinin ve sınırsız insan israfının varolduğu yerlerde, işin niteliği gereği ortaya çıkan en ufak bir aksaklık, daha iyi bir üretimin karşısına dikilmiş ebedi doğal bir engel olarak görülür. Hiçbir zehir, zararlı haşeratı, fabrika yasasının bu ebedi engelleri kaldırması kadar kesin şekilde yok edemez. "Olanaksızlıklar" konusunda dostumuz çömlekçilerin kopardığı yaygarayı kimse koparmamıştı. Bununla birlikte, 1864 yılında, bunlar da yasa kapsamına alındı ve onaltı ay içersinde bütün bu "olanaksızlıklar" ortadan kalktı. Fabrika yasasının öngördüğü, "Buharlaşma yerine basıncın kullanılarak balçık yapılması yöntemi, çömleklerin kurutulması için yeni yapılan fırınlar vb., çömlekçilik sanatında hepsi de önemli birer olay olup, daha önceki yüzyılın çözümleyemediği gelişmelerdir. ... Fırınlardaki ısı önemli derecede düşürülmüş, yakıtta büyük tasarruf sağlanmış, malzemenin işlenme hızı artmıştır."[196] Bütün kehanetlere karşın, seramik eşyanın fiyatı yükselmediği gibi üretilen eşyanın miktarı artmış ve, 1865 Aralığında sona eren oniki aylık dönemde yapılan ihracat, daha önceki üç yılın ortalamasını, 138.628 sterlin aşmıştır. Kibrit manüfaktüründe, çocukların, yemeklerini atıştırırken bile, zehirli buharları yüzlerine doğru yükselen fosforlu eriyiğe çöpleri batırmaya devam etmelerinin zorunlu bir gereklilik olduğu düşünülürdü. Fabrika yasası (1864), zamandan tasarruf etmeyi zorunlu hale getirince, çıkan buharın işçilerle temas etmesini engelleyen bir batırma makinesinin bulunmasını zorunlu kıldı.[197] Bugün bile dantela manüfaktürünün henüz fabrika yasası kapsamına girmeyen kollarında, çeşitli türdeki dantelaların kuruması için üç dakikadan bir saate ve daha fazlasına kadar değişebilen gerekli zamanların çok değişik olması nedeniyle, yemek zamanlarının düzenlenemeyeceği öne sürülüyordu. Çocukların Çalıştırılması Hakkındaki Komisyonun bu konudaki yanıtı şöyledir: "Buradaki koşullar, ilk raporumuzda ele alınan duvar kağıdı sanayisinin benzeridir. Bu işkolundaki bellibaşlı sanayiciler, kullanılan malzemenin niteliği ve geçirdiği çeşitli işlemler nedeniyle, ciddi kayıplara yolaçmaksızın belirli bir anda yemek paydosu verilemeyeceğini öne sürmüşlerdir. Ama eldeki kanıtlar, gerekli özen gösterildiği ve daha önceden düzenlendiği takdirde, kaygı duyulan güçlüklerin üstesinden gelineceğini göstermiş

[196] *Report of Insp. of Fact., 31st Oct., 1865*, s. 96 ve 127.

[197] Kibrit yapımında, bu ve diğer makinelerin kullanılmasıyla, yalnız tek bir bölümde, 230 kişinin yerine, 14 ile 17 yaş arasında 32 erkek ve kız çocuk çalıştırılmaya başlandı. 1865 yılında buhar gücünün kullanılmaya başlanmasıyla emekten yapılan bu tasarruf daha da ileri götürüldü.

ve parlamentonun bu oturumunda kabul edilen Fabrika Yasalarının Genişletilmesi Yasasının 6. kesimindeki 6. madde gereğince, bunlara, fabrika yasalarında belirlenen yemek saatlerine uymaları için, yasanın yürürlüğe girmesinden itibaren onsekiz aylık bir süre tanınmıştır."[198] Manüfaktürcü dostlarımız daha yasa yürürlüğe girer girmez şu keşifte bulundular: "Fabrika yasalarının bizim işkolumuza uygulanması ile, ortaya çıkacağını sandığımız sakıncaların görülmediğini, sevinerek söylemek isterim. Üretimde herhangi bir aksaklık olmadığı gibi, aynı sürede, daha fazla üretimde bulunuyoruz."[199] Kuşkusuz, hiç kimsenin aşırı dehasından dolayı yakınmaya kalkışmayacağı İngiliz yasakoyucu, geçirilen deneyimlerden, işgününün sınırlandırılmasına ve bir düzene sokulmasına karşı, üretim sürecinin niteliğinden ileri geldiği öne sürülen sözde engellerin basit ve zorunlu bir yasayla ortadan kalkacağı sonucuna ulaşmıştı. Böylece, fabrika yasasının bir sanayi koluna uygulanması üzerine, altı ay ile onsekiz ay arasında değişen bir süre tanınıyor ve fabrikatörlerin, yasanın uygulanmasını engelleyen bütün güçlükleri ortadan kaldırması zorunlu tutuluyordu. Mirabeau'nun, "*Impossible! Ne me dites jamais ce bête de mot!*"* sözü özellikle modern teknoloji için geçerlidir. Ama fabrika yasaları, böylece, manüfaktür sisteminin fabrika sistemine dönüşümü için gerekli maddi öğeleri yapay olarak olgunlaştırırken, aynı zamanda da, daha büyük sermaye yatırımını zorunlu hale getirmekle, bir yandan da küçük patronların gerilemesini ve sermayenin yoğunlaşmasını hızlandırıyordu.[200]

Teknik yollardan ortadan kaldırılabilecek tamamen teknik engellerin yanısıra, işçilerin kendilerinin gelişigüzel alışkanlıkları, çalışma saatlerinin düzenlenmesini güçleştiriyordu. Bu, özellikle parça-başı ücretin egemen olduğu, günün ya da haftanın bir kısmında uğranılan zaman kaybının daha sonra yapılacak fazla çalışma ve gece işiyle karşılanabileceği durumlarda sözkonusudur ve durum, yetişkin işçiyi insanlıktan çıkardığı gibi karısıyla çocuklarının da yıkımı demektir.[201] Emek-gücünün harcanmasındaki bu

198 *Ch. Empl. Comm., Second Rep.*, 1864, s. ıx, n° 50.

199 *Rep. of Insp. of Fact., 31st Oct., 1865*, s. 22.

200 "Ama şurasını da akıldan çıkarmamak gerekir ki, bazı kuruluşlarda bütünüyle uygulanan bu gelişmeler, hiçbir zaman yaygın bir durum almamıştır ve eski manüfaktürlerin çoğunda, bugünkü sahiplerinin güçleri ötesinde bir sermaye harcaması yapılmaksızın kullanılmaları da olanaksızdır." Denetmen yardımcısı May, "sevinerek belirtmek isterim ki,", diyor, "böyle bir önlemin (Fabrika Yasalarının Genişletilmesi Yasası) uygulanması zorunlu olarak geçici bir düzensizliğe yolaçmakla birlikte, aslında bu, düzeltilecek bozuklukların da doğrudan bir belirtisi oluyor." (*Rep. of Insp. of Fact., 31st Oct., 1865.*)

* Olanaksız! Bu budalaca sözcüğü bana asla söylemeyin! –ç.

201 Örneğin yüksek fırınlarda, "hafta sonuna doğru iş, işçilerin pazartesi günleri ile salı günlerinin bir kısmında ya da tamamında aylaklık etme alışkanlığında ol-

düzensizlik, yorucu ve tekdüze bir işin yarattığı bıkkınlığa karşı doğal ve kaba bir tepki olmakla birlikte, daha çok, üretimdeki anarşiden ileri gelir ve bu anarşinin kendisi de, öte yandan, emekgücünün sermaye tarafından sınırsız bir şekilde sömürülmesi önkoşuluna dayanır. Sınai çevrimin genel devresel değişmeleri ve her sanayinin, etkisi altında kaldığı pazardaki özel dalgalanmaların yanısıra, yılın, deniz ulaşımı için uygun mevsimlerinin belli aralıklarla değişmelerine, modaya ya da en kısa zamanda karşılanması gereken büyük siparişlerin birdenbire yapılmasına bağlı olan ve "mevsim" adı verilen değişmeleri de hesaba katabiliriz. Bu gibi siparişler verme alışkanlığı, demiryolları ve telgrafın gelişmesiyle artmıştır. "Demiryolu şebekesinin ülke yüzeyinde yayılması, kısa süreli siparişleri fazlasıyla dürtüklemektedir. Şimdi müşteriler her onbeş günde bir ya da buna yakın sürelerle, Glasgow, Manchester ve Edinburgh'tan, bizim mal verdiğimiz toptancı mağazalara geliyorlar, eskiden yaptıkları gibi stoktaki mallardan almak yerine, hemen yerine getirilmesini istedikleri ufak siparişler veriyorlar. Yıllar önce, gelecek mevsimin taleplerini karşılamak için biz daima durgun zamanlarda çalışabiliyorduk, ama şimdi, o zaman ne olacağını daha önceden kimse kestiremez."[202]

Henüz fabrika yasalarının kapsamına alınmamış fabrikalar ile manüfaktürlerde, mevsim adı verilen zamanlarda beklenmedik siparişler nedeniyle, zaman zaman çok korkunç aşırı çalışmalar görülmektedir. Fabrikalar ile manüfaktürlerin ve mağazaların dış uzantıları olan ev sanayileri denilen alanlarda çalışan ve işleri kararlılık göstermeyen işçiler, hem kullandıkları hammadde ve hem de alacakları sipariş bakımından tamamıyla kapitalistin keyfine bağlı bulunurlar ve kapitalistin, burada, binalarının ve makinelerinin aşınıp yıpranması yönünden bir kaygısı olmadığı gibi, işin durmasından dolayı da, işçinin kendi canından başka uğrayacağı bir kaybı yoktur. Böylece, kapitalist, burada, her an kullanıma hazır yedek bir sanayi ordusu kurma işine girişir ve yılın bir kısmında en insanlık-dışı koşullar altında çalıştırarak bu orduyu kırıp geçi-

maları nedeniyle, süre olarak genellikle epeyce artmaktadır." (*Child. Empl. Comm., Third Rep.*, s. vı.) "Küçük patronların çalışma saatleri genellikle pek düzensizdir, iki-üç gün kaybederler ve sonra da bunu telafi etmek için bütün gece çalışırlar. ... Eğer varsa daima kendi çocuklarını çalıştırırlar." (*l.c.*, s. vıı.) "İşe gelmedeki düzensizlik, bunu telafi etmek için daha ucuz çalışma olanağı ve alışkanlığı ile isteklendirilmektedir." (*l.c.*, s. xvıı.) "Birmingham'da ... bir kısmında tembellik ederek, geriye kalanında köle gibi çalışarak ... pek çok zaman kaybedilmiş olur." (*l.c.*, s. xı.)

202 *Child. Empl. Comm., Fourth Rep,* s. xxxıı. "Demiryolu şebekesinin yaygınlaşmasının bu ani sipariş verme adetinin büyük ölçüde artmasına katkıda bulunduğu ve bunun sonucu olarak da, yemek saatlerinin ihmal edildiği, işçilerin geç saatlere kadar çalıştığı ifade edilmektedir." (*l.c.*, s. xxxı.)

rirken, yılın diğer kısmında da işssizlik nedeniyle açlıktan öldürür. "Herhangi fazladan bir iş istendiği zaman, işverenler, ev sanayisindeki alışılagelen düzensizlikten yararlanır ve çalışma, gece 11'e, 12'ye ya da sabah 2'ye kadar, yani alışılan deyimle "bütün saatler" devam eder. Ve çalışma yeri, insanı bayıltacak derecede pis kokuludur; kapıya kadar gidersiniz, belki de açarsınız, ama kokudan bir adım daha atamazsınız."[203] Patronlar konusunda, kunduracı olan bir tanık şöyle söyledi: "Bunlar çok tuhaf insanlar; yılın yarısını aylak geçiren bir çocuğun, öteki yarısında çok ağır işe koşulmasında bir sakınca görmüyorlar."[204]

Teknik engeller gibi, "bir işkolundaki gelişmeyle birlikte ortaya çıkan alışkanlıklar da" ilgili kapitalistlerce, işin niteliğinden ileri gelen engeller olarak kabul edilmiştir ve edilmektedir. Fabrika yasaları pamuk ağalarının kendilerini ilk kez tehdit ettiği zaman dillerinden düşürmedikleri feryat buydu. Pamuklu sanayisi, diğerlerinden daha fazla deniz ulaşımına bağlı olduğu halde, olaylar onları yalancı çıkarmıştır. O zamandan beri, iş konusunda öne sürülen her türlü sözde engel, fabrika denetmenlerince düpedüz yalan kabul edilmektedir.[205] Çocukların Çalıştırılması Hakkındaki Komisyonun son derece dikkatli ve dürüst incelemeleriyle, çalışma saatlerinin bir düzene bağlanmasıyla, bazı sanayilerde, daha önce harcanan emek kitlesinin bütün bir yıla eşit olarak dağılmasının sağlandığı;[206] modanın öldürücü ve anlamsız olan[207] ve zaten büyük sanayi ile bağdaşmayan kaprislerinin ilk kez bu düzenleme ile rasyonel bir biçimde dizginlendiği; okyanuslardaki deniz ulaştırması ile iletişim araçlarındaki gelişmenin genellikle mevsimlik işin dayandığı asıl teknik temeli yıktığı;[208] daha büyük binalar, ek maki-

[203] *Ch. Empl. Comm., Fourth Rep.*, s. xxxv, nº 235, 237.

[204] *Ch. Empl. Comm., Fourth Rep.*, s. 127. nº 56.

[205] "Siparişlerin zamanında tamamlanmaması nedeniyle ticaretin uğradığı kayıpla ilgili olarak, bunun, 1832 ve 1833 yıllarında, fabrika patronlarının, pek sevdikleri bir iddia olduğunu anımsıyorum. Bu konuda şimdi öne sürülebilecek hiçbir şey, o sıralar, yani buharın, bütün mesafeleri yarıya indirmesinden ve ulaştırma için yeni düzenlemelerin yerleşmesinden önce, sahip olabileceğinden daha kuvvetli olamaz. Bu iddianın, o zaman gerçeklerle karşılaştırıldığında doğru olmadığı anlaşılmıştı, şimdi de gerçeklerle karşılaştırılsa doğru olmadığı kuşkusuz ortaya çıkacaktır." (*Reports of Insp. of Fact., 31st Oct., 1862*, s. 54, 55.)

[206] *Ch. Empl. Comm., Fourth Rep.*. s. xvııı, nº 118.

[207] John Bellers daha 1699 yılında şöyle demişti: "Modanın değişkenliği, gereksinme içindeki yoksulların sayısını artırır. İçinde iki büyük kötülük taşır: birincisi, kalfalar kışın işsizlikten sefil ve perişan olurlar, çünkü kumaşçılar ile dokumacı patronları, ilkyaz gelmeden ve modanın ne olacağını bilmeden, kalfalarını çalışır halde tutmak için sermaye yatırmaya cesaret edemezler; ikincisi, ilkyazda yeter sayıda kalfa bulunamaz ve dokumacı patronları birçok çırak almak zorunda kalırlar, üç ya da altı ayda krallığın gereksinmesini karşılamak durumundadırlar, böylece sabanlar sahipsiz kalır, tarlalar ırgatsız, kentler dilencilerle dolar, dilenmekten utananlar kışın açlıktan ölürler." (*Essays about the Poor, Manufactures, etc.*, s. 9.)

neler, çalışan işçi sayısındaki artış[209] ve bütün bu sayılanların işkolunun yönetim tarzında yarattığı değişiklikler karşısında, öteki bütün sözde yenilemeyen engellerin ortadan kalktığı tanıtlanmıştır.[210] Ama bütün bunlara karşın, kendi temsilcileri tarafından da tekrar tekrar ifade edildiği gibi, sermayenin, çalışma saatlerinin zorunlu olarak düzenlenmesi için "parlamentonun çıkartacağı genel bir yasanın baskısı"[211] olmaksızın bu gibi değişikliklerle uzlaşması olanaksızdı.

DOKUZUNCU KESİM. — FABRİKA YASALARI BU YASANIN SAĞLIK VE EĞİTİM İLE İLGİLİ MADDELERİ BUNLARIN İNGİLTERE'DE YAYGINLAŞMASI

Toplumun, kendi kendine gelişip şekillenen üretim biçimine karşı ilk bilinçli ve yöntemli tepkisi olan fabrika yasaları, gördüğümüz gibi, tıpkı pamuk ipliği, otomat ve elektrikli telgraf gibi büyük sanayilerin zorunlu bir ürünüdür. İngiltere'de bu yönetmeliğin yaygınlaşmasını incelemeye geçmeden önce, fabrika yasalarında yeralan ve çalışma saatleri ile ilgisi olmayan bazı hükümleri kısaca gözden geçireceğiz.

Kapitalistin kaçamak bir yol bulmasını kolaylaştıracak biçimde kaleme alınmaları bir yana, sağlıkla ilgili hükümler son derece yavan olup, aslında, duvarların badanalanması, diğer bazı konularda temizliğin sağlanması, havalandırma ve tehlikeli maddelere karşı korunma konularında hükümlerle sınırlıdır. İşçilerin sakatlanmaması için kendilerine ufak-tefek masraflar yükleyen bu maddelere karşı patronların gösterdiği fanatik direnmeye üçüncü kitapta tekrar döneceğiz; bu direnme, çıkar çatışmalarının bulunduğu bir toplumda, her bireyin kendi kişisel çıkarını korumaktan başka bir

[208] *Ch. Empl. Comm., Fifth Rep.*, s. 171, n° 34.

[209] Bradfordlu bazı ihracat firmaları sahiplerinin ifadeleri şöyle: "Bu koşullar altında çocukların sabah 8'den akşam 7.30'a kadar çalışmalarına gerek olmadığı açıktır. Bu, yalnızca fazladan işçi çalıştırılması ve fazla sermaye yatırımı sorunudur. Eğer bazı patronlar bu kadar açgözlü olmasalar, çocuklar geç saatlere kadar çalıştırılmazdı; ek bir makine, yalnız 16 ya da 18 sterline malolur; bu fazla çalışma, çoğu kez, araç ve yer yetersizliğinden ileri geliyor." (*Ch. Empl. Comm., Fifth Rep.*, s. 171, n° 35, 36, 38.)

[210] *l.c.*, Çalışma saatlerinin zorunlu olarak düzenlenmesini, diğer yönleriyle işçilerin fabrikatörlere ve fabrikatörlerin kendilerinin toptancı tüccarlara karşı bir korunma önlemi olarak gören Londralı bir fabrikatör şöyle diyor: "İşkolumuzdaki sıkışıklığın nedeni, örneğin, belli mevsimde yerine ulaşması için malları yelkenli gemi ile göndermek isteyen ve aynı zamanda da yelkenli gemi ile buharlı gemi arasındaki navlun farkını cebe indiren, ya da rakiplerinden önce dış pazarlarda olmak için, iki buharlı gemiden erken hareket edenini seçen ihracatçılardır."

[211] Bir fabrikatör şöyle diyor: "Genel bir parlamento yasası zoruyla, tesislerdeki genişleme pahasına bundan kaçınılabilirdi." *l.c.*, s. x, n° 38.

şeyi düşünmemesi ile zorunlu olarak ortak gönenci geliştireceği şeklindeki serbest ticaret dogmasına, yeni ve parlak bir ışık tutuyor! Bir örnek vermek yetecektir. Bilindiği gibi son yirmi yılda keten sanayisi çok daha fazla gelişmiş ve bununla birlikte İrlanda'daki keten didikleme ve temizleme yerlerinin sayısı da artmıştır. 1864'te bu ülkede bu tür yerlerin sayısı 1.800 idi. Her sonbahar ve kış mevsiminde çevredeki küçük çiftçilerin karıları, oğulları ve kızları olan ve makineye hiçbir alışkanlıkları bulunmayan bir yığın insan, tarlalardan alınarak, bu makinenin çarklarına keten vermek için fabrikalara getirilirler. Hem sayı, hem de oluş şekli bakımından buradaki kazalar, makinenin tarihinde hiç görülmeyecek şekildedir. Cork yakınında Kildinan'da bir didikleme fabrikasında, 1852 ile 1856 arasında altısı ölüm ve altmışı ağır yaralanma ile sonuçlanan kazalar olmuştur; bu kazaların hepsi, birkaç şilin değerinde basit bir araç kullanılarak önlenebilirdi. Downpatrick'teki fabrikaların resmî cerrahı Dr. W. White, 15 Aralık 1865 tarihli raporunda şöyle diyor: "Didikleme fabrikalarındaki ciddi kazalar çok korkunç türdendir. Çoğu durumda vücudun bir kısmı gövdeden ayrılmakta, ya ölüme ya da yaşam boyu sürecek bir sakatlığa ve ıstıraba yolaçmaktadır. Ülkedeki fabrika sayısındaki artış, kuşkusuz, bu korkunç sonuçları da artıracaktır. Fabrikaların bir yasanın denetimi altına alınması, büyük bir nimet olacaktır. Kanıma göre, didikleme fabrikalarının gereği gibi denetlenmesiyle pek çok hayatın ve uzvun kaybedilmesi önlenebilir."[212]

Kapitalist üretim tarzının niteliğini, temizlikle sağlığın korunması için gerekli en basit araç ve gerecin parlamentodan çıkacak bir yasayı zorunlu kılmasından daha iyi ne gösterebilir? 1864 tarihli fabrika yasası, çömlekçilik işkolunda, "çoğu durumda 20 yıl ve bazan da ebedi süren bir perhiz döneminden sonra, 200 işyerini badanalatmış ve temizletmiştir". (İşte kapitalistin "perhizi" budur!) "Bu işyerlerinde 27.800 zanaatçı, şimdiye kadar, uzun günler ve çoğu zaman da geceler boyunca o pis havada çalışıyorlardı; böylece, bir başka durumda nispeten zararsız olabilecek bir iş, bu yüzden hastalık ve ölüm saçıyordu. Yasa, havalandırmayı büyük ölçüde iyileştirmiştir."[213] Aynı zamanda, yasanın bu bölümü, kapitalist üretim tarzının, niteliği gereği, belli bir noktadan sonra, usauygun her türlü düzeltmeye ve iyileştirmeye elverişli olmadığını, çarpıcı bir biçimde gösterir. Sürekli olarak çalışılan yerlerde kişi başına en az 500 *foot* küp yer olması gerektiğini İngiliz hekimlerin hepsinin de kabul ettikleri tekrar tekrar belirtilmiştir. Şimdi, fab-

[212] *l.c.*, s. xv, n° 72 *sqq.*
[213] *Rep. of Insp. of Fact., 31st Oct., 1865*, s. 127.

rika yasası, zorunlu hükümleri nedeniyle, dolaylı yoldan, küçük işyerlerinin fabrikalara dönüşümünü hızlandırmış ve böylece gene dolaylı şekilde, daha küçük kapitalistlerin mülkiyet hakkına müdahale ederek, büyüklerin tekel kurmasını güven altına aldığı gibi, eğer bir de, her işyerinde işçi başına düşecek uygun büyüklükteki yerin sağlanmasını zorunlu hale getirseydi, binlerce küçük işvereni, doğrudan malından mülkünden etmiş olurdu! Kapitalist üretim tarzının temeline, yani büyüklü-küçüklü her türlü sermayenin, emek-gücünün "serbestçe" satın alınması ve tüketilmesi aracılığı ile kendisini genişletmesi ilkesine saldırmış olurdu. Bu nedenle, fabrika yasası, 500 *foot* küplük nefes alanı sağlanamadan çıkmaza sokuldu. Sağlık yetkilileri, sanayi araştırma komisyonları, fabrika denetmenleri, bir ağızdan ve tekrar tekrar, bu 500 *foot* küplük havanın gerekliliğini ve bunu sermayenin elinden koparıp almanın olanaksız olduğunu söylediler. Böylece bunlar, aslında, işçiler arasındaki verem ve diğer göğüs hastalıklarının, sermayenin zorunlu varlık koşulları olduğunu ilan etmiş oluyorlardı.[214]

Yasanın öğrenimle ilgili hükümleri bütünüyle saçma olmakla birlikte, hiç değilse, ilköğrenimin, çocukların çalıştırılması için zorunlu koşul olduğunu ilan ediyordu.[215] Bu hükümlerin ilk başarısı, öğrenimle jimnastiğin[216] el işiyle birleştirilebileceğini, ve dolayısıyla el işinin öğrenim ve jimnastikle birarada yürütülebileceğini ilk kez tanıtlaması olmuştur. Fabrika denetmenleri, okul müdürleriyle yaptıkları soruşturmalardan, çok geçmeden, fabrikadaki çocukların, düzenli gündüz okullarında okuyan çocukların ancak yarısı kadar öğrenim gördükleri halde, onlar kadar ve çoğu zaman daha fazla şey öğrendiklerini ortaya çıkarmışlardır. "Bu, ancak, günün

[214] Sağlıklı normal bir bireyin ortalama yoğunlukta her soluması ile, aşağıyukarı 25 inç küp hava tükettiği ve her dakikada yaklaşık 20 kez solunum yapıldığı deneylerle bulunmuştur. Böylece, bir kimsenin 24 saatte soluduğu hava, yaklaşık 720.000 inç küp ya da 416 *foot* küptür. Ayrıca şurası da açıktır ki, bir kez solunan hava, doğanın büyük laboratuvarında temizlenmeden tekrar aynı sürece hizmet edemez. Valentin ve Brunner'in denemelerine göre, sağlıklı bir insan, saatte, yaklaşık 1.300 inç küp karbondioksit verir; bu, 24 saatte akciğerlerden 8 inç kadar katı karbon atıldığı anlamına gelir. "Her insanın en az 800 *foot* küp havaya gereksinmesi vardır." (Huxley, [*Lessons in elementary Physiology*, London 1866, s. 105].)

[215] İngiliz fabrika yasalarına göre, ana-babalar, 14 yaşından küçük çocuklarını aynı zamanda bunlara ilköğretim sağlamadan yasanın denetimi altına giren fabrikalara gönderemezler. Fabrikatörler de yasanın hükümlerinin yerine getirilmesinden sorumludurlar. "Fabrikanın eğitim sağlaması zorunludur ve yapılacak işin koşullarından biridir". (*Rep. of Insp. of Fact., 31st Oct., 1865*, s. 111.)

[216] Fabrika işçisi çocuklarla yoksul öğrencilerin zorunlu eğitimleri ile jimnastiğin (oğlan çocukları için askerî eğitimin) birleştirilmesinin çok yararlı sonuçları konusunda, "The National Association for the Promotion of Social Science"in yedinci yıllık kongresinde N. W. Senior'ün yaptığı konuşma (*Report of Proceedings etc.*, Lond. 1863, s. 63, 64.) ile *Rep. of Insp. of Fact., 31st Oct., 1865*, s. 118, 119, 120, 126 ve devamına bakınız.

yalnız yarısında okulda bulunan çocukların daima uyanık ve öğrenime hemen hemen daima hazır ve istekli olmaları gerçeği ile açıklanabilir. Yarım gün el ile çalışma, yarım gün öğrenim, ardarda bir dinlenme ve rahatlık sağlamaktadır; böylece bunların ikisi de, çocuğa, bütün gün tek biriyle ilgilenmekten çok daha yararlı oluyor. Sabahtan beri okulda bulunan bir çocuğun (özellikle sıcak havalarda) işinden uyanık ve canlı gelen bir çocukla yarışamayacağı apaçıktır."[217] Bu konuda daha fazla bilgi, 1863 yılında Edinburgh'ta yapılan Toplumsal Bilimler Kongresinde Senior'ün yaptığı, konuşmada bulunabilir. Konuşmacı, burada, diğer şeyler yanında, yukarı ve orta sınıflardaki çocukların tekdüze ve yararsız derecede uzun okul saatlerinin, öğretmenin işini nasıl ağırlaştırdığını ve "onun da yalnız yararsız kalmayıp, mutlak olarak zararlı bir biçimde çocukların zamanını, sağlığını ve enerjisini boşu boşuna tükettiğini" göstermektedir.[218] Robert Owen'ın ayrıntılarıyla gösterdiği gibi, gelecekteki eğitimin tohumu, fabrika sistemi içinde atılmış ve filizlenmeye başlamıştır; bu tür bir eğitimle, belli bir yaşın üzerindeki her çocuk üretici işi öğrenim ve jimnastik ile birarada yürütecek ve bu yalnızca üretimdeki etkinliğin artırılmasında bir yöntem olarak değil, tam anlamıyla gelişmiş bir insan yetiştirilmesinde tek yöntem olarak uygulanacaktır.

Büyük sanayi, görmüş olduğumuz gibi, sahip olduğu teknik araçlarla, manüfaktürde insanın elini-ayağını bütün yaşamı boyunca tek bir parça işe bağlayan işbölümünü ortadan kaldırmıştır. Aynı zamanda, bu sanayinin kapitalist biçimi, bu aynı işbölümünü daha da büyük boyutlarla yeniden yaratıyor ve bunu, fabrikada, işçiyi makinenin canlı bir parçası haline dönüştürerek, fabrikanın dışındaki yerlerde ise, kısmen, makineyle makine işçisini şurada

[217] *Rep. of Insp. of Fact., 31st Oct., 1865*, s. 118. Bir ipekli dokuma fabrikatörü, Çocukların Çalıştırılması Hakkındaki Komisyonda safça şöyle diyordu: "Yeterli ve becerikli işçi yetiştirmenin gerçek sırrının, eğitim ile işin çocukluk döneminden başlayarak birleştirilmesinde olduğuna inanıyorum. İşin çok ağır, ürkütücü ve sağlığa zararlı olmaması gerektiğine kuşku yoktur, ama bu birliğin yararlarından da ben eminim. Benim çocuklarımın da, eğitime bir çeşitlilik verilmesi için, iş ile oyunu birarada yürütmelerini isterdim." (*Ch. Empl. Comm., Fifth Rep.*, s. 82, n° 36.)

[218] Senior, *l.c.,* s. 66. Belli bir düzeye ulaşan büyük sanayinin üretim tarzı ile toplumsal üretim koşullarında yarattığı devrim yoluyla, insanların kafalarında da nasıl büyük bir değişikliğe yolaçtığının çarpıcı bir örneği, Senior'ün 1863 yılında yaptığı konuşma ile, 1883 tarihli fabrika yasasına karşı sert konuşması arasında yapılacak bir karşılaştırmada, ya da yukarda sözü edilen kongrenin görüşleri ile, İngiltere'nin bazı kırsal kesimlerinde, ana-babaların açlık tehdidi ile çocuklarını eğitmekten alıkonulması olgusu arasında yapılacak bir karşılaştırmada görülebilir. Örneğin, Mr. Snell, yoksul bir kimsenin kilise yardımı istemesi halinde, çocuklarını okuldan almak zorunda bırakılmasının Somersetshire'da yaygın bir olay olduğunu bildirmektedir. Feltham rahibi Mr. Wollarton da, "çocuklarını okula göndermekte oldukları" gerekçesiyle bazı ailelere yardım verilmediği konusunda örnekler vermektedir!

burada çalıştırarak,[219] kısmen de, kadın, çocuk ve ucuz vasıfsız emeği üretim alanına sokmak suretiyle, yeni bir temele dayanan işbölümünü yeniden kurararak yapıyordu.

Manüfaktür tipi işbölümü ile büyük sanayinin yöntemleri arasındaki uzlaşmaz karşıtlık kendisini kuvvetle duyurur. Bu diğer şeylerin yanında modern fabrika ile manüfaktürlerde çalıştırılan çocukların büyük bir kısmının, daha ilk yıllarından beri en basit el işlerine bağlanarak, ilerdeki yıllarda, aynı fabrikalarda ya da manüfaktürlerde bile kendilerini yararlı hale getirebilecek tek bir iş bile öğretmeden, yıllarca sömürülmesi gibi korkunç bir gerçekte kendini belli eder. Örneğin, İngiltere'de kitap basımı işlerinde, bir zamanlar, eski manüfaktürler ile elzanaatlarına benzeyen bir sistem vardı ve, çıraklar kolay bir işten gitgide daha zor işlere geçerlerdi. Usta bir baskıcı olana kadar bir dizi öğrenimden geçerlerdi. Okuma-yazma hepsi için bir meslek zorunluluğu idi. Baskı makinesi ile bütün bunlar değişti. Şimdi iki çeşit işçi çalıştırıyor. Birisi yetişkin makine işçileri, diğer çoğu 11 ile 17 yaş arasında tek işleri makineye kağıt yaymak ya da basılı kağıtları ortadan çekmek olan çocuklar. Bunlar, bu yorucu ve usandırıcı işi, özellikle Londra'da, haftanın birkaç gününde aralıksız 14, 15, 16 saat yaparlar ve sık sık da, yalnızca iki saatlik yemek ve uyku paydosu verilerek 36 saat çalışırlar.[220] Bunların çoğu okuma bilmedikleri gibi genel olarak tam bir yabanıl ve çok garip yaratıklardır. "Yapacakları iş için yetiştirilmeleri yolunda hiçbir zihinsel eğitime gerek yoktur; hünere pek az yer vardır ve uslamlamaya ise çok daha az; ücretleri diğer çocuklara göre yüksek ise de, büyüdükçe artmaz ve bunların çoğu, daha yüksek ücret ve daha fazla sorumluluk isteyen makine işçiliği gibi bir yere yükselme umuduna sahip değillerdir, çünkü her makinenin bir işçisi vardır, oysa en az iki, ve çoğu kez dört çocuk bir makinede çalışırlar."[221] Böyle bir çocuk, işi için fazla yaşlı hale gelir gelmez, yani en geç 17 yaşlarına gelince, basımevinden

[219] İnsan gücüyle çalıştırılan el makinelerinin doğrudan ya da dolaylı olarak, mekanik güçle çalışan daha fazla gelişmiş makineler ile rekabete girmesi halinde, makineyi kullanan işçi yönünden büyük bir değişiklik kendisini gösterir. Başlangıçta buharlı makine, işçinin yerini alır; sonra da, işçi, buharlı makinenin yerini almak zorunda kalır. Dolayısıyla harcanan emek-gücünün gerilimi ve miktarı dev boyutlara ulaşır ve özellikle bu işkenceye mahkum edilen çocuklar bakımından bu böyledir. Komisyon üyelerinden Mr. Longe, Coventry ile yörelerinde, daha küçük makineleri çalıştıran daha küçük yaştaki çocuklar bir yana, şerit dokuma tezgahlarını çalıştıran 10-15 yaşında çocuklar olduğunu söylüyor. "Bu olağanüstü yorucu bir iş. Çocuk yalnız buhar gücünün yerini alan bir araç." (*Ch. Empl. Comm., Fifth Rep.*, 1866, s. 114, n° 6.) Resmî raporların deyimiyle, "bu kölelik sisteminin" öldürücü sonuçları konusunda bkz: *l.c.*, s. 114 *sqq.*

[220] *l.c.*, s. 3, n° 24.

[221] *l.c.*, s. 7, n° 60.

atılır. Bunlar, artık, suçlu ordusunun adayları haline gelmişlerdir. Başka bir yerde iş bulma çabaları, bilisizlikleri, yabanıllıkları ve, akıl ve bedence yozlaşmaları nedeniyle olumlu sonuç vermez.

Manüfaktür tipi işyerinde işbölümü neyse, toplum içindeki işbölümü de aynıdır. Elzanaatları ile manüfaktür, toplumsal üretimin genel temelini oluşturdukları sürece, üreticinin tek bir üretim dalına bağlanıp kalması, yaptığı çeşitli işlerin parçalanması,[222] gelişmenin zorunlu bir adımıdır. Bu temel üzerinde her üretim kolu, ampirik olarak kendisine en uygun teknik biçimi bulur, bunu yavaş yavaş yetkinleştirir ve belli bir olgunluk düzeyine ulaşınca bu biçimi hızla billurlaştırır. Şurada burada yapılan değişikliklerin tek nedeni, ticaretin sağladığı yeni hammaddeler dışında, emek araçlarında giderek meydana gelen değişmelerdir. Ama bunların biçimleri de, bir kez belirli bir biçimde deneyimle yerleşince, binlerce yıl boyunca bir kuşaktan bir diğerine aktarılan birçok şey gibi, katılaşır. Daha 18. yüzyıla gelinceye kadar, bazı zanaatların "sır" (*mystères*)[223] sayılmaları çok ilginçtir; bunların sırlarını, ancak tamamen bu mertebeye erişmiş olanlar öğrenebilirlerdi. Büyük sanayi, kendi toplumsal üretim sürecini insandan gizleyen ve çeşitli ve kendiliğinden bölünmüş üretim kollarını yalnız dıştan bakanlara değil, bu işin içinde olanlara bile muamma haline getiren bu perdeyi yırtmıştır. İzlediği her üretim sürecini, insan eliyle yapılıp yapılamayacağını hiç dikkate almaksızın, onu oluşturan hareketlere bölme ilkesi, yeni modern teknoloji bilimini doğurmuştur. Sanayi sürecinin, çeşitli, görünüşte birbirleriyle ilişkisiz ve katılaşmış biçimleri, şimdi artık, belli yararlı etkilerin elde edilmesi için doğabilimin bilinçli ve sistemli uygulamaları halini almışlardır. Tıpkı mekanik biliminin, en karmaşık makineleri, basit mekanik güçlerin devamlı bir yinelenmesi olarak görmesi gibi, teknoloji de, kullanılan aletlerin bütün çeşitliliğine karşın, insan vücudunun her türlü üretken faaliyetinin kendilerinde zorunlu olarak yeraldığı birkaç

222 "İskoç yaylalarının bazı yerlerinde, istatistiklere göre yakın zamanlara kadar her köylü, kendi işlediği deriyle kendi ayakkabısını yapıyordu. Çobanlarla çiftçilerin çoğu, yanlarında karıları ve çocukları ile, kiliseye, koyunlarından kırptıkları yünden ve tarlasında yetiştirdiği ketenden, kendi elleriyle dokuyup yaptıkları elbiseler içinde gelirler. Bunların hazırlanmasında, çuvaldız, iğne, yüksük ve dokumacılıkta kullanılan birkaç parça demir eşya dışında, pek az şey satın alınır. Boyalar bile kadınlar tarafından ağaçlardan, köklerden ve otlardan yapılır." (Dugald Stewart, *Works,* Hamilton's ed., vol. VIII, s. 327-328.)

223 Etienne Boileau'nun ünlü *Livre des métiers*'inde, kalfaların, ustaların arasına kabul edilmesi töreninde şu yemini ettiklerini öğreniyoruz: "Kardeşlerimi, kardeşçe bir sevgi ile seveceğime, kendi sanatlarında onlara destek olacağıma, mesleğin sırlarını bilerek açığa vurmayacağıma, herkesin yararı açısından, başkalarının yaptığı mallardaki kusurlara alıcının dikkatini çekerek, kendi mallarımı tavsiye etmeyeceğime..."

temel devinim biçimini keşfetmiştir.

Büyük sanayi, mevcut üretim sürecini hiçbir zaman son ve değişmez bir biçim olarak görmez ve ele almaz. Bunun için de, bu sanayinin teknik temeli devrimcidir, oysa daha önceki üretim tarzları özünde tutucuydu.[224] Makineler, kimyasal süreçler ve diğer yöntemler yardımıyla, yalnız üretimin teknik temelinde sürekli değişikliklere yolaçmakla kalmaz, işçilerin görevleriyle, emeksürecinin toplumsal bileşiminde de değişikliklere yolaçar. Böylece aynı zamanda, toplumdaki işbölümünde de köklü değişiklikler yapmakta ve, sermaye ile işçi kitlelerini durup dinlenmeden bir üretim sürecinden diğerine atmaktadır. Bu nedenle, büyük sanayi, niteliği gereği, bir yandan, emekte değişmeyi, görevde akıcılığı, işçide genel bir hareketliliği zorunlu kılarken, öte yandan da eski işbölümünü o katılaşmış özellik ve ayrıntılarıyla yeniden canlandırmıştır. Büyük sanayinin teknik zorunlulukları ile, bu kapitalist biçim içinde yatan toplumsal niteliği arasındaki mutlak çelişkinin, işçinin durumundaki her türlü kararlılık ve güvenliği nasıl yok ettiğini; emek araçlarını elinden alarak, gerekli geçim araçlarından da yoksun bıraktığını ve,[225] parça-işlerine bile elatıp onu nasıl gereksiz duruma getirdiğini görmüş bulunuyoruz. Bu uzlaşmaz karşıtlığı, daima sermayenin emrinde olması için sefalet içinde yaşayan yedek sanayi ordusu gibi bir canavarın yaratılmasında; işçi sınıfı içinde durup dinlenmeden verilen kurbanlarda; emek-gücünü harvurup harman savurmasında ve, her ekonomik gelişmeyi toplumsal bir rekabet haline dönüştüren toplumsal anarşinin yolaçtığı yıkımlarda olanca çılgınlığı ile görmüş bulunuyoruz. Bu, olumsuz yandır. Ama şimdi, bir yandan işteki çeşitlilik, karşı konulmaz doğal bir yasa şeklinde ve her yerde direnmeyle yüzyüze gelen[226] doğal bir yasanın gözü kapalı yıkıcılığı ile kendisini gösterirken, öte

224 "Burjuvazi, üretim araçlarını, ve böylelikle üretim ilişkilerini ve, onlarla birlikte, toplumsal ilişkilerin tümünü sürekli devrimcileştirmeksizin varolamaz. Daha önceki bütün sanayici sınıfların ilk varlık koşulu, bunun tersine, eski üretim tarzlarının değişmeksizin korunmasıydı. Üretimin sürekli altüst oluşu, bütün toplumsal koşullardaki düzenin kesintisiz bozuluşu, sonu gelmez belirsizlik ve hareketlilik, burjuva çağı bütün daha öncekilerden ayırdeder. Bütün sabit, donmuş ilişkiler, beraberlerinde getirdikleri eski ve saygıdeğer önyargılar ve görüşler ile birlikte tasfiye oluyorlar, bütün yeni oluşmuş olanlar kemikleşemeden eskiyorlar. Yerleşmiş olan ne varsa eriyip gidiyor, kutsal olan ne varsa lanetleniyor, ve ensonu insan, kendi gerçek yaşam koşullarına ve hemcinsiyle olan ilişkilerine ölçülü bir anlayışla bakmak zorunda kalıyor." [F. Engels und K. Marx, *Manifest der Kommunistischen Partei,* Lond. 1848, s. 5. "Komünist Parti Manifestosu", *Komünist Manifesto ve Komünizmin İlkeleri,* Sol Yayınları, Ankara 1993, s. 113.]

225 "*Geçim araçlarımı elimden almakla — Canımı almış oluyorsun.*" Shakespeare, [*Venedik Taciri,* sahne IV, perde I, s. 375-376.]

226 Bir Fransız işçisi San Francisco'dan dönüşünde şunları yazıyordu: "California'da çalıştırıldığım çeşitli işlerde bunların hepsini de yapabileceğimi daha önce dünyada düşünemezdim. Basımevi işinden başkasını yapamacağıma iyice inanmış-

yandan da, büyük sanayi, getirdiği felaketler aracılığı ile, üretimin temel yasası olarak, işin çeşitliliğinin kabul edilmesi zorunluluğunu ortaya koyarak, işçilerin, bu çeşitli işler için yatkın duruma gelmesini ve bu yeteneklerinin en geniş ölçüde gelişmesini sağlamıştır. Üretim tarzını, bu yasanın normal olarak işlemesine uydurmak, toplum için bir ölüm-kalım sorunu oluyor. Büyük sanayi, gerçekte, toplumu, bütün yaşamı boyunca bir ve aynı işi yineleyerek güdükleşen ve böylece bir "parça-insan" haline gelen bugünün parça-işçisinin yerini çeşitli işlere yatkın, üretimdeki herhangi bir değişmeyi karşılamaya hazır ve yerine getirdiği çeşitli toplumsal görevleri, kendi doğal ve sonradan kazanılmış yeteneklerine serbestçe uygulama alanı sağlayan bir şey olarak benimseyen tam anlamıyla gelişmiş bir bireyi koymayı, bir ölüm-kalım sorunu halinde zorlamaktadır.

Bu devrimi gerçekleştirmeye doğru kendiliğinden atılmış bir adım, teknik ve tarım okulları ile, "*écoles d'enseignement professionnel*"* kurulmasıdır; buralarda işçi çocuklarına biraz teknoloji bilgisi ile, çeşitli emek araçlarının nasıl kullanılacağı öğretilir. Sermayeden zorla kopartılıp alınan ilk ve pek zayıf bir ödün olan fabrika yasası, ilköğrenimi fabrikadaki çalışmayla birleştirerek bir sınırlama getirmiş olmakla birlikte, işçi sınıfı iktidara geldiği zaman —ki bu kaçınılmaz bir şeydir—, hem pratik, hem teorik teknik eğitimin, işçi sınıfı okullarında layık oldukları yeri alacaklarına hiç kuşku yoktur. Eski tip işbölümünün ortadan kalkmasıyla sonuçlanacak olan böyle devrimci bir oluşumun, kapitalist üretim biçimi ve, işçinin bu biçim içersinde aldığı ekonomik statü ile taban tabana zıt olduğuna da hiç kuşku yoktur. Ama belli bir üretim biçiminin içinde yatan uzlaşmaz çelişkilerin tarihsel gelişimi, bu üretim biçiminin çözülüp dağılarak yerine bir yenisinin kurulmasını sağlayan tek yoldur. "*Ne sutor ultra crepidam!*"** sözü, elzanaatlarının bu *nec plus ultra****** bilgeliği, saatçi Watt'ın buharlı makineyi, berber Arkwright'ın çıkrığı, kuyumcu Fulton'un buharlı gemiyi bulmalarıyla, düpedüz saçma bir söz haline gelmiştir.[227]

tım. ... Gömlek değiştirir gibi iş değiştiren bu serüvenci dünyanın içine düşünce ben de ister istemez herkes gibi yaptım. Madencilik yeter kazanç sağlamayınca, kente gittim ve orada, kimi zaman mürettiplik, kimi zaman lehimcilik, çatı kaplamacılığı vb. yaptım. Her tür işe yatkın olduğumu görünce, kendimi daha az salyangoz, daha çok insan görmeye başladım." (A. Corbon, *De l'enseignement professionnel,* 2. éd., s. 50.)

* "Mesleki öğrenim okulları." –ç.

** "Kunduracı, çizmeden yukarı çıkma." (Eski Yunan ressam Apelles, bu sözlerle, bir kunduracının resimlerine yöneltiği eleştiriyi karşılıyor.) –ç.

*** Doruğuna ulaşmış. –ç.

227 Ekonomi politik tarihinin gerçek fenomeni John Bellers, toplumun iki karşıt ucunda aşırı gelişmişliğe ve güdüklüğe yolaçan bugünkü eğitim ve işbölümü siste-

Fabrika yönetmeliği, yalnız, fabrikalardaki, manüfaktürlerdeki vb. emeği düzenlediği sürece, yalnızca sermayenin sömürme hakkına bir müdahale olarak görülüyordu. Ama bu düzenleme "evemeği"[228] denilen alana uzanır uzanmaz, bu, doğrudan *patria potestas*'a, ana-babalık otoritesine bir saldırı olarak kabul edildi. Yufka yürekli İngiliz parlamentosu, uzun süre bu adımı atmaktan çekinmişti. Ne var ki, gerçeklerin gücü, en sonunda, büyük sanayinin, geleneksel ailenin dayandığı ekonomik temeller ile, buna bağlı bulunan aile emeğini yıkmakla, bütün geleneksel aile bağlarını da gevşettiğini kabul etmek durumunda kaldı. Çocuk haklarının ilan edilmesi zamanı gelmişti. Çocukların Çalıştırılması Hakkındaki Komisyon, 1866 tarihli son raporunda şöyle diyordu: "Bütün kanıtlar şu acı ve tatsız sonucu ortaya koymuştur: her iki cinsiyetteki çocuklar, ana ve babalarına karşı, herkesten fazla korunmaya muhtaç durumdadırlar." Genellikle çocuk emeğinin ve özellikle evemeğinin sınırsız bir şekilde sömürülmesi sistemi, "yalnızca, anababaların hiçbir denetleme ve dizginlemeye uğramaksızın bu keyfî ve zarar verici güçlerini kendi genç ve körpe yavruları üzerinde kullanabilmeleri nedeniyle sürdürülmektedir. ... Ana-babaların, çocuklarını "haftada şu kadar ücret kazanmaları gereken" birer makine haline getirmek gibi mutlak bir güce sahip olmamaları gerekir. ... Bu nedenle, çocukların ve gençlerin, bu gibi durumlarda, fizik güçlerini vaktinden önce tahrip eden ve, entelektüel ve moral kişiliklerini aşağılatan işlerden korunmaları için doğal bir hak olarak yasakoyucuya başvurabilmeleri gerekir."[229] Bununla birlikte, çocuk emeğinin doğrudan ya da dolaylı yoldan kapitalistçe sömürülmesini yaratan ana-baba otoritesi olmayıp, tersine, ana-baba otoritesinin ekonomik temelini yıkan kapitalist sömürü tarzı, bunun kullanılmasını, bir gücün kötüye kullanılması şeklinde yozlaştırmıştır. Ne var ki, eski aile bağlarının kapitalist sistem altında uğradığı çözülme, ne kadar korkunç ve iğrenç görünürse görünsün, büyük sanayi, üretim sürecinde, kadınlara, gençlere ve her iki cin-

minin kaldırılması gereğini, 17. yüzyılın sonunda, çok açık bir şekilde görmüştü. Diğer şeyler arasında şunu söylüyor: "Tembel bir öğrenim, tembelliğin kendisini öğrenmekten ancak bir arpa boyu daha iyidir. ... Bedensel iş, tanrının ilk yasasıdır. ... Yemek, bedenin yaşaması, çalışma sağlığı için gereklidir; aylaklıkla kaçınılan acıları insan hastalıkla çeker. ... Çalışma yaşam lambasına yağ koyar, düşünce onu yakar. ... Çocukça budala bir iş" (bu, Basedows ile onun modern taklitçilerine karşı önsezi ile yazılmış bir uyarmadır), "çocuğun aklını budala eder." (*Proposals for Raising a Colledge of Industry of all Useful Trades and Husbandry,* Lond. 1696, s. 12, 14, 16, 18.)

228 Dantelacılık ile hasır örmeciliğinde gördüğümüz ve Sheffield, Birmingham vb. metal işlerinde daha ayrıntılı şekilde gösterilebileceği gibi, bu tür işler genellikle küçük işyerlerinde yapılmaktadır.

229 *Ch. Empl. Comm., Fifth Rep.,* s. xxv, n° 162; ve *Second Rep.,* s. xxxvııı, n° 285, 289; s. xxv, xxvı, n° 191.

siyetten çocuklara, ev alanının dışında önemli bir rol vermekle, daha üst düzeyde bir aile şekli ve cinsiyetler arası ilişki konusunda yeni bir ekonomik temel yaratır. Cermen-hıristiyan aile şeklini mutlak ve değişmez saymak, birarada alındığı zaman bir dizi tarihsel gelişmenin halkaları olan, eski Roma, Yunan ya-da Doğu aile şekline bu özelliği vermek kadar saçmadır. Ayrıca, her iki cinsiyetten ve her yaştan bireylerden oluşan kolektif çalışma grubunun, uygun koşullar altında, zorunlu olarak, insanı geliştiren bir kaynak halini alacağı açık bir gerçektir; oysa üretim sürecinin işçi için değil, işçinin üretim süreci için varolduğu, kendiliğinden ortaya çıkan, zalim ve kapitalistçe şekliyle bu durum, durmadan çevreye veba mikrobu gibi yayılan bir yozlaşma ve kölelik kaynağı olur.[230]

Fabrika yasalarının, —makinenin ilk yaratıları olan— makineli eğirme ve dokumacılık ile ilgili özel yasa olmaktan çıkartılarak, toplumsal üretimi bütünüyle kapsayacak bir yasa halinde genelleştirilmesi gereği, daha önce de gördüğümüz gibi, büyük sanayinin tarihsel gelişme tarzından ileri gelmiştir. Bu sanayinin gerisinde, manüfaktürün, elzanaatlarının ve ev sanayisinin geleneksel biçimi tümüyle devrime uğramıştır; manüfaktürler sürekli olarak fabrika sistemine ve elzanaatları da manüfaktürlere dönüşmüş ve ensonu, elzanaatları ile ev sanayileri, denebilir ki, şaşılacak kadar kısa bir sürede, kapitalist sömürünün en yabanıl çılgınlıklarını serbestçe gösterdiği sefalet yuvaları haline gelmişlerdir. Burada iki tavır, ibreyi değiştirmiştir: Birincisi, sermaye, kendisini, bir noktada yasal denetim altında görür görmez, öteki noktalarda çok daha pervasızca, sürekli olarak telafi yolunu yinelemiştir;[231] ikincisi, kapitalistlerin, rekabet koşullarında eşitlik, yani emeğin her türlü sömürüsü konusunda konulacak sınırlarda eşitlik için kopardıkları feryat.[232] Bu noktada şimdi şu iki yürek parçalayıcı feryada kulak verelim. Çini, zincir vb. yapımcısı Bristollü bay Cooksleyler, fabrika yasasının hükümlerini, kendiliklerinden işyerlerine uygulamışlardı. "Çevredeki işyerlerinde eski düzensiz sistem uygulandığı için, bay Cooksleyler kendi işçilerinin, çalışmaya bir başka işyerinde saat altıdan sonra da devam etmelerinin zararını çekiyorlar. Bunlar, doğal olarak 'bütününe sahip olmamız gereken çocukların güçlerinin bir kısmı tüketildiğinden, bu, bizim için bir haksızlık ve kayıptır' diyorlar."[233] Bay J. Simpson (Londra'da, karton kutu ve kesekağıdı

[230] "Fabrika işi, ev işi kadar temiz ve yetkin olabilir ve belki de daha fazla." (*Rep. of Insp. of Fact., 31st Oct., 1865*, s. 129.)
[231] *Rep. of Insp. of Fact., 31st Oct., 1865*, s. 27-32.
[232] *Rep. of Insp. of Fact.*'te sayısız örnekler bulunabilir.
[233] *Ch. Empl. Comm., Fifth Rep.*, s. x, n° 35.

yapımcısı) Çocukların Çalıştırılması Hakkındaki Komisyon üyeleri önünde şöyle diyor: "(Yasal müdahale) için her dilekçeyi imzalamaya hazırdı. ... Kendisi işyerini kapattıktan sonra başkalarının çalışmayı sürdürüp onun siparişlerini aldıklarını düşünerek, geceleri daima huzursuz oluyordu."[234] Komisyon, özellikle şöyle diyor: "Aynı işkollarındaki daha küçük yerlerde çalışma saatleri hiçbir yasal sınırlama altında değilken, büyük işverenlerin fabrikalarında çalışma saatlerini yasal hükümlere bağlamak bunlar için haksızlık olacaktır. Küçük işyerlerinin yasadışı tutulması halinde, çalışma saatleri yönünden yaratılacak olan eşitsiz rekabet koşullarından ileri gelen haksızlığın yanısıra, büyük fabrikatörler, yasa kapsamına girmeyen işyerlerine akan çocuk ve kadın işçileri sağlamakta da güçlük çekeceklerdir. Ayrıca, sağlık, çalışma rahatlığı, öğrenim ve halkın genel gelişmesi için hemen her zaman son derece uygunsuz yerler olan küçük işyerlerinin çoğalması isteklendirilmiş olacaktır."[235]

Komisyon, son raporunda, hemen hemen yarısı küçük sanayilerle ev işi denilen yerlerde sömürülmekte olan 1.400.000'den fazla çocuğun, gencin ve kadının fabrika yasası kapsamına alınmasını önermektedir.[236] Bu konuda şöyle deniyor: "Parlamento, bu çok sayıdaki çocukları, gençleri ve kadınları, önerilen koruyucu yasanın kapsamına almayı uygun gördüğü takdirde, böyle bir yasanın, yalnızca en yakın amacı olan gençler ve bünyeleri zayıf olanlar için değil, bu işlerde çalışan ve dolaylı ya da dolaysız olarak etki alanına giren daha da çok sayıdaki yetişkin işçi kitlesi üzerinde de yararlı etkileri olacağı kuşkusuzdur. Düzenli ve makul çalışma saatlerini bunlar için de zorunlu duruma getirecek; işyerlerinin sağlığa uygun ve temiz tutulmasını sağlayacak; hem kendinin ve hem de ülkenin gönencinin geniş ölçüde bağlı bulunduğu fiziksel güç kaynağı gözetilmiş ve geliştirilmiş olacak; yetişmekte olan kuşakların bedence gelişmelerini engelleyen ve genç yaşta çöküp gitmelerine neden olan çok küçük yaşlarda büyük çabalar harcamaktan bunla-

[234] *Ch. Empl. Comm., Fifth Rep.*, s. ıx, n° 28.

[235] *l.c.*, s. xxv, n° 165-167. Büyük boyutlu sanayilerin küçük boyutlulara göre avantajları için bkz: *Ch. Empl. Comm., Third Rep.*, s. 13, n° 144; s. 25, n° 121, s. 26, n° 125; s. 27, n° 140, vb..

[236] Yasa kapsamına alınması önerilen işkolları şunlardır: dantelacılık, çorapçılık, hasırcılık, çeşitli giyim eşyaları manüfaktürü, yapay çiçekçilik, kunduracılık, şapkacılık, eldivencilik, terzilik, yüksek fırınlardan iğneciliğe kadar bütün metal işleri, kağıtçılık, camcılık, tütün fabrikaları, lastik işleri, şerit ve sırma yapımı (dokumacılık için), elle halı dokumacılığı, şemsiyecilik, iğ ve mekik yapımı, basımevicilik, ciltçilik, yazı malzemesi yapımı (kesekağıdı, kart, renkli kağıtlar vb. dahil), urgancılık, kehribar süs eşyası yapımı, kiremit ve tuğlacılık, elle ipek dokumacılığı, Coventry dokumacılığı, tuz yatakları, mumculuk, çimentoculuk, şeker rafinerileri, bisküvicilik, kereste ile ilgili çeşitli sanayiler ve diğer karmaşık işler.

rı kurtaracak; ve ensonu, bu yasa, —hiç değilse 13 yaşına kadar— ilköğrenim fırsatını sağlayacak ve böylece, yardımcı komisyon üyelerimizin hazırladıkları raporlarda gerçeğe uygun bir şekilde gözler önüne serilen ve derin bir acı ve büyük bir ulusal utanç duygusu doğuran ... o kapkara bilisizliğe bir son verecektir."[237]

*Tory hükümeti, 5 Şubat 1867 tarihli Krallık Söylevinde, Sanayi Araştırma Komisyonunun önerilerini,[238] yasa tasarıları haline getirdiğini ilan etti. Bu noktaya ulaşabilmek için diğer bir yirmi yıllık *experimentum in corpere vili*** gerekmişti. Daha 1840 yılında çocukların çalıştırılması konusunda bir Parlamento Soruşturma Komisyonu kurulmuştu. Komisyonun 1842 tarihli raporu, Nassau W. Senior'ün ifadesiyle şu açıklamada bulunuyordu: "Patronlarla ana-babaların, bencilliklerini, açgözlülüklerini ve insafsızlıklarını, çocuklarla gençlerin sefaletlerini, yozlaşmalarını ve mahvedilmelerini, şimdiye kadar raslanmayan bir şekilde gözler önüne seren korkunç bir tablo. ... Raporun, geçmiş bir çağın dehşetini anlattığı sanılabilir. Ama ne yazık ki, bu dehşet verici durumun aynen devam ettiğini gösteren kanıtlar vardır. Hardwicke'in iki yıl kadar önce yayınladığı bir kitapçık, 1842 yılında şikayet edilen kötülüklerin bugün de aynı şekilde sürüp gittiğini belirtmektedir. Bu raporun 20 yıl boyunca hiç dikkati çekmemiş olması, işçi sınıfı çocuklarının ahlak ve sağlıklarının genel olarak uğradıkları ihmalin garip bir kanıtıdır. Bu süre boyunca, 'ne ahlak denilen şeyden, ne eğitimden, ne dinden ve ne de aile sevgisinden hiç haberi olmadan yetiştirilen' bu çocuklara, şimdiki kuşağın ana-babaları olma olanağı verilmiş bulunuyor."[239]

Toplumsal koşullar değişikliğe uğradığı için parlamento, 1862 tarihli komisyonun isteklerini, 1840 tarihli komisyonda yaptığı gibi rafa kaldırmaya cesaret edemezdi. Böylece 1864 yılında, daha komisyon, raporunun ancak ilk kısmını yayınladığı sırada, seramik sanayisi (çömlekçilik dahil), duvar kağıtçılığı, kibritçilik, fişek ve

237 *l.c.*, s. xxv, n° 169.

238 Fabrika yasalarının kapsamını genişleten yasa, 12 Ağustos 1867'de kabul edilmiştir. Bu yasa, makine atelyeleri dahil bütün dökümhanelerin, demircilerin ve metal manüfaktürlerinin çalışma saatlerini düzenlemektedir; ayrıca, camcılığı, kağıtçılığı, tutkalcılığı ve lastikçiliği, tütün işlenmesini, mürettipliği, çiftçiliği ve ensonu 50'den fazla işçi çalıştıran bütün işyerlerini kapsamına alıyordu. Çalışma Saatlerini Düzenleme Yasası, 17 Ağustos 1867'de kabul edildi ve daha küçük işyerleri ile ev sanayileri denilen iş alanlarını düzenliyordu. Bu yasalar ile 1872 tarihli yeni Maden Yasasına, İkinci Ciltte tekrar döneceğim.

239 Senior, *Social Science Congress*, s. 55-58.

* Burada, çeviriye esas alınan İngilizce metin ("Tory hükümeti..."nden "Şu açıklamada bulunuyordu"ya kadar) 4. Almanca baskıya uygun olarak değiştirilmiştir. *–Ed.*

** Değersiz bedenleri üzerinde deney. *–ç.*

kapsül sanayileri, kadifecilik, tekstil sanayisinde yürürlükte bulunan yasaların kapsamına alındılar. Zamanın Tory hükümeti 5 Şubat 1867 tarihli Krallık Söylevinde, 1866 yılında çalışmalarını tamamlayan komisyonun son önerilerine dayanan yasa tasarılarının hazırlandığını ilan etti.

15 Ağustos 1867'de fabrika yasalarını genişleten yasa, 21 Ağustosta işyerlerini düzenleme yasası, krallıkça onaylandı; bunlardan birincisi büyük, ikincisi küçük sanayi kollarıyla ilgiliydi.

Birinci yasa, yüksek fırınlara, demir ve bakır işleme yerlerine, dökümhanelere, makine yapımevlerine, metal atelyelerine, kauçuk işlerine, kağıt yapımevlerine, cam işlerine, tütün fabrikalarına, basımevlerine (gazeteler dahil), ciltevlerine, kısaca, genellikle aynı zamanda 50 ve daha fazla personeli yılda en az 100 işgünü çalıştıran bunlara benzer bütün sınai işletmelere uygulanır.

İşyerleri yasasının kapsadığı alanların büyüklüğü konusunda bir fikir vermek için, tanımlarla ilgili maddesinden aşağıdaki bölümleri aktarıyoruz.

"*Elzanaatı,* bir eşyanın tamamının ya da bir kısmının şeklinin değiştirilmesi, onarımı, süslenmesi, son şeklinin verilmesi ya da satışa hazır hale getirilmesi için kazanç amacıyla yürütülen devamlı ya da geçici bir meslek olarak yürütülen herhangi bir el emeğine denir."

"*İşlik,* içinde bir elzanaatının, bir çocuk, bir genç ya da bir kadın tarafından yürütüldüğü, ve bu çocuğu, genci ya da kadını çalıştıran kimsenin girip çıkma ve denetleme hakkını taşıdığı bir oda ya da üstü açık veya kapalı bir yerdir."

"*İstihdam edilme,* bir elzanaatında, ücret karşılığında olsun olmasın, bir ustanın ya da bu yasada belirlenen bir velinin yönetimi altında çalışmak demektir."

"*Veli,* baba, ana, vasi ya da bir çocuğun veya gencin vesayeti ya da denetimi kendisine verilmiş bir kimse demektir."

Çocukların, gençlerin ya da kadınların, yasa hükümlerinin tersine çalıştırılmaları halinde uygulanacak cezayı gösteren 7. madde, veli olsun olmasın yalnızca işyerini işleteni değil, aynı zamanda, "bir çocuğun, gencin ya da bir kadının velisini ya da bunların çalışmalarından doğrudan yarar sağlayan kimseyi de" para cezasına çarptırmaktadır.

Büyük kuruluşları kapsamına alan fabrika yasalarını genişleten yasa, getirdiği bir yığın hileli istisnalar ve patronlarla yapılmış korkakça uzlaşmalarla fabrika yasasının gerisinde kalmıştır.

Bütün ayrıntıları ile zavallı bir durumda olan işyerleri yasası, uygulamasıyla yükümlü bulunan belediyeler ile yerel yöneticilerin elinde ölü bir metin olarak kaldı. 1871 yılında parlamento, bu yetkiyi, bunların elinden alıp fabrika denetmenlerine verdiği zaman, bir kalemde yüzbinden fazla işyeri ile üçyüz tuğla ocağını bunların denetimine verdiği halde, zaten yeterli olmayan personel kadrosuna yalnızca sekiz yardımcı verme konusunda da gerekli dikkati gösteriyordu.[240]

Bu durumda, 1867 tarihli İngiliz yasalarında dikkati çeken şey, bir yandan, egemen sınıfların parlamentosuna, kapitalist sömürünün aşırılıklarına karşı ilke olarak bu kadar olağanüstü ve geniş çapta önlemler alma zorunluluğunun yüklenmesi, öte yandan ise, bu önlemleri uygulama konusunda gösterilen duraksama, isteksizlik ve kötü niyettir.

1862 tarihli soruşturma komisyonu, maden sanayisi konusunda da yeni bir yönetmelik önermişti; bu sanayi kolu, diğerlerinden, büyük topraksahipleri ile kapitalistlerin çıkarlarının elele olması gibi ayırdedici bir özelliği ile ayrılıyordu. Bu iki çıkar arasındaki uzlaşmaz karşıtlık, fabrika yasaları için yararlı olmuştu, oysa şimdi bu uzlaşmaz karşıtlığın bulunmayışı, madenler konusundaki yönetmeliğin getirilmesindeki gecikmeleri ve düzenbazlıkları açıklamaya yetiyordu.

1840 tarihli soruşturma komisyonu, öyle müthiş öyle sarsıcı ve bütün Avrupa'da öylesine rezalet yaratan açıklamalar yaptı ki, parlamento, vicdanını yatıştırmak için, 1842 tarihli Maden Yasasını çıkarttı ve yeraltı madenlerinde 10 yaşından küçük çocuklarla kadınların çalıştırılmasını yasaklamakla yetindi.

Daha sonraki 1860 tarihli Madenleri Denetleme Yasası, madenlerin bu amaç için özel olarak atanmış resmî memurlar tarafından denetlenmesi, ve 10 ile 12 yaş arasındaki oğlan çocukların okul belgeleri olmadıkça ya da belirli bir süre okula devam etmedikçe madenlerde çalıştırılamayacağı gibi hükümler getiriyordu. Bu yasa, gülünç denecek derecede az sayıdaki denetmenler, bunların yetkilerindeki darlık ve daha sonra göreceğimiz başka nedenlerle, tam anlamıyla ölü bir belgeydi.

Madenler konusunda en son Mavi Kitaplardan biri, *Report from the Select Committee on Mines, together with ... Evidence, 23 July 1866*'dır. Bu rapor, Avam Kamarası üyelerinden seçilmiş, tanık çağırma ve dinleme yetkisini taşıyan bir parlamento komisyonunun yapıtıdır. Rapor, büyük bir cilt oluşturan yapıtta, komitenin

240 Bu kuruluşun "personel" sayısı, 2 denetmen, 2 denetmen yardımcısı, 41 denetmen adayı idi. 1871 yılında sekiz tane daha denetmen adayı atandı. İngiltere'de, İskoçya'da ve İrlanda'da yasanın yürütülmesi için toplam ödenek miktarı, 1871-72 yılı için yalnızca 25.347 sterlindi ve buna, yasaya uymayan patronlara karşı açılan kovuşturmaların yasal giderleri de dahildi.

söyleyeceği bir şey yoktur ve daha fazla tanık dinlenilmesi gerekir anlamını taşıyan yalnız beş satırlık bir yer tutmaktadır.

Tanıkları sorguya çekme biçimi, İngiliz mahkemelerinde tanıkların şaşırtmaca *cross examinations** yöntemini anımsatmaktadır; bu mahkemelerde avukat, saygısız, beklenmeyen, çift anlamlı, çapraşık ve birbiriyle ilişkisiz sorular sorarak tanığı küçük düşürmeye, şaşırtmaya ve aklını karıştırmaya ve böyle zoraki karşılıklara gene zorlama bir anlam vermeye çalışır. Bu soruşturmada, aralarında maden sahipleriyle maden işletenlerin de bulunduğu komite üyeleri sorgucudur, tanıkların çoğunluğu ise, çalışan maden işçileridir. Sermayenin taşıdığı zihniyeti göstermesi yönünden bütün bu komedi o derece karakteristiktir ki, rapordan bazı bölümleri buraya aktarmak gerekecektir. Kısa ve özlü olsun diye ben bunları sınıflandırdım. Sorular ile karşılıklarının İngiliz Mavi Kitaplarında numaralandığını da belirtmeliyim.

I. *10 ve daha yukarı yaştaki çocukların madenlerde çalıştırılması.* — Maden ocaklarında iş, gidiş-geliş dahil, genellikle 14-15 saat sürmekte, hatta bazan sabah saat 3, 4 ve 5'ten akşam 5'e, 6'ya kadar devam etmektedir (n° 6, 452, 83). Yetişkin işçiler sekiz saatlik iki posta halinde çalışırlar, ama masraf nedeniyle çocuklarda bu değiştirme uygulanamaz (n° 80, 203, 204). Küçük çocuklar genellikle maden ocağının çeşitli yerlerinde havalandırma kapılarını açma ve kapama işinde çalıştırılırlar; daha büyükleri, kömür taşıma vb. gibi daha ağır işlerde çalıştırılırlar (n° 122, 739, 1747). Yeraltında bu uzun saatler boyunca çalışma, 18 ya da 22 yaşlarına kadar sürer ve bu yaşa gelince asıl madencilik işine başlarlar (n° 161). Çocuklarla gençler, halen, daha önceki döneme göre daha kötü muamele görmekte ve daha çok çalışmaktadırlar (n° 1663-1667). Madencilerin hemen hepsi de 14 yaşından küçük çocukların madenlerde çalıştırılmalarını yasaklayan bir yasanın parlamentodan çıkmasını istemektedirler. Ve şimdi (kendisi de bir maden işleticisi olan) Hussey Vivian soruyor: "İşçinin bu konudaki düşüncesi, işçi ailesinin yoksulluğuna bağlı değil midir?" Bay Bruce: "Babanın hasta, yaralı ya da ölmüş olması ve ananın tek başına kalması halinde, 12-14 yaşları arasında bir çocuğun, ailenin geçimi için günde 1 şilin 7 peni kazanmasını engellemek, aileyi güç durumda bırakmaz mı? ... Bu konuda genel bir kural koymak zorunlu mudur? ... Ailelerin durumu ne olursa olsun 12-14 yaşından küçük çocukların çalıştırılmasını engelleyen bir yasanın çıkartılmasından yana mısınız?" "Evet." (n° 107-110.) Vivian: "Diyelim ki, 14 yaşından küçük çocukların çalışmalarını engelleyen bir yasa çıktı, bu, onların ana-

* Sorguya çekme. –ç.

babalarını, çocuklarını başka işlerde, örneğin, fabrikalarda çalışma olanağı aramaya yöneltmeyecek mi?" "Genellikle böyle olmayacak sanırım." (n° 174.) Kinnaird: "Çocukların bazıları kapıcılık yapıyor, değil mi?" "Evet." "Kapıların her açılıp kapanmasında genellikle çok fazla bir hava akımı olmuyor mu?" "Evet, genellikle öyle." "Bu çok kolay bir işmiş gibi görünür ama aslında çok zordur." "Çocuk burada tıpkı bir zindanın hücresinde gibi kapatılmış haldedir." Burjuva Vivian: "Çocuğa bir lamba verilse, kitap okuyamaz mı?" "Kendisi mum falan bulabilse okuyabilir ... ama, kitap okurken yakalanırsa bence başına iş açılır, çünkü o, oraya iş yapmak için konulmuştur, yapması gereken bir işi vardır ve her şeyden önce buna bakması gerekir, ve bana kalırsa ocakta kitap okumaya kimse izin vermez." (n° 139, 141, 143, 158, 160.)

II. *Eğitim.* — Maden işçileri de fabrikalarda olduğu gibi, çocuklarının zorunlu eğitimini öngören bir yasa istemektedirler. On ve oniki yaşlarındaki çocukların işe alınmadan önce okuldan bir belgeleri olmasını öngören 1860 yasasındaki ilgili maddelerin tamamen hayalî olduğunu söylemektedirler. Tanıkların bu konudaki sorgusu tam bir maskaralıktır. "Bu yasa, patronlara karşı mı, yoksa ana-babaya karşı mı gereklidir?" "Sanırım her ikisine karşı da." "Bunlardan hangisine daha fazla gerekli olduğunu söylemez misin?" "Hayır, bu sorunun yanıtını ben ne bileyim." (n° 115, 116.) "İşverenlerin, çocukların okula gidebilmeleri için saat ayırma konusunda acaba bir eğilimleri görülüyor mu?" "Hayır, bu amaçla işsaatleri hiç kısaltılmadı." (n° 137.) Bay Kinnaird: "Madencilerin genellikle öğrenimlerini geliştirdiklerini söyleyebilir misiniz; çalışmaya başladığından beri eğitimlerini büyük ölçüde geliştirenler olmuş mudur; yoksa bunlar gerileyip eski kazandıkları yararlı şeyleri de mi kaybediyorlar?" "Genellikle daha beter oluyorlar; gelişştikleri falan yok; kötü alışkanlıklar ediniyorlar; içki, kumar ve benzeri şeylere alışıyor, mahvolup gidiyorlar." (n° 211.) "Gece okuluna gitmek için bir çabaları oluyor mu?" "Ocak bölgelerinde yalnızca birkaç tane gece okulu var; buralarda belki birkaç tane çocuk bu okullara gidiyorlar; ama o derece yorgun ve bitkin haldedirler ki, okula gitmeleri zaten bir işe yaramaz." (n° 454.) Burjuva şu sonuca varıyor: "Öyleyse siz eğitime karşısınız?" "Kesinlikle hayır; ama" vb.. (n° 443.) "İşverenlerin bunlardan okul belgeleri istemeleri zorunluluğu yok mu?" "Yasa gereği var; ama ben işverenlerin böyle bir belge istediklerini bilmiyorum." "Bu duruma göre sizce, yasanın bu belge isteme zorunluluğunu koyan hükümleri, madenlerde genellikle uygulanmıyor mu?" "Hayır uygulanmıyor." (n° 443, 444.) "İşçiler bu soruna (öğrenime) büyük ilgi duyuyorlar mı?" "Çoğunluğu duyuyor." (n° 717.) "Yasanın uygulanmasını çok istiyorlar mı?" "Çoğunluğu istiyor." (n° 718.) "Bu ülkede çıkartılan bir yasanın, halkın kendisinin bu yasayı yürürlüğe koymak için yardımı olmaksızın gerçekten etkili olabileceğine aklınız kesiyor mu?" "Pek çok kimse böyle bir çocuğun çalıştırılmasına karşı çıkmak ister, ama bu hareketi ile belki de damgalanır." (n° 720.) "Kim tarafından damgalanır?" "Patron tarafından." (n° 721.) "Yasaya uyan bir kimseyi işverenlerin kabahatli bulacağını sanıyor musunuz?" "Evet, bence öyle." (n° 722.) "Bir işçinin 10-12 yaşlarında okuma-yazması olmayan bir çocuğu yanında çalıştırmaya itiraz ettiği hiç oldu mu?" "Bu onların isteğine bırakılmış bir şey değil ki." (n° 123.) "Parlamentonun bu işe müdahalesini gerekli görüyor musunuz?" "Eğer, madenci çocukların eğitimi için etkili bir şey yapılmak isteniliyorsa, bence bunun parlamentonun çıkartacağı bir yasa ile zorunlu hale getirilmesi gerekir." (n° 1634.) "Bu zorunluluğu sizce yalnız madencilere mi koymak gerekir, yoksa Büyük Britanya'nın bütün işçilerine mi?" "Ben buraya yalnız madenciler adına konuşmaya geldim." (n° 1636.) "Madencilerin çocuklarını diğer çocuklardan niçin ayırıyorsunuz?" "Çünkü bunlar kuralın dışında kalıyorlar." (n° 1638.) "Ne bakımdan?" "Fizik bakımından." (n° 1639.) "Bunlar için öğretim, diğerlerinden niçin daha fazla değerli olsun?" "Niçin daha fazla değerli olduğunu bilmem ama kuyulardaki aşırı yorgunluk nedeniyle burada çalışan çocukların kilise okullarında olsun, gündüz okullarında olsun, öğrenim görmeleri olanağı pek azdır." (n° 1640.) "Bu tür bir sorunu tek başına ele almak olanaksızdır, değil mi?" (n° 1644.) "Yeter sayıda okul var mı?" "Hayır." ... (n° 1646) "Devlet eğer bütün çocukların okula gitmeleri zorunluluğunu koysaydı, çocukların gidebilecekleri kadar okul bulunur muydu?" "Hayır ama, böyle bir durum ortaya çıksaydı okullar da ardından yapılırdı." (n° 1647.) "Çocukların bazıları hiç okuma-yazma bilmiyorlar sanırım?" "Çoğu bilmez. ... Zaten büyüklerin de çoğu bilmez." (n° 705, 725.)

III. *Kadınların çalıştırılması.* — 1842 yılından beri kadınlar yeraltında çalıştırılmamakla birlikte, dışarda kömür yüklenmesinde vb., küfelerin kanallara ve vagonlara çekilmesinde, ayıklanma işinde vb. çalıştırılmaktadırlar. Son üç-dört yıl içinde sayıları epeyce artmıştır. (n° 1727.) Bunların çoğu maden işçilerinin karıları, kızları ve dullarıdır, yaşları 12 ile 50 ya da 60'a kadar uzanır. (n° 645, 1779.) "Maden işçilerinin, kadınların çalıştırılması konusundaki düşünceleri nedir?" "Genellikle bunu lanetliyorlar sanırım." (n° 648.) "Bunda ne sakınca görüyorlar acaba?" "Seksi azalttığı için sanıyorum." (n° 649.) "Giyimlerinin bir özelliği var mı?" "Evet ... daha ziyade erkek gibi giyinirler, bana kalırsa bazan utanma duygusu diye bir şey kalmaz." "Sigara içerler mi?" "Bazıları içer." "Sanırım yaptıkları iş de çok pis bir iş?" "Evet çok pis." "Kararır ve yağlanırlar mı?" "Tıpkı ocaktakiler gibi kapkara olurlar. ... Bence çocuğu olan kadınlar (burada çocuğu olan pek çok kadın vardır), çocuklarına karşı ödevlerini yerine getiremezler." (n° 650-654, 701.) "Bu dul kadınların bir başka yerde burada kazandıkları kadar (haftada 8 ile 10 şilin arasında) kazanacak bir iş bulabileceklerini sanır mısınız?" "Bu konuda bir şey diyemem." (n° 709.) "Böyle olduğu halde gene de" (ey taş yürekli adam!) "bu kadınların burada yaşamlarını kazanmalarına engel olmak ister misiniz?" "Evet isterim." (n° 710.) "Kadınların çalışması konusunda ... bölgedeki genel düşünce nedir?" "Bunun aşağılatıcı bir şey olduğudur; biz madenci olarak kadınlara, onları maden kuyularının çevresinde bulundurmayacak kadar saygı duyulmasını isteriz. ... İşin bir kısmı çok ağır; bu kızlardan bazıları günde 10 ton yük kaldırırlar." (n° 1715, 1717.) "Madenlerde çalışan kadınlar arasında ahlak, fabrikada çalışanlara göre daha mı düşüktür?" "... kötülerin oranı, ... fabrikadaki kızlardan belki biraz fazladır." (n° 1237.) "Ama siz fabrikadaki ahlak durumunu da tam yeterli görmüyorsunuz değil mi?" "Hayır." (n° 1733.) "Siz olsanız, kadınların fabrikalarda çalışmasını da yasaklar mıydınız?" "Hayır, yasaklamazdım." (n° 1734.) "Peki niçin?" "Çünkü fabrikalardaki iş, kadınlar için daha onurlu da ondan." (n° 1735.) "Ama gene de ahlakları için sakıncalı buluyorsunuz değil mi?" "Kömür ocaklarının çevresinde olduğu kadar değil; ama ben bunu toplumsal yönüyle ele alıyorum, yalnız ahlak yönüyle değil. Kızlar üzerindeki toplumsal yönden aşağılanma son derece üzücü. Bu 400-500 kız, ilerde maden işçilerinin karısı olunca, erkek, bu yozlaşmadan büyük acı çekiyor ve evlerini terk edip kendilerini içkiye veriyorlar." (n° 1736.) "Kadınların çalışmasını, kömür ocaklarında durdurduktan sonra, demir fabrikalarında da durdurmak gerekmez mi?" "Başka işyerleri adına konuşamam." (n° 1737.) "Demir işleriyle, kömür madenlerinde toprak üstünde çalışan kadınların durumları arasında bir fark var mıdır?" "Bu konuyu hiç kafamda evirip çevirmedim." (n° 1740.) "Bunları birbirinden ayıran belirli bir fark görüyor musunuz?" "Bunu hiç düşünmedim, ama evlere yaptığım ziyaretlerden biliyorum ki, bizim bölgemizde durum pek berbat..." (n° 1741.) "Kadınların çalışmasının onu alçalttığı her durumda, buna müdahale eder miydiniz?" "Bu sanırım şöyle zararlı oluyor: İngilizlerde en iyi duygular, ananın öğrettikleridir." ... (n° 1750.) "Bu, aynı ölçüde, tarım alanındaki çalışmalara da uygulanır değil mi?" "Evet, ama orada yalnız iki mevsim çalışılır, bizde ise yılın dört mevsiminde." (n° 1751.) "Çoğu zaman gece-gündüz sırılsıklam su içersinde çalışıyorlar, gelişmeleri önleniyor, sağlıkları bozuluyor." "Bu konuyu belki de fazla incelemediniz?" "Gelip geçerken bütün bunları gözlerimle görüyorum ve kadınların ocak başlarında çalışmasına benzer bir durumu hiçbir yerde görmüyorum. ... Bu, erkek işi ... hem de kuvvetli bir erkeğin işi." (n° 1753, 1793, 1794.) "Sizin bu konudaki düşüncenize göre, kendilerini yükseltmek ve insanlaştırmak isteyen kadınların ellerinden tutulacağına, onlar aşağı itiliyorlar, öyle mi?" "Evet." (n° 1808.) Bu hileli sorular biraz daha devam ettikten sonra, bu burjuvaların, dullara, yoksul ailelere vb., duydukları "sempati"nin sırrı ensonu ortaya çıkar. "Kömür madeni sahibi, çalışmaları gözetlemek için birisini tayin eder; bunun görevi, göze girebilmek için işleri en tasarruflu şekilde yürütmektir; bu kızlar 1 şilin ile 1 şilin 6 peni arasında değişen yevmiye ile çalışırlar, oysa erkek işçinin günlüğü 2 şilin 6 penidir." (n° 1816.)

IV. *Ölüm nedeni soruşturması.* — "Bölgenizde, ölüm nedeni soruşturmalarında, kaza olduğu zaman, işçilerin, bu soruşturmalara güveni var mıdır?" "Hayır, yoktur." (n° 360.) "Niçin yoktur?" "Bunun başlıca nedeni bu iş için genellikle seçilenlerin, madencilik ve benzeri işlerden hiç haberi olmayan kimseler olmasıdır." "İşçiler bu jürilere hiç çağrılmazlar mı?" "Bildiğim kadarıyla tanıklık dışında, hiç çağrılmazlar." "Bu jürilere genellikle çağrılanlar kimlerdir?" "Çoğu zaman çevredeki tüccarlar ... durumları gereği bazan bu müşterilerinin, iş sahiplerinin etkileri altında kalırlar. Bunlar, genellikle bilgi sahibi kimseler olmadığı gibi, karşılarına getirilen tanıkların dillerinden pek bir şey anlamazlar, kullanılan terimleri vb. bilmezler." "Madenlerde çalışan kimselerden kurulacak jüri daha mı iyi olurdu dersiniz?" "Evet, kısmen ... onlar (işçiler) varılan yargının, verilen ifadelerle ve kanıtlarla uygunluk halinde olmadığı düşüncesindeler." (n° 361, 364, 366, 368, 371, 375.) "Jüri üyelerinin en başta gelen amacı onun tarafsız olmasıdır, değil mi?" "Evet, öyle sanırım." "Çoğunluğu işçilerden kurulu bir jürinin tarafsız olabileceği düşüncesinde misiniz?" "Tarafsız hareket etmemeleri için hiçbir neden görmüyorum ... hem bunların madencilik konusunda daha sağlam bilgileri vardır." "İşçilerin, haksız şekilde ağır hükümlere varmak için bir eğilimleri olamaz mı dersiniz?" "Hayır, hiç sanmam." (n° 378, 379, 380.)

V. *Hileli tartılar ve ölçüler.* — İşçiler, onbeş gün yerine ücretlerin haftalık olarak ödenmesini, küfelerin hacimlerinin değil ağırlıklarının dikkate alınmasını, hileli tartı kullanılmasına karşı korunmalarını istemektedirler. (n° 1071.) "Küfeler hileli olarak büyütüldüğü zaman, 14 gün önceden haber veren işçi, işi bırakabilir değil mi?" "Öyle ama gideceği öteki yerde de aynı şeyle karşı karşıyadır." (n° 1071.) "Ama, işçi, haksızlığın yapıldığı her yerden ayrılabilir değil mi?" "Bu öyle yaygın ki, nereye giderse gitsin aynı şeyle karşılaşır." (n° 1072.) "14 gün önceden haber vererek işten ayrılabilir, değil mi?" "Evet." (n° 1073.) Ve gene de hallerinden memnun değiller!

VI. *Madenlerin denetlenmesi.* — İşçiler yalnız patlamaların yolaçtığı kayıplara uğramakla kalmazlar. (n° 234 vd.) "Adamlarımız, ocaklardaki havalandırmanın fena olmasından pek çok şikayet ediyorlar ... genellikle bu havalandırma o kadar kötü ki adeta nefes alınamıyor; uzun bir süre işte çalıştıktan sonra artık başka bir işte çalışamaz hale gelirler; madenin benim çalıştığım kısmında adamlar işi bırakıp evlerine gitmek zorunda kaldılar ... bunların bazıları, patlayıcı gaz olmayan yerlerdeki havalandırmanın berbatlığı yüzünden haftalarca işe gidemediler ... başlıca geliş-gidiş dehlizlerinde genellikle bol hava var, ama insanların çalıştığı yerlere zahmet edip de hava götürülmemiş." "Peki, denetmene niçin başvurmuyorsunuz?" "Doğruyu söylemek gerekirse, çoğu insan bu konuda çekingen; denetmene başvurma sonucu işlerini kaybeden oldu." "Niçin; yani şikayet ettiği için damgalandı mı?" "Evet." "Başka madenlerde iş bulmakta güçlükle mi karşılaşır?" "Evet." "Bölgelerinizdeki madenlerin, yasa hükümlerine uygunluğunu sağlamak için yeter derecede denetlendiği kanısında mısınız?" "Hayır, hiç denetlenmiyorlar ... denetmen bir kez ocağa inmişti, yedi yıl kadar önce. ... Benim bulunduğum bölgede yeter sayıda denetmen yok. Üçyüzden fazla ocağı denetlemek için 70 yaşını aşkın bir denetmenimiz var." "Denetmen yardımcılarından oluşan bir sınıf bulunsun istiyorsunuz öyle mi?" "Evet." (n° 234, 241, 251, 254, 274, 275, 554, 276, 293.) "Hükümetin, işçilerden bilgi almaksızın, istediğiniz her şeyin yapılabilmesi için gerekli olan bir denetmenler ordusu kurması ve bunu devam ettirmesi olanağı var mıdır?" "Hayır, bunun neredeyse olanaksız bir şey olduğunu sanıyorum." ... "Denetmenlerin daha sık mı gelmesini istiyorsunuz?" "Evet, hem de çağırmadan gelmeliler." (n° 280, 277.) "Bu denetmenlerin maden ocaklarını daha sık denetlemesi ile, gerekli havalandırmayı sağlaması sorumluluğunun (!) ocak sahiplerinden alınıp hükümet memurlarına verilmesi sonucu ortaya çıkmış olmaz mı?" "Hayır, bence böyle bir şey olmaz, denetmenlerin yapacakları şey, zaten varolan yasa hükümlerinin yürürlüğe konulmasını sağlamaktır." (n° 285.) "Denetmen yardımcısı derken, daha az maaşlı ve şimdiki denetmenlerden daha alt kademede memurları mı kastediyorsunuz?" "Daha iyisi bulunabilirse niçin daha alt kademeden olsun?" (nº 294.) "Yalnızca daha fazla denetmen mi istiyorsunuz, yoksa denetmen olarak daha alt sınıftan memur mu?" "Çevreyi dolaşan ve işlerin yolunda gidip gitmediğini denetleyen insan istiyoruz; yani kendi gölgesinden korkmayan birisi." (nº 295.) "Daha alt sınıftan denetmen atanması isteğiniz yerine getirilse, böylece bilgi ve görgü vb. eksikliği tehlikesi ortaya çıkmaz mı?" "Hiç sanmam, bu noktayı, sanırım hükümet dikkate alır ve bu yere doğru-dürüst adam koyar." (nº 297.) Bu tür soruşturma en sonunda komite başkanının da sabrını taşırmış olmalı ki, şu görüşlerle konuşmayı keser: "Sizin istediğiniz, herhalde, madende bütün ayrıntılara dikkat edebilecek tipte insanlar olmalı; bütün köşebucağa girip çıkacak ve gerçekleri görebilecek ... sonra bunları başdenetmene bildirecek ve o da bunları kendi bilimsel bilgisine göre değerlendirecektir, öyle mi?" (nº 298, 299.) "Bütün bu eski madenlerin havalandırılmaları büyük masraflara yolaçmaz mı?" "Evet, masraf olur, ama aynı zamanda insan yaşamı da korunmuş olur." (nº 531.) Bir maden işçisi, 1860 yasasının 17. bölümüne itiraz eder ve şöyle der: "Bugün eğer bir denetmen, madenin bir kısmının çalışmaya uygun olmadığını görürse, bunu maden sahibi ile içişleri bakanlığına bildirmek zorundadır. Bundan sonra, maden sahibine, işi ele alması için 20 gün süre verilir; bu 20 günün sonunda maden sahibinin ocakta herhangi bir değişiklik yapmayı reddetme hakkı vardır, ve bunu, içişleri bakanlığına yazar, ve aynı zamanda beş tane mühendisin adını verir; bakanlık, maden sahibinin adını verdiği bu beş mühendis arasından bir tanesini, sanırım, arabulucu seçer ya da tayin eder; şimdi bu durumda, bize kalırsa, arabulucuyu zaten maden sahibi seçmiştir." (nº 581.) Kendisi de maden sahibi olan burjuva soruşturmacı da der ki: "Ama bu ... düpedüz spekülatif bir itiraz olmuyor mu?" (nº 586.) "Öyleyse sizin, maden mühendislerinin dürüstlükleri konusundaki kanınız pek de iyi değil." "Bu, kuşkusuz haksız ve insafsız bir yargı olur." (nº 588.) "Maden mühendisleri bir tür kamu görevlisi özelliği taşımıyorlar mı?" "Bu, adamların kişisel karakterleri ile ilgili, bu gibi sorularınıza karşılık vermek istemiyorum. Yalnız, birçok durumda gerçekten taraf tuttuklarına inanıyorum; insanların yaşamları sözkonusu olduğu zaman, bu iş, onların ellerine bırakılmamalı." (nº 589.) Aynı burjuva şu soruyu sormaktan da utanmaz: "Bir patlama olunca, maden sahibinin kayba uğradığını düşünmüyor musunuz?" Ensonu, "Lancashire'daki siz işçiler, hükümetten yardım istemeksizin kendi çıkarlarınızı koruyamaz mısınız?" "Hayır." (nº 1042.)

1865 yılında Büyük Britanya'da 3.217 kömür madeni ve 12 tane denetmen vardı. Yorkshireli bir maden sahibi, bütün zamanlarını alan büro çalışmaları bir yana bırakılsa bile, bir denetmenin, bir madeni ancak on yılda bir kez denetleyebileceğini hesaplamıştır. (*The Times,* 26 Ocak 1867.) Son on yılda patlamaların hem sayı ve hem de şiddet yönünden gitgide yoğunlaşmasına (bazan 200-300 kişi kaybedilmektedir) şaşmamak gerekir. İşte bunlar, "özgür" kapitalist üretimin güzellikleridir!*

1872 tarihli yasa çok yetersiz olmakla birlikte, madenlerde çalışan çocukların çalışma saatlerini düzenleyen ilk yasadır ve maden işçileri ile sahiplerini, kazalardan bir ölçüde sorumlu tutmaktadır.

Çocukların, gençlerin ve kadınların tarımda çalışmalarını incelemekle görevli 1867 tarihinde kurulan Krallık Komisyonu, çok önemli raporlar yayınlamıştır. Fabrika yasalarında öngörülen ilkelerin değiştirilmiş bir şekilde tarıma da uygulanması için yapılan birkaç girişim, bugüne kadar tam bir başarısızlıkla sonuçlanmıştır. Burada, benim dikkati çekmek istediğim nokta, bu ilkelerin genel uygulaması yönünde önünde durulmaz bir eğilimin varlığıdır.

Fabrika yönetmeliğinin, işçi sınıfının hem kafasını ve hem de bedenini korumak amacıyla bütün işkollarına uygulanması kaçınılmaz duruma gelirken, öte yandan da daha önce de değindiğimiz gibi, bu gelişme, sayısız tek başına küçük sanayilerin, büyük ölçüde yürütülen birkaç birleştirilmiş sanayiye dönüşmesini hızlandırmakta ve böylece de sermayenin yoğunlaşmasını ve fabrika sisteminin tam egemenliğini çabuklaştırmaktadır. Bu durum, sermayenin egemenliğinin kısmen arkasında saklı bulunduğu, hem eski ve hem de geçiş şekillerini ortadan kaldırmakta ve bunların yerine sermayenin doğrudan ve açık egemenliğini koymaktadır; ama böylece de, bu egemenliğe karşı direnmeyi de genelleştirmiştir. Ayrıca, her bireysel işyerinde, birliği, düzeni, intizamı ve tasarrufu zorunlu hale getirirken, bir yandan da, işgününün sınırlandırılması ve düzenlenmesinin sonucu olarak, teknik gelişmelerin kazandığı büyük hız, kapitalist üretimin yolaçtığı anarşi ve yıkımları artırmış, iş yoğunluğunun ve makinenin, işçiyle olan rekabetini şiddetlendirmiştir. Küçük işletmeler ile ev sanayilerini ortadan kaldırmakla, "fazla nüfus"un son sığınağını da yıkmış oluyor ve onunla birlikte tüm toplumsal mekanizmanın geriye kalan tek güvenlik subabını da yok ediyordu. Maddi koşulları olgunlaştırmak ve üretim sürecini toplumsal bir ölçüye ulaştırmakla, kapitalist üretim tarzının uzlaşmaz çelişkilerini ve karşıtlıklarını da olgunlaştırıyor ve böylece, yeni bir toplumun kurulması için gerekli öğelerin yanısıra, eski toplumu yıkacak kuvvetleri de sağlıyordu.[241]

* Bu tümce İngilizce metne, 4. Almanca baskı uyarınca eklenmiştir. –*Ed.*

[241] Kooperatif fabrikalar ve mağazaların babası olan ve ama daha önce de belirtildiği gibi, bu birbirinden bağımsız dönüşüm unsurlarının önemleri konusunda, izle-

Büyük sanayinin tarımda ve tarım üreticilerinin toplumsal ilişkilerinde yolaçtığı devrim daha sonra incelenecektir. Biz, burada, yalnızca sezgi yoluyla, birkaç sonuca değinmekle yetineceğiz. Makinenin tarımda kullanılması, çoğu zaman, fabrika işçileri üzerindeki zararlı fizik etkilerini göstermemekle birlikte, onun bu alana girişi, daha sonra ayrıntıları ile göreceğimiz gibi, işçilerin buradaki bollaşmasını çok daha fazla yoğunlaştırmakta ve daha az direnme ile karşılaşmaktadır.[241a] Örneğin, Cambridge ve Suffolk bölgelerinde, son yirmi yıl içersinde (1868'e kadar) işlenen toprakların alanı

yicilerinin hayallerini hiçbir şekilde paylaşmayan Robert Owen, yalnız fabrika sistemini denemelerinin biricik temeli yapmakla kalmamış, bu sistemin, tolumsal devrimin çıkış noktası olduğunu da ilan etmiştir. Leyden Üniversitesi ekonomi politik profesörü bay Visserink, vülger ekonominin bütün yavanlıklarının yinelendiği *Handboek van Praktische Staatshuishoudkunde,* 1860-62, adlı yapıtında, elzanaatlarını, fabrika sistemine karşı kuvvetle desteklemekle, bu düşünceye katılmadığı izlenimini vermektedir. [*4. Almanca baskıya ek.* — İngiliz yasakoyucusunun, Fabrika Yasaları, Fabrika Yasalarının Kapsamının Genişletilmesi Yasası ve İşyeri Yasasının birbiriyle karşıt hükümleri ile yarattığı "karmakarışık ve birbirleriyle çelişen uygulamalar içersinde" (s. 314 [bu baskıda s. 313]) ensonu dayanılmaz bir durum aldı ve böylece bu konudaki bütün yönetmelik, 1878 tarihli fabrika ve işyeri yasasında birleştirildi. Şimdi yürürlükte bulunan bu İngiliz sanayi yasasının burada ayrıntılı bir eleştirisinin yapılması kuşkusuz olanaksızdır. Aşağıdaki açıklamalarla yetinilecektir. Yasanın kapsamı: (1) *Tekstil fabrikaları.* Burada her şey aşağıyukarı aynı kalıyor: On yaşından büyük çocuklar günde 5½ saat ya da cumartesi tatil yapmak üzere 6 saat çalışabilirler; gençlerle çocuklar, 5 gün 10 saat, cumartesi günleri en fazla 6½ saat çalışacaklar. — (2) *Tekstil dışındaki fabrikalar.* Burada yönetmelikler, 1 numaradakilere şimdiye kadar olduğundan daha fazla yaklaştırılmışlar, ama hâlâ kapitalistler lehine birkaç istisna bulunduğu gibi, bunlar, bazı durumlarda içişleri bakanının özel izniyle uzatılabilecektir. — (3) *İşlikler* hemen hemen daha önceki yasadaki gibi tanımlanmıştır; buralarda çalıştırılan çocuklar, gençler ve kadınlar yönünden durum aşağıyukarı tekstil dışındaki fabrikalar gibidir, ama koşullar, ayrıntılarda daha da elverişli duruma getirilmiştir. — (4) Çocuklar, gençler ve kadınların çalıştırılmayıp, yalnızca her iki cinsiyetten 18 yaşından büyük kimselerin çalıştırıldığı *işliklerde* bu işçiler için daha uygun koşullar getirilmiştir. — (5) Ailenin barındığı yerlerde yalnız aile üyelerinin çalıştıkları tipte *ev işlikleri*: Daha esnek hükümlerle birlikte, denetmenin, bakanlık ya da mahkemenin özel izni olmadan, aynı zamanda barınma amaçları için kullanılmayan odalara girebilme kaydı konmuş; ve ensonu, ailenin hasır ören, dantela ören ve eldiven yapan üyelerine sınırsız serbestlik tanınmıştır. Bu yasa, bütün kusurlarına karşın, 23 Mart 1877 tarihli İsviçre Federal Fabrika Yasası ile birlikte, bu alanda gene de en iyi yönetmeliktir. Bunun, sözü edilen İsviçre Federal Yasası ile karşılaştırılması çok ilginçtir, çünkü böylece, iki yasa yapma yönteminin iyi ve kötü yönleri açıkça ortaya çıkıyor: durum gerektiğinde müdahalede bulunan İngiliz "tarihsel" yöntemi ile, Fransız Devriminin gelenekleri üzerine kurulan ve daha fazla genellemeler yapan Kıta Avrupası yöntemi. Ne yazık ki, denetleme personelinin yeter sayıda olmaması nedeniyle, İngiliz yasası, işliklere uygulanması yönünden hâlâ büyük ölçüde boş söz olarak kalmıştır. *–F. E.*]

241a İngiliz tarımında kullanılan makinelerle ilgili ayrıntılı bilgi için bkz: Dr. W. Hamm, *Die Landwirtschaftlichen Geräte und Maschinen Englands,* 2. Aufl., 1856. İngiliz tarımının gelişme süreciyle ilgili çalışma taslağında bay Hamm, bay Leonce de Lavergne'i eleştirisiz izler. [*Dördüncü Almanca baskıya not*: şimdi elbette eskimiştir. *–F. E.*]

çok genişlediği halde, aynı dönemde, tarım nüfusunda yalnız nispi değil mutlak bir azalma olmuştur. Birleşik Devletler'de tarım makinesi, henüz fiilen tarım işçilerinin yerini almış değildir; yani çiftçilerin daha geniş alanları işlemesine yardımcı olmakta, ama çalıştırılan tarım işçilerini henüz fiilen işlerinden etmemektedir. 1861 yılında, İngiltere ve Gal'de tarım makinelerinin yapımında çalışan insan sayısı 1.034 idi, oysa bu makineler ile buharlı makinelerin kullanılmasında çalışan tarım işçilerinin sayısı 1.205'i geçiyordu.

Büyük sanayi, tarım alanında, diğer alanlardan daha fazla devrimci bir etki yapmaktadır ve bu nedenle de, eski toplumun kalesi olan köylüyü yok ederek, yerine ücretli işçiyi koymaktadır. Böylece, toplumsal değişme isteği ile uzlaşmaz sınıf karşıtlıkları, kırsal bölgelerde de kentlerdeki düzeye yükselmiştir. Rasyonel olmayan eski usul tarım yöntemlerinin yerini bilimsel yöntemler almıştır. Kapitalist üretim, tarım ile manüfaktürü çocukluk çağlarında birarada tutan eski birlik bağını kopartıp atmıştır. Ama aynı zamanda, gelecekte daha üst düzeydeki bir sentezin maddi koşullarını yaratır, yani tarım ile sanayinin geçici bir süre devam eden ayrılıklar sırasında kazandıkları daha yetkin biçimlere dayanan birliğini. Kapitalist üretim, nüfusu büyük merkezlerde toplayarak, kent nüfusuna gittikçe artan bir ağırlık kazandırırken, bir yandan toplumun tarihsel devindirici gücünü yoğunlaştırdığı gibi, öte yandan da insan ile toprak arasındaki madde dolaşımını bozar, yani insanın yiyecek ve giyecek olarak tükettiği öğelerin toprağa tekrar dönüşünü engelleyerek toprağın verimliliğinin sürekli olması için gerekli koşulları bozmuş olur. Böylece aynı anda, hem kentli emekçinin sağlığını ve hem de kır emekçisinin zihinsel yaşamını tahrip eder.[242] Doğada maddenin bu şekilde dolaşımının devamı için kendiliğinden gelişen koşulları bozmakla birlikte, bunun bir sistem, toplumsal üretimi düzenleyen bir yasa olarak, ve insan soyunun tam gelişmesine uygun bir biçim altında yeniden kurulmasını zorunlu kılar. Manüfaktürde olduğu gibi tarımda da üretimin, sermayenin boyunduruğu altında dönüşümü, aynı zamanda, üreticinin şehitler listesine katılması demektir; emek aracı, emekçinin köleleştirilmesi, sömürülmesi ve yoksullaştırılması için bir araç haline gelir; emek-süreçlerinin toplumsal bileşimi ve yapısı, işçinin

[242] "Siz halkı iki düşman kampa bölüyorsunuz: kaba ve görgüsüz köylüler ile hadım edilmiş cüceler. Hey tanrım! Tarımsal ve ticari çıkarlar için ikiye bölünmüş bir ulus, gene de kendine akıllı diyor; üstelik, yalnız böyle olmasına karşın değil, bu canavarca ve doğa-dışı bölünme sonucu, kendisini aydın ve uygar sayıyor." (David Urquhart, *l.c.,* s. 119.) Bu alıntı, bir ve aynı zamanda bu tür eleştirinin güçlü ve zayıf yanını ortaya koyuyor; bugünü yargılamayı ve mahkum etmeyi biliyor da, onu nasıl kavrayacağını bilemiyor.

bireysel canlılığını, özgürlüğünü ve bağımsızlığını ezmenin örgütlü bir tarzına dönüştürülür. Kır emekçilerinin geniş bölgeler üzerinde dağılmaları, bunların direnme güçlerini kırdığı halde, kent emekçilerinin yoğunlaşmaları bu gücü artırır. Kent sanayilerinde olduğu gibi modern tarımda da, emeğin üretkenliğindeki artış ve harekete geçirilen emek kitlesi, bizzat emek-gücünün israfı ve kemirilip tüketilmesi pahasına olur. Üstelik, kapitalist tarımdaki her gelişme, yalnız emekçiyi soyma sanatında değil, toprağı soyma sanatında da bir ilerlemedir; belli bir zaman için toprağın verimliliğinin artmasındaki her ilerleme, aynı zamanda, bu sonsuz verimlilik kaynağının mahvedilmesine doğru bir ilerlemedir. Bir ülke, örneğin Birleşik Devletler'de olduğu gibi, kalkınmasına ne kadar geniş-ölçekli sanayiyle başlarsa, bu tahrip süreci de o kadar hızlı olur.[243] Kapitalist üretim, bu nedenle, teknolojiyi geliştirir ve ancak bütün zenginliğin asıl kaynağını, yani toprağı ve emekçiyi kurutarak çeşitli süreçleri toplumsal bir bütün içinde birleştirir.

243 Bkz: Liebig, *Die Chemie in ihrer Anwendung auf Agricultur und Physiologie,* 7. Auflage, 1862, ve özellikle birinci ciltte, *Einleitung in die Naturgesetze des Feldbaus.* Modern tarımın olumsuz, yani yıkıcı yanını, doğabilim açısından geliştirmiş olması, Liebig'in ölümsüz hizmetlerinden birisidir. Ayrıca, tarım tarihi özeti de, büyük yanlışlıklar içermekle birlikte, bazı konulara ışık tutmaktadır. Bununla birlikte, aşağıdaki gibi gelişigüzel iddialarda bulunması üzülünecek bir şeydir: "Daha fazla ufalanma ve daha sık sürülmeyle, gözenekli toprağın içersinde hava dolaşımına yardım edilmiş olur; havanın faaliyetleri ile temas eden yüzeyi artar ve yenilenir, ama şurası da kolaylıkla görülebilir ki, toprağın verimindeki artış, üzerinde harcanan emekle orantılı olmaz, bu artış çok daha küçük orandadır." Bu yasa diyor Liebig, "ilk kez John Stuart Mill tarafından, *Principles of Pol. Econ.* adlı yapıtının I. cildinin 17. sayfasında şöyle ifade edilmiştir: 'Toprağın ürünü, *cæteris paribus,* çalıştırılan işçilerin sayısındaki artışa oranla azalan bir oranda artar.' " (Mill burada, Ricardo'cu okulun öne sürdüğü yasayı yanlış şekilde yineliyor, çünkü, 'çalıştırılan işçi sayısındaki azalma', İngiltere'de tarımın ilerlemesi ile aynı hızda gittiği için İngiltere'de keşfedilen ve oraya uygulanan bu yasa, en azından bu ülkeye uygulanamaz) "'diyen yasa, tarımın evrensel yasasıdır.' Bu, çok dikkate değer bir şeydir, çünkü Mill, bu yasanın nedeninden habersizdir." (Liebig, *l.c.,* Bd. I., s. 143 ve not.) Liebig'in, "emek" sözcüğünü yanlış yorumlaması ve bu sözcüğü, ekonomi politiğin anladığından büsbütün farklı bir biçimde anlaması bir yana, ilk kez, A. Smith'in zamanında James Anderson tarafından yayınlanan ve 19. yüzyılın başına kadar çeşitli yapıtlarda yinelenen bir teoriyi, bay John Stuart Mill'e maletmesi "çok dikkate değer" bir olaydır; bu teoriyi aşırma üstadı Malthus da (nüfus teorisi, baştan başa utanmazca bir aşırmadır) 1815'te kendisine maletmişti. Anderson ile aynı zamanda ve ondan bağımsız olarak West tarafından geliştirilen bu teori, 1817 yılında Ricardo tarafından genel değer teorisine bağlanmış ve o andan başlayarak bütün dünyada Ricardo'nun teorisi diye tanınmış ve 1820 yılında John Stuart Mill'in babası James Mill tarafından vülgerleştirilmişti; ve ensonu her okul çocuğunun bildiği orta-malı bir dogma haline gelen bu teoriyi, John Stuart Mill ile diğerleri yinelemişlerdi. John Stuart Mill'in, her durumda "dikkate değer" otoritesini neredeyse bütünüyle böylesine *quit-pro-quos*'a [yanlış anlamlara –ç.] borçlu olduğu da, yadsınamaz bir gerçektir.

BEŞİNCİ KISIM

MUTLAK VE NİSPİ ARTI-DEĞER ÜRETİMİ

ONALTINCI BÖLÜM

MUTLAK VE NİSPİ ARTI-DEĞER

EMEK-SÜRECİNİ, soyut tarihsel biçimlerinden bağımsız insan ile doğa arasındaki bir süreç olarak incelemeye başladık (bkz: Yedinci Bölüm). Orada (s. 180) şöyle demiştik: "Eğer emek-sürecinin tümünü, sonucu açısından, ürün açısından incelersek, hem araçların, hem de emek konusunun üretim araçları olduğu, ve emeğin kendisinin üretken bir emek olduğu açıkça görülür." Ve aynı sayfada 7 nolu dipnotta şunu ekledik: "Üretken emeğin ne olduğunu yalnız emek-süreci açısından belirlemeye yarayan bu yöntem, hiçbir zaman kapitalist üretim sürecine doğrudan uygulanamaz." Şimdi bu konuyu daha geniş şekilde inceleyeceğiz.

Emek-süreci tamamen bireysel olduğu sürece, bir ve aynı emekçi, sonradan ayrılacak olan bütün işlevleri kendisinde birleştirir. Kişi, doğal nesneleri, kendi geçimi için elde ederse, o kişiyi yalnız kendisi denetliyor demektir. Daha sonra başkalarının denetimi altına girer. Tek bir insan, kendi beyninin denetimi altında gene kendi kaslarını harekete geçirmeksizin doğa üzerinde bir iş yapamaz. Doğal bedende kafa ile elin birbirlerine bağlı olması gibi, emek-süreci de el emeğini kafa emeği ile birleştirir. Sonraları bunlar birbirlerinden ayrılırlar, hatta can düşmanı olurlar. Ürün, bireyin doğrudan ürünü olmaktan çıkar ve, kolektif emekçinin ürettiği toplumsal bir ürün, yani her biri, emek konusu üzerindeki işlemlerin az ya da çok bir parçasını yapan bir emekçi topluluğunun ortak ürünü halini alır. Emek-sürecinin bu ortaklaşa (*cooperative*) niteliği, gitgide daha belirli hale geldikçe, bunun zorunlu sonucu olarak, bizdeki, üretken emek ve bunu sağlayan üretken emekçi kavramı genişlik kazanmış olur. Üretken biçimde çalışmak için artık el ile çalışmanız da gerekmez, kolektif emekçinin bir parçası olmanız, onun yerine getireceği alt işlevlerden bir tanesini yapmanız yeterlidir. Üretken emeğin yukarda verilen ilk tanımı, yani maddi nesnelerin üretiminin asıl niteliğinden çıkartılan tanımı, bütünüyle alındığında, kolektif emekçi için de hâlâ doğrudur. Ama onu oluşturan üyeler teker teker alındığında artık geçerliliğini yitirir.

Bununla birlikte, öte yandan, bizim üretken emek kavramımızda bir daralma oluyor. Kapitalist üretim, yalnızca meta üretimi değil, esas olarak artı-değer üretimidir. Emekçi, kendisi için değil, sermaye için üretir. Bu nedenle, artık yalnızca üretmesi yetmez. Artı-değer de üretmek zorundadır. Bir tek, kapitalist için artı-değer üreten, böylece sermayenin kendisini genişletmesi için çalışan emekçi üretkendir. Maddi nesneler üretiminin dışında kalan bir alandan örnek alırsak, bir öğretmen, öğrencilerin kafaları üzerinde emek harcamasının yanısıra, eğer okul sahibini zenginleştirmek için de eşek gibi çalışıyorsa, üretken bir emekçi sayılır. Okul sahibinin, sermayesini, sosis fabrikası yerine öğretim fabrikasına yatırmış olması hiçbir şeyi değiştirmez. Demek oluyor ki, üretken emekçi kavramı, yalnızca iş ile yararlı etki arasındaki, emekçi ile emek ürünü arasındaki bir ilişkiyi anlatmakla kalmıyor, aynı zamanda, tarihsel gelişmeden doğan ve işçiye, doğrudan artı-değer yaratma aracı damgası vuran özgül bir toplumsal üretim ilişkisini de anlatıyor. Bu nedenle, üretken emekçi olmak talih değil talihsizlik eseridir. Teori tarihinin ele alınacağı IV. Kitapta, klasik ekonomi politikçilerin artı-değer üretimini, her zaman için, üretken emekçinin ayırdedici niteliği haline getirdikleri daha açıkça görülecektir. Bu nedenle de, bunların üretken emekçi tanımı, artı-değerin niteliği üzerindeki düşünceleri ile birlikte değişir. Fizyokratlar yalnız tarımsal alanda harcanan emeğin üretken olduğunda ısrar ederler, çünkü onlara göre yalnız bu emek, artı-değer sağlar. Böyle söylemelerinin nedeni de, onlar için artı-değerin ancak rant biçiminde varolmasıdır.

İşgününün, emekçinin kendi emek-gücünün değerine eşit bir değeri ürettiği noktanın ötesine uzatılması ve bu artı-emeğe sermaye tarafından elkonulması, işte bu, mutlak artı-değer üretimidir. Kapitalist sistemin genel dayanağını ve nispi artı-değer üretiminin çıkış noktasını bu oluşturur. Nispi artı-değer üretimi, işgününün, gerekli-emek ve artı-emek diye zaten iki kısma bölünmüş olduğunu öngörür. Artı-emeği uzatmak için gerekli-emek, ücretin eşdeğerini daha kısa zamanda üretmeyi sağlayan yöntemlerle kısaltılır. Mutlak artı-değer üretimi, tamamen işgününün uzunluğuna bağlıdır; oysa nispi artı-değer üretimi, işin teknik sürecini ve toplumun bileşimini kökünden değiştirir. Bu nedenle o, kendisine özgü yöntemleri, araçları ve koşullarıyla birlikte, emeğin şeklen sermayenin egemenliği altına girmesiyle sağlanan temel üzerinde kendiliğinden doğup gelişen özgül bir üretim tarzını, yani kapitalist üretim tarzını öngörür. Bu gelişme sırasında, emeğin sermayeye bu biçimsel bağımlılığı, yerini, zamanla gerçek bağımlılığa bırakır.

Artı-emeğin üreticiden doğrudan ve zorla alınmadığı ve üreticinin kendisinin de henüz sermayenin biçimsel boyunduruğu altına girmediği bazı ara biçimlere, burada değinilmekle yetinilecektir. Bu gibi biçimlerde, sermaye, henüz emek-sürecini doğrudan denetimi altına almış değildir. Elzanaatları ile tarımı eski geleneksel biçimi ile sürdüren bağımsız üreticilerin yanıbaşında, bunların üzerinde asalaklar gibi beslenen tefeci ya da tüccar, tefeci sermayesi ya da tüccar sermayesi vardır. Bir toplumda bu tür sömürünün egemen oluşu halinde, kapitalist üretim tarzına burada yer olmaz; ne var ki, bu üretim tarzına, tıpkı ortaçağın sonlarında olduğu gibi, geçici bir biçim olarak hizmet edebilir. Ensonu, modern "ev sanayisinde" gösterildiği gibi, büyük sanayinin arka planında, bazı ara biçimler tamamen değişik görünüşler altında yer yer ortaya çıkabilirler.

Bir yandan, mutlak artı-değer üretilmesi için, emeğin sermayeye yalnızca şekil olarak bağlı olmasının, örneğin daha önce kendi hesabına ya da bir ustanın yanında çırak olarak çalışan elzanaatçılarının, bir kapitalistin doğrudan denetimi altında ücretli emekçi haline gelmesinin yettiğini, öte yandan da nispi artı-değer üretme yöntemlerinin aynı zamanda mutlak artı-değer üretme yöntemleri olduğunu görmüş bulunuyoruz. Bu kadarla da kalmıyor, işgününün ölçüsüz derecede uzatılması, büyük sanayiye özgü bir ürün olarak ortaya çıkıyor. Genel deyişle, özgül kapitalist üretim tarzı, bütün bir üretim koluna ve daha da öteye, bütün önemli üretim kollarına egemen hale gelir gelmez, salt bir nispi artı-değer üretme aracı olmaktan çıkar. O zaman, genel ve toplumsal olarak, egemen üretim biçimi halini alır. Nispi artı-değer üretmenin özel bir yöntemi olarak etkinliğini, ancak, ilkin daha önce yalnızca şeklen sermayenin egemenliği altında olan sanayi kollarını elegeçirdiği, yani yayıldığı ölçüde; ikinci olarak, elegeçirdiği sanayilerin üretim yöntemlerindeki değişiklikler yoluyla devrim yapmaya devam ettiği ölçüde koruyabilir.

Bir açıdan, mutlak ve nispi artı-değer arasındaki herhangi bir ayrım, hayalî gibi görünür. Nispi artı-değer, işgününü, emekçinin kendisinin varolması için gerekli emek-zamanının ötesinde mutlak uzatılmasına zorladığı için mutlaktır. Mutlak artı-değer ise, emeğin üretkenliğinde, gerekli emek-zamanını, işgününün ancak bir kısmını oluşturacak biçimde bir gelişme olmasını şart koştuğu için nispidir. Ama artı-değerin hareket şeklini dikkate aldığımızda, bu özdeşlik görüntüsü kaybolur. Kapitalist üretim tarzı bir kez kurulup genelleşti mi, artı-değer oranında bir yükselmenin sözkonusu olduğu durumlarda, mutlak ve nispi artı-değer arasındaki fark kendisini belli eder. Emek-gücüne değerinin ödendiğini varsayarsak, şu seçenekle karşı karşıya geliriz: Emeğin üretkenliği ile normal yoğunluğu belirli ise, artı-değer oranı, ancak işgününün fiilen uzatılmasıyla yükseltilebilir; öte yandan, işgününün uzunluğu belli ise, bu yükseliş, ancak işgününü oluşturan kısımların, yani gerekli-emek ile artı-emeğin nispi büyüklüklerinde bir değişiklik yapmakla sağlanabilir; burada, eğer ücretler, emek-gücünün değerinin altına düşmüyorsa, ya emeğin üretkenliğinde, ya da yoğunluğunda bir değişme olmasını gerektirir.

Eğer emekçi, bütün zamanını, kendisi ve soyu için gerekli geçim araçlarının üretimine vermek isterse, başkaları için bedavadan çalışacak zamanı kalmaz. Emeği belli bir üretkenlik derecesine ulaşmadan, kullanabileceği böyle bir fazla zaman olmaz; böyle fazladan bir zaman olmayınca da, ne artı-emek olur ve, bu nedenle de, ne de kapitalistler, köle sahipleri, feodal beyler, tek sözcükle büyük mülksahipleri sınıfı.[1]

Böylece, artı-değerin doğal bir temele dayandığı söylenebilir; ancak bu, bir kimsenin kendi varlığı için gerekli olan emeği kendi sırtından atıp bir başkasının sırtına yüklemesini mutlak şekilde önleyecek doğal bir engelin bulunmadığı şeklinde çok genel bir anlamda alınmalıdır; tıpkı, örneğin, bir insanı diğer bir insanın etini yemekten alıkoyacak aşılamaz doğal engellerin bulunmaması gibi.[2]

[1] "Patron-kapitalistlerin ayrı bir sınıf olarak varoluşları, emeğin üretkenliğine bağlıdır." (Ramsay, *l.c.,* s. 206.) "Eğer her insanın emeği ancak kendi yiyeceğini üretmeye yetecek kadar olsaydı, mülkiyet diye bir şey olmazdı." (Ravenstone, *l.c.,* s. 14, 15.)

[2] Son hesaplara göre, yeryüzünün keşfedilmiş kısımlarında, hâlâ en az 4.000.000 yamyam vardır.

Emeğin üretkenliğinin tarih içindeki bu gelişmesiyle, bazan yapıldığı gibi, hiçbir mistik düşünce arasında bir bağ kurulmaması gerekir. Ancak insanların, kendilerini hayvanların bulunduğu düzeyin üzerine çıkartmalarından ve böylece de emeklerinin bir ölçüde toplumsallaşmasından sonradır ki, birinin artı-emeğinin, bir diğerinin varlık koşulu olduğu durumlar ortaya çıkmıştır. Uygarlığın şafağında, emeğin kazandığı üretkenlik azdır, ama, aynı şekilde, gereksinmelerini karşılama araçları tarafından ve onlarla birlikte gelişen gereksinmeleri de azdır. Ayrıca, bu ilk dönemde, toplumun, başkalarının emeğiyle yaşayan kesimi, doğrudan üretici olan kitle ile karşılaştırıldığında, son derece küçüktür. Emeğin üretkenliğindeki gelişmeyle birlikte toplumdaki bu küçük kesim de, hem mutlak ve hem de nispi olarak artmıştır.[3] Bundan başka, sermaye, beraberinde getirdiği ilişkilerle birlikte, uzun bir gelişme sürecinin ürünü olan ekonomik bir topraktan doğar. Sermayenin temeli ve çıkış noktası hizmetini gören emeğin üretkenliği, doğanın değil, binlerce yılı kucaklayan bir tarihin armağanıdır.

Toplumsal üretimin az ya da çok gelişmiş şekli bir yana, emeğin üretkenliği fiziksel koşullarla da engellenir. Bütün bunlar, insanın, kendi yapısı (ırk vb.) ile doğal çevresine bağlanabilir. Dış fiziksel koşullar iki büyük ekonomik sınıfa ayrılırlar, (1) geçim araçlarındaki doğal zenginlik, yani verimli topraklar, balık dolu sular vb.; ve (2) çağlayanlar, ulaşıma elverişli nehirler, kereste, maden, kömür vb. gibi emek araçları şeklinde doğal zenginlik. Uygarlığın şafağında ağır basan birinci sınıf doğa zenginliğidir, daha yüksek gelişme aşamasında ise ikinci sınıf. Örneğin, İngiltere ile Hindistan, ya da antikçağlarda Atina ve Korent ile Karadeniz kıyıları karşılaştırılabilir.

Karşılanmaları zorunlu doğal gereksinmelerin sayısı ne kadar az, toprağın verimliliği ile iklimin elverişliliği ne kadar fazla olursa, üreticinin yaşaması ve devamı için gerekli emek-zamanı da o kadar kısa olur. Bu yüzden de, emeğinin, başkaları için harcayabileceği kısmı, kendisi için harcadığı kısımdan o kadar büyük olabilir. Diodorus, çok önceleri, eski Mısırlılar ile ilgili olarak buna işaret etmişti: "Çocuklarını yetiştirmek için katlandıkları zahmet ve masraf inanılmayacak kadar az. Onlar, çocuklar için elaltındaki en basit şeyleri pişiriyorlar; bunlara ayrıca papirus sapının ateşte kızartılabilecek alt kısımlarını veriyorlar; bataklık bitkilerinin kök ve saplarını, çiğ haşlanmış ya da kızartılmış olarak yediriyorlar.

[3] "Amerika'da yabanıl kızılderililer arasında, hemen hemen her şey emekçinindir; yüzün 99 kısmı emeğin hesabına yazılır. İngiltere'de emekçi, belki üçte-iki bile alamaz." (*The Advantages of the East-India Trade etc.*, s. 73.)

Hava o kadar yumuşak ki, çocukların çoğu ayakkabısız ve çıplak dolaşıyorlar. Böylece çocuklar büyüyünceye kadar, babalarına yirmi drahmiden fazlaya malolmuyor. Mısır nüfusunun bu kadar fazla olmasının başlıca nedeni bu olduğu gibi, bu denli büyük yapıtların yaratılmasının da nedeni budur."[4] Ne var ki, eski Mısır'ın dev yapıları, nüfusun çokluğundan çok, bunun serbestçe kullanılabilecek kısmının büyüklüğü sayesinde gerçekleştirilmiştir. Tıpkı tek başına bir emekçinin, gerekli emek-zamanı ne kadar kısa olursa, o derece fazla artı-emek sağlayabilmesi gibi, çalışan nüfus için de aynı şey söylenebilir. Bu nüfusun, gerekli geçim araçlarının üretilmesi için gerekli olan kısmı ne kadar az olursa, başka işlere ayrılabilecek kısmı da o kadar fazla olur.

Kapitalist üretim bir kez varsayılınca, diğer koşullar aynı kalmak üzere ve işgününün uzunluğu belli olduğuna göre artı-emek miktarı, emeğin fiziksel koşullarına, özellikle de toprağın verimliliğine bağlı olarak değişir. Ama bu, hiçbir zaman, en verimli toprağın, kapitalist üretim tarzının gelişmesi için en uygun ortam olduğu anlamına gelmez. Bu üretim tarzı, insanın doğa üzerindeki egemenliğine dayanır. Doğa, çok cömert olduğu yerlerde, "yürüme dönemindeki çocuk gibi insanın elinden tutar". Doğa, insana, kendisini geliştirmesi için herhangi bir zorunluluk yüklemez.[5] Sermayenin anayurdu, bol bitki örtüsü ile örtülü tropik bölgeler değil, ılımlı bölgelerdir. Toprağın yalnızca verimliliği değil, özelliklerindeki farklılık, doğal ürünlerindeki çeşitlilik, mevsimlerdeki değişiklik, toplumsal işbölümünün fiziksel temelini oluşturur ve, doğal çevresindeki bu değişiklikler, insanı, gereksinmelerini, yeteneklerini, emek araçlarını ve tarzlarını çeşitlendirip çoğaltmaya iter. İnsan eliyle doğal bir kuvveti toplumun denetimi altına alma ve onu tutumlu bir şekilde kullanma, geniş ölçüde bu güce sahip ya da egemen olma zorunluluğudur ki, sanayi tarihinde ilk en kesin rolü oynamıştır. Mısır, Lombardiya, Hollanda ya da Hindistan ve

[4] Diodorus, *l.c.*, L. I., ch. 80.

[5] "İlk" (doğal servet) "son derece soylu ve kârlı olduğu için, insanları, umursamaz, mağrur yapar ve her türlü aşırılıklara götürür; oysa ikincisi, dikkatli olmaya, bilgiye, sanata ve politikaya zorlar." (*England's Treasure by Foreign Trade. Or the Balance our Foreign Trade is the Rule of our Treasure.* Written by Thomas Mun, of London, Marchant, and now published for the common good by his John Mun, London 1669, s. 181, 182.) "Bir halk topluluğu için, üzerinde beslenme ve giyinme gereksinmelerinin büyük ölçüde kendiliğinden karşılandığı ve iklimin giyinme ve barınma için pek az şey yapılmasına gerek gösterdiği ya da izin verdiği bir toprak parçasına bırakılmış olmaktan daha büyük bir lanet düşünemiyorum ... bunun karşıtı olan aşırı bir durum da olabilir. Emek harcanmasıyla üzerinde herhangi bir şey üretilemeyen bir toprak, emek harcanmaksızın bol ürün veren toprak kadar kötüdür." ([N. Forster,] *An Enquiry into the Causes of the Present High Price of Provisions,* Lond. 1767, s. 10.)

İran'daki sulama işleri bunun örnekleridir;[6] buralarda insan eliyle açılan kanallarla yapılan sulama, yalnız toprak için vazgeçilmez suyu sağlamakla kalmaz, aynı zamanda, yamaçlardan sürükleyip getirdiği yararlı minarelleri de ona katar. İspanya ile Sicilya'da, Arap egemenliği sırasında, sanayi alanında gelişmenin sırrı, onların kurmuş oldukları sulama tesisleridir.[7]

Uygun doğal koşullar, bize, yalnızca bir olanak sağlar; yoksa, ne artı-emeği, ne de dolayısıyla artı-değeri ve artı-ürünü hazır durumda bize verir. Emeğin doğal koşullarındaki farkın sonucu, aynı miktarda emeğin farklı ülkelerde farklı büyüklükteki gereksinme kitlesini[8] karşılamasında ve dolayısıyla, diğer bakımlardan benzer olan koşullar altında gerekli emek-zamanının farklı olmasında görülür. Bu koşullar, artı-emeği, yalnızca doğal sınırlar olarak etkiler, yani emeğin başkaları için harcanmaya başlanabileceği noktanın belirlenmesinde rol oynarlar. Sanayideki ilerlemelerle orantılı olarak, bu doğal sınırlar geriler. Emekçinin kendi yaşamını kazanması için çalışma hakkını, karşılığında artı-emek ödeyerek satın aldığı bizim Batı Avrupa toplumumuzda, artı-ürün sağlamanın, insan emeğinin özünde bulunan bir nitelik olduğu fikri kolayca kök salabilir.[9] Ama, örneğin, ormanlarda sago ağacının kendiliğinden

6 Nil'in yükselip alçalmasını önceden hesaplama zorunluluğu, Mısır gökbilimini yarattı ve bununla birlikte rahipler, tarımın yöneticisi olarak egemen oldular. "*Le solstice est le moment de l'année où commence la crue du Nil, et celui que les Egyptiens ont dû observer avec le plus d'attention. ... C'était cette année tropique qu'il leur importait de marquer pour se diriger dans leurs opérations agricoles. Ils durent donc chercher dans le ciel un signe apparent de son retour.*" ["Gündönümü, yılın, Nil'in kabarmasının başladığı ve Mısırlıların çok büyük bir dikkatle gözlemlemek zorunda kaldıkları anıdır. ... Tarım işlerinde kendilerini yönetmek için belirlenmesi önemli olan, işte bu tropik yıldı. Bu nedenle, gökte, onun dönüşünü gösteren bir işaret aramak zorunda kaldılar."] (Cuvier, *Discours sur les révolutions du globe,* ed. Hœfer, Paris 1863, s. 141.)

7 Hindistan'da devletin, küçük ve birbiriyle ilişkisiz üretim birimleri üzerindeki gücünün maddi temellerinden birisi, suların kullanılmasının düzenlenmesi idi. Hindistan'ın müslüman yöneticileri, bunu, kendilerinin yerine geçen İngilizlerden daha iyi anlamışlardı. Bengal eyaletinin Orissa bölgesinde bir milyondan fazla Hintlinin yaşamına malolan 1866 kıtlığını anımsamak bu konuda yeterlidir.

8 "Yeryüzünde, aynı emek miktarıyla, aynı sayıdaki gerekli tüketim maddelerini aynı bollukta sağlayan iki ülke yoktur. İnsanların gereksinmeleri, yaşadıkları ülke ikliminin sertliği ya da sıcaklığı ile artar ya da eksilir; bu nedenle, çeşitli ülkelerde yaşayan insanların zorunlu olarak yürütmek durumunda oldukları ticaret ve iktisadın oranı aynı olmadığı gibi, aralarındaki farkın derecesi, sıcaklığın ya da soğukluğun derecesinden ayrı hesaplanamaz; buradan şu genel sonuca ulaşılabilir ki, belli sayıda insan için gerekli emek miktarı soğuk iklimlerde en fazla, sıcak iklimlerde en azdır; çünkü bunların ilkinde insanların yalnız giyecek gereksinmeleri daha fazla olmakla kalmaz, toprak da ikincisine göre daha fazla işlenmeye gerek gösterir." (*An Essay on the Governing Causes of the Natural Rate of Interest,* Lond. 1750, s. 59.) Bu çığır açıcı imzasız yapıtın yazarı J. Massie'dir. Hume, faiz teorisini buradan almıştır.

9 "*Chaque travail doit*" (bu aynı zamanda, *droits et devoirs du citoyen*'in [yurttaşın hak ve görevlerinin –ç.] yurttaşların hak ve görevlerinin bir kısmı gibi de görü-

yetiştiği Asya Takımadalarının doğusundaki adalarda yaşayan bir yerliyi düşünelim. "Ağaç üzerinde bir delik açarak özsuyun olgunlaştığını anlayan yerliler, ağacı gövdesinden keserek birkaç parçaya ayırırlar; özsu çıkartılır, suyla karıştırılır ve süzülür: Artık nişasta olarak kullanılmaya hazır demektir. Bir ağaç, genel olarak, 300 libre ve bazan da 500-600 libre nişasta verir. Orada insanlar ormana gidip, yiyecekleri ekmeklerini tıpkı bizim yakacak odunumuzu kestiğimiz gibi kesip alırlar."[10] Şimdi diyelim böyle bir doğulu ekmek kesicisinin, bütün gereksinmelerinin karşılanması için haftada 12 saat çalışması gereksin. Doğa, ona bol bol boş zaman armağan etmiştir. Bu boş zamanı kendisi için üretken bir biçimde kullanabilmesi bir dizi tarihsel olaydan sonradır; bunu, yabancılar için artı-emek şeklinde harcaması ise, bir dış zorlamayı gerektirir. Kapitalist üretim buraya girince, saf adam, belki de, tek bir işgününün ürününü kendisine ayırabilmek için haftada altı gün çalışmak zorunda kalacaktır. Doğanın cömertliği onun şimdi niçin haftada altı gün çalışmak zorunda kaldığını, ya da niçin beş günlük artı-emek sağlamak durumuna düştüğünü açıklamaz. O, yalnızca, onun gerekli emek-zamanının haftada niçin bir gün olarak sınırlandığını açıklar. Ama onun artı-ürünü, hiçbir zaman insan emeğinin özünde bulunan gizli bir nitelikten doğmamaktadır.

Böylece, yalnız, emeğin tarih boyunca gelişen toplumsal üretkenliği değil, aynı zamanda, doğal üretkenliği de, kendisiyle birleştiği sermayenin üretkenliği gibi görünüyor.

Ricardo, artı-değerin kaynağı ile hiçbir zaman ilgilenmemiştir. Artı-değeri, ona göre, toplumsal üretimin doğal şekli olan kapitalist üretim tarzının özünde bulunan bir şey olarak ele almıştır. Ne zaman emeğin üretkenliğini ele alsa, onda artı-değerin nedenini değil, bu değerin büyüklüğünü belirleyen nedeni araştırmaktadır. Öte yandan Ricardo'cu okul, emeğin üretkenliğini, kârı (artı-değeri diye okuyun) doğuran neden olarak açıkça ilan etmiştir. Ne olursa olsun, bu, ürünün fiyatının, üretim maliyetini aşan kısmının değişiminden, ürünün değerinin üstünden satılmasından ileri geldiğini öne süren merkantilistlere göre, gene de bir gelişmedir. Ne var ki, Ricardo'cu okul bu sorundan kaçınmış, onu çözümlememiştir. Aslında bu burjuva iktisatçılar, artı-değerin kaynağı gibi yakıcı bir sorunu çok fazla kurcalamanın pek tehlikeli olduğunu içgüdüleriyle pek haklı olarak fark etmişlerdir. Peki, Ricardo'yu vülgerleştiren

nür) "*laisser un excédant*" ["her emeğin bir fazlalık bırakması gerekir" –ç.]. Proudhon, [P. J. Proudhon, *Système des Contradictions économiques, ou philosophie de la misère,* t. 1, Paris 1846, s. 73.]

[10] F. Schouw, *Die Erde, die Pflanzen und der Mensch,* 2. Aufl., Leipzig 1854, s. 148.

izleyicilerinin zavallıca kaçamaklarını beceriksizce yineleyerek, Ricardo'dan yarım yüzyıl sonra, merkantilistlere üstün olduğunu büyük bir ciddiyetle iddia eden John Stuart Mill'e ne demeli?

Mill diyor ki: "Kârın nedeni, emeğin kendisini sağlaması için gerekli olandan fazlasını üretmesidir." Buraya kadar yeni bir şey yok, eski öykü; ama kendisinden de bir şey katmak isteyen Mill devam ediyor: "Teoremi şöyle de koyabiliriz: Sermayenin kâr sağlamasının nedeni, besinlerin, giysilerin, malzeme ve araçların, bunların üretilmeleri için gerekli olan zamandan daha uzun süre dayanmalarıdır." Mill, burada, emek-zamanının süresi ile onun ürünü olan şeylerin sürelerini karıştırmaktadır. Bu görüşe göre, ürünü yalnızca bir gün dayanan bir fırıncı, işçilerinden, ürünleri 20 yıl ya da daha fazla dayanan bir makine yapımcısı kadar kâr sızdıramayacaktır. Bir kuş yuvasının ömrü, bu yuvanın yapımı için geçen süreden kısaysa, kuşkusuz, kuşların, yuva olmaksızın yaşamak zorunda kalacakları doğrudur.

Bu temel gerçek saptandıktan sonra, Mill, merkantilistler üzerinde üstünlüğünü kurmaya geçiyor. "Gördüğümüz gibi" diye devam ediyor, "kâr, değişim olayından değil, emeğin üretken gücünden doğuyor; ve bir ülkenin toplam kârı, değişim olsun olmasın, her zaman emeğin üretken gücünün sonucudur. Uğraşlar arasında bir bölünme olmasaydı, alım da satım da olmazdı, ama gene de kâr olurdu." Demek ki, Mill'e göre, değişim, kapitalist üretimin genel koşulları olan alım ve satım, yalnız raslantıya bağlı bir olaydır, emek-gücü alınmadan ve satılmadan da kâr daima pekala olabilir!

"Eğer" diye devam ediyor, "bir ülkenin işçileri, ortak olarak, ücretlerinden yüzde-yirmi fazla üretimde bulunsalar, fiyatlar ne olursa olsun, kâr yüzde-yirmi olacaktır." Bu, bir yandan az raslanan bir totolojidir; çünkü eğer işçiler kapitalist için %20'lik bir artı-değer üretirlerse, kapitalistin kârı, işçilerin toplam ücretlerine oranla 20 : 100 olur. Öte yandan, "kârın yüzde yirmi olacağını" söylemek tamamen yanlıştır. Kârlar, yatırılan *toplam sermaye* üzerinden hesaplandığı için her zaman daha az olacaktır. Örneğin, kapitalist, 400 sterlini üretim araçlarına, 100 sterlini ücretlere olmak üzere 500 sterlin yatırsa ve artı-değer oranı da %20 olsa, kâr 20 : 500 olur; yani %20 değil, %4 olur.

Bunun ardından Mill'in, farklı tarihsel toplumsal üretim biçimlerini ele alma yöntemini ortaya koyan parlak bir örnek gelir. "Ben, pek az istisna dışında, her yerde görülen, işçiler ile kapitalistlerin ayrı sınıflar halinde bulunmalarını evrensel bir şey olarak kabul ediyorum; yani işçilere yapılan ödemelerin tamamı dahil, bütün harcamaların kapitalist tarafından yapıldığını varsayıyorum."

Yeryüzünde henüz yalnızca ayrıksın bir şekilde varolan bir durumu her yerde görmek, herhalde garip bir göz yanılmasıdır. Ama biz devam edelim — Mill "onun böyle yapmasının kalıtsal bir zorunluluk olmadığını" kabul etmeye hazırdır.* Tersine: "Emekçi, ücretinin zorunlu gereksinmeleri aşan kısmını, ve hatta, eğer elinde geçici gereksinmelerini karşılayacak kadar para varsa tümünü almak için üretimin tamamlanmasına kadar bekleyebilir. Ama bu durumda emekçi, üretimin yürütülmesi için gerekli paranın bir kısmını sağlamakla, bu işte bir ölçüde gerçek bir kapitalisttir." Mill daha da ileri giderek, zorunlu gereksinmeleri için kendi kendisine avans vermekle kalmayıp üretim araçlarına da yatırım yapan emekçinin, aslında, kendi kendisinin ücretli emekçisi olduğunu da söyleyebilirdi. Bununla da yetinmeyip, Amerikalı mülksahibi köylünün, efendisi yerine kendisi hesabına angarya işi yapan bir köleden başka bir şey olmadığını da söyleyebilirdi.

Böylece, bize, kapitalist üretimin varolmamakla birlikte gene de daima mevcut bulunduğunu açıkça kanıtladıktan sonra Mill, bunun tersini de, yani kapitalist üretimin varolduğu zaman bile mevcut olmadığını tanıtlayacak kadar tutarlıdır. "Ve bir önceki durumda bile (ücretli emekçi olan işçiye, kapitalistin gerekli bütün tüketim maddelerini sağladığı durum) işçiye aynı gözle (yani bir kapitalist olarak) bakılabilir; emeğini piyasa fiyatının altında bir fiyatla (!) verdiği için aradaki bu farkı (?) işverene borç verdiği ve faizi ile birlikte geri aldığı söylenebilir vb.."[11] Aslında, işçi, emeğini, kapitaliste, hafta sonunda piyasa fiyatını elde etmek üzere diyelim bir hafta boyunca bedava olarak avans verir; ve işte bu durum, Mill'e göre işçiyi kapitaliste dönüştürüyor. Düzlük yerlerde küçücük tümsekler tepe gibi görünür; bugünkü burjuvazinin ahmaklık ovaları, yüce zekalarının yüksekliği ile ölçülmek gerekir.

[11] J. St. Mill, *Principles of Pol. Econ.*, Lond. 1868, s. 252-53 *passim.* [Yukardaki pasajlar, *Kapital*'in Fransızca baskısına göre çevrilmiştir. – *F. E.*]

* Marx'ın 28 Kasım 1878 tarihli mektubunda, N. F. Danielson'a yaptığı tavsiyeye göre, "Yeryüzünde" sözleriyle başlayan ve "kabul etmeye hazırdır" sözleriyle biten bu pasajın son kısmının şöyle anlaşılması gerekir: "Bunun böyle olmasının, emekçiler ile kapitalistlerin ayrı sınıflar halinde olduğu bir ekonomik sistemde, bile, mutlak bir zorunluluk olmadığını Mr. Mill kabul etmeye hazırdır." — *Rusça baskısına Marksizm-Leninizm Enstitüsünün notu.*

ONYEDİNCİ BÖLÜM

EMEK-GÜCÜ FİYATINDA VE ARTI-DEĞERDE BÜYÜKLÜK DEĞİŞMELERİ

EMEK-GÜCÜNÜN değeri, ortalama emekçinin yaşaması için gerekli, alışılagelen tüketim maddelerinin değeriyle belirlenir. Bu gerekli tüketim maddelerinin miktarı, belli bir toplumun belli bir döneminde bilindiği için, değişmeyen bir büyüklük olarak kabul edilebilir. Değişiklik gösteren, bu miktarın değeridir. Emek-gücünün değerinin belirlenmesinde etkili olan ayrıca iki etmen daha vardır. Bunlardan birisi, emek-gücünün, üretim tarzına bağlı olarak değişen gelişme giderleri; diğeri de, doğal çeşitliliği, erkek ve kadın, çocuk ve yetişkin emek-gücü arasındaki farklardır. Bu farklı emek-gücü çeşitlerinin kullanılması, üretim tarzıyla zorunlu hale gelen bir kullanılma, emekçinin ailesinin yaşama maliyetinde ve yetişkin erkeğin emek-gücünün değerinde büyük bir farklılık yaratır. Ne var ki, bu her iki etmen de aşağıdaki incelememizin dışında bırakılacaktır.[11a]

(1) Metaların değerleri üzerinden satıldıklarını; (2) emek-gücünün fiyatının zaman zaman değerinin üzerine yükseldiğini,

[11a] [*Üçüncü Almanca baskıya not.* – 316-319. [307-311.] sayfalarda ele alınan durum, burada doğal olarak konu-dışı bırakılmıştır. –*F. E.*]

ama hiçbir zaman bunun altına düşmediğini varsayıyorum.

Bu varsayımlara dayanılarak, artı-değer ile emek-gücü fiyatının nispi büyüklüklerinin, üç şey tarafından belirlendiğini görmüştük; (1) işgünü uzunluğuna ya da emeğin büyüklüğünün genişliğine; (2) emeğin normal yoğunluğuna, yoğunluk yönünden büyüklüğüne, belli bir sürede belli bir miktarda emek harcanmasına; (3) emeğin üretkenliğine, üretim koşullarındaki gelişme derecesine bağlı olarak aynı miktarda emeğin belli bir sürede, daha çok ya da daha az ürün sağlamasına. Üç etmenden birinin değişmeyen, ikisinin değişen, ya da ikisinin değişmeyen, birinin değişen ve ensonu her üçünün de aynı zamanda değişen olmalarına göre çok farklı düzenlemelerin olabileceği açıktır. Bu etmenlerin aynı anda değişmeleri halinde, her birindeki değişikliğin miktarı ve yönü farklı olabileceğine göre, bu düzenlemelerin sayısı da artar. Aşağıda yalnızca bellibaşlı düzenlemeler gözden geçirilecektir.

I. İŞGÜNÜ UZUNLUĞU İLE EMEK YOĞUNLUĞU DEĞİŞMİYOR EMEĞİN ÜRETKENLİĞİ DEĞİŞİYOR

Bu varsayımlara göre, emek-gücünün değeri ile artı-değerin büyüklüğü, üç yasa tarafından belirlenir.

(1) Belli uzunluktaki bir işgünü, emeğin üretkenliği ve onunla birlikte ürünün kitlesi ve üretilen her metaın fiyatı ne denli değişirse değişsin, her zaman aynı miktarda değer yaratır. Eğer oniki saatlik bir işgününde yaratılan değer, diyelim altı şilin ise, üretilen malların kitlesi, emeğin üretkenliği ile birlikte değişse bile, varolan tek sonuç, altı şilinin temsil ettiği değerin, daha çok ya da daha az sayıda mala dağılmasıdır.

(2) Artı-değer ile, emek-gücünün değeri, karşıt yönlerde değişirler. Emeğin üretkenliğindeki bir değişme, ondaki artma ya da eksilme, emek-gücü değerinde karşıt yönde, artı-değerde aynı yönde bir değişmeye neden olur.

Oniki saatlik bir işgününde yaratılan değer, değişmeyen bir miktardır, diyelim altı şilindir. Bu değişmeyen miktar, artı-değer ile işçinin bir eşdeğerle yerine koyduğu emek-gücü değerlerinin toplamına eşittir. Eğer değişmeyen bir miktar iki kısımdan oluşuyorsa, bunlardan biri eksilmeden diğerinin artamayacağı apaçıktır. Başlangıçta iki kısım eşit olsun: 3 şilin değerinde artı-değer, 3 şilin değerinde emek-gücü. Bu durumda, artı-değer üç şilinden iki şiline inmeden, emek-gücünün değeri üç şilinden dört şiline yükselemez; aynı şekilde, emek-gücünün değeri üç şilinden iki şiline düşmeden, artı-değer üç şilinden dört şiline yükselemez. Demek ki, bu durumda, ne emek-gücü değerinin ve ne de artı-değerin mutlak büyüklüklerinde, bunların nispi, yani birbirine oranlı büyüklüklerinde, aynı anda bir değişme olmadan hiçbir değişiklik olmaz. Bunların aynı anda yükselmeleri ya da düşmeleri olanaksızdır.

Ayrıca, emeğin üretkenliğinde bir yükselme olmaksızın, emek-gücünün değeri düşemez ve dolayısıyla artı-değer yükselemez. Örneğin, yukardaki durumda, emeğin üretkenliğinde, eskiden altı saatte üretilen aynı miktardaki gerekli tüketim maddesini şimdi dört saatte üretecek kadar bir artış olmaksızın, emek-gücünün değeri, üç şilinden iki şiline düşemez. Öte yandan, emeğin üretkenliğinde, eskiden altı saatte üretilebilen aynı miktardaki gerekli tüketim maddelerinin üretimi için şimdi sekiz saati gerektiren bir düşme olmaksızın, emek-gücünün değeri üç şilinden dört şiline çıkamaz. Bundan şu sonuç çıkar ki, emeğin üretkenliğinde bir artış, emek-gücü değerinde bir düşmeye ve dolayısıyla artı-değerde bir yükselmeye yolaçtığı halde, bu üretkenlikte bir azalma, emek-gücünün değerinde bir yükselmeye ve artı-değerde bir düşmeye neden olur.

Bu yasayı formülleştirirken Ricardo bir noktayı ihmal etmiştir: Artı-değerin ya da artı-emeğin büyüklüğündeki bir değişme, emek-gücü değerinin büyüklüğünde ya da gerekli-emeğin miktarında ters yönlü bir değişmeye yolaçmakla birlikte, bu, hiçbir zaman bunların aynı oranda değişeceği anlamına gelmez. Bunlar aynı miktarda artar ya da azalırlar. Ama bunların orantılı artışları ya da azalışları, emeğin üretkenliğinde değişme olmadan önceki ilk büyüklüklerine bağlıdır. Emek-gücünün değeri 4 şilin, ya da gerekli emek-zamanı 8 saat ve artı-değer 2 şilin, ya da artı-emek 4 saat olsa ve emeğin üretkenliğindeki artış nedeniyle, emek-gücü değeri 3 şiline ya da gerekli-emek 6 saate düşse, artı-değer 3 şiline ya da artı-emek 6 saate yükselir. Aynı miktar, 1 şilin ya da 2 saat, bir durumda eklenmiş, diğerinde çıkartılmıştır. Ama her iki durumda da, büyüklüklerdeki değişme oranı farklıdır. Emek-gücünün değeri, 4 şilinden 3 şiline, yani ¼ ya da %25 kadar düştüğü halde, artı-değer, 2 şilinden 3 şiline, yani ½ ya da %50 kadar yükselir. Buradan şu sonuç çıkar ki, emeğin üretkenliğinde belli bir değişme sonucu olarak artı-değerdeki orantılı artma ya da eksilme, işgününün artı-değeri temsil eden kısmının başlangıçtaki büyüklüğüne bağlıdır; bu kısım ne kadar küçükse orantılı değişme o kadar büyük, bu kısım ne kadar büyükse orantılı değişme o kadar küçüktür.

(3) Artı-değerdeki artma ya da azalma her zaman emek-gücünün değerine tekabül eden azalma ya da artmanın bir sonucu olup, asla nedeni değildir.[12]

[12] Bu üçüncü yasaya MacCulloch, diğerleri yanında, şu saçmayı eklemiştir: Ka-

İşgünü, değişmeyen bir büyüklük olup değişmeyen büyüklükte bir değerle temsil edildiğine göre, artı-değerin büyüklüğündeki her değişmeye, emek-gücünün değerinde ters bir değişikliğe tekabül ettiğine göre, ve emeğin üretkenliğinde bir değişiklik olmaksızın emek-gücünün değerinde bir değişme olamayacağına göre, bu koşullar altında, artı-değerin büyüklüğündeki her değişmenin, emek-gücünün değerinde meydana gelen tersine bir büyüklük değişmesinden doğacağı sonucu açık olarak çıkar. Görmüş olduğumuz gibi, emek-gücünün değerinde ve artı-değerde, bunların nispi değer büyüklüklerinde bir değişiklik olmadan, hiçbir mutlak büyüklük değişmesi olamayacağına göre, emek-gücünün mutlak değer büyüklüğünde daha önce bir değişiklik olmaksızın, bunların nispi büyüklüklerinde herhangi bir değişikliğin olamayacağı sonucu çıkar.

Üçüncü yasaya göre, artı-değerin büyüklüğündeki bir değişme, emeğin üretkenliğindeki bir değişikliğin, emek-gücünün değerinde yarattığı bir hareketin varlığını öngörür. Bu değişikliğin sınırı, emek-gücünün değişen değeri ile belirlenir. Bununla birlikte, koşullar bu yasanın işlemesine elverişli olsalar bile, bazı yan hareketler olabilir. Örneğin: üretkenliğin artması sonucu, emek-gücünün değeri 4 şilinden 3 şiline ya da gerekli emek-zamanı 8 saatten 6 saate düşerse, emek-gücünün fiyatı 3 şilin 8 peninin, 3 şilin 6 peninin ya da 3 şilin 2 peninin altına düşmeyebilir, ve dolayısıyla artı-değer, 3 şilin 4 peninin, 3 şilin 6 peninin, ya da 3 şilin 10 peninin üzerine yükselmez. En alt sınırı 3 şilin olan (emek-gücünün yeni değeri) bu düşüş miktarı, bir yandan sermayenin baskısı, öte yandan işçinin direnci ile terazinin kefelerine koydukları nispi ağırlığa bağlıdır.

Emek-gücünün değeri, belli miktardaki gerekli tüketim maddelerinin değeriyle belirlenir. Emeğin üretkenliği ile birlikte değişen, bu tüketim maddelerinin kitlesi değil, değeridir. Bununla birlikte, üretkenlikteki artış nedeniyle, işçi de, kapitalist de, emek-gücü fiyatıyla artı-değerde herhangi bir değişiklik olmaksızın, aynı zamanda, bu tüketim maddelerinden daha büyük bir miktarını elde edebilirler. Emek-gücünün değeri 3 şilin, gerekli emek-zamanı 6 saat, artı-değer gene 3 şilin, artı-emek 6 saat olsa ve, emeğin üret-

pitalistin ödediği vergilerin kaldırılması yoluyla, emek-gücünün değerinde bir düşme olmaksızın, artı-değerde bir artış olabilir. Oysa bu vergilerin kaldırılması, kapitalistin ilk elden işçiden sızdırdığı artı-değer miktarında hiçbir değişiklik yapmaz. Bu, yalnızca, bu artı-değerin, kendisi ile üçüncü şahıslar arasındaki bölünme oranını değiştirir. Dolayısıyla, artı-değer ile emek-gücü değeri arasındaki ilişkide herhangi bir değişiklik yapmaz. Bu nedenle, MacCulloch'un istisnası, yalnızca onun kuralı yanlış anladığını tanıtlar; bu talihsizlik, Ricardo'yu vülgerleştirirken sık sık başına gelen bir şeydir ve tıpkı, Adam Smith'i vülgerleştiren J. B. Say'nin başına gelen talihsizliğe benzer.

kenliği, gerekli-emeğin artı-emeğe oranı değişmeksizin iki katına çıkartılsa, ne artı-değerin, ne de emek-gücü fiyatının büyüklüğünde bir değişiklik olur. Bunun tek sonucu, bunlardan her biri, şimdi, eskisinin iki katı olan kullanım-değeri ile temsil edilir; ve bu kullanım-değerleri şimdi eskisinin yarısı kadar ucuzdur. Emek-gücünün fiyatı değişmemekle birlikte, değerinin üzerine çıkmış olabilir. Bununla birlikte, eğer emek-gücünün değeri, yeni değeri ile tutarlı en alt sınır olan 1 şilin 6 peniye değil de, 2 şilin 10 peniye ya da 2 şilin 6 peniye düşmüş olsa, bu düşen fiyat gene de, artan bir zorunlu maddeler kitlesini temsil eder. Bu şekilde, emeğin üretkenliğindeki artışla birlikte, emek-gücünün fiyatı sürekli olarak düşebilir ve bu düşüşün yanısıra, işçinin geçim araçları kitlesinde sürekli bir büyüme olur. Ama bu durumda bile, emek-gücünün değerindeki düşüş, artı-değerde bir yükselmeye yolaçabilir ve böylece, işçi ile kapitalistin durumları arasındaki uçurum genişlemeye devam edebilir.[13]

Yukarda sözünü ettiğimiz üç yasayı ilk kez doğru olarak formülleştiren Ricardo olmuştur. Ama o da şu hatalara düşmüştür: (1) bu yasaların geçerli olduğu özel koşulları, kapitalist üretimin genel ve başlıbaşına yasaları olarak görmüştür. Ne işgününün uzunluğunda, ne de emeğin yoğunluğunda bir değişikliği dikkate almıştır; bu nedenle de, ona göre, yalnızca bir değişken etmen, yani emeğin üretkenliği sözkonusu olabilir; (2) bu hata, yaptığı tahlillere (1)'den çok daha fazla zararlı olmuştur; o da, artı-değeri, kâr, toprak rantı vb. gibi özel şekillerden bağımsız olarak incelemede, diğer iktisatçılardan daha fazla bir şey yapmamıştır. Bu yüzden, artı-değer oranı ile ilgili yasaları, kâr oranı yasaları ile karıştırmıştır. Kâr oranı, daha önce de söylediğimiz gibi, artı-değerin, yatırılan toplam sermayeye oranıdır; artı-değer oranı ise, artı-değerin, değişen sermaye kısmına oranı demektir. Diyelim, 500 sterlinlik bir sermayenin (S), 400 sterlini hammaddelerden, emek araçlarından, vb. (*s*), 100 sterlini işçi ücretlerinden (*d*) ibaret olsun; artı-değer (*a*) = 100 sterlin olsun. Bu durumda artı-değer oranı a/d = 100/100 = %100, ama kâr oranı a/S = 100/500 = %20 olur. Ayrıca, kâr oranının, artı-değer oranını hiç etkilemeyen koşullara da bağlı bulunabileceği besbellidir. III. Kitapta [ciltte], belli bir artı-değer oranı ile çeşitli kâr oranlarını elde edebileceğimizi ve

13 "Sanayinin üretkenliğinde, belli bir emek ve sermaye miktarıyla, daha az ya da daha çok üretimde bulunulmasına yolaçan bir değişiklik olduğu zaman, ücret payını temsil eden miktar aynı kalırken bu payın değişebileceği, ya da ücret payı aynı kalırken, bunu temsil eden miktarın değişebileceği açıktır." ([J. Cazenove] *Outlines of Political Economy, etc.*, s. 67.)

belli koşullar altında çeşitli artı-değer oranlarının, tek bir kâr oranında ifadelerini bulabileceğini göstereceğim.

II. İŞGÜNÜ DEĞİŞMİYOR EMEĞİN ÜRETKENLİĞİ DEĞİŞİYOR EMEĞİN YOĞUNLUĞU DEĞİŞİYOR

Emeğin yoğunluğunda artış, belli bir sürede, emeğin harcanmasında artış demektir. Bu nedenle, işgününün uzunluğu aynı olmak üzere, daha yoğun bir emekle geçen bir işgünü, daha az yoğun bir işgününe göre, daha fazla üründe maddeleşir. Emeğin üretkenliğindeki artışın, belli uzunluktaki bir işgününde daha fazla ürün sağlayacağı da doğrudur. Ne var ki, bu ikinci durumda, her bir ürünün değeri, daha az emeğe malolduğu için düşer; birinci durumda ise, her iki ürün daha önceki kadar emeğe malolduğu için, değer değişmeden kalır. Ürünlerin sayısı, burada, fiyatlarında bir düşme olmadan artmıştır; sayıları ile birlikte fiyatları toplamı da büyümüştür. Ama üretkenliğin artması halinde belli bir değer, daha büyük bir ürün kitlesine dağılır. Demek ki, işgününün uzunluğu değişmeden yoğunluğu artmış bir günlük emek, daha fazla bir değerde somutlaşıyor ve paranın değeri değişmemişse daha büyük miktarda para ile temsil ediliyor. Yaratılan değer, emeğin yoğunluğunun toplumsal ortalamadan sapması ölçüsünde bir değişiklik gösteriyor. Öyleyse, belli uzunluktaki bir işgünü, artık, değişmeyen değil, değişen bir değer yaratıyor; 12 saatlik normal yoğunluktaki bir işgününde yaratılan değer, diyelim 6 şilin olsun, ama yoğunluğun artmasıyla yaratılan değer, 7, 8 şilin ya da daha fazla olabilir. Bir günlük emekle yaratılan değerin, sözgelişi 6 şilinden 8 şiline yükselmesiyle, bu değerin iki kısmı, yani emek-gücü fiyatı ile artı-değer de, aynı zamanda, eşit ya da eşit olmayan miktarlarda artabilir. Bunların her ikisi de aynı anda 3 şilinden 4 şiline çıkabilir. Burada, emek-gücünün fiyatındaki artış, bu fiyatın zorunlu olarak emek-gücünün değeri üzerine yükseldiği anlamını taşımaz. Tersine, bu fiyattaki bir yükseliş bu değerdeki bir düşüşle birlikte olabilir. Emek-gücü fiyatındaki artışın, daha da hızlanan aşınma ve yıpranmayı karşılamadığı durumlarda, bu durum ortaya çıkar.

Gelip geçici istisnalar dışında, emeğin üretkenliğindeki bir değişikliğin, emek-gücünün değerinde ve dolayısıyla artı-değerin büyüklüğünde bir değişmeye, ancak ilgili sanayi kollarında elde edilen ürünlerin, işçilerin alışılagelen tüketim malları arasında bulunması halinde yolaçtığını biliyoruz. Ele alınan durumda, bu koşul, sözkonusu değildir. Çünkü, değişikliğin, emeğin süresinde ya da yoğunluğunda olması halinde yaratılan değerin büyüklüğünde, bu değerin somutlaştığı malın niteliğine bağlı bulunmayan bir değişiklik daima olur.

Emeğin yoğunluğu, bütün sanayi kollarında aynı anda ve eşit derecede artacak olsa, bu yeni ve daha yüksek derecedeki yoğunluk, toplum için normal derece haline gelir ve ayrıca hesaba katılacak bir şey olmaktan çıkar. Ama bu durumda bile, emeğin yoğunluğu çeşitli ülkelerde farklı olur ve değer yasasının uluslararası uygulanışında değişik durumlara yolaçabilir. Bir ulusun daha yoğun olan işgünü, başka bir ulusun daha az yoğun olan işgününe oranla, daha fazla miktarda bir para ile temsil edilebilir."[14]

III. EMEĞİN ÜRETKENLİĞİ VE YOĞUNLUĞU DEĞİŞMİYOR İŞGÜNÜ UZUNLUĞU DEĞİŞİYOR

İşgünü iki şekilde değişebilir: uzatılabilir ya da kısaltılabilir. Elimizdeki verilerden ve 493-494. sayfada yapılan varsayımların sınırları içersinde aşağıdaki yasaları elde edeceğiz:

(1.) İşgünü, uzunluğu ile orantılı olarak, daha büyük ya da daha küçük miktarda değer yaratır; böylece, bu, değişmeyen değil, değişen bir değer miktarıdır.

(2.) Artı-değerin büyüklüğü ile emek-gücünün değeri arasındaki ilişkideki her değişiklik, artı-emeğin ve dolayısıyla artı-değerin mutlak büyüklüğündeki bir değişiklikten ileri gelir.

(3.) Emek-gücünün mutlak değeri, ancak, artı-emeğin uzatılmasıyla emek-gücünün yıpranması ve aşınması üzerinde yapılan bir tepkinin sonucu olarak değişebilir. Bu nedenle, bu mutlak değerdeki her değişiklik, artı-değerin büyüklüğündeki değişmenin bir nedeni değil, bir sonucudur.

Biz, işgününün kısaltıldığı durumla konuya giriyoruz.

(1.) Yukarda belirtilen koşullar altında işgününde yapılan bir kısaltma, emek-gücü değeri ve onunla birlikte gerekli emek-zamanında bir değişiklik yapmaz. Bu, artı-emek ile artı-değeri azaltır. Bu sonuncunun mutlak büyüklüğü ile birlikte nispi büyüklüğü, yani bunun emek-gücünün aynı kalan değer büyüklüğüne oranla büyüklüğü de düşer. Ancak, emek-gücünün fiyatını, değerinin altına düşürmek suretiyle, kapitalist, kendisini zarardan kur-

[14] "Diğer şeyler aynı olmak koşuluyla, İngiliz fabrikatör, belli bir sürede yabancı bir fabrikatörden önemli miktarda daha fazla iş çıkartabilir; ve bu miktar buradaki haftalık 60 saat ile başka yerlerdeki 72 ya da 80 saati dengeleyecek kadar olabilir." (*Rep. of Insp. of Fact., 31st Oct., 1855*, s. 65.) İngiltere ile Kıta Avrupası işsaatleri arasındaki bu farkı azaltmanın en şaşmaz yolu, Kıta Avrupası'ndaki fabrikalarda işgünü uzunluğunu bir yasa ile kısaltmak olabilir.

tarabilir.

İşgününün kısaltılmasına karşı her zaman öne sürülen bütün itirazlar, bunun, bizim burada varolduğunu varsaydığımız koşullar altında gerçekleştiğini kabul eder, oysa gerçekte durum bunun tam tersidir: Emeğin üretkenliği ile yoğunluğundaki değişmeler, işgününde yapılan bir kısaltmadan ya önce ya da hemen sonra görülür.[15]

(2.) İşgününün uzatılması. Diyelim, gerekli emek-zamanı 6 saat, ya da emek-gücü değeri 3 şilin olsun; aynı şekilde artı-emek 6 saat ya da artı-değer 3 şilin olsun. Bu durumda işgününün tümü 12 saattir ve 6 şilinlik bir değerde somutlaşmıştır. Şimdi, eğer işgünü 2 saat uzatılır ve emek-gücünün fiyatı aynı kalırsa, artı-değer, hem mutlak, hem de nispi olarak artar. Emek-gücünün değerinde mutlak bir değişiklik olmamakla birlikte, nispi bir düşüş gösterir. I.'de varsayılan koşullar altında, emek-gücünün nispi değer büyüklüğü, bunun mutlak büyüklüğünde bir değişme olmadan değişemiyordu. Burada, tersine, emek-gücünün değerindeki nispi büyüklük değişmesi, artı-değerin mutlak büyüklüğündeki bir değişmenin sonucudur.

Bir günlük emeğin içinde somutlaştığı değer, o günün uzunluğu ile birlikte arttığına göre, artı-değer ile emek-gücünün fiyatının da aynı zamanda ya eşit ya da eşit olmayan miktarlarda yükselebileceği açıktır. Bu eşzamanlı artış, o halde iki durumda olabilir: birisi, işgününün fiilen uzatılması; diğeri, böyle bir uzatma olmaksızın, emeğin yoğunluğunda bir artma olması ile.

İşgününün uzatılması halinde, emek-gücünün fiyatı, bu fiyat nominal olarak değişmediği ve hatta yükseldiği halde, değerinin altına düşebilir. Emek-gücünün günlük değeri, anımsanacağı üzere, normal ortalama süresi ya da işçiler arasındaki normal yaşam süresi ile, bedensel bakımdan oluşmuş maddesine tekabül edecek bir insan yapısına uygun düşecek şekilde, harekete dönüşümü ile ölçülür.[16] Uzatılan bir işgününün kaçınılmaz bir sonucu olarak, emek-gücünün fazla yıpranmaması, bir noktaya kadar, daha yüksek bir ücret ödenerek telafi edilebilir. Ama bu noktadan sonra yıpranma ve aşınma, geometrik dizi halinde artar ve emek-gücünün normal olarak yeniden-üretimi ve görevini yerine getirmesi için gerekli ko-

[15] "On Saatlik Yasanın yürürlüğe girmesiyle aydınlığa çıkan ... dengeleyici koşullar vardır." (*Rep. of Insp. of Fact., 31st Oct., 1848*, s. 7.)

[16] "Bir insanın 24 saat içinde sağlamış olduğu emek miktarı, vücudunda meydana gelen kimyasal değişikliklerin incelenmesiyle yaklaşık olarak bulunabilir, çünkü maddedeki değişikliğe uğramış şekiller, dinamik kuvvetin daha önceki hareket ve işleyişini belirtirler." (Grove, *On the Correlation of Physical Forces,* [London 1846, s. 308, 309].)

şullar altüst olur. Emek-gücünün fiyatı ile sömürülme derecesi, ortak bir ölçü ile ölçülebilir miktarlar olmaktan çıkarlar.

IV. EMEĞİN SÜRESİNDE,ÜRETKENLİĞİNDE VE YOĞUNLUĞUNDA AYNI ANDA DEĞİŞMELER

Burada çok sayıda değişik düzenlemelerin olabileceği açıktır. Etmenlerden ikisi değişebilir, üçüncü aynen kalır, ya da üçü de aynı anda değişebilir. Bunlar aynı ya da farklı derecelerde, aynı ya da karşıt yönlerde değişebilirler ve sonuçta bu değişiklikler birbirlerini bütünüyle ya da kısmen dengelerler. Bununla birlikte, I, II ve III'te verilen sonuçlar gözönünde bulundurularak, olanaklı olan her durumun tahlili kolaydır. Her etmeni, sırasıyla değişen ve diğer ikisini değişmeyen etmenler olarak ele alarak, olanaklı olan her düzenlemenin sonucu bulunabilir. Bu nedenle, biz, burada yalnız iki önemli durum üzerinde kısaca duracağız.

(1.) *Emeğin Üretkenliğindeki Azalmayla Aynı Anda İşgününün Uzaması*

Emeğin üretkenliğindeki azalmadan sözederken, biz, burada, ürünleri, emek-gücünün değerini belirleyen sanayi kollarına işaret ediyoruz; örneğin, toprağın üretkenliğinin azalması sonucu emeğin üretkenliğinde azalma ve toprak ürünlerinin pahalılaşması gibi. Bir işgünü 12 saat, yaratılan değer 6 şilin olsun; bunun yarısı emek-gücünün değerini yerine koymakta, diğer yarısı artı-değeri oluşturmaktadır. Diyelim, topraktan elde edilen ürünlerin pahalılaşması sonucu emek-gücünün değeri 3 şilinden 4 şiline yükseliyor ve bu nedenle de gerekli emek-zamanı 6 saatten 8 saate çıkıyor. İşgününün uzunluğunda eğer bir değişiklik olmazsa, artı-emek 6 saatten 4 saate, artı-değer 3 şilinden 2 şiline düşer. Eğer işgünü 2 saat uzar, yani 12 saatten 14 saate çıkarsa, artı-emek 6 saat, artı-değer 6 şilin olarak kalır, ama artı-değer, gerekli emek-zamanıyla ölçülen emek-gücü değerine oranla düşer. Eğer işgünü 4 saat uzatılır, yani 12 saatten 16 saate çıkartılırsa, artı-değer ile emek-gücü değerinin, artı-emek ile gerekli-emeğin nispi büyüklükleri değişmez, ama artı-değerin mutlak büyüklüğü 3 şilinden 4 şiline, artı-emek 6 saatten 8 saate yükselir, %33$\frac{1}{3}$'lük bir artış olur. Demek ki, emeğin üretkenliği düşerken, aynı zamanda, işgününün uzaması halinde, artı-değerin mutlak büyüklüğü aynı kaldığı halde nispi büyüklüğü azalabilir; nispi büyüklüğü değişmeden kaldığı halde mutlak büyüklüğü artar; ve işgününün uzaması sonucu, her ikisi de artabilir.

1799 ile 1815 yılları arasındaki dönemde, yiyecek maddeleri fiyatlarındaki artış, İngiltere'de, ücretlerde nominal bir artışa yolaçtı, oysa gerekli tüketim maddeleri ile ifade edilen gerçek ücretler düşmüştü. West ile Ricardo, bu olaydan, tarımsal alandaki emeğin üretkenliğindeki azalmanın, artı-değer oranında bir düşmeye yolaçtığı sonucunu çıkartmışlar, ve yalnız hayallerinde varolan bu varsayımı, ücretin, kârın ve toprak rantının nispi büyüklükleri konusundaki önemli incelemelerin çıkış noktası yapmışlardı. Ama aslında artı-değer, o sırada, emeğin yoğunluğundaki artış ve işgününün uzaması sayesinde hem mutlak ve hem de nispi olarak artmıştı. İşgününün insafsızca uzatılmasının bir hak olarak yerleşmesi, işte bu döneme raslar;[17] bu dönem, özellikle, burada sermaye birikimiyle, şurada sefaletin hızla artmasıyla karakterize edilir.[18]

(2.) *Emek Yoğunluğunda ve Üretkenliğinde Artmayla Aynı Anda İşgününün Kısalması*

Emeğin üretkenliğinde yükselme ve yoğunluğunda artış, her ikisi de benzer etkiler yaratır. Bunların her ikisi de, belli bir sürede üretilen mal kitlesini artırır. Bu nedenle her ikisi de, emekçinin

[17] "Tahıl ile emek nadiren atbaşı giderler; ama bunların birbirinden ayrılmayacakları açık bir sınır vardır. Emekçi sınıfların pahalılık dönemlerinde gösterdikleri ve ücretlerin düşmesine yolaçan olağanüstü çaba, tanıkların ifadeleri (yani, 1814-15 tarihli Parlamento Araştırma Komisyonu önünde verilen ifadelerde) bunların çok büyük erdemli kişiler olduğunu ve sermayenin büyümesine kesenkes yardım ettiklerini ortaya koymuştur. Ama insanca duygular taşıyan hiç kimse bunların sürekli ve karşılıksız olmasını isteyemez. Geçici bir çare olarak bunlar, hayranlığa layık kimselerdir, ama sürekli faaliyet halinde oldukları takdirde, yiyeceğinin en son sınırlarına itilmiş bir ülke halkının bu durumundan doğabilecek sonuçlara benzer sonuçlar doğururlar." (Malthus, *Inquiry into the Nature and Progress of Rent,* Londra, 1815, s. 48, not.) Malthus'un, kitapçığının bir başka yerinde de dikkati çektiği bir gerçeğin, çalışma saatlerinin uzatılması üzerinde ısrarla durmasının bütün onuru kendisine aittir, oysa Ricardo ile diğerleri en berbat gerçekler karşısında bile, işgünü uzunluğunun değişmezliğini bütün araştırmalarının temeli yapmışlardır. Ama Malthus'un hizmet ettiği tutucu çıkar çevreleri, onun, işgününün sınırsız bir şekilde uzamasıyla birlikte, makinelerdeki olağanüstü gelişmelerin, kadınlarla çocukların sömürülmesinin, kaçınılmaz olarak, işçi sınıfının büyük bir kısmını "fazlalık" haline getireceğini ve bunun, hele savaş ve İngiltere'nin dünya pazarındaki tekeli sona erince kesenkes olacağını görmekten alıkoymuşlardır. Bu "aşırı-nüfus"u, kapitalist üretimin tarihsel yasaları yerine, doğanın sonsuz yasaları ile açıklamaya kalkışmak, Malthus'un gerçek bir rahip gibi hayran olduğu egemen sınıfların çıkarlarına kuşkusuz çok daha uygun ve onunla çok daha uyumlu idi.

[18] "Savaş sırasında sermaye artışının başlıca nedeni, her toplumda sayıları en fazla olan emekçi sınıfların daha fazla çaba harcamaları ve belki de daha büyük bir sefalete düşmeleri idi. Çetin ve güç koşullar, daha fazla kadınla çocuğun işe girmesini zorunlu hale getirmiş, aynı nedenle eski işçiler, zamanlarının daha büyük bir kısmını, üretimi artırmaya vermek durumunda kalmışlardır." (*Essays on Pol. Econ., in which are Illustrated the Principal Causes of the Present National Distress,* London 1830, s. 248.)

kendisi için gerekli geçim araçlarını ya da bunların eşdeğerlerini üretmesi için harcamak zorunda olduğu işgünü bölümünü kısaltır. İşgününün asgari uzunluğu, bu zorunlu, ama kısaltılmış bölümüyle saptanır. Eğer işgününün tamamı bu bölümün uzunluğu kadar daralmış olsa, artı-emek ortadan kalkardı; böyle bir sonuç sermaye rejimi altında tamamen olanaksızdır. Ancak kapitalist üretim biçiminin ortadan kaldırılmasıyla, işgününün uzunluğu gerekli emek-zamanına indirgenebilir. Ama bu durumda bile, bu süre, sınırlarını genişletecektir. Bunun nedeni bir yandan, "gerekli geçim araçları" kavramının büyük ölçüde genişlemesi, emekçinin tamamen farklı bir yaşam düzeyine ulaşma çabasıdır. Öte yandan, bunun nedeni, şimdi artı-emek sayılanın, o zaman gerekli-emek sayılmasıdır; bununla, yedek ve birikim için bir fonu oluşturan emeği kastediyorum.

Emeğin üretkenliği ne kadar artarsa, işgünü o kadar kısaltılabilir; ve işgünü ne kadar kısaltılırsa, emeğin yoğunluğu o kadar artabilir. Toplumsal bir açıdan emeğin üretkenliği emeğin harcanmasındaki tasarrufla aynı oranda artar, ve böylece yalnız üretim araçlarında bir tasarruf sağlamakla kalınmaz, tüm yararsız emek harcamalarından da kaçınılmış olunur. Kapitalist üretim tarzı, bir yandan her bireysel girişimde tasarrufu zorlarken, öte yandan da, yarattığı anarşik rekabet sistemi yüzünden, emek-gücü ile toplumsal üretim araçlarında en sınırsız israflara neden olur; biz, burada, bugün için vazgeçilmez görülen, ama aslında gereksiz olan bir yığın işin yaratılmış olması üzerinde durmuyoruz.

Emeğin yoğunluğu ile üretkenliği belli ise, toplumun maddi üretim için ayıracağı zaman o kadar kısadır ve dolayısıyla, işin gitgide daha fazla ölçüde toplumun bütün sağlıklı üyeleri arasında eşit şekilde dağıtılması ve belli bir sınıfın elinden, doğal emek yükünü kendi omuzlarından kaldırıp toplumun başka bir tabakasının omuzlarına yükleme gücünün alınması oranında, eldeki zamanın bireyin zihinsel ve toplumsal yeteneklerini serbestçe geliştirmesine ayrılması olanaklı olacaktır. Bu yönde işgününün kısaltılması, emeğin genelleştirilmesinde, ensonu, bir sınıra ulaşmış olacaktır. Kapitalist toplumda, halk kitlelerinin bütün yaşamı emek-zamanına dönüştürülerek, tek bir sınıfa bolca boş zaman sağlanır.

ONSEKİZİNCİ BÖLÜM

ARTI-DEĞER ORANI İÇİN ÇEŞİTLİ FORMÜLLER

ARTI-DEĞER oranının aşağıdaki formüllerle temsil edildiğini görmüş bulunuyoruz:

$$\text{I. } \frac{\text{Artı-Değer}}{\text{Değişen Sermaye}}\left(\frac{a}{d}\right) = \frac{\text{Artı-Değer}}{\text{Emek-Gücü Değeri}} = \frac{\text{Artı-Emek}}{\text{Gerekli-Emek}}$$

İlk iki formülün değerler oranı olarak gösterdiği şeyi, üçüncü formül, bu değerlerin üretimleri için harcanan zamanların oranı şeklinde göstermektedir. Biri diğerini tamamlayan bu formüller, tamamen kesin ve doğrudur. Bu nedenle, biz, bunları, klasik ekonomi politikte, bilinçsiz olmakla birlikte, oldukça işlenmiş halde buluruz. Orada, aşağıdaki türetilmiş formüllerle karşılaşırız:

$$\text{II. } \frac{\text{Artı-Emek*}}{\text{İşgünü}} = \frac{\text{Artı-Değer}}{\text{Ürün Değeri}} = \frac{\text{Artı-Ürün}}{\text{Toplam Ürün}}$$

Bir ve aynı oran burada sırayla emek-zamanları, bu emek-zamanlarının somutlaştığı değerler ve içlerinde bu değerleri taşıyan ürünlerin oranları olarak ifade edilmiştir. "Ürün değeri" sözü,

* Marx, Fransızca metinde, bu formülü ayraç arasına alıyor ve şu dipnotu düşüyor: "Birinci formülü ayraç arasına alıyorum, çünkü artı-emek kavramı, burjuva ekonomi politikte açıkça bulunmaz." —*ç.*

burada, kuşkusuz, yalnızca bir işgününde yaratılan yeni değer anlamına gelmektedir ve ürünün değişmeyen değer kısmı, buna dahil edilmiyor.

Bütün bu formüllerde (II.), emeğin gerçek sömürülme derecesi ya da artı-değer oranı yanlış ifade edilmiştir. İşgünü 12 saat olsun. Daha önceki durumlardaki aynı varsayımlarla, emeğin sömürülme derecesi aşağıdaki oranlarla temsil edilir:

$$\frac{\text{6 saat artı-emek}}{\text{6 saat gerekli-emek}} = \frac{\text{3 şilinlik artı-değer}}{\text{3 şilinlik değişen sermaye}} = \%100$$

II. formüllerden çok daha farklı orantılar elde ederiz,

$$\frac{\text{6 saat artı-emek}}{\text{12 saatlik işgünü}} = \frac{\text{3 şilinlik artı-değer}}{\text{6 şilinlik yaratılan değer}} = \%50$$

Bu türetilmiş formüller, aslında, yalnızca, işgünü ya da üretilen değerin sermaye ile işçi arasında hangi oranda bölüşüldüğünü ifade ederler. Eğer bunlar, sermayenin kendi kendisini genişletme derecesinin dolaysız ifadeleri olarak ele alınırsa, şu yanlış yasa geçerlilik kazanır: Artı-emek ya da artı-değer hiçbir zaman %100'e ulaşamaz.[19] Çünkü artı-emek, işgününün, ya da artı-değer, yaratılan değerin ancak bir kısmı olduğu için, artı-emeğin daima zorunlu olarak işgününden, ya da artı-değerin yaratılan toplam değerden daima daha az olması gerekir. Ne var ki, 100 : 100'lük bir orana ulaşılması için bunların eşit olmaları gerekir. Artı-emeğin bütün günü (yani, haftanın ya da yılın ortalama herhangi bir günü) doldurabilmesi için, gerekli-emeğin sıfıra düşmesi gerekir. Ama gerek-

[19] Örneğin bkz: *Dritter Brief an v. Kirchmann von Rodbertus. Widerlegung der Ricardo'schen Lehre von der Grundrente und Begründung einer neuen Rententheorie,* Berlin 1851. Bu yazıya daha sonra döneceğim; toprak rantı üzerindeki yanlış teorisine karşın, kapitalist üretimin niteliğini kavramıştır. [*Üçüncü Almanca baskıya ek.* — Burada Marx'ın kendinden öncekileri, onlarda gerçek bir ilerleme ya da yeni ve sağlam bir fikir bulduğu zaman nasıl övgüyle yargıladığını görüyoruz. Rodbertus'un Rud. Meyer'e yazdığı mektupların daha sonraları yayınlanması Marx'ın yukardaki övücü sözlerinin bir ölçüde sınırlandırılması gereğini ortaya koymuştur. Bu mektuplarda şöyle bir pasaj geçiyor: "Sermaye yalnız emekten değil, kendi kendisinden de kurtarılmalıdır; bu en iyi şekilde, ancak, sanayici kapitalistin girişimlerinin, sermayesinin ona yüklediği ekonomik ve politik görevler diye ele alınmakla, sağladığı kâra ise bir tür maaş gözüyle bakılmakla başarılabilir, çünkü biz, henüz başka bir toplumsal kuruluşu bilmiyoruz. Ama bu maaşlar düzenlenebilir, ve ücretlerden çok fazla bir kısmını alırlarsa azaltılabilir. Marx'ın toplum içersinde yaptığı baskının —ben onun kitabına bu adı veriyorum— geriye püskürtülmesi gerekir. ... Marx'ın kitabı, bütünüyle, sermayenin incelenmesinden çok sermayenin bugünkü şekline karşı girişilmiş bir polemiktir ve o, bu şekli, sermaye kavramının kendisiyle karıştırmaktadır." (*Briefe etc., von Dr. Rodbertus-Jagetzow, herausgg. von Dr. Rud Meyer,* Berlin 1881, Bd. I, s. 111, 48. Brief von Rodbertus.) Rodbertus'un, "toplumsal mektupları"ndaki o gözüpek saldırılar işte böylesine ideolojik bayağılıklar haline gelerek sönüp gitmiştir. *–F. E.*]

li-emek yokolunca, artı-emek de yokolur, çünkü bu, gerekli-emeğin yalnızca bir işlevidir. Bu nedenle, $\frac{\text{artı-emek}}{\text{işgünü}}$ ya da $\frac{\text{artı-değer}}{\text{yaratılan değer}}$ oranı $\frac{100}{100}$ sınırına asla ulaşamaz. Hele $\frac{100+x}{100}$'e hiç yükselemez. Ama artı-değer oranı, emeğin gerçek sömürü derecesi için hiç de böyle değildir. Örneğin, L. de Lavergne tarafından yapılan bir değerlendirmeyi ele alalım; buna göre, İngiliz tarım işçisi, ürününün[20] ya da bunun değerinin ancak ¼'ini alıyor, buna karşılık kapitaliste (çiftçiye) ¾'ü kalıyordu; ganimetin daha sonra kapitalist ile topraksahibi vb. arasında nasıl bölüşüldüğünü hiç hesaba katmıyoruz. Bu duruma göre, İngiliz tarım emekçisinin artı-emeğinin gerekli-emeğe oranı 3 : 1'dir ve bu da %300'lük bir sömürü oranı demektir.

İşgününü değişmeyen bir büyüklük olarak ele alma şeklindeki gözde yöntem, II. formüllerin kullanılmasıyla yerleşik bir durum aldı, çünkü bu formüllerde artı-emek, daima uzunluğu belli bir işgünü ile karşılaştırılır. Yalnızca üretilen değerin bölüşümü sözkonusu olduğu zaman da aynı şey geçerlidir. Belli bir değerde gerçekleşmiş bulunan işgünü, zorunlu olarak uzunluğu belli bir işgünüdür.

Artı-değer ile emek-gücü değerini, yaratılan değerin parçaları olarak gösterme alışkanlığı —bu, kapitalist üretim tarzının kendisinden doğan bir alışkanlık olup, önemi daha sonra açıklanacaktır— sermayeye özelliğini kazandıran asıl ilişkiyi, yani değişen sermayenin canlı emek-gücü ile değişimini, ve sonuçta, işçinin, ürünün dışında tutulmasını gizlemektedir. Gerçekte olanın yerini, bir çağrışımın aldatıcı görüntüsü almakta ve sanki emekçi ile kapitalist, ürünü üretimine kattıkları farklı öğelerin oranına göre aralarında paylaşmaktadır.[21]

Ayrıca II. formüller her an I. formüllere çevrilebilir. Örneğin, eğer elimizde $\frac{\text{6 saatlik artı-emek}}{\text{12 saatlik işgünü}}$ orantısı var ise, o halde gerekli emekzamanı, 12 saatten 6 saatlik artı-emeğin çıkarılması olduğu için şu sonucu elde ederiz:

[20] Ürünün, yalnızca yatırılmış bulunan değişmeyen sermayeyi yerine koyan kısmı, doğal olarak, bu hesap içinde yeralmamıştır. İngiltere'nin körükörüne hayranı Mr. L. de Lavergne, kapitalistin payını, çok yüksek görmekten fazla, çok düşük görme eğilimindedir.

[21] Kapitalist üretimin bütün gelişmiş şekilleri, kooperasyonun şekilleri olduğu için A. de Laborde'un *De l'Esprit d'Association dans tous les interets de la communnauté,* Paris 1818, adlı yapıtında yaptığı gibi, bunları uzlaşmaz çelişkili niteliklerinden soyutlamaktan ve tek bir sihirli sözle serbest işbirliği şekillerine dönüştürmekten daha kolay ne vardır? Yankee H. Carey, bu sihirli hileyi, yeri geldiğinde, kölelik sisteminden doğan ilişkiler için bile başarıyla kullanır.

$$\frac{\text{6 saatlik artı-emek}}{\text{6 saatlik gerekli-emek}} = \frac{100}{100}$$

Daha önce zaman zaman sözünü etmiş olduğum üçüncü bir formül daha vardır:

$$\frac{\text{Artı-Değer}}{\text{Emek-Gücünün Değeri}} = \frac{\text{Artı-Emek}}{\text{Gerekli-Emek}} = \frac{\text{Karşılığı Ödenmemiş Emek}}{\text{Karşılığı Ödenmiş Emek}}$$

Yukardaki açıklamalardan sonra, artık, $\frac{\text{Karşılığı Ödenmemiş Emek}}{\text{Karşılığı Ödenmiş Emek}}$ formülüyle, kapitalistin emek-gücüne değil, emeğe para ödediği yanlış sonucuna varılması artık olanaklı değildir. Bu formül, $\frac{\text{Artı-emek}}{\text{Gerekli-emek}}$ formülünün yalnızca yaygın bir ifadesidir. Kapitalist, emek-gücünün değeri ile fiyatı çakışmakta ise, değerini öder ve bunun karşılığında, canlı emek-gücü üzerinde tasarruf hakkını kazanır. Bu yararlanma iki döneme ayrılır. Bir dönem boyunca emekçi yalnız emek-gücünün değerine eşit bir değer yaratır, onun eşdeğerini üretir. Böylece kapitalist, emek-gücünün fiyatı olarak yatırdığı sermayeye karşılık aynı fiyatta bir ürün elde eder. O, burada, tıpkı o ürünü piyasadan hazır halde satın almış gibidir. Diğer dönemde, artı-emek döneminde, emek-gücünün kullanılması, kapitalist için, ona bir eşdeğere malolmayan bir değer yaratır.[22] Emek-gücünün böylece harcanması ona bedavaya malolur. İşte bu bakımdan bu artı-emeğe, karşılığı ödenmemiş emek denilebilir.

Sermaye, demek ki, Adam Smith'in dediği gibi, yalnızca emek üzerinde egemen değildir, temelde karşılığı ödenmemiş emek üzerinde egemendir. Her türlü artı-değer, sonradan (kâr, faiz, rant gibi) hangi özel biçim altında billurlaşırsa billurlaşsın, özü bakımından, karşılığı ödenmemiş emeğin maddeleşmesidir. Sermayenin kendisini genişletmesinin sırrı, sonunda, başkalarının karşılığı ödenmemiş belirli bir miktarda emeği üzerindeki tasarruf yetkisi olarak kendini açığa vurur.

[22] Fizyokratlar artı-değerin sırrını çözememekle birlikte, şu kadarını biliyorlardı: o, "ona satınalma yoluyla sahip olmadığı ve kendisinin satabildiği, bağımsız ve istenildiği gibi kullanılabilir bir zenginliktir." (Turgot, *Reflexions sur la Formation et la Distribution des Richesses,* s. 11.)

ALTINCI KISIM

ÜCRETLER

ONDOKUZUNCU BÖLÜM

EMEK-GÜCÜ DEĞERİNİN YA DA FİYATININ ÜCRETE DÖNÜŞMESİ

BURJUVA toplumun görünüşünde, işçinin ücreti, emeğinin fiyatı olarak, belli bir miktarda emek için ödenen belli miktarda para olarak görünür. Böylece, herkes, emeğin değerinden sözeder ve bunun para olarak ifadesine onun gerekli ya da doğal fiyatı der. Öte yandan, emeğin pazar fiyatından, yani onun doğal fiyatının üstünde ya da altında oynamalar gösteren fiyatlarından sözederler.

Ama bir metaın değeri nedir? Üretimi için harcanan toplumsal emeğin nesnel şeklidir. Peki biz bu değerin miktarını nasıl ölçüyoruz? Onda bulunan emeğin niceliği ile. Öyleyse bu durumda, sözgelişi 12 saatlik işgününün değeri nasıl belirlenir? 12 saatlik işgününde bulunan 12 çalışma saati ile demek, saçma bir totoloji olur.[1]

[1] "Mr. Ricardo, değerin üretim sırasında harcanan emek miktarına bağlı bulunduğu yolundaki öğretisini tehlikeye düşürecek gibi görünen bir güçlükten ustaca kaçınıyor. Eğer bu ilkeye sıkı sıkıya bağlanılacak olsa, emeğin değerinin de onu üretmek için harcanan emek miktarına bağlı olması gerekir ki, bu, düpedüz saçmadır. Bunun için ustaca bir dönüşle Mr. Ricardo, emeğin değerini, ücretlerin üretilmesi için gerekli-emek miktarı haline getiriyor; ya da onun diliyle söylersek, emeğin değerinin, ücretlerin üretimi için gerekli-emek miktarı ile belirleneceğini öne sürüyor; yani onun demek istediği, işçiye verilen para ya da metaların üretimi için gerekli-emek miktarıdır. Bu şöyle demeye geliyor: Kumaşın değeri, onun üretimi için

Emeğin, pazarda, bir meta olarak satılabilmesi için, her şeyden önce, satılmadan önce varolması zorunludur. Eğer emekçi, emeğine bağımsız nesnel bir varlık verebilseydi, o, emek değil, bir meta satmış olurdu.[2]

Bu çelişkilerden başka, paranın, yani gerçekleşmiş emeğin canlı emekle doğrudan değişimi, ya kapitalist üretim temeli üzerinde serbestçe gelişmesine henüz başlamış bulunan değer yasasını, ya da doğrudan ücretli emeğe dayanan kapitalist üretimin kendisini ortadan kaldırırdı. 12 saatlik bir işgünü, kendisini örneğin 6 şilinlik bir para değerinde somutlaştırır. Ya da eşdeğerler değişilmektedir ve o zaman, işçi 12 saatlik emeği için 6 şilin alır; emeğinin fiyatı ürününün fiyatına eşit olur. Bu durumda, emeğini satın alana, herhangi bir artı-değer üretmemektedir; 6 şilin, sermayeye dönüşmemiştir, kapitalist üretimin temeli ortadan kalkar. Ne var ki, işçinin, emeğini sattığı asıl temel budur, ve bu nedenledir ki, onun emeği, ücretli-emektir. Ya da işçi 12 saatlik emeği için 6 şilinden, yani 12 saatlik emeğin karşılığından daha az bir miktar para alır. Oniki saatlik emek, 10, 6 vb. saatlik emek ile değişilmiştir. Eşit olmayan miktarların böylece eşitlenmesi yalnızca değerin belirlenmesini ortadan kaldırmakla kalmaz. Böylesine kendi kendini yok edici bir çelişkinin herhangi bir şekilde, yasa olarak ifade edilmesi ya da formülleştirilmesi bile olanaksızdır.[3]

Daha fazla emeğin, daha az emekle değişilmesini bunların şekillerindeki farka bağlamak, birisinin gerçekleşmiş, diğerinin canlı olduğunu söylemek hiçbir yarar sağlamaz.[4] Bu, bir metaın değerinin, onda fiilen gerçekleşen emek miktarıyla değil, onun üretimi

harcanan emek miktarıyla değil de, kumaşın değişildiği gümüşün üretimi için harcanan emeğin miktarıyla belirlenir." ([S. Bailey,] *A Critical Dissertation on the Nature, etc., of Value,* s. 50, 51.)

[2] "Eğer emeğe bir metadır denirse, bu, önce değişim amacıyla üretilen ve sonra o sırada pazarda bulunan diğer metalarla uygun oranlarda değişilmek üzere pazara getirilen bir metaya benzemez; emek, pazara getirildiği anda yaratılmış olur; daha doğrusu, emek, yaratılmadan önce pazara getirilir." (*Observation on Certain Verbal Disputes, etc.,* s. 75, 76.)

[3] "Emek bir meta ve emeğin ürünü olan sermaye diğer bir meta olarak ele alınırsa ve eğer bu iki metaın değerleri, eşit miktarlarda emekle belirlenirse belli bir miktarda emek ... aynı miktarda emek tarafından üretilmiş bulunan bir sermaye ile değişilebilir. Ama emeğin değeri, diğer metalara oranla ... eşit emek miktarıyla belirlenmez." (E. G. Wakefield'ın Adam Smith'in *Wealth of Nations* adlı yapıtının kendisi tarafından hazırlanan baskısında, v. I, London 1836, s. 231, not.)

[4] "*Il a fallu convenir*" (*a new edition of the "contrat social!"*) "*que toutes les fois qu'il échangerait du travail fait contre du travail à faire, le dernier*" (*la capitaliste*) "*aurait une valeur supérieure au premier*" (*le travailleur*) ["Yapılmış işin, yapılacak iş ile değişileceği her zaman, ikincisinin" (kapitalistin) "birincisinden" (emekçiden) daha yüksek bir değer elde etmesi gerekeceği üzerinde uyuşmak gerekirdi" (sanki *Toplum Sözleşmesi*'nin yeni baskısı!).] (Sismonde (yani, Sismondi), *De la Richesse Commerciale,* Genève 1803, t. I, s. 37.)

için gerekli canlı emek miktarıyla belirleneceğini söylemek kadar saçmadır. Bir meta, diyelim 6 işsaatini temsil ediyor olsun. Aynı şeyin 3 saatte yapılmasını sağlayacak bir buluş ortaya çıksa, daha önce üretilmiş metaın değeri bile yarı yarıya düşer. Şimdi bu meta, eskiden gerekli olan 6 saatlik toplumsal emek yerine 3 saatlik emeği temsil etmektedir. Bir metaın değerini belirleyen şey, onun üretimi için gerekli-emek miktarıdır, yoksa bu emeğin gerçekleşmiş şekli değildir.

Pazarda, para sahibi ile doğrudan yüzyüze gelen aslında emek değil, emekçidir. Onun sattığı, kendi emek-gücüdür. Onun emeği, fiilen (harcanmaya –ç.) başlar başlamaz, artık, ona ait olmaktan çıkmıştır ve bunun için de bu emeğin şimdi onun tarafından satılması sözkonusu olamaz. Emek, değerin özü, ve değerin içkin ölçüsüdür, ama *kendisinin değeri yoktur.*[5]

"Emeğin değeri" ifadesinde, değer fikri yalnız tamamen silinip gitmekle kalmaz, üstelik tam tersine döner. Bu, toprağın değeri gibi sanal bir ifadedir. Bununla birlikte, bu sanal ifadeler, üretim ilişkilerinin kendisinden doğmaktadır. Bunlar, temel ilişkilerin görüngüsel biçimleri için bulunmuş kategorilerdir. Şeylerin kendilerini, çoğu zaman tersine çevrilmiş görüntüleri içinde açığa vurdukları, ekonomi politik dışında bütün bilimlerce çok iyi bilinir.[6]

[5] "Emek, değerin bu biricik ölçütü ... bütün zenginliğin yaratıcısı, meta değildir." Th. Hodgskin, *Popul. Polit. Econ.*, s. 186.

[6] Öte yandan, bu gibi ifadeleri salt *licentia poetica* [şiirsel serbestlik –ç.] olarak açıklamaya kalkışmak, ancak tahlilin güçsüzlüğünü gösterir. Bu nedenle, Proudhon'un: "*Le travail est dit valoir, non pas en tant que marchandise lui-même, mais en vue des valeurs qu'on suppose renfermées puissanciellement en lui. La valeur du travail est une expression figurée, etc..*" ["Emeğin bir meta olarak değil de, potansiyel olarak içerdiği varsayılan değerler açısından bir değer taşıdığı söylenmektedir. Emeğin değeri, mecazi bir deyimdir, vb.."] sözlerine karşı belirttim ki: "*Dans le travail-marchandise, qui est d'une réalité effrayante, il* (Proudhon) *ne voit qu'une ellipse grammaticale. Donc, toute la société actuelle, fondée sur le travail-marchandise, est désormais fondée sur une licence poétique, sur une expression figurée. La sociéte veut-elle 'éliminer tous les inconvénients', qui la travaillent, eh bien! qu'elle élimine les termes malsonnants, qu'elle change de langage, et pour cela elle n'a qu'à s'adresser, à l'Académie, pour lui demander une nouvelle édition de son dictionnaire.*" ["Bir emek-metada, ki korkunç amansız bir gerçektir, o gramatik eksiklikten başka bir şey görmüyor. Böylece bir emek-metaın üzerine kurulmuş mevcut toplumun tümü, bundan böyle, şiirsel serbestlik, mecazi bir deyim üzerine kurulmuş bulunuyor. Eğer toplum, kendisine saldıran 'tüm sakıncaları tasfiye' etmek istiyorsa, eh, o zaman kulağa nahoş gelen tüm terimleri de tasfiye etsin, dili değiştirsin; ve bunun için de, çıkarmış bulunduğu sözlüğün yeni bir baskısını yapması için akademiye başvurması yeterlidir."] (Karl Marx, *Misére de la Philisophie,* s. 34-35 [*Felsefenin Sefaleti,* s. 59 ve 60].) Kuşkusuz bundan daha kolayı, değer sözünden hiçbir şey anlamamaktır. O zaman, insan, her şeyi bu kategorinin altına kolayca sıralayabilir. Sözgelişi J. B. Say, "*valeur*"? ["değer"] sorusuna şöyle karşılık veriyor: "*C'est ce qu'une chose vaut*" ["Bir şey ne değerde ise odur"] ve "*prix*" ["fiyat"]? Yanıt: "*La valeur d'une chose exprimée en monnaie.*" ["Bir şeyin parayla ifade edilen değeridir."] "*Le travail de la terre ... une valeur? Parce qu'on y met un prix.*" ["Toprağın işi ... ni-

Klasik ekonomi politik, "emeğin fiyatı" kategorisini fazla eleştirmeden günlük yaşamdan almıştır, ve yalnızca, bu fiyatın nasıl belirlendiği sorusunu sormakla yetinmiştir. Çok geçmeden, arz ve talep arasındaki ilişkideki değişmenin, emeğin fiyatı bakımından, diğer bütün metalarda olduğu gibi, bu değişmeler dışında, yani pazar fiyatının belli bir ortalamanın üstünde ya da altında gösterdiği oynamalar dışında, hiçbir şeyi açıklamadığını fark etmiştir. Talep ve arz denge halinde ise, diğer bütün koşullar aynı kalmak üzere, bu fiyat oynamaları sona erer. Ama bu durumda da, talep ve arz, artık bir şey açıklamaz olur. Emeğin fiyatı, talep ile arzın denge içinde bulunduğu anda, doğal fiyatıdır ve arz-talep ilişkisinden bağımsız olarak belirlenir. Ve asıl sorun, bu fiyatın nasıl belirlendiğidir. Ya da, pazar fiyatında daha uzun bir oynamalar dönemi, diyelim bir yıl ele alınsa, bunların birbirlerini telafi ederek ortalama bir büyüklüğe, nispeten kararlı bir miktara ulaştıkları görülür. Bunun da, doğal olarak, kendi kendini gideren değişmeler dışında belirlenmesi gerekirdi. Emeğin pazardaki geçici fiyatlarına sonunda daima egemen olan ve onları düzenleyen bu fiyatı, emeğin "gerekli fiyatı" (fizyokratlar) ya da "doğal fiyatı" (Adam Smith), ancak, diğer bütün metalarda olduğu gibi, emeğin para olarak ifade edilmiş değeri olabilir. Ekonomi politik, böylece, emeğin gelip geçici fiyatları dışında emeğin değerine nüfuz edebileceğini ummuştu. Diğer metalarda olduğu gibi, bu değer de, üretim maliyeti ile belirleniyordu. Ama bu üretimin maliyeti neydi; işçinin üretim maliyeti mi, yani işçinin kendisini üretmek ya da yeniden-üretmek için gerekli masraflar mıydı? Bu soru, ekonomi politikte, farkına varılmadan ilk sorunun yerini aldı; çünkü, emeğin üretim maliyetinin bu şekilde aranması, durmadan bir daire içinde dönüyor, onun dışına çıkmıyordu. İktisatçıların emeğin değeri diye adlandırdıkları şey, gerçekte, emekçinin kişiliğinde varolan emekten, bir makinenin, yaptığı işten farklı olması gibi, işleviyle farklı olan emek-gücünün değeriydi. Emeğin pazar fiyatı ile değeri dedikleri şey arasındaki fark, bu değerin kâr oranıyla ve emeğin ürettiği metaların değerleriyle ilişkisi vb. üzerinde dururlarken, yapılan tahlilin, yalnızca emeğin pazar fiyatından, onun varsayılan fiyatına ulaşacağını değil, emeğin bu değerinin de, sonunda emek-gücünün değerine dayandığını gösteren doğrultuda olduğunu hiçbir zaman fark etmemişlerdir. Klasik ekonomi, kendi tahlillerinin verdiği sonuçların bilincine asla varamamıştır; "emeğin değeri" ve "emeğin doğal fiyatı"

çin bir değere sahiptir? Ona bir fiyat tanınmış olmasıdır."] Demek oluyor ki, değer, bir şeyin değeridir, ve toprağın değerinin olmasının nedeni, bu değerin "parayla ifade edilmesidir". Ne olursa olsun, bu yol, şeylerin nedenini ve niçinini açıklamada çok kullanışlı bir yöntem.

gibi kategorileri, incelemekte olduğu değer ilişkileri için son ve yeterli ifadeler olarak hiç eleştirmeden kabul etmiş ve böylece, daha sonra göreceğimiz gibi, içinden çıkılmaz karışıklıklara ve çelişkilere düşmüş ve ilke olarak yalnız görünüşlere tapan vülger iktisatçılara, yüzeysel incelemeleri için güvenli bir hareket temeli sağlamıştır.

Şimdi de, emek-gücü değerinin (ve fiyatının) bu ücret olarak dönüşmüş koşul içinde, kendilerini nasıl ortaya koyduklarını görelim.

Emek-gücünün günlük değerinin, emekçinin belli uzunluktaki ömrüne ve buna tekabül eden belli uzunluktaki işgününe göre hesaplandığını biliyoruz. Alışılagelen işgününün 12 saat, emek-gücünün günlük değerinin 3 şilin olduğunu ve bunun 6 saatlik emeği temsil eden bir değerin para olarak ifadesi olduğunu varsayalım. Eğer emekçi, 3 şilin alıyorsa, 12 saat boyunca işlev yapan emek-gücünün değerini alıyor demektir. Şimdi eğer, işgününün bu günlük değeri, bir günlük emeğin değeri olarak ifade edilirse, şu formülü elde ederiz: Oniki saatlik emeğin 3 şilinlik değeri vardır. Böylece, emek-gücünün değeri, emeğin değerini, ya da para olarak ifade edilirse onun gerekli fiyatını belirlemiş oluyor. Öte yandan, eğer emek-gücünün fiyatı değerinden sapacak olursa, aynı şekilde, emeğin fiyatı da değeri denilen şeyden sapmış olur.

Emeğin değeri, emek-gücünün değerinin yalnızca usa-uygun olmayan bir ifadesi olduğu için, emeğin değerinin daima ürettiği değerden daha küçük olması zorunluluğu kendiliğinden ortaya çıkar, çünkü kapitalist, daima emek-gücünü, kendi değerini yeniden üretmesi için gereğinden daha uzun süre çalıştırır. Yukardaki örnekte, 12 saat boyunca işlev yapan emek-gücünün değeri 3 şilindir ve bu değerin yeniden-üretimi için 6 saat gerekmektedir. Oysa, emek-gücünün ürettiği değer 6 şilindir, çünkü, aslında o, 12 saat boyunca çalışmakta ve ürettiği değer, kendi değerine değil, faaliyet halinde bulunduğu zamanın uzunluğuna bağlıdır. Böylece, daha ilk bakışta saçma bir sonuca ulaşıyoruz — 6 şilinlik bir değer yaratan emek, 3 şilinlik bir değere sahiptir.[7]

Ayrıca şunu da görüyoruz: işgününün yalnız bir bölümü —yani 6 saatlik emek— için ödenen 3 şilinlik değer, karşılığı ödenmemiş 6 saati de kapsayan 12 saatlik toplam işgününün değeri ya da fiyatı olarak görünmektedir. Demek oluyor ki, bu ücret-biçimi, işgünü-

[7] Bkz: *Zur Kritik der Politischen Ökonomie,* s. 40 [*Ekonomi Politiğin Eleştirisine Katkı,* s. 91.] Ben, bu yapıtın sermayeyi ele alan kısmında, bu problemin çözümleneceğini ifade etmiştim: "... nasıl oluyor da, yalnız salt emek-zamanıyla belirlenen değişim-değeri temeli üzerinde üretim, emeğin değişim-değerinin, emeğin ürününün değişim-değerinden daha az olması sonucunu vermektedir?"

nün gerekli-emek ve artı-emek, karşılığı ödenmiş emek ve ödenmemiş emek diye bölünmesiyle ilgili bütün izleri silip yok ediyor. Bütün emek, karşılığı ödenmiş emek olarak görünüyor. Angaryada, işçinin* kendisi için harcadığı emek ile, efendisi için harcadığı yükümlü emek, birbirinden yer ve zaman olarak en açık şekilde ayrıdır. Köle-emeğinde ise, işgününün, kölenin kendi yaşaması için gerekli tüketim maddelerini yerine koyduğu kısmı, yani aslında yalnız kendisi için çalıştığı kısmı bile, efendisi için harcadığı emek olarak görünür. Kölenin bütün emeği, karşılığı ödenmemiş emek olarak görünür.[8] Ücretli-emekte ise, tersine, artı-emek ya da karşılığı ödenmemiş emek bile, karşılığı ödenmiş emek gibi görünür. Birinde, kölenin kendisi için harcadığı emeği, mülkiyet ilişkisi gözlerden gizler, diğerinde, ücretli işçinin karşılığı ödenmeyen emeğini, para ilişkisi gözlerden gizler.

Emek-gücünün değeri ile fiyatının ücret şekline ya da emeğin kendisinin değeri ve fiyatı şekline dönüştürülmesinin taşıdığı büyük önemi böylece anlayabiliriz. Aslında varolan ilişkileri görünmez hale getirmesi bir yana bir de bunları tepetaklak gösteren bir görünüm şekli, hem emekçinin ve hem de kapitalistin her türlü yasal kavramlarının, kapitalist üretim tarzının her türlü şaşırtmacalarının, özgürlük adına bütün gözboyamalarının, vülger iktisatçıların çeşitli mazur gösterme gevezeliklerinin temelidir.

Ücretin sırrının çözülmesi için tarihte uzun zaman geçmesi gerekmiştir, oysa bu görünüm şeklinin zorunluluğunu, *raison d'être*'i,** anlamak kadar kolay bir şey yoktur.

Sermaye ile emek arasındaki değişim, başlangıçta, kendisini diğer bütün malların alım ve satımı kılığında gösterir. Alıcı, bir miktar para verir, satıcı ise paradan farklı nitelikte bir mal. Hukukçu kafası, bunda, olsa olsa, şu eşdeğer formüllerde ifadesini bulan maddi bir fark görür: "*Do ut des, do ut facias, facio ut des, facio ut facias.*"***

Ayrıca. Değişim-değeri ile kullanım-değeri aslında ölçülemez şeyler olduğu için, "emeğin değeri", "emeğin fiyatı" deyimleri, "pa-

[8] Serbest ticaret yandaşlarının, Londra'daki saflığı budalalığa vardıran organı *Morning Star,* Amerikan iç savaşı sırasında, bir insanın duyabileceği bütün moral öfkeyle, "Konfederasyon Eyaletlerinde" zencilerin hiçbir karşılık almadan çalışmalarını tekrar tekrar protesto etmişti. Böyle yapacağına, bu gazete, böyle bir zencinin günlük yaşama giderini, Londra'nın doğu yakasındaki serbest bir işçinin yaşama gideri ile karşılaştırsa daha iyi ederdi.

* İngilizce metinde "*worker*" ("işçi"), Fransızca metinde "*corvéable*" ("angaryacı"). –ç.

** Varlık nedeni. –ç.

*** "Vermen için veriyorum, yapman için veriyorum, vermen için yapıyorum, yapman için yapıyorum." –ç.

muğun fiyatı", "pamuğun değeri" deyimlerinden daha us-dışı görünmezler. Üstelik, emekçiye, para, emeğini harcadıktan sonra ödenir. Ödeme aracı işleviyle para, sağlanan nesnenin değerini ya da fiyatını, yani bu özel durumda sağlanan emeğin değerini ya da fiyatını daha sonra gerçekleştirir. Ve ensonu, emekçinin kapitaliste sağladığı kullanım-değeri, aslında, kendi emek-gücü değil, bunun işlevi, terzilik, ayakkabıcılık, iplikçilik işi gibi belli yararlı bir iştir. Bu, aynı emeğin, öte yandan, evrensel değer yaratma öğesi olması ve böylece diğer bütün metalardan farklı bir özelliğe sahip bulunması, sıradan bir aklın kavrayışı ötesindedir.

Şimdi, kendimizi, 12 saatlik emek ile, diyelim 6 saatlik emeğin ürettiği değer olan 3 şilini alan bir emekçinin yerine koyalım. Onun için, aslında, bu 12 saatlik emek, bu 3 şilini satın almanın bir yoludur. Emek-gücünün değeri, alışageldiği geçim araçlarının değerine bağlı olarak, 3 ile 4 şilin, ya da 3 ile 2 şilin arasında değişebilir; ya da eğer emek-gücünün değeri değişmeden kalıyorsa, fiyatı, değişen arz-talep ilişkileri sonucu, ya 4 şiline çıkar ya da 2 şiline düşer. Ama her zaman 12 saatlik emek harcamaktadır. Onun aldığı eşdeğerin miktarındaki her değişme, bu nedenle ona, 12 saatlik emeğinin değeri ya da fiyatındaki zorunlu bir değişme gibi görünür. İşgününü değişmeyen bir büyüklük[9] olarak ele alan Adam Smith'i bu durum, geçim araçlarının değeri değişse bile emeğin değerinin aynı kalacağı ve bu yüzden aynı işgününün emekçi için kendisini daha çok ya da daha az parayla temsil edebileceği gibi yanlış bir iddiayı öne sürmeye götürmüştür.

Şimdi bir de kapitalisti ele alalım. Kapitalist, elden geldiğince az parayla, elden geldiğince çok emek elde etmek isteyecektir. Bu yüzden, uygulamada onu ilgilendiren tek şey, emek-gücü fiyatıyla, bunun işlevinin yarattığı değer arasındaki farktır. Bir de, ayrıca, her türlü metaı elden geldiğince ucuza almaya çalışır ve düpedüz kandırmayı, bir şeyi değerinin altında alıp, bu değerin üzerinde satmayı kendine kâr bilir. Bu yüzden de, eğer emeğin değeri diye bir şey gerçekten varsa, ve o, bu değerin karşılığını gerçekten öderse, sermaye diye bir şeyin olamayacağını, parasının sermayeye dönüşemeyeceğini hiçbir zaman göremez.

Üstelik, ücretlerin gerçek hareketi, ödenmiş emek-gücünün değerini değil, onun işlevinin, emeğin kendisinin değerinin ödendiğini tanıtlayan görüngüler gösterir. Biz, bu görüngüleri iki büyük sınıfta toplayabiliriz: (1.) İşgünü uzunluğunun değişmesiyle ücretlerin değişmesi. Bir makinenin bir haftalığına kiralanması bir gün-

[9] Adam Smith, parça-başı ücrete değindiği zaman işgünündeki değişikliklerin yalnızca rasgele sözünü etmiş oluyor.

lüğüne kiralanmasından daha fazla para ödemeyi gerektireceği için, makinenin değerinin değil de onun yaptığı işin değerinin ödendiği şeklinde de düşünülebilir. (2.) Aynı işi yapan farklı emekçilerin ücretlerindeki bireysel farklar. Biz, bu bireysel farkları, emek-gücünün kendisinin, doğrudan ve açıkça hiçbir dolambaçlı yola sapmadan satıldığını kölelik sisteminde de görürüz, ama bu bizi aldatmaz. Ancak, kölelik sisteminde, emek-gücünün ortalamanın üzerinde sağladığı yarar ve bu ortalamanın altında yolaçtığı zarar yalnız köle sahibini etkiler; ücretli-emek sisteminde ise, bu, emekçinin kendisini etkiler, çünkü onun emek-gücü, bir durumda, kendisi tarafından, diğer durumda bir üçüncü kişi tarafından satılır.

Ayrıca, bütün görünümler ve bunların ardında gizli bulunan temel için geçerli olan ne varsa, asıl temel ilişkiye, yani emek-gücünün değer ve fiyatına karşıt olarak ortaya çıkan, "emeğin değeri ve fiyatı", ya da "ücret" gibi görünüm şekilleri için de geçerlidir. Bunlardan sonuncusu, günlük düşünce biçimleri olarak doğrudan ve kendiliklerinden ortaya çıkarlar; ilkinin ise, önce bilim tarafından bulunup ortaya konulması gerekir. Klasik ekonomi politik, şeyler arasındaki gerçek ilişkiye neredeyse değinir gibidir, ama bunu bilinçli olarak formülleştirmez. Sırtındaki burjuva postuna sarıldıkça da bu işi zaten beceremez.

YİRMİNCİ BÖLÜM

ZAMANA GÖRE ÜCRET

ÜCRETİN kendisi de çok çeşitli biçimler alır; bu gerçek, sorunun yalnız maddi yanlarıyla ilgilenen ve her türlü biçim farklarını ihmal eden, sıradan iktisat incelemelerinde farkedilmemiş bir şeydir. Bununla birlikte, bütün bu biçimlerin ortaya konulması, ücretli-emeğin özel bir inceleme konusudur ve bu nedenle, bu yapıtta yeri olmaması gerekir. Gene de iki temel biçimin burada kısaca incelenmesi gerekiyor.

Emek-gücünün satışı, anımsanacağı gibi, belirli bir zaman dönemi için olur. Günlük, haftalık vb. emek-gücü değerinin kendilerini ortaya koydukları dönüşmüş biçim, bu nedenle, zamana göre ücret, ve dolayısıyla da günlük ücrettir vb..

Emek-gücü fiyatıyla artı-değerin nispi büyüklüklerindeki değişmeler konusunda Onyedinci Bölümde öne sürülen yasaların, basit bir biçim değişikliği ile ücret yasaları haline dönüştüklerine de burada kısmen değinmek gerekir. Bunun gibi, emek-gücünün değişim-değeri ile, bu değerin kendisine çevrildiği gerekli tüketim maddeleri kitlesi arasındaki fark, şimdi, nominal ve reel ücretler arasındaki ayrım olarak tekrar ortaya çıkar. Asıl ve temel biçim içinde incelenmiş bir şeyi, görüngüsel biçimi içinde burada yinelemek gereksiz olacaktır. Bu nedenle, biz, burada, yalnız, zamana göre ücretin ayırdedici birkaç özelliği üzerinde duracağız.

Emekçinin, günlük ya da haftalık çalışması karşılığında aldığı para miktarı,[10] onun nominal ya da değere göre hesaplanan ücret tutarını oluşturur. Ama, işgününün uzunluğuna, yani bir günde sağlanan emek miktarına göre, aynı günlük ya da haftalık ücretin, emeğin birbirinden çok farklı fiyatlarını, yani aynı emek miktarı için çok farklı para miktarını temsil edebileceği de açıktır.[11] Bunun için zamana göre ücreti de incelerken gene günlük ya da haftalık vb. ücretin toplamı ile, emek-gücünün fiyatı arasındaki ayrımı dikkate almamız gerekecektir. Bu duruma göre, bu fiyatı, yani belli bir miktardaki emeğin para değerini nasıl bulacağız? Emeğin ortalama fiyatı, emek-gücünün günlük ortalama değeri, emek-gücündeki ortalama saat sayısına bölünerek bulunur. Örneğin, emek-gücünün günlük değeri, 6 işsaatinin ürün değeri olan 3 şilin, ve eğer işgünü de 12 saat ise, 1 işsaatinin fiyatı, 3/12 şilin = 3 peni olur. İşsaatinin böylece bulunan fiyatı, işin fiyatı için ölçü birimi hizmetini görür.

Bunun için, buradan, emeğin fiyatı, sürekli bir şekilde düştüğü halde, günlük, haftalık vb. ücretlerin aynı kalabileceği sonucu çıkar. Örneğin, alışılagelen işgünü 10 saat, emek-gücünün günlük değeri 3 şilin olsa, işsaatinin değeri 3³/₅ peni olur. İşgünü, 12 saate çıksa bu değer 3 peniye, 15 saate çıksa 2²/₅ peniye düşerdi. Bütün bu değişikliklere karşın, günlük ya da haftalık ücret aynı kalır. Tersine, işin fiyatı aynı kalsa ve hatta düşse bile, günlük ya da haftalık ücret yükselebilir. Diyelim, işgünü 10 saat, günlük emek-gücü değeri 3 şilin olsa, bir işsaatinin fiyatı 3³/₅ peni olur. İşlerin artması nedeniyle emekçi 12 saat çalışacak olsa, emeğin fiyatı aynı kaldığı halde günlük ücreti, emeğin fiyatında hiçbir değişme olmadan şimdi 3 şilin 7¹/₅ peniye yükselir. Emeğin miktarı uzunluk olarak artacak yerde, yoğunluk olarak artmış olsaydı, aynı sonuç çıkabilirdi.[12] Günlük ya da haftalık ücretin nominal değerindeki yük-

[10] Paranın kendi değeri, burada her zaman sabit kabul edilmiştir.

[11] "Emeğin fiyatı, belli bir emek miktarı için ödenen miktardır." (Sir Edward West, *Price of Corn and Wages of Labour,* London 1826, s. 67.) West, yazarı belirtilmeyen *Essay on the Application of Capital to Land, By a Fellow of the University College of Oxford,* London 1815, adlı denemenin yazarıdır. Bu, ekonomi politik tarihinde çığır açıcı bir yapıttır.

[12] "Emeğin ücreti, emeğin fiyatına ve harcanan emeğin miktarına bağlıdır. ... Emeğin ücretinde bir yükselme, mutlaka emeğin fiyatında yükselme anlamına gelmez. Daha tam çalıştırma ve daha büyük çaba ile, emeğin ücreti oldukça artırılabilir, oysa emeğin fiyatı aynı kalmakta devam edebilir." West, *l.c.,* s. 67, 68, 112. Ne var ki, West, "Emeğin fiyatı nasıl belirlenir?" temel sorusunu, yavan sözlerle geçiştirir.

selme, bu nedenle, emeğin fiyatı aynı kaldığı ya da düştüğü zaman olabilir. Aile reisinin harcadığı emek miktarı, ailenin üyelerinin emekleriyle arttığı zaman, emekçi ailesinin geliri için de aynı şey geçerlidir. Demek oluyor ki, günlük ya da haftalık ücretler indirilmeksizin de, emeğin fiyatını düşürmenin yolları vardır.[13]

Buradan şu genel yasa çıkmış oluyor: günlük, haftalık vb. emek miktarı belli ise, günlük ya da haftalık ücret, kendisi de, emek-gücünün değeriyle ya da bunun fiyatıyla değeri arasındaki farkla birlikte değişen emek fiyatına bağlı olur. Öte yandan, emeğin fiyatı belli ise, günlük ya da haftalık ücret, günlük ya da haftalık emek miktarına bağlı olur.

Zamana göre ücretin ölçü birimi olan işsaati fiyatı, bir günlük emek-gücü değerinin, ortalama işgünündeki saat sayısına bölünmesiyle elde edilir. İşgünü 12 saat, emek-gücünün günlük değeri 3 şilin, ve bu 3 şilin de 6 saatlik emeğinin ürününün değeri olsun. Bu koşullar altında, işsaatinin fiyatı 3 peni, ve üretilen değer 6 peni olur. Şimdi eğer emekçi, günde 12 saatten (ya da haftada 6 günden) daha az, diyelim 6 ya da 8 saat çalışsa, bu emek fiyatına göre günlük ücreti yalnızca 2 şilin veya 1 şilin 6 peni olurdu.[14] Varsayımımıza göre, o, yalnızca emek-gücünün değerine tekabül eden günlük ücreti üretmek için günde ortalama 6 saat çalışmak zorundadır; ve gene aynı varsayım uyarınca, her saatin ancak yarısını kendisi için, yarısını da kapitalist için çalıştığına göre, 12 saatten az çalıştırılması halinde 6 saatlik ürünün değerinin tamamına sahip olamayacağı açıktır. Daha önceki bölümlerde aşırı-çalışmanın yıkıcı sonuçlarını görmüştük, burada da, eksik çalıştırmanın işçiye getireceği ıstırap kaynakları ile karşılaşıyoruz.

Eğer saat-ücreti, kapitalisti, günlük ya da haftalık ücreti öde-

[13] Bunu, sorunu karışık bir şekilde koymakla birlikte, 18. yüzyıl sanayi burjuvazisinin fanatik temsilcisi ve sık sık alıntılar yaptığımız *Essay on Trade and Commerce* yazarı doğru olarak kavramıştır: "Yiyecek maddeleri ile diğer gerekli şeylerin fiyatıyla belirlenen şey, emeğin fiyatı" (o, bununla, nominal günlük ya da haftalık ücreti demek istiyor) "değil, emeğin miktarıdır: gerekli şeylerin fiyatını çok düşürürseniz, doğal olarak, emeğin miktarını da aynı oranda düşürmüş olursunuz. Fabrika patronları, emeğin fiyatını yükseltme ve düşürmenin, nominal miktarını değiştirmekten başka çok daha çeşitli yolları olduğunu bilirler." (*l.c.*, s. 48, 61.) West'in yapıtından adını hiç anmadan yararlandığı *Three Lectures on the Rate of Wages*, London 1830, adlı yapıtında N. W. Senior şöyle der: "Emekçiyi her şeyden önce üretim miktarı ilgilendirir." (s. 15.) Bunun anlamı, emekçi, aslında, eline geçene, ücretinin nominal miktarına bakar, verdiği şeye, emeğinin miktarına aldırmaz demektir!

[14] Bu türlü anormal eksik istihdamın etkisi, işgününde yasayla yapılan genel kısaltmanın etkisinden tamamen farklı olur. Birincisinin [eksik-istihdamın], işgününün mutlak uzunluğu ile hiçbir ilişkisi yoktur ve 15 saatlik işgününde de 6 saatlik bir işgününde de pekala olabilir. Emeğin normal fiyatı birinci durumda, işçinin günde ortalama 15 saat, ikinci durumda 6 saat çalışmasına göre hesaplanır. Bunun için de sonuç, birinci durumda yalnızca 7½, ikinci durumda yalnızca 3 saat çalışsa da gene aynı olur.

meye zorlayacak şekilde değil de, emekçiyi keyfine göre seçtiği saatlerde çalıştırarak ücret ödeyecek şekilde saptanacak olursa, o zaman, kapitalist, emekçiyi, saat-ücretinin ya da emek ücretinin birim ölçüsünün hesaplanmasında esas olarak alınacak zamandan daha kısa süre çalıştırabilir. Bu birim, $\frac{\text{emek-gücünün günlük değeri}}{\text{belli saatlik işgünü}}$ oranı ile belirlendiği için, işgünü belli saati kapsar durumdan çıkar çıkmaz bütün anlamını yitirir. Karşılığı ödenen ve ödenmeyen emek arasındaki ilişki yokolur. Kapitalist, şimdi artık emekçiden, emekçiye kendi varlığını sürdürmek için gerekli emek-zamanını bırakmaksızın, ondan belli miktarda artı-emek sızdırabilir. Çalışmadaki bütün düzeni ortadan kaldırdığı gibi, kendi işine, keyfine ve o andaki çıkarına uygun geldiği şekilde, en korkunç aşırı-çalışmayı, nispi ya da mutlak bir iş kesilmesi izleyebilir. "Emeğe normal fiyatını" ödediği bahanesi altında, emekçiye karşılığında bir ödemede bulunmaksızın işgününü anormal derecede uzatabilir. Londra'daki inşaat işçilerinin kapitalistlerin, kendilerine bu tür bir saat ücretini kabul ettirmeye zorlamaları üzerine, 1860 yılındaki başkaldırmaları son derece usa-uygun bir hareketti. İşgününün yasal sınırlandırılması, makinenin rekabeti, çalıştırılan emekçilerin niteliğindeki değişiklik ve kısmi ya da genel bunalımın neden olduğu eksik istihdam karşısında haliyle bir şey yapmamakla birlikte, bu gibi kötüye kullanmalara bir son verir.

Günlük ya da haftalık ücret artarken emeğin fiyatı nominal olarak aynı kalabilir ve hatta normal düzeyinin altına düşebilir. Emeğin, işsaati başına hesaplanan fiyatı aynı kalırken, işgününün normal süresinin ötesinde uzatılması halinde daima bu durum ortaya çıkar. Eğer $\frac{\text{emek-gücünün günlük değeri}}{\text{işgünü}}$ oranında, payda büyükse, pay daha da hızla büyür. Aşınmaya ve yıpranmaya bağlı olarak emek-gücünün değeri, faaliyet süresiyle artar, ve bu sürenin artışından daha hızlı bir oranda artar. Zamana göre ücretin genel kural olduğu ve ama emek-zamanının yasalarla sınırlandırılmadığı birçok sanayi kolunda bu yüzden işgününün ancak belli bir noktaya kadar, örneğin onuncu saatin bitimine kadar normal ("*normal working day*", "*the day's work*", "*the regular hours of work*"*) saymak alışkanlığı kendiliğinden yeralmıştır. Bu sınırın ötesindeki emek-zamanı, fazla-mesaidir ve ölçü birimi saat alınarak, çoğu zaman gülünç denecek derecede küçük olmakla birlikte, daha iyi bir ödeme ("fazla ödeme") yapılır.[15] Normal işgünü, bura-

* "Normal işgünü", "günlük iş", "düzenli işsaatleri" –ç.

15 "Dantelacılıkta fazla-mesai için ödenen ücret o kadar küçüktür ki (saatte, $1/2$ peni ile $3/4$ peniden 2 peniye kadar), işçilerin sağlık ve güçleri üzerindeki olumsuz-

da fiilî işgününün ancak bir kısmı gibidir ve bu fiilî işgünü bütün yıl boyunca normal işgününden daha uzun sürer.[16] İşgününün belli normal sınırları ötesinde uzatılmasıyla emeğin fiyatındaki artış, Britanya'da çeşitli İngiliz sanayilerinde öyle bir şekil alır ki, normal denilen zamanlardaki düşük emek fiyatı, emekçiyi, eğer yeterli bir ücret sağlamak niyetinde ise, daha iyi bir ücretin ödendiği fazla-mesai sırasında çalışmaya devama zorlar.[17] İşgününün yasal sınırlandırılması bu tatlı duruma son verir.[18]

Bir sanayi kolunda işgünü ne kadar uzunsa ücretlerin o kadar düşük olduğu genellikle bilinen bir gerçektir.[19] Fabrika denetmeni A. Redgrave, 1839 ile 1859 yılları arasındaki 20 yıllık karşılaştırmalı bir incelemeyle, bunu, gözler önüne seriyor; bu incelemeye göre, ücretler, 10 saatlik yasanın kapsamına giren fabrikalarda yükseldiği halde, işin günde 14-15 saat sürdüğü fabrikalarda düş-

luk etkileri ile tam bir karşıtlık halindedir. ... Böylece kazanılan o az miktardaki para da çoğu zaman fazla yiyecek için harcanır." (*Child. Empl. Comm., II. Rep.*, s. xvı, n° 117.)

[16] Örnek: duvar kağıdı baskıcılığında, bu işkolunun daha yakın zamanda fabrika yasası kapsamına alınmasından önce. "Yemek paydosu yapmadan çalışıyoruz, böylece 10½ saatlik günlük iş, öğleden sonra 4.30'da sona eriyor ve bundan sonraki bütün çalışma, fazla-mesaidir; saat 6'dan önce işten çıktığımız pek enderdir; bu yüzden, biz, aslında, bütün yıl fazla-mesai yapmış oluyoruz." (Mr. Smith, *Evidence in Child. Empl. Comm., I. Rep.*, s. 125.)

[17] Örnek: İskoçya'da ağartıcılık işinde, "İskoçya'nın bazı kısımlarında bu iş" (1862 tarihinde fabrika yasasının uygulanmasından önce) "fazla-mesai sistemi ile yürütülüyordu, yani günde on saat, normal çalışma saatiydi ve erkek işçilere günde 1 şilin 2 peni nominal ücret ödenirdi, her gün üç-dört saat fazla-mesai yapılır, karşılığında saatte 3 peni ödenirdi. Bu sistemin etkisi ... nominal saatlerde çalışan bir işçi, haftada, 8 şilinden fazla kazanamazdı, fazla-mesai yapmadan tam bir günlük ücret elde edemezlerdi." (*Rep. of Insp. of Factories, April 30th, 1863*, s. 10.) "Daha uzun saatler çalışmak üzere erkek işçilere daha yüksek ücret ödenmesi dayanılması güç bir çekicilik taşıyordu." (*Rep. of Insp. of Fact., April 30th, 1848*, s. 5.) Londra kentinde ciltçilik işinde, belli çalışma saatlerini öngören sözleşmelerle 14-15 yaşlarında çok sayıda genç kız çalıştırılır. Bununla birlikte, her ayın son haftasında, gece saat 10, 11, 12 ve hatta 1'e kadar daha büyük yaştaki işçilerle birlikte çok karışık bir grup içersinde çalıştırılırlar. "Patronlar, bunları, fazla ücret ve yemek vaadiyle bu işe razı ederler", ve çocuklar, bu yemeği, çevredeki meyhanede yerler. Böylece, bu "*young immortals*" ["genç ölümsüzler" –ç.] (*Children's Employment Comm., V. Rep.*, s. 44, n° 191) arasında büyük bir ahlaksızlık almış yürümüştür ve bu ahlaksızlığın kefaretini, diğer kitapların yanısıra çok sayıda İncil ve din kitabı ciltleyerek ödemiş olurlar.

[18] Bkz: *Reports of Insp. of Fact., April 30th, 1863, l.c.,* Durumu iyi değerlendiren Londralı inşaat işçileri, 1860'taki büyük grev ve lokavt sırasında, saat ücretini ancak iki koşul altında kabul edebileceklerini ilan ettiler: (1) Normal 9 ve 10 saatlik işgünleri ile birlikte işsaatinin ücreti saptanacak ve 10 saatlik işgünü için işsaati ücreti, 9 saatlik için olandan daha yüksek olacaktır; (2) normal işgününün ötesinde her saat fazla-mesai sayılacak ve bunun için belli bir oranda daha yüksek ücret ödenecekti.

[19] "Uzun işsaatlerinin kural olduğu yerlerde, ücretlerin düşük olmasının da bir kural olması ayrıca dikkati çeken bir şeydir." (*Report of Insp. of Fact., 31st Oct., 1863*, s. 9.) "Bir lokma yiyecek sağlamak için yapılan iş, çoğu kez, aşırı derecede uzundu." (*Public Health, Sixth Report,* 1864, s. 15.)

mektedir.[20]

"Emeğin fiyatı belli ise, günlük ya da haftalık ücret, harcanan emeğin miktarına bağlıdır." yasasından, her şeyden önce, emeğin fiyatı ne kadar düşük olursa emeğin miktarının o kadar büyük olması ya da, emekçinin sefil bir ortalama ücret sağlayabilmesi için işgününün o kadar uzun olması gerektiği sonucu çıkar. Emeğin fiyatının düşüklüğü, burada emek-zamanının uzatılması için bir dürtü rolü oynar.[21]

Öte yandan, emek-zamanının uzatılması da, tersine emek fiyatında bir düşmeye ve bu düşmeyle birlikte günlük ya da haftalık ücretlerde bir azalmaya yolaçar.

Emeğin fiyatının, $\frac{\text{emek-gücünün günlük değeri}}{\text{belli saatlik işgünü}}$ orantısı ile belirlenmesi, eğer telafi edici bir şey sözkonusu değilse, salt işgününün uzatılmasının emeğin fiyatını düşüreceğini gösterir. Ama uzun vadede, kapitaliste, işgününü uzatma olanağını veren aynı koşullar, başlangıçta, emeğin fiyatını, artan saatlerin sayısının toplam fiyatını ve dolayısıyla günlük ya da haftalık ücretleri düşürene kadar, nominal olarak düşürme olanağını da verirler ve sonunda bunu yapmak zorunda bırakırlar. Burada iki duruma işaret etmek yetecektir. Eğer bir insan, 1,5 ya da 2 kişinin işini yaparsa, pazardaki emek-gücü arzı aynı kalmakla birlikte, emek arzı artar. Emekçiler arasında böylece yaratılan rekabet, kapitaliste emeğin fiyatını düşürme olanağını sağladığı gibi, bu fiyat düşüşü, ona, ayrıca emek-zamanını daha da uzatma olanağını vermiş olur.[22] Ne var ki, çok geçmeden, karşılığı ödenmemiş bu anormal büyüklükteki emek, yani toplumsal ortalama miktarı aşan büyüklükler üzerindeki bu egemenlik, kapitalistlerin kendi aralarında bir rekabet kaynağı halini alır. Metaın fiyatının bir kısmı, emeğin fiyatını içerir. Emeğin fiyatında karşılığı ödenmeyen kısmın, metaın fiyatında hesaba katılması gerekmez. Bu kısım, alıcıya hediye edilebilir. Rekabetin yolaçtığı ilk adım budur. Rekabetin attırdığı ikinci adım, işgününün

[20] *Reports of Inspectors of Fact., 30th April, 1860*, s. 31, 32.

[21] Örneğin, İngiltere'de elle çivi yapanlar, işin düşük fiyatlı oluşu yüzünden, pek acınacak bir haftalık ücret elde etmek için, günde 15 saat çekiç sallarlar. "Her gün uzun saatler (sabah 6'dan akşam 8'e kadar) çalıştıkları halde, bu ağır işin karşılığında 11 peni ya da 1 şilin kazanırlar; ayrıca, aletlerin aşınması, ateş giderleri, demir artıkları için 2,5-3 peni bu ücretten düşülür." (*Children's Employment Comm., Third Report,* s. 136, n° 671.) Kadınlar, aynı emek-zamanı için haftada ancak 5 şilin ücret alırlar. (*l.c.*, s. 137, n° 674.)

[22] Örneğin, eğer bir fabrika işçisi, alışılagelen uzun saatler çalışmayı reddederse, "kısa zamanda yerine daha uzun zaman çalışabilecek bir başkası bulunur, ve böylece işten atılmış olur." (*Reports of Inspectors of Fact.*, Evidence, *30th April, 1848*, s. 39, n° 58.) "Eğer bir kişi, iki kişinin işini yaparsa ... kâr oranı genel olarak yükselecektir ... ek emek ikmali sonucu fiyatı düşmüş olacaktır." (Senior, *l.c.*, s. 15.)

uzatılmasıyla yaratılan anormal artı-değerin hiç olmazsa bir kısmının, metaın satış fiyatının dışında tutulmasıdır. Bu şekilde, metaın anormal derecede düşük satış fiyatı önceleri arasıra görülür ve zamanla bu, yerleşik hale gelir; bundan böyle bu fiyat, fazla emek-zamanının karşılığı olan acınacak derecede düşük bir ücretin değişmeyen temeli olur; tıpkı başlangıçta bu düşük ücretin gene aynı koşulların bir ürünü olması gibi. Rekabetin tahlili, konumuzun bu kısmına girmediği için, bu harekete burada yalnızca değinilmiş olunuyor. Gene de kapitalistin bu konuda ne dediğine bir an için kulak verebiliriz: "Birmingham'da patronlar arasında öylesine bir rekabet var ki, bunların çoğu işveren olarak, başka zaman utanç duyacakları şeyleri yapmak zorunda kalıyorlar; buna karşılık, fazla bir para kazanıldığı yok, yalnız halk bundan yararlanıyor."[23]

Okur, Londra'da iki tür fırıncı bulunduğunu anımsayacaktır; bunlardan birisi ekmeği tam fiyatına satıyordu ("tam fiyatlı" fırıncılar), diğeri normal fiyatının altında satıyordu ("ucuzcular", "düşük fiyatlı satıcılar"). "Tam fiyatlı" satıcılar rakiplerini Parlamento Soruşturma Komitesinin önünde suçluyorlardı: "Bunlar varlıklarını, ancak önce halkı kandırmakla, sonra da adamlarını 12 saatlik ücret karşılığında 18 saat çalıştırmakla sürdürüyorlar. ... İşçilerin karşılığı ödenmeyen emekleri, rekabetin yapıldığı ve bugüne kadar da sürdürüldüğü kaynağı oluşturur. ... Fırıncı ustaları arasındaki rekabet, gece işini ortadan kaldırmadaki güçlüğün nedenidir. Un fiyatlarına göre ekmeği maliyet fiyatının altında satan bir ucuzcu, bunu, işçilerini daha fazla çalıştırmakla telafi etmek zorundadır. ... Ben, işçilerimi, yalnızca 12 saat çalıştırdığım halde, eğer komşum, 18 ya da 20 saat çalıştırırsa, satış fiyatında beni doğal olarak altede. İşçiler, eğer, çalıştıkları fazla süre için ücret istemekte ayak direrlerse, bu durum düzelir. ... Ucuzcuların çalıştırdığı işçilerin çoğu, verilen ücret ne olursa olsun kabul etmek durumunda bulunan yabancılar ile gençlerdir."[24]

Bu yakınma, kapitalistin beyninde üretim ilişkilerinin nasıl yalnızca dış yönlerinin yansıdığını göstermesi bakımından da ilginçtir. Kapitalist, emeğin normal fiyatının bile belirli bir miktarda karşılığı ödenmeyen emeği içerdiğini ve işte bu emeğin bu karşılığı ödenmeyen kısmının, kazancının normal kaynağı olduğunu bil-

[23] *Children's Employment Comm., Third Report,* Evidence, s. 66, n° 22.

[24] *Report etc., Relative to the Grievances Complained of by the Journeymen Bakers,* Lond., 1862, s. LII, ve Evidence, n° 479, 359, 27. Ne var ki, tam fiyatla satanlar bile, yukarda söylendiği ve sözcüleri Bennett'in de kabul ettiği gibi, işçilerini "genellikle gece saat 11'de işe başlatıp ... ertesi sabah 8'e kadar çalıştırırlar ... ve bunlar, bütün gün ... akşam saat 7'ye kadar işte kalırlar." (*l.c.,* s. 22.)

miyor. Artı emek-zamanı diye bir kavram onun için mevcut bile değil; çünkü bu, günlük ücretle karşılığını ödediğini sandığı normal işgününün içindedir. Ama, onun için, fazla-mesai, emeğin normal fiyatına tekabül eden sınırları ötesinde, işgününün uzatılmasıyla olanaklıdır. Ucuzcu rakibi ile karşı karşıya gelince bu fazla-mesai için fazla ödeme yapmasında bile direnir. Gene burada da, bu fazla ödeme, tıpkı alışılmış işsaatinin fiyatı gibi, karşılığı ödenmeyen emeği içerdiğini de bilmez. Örneğin, 12 saatlik işgününün bir saatinin fiyatı 3 peni, ve bu da diyelim yarım işsaatinin değer-ürünü ise, fazla-mesainin işsaatinin fiyatı 4 peni ya da $^2/_3$ işsaatinin değer-ürünüdür. Burada kapitalist, birinci durumda işsaatinin yarısına, ikinci durumda ise üçte-birine, karşılığını ödemeksizin elkoymaktadır.

YİRMİBİRİNCİ BÖLÜM

PARÇA-BAŞI ÜCRET

PARÇA-BAŞI ücret, zamana göre ücretin değişikliğe uğramış biçiminden başka bir şey değildir. Tıpkı zamana göre ücretin, emek-gücünün değer ya da fiyatının değişikliğe uğramış şekli olması gibi.

Parça-başı ücrette, ilk bakışta, emekçiden satın alınan kullanım-değeri, onun emek-gücünün, canlı emeğinin bir işlevi gibi değil de, üründe zaten gerçekleşmiş emeği gibi görünür; ve gene bu emeğin fiyatı, zamana göre ücrette olduğu gibi, $\frac{\text{emek-gücünün günlük değeri}}{\text{belli saatlik emek-gücü}}$ oranı ile değil de, üreticinin iş yapma yetisiyle belirleniyormuş gibi görünür.[25]

25 "Parça-başı iş sistemi, işçilik tarihinde bir çağı belirler; kapitalistin isteğine bağlı bulunan basit gündelikçi emekçi ile, çok uzak olmayan bir gelecekte, kapitalist ile zanaatçılığı kendi kişiliğinde birleştirmeyi vaadeden lonca zanaatlarının durumu arasında yeralır. Parça-işçi, işverenin sermayesi ile çalışsa bile aslında kendi kendisinin patronudur." (John Watts, *Trade Societies and Strikes, Machinery and Cooperative Societies,* Manchester 1865, s. 52, 53.) Bu küçük yapıtı buraya aktarmamın nedeni, iyice kokuşmuş bayağı bir mazur gösterme çabasının lağım çukuru olmasıdır. Daha önce Owen'cılık ile de alışverişi olan bu aynı Mr. Watts, 1842 yılında

Bu görünüşe olan güven, her iki ücret şeklinin de aynı sanayi kollarında aynı zamanda yanyana bulunması olgusuyla ilk büyük darbeyi yer; örneğin "Londra'daki mürettipler genel kural olarak parça-başı çalışırlar, zamana göre ücret istisnadır, buna karşılık taşradakiler günlük çalışırlar, parça-başı iş istisnadır. Londra limanında gemi yapım işçileri, parça-başı çalışırlar, oysa diğer bütün yerlerde günlük çalışırlar."[26]

Londra'da aynı saraç dükkanında, çoğu zaman aynı iş için, Fransızlara parça-başı, İngilizlere zamana göre ücret ödenir. Parça-başı ücretin egemen olduğu gerçek anlamdaki fabrikalarda, bu ücret şekline uygun düşmeyen bazı tür işlerin karşılığı zamana göre ödenir.[27] Bu biçimlerden birisinin diğerine göre kapitalist üretimin gelişmesine daha uygun düşme olasılığına karşın, ücretin ödenme biçimindeki farklılığın bunun özünde herhangi bir değişiklik yapmadığı da apaçık bir şeydir.

Alışılagelen işgünü, 6 saati karşılığı ödenen, 6 saati de ödenmeyen olmak üzere 12 saat içersin. Ürün-değer 6 şilin, dolayısıyla 1 saatlik emeğinin ürün-değeri 6 peni etsin. Deneyim sonucu olarak, diyelim ki, ortalama bir yoğunluk ve beceriyle çalışan ve bu nedenle de bir şeyin üretimi için ancak toplumsal bakımdan gerekli olduğu kadar zaman harcayan bir işçi, 12 saatte, bağımsız ya da bir bütünün ölçülebilir kısımları olan 24 parça iş çıkarsın. Bu 24 parçanın değeri, bunların içerdiği değişmeyen sermaye kısmı çıkartıldıktan sonra, 6 şilin ve tek bir parçanın değeri 3 penidir. Emekçi, parça başına, 1½ peni alır ve böylece 12 saatte 3 şilin kazanmış olur. Tıpkı zamana göre ücrette olduğu gibi, emekçinin, 6 saati kendisi için 6 saati de kapitalist için, ya da her saatin yarısını kendisi için, öteki yarısını kapitalist için çalıştığını düşünmemizin nasıl önemi yoksa, burada da, her parçanın karşılığının yarısının ödendiğini, öteki yarısının ödenmediğini, ya da 12 parçanın fiyatı yalnızca emek-gücünün değerinin eşdeğeri, buna karşılık öteki 12

başka bir kitapçık daha yayınlamış: *Facts and Fictions of Political Economists,* ve bunda, diğer şeyler yanında "mülkiyetin hırsızlık" olduğunu ilan etmiştir. Eski çamlar bardak oldu!

26 T. J. Dunning, *Trades' Unions and Strikes,* Lond. 1860, s. 22.

27 Bu iki ücret şeklinin yanyana bulunuşu patronların düzenbazlıklarını yürütmede nasıl yararlı olmuştur: "Bir fabrikada 400 işçi çalışıyor ve bunların yarısı parça-başı ücret aldıkları için uzun süre çalışmaları işlerine geliyor. Geriye kalan 200 kişi gündelik alıyorlar ve diğerleri gibi uzun süre çalışıyorlar, ama bu fazla-mesai için hiçbir karşılık almıyorlar. ... Bu 200 kişinin günde yarım saat çalışmaları, bir kişinin 50 saat çalışmasına ya da bir kişinin bir haftalık emeğinin 5/6'sına eşittir." (*Reports of Insp. of Fact., 31st October, 1860,* s. 9.) "Aşırı-çalışma hâlâ geniş ölçüde yürürlüktedir; ve çoğu durumda, yasanın öngördüğü saptama ve yasaklamalara karşı güven içinde yürütülüyor. Parça-başı ücret yerine haftalık ücret alarak çalışan halkın uğradıkları kaybı ... daha önceki raporlarımın çoğunda belirtmiştim." (Leonard Horner, *Reports of Insp. of Fact., 30th April, 1859,* s. 8, 9.)

parçanın artı-değerin maddeleşmiş şekli olduğunu söylememin de hiçbir önemi yoktur.

Parça-başı ücret biçimi, aynen zamana göre ücret biçimi gibi us-dışıdır. Örneğimizde, bir metaın iki parçası, bunların üretimi için tüketilen üretim araçlarının değeri çıkartıldıktan sonra, bir işsaatinin ürünü olduğu için 6 peni iken, emekçi, bunlara karşılık 3 peni alır. Parça-başı ücret, aslında, belirli bir değer ilişkisi ifade etmez. Bu nedenle de, bir parçanın değerinin, onda somutlaşan emek-zamanı ile değil, tersine, emekçinin harcadığı emek-zamanının, ürettiği parça sayısı ile ölçülmesi sözkonusudur. Emek, zamana göre ücrette doğrudan devam ettiği süreyle, parça-başı ücrette ise, belli bir zaman süresinde somutlaştığı ürün miktarıyla ölçülür.[28] Emek-zamanının fiyatı en sonunda şu denklemle belirlenir: bir günlük emeğin değeri = günlük emek-gücü değeri. Parça-başı ücret, bu yüzden, zamana göre ücret biçiminin yalnızca değişmiş bir şeklidir.

Şimdi de parça-başı ücreti belirleyen özellikleri daha yakından inceleyelim.

Emeğin niteliği, burada, işin kendisi tarafından denetlenebilir. Parça-başı fiyatın tam olarak ödenebilmesi için bu niteliğin ortalama bir yetkinlikte olması gerekir. Parça-başı ücret, bu açıdan, ücret indirimleri ile kapitalist aldatmacasının en verimli kaynağı haline gelir.

Bunlar, emeğin yoğunluğu için kapitaliste tam bir ölçü sağlarlar. Ancak daha önce belirlenen ve deneyimlerle saptanan belli bir miktardaki metada somutlaşan emek-zamanı, toplumsal gerekli emek-zamanı sayılır ve ödemeler buna göre yapılır. Bu yüzden Londra'nın büyük terzilerinde belli bir parça iş, örneğin bir yelek, bir saat ya da yarım saat sayılır, ve saati 6 penidir. Bir saatlik ortalama ürünün ne kadar olduğu deneyimle bilinir. Yeni bir moda çıktığında, onarım ve benzeri işlerde, belli bir parça için ne kadar saat sayılacağı konusunda patron ile emekçi arasında anlaşmazlık çıkar ve bu da gene deneyimlerle sonuca bağlanır. Londra'daki mobilya işyerleri ile benzeri yerlerde, benzeri durumlar görülür. Eğer emekçi ortalama bir verim gücüne sahip değilse ve her gün belli asgari bir miktar iş çıkartamaz ise kendisine yol verilir.[29]

[28] "*Le salaire peut se mesurer de deux manières: ou sur la durée du travail, ou sur son produit.*" ["Ücretler iki şekilde ölçülebilir: emeğin süresine göre, ya da ürününe göre."] (*Abrége élémentaire des principes de l'Economie Politique,* Paris 1796, s. 32.) Bu yapıtın adı belirtilmeyen yazarı, G. Garnier'dir.

[29] "Ona" (iplik eğiricisine) "şu kadar ağırlıkta pamuk verilir ve o bunu belli bir sürede ve belli bir incelikte, belli ağırlıkta, tire ya da iplik olarak teslim etmek zorundadır; ve bunun için libre başına kendisine şu kadar ücret ödenir. Eğer yaptığı iş kusurlu ise, bunun cezasını çeker; yok eğer belli sürede saptanılan miktardan az

Burada emeğin niteliği ile yoğunluğu bizzat ücret tarafından denetlendiği için, işin ayrıca gözetlenmesi büyük ölçüde gereksiz hale gelmektedir. Parça-başı ücret bu nedenle yukarda anlatılan modern "ev emeği"nin temelini attığı gibi, kademeli olarak örgütlenen sömürü ve ezme sisteminin de temelini atar. Bu sömürü düzeninin iki temel biçimi vardır. Bir yandan parça-başı ücret, kapitalist ile ücretli-emekçi arasına asalakların girmesini, "emeğin aracıyla kiralanmasını" kolaylaştırır. Bu aracıların kazancı, tümüyle, kapitalistin ödediği emek-fiyatı ile, bunların, bu fiyatın emekçiye ulaşmasına fiilen izin verdikleri kısmı arasındaki farktan ileri gelir.[30] Bu sisteme İngiltere'de ilginç bir ad verilmiştir, "*Sweating system*" ("terletme sistemi"). Öte yandan parça-başı ücret, kapitaliste bir işçibaşıyla —manüfaktürlerde grup başıyla, madenlerde kömürü çıkartanlarla, fabrikalarda makineyi fiilen çalıştıran işçiyle— bir sözleşme yapma olanağını sağlar; kararlaştırılan fiyat üzerinden, işçibaşı, yardımcı emekçileri bulmayı ve ücretlerini ödemeyi üzerine alır. Emekçinin sermaye tarafından sömürülmesi, burada, emekçinin emekçi tarafından sömürülmesiyle uygulanır.[31]

Parça-başı ücret belli ise, emekçinin, emek-gücünü elinden geldiğince yoğun bir şekilde harekete getirmesi doğal olarak çıkarınadır; bu da, kapitaliste, emeğin normal yoğunluk derecesini daha kolaylıkla artırma olanağını verir.[32] İşgününün uzatılması şimdi artık emekçinin de kişisel çıkarınadır, çünkü böylece onun günlük ya da haftalık kazancı da yükselecektir.[33] Bu, giderek, zamana

iplik yapmışsa işten çıkartılır ve yerine daha hünerli bir işçi alınır." (Ure, *l.c.*, s. 317.)

30 "İş birkaç elden geçerse, bunların her biri kârdan payını alır, oysa eğer işi en sondaki yaparsa, kadın işçiye ulaşan ücret son derece orantısız olur." (*Child. Emp. Comm., Second Report,* s. lxx, nº 424.)

31 Mazeretçi Watts bile şöyle diyor: "Eğer, bir işte çalışan herkes bir sözleşmenin taraftarı olsalar ve bir kişi kendi kârı için diğerlerini aşırı-çalıştırma yolu ile çıkar sağlayacağına, herkes yeteneğine göre pay alsa, bu, parça-iş sisteminde büyük bir düzelme anlamına gelir." (*l.c.,* s. 53.) Bu sistemin bayağılıkları konusunda bkz: *Child. Emp. Comm.,Third Report.,* s. 66, nº 22, s. 11, nº 124; s. xı, nº 13, 53, 59 vb..

32 Kendiliğinden doğan bu sonuca çoğu kez yapay olarak yardımcı olunur; örneğin, Londra'da makine sanayisinde alışılagelen hileli bir yöntem kullanılır: "Birkaç işçinin başına, fizik gücü daha üstün ve eli çabuk birisi seçilerek konulur, bu adama yirmibeş şilin kadar fazla bir ücret ödenir; onun görevi yalnızca sıradan ücret alan işçileri harekete geçirmek ve isteklendirmek için bütün gücüyle çalışmaktır ... bu çalışmanın, üstün hünerin ve emek-gücünün kısıtlandığı yolunda işverenlerin (sendikalı) işçilere yöneltdiği suçlamaların çoğunu hiçbir yoruma gerek göstermeyecek şekilde açıklar." (Dunning, *l.c.,* s. 22, 23.) Yazarın kendisi de işçi ve sendikanın sekreteri olduğu için bu sözler abartmalı sanılabilir. Ama okur, J. Ch. Morton'un "*highly respectable*" ["çok saygıdeğer" –ç.] *Tarım Ansiklopedisi*'nin "*Labourer*" maddesine bakarsa bu yöntemin çiftçilere gelişmiş bir yöntem olarak salık verildiğini görecektir.

33 "Parça-başı ücret alan herkes ... işin yasal sınırlarının dışına çıkarılmasından yararlanır. Fazla-mesai yapma isteği konusundaki bu gözlem, özellikle doku-

göre ücret konusunda açıklanmış olan bir tepki yaratır; işgününün uzatılmasıyla, parça-başı ücret aynı kalsa bile, emeğin fiyatında bir düşmeyi zorunlu olarak birlikte getirir.

Zamana göre ücrette birkaç istisna dışında, aynı tür iş için aynı ücret ödendiği halde, parça-başı ücrette, emek-zamanının fiyatının belli miktarda ürün ile ölçülmesine karşın, günlük ya da haftalık ücret, emekçinin gösterdiği bireysel farklılıklara göre değişir; emekçilerin bazısı belli bir sürede ancak asgari miktarda iş çıkardığı halde, bir başkası ortalamaya ulaşır, bir üçüncüsü ise ortalamanın üstüne çıkar. Bu nedenle, burada, fiilen elegeçen ücret, bireysel emekçilerin gösterdikleri hünere, kuvvete, güce, dayanıklılığa vb. bağlı olarak büyük değişmeler gösterir.[34] Kuşkusuz bu durum, sermaye ile ücretli-emek arasındaki genel ilişkileri değiştirmez. Önce, bireysel farklılıklar, işyerinde bir bütün olarak birbirlerini dengelerler ve böylece belli bir emek-zamanında ortalama miktarda ürün sağlanır ve ödenen toplam ücret, bu özel sanayi kolundaki ortalama ücrettir. Sonra, ücret ile artı-değer arasındaki orantı değişmeden kalır, çünkü, her bireysel emekçinin sağladığı artı-değer kitlesi, aldığı ücrete tekabül eder. Ama, parça-başı ücretin kişiye sağladığı geniş hareket alanı, bir yandan onun kişiliğini geliştirdiği gibi, ondaki özgürlük, bağımsızlık ve kendi kendini denetleme duygusunu da geliştirir; öte yandan ise aralarındaki rekabet duygusunu kamçılar. Bu yüzden parça-başı iş, bireysel ücreti ortalamanın üzerine çıkarmakla birlikte, bu ortalamanın kendisini düşürme eğilimini taşır. Ama, parça-başı ücretin özel oranının geleneklerle uzun bir süre saptanması halinde, bu ücretin düşürülmesi, bu nedenle özel güçlükler gösterir; bu gibi ayrıksın durumlarda, patronlar, bazan bunu zamana göre ücrete zorla dönüştürme yoluna başvurmuşlardır. Örneğin, 1860 yılında Coventry'deki kurdele ve şerit dokuma işçileri arasında bu yüzden büyük bir grev başgöstermiştir.[35] Son olarak, parça-başı ücret, bundan önceki bö-

macı ve çileci olarak çalıştırılan kadınlar için geçerlidir." (*Rep. of Insp. of Fact., 30th April, 1858*, s. 9.) "Bu sistem (parça-başı), işveren için o derece kârlıdır ki ... genç çömlekçileri, parça-başı sistemle çalıştıkları dört-beş yıl içersinde düşük bir ücretle aşırı-çalışmaya doğrudan teşvik etmiş olur. ... Bu ... çömlekçilerin vücut yapılarındaki kusurların diğer büyük bir nedeni olarak görülebilir." (*Child. Empl. Comm., First Report*, s. XIII.)

34 "Herhangi bir işkolundaki işin, her mesleğin yaptığı parça ile ödenmesinde ... ücretler, miktar olarak, tamamen esastan değişebilir. ... Ama günlük işte genel olarak o işkolunda çalışan işçi için verilecek ücret ölçütü, işçi ve işveren tarafından kabul edilen ... tekdüze bir orandır." (Dunning, *l.c.*, s. 17.)

35 "*Le travail des Compaknons-artisans sera réglé à la journée ou à pièce. Ces maitres-artisans savent à peu près combien d'ouvrage un compagnon-artisan peut faire par jour dans chaque métier, et les payent souvent à proportion de l'ouvrage qu'ils font, ainsi ces compagnons travaillent autant qu'ils peuvent, pour leur propre intérêt, sans-autre inspection.*" ["Kalfa zanaatçılarının çalışması, günlük olarak ya

lümde anlatılan saat sisteminin başlıca dayanaklarından birisidir.[36]

Buraya kadar anlatılanlardan, parça-başı ücretin, kapitalist üretim tarzı ile en uyumlu ücret şekli olduğu sonucu çıkıyor. Yeni bir şey olmamakla birlikte, parça-başı ücret —14. yüzyılda Fransız ve İngiliz çalışma yönetmeliğinde, zamana göre ücretle resmen yanyana bulunmaktadır— ancak gerçek manüfaktür döneminde geniş bir uygulama alanı bulmuştur. Büyük sanayinin fırtınalı gençlik döneminde, özellikle 1797 ile 1815 yılları arasında, işgününün uzatılmasında ve ücretlerin düşürülmesinde bir kaldıraç olarak kullanılmıştır. Bu dönemdeki ücret dalgalanmaları konusunda çok önemli malzeme, Mavi Kitaplarda bulunabilir: *Report and Evidence from the Select Committee on Petitions Respecting the Corn Laws* (parlamentonun 1813-14 yasama yılı) ve: *Report from the Lords' Committee, on the State of the Growth, Commerce, and Consumption of Grain, and all Laws Relating Thereto* (yasama yılı 1814-15). Buralarda, jakobenlere karşı savaşın başlangıcından beri emek fiyatındaki sürekli düşmeler üzerine belgesel kanıtlar buluyoruz. Örneğin, dokuma sanayisinde, parça-başı ücret o derece düşmüştür ki, işgünündeki çok büyük uzatmalara karşın, günlük

da parça-başı ödenecek. ... Bu usta zanaatçılar, bir kalfa zanaatçının, her işte, günde ne kadar iş yapabileceğini aşağıyukarı bilir, ve onlara çoğu kez yaptıkları iş oranında öderler; böylece, bu kalfalar, başka bir yoklama olmaksızın, kendi öz çıkarları için ellerinden geldiğince çalışırlar."] (Cantillon, *Essai sur la Nature du Commerce en général,* Amst. Ed., 1756, s. 185 ve 202. Birinci baskı: 1755.) Quesnay, sir James Steuart ve A. Smith'in geniş ölçüde yararlandıkları Cantillon, burada, daha o zaman parça-başı ücreti, yalnızca zamana göre ücretin değişik bir şekli olarak göstermektedir. Cantillon'un Fransızca baskısı, başlığında bunun İngilizceden çeviri olduğunu belirtmektedir, ama İngilizce baskı, *The Analysis of Trade, Commerce, etc., by Philip Cantillon, late of the city of London, Merchant,* yalnızca daha sonraki bir tarihte (1759) yayınlanmış olmakla kalmaz, içeriği de daha sonraki düzeltilmiş bir metin olduğunu tanıtlar: Örneğin Fransızca baskıda Hume'un henüz adı geçmez, oysa İngilizce baskıda, Petty'ye artık pek az raslanır. İngilizce baskı teorik olarak daha az önem taşır, ama özellikle İngiliz ticareti, külçe altın ve gümüş işlenmesi vb. konularında, Fransızca baskıda bulunmayan sayısız ayrıntıları içerir. İngilizce baskının baş sayfasındaki "*Taken chiefly from the manuscript of a very ingenious gentleman, decased, and adaptem, etc.,*" ["Ölmüş bulunan çok zeki bir beyefendinin müsveddelerinden geniş ölçüde alınarak uyarlandığı, vb."] gibi sözler, bu nedenle, o zamanlar sık sık raslanan bir yakıştırma gibi görünüyor.

36 "*Combien de fois n'avons-nous pas vu, dans certains ateliers, embaucher beaucoup plus d'ouvriers que ne le demandait le travail à mettre en main? Souvent, dans la prévision d'un travail aléatoire, quelquefois même imaginaire, on admet des ouvriers: comme on les paie aux pièces, on se dit qu'on ne court aucum risque, parce que toutes les pertes de temps seront à la charge des inoccupés.*" ["Bazı atelyelerde, yapılacak işin gerektirdiğinden daha çok işçi çalıştırıldığını birçok kez görmedik mi? Çoğu kez, raslantıya bağlı, hatta düşsel bir iş dolayısıyla, işçi alınır: parça-başı ödendiğinden, hiçbir tehlikeye koşulmadığı söylenir, çünkü tüm zaman kayıpları, çalıştırılmayanların zimmetine yazılacaktır."] (H. Grégoir, *Les Typographes devant le Tribunal correctionnel de Bruxelles,* Bruxelles 1865, s. 9.)

ücretler eskisinden daha düşük kalmıştır. "Pamuklu dokumacılarının gerçek kazançları şimdi eskisinden çok daha düşüktür; bunların eskiden vasıfsız emekçiye göre üstünlükleri şimdi neredeyse tamamen ortadan kalkmıştır. Gerçekten de ... bugün vasıflı ve vasıfsız emek arasındaki ücret farkı, eski dönemlere göre çok daha azdır."[37] Parça-başı ücret nedeniyle emeğin yoğunluğu ile genişliğindeki artışın, tarım proletaryasına ne kadar az yarar sağladığı, toprak ağaları ile çiftçilerden yana bir kitaptan alınan şu satırlardan görülebilir: "Tarım işlerinin büyük bir kısmı, günlük ya da parça-başına tutulan kimseler tarafından yapılmaktadır. Bunların haftalık ücretleri 12 şilin kadar; parça-başı çalışanların daha büyük bir dürtü altında, haftalık ücrete göre 6 ya da 2 şilin daha fazla kazanacakları düşünülebilir ise de, toplam geliri hesaplanınca, yıl boyunca işsiz kalması nedeniyle uğradığı kayıpların bu kazancı aştığı görülür. ... Ayrıca bu adamların ücretleri ile, gerekli geçim araçları arasında belli bir oranın bulunduğu genellikle görülür; böylece, iki çocuk sahibi bir işçi, kilisenin yardımına muhtaç olmaksızın ancak geçinebilir."[38] Malthus, o sırada, parlamentonun yayınladığı bazı gerçeklerle ilgili olarak şunları söylüyordu: "Parça-başı ücret uygulamasındaki büyük artışı kaygı ile gözlemlediğimi itiraf ederim. Günün 12 ya da 14 saatinde ya da daha uzun bir süre gerçekten ağır iş, insan için çok fazladır."[39]

Fabrika yasalarının kapsamına giren işyerlerinde, parça-başı ücret genel kural halini alıyordu, çünkü buralarda sermaye, işgününün verimini ancak emeği yoğunlaştırarak artırabiliyordu.[40]

Emeğin üretkenliğindeki değişmeyle birlikte, aynı miktar ürün, değişik emek-zamanını temsil eder. Bu yüzden, parça-başı ücret de, belirli bir emek-zamanının para olarak ifadesi olduğu için değişecektir. Yukardaki örneğimizde, 12 saatte 24 parça iş üretiliyordu, 12 saatin ürününün değeri 6 şilindi, emek-gücünün günlük değeri 3 şilindi, işsaatinin fiyatı 3 ve parça-başı ücret $1\frac{1}{2}$ peniydi. Bir parçada yarım saatlik emek bulunuyordu. Emeğin üretkenliğinin iki katına çıkartılması sonucu, eğer aynı işgününde şimdi 24 yerine 48 parça sağlanırsa, diğer koşullar aynı kalmak üzere, şimdi her parça, yarım işsaati yerine, yalnızca $\frac{3}{4}$ işsaati temsil ettiği için, parça-başı ücret $1\frac{1}{2}$ peniden $\frac{3}{4}$ peniye düşer. 24 x $1\frac{1}{2}$ peni = 3 şilin, ve aynı şekilde 48 x $\frac{3}{4}$ peni = 3 şilindir. Bir başka deyişle,

[37] *Remarks on the Commercial Policy of Great Britain,* London 1815, s. 48.

[38] *A Defence of the Landowners and Farmers of Great Britain,* Lond. 1814, s. 4, 5.

[39] Malthus, *Inquiry into the Nature and Progress of Rent,* Lond. 1815, [s. 49, not.].

[40] "Parça-başı ücret alanlar ... belki de fabrikalardaki işçilerin beşte-dördünü oluştururlar." (*Report of Insp. of Fact., 30th April, 1858,* [s. 9].)

parça-başı ücret, aynı zamanda üretilen parçaların sayısındaki artış[41] ve dolayısıyla aynı parça için harcanan emek-zamanındaki azalış oranında düşer. Parça-başı ücretlerdeki bu değişiklik, salt nominal olduğu sürece, kapitalist ile emekçi arasında sürekli bir savaşıma yolaçar. Çünkü, bunu, kapitalist, ya emeğin fiyatını fiilen düşürmek için bir bahane olarak kullanır ya da emeğin üretkenliği ile birlikte yoğunluğu da artar. Ya da, emekçi, parça-başı ücretin görüntüsünü ciddiye alır, yani emek-gücünün karşılığının değil, ürününün karşılığının ödendiğini düşünerek, ürettiği metaın satış fiyatında bir düşme olmaksızın, ücretlerdeki düşmeye karşı başkaldırır. "İşçiler, hammadde fiyatları ile, üretilen malların fiyatlarını dikkatle izlerler ve böylece patronların elde ettikleri kâr konusunda doğru bir tahminde bulunabilirler."[42]

Kapitalist, ücretli-emeğin niteliği bakımından kaba bir yanılgı diye gördüğü bu gibi hak isteklerini haklı olarak kulak arkası eder.[43] Sanayinin ilerlemesine karşı vergi koymak anlamına gelen bu haksız isteğe karşı kıyameti koparır ve, emeğin üretkenliğinin emekçiyi hiç ilgilendirmediğini apaçık ilan eder.[44]

41 "İplik eğirme makinesinin üretken gücü ölçülür, ve bununla yapılan iş için ödenen para, üretme gücündeki artma *kadar* olmamakla birlikte, onunla birlikte azalır." (Ure, *l.c.,* s. 317.) Bu son mazur gösterme tümcesini, Ure, gene kendisi geçersiz kılar. Çıkrığın uzatılması ile işte bir artışa yolaçılacağını o da kabul eder. Demek ki, emek, üretkenliğindeki artış oranında azalmış olamaz. Ayrıca: "Bu artış ile, makinenin üretme gücü beşte-bir artırılmış olacaktır. Bundan sonra, yaptığı iş için işçiye, eskisi kadar ücret ödenmeyecektir, ama bu ücret beşte-bir oranında azalmayacağı için, bu gelişme, belli saat çalışması için kazandığı parayı artıracaktır", ama "yukardaki ifadede bazı değişiklikler yapılması gereklidir. ... İplikçi, kendi ek altı şilininin bir kısmını, yetişkin işçilerin yerini alan, ek genç yardımcılara vermek durumundadır" (*l.c.,* s. 321), ve bu durumda ücretlerin yükselmesi yolunda bir eğilim sözkonusu olamaz.

42 H. Fawcett, *The Economic Position of the British Labourer,* Cambridge and London 1865, s. 178.

43 Londra'da yayınlanan *Standart* gazetesinin 26 Ekim 1861 tarihli sayısında, John Bright ve Ortaklarının, Rochdale *magistrates*'inde [sulh mahkemesi –ç.] açtıkları bir dava konusunda bir haber vardı. "Halı Dokuma İşçileri Sendikası yöneticilerine karşı bir dava açılmıştır. Bright şirketi, aynı zaman ve aynı emekle [!] eskiden 160 yarda üretirken, şimdi 240 yarda üreten yeni bir makine kullanmaya başlamıştı. İşçilerin, işverenin gelişmiş makineler için yaptığı sermaye ile elde edilen kârdan bir pay istemeleri, hiçbir şekilde sözkonusu olamazdı. Bu mantığa uygun olarak Bright ortaklar, yarda başına ücreti 1,5 peniden 1 peniye indirmeyi önerdiler, böylece işçilerin kazancı aynı emek için tam eskisi kadar kalmış olacaktı. Ama burada, nominal bir ücret indirimi vardı ve işçilerin iddiasına göre bu indirim, gerektiği şekilde önceden haber verilmeden yapılmıştı."

44 "İşçi sendikaları, ücretleri aynı düzeyde tutmak isteklerinde, gelişmiş makinelerin kullanılmasıyla sağlanan kâra da ortak olma çabasını gösteriyorlar." (*Quelle horreur!* [Ne korkunç! –ç.] "... İş kısaldığı için daha yüksek ücret talep etmek, bir başka deyişle, mekanik gelişmelere vergi koymak çabası demektir" (*On Combination of Trades,* New Edit., London 1834, s. 42).

YİRMİİKİNCİ BÖLÜM

ÜCRETLERDEKİ ULUSAL FARKLILIKLAR

ONYEDİNCİ Bölümde, emek-gücünün değer büyüklüğünde bir değişikliğe yolaçabilecek çeşitli düzenlemeleri incelemiştik; bu büyüklük, artı-değere oranla, ya mutlak ya da nispi olarak ele alınmıştı; öte yandan, emeğin fiyatının kendileriyle gerçeklik kazandığı geçim araçları miktarının da, bu fiyatın uğradığı değişikliklerden bağımsız ya da farklı dalgalanmalar gösterebileceği de görülmüştür.[45] Daha önce de belirtildiği gibi, emek-gücünün değerinin ya da fiyatının basit bir şekilde kolayca görülebilen ücret şekillerine çevrilmesi, bütün bu yasaları, ücretlerin dalgalanmalarını yöneten yasalar haline getirir. Tek bir ülkede ücretlerdeki bu dalgalanmaların bir dizi değişik düzenlemeler olarak görünmesi, çeşitli ülkelerde, ulusal ücretler arasında aynı anda ortaya çıkan fark olarak görünebilir. Çeşitli ülkelerdeki ücretleri karşılaştırırken, bu nedenle, emek-gücünün değer büyüklüğündeki değişmeleri belirle-

[45] "Ücretlerin" (burada, ücretlerin para olarak ifadesi ele alınıyor), "daha ucuz bir maldan daha fazla satın alabiliyorlar diye, yükseldiğini söylemek doğru değildir." (David Buchanan'ın yayınladığı, Adam Smith'in *Wealth etc.*, baskısında, 1814, v. I, s. 417, not.)

yen bütün etmenleri hesaba katmamız gerekir; yani doğal olarak ve zaman içinde gelişen birincil gerekli geçim maddelerinin fiyatları ile oylumlarını, emekçilerin eğitim giderlerini, kadın ve çocuk emeğinin oynadığı rolü, emeğin üretkenliğini, harcanma yoğunluğunu ve büyüklüğünü dikkate almamız gerekir. En yüzeysel karşılaştırma bile, önce, farklı ülkelerdeki aynı işkollarında ödenen ortalama günlük ücretlerin, birbiçim bir işgününe indirgenmesini gerektirir. Günlük ücretlerin aynı terimlere indirgenmesinden sonra, zamana göre ödenen ücretin, tekrar parça-başı ücrete çevrilmesi gerekir, çünkü emeğin hem yoğunluğunun ve hem de üretkenliğinin ölçüsü ancak bu parça-başı ücret olabilir.

Her ülkede, emeğin belli bir ortalama yoğunluğu vardır; bir metaın üretimi için bu ortalamanın altında bir emek kullanıldığında toplumsal bakımdan gerekli-zamandan daha fazlasına gerek duyulacağı için, bu emek, normal nitelikte emek sayılmaz. Belli bir ülkede ancak ulusal ortalamanın üzerindeki bir yoğunluk derecesi, değerin salt işin devam süresi ile ölçülmesi üzerinde etkili olabilir. Tek tek ülkelerin meydana getirdiği dünya pazarında böyle bir şey sözkonusu değildir. Emeğin ortalama yoğunluğu ülkeden ülkeye değişir; bazısında daha büyük, bazısında daha küçüktür. Bu ulusal ortalamalar, ölçü birimi, evrensel emeğin ortalama birimi olan bir sıkala meydana getirirler. Bu nedenle daha yoğun bir ulusal emek, daha az yoğun olana göre, aynı sürede, daha çok para ile ifade edilen daha fazla değer üretir.

Ama değer yasasının uluslararası uygulamasında, daha üretken ulusal emek, dünya pazarında, rekabet nedeniyle, ürettiği metaların satış fiyatını değerlerinin düzeyine indirmeye zorlanmadığı sürece, yoğunluk derecesi daha yüksek emek sayıldığı için bir değişikliğe uğrar.

Bir ülkede kapitalist üretimin gelişmesiyle orantılı olarak, emeğin ulusal yoğunluğu ve üretkenliği de uluslararası düzeyin üzerine çıkar.[46] Çeşitli ülkelerde aynı emek-zamanında üretilen aynı türden metaların farklı miktarları, bu yüzden, farklı fiyatlarla yani uluslararası değerlere göre değişen bir miktar parayla ifade edilen ve eşit olmayan uluslararası değerlere sahip olurlar. Bu nedenle de, paranın nispi değeri, kapitalist üretim tarzının daha fazla gelişmiş olduğu bir ülkede, bu üretim tarzının daha az gelişmiş olduğu bir ülkeye göre, daha küçük olur. Buradan, nominal ücretlerin, emek-gücünün para ile ifade edilen eşdeğerlerinin de, birinci ulusta, ikincisine göre daha yüksek olacağı sonucu çıkar; ne var ki,

[46] Bu yasanın, tek tek üretim kolları için üretkenlik bakımından ne gibi şeyleri değiştirebileceğini bir başka yerde inceleyeceğiz.

bu, hiçbir zaman, sözü edilen bu yüksekliğin, gerçek ücretler, yani emekçinin tüketimine giren geçim araçları için de geçerli olduğunu tanıtlamaz.

Paranın bu nispi değerinin çeşitli ülkelerde farklı olması bir yana, günlük, haftalık vb. ücretlerin birinci ulusta ikincisine göre daha yüksek olduğu sık sık görülür, oysa emeğin nispi fiyatı, yani emeğin hem artı-değere ve hem de ürünün değerine göre fiyatı, ikinci ulusta birincisinden daha yüksektir.[47]

1833 Fabrika Komisyonu üyesi J. W. Cowell, iplik eğirme sanayisinde yaptığı dikkatli bir araştırmadan sonra şu sonuca varmıştır: "İngiltere'de ücretler, Kıta Avrupası'na göre, işçiler için daha yüksek olmakla birlikte, kapitalistler için gerçekten daha düşüktür." (Ure, s. 314.) İngiliz fabrika denetmeni Alexander Redgrave, 31 Ekim 1866 tarihli raporunda, Kıta Avrupası devletleriyle karşılaştırmalı istatistiklerle, ücretler daha düşük ve emek-zamanı çok daha uzun olmakla birlikte, Avrupa'daki emeğin, ürüne oranla İngiltere'dekinden daha pahalı olduğunu ortaya koymuştur. Oldenburg'daki bir pamuklu fabrikasının İngiliz yönetmeni, oradaki emek-zamanının, cumartesileri de dahil, sabah 5.30'dan akşam 8'e kadar devam ettiğini ve oradaki işçilerin, İngiliz işgözcülerinin denetimi altında çalışırlarken, İngiliz işçilerinin 10 saatte ürettikleri kadar ürün sağlamadıklarını, bu gözcüler Alman olduğu zaman ise sağlanan ürünün çok daha az olduğunu açıklamıştır. Ücretler, İngiltere'dekinden çok daha düşük, çoğu zaman yarı yarıyadır, ama makineye oranla işçi sayısı çok daha fazladır ve bazı kısımlarda 5:3 oranındadır — bay Redgrave, Rus pamuklu fabrikaları konusunda çok ayrıntılı bilgiler vermektedir. Ona, bu verileri, yakın zamana kadar orada çalışan bir İngiliz yönetici sağlamıştır. Her türlü kötülüğün boy attığı bu Rus toprakları üzerinde, İngiliz fabrikalarının ilk günlerindeki bütün dehşet olanca gücüyle egemendir.

[47] Adam Smith'e karşı giriştiği polemikte James Anderson şunları belirtir: "Toprak ürünlerinin ve genellikle hububatın ucuz olduğu yoksul ülkelerde, emeğin görünüşteki fiyatı genellikle düşük olmakla birlikte, gene de aslında çoğu kez diğer ülkelerden gerçekte daha yüksek olduğu, aynı şekilde dikkate değer bir şeydir. Çünkü, emekçiye günlük olarak verilen ücretler, her ne kadar emeğin görünüşteki fiyatı ise de, emeğin gerçek fiyatı değildir. Gerçek fiyat, belli miktarda yapılmış iş, işverene neye maloluyorsa odur; ve bu açıdan bakıldığında, hububat fiyatı ile diğer geçim araçları, yoksul ülkelerde zengin ülkelere göre genellikle daha düşük olmakla birlikte, emeğin fiyatı, hemen her zaman zengin ülkelerde, yoksul ülkelerden daha düşüktür. ... Gündelik ücret olarak hesap edilen emek, İskoçya'da İngiltere'ye göre çok daha düşüktür. ... Parça-başı emek genellikle İngiltere'de daha ucuzdur." (James Anderson, *Observations on the Means of Exciting a Spirit of National Industry, etc.*, Edinb. 1777, s. 350, 351.) — Tersine, ücretlerin düşüklüğü de emeğin pahalı olmasına yolaçar. "Emek, İrlanda'da İngiltere'den daha pahalıdır ... çünkü ücretler orada çok daha düşüktür." (n° 2074, *Royal Commission on Railways, Minutes*, 1867.)

Yerli Rus kapitalistleri fabrika işinde hiçbir işe yaramadıkları için fabrika yönetmenleri, haliyle İngilizdir. Gece-gündüz süren her türlü aşırı-çalıştırmaya ve işçilere ödenen en utanç verici düşük ücretlere karşın, Rus manüfaktürü, ancak yabancı rekabetin yasaklanması ile güçlükle yaşayabilmektedir. Burada, son olarak, Avrupa'nın çeşitli ülkelerinde, fabrika ve iplik işçisi başına düşen ortalama iğ sayısı konusunda bay Redgrave'in hazırladığı karşılaştırmalı bir tabloyu veriyorum. Bay Redgrave'in kendisi de, bu rakamları, birkaç yıl önce derlediğini ve o zamandan beri fabrikaların büyüklükleri ile işçi başına düşen iğ sayısının İngiltere'de artmış olduğunu belirtmektedir. Bununla birlikte, o, adı geçen Kıta Avrupası ülkelerinde aynı şekilde bir gelişmenin varolduğunu ve böylece rakamların karşılaştırma amacıyla bir değer taşıdıklarını kabul etmektedir.

FABRİKA BAŞINA ORTALAMA İĞ SAYISI

İngiltere	12.600
Fransa	1.500
Prusya	1.500
Belçika	4.000
Saksonya	4.500
Avusturya	7.000
İsviçre	8.000

İŞÇİ BAŞINA DÜŞEN ORTALAMA İĞ SAYISI

Fransa	14
Rusya	28
Prusya	37
Bavyera	46
Avusturya	49
Belçika	50
Saksonya	50
İsviçre	55
Daha küçük Alman devletleri	55
Büyük Britanya	74

"Bu karşılaştırma", diyor bay Redgrave, "diğer nedenler yanında, İngiltere'deki fabrikaların büyük bir kısmında makineli dokumacılık, iplikçilikle birlikte yürütülen bir iş olması nedeniyle, bu ülkenin lehinde değildir [oysa bu tabloda, dokumacılar, genel toplamdan düşürülmemiştir]; diğer ülkeler için verilen fabrikaların çoğu, iplik eğirme fabrikalarıdır; eğer benzer şeyleri karşılaştırma olanağı bulunsaydı, benim bölgemde bulunan ve bir tek işçi ile iki yardımcısının 2.200 iğli makinelere baktığı ve günde 220 libre ağırlığında 400 mil uzunluğunda iplik üreten birçok pamuk ipliği fabrikasını sayabilirdim." (*Reports of Insp. of Fact., 31st Oct., 1866*, s. 31-37, *passim.*)

Bilindiği gibi, İngiliz kumpanyaları, Doğu Avrupa ile Asya'da demiryollarının döşenmesini üzerlerine almış ve bunların yapımında yerli emekçilerin yanısıra bir miktar İngiliz işçisi çalıştırmıştır. Pratik zorunluluklar nedeniyle, böylece bu kumpanyalar, emeğin yoğunluğu konusunda ulusal farkları dikkate almak zorunda kalmışlar, ama bu durum onları herhangi bir kayba uğratmamıştır. Deneyimleri, ücretin yüksekliği, emeğin ortalama yoğunluğuna azçok tekabül ettiği zaman bile, emeğin nispi fiyatı genellikle ters yönde değişmektedir.

İlk iktisat yapıtlarından birisi olan, *Essay on the Rate of Wages*[48] adlı yapıtında H. Carey, çeşitli uluslarda, ücretlerin, ulusal işgünlerinin üretkenlik derecesi ile doğrudan orantılı olduğunu tanıtlamaya ve bu uluslararası ilişkiden de, her yerde ücretlerin emeğin üretkenliği ile orantılı olarak yükseldiği ve düştüğü sonucunu çıkartmaya çalışmaktadır. Carey alışık olduğu eleştirisiz ve yüzeysel bir biçimde karmakarışık istatistik malzeme yığınıyla uğraşacağı yerde, önermelerini tanıtlamış olsaydı, gene de, artı-değer üretimi tahlillerimizin bütünü, bu sonucun saçmalığını gösterirdi. Bu incelemenin en iyi yanı, şeylerin, gerçekte de, onun teorisine uygun biçimde olduklarını iddia etmemiş olmasıdır. Ona göre, devletin müdahalesi, doğal ekonomik ilişkileri bozmuştur. Bu nedenle, çeşitli ulusal ücretlerin devlete vergi şeklinde giden kısmının, işçinin kendisine gittiği şeklinde hesaplanması gerekir. Şu "devlet giderleri"nin de kapitalist gelişmenin "doğal" meyveleri olup olmadıkları konusunda bay Carey'in biraz daha düşünmesi gerekmez miydi? Bu usavurma şekli, sonradan İngiltere'nin, dünya pazarı üzerindeki şeytanca etkisinin (anlaşılan bu etki ona göre kapitalist üretimin doğal yasalarından ileri gelmemektedir) zorunlu hale getirdiği devlet müdahalesini, yani doğanın ve aklın ürünü olan bu yasaların devlet eliyle korunmasını, *alias** himaye sistemini keşfetmek üzere işin başında rahatça ve uyum içinde işleyen kapitalist üretim ilişkilerini ancak devletin müdahalesi ile bozulan ebedi doğa ve akıl yasaları diye ilk ilan eden kimseye tam yaraşacak türden bir usavurmadır. Ayrıca, Carey, Ricardo ile diğerlerinin teo-

[48] [H. Carey,] *Essay on the Rate of Wages: with on Examination of the Causes of the Differences in the Condition of the Labouring Population throughout the World*, Philadelphia, 1835.

* Nam-ı diğer. –ç.

remlerinde formülleştirilen mevcut toplumsal uzlaşmaz karşıtlıklar ile çelişkilerin, gerçek ekonomik hareketin ideal ürünleri olmadıklarını, tersine, kapitalist üretimin İngiltere ile diğer yerlerde gösterdiği gerçek uzlaşmaz karşıtlıkların, Ricardo ile ötekilerin teorilerinin bir sonucu olduğunu da keşfetmiştir! Ensonu, kapitalist üretim tarzının özünde bulunan güzellikler ile uyumu bozan şeyin, en sonunda ticaret olduğunu da o keşfetmiştir. Bir adım daha atsa, belki de, kapitalist üretim tarzındaki tek kötülüğün sermayenin kendisi olduğunu da keşfedecektir. Bastiat ile günümüzün öteki serbest ticaret yanlısı iyimserlerin uyumlu bilgeliklerinin gizli kaynağı olma onuru, himayeci sapıklıklarına karşın, eleştiri yeteneğinden böyle korkunç derecede yoksun ve böylesine düzmece bir bilgin olan ancak böyle birisine ait olabilirdi.

YEDİNCİ KISIM

SERMAYE BİRİKİMİ

GİRİŞ*

BİR para tutarının, üretim araçlarına ve emek-gücüne dönüştürülmesi, sermaye olarak işlev yapacak bir değer miktarının atacağı ilk adımdır. Bu dönüştürülme işlemi, pazarda, dolaşım alanı içinde olur. İkinci adım, üretim süreci, üretim araçları, değerleri kendilerini meydana getiren öğelerin değerini aşan ve bu nedenle de, başlangıçta yatırılan sermaye ile birlikte bir artı-değeri de içeren metalara dönüşür dönüşmez tamamlanır. Bu metaların da hemen dolaşıma sokulması gerekir. Bunların satılması, değerlerin para olarak gerçekleşmesi, bu paranın tekrar sermayeye dönüşmesi ve bu hareketin durmadan yenilenmesi gerekir. Aynı evrelerin durmadan birbirlerini izledikleri bu dairesel hareket, sermayenin dolaşım biçimini oluşturur.

Birikimin ilk koşulu, kapitalistin elinde bulunan metaları satabilmesi ve aldığı paranın büyük kısmını sermayeye dönüştürebilmesidir. Bundan sonraki sayfalarda, biz, sermayenin normal şekilde dolaşımını varsayacağız. Bu sürecin ayrıntılı tahlili, İkinci Kitapta [ciltte] görülecektir.

* Marx'ın Fransızca metne koyduğu başlıktır. –ç.

Artı-değeri üreten, yani karşılığı ödenmemiş emeği doğrudan emekçiden kopartıp alarak bunu metalarda somutlaştıran kapitalist, aslında, bu artı-değerin ilk sahibi olmakla birlikte, hiçbir zaman onun son sahibi değildir. O, bunu, toplumsal üretim sürecinin bütünü içinde başka görevleri yerine getiren başka kapitalistlerle, topraksahipleriyle vb. paylaşmak durumundadır. Artı-değer, bu nedenle, çeşitli kısımlara ayrılır. Bu parçalar, çeşitli kategorilere ayrılan kimselere gider ve, kâr, faiz, tüccar kârı, toprak rantı vb. gibi birbirinden bağımsız farklı şekiller alır. Artı-değerin bu değişmiş şekillerini ancak Üçüncü Kitapta [ciltte] ele alabileceğiz.

O halde, biz, burada, bir yandan, hem sermayenin dolaşım alanında büründüğü yeni şekillerle, hem de bu şekillerin ardındaki gizli somut üretim ilişkileri ile ilgilenmeksizin, kapitalistin ürettiği metaları değeri üzerinden sattığını varsayacağız. Öte yandan ise, bu kapitalist üreticiyi, bütün artı-değerin sahibi ya da belki daha iyisi, bu yağmada onunla birlikte hissesi olan herkesin temsilcisi olarak ele alacağız. Bu nedenle, biz, her şeyden önce, sermaye birikimini soyut bir açıdan, yani fiilî üretim sürecinde salt bir evre olarak inceleyeceğiz.

Birikim süreci gerçekleşeceği sürece, kapitalist, elindeki metaları satmayı ve bu parayı yeniden sermayeye dönüştürmeyi başarıyla yürütüyor demektir. Ayrıca, artı-değerin parçalara bölünüşü, ne onun niteliğini değiştirir, ne de birikimin bir öğesi haline geldiği koşulları. Sanayici kapitalistin, artı-değerden kendisine alıkoyduğu ya da başkalarına bıraktığı kısımların oranı ne olursa olsun, o, her zaman bu artı-değere ilk elkoyan kimsedir. Bunun için, biz, gerçekte olanın dışında bir şeyi varsaymış olmuyoruz. Öte yandan, birikimi gerçekleştiren dolaşım olayı ile artı-değerin parçalara bölünmesi, bu sürecin basit temel şeklini bulanıklaştırır. Bu nedenle, birikim sürecinin tam ve kesin bir tahlili, bir süre için, iç mekanizmasının işlemesini gizleyen bütün görünümleri bir yana bırakmamızı gerektirir.

YİRMİÜÇÜNCÜ BÖLÜM

BASİT YENİDEN-ÜRETİM

BİR toplumda üretim sürecinin şekli ne olursa olsun, bu sürecin devamlı olması, devresel olarak aynı evrelerden geçerek sürüp gitmesi gerekir. Bir toplum tüketmekten nasıl vazgeçemezse, üretmekten de öyle vazgeçemez. Bunun için birbiriyle ilişkili bir bütün, devamlı yenilemelerle akıp giden bir olay olarak görüldüğünde, her toplumsal üretim süreci, aynı zamanda, bir yeniden-üretim sürecidir.

Üretim koşulları, aynı zamanda, yeniden-üretimin de koşullarıdır. Ürettiği ürünlerin bir kısmını, üretim araçlarına ya da yeni ürünlerin unsurlarına devamlı bir şekilde dönüştürmedikçe hiçbir toplum, üretime devam edemez, bir başka deyişle, hiçbir toplum, yeniden-üretim yapamaz. Diğer bütün koşullar aynı kalmak üzere, servetini yeniden-üretmesinin ve onu bir düzeyde tutmasının tek yolu, üretim araçlarının —yani, emek araçlarının, hammaddenin, yıl boyunca tüketilen yardımcı maddelerin— yerine, aynı türden ve eşit miktarda malların konulmasıdır; bunların, yıllık ürün kitlesinden ayrılarak, üretim sürecine yeniden sokulmaları gerekir. Demek oluyor ki, yıllık ürünün belirli bir kısmı, üretim alanına aittir.

Daha başlangıçta üretici tüketim için ayrılan bu kısım, çoğu zaman bireysel tüketime tamamen uygun düşmeyen mallar biçimindedir.

Üretim biçim olarak kapitalistliğe ait ise, yeniden-üretimin biçimi de aynı olur. Kapitalist üretim biçiminde, nasıl ki, emek-süreci sermayenin kendisini genişletmesi yolunda bir araçtan başka bir şey değilse, yeniden-üretim sürecinde de, yatırılmış değeri sermaye olarak, yani kendi kendini genişleten değer olarak yeniden-üretmenin aracından başka bir şey değildir. Bir kimse, salt parası sürekli bir şekilde sermaye olarak iş gördüğü için, ekonomik bakımdan kapitalist niteliğini kazanır. Sözgelişi eğer 100 sterlin tutarında bir para bu yıl sermayeye çevrildi ve 20 sterlin artı-değer ürettiyse, gelecek yıl ve onu izleyen yıllarda da aynı işlemi yinelemeyi sürdürmesi gerekir. Yatırılan sermayenin devresel artışı ya da sürece katılan sermayenin devresel meyvesi olarak artı-değer, sermayeden doğan bir gelir şeklini alır.[1]

Eğer bir gelir, kapitalist tarafından salt tüketim fonu olarak kullanılırsa ve kazanıldığı süre içinde tüketilirse, *cæteris paribus*,* basit yeniden-üretim meydana gelmiş olur. Bu yeniden-üretim üretim sürecinin, eski boyutları içersinde, salt bir yinelenmesi olmakla birlikte, gene de bu yineleme ya da devamlılık bu sürece yeni bir nitelik kazandırır, ya da daha doğrusu, devamı olmayan tek bir süreç olarak sahip bulunduğu görünürdeki bazı özelliklerinin ortadan kalkmasına yolaçar.

1 "*Mais ces riches, qui consomment les produits du travail des autres, ne peuvent les obtenir que par des échanges*" (metaların satın alınması). "*S'ils donnent cependant leur richesse acquise et accumulée en retour contre ces produits nouveaux qui sont l'objet de leur fantaisie, ils semblent exposés à épuiser bientôt leur fonds de réserve; ils ne travaillent point, avons-nous dit et ils ne peuvent même travailler; on croirait donc que chaque jour doit voir diminuer leurs vieilles richesses, et que lorsqu'il ne leur en restera plus, rien ne sera offert en échange aux ouvrier qui travaillent exclusivement pour eux. ... Mais dans l'ordre social, la richesse a acquis la propriété de se reproduire par le travail d'autrui, et sans que son propriétaire y concoure. La richesse, comme le travail, et par le travail, donne un fruit annuel qui peut être détruit chaque année sans que le riche en devienne plus pauvre. Ce fruit est le revenu qui naît du capital.*" ["Ama, başkalarının emek ürünlerini tüketen bu zenginler, bu ürünleri ancak değişimler" (metaların satın alınması) "aracıyla elde edebilirler. Heveslerinin konusu olan bu yeni ürünlere karşılık, kazanılıp biriktirilmiş servetlerini verdiklerine göre, kısa zamanda yedeklik fonlarını tüketme tehlikesi ile karşı karşıyaymış gibi görünürler; onların hiç çalışmadıklarını söylemiştik, ve hatta çalışamazlar da; öyleyse, her gün eski zenginliklerinin azalacağı, ve artık ellerinde hiçbir şey kalmadığı zaman, yalnızca onlar için çalışan işçilere verilecek hiçbir şey kalamayacağı sanılabilir. ... Ama toplumsal düzende, zenginlik, kendini başkasının çalışması ile, ve zenginlik sahibi bu işe karışmaksızın, yeniden-üretir. Zenginlik de, emek gibi ve emek aracıyla, her yıl, zengin daha yoksul olmaksızın yok edilebilen yıllık bir ürün verir. Bu ürün, *sermaye*'den doğan *gelir*'dir."] Sismondi, *Nouv. Princ. d'Écon. Pol.*, Paris 1819, t. I, s. 81-82.)

* Öteki şeyler aynı kalmak koşuluyla. –ç.

Emek-gücünün belli bir süre için satın alınması üretim sürecinin ilk adımıdır; bu başlangıç, emeğin satış süresi bittikçe, bir hafta ya da ay gibi belirli bir üretim dönemi sona erdikçe durmadan yinelenir. Ama emekçiye, emek-gücünün karşılığı, ancak bu gücü harcamasından sonra, ve metalarda yalnız kendi değerini değil artı-değeri de gerçekleştirdikten sonra ödenir. Emekçi, demek oluyor ki, bizim şimdilik kapitalistin özel tüketim fonu saydığımız artı-değeri üretmekle kalmaz, sonradan kendisine ücret şeklinde dönen fonu, değişen sermayeyi de üretir; ve işçinin çalıştırılması, ancak bu fonu yeniden-ürettiği sürece devam eder. Onsekizinci Bölümde sözü edilen ve ücreti, üründen alınan bir pay olarak gösteren iktisatçıların bu formüllerinin çıkış noktası da işte bu oluyor.[2] Emekçiye ücret şeklinde geri dönen şey, emekçinin devamlı olarak yeniden-ürettiği ürünün bir kısmıdır. Kapitalistin, emekçiye ücretini para olarak ödediği doğrudur, ama bu para, onun emeğinin ürününün kılık değiştirmiş şeklinden başka bir şey değildir. Emekçi, üretim araçlarından bir kısmını ürüne dönüştürürken, daha önceki ürünün bir kısmını da paraya dönüştürür. Geçen hafta ya da geçen yılki emeği, bu hafta ya da bu yılki emek-gücünün karşılığını ödeyen şeydir. Tek bir kapitalist ile tek bir emekçi yerine, kapitalist sınıf ile emekçi sınıfı bir tüm olarak alırsak, paranın işe karışmasıyla ortaya çıkan hayal derhal yokolur. Kapitalist sınıf, emekçi sınıfa, sürekli olarak, emekçi sınıf tarafından üretilen ve kapitalist sınıf tarafından elkonulan metaların bir kısmı için para şeklinde ödeme makbuzları verir. Emekçiler ise gene aynı süreklilik içersinde, bu ödeme makbuzlarını kapitalist sınıfa geri verirler ve böylece kendi elleriyle ürettikleri üründen paylarını alırlar. Ürünün, meta şeklini ve metaın para şeklini alışı, bu alışverişi bir örtü ile gizler.

Değişen sermaye, bu nedenle, emekçinin kendisiyle ailesinin varlığını sürdürmesi için gerekli ve toplumsal üretim sisteminin şekli ne olursa olsun, kendisinin üretmek ve yeniden üretmek zorunda bulunduğu tüketim maddeleri ya da emek fonunun özel tarihsel bir görünüm şeklinden başka bir şey değildir. Bu emek fonunun, emeğinin karşılığının ödenmesi için durmadan para şeklinde ona doğru akmasının nedeni, yarattığı ürünün sermaye şeklinde durmadan ondan uzaklaşmasıdır. Ama bu, bir üründe gerçekleşen emekçinin kendi emeğinin ona kapitalist tarafından önceden emek fonu olarak verilmiş olduğu gerçeğini değiştirmez.[3] Efendisi için

2 "Ücretler de, kârlar da, son şeklini almış ürünün gerçek birer parçası olarak ele alınmalıdır." (Ramsay, *l.c.*, s. 142.) "Ürünün emekçiye, ücret şeklinde gelen parçası." (J. Mill, *Eléments etc.*, Parissot çevirisi, Paris 1823, s. 33, 34.)

3 "Sermaye, işçiye ücretini ödemek için kullanıldığı zaman, emeğin devamı ve bakımı fonuna hiçbir şey katmış olmaz." (Cazenove, Malthus'un *Definitions in Pol.*

angaryayla yükümlü bir köylüyü ele alalım. Kendi toprağı üzerinde kendi üretim araçları ile, diyelim haftanın 3 günü çalışır. Diğer 3 gün ise efendisinin malikanesinde zoraki çalışır. Bu köylü durmadan kendi emek fonunu yeniden-üretmektedir ve bu durumda, bu fon, hiçbir zaman emeğinin karşılığının ödenmesi için bir başkası tarafından ödenen para şeklini almamaktadır. Ama buna karşılık, efendisi için harcadığı karşılığı ödenmeyen yükümlü emek de, hiçbir zaman karşılığı ödenen gönüllü emek niteliğini kapsamaz. Eğer güzel bir sabah, efendisi, toprağa, hayvanlara, tohumluğa, kısacası köylünün üretim araçlarına elkorsa, köylü bundan böyle artık emek-gücünü, efendiye satmak durumunda kalacaktır. O, *cæteris paribus,* üç günü kendisi, üç günü efendisi için olmak üzere gene 6 gün çalışacak ve efendisi de böylece ücretli adam çalıştıran kapitalist haline gelecektir. Önceden olduğu gibi gene üretim araçlarını üretim araçları olarak kullanacak ve bunların değerini ürüne aktaracaktır. Tıpkı eskisi gibi, ürünün belirli bir kısmı, yeniden-üretime ayrılacaktır. Ama yükümlü emeğin ücretli-emeğe dönüştüğü anda, köylünün kendisinin, tıpkı eskisi gibi üretmeye ve yeniden-üretmeye devam ettiği emek fonu, bu andan sonra, ücret şeklinde efendisi tarafından yatırılan sermaye biçimini alır. Görünüm biçimini, görünen şeyden ayırma yeteneğinden yoksun darkafalı burjuva iktisatçı, yeryüzünün şurasında burasında bugün bile emek fonunun sermaye şeklinde çıkmakta olduğu gerçeğine gözlerini kapar.[4]

Değişen sermayenin, kapitalistin kendisine ait bir fondan yatırılan bir değer olma özelliğini, ancak,[5] kapitalist üretim sürecini sürekli yenilenme akışı içinde gördüğümüz zaman kaybettiği doğrudur. Ama bu sürecin de şöyle ya da böyle bir başlangıcı olması gerekir. Bu nedenle, bizim buraya kadarki bakış açımıza göre, kapitalist, bir zamanlar, başkalarının karşılığı ödenmeyen emeklerinden bağımsız olarak birikimle para sahibi olan, ve bu birikimle emek-gücü alıcısı olarak, sık sık pazarda boy göstermiş bir kişi olarak görünmektedir. Her ne halse, bu süreçteki süreklilik, basit yeniden-üretim, sermayenin yalnız değişen kısmını değil, tümünü etkileyen diğer bazı olağanüstü değişiklikler meydana getirmiştir.

Eğer, 1.000 sterlinlik bir sermaye, yılda 200 sterlinlik bir artı-

Econ., London 1853, s. 22, baskısına eklediği not.)

4 "Kapitalistler tarafından ödenen emeğin ücreti bu durumda, yeryüzü emekçilerinin dörtte-birinden azdır." (Richard Jones, *Textbook of Lectures on the Polit. Economy of Nations,* Hertford 1852, s. 36.)

5 "İmalatçı" (yani manüfaktür işçisi) "ücretini patrondan almakla birlikte, aslında ona hiçbir gider yüklemiş olmaz; çünkü bu ücretlerin değeri genellikle, kârla birlikte, üzerinde emek verdiği şeyin artan değerinde toplanmış ve saklanmış olur." (A. Smith, *l.c.,* Book II, ch. III, s. 355.)

değer yaratır ve bu artı-değer her yıl tüketilirse, beş yılın sonunda tüketilen artı-değer 5 x 200 sterline ya da başlangıçta yatırılan 1.000 sterline ulaşacaktır. Yok eğer yalnızca bir kısmı, diyelim yarısı tüketilecek olursa, 10 yılın sonunda aynı sonuca varılacaktır, çünkü 10 x 100 = 1.000 sterlin eder.

Genel kural: Yatırılan sermayenin değeri, yılda tüketilen artı-değere bölünürse, başlangıçta yatırılan sermayenin kapitalist tarafından tamamen tüketilmiş ve bu nedenle de yokolacağı yılların, ya da yeniden-üretim dönemlerinin sayısı elde edilir. Kapitalist, başkalarının karşılığı ödenmemiş emeğini, yani artı-değeri tükettiğini, oysa ilk koyduğu sermayeyi olduğu gibi tuttuğunu sanır; ama onun bu düşüncesi gerçekleri değiştirmez. Aradan belli sayıda yıl geçtikten sonra, o zaman sahip olduğu sermaye değeri, o yıllar boyunca elde ettiği artı-değer toplamına ve tükettiği toplam değer ise başlangıçtaki sermayesine eşittir. Elinde toplam miktarı değişmeyen bir sermaye bulunduğu ve bunun bir kısmının, yani binaların, makinelerin vb. daha işe giriştiği zaman varoldukları doğrudur. Ama bizi burada ilgilendiren şey, maddi öğeler değil, bu sermayenin değeridir. Bir kimse bütün varını yoğunu, bu varlığın değerine eşit bir borca girmekle tüketmiş olsa, onun bu varlığının, borçlarının toplamından başka bir şeyi temsil etmeyeceği açıktır. Kapitalist için de durum böyledir; ilk koyduğu sermayenin eşdeğeri miktarında bir değeri tüketmiş olsa, o günkü sermayenin değeri, karşılığını ödemeksizin elde ettiği artı-değerin toplam miktarından başka bir şeyi temsil etmez. Eski sermayesinin tek bir kuruşu bile artık varolmaya devam etmez.

Demek ki, her türlü birikimin dışında, salt üretim sürecinin sürekliliği, bir başka deyişle, basit yeniden-üretim, eninde sonunda ve zorunlu olarak, her sermayeyi, birikmiş sermayeye ya da sermayeleştirilmiş artı-değere çevirir. Bu sermaye, başlangıçta, onu kullanan kimsenin kişisel emeği ile elde edilmiş bile olsa, er-geç, eşdeğeri verilmeksizin elde edilmiş bir değer, başkalarının, parada ya da başka bir metada maddeleşen karşılığı ödenmemiş emeği halini alır. Dördüncü ve Altıncı Bölümlerde gördüğümüz gibi, paranın sermayeye dönüştürülmesi için, metaların üretimi ile dolaşımından başka bir şey daha gereklidir. Bir yanda, para ya da değere sahip olan kimsenin, öte yanda, değer yaratıcı cevhere sahip olan kimsenin; bir yanda üretim ve geçim araçlarına sahip olan kimsenin, öte yanda emek-gücünden başka bir şeyi olmayan kimsenin, alıcı ve satıcı olarak karşı karşıya gelmeleri gerektiğini gördük. Emeğin üründen, öznel emek-gücünün, nesnel emek koşullarından ayrılması, böylece kapitalist üretimin gerçek temeli ve çıkış noktası oluyordu.

Ama, başlangıçta yalnızca hareket noktası olan bu şey, salt sürecin sürekliliği, basit yeniden-üretim ile, kapitalist üretimin durmadan yenilenen ve yinelenen, kendine özgü bir sonucu halini alıyor. Üretim süreci, bir yandan, ardı arkası kesilmeden, maddi serveti, sermayeye, kapitalist için daha fazla servet ve zevk yaratma aracına çeviriyor. Öte yandan, işçi, üretim sürecine bir servet kaynağı olarak girdiği halde, süreci, kendisinin de zenginliğinin kaynağı olabilecek bütün araçlardan yoksun olarak terkediyor. Sürece girmeden önce kendi emeği, emek-gücünün satışı ile kendisinden ayrıldığı, ona yabancılaştığı ve kapitalist tarafından elkonularak sermaye ile birleştirildiği için, süreç sırasında da bu emek, kendisine ait olmayan bir üründe gerçekleşmek zorundadır. Üretim süreci, aynı zamanda, kapitalistin, emek-gücünü tükettiği bir süreç olduğu için, emekçinin ürünü sürekli olarak yalnız metalara değil, sermayeye, değer yaratıcı gücü emen değere, emekçiyi satın alan geçim araçlarına, üreticilere komuta eden üretim araçlarına da dönüşür.[6] Emekçi, bu nedenle, durup dinlenmeden, sermaye biçiminde kendisine egemen olan ve onu sömüren yabancı bir güç biçiminde, maddi nesnel zenginlik yaratır; ve kapitalist, sürekli emek-gücü üretir, ama bu üretim, içlerinde ve ancak onlarla gerçekleşebilen nesnelerden ayrı olarak, öznel bir zenginlik kaynağı biçimindedir; kısacası, o, emekçi üretir, ama ücretli emekçi.[7] Bu kesintisiz yeniden-üretim, emekçinin böylece ebedileştirilmesi, kapitalist üretimin *sine quâ non*'udur.*

Emekçinin tüketimi iki yönlüdür. Üretim sırasında, emeğiyle üretim araçlarını tüketir ve bunları, yatırılan sermayeden daha değerli ürünlere dönüştürür. Bu, üretici tüketimdir. Ve aynı zamanda da, emek-gücünün, onu satın alan kapitalist tarafından tüketilmesidir. Öte yandan, emekçi, emek-gücü için kendisine ödenen parayı geçim araçlarına çevirir: bu, onun bireysel tüketimidir. Emekçinin üretken tüketimi ile bireysel tüketimi, demek ki, tamamen birbirinden farklıdır. İlkinde emekçi, sermayenin devindirici gücü olarak iş görür ve kapitaliste aittir. İkincisinde kendisine aittir ve

6 "Bu üretken emeğin, kendine özgü dikkate değer bir özelliğidir. Üretken olarak tüketilen şey sermayedir ve tüketilmekle sermaye şeklini alır." (James Mill, *l.c.*, s. 242.) Ne var ki, James Mill, bu "dikkate değer özelliğin" izini hiçbir zaman yakalayabilmiş değildir.

7 "Manüfaktürün, başlangıcında pek çok yoksula iş sağladığı gerçekten doğrudur, ama bunun devamıyla, yoksullukları yokolmadığı gibi sayıları da artar." (*Reasons for a Limited Exportation of Wool,* London 1677, s. 19.) "Çiftçi şimdi yoksulları yaşattığı gibi saçma bir iddiada bulunuyor. Bunları sefalet içinde tuttuğu gerçekten doğrudur." (*Reasons for the Late Increase of the Poor Rates: or a Comparative View of the Prices of Labour and Provisions,* London 1777, s. 31.)

* Vazgeçilmez (koşul). *–ç.*

üretim faaliyetleri dışında kendi gerekli yaşamsal işlevlerini yerine getirir. Birincinin sonucu ile kapitalist yaşar, ikincininki ile işçi.

İşgününü incelerken, emekçinin çoğu zaman kendi bireysel tüketimini, salt üretimi ilgilendiren bir olay gibi yerine getirmek zorunda kaldığını görmüştük. Bu gibi durumlarda, tıpkı buhar makinesine kömür ile su, çarklara yağ verilmesi gibi, emek-gücünü devam ettirmek için gerekli tüketim maddelerini sağlamaktadır. Tüketim maddeleri, bu durumda, yalnızca üretim araçlarının gerektirdiği tüketim maddeleridir; onun bireysel tüketimi, doğrudan üretken tüketimdir. Bununla birlikte, bu durum, aslında kapitalist üretime ait olmayan bir kötüye kullanma gibi görünür.[8]

Tek bir kapitalisti ve tek bir işçiyi değil, kapitalist sınıf ile emekçi sınıfını, yalıtık üretim hareketleri olarak değil de, kapitalist üretimi kendi sürekli yenilenmeleri ve toplumsal boyutları içersinde ele aldığımız zaman, konu, bambaşka bir görünüş kazanır. Kapitalist, sermayesinin bir kısmını emek-gücüne çevirmekle, tüm sermayesinin değerini artırır. Bir taşla iki kuş birden vurmaktadır. Yalnız emekçiden aldığından değil, emekçiye verdiğinden de kâr sağlamaktadır. Emek-gücü karşılığında verilen sermaye, gerekli tüketim maddelerine dönüşmekte ve bunların tüketimi ile emekçinin kasları, sinirleri, kemikleri ve beyni yenidenüretilmekte ve yeni emekçiler üretilmektedir. İşçi sınıfının tamamen zorunlu sınırlar içersinde kalan bireysel tüketimi, bu yüzden, emek-gücü karşılığında sermayece verilen geçim araçlarının, tüketilmek üzere sermayenin emrine verilen taze emek-gücüne tekrar çevrilmesidir. Bu tüketim, kapitalist için vazgeçilmez bir üretim aracı olan şeyin, yani emekçinin kendisinin üretimi ve yenidenüretimidir. Emekçinin bireysel tüketimi, ister işyerinde, ister dışarda geçsin, üretim sürecinin bir kısmı olsun ya da olmasın, bu yüzden, sermayenin ve üretiminin ve yeniden-üretiminin bir etmenini oluşturur, tıpkı bir makinenin temizliğinin, çalışırken ya da dururken yapılması gibi. Emekçinin, geçim araçlarını, kapitalisti hoşnut etmek için değil de kendi amacına hizmet için tüketmesinin hiçbir önemi yoktur. Yemin, bir hayvan tarafından tüketilmesi, onun yediklerinden hoşlanmış olmasından dolayı üretim sürecinde zorunlu bir etmen olmaz. İşçi sınıfının yaşamaya devam etmesi ve yeniden-üretilmesi, sermayenin yeniden-üretilmesinin her zaman için zorunlu bir koşuludur. Ama kapitalist, bunun yerine getirilmesini, emekçinin hayatta kalma ve üreme içgüdüsüne rahatça bırakabilir. Bütün kapitalistler, emekçinin bireysel tüketimini elden

[8] Rossi, eğer "üretken tüketimin" sırrına varmış olsaydı, buna, bu derece şiddetle karşı koymazdı.

geldiğince tamamen zorunlu olan maddelere indirgemeye büyük dikkat gösterirler ve bu bakımdan, emekçilerini daha az besleyici yiyecekler yerine daha çok besleyici yiyecekler almaya zorlayan o zalim Güney Amerikalılara öykünmekten çok uzaktırlar.[9]

İşte böylece, kapitalistler ve onların ideolojik temsilcileri olan ekonomi politikçiler, emekçinin bireysel tüketiminden yalnız bu sınıfın devamı için gerekli olan ve bu nedenle de kapitalistlerin tüketmek üzere emek-gücü bulabilmeleri için yerine getirilmesi zorunlu olan kısmını üretken tüketim saymakta, ve bunun dışında kalan ve emekçinin kendi keyfi için yaptığı tüketimi ise üretken olmayan tüketim olarak kabul etmektedirler.[10] Sermaye birikimi, eğer ücretlerde, sermaye tarafından daha fazla emek-gücü tüketilmesi olanağını birlikte getirmeyen bir yükselişe ve dolayısıyla da emekçinin tüketiminde bir artışa yolaçacak ise, bu ek sermaye, üretken olmayan bir şekilde tüketilmiş olur.[11] Aslında, emekçinin bireysel tüketimi, kendisi yönünden üretken olmayan bir tüketimdir, çünkü bu, yalnızca gereksinme içindeki bir bireyi yeniden-üretmektedir; oysa bu, kapitalist ve devlet için üretken bir tüketimdir, çünkü bu, onların servetini yaratan gücü üretmektedir.[12]

Bunun için, toplumsal açıdan bakıldığında, işçi sınıfı, emek-sürecine doğrudan katılmadığı zaman bile, tıpkı sıradan bir emek aracı gibi sermayenin tamamlayıcı bir parçasıdır. Bireysel tüketimi bile, belli sınırlar içinde, üretim sürecinde bir etmendir. Ne var ki, bu süreç, kendinden bilinçli araçları yüzüstü bırakmalarını önlemek için gerekli önlemleri alır ve bunların ürettikleri ürünleri daha biter bitmez onların bulunduğu kutuptan sermayenin bulunduğu karşıt kutba taşır. Bireysel tüketim bir yandan bunların varlıklarını sürdürmelerini ve yeniden-üretilmelerini, öte yandan da yaşamak için gerekli tüketim maddelerini yok ederek işçilerin,

[9] "Günlük işi (belki de dünyada en ağır olanı) 180 ve 200 libre ağırlığında bir maden yükünü 450 *foot* derinlikten omuzlarında taşıyarak yeryüzüne çıkartmak olan G. Amerikalı maden işçileri, yalnız ekmek ve fasulye ile beslenirler; aslında bunlar yalnız ekmekle karınlarını doyurmayı yeğlerler, ama yalnız ekmekle beslenen insanların bu kadar ağır işe dayanamayacağını öğrenen patronları, bu işçilere de sanki beygirmiş gibi davranarak zorla fasulye de yedirir; ne var ki, fasulye, ekmeğe göre gerçekten daha fazla kemik-tozu (kireçli fosfat) içerir." (Liebig, *l.c.*, c. I, s. 194, not.)

[10] James Mill, *l.c.*, s. 238 *sqq.*

[11] "Eğer emeğin fiyatı, sermayedeki artışa uymayacak şekilde, daha fazla emek kullanılamayacak derecede yükselirse, bu tür sermaye artışının, üretken olmayan şekilde tüketileceğini söyleyebilirim." (Ricardo, *l.c.*, s. 163.)

[12] "Gerçek anlamıyla tek üretken tüketim, servetin, yeniden-üretim amacıyla kapitalistler tarafından tüketilmesi ya da yok edilmesidir (üretim araçlarının tüketilmesidir, demek istiyor). ... İşçi ... kendisini çalıştıran kimse için ve devlet için üretici bir tüketicidir, ama sözcüğün dar anlamıyla, kendisi için değildir." (Malthus, *Definitions etc.*, s. 30.)

emek pazarında sürekli boy göstermelerini sağlar. Romalı köle prangaya vurulurdu, ücretli emekçi, sahibine, görünmeyen bağlarla bağlanır. Bağımsızlık görüntüsü, işverenin devamlı olarak değişmesi ve bir de, bir sözleşmenin *fictio juris*'i* ile sağlanır ve sürdürülür.

Eskiden, sermaye, serbest emekçi üzerindeki mülkiyet hakkını güvenlik altına almak için, gerektiğinde yasal yollara başvururdu. Örneğin, 1815 yılına kadar İngiltere'de, makine yapımında çalışan mekanik işçilerin dışarıya göç etmeleri ağır cezalar konularak yasaklanmıştı.

İşçi sınıfının yeniden-üretimi, bir kuşaktan diğerine aktarılan bir hüner birikimini de birlikte getirir.[13] Böyle hünerli bir sınıfın varlığını kapitalistin ne ölçüde kendisinin hakkı olarak bildiği, üretim etmenleri arasında saydığı ve onu hangi ölçüde kendi değişen sermayesinin gerçek şekli olarak gördüğü, kendisini bu sınıftan yoksun bırakmakla tehdit eden bir bunalımın patlak vermesiyle derhal görülür. Birleşik Devletler'deki iç savaş ve onunla birlikte ortaya çıkan pamuk kıtlığı sonucu, Lancashire'daki pamuklu dokuma işleyenlerin çoğu, çok iyi bilindiği gibi işten atılmıştı. "Fazlalık haline" gelenlerin sömürgelere ya da Birleşik Devletler'e göç edebilmelerini sağlamak amacıyla, devlet yardımı ya da gönüllü ulusal yardım kampanyaları açılması için, hem işçi sınıfının kendisinden ve hem de toplumun diğer katlarından feryatlar yükselmişti. Bu sırada, *The Times,* 24 Mart 1863 tarihinde, Manchester Ticaret Odası eski başkanı Edmund Potter'in bir mektubunu yayınladı. Avam Kamarasında, bu mektuptan, haklı olarak, fabrikatörlerin bildirisi diye sözediliyordu.[14] Sermayenin emek üzerindeki mülkiyet hakkının utanmadan ortaya konulduğu birkaç ilginç pasajı buraya aktarıyoruz.

"Ona" (işsiz kalan kimseye), "pamuklu işçilerinin çok fazla olduğu ... ve ... belki üçte-bir oranında bir indirim yapılması gerektiği ve o zaman geriye kalan üçte-iki için sağlıklı bir talep olacağı söylenebilir. ... Kamuoyu, ... göçü isteklendiriyor. ... Patron, elinin altındaki emek arzının buradan ayrılmasını istemeyebilir; bunun hem haksız, hem de yanlış bir şey olduğunu belki de haklı olarak düşünebilir. ... Eğer kamuya ait fonlar, bu göçe yardım etmek için

[13] "Biriktirildiği ve önceden hazırlandığı söylenebilecek tek şey, emekçinin hüneridir. ... Hünerli emeğin biriktirilmesi ve saklanması, bu çok önemli işlem, büyük emekçi kitleleri yönünden, hiçbir sermaye olmaksızın gerçekleştirilmiştir." (Th. Hodgskin, *Labour Defended etc.,* s. 12, 13.)

[14] "Bu mektuba, fabrikatörlerin bildirisi olarak bakılabilir." (Ferrand, *Motion on the Cotton Famine,* House of Commons, 27 Nisan 1863.)

* Varsayılan hükümler. –ç.

kullanılacaksa, onun da sesini yükseltme ve belki de bunu protesto etme hakkı vardır." Bay Potter, bunun ardından, pamuklu ticaretinin yararlarını, "bir işkolunun İrlanda ile tarımsal bölgelerden çekip aldığı artı-nüfusu", ulaştığı muazzam boyutları, 1860 yılında İngiltere'nin toplu ihracatında $^5/_{13}$ gibi önemli bir yer tuttuğunu, birkaç yıl sonra özellikle Hindistan pazarının genişlemesi ve libresi 6 peniden bol pamuk sağlaması ile onun da tekrar nasıl genişleyeceğini gösterir. Sonra da şöyle devam eder: "Zamanla ... bir, iki ya da üç yılda, gerekli miktarı üretebilecektir. ... Şimdi sormak istediğim bir şey var. — Bu işkolu ayakta tutulmaya değer mi? Makineleri" (canlı emek makinelerini demek istiyor) "düzen altında tutmak, harcanacak çabaya değmez mi, ve bunlardan vazgeçmeyi düşünmek büyük bir çılgınlık olmaz mı? Bence olur. İşçilerin mülk olmadıklarını, Lancashire'ın ve patronların malı olmadıklarını kabul ederim, ama onlar, her ikisinin de gücüdür; onlar, kuşaklar boyu yeri doldurulamayacak zihinsel ve eğitilmiş güçlerdir; buna karşılık, bunların üzerlerinde çalıştıkları makinelerin çoğu, oniki aylık bir sürede, hem de kârlı olacak şekilde iyileştirilebilir ve yenilenebilir.[15] Emek-gücünün göç etmesini isteklendirelim ya da buna izin (!) verelim, peki kapitalist ne olacak? ... İşçilerin kaymak tabakasını alınız, sabit sermaye, değerini büyük ölçüde kaybeder, döner sermaye düşük nitelikte emeğin daralan arzı karşısında savaşım veremez. ... Bize, işçilerin, bunu" (göç etmeyi) "istedikleri söyleniyor. Onların bunu istemeleri çok doğaldır. ... Emek-gücünü elinden alarak ve ücret harcamalarını, diyelim beşte-bire ya da beş milyona indirerek pamuklu işkolunu küçültelim ve daraltalım, bunun hemen üzerindeki sınıfa, küçük dükkan sahiplerine ne olacaktır? Arazi ve kulübe kiraları ne olacaktır? ... Bunun etkilerini yukarıya doğru, küçük çiftçilere, ev sahiplerine ve topraksahiplerine doğru izleyiniz, ve bir ulusun bütün sınıfları için, en iyi fabrika işçilerini dış ülkelere göndermek ve en üretken sermaye ve zenginlik değerlerini yok etmek suretiyle bir ulusu zayıf düşürmekten daha canakıyıcı bir plan olabilir mi? ... Pamuklu bölgelerinde, yardım alanların hiç değilse maneviyatlarını yükseltmek için, özel yasal yönet-

[15] Olağan koşullar altında, ücretlerin indirilmesi sözkonusu olduğu zaman, bu aynı sermayenin, büsbütün ayrı bir telden çaldığı da unutulmamalıdır. O zaman patronlar koro halinde: "Fabrika işçileri, şunu bir an akıllarından çıkarmasınlar ki, onlarınki gerçekten çok küçük cinsten hüner isteyen bir iştir; bundan daha kolay öğrenilebilecek ve niteliği bakımından bundan daha fazla ücret ödenen, ya da en az uzmanlık veren çok kısa bir eğitimle bundan daha çabuk ve bol elde edilebilecek başka hiçbir iş yoktur. ... Patronun makinesi" (şimdi bunların 12 ayda ve hem de kârla yenilenebileceğini öğreniyoruz), "aslında, üretim işinde, altı aylık bir eğitimin öğreteceği ve sıradan bir tarım işçisinin bile öğrenebileceği fabrika işçisinin emek ve hünerinden" (şimdi 30 yılda yenilenmeleri olanaksız) "çok daha önemli rol oynar." (Bu kitabın 406. sayfasına bakınız.)

meliklerle, bir ölçüde zorunlu çalışmayı sağlamak üzere, Yoksullara Yardım Kuruluna eklenecek özel komiserler tarafından yürütülecek, iki ya da üç yıl sürecek (5-6 milyon sterlin tutarında) bir fon kurulmasını öneriyorum. Topraksahipleri ya da, patronlar için en iyi işçilerinden ayrılmaktan ve geriye kalanları, yaygın ve tüketici bir göçle, bütün bir bölgeyi sermaye ve değerden yoksun bırakacak bir hareketle hayal kırıklığına uğratmak ve maneviyatlarını bozmaktan daha feci ne olabilir?"

Fabrikatörlerin seçkin sözcüsü Potter, her ikisi de kapitaliste ait iki tür "makine" arasında bir ayrım yapıyor; bunlardan birisi fabrikada duruyor, diğeri ise geceleri ve bir de pazar günleri fabrika dışında, kulübelerde kalıyorlar. Bunlardan birisi cansız, diğeri canlı. Cansız makine yalnız aşınmakla, günden güne değerini yitirmekle kalmıyor, büyük bir kısmı sürekli teknik gelişmeyle hızla ömrünü tamamlıyor ve birkaç ay sonra yerini yeni bir makineye hem de kârlı olacak şekilde bırakıyor. Tersine, canlı makine, zaman geçtikçe ve kuşaktan kuşağa devredilen hüner ölçüsünde iyileşip gelişiyor. *The Times,* pamuklu lorduna şu karşılığı veriyor:

"Bay Edmund Potter'i, pamuklu sanayisi patronlarının müstesna ve yüce önemleri öylesine etkilemiştir ki, bu sınıfı korumak ve sürdürmek, mesleklerini devam ettirmek için, yarım milyonluk işçi sınıfının, istemedikleri halde, büyük bir moral işevine kapatılmasını istiyor. 'Bu sanayi ayakta tutulmaya değer mi?' diye soruyor bay Potter, biz, buna, 'onurlu yollarla olmak üzere elbette' diye karşılık veriyoruz. Bay Potter, 'makineleri düzen içinde tutmaya değer mi?' diye tekrar soruyor. Burada duralıyoruz. 'Makine' sözü ile bay Potter, insan makinesi demek istiyor; çünkü, bunların mutlak anlamda mal olarak kullanılmasını söylemek istemediğini özellikle belirtiyor. Şurasını itiraf edelim ki, insan makinesini düzen içinde tutmak —yani bir yere kapatarak yağlayıp saklamak— ne bu 'çabaya değer', ne de olanaklıdır. İnsan makinesi, ne kadar yağlayıp silseniz, işlemeyince, gene de paslanacaktır. Ayrıca insan makinesi, gördüğümüz gibi, kendi dilediği zaman istim tutup patlayacak ya da büyük kentlerimizde çılgın gibi koşacak durumdadır. Bay Potter'in dediği gibi, yeni işçilerin yetiştirilmesi zaman alabilir, ama elimizde makinistler ile kapitalistler olduktan sonra, daima tutumlu, azimli ve çalışkan adamlar bulabilir ve bunlardan, istediğimizden çok patron-fabrikatör imal edebiliriz. Bay Potter, bu işkolunun, bir, iki ya da üç yılda canlanacağından sözediyor ve 'bu emekgücünü göç etmeye teşvik etmemeyi ya da izin vermememizi (!)' bizden istiyor. İşçilerin dışarıya gitmeyi istemeleri çok doğaldır diyor: ama bu isteğe karşın, ulusun, bir yarım milyon işçiyle 700.000

kişilik ailesini, pamuklu sanayisi bölgelerine kapatabileceğini sanıyor; ve bunun zorunlu bir sonucu olarak da, ulus bunların hoşnutsuzluklarını zorla bastıracak, hepsini sadakayla besleyecek ve günün birinde pamuklu sanayisi patronları bu işçilere gereksinme duyana değin bu böyle sürüp gidecek. ... Bu adalar üzerindeki büyük kamuoyunun bu 'emek-gücünü' onu, demir, kömür, pamuk gibi kullanmak isteyenlerin elinden kurtarması zamanı gelip çatmıştır."[15a]

The Times'ın makalesi yalnızca bir *jeu d'esprit** idi. "Büyük kamuoyu", aslında bay Potter'in kendisiydi ve fabrika işçileri, fabrikaların taşınabilir parçaları idiler. Zaten bunların göç etmeleri de engellendi.[16] "Moral işevlerine", yani pamuklu bölgelerine kapatıldılar ve eskisi gibi, Lancashireli pamuklu fabrikatörlerinin "kuvveti" olmaya devam ettiler.

Kapitalist üretim, bu yüzden, emek-gücü ile emek araçları arasındaki ayrılığı, bizzat yeniden-üretir. Ve böylece de, emekçinin sömürülmesi koşullarını yeniden-üretmekte ve sürdürmektedir. Emekçiyi, durmadan, yaşaması için emek-gücünü satmaya zorlamakta, ve kapitaliste, daha da zenginleşmesi için bu emek-gücünü satınalma olanağını hazırlamaktadır.[17] Kapitalist ile emekçinin pazarda, satıcı ve alıcı olarak karşı karşıya gelmeleri artık bir raslantı olmaktan çıkmıştır. Emekçiyi durmadan kendi emek-gücünün satıcısı olarak pazara gerisin geriye fırlatan ve kendi ürettiği ürünü, başkasının onu satın alabileceği araçlar haline dönüştüren şey bu sürecin kendisidir. Gerçekte emekçi, daha kendisini sermayeye satmadan önce, sermayeye aittir. Emekçinin kendisini devresel sürelerle satması, patron değiştirmesi ve emek-gücünün pazar fiyatındaki dalgalanmaları, onun ekonomik köleliğini[18] hem yaratan ve hem de gözlerden saklayan nedenler olmuş-

15a *The Times,* 24 Mart 1863.

16 Parlamento, dış ülkelere yapılan göçlere yardım için bir tek kuruş bile ayırmadığı halde, yerel yönetimlere, işçileri yarı-aç durumda tutma, yani onları normal ücretin altında çalıştırma yetkisini veren bazı yasalar çıkardı. Öte yandan, üç yıl sonra, hayvan hastalıkları salgını başgösterince, parlamento, bütün usulleri bir yana iterek, milyoner toprakbeylerine tazminat verilmek üzere sıradan bir yasa çıkartır; oysa bu büyük çiftçiler, et fiyatlarındaki yükselme nedeniyle hiçbir kayba uğramamışlardı. 1866 yılında parlamentonun açılışında büyük topraksahiplerinin boğalar gibi böğürmeleri, bir insanın Hindu olmadan da Sabala ineğine tapabileceğini, Jupiter olmadan da bir öküz şekline girebileceğini göstermiştir.

17 "*L'ouvrier demandait de la subsistance pour vivre, le chef demandait du travail pour gagner.*" ["İşçi, yaşamak için geçim aracı, şef, kazanmak için emek istemiştir."] (Sismondi, *l.c.,* s. 91.)

* Zeka oyunu. –ç.

18 Bu bağımlılığın köylüce, kaba bir şekli, Durham kontluğunda görülür. Burası, koşulların, çiftlik sahibine, tarım emekçisi üzerinde tartışmasız bir mülkiyet hakkı sağlamadığı birkaç kontluktan biridir. Maden sanayisi, emekçiye ne de olsa

tur.[19]

Şu halde, kapitalist üretim süreci, kendi iç bağıntısı içerisinde ya da bir yeniden-üretim süreci olarak düşünüldüğünde, yalnız meta üretmekle, artı-değer üretmekle kalmıyor aynı zamanda kapitalist ile ücretli işçi arasındaki toplumsal ilişkiyi de üretiyor ve yeniden-üretiyor [sürekli hale getiriyor –ç.].[20]

bir seçme olanağı verir. Bu kontlukta, büyük çiftçi, başka yerlerdeki adetin tersine, yalnız üzerinde emekçi kulübeleri bulunan çiftlikleri kiralar. Kulübenin kirası, ücretin bir kısmıdır. Bu kulübelere, "*hinds' houses*" ["ırgat evleri" –ç.] denir. Bunlar, emekçiye, bazı feodal hizmetler gözönünde bulundurularak "*bondage*" ["bağlanma" –ç.] denilen bir sözleşme ile kiralanır; bu sözleşme, diğer şeyler yanında, emekçiye başka yerde çalıştığı sürece, yerine birisini, diyelim kızını bırakma yükümlülüğünü yükler. Emekçinin kendisine, "*bondsman*" ["bağlanmış adam" –ç.] denir. Buradaki ilişki aynı zamanda, emekçinin bireysel tüketiminin, sermaye için yapılan bir tüketim, yani üretken tüketim haline geldiğini, bambaşka bir açıdan gösterir: "Ne gariptir ki, ırgatlar ile bağlanmış emekçilerin kazuratları bile, işini bilen beyin verdiği bahşiş sayılır ... ve efendi çevrede kendisinden başkasına ait hela bulunmasına izin vermez, ve kendi senyörlük haklarının bir kısmından vazgeçmektense bahçe için şuraya buraya bir parça gübre bırakır." (*Public Health, Report VII,* 1864, s. 188.)

19 Çocuk vb. emeğinin satışlarında, iradi satış formalitesinin bile unutulup gittiği akıldan çıkartılmamalıdır.

20 "*Şu halde, sermaye, ücretli-emek varsayımına, ücretli-emek de sermaye varsayımına dayanır. Bunlar birbirlerinin koşuludurlar; karşılıklı olarak birbirlerini yaratırlar.* Bir pamuk fabrikası işçisi, yalnızca pamuklu kumaşlar mı üretir? Hayır, sermaye üretir. Kendi emeğine yeniden komuta etmeye ve onun aracılığı ile yeni değerler yaratmaya hizmet edecek değerler üretir." (Karl Marx, "Lohnarbeit und Kapital" [*Ücret, Fiyat ve Kâr — Ücretli Emek ve Sermaye,* Sol Yayınları, Ankara 1992, s. 38.] *Neue Rheinische Zeitung* gazetesinin 7 Nisan 1849 tarihli sayısı, n° 266.) *Neue Rheinische Zeitung*'da yukardaki başlık altında yayınlanan makaleler, 1847 yılında, Brüksel'de Alman "Arbeiter-Verein"da bu konuda yaptığım konuşmaların bir kısmıdır ve bunların yayınlanmaları Şubat Devrimi nedeniyle yarıda kalmıştır.

YİRMİDÖRDÜNCÜ BÖLÜM

ARTI-DEĞERİN SERMAYEYE DÖNÜŞMESİ

BİRİNCİ KESİM. — BOYUTLARI GİTTİKÇE BÜYÜYEN KAPİTALİST ÜRETİM. META ÜRETİMİNE ÖZGÜ MÜLKİYET YASALARININ KAPİTALİST ELKOYMA YASALARINA GEÇİŞİ

Buraya kadar artı-değerin sermayeden nasıl çıktığını inceledik; şimdi de sermayenin artı-değerden nasıl çıktığını göreceğiz. Artı-değerin sermaye olarak kullanılmasına ve tekrar sermayeye dönüştürülmesine, sermaye birikimi denir.[21]

Şimdi bu işlemi tek bir kapitalist açısından görelim. Diyelim bir iplikçi 10.000 sterlin sermaye yatırmış olsun ve bunun beşte-dördü (8.000 sterlin) pamuğa, makinelere, vb., ve beşte-biri (2.000 sterlin) ücretlere ayrılmış olsun. Yılda 12.000 sterlin değerinde 240.000 libre iplik ürettiğini kabul edelim. Artı-değer oranı %100 olsa, brüt ürünün altıda-biri olan satışı ile 2.000 sterlinlik bir değeri gerçekleştiren 40.000 librelik artı ya da net ürün artı-değeri temsil eder. 2.000 sterlin, 2.000 sterlindir. Artı-değerin izleri bu parada ne görülebilir, ne de koklanabilir. Eğer biz belli bir değerin artı-değer olduğunu bilirsek, sahibinin bunu nasıl elegeçirdiğini de bili-

21 "Sermayenin birikimi; gelirin bir kısmının sermaye olarak kullanılması." (Malthus, *Definitions etc.*, ed. Cazenove, s. 11.) "Gelirin sermayeye çevrilmesi." (Malthus, *Princ. of Pol. Econ.*, 2. ed., Lond. 1836, s. 320.)

riz; ama bu, ne değerin, ne de paranın niteliğini değiştirir.

Bu ek 2.000 sterlini sermayeye dönüştürmek için iplikçi-patron, diğer bütün koşullar eskisi gibi kalmak üzere, beşte-dördünü (1.600 sterlin) pamuk vb. satın almak için ve beşte-birini (400 sterlin) yeni iplik işçileri satın almak için yatırır ve bu işçiler de, patronun kendilerine vermiş olduğu para karşılığında piyasadan gerekli tüketim maddelerini satın alırlar. Bu durumda, 2.000 sterlinlik yeni sermaye, iplik fabrikasında işlemeye başlar ve 400 sterlinlik bir artı-değer sağlar.

Sermaye değeri, başlangıçta para şeklinde yatırılmıştı. Artı-değer ise, tersine, başlangıçtaki brüt ürünün belirli bir kısmının değeridir. Eğer bu brüt ürün satılıp paraya çevrilse, sermaye değeri gene başlangıçtaki şekline kavuşur. Bundan sonra, hem sermaye değeri ve hem de artı-değer, bir miktar paradır ve bunların sermayeye dönüşmeleri tamamen aynı şekilde olur. O, bu kez boyutları daha büyümüş olarak başlayabileceği bir konumda mallarının üretimini yenileyebilecek metaları satın almak için, birini olduğu gibi, ötekisini de yatırmıştır. Ama bu metaları satın alabilmesi için, bunları pazarda hazır bulması gerekir.

Diğer bütün kapitalistlerin yaptığı gibi, o da, yıllık ürününü pazara getirdiği için, onun ipliği de dolaşıma girmiştir. Ne var ki, bu metalar pazara getirilmeden önce, yıllık toplam ürünün, yani bireysel sermayeler toplamının ya da bireysel kapitalistlerin yalnızca birer kısmını ellerinde bulundurdukları toplam toplumsal sermayenin yıl boyunca dönüştürüldükleri her türden nesnelerin toplam kitlesinin parçaları idi. Pazardaki işlemler, yalnız, bu yıllık ürünün tek tek parçalarının değişimini, bir elden bir ele geçmesini sağlar, ama ne yıllık toplam ürünün kitlesini büyütür, ne de üretilen malların niteliğini değiştirir. Demek oluyor ki, yıllık toplam üründen yararlanma şekli, tamamen bu ürünlerin bileşimine bağlıdır, hiçbir şekilde dolaşımına bağlı değildir.

Yıllık ürünün her şeyden önce, sermayenin yıl boyunca kullanılıp tüketilen maddi öğelerini yenileyecek bütün nesneleri (kullanım-değerlerini) sağlaması gerekir. Bu kısım çıktıktan sonra, geriye, içinde artı-değeri taşıyan net ya da artı-ürün kalır. Peki bu artı-ürün nelerden oluşmuştur? Yalnız kapitalist sınıfın gereksinmeleriyle isteklerini karşılayacak olan ve dolayısıyla kapitalistlerin tüketim fonlarına giren şeylerden mi oluşmuştur? Eğer durum böyleyse, artı-değer son damlasına kadar kurutuluyor ve basit yeniden-üretimden başka bir şey olmuyor demektir.

Birikim için, artı-ürünün bir kısmının sermayeye dönüştürülmesi zorunluluğu vardır. Bir mucize olmaksızın, biz, sermayeye, ancak, emek-sürecinde kullanılabilen malları (yani üretim araçlarını) ve emekçinin geçimini sağlayan malları (yani geçim araçlarını) çevirebiliriz. Bu durumda, yatırılan sermayenin yerine konabilmesi için, gerekli olan şeyler miktarının üzerinde ve ötesinde kalan bir kısmın, ek üretim ve geçim araçlarının üretimi için yıllık artı-emekten ayrılıp kullanılması zorunludur. Kısacası, artı-değer, ancak, değerini temsil ettiği artı-ürün, yeni sermayenin maddi öğelerini zaten oluşturduğu içindir ki, sermayeye dönüştürülebilir.[22]

Şimdi, bu öğelere sermaye olarak fiilen iş gördürebilmek için kapitalist sınıfın ek emeğe gereksinmesi vardır. Eğer çalıştırılmakta olan emekçilerin sömürülmesi, yoğunluğuna ya da genişliğine artırılamıyorsa, ek emek-güçlerinin bulunması zorunludur. Bunun için, kapitalist üretim mekanizması daha önceden önlem almış, işçi sınıfını ücrete bağlı bir sınıf haline getirmiş ve eline geçecek ücretin yalnız kendi yaşamını sürdürmesine değil, çoğalmasına da yetecek kadar olmasını sağlamıştır. Sermaye için şimdi yapılacak tek şey, her yıl işçi sınıfının her yaştan emekçi olarak sağladığı bu ek emek-gücünü, yıllık ürünün kapsadığı fazla üretim araçları ile birleştirmektir; böylece artı-değerin sermayeye dönüştürülmesi tamamlanmış olur. Somut bir açıdan bakıldığında, birikim, kendini, sermayenin giderek artan bir ölçüde yeniden-üretimi içersinde oluşturur. Basit yeniden-üretimin çizdiği çember, şekil değiştirir ve Sismondi'nin deyimi ile sarmal biçime dönüşür.[23]

Şimdi örneğimize dönelim. Eski bir öyküdür: İbrahim'den İshak oldu, İshak'tan Yakup oldu ve bu böyle sürdü gitti. Başlangıçtaki 10.000 sterlinlik sermaye, sermayeleşen 2.000 sterlinlik artı-değer getirir. 2.000 sterlinlik yeni sermaye, 400 sterlinlik bir artı-değer getirir ve bu da sermayeleşir, ikinci bir ek sermayeye dönüşür ve o da 80 sterlinlik bir artı-değer daha üretir. Ve top yuvarlanır gider.

Burada, biz, kapitalistin artı-değerden tükettiği kısmı inceleme dışında tutuyoruz. Tıpkı bizi, bu an için, bu ek sermayenin, başlangıçtaki sermayeye eklenmesinin ya da bağımsız olarak iş görmek üzere ayrılmasının; ya da onu biriktiren kapitalist tarafından işletilmesinin ya da bir başkasına devredilmesinin bizi ilgilendirmemesi gibi. Ancak unutmamamız gereken şey, bu yeni sermayenin

22 Bir ulusun, lüks mallarını, üretim araçlarına ya da tüketim maddelerine ve bunun tersine aracılık eden dış ticareti burada hesaba katmıyoruz. İnceleme konumuzu, kendi bütünlüğü içersinde, yani bozucu yan etkilerden arınmış olarak incelemek için, bütün dünyayı tek bir ulus gibi ele almak ve kapitalist üretimin her yerde yerleşmiş ve bütün sanayi kollarına elatmış bulunduğunu varsaymak zorundayız.

23 Sismondi'nin birikim tahlili, büyük ölçüde, "gelirin sermayeye dönüşmesi" ile ilgilenmesi ve bu işlemin maddi koşullarına inmemesi nedeniyle büyük eksikliklerle doludur.

yanısıra ilk sermayenin de kendini ve artı-değeri yenidenüretmeye devam etmesi ve aynı şeyin bütün birikmiş sermaye için olduğu kadar onun doğurduğu ek sermaye için de sözkonusu olmasıdır.

İlk sermaye 10.000 sterlinin yatırılmasıyla oluşuyordu. Ama bu parayı sahibi nereden bulmuştu? Bu soruya, ekonomi politiğin sözcüleri ağızbirliği ile, "kendi emeği ve baba ve dedelerinin çalışmalarıyla" diye karşılık verirler.[24] Ve aslında da bu varsayımları, meta üretiminin yasaları ile uyumlu tek karşılıkmış gibi görünür.

Ne var ki, 2.000 sterlinlik ek sermaye yönünden durum başkadır. Çünkü biz, bunun nereden kaynaklandığını çok iyi biliyoruz. Bu değerde, varlığını, karşılığı ödenmeyen emeğe borçlu olmayan tek bir kuruş bile yoktur. Ek emek-gücü ile birleştirilen üretim araçları ile, emekçinin geçimini sürdürdüğü gerekli tüketim maddeleri, artı-ürünün parçalarından, yani kapitalist sınıfın, işçi sınıfından her yıl karşılığını ödemeden koparıp aldığı haraçtan başka bir şey değildir. Kapitalist sınıf, aldığı haracın bir kısmı ile, tam fiyatını ödeyerek emek-gücü satın almakla ve böylece eşdeğer şeyler değiştirmekle birlikte, bu alışveriş savaşta yenik düşmeden, ondan soyduğu para ile mal satın alan bütün yenenlerin başvurduğu eski bir oyundan başka bir şey değildir.

Ek sermaye, eğer onu üreten kimseyi çalıştıracak olursa, bu üretici, yalnız bu ilk sermayenin değerini çoğaltmaya devam etmek zorunda değildir, aynı zamanda daha önceki emeğinin ürünlerini, bunların maloldukları emekten daha fazlasıyla gerisin geriye satın almak zorundadır. Kapitalist sınıf ile işçi sınıfı arasında bir alışveriş olarak görüldüğünde, ek emekçilerin, daha önce çalıştırılan emekçilerin karşılıkları ödenmemiş emekleri ile çalıştırılmaları hiçbir şeyi değiştirmez. Kapitalist, bu ek sermayeyi, onu üretenleri işlerinden atarak, onların yerine birkaç çocuğu çalıştıracak bir makineye de çevirebilir. Bütün bu durumlarda, işçi sınıfı, bir yılın artı-emeği ile ertesi yıl ek emek kullanacak sermayeyi yaratmaktadır.[25] İşte, sermayeden sermaye yaratmak diye buna denir.

2.000 sterlinlik ilk ek sermayenin birikimi, kendi "ilkel emeği" sonucu kapitaliste ait olan ve onun tarafından yatırılan 10.000 sterlinlik bir değerin varlığını öngörür. 400 sterlinlik ikinci ek sermaye ise, tersine, yalnızca, 400 sterlini sermayeleşen artı-değer olan 2.000 sterlinlik daha önceki birikimin varlığını öngörür. De-

[24] "Sermayenin, doğuşunu borçlu bulunduğu ilkel emek." Sismondi, *l.c.*, ed. Paris, t. I, s. 109.

[25] "*Labour creates capital before capital employs labour.*" ["Sermaye emeği kullanmadan önce emek sermayeyi yaratır."] E. G. Wakefield, *England and America*, Lond. 1833, vol. II, s. 110.

mek ki, daha önceki emek üzerindeki mülkiyet, karşılığı ödenmemiş emeğe durmadan artan ölçüde elkoymanın biricik koşulu oluyor. Kapitalist, daha önce ne kadar çok biriktirirse, o kadar çok biriktirme yeteneğine sahip olur.

Bir numaralı ek sermayeyi oluşturan artı-değer, ilk sermayenin bir kısmıyla satın alınan emek-gücünün bir sonucu olduğuna, bu satış işleminin metaların değişimi yasalarına göre yapılarak, yasal açıdan yalnızca emekçi yönünden kendi yetilerini, ve para ya da meta sahibi yönünden ise kendisine ait bulunan değerleri serbestçe satmaktan öte bir şeyi gerektirmediğine göre; iki numaralı vb. ek sermayenin salt bir numaralı ek sermayenin ve yukarda sayılan koşulların bir sonucu olduğuna göre; tek tek her alışveriş işleminin her zaman metaların değişimi yasalarına uyduğu, yani kapitalistin kabul ettiğimiz gerçek değer üzerinden emek-gücü satın alması ve emekçinin de bunu satması esasına dayandığına göre; bütün bu söylenenlerin geçerli olması halinde, meta üretimi ve dolaşımına dayanan yasaların, kendine maletme ya da özel mülkiyet yasalarının, kendi iç ve kaçınılmaz diyalektikleri ile, tam karşıtlarına dönüşecekleri açıkça görülür. Eşdeğerlerin değişimi, yani bizim yola çıktığımız ilk işlem, şimdi öylesine tersine dönmüştür ki, ortada yalnızca görüntüde bir değişim sözkonusudur. Bunun ilk nedeni, emek-gücü ile değişilen sermayenin kendisinin, bir başkasının eşdeğeri verilmeksizin elkonan emeğinin ürününün bir kısmından başka bir şey olmamasıdır: sonra, bu sermaye, onu üreten tarafından yalnız yenilenmekle kalmaz, aynı zamanda, onunla birlikte ek bir fazlanın katılması da zorunludur. Kapitalist ile emekçi arasındaki değişim ilişkisi, dolaşım sürecine, alışverişin gerçek niteliğine yabancı ve yalnızca onu gizemli hale getiren bir biçim, bir görüntü verir. Emek-gücünün durmadan yinelenen alımı ve satımı, şimdi yalnızca bir biçimden ibarettir; ve aslında olan şudur; kapitalist, tekrar ve tekrar, hiçbir eşdeğer vermeksizin, bir başkasının daha önce maddeleşmiş emeğinin bir kısmına elkoymakta ve bunu daha büyük bir miktarda canlı emekle değişmektedir. Başlangıçta, bize, mülkiyet hakkı, insanın kendi emeğine dayanıyormuş gibi gözükmüştü. En azından, ancak eşit haklara sahip meta sahipleri karşı karşıya geldikleri için, ve bir kimsenin, başkalarının metaına sahip olabilmesinin tek yolunun kendi metaını elden çıkarmakla olanaklı olabileceği ve bunların da ancak emekle yerine konulabileceği için böyle bir varsayıma ihtiyaç vardı. Ne var ki şimdi mülkiyet, kapitalist için, başkalarına ait karşılığı ödenmemiş emeğe ya da emek ürününe elkoyma hakkı, emekçi için ise, kendi ürününe sahip çıkma olanaksızlığı olarak çıkıyor. Mülkiyetin emekten kopup ayrılması, sanki bunların özdeşliğinden doğan bir yasanın zorunlu sonucu halini alıyor.[26]

Bu nedenle, *kapitalist tarzda elkoyma, başlangıçtaki meta üretimi yasalarına ne kadar aykırı görünürse görünsün, gene de bu yasaların çiğnenmesinden değil, tam tersine uygulanmasından ileri gelir. Son noktası kapitalist birikim olan bu hareketin birbirini izleyen evrelerini bir kez daha gözden geçirerek bu noktayı aydınlatalım.

İlkönce, başlangıçta bir miktar paranın sermayeye çevrilmesinin, değişim yasalarına tamamıyla uygun olarak gerçekleştiğini görmüştük. Tarafların birisi emek-gücünü satıyor, diğeri satın alıyordu. Bunlardan ilki metaının değerini alıyor ve bunun kullanım-değeri —emek— alıcıya geçmiş oluyordu. Zaten mülkiyeti kendisine ait bulunan üretim araçlarını alıcı, gene kendisine ait olan emeğin yardımı ile, aynı şekilde yasal yeni bir ürüne dönüştürüyor.

Bu ürünün değeri önce kullanılıp tüketilen üretim araçlarını içerir. Yararlı emek, değerlerini yeni ürüne aktarmaksızın bu üretim araçlarını tüketemez, ama satın alabilmesi için de emek-gücünün, çalıştırıldığı sanayi kolunda yararlı emek sağlayabilecek durumda olması gerekir.

Yeni ürünün değeri, ayrıca, emek-gücünün değerinin eşdeğeri ile birlikte bir artı-değeri de içerir. Bunun nedeni, emek-gücünün değerinin —belirli bir süre boyunca, diyelim bir gün, bir hafta vb. için satılması— bu sürede kullanılmasıyla yaratılan değerden daha az olmasıdır. Ama işçi, emek-gücünün değişim-değerine karşılık bir para almış ve böylece —her alım-satımda olduğu gibi—, onun kullanım-değerini elinden çıkarmıştır.

Bu özel metaın, emek-gücünün, emek sağlamak ve bu nedenle de değer yaratmak gibi özel bir kullanım-değerine sahip bulunması gerçeği, genel meta üretimi yasasını etkilemez. Bu yüzden de, ücret olarak yatırılmış bulunan değerin büyüklüğü eğer üründe aynen ortaya çıkmayıp, bir artı-değerle çoğalmış olarak görülüyorsa, bunun nedeni, satıcının aldatılmış olması değildir, çünkü o, sahibi bulunduğu metaın değerini gerçekten almıştır; bunun biricik nedeni, bu metaın satın alan tarafından kullanılıp tüketilmesidir.

Değişim yasası, ancak birbiriyle değişilen metaların değişim-

[26] Kapitalistin, başkalarının emek ürünleri üzerindeki mülkiyeti, "tersine olarak, her işçi, kendi emeğinin ürünü üzerinde tam mülkiyet hakkına sahiptir, temel ilkesine dayandırılan mülkedinme yasasının kesin bir sonucudur". (Cherbuliez, *Richesse ou Pauvreté,* Paris 1841, s. 58, bununla birlikte, diyalektik tersine dönüşüm, burada gereği gibi geliştirilmemiştir.)

* Buradan s. 561'de "kapitalist elkoyma yasalarına dönüşür"e kadar olan pasaj, 4. Almanca baskıya uygun olarak İngilizce metne eklenmiştir. *–Ed.*

değerlerinin eşitliğini gerektirir. Bu yasa, daha işin başında, bu metaların kullanım-değerleri arasında bir fark bulunmasını da öngörür, ama bunların, alım-satım işlemi tamamlandıktan sonra sözkonusu olan tüketimleriyle hiçbir ilişkisi yoktur.

Demek oluyor ki, paranın sermayeye başlangıçtaki dönüşümü, meta üretimi ile ilgili ekonomik yasalar ve bunlardan çıkan mülkiyet hakkı ile tam bir uygunluk içinde gerçekleşiyor. Bununla birlikte, getirdiği sonuçlar şunlar oluyor:

(1) ürün işçiye değil, kapitaliste ait oluyor;

(2) bu ürünün değeri, yatırılan sermayeden başka, işçiye bir emeğe malolan, ama kapitaliste hiçbir harcamaya malolmayan bir artı-değeri de içeriyor ve bu da, gene kapitalistin yasal malı oluyor;

(3) işçi, emek-gücünü hâlâ elinde bulundurmaktadır ve eğer yeni bir alıcı bulursa, bunu, gene satabilir.

Basit yeniden-üretim, bu ilk işlemin yalnızca devresel yinelenmesidir; her seferinde para yeniden sermayeye çevrilir. Böylece yasa bozulmuş olmaz, tersine, sürekli olarak işlemesi sağlanmış olur. "*Plusieurs échanges successifs n'ont fait du dernier que le représentant du premier.*" ["Birbirini izleyen birkaç değişim işlemi, yalnızca sonuncuyu ilkinin temsilcisi yapar."] (Sismondi, *Nouveaux Principes, etc.*, [Paris 1819] s. 70.)

Bununla birlikte, basit yeniden-üretimin, bu ilk işleme tek başına bir süreç olarak alındığı ölçüde, tamamen değişik bir nitelik ile damgalanmaya yettiğini de görmüş bulunuyoruz. "*Parmi ceux qui se partagent le revenu national, les uns*" (işçiler) "*y acquièrent chaque année un nouveau droit par un nouveau travail, les autres*" (kapitalistler) "*y ont acquis antérieurement un droit permanent par un travail primitif.*" ["Aralarında ulusal geliri paylaşanlardan bir taraf" (işçiler) "her yıl yeniden yaptıkları işle bundan yeni bir pay alma hakkını elde ederler; diğer taraf" (kapitalistler) "başlangıçta yapılan işle, devamlı bir pay alma hakkını zaten elde etmiş durumdadır."] (Sismondi, *l.c.*, s. [110], 111.) Büyük evlat olma hakkının mucizeler yarattığı tek alanın emek alanı olmadığı, gerçekten dillere destan olmuştur.

Basit yeniden-üretimin yerini, birikim ile boyutları büyümüş yeniden-üretim alsa bile durum değişmez. Birinci durumda, kapitalist, artı-değerin tümünü harvurup harman savurur, ikincisinde ise, yalnız bir kısmını tüketip geriye kalanı paraya çevirerek burjuva erdemi göstermiş olur.

Artı-değer kapitalistin malıdır; zaten hiçbir zaman bir başkasına ait olmamıştır. Bunu, eğer üretim amacıyla yatıracak olursa, bu yatırım, tıpkı pazara ilk girdiği gün olduğu gibi onun kendi fonundan yapılmış olur. Bu kez, bu fonun, çalıştırdığı işçilerin, karşılığı ödenmemiş emeklerinden toplanmış olması hiçbir şeyi değiştirmez. İşçi B'nin ücreti, eğer işçi A'nın ürettiği artı-değerden ödenmişse, önce A, bu artı-değeri, kendisine ait metaın tam fiyatından tek bir kuruş kesilmeksizin sağlamıştır, sonra da, bu alışveriş B'yi hiç mi hiç ilgilendirmez. B'nin isteyeceği ve istemeye hakkı olduğu şey, kapitalistin, emek-gücünün değerini kendisine ödemesidir. "*Tous deux gagnaient encore; l'ouvrier parce qu'on lui avançait les fruits de son travail*" (siz, *du travail gratuit d'autres ouvriers*, diye okuyunuz) "*avant qu'il fût fait;*" (siz, *avant que le sien eût porté de fruit*, diye okuyunuz) "*le maître, parce que le travail de cet ouvrier valait plus que son salaire*" (siz, *produit plus de valeur que celle de son salaire*, diye okuyunuz). ["Her iki taraf da kazançlıdır: çünkü işçi, daha iş yapılmadan" (siz, daha emeği meyvesini vermeden önce demektir, diye okuyunuz) "emeğinin meyvelerini" (siz, diğer işçilerin karşılığı ödenmemiş emekleri demektir, diye okuyunuz) "almıştır; işveren (*le maître*) ise, işçisinin emeği ödenen ücretten daha değerli" (siz, ücretlerin değerinden daha fazla değer ürettiği demektir, diye okuyunuz) "olduğu için kazançlıdır."] (Sismondi, *l.c.*, s. 135.)

Kapitalist, üretimi, sürekli yenilenmesi ve kesintisiz akımı içinde ele alır, tek kapitalist ve tek işçi yerine bunların bütünlüğü içerisinde kapitalist sınıf ile işçi sınıfının karşı karşıya bulunması şeklinde düşünürsek, durum, kuşkusuz tamamen farklı görünecektir. Ama böyle yaptığımız takdirde, meta üretimine büsbütün yabancı bir ölçüt uygulamış oluruz.

Meta üretiminde, her ikisi de bağımsız olan yalnızca alıcı ile satıcı karşı karşıya gelmektedir. Sözleşmede öngörülen süre biter bitmez aralarındaki ilişkiler sona ermektedir. Bu alışveriş yinelendiği takdirde, ancak eskisi ile bir ilişkisi bulunmayan yeni bir sözleşme sonucu yinelenir ve aynı satıcı ile aynı alıcının biraraya tekrar gelmeleri bir raslantıdır.

Bu duruma göre, meta üretimi ya da ona ilişkin bir süreç; eğer kendi ekonomik yasalarına göre değerlendirilirse, her değişim işlemini, kendisinden önceki ve sonraki değişim işlemlerinden ayrı, tek başına bir işlem olarak ele almak zorundayız. Alım ve satım işleri, tek tek bireyler arasında yürütüldüğü için, bütün toplumsal sınıflar arasındaki ilişkileri burada aramak doğru olmaz.

Bugün iş gören sermayenin geçirdiği devresel yeniden-üretimler ve bunu izleyen birikimler dizisi ne kadar uzun olursa olsun, başlangıçtaki bekaretini daima korur. Tek tek her değişim hareketinde, değişim yasalarına uyulduğu sürece, meta üretimine tekabül eden mülkiyet hakkında bir değişiklik yapılmaksızın, ürüne elkoyma biçimi tamamıyla değiştirilebilir. Bu aynı haklar, ürünün üreticiye ait olduğu ve üreticinin sahip olduğu eşdeğeri, eşdeğeri ile değiştererek ancak kendi emeği ile zenginliğini artırabildiği başlangıç döneminde olduğu kadar, toplumsal servetin, gittikçe artan ölçüde, başkalarının karşılığı ödenmeyen emeklerine durmaksızın ve her an yeniden elkoyabilecek durumda olan kimselerin malı haline geldiği kapitalist dönemde de yürürlüktedir.

Bu sonuç, işçinin kendi emek-gücünü bir meta gibi serbestçe satabildiği andan itibaren kaçınılmaz hale gelir. Ne var ki, işte gene bu andan sonra meta üretimi genelleşir ve üretimin tipik biçimi haline gelir; ve gene ancak bu andan sonra, her ürün, daha baştan, satılmak için üretilir ve üretilen bütün servet, dolaşım alanından geçer. Ücretli-emek ancak meta üretiminin temeli haline geldiği anda ve yerde, bu üretim, kendisini bütünüyle topluma kabul ettirir; ve gene işte ancak o zaman ve o yerde bütün gizli kaynaklarını açığa çıkarır. Ücretli-emeğin araya girmesiyle meta üretiminin bozulduğunu söylemek, bozulmaması için meta üretiminin gelişmemesi gerektiğini söylemek gibidir. Meta üretimi, kendisine özgü yasalarıyla uygunluk içersinde, kapitalist üretim haline geldiği ölçüde, meta üretimi ile ilgili mülkiyet yasaları da, kapitalist elkoyma yasalarına dönüşür.[27]

Basit yeniden-üretimde bile, kaynağı ne olursa olsun bütün sermayenin, birikmiş sermayeye, sermayeleşmiş artı-değere dönüştüğünü daha önce görmüştük. Doğrudan birikmiş sermaye ile, yani ister biriktirenin, ister başkalarının elinde çalıştırılan, sermayeleşen artı-değer ya da artı-ürün ile karşılaştırıldığında, başlangıçta yatırılan bütün sermaye, bu üretim seli içinde, gittikçe yokolan bir miktar (matematik diliyle, *magnitudo evanescens**) haline gelir. İşte bu nedenle, ekonomi politik, sermayeyi, "artı-değer üretiminde tekrar kullanılan biriktirilmiş zenginlik"[28] (dönüştürülmüş artıdeğer ya da gelir) olarak, kapitalisti ise "artı-değerin sahibi"[29] diye tanımlar. Bu tanım, bütün mevcut sermaye, biriktirilmiş ya da sermayeleşmiş faizdir sözünün başka türlü ifade edilmiş şeklidir, çünkü faiz artı-değerin yalnızca bir parçasıdır.[30]

27 Meta üretimine dayanan ezeli mülkiyet yasalarına uygulanarak kapitalist mülkiyeti ortadan kaldırmak isteyen Proudhon'un aklına şaşmamak elden gelmez.

28 "Sermaye, yani kâr sağlamak amacıyla kullanılan biriktirilmiş servet." (Malthus, *l.c.*, [s. 262].) "Sermaye ... gelirden tasarruf edilen ve kâr sağlamak amacıyla kullanılan servetten ibarettir." (R. Jones, *An Introductory Lecture on Polit. Econ.*, Lond. 1833,‡ s. 16.)

‡ Almanca metinde: *Text-book of Lectures on the Political Economy of Nations*, Hertford 1852. *–ç.*

29 "Artı-ürünün ya da sermayenin sahibi." (*The Source and Remedy of the National Difficulties. A Letter to Lord John Russell*, Lond. 1821 [s. 4]).

* Büyüklüğün yavaş yavaş kaybolması. *–ç.*

İKİNCİ KESİM. — GİTTİKÇE ARTAN ÖLÇÜDE YENİDEN-ÜRETİMİN EKONOMİ POLİTİK TARAFINDAN YANLIŞ ANLAŞILMASI

Sermaye birikimini ya da artı-değerin tekrar sermayeye dönüşümünü daha fazla incelemeden önce, klasik iktisatçıların ortaya koydukları bir belirsizliği aydınlatmamız gerekiyor.

Artı-değerin bir kısmı ile kendi tüketimi için kapitalistin satın aldığı metalar, değer üretimi ve yaratılması amacına ne kadar az hizmet ediyorsa, kendi doğal ve toplumsal gereksinmelerini gidermek için satın aldığı emek de o derece az üretken emektir. Artı-değeri sermayeye çevirmek yerine, kapitalist, tersine, bu metaları ve bu emeği satın almakla, onu gelir olarak tüketmekte ya da harcamaktadır. Hegel'in haklı olarak dediği gibi, eski feodal soyluluğun, "elinde avucunda ne varsa tüketmekten ibaret olan" alışılagelmiş yaşam tarzı ve özellikle kişisel hizmetli tutma lüksünde kendisini ortaya koyan bu tarz karşısında, sermaye birikiminin, her yurttaşın başta gelen ödevi olduğu düşüncesini yaymak ve, büyük bir kısmını, yapılan masraftan daha fazla gelir sağlayan ek üretici emek satın almaya yatıracak yerde, gelirinin tümünü yiyip bitiren bir insanın sermaye biriktiremeyeceğini durup dinlenmeden vaaz etmek, burjuva iktisat için son derece önemliydi. Öte yandan, iktisatçılar, kapitalist üretimi para yığıcılığı ile karıştıran[31] ve birikmiş serveti, ya mevcut biçimi içinde yokolmaktan, yani tüketilmekten kurtarılan, ya da dolaşımdan çekilen servet sanan, halk arasındaki yaygın önyargılarla da savaşmak zorundaydı. Paranın dolaşımdan çıkartılması, sermaye olarak kendisini çoğaltmaktan da alıkonulması demek olduğu gibi, meta şeklindeki yığıcılık da düpedüz delilikti.[32] Büyük kitleler halinde meta birikimi, ya aşırı üretimin ya da bir dolaşım tıkanıklığının sonucudur.[33] Halkın kafasında, kuşkusuz, bir yandan zenginlerin yavaş yavaş tüketilmek üze-

30 "Sermaye, tasarruf edilmiş sermayenin bütün kısımları üzerinde bileşik faizi ile, her şeye o kadar elatmıştır ki, dünyada kendisinden gelir sağlanan her türlü servet, çoktan sermaye faizi haline gelmiş bulunuyor." (London, *Economist,* 19 Temmuz 1851.)

31 "Bugün hiçbir iktisatçı, tasarruf deyince servet yığmayı anlamaz: bu dar ve yetersiz işlemin ötesinde, bu terimin ulusal zenginlik açısından, tasarruf edilen şeyin farklı şekilde kullanılmasından ileri gelmesi gereken ve bu tasurruf edilen şeyle bakımı ve devamı sağlanan emeğin farklı türleri arasındaki gerçek ayrım dışında bir kullanım şekli yoktur." (Malthus, *l.c.,* s. 38, 39.)

32 Örneğin, hırs ve tamahın her türlüsünü baştan sona inceleyen Balzac, ihtiyar tefeci Gobseck'i, öbek öbek mal biriktirmeye başladığı zaman, ikinci çocukluk çağını yaşıyordu diye anlatır.

33 "Stokların birikmesi ... değişimin durması ... aşırı üretim." (Th. Corbet, *l.c.,* s. 104.)

re depo ettikleri mallar,[34] öte yandan da yedek stokların yapılması yer ediyordu; bu sonuncusu bütün üretim tarzları için ortak bir görüngü olup, dolaşım tahliline geldiğimiz zaman üzerinde kısaca duracağız. Bu nedenle, artı-ürünün üretken olmayan emekçiler tarafından değil de, üretken emekçiler tarafından tüketilmesinin, birikim sürecinin karakteristik bir özelliği olduğunu kabul etmekte klasik iktisat çok haklıydı. Ama, yanlışlar da, bu noktada başlar. Adam Smith, birikimin, artı-ürünlerin üretken emekçiler tarafından tüketilmesinden başka bir şeyi temsil etmediğini moda haline getirmişti; bu ise, artı-değerin sermayeleştirilmesinin yalnızca onun emek-gücüne dönüştürülmesi olduğunu söylemekle aynı şeydi. Örneğin Ricardo şöyle diyordu: "Bundan bir ülkenin bütün ürünlerinin tüketildiği anlaşılmalıdır; ama bunların, bir başka değeri yeniden-üretenler tarafından tüketilmesi ile üretmeyenler tarafından tüketilmesi arasında tasavvur edilemeyecek kadar büyük fark vardır. Gelirin tasarruf edildiğini ve sermayeye eklendiğini söylediğimiz zaman, gelirin sermayeye eklendiğini söylediğimiz kısmının, üretken olmayan emekçiler tarafından değil, üretken işçiler tarafından tüketildiğini anlatmak istiyoruz. Sermayenin, tüketilmeden artırıldığını düşünmek kadar büyük yanılgı olamaz."[35] A. Smith'ten sonra Ricardo'nun ve ondan sonraki bütün iktisatçıların yineledikleri, "gelirin sermayeye eklendiği söylenen kısmı, üretken işçiler tarafından tüketilir" sözünden daha büyük bir yanılgı olamaz. Buna göre, sermayeye çevrilen bütün artı-değer, değişen sermaye haline gelir. Oysa, artı-değer de, başlangıçtaki sermaye gibi, değişmeyen sermaye ile değişen sermayeye, üretim araçları ile emek-gücüne bölünür. Emek-gücü, değişen sermayenin üretim süreci sırasında varoluş şeklidir. Bu süreçte emek-gücünün kendisi kapitalist tarafından tüketildiği halde, üretim araçları, işlevi sırasında emek-gücü tarafından tüketilir. Aynı zamanda, emek-gücünün satın alınması için ödenen para, "üretken emeğin" değil de, "üretken emekçinin" tükettiği gerekli tüketim maddelerine çevrilir. Adam Smith temelinden yanlış bir tahlil ile, tek tek her sermaye, değişmeyen ve değişen kısımlara ayrıldığı halde, toplumun sermayesinin yalnızca değişen sermaye haline geldiği, yani salt ücretlerin ödenmesi için harcandığı gibi saçma bir sonuca ulaşmaktadır. Örneğin bir kumaş fabrikatörü, 2.000 sterlini sermayeye çevir-

34 Bu anlamda Necker *"objets de faste et de somptuosité"*den ["müsrif ve şatafatlı eşyalar"] sözetmektedir, ki bu, *"Le temps a grossi l'accumulation"* ["zaman birikimi büyütür"] ve *"les lois de la propriété ont rassemblés dans une seule classe de la société"* ["mülkiyet yasaları toplumun yalnız bir sınıfında toplanır"] demektir. (*Œuvres* de M. Necker; Paris and Lausanne, 1789, t. II, s. 291.)

35 Ricardo, *l.c.,* s. 163, not.

sin. Bunun bir kısmını, dokuma işçisi satınalmada kullanacak, diğer kısmını ise yün ipliği, makine vb. satınalmada. Ama, onun iplik ve makine satın aldığı kimseler de, bu paranın bir kısmının, emek ve benzeri şeyleri satın almak için kullanırlar, ve bu durum, 2.000 sterlinin tamamının ücretlerin ödenmesi için harcanmasına, yani 2.000 sterlinin temsil ettiği ürünün tamamının üretken işçiler tarafından tüketilmesine kadar devam eder. Görüldüğü gibi, bu sorunun bütün özü, bizi oradan oraya sürükleyen "ve benzeri şeyler" sözlerinde yatmaktadır. Aslında, A. Smith, incelemesini, tam güçlüklerin başladığı yerde bırakmıştır.[36]

Yalnızca yıllık toplam ürün gözönünde bulundurulduğu sürece, yıllık yeniden-üretim sürecini anlamak kolaydır. Ama bu ürünü oluşturan her parçanın piyasaya meta olarak getirilmesi gerekir ve güçlük de işte burada başlar. Bireysel sermayeler ile kişisel gelirlerin hareketleri, kesişir, içiçe geçer ve genel yer değiştirmeler ile toplumun servetinin dolaşımı içersinde kaybolurlar; bu durum, görüşü bulandırır ve çözümlenmesi gereken çok karmaşık sorunlar yaratır. İkinci kitabın [cildin] üçüncü kısmında, bu olguların gerçek niteliklerini inceleyeceğim. Yaptıkları *Tableau économique*'te, yıllık ürünü dolaşımdan geçmiş şekliyle ilk kez bize gösterme yolundaki çabaları, fizyokratların en büyük hizmetlerinden birisi olmuştur.[37]

Bundan sonra, kapitalist sınıfın çıkarına hareket eden ekonomi politik, Adam Smith'in öğretisini, yani artı-ürünün sermayeye çevrilen kısmının tamamının işçi sınıfı tarafından tüketildiğini doğal olarak sömürmekten geri kalmamıştır.

[36] John St. Mill, *Logic*'ine karşın, kendisinden önce gelenlerin yaptığı ve burjuva bilimi açısından bile düzeltilmeleri gereği apaçık ortada bulunan bu gibi hatalı tahlilleri hiçbir zaman fark etmemiştir. Üstatlarının düşünce karışıklığına, bir çömeze yaraşır dogmatizmle bağlanmıştır. Burada da öyle: "Sermayenin kendisi uzun sürede bütünüyle ücret haline gelir ve ürünün satışıyla yenilendiği zaman tekrar ücret haline gelir."

[37] Yeniden-üretim ve birikim süreçleri konusunda yaptığı açıklamalarda Adam Smith, birçok bakımdan, herhangi bir ilerleme kaydetmek şöyle dursun, kendinden öncekilerle ve özellikle fizyokratlarla karşılaştırıldığında, oldukça önemli gerilemelerde bulunmuştur. Metinde sözü edilen aldatıcı hayal de, ekonomi politiğe ondan miras kalmış gerçekten şaşırtıcı bir dogmadır; metaların fiyatının ücretlerle, kârdan (faizden) ve toprak rantından, yani ücretlerle artı-değerden meydana geldiği dogması. Bu noktadan hareket eden Storch, safça itiraz ediyor: "Gerekli fiyatı, kendisini meydana getiren en basit öğelere indirgemek olanaksızdır." (Storch, *l.c.*, Petersb., Edit. 1815, t. II, s. 141, not.) Bir metaın fiyatını en basit öğelerine indirgemenin olanaksızlığını ilan eden ne mükemmel bir ekonomi bilimi. Bu nokta, üçüncü kitabın [cildin] yedinci kısmında daha ayrıntılı olarak incelenecektir.

ÜÇÜNCÜ KESİM. — ARTI-DEĞERİN SERMAYE VE GELİRE AYRILMASI. PERHİZ TEORİSİ

Bundan önceki bölümde, artı-değeri (ya da artı-ürünü), yalnızca kapitalistin bireysel tüketimini sağlayan bir fon olarak ele aldık. Bu bölümde ise, buraya kadar, yalnızca birikim fonu olarak inceledik. Oysa artı-değer, bunlardan ne birisi, ne de diğeridir, birarada her ikisidir. Bir kısmı kapitalist tarafından gelir[38] olarak tüketilir, diğer kısmı, sermaye olarak kullanılır, biriktirilir.

Artı-değerin kitlesi belli bir büyüklükte ise, bunlardan birisi ne kadar büyükse, diğeri o kadar küçük olur. *Cæteris paribus,* bu kısımlar arasındaki orantı, birikimin büyüklüğünü belirler. Ne var ki, bu bölünmeyi yapan, artı-değerin tek sahibi olan kapitalisttir. Bu, onun bileceği iştir. Karşılığını ödemeden haraç olarak aldığı ve biriktirdiği kısım, onu yemediği için, yani bir kapitalistin kendisini zenginleştirme görevini yerine getirdiği için, onun tarafından tasarruf edilmiş sayılır.

Kişileşmiş sermaye olma dışında kapitalistin tarihsel bir değeri olmadığı gibi, bu tarihsel varolma hakkına da sahip değildir, yani şakacı Lichnowsky'nin deyimiyle, "hiçbir tarihe sahip değildir". Onun kendi geçici varlığı için duyulan zorunluluk, yalnızca, kapitalist üretim tarzı için duyulan geçici zorunluluk ölçüsündedir. Ama kişileşmiş sermaye olduğu sürece onu harekete geçiren tek şey, kullanım-değeri üretmek ve bunlardan yararlanmak değil, değişim-değeri üretmek ve bunu çoğaltmaktır. Bizzat değeri genişletme işine kendisini büyük bir tutkuyla kaptıran kapitalist, insanoğlunu üretim için üretmeye insafsızca zorlar; böylece o, toplumdaki üretken güçlerin gelişmesini zorlar, daha yüksek bir toplum şeklinin gerçek temelini atabilecek maddi koşulları yaratır; ve bu toplumda, her bireyin kişiliğini tam ve özgürce geliştirmesi artık temel ve yön verici ilke olur. Kapitalist, yalnızca kişileşmiş sermaye olarak saygıya değerdir. Bu haliyle, bir cimrinin, salt servet olduğu için servete tapma tutkusunu paylaşır. Ama cimrideki yalnızca huy ve yaratılış halindeki bu tutku, kapitalistte, yalnızca çarklarından birisi olduğu toplumsal mekanizmanın sonucu ve eseridir. Ayrıca, kapitalist üretimin gelişmesi, belli bir sanayi koluna yatırılan sermayenin sürekli bir şekilde artmasını zorunlu kılar ve reka-

[38] Okur, gelir teriminin çifte anlamda kullanıldığını fark edecektir: birincisi, sermayenin belirli aralıklarla verdiği meyve anlamında artı-değeri belirtmek için; ikincisi, bu meyvenin kapitalist tarafından belirli aralıklarla tüketilen ya da kendi özel tüketim fonuna eklenen kısmını belirtmek için. İngiliz ve Fransız iktisatçıların kullandıkları dille uyum halinde olduğu için bu çifte anlamı ben de alıkoydum.

bet kapitalist üretimin özünde yatan yasaları, dışardan gelme zorlayıcı yasalar olarak tek tek her kapitaliste kabul ettirmek durumunda bırakır. Sermayesini koruyabilmesi için, kapitalisti, durmadan sermayesini genişletmeye zorlar, oysa sermayesini artırması ancak dereceli bir birikimle olabilir.

Bu nedenle, kapitalistin her türlü eylemi, salt —onun kişiliğinde bilinç ve iradeye bürünmüş sermaye olarak— sermayenin işlevi olduğu için, onun özel tüketimi, birikmiş sermaye üzerinden yapılmış bir hırsızlık gibidir; tıpkı çift kayıtlı muhasebe sisteminde, kapitalistin özel giderlerinin, sermayenin karşısında borçlu hanesinde yeralması gibi. Biriktirmek, toplumsal zenginlik alemini elegeçirmek, sömürdüğü insanların kitlesini artırmak ve böylece kapitalistin dolaysız ve dolaylı egemenliğini genişletmek demektir.[39]

Ama, ilk günah her yerde işbaşındadır. Kapitalist üretim, birikim ve servet gelişip arttıkça, kapitalist, salt kişileşmiş sermaye olmaktan çıkmaya başlar. Kendi özü, kendi kişiliği için insanca duygular beslemeye başlar ve bu yoldaki eğitimi, ona, dünya zevk-

[39] Kapitalistin o eski moda, ama durmadan yenilenen örneği olan tefeciyi ele alan Luther, iktidar sevdasının, zengin olma arzusunda bir etmen olduğunu çok yerinde olarak belirtir. "Kafirler, tefecinin katmerli bir hırsız ve katil olduğunu aklın ışığı ile anlayabiliyorlardı. Biz hıristiyanlar ise, bunlara öylesine bir onur veririz ki, yalnız paraları için onlara düpedüz taparız. ... Bir kimse bir başkasının rızkını yerse, çalarsa, elinden alırsa, bu adamı açlıktan öldürmüş ya da düpedüz katletmiş kadar (yani bir kimsenin yapabileceği kadar) büyük bir cinayet işlemiş olur. Tefecinin de yaptığı budur ve koltuğunda rahat ve huzur içersinde oturmaktadır; oysa, darağacında sallanmalı ve leşi, eğer üzerinde bu kadar eti varsa, çaldığı guldenler sayısında kargalar tarafından gagalanıp didiklenmelidir. ... Oysa biz, küçük hırsızları asarız. ... Bunlar zindanlara tıkılır, büyük hırsızlar ise altın ve ipekler içersinde kibirlenirler. ... İşte bunun için, bu dünyada, para delisinden, tefeciden daha büyük (şeytandan sonra) insan düşmanı yoktur, çünkü o, bütün insanlar üzerinde tanrı olmak ister. Türkler, askerler, despotlar da kötü insanlardır, ama bunlar gene de insanları yaşamaya bırakırlar ve kendilerinin kötü ve düşman olduklarını itiraf ederler, üstelik arasıra bazı insanlara merhamet etme zorunluluğunu da duyarlar. Ama bir tefeci ve para delisi, bütün dünyanın açlıktan, susuzluktan, sefaletten, yoksulluktan kırılmasını ister; böylece her şey onun olacak ve herkes sanki tanrı imiş gibi gereksinmelerini ondan alacak onun ebedi kölesi olacaktır. Soylu ve dindar görünmek için güzel pelerinler giyinir, altın zincirler, yüzükler takar, ağızlarını silerler. ... Tefecilik her şeyin kökünü kurutan, Cacus'tan, Gerion'dan ya da Antus'tan da beter korkunç bir canavardır. Mağarasına çekip götürdüğü öküzleri, halkın gözünden gizlemek için kendisini donatır ve dindar görünür. Ama Herkül, öküzlerin böğürmelerini ve tutsak ettiği insanların feryatlarını duyacak, Cacus'u uçurumlar ve kayalar arasında arayıp bulacak ve öküzleri bu hain ve cani kimsenin elinden kurtaracaktır. Cacus, dindar tefeci, çalan, soyan ve her şeyi yiyen habis ve cani demektir. Ve bütün bu yaptıklarının bilinmesini istemez, kimse onu bulamayacak sanır, çünkü mağaraya sürüklediği ayak izlerini, sanki mağaradan dışarıya bırakmışlar gibi düzenler. Tefeci de dünyayı böyle aldatır, sanki yararlıymış, herkese öküz dağıtıyormuş gibi davranır, oysa hepsini parçalar ve tek başına yer bitirir. ... Ve biz, eşkıyaların, katillerin, hırsızların nasıl işkenceyle kemiklerini kırıyor, kafalarını kesiyorsak, bütün tefecilerin de, kemiklerini daha beter kırmalı, öldürmeli, peşlerini bırakmamalı, lanetlemeli ve kafalarını kopartmalıyız." (Martin Luther, *l.c.,* [s. 19, 40, 41, 42].)

lerinden yoksun kalmayı, şimdi eski moda bir cimrinin önyargısı olarak görmeyi ve buna gülümsemeyi öğretmiştir. Klasik tipteki kapitalist, bireysel tüketimi, işlevine karşı işlenmiş bir günah ve biriktirme'den "perhiz etmek" olarak damgaladığı halde, modernleşmiş kapitalist, artık, biriktirmeye, zevk'ten "perhiz etmek" gözüyle bakabilmektedir.

"İki ruh, heyhat, göğsüne bağdaş kurmuş;
"Biri durmadan diğerinden ayrılıyor."[40]

Kapitalist üretimin tarihsel şafağında —sonradan olma her kapitalist, kişi olarak bu tarihsel aşamadan geçmek zorundadır— tamah ve zenginleşme hırsı, egemen tutkulardır. Ne var ki, kapitalist üretimin ilerlemesi yalnız bir zevkler dünyası yaratmakla kalmaz, spekülasyon ve kredi sistemi ile, binlerce çabuk zenginleşme kaynağını da ortaya çıkartır. Belli bir gelişme aşamasına ulaşıldığında, aynı zamanda bir servet gösterisi ve dolayısıyla itibar kaynağı olan ve alışılagelen derecede bir israf, "talihsiz" kapitalist için bir iş zorunluluğu halini alır. Lüks, sermayenin temsil masrafları arasına katılır. Üstelik, kapitalist, cimri gibi, kendi emeği ve sınırlı tüketimi ölçüsünde zenginleşmez, başkalarının emek-gücünü baskı altına alarak emdiği ve emekçileri, yaşamın zevklerinden yoksun bırakmaya zorladığı ölçüde de zenginleşir. Bunun için, kapitalistin israfı, hiçbir zaman eli açık feodal beyin israfındaki iyi niyetli özelliği taşımadığı, tersine, bunun ardında en pis cinsten tamahkarlık ve en açgözlü hesap-kitap yatmakla birlikte, biri diğerini engellemeksizin, harcamaları da birikimiyle birlikte büyür. Bu büyümenin yanısıra, kalbinde, biriktirme tutkusu ile zevk isteği arasında faustça bir çatışma da filizlenip boy atar.

Dr. Aikin, 1795'te yayınlanan bir yapıtta şöyle diyor: "Manchester'deki sınai gelişme dört döneme ayrılabilir. İlkinde, fabrikatörler kendi geçimlerini sağlamak için çok çalışmak zorundaydılar." Bunların başlıca zenginlik kaynağı, çocukları çırak olarak kendilerine bağlı bulunan ana-babaları soymaktı: Bir yandan çıraklar açlıktan ölürken, ana-babalar yüksek bir prim ödüyorlardı. Öte yandan, ortalama kâr düşüktü, biriktirebilmek için çok tutumlu olmak gerekti. Bunlar cimriler gibi yaşadılar ve sermayelerinin faizini bile yemekten uzaktılar. "İkinci dönemde, küçük servetler elde etmeye başladıkları zaman bile, gene eskisi gibi, sıkı çalışıyorlardı", —çünkü her köle çalıştıranın bildiği gibi emeğin doğrudan sömürülmesi de bir emeğe malolur— "ve gene eskisi gibi sade bir yaşam

[40] Goethe, *Faust,* 1. kısım.

sürüyorlardı. ... Lüksün başladığı üçüncü dönemde, krallıktaki her pazar kasabasına sipariş için atlılar gönderilerek sanayi dürtüklendi. ... 1690'dan önce, burada, 3.000-4.000 sterlin arasında sermayesi olan işkolu, ya birkaç taneydi ya da hiç yoktu. Bununla birlikte, o sıralarda ya da az sonraları, artık ellerinde para bulunan iş sahipleri, ahşap evler yerine modern tuğla evler yaptırmaya başladılar." 18. yüzyılın ilk yarısında bile, konuklarına yarım litre yabancı malı şarap ikram eden Manchesterlı bir fabrikatör, bütün komşularının dikkatini çekiyor ve baş sallamalarına yolaçıyordu. Makinenin ortaya çıkışından önce bir manüfaktür sahibinin, toplandıkları bir meyhanedeki gecelik masrafı, 6 penilik bir bardak punç ile, bir penilik bir tutam tütünü hiçbir zaman geçmezdi. İş sahibi bir kimsenin, ilk kez kendi arabası ile görünmesi, ancak 1758 yılında olmuştur ve bu bir dönemin işaretidir. 18. yüzyılın son 30 yılını kapsayan, "dördüncü dönem, lüks ve israfın büyük gelişme gösterdiği bir dönemdir ve atlı biniciler aracılığı ile bütün Avrupa'ya yayılan sınai gelişmelerle desteklenmiştir".[41] İyi kalpli Dr. Aikin, mezarından başını kaldırsa da bugünkü Manchester'ı görseydi acaba ne derdi?

Biriktirin, biriktirin! Musa da böyle der, peygamberler de! "Sanayi, tasarrufun biriktirdiği malzemeyi sağlar."[42] Bunun için, tasarruf, tasarruf; yani artı-değerin ya da artı-ürünün elden geldiğince büyük kısmını sermayeye çeviriniz. Birikim için, üretim için üretim: bu formül ile klasik iktisat, burjuvazinin tarihsel görevini ifade etmiş, servetin doğum sancıları üzerinde bir an bile kendisini aldatmamıştır.[43] Ama tarihsel zorunluluk karşısında yanıp yakılmanın ne yararı var? Klasik iktisat için, nasıl ki, proletarya bir artı-değer üretme makinesinden başka bir şey değilse, kapitalist de onun gözünde bu artı-değeri ek sermayeye çeviren bir makineden başka bir şey değildir. Ekonomi politik, kapitalistin tarihsel görevini son derece ciddiye alır. Yüreğindeki zevk isteği ile zenginlik peşinde koşma tutkusu arasındaki korkunç çatışmayı bir sihirle söküp atmak isteyen Malthus, 1820 yıllarında, fiilen üretim işleriyle uğraşan kapitalistlere, biriktirme ödevini yükleyen, artıdeğerden pay alan başkalarına, topraksahiplerine, devlet memurlarına, rahiplere vb. ise, harcama ve israf görevini veren bir işbölü-

41 Dr. Aikin, *Description of the Country from Thirty to Forty Miles round Manchester,* Lond. 1795, s. [181], 182 *sqq*., [188].

42 A. Smith, *l.c.,* b. II, ch. III, [s. 367].

43 J. B. Say bile şöyle der: "Zenginlerin tasarrufu, yoksulların sırtından yapılır." "Romalı proletarya, neredeyse tamamen toplumun sırtından geçinirdi. ... Modern toplumun da, hemen hemen, proletaryanın sırtından geçindiği, emeğin ücretinden kestiği kısım ile yaşadığı söylenebilir." (Sismondi, *Études etc.,* t. I, s. 24.)

münü savunmuştu. "Harcama tutkusu ile biriktirme tutkusunu birbirinden ayrı tutmak"[44] son derece önemlidir diyordu. İyi yaşamaya ve bu dünyanın adamı olmaya uzun zamandır alışmış olan kapitalistler feryadı bastılar. Bunların sözcülerinden birisi, bir Ricardo öğrencisi, ne oluyoruz beyler, diye sesini yükseltti, üretken olmayan tüketiciler sanayicilerin sırtında devamlı bir dürtü olsunlar diye bay Malthus, toprak rantının, vergilerinin vb. yükseltilmesini salık veriyor herhalde! Slogan, ne olursa olsun üretim, durmadan artan üretim, idi, ama, "böyle bir süreç ile üretim, ileriye doğru itilmekten çok, kösteklenecektir. Üstelik, çalışmaya zorlanacak olsalar başarabilecekleri kişiliklerinden belli olan bir sürü insan, aylak yaşamlarını sürdürsünler diye, başkalarını zora koşmak hiç de adaletli bir iş değildir."[45] Bir yandan, sanayici kapitalisti tereyağlı ekmeğinden yoksun bırakarak zorlamayı adaletsiz bulurken, aynı kimse, "işçiyi gayrete getirmek için" ücretleri en alt düzeye indirmeyi zorunlu bulmaktadır. Üstelik o, artı-değerin sırrının, karşılığı ödenmeyen emeğe elkoymak olduğunu bir an bile saklamamaktadır. "Emekçiler yönünden talebin artması, bunların kendi ürünlerinden kendileri için daha küçük bir pay almaya ve bunun daha büyük bir kısmını kendilerini çalıştıranlara bırakmaya istekli olmalarından başka bir şey ifade etmez, eğer bunun, azalan tüketim (emekçiler yönünden) nedeniyle pazarda mal bolluğuna yolaçacağı söylenirse, benim buna verilecek biricik karşılığım mal bolluğu ile büyük kârların eşanlamlı şeyler olduğudur."[46]

Emekçiden sızdırılan ganimetin, sanayici kapitalist ile aylak zenginler arasında, birikime en yararlı şekilde nasıl paylaşılacağı üzerine olan bu bilgiçce tartışma, Temmuz Devrimi karşısında sesini kesti. Çok geçmeden, Lyon'da kent proletaryası devrim çanını çaldı ve İngiltere'de tarım proletaryası, çiftlikleri ve harmanları ateşe vermeye başladı. Kanalın bu yakasında Owen'cılık, öte yakasında Simon'culuk ve Fourier'cilik yayılmaya başladı. Vülger ekonominin son saati çalmıştı. Manchester'da, sermayenin kârının (faiz de dahil), onikinci saatin ürünü olduğunu keşfetmesinden tam bir yıl önce Nassau W. Senior, dünyaya başka bir bulgusunu ilan etmişti: "Ben", diyordu böbürlenerek, "sermaye sözü yerine, buna bir üretim aracı gözüyle baktığım için, perhiz sözünü koyuyorum."[47]

44 Malthus, *l.c.*, s. 319, 320.

45 *An Inquiry into Those Principles, Respecting the Nature of Demand, etc.*, s. 67.

46 *l.c.*, s. 59.

47 (Senior, *Principes fondamentaux de l'Écon. Pol.*, trad. Arrivabene. Paris 1836, s. 309.) Eski klasik okula sadık kalanlar için bu kadarı fazlaydı. "Bay Senior, emek ve kâr deyimleri yerine, emek ve perhiz terimlerini koyuyor. Gelirini sermayeye dönüştüren kimse gelirinin harcanmasının kendisine sağlayacağı zevk ve doyum-

Bu, vülger ekonominin buluşları içinde, eşi olmayan bir örnektir! Ekonomik bir kategorinin yerine, dalkavukça bir söz konmuştur, *voila tout.** "Yabanıl, ok yaptığı zaman" diyor Senior, "bir iş yapmış olur ama tutumlu hareket etmiş olmaz". Bu, bize toplumun ilk zamanlarında emek araçlarının, kapitalist yönünden bir perhiz olmaksızın nasıl ve niçin yapıldığını açıklamış oluyor. "Toplum ne kadar ilerlerse, o kadar çok perhiz yapmayı gerektirir."[48] Ve bu da, özellikle başkalarının çalışmasının meyvelerine elkoyma çabasını gösterenlerden beklenir. Emek-sürecinin yürütülmesi için gerekli bütün koşullar da böylece birdenbire kapitalistin uyacağı çeşitli perhiz hareketlerine dönüşmüş olurlar. Buğdayın hepsi yenmeyip bir kısmı ekilirse — kapitalistin perhizidir. Şarabın olgunlaşması için zamana gerek varsa — kapitalistin perhizidir.[49] "Üretim araçlarını işçiye ödünç (!) olarak verdiği zaman", yani emek-gücünü bunlarla birleştirdiği zaman, kapitalist, kendini soymaktadır, bunları, buhar makinelerini, pamuğu, demiryollarını, gübreleri, atları vb. yiyip tüketecek yerde, emek-gücünden artı-değer sızdırmakta kullanmaktadır; ya da vülger iktisatçıların çocukça söyledikleri gibi, "bunların değerlerini" lüks ve diğer tüketim mallarına yatırarak boşuna harcamaktadır.[50] Kapitalistlerin bir sınıf olarak bu işi nasıl becerecekleri, vülger iktisatçıların bugüne kadar açıklamayı inatla reddettikleri bir sırdır. Dünyanın, hâlâ, salt Vişnu'nun bu modern tövbekarı, kapitalistin kendi kendisini cezalandırması ile yoluna devam edebilmesi yetmiyor mu? Yalnızca birikim değil, yalnızca "sermayenin muhafazası bile, onu tüketme yolundaki günah

dan perhizde bulunmuş olur. Kârın nedeni, sermaye değil, sermayenin üretken olarak kullanılmasıdır." (John Cazenove, *l.c.,* s. 130, not.) Buna karşılık John St. Mill, bir yandan Ricardo'nun kâr teorisini kabul eder, öte yandan Senior'ün "*remuneration of abstinence*" ["perhizin ödülü" –ç.] görüşünü benimser. Bütün diyalektiğin kaynağı hegelci çelişkiyi kendisine çok uzak bulduğu halde, saçma çelişkiler karşısında gayet rahattır. Vülger iktisatçı, insanın her hareketine, bu hareketin zıddından "perhiz" yapma gözüyle bakılabileceği düşüncesini hiçbir zaman aklına getirmemiştir. Yemek, oruçtan perhiz yapmaktır, yürümek ayakta durmaktan perhiz yapmaktır, çalışma tembellikten perhiz yapmaktır, aylaklık, çalışmaktan perhiz yapmaktır, vb.. Bu baylar, Spinoza'nın "*Determinatio est Negatio*" ["belirleme olumsuzlamadır" –ç.] formülü üzerinde bir düşünseler çok iyi ederler.

48 Senior, *l.c.,* s. 342, 343.

49 "Hiç kimse ... ek değer elde etme umudunda olmadan, şarabını, buğdayını ya da bunların eşdeğerlerini tüketip bitirmek yerine ... sözgelişi, buğdayını toprağa ekip de bunu oniki ay orada bırakmaz ya da şarabını yıllarca mahzende bekletmez." (Scrope, *Polit. Econ.,* edit. by A. Potter, New York 1841, s. 133-134.)

50 "Kapitalistin sahip olduğu değeri, yararlı ya da hoş şeylere çevirerek, kişisel kullanımına ayıracağı yerde üretim araçlarına çevirerek (kaba gerçeği ince sözlerle örtmek amacıyla kullanılan bu sözler, vülger ekonominin bilinen yöntemiyle, sömürülen işçiyi, diğer kapitalistlerin ödünç para verdiği ve kendisini sömüren sanayici kapitalist ile bir tutmak için söylenmiştir) emekçiye ödünç vermek suretiyle, kendini tüketim zevkinden uzak tutması." (G. de Molinari, *l.c.,* s. 36.)

* Hepsi bu. –ç.

çağrısına karşı koymak için sürekli bir çabayı gerektirir."[51] Tıpkı Georgialı köle sahibinin, zencilerin sırtından kamçıyla sağladığı artı-ürünün hepsini şampanya ile harvurup harman savursam mı, yoksa bir kısmını daha fazla zenci ve toprağa mı dönüştürsem diye düştüğü üzüntülü çıkmazdan, yakın zamanda, köleliğin kaldırılması ile kurtarılması gibi, kapitalistin de bu eziyetten ve şeytanın kışkırtmasından kurtarılması düpedüz bir insanlık borcudur.

Ne kadar farklı olurlarsa olsunlar toplumların ekonomik biçimlerinde, yalnızca basit yeniden-üretim değil, çeşitli derecelerde ve gitgide artan boyutlarda yeniden-üretim görülür. Ne kadar çok üretilirse o kadar çok tüketilir ve dolayısıyla o kadar fazla ürün, üretim araçlarına çevrilir. Bununla birlikte, bu süreç, emekçinin üretim araçları ve onunla birlikte kendi ürünü ve geçim araçları, onun karşısına sermaye biçiminde çıkmadığı sürece, kendisini sermaye birikimi ya da kapitalistin bir işlevi olarak ortaya koymaz.[52] Haileybury Kolejinde, ekonomi politik kürsüsünde Malthus'tan sonra bulunan ve birkaç yıl önce ölen Richard Jones, bu noktayı, iki önemli olgunun ışığı altında ayrıntılı olarak incelemiştir. Hint halkının büyük çoğunluğu kendi topraklarını işleyen köylüler oldukları için, bunların ürünleri, emek araçları ve geçim araçları, hiçbir zaman, "gelirden tasarruf edilen ve bu nedenle de daha önce bir birikim sürecinden geçmiş bulunan bir fon şeklini almaz".[53] Öte yandan da, İngiliz yönetiminin, eski sistemi en azından bozduğu eyaletlerdeki tarım-dışı alanlarda çalışan emekçiler, tarımsal artı-ürünün bir kısmını, vergi (*tribute*) ya da rant biçiminde alan nüfuzlu kimseler tarafından doğrudan çalıştırılırlar. Bu ürünün bir kısmı, bu nüfuzlu kimseler tarafından ayni olarak tüketilir, bir kısmı da, emekçiler tarafından, bu adamların kullanımı için lüks eşyaya ve benzeri şeylere çevrilir, geriye kalan kısım, emek araçları kendilerinin olan emekçilerin ücretlerini oluşturur. Burada, üretim ile yeniden-üretim, gittikçe artan boyutlarda, o garip evliyanın, o hüzün verici şövalyenin, yani "perhizci" kapitalistin müdahalesi olmadan devam eder gider.

51 "*La conservation d'un capital exige ... un effort constant pour résister à la tentation de le consommer.*" (Courcelle-Seneuil, *l.c.*, s. 20.)

52 "Ulusal sermayenin ilerlemesine en fazla katkıda bulunan belirli gelir sınıfları, ilerlemelerinin farklı aşamalarında değişirler ve bu nedenle, bu gelişmede farklı yerlerde bulunan uluslarda tamamen farklı olurlar. ... Kârlar ... toplumun ilk aşamalarında, ücret ve rantlara oranla önemsiz bir birikim kaynağıdır. ... Ulusal sanayi gücünde oldukça büyük bir ilerleme olduğu zaman, kârlar, birikim kaynağı olarak daha önemli bir yer tutarlar." (Richard Jones, *Textbook etc.*, s. 16, 21.)

53 *l.c.*, s. 36 *sq.*

DÖRDÜNCÜ KESİM. — BİRİKİMİN MİKTARINI, ARTI-DEĞERİN SERMAYE VE GELİRE ORANTILI BÖLÜŞÜMÜNDEN BAĞIMSIZ OLARAK BELİRLEYEN KOŞULLAR. EMEK-GÜCÜNÜN SÖMÜRÜ DERECESİ. EMEĞİN ÜRETKENLİĞİ. KULLANILAN SERMAYE İLE TÜKETİLEN SERMAYE ARASINDAKİ FARKIN BÜYÜMESİ. YATIRILAN SERMAYENİN BÜYÜKLÜĞÜ.

Artı-değerin, sermaye ile gelire bölünme oranı belli ise, birikmiş sermayenin büyüklüğünün, artı-değerin mutlak büyüklüğüne bağlı bulunacağı açıktır. Artı-değerin yüzde 80'inin sermayeleştirildiğini, yüzde 20'sinin tüketildiğini varsayarsak, biriktirilmiş sermaye, toplam artı-değerin 3.000 ya da 1.500 sterlin olmasına göre, ya 2.400 sterlin ya da 1.200 sterlin olacaktır. Demek oluyor ki, artı-değerin kitlesini belirleyen bütün koşullar, birikimin büyüklüğünün belirlenmesinde de rol oynuyorlar. Bunları biz, burada, bir kez daha gözden geçireceğiz, ancak, bunu, birikim bakımından yeni bir görüş açısı getirmeleri yönünden yapacağız.

Artı-değer oranının, her şeyden önce, emek-gücünün sömürülmesi derecesine bağlı bulunduğu anımsanacaktır. Ekonomi politik buna o derece fazla değer vermiştir ki, emeğin üretkenliğindeki artış nedeniyle birikimdeki hızlanmayı, emeğin sömürülmesindeki artış sonucu meydana gelen hızlanma ile bir tutmuştur.[54] Artı-değer üretimi ile ilgili kısımlarda, her zaman, ücretlerin en azından emek-gücünün değerine eşit olduğu öngörülmüştü. Bununla birlikte, ücretlerin bu değerin altına zorla düşürülmesi, uygulamada o kadar önemli bir rol oynar ki, bunun üzerinde bir an bile durmayacağız. Bu durum, emekçinin gerekli tüketim fonunu, belli sınırlar içinde, sermayenin birikim fonuna çevirir.

"Ücretlerin" diyor John Stuart Mill, "hiçbir üretken gücü yoktur; bunlar bir üretken gücün fiyatlarıdır. Ücretler, emek ile birlikte meta üretimine, ancak aletlerin fiyatlarının bu aletlerin kendisiyle birlikte, bu üretime katkıda bulunmaları ölçüsünde katkıda bulunurlar. Eğer emeğe satın alınmaksızın sahip olunabilseydi, üc-

[54] "Ricardo diyor ki, 'Toplumun farklı aşamalarında, sermayenin ya da emeğin istihdamı' (yani sömürüsü) 'için kullanılan araçların birikimi az ya da çok hızlıdır ve her durumda, bunun emeğin üretkenlik gücüne bağlı olması gerekir. Verimli toprakların bol bulunduğu yerlerde emeğin üretkenlik gücü genellikle en büyüktür.' Eğer birinci tümcede, emeğin üretkenlik gücüyle herhangi bir ürünün onu elemeğiyle üreten kimselerin payına düşen kısmının küçüklüğü anlatılıyorsa, bu tümce, hemen hemen aynı şeyin yinelenmesi gibidir, çünkü geriye kalan kısım, eğer *sahibinin canı isterse* sermaye birikimi için kullanılabilecek fondur. Ama, toprağın çok verimli olduğu yerlerde genellikle bu böyle olmaz." (*Observations on Certain Verbal Disputes etc.*, s. 74, 75.)

retten pekala vazgeçilebilirdi".[55] Ama, eğer işçiler havayla yaşayabilselerdi, bunların herhangi bir fiyatla satın alınmaları da sözkonusu olmazdı. Bu nedenle, bunların sıfır maliyetleri, matematik anlamda, kendisine daima biraz daha yaklaşılabilecek, ama hiçbir zaman ulaşılamayacak bir limittir. Emeğin maliyetini bu sıfır noktasına doğru durmadan zorlamak, sermayenin değişmeyen eğilimidir. 18. yüzyılın sık sık sözünü ettiğimiz bir yazarı, *Essay on Trade and Commerce* adlı yapıtın yazarı, İngiltere'nin tarihsel görevinin, İngiltere'deki ücretleri, Fransa ve Hollanda düzeyine zorla indirmek olduğunu ilan ettiği zaman, yalnızca İngiliz kapitalizminin ruhundaki en gizli sırrı açığa vurmuş oluyordu.[56] Diğer şeyler yanında, safça şunları da söylüyor: "Eğer bizim yoksullarımız" (emekçiler için kullandığı teknik terim) "lüks içersinde yaşayacak olurlarsa ... emek, kuşkusuz pahalı olacaktır. ... Bizim manüfaktür işçilerimizin tükettiği, konyak, cin, çay, şeker, yabancı meyveler, bira, basma, enfiye, tütün vb. şeylerin ne lüks eşyalar olduğunu bir kez düşününüz."[57] Gözlerini gökyüzüne dikerek inleyen Northamptonshirelı bir fabrikatörün yapıtından parçalar alır: "Fransa'da emek, İngiltere'ye göre üçte-bir ucuz: çünkü onların yoksulları çok çalışıyor ve yiyecekleri ile giyecekleri daha ehvendir. Yedikleri başlıca şeyler, ekmek, meyve, otlar, kökler ve kurutulmuş balıktır; eti nadiren yerler, buğday pahalılaşınca çok az ekmek yerler."[58] Denemecimiz şöyle devam ediyor: "Bunlara bir de, yalnızca su ya da hafif likörler içtikleri eklenmelidir; böylece pek az para harcamış oluyorlar. ... Bu durumu sağlamak çok zordur, ama olanaksız değildir; çünkü hem Fransa'da ve hem de Hollanda'da pekala uygulanmıştır."[59] Yirmi yıl sonra, Amerikalı bir düzenbaz, baron unvanı veril-

[55] J. Stuart Mill, *Essays on Some Unsettled Questions of Political Economy,* Lond. 1844, s. 90, 91.

[56] *An Essay on Trade and Commerce,* Lond. 1770, s. 44. 1866 Aralık ve 1867 Ocak sayılarında *The Times* gazetesi de, aynı şekilde, İngiliz maden sahiplerinin, Belçikalı maden işçilerinin mutlu durumlarını anlatan ve yüreklerinden kopup gelen yazılarını yayınlamıştı; bu işçiler, "patronları" için yaşayabilmeleri için gerekli olandan bir kuruş bile fazla istemiyorlar ve almıyorlardı. Belçikalı maden işçileri büyük ıstırap içersindeydiler, ama, *The Times,* onları, böyle örnek işçiler diye gösteriyordu! 1867 yılının başında bu sözlerin yanıtı geldi: Marchienne'deki Belçikalı maden işçilerinin grevi, barut ve kurşunla bastırılmıştı.

[57] *l.c.,* s. 44, 46.

[58] Northamptonshirelı fabrikatör, yüreği bu kadar dolu olan bir kimse için *pia fraus* [bağışlanabilen sofuca bir hilekarlık –ç.] yapıyor. O, güya İngiliz ve Fransız fabrika işçilerinin yaşamlarını karşılaştırıyor, ama yukarıya alınan sözlerinde, karışık bir biçimde kendisinin de itiraf ettiği gibi, Fransız tarım işçilerinin yaşamını anlatıyor.

[59] *l.c.,* s. 70, 71. *Üçüncü Almanca baskıya not.* — Bugün, dünya pazarlarında, o zamandan beri yerleşen rekabet sayesinde, daha da ilerlemiş durumdayız. Parlamento üyesi Mr. Stapleton seçmenlerine şöyle diyor: "Çin, eğer, büyük bir sanayi ülkesi haline gelirse, Avrupalı işçi nüfusunun, rakiplerinin düzeyine inmeksizin sava-

miş bir yanki, Benjamin Thompson (*alias** kont Rumford), hem tanrıyı, hem insanları hoşnut edecek aynı insancıl çizgiyi izlemiştir. Onun *Denemeler*'i, işçilerin olağan pahalı yiyecekleri yerine geçebilecek her türden tarifnameler ile dolu bir yemek kitabıdır. Aşağıda okuyacağınız, bu görkemli filozofun özellikle başarılı olan bir tarifnamesidir: "5 libre yulaf unu, 7,5 peni; 5 libre mısır, 6¼ peni; 3 penilik kırmızı ringa, 1 penilik tuz, 1 penilik sirke, 2 penilik biber ve tatlı otlar; hepsi 20¾ peni eder; ve bunlarla 64 kişiyi doyurabilecek çorba yapılır; ve yulaf ile mısırın ortalama fiyatı ile ... bu çorbanın 20 onsluk porsiyonu ¼ peniye çıkartılabilir."[60] Kapitalist üretimin ilerlemesi ile birlikte gelişen hileli yiyecekler, Thompson'ın bu idealini gereksiz hale getirdi.[61] 18. yüzyılın sonunda ve 19. yüzyılın ilk on yılında, İngiliz çiftçiler ile topraksahipleri, toprak emekçilerine, bir kısmını ücret ve geri kalanını kilise yardımı şeklinde ödeyerek, mutlak asgari ücreti yürürlüğe koymuş oldular. İngiliz yabanıllarının, ücretleri, "yasal" bir tarifeye bağlama işindeki soytarılıklarına bir örnek: "Norfolk eşrafı, ücretleri saptadıkları zaman, diyor bay Burke, birlikte öğle yemeği yediler; Berkli soylular, 1795 yılında, Speenhamland'da ücretleri saptadıkları zaman, emekçilerin de yemek yemelerini herhalde uygun görmemişlerdi. ... 8 libre 11 onsluk bir somun ekmek 1 şilin iken, adam başına [haftalık] gelirin 3 şilin olmasına, ve ekmek, 1 şilin 6 peni oluncaya kadar ücretin de buna uygun olarak artırılmasına karar vermişlerdi. Ekmek bu fiyatın üstüne çıkınca, ücret, ekmeğin fiyatı 2 şilin oluncaya kadar, buna uygun bir oran içinde azalacaktı; ve bu durumda alınacak besin, eskiye oranla adam başına ⅕ kadar *az olacaktı*."[62]

şımı nasıl sürdürebileceklerini anlamıyorum." (*The Times,* 3 Eylül 1873, s. 8.) İngiliz sermayesinin arzu ettiği hedef, artık Kıta Avrupası'ndaki ücretler değil, Çin'deki ücretlerdir.

[60] Benjamin Thompson, *Essays Political, Economical and Philosophical, etc.*, 3. cilt, Lond. 1796-1802, vol. I, s. 294. Sir . F. M. Eden, *The State of the Poor; or an History of the Labouring Classes in England, etc.*, adlı yapıtında, işliklerdeki gözcülere, Rumford dilenci çorbasını şiddetle tavsiye ediyor ve İngiliz emekçileri azarlayarak uyarıyor: "Pek çok yoksul insan, özellikle İskoçya'da aylar boyunca yalnız su ve tuzla yapılmış yulaf ve arpa bulamacı ile pekala yaşayıp gidiyorlar." (*l.c.*, vol. I, book I, ch. 2, s. 503.) 19. yüzyılda da aynı belirtiler görülür. "Sağlığa çok yararlı un bulamacını İngiliz tarım emekçileri yemek istemediler ... eğitim durumunun daha iyi olduğu İskoçya'da bu önyargı belki de yoktur." (Charles H. Parry, M. D., *The Question of the Necessity of the Existing Corn Laws Considered,* London 1816, s. 69.) Bu aynı Parry, ne var ki, İngiliz emekçilerin şimdi (1815), Eden zamanından (1797) çok daha kötü durumda olmalarından yakınıyor.

[61] Tüketim maddelerine hile karıştırılması konusunda kurulan son parlamento komisyonunun raporlarından da görüleceği gibi, İngiltere'de ilaçlara bile hileli maddeler karıştırılması olağan şeylerdendir. Örnek: Londra'da çok çeşitli eczanelerden satın alınan 34 afyonlu ilacın incelenmesi, bunlardan 31'inin haşhaş tohumu, buğday unu, zamk, kül, kum vb. gibi maddelerle karıştırıldığını göstermektedir. Bunlardan birkaç tanesinde afyonun zerresi bile bulunmuyordu.

* Nam-ı diğer. –ç.

1814 tarihli Lordlar Kamarası Soruşturma Komitesi önünde, A. Bennett adında büyük bir çiftçi, yargıç, yoksul yasası uygulayıcısı ve ücret düzenleyicisine şunlar sorulmuştu: "Emekçilerin günlük işlerinin değeri ile düşkünlük yardımı arasında bir oran gözetiliyor mu?" Yanıt: "Evet gözetiliyor; her ailenin haftalık ücreti kişi başına bir tam ekmek (8 libre 11 onsluk) ve 3 peni olarak hesaplanır! ... Haftada bir bütün somun, bizce, bütün aileye bir hafta yeter; 3 peni ise elbise içindir, ama eğer kilise elbise bulursa bu 3 peni de ücretten düşülür. Bu uygulama, Wiltshire'ın bütün batı kesiminde ve sanırım bütün ülkede yaygındır."[63] O zamanın burjuva yazarlarından biri sesini yükseltiyor: "Yıllardır bunlar" (çiftlik sahipleri), "hemşerilerinden saygıdeğer bir sınıfı, işevlerine sığınmak zorunda bırakarak alçaltmışlar ... ve kendi kazançlarını yükselttikleri halde, çalışan emekçilerin birikim yapmasını engellemişlerdir."[64] Artıdeğerin ve dolayısıyla sermaye birikim fonunun oluşmasında, emekçinin gerekli tüketim fonundan yapılan düpedüz soygunun günümüzde nasıl bir rol oynadığı, ev sanayisi denilen alana bakılarak görülebilir. (Bölüm XV, Kesim 8.) Bu konuda daha fazla bilgi, daha sonra verilecektir.

Bütün sanayi kollarında, emek araçlarını kapsayan değişmeyen sermayenin (girişimin büyüklüğü ile belirlenen) belli sayıda emekçiye yeterli olması gerekmekle birlikte, bunun, çalışmaya koyulan emek miktarıyla orantılı olarak artması zorunluluğu da yoktur. Örneğin, 100 emekçinin günde 8 saat çalıştığı bir fabrikada 800 işsaati çalışılmış olur. Eğer kapitalist, bu miktarı yarı yarıya çoğaltmak isterse, 50 işçi daha çalıştırabilir; ama bu durumda, yalnız ücretler için değil, emek araçları için de daha fazla sermaye yatırması gerekir. Ama, bu 100 emekçiyi 8 saat yerine 12 saat çalıştırırsa, elde bulunan emek araçları yetecektir. Bu durumda, yalnızca daha çabuk tüketilmiş olurlar. Emek-gücünün daha fazla yoğunlaştırılması ile elde edilen bu ek emek, artı-ürün ile artı-değeri (yani birikimin konusunu), sermayenin değişmeyen kısmında buna tekabül eden herhangi bir yükselme olmadığı halde artıracaktır.

İstihraç sanayisinde, madenler vb. hammaddeler, yatırılan sermayenin bir kısmını oluşturmaz. Bu durumda emeğin konusu, daha önceki bir emeğin ürünü olmayıp, metallerde, minerallerde,

[62] G. B. Newham (avukat), *A Review of the Evidence before the Committee of the Two Houses of Parliament on the Corn Laws,* Lond. 1815, s. 20, not.

[63] *l.c.,* s. 19, 20.

[64] C. H. Parry, *l.c.,* s. 77, 69. Toprakbeyleri, İngiltere adına verdikleri, jakobenlere karşı verdikleri savaş için kendi kendilerine "tazminat" ödemekle kalmadılar, büyük servetler de edindiler. Aldıkları toprak kiraları, iki, üç, dört katına "ve bir keresinde, 18 yılda tam altı katına çıktı". (*l.c.,* s. 100, 101.)

kömürde, taşta vb. olduğu gibi, doğa tarafından sağlanmış bir lütuftur. Böyle durumlarda, değişmeyen sermaye, nerdeyse bütünüyle (emekçilerin gündüz ve gece vardiyalar halinde çalışmaları sonucu), artan bir emek miktarını emebilecek emek araçlarından oluşur. Diğer şeyler eşit olmak üzere, ürünün değeri ve kitlesi, harcanan emekle doğru orantılı olarak artar. Üretimin ilk gününde olduğu gibi, ilk ürün-biçimlendiricileri —insan ve doğa— şimdi de sermayenin maddi öğelerinin yaratıcıları haline gelmişlerdir, gene birarada çalışırlar. Emek-gücünün esnekliği sayesinde, değişmeyen sermayede daha önceden herhangi bir artış olmaksızın birikim alanı genişlemiştir.

Tarımda, işlenmekte olan toprak, daha fazla tohum ve gübre kullanılmaksızın, genişletilemez. Ama bu yatırım bir kez yapıldıktan sonra, toprağın tamamen mekanik olarak işlenmesi, alınan ürünün miktarı üzerinde olağanüstü bir etki yaratır. Aynı miktar emekçi tarafından harcanan daha fazla emekle, emek araçlarında herhangi bir yeni yatırımı gerektirmeksizin, verimlilik artırılır. Burada da gene işe herhangi bir yeni sermaye karışmaksızın, insanın doğa üzerindeki doğrudan etkinliği, daha büyük bir birikim kaynağı halini alır.

Ensonu, manüfaktür sanayisi adı verilen alanda, her ek emek harcaması, buna tekabül eden ek bir hammadde harcamasını öngördüğü halde, emek araçları için kesenkes böyle bir harcamayı gerektirmez. İstihraç sanayisi ile tarım, manüfaktür sanayisine hammadde ile emek araçlarını sağladığı için, bunların ek sermaye yatırımı olmaksızın yarattığı ek ürünler de, manüfaktür sanayisinin yararınadır.

Genel sonuç: başlıca iki servet yaratıcısını, emek-gücü ile toprağı kendisiyle birleştiren sermaye, birikim öğelerini kendi büyüklüğü ile, ya da kendilerinde varolduğu, halen üretilmiş bulunan üretim araçlarının değer ve kitleleriyle açıkça belirlenen sınırlar ötesinde çoğaltma olanağını veren bir genişleme gücü kazanır.

Sermaye birikiminde önemli diğer bir etmen de, toplumsal emeğin üretkenlik derecesidir.

Emeğin üretkenliği ile birlikte, belli bir değerin ve dolayısıyla belli büyüklükte bir artı-değerin somutlaştığı ürün kitlesi de büyür. Artı-değer oranının aynı kalması ve hatta düşmesi durumunda, eğer bu düşüş, emeğin üretkenliğindeki yükselişe göre daha yavaş ise, artı-ürün kitlesi büyür. Bu ürünün gelir ve ek sermayeye bölünme oranı aynı kaldığında, bu nedenle, kapitalistin tüketimi, birikim fonunda herhangi bir azalma olmaksızın artabilir. Birikim fonunun nispi büyüklüğü, tüketim fonu aleyhine artabilir, oysa metaların ucuza elde edilmesi sonucu, kapitalistin emrine eskisi kadar ve hatta daha fazla zevk aracı verilmiş olur. Ama, daha önce de gördüğümüz gibi, emeğin üretkenliğindeki artış, emekçinin ucuzlaması ile elele gittiği için, gerçek ücretler yükselse bile artı-değer oranı büyür. Gerçek ücretler hiçbir zaman, emeğin üretkenliği ile aynı oranda yükselmez. Bunun için de, aynı değerde değişen sermaye, daha fazla emek-gücü, dolayısıyla daha fazla emeği harekete getirir. Değişmeyen sermaye şeklindeki aynı miktarda değer, daha fazla üretim aracında, yani daha fazla emek aracında, emek malzemesinde ve yardımcı malzemede somutlaşır; bu nedenle, hem kullanım-değeri ve hem de değer üretimi için daha çok öğe sağlar ve bunlar ile de daha fazla emeği yutabilir. Bu yüzden, ek sermayenin değeri aynı kalsa ve hatta azalsa bile, gene de hızlanan bir birikim olur. Yeniden-üretimin boyutları, yalnız maddi olarak genişlemekle kalmaz, artı-değer üretimi de ek sermayenin değerinden daha büyük bir hızla artar.

Emeğin üretkenliğindeki gelişme, üretim sürecine daha önce girmiş bulunan başlangıç sermayesi üzerinde de etki yapar. İşlemekte olan değişmeyen sermayenin bir kısmı, makine vb. gibi kısa sürede tüketilmeyen ve bunun için de yeniden-üretilmeyen ya da yerine aynı türden yenileri konmayan emek araçlarından meydana gelir. Ama her yıl bu emek araçlarının bir kısmı yokolur ya da üretken işlevinin sınırına yaklaşır. O yıl artık, yeniden-üretimi için, aynı türden yenileriyle değişilmesi için zaman gelmiş demektir. Bu emek araçlarının kullanılıp tüketilmesi sırasında, eğer emeğin üretkenliğinde bir artış olmuş ise (bu üretkenlik bilim ve teknolojideki aralıksız ilerleme ile durmadan gelişir), daha yeterli ve (bu artan yeterliliğe göre) daha ucuz makineler, araçlar, gereçler vb., eskilerinin yerini alır. Kullanılmakta olan emek araçlarındaki devamlı ufak-tefek iyileştirmeler dışında, eski sermaye, daha üretken biçimde yeniden-üretilmiş olur. Değişmeyen sermayenin diğer kısmı, hammadde ile yardımcı maddeler, devamlı olarak bir yıldan daha az zamanda yeniden-üretilir, tarımdaki yeniden-üretim ise çoğunlukla bir yıl alır. Bunun için, uygulanan her geliştirilmiş yöntem, yeni sermaye ile kullanılmakta olan eski sermaye üzerinde hemen hemen aynı zamanda etki yapar. Kimya alanındaki her ilerleme, yalnız yararlı maddelerin sayılarını artırmakla ve zaten bilinmekte olanlara daha da geniş kullanım alanları açmakla kalmaz, böylece sermayedeki büyüme ile birlikte yatırım alanlarında da bir genişlemeye olanak sağlar. Aynı zamanda, üretim ve tüketim artıklarının da tekrar yeniden-üretim sürecine sokulması yollarını öğreterek, önceden sermaye yatırımını gerektirmeksizin, sermayeye yeni malzemeler kazandırır. Salt emek-gücünün gerilimindeki yükselme sonucu doğal zenginliklerin daha fazla sömürülmesi gibi, bilim ile teknoloji de, halen işletilen sermayeye, o günkü büyüklüğünden bağımsız olarak yeni bir genişleme gücü kazandırır. Bunlar, aynı zamanda, başlangıçta yatırılan sermayenin yenilenme aşamasına ulaşan kısmı üzerinde de etkide bulunurlar. Bu kısım, yeni bir biçime geçerken, eski haliyle kullanılıp tüketildiği sırada meydana gelen toplumsal gelişmeyi, karşılığında hiçbir şey ödemeksizin kendi bünyesine katar. Üretken güçteki bu gelişme, kuşkusuz, halen işlemekte bulunan sermayede kısmi bir değer kaybına yolaçar. Bu değer kaybı, kendisini, rekabet nedeniyle şiddetle duyurduğu sürece, asıl yük, kapitalistin uğradığı zararı, kendisini daha fazla sömürerek karşılamaya çalıştığı emekçinin sırtına yüklenir.

Emek, tükettiği üretim araçlarının değerini, ürettiği ürüne aktarır. Öte yandan, belli bir emek miktarı ile harekete getirilen üretim araçlarının değerleri ile kitleleri, emeğin üretkenliğindeki yükselmeyle birlikte artar. Aynı miktar emek, daima ürettiği ürüne, ancak aynı miktar yeni değer katmakla birlikte, emek aracılığı ile ürünlere aktarılan eski sermaye-değer, emeğin üretkenliğindeki yükselmeyle birlikte artar.

Örneğin, bir İngiliz ve bir Çinli iplik eğiricisi, aynı çalışma yoğunluğu ile aynı süre çalışabilirler ve bu durumda bir haftada eşit miktarda değer yaratırlar. Bu eşitliğe karşın, büyük bir otomatik makine ile çalışan İngiliz işçinin haftalık üretiminin değeri ile, bir elçıkrığı ile çalışan Çinlininki arasında büyük fark vardır. Aynı sürede Çinli bir libre pamuk eğirdiği halde, İngiliz birkaç yüz libre pamuk eğirir. Yüzlerce kez daha büyük bir eski değerler toplamı, yeni ve yararlı bir şekilde tekrar ortaya çıkarak ürünün değerini kabartır ve böylece sermaye olarak yeniden iş görebilir. Friedrich Engels'in bize öğrettiği gibi, "1782 yılında, İngiltere'de üç yıllık tüm pamuk ürünü, işçi yokluğundan öylece kalmıştı ve eğer yeni bulunan makine imdadına yetişip de eğirilmeseydi gene de öyle yüzüstü kalacaktı."[65] Makine şeklinde somutlaşan emek, kuşkusuz tek bir insan bile yaratamaz, ama az sayıda emekçinin, nispeten küçük miktarda canlı emek ilavesiyle, yalnız pamuğun üretken bir biçimde tüketilmesi ve ona yeni bir değer katılması değil, eski değerinin de iplik vb. şeklinde korunmasını da sağlamıştır. Aynı zamanda, yünün yeniden-üretiminin artmasına da neden olmuş ve bunu isteklendirmiştir. Yeni değer yaratırken eski değeri de aktarmak, canlı emeğin doğal niteliği ve özelliğidir. Demek oluyor ki, et-

[65] Friedrich Engels, *Lage der arbeitenden Klasse in England,* s. 20.

kinliği, oylumu ve değeri artan üretim araçları ve dolayısıyla üretken gücündeki gelişme sonucu oluşan birikim ile birlikte emek, durmadan artan bir sermaye değerini, daima yenilenen bir şekil içinde korur ve ebedileştirir.[66] Emeğin bu doğal gücü, sanki, kendi-

[66] Klasik ekonomi, emek ve değer yaratma sürecini yetersiz ve eksik tahlil etmesi nedeniyle, Ricardo'da da görülebileceği gibi, yeniden-üretimin bu önemli öğesini hiçbir zaman doğru dürüst kavrayamamıştır. Örneğin Ricardo diyor ki, üretici güçte ne gibi bir değişiklik olursa olsun, "bir milyon insan fabrikalarda her zaman aynı değeri yaratırlar." Eğer bu insanların emeklerinin büyüklüğü ve yoğunluk derecesi belli ise, bu doğrudur. Ama bu, emeklerinin üretkenlikleri farklı bir milyon insanın, kitleleri çok farklı üretim araçlarını ürün haline getirmelerine ve bu nedenle ürünlerinde çok farklı değer kitlelerini korumalarına, dolayısıyla bunlar tarafından sağlanan sonuçların çok farklı olmalarına engel değildir; Ricardo, bunu, çıkardığı bazı sonuçlarda gözden kaçırmıştır. Burada şunu da belirtmek gerekir ki, Ricardo, bu aynı örneğe dayanarak J. B. Say'ye, kullanım-değeri (o, burada, buna servet ya da maddi zenginlik diyor) ile değişim-değeri arasındaki farkı anlatmaya boşuna çalışmıştır. Say'nin yanıtı şudur; "*Quant à la difficulté qu'élève Mr. Ricardo en disant que, par des procédés mieux entendus un million de personnes peuvent produire deux fois, trois fois autant de richesses, sans produire plus de valeurs, cette difficulté n'est pas une lorsque l'on considère, ainsi qu'on le doit, la production comme un échange dans lequel on donne les services productifs de son travail, de sa terre, et de ses capitaux, pour obtenir des produits. C'est par le moyen de ces services productifs que nous acquérons tous les produits qui sont au monde. ... Or ... nous sommes d'autant plus riches, nos services productifs ont d'autant plus de valeur, qu'ils obtiennent dans l'échange appelé production, une plus grande quantité de choses utiles.*" ["Bay Ricardo'nun, daha becerikli yöntemlerle, bir milyon kişi, daha çok değer üretmeksizin, eskisinden, iki kez, üç kez daha çok zenginlik üretebilir diyerek önümüze diktiği güçlüğe gelince, üretim, düşünülmesi gerektiği gibi, *ürünler* elde etmek için, *emeğinin, toprağının ve sermayelerinin üretken hizmetlerinin* verildiği *bir değişim olarak* düşünüldüğü zaman, bu güçlük, bir güçlük olmaktan çıkar. Dünyada bulunan tüm ürünleri işte bu üretken hizmetler aracıyla elde ederiz. ... Öyleyse ... üretken hizmetlerimiz, *üretim adı verilen değişimde* ne kadar çok yararlı şey elde ederse, biz, o kadar zengin, üretken hizmetlerimiz de o kadar değerli demektir."] (J. B. Say, *Lettres à M. Malthus,* Paris 1820, s. 168, 169.) Aydınlığa kavuşturulması gereken "*difficulté*" ["güçlük" –ç.] —bu güçlük Ricardo için değil, Say için vardır— şu oluyor: Emeğin üretkenlik gücündeki artış nedeniyle, kullanım-değerleri miktarı arttığı zaman değişim-değeri niçin artmaz? Yanıt: bu güçlük, eğer izin verirseniz, kullanım-değerine değişim-değeri demekle karşılanmış oluyor. Değişim-değeri *one way or another* [şu ya da bu şekilde –ç.] değişim ile ilişkili bir şeydir. Bu yüzden eğer üretime, emek ile üretim araçlarının ürünle değiştirilmesidir denilecek olursa, üretimin daha fazla kullanım-değeri sağlaması oranında daha fazla değişim-değeri elde edeceğiniz gün gibi açıktır. Bir başka deyişle, bir emek-gücü, çorap fabrikatörüne ne kadar fazla kullanım-değeri, yani, çorap sağlarsa, o, çorap bakımından o kadar zengindir demektir. Ne var ki, Say, birdenbire "daha büyük miktarda" çorap olunca bunların fiyatlarının (bu fiyatın, kuşkusuz değişim-değeri ile bir ilgisi yoktur!) düşeceğini anımsar, "çünkü rekabet onları" (üreticileri) "ürünleri kendilerine neye maloluyorsa o fiyattan satmaya zorlar". İyi ama, eğer kapitalist, mallarını maliyet fiyatına satarsa, kâr nereden gelir? *Never mind* [aldırmayın –ç.] efendim! Say, artan üretkenlik nedeniyle şimdi herkesin, belli bir eşdeğer karşılığı bir yerine iki çift çorap sahibi olduğunu ilan eder. Böylece vardığı sonuç, Ricardo'nun onun çürütmeye çalıştığı önermesinin ta kendisi oluyor. Bu muazzam düşünce çabasından sonra, zafer sevinci ile Malthus'a seslenir. "*Telle est, mon sieur, la doctrine bien liée, sans laquelle il est impossible, je de déclare, d'expliquer les plus grandes difficultés de l'économie politique, et notamment, comment il se peut qu'une nation soit plus riche lorsque ses produits dimunuent de valeur, quoique richesse soit de la valeur.*" ["İşte bayım, ekonomi politiğin en büyük güçlüklerinin ve bu arada, zenginlik değer

siyle kaynaştığı sermayenin bir niteliği ve özelliği imiş gibi görünür: tıpkı, toplumsal emeğin üretken gücünün, sermayeye özgü nitelikler görünüşüne bürünmesi, ve gene tıpkı kapitalistlerin artıemeğe durmadan elkoymalarının, sermayenin devamlı olarak kendi kendisini genişletmesi şeklinde görünmesi gibi.

Sermayenin artması ile birlikte, işletilen sermaye ile tüketilen sermaye arasındaki fark da büyür. Bir başka deyişle, binalar, makineler, su boruları, iş hayvanları, türlü gereçler gibi, uzun ya da kısa bir süre için, durmadan yinelenen üretim sürecinde yeralan, ya da belirli bir yararlı etkinin sağlanmasına hizmet eden ve bu sırada yavaş yavaş aşınarak değerlerini ancak parça parça yitiren ve bu nedenle de bu değeri ürüne ancak parça parça aktaran emek araçlarının değeri ile maddi kitlesinde bir artma olur. Bu emek araçlarının, ürüne değer katmaksızın, ürün biçimlendiricisi olarak hizmet etmeleri, yani bütünüyle kullanıldıkları halde, yalnızca parça parça tüketilmeleri oranında, daha önce de gördüğümüz gibi, tıpkı su, buhar, hava, elektrik vb. gibi doğal güçlerden yararlanma şeklinde bedava hizmet ederler. Geçmiş emeğin bu bedava hizmeti, canlı bir emek tarafından elegeçirilip yaşayan bir ruhla doldurulunca, birikimin ilerleyen aşamalarıyla birlikte artar.

Geçmişte harcanan emek her zaman sermaye kılığına büründüğü için, yani A'nın, B'nin, C'nin vb. emeğinin pasifi, işçi olmayan X'in aktif şeklini aldığı için, burjuvalar ile ekonomi politikçiler, İskoçyalı deha MacCulloch'a göre, faiz, kâr vb. bile alması gereken ölü ve geçmiş emeğin hizmetlerini öve öve bitiremezler.[67] Bu nedenle, geçmiş emeğin, üretim araçları biçimi içinde, canlı emek sürecine yaptığı durmadan artan ölçüdeki büyük yardım, işçiden karşılığı ödenmeden alınan ve ona yabancılaştırılan geçmiş emek şekline, yani onun kapitalistçe biçimine atfedilir. Bir köle sahibinin, emekçiyi, kölelik niteliği dışında düşünememesi gibi, kapitalist

olduğu halde, ürünlerinin değeri azaldığı zaman, bir ülkenin nasıl olup da daha zengin olabildiğini, *iddia ediyorum,* kendisi olmaksızın açıklamanın olanaksız bulunduğu tutarlı öğreti."] (*l.c.,* s. 170.) Bir İngiliz iktisatçısı, Say'nin *Lettres*'inde görülen aynı türden elçabuklukları için şöyle söylüyor: "Bu yapmacık konuşma şekli, bütün olarak, Say'nin kendi öğretisi olduğunu söylemekten pek hoşlandığı ve halen *dans plusieurs parties de l'Europe* [Avrupa'nın birçok yerinde –ç.] olduğu gibi, Hertford'da da okutulmasını Malthus'a ciddiyetle öğütlediği şeyi meydana getirirler. Say diyor ki: 'Eğer bütün bu önermelerde paradoksal bir nitelik görürseniz, bunların ifade ettikleri şeyleri gözünüzün önüne getiriniz, cesaretle söyleyebilirim ki, bunların çok basit ve usa-uygun şeyler olduğunu göreceksiniz.' Kuşkusuz; ama gene aynı süreç sonucu, bunlar başka her şey olarak ortaya çıkarlar, ama özgün olarak asla." (*An Inquiry into Those Principles Respecting the Nature of Demand, etc.,* s. 116, 110.)

67 MacCulloch, "*wages of past labour*"a ["geçmişte harcanmış emeğin ücretleri" –ç.] ait patenti, Senior'ün "*wages of abstinence*"e ["perhizin ücreti" –ç.] ait patentten çok daha önce almıştı.

üretimin uygulayıcıları ile bunların küçük lafebesi ideologlarının da, üretim araçlarını, bugün taktıkları uzlaşmaz karşıt toplumsal maskeden ayrı olarak düşünmeleri de olanaksızdır.

Emek-gücünün sömürülme derecesi belli olduğuna göre, üretilen artı-değerin kitlesi, aynı anda sömürülen işçi sayısı ile belirlenir; bu da, değişik oranlarda olmakla birlikte; sermayenin büyüklüğü ile uygun olur. Bunun için, birbirini izleyen birikimler ile sermaye ne kadar çok artarsa, tüketim ve birikim fonlarına bölünen değerin toplamı da o kadar artar. İşte bunun için, kapitalist, hem daha keyifli bir yaşam sürer ve hem de daha fazla bir "perhiz" yapmış olur. Ve ensonu, yatırılan sermayenin kitlesiyle birlikte üretimin boyutları büyüdükçe, üretimin bütün yayları da daha büyük bir esneklikle çalışmaya başlar.

BEŞİNCİ KESİM. — SÖZDE EMEK-FONU

Sermayenin, sabit bir büyüklük olmayıp, toplumsal zenginliğin esnek ve her yeni artı-değerin, gelir (*revenue*) ve ek sermaye olarak bölünmesiyle durmadan dalgalanan bir parçası olduğu, bu inceleme sırasında görülmüş bulunmaktadır. Ayrıca, işleyen sermayenin büyüklüğü belli olsa bile, onda somutlaşmış bulunan emek-gücünün, bilim ve toprağın (bundan, ekonomik anlamda, insandan bağımsız olarak doğa tarafından sağlanan her türlü emek koşulları anlaşılmalıdır), sermayeye, belli sınırlar içinde, kendi büyüklüğünden bağımsız bir hareket alanı sağlayan esnek güçleri oluşturdukları da görülmüştü. Bu incelemede, dolaşım sürecinin, aynı sermaye kitlesinin çok farklı derecelerde etkinlik göstermesine yolaçan her türlü etkilerini de bir yana bıraktık. Kapitalist üretimin kendi getirdiği sınırları kabul ettiğimiz için, yani toplumsal üretim sürecini tamamıyla kendiliğinden doğup gelişen şekli içinde ele aldığımız için, üretim araçları ve mevcut emek-gücü kitlesiyle doğrudan ve bir plana uygun olarak uygulanabilecek daha usa-uygun herhangi bir durum üzerinde hiç durmadık. Klasik iktisat, toplumsal sermayeyi, sabit bir etkinlik derecesine sahip, sabit bir büyüklük olarak kabul etmeyi her zaman pek sevmişti. Ama bu önyargı, ilk kez, 19. yüzyılın sıradan burjuva zekasının, yavan, ukala ve boşboğaz kahini, darkafalılar şahı Jeremy Bentham tarafından bir dogma olarak yerleştirilmişti.[68] Martin Tupper ozanlar arasında ne ise, Bentham da filozoflar arasında odur. Bunların her ikisi de, olsa olsa, ancak, İngiltere'de imal edilebilirdi.[69] Onun yerleştirdiği dogmaya göre, üretim sürecinin en yaygın olayları, örneğin birden genişlemeleri ve daral-

[68] Diğerleri arasında karşılaştırınız: Jeremy Bentham, *Théorie des Peines et des Récompenses,* traduct. d'Et. Dumont, 3. baskı, Paris 1826, c. II, kitap IV, bölüm II.

maları, ve hatta birikimin kendisi bile, tamamen açıklanamaz şeyler haline gelir.[70] Bu dogma, Bentham'ın kendisi tarafından olduğu kadar, Malthus, James Mill, MacCulloch vb. tarafından da, mazur gösterme amaçları için kullanılmış ve özellikle de, sermayenin bir kısmını, yani değişen sermayeyi ya da emek-gücüne çevrilebilen kısmı, sabit bir büyüklük olarak göstermek üzere bundan yararlanılmıştır. Değişen sermayenin malzemesinin, yani bunun emekçiler için temsil ettiği geçim araçları kitlesinin ya da emek-fonu denilen şeyin, toplumsal servetin doğa yasaları ile belirlenmiş, değiştirilmesi olanaklı olmayan ayrı bir parçası olduğu masalı uydurulmuştur. Toplumsal servetin değişmeyen sermaye olarak, ya da maddi ifadesiyle üretim aracı olarak iş görecek kısmını harekete getirmek için belirli miktarda canlı emek gerekir. Bu miktar, teknik bakımdan bellidir. Ama ne bu emek-gücü kitlesini akıcı hale getirmek için gerekli emekçi sayısı bellidir (çünkü bu, bireysel emek-gücünün sömürü derecesi ile değişir), ne de bu emek-gücünün fiyatı; yalnızca bunun alt sınırı bellidir, ama o da, son derece değişkendir. Bu dogmanın temelinde yatan gerçekler şunlardır: Bir yandan, emekçinin, toplumsal servetin, emekçi-olmayanlar için keyif ve zevk aracı, ve bir de üretim aracı diye ikiye bölünmesi konusunda söz hakkı yoktur.[71] Öte yandan, emekçi, sözde emek-fonunu, ancak uygun ve ay-

[69] Bentham, katıksız bir İngiliz ürünüdür. Bizim filozof Christian Wolff da dahil, böylesine harcıalem bir şeyle, böylesine kendine güvenle çalım satmak hiçbir devirde hiçbir ülkede görülmemiştir. Yararlılık ilkesi, Bentham'ın bir buluşu değildir. O, yalnızca, Helvétius ile başka Fransızların daha 18. yüzyılda ve hem de espri ile söylediklerini kendi sıkıcı anlatımı ile yinelemekten öte bir şey yapmamıştır. Köpeğe neyin yararlı olduğunu bilmek için, köpeğin niteliğinin incelenmesi gerekir. Bu niteliğin kendisi, yararlılık ilkesinden çıkartılamaz. Bunu insana uygularsak, insanın bütün haraketlerini, eylemlerini, ilişkilerini vb. yararlılık ilkesi açısından incelemek isteyen bir kimse, önce insan doğasını genel bir çerçeve içersinde, sonra da her tarihsel çağda değişmiş şekliyle ele almak zorundadır. Bentham, bu işi, kısa yoldan çözümlüyor. Kupkuru bir saflıkla, modern bir bakkalı, özellikle bir İngiliz bakkalı normal bir insan olarak alır. Bu acayip normal insana ve onun dünyasına yararlı olan her şey, mutlak yararlıdır. Sonra da bu ölçütü, geçmişe, bugüne ve geleceğe uyguluyor. Sözgelişi hıristiyan dini, "yararlıdır", çünkü, onun din adına yasakladığı aynı kusurları, ceza yasaları da, hukuk adına yasaklamaktadır. Sanat eleştirisi "zararlıdır", çünkü, değerli ve soylu kimselerin Martin Tupper'den, ve benzerlerinden aldıkları zevki bozmaktadır. Gözüpek delikanlı, benimsediği, "*nulla dies sine linea*" ["çiziktirmeksizin tek bir gün geçmemeli" –ç.] özdeyişine uyarak dağlarca kitap yazmıştır. Eğer dostum, Heinrich Heine'nin yürekliliği bende de olsaydı, bay Jeremy'ye burjuva budalalığın dehası derdim.

[70] "Ekonomi politikçiler, belli bir miktar sermaye ile belli sayıda işçiyi, aynı biçim güce sahip ya da belli ve aynı biçim yoğunlukta iş gören üretken araçlar gibi ele almaya çok yatkındırlar. Metaların ... üretimin biricik öğeleri ... olduğunu öne süren ... kimseler ... üretimin asla genişletilemeyeceğini tanıtlamış olurlar, çünkü, böyle bir genişlemenin vazgeçilmez koşulu, yiyeceklerin, hammaddelerin ve aletlerin daha önce çoğaltılmış olmalarını gerektirir, ki bu da, aslında, daha önce bir artış olmaksızın üretimde de bir artış olmayacağını, bir başka deyişle, artışın olanaksız bir şey olduğunu savunmak demektir." (S. Bailey, *Money and its Vicissitudes,* s. 58 ve 70.) Bailey, dogmayı, esas olarak, dolaşım süreci açısından eleştirir.

rıksın durumlarda zenginlerin "gelirleri" aleyhine genişletebilir.

Emek-fonunun kapitalist bir görüşle sınırlandırılmasının, onun doğal ve toplumsal sınırlarıymış gibi gösterilme çabasının nasıl bir budalaca totoloji ile sonuçlandığı, örneğin profesör Fawcett'te görülebilir.[72] "Bir ülkenin döner sermayesi, o ülkenin ücret fonudur. Yani eğer biz, her emekçinin aldığı ortalama ücreti para olarak hesaplamak istersek, bu sermaye toplamını işçi nüfusu sayısına bölmemiz yeter."[73] Bu, şu anlama geliyor: önce biz, fiilen ödenen bireysel ücretleri biraraya getirip toplayacağız ve sonra bunun tanrı ve doğa tarafından belirlenip bize ihsan edilen emek-fonunun toplam değeri olduğunu tanıtlayacağız. En sonunda da, bu elde ettiğimiz toplamı, emekçi sayısına bölerek, adam başına düşen ortalama ücreti bulacağız. Bu eşi az görülen bir hilekarlık örneğidir. Ama gene de bu, bay Fawcett'in aynı anda şunları da söylemesine engel olmuyor: "İngiltere'de bir yıl içinde biriktirilen toplam servet, iki kısma ayrılır; bir kısmı sanayimizi devam ettirmek için sermaye olarak kullanılır, diğeri ise dış ülkelere ihraç edilir. ... Yalnızca bir kısmı ve belki de bu ülkede yılda biriktirilen servetin pek de çok olmayan bir kısmı, kendi sanayimize yatırılır."[74]

Anlaşıldığına göre, İngiliz işçilere herhangi bir eşdeğer verilmeksizin onlardan sızdırılan yıllık artı-ürünün büyük bir kısmı, böylece, İngiltere'de değil, yabancı ülkelerde sermaye olarak kullanılıyor. Ve bu şekilde ihraç edilen ek sermaye ile birlikte, tanrı ile Bentham tarafından icat edilen "emek-fonu"nun bir kısmı da ihraç edilmiş oluyor.[75]

71 John Stuart Mill, *Principles of Political Economy* adlı yapıtında şöyle der: "Gerçekten ağır ve yorucu, gerçekten usandırıcı işler, diğerlerinden daha fazla ücret verilmek yerine hemen her zaman en düşük ücret ödenen işler olur. ... Yapılan iş ne kadar tiksindirici ise, alınacak karşılığın o kadar düşük olacağı kesindir. ... Katlanılan güçlükler ile kazanç, adaletli bir toplumda olması gerektiği gibi, doğru orantılı olacağına, genellikle bunlar, birbirleriyle ters orantılıdır." Yanlış bir anlamayı önlemek için şurasını da belirtmek isterim ki, John Stuart Mill gibi kimseler, geleneksel ekonomik dogmaları ile modern eğilimleri arasındaki çelişki nedeniyle kınanmakla birlikte, bunların, vülger ekonomik mazur göstericiler sürüsü ile aynı sınıfa sokulması çok yanlış olur.

72 H. Fawcett, Prof. of Polit. Econ. at Cambridge, *The Economic Position of the British Labourer,* London 1865, s. 120.

73 Okura burada şurasını anımsatmak isterim ki, "değişen ve değişmeyen sermaye" kategorilerini ilk kez ben kullandım. Adam Smith'ten beri ekonomi politik, bu kategorilerin içerdiği temel farklılıkları, sabit ve döner sermayenin dolaşım sürecinden ileri gelen salt biçimsel farklılıklar ile karıştırmıştır. Bu nokta üzerinde daha fazla ayrıntı için, ikinci kitabın [cildin] ikinci kısmına bakınız.

74 Fawcett, *l.c.,* s. 122, 123.

75 Her yıl, yalnız sermayenin değil, emekçilerin de göçmen olarak İngiltere'den ihraç edildikleri söylenebilir. Bununla birlikte, metinde büyük kısmı emekçi olmayan göçmenlerin mallarından sözedilmemektedir. Bunların büyük kısmı çiftçilerin oğullarıdır. Faize verilmek üzere her yıl dışarıya götürülen ek sermaye, yıllık göçün yıllık nüfus artışına olan oranından çok daha büyüktür.

YİRMİBEŞİNCİ BÖLÜM

KAPİTALİST BİRİKİMİN GENEL YASASI

BİRİNCİ KESİM. — SERMAYENİN BİLEŞİMİ AYNI KALIRKEN, BİRİKİMLE BİRLİKTE EMEK-GÜCÜNE DUYULAN TALEBİN ARTMASI

Bu bölümde, sermayedeki büyümenin işçi sınıfının yazgısı üzerinde yaptığı etkiyi ele alacağız. Bu incelemede önemli etmen, sermayenin bileşimi ve birikim süreci sırasında geçirdiği değişikliklerdir.

Sermayenin bileşimi, ikili bir anlamda anlaşılmalıdır. Değer yönünden bu bileşim, sermayenin, değişmeyen sermaye ya da üretim araçlarının değeri ve değişen sermaye ya da emek-gücünün değeri, yani toplam ücretlerin tutarı olarak bölünme oranı ile belirlenir. Üretim süreci içindeki işlevleri nedeniyle maddi açıdan bakıldığında her sermaye, üretim araçları ile canlı emek-gücüne bölünür. Bu ikinci bileşim, bir yandan, kullanılan üretim araçlarının kitlesi ile, öte yandan bunların kullanılması için gerekli olan emek kitlesi arasındaki ilişkiyle belirlenir. Ben, bunların ilkine, sermayenin *değer bileşimi,* ikincisine *teknik bileşimi* diyorum. Bu ikisi arasında sıkı bir bağıntı vardır. Bunu anlatmak için sermayenin değer bileşimine, bunun, sermayenin teknik bileşimi tarafından belirlenmesi ve bu bileşimdeki değişmeleri yansıtması açısından, sermayenin *organik bileşimi* diyorum. Ayrıca bir nitelendirme yapmaksızın, sermayenin bileşimi dediğim zaman, bundan, her zaman, sermayenin organik bileşimi anlaşılmalıdır.

Belli bir üretim koluna yatırılan pek çok bireysel sermayeler, birbirleriyle şu ya da bu derece farklı bileşime sahiptirler. Bunların bireysel bileşimlerinin ortalaması, bu üretim kolundaki toplam sermayenin bileşimini verir. Ensonu, bütün üretim kollarında bu ortalamaların ortalaması, bir ülkenin toplam toplumsal sermayesinin bileşimini verir ve biz, aşağıdaki incelememizde, en sonunda yalnız bununla ilgileneceğiz.

Sermayenin büyümesi, değişen öğesinin, yani emek-gücüne yatırılan kısmının büyümesini birlikte getirir. Artı-değerin ek sermayeye çevrilen bir kısmının her zaman değişen sermayeye ya da ek emek-fonuna yeniden dönüştürülmesi gerekir. Diğer koşullar aynı kalmak üzere, eğer sermayenin bileşimi de aynı kalıyorsa (yani, belirli bir üretim araçları kitlesinin harekete geçirilmesi için her zaman aynı miktarda emek-gücü gerekiyorsa), bu durumda, emeğe duyulan talep ile emekçilerin geçim-fonlarının, sermaye ile aynı oranda artacağı ve sermayenin artış hızı ne kadar fazla olursa, bu artışın da, o kadar hızlı olacağı açıktır. Sermaye, her yıl, bir kısmı başlangıç sermayesine eklenen bir artı-değer ürettiği için ve bu artış da zaten işlemekte olan sermayenin büyümesiyle birlikte çoğaldığına göre, ve ensonu yeni pazarların açılması ya da yeni ortaya çıkan toplumsal gereksinmeler vb. gibi zenginleşme isteğini kamçılayan özel dürtüler altında, sermaye yatırımı için yeni alanların ortaya çıkmasıyla, artı-değer ya da artı-ürünün sermaye ve gelire bölünmesindeki bir değişmeyle, birikimin boyutlarında ani bir artış olabilir, birikmiş sermaye gereksinmesi, emek-gücü ya da emekçi sayısındaki artıştan fazla olabilir; emekçiye duyulan talep, emek arzını aşabilir ve bu nedenlerle ücretler yükselebilir. Yukarda varsayılan koşulların devamı halinde, sonunda bu duruma ulaşılması aslında zorunludur da. Çünkü, her yıl bir öncekine göre daha fazla emekçi çalıştırılacağı için, eninde sonunda birikimin gereksinmelerinin, her zamanki emek arzını aşmaya başlayacağı bir noktaya ulaşılması ve bu yüzden de bir ücret artışının olması zorunludur. Bütün 15. yüzyıl boyunca ve 18. yüzyılın ilk yarısında İngiltere'de bu konuda feryatlar yükseliyordu. Ücretli işçi sınıfının, şu ya da bu derecede uygun koşullar altında yaşamını sürdürmesi ve çoğalmaya devam etmesi, kapitalist üretimin temel niteliğini hiçbir şekilde değiştirmez. Tıpkı basit yeniden-üretimin, sermaye-ilişkisinin kendisini, yani bir yandan kapitalistlerin, öte yandan ücretli işçilerin ilişkilerini, sürekli olarak yeniden-üretmesi gibi, gittikçe büyüyen bir ölçekte yeniden-üretim, yani birikim de, büyüyen bir ölçekte sermaye-ilişkisini, bir kutupta daha çok kapitalistleri ya da daha büyük kapitalistleri, öteki kutupta da daha çok ücretli işçileri yeniden-üretir. Sermayenin kendisini genişletmesi için sermaye ile durmadan kaynaşmak zorunda kalan ve sermayeden kopup ayrılması olanaksız bulunan, sermayeye köleliği, yalnızca kendisini sattığı bireysel kapitalistlerin başka başka olmalarıyla gözlerden saklanan bu emek-gücü kitlesinin yeniden-üretimi, aslında sermayenin kendisinin yeniden-üretiminin kökü ve esasıdır. Bu yüzden sermaye birikimi, proletaryanın çoğalması demektir.[76]

Klasik iktisat bu gerçeği o kadar iyi kavramıştır ki, Adam Smith, Ricardo, vb., daha önce de belirtildiği gibi, birikimi yanlış olarak, artı-ürünün sermayeye çevrilen kısmının tamamının üretken işçiler tarafından tüketilmesi ya da ek ücretli emekçilere dönüştürülmesi ile bir tutmuşlardır. Daha 1696 yılında John Bellers şöyle diyordu: "Bir insanın elinde yüzbinlerce *acre* toprak, bir o kadar para, bir o kadar hayvan olsa ve emekçisi olmasa, bu zengin adam emekçi olmaz da ne olur? İnsanları zengin eden emekçi olduğuna göre, ne kadar fazla emekçi olursa o kadar çok zengin olunur ... yani yoksulun emeği, zenginin madenidir."[77] 18. yüzyılın başında Bernard de Mandeville de aynı şeyi söylüyordu: "Mülkiyet iyice güvenlik altına alınınca, yoksulsuz yaşamaktansa parasız yaşamak daha kolay olur; çünkü, aksi halde, işi kim yapacaktı? ... Bunlar" (yoksullar) "açlıktan ölmeye bırakılmamalı, ama ellerine biriktirecek kadar para da geçmemeli. Eğer arasıra en alt sınıftan birisi, olağanüstü çalışması ve kemerleri sıkması nedeniyle, yetiştiği koşulların üzerine yükselirse, ona kimse engel olmamalı; ayrıca toplumda herkesin ve her ailenin tutumlu olması, kuşkusuz en akılllıca yoldur; yoksulların büyük bir kısmının hiç aylak kalmaması ve kazandıklarını durmadan harcamaları, bütün zengin ulusların çıkarınadır. ... Yaşamlarını günlük emekleri ile karşılayanları harekete getiren tek şey, bunların gereksinmeleridir; bu gerek-

[76] Karl Marx, *l.c.,* [*Ücretli Emek ve Sermaye — Ücret, Fiyat ve Kâr,* s. 45]. — "Kitlelerin ezilmeleri aynı olmak üzere bir ülkede ne kadar çok proleter bulunursa, o kadar zengin olunur." (Colins, *L'Economie Politique, Source des Révolutions et des Utopies prétendues, Socialistes,* Paris 1857, t. III, s. 331.) Bizim "proletarya" ekonomik bakımdan, sermayeyi üreten ve artıran, ve Pecqueur'un taktığı adla "Mösyö Sermaye"nin genişleme gereksinmesi için fazlalık haline gelir gelmez sokağa atılan ücretli emekçiden başkası değildir. "İlkel ormanın hasta proleteri", Roscher'in uydurduğu boş bir imgedir. İlkel ormancı, ilkel ormanın sahibidir ve ilkel ormanı, bir orangutan maymununun rahatlığı ile malı gibi kullanır. İşte bunun için de proleter değildir. Eğer o, ilkel ormanı sömüreceğine, ilkel orman onu sömürseydi o zaman proleter olabilirdi. Sağlık durumuna gelince, böyle bir insan, yalnız modern proletarya ile değil, frengili ve sıracalı üst-sınıfların insanlarıyla da pekala karşılaştırılabilirdi. Ama kuşkusuz, bay Wilhelm Roscher, "ilkel orman" derken kendi memleketi olan Lüneburg çalılıklarını kastediyor.

[77] John Bellers, *l.c,* s. 2.

sinmelerini karşılamak akıllılık, bunları tümüyle ortadan kaldırmaya çalışmak deliliktir. Bu durumda, emeğiyle geçinenleri çalıştırmanın tek yolu, yeter miktarda paradır; çok az para, bunları, yaratılışlarına göre, ya bezginliğe ya umutsuzluğa düşürür; fazla para ise dikbaşlı ve tembel yapar. ... Bütün bu söylenenlerden şu sonuç çıkıyor ki, köleliğe izin verilmeyen özgür bir ulusta, en güvenilir servet kaynağı, yoksul emekçilerin çokluğudur; ayrıca bunlar, donanmanın ve orduların en güvenilir insan kaynağıdır, bunlar olmaksızın yaşamın tadı olmayacağı gibi, hiçbir ülkenin ürünü de değerli olamazdı. Toplumu" (elbette emekçi-olmayan insanlardan oluşan toplumu) "en elverişsiz koşullar altında bile mutlu etmek ve halkı rahat yaşatmak için, çoğunluğun, yoksul olduğu kadar bilisiz olması da gerekir; bilgi, arzularımızı hem çoğaltır hem de sınırlarını genişletir, oysa insanın istekleri ne kadar az olursa gerekli şeylerin karşılanması o kadar kolay olur."[78] Dürüst ve berrak kafalı olan Mandeville'in o zaman henüz göremediği şey, birikim süreci mekanizmasının sermaye ile birlikte, "emekçi yoksullar" kitlesini, yani ücretli-emekçileri artırması ve bunların da, büyüyen sermayenin genişleme gücünü gitgide artırarak, kapitalistlerde kişileşmiş olan kendi ürünlerine bağlılıklarını ebediyen çözümlemeyecek bir ilişki haline getirmeleridir. Bu bağımlılık ilişkisi ile ilgili olarak, sir F. M. Eden, *The State of the Poor, an History of the Labouring Classes in England* adlı yapıtında şöyle diyor: "Toprağımızda yetişen doğal ürünlerin bizim yaşamamız için yeterli olmadığı kesindir; daha önce harcanmış bir emek olmaksızın, ne giyinebiliriz, ne barınabiliriz, ne de karnımızı doyurabiliriz. Toplumun hiç değilse bir kısmının durup dinlenmeden çalışması zorunludur. ... Hiç 'alınteri dökmedikleri' halde, sanayinin ürünlerine elkoyanlar ve böylece çalışmadan yaşamlarını salt uygarlığa ve düzene borçlu olanlar vardır. ... Bunlar, uygar kuruluşlarda[79] bulunan ve görülen yaratıklardır; bu kuruluşlar, bireylerin kendi emekleri dışında başka yollardan mülksahibi olabilmelerini bir hak gibi kabul etmişlerdir. ... Bağımsız servet sahibi kimseler ... bu üstün ayrıcalıklarını, ken-

[78] Bernard de Mandeville, *The Fable of the Bees,* 5. ed., London 1728, Remarks, s. 212, 213, 328. "Ilımlı bir yaşam ve sürekli çalışma yoksullar için akıllıca mutluluğa" (bu sözlerle herhalde, uzun çalışma günlerini ve az geçim araçlarını kastediyor olmalı) "ve devlet için" (yani toprak beyleri, kapitalistler ve bunların politikadaki kodamanları ve temsilcileri) "zenginliğe ve güçlülüğe götüren en kısa yoldur." (*An Essay on Trade and Commerce,* London 1770, s. 54.)

[79] Eden, bu durumda, "uygar kuruluşlar" kimin yaratıklarıdır? diye sormalıydı. O, kendi hayalî hukuku açısından, yasaları, maddi üretim ilişkilerinin bir ürünü olarak değil, tersine, üretim ilişkilerini yasaların bir ürünü olarak görmektedir. Linguet, Montesquieu'nun *Esprit des lois*'sını tek bir sözcükle yıkmıştır: "*L'esprit des lois, c'est la propriété*" ["Yasaların ruhu, mülkiyettir" –ç.].

di yeteneklerinin üstün oluşuna değil, hemen tamamen ... başkalarının çalışmalarına borçludurlar. Zenginleri, toplumun emeğiyle geçinen kısmından ayıran şey, ne topraksahibi olmalarıdır, ne de para; bu ayrılık, yalnızca emek üzerindeki kumanda güçlerinden ileri gelir. ... Bu" (yani Eden tarafından onaylanan plan) "mülksahibi kimselere ... çalıştırdıkları insanlar üzerinde yeterince" (ama hiç de gereğinden fazla değil) "yetki ve egemenlik sağlayacaktır; bu, çalışan kimseleri sefil ya da köle durumuna düşürmeyecek, ama onların rahat ve huzuru için gerekli olduğunu insan doğası ile tarihini bilen herkesin kabul edeceği liberal ve sıkıntısız bir bağımlılık durumu yaratacaktır."[80] Bu arada şunu da belirtelim, sir F. M. Eden, 18. yüzyılda, adı anılmaya değer yapıt ortaya koyabilen Adam Smith'in tek öğrencisidir.[81]

[80] Eden, *l.c.*, vol. I, book I, ch. I, s. 1, 2, ve önsöz, s. xx.

[81] Eğer okur, bana, 1798'de yayınlanmış olan *Essay on Population* adlı yazının yazarı Malthus'u anımsatırsa, ben de, ona, bu yapıtın ilk şeklinin De Foe'dan, sir James Steuart'tan, Townsend'dan, Franklin'den, Wallace'dan vb. yapılmış çocukça ve üstünkörü bir aşırmadan başka bir şey olmadığını ve kendisine ait tek bir tümceyi bile içermediğini anımsatırım. Bu broşürün neden olduğu büyük sansasyon yalnızca parti çıkarları ile ilgilidir. Fransız Devrimi, Birleşik Krallıkta ateşli savunucular buldu; 18. yüzyıl boyunca yavaş yavaş işlenen ve ardından büyük toplumsal bunalım sırasında, Condorcet'nin öğretilerine karşı şaşmaz bir panzehir olarak davul zurnayla ilan edilen "nüfus ilkesi", insanlığın ilerlemesi ve gelişmesi özlemlerini toptan yok edecek bir silah olarak İngiliz oligarşisi tarafından sevinçle karşılanmıştı. Bu başarısına pek şaşıran Malthus, kendisini, gelişigüzel topladığı malzemeyi kitabına doldurmaya, kendisi tarafından bulunmayıp yalnızca aşırılan yeni konuları eklemeye verdi. Şurasını da belirtelim: Malthus, İngiliz Devlet Kilisesine bağlı bir papaz olduğu halde, protestan Cambridge Üniversitesine *fellewship*'liğin [üyeliğin – ç.] koşullarından birisi olan evlenmeme yeminini etmişti: "Kolej üyelerinin evlenmelerine izin verilmez, evlenen bir kimse derhal kolej üyesi olmaktan çıkar." (*Reports of Cambridge University Commission,* s. 172.) Bu durum, Malthus'u diğer protestan papazlardan, onun lehine olmak üzere ayırır; bunlar rahipliğin evlenme yasağı emrini bir yana iterek, "meyveli olunuz ve çoğalınız" sözünü İncil'in kendilerine verdiği özel bir görev diye kabullenmeyi o derece ileri götürmüşlerdir ki, bir yandan emekçilere "nüfus ilkesini" vaaz ederken, öte yandan da nüfusun artışına gerçekten yakışıksız ölçülere varan genel bir katkıda bulunmuşlardır. İnsanın ekonomik bakımdan düşüşü, Adem babanın elması, "*urgent appetite*"a ["şiddetli arzu" –ç.] da papaz Townsend'in şakacı bir ifadeyle dediği gibi, "*the checks which tend to blunt the shafts of Cupid*" ["Cupid'in oklarını körleştirme eğiliminde olan bu frenlemeler" –ç.] bu nazik sorunun, saygıdeğer protestan teolojisinin ya da daha doğrusu protestan kilisesinin, dün de, bugün de tekelinde bulunması çok ilgi çekicidir. Özgün ve akıllı bir yazar olan Venedikli rahip Ortes dışında, nüfus teorisyenlerinin çoğu protestan papazlardır. Örneğin modern nüfus teorilerinin baştan sona incelendiği ve Quesnay ile öğrencisi Mirabeau arasındaki geçici kavgaya, aynı konu üzerinde fikirler sağlamış bulunan Bruckner'ın *Théorie du Systéme animal,* Leyde, 1767, adlı kitabı; sonra, papaz Wallace, papaz Townsend, papaz Malthus ve öğrencisi başpapaz Thomas Chalmers ile, *in this line* [bu doğrultuda –ç.] kalem oynatan daha küçük rütbede bir yığın saygıdeğer din adamı. Başlangıçta ekonomi politik, Hobbes, Locke, Hume gibi filozoflar, Thomas More, Temple, Sully, De Witt, North, Law, Vanderlint, Cantillon, Franklin gibi iş ve devlet adamları, özellikle ve büyük bir başarıyla da Petty, Barbon, Mandeville, Quesnay gibi tıp adamlarınca incelenmiştir. Daha 18. yüzyılın ortasında zamanının dikkate değer iktisatçılarından rahip Tucker, hırs ve servet tan-

Şimdiye kadar varsayılan birikim koşulları altında emekçiler için en uygun olanı, sermayeye bağımlılık yönünden, dayanılabilir, ya da Eden'in dediği gibi "liberal ve sıkıntısız" bir biçim alabilmektedir. Bu bağımlılık ilişkisi, sermayenin büyümesi ile birlikte daha yoğunlaşacağı yerde, yalnızca daha fazla genişlemiştir; yani sermayenin sömürü ve egemenlik alanı, yalnızca kendi boyutları ve egemenliği altına aldığı insanların sayısı ile genişlemektedir. Kendi artı-ürünlerinden büyük bir kısmı, her zaman artarak ve sürekli olarak ek sermayeye dönüşerek, ödeme aracı şeklinde kendilerine geri dönmekte ve böylece zevk alanlarını genişletebilmektedirler;

rısının işlerine burnunu sokmakta kendisini mazur görmüştü. Daha sonra, işte bu "nüfus ilkesi" ile protestan papazlarının günü gelmiş oldu. Nüfusa servetin temeli gözüyle bakan ve Adam Smith gibi papazların açık sözlü düşmanı olan Petty, sanki bunların beceriksizce müdahalelerini sezmiş gibi şöyle der: "Hukukun en iyi gerçekleştiği yer, nasıl ki, avukatların yapacak iş bulamadıkları yer ise, dinin de en iyi serpilip geliştiği yer, papazların nefislerine en çok çile çektirdikleri yerdir." Bunun için, protestan papazlara, bundan böyle Aziz Paul'ün yolundan gidip, evlenmeyerek "nefislerine eza" çektirmediklerine göre, "kilise vakıflarının geçimlerini sağlayabileceğinden fazla papaz üretmemelerini" salık verir, "yani bugün eğer İngiltere ve Gal'de onikibin kişiye yetecek kadar yer varsa, 24.000 papaz üretmek doğru olmaz, çünkü sonra bu açıkta kalan onikibin kişi kendilerine bir geçim yolu arayacaklar ve bunu, en kolay şekilde de, görevli onikibin papazın, halkın ruhlarını zehirlediklerini ya da açlıktan öldürdüklerini, cennete giden yolda onlara yanlış öncülük ettiklerini çevreye yayarak yapacaklardır." (Petty, *A Treatise of Taxes and Contributions,* London 1667, s. 57.) Adam Smith'in zamanının protestan rahipleri ile ilişkisini aşağıdaki yazı göstermektedir. Norwich Piskoposu Dr. Horne, *A Letter to A. Smith, L. L. D. On the Life, Death, and Philosophy of His Friend David Hume. By one of the People called Christians,* 4. ed., Oxford 1784, başlıklı yazısında Adam Smith'i, Mr. Strahan'a yazdığı bir açık mektupta, "dostu David'i" (yani Hume'u) "nasıl mumyaladığını, ölüm yatağında Hume'un iskambil ve briç oynayarak kendisini nasıl eğlendirdiğini bütün dünyaya yaydığı" ve hatta Hume hakkında şunları yazacak kadar saygısızlık ettiği için azarlamaktadır: "Ben, onu, gerek sağlığında ve gerek ölümünden sonra, insan doğasındaki zaafın izin verdiği ölçüde, kusursuz bir bilgelik ve erdem idealine yaklaşan bir insan olarak gördüm." Piskopos öfkeyle haykırır: "Din denilen ne varsa her şeye şifa bulmaz bir antipatinin tutsağı olmuş, elinden gelse, o ruhu insanların belleğinden silmek için vargücüyle çalışmış olan bir insanın kişiliğini ve tutumunu 'kusursuz bir bilgelik ve erdem' örneği diye bize sunmaya ne hakkınız var efendim?" (*l.c.,* s. 8.) "Ama hakikat aşıkları yılmasınlar. Dinsizliğin ömrü uzun olamaz." (s. 17.) Adam Smith "Dinsizliği ülkeye yaymak için korkunç bir ahlaksızlık gösterdi (yani *Theory of Moral Sentiments* ile). Niyetinizin iyi olduğu anlaşılıyor doktor, ama bu kez sanırım başaramayacaksınız. David Hume örneğiyle, bizi, dinsizliğin alçak ruhlar için biricik ferahlatıcı, ölüm korkusuna karşı en iyi panzehir olduğuna inandırmak istiyorsunuz. ... Harabeye dönen Babil'e gülüyor, taş kesilip Kızıldenize yuvarlanan Firavun'u kutluyor olmalısınız." (*l.c.,* s. 21, 22.) Adam Smith'in kolej arkadaşlarından ortodoks biri, ölümünden sonra şöyle yazıyor: "Smith'in Hume'a duyduğu hayranlık ... onun hıristiyan olmasını engelledi. ... Sevdiği dürüst insanlarla karşılaştığında bunların her söylediğine inanırdı. Değerli ve saf bir dost olarak, ayın, bazan berrak bir gökyüzünde araya bulut girmeden de kaybolacağına bile inanabilirdi. Politik ilkelerinde cumhuriyetçiliğe yaklaşırdı." (*The Bee,* by James Anderson, 18 cilt, vol. 3, s. 166, 165, Edinburgh 1791-93.) Papaz Thomas Chalmers, Adam Smith'in "üretken olmayan emekçiler" kategorisini, tanrının bahçelerindeki kutsal çalışmalarına karşın, salt protestan papazları için icat ettiği konusunda, içinde bir kuşku taşır.

giysi, ev eşyası vb. gibi tüketim fonlarına bazı ekler yapabilmektedirler, ve küçük bir yedek-fonu parası ayırabilmektedirler. Daha iyi giysiler ile yiyecekler, daha iyi muamele görmek ve efendinin bağışladığı daha geniş bir toprağa sahip olmak, kölenin sömürülmesini ne derece ortadan kaldırırsa, ücretli işçininkini de işte o kadar kaldırır. Sermaye birikimi sonucu emeğin fiyatındaki bir yükselme, gerçekte, ücretli işçinin kendisi için dövmüş olduğu altın zincirin uzunluğunda ve ağırlığındaki bir gevşemedir. Bu konudaki tartışmalarda, asıl gerçek, çoğu zaman görmezden gelinir; bu da kapitalist üretimin *differentia specifica*'sıdır.* Emek-gücü, burada, yaptığı hizmet ya da ürettiği ürün ile, satın alanın kişisel gereksinmelerini karşılamak için satılmıyor. Onu satın alanın amacı, sermayesini çoğaltmak, karşılığını ödediği emekten fazla emek içeren ve böylece kendisine hiçbir şeye malolmayan ve ancak metaın satışı ile gerçekleşen, bir değeri de içinde taşıyan metaları üretmektir. Artı-değer üretimi, bu üretim tarzının mutlak yasasıdır. Emek-gücü, ancak, üretim araçlarını sermaye olma niteliği içinde koruduğu ve devam ettirdiği, kendi değerini sermaye olarak yeniden-ürettiği, ek sermayeye kaynaklık edecek, karşılığı ödenmemiş bir emek sağladığı sürece satılabilir bir şeydir.[82] Emekçi için daha çok ya da az elverişli olsun, emek-gücünün satış koşulları, bu nedenle, devamlı yeniden satılma zorunluluğunu ve bütün servetlerin durmadan boyutları büyüyen ölçülerde sermaye biçiminde yeniden-üretilmesini kapsar. Ücretler, gördüğümüz gibi, niteliği gereği, emekçi tarafından karşılığı ödenmemiş belli bir miktarda emeğin harcanmasını gerektirir. Emeğin fiyatı düşerken ücretin yükselmesi vb. gibi durumları tamamıyla bir yana bıraktığımızda, böyle bir artış, olsa olsa, işçinin sağlamak zorunda olduğu karşılığı ödenmemiş emek miktarında bir azalma olması anlamını taşır. Bu azalma, hiçbir zaman sistemin kendisini tehdit edecek noktaya ulaşamaz. Ücret oranı konusunda şiddetli çatışmalar dışında (Adam Smith, bize bütünüyle alındığında bu gibi çatışmalarda patronun her zaman patron olarak kaldığını göstermiş bulunuyor) emeğin fiyatında sermaye birikimi sonucu ortaya çıkan bu artış, şu seçenekleri akla getirir:

Ya emeğin fiyatındaki yükselme, bu yükselme, birikimin ilerle-

[82] "Bununla birlikte, sanayi işçisinin ve emekçinin de istihdamı için sınır, yani işverenin, bunların çalışmalarının ürününden bir *kâr* sağlama olanağı aynıdır; eğer ücret oranları, patronun kazancını sermayeden sağlanacak ortalama kârın altına düşürecek şekilde olursa, patron ya bunları istihdam etmekten vazgeçer ya da bunları ancak, bir ücret indirimine razı olmaları koşuluyla çalıştırır." (John Wade, *l.c.*, s. 240.)

* Ayırdedici özellik. —ç.

mesini etkilemediği için artmaya devam eder. Bunda olağanüstü bir şey yoktur, çünkü Adam Smith'in dediği gibi, "bu" (kârlar) "düşerken bile, sermaye payları yalnız artmasına devam etmekle kalmayabilir, hatta öncekinden daha büyük bir hızla artar. ... Büyük bir sermaye payı, küçük kârlarla, genellikle, küçük bir sermaye payının büyük kârlarla artmasından daha hızla artar." (*l.c.*, II, s. 189.) Bu durumda, karşılığı ödenmeyen emek miktarındaki azalmanın, sermayenin egemenlik alanını genişletmesine hiçbir şekilde zararlı olmadığı açıktır. — Ya da, öte yandan, kazanç dürtüsü köreldiği için, emeğin fiyatındaki artış sonucu birikim yavaşlar. Birikim derecesi azalır, ama bu azalma ile birlikte bu azalmanın temel nedeni, yani sermaye ile sömürülen emek-gücü arasındaki oransızlık ortadan kalkar. Kapitalist üretim sürecine özgü mekanizma, geçici olarak kendisinin yaratmış olduğu engeli ortadan kaldırır. Emeğin fiyatı, tekrar sermayenin kendisini genişletmesi gereksinmelerine uygun bir düzeye iner; bu düzey, ücretlerin yükselmesinden önce normal sayılan düzeyin altında, bu düzeyle aynı ya da bu düzeyin üzerinde olabilir. Görüyoruz ki: birinci durumda, sermayeyi bollaştıran şey, emek-gücünün ya da çalışan nüfusun mutlak ya da nispi artışında meydana gelen azalma değil, tam tersine, bu sermayedeki bollaşma, sömürülebilir emek-gücünü yetersiz hale getirmektedir. İkinci durumda, sermayeyi yetersiz hale getiren şey, emek-gücünün ya da işçi nüfusun mutlak ya da nispi artışında meydana gelen yükselme değil, tam tersine, sömürülebilir emek-gücünü bollaştıran ya da daha doğrusu fiyatını aşırı derecede yükselten şey, sermayedeki nispi azalmadır. Sömürülebilir emek-gücü kitlesinin nispi hareketleri olarak yansıyan ve bu nedenle de emek-gücünün kendi bağımsız hareketlerinden meydana gelmiş izlenimini veren hareketler, sermaye birikiminde meydana gelen işte bu mutlak hareketlerdir. Matematik bir deyişle: birikim oranı, bağımlı değil bağımsız değişkendir; ücret oranı, bağımsız değil bağımlı değişkendir. Böylece, sınai çevrim, bunalım aşamasında iken, meta fiyatlarındaki genel bir düşme, paranın değerinde bir yükselme olarak, gönenç evresinde ise, meta fiyatlarında genel bir yükselme, paranın değerinde bir düşme olarak ifade edilir. *Currency School* denilen okul, bundan, paranın, dolaşımda, fiyatların yüksek olduğu zaman çok az, düşük olduğu zaman çok fazla bulunacağı sonucunu çıkartır. Bunların bilisizlikleri, ve olguları tamamen yanlış anlamaları,[83] bu birikim olayını, bazan çok az, bazan da çok fazla ücretli emekçi bulunuyor diyerek yorumlayan iktisat-

[83] Karş: Karl Marx, *Zur Kritik der Politischen Ökonomie*, s. 166 vd. [*Ekonomi Politiğin Eleştirisine Katkı*, s. 251 vd.].

çılar ile tam bir paralellik gösterir.

"Doğal nüfus yasası" denilen şeyin temelinde yatan kapitalist üretim yasası, kendini kısaca şuna indirgemiş olur: Sermaye birikimi ile ücret oranı arasındaki bağıntı, sermayeye dönüştürülen karşılığı ödenmemiş emek ile, bu ek sermayenin harekete geçirilmesi için gerekli, karşılığı ödenmiş ek emek arasındaki bağıntıdan başka bir şey değildir. Bunun için, bu bağıntı, hiçbir zaman, birbirinden bağımsız iki büyüklük arasındaki bir ilişki değildir: bir yanda sermayenin büyüklüğü, öte yanda çalışan nüfusun sayısı olmak üzere, aslında daha çok, aynı işçi nüfusun karşılığı ödenmeyen emeği ile ödenen emeği arasındaki ilişkidir. İşçi sınıfı tarafından sağlanan karşılığı ödenmemiş emek miktarı, kapitalist sınıfın yaptığı birikim, onun, sermayeye dönüşmesi için, olağanüstü ödenmiş ek emeğe duyulan gereksinmeyi çok hızlı bir şekilde artırıyorsa, ücretler yükselir, diğer bütün koşullar aynı kalmak üzere, bu karşılığı ödenmemiş emek, buna orantılı olarak azalır. Ne var ki, bu azalma, sermayeyi belirleyen artı-emeğin artık normal miktarlarda sağlanamayacağı noktaya gelir gelmez bir tepki kendini gösterir: gelirin daha küçük bir kısmı sermayeleşir; birikim aksar ve ücretlerdeki artış hareketi birden durur. Bu nedenle ücretlerdeki yükselişler yalnız kapitalist sistemin temellerini sarsmayacak sınırlar içinde tutulmakla kalmayıp, onun gittikçe artan ölçüde yeniden-üretimini de güvence altına alır. İktisatçıların sözde doğa yasası imiş gibi göstermeye çalıştıkları kapitalist birikim yasası, aslında yalnızca şunun ifadesidir: birikimin özünde saklı niteliği, emeğin sömürülme derecesindeki her türlü azalması ve kapitalist ilişkinin gittikçe büyüyen boyutlarda olmak üzere devamlı yeniden-üretimini ciddi şekilde tehlikeye sokacak her türlü ücret artışını her zaman dıştalar. Mevcut maddi zenginliğin, emekçinin gelişme gereksinmelerini karşılayacak yerde, tam tersine, emekçinin, yalnızca mevcut değerlerin kendisini genişletmesi gereksinmelerini karşılamak üzere varolduğu bir üretim tarzında da, durum, bundan başka türlü olamaz. Tıpkı bir dinde insanın kendi beyninin ürünü olan şeylerin yönetimine girmesi gibi, kapitalist üretimde de insanoğlu, kendi elinden çıkma ürünler tarafından yönetilir.[84]

[84] "Şimdi, sermayenin kendisinin yalnızca insan emeğinin bir ürünü olduğunu gösteren ilk incelememize dönersek ... insanın kendi ürünü olan sermayenin egemenliği altına düşmüş olması, ona boyun eğer hale gelmesi, tamamen anlaşılmaz bir şeymiş gibi görünür; ve gerçekte durum hiç tartışma götürmez şekilde böyle olduğuna göre, ortaya ister istemez şu soru çıkıyor: Nasıl oluyor da işçi —yarattığı— sermayenin efendisi olmaktan çıkıp onun kölesi durumuna düşebilmiştir?" (Von Thünen, *Der isolierte Staat,* Kısım II, Kesim II, Rostock, 1863, s. 5, 6.) Bu soruyu sormak Thünen için övünülecek bir şeydir, ama verdiği karşılık çocukçadır.

İKİNCİ KESİM. — BİRİKİM İLERLER VE BUNUNLA BİRLİKTE YOĞUNLUK ARTARKEN, SERMAYENİN DEĞİŞEN KISMININ NİSPİ AZALMASI

İktisatçıların söylediklerine bakılırsa, ücretlerin yükselmesine yolaçan şey, ne toplumsal servetin fiilî oylumu ve ne de işlemekte olan sermayenin büyüklüğü olup, yalnızca birikimin sürekli büyümesi ve bu büyümenin hızlılık derecesidir. (Adam Smith, Kitap I, Bölüm 8.) Buraya kadar biz, yalnız bu sürecin tek bir özel evresini gördük; bu evrede sermayenin büyümesi, teknik bileşiminde bir değişme olmadan ortaya çıkıyordu. Ama süreç bu evrenin ötesine uzanır.

Kapitalist sistemin genel temeli verildikten sonra, birikim sırasında, toplumsal emeğin üretkenliğindeki artışın, birikimin en güçlü kaldıracı haline geleceği bir noktaya ulaşılır. "Ücretleri yükselten aynı neden", diyor Adam Smith, "yani sermaye payındaki artış, üretken güçlerin artmasına yolaçar, ve daha küçük miktarda emeği daha büyük miktarda iş üretir hale getirir."

Toprağın verimliliği vb. gibi doğal koşullar, bağımsız ve kendi başlarına çalışan üreticilerin hünerlerini (bu hünerler, ürünün kitlesinde nicelikten çok, kalitesinde nitelik bakımından kendisini gösterir) bir yana bıraktığımızda, belli bir toplumda emeğin üretkenlik derecesi, bir emekçinin belli bir sürede, emek-gücünün aynı gerilimi ile ürüne dönüştürdüğü üretim araçlarının nispi büyüklüğü ile ifade edilir. Emekçinin böylece dönüştürdüğü üretim araçları kitlesi, emeğinin üretkenliği ile birlikte artar. Ama bu üretim araçları, ikili bir rol oynarlar. Bunlardan bazılarında görülen artış, emeğin üretkenliğindeki artışın sonucu olduğu halde, diğerlerindeki artış, emeğin üretkenliğindeki artışın koşuludur. Örneğin, manüfaktürde işbölümü ve makine kullanılması ile, aynı sürede daha fazla hammadde işlenir ve bu nedenle, daha büyük kitlede hammadde ile yardımcı öğeler emek-sürecine girerler. İşte bu, emeğin üretkenliğindeki artışın sonucudur. Öte yandan, kullanılan makineler, iş hayvanları, yapay gübreler, boşaltma boruları vb., emeğin üretkenliğindeki artışın koşuludur. Binalarda biraraya getirilmiş üretim araçları, fırınlar, ulaştırma araçları vb. için de durum böyledir. Ama, koşul ya da sonuç olsun, kendileriyle birleştirilen emek-gücüne oranla, üretim araçları kitlesindeki artış, emeğin üretkenliğindeki artışın bir ifadesidir. Bu nedenle, emeğin üretkenliğindeki artış, kendini, kendisiyle devindiren üretim araçları kitlesine oranla, emeğin kitlesinde bir küçülme ya da nesnel etmenlere oranla emek-sürecinin öznel etmenlerinde bir eksilme ile belli eder.

Sermayenin teknik bileşimindeki bu değişme, üretim araçları kitlesindeki bu büyüme, bunları canlandıran emek-gücü kitlesi ile karşılaştırıldığında, sermayenin değişmeyen kısmının değişen kısmı aleyhinde gösterdiği bir artışla, sermayenin değer-bileşiminde tekrar yansır. Örneğin, bir sermayenin yüzde ellisi başlangıçta üretim araçlarına, yüzde ellisi emek-gücüne yatırılmış olabilir; daha sonra, emeğin üretkenliğindeki gelişme sonucu yüzde sekseni üretim araçlarına, yüzde yirmisi emek-gücüne yatırılabilir ve bu, böyle devam eder. Sermayenin değişmeyen kısmının, değişen kısmına oranla giderek artması yasası, ister farklı ekonomik dönemleri, ister aynı dönemdeki farklı ulusları inceleyelim, meta fiyatlarının (daha önce yaptığımız) karşılaştırmalı tahlilleri ile her adımda doğrulanır. Yalnızca üretim araçlarının değerini ya da tüketilen sermayenin değişmeyen kısmını temsil eden fiyat öğesinin nispi büyüklüğü, birikimin ilerlemesi ile doğru orantılı; emeğe ücretini ödeyen (sermayenin değişen kısmı) öteki fiyat öğesinin nispi büyüklüğü, birikimin ilerlemesi ile ters orantılıdır.

Bununla birlikte, sermayenin, değişmeyene oranla değişen kısmındaki bu azalma, ya da sermayenin değer-bileşimindeki bu değişme, sermayenin maddi öğelerinin bileşimindeki değişikliği ancak yaklaşık olarak gösterir. Örneğin, iplik eğirilmesinde 18. yüzyılın başında kullanılan sermaye-değerinin $^1/_2$'si değişmeyen, $^1/_2$'si değişen sermaye iken, bugün $^7/_8$'i değişmeyen $^1/_8$'i değişen olarak ayrılıyor ise, öte yandan, bugün iplikçilik işkolunda emeğin üretken olarak tükettiği hammadde, emek araçları vb. kitlesi, 18. yüzyılın başına oranla yüzlerce kez daha büyüktür. Bunun basit nedeni, emeğin üretkenliğindeki artışla, yalnız tüketilen üretim araçlarının oylumu büyümekle kalmayıp, bunların kitlelerine oranla değerlerinin de azalmasıdır. Bunun için, bunların değerleri mutlak olarak yükselir, ama bu, kitleleri ile orantılı değildir. Değişmeyen sermaye ile değişen sermaye arasındaki farkta meydana gelen artış, bu nedenle, sermayenin değişmeyen kısmının dönüştürüldüğü üretim araçları kitlesi ile, değişen kısmının dönüştürüldüğü emek-gücü kitlesi durumundaki farktan çok daha azdır. Burada ilk fark, ikinci farkla birlikte artar, ama bu artışın derecesi daha küçüktür.

Ne var ki, birikimin ilerlemesi, eğer sermayenin değişen kısmının nispi büyüklüğünü azaltıyorsa, bu, hiçbir zaman, onun nispi büyüklüğünde bir yükselme olasılığını dıştalamaz. Diyelim, bir sermaye-değer, başlangıçta yüzde 50 değişmeyen, yüzde 50 değişen sermaye olarak ayrılmış iken sonradan bu bileşim yüzde 80 değişmeyen, yüzde 20 değişen şekline dönüşmüş olsun. Eğer bu arada ilk sermaye, diyelim 6.000 sterlin, 18.000 sterline yükselmiş ise, bunun değişen kısmı da artmıştır. Eskiden 3.000 sterlin iken şimdi 3.600 sterlin olmuştur. Ama eskiden sermayede yüzde 20 oranında bir artış, emek talebini yüzde 20 artırmaya yeterken, şimdi bu artış, başlangıç sermayesinde üç kat bir artışı gerektirir.

Dördüncü kısımda, toplumsal emeğin üretkenliğindeki gelişmenin nasıl büyük çapta elbirliğini öngördüğünü; ve nasıl ancak bu önkoşul altında bir işbölümünün ve birlikte çalışmanın örgütlenebildiği, geniş boyutlarda yoğunlaşma sayesinde üretim araçlarında tasarruf sağlandığı; emek araçlarının, nitelikleri gereği ancak ortaklaşa kullanıma elverişli olmaları nedeniyle, makineleşme gibi bir sistemin nasıl ortaya çıktığı; muazzam doğal güçlerin, üretimin hizmetine nasıl sokulduğu; ve üretim sürecinin, bilimin teknolojik uygulanması haline nasıl dönüştürüldüğü görülmüştü. Üretim araçlarının özel kişilerin malı olduğu ve bu yüzden de zanaatçıların, ya tek başlarına ve diğerlerinden bağımsız olarak meta ürettikleri, ya da bağımsız iş görebilecekleri araçlardan yoksun oldukları için emek-güçlerini meta olarak sattıkları, meta üretimi temeline dayanan bir sistemde, geniş boyutlu bir elbirliği ancak bireysel sermayelerin artması ve toplumsal üretim araçları ile geçim araçlarının, kapitalistlerin özel malı haline gelmesi oranında gerçekleşebilir. Meta üretiminin oluşturduğu temel, geniş boyutlu bir üretime, yalnızca kapitalist biçimde olmak koşuluyla elverişlidir. Bu nedenle, bireysel meta üreticilerinin ellerinde toplanan belli miktarda bir sermaye birikimi, özgül kapitalist üretim tarzının zorunlu önkoşuludur. İşte bu nedenle, biz, bunun, elzanaatından kapitalist sanayiye geçiş sırasında olduğunu varsaymak zorunda kalmıştık. Özgül kapitalist üretim biçiminin tarihsel sonucu olmak yerine, tarihsel temeli olması nedeniyle, buna, ilkel birikim denilebilir. Bunun nasıl oluştuğunu şimdilik burada incelememize gerek yoktur. Yalnızca çıkış noktasını söylemek yeterlidir. Ama, bu temel üzerinde gelişen emeğin toplumsal üretkenliğini yükseltmeye yarayan bütün yöntemler, aynı zamanda, kendisi de birikimin yapıcı öğesi olan artı-değer ya da artı-ürün üretimini yükseltme yöntemleridir. Bu durumda, bunlar, aynı zamanda, sermayenin sermaye ile üretimi yöntemleri ya da sermaye birikimini hızlandırma yöntemleridir. Artı-değerin durmadan tekrar sermayeye dönüştürülmesi, şimdi üretim sürecine giren sermayenin büyüklüğünün devamlı artması şeklinde gözükür. Bu, ayrıca, boyutları genişleyen üretimin, bunun beraberinde getirdiği, emeğin üretkenliğini artırma yöntemlerinin ve hızlandırılmış artı-değer üretiminin temeli olmaktadır. Demek ki, belli derecede bir sermaye birikimi, özgül kapitalist üretim tarzının koşulu olarak gözükürken, bu üretim tarzı da, tersine, sermayenin hızlı bir birikimine neden oluyor. Bunun için, sermayenin birikimi ile, özgül kapitalist üretim tarzı gelişiyor ve bu üretim tarzı ile de sermaye birikimi hızlanıyor. Bu her iki ekonomik etken, karşılıklı olarak birbirlerine yaptıkları dürtülerin bileşik oranında, sermayenin teknik bileşiminde, değişmeyen kısma göre değişen kısmı gitgide küçülten bir değişikliğin olmasına yolaçmaktadır.

Her bireysel sermaye, şu ya da bu ölçüde üretim araçlarının yoğunlaşması olup, buna uygun düşen büyüklükte bir emek-ordusu üzerinde komuta yetkisi vardır. Her birikim, yeni bir birikimin aracı olur. Sermaye olarak iş gören servetin kitlesindeki artışla birlikte yükselen birikim, bu servetin bireysel kapitalistlerin elinde yoğunlaşmasını artırır ve böylece, boyutları genişlemiş bir üretim ile, kapitalist üretime özgü yöntemlerin dayandığı temeli genişletir. Birçok bireysel sermayenin büyümesi, toplumsal sermayenin büyümesi sonucunu verir. Diğer koşullar aynı kalmak üzere, bireysel sermayeler ve bunlarla birlikte üretim araçlarının yoğunlaşması, toplam toplumsal sermayenin parçaları olmaları oranında artar. Aynı zamanda, ilk sermayenin bazı kısımları ayrılır ve yeni bağımsız sermayeler olarak işlemeye başlarlar. Diğer nedenlerin yanısıra, kapitalist aileler içinde mülk bölüşümü, bunda büyük rol oynar. Bu nedenle, sermaye birikimi ile birlikte kapitalistlerin sayısı da, şu ya da bu ölçüde artar. Doğrudan birikimden ileri gelen ve daha doğrusu onunla özdeş olan bu tür yoğunlaşmanın iki özelliği vardır. Birincisi: toplumsal üretim araçlarının, gittikçe artan ölçüde bireysel kapitalistlerin ellerinde toplanması, diğer şeyler aynı kalmak üzere, toplumsal servetin artış derecesiyle sınırlıdır. İkincisi: toplumsal servetin her biri aynı bir üretim alanına yerleşmiş kısmı, birbirleriyle rekabet halinde bulunan bağımsız meta üreticisi kapitalistler arasında bölünür. Bu nedenle, birikim ve onunla birlikte ortaya çıkan yoğunlaşma, birçok noktaya dağılmakla kalmaz, her işleyen sermayedeki artış, eski sermayenin bölünmesiyle oluşan yeni sermayeler tarafından güdükleştirilir. Böylece birikim, bir yandan, üretim araçlarının gitgide artan yoğunlaşması ve emek üzerindeki egemenliğinin artması olarak görünür, öte yandan da, birçok bireysel sermayenin birbirini itmesi ve ayrılması olarak ortaya çıkar.

Toplam toplumsal sermayenin böyle birçok bireysel sermayeye bölünmesi ya da parçaların birbirini itmesi, bunların birbirlerini çekmesi gibi tepkiyle de karşılaşır. Bu sonuncu hareket, üretim araçlarının basit yoğunlaşması ve onun emek üzerindeki kumandası, birikimle özdeş demek değildir. Bu, daha önce oluşmuş bulunan sermayelerin yoğunlaşması, bağımsızlıklarına son verilmesi, kapitalistin kapitalist tarafından mülksüzleştirilmesi, birçok küçük sermayenin, birkaç büyük sermayeye dönüştürülmesidir. Bu süreci daha önceki süreçten ayıran şey, halen varolan sermayenin dağılımında yalnızca yeni bir değişikliği öngörmesi nedeniyle, faaliyet alanının, toplumsal servetin mutlak büyüklüğü ya da birikimin mutlak sınırları ile sınırlı olmamasıdır. Başka yerlerde birçok kapitalistin elinden çıkan sermayeler, burada, tek bir kapitalistin elinde büyük bir kitle halinde toplanır. İşte bu, birikim ve yoğunlaşmadan farklı olarak, gerçek anlamda sermayenin merkezileşmesidir.

Sermayenin böylece tek elde merkezileşmesi ya da sermayenin sermaye tarafından çekilmesi ile ilgili yasalar, burada ele alınıp işlenmeyecektir. Yalnızca birkaç olguya kısa bir ipucu vermek yetecektir. Rekabet savaşı, meta fiyatlarının ucuzlatılması ile verilir. Meta fiyatlarının ucuzluğu, *cæteris paribus,* emeğin üretkenliğine ve bu da, üretimin boyutlarına bağlıdır. Bunun için, büyük sermaye, daha küçüğünü yener. Ayrıca, kapitalist üretim tarzının gelişmesiyle, bir işi normal koşullar altında yürütmek için gerekli asgari bireysel sermaye miktarında bir yükselme olacağı da unutulmamalıdır. Bu yüzden, küçük sermayeler, büyük sanayinin henüz yalnızca yer yer elattığı ya da bütünüyle elegeçirmediği üretim alanlarına akar ve buralarda toplanırlar. Burada rekabet, birbirine düşman sermayelerin sayılarıyla doğru, büyüklükleri ile ters orantılı bir şiddetle devam eder. Ve bu savaş, her zaman, sermayelerinin bir kısmı kendilerini yenen kapitalistlerin eline geçen, bir kısmı da yokolup giden birçok küçük kapitalistin batıp gitmesiyle sona erer. Bundan başka, kapitalist üretim ile birlikte tamamen yeni bir güç sahneye çıkar — kredi sistemi; *bu sistem ilk aşamalarında, birikimin alçakgönüllü bir yardımcısı olarak hiç sezdirmeden işin içine girer ve büyük ya da küçük miktarlar halinde toplum yüzeyine dağılmış bulunan para kaynaklarını, görünmeyen iplerle, tek ya da ortaklık halindeki kapitalistlerin ellerine çeker; ama çok geçmeden, rekabet savaşında yeni ve müthiş bir silah halini alır ve ensonu sermayenin merkezileşmesi için, dev bir toplumsal mekanizmaya dönüşür.

Kapitalist üretim ve birikimin gelişmesi ölçüsünde, merkezileşmenin en güçlü iki mekanizması da gelişir — rekabet ve kredi. Birikimdeki ilerleme, aynı zamanda, merkezileşmeye elverişli malze-

* "Bu sistem"den "sermayelerin toplanma dereceleri oranında fazla olur"a (s. 599) kadar olan pasaj, 4. Almanca baskıya uygun olarak, İngilizce baskıda değiştirilmiştir. *–Ed.*

meyi, yani bireysel sermayeleri de artırır; bu sırada, kapitalist üretimin genişlemesi bir yandan toplumsal gereksinmeleri yaratırken, öte yandan da, başarılmaları daha önceki bir sermaye birikimini gerektiren dev sanayi kuruluşları için zorunlu teknik araçları sağlar. Bu nedenle, bugün, bireysel sermayeleri biraraya toplayan çekim gücü ve merkezileşme eğilimi her zamandan daha kuvvetlidir. Her ne kadar, merkezileşmeye doğru olan hareketin nispi genişliği ile hızı, bir dereceye kadar, kapitalist servetin büyüklüğü ve ulaşılmış bulunan ekonomik mekanizmanın üstünlüğü ile belirlenir ise de, merkezileşme hareketinin gelişmesi hiçbir zaman, toplumsal sermayenin büyüklüğündeki pozitif artışa bağlı değildir. Ve bu durum, merkezileşme ile yoğunlaşma arasındaki özgül farktır; yoğunlaşma, yalnızca, büyük boyutlu yeniden-üretime verilen bir başka addır. Merkezileşme, zaten varolan sermayelerin dağılımındaki bir değişiklikten, toplumsal sermayeyi oluşturan kısımların nicel gruplanmalarındaki basit bir değişmeden meydana gelebilir. Burada, sermaye, pek çok bireysel elden çekilip tek bir elde toplandığı için, güçlü bir kitle halini alabilir. Belli bir sanayi kolunda eğer buna yatırılmış bulunan bütün bireysel sermayeler, tek bir sermaye halinde kaynaştırılırsa, merkezileşme en son sınırına ulaşır.[84a] Bir toplumda bu sınıra ancak, bütün toplumsal sermayenin, ya tek bir kapitalistin ya da tek bir kapitalist şirketin elinde toplanması halinde ulaşılmış olunur.

Merkezileşme, sanayici kapitalistlere, iş alanlarının boyutlarını genişletme olanağı sağlayarak, birikim işini tamamlar. Bu sonuç, ister birikimin ya da merkezileşmenin eseri olsun, ister bu merkezileşme, şiddete varan ilhak yöntemleri ile gerçekleştirilsin —bazı sermayeler, diğerleri için öylesine ağırlıklı çekim merkezi haline gelirler ki, bunların bireysel bütünlüğünü parçalayarak bu parçaları kendilerine çekerler— ya da isterse, oluşmuş ya da oluşmakta olan bir kısım sermayelerin birleşmesi, anonim şirketler meydana getirmek gibi yumuşak bir yoldan sağlanmış olsun — ekonomik etki, aynı olur. Her yerde, sınai kuruluşların büyüyen boyutları, çok sayıda kimsenin ortaklaşa yapacağı işin daha kapsamlı bir düzen altına alınması için, bunların maddi devindirici güçlerinin daha da gelişmeleri için, — bir başka deyişle, alışılagelen yöntemlerle yürütülen tek başına üretim süreçlerinin, giderek, toplumsal bakımdan birleştirilmiş ve bilimsel olarak düzenlenmiş üretim süreçlerine dönüştürülmesi için çıkış noktası olur.

[84a] [*Dördüncü Almanca baskıya not.* — En son İngiliz ve Amerikan tröstleri, bu hedefe hiç değilse tek bir sanayi kolunda bütün büyük girişimleri, pratikte tekel sağlayacak şekilde şirketler halinde birleştirmeye çalışarak ulaşmak istemektedirler. –*F. E.*]

Ama birikim, yani dairesel bir hareket olmaktan çıkıp sarmal bir hareket haline gelen yeniden-üretimle giderek oluşan sermaye artışı süreci, toplumsal sermayeyi oluşturan parçaların yalnızca nicel gruplanmalarında bir değişikliği gerektiren merkezileşme ile karşılaştırıldığında, açıktır ki, çok yavaş bir süreçtir. Eğer dünya, demiryollarının yapımına yetecek kadar bireysel sermayelerin biraraya toplanmasını bekleseydi, bugün bile bu araçtan yoksun kalırdı. Oysa merkezileşme, bunu, anonim şirketlerin aracılığı ile, gözaçıp kapayana kadar başarmıştır. Ve merkezileşme, bir yandan böylece birikimi artırır ve hızlandırırken, bir yandan da sermayenin teknik bileşiminde değişmeyen kısmını değişen kısmı aleyhinde genişleten ve böylece emeğe olan nispi talebi azaltan köklü değişiklikleri genişletir ve hızlandırır.

Merkezileşme yoluyla bir gecede biraraya toplanıveren sermaye kitleleri, tıpkı diğer sermayeler gibi, ama daha büyük bir hızla yeniden ürer ve çoğalır ve böylece toplumsal birikimde yeni ve güçlü kaldıraçlar halini alırlar. İşte bu nedenle, biz, toplumsal birikimin ilerlemesinden sözederken, —bugün— merkezileşmenin etkilerini de dolaylı biçimde anlatmış oluruz.

Normal birikim sırasında meydana gelen ek sermayeler (bkz: Yirmidördüncü Bölüm, Birinci Kesim), özellikle yeni buluşlarla keşiflerin sömürülme aracı olarak ve genellikle sanayi alanındaki iyileştirmeler için kullanılır. Ama zamanla, eski sermaye de, tepeden tırnağa yenilenme noktasına ulaşarak deri değiştirir ve diğerleri gibi daha etkin bir teknik biçim içersinde yeniden doğar; bu şekliyle, artık, daha az bir emekle daha büyük miktarda makine ve hammaddenin harekete geçirilmesi olanaklı olacaktır. Bunun zorunlu sonucu olarak, emek talebindeki mutlak azalma, bu yenilenme sürecinden geçen ve merkezileşme hareketi nedeniyle biraraya gelmiş bulunan sermayelerin toplanma dereceleri oranında fazla olur.

Demek ki, bir yandan, birikim sırasında meydana gelen ek sermaye, büyüklüğü ile orantılı olarak her zaman daha az emekçiyi kendisine çekiyor. Öte yandan, değişik bileşim içinde devresel olarak yeniden-üretilen eski sermaye, eskiden çalıştırdığı emekçilerden her zaman biraz daha fazlasını kendisinden uzaklaştırıyor.

ÜÇÜNCÜ KESİM. — GİTTİKÇE ARTAN ÖLÇÜDE NİSPİ ARTI-NÜFUS ÜRETİMİ YA DA YEDEK SANAYİ ORDUSU

Sermaye birikimi, başlangıçta yalnızca bir miktar büyümesi olarak görünmekle birlikte, daha önce de gördüğümüz gibi, değişmeyen kısmında değişen kısmın aleyhine devamlı bir artış göstererek, bileşiminde gitgide artan bir nitel değişme ile gerçekleşir.[84b]

Özgül kapitalist üretim tarzı, emeğin üretme gücünde buna uygun düşen gelişme ve sermayenin organik bileşiminde bu yüzden meydana gelen değişme, yalnızca birikimin ilerlemesine ya da toplumsal servetin büyümesine ayak uydurmakla kalmaz. Bunlar çok daha büyük bir hızla gelişirler; çünkü basit birikim, toplam toplumsal sermayedeki mutlak artış, bu toplamı meydana getiren bireysel sermayelerin merkezileşmesi ile birlikte olur, ve ek sermayenin teknolojik bileşimindeki değişme, başlangıç sermayesinin teknolojik bileşimindeki değişiklik ile elele gider. Bu yüzden, birikimin ilerlemesiyle, değişmeyen sermayenin değişen sermayeye oranı değişir. Başlangıçta diyelim 1 : 1 iken, bundan sonra sırayla 2 : 1, 3 : 1, 4 : 1, 5 : 1, 7 : 1 vb. haline gelir, yani sermaye artmaya devam ederken, toplam değerinin 1/2'si yerine yalnızca 1/3, 1/4, 1/5, 1/6, 1/8 vb. oranında emek-gücüne dönüştüğü halde, 2/3, 3/4, 4/5, 5/6, 7/8 oranlarında olmak üzere üretim araçlarına dönüşür. Emeğe olan talep, sermayenin bütünü ile değil, ancak değişen kısmının miktarıyla belirlendiğine göre, bu talep, daha önce varsayıldığı gibi toplam sermayedeki artış ile orantılı olarak artacağına, gittikçe küçülen şekilde düşer. Emeğe olan talep, toplam sermayenin büyüklüğü nispetinde ve büyüklüğün artması ölçüsünde artan bir hızla düşer. Toplam sermayenin büyümesi ile birlikte değişen kısmı, yani onunla birleşen emek de büyür, ama bu her zaman küçülen bir oranda olur. Birikimin belli bir teknik temel üzerinde, üretimi basit bir şekilde genişletme görevini yerine getirdiği duraklama dönemleri kısalır. Belli sayıda ek işçiyi emebilmek, ya da hatta, eski sermayenin devamlı başkalaşımı nedeniyle, zaten işbaşında olanların çalışmaya devam etmelerini sağlamak için, toplam sermaye birikiminin yalnızca hızlı olması yetmez, bu hızın her zaman artan oranda olması gerekir. Öte yandan, bu artan birikim ve merkezileşme, sermayenin bileşiminde yeni bir değişmenin, yani sermayenin değişmeyen kısmına oranla değişen kısmında daha hızlı bir küçülmenin kaynağı clur. Toplam sermayenin artış hızıyla birlikte giden ve bu artıştan daha hızlı hareket eden, değişen kısımdaki bu hızlı nispi küçülme, öteki kutupta ters bir şekil alır; işçi nüfusunda mutlak bir artış olduğu görüntüsünü verir ve bu artış her zaman, değişen sermayeden ya da iş sağlayan araçların kitlesindeki yükselme-

[84b] [*Üçüncü Almanca baskıya not.* — Marx'ın elyazması metninde burada şu kenar notu var: "Daha sonra üzerinde işlenecek not; eğer genişleme yalnızca nicel olursa, aynı işkolundaki daha büyük ve küçük sermayeler için kâr yatırılan sermayelerin büyüklüğüne bağlı olur. Eğer nicel genişleme nitel değişmeye yolaçarsa, daha büyük sermayenin kâr oranı aynı zamanda yükselir." –*F. E.*]

den daha hızlı hareket ediyor gibidir. Ama aslında, bu nispi aşırı emekçi nüfusu, yani sermayenin kendisini genişletmesi için gerekli olandan çok daha fazla bir emekçi nüfusu, bu yüzden de bir artı-nüfusu kendi enerjisi ve büyüklüğü ile doğru orantılı olarak durmadan üreten şey, kapitalist birikimin ta kendisidir.

Toplumsal sermaye, bütünlüğü içersinde ele alındığında, birikim hareketinin, onun bütününü az ya da çok etkileyen devresel değişmelere yolaçtığı, bazan da geçirdiği çeşitli evreleri aynı anda farklı üretim alanlarına dağıttığı görülür. Bazı alanlarda, basit merkezileşmenin sonucu olarak, sermayenin mutlak büyüklüğünde bir artış olmaksızın, bileşiminde bir değişiklik olur; diğer bazı alanlarda ise, sermayedeki mutlak büyüme, değişen kısmındaki, yani bu kısmın emdiği emek-gücündeki mutlak azalma ile birlikte olur; gene bazı üretim alanlarında, sermaye, kendi teknik temeli üzerinde bir süre büyümeye devam eder ve bu büyümeyle orantılı olarak ek emek-güçlerini kendisine çeker, oysa bir başka zaman, organik bir değişiklik geçirir ve değişen kısmı azalır; bütün bu alanlarda, sermayenin değişen kısmındaki artış ve dolayısıyla çalıştırdığı emekçi sayısı, her zaman, şiddetli dalgalanmalar ve geçici artı-nüfus üretimine bağlanmış durumdadır; bu artı-nüfus üretimi, çalışmakta olan emekçilerin işten atılması biçiminde açık bir şekilde olabileceği gibi, ek emekçi nüfusunun her zamanki kanallardan daha güç emilmesi şeklinde, daha az gerçek olmamakla birlikte, göze daha az çarpan bir biçimde de olabilir.[85] Halen işlemekte olan toplumsal sermayenin büyüklüğü ve artış derecesi, üretimin boyutlarıyla, çalıştırılan emekçi kitlesindeki artış, bunların üretkenliklerindeki gelişme ve bütün zenginlik kaynaklarındaki çoğalma ve yoğunlaşma ile birlikte, emekçilerin sermaye tarafından çekilmesi hareketinin boyutlarında bir büyüme olduğu gibi, gene sermaye tara-

[85] İngiltere ve Gal'de yapılan nüfus sayımı şunu gösteriyor: "Tarımda çalışan bütün insanlar (topraksahipleri, büyük çiftçiler, bahçıvanlar, çobanlar, vb. dahil): 1851'de 2.011.447; 1861, 1.924.110. Düşüş 87.337. Yünlü sanayisi: 1851, 102.714 kişi; 1861, 79.242. İpekli dokuma: 1851, 111.940; 1861, 101.678. Basma sanayisi: 1851, 12.098; 1861, 12.556. Bu sanayi kolundaki büyük artış karşısında işçi sayısındaki pek küçük yükselme, çalıştırılan işçi sayısında büyük bir nispi azalmayı gösterir. Şapkacılık: 1851, 15.957; 1861, 13.814. Hasır şapka ve yün başlık: 1851, 20.393; 1861, 18.176. Malt sanayisi: 1851, 10.566; 1861, 10.677. Mum sanayisi: 1851, 4.949; 1861, 4.686. Bu düşüş, diğer nedenler yanında, fazla aydınlanmanın artması sonucudur. Tarak yapımı: 1851, 2.038; 1861, 1.478. Bıçkıcılık: 1851, 30.552; 1861, 31.647 — bıçkı makinelerinin artışı sonucu küçük bir artış. Çivicilik: 1851, 26.940; 1861, 26.130 — makinenin rekabeti sonucu bir düşüş. Kalay ve bakır madenciliği: 1851, 31.360; 1861, 32.041. Öte yandan: pamuk eğirme ve dokuma: 1851, 371.777; 1861, 456.646. Maden kömürü: 1851, 183.389; 1861, 246.613. "Makinenin bugüne kadar başarı ile kullanılmadığı sanayi kollarında 1851 yılından bu yana işçi sayısındaki artış genellikle en fazladır." (İngiltere ve Gal 1861 Nüfusu Sayımı, vol. III, London 1863, s. 35-39.)

fından itilmelerinin boyutlarında da bir büyüme görülür; sermayenin organik bileşimindeki ve teknik şeklindeki değişmenin hızı artar, gittikçe artan sayıda, üretim alanı bazan aynı anda, bazan da başka başka zamanlarda bu değişmenin etkisi altında kalır. Bu nedenle, emekçi nüfus, kendi yarattığı sermaye birikimi ile birlikte, kendisini nispi ölçüde fazlalık haline getiren, nispi artı-nüfus haline çeviren araçları üretmiş olur; ve o, bunu, her zaman artan boyutlarda yapar.[86] Bu, kapitalist üretim biçimine özgü bir nüfus yasasıdır; ve aslında, her özel tarihsel üretim tarzının, yalnızca kendi sınırları içersinde tarihsel bakımdan geçerli kendi özel nüfus yasaları vardır. Soyut bir nüfus yasası, ancak, ve o da insanoğlu kendilerine müdahale etmediği sürece, bitkiler ve hayvanlar için vardır.

Emekçi artı-nüfus, birikimin ya da kapitalist temele dayanan zenginliğin gelişmesinin zorunlu bir ürünü olduğu gibi, tersine olarak da, bu artı-nüfus, kapitalist birikimin kaldıracı ve hatta bu üretim biçiminin varlık koşulu halini de alır. Bu artı-nüfus, her an elaltında bulunan yedek bir sanayi ordusu oluşturur ve bu ordu, tıpkı bütün masrafları sermaye tarafından karşılanarak beslenen bir ordu gibi, tümüyle sermayeye aittir. Fiilî nüfus artışının sınırlarından bağımsız olarak bu artı-nüfus, sermayenin kendisini genişletme konusunda değişen gereksinmelerini karşılamak üzere, her zaman sömürülmeye hazır, bir insan malzemesi kitlesi yaratır. Birikim ve onunla birlikte ortaya çıkan emeğin üretken gücündeki

[86] [*Dördüncü Almanca baskıya eklenmiştir.* — Değişen sermayenin nispi büyüklüğündeki, gitgide artan ölçüde azalma yasası ve bunun, ücretli işçi sınıfının durumu üzerindeki etkisi, klasik okulun önde gelen bazı iktisatçıları tarafından anlaşılmaktan çok sezilmiştir. Bu konuda en büyük hizmeti, diğerleri gibi, değişmeyen ve sabit, değişen ve döner sermayeyi birbirine karıştıran John Barton yapmıştır. Şöyle diyor:] "Emeğe olan talep, sabit sermayedeki değil, döner sermayedeki artışa bağlıdır. Bu iki tür sermaye arasındaki oranın her zaman ve bütün koşullar altında aynı olduğu doğru olsaydı, bundan, çalışan emekçi sayısının, devletin zenginliği ile orantılı olması sonucu çıkardı. Ama böyle bir iddianın olasılığı hiç yoktur. Doğa bilimleri geliştikçe ve uygarlık yaygınlaştıkça, sabit sermaye, döner sermayeye oranla gitgide daha büyük bir artış gösterir. Bir parça İngiliz müslinini üretmek için kullanılan sabit sermaye miktarı, aynı miktar Hint müslinini üretmek için kullanılanın en az yüz katı ve belki de bin katı daha büyüktür. Ve döner sermaye oranı, yüz ya da bin katı daha azdır ... sabit sermayeye eklenen tüm yıllık tasarrufun, emek talebini artıracak yönde bir etkisi olmazdı." (John Barton, *Observations on the Circumstances which Influence the Condition of the Labouring Classes of Society*, London 1817, s. 16, 17.) "Ülkenin net gelirini artırabilecek aynı neden, aynı zamanda nüfusu bollaştırabilir ve işçi sınıfının durumunu bozabilir." (Ricardo, *l.c.*, s. 469.) Sermaye artışı ile birlikte, emeğe olan "talepte nispi bir azalma olur." (*Ibid.*, s. 480, not). "Emeğin devamı için ayrılan sermaye miktarı, sermayenin bütününden bağımsız olarak değişebilir. ... Sermayenin bollaşmasıyla, istihdam miktarında büyük dalgalanmalar ve büyük ıstıraplar daha sık olabilir." (Richard Jones, *An Introductory Lecture on Pol. Econ.*, Lond. 1833, s. 12.) Emeğe olan "talep, genel sermaye birikimi ile orantılı olmayacak şekilde ... yükselecektir. ... Ulusal sermayede yeniden-üretime ayrılan her artış, bu nedenle, toplumun ilerlemesinde, işçinin durumu üzerinde gitgide daha az etki yapar." (Ramsay, *l.c.*, s. 90, 91.)

gelişmeyle birlikte, sermayenin ani genişleme gücü de büyür; bu büyümenin nedeni, salt işlemekte bulunan sermayenin esnekliğindeki artış olmadığı gibi, sermayenin yalnızca esnek bir kısmını oluşturduğu mutlak toplumsal servetin büyümesi, ya da bu servetin büyük bir kısmını her türlü özel dürtü altında ve derhal, ek sermaye şeklinde üretimin emrine veren kredi sistemi de değildir; şimdi artık, artı-ürün kitlesinin büyük bir hızla ek üretim araçlarına dönüşmesini sağlayan, üretim sürecinin —makine, ulaştırma araçları vb. gibi— teknik koşulları da bu büyümenin bir nedenidir. Birikimdeki ilerleme ile kabına sığmayacak duruma gelen ve ek sermayeye dönüştürülebilen toplumsal servet kitlesi, pazarı birdenbire genişleyen eski üretim kollarıyla, eski üretim kollarının gelişmesiyle gereksinme duyulan demiryolları vb. gibi yeni açılmış üretim kollarına büyük bir hızla akar. Bütün bu gibi durumlarda, büyük insan kitlelerinin diğer alanlardaki üretimin hacmine zarar vermeksizin, birdenbire önemli noktalara kaydırılması olanağı elde bulundurulmalıdır. Aşırı nüfus böyle bir kitleyi sağlar. Büyük sanayinin izlediği kendine özgü yol, yani (daha küçük dalgalanmalarla kesilen) on yıllık devresel dalgalanma, ortalama canlılık dönemleri, yüksek yoğunlukta bir üretim, bunalım ve duraklama, yedek sanayi ordusunun ya da artı-nüfusun durmadan meydana gelmesine, bunun az ya da çok ölçüde emilmesine ve tekrar meydana gelmesine dayanır. Ayrıca sınai devresel dalgalanmaların çeşitli evreleri artı-nüfusu sağlar ve bunun yeniden-üretiminin en canlı öğelerinden birisi halini alır. Büyük sanayinin, insanlık tarihinin daha önceki dönemlerinde görülmeyen bu kendine özgü yolu, kapitalist üretimin çocukluk döneminde de olanaksızdı. Sermayenin bileşimi ancak çok yavaş değişmiştir. Bu nedenle sermaye birikimi ile buna tekabül eden emek talebindeki bir büyüme, bütünüyle ele alındığında, aynı hızda ilerlemiştir. Modern zamanlara göre birikimdeki ilerleme daha ağır olduğu gibi, sömürülebilir emekçi nüfusun doğal sınırları ile de karşılaşmıştı; bu sınırlar, ancak daha sonra görülecek zora dayanan yollarla ortadan kaldırılıyordu. Üretimin boyutlarındaki düzensiz genişlemeler, aynı şekilde beklenmedik daralmaların da önkoşuludur; bu daralma, tekrar genişlemeye yolaçar, ama elaltında hazır insan malzemesi olmadan, emekçi sayısında, nüfusun mutlak büyümesinden bağımsız bir artış olmadan, üretimin boyutlarında genişleme olamaz. Emekçi sayısındaki bu artış, emekçilerin bir kısmını durmadan "serbest hale getiren" basit bir süreçle, üretimdeki artışa oranla çalıştırılan emekçi sayısını azaltan yöntemlerle gerçekleştirilir. Demek oluyor ki, büyük sanayinin bütün hareket şekli, emekçi nüfusun bir kısmını, sürekli olarak, işsiz ya da yarı-işsiz insanlar haline getirmeye dayanıyor. Ekonomi politiğin yüzeyselliği, kendisini, sınai devresel dalgalanmaların salt bir belirtisi olan kredi hacmindeki genişleme ve daralmayı bunların nedeni olarak görmesiyle de ortaya koyar. Tıpkı belirli bir hareketle fırlatılmış bulunan gökcisimlerinin her zaman bunu yı elemeleri gibi, bir kez bu birikimi izleyen genişleme ve daralma hareketi içine sokulan toplumsal üretim için de durum aynıdır. Sonuçlar, sırası gelince, neden halini alırlar ve durmadan kendi koşullarını yeniden-üreten sürecin tümü içersindeki değişik olaylar, devresel bir şekle bürünürler. Bu devresellik bir kez yerleşti mi, nispi artı-nüfusun yaratılmasını —yani sermayenin kendisini genişletmesi için gerekli olandan fazla bir nüfusun meydana gelmesini— ekonomi politiğin kendisi bile, büyük sanayinin zorunlu bir koşulu olarak görür.

Oxford'da ekonomi politik profesörü olup sonradan İngiliz sömürgeler bakanlığında çalışan H. Merivale diyor ki: "Diyelim ki, bunalımlardan birisi sırasında ulus, bu fazla işçinin birkaç yüzbininden göç yoluyla kurtulma çabasına düştü; sonuç ne olur? Emeğe olan ilk talepte, bir açık ile karşılaşılacaktır. Yeniden-üretim ne kadar hızlı olursa olsun, yetişkin işçi kaybının yerine konulması birkaç kuşak boyu alacaktır. Şimdi bizim fabrikatörlerimizin kârı, her şeyden önce, talebin bol olduğu sırada bolluk anından yararlanarak, işlerin durgun olduğu zamanlarda uğranılacak kaybı karşılama gücüne dayanıyor. Bu gücü onlara veren tek şey, makine ile el emeği üzerindeki egemenlikleridir. Ellerinin altında her zaman hazır işçi bulunmalı, pazarın durumuna göre işlerini bazan hızlandıracak, bazan da yavaşlatacak güce sahip olmalıdırlar, aksi takdirde, ülkenin servetinin dayandığı rekabet yarışındaki üstünlüklerini devam ettiremezler."[87] Malthus bile, bu aşırı nüfusu, dargörüşlülüğüne uygun olarak, işçi nüfusunda meydana gelen nispi fazlalık ile değil de, bu nüfustaki mutlak aşırı çoğalmayla açıklamakla birlikte, büyük sanayi için bir zorunluluk olarak görmektedir. Şöyle diyor: "Başlıca geçim kaynakları sanayi ve ticaret olan bir ülkedeki emekçi sınıf arasında, evlilik konusunda basiretli tutum ve alışkanlıklar eğer fazla ileri götürülecek olursa, bu ülke için zararlı olabilir. ... Nüfusun yapısı ve niteliği gereği, işçiler arasındaki bir artış, özel bir talep sonucu, pazara, 16 ya da 18 yıl geçmeden getirilemez, oysa gelirin tasarruf yoluyla sermayeye çevrilmesi çok daha hızlı olabilir; emeğin bakım ve devamı için gerekli fon miktarındaki artış, bir ülkede, her zaman, nüfus artışından daha hızlı olabilir."[88]

[87] H. Merivale, *Lectures on Colonization and Colonies,* 1841 ve 1842, v. I, s. 146.

Ekonomi politik, böylece, emekçilerin devamlı bir nispi artı-nüfus üretiminin, kapitalist birikim için zorunlu olduğunu gösterdikten sonra, şimdi de yaşlı bir bakire kılığına bürünerek "*beau ideal*"* bir kapitalistin ağzından, kendi yarattıkları ek sermaye tarafından sokağa atılan fazlalıklara hitaben şu sözleri rahatlıkla söyleyebilir: — "Yaşamanız için gerekli sermayeyi artırmakla biz fabrikatörler, sizin için elimizden geleni yapıyoruz, siz de sayınızı geçim araçlarına göre ayarlayarak, sizlere düşeni yapmalısınız."[89]

Ne var ki, kapitalist üretim, doğal nüfus artışının sağladığı kullanıma hazır emek-gücü miktarıyla asla yetinemez. O, rahatça at oynatabilmesi için bu doğal sınırların dışında yedek bir sanayi ordusunun bulunmasını ister.

Bu noktaya kadar, değişen sermayedeki artış ya da azalışın, çalıştırılan emekçi sayısına sıkı sıkıya denk düştüğü varsayılmıştı.

Değişen sermaye arttığı halde sermayenin komutası altındaki emekçi sayısı aynı kalabilir ve hatta düşebilir. Bireysel emekçi daha fazla emek sağladığı ve bu nedenle ücreti arttığı takdirde, emeğin fiyatının aynı kalması ya da emek kitlesindeki azalmadan daha yavaş düşme göstermesine karşın, böyle bir durum ortaya çıkar. Bu durumda değişen sermayedeki artış, daha fazla emeğin göstergesi olur, ama çalıştırılan daha fazla emekçinin göstergesi olmaz. Gider aynı kalmak üzere, çok sayıda emekçi yerine, daha az sayıda emekçiden, belli miktarda emek sızdırmak her kapitalistin mutlaka çıkarınadır. Çok emekçi çalıştırılması halinde, değişmeyen sermaye harcaması, harekete getirilen emek kitlesi ile orantılı olarak artar, oysa az emekçi çalıştırılması halinde bu artış çok daha azdır. Üretimin boyutları ne kadar geniş olursa, bu dürtü o kadar kuvvetli olur. Bunun gücü, sermaye birikimi ile birlikte artar.

Kapitalist üretim tarzı ile emeğin üretken gücündeki gelişmenin —bunlar, birikimin hem nedeni ve hem de sonucudur— kapitaliste, aynı değişen sermaye yatırımı ile, her bireysel emek-gücünü (genişlik ya da yoğunluk bakımından) daha büyük ölçüde sömürme yoluyla, daha fazla emeği harekete geçirme olanağını sağladığını görmüş bulunuyoruz. Ayrıca, kapitalistin, giderek artan ölçüde hünerli işçi yerine daha az hünerli işçi koyarak, olgun emek-gücü ye-

[88] Malthus, *Principles of Political Economy,* s. 215, 319, 320. Bu yapıtta da Malthus ensonu, Sismondi'nin yardımıyla kapitalist üretimin üç güzel meleğini keşfeder: aşırı-üretim, aşırı-nüfus, aşırı-tüketim; *Three very delicate monsters, indeed!* [Gerçekten birbirinden güzel üç melek!] F. Engels, "Umrisse zu einer Kritik der Nationalökonomie", *l.c.,* s. 107 *sqq.* [Friedrich Engels, "Bir Ekonomi Politik Eleştirisi Denemesi", *1844 Elyazmaları,* s. 423].

[89] Harriet Martineau, *A Manchester Strike,* 1832, s. 101.

* "Eşsiz güzel." –ç.

rine henüz olgunlaşmamış emek-gücü, erkek yerine kadın, yetişkin yerine genç ya da çocuk çalıştırarak, aynı sermaye ile daha büyük emek-gücü kitlesi satın aldığını da görmüş bulunuyoruz.

Bu nedenle bir yandan, birikimdeki ilerleme ile, daha büyük bir değişen sermaye, daha fazla emekçi çalıştırmaksızın daha fazla emeği harekete geçirmekte, öte yandan da, aynı büyüklükte bir değişen sermaye, aynı emek-gücü kitlesi ile daha fazla emeği harekete geçirmekte; ve ensonu, daha yüksek emek-gücünün yerini, daha çok sayıda düşük emek-gücü almaktadır.

Nispi artı-nüfus üretimi ya da emekçileri serbest duruma getirme işlemi, bu nedenle, birikimin ilerlemesiyle birlikte ortaya çıkan ve bu ilerlemeyle hız kazanan üretim sürecindeki teknik devrimlerden daha büyük bir hızla devam etmektedir. Üretim araçları, büyüklük ve etki güçleri bakımından artarken, daha az emekçi çalıştırma araçları haline geldikleri gibi, bu durum, bir de, emeğin üretkenliğindeki artış oranında, sermayenin emek arzını, emekçi talebinden daha büyük bir hızla yükseltmesi gerçeğiyle değişikliğe uğratılır. Bir yandan, işçi sınıfının çalışan kesiminin aşırı-çalışması yedek ordunun saflarını şişirirken, öte yandan da bu yedek ordunun rekabet yoluyla çalışanlar üzerindeki artan baskısı, bunları, aşırı-çalışmaya boyun eğmek ve sermayenin diktası altına girmek zorunda bırakır. İşçi sınıfının bir kesiminin aşırı-çalışmayla diğer kesimi zorunlu bir işsizliğe mahkum etmesi ve bunun tersi, bireysel kapitalistleri zenginleştirmenin bir aracı halini aldığı gibi,[90] aynı zamanda da, yedek sanayi ordusu üretimini, top-

[90] 1863 pamuk kıtlığı sırasında bile, Blackburnlü pamuk ipliği işçilerinin bir broşüründe, fabrika yasaları nedeniyle, doğal olarak yalnız yetişkin erkek işçileri etkileyen aşırı-çalışmadan şikayet edildiğini görüyoruz: "Bu fabrikadaki yetişkin erkek işçilerin günde 12 ile 13 saat çalışmaları istenmiştir, oysa ailelerini geçindirmek ve kardeşlerini, aşırı-çalışma yüzünden genç yaşta mezara girmekten kurtarmak için, işgününün bir kısmında çalışmaya canatan ve şu anda boş gezme durumuna düşürülmüş olan yüzlerce işçi bulunmaktadır. ... Bizler, diye devam ediyor, bazı işçiler tarafından fazla-mesainin uygulanmasının patronlar ile işçiler arasında iyi duygular uyandıracağından kuşkuluyuz. Fazla-mesai yapan işçiler, ayrıca, zorla tembelliğe mahkum edilen işçilere karşı da haksızlık edildiği duygusu içersindedirler. Bölgede, adaletle dağıtıldığı takdirde herkese yetecek kadar günün bir kısmında çalışmak için iş vardır. Patronlardan, daha iyi günler gelene kadar, diğerleri işsizlik yüzünden sadakayla yaşarken, bir kısım işçilerin fazla-mesai yapmaları yerine, kısa çalışma saatlerini öngören bir sistemi uygulamalarını isterken haklı bir talepte bulunmaktayız." (*Reports of Insp. of Fact., 31st Oct., 1863*, s. 8.) *Essay on Trade and Commerce* adlı yapıtın yazarı, nispi artı-nüfusun, çalışan işçiler üzerindeki etkisini, o her zamanki yanılmayan burjuva içgüdü ile kavrıyor: "Bu hükümdarlıkta tembelliğin bir nedeni de, yeter sayıda emekçi bulunmamasıdır. ... Ne zaman mamul eşya için fazla bir talep olsa, emek kıtlaşır, emekçiler kendi önemlerini anlar, ve bunu patronlara da aynen hissettirmek isterler; şaşılacak şey doğrusu, bu insanların tutumları o derece sorumsuzcadır ki, bu gibi zamanlarda bir grup işçi salt işverene zarar vermek için bütün bir gün boyunca aylaklık eder." (*Essay etc.*, s. 27, 28.) Bu adamlar, aslında ücretlerini yükseltmenin peşindeydiler.

lumsal birikimin ilerlemesine uygun düşecek ölçüde hızlandırır. Nispi artı-nüfusun meydana gelişinde, bu öğenin ne denli önemli olduğu, İngiltere örneğinde görülür. Emekten tasarruf konusunda bu ülkenin sahip olduğu araçlar pek büyüktür. Gene de, eğer yarın sabah, çalışma, usa-uygun sınırlara indirilse ve bu, yaş ile cinsiyete göre işçi sınıfının çeşitli kesimlerine orantılı olarak dağıtılsa, mevcut işçi nüfusu, ulusal üretimi bugünkü ölçüde yürütmeye kesinlikle yetmezdi. Şimdi "üretken olmayan" büyük emekçi çoğunluğunun, "üretken" hale getirilmesi zorunlu olurdu.

Bütünü ile alındığında, genel ücret hareketleri, tamamıyla, yedek sanayi ordusunun genişleme ve daralmasıyla düzenlenir ve bu da, sınai çevrimin devresel değişmelerine uygun olarak meydana gelir. Ücret hareketleri, bu nedenle, işçi nüfusun mutlak sayısındaki değişmeler ile belirlenmeyip, işçi sınıfının faal ve yedek işçi ordusu şeklinde bölünüşünü gösteren değişen oranlarla nispi artı-nüfus miktarındaki artış ve azalmayla, bazan emilen, bazan serbest bırakılan işçi miktarıyla belirlenir. Emek arz ve talebini, sermayenin birbirini izleyen genişleme ve daralmalarına, sermaye genişlediği için bazan nispi olarak gereksinme-altı, sermaye daraldığı için bazan da gereksinme-üstü gibi gözüken emek pazarına göre düzenlemek yerine, sermaye hareketini, nüfustaki mutlak değişmelere bağlıymış gibi göstermek isteyen ve birikimin ilerlemesiyle birbirini daha büyük bir hızla izleyen düzensiz dalgalanmalarla daha da karmaşık hale gelen on yıllık devirleri ve devresel dalgalanmalarıyla büyük sanayi için bu, gerçekten çok güzel bir yasa olurdu. Ne var ki, bu, yalnızca iktisatçıların bir dogmasıdır. Onlara göre ücretler, sermaye birikimi sonucu yükselir. Yüksek ücretler, çalışan nüfusu daha hızlı çalışmaya isteklendirir ve bu durum, emek pazarı çok dolu hale gelene ve dolayısıyla sermaye, emek arzına göre yetersiz kalana kadar sürer gider. Ücretler düşer ve şimdi de madalyonun öteki yüzü ile karşı karşıya geliriz. Ücretlerin düşmesi sonucu işçi nüfusu yavaş yavaş azalır ve böylece sermaye bunlara göre yeniden çoğalır, ya da başkalarının yaptıkları açıklamaya göre, düşen ücretler ve buna karşılık işçilerin sömürülmesindeki artış tekrar birikimi hızlandırır ve bu arada düşük ücretler işçi sınıfının çoğalmasını engeller. Sonra tekrar, emek arzının talepten az olduğu zaman gelir, ücretler yükselir ve bu böyle sürer gider. Gelişmiş kapitalist üretim için ne nefis bir devinim tarzı! Ücretlerdeki yükselme sonucu, gerçekten çalışmaya uygun olumlu bir nüfus artışı olmadan önce, sınai kampanyanın sonuçlandırılması, savaşın verilip kazanılması için gereken süre çoktan geçip gitmiş olacaktır.

1849 ile 1859 yılları arasında İngiltere'nin tarım bölgelerinde hububat fiyatlarında bir düşmeyle birlikte ücretlerde önemli olmayan bir yükselme oldu. Örneğin, Wiltshire'da haftalık ücretler 7 şilinden 8'e, Dorsetshire'da 7 ya da 8 şilinden 9'a vb. yükseldi. Bu, savaş taleplerinin, demiryollarının çok geniş ölçüde yayılmasının, fabrikaların, madenlerin vb. neden olduğu, tarımsal artı-nüfusta olağanüstü bir göçün sonucuydu. Ücretler ne kadar düşükse, çok önemsiz bile olsa bir artışın ifade ettiği oran o kadar yüksektir. Haftalık ücretler, diyelim, 20 şilinden 22 şiline yükselse, artış yüzde 10'dur: ama bu, yalnızca 7 şilin olup, 9 şiline yükselse, bu artış yüzde $28^{4}/_{7}$'dir, ve bu artış kulağa pek hoş gelir. Her yerde çiftlik sahipleri, homurdanmaya başlamışlar ve bu açlık-ücretlerine değinen Londra *The Economist*'i, ciddi bir tavırla, "*a general and substantial advance*"* diyerek çocukça laflar etmişti.[91] Peki şimdi çiftlik sahipleri ne yapmışlardı? Dogmatik iktisatçı kafaların söyledikleri gibi, tarım emekçilerinin, bu parlak ödül sonucu ücretleri tekrar düşsün diye sayıca artmalarını ve çoğalmalarını mı beklemeliydiler? Daha fazla makine kullanmaya başladılar ve bir anda tarım işçileri, çiftçilerin gözünü bile doyuracak kadar yeniden çoğaldılar. Şimdi öncesine göre tarıma "daha fazla" sermaye, daha üretken şekilde yatırılmıştı. Bununla birlikte, emeğe olan talep, yalnızca nispi değil, mutlak olarak da azalmıştı.

Yukarda sözü edilen ekonomik masal, genel ücret hareketlerini, ya da işçi sınıfı arasındaki —yani toplam emek-gücü ile toplam toplumsal sermaye arasındaki— oranı düzenleyen yasalar ile, işçi nüfusu çeşitli üretim alanlarına dağıtan yasaları birbirine karıştırmaktadır. Örneğin, uygun giden koşullar nedeniyle, eğer belli bir üretim alanında birikim özel bir canlılık gösterir ve bu alandaki kâr, ortalama kârdan yüksek olursa, ek sermayeyi buraya çeker ve emeğe olan talep arttığı için ücretler de yükselir. Yüksek ücretler, daha elverişli alana daha büyük bir işçi nüfusu çeker ve bu durum, burası emek-gücü ile doyana kadar devam eder; ücretler ensonu tekrar ortalama düzeye düşer ve eğer işçi akını çok fazla ise bu düzeyin altına bile iner. Bu durumda, sözkonusu sanayi dalına emekçi göçü durmakla kalmaz, bunların yerleşmesi de sağlanır. İşte, ekonomi politikçiler, burada, ücretlerdeki artışla birlikte emekçi sayısındaki mutlak artışın, emekçi sayısındaki bu mutlak artışla ücretlerin azalışına bakarak bunun niçinini ve nedenini gördüklerini sanırlar. Ama aslında onun gördüğü, yalnızca belli bir üretim alanındaki emek pazarının yerel dalgalanmalarıdır — o, yalnızca,

[91] *The Economist*, 21 Ocak 1860.
* "Genel ve önemli bir gelişme". –ç.

sermayenin değişen gereksinmelerine göre işçi nüfusunun farklı yatırım alanlarına bölünmeleri olayını görmektedir.

Yedek sanayi ordusu, duraklama ve ortalama gönenç dönemlerinde faal emek-ordusunu baskı altında tutar, aşırı-üretim ve coşkunluk dönemlerinde bu faal ordunun isteklerini dizginler. İşte bu nedenle, nispi artı-nüfus emeğin arz ve talep yasasının üzerinde döndüğü eksendir. Nispi artı-nüfus, bu yasanın geçerlik alanını, sermayenin sömürü ve egemenlik faaliyetlerine mutlak şekilde uyan sınırlar içersinde tutar.

Burada, ekonomik savunucuların büyük yiğitliklerinden bir tanesine yeniden değinmenin yeri gelmiş bulunuyor. Yeni makinelerin kullanılmaya başlaması ya da eskilerin genişletilmesi üzerine değişen sermayenin bir kısmının değişmeyene çevrilmesini, sermayeyi "bağlayan" ve böylece emekçileri "açıkta bırakan" bu olayı, ekonomik savunucuların tamamen ters bir şekilde, sermayenin, emekçiler için "serbest bırakılması" şeklinde yorumladıkları anımsanacaktır. Bu sonuncuların yüzsüzlükleri ancak şimdi tamamıyla anlaşılabilir. Serbest bırakılan emekçiler, makinenin yol verdiği emekçiler değildir; bunların gelecekte yerini alacak olan yetişen kuşaklar ile, sanayinin eski temel üzerindeki normal gelişmesiyle rahatça emebileceği ek emekçiler de serbest hale gelmişlerdir. Şimdi işte bunların hepsi "serbest hale getirilmiştir" ve kendisine iş arayan her yeni sermaye, bunlara rahatça elatabilir. Eğer bu sermaye, pazardan makinenin buraya attığı kadar emekçi çekmeye yeterli ise, bu emekçileri ya da başkalarını çekmiş olmasının genel emek talebi üzerindeki etkisi sıfır olacaktır. Yok eğer daha az sayıda emekçiyi çalıştırabilecekse, fazla emekçi miktarı artar; daha büyük sayıda emekçi kullanırsa, emeğe olan genel talep, bu "serbest bırakılanların" üzerinde kullanılan fazlalık ölçüsünde artar. Yatırım peşinde olan ek sermayenin, genel emek talebinde bir başka durumda yaratabileceği canlılık, bu yüzden, makine nedeniyle işlerinden edilen emekçiler ölçüsünde etkisiz hale getirilmiş olur. Demek ki, kapitalist üretim mekanizması işleri öyle ayarlıyor ki, sermayedeki mutlak artışla birlikte, emeğe olan genel talepte aynı ölçüde bir artış olmuyor. Ve kendilerini yedek sanayi ordusuna sürgün eden geçiş dönemi boyunca işlerinden edilen emekçilerin, sefalet, ıstırap ve belki de ölümleri karşısında bu savunucuların telafi dedikleri şey, işte budur! Ne emeğe olan talep, sermaye artışıyla eşdeğerdir, ne de emek arzı, işçi sınıfının artmasıyla eşdeğerdir. Ortada, iki bağımsız kuvvetin birbiri üzerindeki etkisi diye bir durum yoktur. *Les dés sont pipés.** Sermaye aynı anda, iki yanlı çalış-

* Zarlar hilelidir. –ç.

maktadır. Sermaye birikimi, bir yandan emek talebini artırırken, öte yandan emekçileri "serbest hale getirerek" emek arzını da artırmakta ve gene bu arada işsizlerin baskısı, çalışanları daha fazla emek harcamaya zorlamakta ve bu nedenle de emek arzını bir ölçüde emekçi arzından bağımsız hale getirmektedir. Emek arzı ve talebi yasasının bu esas üzerinde işlemesi sermayenin tahakkümünü tamamlamaktadır. İşte bunun için, emekçiler, daha fazla çalıştıkları, başkaları için daha fazla servet ürettikleri ve emeklerinin üretken güçlerinin artması ölçüsünde, sermayenin kendisini genişletmesine araçlık eden görevlerinin kendileri için gitgide daha asılsız ve güvenilmez bir durum almasının sırrını öğrenir öğrenmez; aralarındaki rekabetin yoğunluk derecesinin tamamıyla nispi artı-nüfusun baskısından ileri geldiğini anlar anlamaz; ve, kapitalist üretim ile ilgili bu doğal yasanın kendi sınıfları üzerindeki yıkıcı etkilerini ortadan kaldırmak ya da azaltmak için, çalışanlarla işsiz kalanlar arasında düzenli bir işbirliği kurmak üzere işçi sendikaları ve benzeri yollara başvurur vurmaz, sermaye ile, kendisine dalkavukluk eden ekonomi politik, "ebedi" ve sözde "kutsal" arz ve talep yasası çiğneniyor diye feryadı basar. Çalışanlar ile işsizler arasındaki her yakınlaşma, bu yasanın "uyumlu" çalışmasını bozar. Ama öte yandan da, diyelim sömürgelerdeki gibi ters koşullar, bir yedek sanayi ordusunun yaratılmasını engelleyerek, işçi sınıfının kapitalist sınıfa mutlak bağımlılığını gerçekleştirmeyince, bu kez de, sermaye, mahut Sancho Panza'sı ile omuz omuza, "kutsal" arz ve talep yasasına karşı ayaklanır ve bunun kendisine ters düşen işleyişini, zorla ve devletin de işe karışmasıyla değiştirmeye kalkışır.

DÖRDÜNCÜ KESİM. — NİSPİ ARTI-NÜFUSUN FARKLI BİÇİMLERİ. GENEL KAPİTALİST BİRİKİM YASASI

Nispi artı-nüfus, olası her biçimde vardır. Her emekçi, ancak burada, yarı ya da tam işsiz olduğu zaman yeralır. Sınai çevrimin değişen evrelerinin zorladığı, bunalım sırasında, had, durgun zamanlarda tekrar kronik bir durum alan büyük devresel biçimler dikkate alınmazsa — her zaman üç biçimi vardır: akıcı, saklı ve durgun.

Büyük sanayi merkezlerinde —fabrikalarda, manüfaktürlerde, demir döküm yerlerinde, madenlerde vb.— emekçiler üretimin boyutlarına göre her zaman azalan oranda olmakla birlikte, bütünüyle alındığında çalışanların sayıları artacak şekilde büyük kitleler halinde bazan işten uzaklaştırılır, bazan da işe alınır. Burada artı-nüfus akıcı biçimdedir.

Makinenin bir etmen olarak girdiği ya da yalnızca modern işbölümünün uygulandığı bütün büyük işyerlerinde olduğu gibi, gerçek anlamıyla fabrikalarda, olgunluk yaşına gelinceye kadar çok sayıda erkek çocuk çalıştırılır. Bu yaşa ulaşır ulaşmaz, bunların ancak pek azı, aynı sanayi kollarında iş bulmaya devam eder, çoğunluğu ise düzenli şekilde işten çıkarılır. Bu çoğunluk, akıcı artı-nüfusun bir öğesini oluşturur ve büyüklükleri, bu sanayi kollarının boyutlarına göre artar. Bunların bir kısmı, aslında, sermayenin peşine düşerek dış ülkelere göç eder. Bunun sonuçlarından biri, İngiltere'de olduğu gibi, kadın nüfusun erkek nüfustan daha hızlı artmasıdır. Emekçi sayısındaki doğal artışın, sermaye birikiminin gereksinmelerini karşılamamakla birlikte, gene de bundan fazla olması çelişkisi, sermayenin kendi hareketinin özünde yatan bir çelişkidir. Sermaye her zaman çok sayıda genç emekçi, az sayıda yetişkin emekçi ister. Bu çelişki, işbölümünün kendilerini belli bir sanayi koluna bağlaması nedeniyle, binlerce işçi, işsiz durumdayken, işçi kıtlığından şikayet edildiği zamanki kadar göze batıcı değildir.[92]

Ayrıca, emek-gücünün sermaye tarafından tüketilmesi o kadar hızlıdır ki, emekçi, yaşamının daha yarısında iken aşağıyukarı bütün ömrünü tüketmiş gibidir. Bu emekçi, ya fazlalıkların arasına katılır, ya da ıskalanın üst basamağından alt basamağına indirilir. En kısa ömre, büyük sanayi işçileri arasında raslıyoruz. Manchester sağlık müdürü Dr. Lee şöyle diyor: "Manchester'da üst ortasınıfta ... ortalama insan ömrü 38, oysa işçi sınıfında aynı ortalama 17'dir; bu sayılar, Liverpool için, 35'e karşı 15'tir. Bundan da halivakti yerinde olan sınıfların insanlarına, daha az gözde yurttaşların kısmetine düşene oranla iki katı ömür bağışlandığı anlaşılıyor."[93] Bu durumu doğrulamak için, proletaryanın bu kesimindeki mutlak artışın, bireylerin hızla tüketilmesine karşın, bunların sayılarını artıracak koşullar altında olması gerekir. Yani, işçi kuşaklarının hızla yenilenmeleri gerekir (ve bu yasa, nüfusun öteki sınıfları için geçerli değildir). Bu toplumsal gereksinme, büyük sanayi işçilerinin, içinde yaşadıkları koşulların zorunlu bir sonucu olan erken evlenmeler ve çocukların sömürülmelerinin, bunların üretilmelerini kârlı bir iş haline getirmesiyle karşılanır.

[92] 1866 yılının son altı ayında Londra'da 80-90.000 işçi işten atılmıştı; bu altı aya ait fabrika raporu şöyle diyor: "Talebin, tam gerektiği anda her zaman bir arz meydana getireceğini söylemek tamamıyla doğru bir şey gibi görünmemektedir. Emek konusunda da bu böyle olmuştur, çünkü, son yıl içersinde işçi yokluğu yüzünden pek çok makine boş kalmıştır." (*Rep. of Insp. of Fact., 31st. Oct. 1866*, s. 81.)

[93] 14 Ocak 1875'te toplanan Birmingham Sağlık Konferansında belediye başkanı (şimdi (1883) ticaret bakanı) J. Chamberlain'in açış konuşması.

Kapitalist üretim, tarım alanına el atar atmaz ve bu alanı elegeçirdiği ölçüde, tarımda kullanılan sermaye birikimi ilerlemekle birlikte, tarım emekçisine duyulan talep mutlak olarak azalır ve bu geri itme olayı tarım-dışı alanlarda olduğu gibi daha büyük bir çekimle telafi edilemez. Tarımsal nüfusun bir kısmı işte bunun için sürekli olarak kent ya da manüfaktür proletaryasına dönüşme noktasında ve bu dönüşüm için uygun koşulları bekler durumdadır. (Burada manüfaktür, her türlü tarım-dışı sanayi anlamında kullanılmıştır.)[94] Bu nispi artı-nüfus kaynağı böylece devamlı akış halindedir. Ama, kentlere doğru olan bu sürekli akış, kırsal bölgenin kendisinde daimi bir saklı artı-nüfus bulunmasını gerekli kılar ve bu artı-nüfusun büyüklüğü ancak akış kanalları olağanüstü genişliğe ulaştığı zaman belli olur. Tarım emekçisinin ücreti, bu nedenle, asgariye indirgenmiş durumdadır ve bir ayağı her zaman sefalet batağına saplanmış durumdadır.

Nispi artı-nüfusun üçüncü kategorisi, durgun artı-nüfus, faal emek-ordusunun bir kesimini oluşturmakla birlikte, bir işte çalışmaları son derece düzensizlik gösterir. Böylece, sermayeye, her an elaltında bulunan bitip tükenmez bir emek-gücü deposu sağlar. Yaşam koşulları, işçi sınıfının ortalama normal düzeyinin altına düşer ve bu durum, onu, derhal, özel kapitalist sömürü kollarının geniş tabanı haline getirir. Azami çalışma süresi ve asgari ücret, bunların ayırdedici özelliğidir. Bunların başlıca şeklini, "ev sanayisi" başlığı altında görmüştük. Durgun artı-nüfus, büyük sanayi ile tarımdan ve, özellikle, elzanaatının yerini manüfaktüre, manüfaktürün makineye bıraktığı, çökmekte olan sanayi kollarından gelen, fazlalık halindeki kuvvetlerle beslenir. Birikimin hızı ve genişliği ile birlikte artı-nüfusun meydana gelişi hızlandığı için, bu artı-nüfus da büyür. Ama aynı zamanda, işçi sınıfının genel artışında diğer öğelere göre daha büyük bir orana sahip olduğu için, bu sınıf içinde kendi kendini üreten ve sürdüren bir öğe oluşturur. Gerçekten de, yalnız doğum ve ölümlerin sayıları değil, ailelerin mutlak büyüklükleri de ücretlerin yüksekliği ve dolayısıyla farklı emekçi kategorilerinin kullanabilecekleri geçim araçları miktarıyla ters orantılıdır. Kapitalist toplumun bu yasası, yabanıllara ve hatta uygar sömürgecilere bile saçma gelebilir. Bu yasa, insanın aklına, bi-

[94] İngiltere ve Gal'e ait 1861 sayımında verilen 781 kentte "10.960.998 kişi oturduğu halde, köyler ile kırsal bölgelerde 9.105.226 kişi yaşıyordu. 1851 yılında kent sayısı 580 idi ve bunlar ile çevrelerindeki nüfus hemen hemen eşitti. Ama, bunu izleyen on yılda köylerle kırlardaki nüfus yarım milyona yükseldiği halde, 580 kentteki nüfus, bir-buçuk milyona ulaştı (1.554.067). Kırsal bölgelerdeki nüfus artışı yüzde 6,5, kentlerde 17,3'tür. Artış oranındaki farkın nedeni, kırlardan kentlere olan göçtür. Toplam nüfustaki artışın dörtte-üçü kentlerde olmuştur." (*Census, etc.*, v. ııı, s. 11, 12.)

reysel olarak zayıf ve sürekli izlenip avlanan hayvanların sınırsız şekilde üremelerini getiriyor.[95]

Nispi artı-nüfusun en dipteki tortusu, ensonu, sefalet alanında bulunur. Serseriler, suçlular, orospular, tek sözcükle "tehlikeli" sınıflar dışında, bu toplum katı, üç kategoriyi kapsar: Birincisi, çalışabilecek durumda olanlar. Her bunalımda yoksulların sayısının arttığını ve iş alanındaki her canlanma ile bunların da azaldığını görmek için İngiltere'deki yoksul istatistiklerine bir gözatmak yeterlidir. İkincisi, yetim ve öksüz çocuklarla fakir fukara çocuklardır. Bunlar, yedek sanayi ordusunun adayları olup, örneğin 1860 gönenç dönemlerindeki gibi hızla ve çok sayıda faal emek-ordusuna katılırlar. Üçüncüsü, ahlak düşkünleri, zavallılar, çalışamayacak durumda olanlar, işbölümü nedeniyle uyum yeteneğinden yoksun kalmış çaresizler; normal emekçi yaşını aşan kimseler; sayıları tehlikeli makineler, madenler, kimyasal işler vb. ile artan sanayi kurbanları, sakatlar, sayrılılar, dullar. Yoksulluk, faal emek-ordusunun hastanesi, yedek sanayi ordusunun safrasıdır. Sefalet, nispi artı-nüfusla birlikte ürer ve biri diğerinin zorunlu koşuludur; artı-nüfusun yanısıra yoksulluk, kapitalist üretimin ve zenginlik artışının bir koşulunu oluşturur. Bunlar, kapitalist üretimin *faux frais*'si* arasında yeralırsa da, sermaye, bunun büyük kısmını, kendi omuzlarından kaldırıp, işçi sınıfı ile alt orta-sınıfın omuzlarına yüklemenin yolunu çok iyi bilir.

Toplumsal servet, işleyen sermaye, bu sermayenin büyüme ölçüsü ile hızı, ve dolayısıyla, proletaryanın mutlak kitlesi ve emeğin üretkenliği ne kadar büyük olursa, yedek sanayi ordusu da o kadar büyük olur. Sermayenin genişleme gücü ile, emrindeki emek-gücünün gelişmesi de aynı nedene bağlıdır. Bunun için, yedek sanayi ordusunun nispi büyüklüğü, servetin potansiyel enerjisi ile birlikte artar. Ama bu yedek ordunun faal orduya oranı ne kadar büyükse, sefaleti, çalışma sırasında katlandığı ıstırapla ters orantılı olan toplam artı-nüfusun kitlesi de o kadar büyük olur. Ensonu, işçi sınıfının düşkünler tabakası ile yedek sanayi ordusu ne kadar yoğun olursa, resmî yoksulluk da o kadar yaygın olur. *Bu, kapita-*

95 "Yoksulluk üremeye yararlı gibi görünüyor." (A. Smith.) Hatta bu, kibar ve esprili Abbé Galiani'ye göre, tanrının özellikle bilgece yaptığı bir düzenlemedir. "Tanrı, en yararlı işleri yapacak insanların bolca dünyaya gelmelerini sağlayan bir düzen kurmuştur." (Galiani, *l.c.,* s. 78.) "Sefalet, kıtlık ve kırımın son noktasına kadar, nüfusun artışını durduracak yerde artırmaya eğilim gösterir." (S. Laing, *National Distress,* 1844, s. 69.) Laing bunu istatistikler ile gösterdikten sonra şöyle devam eder: "Eğer insanların hepsi rahat koşullar içersinde olsalardı, çok geçmeden dünya ıssızlaşırdı." ("*If the people were all in easy circumstances, the world would soon be depopulated.*")

* Üretken olmadığı halde zorunlu olan maliyetler. –ç.

list birikimin mutlak genel yasasıdır. Diğer bütün yasalar gibi, bu da, işleyişi sırasında çeşitli koşullar ile değişikliğe uğrarsa da, bunların incelenmesi bizi burada ilgilendirmemektedir.

Emekçilere, sayılarını sermayenin gereklerine uydurmalarını öğütleyen ekonomik bilgeliğin budalalığı böylece ortaya çıkmış oluyor. Kapitalist üretim ve birikim mekanizması, bu ayarlamayı sürekli etkiler. Bu uymanın ilk durağı, nispi artı-nüfusun ya da yedek sanayi ordusunun yaratılması, son durağı, faal sanayi ordusunda gittikçe genişleyen bir tabakanın sefaleti ve yoksulluğun bir safra halinde çoğalmasıdır.

Toplumsal emeğin üretkenliğindeki ilerleme sayesinde gitgide artan ölçüde üretim araçlarının, gitgide azalan insan gücü harcamasıyla harekete getirilmesi yasası —emekçinin üretim araçlarını değil, üretim araçlarının emekçiyi çalıştırdığı—, kapitalist bir toplumda, tam tersine döner ve şöyle ifade edilir: Emeğin üretkenliği ne kadar yükselirse, emekçinin istihdam araçları üzerindeki baskısı o kadar büyür ve dolayısıyla varoluş koşulları, yani başkalarının servetini ya da sermayenin genişlemesini artırmak için kendi emek-güçlerini satabilme durumları o derece düzensiz ve güvenilmez duruma gelir. Böylece, üretim araçlarıyla emeğin üretken gücünün, üretken nüfustan daha hızlı bir şekilde artması gerçeği, kapitalist bir görüşle tam tersine ifade edilerek, emekçi nüfusun, sermayenin kendi genişleme gereksinmelerini karşılamak için çalıştırılabileceğinden daha büyük bir hızla arttığı şeklini alır.

Nispi artı-değer üretimini incelerken dördüncü kısımda görmüş olduğumuz gibi, kapitalist sistemde emeğin üretkenliğinin yükseltilmesi için kullanılan bütün yöntemler, bireysel emekçinin aleyhine kullanılıyordu; üretimi geliştirme araçlarının hepsi, üreticiler üzerinde egemenlik kurulması ve sömürülmesi araçlarına dönüşüyordu; bunlar, emekçiyi, bir parça insan haline getiriyor, onu makinenin bir parçası düzeyine indiriyor, yaptığı işin bütün sevimliliğini yok ederek nefret edilen bir eziyet haline sokuyordu; bilimin bağımsız bir güç olarak sürece katılması ölçüsünde işçiyi, emek-sürecinin entelektüel yeteneklerinden uzaklaştırıyor; çalışma koşullarını bozuyor, emek-süreci sırasında nefret edilecek bir despotluğa boyun eğmek durumunda bırakıyor; tüm yaşamını yalnızca çalışma yaşamı şekline sokuyor ve karısıyla çocuklarını, sermaye, Juggernaut'un çarkları arasına sürüklüyordu. Ne var ki, bütün artı-değer üretim yöntemleri, aynı zamanda, birikim yöntemleridir; ve birikimdeki her genişleme, bu yöntemlerin gelişmesi için bir araç haline gelir. Bundan da şu sonuç çıkar ki, sermaye birikimi oranında, aldığı ücret, ister yüksek ister düşük olsun, emekçinin yazgısı daha da beter olacaktır. Ensonu, nispi artı-nüfusu ya da yedek sanayi ordusunu, birikimin büyüklüğü ve hızı ile her zaman dengeli durumda tutan yasa, emekçiyi, sermayeye, Vulcan'ın Prometheus'u kayalara mıhlamasından daha sağlam olarak perçinler. Sermaye birikimine tekabül eden bir sefalet birikimi yaratır. Bu yüzden, bir kutupta servet birikimi, diğer kutupta, yani kendi emeğinin ürününü sermaye şeklinde üreten sınıfın tarafında, sefaletin, yorgunluk ve bezginliğin, köleliğin, bilisizliğin, zalimliğin, ussal yozlaşmanın birikimi ile aynı anda olur.

Kapitalist birikimin uzlaşmaz karşıt niteliği,[96] kapitalizmöncesi üretim tarzlarına ait olup bir ölçüde benzerlik gösteren, ama temelde farklı olgularla karıştırılmakla birlikte ekonomi politikçiler tarafından çeşitli şekillerde ifade edilmiştir.

18. yüzyılın büyük iktisatçı yazarlarından birisi Venedikli keşiş Ortes, kapitalist üretimdeki bu uzlaşmaz karşıtlığı, toplumsal servetin genel doğal yasası gibi görmektedir. "Bir ulusun ekonomisinde iyilikler ile kötülükler her zaman birbirini dengeler (*il bene ed il male economico in una nazione sempre all'istessa misura*): bazılarının servetindeki bolluk, her zaman, diğerlerinin servetindeki yokluğa eşittir (*la copia dei beni in alcuni sempre eguale alla mancanza di essi in altri*): az sayıda insanın büyük servetleri her zaman diğer birçok insanın, yaşamak için en zorunlu şeylerden mutlak yoksunluğu ile biraradadır. Bir ulusun zenginliği nüfusuna, sefaleti zenginliğine uygun olur. Bazılarının çalışkanlığı diğerlerini tembelliğe zorlar. Yoksul ile tembel, zengin ile çalışkanın zorunlu sonucudur." vb..[97] Ortes'den aşağıyukarı on yıl sonra, İngiliz kilisesi rahiplerinden Townsend, sefaleti, zenginliğin zorunlu koşulu diye, zalim

[96] "*De jour en jour, il devient donc plus clair que les rapports de production dans lesquels se meut la bourgeoisie n'ont pas un caractère un, un caractère simple, mais un caractère de duplicité; que dans les mêmes rapports dans lesquels se produit la richesse, la misère se produit aussi; que dans les mêmes rapports dans lesquels il y a développement des forces productives, il y a une force productive de répression; que ces rapports ne produisent la* richesse bourgeoise *c'est-à-dire la richesse de la classe bourgeoise, qu'en anéantissant continuellement la richesse des membres intégrants de cette classe et en produisant un prolétariat toujours croissant.*" ["Böylece, burjuvazinin içinde hareket ettiği üretim ilişkilerinin basit, tekdüze bir niteliğe sahip olmayıp, ikili bir niteliğe sahip oldukları; zenginliğin üretildiği; aynı ilişkiler içinde yoksulluğun da üretildiği; üretken güçlerin bir gelişme gösterdiği aynı ilişkiler içinde önleyici bir gücün de bulunduğu; bu ilişkilerin *burjuva zenginliği,* yani burjuva sınıfın zenginliğini, ancak bu sınıfın tek tek üyelerinin zenginliklerini sürekli yok ederek ve durmaksızın büyüyen bir proletarya yaratarak ürettiği her geçen gün biraz daha açığa çıkmaktadır."] (Karl Marx, *Misère de la Philosophie,* s. 116 [*Felsefenin Sefaleti,* s. 129].)

[97] G. Ortes, *Della economia nazionale libri sei,* 1777, Custodi'de Parte Moderna, t. XXI, s. 6, 9, 22, 25, vd.. Ortes şöyle diyor, *l.c.,* s. 32: "Ulusların mutluluğu için yararsız sistemler kurmak yerine, kendimi onların mutsuzluklarının nedenlerini araştırmakla sınırlayacağım".

bir biçimde göklere çıkarmıştır. "[Emeğe] yasal baskı, bir yığın zahmet, şiddet ve gürültüyü de birlikte getirir. ... Oysa açlık, yalnız barışçı, sessiz ve sonu gelmeyen bir baskı olmakla kalmaz, gayret ve çalışmanın en doğal dürtüsü olarak, en güçlü çabayı davet eder." Bu durumda her şey, açlığı, işçi sınıfı arasında yaygın ve sürekli hale getirmeye bağlı oluyordu ve Townsend'e göre, bunu da, özellikle yoksullar arasında faal olan nüfus ilkesi sağlıyordu. "Öyle görünüyor ki, yoksulların bir ölçüde basiretsiz olması" (yani, ağızlarında bir gümüş kaşık *olmaksızın* doğacak kadar basiretsiz olmaları) "ve toplumda en aşağılık, en pis ve en bayağı işlerin yapılabilmesi için her zaman bazı kimselerin bulunmaları bir doğa yasasıdır. Böylece insan mutluluğunun hazinesi çok daha artar, daha hassas ve ince yaratılışlı olanlar, yalnız, sıkıcı işlerden kurtulmakla kalmazlar ... aynı zamanda, çeşitli yeteneklerine uygun düşen uğraşları yerine getirmek için bütünüyle serbest kalırlar ... o" (yani, Yoksul Yasası), "tanrı ile doğanın yeryüzünde kurduğu sistemin, uyum ve güzelliğini, simetrisini ve düzenini yıkma eğilimini gösteriyor."[98] Venedikli keşişin, sefaleti sonsuzlaştıran önüne geçilmez yazgıda, hıristiyan hayırseverliğinin, evlenmeme yemininin, manastırların ve kutsal evlerin *raison d'être*'ini* bulması gibi, tahsisatlı protestan papazı da, bunda, yoksullara bir avuç kamu yardımı yapılmasını öngören yasalara saldırmanın bahanesini bulmaktadır.

"Toplumsal servetteki ilerleme" diyor Storch, "en sıkıcı, en bayağı ve iğrenç işleri yapan, tek sözcükle hayatta hoşa gitmeyen ve aşağılatıcı ne varsa omuzlarına yüklenen ve böylece diğer sınıflara boş zaman, huzur ve alışılagelen" (*c'est bon!*)** "karakter yüceliği sağlayan bu yararlı sınıfı yaratır."[99] Bundan sonra Storch, kendisine, yığınların sefaleti ve soysuzlaşması ile bu kapitalist uygarlığın barbarlığa göre ne üstünlüğü var? diye sorar. Buna tek bir karşılık bulur: güven!

[98] *A Dissertation on the Poor Laws. By a Well-wisher of Mankind.* (The Rev. J. Townsend) 1786, yeni baskı, Lond. 1817, s. 15, 39, 41. Sözü edilen bu yapıtı ile, *Journey through Spain* adlı yapıtından aktarmalar yaptığımız bu "hassas" insandan Malthus sık sık, sayfaları bütünüyle kopya ederse de, zaten o da öğretisinin büyük bir kısmını sir James Steuart'tan almış, ama bunu yaparken gerekli değiştirmeleri de yapmıştır. Örneğin, Steuart: "Burada, kölelikte, insanlığı" (işçi-olmayanlar için) "gayrete getirmenin zora dayanan bir yöntemi vardı. İnsanlar çalışmaya" (yani başkaları için bedavadan çalışmaya) "zorlanırdı, çünkü bunlar başkalarına ait kölelerdi; insanlar şimdi zorla işe koşulurlar" (yani işçi-olmayanlar için bedava çalışırlar), "çünkü bunlar kendi gereksinmelerinin kölesidirler." derken, şişko vakıf yöneticisi gibi, ücretli emekçinin devamlı oruç tutması gerektiği sonucuna varmaz. Tersine o, bunların gereksinmelerinin artmasını ve bu artan gereksinmelerin daha "hassas" insanlar için çalışmalarında bir dürtü olmasını ister.

[99] Storch, *l.c.*, t. III, s. 223.

* Varoluş nedeni. –ç.

** İşte bu güzel! –ç.

Sismondi de, "sanayi ile bilimin ilerlemesi sayesinde", diyor, "bütün emekçiler, her gün, tüketebileceğinden fazlasını üretebiliyor. Ama eğer, emeği ile ürettiği bu servet kendi tüketimine bırakılırsa, bu, onu iş için daha az uygun bir hale getirir." Ona göre, "İnsanlar" (yani, işçi-olmayanlar), "eğer işçiler gibi sürekli ve ağır bir çalışma karşılığında satın almak zorunda kalsalardı, her türlü artistik yaratılar ve fabrikatörlerin bizim için sağladıkları bütün zevklerden vazgeçmeyi yeğ tutabilirlerdi. ... Bugün artık harcanan çaba, bunun ödülünden ayrılmış bulunuyor; önce çalışan, daha sonra dinlenen, aynı adam olmuyor; ama birisi çalıştığı için diğeri dinlenebiliyor. ... O halde, emeğin üretken gücündeki sınırsız artış, ancak, aylak zenginlerin lüks ve zevklerini artırmaktan başka bir sonuç veremez."[100]

Ensonu, ağırkanlı burjuva doktrinci Destutt de Tracy de, şu zalimce sözleri yumurtluyor: "Yoksul uluslarda halk rahattır, zengin uluslarda ise genellikle yoksuldur."[101]

BEŞİNCİ KESİM. — GENEL KAPİTALİST BİRİKİM YASASININ ÖRNEKLENDİRİLMESİ

(a) *1846-1866 Arasında İngiltere*

Kapitalist birikimin incelenmesi için modern toplumda hiçbir dönem, son 20 yılllık dönem kadar uygun değildir. Bu dönem, sanki Fortunatus'un* hazinesini bulmuş gibidir. Bütün ülkeler arasında İngiltere gene klasik örneği vermektedir; çünkü, dünya pazarında ön sırayı tutmakta, kapitalist üretim yalnız burada tam olarak gelişmiş bulunmakta ve ensonu, 1846'dan beri süregelen serbest ticaretin mutluluk döneminin başlamasıyla, vülger ekonomi son sığınağından da kovulmuş bulunmaktadır. Üretimdeki dev ilerleme —bunda da son yirmi yıllık dönem, ilkini geniş ölçüde aşmaktadır— Dördüncü Bölümde yeterince işlenmişti.

Son yarım yüzyılda İngiltere nüfusundaki mutlak artış çok büyük olmakla birlikte, resmî nüfus sayımından alınan aşağıdaki tablonun da gösterdiği gibi, nüfustaki nispi artış ya da artış oranı devamlı olarak düşmüştür.

[100] Sismondi, *l.c.*, s. 79, 80, 85.

[101] Destutt de Tracy, *l.c.*, s. 231: "*Les nations pauvres, c'est là où le peuple est à son aise; et les nations riches, c'est là où il est ordinairement pauvre.*" ["Yoksul uluslarda halk sıkıntı içinde değildir; ve zengin uluslarda halk her zaman yoksuldur."]

* Talih tanrıçası. –ç.

İNGİLTERE İLE GALLER ÜLKESİNDE, ONAR YILLIK ARAYLA YÜZDE OLARAK NÜFUS ARTIŞI

1811 — 1821	1.533%
1821 — 1831	1.446%
1831 — 1841	1.326%
1841 — 1851	1.216%
1851 — 1861	1.141%

Şimdi de buna karşılık zenginlikteki artışı görelim. Burada en güvenilir dayanak, gelir vergisine giren, kârın, toprak rantının vb. hareketidir. Büyük Britanya'da 1853 ile 1864 yılları arasında gelir vergisine tabi kârlardaki artış (çiftlikler ile diğer bazı kategoriler alınmamıştır), %50,47'ye ya da yıllık ortalama olarak %4,58'e ulaşmıştır;[102] aynı dönemde nüfustaki artış ise aşağıyukarı %12'dir. Vergiye tabi toprak rantındaki artış (evler, demiryolları, madenler, dalyanlar vb. dahil) 1853 ile 1864 yılları arasında %38'e ya da yıllık olarak %3 5/12'ye ulaşır. Burada, aşağıdaki kategoriler en büyük artışı göstermektedir.

1864 YILINDA 1853'E ORANLA YILLIK GELİR FAZLASI

Binalar	38.60%	3.50%
Taşocakları	84.76%	7.70%
Madenler	68.85%	6.26%
Demirhaneler	39.92%	3.63%
Balıkhaneler	57.37%	5.21%
Gazhaneler	126.02%	11.45%
Demiryolları	83.29%	7.57%[103]

Eğer 1853-1864 döneminin birbirini izleyen her dört yılını birbirleriyle karşılaştırırsak, gelirlerdeki artış oranının devamlı yükseldiğini görürüz. Örneğin, bu oran, kârdan gelen gelirler için 1853-1857 döneminde yılda %1,73; 1857-1861 döneminde yılda %2,74 ve 1861-64 döneminde yılda %9,30'dur. Birleşik Krallıkta, gelir vergisine tabi gelirlerin toplamı, 1856 yılında, 307.068.898 sterlin; 1859 yılında 328.127.416 sterlin; 1862 yılında 351.745.241 sterlin; 1863 yılında 359.142.897 sterlin; 1864 yılında 362.462.279 sterlin; 1865 yılında 385.530.020 sterlindir.[104]

[102] *Tenth Report of the Commissioners of H. M's Inland Revenue,* Lond. 1866, s. 38.

[103] *Ibidem.*

[104] Bu rakamlar karşılaştırma için yeterlidir, ama mutlak olarak alınırsa hata-

Sermaye birikimi, aynı zamanda, sermaye yoğunlaşmasını ve merkezileşmesini de birlikte getiriyordu. İngiltere için resmî tarım istatistikleri olmamakla birlikte (bunlar İrlanda için vardı), 10 kontlukta bunlar gönüllü olarak verilmiştir. Bunlara göre, 1851-1861 döneminde 100 *acre*'dan küçük çiftlik sayısı 31.583'ten 26.567'ye inmişti, yani böylece 5.016 tanesi daha geniş çiftliklere katılmıştı.[105] 1815-1825 arasında, veraset vergisine tabi, 1.000.000 sterlini aşan taşınabilir mal yoktu; oysa 1825-1855 arasında 8 tane, 1855'ten 1859 Haziran ayına kadar, yani 4,5 yılda 4 tane böyle taşınabilir mal görülmüştü.[106] Bununla birlikte bu merkezileşme, en iyi şekilde, 1864 ve 1865 yıllarında, gelir vergisi D cetvelinin (çiftlikler vb. hariç, kârlar) kısa bir tahlilinden anlaşılabilir. Bu kaynaktan gelen gelirlerin ancak 60 sterlinden yukarı olanlarının gelir vergisine tabi olduğunu önceden belirtelim. 1864 yılında, İngiltere, Galler ve İskoçya'da vergiye tabi gelirler, 95.844.222 sterline, 1865'te 105.435.787 sterline ulaşıyordu.[107] 23.891.009 kişilik nüfusun 1864 yılında vergilendirilen insan sayısı 308.416; 1865 yılında ise 24.127.003 nüfustan 332.431 kişi idi. Aşağıdaki tablo bu gelirlerin iki yıllık dağılımını gösteriyor.

	5 Nisan 1864'te Sona Eren Yıl		5 Nisan 1865'te Sona Eren Yıl	
	Kâr Gelirleri £	Kişi	Kâr Gelirleri £	Kişi
Toplam gelir:	95.844.222	308.416	105.435.738	332.431
" "	57.028.289	23.334	64.554.297	24.265
" "	36.415.225	3.619	42.535.576	4.021
" "	22.809.781	832	27.555.313	973
" "	8.744.762	91	11.077.238	107

Birleşik Krallıkta, 1855 yılında, 16.113.267 sterlin değerinde 61.453.079 ton kömür üretilmişti; bu sayılar 1864 yılında,

lıdır, çünkü yılda belki de 100 milyon sterlinlik bir gelir beyan dışı kalmaktadır. İç gelirler yetkilileri, özellikle ticaret ve sanayi sınıflarının sistemli vergi kaçakçılığı konusundaki şikayetlerini bütün raporlarında yinelemektedirler. Örneğin, "Bir anonim şirket, vergilenebilir kâr olarak 6.000 sterlin göstermişti, hesap uzmanı, bu miktarı 88.000 sterline yükseltti ve sonunda vergi bu miktar üzerinden alındı. 190.000 sterlin kâr gösteren başka bir şirket, sonunda gerçek kârın 250.000 sterlin olduğunu kabul etmek zorunda kaldı." (*Ibid.*, s. 42.)

105 *Census etc., l.c.,* s. 29. John Bright'ın İngiltere topraklarının yarısının 150, İskoçya topraklarının yarısının 12 büyük topraksahibinin elinde bulunduğu iddiası hiçbir zaman çürütülememiştir.

106 *Fourth Report etc., of Indland Revenue,* Lond. 1860, s. 17.

107 Bunlar, yasanın tanıdığı bazı indirimlerden sonra net gelirlerdir.

92.787.873 ton ve 23.197.968 sterlindir. 1855 yılında, 8.045.385 sterlin değerinde 3.218.154 ton pik demir üretilmişti; bu sayılar, 1864 yılında, 4.767.951 ton ve 11.919.877 sterlindir. 1854 yılında, Birleşik Krallıkta, işleyen demiryolu uzunluğu 8.054 mildi, ödenmiş sermaye 286.068.794 sterlin, 1864 yılında uzunluk 12.789 mil, ödenmiş sermaye 425.719.613 sterlin. 1854 yılında Birleşik Krallığın ithalat ve ihracat toplamı 268.210.145 sterlin; 1865 yılında, 489.923.285 sterlindi. Aşağıdaki tablo ihracat hareketini göstermektedir:

1846	58.842.377£	1860	135.842.817£
1849	63.596.052£	1865	165.862.402£
1856	115.826.948£	1866	188.917.563£[108]

Bu birkaç örnekten sonra, İngiliz genel sayım yetkilisinin attığı şu zafer çığlığının nedeni anlaşılır: "Nüfus hızla artmakla birlikte, sanayi ile servetteki ilerlemeye ayak uyduramamıştır."[109]

Şimdi de, bu sanayide doğrudan çalışanlara, bu servetin yaratıcılarına, işçi sınıfına bir gözatalım. "Bu ülkenin toplumsal durumunda en hüzün verici görünüşlerden birisi" diyor Gladstone, "halkın tüketim gücündeki bir azalmaya emekçi sınıfın yoksulluğu ile sefaletinde bir artmaya karşın, aynı zamanda, üst sınıflarda sürekli bir servet birikimi, sermayede sürekli bir artış olmaktadır."[110] İşte 13 Şubat 1843 günü bu tatlı dilli bakan, Avam Kamarasında böyle diyordu. Yirmi yıl sonra, 16 Nisan 1863 tarihinde ise, hazırladığı bütçeyi sunarken şöyle konuşuyordu: "1842-1852 yılları arasında, ülkenin vergilendirilebilen geliri yüzde 6 artmış bulunuyor. ... Oysa, 1853 ile 1861 yılları arasındaki 8 yıldaki artış, 1853 esas alınarak, yüzde 20'dir! Bu durum, inanılmayacak derecede şaşırtıcıdır. ... Bu başdöndürücü servet ve güç artışı ... tamamıyla mülksahibi sınıfa aittir ... ama, genel tüketim mallarının fiyatlarını düşürdüğü için dolaylı yoldan emekçi nüfusun da yararınadır. Bir

108 Şu anda, 1867 Martında Hindistan ve Çin pazarları, İngiliz pamuklu dokuma fabrikatörlerinin yaptıkları ihracatla tekrar aşırı dolu durumdadır. 1866 yılında, pamuklu dokuma işçileri arasında yüzde 5 ücret indirimi yapılmıştır. 1867'de buna benzer bir indirim yüzünden, Preston'da 20.000 işçi greve gitti. [*Dördüncü Almanca baskıya ek.* — Bu, hemen bunun ardından patlak veren bunalımın ilk perdesiydi. — *F. E.*]

109 *Census etc., l.c.,* s. 11.

110 Gladstone'un Avam Kamarasında 13 Şubat 1843 tarihinde yaptığı konuşma. 14 Şubat 1843 tarihli *The Times* gazetesi: "Bu ülkenin toplumsal durumunun, her türlü yadsımanın ötesinde çok hüzün verici bir görünüşü de, şu anda, halkın tüketim gücünde bir azalma olduğu ve yoksulluk ile sıkıntının yarattığı baskı arttığı halde, aynı zamanda, üst-sınıflarda sürekli bir servet birikimi görülmekte, yaşam tarzlarında lüks daha büyük bir yer tutmakta, zevk ve eğlence olanakları artmaktadır." (*Hansard*, 13 Şubat.)

yandan zenginler daha da zenginleşirken, yoksullar da daha az yoksul hale gelmektedirler. Gene de ben, burada aşırı yoksulluğun azaldığını söyleyemem."[111] Ne zavallı bir dönüş! İşçi sınıfı, zengin sınıflara "başdöndürücü servet ve güç artışını" sağlaması oranında "yoksul"ken "daha az yoksul" kaldığına göre, bu sınıf, gene eskisi gibi yoksul kalıyor demekti. Aşırı yoksulluk azalmadığına göre, aşırı zenginlik arttığına göre, o da artmış demektir. Geçim araçları fiyatının ucuzlamasına gelince, resmî istatistikler, örneğin Londra Yetimler Yurdunun hesapları, 1851-1853 dönemi ile karşılaştırıldığında, 1860-1862 yılları arasındaki üç yılda ortalama olarak fiyatlarda %20 bir artış olduğunu göstermektedir. Bunu izleyen üç yılda, 1863-1865, et, tereyağı, süt, şeker, tuz, kömür ve bir yığın temel geçim araçlarının fiyatlarında, gitgide artan bir yükselme olmuştur.[112] Gladstone'un daha sonraki 7 Nisan 1864 tarihli bütçe konuşması, artı-değer yapımındaki ilerleme ve "yoksullukla yoğrulmuş" halkın mutluluğu üzerine Pindar'a yakışır bir kasidedir. Önce, "sefaletin sınırına dayanmış" kitlelerden, "ücretlerin artmamış bulunduğu" işkollarından sözetmekte ve sonunda, işçi sınıfının mutluluğunu şu sözlerle özetlemektedir: "İnsan yaşamının, ondadokuzu, varolma savaşıdır."[113] Gladstone gibi resmî düşüncelerle bağlı olmayan profesör Fawcett açıkça ilan ediyor: "Ücretlerin (son on yılda) sermaye artışıyla yükseldiğini kuşkusuz yadsıyacak deği-

[111] "*From 1842 to 1852 the taxable income of the country increased by 6 per cent ... In the 8 years from 1853 to 1861, it had increased from the basis taken in 1853, 20 per cent! The fact is so astonishing as to be almost incredible ... this intoxicating augmentation of wealth and power ... entirely confined to classes of property ... must be of indirect benefit to the labouring population, because it cheapens the commodities of general consumption — while the rich have been growing richer, the poor have been growing less poor! at any rate, whether the extremes of poverty are less, I do not presume to say.*" (Gladstone'un Avam Kamarasında 16 Nisan 1863'te yaptığı konuşma. *Morning Star,* 17 Nisan 1863.)

[112] Mavi Kitaptaki resmî rakamlara bakınız: *Miscellaneous Statistics of the United Kingdom,* Kısım VI, London 1866, s. 260-273, *passim.* Yetimevlerine ait istatistikler yerine, kraliyet ailesinin çocukları için öngörülen çeyize ait saray kayıtları da aynı işi görebilirdi. Geçim araçlarının ateş pahası olduğunu belirtmeyi de bu belgelerde hiç ihmal etmezler.

[113] Gladstone'un Avam Kamarasında 7 Nisan 1864'te yaptığı konuşmanın *Hansard*'da çıkan şekli şöyle: "Ve genellikle insan yaşamı birçok durumda, varolma savaşımından ibarettir." Gladstone'un 1863 ve 1864 bütçe konuşmalarındaki sürekli apaçık çelişkileri bir İngiliz yazar, Boileau'dan aldığı şu dizelerle nitelendirmiştir:

"*Voila l'homme en effet. Il va du blanc au noir.*
Il condamne au matin ses sentiments du soir.
Importun à tout autre, à soi même incommode,
Il change à tous moments d'esprit comme de mode."

["İşte insan gerçekte. Aktan karaya gider.
Akşam duygularını şafakta mahkum eder.
Başkasını bıktırır, kendisini bezdirir.
Moda gibi durmadan fikrini değiştirir."]

([H. Roy,] *The Theory of Exchanges, etc.,* London 1864, s. 135['te anılıyor].)

lim, ama bu görünüşteki yarar, gerekli tüketim maddelerinin çoğunun pahalılaşması nedeniyle kaybolmuştur." (O bunun, değerli madenlerin değerindeki düşmeden ileri geldiğine inanır.) "... Zenginler hızla daha da zengin oluyor, ama çalışan sınıfların durumunda gözle görülür bir ilerleme yoktur. ... Onlar" (emekçiler) "borçlandıkları esnafın neredeyse kölesi durumuna düşüyorlar."[114]

"İşgünü" ve "makine" bölümlerinde okur, İngiliz işçi sınıfının hangi koşullar altında, mülkiyet sahibi sınıflar için "başdöndürücü servet ve güç artışını" yarattığını görmüş bulunuyor. Biz, burada, her şeyden önce, emekçinin toplumsal işlevi ile ilgilenmiştik. Ama birikim yasasını iyice kavramak için işyeri dışındaki durumunun, beslenme ve barınma koşullarının da incelenmesi gerekir. Bu kitabın sınırları, bizi, burada her şeyden önce, biraraya gelince işçi sınıfının çoğunluğunu oluşturan sanayi proletaryası ile tarım emekçilerinin en düşük ücret alan kesimi ile ilgilenmeye zorluyor.

Ama önce, resmî yoksulluk ya da işçi sınıfının varlık koşulunu (emek-gücünü satma olanağını) yitiren ve ancak kamunun sağladığı sadakalarla kıtıkıtına yaşayabilen kesimi üzerinde bir-iki söz söyleyelim. İngiltere'de[115] resmî listelere göre yoksul sayısı 1855'te 851.369 kişi; 1856'da 877.767; 1865'te 971.433. Pamuk kıtlığı sonucu bu sayı, 1863 ve 1864'te, 1.079.382'ye ve 1.014.978'e yükselmiştir. En ağır biçimde Londra'yı etkileyen 1866 bunalımı, dünya pazarının İskoçya krallığından daha kalabalık bu merkezinde, yoksul sayısında 1865'e göre, 1866 yılında, %19,5, 1864'e göre %24,4 bir artış göstermiş ve bu artış, 1866'ya göre 1867'nin ilk aylarında daha da büyük olmuştur. Yoksullukla ilgili istatistiklerin tahlilinde iki nokta dikkate alınabilir. Bir yandan, yoksul sayısındaki azalıp çoğalmalar, sınai çevrimin devresel değişikliklerini yansıtmaktadır. Öte yandan, sermaye birikimi, sınıf savaşımı ve dolayısıyla işçinin sınıf bilincinin gelişmesiyle orantılı olarak yoksulluğun fiilî büyüklüğü ile ilgili resmî istatistikler gitgide daha yanıltıcı olmaktadır. Örneğin, son iki yılda İngiliz basınının (*The Times, Pall Mall Gazette* vb.) yoksullara karşı barbarca davranıldığı konusunda kopardıkları gürültü yeni bir şey değildir. F. Engels, daha 1844 yılında, aynı korkunç olayları ve "sansasyon yazınının" gene aynı ve geçici yaygaralarını gözler önüne sermişti. Son on yılda Londra'da "açlık nedeniyle ölümlerdeki" korkunç artış, işçi halkın işliklerde, bu sefaletin cezaevlerinde katlandıkları köleliğin artan dehşetini kuşkuya yer bırakmayacak şekilde tanıtlamaktadır.[116]

[114] H. Fawcett, *l.c.,* s. 67, 82. Emekçilerin bakkallara gittikçe bağlanmalarına gelince, bu çalışmalarında sık sık ortaya çıkan dalgalanmalar ve kesilmelerin sonucudur.

[115] Gal, burada her zaman İngiltere'ye katılmıştır.

(b) *İngiliz Sınai İşçi Sınıfının Çok Düşük Ücret Alan Tabakası*

1862 pamuk kıtlığı sırasında, Dr. Smith, Privy Council tarafından, Lancashire ve Cheshire bölgelerinde felakete uğrayan işçilerin beslenme koşulları konusunda bir araştırma yapmakla görevlendirilmişti. Daha önceki yıllarda yaptığı incelemeler, onu, şu sonuca ulaştırmıştı: "Açlığın yolaçtığı hastalıklardan kurtulmak için" ortalama bir kadının günlük yiyeceğinde en az 3.900 *grain** karbon ve 180 *grain* azot; ortalama bir erkeğin günlük yiyeceğinde ise en az 4.300 *grain* karbon, 200 *grain* azot bulunmalıdır; aynı miktarda besleyici öğe, kadınlar için 2 librelik iyi buğdaydan yapılan ekmekte bulunur, erkekler için ise bu 1/9 fazla olmalıdır; yetişkin erkek ve kadının ortalama haftalık gereksinmesi 28.600 *grain* karbon ve 1.330 *grain* azottur. Dr. Smith'in bu hesapları, yoksulluğun, pamuk işçilerini bununla yetinmeye zorladığı, pek zavallı ve sefil yiyecek miktarı ile şaşılacak bir benzerlik göstererek doğrulamıştır. 1862 Aralığında, işçilerin buna uygun haftalık besini 29.211 *grain* karbon ve 1.295 *grain* azottu.

1863 yılında Privy Council, İngiliz işçi sınıfının kötü beslenme yüzünden en kötü durumda olan kesiminde bir soruşturma açılmasını emretti. Privy Council'ın sağlık uzmanı Dr. Simon, bu iş için yukarda sözü edilen Dr. Smith'i seçti. Araştırması, bir yandan tarım emekçilerini, öte yandan ipek dokuyucuları, dikişçi kadınları, deri eldivencileri, çorap örücüleri, eldiven örücüleri ve ayakkabıcıları kapsıyordu. Son kategoridekiler, çorap dokuyucular hariç, özellikle kentlerde oturuyorlardı. Araştırmada, her kategoride, en sağlıklı aileler, ve ötekilerine göre en iyi koşullar altında olanların seçilmesi bir kural olmuştu.

Genel olarak şu sonuca ulaşılmıştı: "İncelemeye tabi tutulan kapalı yerde çalışan işçilerden yalnız bir sınıfta, alınan ortalama azot miktarında fazlalık vardı, oysa bir başkasında tahmin edilen yeterli ölçüte" (yani, açlık nedeniyle hastalığı önleyebilecek ölçüte) "neredeyse yaklaşılıyordu ve iki sınıfta hem azot ve hem de karbon eksikliği vardı; bunlardan birindeki eksiklik çok büyüktü. Üstelik, tarımsal nüfusa dahil aileler arasında yapılan incelemeler, bunlardan beşte-birinden fazlasının, yeterli karbonlu besinden yoksun olduğunu, üçte-birinden fazlasının, yeterli azotlu besinden yoksun

[116] Adam Smith zamanından beri kaydedilen ilerlemelere, onun "işevi" sözcüğünü hâlâ arasıra "işyeri" ile eşanlamda kullanıyor olması özel bir ışık tutmaktadır; örneğin, yapıtında işbölümü konusundaki kısmın başlangıcı şöyledir: "Farklı işkollarında çalıştırılanlar sık sık aynı *işevinde* toplanabilirler."

* 1 *grain* = 0.065 gram. –ç.

olduğunu ve üç kontlukta (Berkshire, Oxfordshire ye Somersetshire) azotlu besin yetersizliği ortalama günlük besinin altındaydı."[117] Birleşik Krallığın en zengin bölgesi olan İngiltere'de tarım emekçileri en kötü beslenen emekçilerdi.[118] Tarım emekçileri arasında besin yetersizliği, kural olarak başlıca kadınlarla çocuklara düşüyordu, çünkü, "çalışabilmesi için erkeğin yemesi gerekti". İncelenen iki yerdeki kentli işçiler arasında daha büyük bir besin yetersizliği salgını vardı. "Bunlar o kadar kötü besleniyorlar ki, aralarında çok şiddetli mahrumiyet ve sıkıntının bulunduğu muhakkaktır."[119] (İşte kapitalistin yarattığı "mahrumiyet", yani "işçilerinin" sırf yaşayabilmeleri için mutlaka geçim araçlarını alabilecekleri ücretten yaptıkları "perhiz".)

Aşağıdaki tablo, hepsi de kentte oturan işçilerden yukarda sözü edilen kategorilerin, Dr. Smith tarafından kabul edilen asgari besin miktarı ve büyük kıtlık yıllarında pamuk işçilerine verilen yiyeceğe oranla beslenme durumlarını gösteriyor.

Her İki Cinsiyetten İşçiler	Haftalık Ortalama Karbon	Haftalık Ortalama Azot
Kentte beş işkolu	28.876 *grain*	1.192 *grain*
İşsiz Lancashirelı işçiler	28.211 "	1.295 "
Eşit sayıda kadın ve erkek işçiler için Lancashire'da öngörülen asgari miktar	28.600 "	1.330[120] "

İncelenen sınai emek kategorilerinden yarısı, ya da %48'i hiç bira içmediği gibi %28'i de süt içmiyor. Aile başına haftalık ortalama sıvı besin miktarı terzi kadınlar için 7 ons, çorapçılar için 24³/₄ ons. Süt içmeyenlerin çoğunluğunu Londra'daki terzi işçiliği yapan kadınlar oluşturuyordu. Haftada tüketilen ekmek miktarı, terzi kadınlar için 7³/₄ libre, ayakkabıcılar için 11¹/₄ libre idi ve yetişkinler için haftalık toplam, ortalama 9,9 libre oluyordu. Şeker (şurup vb.), deri eldivenciler için haftalık 4 ons ile çorapçılar için 11 ons arasında değişiyordu ve bütün kategoriler için toplam haftalık ortalama yetişkin işçi başına 8 onstu. Ortalama haftalık toplam tereyağı (hayvani yağlar vb.) yetişkin işçi başına 5 ons. Haftalık ortalama et (domuz vb.) çorap dokuyucuları için 7¹/₄ ons ile deri eldiven-

117 *Public Health, Sixth Report,* 1864, s. 13.
118 *l.c.,* s. 17.
119 *l.c.,* s. 13.
120 *l.c.,* Appendix, s. 232.

ciler için $18^1/_4$ ons arasında değişiyor ve çeşitli kategoriler için toplam ortalama 13,6 ons oluyordu. Yetişkin her işçi için haftalık ortalama yiyecek masrafı: ipek dokumacısı 2 şilin $2^1/_2$ peni, terzi kadın 2 şilin 7 peni, deri eldivenci 2 şilin $9^1/_2$ peni, ayakkabıcı 2 şilin $7^3/_4$ peni, çorapçı 2 şilin $6^1/_4$ peni. Macclesfieldlı ipek dokumacıları için, bu ortalama, yalnız 1 şilin $8^1/_2$ peni idi. En kötü durumdaki meslek sahipleri, terzi kadınlar, ipek dokumacıları ve deri eldivencilerdi.[121] Bu gerçekler konusunda Dr. Simon, genel sağlık raporunda şöyle diyor: "Eksik beslenmenin hastalığın nedeni ya da hızlandırıcısı olduğunu belirten sayısız olaylar, yoksul yasaları ile ilgili sağlık personeli ile, hastanelerde ve sağlık odalarında çalışan herkes tarafından doğrulanabilir. ... Ama bu konuda kanımca çok önemli bir noktanın daha dikkate alınması gerekir. Besin yoksunluğuna çok güç katlanıldığı ve büyük yiyecek noksanlığının ancak diğer yoksulluklardan sonra ortaya çıktığını da unutmamak gerekir. Yetersiz beslenme, sağlık yönünden kaygı verici hale gelmezden çok önce, doktorlar, yaşamayla açlıktan ölmenin sınırı üzerinde bulunan karbon ile azot miktarını ölçmeden çok önce, içinde yaşanılan evin her türlü maddi olanaktan yoksun hale gelmesi gerekir; bu durumda giyecek ile yakıtın yiyecekten de az olması doğaldır — havanın acımasızlığına karşı yeterince korunamayacaklardır — oturdukları yerin alanı, hastalığı üretecek ya da artıracak derecede dar ve kalabalık olacaktır; kap-kacak ve ev eşyası, belki de yok denecek kadar az olacaktır — temizlik bile bir yük ve masraf sayılacaktır; kendilerine saygı duyma sonucu buna kalkışsalar bile, bunu kalkıştıklarında açlığın acısını daha da fazla duyacaklardır. Yuva denilen yer, en ucuza sağlanan barınak halini alacak ve bu evler, sağlık denetiminden en nasipsiz, lağımları bozuk, çöpleri toplanmaz, yaşayanların huzuruna kimsenin kulak asmadığı, suyu kıt mahallelerde bulunacak ve eğer kent içindeyse ışık ve havadan yoksun olacaktır. Yiyecek bir lokma ekmek bulsa bile, yoksulun yüzyüze bulunduğu sağlık koşulları ve sağlığa yönelmiş tehlikeler işte bunlar olacaktır. Bütün bunların toplamı, yaşamın karşısına dikilmiş büyük tehlikeler olmakla birlikte gene de tek başına besin kıtlığı en korkunç beladır. ... Hele bir de bu yoksulluğun tembellikten ileri gelen bir yoksulluk sonucu olmadığı düşünülürse, bunlar çok acı verici görüntüler. Bu çalışan nüfusun başına bütün bunlar, yoksulluktan gelir. Bir lokma yiyecek sağlamak için kentli işçilerin çalıştıkları işler çoğu kez son derece uzun saatleri kapsar. Gene de bu işin, insanı yaşatabilecek şeyleri sağladığı söylenemez. ... Ve geniş ölçüde alındığında, bu, sözde yaşamaya yeterlilik, sonu yoksul-

[121] *l.c.,* s. 232, 233.

luğa çıkan uzun ya da kısa bir çember gibidir."[122]

İşçi sınıfının en çalışkan tabakalarının çektiği açlık sancısı ile, zenginlerin kapitalist birikime dayanan, kaba ya da ince aşırı tüketimleri arasındaki yakın ilişki, ancak ekonomik yasalar bilinince kendini ortaya koyar. Ama "yoksulların barınması işinde" durum böyle değildir. Üretim araçlarının bir merkezde toplanması ölçüsünde, emekçilerin belli bir yere üstüste yığıldıklarını, tarafsız her gözlemci rahatça görebilir; kapitalist birikimin hızı ne kadar büyük olursa, işçi nüfusun barındıkları yerler de o kadar sefil ve perişandır. Servetin artışıyla birlikte kentlerde görülen "imar hareketleri", eski yapı mahallelerin yıkılması, bankalar, mağazalar vb. için işhanlarının yükselmesi, iş trafiği, lüks arabalar, tramvaylar vb. için caddelerin genişletilmesi, yoksulları gittikçe daha da kötü kenar mahallelere sürer. Öte yandan, herkes bilir ki, evlerin pahalılığı ile nitelikleri ters orantılıdır ve sefalet madenini, ev spekülatörleri, Potosi'deki gümüş madenlerinden daha büyük bir kârla ve daha az masrafla sömürürler. Kapitalist birikimin uzlaşmaz karşıt niteliği ve dolayısıyla genel olarak kapitalist mülkiyet ilişkileri[123] burada o kadar açıktır ki, bu konudaki resmî İngiliz raporları bile, "mülkiyet ve mülkiyet hakları" üzerinde alışılagelene aykırı düşen çıkışlarla doludur. Sanayinin gelişmesi, sermaye birikimi, kentlerin büyümesi ve "gelişmesi" ile birlikte kötülükler de öyle hızlı ilerlemektedir ki, "saygıdeğer kişilere" bile saygısı olmayan bulaşıcı hastalık korkusu yüzünden, 1847-1864 yılları arasında sağlık konusunda parlamentodan en az on tane yasa çıkmış ve Liverpool, Glasgow vb. gibi bazı kentlerdeki korkuya kapılan burjuvazi, belediyeleri aracılığı ile çok sıkı önlemler almıştır. Bununla birlikte Dr. Simon, 1865 tarihli raporunda şöyle diyor: "Genel bir ifadeyle, kötülüklerin İngiltere'de serbestçe kol gezdiği söylenebilir." İnceleme Kurulunun buyruğuyla, 1864 yılında tarım emekçilerinin, 1865'te de kentteki yoksul sınıfların barınma durumları üzerinde bir araştırma yapılmıştır. Dr. Julian Hunter'ın hayran olunacak çalışmalarının sonuçları, yedinci (1865) ve sekizinci (1866) "Halk Sağlığı" raporlarında görülebilir. Tarım emekçilerine daha sonra değineceğim. Kentteki meskenlerin durumu konusunda, bir giriş olmak üzere Dr. Simon'ın genel bir görüşünü buraya alıyorum: "Benim resmî görüşüm salt sağlık açısından olmakla birlikte, insanlık duyguları, bu derdin diğer yanlarını da görmezden gelmemeyi emredi-

122 *l.c.*, s. 14, 15.

123 "*Kişi* hakları başka hiçbir yerde *mülkiyet* haklarına, emekçi sınıfın barınma konusunda olduğu kadar açıkça ve utanmazca feda edilmemiştir. Her kente, insanların kurban edildiği bir yer; binlerce insanın hırs ve tamah tanrısına kurban edildiği kanlı bir tapınak gözüyle bakılabilir." S. Laing, *l.c.*, s. 150.

yor. ... En yüksek derecesinde" (yani pek kalabalık), "kaçınılmaz olarak, insanlarla bedensel faaliyetlerin pis bir şekilde birbirine karışması, hayvanca cinsel bir çıplaklığın gözler önüne serilmesi gibi, insandan çok hayvanlara yakışan, her türlü ar ve haya duygularına ters düşen bir durum yaratıyor. Sürekli olarak bu gibi durumların etkisi altında bulunmak, insanda gitgide derinleşen yozlaşmaya yolaçar. Bu lanetli durumun içinde doğan çocuklar, daha o anda, rezaletin ortasında vaftiz edilmişlerdir. Böylece koşullanan insanların, başka bakımlardan, özü, fizik ve ruh temizliği olan uygarlık atmosferine heves edeceklerini beklemek, boş bir umuda kapılmak olur."[124]

Londra, insanoğlunun yaşamasına kesinlikle uygun olmayan, aşırı kalabalık konutlar konusunda ön sırada gelir. Dr. Hunter, "iki nokta apaçık ortadadır" diyor, "bunlardan birincisi, Londra'da her birinde yaklaşık olarak 10.000 kişinin barındığı 20 kadar geniş yerleşme noktası vardır; buralardaki sefalet İngiltere'nin başka yerlerinde görülemeyecek derecede olup, tamamıyla kötü barınma koşullarının sonucudur. Sonra, buralardaki evlerin kalabalık ve harap hali, 20 yıl öncesinden de berbattır."[125] Londra ile Newcastle'ın bazı kesimlerinde, yaşamın, bir cehennem yaşamı olduğunu söylemek fazla abartma olmaz."[126]

Ayrıca Londra'da işçi sınıfının daha hali-vakti yerinde kesimi ile küçük esnaf ve aşağı orta-sınıfın diğer bölümleri, kentteki "gelişmeler", yani eski sokaklarla evlerin yıkılması, metropoldeki fabrikalar ile buralara insan akınının çoğalması ve ensonu, ev kiralarının toprak rantı ile yükselmesi oranında, bu berbat barınma koşullarının içine düşmektedirler. "Kiralar o derece ağırlaştı ki, bir odadan fazlasına ancak birkaç emekçinin gücü yetmektedir."[127] Londra'da, işin içine "*middlemen*"in* girmediği ev mülkiyeti yok gibidir. Londra'da arsa fiyatı, yıllık gelirine göre her zaman çok yüksek olduğu için, her alıcı, arsasını, ya jürinin koyacağı (yeminli jüri üyelerinin belirleyeceği kamulaştırma değeri) fiyat üzerinden tek-

[124] *Public Health, Eighth Report,* 1866, s. 14, not.

[125] *l.c.,* s. 89. Sömürgelerdeki çocuklarla ilgili olarak Dr. Hunter şöyle diyor: "Yoksulların, birbiri üzerine yığılmış kalabalıklar halinde yaşadıkları bu çağdan önce, çocukların nasıl yetiştirildiklerini bize anlatabilecek insanlar artık sağ değiller; şu anda, 'tehlikeli sınıflar' olarak gelecekteki uygulamalarına hazırlık olmak üzere eğitimlerini, gece yarılarına kadar, her yaştan, yarı-açık, sarhoş, küfürbaz ve kavgacı insanlarla birarada oturarak tamamlayan çocukların, bu ülkede belki de daha önce bir eşine raslanmayan koşullar altında bugünkü yetişme tarzlarından, gelecekte kendilerinden neler beklenebileceğini bize söyleyebilecek kimse, herhalde cüretkar bir kahin sayılmak gerekirdi." (*l.c.,* s. 56.)

[126] *l.c.,* s. 62.

[127] *Report of the Officer of Health of St. Martin's-in-the Fields, 1865.*

* Komisyoncu, simsar. –ç.

rar elden çıkartarak spekülasyon yoluna gider, ya da çevrede kurulan büyük bir tesis nedeniyle ortaya çıkan olağanüstü değer artışını cebe indirir. Bunun sonucu olarak süresi dolan kira sözleşmelerinin alım-satımı normal ticaret halini almıştır. "Bu işi kendilerine meslek edinmiş bayların yaptıkları tek şey, evde oturdukları sürece kiracılardan çok şey koparmak ve daha sonrakilere elden geldiğince, az şey bırakmaktır."[128]

Kiralar haftalık olduğu için, bu baylar hiçbir kayba uğramazlar. Kentte demiryolu yapımı sonucu, "Londra'nın doğusunda birkaç ailenin, bir cumartesi gecesi, sırtlarına üç-beş parça dünya malını vurarak, işevlerinin yolunu tuttukları, son günlerde görülen manzaralar arasındadır."[129] İşevleri zaten ağzına kadar doludur ve parlamentonun onayladığı "imar hareketi" daha yeni başlamıştır. Eski evleri yıkılarak sokağa atılan emekçiler, eski mahallelerinin yöresinden ayrılamazlar ya da ona yakın bir yerde yerleşirler. "Doğal olarak işyerlerine elden geldiğince yakın bir yerde kalmaya çalışırlar. Bura halkı, aynı ya da bitişik mahalleden öteye gitmek istemez, iki oda yerine tek bir odaya dolmuşlardır. ... Evlerini kaybedenlerden kirayı peşin ödeyenler bile, eski zavallı barınaklarını aratacak bir yeri ancak bulabilirler. ... Strand'daki işçilerin yarısı... işlerine gitmek için iki mil yol yürürler."[130] Ana caddesi, Londra'nın serveti konusunda yabancıya çarpıcı bir fikir veren bu aynı Strand, bu kentte insanların nasıl balık istifi yaşadıkları konusunda da örnek olabilir. Mahallelerinin birinde, sağlık memuru, *acre* başına 581 kişi düştüğünü hesaplamıştır; oysa Thames nehrinin yarısı da bu hesaba dahildi. Londra'da alınan her türlü sağlık önlemleri sonucu, oturulamaz evlerin yıkılması, emekçileri bir mahalleden diğerine göç etmek zorunda bırakarak, daha içiçe yaşamaya zorlamaktan başka bir işe yaramamıştır. Dr. Hunter, "Ya bütün bu işlere saçma oldukları için bir son vermek gerekir" diyor, "ya da, ellerinde birikmiş paraları olmadığı için başlarını sokacak bir yer sağlayamadıkları halde her hafta ev sahiplerine tıkır tıkır kira ödeyenlere konut sağlanması için, bugün artık kuşkusuz ulusal bir borç halini alan bu sorunun çözümlenmesi konusunda kamuoyu (!) etkin bir şekilde uyandırılmalıdır."[131] Şu kapitalist adalete nasıl hayran olunmaz! Arsa ve ev sahipleriyle işadamları, demiryolu yapımı ya da caddelerin genişletilmesi gibi "*improvements*"* nedeniyle malları kamulaştırıldığı zaman bunun tam bedelini almakla kal-

[128] *Public Health, Eighth Report,* 1866, s. 91.
[129] *l.c.,* s. 88.
[130] *l.c.,* s. 88.
[131] *l.c.,* s. 89.
* "Geliştirmeler". –*ç.*

mazlar. Hem insanal ve hem de tanrısal adalet gereğince, bunlara, ayrıca, bu zorunlu "perhiz"lerini ödüllendirmek için dolgunca bir kâr da verilmesi gerekir. Karısıyla, çocuğuyla, eşyasıyla sokağa atılan emekçi — eğer kentin, belediye kurallarının sıkı sıkıya uygulandığı bölgelerine kalabalık bir halde giderse, sağlık gerekleri adına kovuşturmaya da uğrar!

19. yüzyılın başında İngiltere'de, Londra dışında, nüfusu 100.000'i aşan kent yoktu. Ancak beş kentin nüfusu 50.000'in üzerindeydi. Şimdi ise, nüfusu 50.000'in üzerinde 28 kent var. "Bu değişiklik, yalnız kentli sınıfın büyük ölçüde artması sonucu olmamış, eski sıkışık düzendeki küçük kentler, şimdi dörtbir yanı sarılı, açık hava nedir bilmeyen merkezler halini almış ve bu durumları ile artık zenginlerin gözlerinden düşmüşler ve bunlar, daha güzel dış mahallelere taşınmışlardır. Bu zenginlerin yerine gelenler, aile başına bir oda olmak üzere büyük binaları doldurmakta [... ve hatta bu arada bir-iki kiracıya bile yer bulmakta ...] ve böylece, bunların gereksinmeleri ve durumları gözönünde bulundurulmadan yapılan bu evler, büyükler için yozlaştırıcı, çocuklar için tamamen yıkıcı birer ortam olmaktadır."[132] Bir sanayi ya da ticaret merkezi olan kentte sermaye ne denli hızlı birikir, buralara, sömürülebilir insan malzemesinin akışı ne denli hızlı olursa, işçilerin sığınmak zorunda oldukları konutlar da o derece sefil ve perişan olur.

Newcastle-on-Tyne, üretimi gitgide artan bir kömür ve demir bölgesinin merkezi olarak, barınma sorununun cehennemi andırması yönünden Londra'dan sonra ikinci yeri alır. Burada, 34.000'den fazla insan tek bir odada oturur. Toplum için oluşturdukları mutlak tehlike nedeniyle, son zamanlarda pek çok ev, Newcastle ve Gateshead yetkililerince yıktırılmıştır. Yeni evlerin yapımı ağır, oysa iş hızla ilerlemekte. Bu yüzden kent, 1865 yılında ağız ağıza dolmuştu. Kiralık oda bulmak bir sorun. Newcastle Ateşli Hastalıklar Hastanesinden Dr. Embleton şöyle diyor: "Tifüsün sürüp gitmesinin ve yayılmasının en büyük nedeni, kuşkusuz, insanların üstüste yaşamaları ve oturdukları konutların pisliğidir. Çoğu durumda emekçilerin oturdukları odalar, çıkmaz sokaklar ya da avlular içinde dörtbir yanı kapalı yerlerdir; genişlik, aydınlık, hava ve temizlik yönünden tam bir yetersizlik ve sağlığa aykırılık örnekleri oldukları gibi, uygar toplum için yüzkarasıdır; geceleri, kadın, erkek, çocuk birarada içiçe yatarlar; erkeklerin gece vardiyaları gündüzü, gündüz vardiyaları da geceyi izledikleri için, yatakların havalanıp soğuyacak zamanları bile kalmaz; evlerde su durumu kötü olduğu gibi, hela durumu daha da kötüdür; her taraf

[132] *l.c.*, s. 55 ve 56.

pislik, havasızlık içinde birer mikrop yuvasıdır."[133] Bu gibi yerlerin haftalık kiraları 8 peni ile 3 şilin arasında değişir. "Newcastle-on-Tyne kenti" diyor Dr. Hunter, "ev ve sokak gibi dış koşullarla çoğu zaman neredeyse yabanıl bir yozlaşmanın çukuruna yuvarlanmış köylülerimizin en güzel soylarının örneklerini verir."[134]

Sermaye ile emeğin iniş-çıkışlarına göre, sanayi kentlerindeki konutların durumu, bugün dayanılabilir, yarın ise tamamen korkunç bir durum alabilir. Ya da kent yönetimi, bu berbat yerlerin ortadan kaldırılması için ensonu bir karara varır. Ertesi gün, perişan İrlandalılar ile zavallı İngiliz tarım emekçileri, çekirge sürüleri gibi ortalığa yayılırlar. Bunlar, bodrumlara, tavan aralarına tıkılırlar ya da o zamana kadar oldukça iyi durumdaki işçi evleri, Otuz Yıl Savaşındaki asker çadırları gibi, *personelin* biri gidip diğeri gelen pansiyonlara dönerler. Örnek: Bradford (Yorkshire). Buradaki kalın kafalı belediyeciler, kentin imarına dalıp gitmişlerdi. Ayrıca, 1861 yılında, Bradford'da, hâlâ 1.751 boş ev vardı. Ardından işler birden canlandı ve zenci dostu, ılımlı liberal Mr. Forster geçenlerde tatlı tatlı laflar etmeye başladı. İşlerin canlanmasıyla birlikte, doğal olarak durmadan kaynaşan bir "yedek ordu" ya da "nispi artı-nüfus" akımı dalga dalga ortalığı kapladı. Dr. Hunter'ın, bir sigorta şirketi temsilcisinden aldığı listede,[135] çoğu iyi ücret alan emek-

[133] *l.c.,* s. 149.
[134] *l.c.,* s. 50.
[135] Şirketin Bradford'a ait listesi:

	Evler			
Vulcam Street, nº 122	1	oda	16	kişi
Lumley Street, nº 13	1	"	11	"
Bower Street, nº 41	1	"	11	"
Portland Street, nº 112	1	"	10	"
Hardy Street, nº 17	1	"	10	"
North Street, nº 18	1	"	16	"
North Street, nº 17	1	"	13	"
Wymer Street, nº 19	1	"	8	yetişkin
Jowett Street, nº 56	1	"	12	kişi
George Street, nº 150	1	"	3	aile
Rifle Court, Marygate nº 11	1	"	11	kişi
Marshall Street, nº 28	1	"	10	"
Marshall Street, nº 49	3	"	3	aile
George Street, nº 128	1	"	18	kişi
George Street, nº 130	1	"	16	"
Edward Street, nº 4	1	"	17	"
George Street, nº 49	1	"	2	aile
York Street, nº 34	1	"	2	aile
Salt Pie Street (Bottom)	2	"	26	kişi
	Bodrumlar			
Regent Square	1	bodrum	8	kişi
Acre Street	1	"	7	"
33 Roberts Court	1	"	7	"
Back Pratt Street, mangalcı dükkanı olarak kullanılan	1	"	7	"
27 Ebenezer Street	1	"	6	" (18'in üstünde erkek yok)

(*l.c.,* s. 111.)

çilerin, korkunç durumdaki bodrumlarla odalarda oturdukları görülüyordu. Bunlar, eğer bulsalar, daha iyi yerlere daha yüksek kira ödeyebileceklerini söylüyorlardı. Bu arada, bir yandan, emekçiler gitgide kötü duruma düşer ve hastalanırken parlamento üyesi ılımlı liberal Forster da serbest ticaretin sağladığı yararlar ve yünlü kumaş tüccarı Bradfordlu seçkin kimselerin kârları üzerine gözyaşartıcı sözler ediyordu. Bradford'da yoksul yasasının uygulanmasıyla görevli doktorlardan Dr. Bell, 5 Eylül 1865 tarihli raporunda, bölgesindeki ateşli hastalıklardan ileri gelen korkunç ölüm oranının nedeni olarak, emekçilerin oturdukları yerleri gösteriyordu. "1.500 *foot* küplük küçük bir bodrumda on kişi oturuyor. ... Vincent Street, Green Air Blace ve Leys'teki 223 evde 1.450 kişi oturuyor ve ancak 435 yatak ve 36 hela var. ... Yataklarda —her türlü pis paçavra yığını ya da talaş dolu torba bunun kapsamına girer— ortalama 3,3 kişi yatıyor, çoğuna ise 5-6 kişi düşüyor; bazı insanların ise hiç yatağı bulunmadığını söylediler, bunlar elbiseleriyle tahtaların üzerinde yatıyorlar; genç erkeklerle kadınlar, evlilerle bekarlar hep birarada. Bunların, karanlık, nemli, pis, berbat kokulu, insan oturmasına hiç de uygun olmayan yerler olduğunu sözlerime eklememe gerek yoktur. Hastalık ve ölüm, bu yerlerden, toplumun ortasında çıbanbaşı olmasına gözyumanların yaşadıkları daha iyi durumdaki yerlere doğru yayılmaktadır."[136]

Bristol, evlerin sefaleti yönünden, Londra'dan sonra üçüncü yeri alır. "Bu Avrupa'nın en zengin kentinde, kopkoyu bir yoksulluk ve sefalet kol gezer."[137]

(c) *Göçebe Nüfus*

Şimdi de, kökeni tarımsal, ama uğraşı büyük ölçüde sanayi olan bir halk grubunu ele alacağız. Bunlar, gereksinmeye göre bazan şu, bazan da bu noktaya sürülen, sermayenin hafif piyadeleridir. Bunlar yürüyüş halinde olmadıkları zaman "konaklarlar". Göçebe emek, çeşitli inşaat, kanalizasyon, tuğlacılık, kireççilik, demiryolu yapımı vb. gibi işlerde kullanılır. Bu uçan salgın hastalıklar kolu, her kamp kurduğu yöreye, çiçek, tifo, tifüs, kolera, kızıl vb. gibi hastalıkları yayar.[138] Demiryolu döşenmesi gibi büyük sermaye yatırımını gerektiren işlerde, müteahhit çoğu zaman ordusuna tahta baraka ve benzeri korunma yerleri sağlar ve buralar, her türlü sağlık koşullarından yoksun, yerel yönetimin denetimi dışın-

[136] *l.c.*, s. 114.
[137] *l.c.*, s. 50.
[138] *Public Health, Seventh Report,* Lond. 1865, s. 18.

da uydurma birer köy halini aldığı gibi, müteahhite, emekçiyi, hem sanayi ordusu ve hem de kiracı olarak iki yandan sömürme olanağını verir. Barakanın, 1, 2, 3 oyuklu olmasına göre, içinde oturan demiryolu işçisi ya da her ne ise, haftada, 1, 3 ya da 4 şilin ödemek zorundadır.[139] Bu konuda bir örnek yetecektir. Dr. Simon'ın bildirdiğine göre, Sevenoaks bölgesi Hastalıklarla Savaşım Komitesi başkanı, içişleri bakanı sir George Grey'e 1864 Eylülünde şu şikayette bulunmuştu. — "Oniki ay öncesine kadar bu bölgede çiçek hastalığı pek az duyulan bir olaydı. Bu süreden kısa zaman önce, Lewisham'dan Tunbridge'e demiryolu yapımı başladı; bellibaşlı işlerin bu kentin hemen çevresinde yapılmasının yanısıra, yapılan bütün işlere ait bir de depo kuruldu ve burada çok sayıda insan çalışmaya başladı. Çevredeki kulübeler bu çalışanların hepsini barındırmaya yetmediği için, yol boyunca müteahhit bay Jay tarafından birkaç yerde kulübeler yaptırıldı. Bu kulübelerde, ne havalandırma, ne de lağım vardır ve ayrıca, bunların her biri ancak iki odalı olduğu halde, burayı tutanlar, ailesi kaç kişi olursa olsun, başka işçileri de kiracı olarak almak zorunda bulundukları için, buraların hepsi de, tıklım tıklım doludur. Aldığımız raporlara göre, bunun sonucu, geceleri, bu zavallı insanlar, pencerelerinin hemen altındaki pis ve durgun sularla helalardan çıkan berbat kokulardan boğulmamak için korkunç ıstıraplara katlanıyorlardı. Ensonu, bu barakalara sık sık giden bir sağlık memuru Hastalıklarla Savaşım Komitesine şikayette bulunarak buralardaki barınma koşullarını sert bir dille eleştirdi ve gerekli bazı sağlık önlemleri alınmadığı taktirde, çok ciddi sonuçlarla yüzyüze gelinebileceğini ifade etti. Bir yıl kadar önce bay Jay, bulaşıcı hastalıklara tutulanların hemen yatırılabilecekleri bir baraka ayırmaya söz verdi. Bu sözünü 23 Temmuzda yineledi, ama bu tarihten beri birçok çiçek hastalığı görüldüğü ve aynı hastalıktan iki kişi öldüğü halde, bu sözünü yerine getirecek hiçbir şey yapmadı. 9 Eylül tarihinde operatör bay Kelson, bana, aynı barakalarda daha başka çiçek hastalıkları olduğunu bildirdi ve buralardaki durumun çok yüzkızartıcı olduğunu söyledi. Şurasını da sizin [içişleri bakanının] bilgilerinize sunmak isterim ki, bölgemizde, bulaşıcı hastalıklara yakalananlar için "Salgın Hastalıklar Koğuşu" adı verilen bir tecrit evi vardır, ama burası, aylardır bu gibi hastalıkları çekenlerle doludur; tek bir ailede beş çocuk çiçekten ve hummadan öldü; bu yılın 1 Nisanı ile 1 Eylülü arasındaki beş ayda, bölgede çiçekten ölenlerin sayısı en az on kişi; bunların dört tanesi sözü edilen kulübelerden; ailelerin çoğu, bu gibi şeyleri sır gibi gizledikleri için, bu hastalığa tutulanların asıl

[139] *l.c.*, s. 165.

sayılarını bilme olanağı yoktur."[140]

Kömür ve diğer madenlerde çalışan emekçiler, İngiliz proletaryasının en iyi ücret alan kategorisine girerler. Onların ücretlerini satın aldıkları fiyatlar daha önceki bir sayfada gösterilmişti.[141] Ben, burada, yalnızca bunların barınma koşullarına kısaca bir gözatacağım. Kural olarak, bir maden işleticisi, o madenin sahibi olsun, kiracısı olsun, işçileri için bir miktar kulübe yaptırır. İşçiler bu kulübelerde yaktıkları kömüre "para ödemezler" — yani bunlar, ücretlerinin aynî ödenen kısmını oluşturur. Buralarda oturmayan işçiler, buna karşılık, yılda 4 sterlin alırlar. Maden bölgeleri, maden çevresinde toplanan madenciler, zanaatçılar, küçük esnaf vb. olmak üzere, geniş bir nüfusu hızla kendisine çeker. Nüfusun yoğun olduğu bütün yerlerde olduğu gibi toprak rantı çok yüksektir. Bu yüzden patronlar, ocağın ağzından elden geldiğince dar bir yere, işçilerle ailelerinin sığışabilecekleri sayıda kulübe kurmaya gayret eder. Çevrede yeni bir maden açılması ya da eski bir madenin yeniden işletilmesi halinde bu sıkışıklık daha da artar. Kulübelerin yapımında önemle gözönünde bulundurulan tek nokta, büsbütün kaçınılması olanaksız masraflar konusunda kapitalistin elden geldiğince "perhiz" yapmasıdır. "Northumberland ve Durham madenlerinde çalışan madencilerle diğer emekçilerin oturdukları yerler genellikle" diyor Dr. Julian Hunter, "Monmouthshire'ın benzer mahalleleri dışta tutulursa, belki de İngiltere'de bu tür evler içersinde en berbat ve pahalı olanlarıdır. ... En kötü yanları, tek bir odaya sığınan insanların çok kalabalık olması, avuç içi kadar yere bir yığın evin içiçe yapılması, su kıtlığı, hela yokluğu, birbiri üzerine durmadan ev yapılması, ya da evlerin sık sık bölünmesidir. ... Maden sahibi ya da işleticisi, sanki bu kiracılar burada oturan insanlar değil de, yalnızca burada konaklayan kimselermiş gibi davranırlar."[142]

"Aldığım talimata göre" diyor Dr. Stevens, "Durham Union'daki büyük maden köylerinin çoğunu dolaştım. ... Birkaçı dışında, burada oturanların sağlık durumlarının korunması için hiçbir önlem

140 *l.c.,* s. 18. not. — Chapel-en-le-Frith-Union, yardım memuru, genel yazmana şunları bildiriyordu: "Doveholes'da, büyük bir kireç ve kil tepesinin yamaçlarına küçük mağaralar açıldı; bu mağaracıklar, çevrede yapılmakta olan demiryollarında çalışan emekçiler ve diğerleri için barınak olarak kullanılıyor. Mağaralar küçük ve nemli, pislik ve bulaşık suları için kanal olmadığı gibi, helaları da yok; tepedeki baca deliğinden başka hava alacak yeri de bulunmamakta. Bu eksiklikler sonucu bir süredir çiçek hastalığı salgın hale gelmiş olup, bu, *mağara sakinleri* arasında ölümlere yolaçmaktadır." (*l.c.,* not 2.)

141 Dördüncü Kısmın sonunda verilen ayrıntılar, özellikle kömür madenlerindeki işçilere aittir. Diğer madenlerdeki daha kötü koşullar hakkında, 1864 tarihli krallık komisyonunun büyük bir dikkatle hazırlanmış raporuna bakınız.

142 *l.c.,* s. 180, 182.

alınmadığını söylemek doğru ve yerinde olur. ... Bütün madenciler, ocağı işletene ya da maden sahibine oniki ay süreyle bağlanmış" (bu, "bağlanmış" sözü, tıpkı "köle" sözü gibi ta kölelik çağından kalmıştır) "durumdadırlar. ... Eğer madenciler hoşnutsuzluk gösterir ya da 'gözcü'nün herhangi bir şekilde canını sıkacak olurlarsa, listedeki adlarının karşısına bir işaret konur ve yıllık 'bağlanmada' bu gibilerine derhal yol verilir. ... Bana kalırsa, ayni ödeme sisteminin hiçbir şekli, bu yoğun nüfuslu bölgelerdeki kadar berbat bir durum alamaz. Madenci, ücretinin bir kısmını, pislik ortasındaki bir evin kirası karşılığı almış durumdadır; işçi burada çaresizlik içersindedir ve malsahibinden başka, çevrede ona elini uzatacak kimse yoktur" (yani sözcüğün tam anlamıyla serf durumundadır); "malsahibi önce bilançosuna bir gözatar ve sonuç, aşağıyukarı bellidir. Suyu da çoğu zaman malsahibi sağlar, iyi de olsa, kötü de olsa parasını ödemek zorundadır, daha olmazsa ücretinden kesilir."[143]

Sermaye, "kamuoyuna" ve hatta sağlık yetkililerinin düşüncelerine aykırı olarak, işçinin hem çalışma ve hem de yaşamını attığı kısmen tehlikeli, kısmen alçaltıcı koşulları, kâr sağlamak için zorunlu oldukları gerekçesiyle "haklı göstermekte" büyük güçlük çekmemektedir. Sermaye, fabrikalarda tehlikeli makinelere karşı koruyucu önlem alma, madenlerde havalandırma ve güvenlik araçları bulundurma vb. konularında "perhiz" yaptığı zaman da, gene aynı şey olur. Burada, madencilerin barındırılması konusunda da aynı şey sözkonusudur. Araştırma kurulu hekimi Dr. Simon, resmî raporunda şöyle diyor: "Bu sefil barınma koşullarını mazur göstermek için, ... madenlerin genellikle kira usulüyle işletildiği öne sürülüyor; kiracının işletme süresinin (bu süre maden ocaklarında genellikle 21 yıldır), işletmenin, emekçileriyle bu işyerinde çalışan diğer zanaatçıların barınmaları için elverişli daha iyi konutlar yapmaya değmeyecek kadar kısa olduğu bahanesi ortaya atılıyor; eğer işletmeci, bu konuda, daha liberal davranmak eğiliminde olsa bile, bu eğilim, topraksahibinin, yeraltı alemi sakinlerinin, yeryüzünde doğru dürüst köylerde yaşama ayrıcalığı için toprak kirası isteyeceği aşırı fiyat yüzünden engellenmiş olur; bu engelleyici fiyat, ayrıca, düpedüz bir engelleme olmasa bile, böyle bir köy kurmak isteyen başkalarını da caydırmış olur. Yukarda öne sürülen bahanelerin geçerliliği konusunda tartışmaya girişmek, bu raporun amacına yabancı düşecektir. Ayrıca, oturulabilecek gibi konutlar yapılmış olsa bile, bunun bedelinin, eninde sonunda, malsahibine mi, kiracıya mı, yoksa emekçiye, ya da halka mı yükleneceği sorusunu da burada ele almaya gerek yoktur. Ama, [Dr. Hunter'ın, Dr.

[143] *l.c.,* s. 515, 517.

Stevens'ın vb.] ilişik raporlarında sözü edilen utanç verici durumlar karşısında, buna bir çare bulmak zorunludur. ... Mülkiyet hakkı böylece kamuya zarar verecek şekilde kullanılmış oluyor. Topraksahibi, madenin de maliki olarak, bir sanayi topluluğunu kendi topraklarında çalışmaya çağırıyor ve ardından da, toprağın mülkiyetine sahip kimse olarak, topladığı emekçilerin içlerinde yaşayacakları doğru dürüst konut bulmalarını olanaksız hale getiriyor. Madeni kiralayan [kapitalist işletmeci] adamın, bu ikili pazarlığa karşı koymasını gerektirecek herhangi bir kazancı yoktur; çünkü malsahibinin talepleri aşırı olsa bile, bunun sonuçlarına, kendisinin değil, emekçilerinin katlanmak zorunda kalacaklarını çok iyi bilir; ayrıca bu emekçilerin ne sağlık konusundaki haklarını, ne oturdukları konutların berbatlığını, ne de içtikleri suyun pisliğini bilecek kadar eğitim görmediklerini, bütün bunların, emekçileri, bir 'greve' götürecek nedenler olamayacağını da gene pekala tahmin eder."[144]

(d) *Bunalımların İşçi Sınıfının En İyi Ücret Alan Kesimi Üzerindeki Etkisi*

Gerçek tarım emekçilerine geçmeden önce, sınai kargaşalıkların, işçi sınıfının en iyi ücret alan kısmını, aristokrasisini bile nasıl etkilediğini bir örnekle göstermek istiyorum. Anımsanacağı gibi 1857 yılı, dönemsel sınai çevrimlerin son bulduğu büyük bunalımlardan bir tanesinin patlak verdiği yıldı. Bunu izleyen bunalım, 1866 yılına raslıyordu. Çok miktarda sermayenin kendi yatırım alanından, para piyasasının büyük merkezlerine kaymasına yolaçan pamuk kıtlığı nedeniyle, bunalım, bu kez, özellikle mali bir niteliğe bürünmüştü. O koskocaman Londra Bankasının iflası ve hemen ardından bir yığın düzenbaz şirketin çöküşü, 1866 yılında bunalım patlamasının işareti oldu. Darbeyi yiyen Londra'daki büyük sanayi kollarından birisi de, sac gemi yapımı idi. Bu alandaki büyük işadamları, satışların iyi olduğu sırada ölçüsüz aşırı üretim yapmakla kalmayıp, kredi akımının sürekli olacağı düşüncesiyle, büyük sözleşmeler de yapmışlardı. Oysa şimdi korkunç bir tepki doğmuştu ve bu, şu anda bile (Mart 1867 sonu) bu kolda ve Londra'daki diğer sanayi kollarında devam ediyordu.[145] Emekçilerin du-

144 *l.c.*, s. 16.

145 "Londra'da fakir fukaranın toptan açlıktan kırılması. ... Son birkaç gün içinde Londra'nın duvarlarına, üzerlerinde aşağıdaki dikkat çekici bildiriler yazılı büyük kağıtlar yapıştırıldı: 'Semiz öküzler! Açlıktan kırılan insanlar! Açlıktan kırılan insanlar sefil inlerinde, ölüme ve çürümeye terkedilirken sırça köşklerinden inen semiz öküzler, zenginleri doyurmak için lüks kaşanelerin yolunu tuttular.' Bu uğursuz sözleri taşıyan ilanlar, belli aralıklarla yapıştırılıyordu. Bunların üzerleri boya-

rumunu göstermek için, 1866 yılı sonu ile 1867 yılı başında, bellibaşlı felaket bölgelerini dolaşan *Morning Star* muhabirinin ayrıntılı haberinden şu kısmı alıyorum: "Londra'nın doğu yakasında Poplar, Milwall, Greenwich, Deptford, Limehouse ve Canning Town bölgelerinde, en az 15.000 işçi ile aileleri tam bir felaket ve yoksulluk içersindeler. (Altı ayı geçen bir işsizlik ve çaresizlik döneminden sonra) 3.000 kalifiye makine işçisi işevinde taş kırıyor. ... Aç insanların oluşturduğu kalabalığı yarıp işevinin kapısına güçlükle ulaştım. ... Bunlar karnelerini bekliyorlardı, ama dağıtım henüz başlamamıştı. Avlu, çevresi sundurmalarla çevrili kare şeklinde büyük bir meydandı, ortaya öbek öbek kar yığılmıştı. Orta yerde, gene koyun ağılları gibi hasırla çevrilmiş küçük bölmeler vardı, iyi havalarda insanlar burada çalışıyorlardı. Ama benim gittiğim gün buralarda o kadar çok kar vardı ki, kimse yere oturup çalışamazdı. Gene de bazıları sundurmanın altında kaldırım taşı yontmakla uğraşıyorlardı. Hepsi büyük birer taşın üzerine oturmuş, ellerindeki kocaman çekiçlerle, buz kaplı kayaları yontuyor ve 5 kilelik iş çıkardıktan sonra günlük işlerini bitirmiş oluyorlardı. ... Hakettiği yevmiye, 3 peni ile bir de yiyecek karnesiydi. Avlunun bir yanında, üzeri tahta küçük bir baraka vardı. Kapısını açtık, içerisi, ısınmak için birbirine sokulmuş insanlarla doluydu. Önlerindeki üstüpüyü didikliyorlardı ve belli miktarda bir yiyecekle kimin daha uzun süre çalışabileceğini tartışıyorlardı: Onlar için işe dayanıklılık bir onur sorunuydu. Bu tek bir işevindeki ... yedibin kişi ... aldıkları yardımla yaşıyorlardı ... ve bunların yüzlercesi ... altı-sekiz ay öncesine kadar bir zanaatçıya ödenen en yüksek ücreti alıyorlardı. ... Tasarruf ettikleri bir miktar parayı bitirdikleri halde, hâlâ rehine verecek bir şeyleri olduğu için yardım almak üzere kiliseye henüz başvurmamış olanlar da hesaba katılırsa, bunların sayıları iki katına çıkabilir. İşevinden ayrılınca, Poplar çevresinde pek çok görülen tek katlı küçük evlerin çevrelediği sokaklarda yürüdüm. Bana kılavuzluk eden, işsizler komitesi üyelerinden birisiydi. ... İlk ziyaretimizi yirmiyedi haftadır işsiz olan bir demir işçisine yaptık. Ailesiyle birlikte küçük bir arka odada oturuyordu. Odada az da olsa eşya vardı ve ocak da hafiften yanıyordu. Çok soğuk bir gün olduğundan, bu, küçük çocukların çıplak ayaklarının donmaması için gerekliydi. Ocağın önündeki tepside üstüpü vardı; çocuklar ile an-

nır ya da kazınır kazınmaz, aynı yere ya da aynı derecede göze çarpan bir başka yere yenileri konuyordu ... bu ... Fransız halkını 1789 olaylarına hazırlayan gizli devrimci örgütlerden birini anımsatıyor. ... İngiliz işçileri, karıları ve çocukları ile soğuk ve açlıktan can verdikleri şu anda, milyonlarca İngiliz altını —İngiliz emeğinin ürünleri— Rusya'da, İspanya'da, İtalya'da ve diğer dış girişimlere yatırılmış bulunuyor." —*Reynolds' Newspaper,* 20 Ocak 1867.

neleri yardım alabilmek için bunu didikliyorlardı. Adam, işevindeki taş yontma yerinde biraz yiyecekle üç peni gündelik almak için çalışıyordu. Yüzünde hüzünlü bir gülümsemeyle, bize, öğle yemeğine geldiğini, karnının zil çaldığını söyledi; önündeki yemek, üzerine domuz yağı sürülmüş birkaç dilim ekmek ve bir bardak sütsüz çaydı. ... Çaldığımız ikinci kapıyı orta yaşlı bir kadın açtı, tek sözcük söylemeden bizi arka yandaki küçük bir oturma odasına götürdü. Bütün aile, burada, gözleri, sönmekte olan ateşe dikili, sessizce oturuyordu. Bu insanlarla küçük odalarını öylesine bir yalnızlık ve umutsuzluk havası doldurmuştu ki, böyle bir şeye bir daha tanık olmak istemem. Kadın, oğullarını göstererek, "Yirmialtı haftadır, dedi, hiçbir iş yaptıkları yok bayım. Bütün paramız bitti; ilk zamanlarda babayla benim bir yana koyduğumuz yirmi sterlinin hepsi. Çalışamayacağımız günleri atlatır diye biriktirdiğimiz bu para da işte tükendi." Bir banka defteri getirerek, hırsla, "Şuna bakın!" dedi; yatırılan ve çekilen paralar dikkatle birer birer yazılıydı; ilk beş şilinlik yatırımla bu küçük servetin nasıl başladığını, ufak ufak artışlarla yirmi sterline nasıl çıktığını ve bunun ardından sterlinlerin yavaş yavaş eriyerek tekrar şilinlere dönüştüğünü, en son çekilen parayla da defterin nasıl boş bir kağıt parçası gibi değersiz hale geldiğini gördük. Bu aile, işevinden yardım alıyor ve bu da ancak günde bir-iki lokmalık öğüne yetiyordu. ... Daha sonra, kocası gene işevinde çalışan bir demir işçisinin karısını ziyaret ettik. Besinsizlikten hastalanmış, üstündeki giyeceğiyle bir şilteye uzanmıştı; yatak-yorgan gibi şeylerin hepsi rehine verildiği için üzerine bir kilim parçası örtmüştü. İki perişan çocuk güya analarına bakıyorlardı, oysa onların da en az anaları kadar bakıma gereksinmeleri olduğu besbelliydi. Ondokuz haftalık zorunlu işsizlik, onları bu duruma düşürmüştü: Geçmiş acı günleri anlatırken inleyen ana, geleceğe bağladığı bütün umutlarını yitirmiş gibiydi. ... Dışarı çıkınca genç bir çocuk arkamızdan koştu, evine girmemizi ve eğer olanaklıysa kendisine yardım etmemizi rica etti. İçerde genç bir kadın, iki güzel çocuk, bir deste rehin makbuzu ve bomboş bir odaydı bize gösterdiği. ..."

1866 bunalımı sonrası acıları konusundaki aşağıdaki parçayı bir Tory gazetesinden alıyorum. Şurası unutulmamalı ki, burada ele aldığımız Londra'nın doğu yakası, yalnızca yukarda sözü edilen sac gemi yapımı merkezi değil, aynı zamanda, her zaman düşük ücretli olan sözde "ev sanayisi"nin de merkezidir. "Başkentin bir kesiminde dün korkunç bir görünüm vardı. Doğu yakasındaki binlerce işsiz, ellerinde kara bayraklarla *en masse** geçit yapmadılar,

* Yığın halinde. –ç.

ama insan seli gene de çok etkiliydi. Bu insanların acılarının ne olduğunu bilelim. Bunlar açlıktan ölüyorlar. Yalın ve müthiş gerçek işte bu. Tam 40.000 insan bu durumda. ... Bu şahane sanayi merkezinin bir mahallesinde —dünyanın şimdiye kadar gördüğü bu muazzam servet birikiminin hemen yanıbaşında— 40.000 çaresiz insan açlıktan ölümle yüzyüze. Bu binlerce insan şimdi diğer mahallelere yayılıyor; yarı-açlıktan sefaletlerini kulaklarımıza ve gökyüzüne haykırıyorlar; sefalet içersindeki yuvalarından bize, iş bulamadıklarını ve dilenmelerinin de yararsız olduğunu söylüyorlar. Buralarda oturan vergi yükümlülerinin kendileri de, kilisenin yüklediği yardım zorunluluğu karşısında sefalet uçurumunun kenarına gelmiş durumdalar." (*Standard,* 5 Nisan 1867.)

İngiliz kapitalistleri arasında Belçika'yı, ne işçi sendikalarının, ne de fabrika yasalarının zorbaca önlemleri ile sınırlandırılan "çalışma özgürlüğü" ya da aynı şey olan "sermaye özgürlüğü"nün cenneti diye örnek vermek adet haline geldiği için, burada Belçikalı emekçilerin "mutluluğu" üzerine de bir-iki söz söylemek yerinde olacaktır. Bu mutluluğun sınırlarını herhalde Belçika cezaevleri ve hayır kurumları genel denetmeni ve Belçika Merkez İstatistik Komisyonu üyesi M. Ducpétiaux'dan daha iyi kimse bilemez. Bay Ducpétiaux'nun, *Budgets économiques des classes ouvrières en Belgique,* Bruxelles 1855, adlı yapıtını alalım. Burada, biz, diğer şeyler yanında, yıllık geliri ile harcamaları çok kesin verilere dayanılarak hesaplanan ve beslenme koşulları, askerlerle, denizcilerle ve tutuklularla karşılaştırılan normal bir Belçikalı emekçi ailesini görüyoruz. Aile, "baba, ana ve dört çocuktan oluşuyor". Bu altı kişiden, "dördü, bütün yıl boyunca yararlı bir şekilde çalıştırılabilir" durumda. "Bunlar arasında ne hasta, ne de çalışamayacak durumda kimse bulunduğu, ufak bir kilise aidatı dışında, dinsel, manevi ve zihinsel amaçlar için bir harcama sözkonusu olmadığı gibi, banka tasarrufu ya da kâr getiren şirketlere para yatırılmadığı, lüks ve benzeri şeyler için para harcanmadığı" varsayılıyor. Bununla birlikte, baba ile en büyük oğul "tütün kullanmayı" ve pazar günleri "*cabaret*'ye gitmeyi" adet edinmişler ve bu iş için haftada 86 santim harcıyorlar. "Çeşitli işlerde emekçilere verilen genel ücretlere göre erkeklere verilen en yüksek ortalama günlük ücret 1 frank 56 santim, kadınlara 89 santim, erkek çocuklara 56 santim ve kız çocuklara 55 santimdir. Bu hesaba göre ailenin toplam yıllık geliri en fazla 1.068 frank olabilir. ... Bu örnek ailede, biz, olası bütün gelir kaynaklarını hesaba kattık. Ama, ailede anneye ücret ödenmediğini varsaymakla, *ev işlerini kimin yapacağı sorunu ortaya çıkar.* Ev içindeki işleri kim yürütecek? Küçük çocuklara kim bakacak? Yemeği kim pişirecek, bulaşığı ve çamaşırı kim yıkayacak, sökükleri kim dikecek? Emekçilerin devamlı karşılaştıkları ikilem bunlar."

Buna göre ailenin bütçesi şöyle:

Baba	300	işgünü	1.56	franktan	468	frank
Ana	"	"	89	"	267	"
Erkek çocuk	"	"	56	"	168	"
Kız çocuk	"	"	55	"	165	"
				T o p l a m	*1.068*	*frank*

Emekçi, eğer aşağıdaki kimseler gibi beslenmiş olsaydı, ailenin yıllık gideri şu açığı verirdi:

Deniz eri	1.828	frank	760	frank	açık
Kara eri	1.473	"	405	"	"
Mahkum	1.112	"	44	"	"

"Görüyoruz ki, emekçi ailelerin çoğu, ortalama deniz ya da kara eri kadar değil, bir mahkum kadar bile beslenememektedir. 1847-1849 döneminde, çeşitli hapishanelerdeki bir mahkumun genel ortalama masrafı, 63 santim idi. Bu rakam, bir emekçinin günlük masrafı ile karşılaştırılırsa, 13 santimlik bir fark gösterir. Ayrıca şurasını da belirtmek gerekir ki, hapishanelerde, yönetim ve denetim ile ilgili giderler de hesaba katılmakla birlikte, buna karşılık, mahkumlar, barınmaları için bir şey ödememektedirler; kantinlerden yaptıkları alışverişler bu bakım giderlerine dahil edilmediği gibi, bu gibi yerlerde bulunan insan sayısının kabarık oluşu ile, tükettikleri yiyecek ve diğer şeylerin sözleşmelerle ya da toptan satın alınması sonucu giderler epeyce düşmektedir. ... Öyleyse bu durumda, çok sayıda emekçi ve hatta emekçilerin büyük çoğunluğu daha az giderle nasıl yaşayabiliyorlar? Bunu ... sırrını yalnız emekçilerin bildikleri bazı çarelere başvurarak beceriyorlar; örneğin, günlük yiyecek miktarını azaltıyorlar; buğday ekmeği yerine çavdar ekmeği yiyorlar; daha az et yiyorlar ya da hiç yemiyorlar, tereyağı ile baharatı da öyle; bütün ailenin üstüste oturduğu biriki odayla yetiniyorlar ve oğlanlarla kızlar yanyana ve çoğu zaman aynı hasırın üzerinde yatıyorlar; giyim, yıkanma ve öteki temizlik gereçlerinden kısıyorlar; pazar eğlencelerinden vazgeçiyorlar; yani kısacası kendilerini en ıstıraplı yoksunluğa mahkum ediyorlar. Bu son sınıra dayandıktan sonra, yiyecek fiyatlarında ufak bir yükselme, işin durması, hastalık gibi nedenler, emekçinin çektiği sıkıntıyı artırıyor ve büsbütün mahvolmasına yolaçıyor; borçlar birikiyor, veresiye kesiliyor, en gerekli giyecekler ve eşyalar rehine veriliyor ve en sonunda aile, kendisini, yoksullar listesine kaydettiriyor."[145a]

Gerçekten de, bu "kapitalist cennet"inde gerekli tüketim maddelerinin fiyatındaki en ufak bir değişmeyi, ölüm ve suç sayılarında bir değişme izliyor! (Bkz: *Manifest der Maatschappij: De Vlamingen Vooruit!* Brussel 1860, s. 15, 16.) Belçika'da toplam 930.000 aile var, resmî istatistiklere göre bunların 90.000'i servet sahibi, ve seçmen sayısı = 450.000; kentliler ile köylerdeki aşağı orta-sınıf 390.000 aile ve büyük kısmı sürekli proleterleşmekte ve bunlar = 1.950.000 kişi. Ve ensonu 450.000 işçi sınıfı ailesi = 2.250.000 kişi, içlerinde iyi durumda olanlar Ducpétiaux'nun anlattığı mutluluğu tadıyorlar. 450.000 işçi sınıfı ailesinden 200.000'i aşkını yoksullar listesinde.

(e) *İngiliz Tarım Proletaryası*

Kapitalist üretim ve birikimin uzlaşmaz karşıt niteliği hiçbir yerde, İngiliz tarımındaki (hayvancılık dahil) ilerleme ile İngiliz tarım emekçisinin durumundaki gerilemede olduğu kadar kendisini zalimce ortaya koyamaz. Bugünkü duruma dönmeden önce, geriye, hızla bir gözatacağım. İngiltere'de modern tarım, üretim tarzındaki değişikliğin başlangıç noktasını oluşturan toprak mülkiyetindeki devrim daha eski tarihlere gitmekle birlikte, 18. yüzyılın ortasında başlar.

Dikkatli bir gözlemci ama yüzeyde kalan bir düşünür olan Arthur Young'ın 1771 yılında tarım emekçisi ile ilgili olarak söylediklerine bakılırsa, bunlar, şimdi, "kent ve köydeki İngiliz emekçisinin altın çağı olan" 15. yüzyıl şöyle dursun "emekçilerin bolluk içinde yaşadıkları ve servet biriktirdikleri"[146] 14. yüzyıldaki emekçilere göre çok acınacak durumdadırlar. Ama, bu kadar gerilere gitmemize de gerek yok. 1777 yılında yayınlanan çok öğretici bir yapıtta şu satırları okuruz: "Yoksul emekçi hemen hemen yerlebir olurken, büyük çiftçi nerdeyse bir *gentleman** düzeyine yükseldi. Yalnızca kırk yıl öncekiyle bugünkü durum karşılaştırılınca, düştüğü zavallı durum apaçık ortaya çıkar. ... Toprakbeyleri ile kiracılar ... emekçiyi ... ezmek için hep elbirliği yaptılar."[147] Bunun ardından 1737 ile

[145a] Ducpétiaux, *l.c.*, s. 151, 154, 155, 156.

[146] James E. Thorold Rogers, Prof. of Polit. Econ., in the University of Oxford, *A History of Agriculture and Prices in England,* Oxford 1866, v. I, s. 690. Sabırlı ve gayretli bir çalışmanın ürünü olan bu yapıt, şimdiye kadar yayınlanan iki cildinde, yalnız 1259 ile 1400 yılları arasındaki dönemi kapsıyor. İkinci cilt yalnızca istatistikleri içeriyor. Bu yapıt, o zamana ait elimizde bulunan tek otantik "*History of Prices*"dır ["Fiyat Tarihi"].

[147] *Reasons for the Late Increase of the Poor-Rates: or, a comparative view of the prices of labour and provisions,* Lond. 1777, s. 5, 11.

* Beyefendi, centilmen. –ç.

1777 yılları arasında gerçek tarım emekçileri ücretinin, nerdeyse 1/4, yani %25 düştüğü, ayrıntıları ile tanıtlanıyor. Dr. Richard Price da, "modern politika", diyor, "aslında yüksek sınıfların daha fazla yararınadır; zamanla vereceği sonuçlar, bütün krallığı yalnızca beyler ile dilenciler ya da efendiler ile kölelerden oluşur hale getirecektir".[148]

Gene de İngiliz tarım emekçilerinin durumu 1770 ile 1780 yılları arasında, yiyecek ve barınma bakımından olduğu kadar, kendine saygı ve eğlence vb. yönünden de, o zamandan beri, bir daha ulaşamadığı ideal olarak kalmıştır. Ortalama ücreti, 1770 ile 1771 yıllarında 90 *pint** buğday, Eden zamanında (1797), yalnızca 65 *pint,* 1808'de ise 60 *pint* olarak ifade ediliyordu.[149]

Topraksahiplerinin, çiftçilerin, fabrikatörlerin, tüccarların, bankerlerin, borsa spekülatörlerinin, orduya mal satanların vb. büyük servetler edindikleri jakobenlere karşı savaşın sonunda tarım emekçilerinin durumu yukarda gösterildiği gibiydi. Nominal ücretler, kısmen banknotun değerini yitirmesi, kısmen de bundan bağımsız olarak temel geçim araçlarının fiyatlarındaki artış sonucu yükselmişti. Ama reel ücret değişmesi, burada gereksiz ayrıntılara girmeksizin basit bir şekilde gösterilebilir. Yoksul yasası ile uygulanışı, 1795 ile 1814'te aynıydı. Bu yasanın kırsal bölgelerde nasıl uygulandığı anımsanacaktır: nominal ücret ile emekçinin yaşayabilmesi için gerekli nominal miktar arasındaki farkı, oradaki yardım kurumları sadaka şeklinde tamamlıyordu. Çiftçinin ödediği ücret ile, yardım kurumlarının kapadıkları ücret açığı arasındaki oran, bize, iki şeyi göstermektedir. Önce, ücretlerin, asgari düzeyin altına düştüğünü; sonra, tarım emekçisinin ne oranda ücretli emekçi ve dilenci karışımı haline geldiğini, ya da kilise yardım kurulunun kölesi haline gelme derecesini. Diğer bütün kontluklardaki ortalama durumu temsil eden tek bir kontluğu ele alalım. 1795 yılında Northamptonshire'da ortalama haftalık ücret 7 şilin 6 peniydi; 6 kişilik bir ailenin toplam yıllık gideri ise 36 sterlin 12 şilin 5 peni; bunların toplam geliri 29 sterlin 18 şilin; yardım kurumunun kapadığı açık 6 sterlin 14 şilin 5 peni. 1814 yılında aynı kontlukta haftalık ücret 12 şilin 2 peni; 5 kişilik bir ailenin yıllık top-

148 Dr. Richard Price, *Observations on Reversionary Payments,* 6. ed., By W. Morgan, Lond. 1803, v. II, s. 158, 159. Price, 159. sayfada şuna işaret ediyor: "Bugün, emek-gücünün nominal fiyatı, 1514 yılına göre aşağıyukarı dört ya da en çok beş katı fazladır. Oysa, buğdayın fiyatı yedi katı, etin ve giyim eşyasının fiyatları onbeş katı kadar yükselmiştir. Bu nedenle, emeğin fiyatı, geçim giderlerindeki artışla orantılı olarak yükselmiş olsa bile, bu giderlerdeki artış ile aradaki orantı yarıyarıya bile değildir."

149 Barton, *l.c.,* s. 26. 18. yüzyılın sonu için bkz: Eden, *l.c.*.

* 0,550 litre. –ç.

lam gideri 54 sterlin 18 şilin 4 peni; ailenin toplam geliri 36 sterlin 2 şilin; yardım kurumunun kapadığı açık 18 sterlin 6 şilin 4 peni.[150] Kapatılan açık, 1895'te, ücretin ¼'ten azı, 1814'te yarısından fazlasıydı. Bu koşullar altında, Eden'ın hâlâ tarım emekçilerinin kulübelerinde bulduğu azıcık rahat ve huzur, 1814'te büsbütün yokolmuştu.[151] Çiftçinin elinde bütün hayvanlar içinde emekçi, bu *instrumantum vocale,** artık, en çok ezilen, en kötü beslenen ve en çok zulüm göreniydi.

Aynı durum, "1830 Swing ayaklanmaları bize" (yani egemen sınıflara), "ateşe verilen harmanların ışığında, manüfaktür İngiltere-si'nde olduğu kadar, tarım İngilteresi'nde de, sefalet ve isyan ettirici kapkara bir huzursuzluğun, için için kıvılcımlandığını gösterene kadar"[152] sessizce sürdü gitti. Bu sıralarda, Sadler, Avam Kamarasında, tarım emekçilerine "beyaz köleler" adını takmış, Lordlar Kamarasında bir piskopos aynı unvanı yinelemişti. O dönemin en dikkate değer iktisatçısı E. G. Wakefield şöyle diyor: "Güney İngiltere köylüsü ... ne özgür insandır, ne de köle; o, yalnızca dilencidir."[153]

Tahıl yasalarının yürürlükten kaldırılmasından önceki dönem, tarım emekçilerinin durumuna yeni bir ışık getirdi. Bir yandan, tahıl yasalarının gerçek hububat üreticilerini ne derece az koruduğunu tanıtlamak orta-sınıf çığırtkanlarının çıkarınaydı; öte yandan, toprak aristokrasisinin fabrika sistemini yermeleri, bu yozlaşmış, kalpsiz ve kibar serserilerin, fabrika işçilerinin ıstıraplarına karşı duydukları sözde anlayış ve gene bunların fabrika yasaları için gösterdikleri "diplomatik çaba", sanayi burjuvazisini öfkeden deliye döndürüyordu. Eski bir İngiliz atasözü, "hırsızlar birbirine düşünce, namuslular kazançlı çıkar" der. Gerçekten de, egemen sınıfın iki düşman kesimi arasında, emekçileri hangisinin daha utanmazca sömürdüğü konusundaki gürültülü ve ateşli kavga, doğruların ortaya çıkmasına yaradı. Shaftesbury kontu olan lord Ashley, fabrika sistemine karşı girişilen kampanyanın aristokrat ve insancıl başkomutanıydı. Bu yüzden o, 1845'te *Morning Chronicle*'ın tarım emekçilerinin durumu ile ilgili açıklamalarında en gözde hedefti. Zamanın en liberal yayın organı olan bu gazete, tarım bölgelerine özel muhabirler gönderiyor ve bunlar, yalnız genel bilgiler ve istatistiklerle yetinmeyerek, hem konuştukları emekçi ailelerinin ve hem de bunların efendilerinin adlarını yayınlıyordu. Aşağıdaki liste, Blanford, Wimbourne ve Poole yöresinde üç köye ödenen üc-

150 Parry, *l.c.*, s. 86.
151 *ibid.*, s. 213.
152 S. Laing, *l.c.*, s. 62.
153 *England and America,* Lond. 1833, v. I, s. 47.
* Konuşan alet. –ç.

retleri göstermektedir. Bu köyler bay G. Bankes ile Shaftesbury kontunun malıdır. Görüleceği üzere, bu "aşağı kilise papazı", ve İngiliz sofularının başı, tıpkı Bankes gibi, emekçilerin zaten pek zavallı olan ücretlerinin büyük bir kısmını ev kirası bahanesiyle cebe indirmektedir:

BİRİNCİ KÖY[154]

Çocuklar (a)	Aile Üyeleri Sayısı (b)	Erkeklerin Haftalık Ücreti (c)		Çocukların Haftalık Ücreti (d)	Tüm Ailenin Haftalık Geliri (e)		Haftalık Ev Kirası (f)		Kira Çıktıktan Sonra Ücretler Toplamı (g)		Adam Başına Haftalık Ücret (h)	
		ş.	p.		ş.	p.	ş.	p.	ş.	p.	ş.	p.
2	4	8	0	—	8	0	2	0	6	0	1	6
3	5	8	0	—	8	0	1	6	6	6	1	3½
2	4	8	0	—	8	0	1	0	7	0	1	9
2	4	8	0	—	8	0	1	0	7	0	1	9
6	8	7	0	1/6, 2/0	10	6	2	0	8	6	1	¾
3	5	7	0	—	7	0	1	4	5	8	1	1½

İKİNCİ KÖY

6	8	7	0	1/6, 1/6	10	0	1	6	8	6	1	¾
6	8	7	0	—	7	0	1	3½	5	8½	0	8½
8	10	7	0	—	7	0	1	3½	5	8½	0	7
4	6	7	0	—	7	0	1	6½	5	5½	0	11
3	5	7	0	—	7	0	1	6½	5	5½	1	1

ÜÇÜNCÜ KÖY

4	6	7	0	—	7	0	1	0	6	0	1	0
3	5	7	0	2/0, 2/6	11	6	0	10	10	8	2	1½
0	2	5	0	—	5	0	1	0	4	0	2	0

Tahıl yasalarının kaldırılması, İngiliz tarımı için olağanüstü bir dürtü oldu.[155] Büyük çapta boşaltma kanalları, hayvanları ahırda beslemek ve yapay otlaklar yetiştirmek için yeni yöntemler, mekanik gübreleme aygıtlarının kullanılması, killi toprağı işlemede yeni yollar, madenî gübrelerin daha fazla kullanılması, buharlı makinelerden ve her türlü yeni makinelerden yararlanma, genel-

[154] London *Economist,* 29 Mart 1845, s. 290.

[155] Bu amaçla toprak aristokrasisi, kendisine, hazineden, kuşkusuz parlamento aracılığı ile çok düşük faizle avans verdi, oysa çiftçiler bunu çok daha yüksek faizle ödemek durumundaydılar.

likle daha yoğun bir tarım, bu devrin özelliğiydi. Krallık Tarımsal Kurumunun başkanı bay Pusey, yeni makinelerin kullanılmasıyla, çiftlikte (nispi) giderlerin yarı yarıya azaldığını söylüyor. Öte yandan da, toprağın gerçek verimi hızla yükseldi. *Acre* başına daha fazla sermaye yatırımı ve dolayısıyla çiftliklerde daha fazla yoğunlaşma, yeni yöntemin temel koşullarıydı.[156] Aynı zamanda, işlenen toprağın alanı 1846-1856 arasında 464.119 *acre* arttı, ve doğu kontluklarında, tavşan yatağı ve cılız meralar halindeyken, mükemmel ekin tarlaları haline getirilen büyük alanları bu hesaba katmıyoruz. Bu arada, tarımda çalışan toplam emekçi sayısında bir düşme olduğunu daha önce görmüş bulunuyoruz. Her iki cinsiyetten ve her yaştan fiilî tarım emekçisi sayısı, 1851'de 1.241.396 iken, 1861'de, 1.163.217'ye düşmüştür.[157] Bu nedenle, İngiliz genel saymanı haklı olarak şöyle diyordu: "1801 yılından bu yana, çiftçi ve çiftlik emekçisi sayısındaki artış ... tarımsal ürünlerin artışıyla hiçbir orantı göstermemektedir";[158] bu oransızlık tarım nüfusundaki azalmanın, işlenen toprakların alanındaki artış, daha yoğun bir işleme yöntemi, toprağı ve toprağın işletilmesine yatırılan sermaye birikimindeki görülmemiş büyüme, toprak ürünlerinde İngiliz tarım tarihinde eşi görülmemiş yükselme, toprakbeylerine giden payların büyük miktarlara ulaşması ve kapitalist çiftçilerin genişleyen servetleriyle elele gittiği son dönemde, daha göze batar bir durum almıştı. Bütün bunların, pazarların, yani kentlerin sürekli ve hızlı gelişmesi, ve serbest ticaretin egemenliği ile birlikte olduğu dikkate alınırsa, tarım emekçisinin, ensonu, *post tot discrimine rerum,** kendisini mutluluktan sarhoş edecek, *secundum artem*** ortamı içinde bulması gerekir.

Ne var ki, profesör Rogers, İngiliz tarım emekçisinin yazgısının, 14. yüzyılın son yarısı ile 15. yüzyıldakiler şöyle dursun, 1770 ile 1780 yılları arasındakiler ile karşılaştırıldığında bile çok daha beter olduğu, "köylünün tekrar serf haline" ve hem de daha kötü

[156] Orta-sınıf çiftçi nüfusundaki azalış, özellikle şu sayım kategorisinde görülebilir: "Çiftçinin oğulları, erkek torunları, kardeşleri, yeğenleri, kızları, kız torunları, kız kardeşleri"; yani çiftçinin çalıştırdığı kendi ailesinin üyeleri. Bu kategori, 1851 yılında 216.851 kişi iken, 1861'de 176.151 kişiye inmiştir. 1851 ile 1871 yılları arasında, 20 *acre*'dan küçük çiftliklerin sayısı 900'den daha fazla bir azalma göstermiştir; 50 ile 75 *acre* arasındaki çiftlikler 8.253'ten 6.370'e inmiştir; 100 *acre*'dan küçük bütün çiftlikler için de durum aynıdır. Buna karşılık, aynı yirmi yıl boyunca büyük çiftliklerin sayısında bir artış olmuştur; 300-500 *acre* arasında olanlar 7.771'den, 8.410'a yükselmiş, 500 *acre*'dan büyük olanlar 2.755'ten 3.914'e yükselmiş, 1.000 *acre*'dan büyük olanlar 492'den 582'ye çıkmıştır.

[157] Çoban sayısı 12.517'den 25.559'a yükselmiştir.

[158] *Census, etc., l.c.,* s. 36.

* Bu kadar felaketten sonra. –ç.

** İkinci anayol. –ç.

beslenen ve giyinen bir serf haline geldiği sonucuna varmaktadır.[159] Tarım emekçilerinin konutları konusunda devir açan yapıtında Dr. Julian Hunter şöyle diyor: "*Hind*'in" (tarım emekçilerinin kölelik zamanından kalma adı) "masrafları, yaşayabileceği en düşük miktar olarak saptanır ... ücreti ve barınma giderleri, kendisinden sağlanan kâra göre hesaplanmaz. Çiftçilik hesaplarında emekçi sıfırdır.[160] ... Varolma" (geçim) "araçları her zaman değişmeyen bir miktar olarak düşünülür.[161] Gelirinde daha da fazla bir azalma için, *nihil habeo, nihil curo** diyebilir. Elinde ancak yaşayabilecek kadar yedek yiyeceği olduğu için, gelecekle ilgili kaygısı yoktur. Çiftçinin hesaplarına esas aldığı sıfır noktasına zaten ulaşmış durumdadır. Gelecekteki günler ne getirirse getirsin, ne bolluktan, ne de kıtlıktan payına düşecek bir şey vardır."[162]

1863 yılında, sürgüne ve ağır hapis cezasına çarptırılmış suçluların beslenme ve çalışma koşulları konusunda resmî bir araştırma yapılmıştır. Sonuçlar iki kalın cilt Mavi Kitapta yeraldı. Diğer şeyler yanında şöyle deniyordu: "İngiltere'de cezaevlerindeki mahkumların beslenme durumu ile işevlerindeki yoksullar ve aynı ülkedeki serbest emekçiler arasında yapılacak ayrıntılı bir karşılaştırma ... kuşkusuz, mahkumların diğer iki sınıftan daha iyi beslendiği sonucunu ortaya koyacaktır."[163] Oysa, "ağır hapse çarptırılmış herhangi bir mahkumdan istenen iş miktarı, gene sıradan bir gündelikçiden istenilen miktarın neredeyse yarısı kadardır."[164] Edinburgh cezaevi müdürü John Smith'in tanık olarak verdiği ifadeden birkaç ilginç nokta: n° 5056. "İngiliz cezaevlerindeki yiyecek durumu, İngiltere'deki sıradan emekçilerin yiyeceğinden daha iyidir." n° 50. "İskoçya'da sıradan tarım emekçisinin ... pek seyrek et yediği bir gerçektir." Yanıt n° 3047. "Bu hükümlülerin, sıradan bir tarım emekçisinden çok daha iyi beslenmelerini gerektirecek bir neden var mıdır? — Kesinlikle yoktur." n° 3048. "Kamu işlerinde çalıştırılan hükümlülerin beslenme durumlarını, serbest emekçilerin beslenme durumlarına yaklaştırmak için daha başka denemeler yapılması sizce gerekli midir?"[165] ... "O" (tarım emekçisi) "şöyle diyebilir:

[159] Rogers, *l.c.*, s. 693. Mr. Rogers liberal okuldandır. Cobden ve Bright'ın kişisel dostudur; bu nedenle, *laudator temporis acti* [geçmiş zaman aşığı –ç.] olamaz.

[160] *Public Health, Seventh Report*, 1865, s. 242. Bu nedenle, toprakbeyinin, tarım emekçisinin kazancının arttığını duyar duymaz kirayı yükseltmesinde ya da, "karısı bir iş bulduğu için", çiftçinin, emekçinin ücretinde bir indirme yapmasında olağan-dışı bir şey yoktur, *l.c.*.

[161] *l.c.*, s. 135.

[162] *l.c.*, s. 134.

[163] *Report of the Commissioners ... Relating to Transportation and Penal Servitude*, Lond. 1863, s. 42, 50.

[164] *l.c.*, s. 77. *Memorandum by the Lord Chief Justice.*

* Malı yok, derdi yok. –ç.

Çok çalışıyorum ama yeteri kadar yemek yiyemiyorum, oysa cezaevindeyken, daha fazla çalışmadığım halde daha fazla yerdim; böyle olunca benim için tekrar cezaevine girmek daha iyi."[166] Raporun birinci cildine konulan tablodan aşağıdaki karşılaştırmalı özeti derledim.

HAFTALIK OLARAK BESİN MİKTARI[167]
(Ons Olarak)

	Azotlu Öğeler Miktarı	Azotsuz Öğeler Miktarı	Madensel Öğeler Miktarı	Toplam
Portland (mahkum)	28.95	150.06	4.68	183.69
Donanma eri	29.63	152.91	4.52	187.06
Er	25.55	114.49	3.94	143.98
Araba işçisi	24.53	162.06	4.23	190.82
Mürettip	21.24	100.83	3.12	125.19
Tarım emekçisi	17.73	118.06	3.29	139.08

1863 tarihli hekimler komisyonunun, en kötü beslenen sınıfların aldıkları besin konusunda yaptığı araştırmanın genel sonuçlarını okur zaten biliyor. Tarım emekçisi ailelerinin büyük bir kısmının aldıkları besinin, "açlığın getireceği hastalıkları önleyecek" miktarın altında olduğu anımsanacaktır. Cornwall, Devon, Somerset, Wilts, Stafford, Oxford, Berks ve Herts gibi tamamen kırsal bölgelerde özellikle durum böyleydi. Dr. E. Smith, "emekçinin kendisinin aldığı besin" diyor, "belirtilen ortalama miktardan fazladır, çünkü çalışabilmek için ... ailenin öteki üyelerinden ... daha fazla yemek yemek zorundadır ... daha yoksul bölgelerde hemen hemen etle domuz etinin hepsini o yer. ... Kadınlar ile hızlı büyüme çağındaki çocukların aldıkları besin miktarı, çoğu zaman ve hemen bütün kontluklarda, başta azot olmak üzere yetersizdir.".[168] Çiftçilerle birlikte oturan kadın ve erkek hizmetkarlar yeter derecede beslenirler. Bunların sayıları, 1851'de 288.277 iken, 1861'de 204.962'ye inmiştir. "Kadınların tarlalarda çalışması" diyor Dr. Smith "ne denli sakıncaları beraberinde getirirse getirsin ... şimdiki koşullar altında aileye büyük yarar sağlar; çünkü böylece ailenin gelirine, ayakkabı, giyecek alınabilecek, kira ödenebilecek ... bir ek gelir katılarak, daha iyi beslenmeleri olanağı doğar.".[169] İn-

165 *l.c.,* c. II, *Minutes of Evidence.*
166 *l.c.,* c. I, Ek, s. 280.
167 *l.c.,* s. 274, 275.
168 *Public Health, Sixth Report,* 1864, s. 238, 249, 261, 262.
169 *l.c.,* s. 262.

celemenin en dikkate değer sonuçlarından birisi de, İngiltere'deki tarım emekçilerinin, Birleşik Krallığın diğer bölgeleriyle karşılaştırıldığında, aşağıdaki tablonun da gösterdiği gibi "büyük farkla en kötü beslenenler" olduklarıdır.

ORTALAMA YETİŞKİN TARIM EMEKÇİSİNİN HAFTALIK KARBON VE AZOT TÜKETİMİ[170]

	Karbon *grain*	Azot *grain*
İngiltere	40.673	1.594
Galler Ülkesi	48.354	2.031
İskoçya	48.980	2.348
İrlanda	43.366	2.434

Dr. Simon, resmî sağlık raporunda, "Dr. Hunter'in raporunun hemen her sayfası" diyor, "tarım emekçilerimizin konut durumlarındaki yetersizliğe ve sefalete tanıklık ediyor. Uzun yıllardır, bu yönden emekçilerin durumu gitgide kötüleşmektedir; bir göz oda

170 *l.c.,* s. 17. İngiliz tarım emekçisi, İrlandalı tarım emekçisine göre ancak dörtte-bir oranında süt ve onun yarısı kadar ekmek elde eder. Arthur Young, bu yüzyılın başında "İrlanda Gezisi"nde buradaki emekçilerin daha iyi besin aldıklarını görmüştü. Bunun çok basit nedeni yoksul İrlandalı emekçinin, zengin İngiliz çiftçiden kıyaslanamayacak derecede daha insancıl olmasıdır. Galler ülkesine gelince, metinde söylenenler yalnız güney-batı için geçerlidir. Buradaki bütün hekimler, verem, sıraca vb. gibi hastalıklar nedeniyle ölüm oranındaki artışın, halkın fizik koşullarındaki bozulmayla birlikte yükseldiği ve bu bozulmanın da yoksulluktan ileri geldiği kanısındadırlar. "Onun" (tarım emekçisinin) "bakım gideri günde 5 peni dolayında hesaplanmakla birlikte, birçok bölgelerde bunun çiftçiye çok daha aza mal olduğu söylenmektedir." (Zaten çiftçinin kendisi de yoksuldur.) "... Bir parça tuzlanmış et ya da salam ... hazmının güç olmasına değmeyecek kadar tahta gibi kupkuru tuzlu bir şey ... bir kazan bulamaca tat versin diye kullanılır ve emekçi günlerce sabah-akşam aynı şeyi yer." Sanayideki ilerlemeler, onun için bu soğuk ve rutubetli iklimde, "sağlam ev dokuması giyeceklerini bırakarak ucuz ve sözde pamuklu denilen şeyleri giyme" ve kuvvetli içkiler yerine bulaşık suyu gibi çayı içme zorunluluklarını getirmiştir. "Tarım emekçisi, saatlerce, rüzgar ve yağmur altında çalıştıktan sonra kulübesine girer ve içersinde turba ya da kil ile topaklanmış küçük kömür parçalarının yandığı ve çevreye bol miktarda karbonik ve sülfüroz asidi yayan ocağın karşısına oturur. Duvarlar taş ve çamurdan örülmüştür, taban ise daha kulübe yapılmadan önceki çıplak topraktan ibarettir, çatı, samanla karıştırılmış toprak ve çamurdur. Bütün çatlak ve yarıklar, sıcaklık kaybını önlemek için tıkanmıştır, cehennemi andıran bir atmosfer içersinde, yer, çamurla kaplı, biricik elbisesi sırtında kuruyan işçi, çoğu kez bulamacını burada içtiği gibi, karısı ve çocuklarıyla da burada yatar. Gecenin bir kısmını bu gibi kulübelerde geçirmek zorunda kalan ebeler, ayaklarının yerdeki çamura nasıl battığını, özel bir hava deliği açmak için duvarı kolayca nasıl oyduklarını anlatmışlardır. Toplumun çeşitli kademelerinden pek çok tanık, bu ve benzeri sayısız sağlığa zararlı etkilerin, zaten yeteri kadar beslenmeyen köylüleri, hastalıklı ve sıracalı bir topluluk haline getirdiğini söylüyorlar. ... Carmarthenshire ve Cardiganshire sağlık memurlarının ifadeleri aynı durumu çarpıcı bir biçimde ortaya koymaktadır. Ayrıca, daha büyük bir felaket var: çok daha korkunç bir salgın halindeki çok sayıda budalalar." Şimdi de, iklim durumu üzerine birkaç söz. "Yılın sekiz-dokuz ayında bütün ülkede esen kuvvetli bir güney-

bulmak şimdi daha da güçleştiği gibi, bulsa bile, gereksinmelerine belki şimdi geçmiş yüzyıllarda olduğundan çok daha az uygun durumdadır. Özellike son yirmi-otuz yıldır bu kötü durum hızla artmakta ve emekçilerin konut sorunları şimdi son derece kötü bir duruma gelmiş bulunmaktadır. Emeğiyle zengin ettiği kimselerin kendisine bir tür merhametle davranmayı uygun buldukları durumlar dışında, bu konuda tam bir çaresizlik içersindedir. İşlediği toprak üzerinde başını sokacak bir yer bulması, bu bulduğu tek göz odanın doğru dürüst bir yer ya da domuz ağılı gibi olması, yoksulluğun baskısını geniş ölçüde azaltacak bir avuç bahçeye sahip olabilmesi — bütün bunlar, dilediği gibi bir konut bulma ya da kirasını ödeyebilme gücüne değil, başkalarının, 'mallarını keyiflerince kullanma hakkını' istedikleri gibi uygulamalarına bağlıdır. Bir çiftlik, ne kadar geniş olursa olsun, üzerindeki emekçi konutlarının ne sayısını, ne de doğru dürüst olmasını öngören bir yasa vardır; emeği, güneş gibi, yağmur gibi gerekli olan bir toprak üzerinde, emekçiye en ufak bir hak tanıyan bir yasa da yoktur. ... Bu konuya dışardan katılan bir öğe de gene onun aleyhine işler ... yoksul yasasının konut ve vergi yükümlülüğüyle ilgili maddelerinin baskısı altındadır.[171] Bu hükümler nedeniyle, her yerel kilise yönetiminin, bölgede oturan emekçi sayısını azaltmada maddi çıkarı vardır; — ne yazık ki, tarım emekçiliği, çalışkan emekçiyle ailesine güven ve sürekli bir bağımsızlık getirecek yerde, çoğu zaman sonu dilenciliğe varan kısa ya da uzun bir yol olur — ve bu yol boyunca yoksulluk ve dilencilik o kadar yakındır ki, bir hastalık ya da geçici bir işsizlik, derhal kilise yardımına muhtaç olmaya yolaçar; işte bu yüzden, bir bölgedeki tarım emekçileri nüfusu her zaman yoksullara yardım yükümlülüğüne namzet bir topluluktur. ... Büyük topraksahiple-

batı rüzgarı beraberinde sağanak halinde yağmur getirmekte ve bu yağışı tepelerin batı yamaçları almaktadır. Pek az ağaca, o da kuytu yerlerde raslanır; açık yerlerde olanlar, ağaçlıktan çıkmış biçimler alırlar. Kulübeler, çoğu kez bir dağın eteğine gizlenmiştir, ya da bir sel yatağına yapılmıştır; otlaklarda ancak cılız koyunlarla yerli sığırlar yaşayabilmektedir. ... Gençler doğuya Glamorgan ve Monmouth maden bölgelerine göç ederler. Carmarthenshire, madencilerin yetişme yeri ve sakatlar yurdudur. Nüfus bu yüzden sayısını ancak koruyabilir durumdadır." İşte Cardiganshire nüfusu:

	1851	*1861*
Erkek	45.155	44.446
Kadın	52.459	52.955
[*Toplam*]	*97.614*	*97.401*

Dr. Hunter, *Public Health, Seventh Report,* 1865, s. 498-502, *passim.*

171 1865'te bu yasa bir dereceye kadar düzeltildi. Bu yamaların hiçbir işe yaramadığını denemeler çok geçmeden gösterecektir.

172 Bunu izleyen satırları anlayabilmemiz için "*Close Villages*"ın ("Kapalı Köyler") sahiplerinin, bir ya da iki büyük toprakbeyi olduğunu anımsamamız gerekir.

ri[172] ... toprakları üzerinde emekçi konutları bulundurmamaya karar vermekle, yoksullara karşı olan sorumluluklarının yarısından o anda kurtulmuş olur. İngiliz anayasası ile yasaların, toprak üzerinde bu tür bir mutlak mülkiyet hakkına ne derece elverişli olduğu, toprakbeyine 'malını keyfince kullanma' ve toprağı elleriyle işleyenleri her an toprağından sürüp çıkartacak kadar düşmanca davranma hakkını ne ölçüde tanıdığı burada tartışmayı düşünmediğim konulardır. ... Üstelik bu topraktan sürüp atmak" (yetkisi) "... yalnızca sözde kalmaz. Çok geniş ölçüde uygulandığı gibi ... aslında bu uygulama tarım emekçilerinin konut koşullarında başlıca ilkedir. ... Bu pisliğin yaygınlığı konusunda Dr. Hunter'ın son sayımdan derlediği bir noktaya değinmek yetecektir: Konuta olan gereksinme her yerde arttığı halde, son on yıldaki ev yıkımı, İngiltere'nin 821 bölgesinde ya da mahallesinde alıp yürümüş ve" (çalıştıkları bölgenin dışında oturmaya zorlanan kimseler) "hiç hesaba katılmasa bile sözü edilen bölgeler, 1861 yılında, 1851 yılına göre, yüzde $5^1/_3$ oranında daha fazla nüfusu, yüzde $4^1/_2$ oranında daha az sayıdaki eve sığdırmak durumunda kalmışlardır. ... Bu ıssızlaştırma süreci tamamlandığında, diyor Dr. Hunter, sonuç ancak çobanlarla bahçıvanların ve korucuların oturabilecekleri birkaç kulübenin bulunduğu ve yaptıkları iş gereği efendilerinden genellikle iyi muamele gören hizmetkarların yaşadıkları göstermelik köyler (*show-village*) olacaktır.[173] Ama toprağın işlenmesi gerekmektedir, oysa bu toprakta çalışan emekçiler, topraksahibinin kiracıları olmayıp, kulübeleri yıkıldığı zaman belki de üç mil ötedeki bir komşu köyde bir damaltı bulmuşlardır ve çalışmaya oradan gelmektedirler. Durumun böyle bir gidişe yöneldiği yerlerde, hâlâ ayakta kalabilen kulübelerin bakımsız ve perişan durumları, mahkum oldukları akıbet hakkında bir fikir verir. Hepsi de yavaş yavaş yıkılıp gitmek üzeredirler. Çatısı henüz yıkılmamış olanların emekçiler tarafından kiralanmasına izin verilir ve sanki doğru dürüst bir evmiş gibi kira ödediği halde, emekçi de bu durumdan memnundur. Artık görüp göreceği onarım ve bakım, ancak içindeki meteliksiz kiracının gücü yettiği ölçüde olacaktır. Ve ensonu büsbütün barınılamaz duruma

"*Open Villages*" ("Açık Köyler") ise, toprakları daha küçük toprakbeylerine ait olanlardır. Spekülatörler işte bu ikinci tip üzerinde kulübeler ve kiralık yerler yaparlar.

[173] Bu tür bir göstermelik köyün görünüşü çok hoştur, ama Katerina II'nin Kırım yolculuğu sırasında gördüğü köyler gibi gerçekle ilgisi yoktur. Son zamanlarda çobanlar da bu köylerde görünmez oldular, sözgelişi, Market Harboro, 500 *acre* büyüklüğünde bir koyun çiftliğidir, ama ancak tek bir kişi çalıştırmaktadır. Bu güzel ovalarda, Leicester ve Northampton'ın güzel otlaklarında uzun yürüyüşleri kısaltmak için, çobana, çiftlikte bir oda ayrılıyordu. Şimdi ise, kendisine barınma bedeli olarak haftada onüç şilin veriliyor ve o da böyle bir barınağı ancak uzak bir açık köyde bulabiliyor.

gelince —en alçakgönüllü kölelik ölçülerine göre bile içinde durulamaz duruma gelince— bir kulübe daha toprağa karışmış olacak ve gelecekteki yoksulluk vergisi biraz daha hafifleyecektir. Büyük topraksahipleri, egemenlikleri altındaki toprak üzerindeki nüfusu seyrekleştirmek yoluyla yoksulluk vergisinden böylece kurtulurlarken, yerlerinden edilmiş emekçiler en yakın kasaba ya da açık köyün yolunu tutarlar: en yakın diyorum ama bu 'en yakın', emekçinin her gün terini toprağına karıştırdığı çiftlikten üç-dört mil ötede olabilir. Bu günlük zahmetli çalışmaya, şimdi bir de, bir lokma ekmeğin hatırına altı ya da sekiz mil yolu tepmek eklenecek ve bu, kimsenin umrunda olmayacaktır. Ve eğer karısıyla çocukları da, çiftlikte çalışıyorlarsa, aynı şey onlar için de sözkonusu olacaktır. Bu uzun yolun, başına açtığı dert, bu kadar da değildir. Açık köylerde, kulübe spekülatörleri, elden geldiğince ucuza maledecekleri bir yığın ini sığdırmak üzere, küçük toprak parçaları satın alırlar. Ve işte bu sefil yerlerde (açık köylerde oldukları halde, kentteki en berbat konutun en kötü özelliklerini taşıyan bu barınaklarda) İngiliz tarım emekçileri üstüste yaşar giderler.[174] ... Ne var ki, buna karşılık, emekçinin, ekip-biçtiği toprak üzerinde oturduğu yerlerde, konut durumunun, üretken emeğine layık biçimde olduğunu sanmak yanlış olur. En büyük malikanelerde bile ... emekçinin kulübesi ... en sefil ve perişan durumda olabilir. Emekçileri ile ailelerine konut diye herhangi bir ahırı yeterli bulan toprakbeyi kira konusunda en çetin pazarlıklara girişmekten de utanmaz.[175] Burası, ocağı, helası,

[174] "Emekçilerin evleri" (her zaman aşırı kalabalık açık köylerde bulunan) "arka yüzleri, malsahibinin kendisine ait olduğunu söylediği toprağın her zaman son sınırına gelecek şekilde sırayla yapıldıkları için, ancak ön cepheden ışık ve hava alabilirdi." (Dr. Hunter'ın raporu, *l.c.,* s. 135.) Çoğu kez köyün bira satıcısı ya da bakkalı aynı zamanda evini kiraya verir. Bu durumda tarım emekçisi onun kişiliğinde çiftçinin yanısıra bir başka patron ile de karşı karşıyadır. Emekçi, bu adamın hem müşterisi ve hem de kiracısıdır. "On şilinlik haftalığından yıllık 4 sterlin kira düşüldükten sonra, elinde kalanla satıcının istediği fiyatla *modicum* [bir tutam –ç.] çayını, şekerini, ununu, sabununu, mumunu ve birasını ondan satın almak zorundadır." (*l.c.,* s. 132.) Bu açık köyler, aslında, İngiliz tarım proletaryasının "açık cezaevleri"dir. Bu kulübelerden çoğu, çevredeki bütün serserilerin gelip geçtikleri kiralık yerlerden başka bir şey değildir. En kötü koşullar altında bile çoğu kez dürüstlüğünü ve saflığını şaşılacak şekilde korumuş bulunan kır emekçisi ve ailesi, buralarda berbat olup giderler. Bina spekülatörleri, küçük topraksahipleri ve açık köyler karşısında, aristokrat tefeci takımı arasında ikiyüzlüce omuz silkip geçmek kuşkusuz moda haline gelmiştir. Bunlar, kendi "kapalı köyler"inin ve "göstermelik köyler"inin bu açık köylerin doğum yerleri olduklarını ve onlar olmaksızın varolamayacaklarını pekala bilirler. "Emekçiler ... küçük mülksahipleri olmasaydı, çoğu kez çalıştıkları çiftliklerin ağaçları altında uyumak zorunda kalırlardı." (*l.c.,* s. 135.) "Açık" ve "kapalı" köyler sistemi, bütün *Midland* [Orta İngiltere kontlukları –ç.] ile baştanbaşa İngiltere'nin doğu kesiminde görülür.

[175] "Malsahibi ... haftada 10 şiline çalıştırdığı bir adamın sırtından ayrıca bir kâr sağlar; bu zavallı ırgattan, aslında 20 sterlin bile etmeyen evinin kirası için yılda 4-5 sterlin kira sızdırır ve bu işi 'ya evimde oturursun ya da başka bir yere çıkarsın, ama benden bonservis falan isteme', diyerek tehditle sürdürür. ... Bir insan, du-

penceresi, bir hendekten başka akarsuyu, bahçesi olmayan tek odalı bir kulübe olabilir, ama emekçi bu haksız durum karşısında bile çaresizdir. ... Ve sağlığı koruma yasaları, ancak kağıt üzerinde varolan ölü sözcüklerdir ... ve uygulanmaları geniş ölçüde, bu gibi inleri konut diye kiralayan malsahiplerinin keyfine bırakılmıştır. ... Parlak ama pek az görülen durumlara bakarak, İngiliz uygarlığının yüzkarası olan bu gerçeklerin ezici ağırlığını gözden kaçırmak haksızlık olur. Bugünkü konut durumunun berbatlığı ortadayken, bu konuda uzman gözlemcilerin, bu durumun, sayıca yetersizlik karşısında çok daha küçük bir felaket olduğunu söylemeleri, durumun gerçekten korkunç olduğunu gösteriyor. Kırsal bölgedeki emekçi konutlarının ağız ağıza dolu oluşu, yalnız işin sağlık yönünü önemseyenler için değil, insanca ve ahlaklı bir yaşam sürdürülmesini dileyenler için de, yıllardır derin bir kaygı kaynağı olmuştur. Kırsal bölgelerde bulaşıcı hastalıkların yayılmasıyla ilgili haberlerde her zaman bu aşırı kalabalığın, hastalığın önlenmesi konusundaki her türlü çabayı etkisiz duruma getirdiği üzerinde ısrarla durulması, sanki aynı kalemden çıkmış gibi, aynı tümcelerle yinelenir durur. Kırsal yaşamın sağlık üzerindeki çok yararlı etkilerine karşın, bulaşıcı hastalıkların yayılmasına elverişli olan bu nüfus yoğunluğunun, aynı zamanda, bulaşıcı olmayan hastalıkların ortaya çıkmaları için de uygun bir ortam yarattığı gene tekrar tekrar belirtilir. Kırsal nüfustaki bu aşırı yoğunluğun kötülüklerini belirtenler, daha büyük kötülükler karşısında da susmamışlardır. Bunların başlıca konuları, yalnızca sağlığa zararlı etkiler olduğu halde, bu konudaki diğer ilişkiler üzerinde de hemen her zaman aynı ilgiyle durmuşlar ve dikkatleri çekmişlerdir. Evli ya da bekar her iki cinsiyetten yetişkin kimselerin, ufacık bir odada sıkış sıkış yatıp kalkmalarının çok sık görülen durumlar olduğunu ve bu durumda her türlü ar ve haya duygularının zedelendiğini, ahlakın zorunlu olarak bozulduğunu raporlarında bir inanç olarak belirtmişlerdir.[176]

rumunu iyileştirmek istese de, demiryolu yapımında ya da taşocağında çalışmaya kalkışsa, aynı zorluk ve tehdit hazırdır: 'Ya bu düşük ücretle benim için çalışırsın ya da haftaya buradan defolur gidersin; domuzunu al, bahçeye ektiğin patatesleri de sök götür.' Malsahibi (yani çiftçi) eğer işine gelirse, bu gibi durumlarda işten ayrılanları cezalandırmak için ev kirasını da yükseltir." (Dr. Hunter, *l.c.*, s. 132.)

176 "Genç evli çiftler, yetişkin erkek ve kız kardeşler için iyi örnek oluşturmazlar: olayları görüp saptamak olanaklı olmamakla birlikte, kardeşler arası cinsel ilişkiden dolayı bu işe katılan kadınların büyük ıstıraplarla ve bazan ölümle yüzyüze geldiklerini söylemek için yeter bilgiler vardır." (Dr. Hunter, *l.c.*, s. 137.) Uzun yıllar Londra'nın en berbat mahallelerinde görev yapmış olan bir taşra polis memuru, köyündeki kızlar için şunları söylüyor: "Bunlardaki açık-saçıklığı ve utanmazlığı, Londra'nın en berbat yerlerindeki görevim sırasında bile görmedim. ... Çoğu kez, büyük oğlanlarla kızlar, analarla babalar aynı odada yatıp kalkıyorlar ve domuzlar gibi yaşıyorlar." (*Child. Empl. Com., Sixth Report,* 1867, s. 77 *sq.*, n° 155.)

Örneğin, Buckinghamshire'ın Wing bölgesinde, bir tifo salgını konusundaki son yıllık raporun ekinde Dr. Ord, ateşler içinde kendisine gelen, Wingrave'den bir delikanlının 'hastalığının ilk günlerinde dokuz kişiyle aynı odada uyuduğunu, iki hafta içinde bunlardan birkaç tanesinin de hastalığa yakalandığını ve birkaç hafta içinde bu dokuz kişiden beşinin ateşinin yükseldiğini ve bir tanesinin de öldüğünü' söylediğini belirtir. ... Salgın sırasında Wing'e giden St. George hastanesi hekimlerinden Dr. Harvey'den tıpkı bu rapora benzeyen bilgiler alınmıştır. ... 'Ateşli bir hastalığa tutulan genç bir kadın, babası, anası, piç çocuğu, kardeşi iki delikanlı, her birinin birer piçi olan iki kız kardeşi ... hepsi 10 kişi ile birlikte aynı odada yatıyordu. Birkaç hafta önce ise, bu odada 13 kişi kalıyordu.' "[177]

Dr. Hunter, tamamen tarım bölgelerinde değil, İngiltere'nin bütün kontluklarında, 5.375 tane tarım emekçisi kulübesinde araştırmalar yapmıştır. Bunlardan 2.195'inde yalnızca tek bir yatak odası (çoğu kez aynı zamanda oturma odası olarak da kullanılır), 2.930'unda iki ve 250'sinde ikiden fazla oda bulunmaktadır. Aşağıda bir düzine kontluktan seçilen birkaç örnek veriyorum.

(1.) *Bedfordshire*

Wrestlingworth. — Çoğu daha küçük olmakla birlikte yatak odaları 12 ayak uzunlukta 10 ayak genişliğinde. Küçük tek katlı kulübeler çoğu zaman, tahta perde ile iki yatak odasına bölünmüş, 5 ayak 6 inç yüksekliğindeki mutfakta da çoğu kez bir yatak bulunur. Kira, yıllık 6 sterlin. Kiracılar helalarını kendileri yapar, ev sahibi yalnız bir çukur sağlar. Bir kişi hela yapar yapmaz, bütün komşular bundan yararlanmaya başlarlar. Richardson denilen bir aileye ait bir ev, kusursuz bir güzellik örneğiydi. "Sıvalı duvarlar, baloya giden bir hanımın elbisesi gibi dalgalıydı. Tavanın bir ucu içeri, öteki ucu dışarı kalkıktı ve burada, fil hortumu gibi büküntülü çamur ve tahta bacasıyla talihsiz bir ocak dikilip kalmıştı. Yuvarlanmasın diye uzun direkten bir de desteği vardı. Kapısıyla penceresi baklava gibi yapılmıştı." Gezilen 17 evden yalnızca 4 tanesinde birden fazla yatak odası vardı ve hepsi de tıka-basa doluydu. Tek yatak odasındaki serili şilteler 3 yetişkin, 3 çocuk, 6 çocuklu evli bir çift vb. barındırıyordu.

Dunton. — 4-5 sterlin arasında değişen yüksek kiralar; haftalık işçi ücreti 10 şilin. Ailedeki hasır örmeciliği ile kirayı karşılamayı umuyorlar. Kiralar yükseldikçe, bunu karşılamak için daha çok sayıda insan çalışmak zorunda. Bir yatak odasında oturan 4 çocuklu

[177] *Public Health, Seventh Report,* 1865, s. 9, 14 *passim.*

altı yetişkin insan, 3 sterlin 10 şilin ödüyor. Dunton'da, dış ölçüleri 15 ayak uzunluğunda 10 ayak genişliğinde en ucuz evin kirası 3 sterlin. İncelenen evlerden yalnız bir tanesinin 2 yatak odası var. Köyün biraz dışında, "kiracıların, pisliklerini etrafına yaptıkları" evin kapısı, alt tarafından 9 inç çürüyüp yokolmuş; geceleri birkaç tuğla ve hasırla ustalıkla kapatılan bir giriş. Pencerede camla çerçevenin yarısı parçalanmış. Eşya diye bir şey yok, 3 yetişkin insan, 5 çocuk içiçe uzanmış; Dunton, Biggleswade birliğinde diğer yerlerden daha kötü durumda sayılmaz.

(2.) *Berkshire*

Beenham. — 1864 Haziranında bir adam, karısı ve dört çocuğu ile tek katlı bir kulübede oturuyordu. Kızlarından birisi, kızıla yakalanarak işten eve döndü. Öldü. Çocuklarından birisi de hastalanıp öldü. Dr. Hunter ziyaret ettiği sırada, ana ile çocuklardan birisi tifüsten yatıyordu. Baba ile çocuklardan birisi dışarda yatıyordu, ama burayı tecrit etme güçlüğü vardı, çünkü hastalıktan kırılan evin, kirli çamaşırları, zavallı köyün kalabalık pazar yerinde yıkanmayı bekliyordu. Evin kirası haftada 1 şilindi; karı-koca ve 6 çocuk için bir yatak odası vardı. Evlerden birisinin haftalık kirası 8 peniydi, 14 ayak 6 inç uzunluğunda, 7 ayak genişliğindeydi; mutfağın yüksekliği 6 ayaktı; yatak odası penceresizdi; ocağı, kapısı yoktu, yalnız girişe açılıyordu; bahçe de yoktu. Bir adam, burada, yetişkin kızları ve oğluyla uzun süre oturmuştu; baba ile oğul yatakta yatıyorlardı; kızlar da girişte. Aile burada otururken her iki kızın da birer çocuğu vardı, bir tanesi işevine sığındı, ama sonra eve döndü.

(3.) *Buckinghamshire*

30 kulübede —1.000 *acre*'lık yerde— 130-140 kişi yaşıyor. *Bradenham* mahallesi, 1.000 *acre* yer kaplıyor. 1851'de 36 evde 84 erkek 54 kadın yaşıyordu. Cinsiyetler arasındaki bu sayı eşitsizliği 1861'de 98 erkek ve 87 kadın olmak üzere kısmen giderildi; 10 yılda artış; 14 erkek ve 33 kadın. Bu arada ev sayısında bir eksilme.

Winslow. — Büyük kısmı oldukça iyi biçimde yeni yapı; evlere olan talep fazla, çünkü çok perişan durumdaki kulübelerin haftalığı, 1 şilin ile 1 şilin 3 peni arasında.

Water Eaton. — Burada toprakbeyleri, artan nüfus karşısında, evlerin aşağıyukarı yüzde 20'sini yıkmışlar. İşine gitmek için 4 mil kadar yol yürüyen yoksul bir emekçiye daha yakın bir kulübe bulup bulamayacağı sorulunca, "Hayır, dedi, bu kalabalık ailemle kimse bana ev vermez.".

Tinker's End, Winslow yakınında. — İçinde 4 büyük ve 5 çocuğun yatıp kalktığı bir oda; 11 ayak uzunluğunda 9 ayak genişliğinde, en yüksek yeri 6 ayak 5 inç; bir başkası, 11 ayak 7 inç uzunluğunda, 9 ayak genişliğinde, 5 ayak 10 inç yüksekliğinde ve 6 kişi barındırıyor. Bu ailelerin her biri, bir hükümlü için gerekli görülenden daha az yerde oturuyor. Her evde tek bir yatak odası var, hiçbirinde arka kapı yok; su pek az; haftalık kira, ziyaret edilen evlerde 1 ş. 4 p. ile 2 ş. arasında. Görülen 16 evden yalnız birinde, bir erkek, haftada 10 şilin kazanıyor. Yukarda anlatılan koşullarda adam başına düşen hava miktarı, boyutları 4'er ayak olan bir kutuya bütün gece kapatılmış bir insanın hava miktarı kadardır. Ne var ki, bu eski kulübeler, orasından burasından zaten havalanmakta.

(4.) *Cambridgeshire*

Gamblingay, birkaç toprakbeyine aittir. Buradaki kulübeler benzerlerinin en sefil ve perişanıdır. Çoğu hasırdan yapılmadır. "Öldürücü bir miskinlik, pisliğe umutsuzca boyun eğme" burada egemenliğini sürdürüyor. Merkezdeki ihmal, evlerin çürümekte olduğu kuzey ve güney dış mahallelerde öldürücü bir hal almış. Ortalıkta görünmeyen toprakbeyleri, bu zavallıların kanlarını rahatça emiyorlar. Kiralar çok yüksek; 8-9 kişi ufak bir yatak odasında üstüste; iki yerde de, her biri 1-2 çocuklu 6 insan tek bir küçük odada yatıp kalkıyor.

(5.) *Essex*

Bu kontlukta, insan sayısı ile kulübe sayısındaki azalma, birçok mahallede elele gidiyor. Bununla birlikte, 22 mahallede, evlerin yıkılması, nüfus artışını önleyemedi, ya da genellikle "kentlere göç" adı altında yeralan zorunlu boşalmaları gerçekleştiremedi. Fingringhoe'da 3.443 *acre*'lık bir mahallede, 1851'de 145 ev vardı; 1861'de ise yalnız 110 ev. Ama halk buradan uzaklaşmak istemiyordu, ve bu koşullar altında çoğalmayı da başardı. 1851'de 252 kişi 61 evde oturuyordu, ama 1861'de 262 kişi 49 eve sığıştı. Basilden'de 1851'de, 157 kişi, 1.827 *acre* üzerinde, 35 evde yaşıyordu, on yılın sonunda 180 kişi 27 evde. Fingringhoe'nun mahalleleri, South Farnbridge, Widford, Basilden ve Ramsden Crags'da 1851'de 1.392 kişi, 8.449 *acre* üzerinde 316 evde oturuyordu, 1861'de, aynı alanda, 1.473 kişi 249 evde.

(6.) *Herefordshire*

İngiltere'de "tahliye-isterisi"nden en çok acı çeken yer, bu küçük kasaba oldu. Nadby'de genellikle iki odalı aşırı kalabalık kulübelerin çoğu, çiftçilerindi. Bunları, yıllığı, 3-4 sterlinden kolayca kiralayabiliyorlardı, ödedikleri haftalık ücret 9 şilindi.

(7.) *Huntingdonshire*

Hartford'da 1851'de 87 ev vardı; kısa süre sonra bu 1.720 *acre*'lık küçük mahallede 19 kulübe yıkıldı; 1831'de nüfus 452, 1851'de 382, 1861'de 341. Tek odalı 14 kulübe ziyaret edildi. Bir tanesinde, evli bir çift, 3 büyük oğlan, 1 büyük kız, 4 çocuk — toplam 10 nüfus; bir başkasında 3 büyük, 6 çocuk. İçinde 8 kişinin yattığı odalardan biri, 12 ayak 10 inç boyunda, 12 ayak 2 inç enindeydi, yüksekliği 6 ayak 9 inçti: çıkıntılar dahil adam başına ortalama 130 ayak küp düşüyordu. 14 odada 34 büyük, 33 çocuk. Kulübenin pek azında bahçe vardı, ama oturanların çoğu, 10 ya da 12 şiline bir *rood** büyüklüğünde küçük bir toprak kiralıyordu. Bu bahçeler, zaten helası olmayan evden uzaktaydılar. Aile, "gereksinimlerini defetmek için ya oraya kadar giderler", ya da bu mahallede olduğu gibi, haşa huzurdan, "bir dolabın çekmecelerini sırayla doldurarak bunları haftada bir kez gübre niyetine bahçelerine götürüp boşaltırlar". Japonya'da yaşam koşulları, herhalde bundan daha temiz ilerliyor.

(8.) *Lincolnshire*

Langtoft. — Burada Wright'ın evinde bir adam, karısı, anası ve 5 çocuğu ile oturuyor; evde bir mutfak, bulaşık yeri ve mutfağın üzerinde bir yatak odası var; mutfakla oda 12 ayak 2 inç boyunda ve 9 ayak 5 inç eninde; alt katın tamamı 21 ayak 3 inçe 9 ayak 5 inç. Yukardaki yatak odası tavanarasındadır ve duvarları tepe noktasında üçgen gibi birleşir, önde ufak bir pencere vardır. "Bu adam burada niçin oturuyordu? Bahçenin hatırına mı? Hayır, çünkü bahçe çok küçük. Kira ne kadar? Yüksek, haftada 1 şilin 3 peni. İşine mi yakın? Hayır, 6 mil uzak, yani günde gidiş-geliş 12 mil yol yürüyor. Burada oturmasının nedeni, burası kiralıktı" ve nerede, hangi koşulla olursa olsun, tek başına bir kulübede oturmak isti-

* Dönümün onda-biri. –ç.

yordu. Aşağıda, Langtoft'ta 12 yatak odalı, 38 yetişkin ve 36 çocuğun oturduğu 12 evin istatistiği verilmiştir:

LANGTOFT'TA ONİKİ EV

Ev No	Yatak Odası	Yetişkinler	Çocuklar	İnsan Sayısı	Ev No	Yatak Odası	Yetişkinler	Çocuklar	İnsan Sayısı
1	1	3	5	8	7	1	3	3	6
2	1	4	3	7	8	1	3	2	5
3	1	4	4	8	9	1	2	0	2
4	1	5	4	9	10	1	2	3	5
5	1	2	2	4	11	1	3	3	6
6	1	5	3	8	12	1	2	4	6

(9.) *Kent*

Kennington, 1859 yılında difteri salgını çıktığı ve bölge doktorunun yoksul sınıfların durumları üzerine bir araştırma yaptığı sıralarda çok kalabalık bir yerdi. Hekim, çok insanın çalıştığı bu bölgede, bazı kulübelerin yıkıldığını, ama yeni hiçbir kulübenin yapılmadığını gördü. Bir mahallede, kuşkafesi denilen dört ev vardı; her birinde aşağıdaki boyutlarda (ayak ve inç olarak) 4 bölüm vardı:

Mutfak	9 ayak	5 inç;	8 ayak	11 inç;	6 ayak	6 inç
Bulaşıklık	8 ayak	6 inç;	4 ayak	6 inç;	6 ayak	6 inç
Yatak odası	8 ayak	5 inç;	5 ayak	10 inç;	6 ayak	3 inç
Yatak odası	8 ayak	3 inç;	8 ayak	4 inç;	6 ayak	3 inç

(10.) *Northamptonshire*

Brinworth, Pickford ve Floore. — Bu köylerde kışın, 20-30 kişi işsizlikten sokaklarda dolaşıp duruyordu. Çiftçiler her zaman buğday ve yumru bitkiler yetişen toprakları yeterince sürmüyorlar, toprakbeyi, iki-üç çiftliğini birleştirmeyi yeğliyordu. Böylece işsizlik başlıyordu. Bir yanda toprak, emekçiyi çağırırken, öte yanda gereksinme içinde toprak emekçileri onu istekle seyrediyorlardı. Yazın aşırı-çalışmaktan pestilleri çıkan, kışın ise neredeyse açlıktan ölecek duruma gelen emekçiler, kendilerine özgü argoları ile şöyle diyorlardı: "*the parson and gentlefolks seem frit to death at them*" ("rahiplerle soylular anlaşılan elbirliği ile bizi gebertecekler").

Floore'da ufacık bir odada, 4, 5, 6 çocuklu bir aile; 3 büyük, 5 çocuk; bir karı-koca, dede ve kızıldan yatan 6 çocuğun oturduğu görülmüştür; iki odalı iki evin birinde 8, ötekinde 9 kişi oturuyordu.

(11.) *Wiltshire*

Stratton. — Gezilen 31 evden 8'inde yalnız tek oda var. Pentill'de kulübe kirası, haftada 1 şilin 3 peni; içinde 4 büyük ve 4 çocuğun yaşadığı oda, yalnızca dört duvar, tabanı çakıl kaplı, tavan ise çürük bir hasırla örtülmüş.

(12.) *Worcestershire*

Ev yıkımı burada o kadar fazla değil; gene de 1851-1861 arasında her evde oturanların ortalama sayısı 4,2'den 4,6'ya yükselmiş durumda.

Badsey. — Burada oldukça kulübe ve küçük bahçe var. Bazı çiftçiler, kulübelerin, "yoksulları buraya çektiği için başlarına bela olduğunu" söylüyorlar. Bir bey de şöyle diyor: "Yoksullar için ne yapılsa fayda etmez; 500 kulübe bile yapılsa hemen kapışılır; aslında ne kadar yapsan o kadar istekleri artar." (Ona kalırsa, önce evler kiracıları doğuruyor, sonra da onlar doğal bir yasaya uyarak "barınma aracı" istiyorlar.) Dr. Hunter'ın görüşü: "Bu yoksullar da bir yerlerden geliyorlar ve Badsey'de bunları çekecek, yardım falan gibi, herhangi bir şey olmadığına göre, onları buraya gönderen daha kötü bir yerden ayrılmak zorunda kalmış olmaları gerekir. Eğer herkes işine yakın bir yerde, biraz toprakla, başını sokacak bir yer bulsaydı, bir karış toprağa çiftçinin ona verdiğinin iki katı para ödediği Badsey'e gelmeye kalkışmazdı."

Kentlere sürekli göç, çiftliklerin biraraya toplanıp yoğunlaşması, ekilebilir toprakların mera haline getirilmesi, makineleşme vb. nedeniyle kırsal bölgelerde sürekli artı-nüfus meydana gelmesi ve kulübelerin yıkılmasıyla tarımsal nüfusun zorla yerlerinden edilmeleri hep elele gider. Bir bölgede insan ne kadar seyrek olursa, "nispi artı-nüfus" o kadar fazla, çalışma araçları üzerindeki baskı o kadar büyük, tarımsal nüfusun, barınma olanaklarına göre mutlak fazlalığı o derece üstün ve dolayısıyla köylerde yerel artı-nüfus birikimi ile insanların en berbat koşullar altında üstüste yaşamaları o denli yoğun olur. İnsanların kitle halinde, dağınık küçük köylerde ve kasabalarda toplanmaları, topraktan zorla sürülüp çıkarılmaları sonucu meydana gelir. Sayıları azaldığı ve sağladıkları ürünlerin kitlesi büyüdüğü halde, tarım emekçilerinin sürekli olarak gereksiz hale gelmeleri, sefalete düşmelerinin nedeni olur. Bu yoksul ve perişan durumları, bulundukları yerlerden sürülmelerinin nedeni ve son direnme güçlerini de kırarak onları büyük topraksahipleriyle büyük çiftçilerin kölesi haline dönüştüren sefil barınma koşullarının başlıca kaynağıdır.[178] Böylece, en düşük ücret, onlar için doğa yasası haline gelir. Toprak, üzerindeki sürekli "nispi artı-nüfusa" karşın, gene de seyrek nüfuslu bir yerdir. Bu, yalnızca, insanların, kentlere, madenlere, demiryolu yapımına vb. doğru aktığı noktalarda yerel olarak görülmez, aynı durum, ilkyaz, ve yazın olduğu kadar hasat zamanında da, İngiliz tarımının son derece dikkatli ve yoğun çalıştığı ve ek işçiye gereksinme duyduğu dönemlerde de her yerde fark edilir. Toprağın olağan gereksinmeleri için her zaman gereğinden fazla, oysa olağanüstü ya da geçici zamanlar için her zaman gereğinden az tarım emekçisi vardır.[179] İşte bu nedenle, resmî belgelerde, aynı yerlerde ve aynı zamanlarda hem işçi eksikliği ve hem de işçi fazlalığı konusunda çelişik şikayetlere raslıyoruz. Geçici ya da yerel emek gereksinmesi, ücretlerde yükselmeye yolaçmaz, ama kadınlarla çocukların zorla tarlalara gönderilmelerine, ve giderek daha küçük yaşlarda sömürülme-

[178] "Tarım emekçisinin tanrı vergisi çalışması onun durumuna bir haysiyet kazandırır. O, bir köle değil, bir barış eridir ve toprakbeyinin, ona, evli erkeklere sağlanacak türden bir ev vermesi gerekir, çünkü ondan, ülkenin askerden istediği gibi zorunlu bir emek-gücü istemektedir. Yaptığı iş için, askerin aldığından daha fazla bir ücret almamaktadır. Tıpkı asker gibi o da daha çok genç, bilisiz ve kendi işinden ve oturduğu yerden başka bir şey bilmediği bir zamanda işe alınır. Erken evlilik ve çevrenin çeşitli yasaları onun üzerinde tıpkı askerin üzerinde, kura ve askerî ceza yasalarının işlemesi gibi etkili olur." (Dr. Hunter, *l.c.*, s. 132.) Arasıra çok yumuşak kalpli bir toprakbeyinin kendi eseri olan yalnızlık ve ıssızlıktan yakındığı da görülür. Lord Leicester, Hookham şatosunun tamamlanması üzerine kendisini kutlamaya gelenlere şöyle diyordu: "İnsanın kendi ülkesinde yapayalnız olması hüzünlü bir şey. Çevreme bakınıyorum benimkinden başka ev yok. Ben, devler şatosunun deviyim ve bütün komşularımı yuttum."

[179] Son on yıldır Fransa'da buna benzer bir hareket görülüyor; kapitalist üretim, tarımı elegeçirdiği ölçüde "artı" tarımsal nüfusu kentlere sürüyor. Burada da, gene, barınma ve diğer koşullarda, artı-nüfusun kaynağındaki bozulma ve yozlaşmaları görüyoruz. Bu, toprağın parsellenmesi sisteminin yarattığı "*Prolétariat foncier*" ["toprak proletaryası" –ç.] konusunda, diğerleri arasında, Colins'in daha önceki sözü edilen yapıtına ve Karl Marx'ın, *Der Achtzehnte Brumaire des Louis Bonaparte*, 2. Aufl., Hamburg,1869, s. 56, *sqq.*, [*Louis Bonaparte'ın 18. Brumaire'i*, Sol Yayınları, Ankara 1990, s. 130 vd.] adlı yapıtına bakınız. 1846 yılında Fransa'da kent nüfusu yüzde 24.42, tarımsal nüfus yüzde 75.58; 1861'de ilki yüzde 28.86, ikincisi yüzde 71.14 idi. Son beş yıl içersinde, tarımsal nüfus yüzdesindeki azalma daha da belirlidir. Daha 1846 yılında Pierre Dupont, "İşçiler" şarkısında, şöyle diyordu:

Mal vêtus, logés dans des trous,
Sous les combles, dans les décombres,
Nous vivons avec les hiboux
Et les larrons, amis des ombres,

[Üstbaş lime lime, izbe deliklerde,
Çatı katlarında, yıkıntılar içinde,
Yaşarız, karanlıkların dostu
Baykuşlar ve uğrularla birlikte.]

lerine yolaçar. Kadınlarla çocukların sömürülmeleri büyük boyutlara ulaşır ulaşmaz, bu durum, erkek tarım emekçilerini artı-nüfus haline getirmenin ve ücretlerini düşürmenin bir aracı haline gelir. İngiltere'nin doğusunda bu *cercle vicieux*'nün* parlak bir sonucu olarak, burada kısaca ele alınması gereken, "ekip sistemi" denilen şeyi yaratmıştır.[180]

Bu ekip sistemi, Lincoln, Huntington, Cambridge, Norfolk, Suffolk, ve Nottingham kontluklarında bütünüyle, çevredeki Northampton, Bedford ve Rutland kontluklarında yer yer egemendir. Lincolnshire bize örnek olabilir. Bu kontluğun büyük bir kısmı eskiden bataklık halindeki yeni topraklardır ve hatta bu adı taşıyan doğu kontlukları gibi son zamanlarda denizden kazanılmıştır. Buharlı makineler su boşaltma işlerinde harikalar yaratmışlardır. Bir zamanın bataklık ve kumlukları şimdi hububat ve yüksek rant denizi halini almışlardır. Axholme adası ile Trent kıyılarındaki diğer bölgelerde de, insan emeğiyle kazanılan alüvyon topraklar için de aynı şeyler söylenebilir. Yepyeni çiftliklerin doğup gelişmesi ölçüsünde, yeni kulübelerin yapılmaması bir yana, eskiler de yıkılmış ve gerekli emek-gücü ancak millerce uzaktaki açık köylerden, tepelerin çevresini dolanan uzun yolların aşılmasıyla sağlanabilmiştir. Halk, kış mevsiminin sürekli su baskınlarından korunabilmek için, daha önceleri ancak buralara sığınabilmişti. 400-1.000 *acre*'lık çiftliklerde oturan emekçiler (bunlara "sürekli emekçiler" denir), yalnızca, sürekli, zor ve atla yapılan türdeki tarım işlerinde çalıştırılıyordu. Her yüz *acre*'da ortalama yalnız bir kulübe bulunuyordu. Örneğin bu bataklık arazi çiftçilerinden biri, Araştırma Komisyonu önünde şunları söylemişti: "Hepsi de ekilebilir 320 *acre* toprak işliyorum. Çiftliğimde hiç kulübe yok. Şimdi çiftliğimde tek bir işçi var. Çevrede oturan dört at sürücüm var. Hafif işleri, biz, gezginci ekiplere yaptırıyoruz."[181] Toprak, yanan otların sökülmesi, çapa, bazı gübreleme işleri, taşların ayıklanması vb. gibi epeyce hafif işe gereksinme gösteriyor. Bu gibi işleri, açık köylerde oturan ekipler ya da örgütlenmiş takımlar yapmaktadır.

Bu ekipler, kadınlarla her iki cinsiyetten gençleri (13-18 yaş arasında, ama çoğu durumda 13 yaşındaki oğlan çocukları ekipten çıkartılırlar) ve gene her iki cinsiyetten çocukları (6-13 yaş arasında) kapsayan 10 ile 40-50 kişilik gruplardır. Başlarındaki ekipbaşı, her zaman sıradan bir tarım emekçisidir, ama genellikle külhanbeyi denilen cinsten, serseri, ayyaş, ama girişken ve *savoir fai-*

[180] *Sixth and Last Report of the Children's Employment Commission,* 1867 Martının sonunda yayınlanmıştır ve yalnız, tarımdaki ekip sistemini ele almaktadır.
[181] *Child. Empl. Comm., VI. Report, Evidence,* n° 173, s. 37.
* Kısır döngü. –ç.

re'dir.* Çiftçinin emrinde değil, kendi emrinde çalışan ekibi o toplar ve kurar. Çiftçi ile genellikle parça-başı anlaşma yapar ve kazancı, ortalama olarak, sıradan tarım emekçisinden çok fazla olmamakla birlikte,[182] gene de başında bulunduğu ekipten en kısa zamanda elden geldiğince fazla iş sağlama konusunda göstereceği marifete bağlıdır. Çiftçiler, kadınların ancak erkeklerin yönetimi altında düzenli çalıştıklarını ve gene kadınlarla çocukların bir kez işe koyuldu mu —Fourier'nin de bildiği gibi— bütün çabalarını ve güçlerini hiç sakınmadan harcadıklarını, oysa erkeklerin güçlerini elden geldiğince az harcamak için her türlü kurnazlığı gösterdiklerini bilirler. Ekipbaşları, çiftlik çiftlik dolaşırlar ve böylece ekiplerine yılın 6 ile 8 ayında iş bulurlar. Bu nedenle, emekçi aileleri için, yalnız arasıra çocuk çalıştıran tek çiftçinin yanında çalışmaktansa, böyle bir ekipte onun emrinde çalışmak çok daha kârlı ve güvenlidir. Bu durum, ekipbaşının etkisini açık köylerde öylesine artırmıştır ki, çocuk işçi genellikle ancak onun aracılığı ile çalıştırılabilir. Bu çocukları ekipten ayrı olarak kiralamak, onun ikinci bir işidir.

Bu sistemin "kusurları" arasında, çocuklarla gençlerin aşırı çalıştırılması, çiftliklere gidiş-dönüş sırasında, 5, 6 ve bazan 7 mile ulaşan uzun yürüyüşler ve ensonu ekibin uğradığı moral çöküntü sayılabilir. Bazı yerlerde "sürücü" adı verilen ekipbaşlarının elinde uzun bir sopa olsa da, o, bunu çok seyrek kullanır ve zalimce davranışlar konusunda şikayetler pek az görülür. O, demokratik bir imparator ya da bir tür fareli köyün kavalcısıdır. Bu yüzden, uyrukları arasında sevimli olmak zorundadır ve onları, kendisine, yönettiği çingene yaşamının sevimli yanlarıyla bağlar. Kaba bir özgürlük, gürültülü bir neşe ve açık-saçık bir umursamazlık, ekibe bir çekicilik kazandırır. Genellikle, ekipbaşı, ücretleri meyhanede öder ve sonra yalpalayan bir alay insanın önünde, sağında solunda iki güçlü kadının desteğiyle, çocuklarla delikanlıların izlediği, alaycı ve yakası açılmadık türküler söyleyen bir topluluk geçip gider. Fourier'nin *phanérogamie*** dediği dönüş yolculuğu, artık başlamıştır. 13-14 yaşındaki kızların, aynı yaştaki arkadaşlarından gebe kalmaları olağan şeylerdendir. Ekibi oluşturan açık köyler, Sodom ve Gomorralar[183] halini alır ve buralardaki gayrimeşru doğum oranı, ülkenin geri kalan yerlerindeki oranın iki katına ulaşır.

[182] Bazı ekipbaşları, bununla birlikte 500 *acre*'lık çiftliklerin ya da sıra sıra evlerin sahibi durumuna yükselmeyi başardılar.

[183] "Ludfordlu kızların yarısı bu ekipler ile düşüp kalkarak mahvoldular." *l.c.*, s. 6, § 32.

* İşbilir, becerikli. –*ç.*

** Çiçeksel döllenme. (Charles Fourier, *Le nouveau monde industriel et sociétaire,* Paris 1829, Kesim 5, 36. Bölüme ek ve Bölüm 6.) –*ç.*

Böyle okullarda yetişen kızların evlendikten sonraki ahlaksal durumlarına yukarda değinilmişti. Doğurdukları çocuklar, eğer afyon, işlerini bitirememişse, bu ekiplerin gelecekteki üyeleri olurlar.

Klasik biçimiyle bu ekiplere, genel, ortak ya da gezginci (*public, common or tramping gang*) ekipler adı verilir. Çünkü, özel ekipler diye bir şey daha vardır. Bunlar da tıpkı genel ekip kuruluşundadır, ama üyeleri daha azdır ve ekipbaşı yerine, çiftçinin nasıl yararlanacağını bilemediği yaşlı bir çiftlik hizmetkarının yönetimi altında çalışırlar. Bunlarda, çingene neşesi yoktur, ama tanıkların söylediğine göre, çocuklara ödenen ücret ve bunlara karşı davranış daha kötüdür.

Son yıllarda devamlı bir ilerleme gösteren[184] bu gezginci ekip sistemi, kuşkusuz ekipbaşının keyfi için varolmamıştır. Asıl varlık nedeni, büyük çiftçiler[185] ve dolaylı olarak da toprakbeylerinin[186] zenginleşmesi içindir. Bu büyük çiftçiler için, emekçilerini normal düzeyin altında tuttuğu halde her fazladan iş için elinin altında her zaman yedekte emekçi bulundurmak, en az parayla[187] en çok emek sağlamak ve yetişkin erkek emekçiyi "bollaştırmak" için bundan daha uygun bir yol olamaz. Buraya kadar yapılan açıklamalardan, bir yandan, tarım emekçileri için az ya da çok bir iş kıtlığını kabul etmekle birlikte, öte yandan da, yetişkin erkek işçi gereksinmesi ve bunların kentlere göç etmesi yüzünden bu sistemin "zorunluluğunu" öne sürmenin asıl nedeni anlaşılmış olmalıdır.[188] Lin-

184 "Ekipler son yıllarda büyük ölçüde arttılar. Bazı yerlerde bunların oldukça yakın zamanlarda kullanılmaya başlandığı söyleniyor; ekiplerin uzun zamandır ... çalıştığı yerlerde ... daha fazla ve daha genç çocuklar çalıştırılıyor." (*l.c.*, s. 79, § 174.)

185 "Küçük çiftçiler hiç ekip kullanmıyorlar." "Yoksul topraklar üzerinde değil, 40 ile 50 şilin kira getiren topraklar üzerinde çok sayıda kadın ve çocuk çalıştırılmaktadır." (*l.c.*, s. 17, 14.)

186 Aldığı rantın tadı damağında olan bu beylerden bir tanesi, Araştırma Komisyonuna, bütün bu gürültünün, sistemin adından ileri geldiğini öfkeyle söylemiştir. Eğer bunlara "ekip" yerine, "Kır Gençliğinin Bağımsız Sanayi Birliği" denseydi hiç kimsenin sesi çıkmazdı.

187 "Ekip işi, diğer işten daha ucuzdur" diyor bir eski ekipbaşı, "çalıştırılmalarının nedeni de budur." (*l.c.*, s. 17, § 14.) Bir çiftçi de şöyle diyor: "Ekip sistemi, çiftçi için mutlaka en ucuzu, çocuklar için mutlaka en kötüsüdür." (*l.c.*, s. 16, § 3.)

188 "Ekiplerde, şimdi çocukların yaptıkları işin çoğunu, eskiden, kuşkusuz, erkekler ile kadınlar yapardı. Şimdi, eskiden kadınlar ile çocukların çalıştığından fazla erkek işçi işsiz durumda." (*l.c.*, s. 43, n° 202.) Buna karşılık, şunlar da söyleniyor: "Emek sorunu bazı tarımsal bölgelerde, özellikle verimli yerlerde, göç ve büyük kentlere ulaşımı kolaylaştıran demiryolları nedeniyle o kadar ciddi bir şekil almıştır ki, ben" (yani, büyük bir toprakbeyinin kahyası) "çocukların hizmetini, vazgeçilmez bir şey sayıyorum." (*l.c.*, s. 80, n° 180.) Çünkü, İngiliz tarım bölgelerindeki "emek sorunu", uygar dünyanın geri kalan kısmından farklı olarak, büyük toprakbeyleriyle çiftçilerin sorunu demektir; yani tarımsal nüfusun sürekli artış gösteren dış gücüne karşın, ülkede yeterli nispi artı-nüfusun nasıl devam ettirileceği ve böylece tarım emekçilerinin ücretlerinin nasıl en düşük düzeyde tutulabileceği sorunudur.

colnshire'ın, yabanıl otlardan arındırılmış toprakları ve yabanıl insan otları, kapitalist üretimin karşıt iki kutbudur.[189]

(f) *İrlanda*

Bu kesimi tamamlarken, İrlanda'ya kısa bir yolculuk yapmamız gerekir. Önce, bu konudaki başlıca gerçekler:

İrlanda nüfusu 1841'de 8.222.664'e ulaştı; 1851'de 6.623.985'e, 1861'de 5.850.309'a ve 1866'da 5,5 milyona, yani neredeyse 1801 düzeyine indi. Bu azalma, 1846 kıtlığı ile başladı ve böylece İrlanda yirmi yıldan az bir zamanda nüfusunun $^{5}/_{16}$'inden fazlasını yitirdi.[190] Göçedenlerin toplam sayısı, 1851 Mayısı ile 1865 Temmuzuna kadar 1.591.487 kişiydi: 1861-1865 yılları arasındaki toplam göç, yarım milyonu aşıyordu. Oturulan evlerin sayısı, 1851-1861 arasında 52.990 kadar azaldı. Gene 1851-1861 arasında, 15-30 *acre* büyüklüğünde kira ile tutulan çiftliklerin sayısı 61.000, 30 *acre*'dan büyük olanlarınki 109.000 kadar arttı; oysa bütün çiftliklerin toplam sayısı, 120.000'e düştü. Bu düşüşün nedeni, demek ki, 15 *acre*'dan küçük çiftliklerin ortadan kalkması, yani bunların merkezileşmesiydi.

[189] Çocuk ölümleri konusunu ele alan ve bu arada da ekip sistemine değinilen Halk Sağlığı Raporundan basının ve dolayısıyla İngiliz kamuoyunun haberi olmamıştır. Buna karşılık, komisyonun son raporu, basına, her zaman işine gelen, sansasyonel bir haber sağlamıştır. Liberal basın, Güney Adaları sakinlerinin ahlaklarını düzeltmek için güney kutbuna özel misyonerler gönderen kibar beylerle hanımların ve Lincolnshire'ı dolduran dolgun maaşlı devlet kilisesi rahiplerinin kendi malikanelerinde ve kendi gözleri önünde böyle bir sistemin uygulanmasına nasıl izin verdiklerini sorarken, daha kibar ve ince basın, kendi öz evlatlarını böylesine bir köleliğe satabilen kırsal nüfusun bu kaba yozlaşması üzerinde derin düşüncelere dalmakla yetinmişti! Oysa bu "hassas" kişilerin tarım emekçilerini mahkum ettikleri lanetli koşullar altında, bunların kendi çocuklarını yemelerine bile şaşmamak gerekirdi. Asıl şaşılacak şey, çoğunun hâlâ sahip bulunduğu karakter sağlamlığıdır. Resmî raporlar, ekip sisteminin uygulandığı bölgelerde bile ana-babaların bu sistemi lanetlediklerini ortaya koyuyor: "Ana-babaların, çoğu durumda, karşılaştıkları baskılara ve kişisel eğilimlerine karşı koymalarında kendilerine yardımcı olabilecek yasal yükümlülükleri sevinçle karşılayacaklarını gösteren pek çok kanıt vardır. Bazan kilise yardım kurulu üyeleri, bazan patronlar tarafından, okul çağındayken çocuklarını çalıştırmaları, aksi halde kendilerine de yol verileceği tehdidi ile karşı karşıya kalırlar. ... Her türlü zaman ve güç kaybı, işçilere ve çocuklarına yüklenen ve bedeli ödenmeyen yorgunlukların verdiği acı ve ıstıraplar, kalabalık kulübelerin ya da çalışma ekiplerinin bozucu etkilerinin, çocukların ahlakı üzerindeki tahribatı her an izleyen ana-babaların duyguları ... işte bütün bu durumların, zavallı işçilerin kafalarında anlaşılması kolay ve ayrıntılarına girilmesi gereksiz duygular yaratır. Kendilerine verilen bu kadar büyük bedensel ve ruhsal acıların nedenlerinden kendilerinin sorumlu bulunmadıklarını herhalde bilmektedirler; ve eğer güçleri yetse, bu durumlara mutlaka boyun eğmeyeceklerdir, ama bunlarla savaşım verecek güce de sahip değillerdir." (*l.c.*, s. xx, § 82, ve xxııı, n° 96.)

[190] İrlanda nüfusu: 1801, 5.319.867 kişi; 1811, 6.084.996; 1821, 6.869.544; 1831, 7.828.347; 1841, 8.222.664.

A TABLOSU

ÇİFTLİK HAYVANLARI

Yıllar	ATLAR		SIĞIRLAR		
	Toplam	Azalış	Toplam	Azalış	Artış
1860	619.811		3.606.374		
1861	614.232	5.579	3.471.688	134.686	
1862	602.894	11.338	3.254.890	216.798	
1863	579.978	22.916	3.144.231	110.659	
1864	562.158	17.820	3.262.294		118.063
1865	547.867	14.291	3.493.414		231.120

Yıllar	KOYUNLAR			DOMUZLAR		
	Toplam	Azalış	Artış	Toplam	Azalış	Artış
1860	3.542.080			1.271.072		
1861	3.556.050		13.970	1.102.042	169.030	
1862	3.456.132	99.918		1.154.324		52.282
1863	3.308.204	147.982		1.067.458	86.866	
1864	3.366.941		58.737	1.058.480	8.978	
1865	3.688.742		321.801	1.299.893		241.413

Nüfustaki azalışı, doğal olarak ürün kitlesindeki bir azalma izledi. Bizim için, yarım milyondan fazla insanın göç ettiği ve mutlak nüfusun ⅓ milyondan fazla azaldığı 1861-1865 dönemindeki 5 yılı incelemek yeterli olacaktır. Yukardaki tablodan çıkan sonuçlar.[191]

ATLAR	SIĞIRLAR	KOYUNLAR	DOMUZLAR
Mutlak Azalış 71.944	Mutlak Azalış 112.960	Mutlak Artış 146.662	Mutlak Artış 28.821*

[191] Daha geriye gidersek daha kötü sonuçlarla karşılaşırız: koyun 1865'te 3.688.742 idi, ama 1856'da 3.694.294'tü, domuz 1865'te 1.299.893 idi, ama 1858'de 1.409.883'tü.

* Almanca metne göre düzeltilmiştir. İngilizce metinde: atlar 72.358, sığırlar 116.626, koyunlar 146.608, domuzlar 28.819. –ç.

Şimdi de hem insanların, hem hayvanların geçim araçlarını sağlayan tarıma bir gözatalım. Aşağıdaki tabloda, yıllık azalış ve artış bir önceki yıla göre hesaplanmıştır. Hububat, buğday, yulaf, arpa, çavdar, bakla ve mercimeği; yeşil bitkiler, patates, şalgam, bayır turpu, pancar, lahana, havuç, kara havuç, ak burçak, vb. gibi bitkileri kapsamaktadır.

B TABLOSU
TARIM ÜRÜNLERİ EKİLEN VE OTLAK OLARAK KULLANILAN ARAZİDEKİ ARTIŞ VE AZALIŞ
(*Acre* olarak)

Yıllar	Hububat	Yeşil Bitkiler		Çayır ve Yonca		Keten		Toplam Ekilen Arazi	
	Azalış	Azalış	Artış	Azalış	Artış	Azalış	Artış	Azalış	Artış
1861	15.701	36.974		47.969			19.271	81.373	
1862	72.734	74.785			6.623		2.055	138.841	
1863	144.719	19.358			7.724		63.922	92.431	
1864	122.437	2.317			47.486		87.761		10.493
1865	72.450		25.241		68.970	50.159		28.398	
1861-65	428.041	108.193			82.834		122.850	330.350	

1865 yılında, "otlak" hanesine 127.470 *acre* toprak katıldı; bunun başlıca nedeni, "bataklık ve oturulmayan kıraç bölgelerin" 101.543 *acre* kadar bir azalma göstermesidir. Eğer 1864 ile 1865 yılları arasında bir karşılaştırma yaparsak, hububatta 246.667 *quarter*'lık bir azalma olduğunu görürüz; bunun 48.999'u buğday, 166.605'i yulaf, 29.892'si arpa vb.'dir. 1865'te patates ekilen topraklarda bir artış olduğu halde, bu üründe, 446.398 ton bir azalma olmuştur. [Bkz: C Tablosu.]

İrlanda'daki nüfus ve tarım ürünlerindeki hareketi gördükten sonra şimdi de, toprakbeyleriyle, büyük çiftçilerin ve sanayi kapitalistlerinin keselerindeki harekete bir gözatacağız. Bu hareketler, gelir vergisindeki yükselme ve alçalmada yansır. Şurasını da anımsatmak gerekir ki, D tablosuna (büyük çiftçilerin dışındaki kârlar), "serbest meslek" kârları, yani, avukat, doktor, vb. gibi kimselerin gelirleri de dahildir; ayrıntıları gösterilmeyen C ve E tablolarına, memurların, subayların, rantiyelerin, devlet alacaklılarının vb. kazançları girer.

C TABLOSU

EKİLEN TOPRAKTA, *ACRE* BAŞINA ÜRÜNDE VE TOPLAM ÜRÜNDE, 1864 YILINA ORANLA, 1865 YILINDA GÖRÜLEN AZALIŞ YA DA ARTIŞ[192]

Ürünler	Ekilen Toprak		1865		*Acre* Başına Ürün			1865		Toplam Ürün			
												1865	
	1864	1865	Artış	Azalış	Ürünler	1864	1865	Artış	Azalış	1864	1865	Artış	Azalış
Buğday	276.483	266.989		9.494	Buğday (kental)	13,3	13,0		0,3	875.782	826.783		48.999
Yulaf	1.814.886	1.745.228		69.658	Yulaf (kental)	12,1	12,3	0,2		7.826.332	7.659.727		166.605
Arpa	172.700	177.102	4.402		Arpa (kental)	15,9	14,9		1,0	761.909	732.017		29.892
Bere }	8.894	10.091	1.197		Bere (kental)	16,4	14,8		1,6	15.160	13.989		1.171
Çavdar }					Çavdar (kental)	8,5	10,4	1,9		12.680	18.364	5.684	
Patates	1.039.724	1.066.260	26.536		Patates (ton)	4,1	3,6		0,5	4.312.388	3.865.990		446.398
Şalgam	337.355	334.212		3.143	Şalgam (ton)	10,3	9,9		0,4	3.467.659	8.301.683		165.976
Turp	14.073	14.389	316		Turp (ton)	10,5	13,3	2,8		147.284	191.937	44.653	
Lahana	31.821	33.622	1.801		Lahana (ton)	9,3	10,4	1,1		297.375	350.252	52.877	
Keten	301.693	251.433		50.260	Keten (stone*)	34,2	25,2		9,0	64.506	39.561		24.945
Ot	1.609.569	1.678.493	68.924		Ot (ton)	1,6	1,8	0,2		2.607.153	3.068.707	461.554	

192 Tablodaki veriler şu malzemelerden toplandı: 1860 yılı ve sonrası için, *Agricultural Statistics, Ireland, Tables showing the estimated average produce etc.*, Dublin 1866. Bu istatistikler resmîdir ve her yıl parlamentoya sunulur. [2. *baskıya not.* — 1872 yılı ile 1871 yılına ait resmî istatistiklerin karşılaştırılması, ekilen topraklarda 134.915 *acre*'lık bir eksilme olduğunu göstermektedir. Şalgam, havuç gibi yeşil bitkilerde bir artış; ekilen topraklarda buğday için 16.000; yulaf için 14.000; arpa ve çavdar için 4.000; patates için 66.632; kenevir için 34.667; çayır, yonca, burçak, kolza için 30.000 *acre*'lık bir azalma görülmektedir. Buğday ekilen topraklarda son 5 yıldaki azalma şöyle olmuştur: 1868, 285.000; 1869, 280.000; 1870, 259.000; 1871, 244.000; 1872, 228.000 *acre.* 1872 yılı için yuvarlak rakam olarak at sayısında 2.600, boynuzlu hayvan sayısında 80.000, koyun sayısında 68.603 bir artış, domuz sayısında 236.000'lik bir azalma olmuştur.]

* *Stone* = 14 libre. –*ç.*

D TABLOSU

GELİR VERGİSİNE TABİ GELİRLER[193]

(Sterlin Olarak)

	1860	1861	1862	1863	1864	1865
A Kategorisi Toprak rantı	13.893.829	13.003.554	13.398.938	13.494.091	13.470.700	13.801.616
B Kategorisi Çiftçi kârları	2.765.387	2.773.644	2.937.899	2.938.923	2.930.874	2.946.072
D Kategorisi Sanayi vb. kârları	4.891.652	4.836.203	4.858.800	4.846.497	4.546.147	4.850.199
Toplam A-E Kategorileri	22.962.885	22.998.394	23.597.574	23.658.631	23.236.298	23.930.340

D tablosunda, 1863-1864 arasında yıllık ortalama gelir artışı yalnızca 0,93 olmuştur; oysa aynı dönemde, Büyük Britanya'da, bu, 4,58'dir. Aşağıdaki tablo (büyük çiftçilerinki hariç) 1864 ile 1865 yılları için kârların dağılımını gösteriyor:

E TABLOSU*

D KATEGORİSİ, İRLANDA'DA (60 STERLİNİN ÜZERİNDE) KÂR GELİRİ[194]

	1864		1865	
	Sterlin	*Kişi*	*Sterlin*	*Kişi*
Yıllık toplam gelir	4.368.610	17.46	4.669.979	18.081
60-100 sterlin arasında yıllık gelir	238.726	5.015	222.575	4.703
Yıllık toplam gelir	1.979.066	11.321	2.028.571	12.184
Yıllık toplam gelirden kalan	2.150.818	1.131	2.418.833	1.194
Bunların bölünüşü	1.073.906	1.010	1.097.927	1.044
	1.076.912	121	1.320.906	150
	430.535	95	584.458	122
	646.377	26	736.448	28
	262.819	3	274.528	3

Kapitalist üretimin tamamıyla geliştiği bir sanayi ülkesi olan İngiltere, İrlanda'nın karşılaştığı türden bir nüfus boşalmasıyla herhalde kan kaybından ölmüş olurdu. Ama halen İrlanda, hubu-

193 *Tenth Report of the Commissioners of Inland Revenue,* Lond. 1866.

194 D başlığı altındaki toplam yıllık gelir, yasaların sağladığı bazı indirimler nedeniyle bu tabloda, bundan sonraki tablodan farklı görülmektedir.

* Almanca metindeki rakamlara göre değiştirilmiştir. –ç.

bat, yün, canlı hayvan, sanayi ve ordusu için asker sağladığı ülkeden geniş bir kanalla ayrılmış ve İngiltere'nin yalnız tarımsal bir bölgesi olmuştur.

İrlanda'daki bu nüfus azalması, toprağın büyük bir kısmını işlenemez duruma getirmiş, tarım üretimini büyük ölçüde azaltmış;[195] ve hayvancılığa ayrılan çok büyük bölgelere karşın, hayvancılığın bazı kollarında mutlak bir azalmaya, bazılarında ise sürekli gerilemelerle kesintiye uğrayan, sözü edilmeye değmeyecek ilerlemelere yolaçmıştır. Gene de, nüfustaki bu azalmayla birlikte, toprak rantları ile çiftçilerin kârları —bu kârlardaki yükseliş, rantlardaki kadar kararlı olmamakla birlikte— yükselmiştir. Bunun nedeni, kolayca anlaşılabilir. Bir yandan, küçük çiftliklerin büyüklere katılması ve ekilebilir toprakların otlak haline getirilmesiyle, toplam ürünün daha büyük bir kısmı artı-ürün haline gelmiştir. Bu artı-ürün, bir parçasını oluşturduğu toplam ürün azaldığı halde, artmıştır. Öte yandan, son 20 yılda ve özellikle bunun son on yılında İngiliz piyasasında, et, yün vb. fiyatlarının yükselmesi sonucu, bu artı-ürünün para değeri, kitlesinden daha büyük bir hızla artmıştır.

Başkalarının emeğiyle birleşerek kendi değerini artırmaksızın, üreticinin bizzat kendisine çalışma ve geçim aracı olarak hizmet eden dağınık üretim araçlarının üretici tarafından tüketilen bir ürünün meta sayılmaması gibi, bunlar da sermaye sayılmazlar. Nüfusun kitlesiyle birlikte tarımda kullanılan üretim araçları kitlesinde de bir azalma olduğu halde, bu alanda kullanılan sermaye miktarındaki büyümenin nedeni, eskiden dağınık olarak bulunan üretim araçlarının bir kısmının şimdi biraraya toplanması ve sermayeye çevrilmesidir.

İrlanda'da tarım dışında, sanayi ve ticarette kullanılan toplam sermaye, son yirmi yılda, yavaş yavaş, büyük ve sürekli dalgalanmalar göstererek birikmiştir; bu yüzden tek tek öğelerinin yoğunlaşması daha hızlı olmuştur. Bununla birlikte, sermayedeki mutlak artışın, küçük olmakla birlikte, azalan nüfusa oranla büyümesi fazla olmuştur.

Öyleyse burada, gözlerimizin önünde ve büyük ölçüde, ortodoks ekonominin, şu ünlü dogmasını desteklemek için arayıp da bulamadığı bir süreç ortaya çıkmıştır: Sefalet, mutlak artı-nüfustan ileri gelir, nüfusun azalmasıyla denge yeniden kurulur. Ve bu, 14. yüzyılın ortasında görülen ve maltusçuların göklere çıkardıkları

195 Eğer *acre* başına verim de azalıyorsa, şurasını da unutmamak gerekir ki, yüzelli yıldır İngiltere, dolaylı olarak İrlanda toprağını da ihraç etmekte ve bunu, gücünü yitiren toprağın yararlı öğelerinin yerini alacak maddeleri çiftçilere sağlamadan yapmaktadır.

veba salgınından daha önemli bir deneydir. Yalnız işin bir de şu yanı var: Eğer bu ezberci öğretmenlerin bönce yorumlarıyla, 14. yüzyılın ölçütleri, 19. yüzyılın üretim ve nüfus ilişkilerine uygulanacak olursa, veba ve beraberinde getirdiği insan kırımının, kanalın bu tarafında, İngiltere'de tarımsal nüfusun kölelikten kurtulmasını ve zenginleşmesini sağladığı halde, öte yanda, Fransa'da daha büyük bir köleliğe ve sefalete yolaçtığını bu saf kişiler fark etmemişler demektir.[196]

İrlanda'daki 1846 kıtlığı, bir milyondan fazla insan öldürdü, ama bu ölenler yalnızca fakir fukaraydı. Ülkenin zenginliğine en küçük bir zararı dokunmadı. Bunu izleyen ve hâlâ da artarak sürüp giden 20 yıllık göç, örneğin Otuz Yıl Savaşlarındaki gibi, insanlar ile birlikte üretim araçlarını da yok etmedi. İrlanda dehası, sefalet sahnesinden binlerce mil ötede yoksul halkı yeniden canlandırma konusunda hiç görülmemiş bir yol buldu. Birleşik Devletler'e yerleşen sürgünler, geride kalanlara yol masrafları için her yıl topluca paralar yolluyorlardı. Bu yıl göç eden her topluluk, ertesi yıl, ardından başka bir topluluğu sürüklüyordu. Böylece, İrlanda'ya herhangi bir harcamaya malolmak şöyle dursun, bu göçler, ihracat işlerinde kârlı bir dal oluşturuyordu. Ensonu, bu, nüfusta geçici bir boşluk yaratmakla kalmayıp, her yıl doğumla yeri doldurulanlardan daha fazlasını alıp götüren, ve böylece mutlak nüfus düzeyini yıldan yıla düşüren sistemli bir süreçti.[197]

Geride kalan ve artı-nüfustan kurtulan İrlandalı emekçiler için bunun sonuçları ne olmuştu? Nispi artı-nüfus 1846'da neyse, bugün de oydu, ücretler gene öyle düşüktü, emekçiler daha da fazla eziliyorlardı ve sefalet, ülkeyi yeni yeni bunalımlara doğru itiyordu. Gerçekler çok basitti. Tarımda devrim, göçle aynı hızla yürümüştü. Nispi artı-nüfus üretimi, nüfustaki mutlak azalmadan daha hızlı ilerlemişti. C tablosuna bir gözatmak, ekilebilir toprakların otlak haline gelmesinin, İrlanda'da İngiltere'den daha hızlı olduğunu göstermektedir. İngiltere'de yeşil bitkilerin ekimi, hayvancılıkla birlikte artmakta, İrlanda'da azalmaktadır. Daha önce ekilen büyük toprak parçaları, ya boş duruyor ya da otlak haline gelmiş, eskiden yararlanılmayan çorak arazi ile turbaların büyük kısmı, hayvan yetiştiriciliğinin genişletilmesinde kullanılmaya başlanmış. Küçük ve orta çiftçiler —100 *acre*'dan fazla toprak işle-

[196] İrlanda, "nüfus ilkesi" için vaadedilen toprak olarak görüldüğü için, Th. Sadler, nüfus konusundaki yapıtını yayınlamadan önce, ünlü, *Ireland, its Evils and their Remedies, 2. ed.*, London 1829, adlı kitabı yayınlanmıştır. Bu kitapta, tek tek eyaletlerin istatistiklerini, her eyaletin tek tek kontluklarının istatistikleri ile karşılaştırarak, buradaki sefaletin, Malthus'un dediği gibi, nüfus sayısı ile doğru değil, ters orantılı olduğunu tanıtlıyor.

[197] 1851 ile 1874 yılları arasında, toplam göçmen sayısı, 2.325.922'ye ulaştı.

meyenlerin hepsini bunlar arasında sayıyorum— tüm çiftçi sayısının hâlâ 8/10'ini oluşturmaktadır.[198] Bunlar birbiri ardına ve daha önce bilinmeyen bir güçle, büyük sermayenin yönetimindeki tarımın rekabeti altında eziliyorlar ve bu nedenle de sürekli olarak, ücretli emekçi sınıfın saflarına katılacak yeni adaylar haline geliyorlardı. İrlanda'nın tek büyük sanayi kolu olan keten manüfaktürü nispeten az yetişkin erkeğe gereksinme gösteriyor ve 1861-1866 yıllarında pamuk fiyatlarındaki yükselmeden beri genişlediği halde, nüfusun ancak pek önemsiz bir kısmına iş sağlıyordu. Diğer bütün büyük modern sanayiler gibi kendi alanında, bünyesine aldığı insan kitlesinde mutlak bir artış olduğu halde, kesintisiz dalgalanmalar gösteren, sürekli nispi artı-nüfus üretiyordu. Tarımsal nüfusun sefaleti, işçi orduları çoğunlukla ülke yüzeyine dağılmış dev gömlek fabrikalarının üzerinde yükseldiği temeli oluşturuyorlardı. Burada tekrar, yukarda ev sanayisinde anlatılan, düşük ücret ve aşırı çalıştırma yöntemiyle, emekçi fazlalığı yaratmak için bulunan sistemle karşı karşıya geliyoruz. Ensonu, burada, nüfus azalışı, kapitalist üretimin tam olarak gelişmiş olduğu bir ülkede yaratılabileceği gibi yıkıcı bir sonuç vermemekle birlikte, iç pazar üzerinde sürekli bir tepki göstermekten de geri kalmıyor. Göçün yolaçtığı boşluk, yalnız yerel emek talebini sınırlandırmakla kalmıyor, küçük esnafın, zanaatçıların ve genellikle küçük tüccarların kazançlarını da sınırlandırmış oluyor. E tablosunda, 60 ile 100 sterlin arasındaki gelirlerde görülen azalmanın nedeni de, işte bu oluyor.

İrlanda'daki tarım emekçilerinin durumu hakkında açık bir beyan, İrlanda Yoksul Yasası denetmenlerinin raporlarında (1870) bulunabilir.[199] Süngü gücü ve bazan açık, bazan gizli bir kuşatma durumu ile varlığını ancak sürdürebilen bir hükümetin memurları olarak, İngiltere'deki meslektaşlarının kaçındıkları konularda dillerine her şekilde dikkat etmek zorundadırlar. Buna karşın, gene de, hükümetlerin hayal içinde oyalanmasını istemezler. Bunlara göre, ülkede ücret oranı hâlâ düşük olmakla birlikte, son 20 yılda yüzde 50-60 artmış bulunuyor ve şimdi haftada ortalama 6 şilin ile 9 şilin arasındadır. Ne var ki, bu görünüşteki yükselişin ardında, ücretlerde gerçek bir düşüş gizlidir, çünkü gerekli geçim araçlarının fiyatlarında bu arada meydana gelen yükselmelerle hiçbir uygunluk göstermemektedir. Bunun kanıtı, İrlanda'daki bir işevinin

198 Murphy'nin *Ireland Industrial, Political and Social,* 1870, adlı kitabındaki bir tabloya göre, çiftliklerin yüzde 94.6'sı 100 *acre*'a ulaşmakta, yüzde 5,4'ü 100 *acre*'ı geçmektedir.

199 *Report from the Poor Law Inspectors on the Wages of Agricultural Labourers in Ireland,* Dublin 1870. Ayrıca bkz: *Agricultural Labourers (Ireland) Return etc.,* 8 Mart 1861, London 1862.

resmî hesaplarından alınan şu sayılardır.

ADAM BAŞINA HAFTALIK ORTALAMA GEÇİM MASRAFLARI

Yıllar	Beslenme Giderleri	Giyinme Giderleri	Toplam
29 Eylül 1849'da sona eren bir yıl	1 ş. 3¼ p.	3 p.	1 ş. 6¼ p.
29 Eylül 1869'da sona eren bir yıl	2 ş. 7¼ p.	6 p.	3 ş. 1¼ p.

Gerekli geçim araçlarının fiyatı, bu durumda, 20 yıl öncesine göre hemen hemen iki katı, giyecek fiyatları ise tam iki katıdır.

Bu oransızlık bir yana bırakılsa bile, yalnızca altınla ifade edilen ücret oranlarının karşılaştırılması, doğru olmaktan uzak bir sonuç verecektir. Kıtlıktan önce, tarımda, ücretlerin çoğunluğu ayni, ancak çok az bir kısmı para olarak ödenirdi; oysa bugün para olarak ödeme kuraldır. Bundan gerçek ücret miktarı ne olursa olsun, para oranının yükselmesi gerektiği sonucu çıkar. "Kıtlıktan önce, emekçi, bir kulübe ile ... bir *rood* ya da yarım veya bir *acre* toprak ile ... patates yetiştirmek için gerekli şeylerden yararlanırdı. Domuz ve kümes hayvanı besleyebilirdi. ... Şimdi ekmeğini bile satın almak durumunda; domuz ya da tavuk besleyecek artığı olmadığı için, domuz, tavuk ya da yumurta satarak bir kazanç da sağlayamıyor."[200] Aslında eskiden, tarım emekçileri, küçük çiftçilerin en küçüğünden başka bir şey değildi ve çoğu zaman iş bulabildikleri orta ve büyük çiftliklerin bir tür artçılarıydı. Ancak 1846 felaketinden beri, tamamen ücretli emekçiler sınıfının bir parçasını, kendilerine ücret ödeyen patronlarla yalnız parasal ilişkileri olan özel bir sınıfı oluşturdular.

Bunların 1846'daki konut durumlarını biliyoruz. O zamandan beri bu koşullar daha da kötüleşti. Tarım emekçilerinin, sayıları günden güne azalan bir kısmı, hâlâ, çiftçilerden kiralanan aşırı kalabalık kulübelerde oturuyorlar ve bunların iğrençliği, bizim daha önceden bildiğimiz İngiliz tarım emekçilerininkinden çok daha fazla. Ve bu yargı, Ulster'in bazı mahalleleri dışında, güneyde, Cork Limerick, Kilkenny vb. kontlukları, doğuda, Wicklow, Wexford, vb., İrlanda'nın orta kesiminde King's ve Queen's Country, Dublin vb., batıda, Sligo, Roscommon, Mayo, Galway, vb. için genellikle geçerlidir. Bir denetmen, "tarım emekçilerinin kulübeleri" diye feryat ediyor, "hıristiyanlık ve bu ülke uygarlığı için yüzkarasıdır."[201] Bu

200 *l.c.*, s. 29, 1.

inlerin, emekçiler bakımından çekiciliğini artırmak için, çok eski zamanlardan beri bunlara ait bulunan toprak parçalarına sistemli bir şekilde elkonuldu. "Toprakbeyleri ile bunların adamları tarafından mahkum edildikleri bu kötü davranışlar, bunun bilincine varan emekçilerde ... kendilerine bir tür aşağı ırk muamelesi yapanlara karşı ... düşmanlık ve kin duyguları yarattı."[202]

Tarımsal devrimin ilk işi, tarlalar üzerinde bulunan kulübelerin yıkılması oldu. Bu, çok geniş ölçüde ve sanki yüksek bir yerden alınan emre uyuluyormuş gibi yapıldı. Böylece emekçilerin çoğu köylerde ve kasabalarda sığınak aramak zorunda kaldılar. En kötü kenar mahallelerin tavanaralarına, bodrumlarına ve köşebucağına çöp yığını gibi fırlatılıp atılmışlardı. Böylece, ulusal önyargılarla dolu İngilizlerin de tanıklık ettikleri gibi, aile ocağına aşırı bağlılıkları, aile yaşamlarındaki kalenderce neşe ve temizlikleriyle tanınan binlerce İrlandalı aile, kendilerini birdenbire günah ve kötülüğün kucağında buldular. Erkekler şimdi, çevredeki çiftliklerde iş aramak zorunda kalıyorlar ve ancak günlük iş bulabildikleri için en düşük ücretle çalıştırılıyorlardı. Bu nedenle, "bazan işe gidip gelmek için uzun bir yolu yaya yürüyorlar, sırılsıklam oluyorlar, büyük sıkıntı çekiyorlar ve sonu gelmeyen hastalık ve yokluk içine düşüyorlardı".[203]

"Kentler her yıl, kırsal kesimin artı-emek saydığı nüfusu kabul etmek durumundaydı";[204] ve insanlar, "hâlâ kentler ile köylerde emek fazlası bulunmasına karşılık, bazı kırsal yerlerde emek kıtlığı ya da böyle bir tehlikenin olmasına şaşıyorlardı".[205] Gerçekte bu gereksinme, yalnız "hasat zamanında ya da ilkyazda ya da tarımsal çalışmaların arttığı bu gibi zamanlarda kendisini gösteriyor, yılın geri kalan zamanlarında birçok emekçi boş kalıyordu."[206] "Başlıca ürün olan patatesin, ekim ayında başlayıp, gelecek ilkyaza kadar süren sökümü dışında ... bunlara iş yoktu."[207] Ve ayrıca, bu hızlı çalışma dönemlerinde bile, "gün kaybına ve her türden iş kesintisine uğruyorlardı".[208]

Tarımsal devrimin bu sonuçları, yani ekilebilir toprakların otlak haline getirilmesi, makine kullanımı, emek-gücünden büyük tasarruf sağlama vb., aldıkları rantları yabancı ülkelerde harcayacak yerde, İrlanda'daki kendi malikanelerinde oturma alçakgönül-

201 *l.c.*, s. 12.
202 *l.c.*, s. 12.
203 *l.c.*, s. 25.
204 *l.c.*, s. 27.
205 *l.c.*, s. 26.
206 *l.c.*, s. 1.
207 *l.c.*, s. 31, 32.
208 *l.c.*, s. 25.

lülüğünü gösteren örnek toprakbeyleri yüzünden daha da yoğunlaşıp artmıştır. Arz ve talep yasasının bozulmaması için, bu beyler, "emekçiye olan gereksinmelerini, neredeyse tamamının ... toprakbeyinin istediği anda ve o günlerde, sıradan bir emekçiye ödenen ücretin epeyce altında bir ücretle çalışmak zorunda olan kendi küçük kiracılarından karşılıyorlar ve bu emekçilerin, ekim ve hasat gibi kritik dönemlerde kendi işlerini ihmal etmek durumunda kalmaları sonucu uğradıkları zarar ve ziyanı hiç hesaba katmıyorlardı."[209]

İş güvensizliği ve düzensizliği, sık sık ve uzun süreli işsizlik, nispi artı-nüfusun bütün bu belirtileri, işte böylece Yoksul Yasası dairesinin raporlarında, tarım proletaryasının içinde bulunduğu güçlükler olarak yeralıyordu. İngiliz tarım proletaryasında da benzer görünümlerle karşılaştığımız anımsanacaktır. Ama şu farkla ki, bir sanayi ülkesi olan İngiltere'de, sınai yedek parça emek-gücü kırsal bölgelerden devşirilir, oysa bir tarım ülkesi olan İrlanda'da, tarımsal yedek emek-gücü kırlardan kovularak kasaba ve kentlere sığınan tarım emekçilerinden devşirilir. Bunların ilkinde, tarım alanındaki fazlalıklar fabrika işçisi olurlar, ikincisinde, kentlere sürülmüş olanlar buralarda ücretler üzerinde bir baskı aracı olmakla birlikte, tarım emekçisi olarak kalırlar ve köylere sık sık iş aramak ve çalışmak için dönerler.

Resmî denetmenler, tarım emekçilerinin maddi durumlarını şöyle özetliyorlar: "Çok idareli bir yaşam sürdükleri halde, ücretleri, ailelerinin yiyecek gereksinmesi ile kiranın ödenmesine kıtı kıtına yetmekte, kendisinin, karısının ve çocuklarının giyinebilmesi için başka kaynaklara başvurmaktadırlar. ... Bu kulübelerin havası, öteki yoksunluklar ile birlikte, bu sınıfı, vereme ve tifüse karşı özellikle güçsüz durumda bırakmaktadır".[210] Bu durumda, denetmenlerin ortak ifadelerine göre, bu sınıfın safları arasında koyu bir hoşnutsuzluk egemen olmasına, geçmişin özlemi içersinde yaşayıp, bugünü lanetlemelerine ve gelecekten umutlarını kesmelerine, kendilerini, "kışkırtıcıların kötü etkilerine kaptırmalarına", kafalarına tek bir sabit fikrin, Amerika'ya göç etme düşüncesinin yerleşmesine şaşmamak gerekir. Malthus'un her derde deva nüfus azalmasının yeşil Erin'de* yarattığı bolluk ülkesi işte budur.

İrlandalı fabrika işçisinin sürdüğü mutlu yaşamı bir örnek bize gösterecektir: İngiliz fabrika denetmeni Robert Baker, "Kuzey İrlanda'ya yaptığım son gezimde" diyor, "İrlandalı kalifiye bir işçi-

[209] *l.c.*, s. 30
[210] *l.c.*, s. 21, 13
* İrlanda. –ç.

nin, çocuklarının eğitimi için şöyle bir çaba içersinde bulunduğuna tanık oldum. Onun sözlerini burada yinelememin başlıca nedeni, hepsini kendi ağzından dinlemiş olmamdır. Manchester pazarında satılan malların yapımında çalıştırıldığını söylersem, gerçekten kalifiye bir işçi olduğu daha iyi anlaşılır. Johnson: — 'Pazartesi gününden cuma gününe kadar, sabah 6'dan gece 11'e kadar çalışırım. Cumartesileri akşam 6'da işten çıkarız, (yemek ve dinlenme için) üç saatimiz vardır. Hepsi beş çocuğum var. Bu işte haftalık kazancım haftada 10 şilin 6 penidir; karım da burada çalışır ve haftada 5 şilin alır. Oniki yaşındaki büyük kızım evi yönetir, yemeği pişirir, bütün işleri o görür. Küçükleri okula o hazırlar. Evin önünden geçen bir kız, sabah beş-buçukta beni uyandırır. Karım da kalkar ve birlikte çıkarız. İşe gelmeden önce bir şey (yiyemeyiz). Oniki yaşındaki kız, bütün gün küçüklere bakar, biz saat sekizde kahvaltı zamanına kadar bir şey yemeyiz. Sekizde eve gideriz. Haftada bir kez çay içeriz, diğer günler olanaklarımıza göre ya yulaf unu, ya da mısır unu ile yapılmış bulamaç içeriz. Kışın, mısır ununa biraz şeker, biraz su katarız. Yazın, ufacık bahçemize ektiğimiz patatesleri yeriz, bunlar bitince de gene bulamaca devam. Bazan elimize geçerse biraz süt içeriz. Bütün yıl boyunca, pazar günü de haftanın öteki günleri de bu böyle sürer gider. Geceleri işim bitince her zaman çok yorgun olurum. Bazan sığır eti de gördüğümüz olur, ama pek seyrek. Çocuklarımızdan üçü okula gider, haftada her biri için 1 peni ödüyoruz. Haftalık kiramız 9 peni. Yakmak için turba kömürüne iki haftada bir en az 1 şilin 6 peni ödüyoruz.' "[211] İşte İrlanda'da ücretler, işte İrlanda'da yaşam!

Aslında, İrlanda'daki sefalet, İngiltere'de gene günün konusu. 1866 yılının sonu ile 1867 yılının başında İrlanda'nın büyük topraksahiplerinden lord Dufferin, bu duruma *The Times* gazetesinde bir çare buldu. "*Wie menschlich von solch' grossem Herrn!*"*

E tablosunda, 1864 yılında, 4.368.610 sterlinli toplam kârın yalnız 262.819 sterlinini, üç büyük artı-değer yapımcısının cebe indirdiğini gördük; oysa 1865'te, 4.669.979 sterlinlik toplam kârın 274.528 sterlinini gene aynı üç "perhiz" hokkabazı cebe indirdi; 1864'te 26 artı-değer yapımcısı 646.377 sterline; 1865'te 28 artı-değer yapımcısı 736.448 sterline; 1864'te 121 artı-değer yapımcısı 1.076.912 sterline; 1865'te 150 artı-değer yapımcısı 1.320.906 sterline; 1864'te 1.131 yapımcı 2.150.818 sterline, yani neredeyse toplam yıllık kârın yarısına; 1865'te, 1.194 artı-değer yapımcısı 2.418.833 sterline, yani toplam yıllık kârın yarısından fazlasına

[211] *Rept. of Insp. of Fact., 3lst Oct. 1866*, s. 96
* "Böyle büyük bir efendide ne insanlık!" (Goethe, *Faust.*) –ç

ulaşmış bulunuyorlardı. Ama, İngiltere, İskoçya ve İrlanda'da bir avuç büyük topraksahibinin, toprağın sağladığı yıllık gelirden aldıkları aslan payı o kadar korkunçtur ki, İngiliz devletine yaraşır bilgelikle, kâr dağılımında olduğu gibi toprak rantlarının dağılımı konusunda da aynı istatistiksel bilgileri çevreye yaymanın uygun düşmeyeceği sonucuna varmışlardır. Lord Dufferin de işte bu büyük topraksahiplerinden birisi. Bu toprak rantları ile kârların "aşırı" olduğunu düşünmek, ya da aşırı zenginliğin, halkın aşırı sefaleti ile ilişkili olduğunu sanmak, kuşkusuz, "kötü niyetli" olduğu kadar "yanlış" bir düşüncedir de. Lord Dufferin olgulara değiniyor; İrlanda'da nüfus azaldıkça, toprak rantları kabarıyor; nüfusun azalması, büyük topraksahiplerinin yararına olduğu için toprağın da yararına ve dolayısıyla toprağın yalnızca tamamlayıcı bir parçası olan halkın da yararına oluyor. Ve bunlara dayanarak, İrlanda'nın hâlâ daha çok kalabalık bir nüfusa sahip bulunduğunu, göç akımının istenilen hıza henüz ulaşmadığını ilan ediyor. Tam mutluluğa ulaşması için, İrlanda'nın, bir milyon emekçi halkın en az üçte-birinden kurtulması gerekir. Bütün bunlardan, sakın, bu şairane lordun, hastası iyileşmedikçe her zaman kan aldıran ve hastalıkla birlikte hastada kan tükenene kadar bu işe devam eden Sangrado okulu hekimlerine benzediği sonucunu çıkartmayın. Lord Dufferin, iki milyon yerine yalnızca bir milyonun üçte-biri kadar bir kan alma talebinde bulunuyor; gerçekten de bunlardan kurtulmaksızın İrlanda'nın altın çağı gerçekleşemez. Bunun kanıtı da hazır.

1864'TE İRLANDA'DA ÇİFTLİKLERİN SAYISI VE GENİŞLİĞİ[212]

(1) 1 *acre*'ı geçmeyenler		(2) 1-5 *acre* arasında		(3) 5-15 *acre* arasında		(4) 15-30 *acre* arasında	
Sayı	*acre*	*Sayı*	*acre*	*Sayı*	*acre*	*Sayı*	*acre*
48.653	25.394	82.037	288.916	176.368	1.836.310	136.578	3.051.343

(5) 30-50 *acre* arasında		(6) 50-100 *acre* arasında		(7) 100 *acre*'dan fazla		(8) Toplam
Sayı	*acre*	*Sayı*	*acre*	*Sayı*	*acre*	*acre*
71.961	2.906.274	54.247	3.983.880	31.927	8.227.807	20.319.924

1851-1861 arasındaki merkezileşme, ilk üç kategoriye girenleri, yani 1 *acre*'ın altındakilerden ve 15 *acre*'a kadar olan çiftlikleri

212 Toplam alan, turbalık ve kıraç toprakları da içine almaktadır.

yok etti. Her şeyden önce, bunların yokolması gerekiyordu. Böylece, ortaya, 307.058 "fazla" çiftçi çıkar, ve en düşük ortalama 4 kişilik aile hesaba katılırsa bu sayı 1.228.232 kişiye ulaşır. Çok abartmalı bir varsayımla, tarımsal devrimin tamamlanmasından sonra bunların dörtte-birinin yeniden iş bulabileceği kabul edilse bile, geriye, göç edecek 91.174 kişi kalır. 4, 5 ve 6 kategorileri, 15-100 *acre* arası çiftlikler, İngiltere'de uzun süredir bilindiği gibi kapitalist biçimde tahıl üretimi için çok küçük, koyunculuk için ise kaybolmak üzere olan miktarlardır. Önceki varsayıma göre, göç etmek üzere ortaya 788.761 kişi daha çıkıyor ve toplam 1.709.532 oluyor. Ve iştah, yedikçe açıldığına göre, büyük topraksahipleri, çok geçmeden 3,5 milyonluk İrlanda'nın gene sefil olduğunu ve bu sefaletin nedeninin de aşırı nüfus olduğunu keşfedeceklerdir. Demek ki, nüfus seyrekleşmesinin daha da devam etmesi gerekiyor; böylece bu ülke, gerçek yazgısı olan, İngiliz koyun otlağı ve sığır merası olma durumuna ulaşmış bulunacaktır.[213]

Bu berbat dünyadaki bütün iyi şeyler gibi, bu kârlı yöntemin de kendi engelleri vardır. İrlanda'da toprak rantı birikimiyle birlikte, Amerika'da İrlandalı birikim atbaşı gider, koyun ve öküz tarafından yurdundan atılan İrlandalı, okyanusun öbür kıyısında bir *Fenian** olarak ortaya çıkar ve ihtiyar denizler kraliçesinin karşısında, genç cumhuriyet, gittikçe tehdidini artıran bir dev gibi yükselir:

Acerba fata Romanos agunt
*Scelusque fraternae necis.***

* *Fenian,* İrlanda'yı İngiliz buyruğundan kurtarmak amacıyla 1861'de kurulan ve Amerika'ya kadar yayılmış bulunan İrlanda devrimci birliği. –ç.

** Romalıları bunaltıyor kara bir yazgı ve kardeş öldürme suçu. (Horace, *Epodes,* VIII.) –ç.

213 Kıtlığın ve beraberinde getirdiği sonuç ve durumların, tarımsal devrimi zorla yürütmek ve İrlanda nüfusunu, toprakbeylerinin gereksinmelerine yetecek kadar seyreltmek için, hem toprakbeyleri ve hem de İngiliz yasakoyucuları tarafından, bile bile nasıl istismar edildiğini, bu yapıtın üçüncü cildinde, toprak mülkiyetinin ele alındığı kesimde daha ayrıntılı göstereceğim. Orada ayrıca, küçük çiftçiler ile tarım emekçilerinin durumuna tekrar döneceğim. Şimdilik tek bir alıntı yapacağım. Nassau W. Senior, ölümünden sonra yayınlanan *Journals, Conversations and Essays relating to Ireland,* 2 cilt, London 1868; vol. II, s. 282, adlı yapıtında, diğer şeyler yanında şunları söylüyor: "Dr. G., elimizde Yoksullar Yasası var ve bu yasa, toprakbeylerine zafer kazandırmak için büyük bir silahtır dedi. Bir başka ve daha büyük bir silah da göçtür. ... İrlanda'ya dost olan hiç kimse savaşın" (büyük toprakbeyleri ile küçük Kelt çiftçileri arasındaki savaşın) "uzayıp gitmesini arzu edemeyeceği gibi, bu savaşın, kiracıların zaferiyle bitmesini de hiç dilemez. Bu savaş ne kadar çabuk biterse ve İrlanda nispeten seyrek nüfusuyla —ki, bu seyrek nüfus otlak haline gelen bir ülke için gerekli bir koşuldur— otlak bir ülke haline ne kadar çabuk gelirse, bu, bütün sınıflar için o kadar iyi olur." 1815 tarihli İngiliz Tahıl Yasası, Büyük Britanya'ya serbestçe tahıl ithal etme tekelini İrlanda'ya sağlamış oldu. Bu ya-

salar, bu nedenle, yapay olarak buğday tarımını isteklendiriyordu. Tahıl Yasasının 1846 tarihinde yürürlükten kaldırılması ile, bu tekel, birdenbire ortadan kalkmış oldu. Diğer koşulların yanısıra, bu olay, tek başına, İrlanda'daki ekilebilir toprakların otlak haline getirilmesine, çiftliklerin yoğunlaşmasına, küçük çiftçilerin yerlerinden edilmesine yolaçtı. 1815 ile 1846 yılları arasında İrlanda toprağının verimliliği üzerine övgüler düzen, doğa tarafından, buranın, buğday yetiştirilmesi için yaratıldığını yüksek sesle ilan eden İngiliz tarımcılar, iktisatçılar ve politikacılar, şimdi birdenbire, bu toprağın, hayvan yemi üretmekten başka bir işe yaramadığını keşfettiler. M. Léonce de Lavergne, Manş'ın karşı yakasında aynı sözleri hemen yineledi. Ancak Lavergne gibi "ciddi" adamlar böyle çocukça heveslere kapılabilirlerdi.

SEKİZİNCİ KISIM

SÖZDE İLKEL BİRİKİM

YİRMİALTINCI BÖLÜM

İLKEL BİRİKİMİN SIRRI

PARANIN sermayeye nasıl dönüştüğünü, sermaye aracılığı ile nasıl artı-değer üretildiğini ve artı-değerden nasıl daha fazla sermaye meydana getirildiğini görmüş bulunuyoruz. Ama, sermaye birikimi, artı-değerin varlığını; artı-değer, kapitalist üretimi; kapitalist üretim ise, meta üreticilerinin ellerinde daha önceden oldukça büyük bir sermaye ve emek-gücü kitlesinin bulunmasını öngörür. Buradaki hareketin bütünü, bu yüzden bir kısır döngü gibi görünür ve bundan, ancak kapitalist birikimden önce, bu üretim tarzının sonucu değil, çıkış noktasını oluşturan bir ilkel birikimin (Adam Smith'in deyimiyle, daha önceki birikimin) bulunduğunu kabul etmekle kurtulmak olanaklıdır.

Ekonomi politikte, bu ilkel birikim, aşağıyukarı teolojide ilk günahın oynadığı rolü oynar. Adem baba elmayı ısırmıştır ve insanoğlu günaha bulanmıştır. Günahın başlangıcı güya böylece geçmişe ait bir masal gibi anlatılarak açıklanmış oluyor. Evvel zaman içinde, iki çeşit insan vardı; birisi çalışkan, akıllı ve daha önemlisi tutumlu bir seçkinler topluluğu; diğeri, ellerine geçeni ve hatta daha fazlasını harvurup harman savuran tembel serseriler topluluğu. Teolojinin ilk günah efsanesi, bize, kuşkusuz, insanın ekmeğini alnının teriyle yemeğe nasıl mahkum edildiğini anlatıyor, ama ekonomik ilk günahın tarihi ise, bize, yeryüzünde, buna hiç de gerek duymayan insanların bulunduğunu açıklıyor. Ne zararı var! Böylece ilk tür insanlar servet biriktirmiş oldular, ikinci türdekilerin ise, ellerinde kendi postlarından başka satacak bir şeyleri kalmadı. Ve işte, bütün çalışıp didinmelerine karşın, kendilerinden başka satacak hiçbir şeyleri olmayan büyük çoğunluğun sefaleti ve uzun süredir çalışmayı bıraktıkları halde, küçük bir azınlığın durmadan artan zenginliği, bu, ilk günahla başlar. Bu çocukca yavanlıklar, mülkiyetin savunulmasında, bize her gün yinelenir durur. Örneğin, M. Thiers, bir devlet adamının bütün ciddiliğiyle, bir zamanlar her tür *inceliğe* sahip Fransız halkını buna inandırmaya çalışır. Ama *propriété** sorunu ortaya çıkar çıkmaz, bir çocuğun zihinsel gıdasının, her yaşa ve gelişmenin her aşamasına uygun düşeceğini öne sürmek, kutsal bir ödev halini alır. Oysa tarihte, elegeçirmenin, köleleştirmenin, soymanın, öldürmenin, kısacası zorun büyük rol oynadığını herkes bilir. Ekonomi politiğin şefkatli sayfalarında sevimli bir saflık çok eskiden beri sürer gider. Hak ile "emek" her zaman için zenginliğin tek aracı idiler, ama, içinde bulunulan yıl, her nedense hep bu kuralın dışında tutulur. Oysa, aslında, ilkel birikim yöntemleri saf ve sevimli olmaktan çok uzaktır.

Üretim ve geçim araçları kendiliklerinden nasıl sermaye değilse, para ve metalar da kendiliklerinden sermaye değildir. Bunların sermayeye dönüşmeleri gerekir. Ama bu dönüşümün kendisi, ancak belli koşullar altında olabilir, yani birbirinden çok farklı türden iki meta sahibinin, yüzyüze ve temas haline gelmesi gerekir; bir yanda, başkalarına ait emek-gücünü satın alarak, ellerindeki değerler toplamını artırmak isteğinde bulunan, para, üretim aracı ve geçim aracı sahipleri: öte yanda, kendi emek-güçlerini ve dolayısıyla emeklerini satan özgür emekçiler. İki anlamda özgür emekçiler: çünkü bunlar, ne köleler, serfler vb. gibi üretim araçlarının ayrılmaz bir parçasıdırlar, ne de mülksahibi köylüler gibi üretim araçlarına sahiptirler; demek ki, bunlar, kendi üretim araçları bulunmayan, böyle bir engel ve yükten kurtulmuş kimseler olmalıdırlar. Meta pazarındaki bu kutuplaşma ile kapitalist üretimin temel koşulları sağlanmış olur. Kapitalist sistem, emekçilerin, emeklerini gerçekleştirebilecekleri araçlar üzerinde her türlü mülkiyet hakkından tamamen ayrılmış ve kopmuş olmalarını öngörür. Kapitalist üretim, ayakları üzerinde doğrulur doğrulmaz, yalnız bu ayrılığı sürdürmekle kalmaz, bunu gitgide artan boyutta yeniden-üretir

* Mülkiyet. –ç.

de. Bu nedenle, kapitalist sistemin yolunu açan süreç, emekçinin elinden üretim araçlarının sahipliğini alan süreçten başkası olamaz; bu süreç, bir yandan toplumsal geçim araçlarını sermayeye dönüştürür, öte yandan, doğrudan üreticileri ücretli emekçilere dönüştürür. İlkel birikim denilen şey, bu nedenle, üreticiyi üretim araçlarından ayıran tarihsel süreçten başka bir şey değildir. İlkel olarak görünür, çünkü, sermaye ve buna uygun düşen üretim tarzının tarih-öncesi aşamasını oluşturur.

Kapitalist toplumun ekonomik yapısı, feodal toplumun ekonomik yapısından doğup gelişmiştir. Bu ikinci toplumun da çözülmesiyle birincinin öğeleri serbest kalmıştır.

Doğrudan üretici, emekçi, ancak toprağa bağlı bulunmaktan, bir başkasına köle, serf ya da bağımlı olmaktan çıktıktan sonra, kendisi üzerinde tasarrufta bulunabilir. Metaını, satabileceği bir pazarın bulunduğu her yere götürebilen özgür bir emek-gücü satıcısı halini alabilmesi için, ayrıca, lonca düzeninden, bunların çıraklar ve kalfalar için koyduğu kurallardan, çalışma yönetmeliklerinin kısıtlamalarından da kurtulması gerekiyordu. Demek oluyor ki, üreticiyi ücretli-işçi haline getiren tarihsel hareket, bir yandan bunların kölelikten ve loncaların koydukları bağlardan kurtulmaları olarak görülüyor; ve işte, burjuva tarihçilerimiz için, işin yalnız bu yanı sözkonusudur. Ama öte yandan, bu yeni özgürleşmiş kimseler, sahip oldukları bütün üretim araçları ile, eski feodal düzenlemelerin sağladığı her türlü güvenceler ellerinden alındıktan sonra, ancak kendi kendilerinin satıcısı haline geliyorlar. Ve onların mülksüzleştirilmesini anlatan bu öykü, insanlık tarihine, kandan ve ateşten harflerle yazılmıştır.

Sanayi kapitalistleri, bu yeni güç sahipleri, yalnız elzanaatının lonca ustalarını değil, servet kaynaklarını ellerinde bulunduran feodal beyleri de yerlerinden etmek zorundaydılar. Bu bakımdan toplumsal gücü elegeçirmeleri, hem feodal beylerin egemenliklerine ve isyan ettirici ayrıcalıklarına ve hem de, üretimin serbestçe gelişmesi ve insanın insan tarafından serbestçe sömürülmesi konusunda loncaların getirdiği kayıtlara karşı verilmiş başarılı bir savaşın meyveleri gibi gözükür. Bununla birlikte, *chevaliers d'industrie,** ancak, kendilerinin de hiçbir şekilde haberdar olmadıkları olaylardan yararlanarak, kılıç şövalyelerinin ayaklarını kaydırarak başarıya ulaşabilmişlerdir. Bunlar, bir zamanlar, Roma'da özgürlüğüne kavuşan kölelerin, kendi *patronus*'larının efendileri olmak için kullandıkları türden aşağılık yöntemleri kullanarak bu yerlere yükseldiler.

* Sanayi şövalyeleri. –ç.

Hem ücretli-emekçiyi, hem kapitalisti doğuran gelişmenin çıkış noktası, emekçinin köleleşmesiydi. Bu ilerleme, kölelik biçiminde bir değişmedir, feodal sömürünün kapitalist sömürüye dönüşmesidir. Bu gidişi anlamak için, çok gerilere dönmemiz gerekmez. Kapitalist üretimin ilk başlangıcına, daha 14. ya da 15. yüzyılda, dağınık olarak bazı Akdeniz kentlerinde raslamamıza karşın, kapitalist dönemin başlangıcı, 16. yüzyıldır. Bu üretim tarzının belirdiği yerlerde, serflik çoktan ortadan kaldırıldığı gibi, ortaçağın en yüksek ilerlemesi olan bağımsız kentlerin varlığı da, çoktan yokolma yoluna girmişti.

İlkel birikimin tarihinde, bütün devrimler, kapitalist sınıfın oluşması yolunda kaldıraç görevi gören çağ açıcı devrimlerdir; ama her şeyden çok, büyük insan yığınlarının birdenbire ve zorla geçim araçlarından kopartılarak, özgür ve "bağlantısız" proleterler olarak emek pazarına fırlatılıp atıldığı anlar önem taşır. Tarımsal üreticilerin, köylülerin mülksüzleştirilmeleri, topraktan ayrılmaları, bütün bu sürecin temelidir. Bu mülksüzleştirmenin tarihi, farklı ülkelerde, farklı yönler alır ve farklı evrelerini farklı sıralar izleyerek farklı dönemlerde tamamlarlar. Yalnız örnek aldığımız İngiltere'de klasik biçimde görülür.[1]

[1] Kapitalist üretimin en erken geliştiği İtalya'da, serfliğin ortadan kalkışı da başka yerlerden daha önce oldu. Bu ülkede serfler, toprak üzerinde herhangi bir hak elde etmeden önce özgürlüklerine kavuştular. Kurtuluşu, onu bir anda serbest bir proletere dönüştürdü ve üstelik, çoğunlukla Romalılar zamanından miras olarak kalan kentlerde onu bekleyen efendisini hazır buldu. 15. yüzyılın sonuna doğru dünya pazarlarında meydana gelen devrim, Kuzey İtalya'nın ticari üstünlüğüne son verdiği zaman, ters yönde bir hareket başladı. Kentlerdeki emekçiler, *en masse* [kitleler halinde –ç.] kırsal bölgelere sürüldüler ve bahçecilik şeklinde sürdürülen *petite culture*'e [küçük tarıma –ç.] o zamana kadar görülmeyen bir dürtü kazandırdılar.

YİRMİYEDİNCİ BÖLÜM

TARIMSAL NÜFUSUN TOPRAKSIZLAŞTIRILMASI

İNGİLTERE'DE serflik, 14. yüzyılın sonuna doğru hemen hemen tamamen ortadan kalkmıştı. Nüfusun büyük bir çoğunluğu[2] o zaman ve daha büyük ölçüde olmak üzere, 15. yüzyılda, mülkiyet hakları hangi feodal ad altında gizlenirse gizlensin, kendi topraklarını işleyen özgür köylülerden oluşuyordu. Büyük malikanelerde, kendisi de serf olan çiftlik kahyalarının yerini, serbest çiftçiler almıştı. Ücretli tarım emekçileri kısmen boş zamanlarda büyük malikanelerde çalışan köylülerden, kısmen de meydana gelen nispi ve

[2] "Kendi tarlalarını kendi elleriyle ekip-biçen ve geçinip giden küçük mülksahipleri ... o zamanlar, şimdikine göre ulusun daha önemli bir kısmını oluşturuyordu. O çağın en iyi istatistik yazarlarına güvenmemiz gerekirse, aileleri ile birlikte 160 binden fazla küçük mülksahibi, bütün nüfusun yedide-birini oluşturuyor ve geçimlerini kendilerine ait küçük serbest topraklardan sağlıyorlardı. Bu küçük topraksahiplerinin yıllık ortalama geliri, 60 ile 70 sterlin arasında tahmin ediliyor. Kendi topraklarını sürüp eken kimselerin sayılarının, başkalarının toprakları üzerinde çiftçilik yapanlardan daha fazla olduğu hesap ediliyor." Macaulay, *History of England,* 10. ed. 1854, I. s. 333, 334. 17. yüzyılın son üçte-birinde bile, İngiliz halkının 4/5'ü tarımla uğraşıyordu. (*l.c.*, s. 413.) Macaulay'den alıntı yapmamın nedeni, sistemli bir tarih tahrifçisi olarak, bu tür gerçekleri elden geldiğince kırparak verdiği içindir.

mutlak olarak az sayıdaki, özel bağımsız ücretli-emekçiler sınıfından oluşuyordu. Bu sınıf, aynı zamanda, ücretlerinin yanısıra, kendilerine, kulübeleri ile birlikte 4 ya da daha fazla *acre* ekilebilir toprak ayrılmış köylü çiftçilerdi. Bunlar bir de, diğer köylüler ile birlikte, hayvanlarını otlattıkları, kereste, odun, turba vb. sağladıkları ortak topraktan da yararlanırlardı.[3] Bütün Avrupa ülkelerinde feodal üretimin özelliği, toprağın olanaklı olduğu kadar çok sayıda alt-feodaller* arasında bölünmesiydi. Feodal beyin gücü, diğer bütün hükümdarlar gibi, mülklerinin çokluğuna değil, uyruklarının sayısına ve bu da kendi toprakları üzerinde çalışan köylülerin sayısına dayanıyordu.[4] Bu nedenle, İngiltere toprakları, Norman istilasından sonra, her biri çoğu zaman 900 kadar eski Anglo-Sakson beyliğini içine alan büyük baronluklara bölünmüş olmakla birlikte, ülke, küçük köylü toprakları ile kaplı bulunuyor, büyük senyör malikaneleri, ancak şurada-burada dağınık halde görülüyordu. Bu koşullar, kentlerdeki 15. yüzyıla özgü gönençle birlikte, halkın, şansölye Fortescue'nun *Laudes Legum Angliae* adlı yapıtında pek güzel bir şekilde anlattığı bir zenginliğe ulaşmasını sağlamıştı; ama bu durum, kapitalist nitelikte servet olanağını da dıştalamıştı.

Kapitalist üretim tarzının temelini atan devrimin ilk perdesi, 15. yüzyılın son otuz yılı ile 16. yüzyılın ilk on yılında oynandı. Senyörlerin, sir James Steuart'ın pek güzel söylediği gibi, "evi ve şatoyu boş yere dolduran" hizmetliler ile uşaklar takımına yol vermesiyle, emek pazarına serbest bir proleterya yığını sürülmüş oldu. Kendisi de burjuva gelişmenin bir ürünü olan krallık iktidarı, mutlak egemenlik peşindeki çabasıyla, bu hizmetliler takımının dağılmasını zorlayarak hızlandırmakla birlikte, bunun tek nedeni de değildi. Kral ve parlamento ile çetin bir çatışmaya giren büyük feodal beyler, köylüleri, tıpkı kendileri gibi feodal haklara sahip

[3] Şurasını da unutmamamız gerekir ki, serf bile, haraç veren bir mülksahibi olmakla birlikte, yalnız evine ait bulunan toprak parçasını değil, ortak toprakların da ortak sahibiydi. "*Le paysan* [köylü] (Frederick II zamanında Silezya'da) *est serf* [serftir.]" Bununla birlikte, bu serfler, ortak topraklara sahiptirler. "*On n'a pas pu encore engager les Silésiens au partage des communes, tandis que dans la nouvelle Marche, il n'y a guère de village ouù ce partage ne soit exécuté avec le plus grand succès.*" ["Ortak toprakları bölüp paylaşmak, Silezyalılar için henüz olanaklı olmadı; oysa Nouvelle Marche'da bu paylaşmanın büyük başarıyla gerçekleşmediği köy kalmamış gibidir."] (Mirabeau, *De la Monarchie Prussienne,* Londres 1788, t. II, s. 125, 126.)

[4] Katıksız feodal toprak mülkiyeti düzeni ve gelişmiş *petite culture*'ü [küçük tarımı –ç.] ile Japonya, bize, Avrupa ortaçağının, çoğu burjuva önyargılar ile dolu tüm tarih kitaplarımızdan çok daha doğru bir görünüşünü verir. Ortaçağın sırtından "liberal" olmak çok rahat bir iştir.

* Almanca metinde: "*Untersassen*", İngilizce metinde "*sub-feudatories*"; Fransızca metinde "*d'hommesliges*". –ç.

bulundukları topraklardan zorla söküp atarak ve ortak topraklara elkoyarak, çok daha fazla proletarya yarattılar. Flaman yünlü manüfaktürünün hızla gelişmesi ve bu yüzden İngiltere'de yün fiyatlarının yükselmesi, bu akını daha da hızlandırdı. Eski soylular, büyük feodal savaşlarda tükenmişlerdi. Yenileri, parayı her türlü iktidarın kaynağı olarak gören zamane çocuklarıydı. Bunun için, ekilebilir toprakların koyun otlağı haline getirilmesi bunların sloganıydı. Harrison, *Description of England. Prefixed to Holinshed's Chronicles* adlı yapıtında, küçük köylülerin topraklarının ellerinden alınmasının ülkeyi nasıl harabettiğini anlatır. "Bizim azılı saldırganların ne umrunda?" Köylülerin evleri ve emekçilerin kulübeleri yerlebir edildi ya da yıkılmaya bırakıldı. "Eğer" diyor Harrison, "büyük senyör konaklarının eski kayıtları karıştırılırsa ... bazı bölgelerde, onyedi, onsekiz ya da yirmi evin yıkıldığı görülür. ... İngiltere'nin nüfus bakımından hiçbir zaman şimdiki kadar kısır olmadığı ortaya çıkar. ... Büsbütün göçüp gitmiş, ya yarısı ya da dörtte-biri yokolmuş kentler ve kasabalar var; ancak şurada burada biraz büyüyen bir kasaba görülebilir; koyun otlağı olsun diye harap olmuş kasabalar ve içinde yalnız şatoları kalmış yerler üzerine ... çok şey söylenebilir." Bu eski anılardaki yakınmalar daima abartılmış olabilir, ama üretim ilişkilerindeki devrimin çağdaş insanlar üzerindeki izlenimleri bunlarda sadakatle yansıtılmıştır. Şansölye Fortescue ile Thomas More'un yazıları arasında yapılacak bir karşılaştırma, 15. yüzyıl ile 16. yüzyıl arasındaki uçurumu ortaya koyar. Thornton'un haklı olarak belirttiği gibi, İngiliz işçi sınıfı, bir geçiş dönemi olmaksızın, altın çağından demir çağına yuvarlandı.

Bu devrim, yasakoyucuyu şaşkına çevirdi. Yasakoyucu, henüz "ulusal zenginliğin" ("*wealth of the nation*"), (yani sermayenin oluşumunun ve halk kitlelerinin alabildiğine sömürülmesi ve yoksullaştırılmalarının) devlet yönetme sanatının *ultima Thule** sayıldığı bu yüce uygarlık düzeyine ulaşmamıştı. Bacon, Henry VII tarihinde şöyle diyor: "O sıralarda" (1489) "çevresi çitli topraklar daha sık görülmeye başlandı; ancak aileleriyle birlikte üzerinde oturan kimselerin işleyebileceği ekilebilir toprak, birkaç çobanın kolayca dolaşabileceği otlaklar haline geldi; küçük çiftçilerin yılllardan beri oturdukları çiftlik evleri, malikane haline getirildi. Bu yüzden, halkta bir çöküntü ve dolayısıyla, kasabalarda, aşar gelirlerinde ve benzeri şeylerde bir gerileme oldu. ... Bu kötü duruma çare bulmak için o sıralarda kralın ve parlamentonun gösterdiği dirayet hayranlık vericiydi. ... Nüfusu seyrekleştirilen topraklar ile meraların ya-

* Azami sınır. –ç.

yılmasına karşı önlemler alındı." Henry VII Yasası, 1489, bölüm 19, ile en az 20 *acre* arazisi olan "köy evleri"nin yıkılması yasaklandı. Bu yasa, 25 Henry VIII yasasıyla [bölüm 13] yenilenmiştir. Bu yasada diğer şeyler yanında, birçok çiftliğin ve başta koyun olmak üzere büyük hayvan sürülerinin birkaç kişinin elinde toplandığı, toprak kiraları yükseldiği halde, işlenen toprakların azaldığı, kiliselerin, evlerin yıkıldığı, şimdiye kadar kendileriyle ailelerini geçindirmek için kullandıkları araçların bu insanların ellerinden alındıkları sözkonusu edilmektedir. Yasa, bu nedenle, eski çiftlik evlerinin onarılmasını öngörmekte ve ekim alanları ile otlaklar arasında bir oran saptamaktadır. 1533 tarihli bir yasa, bazı kimselerin ellerinde 24.000 koyun bulunduğunu öne sürerek, bu sayıyı 2.000 olarak sınırlandırmaktadır.[5] Halkın şikayetleri ve Henry VIII'den sonra, 150 yıl boyunca, küçük çiftçiler ile köylülerin mülksüzleştirilmesine karşı çıkartılan yasalar bir sonuç vermedi. Bacon, bunların etkisizliğinin ve yetersizliğinin sırrını, bize pek de farkında olmadan açıklamaktadır. "Kral Henry VII'nin çıkarttığı yasa", diyor Bacon, *Essays, Civil and Moral* yapıtının 29. denemesinde, "çiftlikler ile çiftlik evlerini belirli bir ölçüde tutmakla, derin ve hayranlık vericidir; böylece, bunlara verilen belirli miktardaki toprak, uşak durumunda değil bolluk içinde yaşayan bir uyruk yetişmesini sağlayacak ve saban, yanaşmalar elinde değil de, topraksahibinin elinde bulunacaktır."[6] Oysa kapitalist sistemin istediği şey, halk kitlesinin, aşağılanıp neredeyse köle durumuna düşmesi ve bunların ücretli işçiye, üretim araçlarının sermayeye dönüştürülmesiydi. Bu dönüşüm döneminde, yasakoyucu, tarım ücretli emek-

[5] Thomas More, *Utopia* adlı yapıtında, "Başka yerlerde o kadar tatlı, o kadar tok gözlü olan bu hayvanlar [koyunlar], sizin memleketinizde [İngiltere'de] öyle açgözlü, öyle doymak bilmez olmuşlar ki, insanları bile yiyorlar, kırları, köyleri, evleri silip süpürüyorlar." diyor. *Utopia,* transl, by Robinson, ed. Arber, London 1869, s. 41, [*Ütopia,* Çan Yayınları, İstanbul 1964, s. 63.]

[6] Bacon, özgür ve gönenç içindeki köylülük ile iyi bir piyade eri arasındaki ilişkiyi gösteriyor. "Sağlam bir yoksulluğa düşürmemek ve krallığın topraklarının büyük bir kısmını, bey ile kiracı ve köylü arasında bir yer tutan küçük çiftçilerin ya da orta-sınıf halkın mülkiyetine ve tasarrufuna vermek için yeteri kadar büyük çiftliklere sahip olmak, krallığın gücü ve gelenekleri yönünden büyük önem taşır. ... Savaş konusunda yargılarına çok güvenilir kimselerin kanısı odur ki, bir ordunun ana gücü piyade ya da yaya askerdir. Ve iyi bir piyade gücü kurmak için, uşak ya da yoksul durumda değil, özgür ve bolluk içinde yetiştirilmiş insanlara gerek vardır. Bu nedenle, bir devlette soylular ile beyler çoğunlukta olup, çiftçiler ve toprağı ekip biçenler bunların uşakları, emekçileri ya da kulübe sakinleri (yani evli dilenciler) ise, elinizde iyi süvari gücü bulunabilir, ama asla sağlam ve güvenilir piyade kuvvetiniz olamaz. ... Ve bu durum, bütün nüfusu, ya soylulardan ya da yoksul köylülerden oluşan Fransa, İtalya ve diğer bazı ülkelerde görülür. ... O kadar ki, bu ülkeler, piyade birlikleri için İsviçreli ve benzeri ülkelerden ücretli askerler kullanmak zorunda kalırlar; işte bunun için bu uluslarda nüfus kalabalıktır, ama askerleri azdır." (*The Reign of Henry VII, Verbatim reprint from Kennet's England, ed. 1719,* Lond. 1870, s. 308.)

çisinin kulübesinin çevresinde 4 *acre* büyüklüğünde bir toprak parçasının bulunmasını öngörmüş ve kulübesine kiracı almasını yasaklamıştır. James I'in saltanatı sırasında, 1627 tarihinde, Front Mill'de, Roger Crocker, Front Mill malikanesi üzerinde 4 *acre* toprağı olmayan bir kulübe yaptığı için mahkum edilmişti. Charles I zamanında, 1638 tarihine kadar, eski yasaların ve özellikle 4 *acre*'lık toprak bulunmasına ilişkin hükümlerin uygulanması için özel bir komisyon kurulmuştu. Hatta Cromwell zamanında bile Londra'da 4 mil içersinde 4 *acre* toprağı olmayan ev yapılması yasaklanmıştı. 18. yüzyılın ilk yarısına kadar, bir-iki *acre* toprağı bulunmayan tarım emekçisi kulübesi ile ilgili şikayetler görülmektedir. Bugünlerde ise, ufacık bir bahçesi bulunsa ya da kulübesinden uzaklarda biraz toprak kiralayabilse, şanslı sayılır. "Topraksahipleri ile çiftçiler" diyor Dr. Hunter, "burada elele çalışıyorlar. Kulübeye eklenecek birkaç *acre,* emekçiyi, oldukça bağımsız yapar."[7]

Halkın zorla mülksüzleştirilmesi süreci, 16. yüzyılda, Reformasyon ve kilise mallarının yağmalanması ile yeni ve korkunç bir hız kazandı. Katolik Kilisesi, Reformasyon hareketi sırasında, İngiliz topraklarının büyük bir kısmının feodal sahibiydi. Manastırlar ile benzeri kuruluşların kapatılması, buralarda barınanları, proletarya haline getirdi. Kilise toprakları, büyük ölçüde, açgözlü saray gözdelerine bağışlandı ya da spekülatör çiftliklerle yurttaşlara yok pahasına satıldı; bunlar da, kuşaklar boyu burada oturan küçük kiracıları, *en masse** sürüp çıkartarak, toprakları birleştirdiler. Yoksul halkın kilise aşarının bir kısmı üzerinde yasa ile sağlanmış mülkiyet haklarına, sessiz sedasız elkondu.[8] Kraliçe Elizabeth ülkede yaptığı bir geziden sonra, "*pauper ubique jacet*"** diye bağırmıştı. Saltanatının 43. yılında, ulus, yoksul vergisini yürürlüğe koyarak dilenciliği resmen kabul etmek zorunda kaldı. "Bu yasayı kaleme alanların buna bir neden göstermekten utandıkları anlaşılıyor; çünkü (geleneksel uygulamanın tersine) herhangi bir gerekçe gösterilmemiş."[9] Charles I'in 16. yılında bu yasanın (böl. 4) devamlı olduğu ilan edildi ve 1834 yılında yasaya yeni ve daha sert bir biçim verildi.[10] Reformasyon hareketinin bu yakın sonuçları, çok

[7] Dr. Hunter, *l.c.,* s. 134. "Eski yasalarda tahsis edilen toprak miktarı, tarım emekçilerini küçük çiftçiler haline getirebilecek miktardan çok daha fazla kabul edilebilir." (George Roberts, *The Social History of the People of the Southern Countries of England in Past Centuries,* Lond. 1856, s. 184-185.)

[8] "Yoksulların ondalıklarından pay alma hakkı, eski yasaların hükümleriyle kurulmuştur." (Tuckett, *l.c.,* vol. II, s. 804-805.)

[9] William Cobbett, *A History of the Protestant Reformation,* § 471.

* Yığın halinde. –ç.

** "Her yer dilenciyle dolu." –ç.

[10] Protestanlık "ruhu" diğer şeyler yanında şu olaylardan da anlaşılabilir. Güney İngiltere'de bazı büyük topraksahipleri ile hali-vakti yerinde çiftçiler kafa kafa-

uzun süreli olanlar değildi. Kilisenin mülksahibi oluşu, toprak mülkiyetinin geleneksel düzenine bir nevi kutsal dayanak sağlıyordu. Bunun yıkılmasıyla, bu düzenin savunulması ve ayakta tutulması da artık olanaksız hale geliyordu.[11]

17. yüzyılın son on yılında bile, küçük topraksahibi bağımsız köylüler sınıfı, çiftçiler sınıfından daha kalabalıktı. Cromwell'in gücünün belkemiğini bunlar oluşturuyordu ve hatta Macaulay'ın itiraflarına göre, bunlar, sarhoş taşra beyleri ile bunların uşaklarına ve efendilerinin başlarından savdıkları metreslerle evlenmek durumunda olan köy papazlarına oranla, çok daha dürüst bir tutum içindeydiler. 1750 yıllarında bu küçük topraksahibi köylüler, ortadan kalktılar[12] ve gene 18. yüzyılın son on yılında, tarım emek-

ya verip, Elizabeth zamanında çıkan yoksullar yasasının doğru yorumu konusunda on tane soru hazırlarlar. Ve hazırladıkları bu soruları, görüşünü almak üzere zamanın ünlü hukukçusu (daha sonra James I devrinde yargıçlık yapan) Sergeant Snigge'ye sunarlar. Soru 9: Bölgenin bazı zengin çiftçileri, bu yasanın (Elizabeth'in 43. yasasının) yürütülmesindeki bütün güçlüklerden kaçınmayı sağlayabilecek akıllıca bir plan hazırladılar. Bunların önerisine göre bölgede bir hapishane yapılacak ve çevreye bir duyuruda bulunarak, bu bölgedeki yoksullardan yararlanmak isteyen çiftçilerin, belli bir günde kapalı zarfla bir teklif vererek, bunları bizden almak için en düşük fiyatı bildirecekler; bu hapishaneye kapatılmak istemeyenlerın yardımdan yararlandırılmaması yetkisi bu kurula ait olacak. Bu planı önerenler, çevredeki kontluklarda, çalışmaya niyeti olmayan, bir çiftlik ya da gemi almaya maddi olanakları elvermeyen ve böylece çalışmadan yaşamak isteyen kimselerin, bölgemize çok avantajlı önerilerde bulunacakları kanısındadırlar. Eğer yoksullardan herhangi biri karşı tarafın himayesi altında iken bu dünyadan göçerse, günahı-vebali o tarafın boynuna olacaktır. Çünkü, bölgemiz, bu yoksullara karşı görevini yerine getirmiş bulunacaktır. Bununla birlikte, yasanın bize bu tür basiretli bir önlem alma yetkisi vermeyeceği kaygısı içindeyiz, ancak, bu kontluk ile sınırdaşımız B kontluğunun *freeholders* [mülksahibi –ç.] kilise yardım kurullarına, yoksulları hapsetmek ve çalıştırmak ve bunu reddeden bir kimseye kilise yardımını kesmek hakkını veren bir yasa önerisinde bulunmaları için temsilcilerine talimat vermek konusunda bize seve seve katılacaklardır. Bu önlemlerin, sıkıntı içinde bulunan kimseleri yardım istemekten ve kiliseye yük olmaktan kurtaracağını umuyoruz. (R. Blakey, *The History of Political literature from the Earliest Times,* Lond. 1855, vol. II, s. 84, 85.) İskoçya'da köleliğin kaldırılması, İngiltere'den birkaç yüzyıl sonra oldu. 1698'de Saltoun kontu Fletcher, İskoç parlamentosunda şöyle bağırıyordu: "İskoçya'daki dilenci sayısının 200.000'den az olmadığı hesaplanıyor. İlke olarak bir cumhuriyetçi olan ben, tek çare olarak eski serflik statüsünün yeniden getirilmesini, kendi geçimlerini sağlamaktan aciz olan herkesin köle haline sokulmasını öneriyorum." Eden, *l.c.,* Book I, ch. I, s. 60-61'de diyor ki: "Bağımlı köylülerin azalması, zorunlu olarak, yoksulluğun başladığı çağ olmuştur. Manüfaktür ve ticaret, bizim ulusal yoksullarımızın ana ve babalarıdır." Eden de, ilke olarak cumhuriyetçi olan İskoçyalımız gibi şurada yanılıyor: serfliğin ortadan kaldırılması değil, tarım emekçisinin toprak mülkiyetinin kaldırılması, onu, proleter ve sonunda da dilenci haline getirmiştir. Mülksüzleştirmenin başka şekilde uygulandığı Fransa'da, 1566 tarihli Moulins Yasası ve 1656 buyruğu, İngiltere'deki Yoksullar Yasasına tekabül eder.

[11] Protestan ortodoksluğun merkezi olan Oxford Üniversitesi eski ekonomi politik profesörü Rogers bile, *History of Agriculture* adlı yapıtının önsözünde, Reformasyonun halk kitlelerinin yoksullaşmasına yolaçtığı olgusu üzerinde durur.

[12] *A Letter to Sir T. C. Bunbury, Bart., on the High Price of Provisions, By a Suffolk Gentleman,* Ipswich 1795, s. 4. Büyük çiftlikler sisteminin fanatik savunucusu ve *Inquiry into the Connexion between the Present Price of Provisions,* London

çilerinin ortak topraklarla olan ilişkileri de sona erdi. Tarımsal devrimin salt ekonomik nedenlerini burada bir yana bırakıyoruz. Biz, yalnızca kullanılan zor ve şiddet yöntemlerini ele alıyoruz.

Stuartların restorasyonundan sonra, topraksahipleri, Kıta Avrupası'nın her yerinde, herhangi yasal bir formalite olmaksızın, bir gasp hareketini kitabına uydurarak gerçekleştirdiler. Feodal toprak ayrıcalığını kaldırdılar, yani devlete olan bütün yükümlülüklerinden kurtuldular; devlet "zararı"nı, köylülerle diğer halk kitlelerine yüklenen vergilerle "telafi ettiler"; yalnızca feodal bir hakka sahip bulundukları mülkler üzerinde modern özel mülkiyet haklarını korudular ve ensonu, İngiliz tarım emekçileri üzerinde tıpkı tatar Boris Godunov'un fermanlarının Rus köylüsü üzerinde yaptığı etkiye eş bir etki yaratan şu *mutatis mutandis** yerleşme yasalarını çıkarttılar.

"*Glorious Revolution*" ("şanlı devrim"), Orange prensi William ile birlikte, iktidara, artı-değere elkoyan toprakbeyleri ile kapitalistleri getirmiş oldu.[13] Yeni devri, devlet toprakları üzerinde şimdiye kadar daha alçakgönüllü bir şekilde uygulanan hırsızlığı, büyük yağmalar biçimine sokarak, resmen açmış oldular. Bu mülkler, ona-buna dağıtıldı, gülünç fiyatlarla satıldı ya da düpedüz gasbedilerek özel mülklere katıldı.[14] Bütün bunlar en ufak bir yasal formalite gözetilmeksizin yapıldı. Böyle bir hile ile elegeçirilen devlet krallık toprakları, kiliseye ait toprakların yağma edilmesiyle birlikte, cumhuriyetçi devrim sırasında tekrar kaybedilmediği ölçüde, İngiliz oligarşisinin bugünkü görkemli malikanelerinin esasını oluşturur.[15] Burjuva kapitalistler, bütün bu yapılanları, serbest ti-

1773, s. 139, adlı yapıtın yazarı bile şöyle diyor: "En fazla bizim küçük topraksahiplerimizin, bu ulusun bağımsızlığını gerçekten ayakta tutan bu insanların kaybolup gitmelerine acınırım; bunların topraklarını, şimdi, küçük çiftçilere kiraya veren tekelci lordların ellerinde toplanmasını görmekten üzüntü duyuyorum; bu küçük çiftçiler öyle koşullar altında kiracılık ederler ki, yapılan en ufak bir kötülüğün hesabını vermekle yükümlü emir kulları gibidirler."

[13] Bu burjuva kahramanın özel ahlaksal niteliği konusunda, diğer şeyler yanında: "İrlanda'da 1695 yılında leydi Orkney'e yapılan büyük toprak bağışları, kralın sevgisinin ve leydinin etkisinin açık bir belirtisidir. ... Leydi Orkney'in değerli hizmetleri, herhalde, *foeda labiorum ministeria* [dudakların iğrenç hizmeti –ç.] olmalıdır." (British Museum'da *Sloane Manuscript Collection*, n° 4224. Elyazmasının başlığı: *The character and behaviour of King William, Sunderland etc., as represented in Original Letters to the Duke of Shrewsbury from Somers, Halifax, Oxford, Secretary Vernon, etc.*. Bu belgeler ilginç şeylerle doludur.)

[14] "Kraliyet emlakının, kısmen satışla, kısmen hediye olarak, yasalara uymayacak biçimde elden çıkarılması, İngiltere tarihinde rezaletlerle dolu bir sayfa ... ulusa karşı işlenmiş büyük bir sahtekarlıktır." (F. W. Newman, *Lectures on Political Economy,* London 1851, s. 129, 130.) [İngiltere'nin bugünkü büyük topraksahiplerinin buraları nasıl elegeçirdiklerinin ayrıntıları için bakınız: [N. H. Evans.] *Our Old Nobility. By Noblesse Oblige,* London 1879. *–F. E.*]

* Gerekli değişiklikler yapılmış olarak. –ç.

caretin geliştirilmesi, modern tarımın egemenlik alanını büyük çiftlik sistemleri üzerinde genişletmesi ve kendilerine daima elaltında bulunan serbest tarım proletaryası sağlaması açısından hoşnutlukla seyrediyor ve destekliyorlardı. Ayrıca bu yeni topraksahibi aristokrasi, yeni *bankocracy*'nin, yumurtadan yeni çıkmış *haute finance** çevrelerinin ve o sırada koruyucu gümrüklere dayanan büyük manüfaktür sahiplerinin doğal müttefikiydi. İngiliz burjuvazisi, tıpkı İsveç burjuvazisinin, bunun tam tersi bir işlemle ekonomik müttefikleri olan köylülerle elele vererek, krallık topraklarının olgarşinin elinden zorla kurtarılmasında krallara yardımcı olması gibi, kendi çıkarına tam bir akıllılıkla hareket etmişti. Bütün bunlar, 1604'ten beri Charles X ve Charles XI zamanında olmuştu.

Komünal mülkiyet —yukarda ele aldığımız devlet mülkiyetinden daima farklı olarak— feodalizm örtüsü altında da yaşamış bulunan eski bir Cermen kuruluşu idi. Genellikle ekilebilir toprakların otlak haline getirilmesiyle birlikte ortaya çıkan bu komünal mülkiyetin gaspı olayı, 15. yüzyılın sonunda başlayıp 16. yüzyıla doğru uzanmaktadır. Ama o zamanlar, bu süreç, yasakoyucunun yüzelli yıl boyunca umutsuzca savaşım verdiği bireysel şiddet hareketleriyle sürdürüldü. 18. yüzyılın bu konuda getirdiği ilerleme şurada kendini gösteriyordu ki, şimdi, büyük çiftçiler kendilerine özgü bazı yöntemleri kullanmakla birlikte,[16] yasanın kendisi, halka ait toprakların yağmalanmasında bir araç halini almıştı. Yağmanın, parlamento aracılığı ile yapılan şekli, ortak toprakların çevrilmesi konusunda yasalar, bir başka deyişle, toprakbeylerinin, halka ait toprakları özel mülkiyetlerine geçirmelerini, yani halkı mülksüzleştirmelerini sağlayan kararnamelerdir. Sir F. M. Eden, bir yandan komünal mülkiyeti, feodal beylerin yerlerine geçen büyük toprakbeylerinin özel mülkleri olarak göstermeye çalışırken, öte yandan da, bu "ortak toprakların çevrilmesi için parlamentonun genel bir yasa" çıkarmasını (böylece, buraların özel mülkiyete dönüştürülmesi için bir parlamento *coup d'etat*'sına** gerek görmüş oluyor) ve ayrıca yasakoyucudan mülksüzleştirilen yoksullara

[15] Örneğin, son kolu lord John Russell olan Bedford düklüğü konusunda E. Burke'nin yazdığı, "Tomtit of Liberalism" ["Liberalizmin Çalıkuşu" –ç.] başlıklı taşlamayı okuyunuz.

[16] "Çiftçiler, kulübelerde oturanlara, çiftlik ya da kümes hayvanı beslerlerse, bunlara bakmak için ambardan yem çalarlar bahanesiyle, kendileriyle çocukları dışında canlı hayvan bulundurmaya izin vermezler; bunlar, ayrıca, kulübede oturanlar ne kadar yoksul olurlarsa o kadar çalışkan olur derler, ama bence, asıl gerçek, çiftçilerin kamuya ait topraklar üzerinde bütün hakları ellerinde bulundurmak istemeleridir." (*A Political Enquiry into the Consequences of enclosing Waste Lands*, London 1785, s. 75.)

* Yüksek finans. –ç.

** Hükümet darbesi. –ç.

tazminat verilmesini isteyerek, kendi kurnazca iddiasını çürütmüş oluyordu.[17]

Bağımsız küçük çiftçilerin yerini, yıllık sözleşmelere dayanan kiracı çiftçilerin, yani topraksahibinin keyfine bağlı hizmetkarlar topluluğunun alması, devlet emlakının yağma edilmesinin yanısıra, komünal toprakların sistemli olarak yağmalanması, 18. yüzyılın sermaye çiftlikleri[18] ya da tüccar çiftlikleri[19] adı verilen büyük çiftliklerin artmasına ve kırsal nüfusun sanayi proletaryası haline gelmek üzere "serbest kalmasına" özellikle yardımcı oldu.

Ne var ki, 18. yüzyıl, ulusal zenginlik ile halkın yoksulluğu arasındaki özdeşliği, henüz 19. yüzyılda olduğu kadar bütünüyle kavrayamamıştı. Bunun için, o zamanın iktisat yazınında en ateşli tartışma, "ortak toprakların çevrilmesi" konusunda yapılıyordu. Önümde bulunan bir yığın malzeme arasından, o zamanın durumunu çok iyi aydınlatacak birkaç örnek vereceğim. Örneğin, öfkeye kapılan biri şöyle yazıyor: "Hertfordshire'ın bazı bölgelerinde, ortalama 50-150 *acre* büyüklüğünde 24 çiftlik, üç çiftlik içersinde eriyip gitmiştir."[20] "Northamptonshire ve Leicestershire'da ortak toprakların çevrilmesi çok geniş ölçüde yeralmış, böylece ortaya çıkan yeni lordlukların çoğu, eskiden 1.500 *acre*'ı sürülen toprakların şimdi ancak 50 *acre*'ı sürülebildiği için, otlak halini almıştır. Eski evlerle, ahırlar ve tavlaların yıkıntıları", buralarda oturanlardan kalan tek izlerdir. "Bazı açık köylerdeki yüzlerce ev ve aile, şimdi sekize, ona indi. ... Yalnızca 15-20 yıl önce etrafı çevrilen bölgelerde topraksahipleri, buralar açık tarlalar halindeyken bulunan çiftliklere göre pek az kalmıştır. Daha önce, 20-30 çiftçi ile bir o kadar kiracı ve mülksahibinin elinde bulunan, etrafı çevrilmiş büyük bir toprak parçasını, 4-5 zengin hayvan yetiştiricisinin gasp etmesi olağan şeylerdendir. Böylece burada yaşayan ailelerin hepsi, gene geçimini buralarda sağlayan pek çok aile, yerlerinden yurtlarından atılmışlardır."[21] Çevredeki toprakbeyleri tarafından, çevrilme bahanesiyle, topraklarına katılan yalnız ekilmeyen topraklar değildi, ortaklaşa ya da topluma belli bir kira ödenerek işlenen topraklara da elkonuyordu. "Burada sözkonusu ettiğim, açık tarlalar ile zaten

[17] Eden, *l.c.*, önsöz.

[18] "Capital farms." (*Two Letters on the Flour Trade and the Dearness of Corn. By a Person in Business,* London 1767, s. 19, 20.)

[19] "Merchant-farms." (*An Enquiry into the Causes of the Present High Price of Provisions,* London 1767, s. 111, not.) Adsız yayınlanan bu mükemmel yapıtın yazarı Rev. Nathaniel Forster'dir.

[20] Thomas Wright, *A Short Address to the Public on the Monopoly of Large Farms,* 1779, s. 2, 3.

[21] Rev. Addington, *Enquiry into the Reasons for or against enclosing open fileds,* London 1772, s. 37, 43 *passim.*

ıslah edilmiş toprakların çevrilmesidir. Bu çevirmeleri savunan yazarlar bile, küçülen bu köylerin, çiftliklerin tekelini artırdığını, tüketim maddelerinin fiyatlarını yükselttiğini, nüfusun seyrekleşmesine yolaçtığını ... ve hatta işlenmeyen toprakların bile (şimdi yapıldığı gibi) etraflarının çevrilmesinin yoksulları geçim araçlarından yoksun bıraktığını ve yalnızca zaten büyük olan çiftliklerin genişlemesine yaradığını kabul etmektedirler."[22] Dr. Price da şöyle diyor: "Bu toprakların birkaç büyük çiftçinin eline geçmesi sonucu küçük çiftçiler" (yazar, daha önce, bunları, "ailelerinin geçimini, topraktan elde ettikleri ürün, ortaklaşa besledikleri koyunlar, tavuk, domuz vb. gibi ev hayvanları yetiştirerek sağlayan ve bu nedenle, hemen hemen dışardan hiçbir geçim aracı satın almayan, küçük mülksahipleri ve kiracılar" olarak tanımlamıştı) "yaşamlarını başkaları için çalışarak kazanan ve gereksinmeleri olan her şeyi ancak pazardan satın alabilecek kimseler haline getirilecektir. ... Çok daha fazla zorunluluk olduğundan dolayı, belki de çok daha fazla çalışılacaktır. ... Kentler ve sanayi, daha fazla insan, iş ve barınak aramaya sürüleceği için, genişleyecektir. ... Çiftliklerin azmanlaşmasının doğal sonuçları bunlardır. Yıllardır bu ülkede zaten işlerin gidiş yönü budur."[23] Dr. Price, bu çevirme işinin etkilerini şöyle özetliyor: "Bütünüyle alındığında, alt tabakalardaki insanın durumu, her bakımdan daha kötü duruma gelmiştir. Küçük topraklar üzerinde çiftçilik yaparken, şimdi gündelikçi ve hizmetçi durumuna düşmüşlerdir; aynı zamanda, bu durumda varlıklarını sürdürmeleri de güçleşmiştir."[24] Gerçekten de, ortak toprakların gaspı ve bununla birlikte, tarımsal devrimin tarım emekçileri üze-

[22] Dr. R. Price, *l.c.,* v. II, s. 155. Forster, Addington, Kent, Price ve James Anderson'un yapıtları okunmalı ve dalkavuk MacCulloch'un *The Literature of Political Economy,* London 1845, başlıklı katoloğundaki zavallı gevezelikler ile karşılaştırılmalıdır.

[23] Price, *l.c.,* s. 147, 148.

[24] Price, *l.c.,* s. 159, 160. Aklımıza eski Roma geldi. "Zenginler bölünmemiş toprakların büyük bir kısmını elegeçirdiler. Bu toprakların tekrar ellerinden alınmayacağı konusunda zamanın koşullarına güvenerek, kendi topraklarına yakın yoksullara ait toprakların bazılarını sahiplerinin rızasıyla satın aldılar, bazılarını da zorla elegeçirdiler ve böylece şimdi birbirinden ayrı topraklar yerine geniş malikaneler üzerinde çiftçilik yapıyorlar. Sonra, tarım ve hayvancılık işlerinde köleleri çalıştırıyorlardı, çünkü, özgür işçiler askerlik yapmak üzere her an işten alınabilirdi. Kölelere sahip olmak kendilerine büyük kazanç sağladı; bunlar askerlikten muaf tutuldukları için rahatça çoğalabiliyor ve pek çok çocuk sahibi oluyorlardı. Böylece, güçlü kişiler, bütün serveti elegeçirdiler ve topraklar üzerinde köleler, karınca gibi kaynaştılar. Buna karşılık, İtalyanlar, yoksulluk, vergiler ve askerlik yükü altında ezildikleri için sürekli azalıyorlardı. Hatta barış geldiği zaman bile bunlar işsizliğe mahkum oldular, çünkü, toprakları zenginler elegeçirmişlerdi ve toprağı sürüp ekmek için özgür insan yerine köle kullanıyorlardı." (Appian, *Civil Wars,* I, 7.) Bu pasajda, Licinian yasalarından önceki zamana değiniliyor. Romalı pleblerin mahfını büyük ölçüde hızlandıran askerlik hizmeti, Şarlman'ın, özgür Alman köylülerini serf ve köle haline getirmede yararlandığı bellibaşlı bir araç olmuştur.

rindeki etkisi, o kadar şiddetli olmuştur ki, Eden'e göre de, 1765-1780 yılları arasında, bunların ücretleri asgarinin altına düşmüş ve kendilerine Yoksullar Yasasından resmen yardım yapılması durumu ortaya çıkmıştır. Eden, bu konuda şöyle diyor: "Aldıkları ücret, yaşamın mutlak gereklerini karşılamaya bile yetmiyordu."

Şimdi de, bu toprak çevirmelerinin savunucusu ve Dr. Price'ın karşısında bulunanlardan birisine kulak verelim: "Eğer insanlar açık tarlalarda emeklerini boşuboşuna harcarken görülmüyorsa, bundan, nüfusun azaldığı sonucu çıkartılmamalıdır. ... Eğer, küçük çiftçilerin, başkaları için çalışır hale dönüşmesiyle daha fazla iş yapılıyorsa, bu, ulusun" (bu ulusa, doğal olarak "dönüşenler" dahil değildir) "yararına bir şey olmalıdır. ... Bunların ortak emekleri tek bir çiftlik üzerinde birleştirildiği zaman üretim artacak, manüfaktür için daha fazla ürün bulunacak ve ulusun gelir kaynaklarından biri olan bu işkollarında, üretilen hububat miktarıyla orantılı bir artış görülecektir."[25]

Kapitalist üretim tarzının temellerinin atılması yolunda bir zorunluluk doğar doğmaz, ekonomi politikçilerin, "kutsal mülkiyet hakkının" en utanmaz bir şekilde çiğnenmesini ve insanlara karşı girişilen en büyük şiddet hareketlerini, nasıl stoik bir gönül ferahlığı ile karşıladıklarını, hem insansever ve hem de Tory olan sir F. M. Eden göstermiştir. 15. yüzyılın son üçte-birinden başlayıp, 18. yüzyılın sonuna kadar sürüp giden ve halkın zorla mülksüzleştirilmesi olgusuyla ortaya çıkan bir dizi yağma, gasp ve sefalet, onu, yalnızca şu rahatlık verici sonuca ulaştırmıştır: "Ekilebilir topraklar ile otlaklar arasındaki oranın saptanması gerekliydi. Bütün 14. yüzyıl boyunca ve 15. yüzyılın büyük bir kısmında, 2, 3 ve hatta 4 *acre* ekilebilir toprağa karşı 1 *acre* otlak vardı. 16. yüzyılın ortalarında bu oran 2'ye karşı 2 ve sonraları, 2 *acre* otlağa 1 *acre* ekilebilir toprak olarak değişti ve ensonu, 3 *acre* otlak 1 *acre* ekilebilir toprak olmak üzere tam orantı kurulmuş oldu."

19. yüzyılda, tarım emekçisi ve komünal mülkiyet* arasındaki ilişkinin anısı bile yokolup gitti. Daha yakın zamanlar için bir şey demeyelim, ama 1801 ile 1831 yılları arasında kendilerinden çalınan ve parlamento aracılığı ile toprakbeylerinin toprakbeylerine bağışladıkları 3.511.770 *acre*'lık ortak toprak için kırsal nüfusa acaba bir kuruş ödenmiş midir?

[25] [J. Arbuthnot,] *An Inquiry into the Connection between the Present Prices of Provisions etc.*, s. 124, 129. Aynı konuda ama karşıt eğilimde bir ifade: "İşçiler kulübelerinden atılıyor ve iş aramak için kentlere gitmeye zorlanıyorlar: Ama o zaman daha büyük bir ürün elde ediliyor ve böylece sermaye artmış oluyor." ([R. B. Seeley] *The Perils of the Nation,* 2. ed., London 1843, s. XIV.)

* Fransızca metinde: *sol communal* (komünal toprak). –ç.

Tarımsal nüfusu topraktan tümüyle yoksun bırakan en son süreç, *clearing of estates* (mülklerin temizlenmesi), yani üzerlerindeki insanların silinip süpürülmesi hareketi olmuştur. İngilizlerin uyguladığı ve buraya kadar incelenen bütün yöntemler, ensonu, bu "temizlik"te doruğuna ulaşmıştır. Daha önceki bölümde anlatılan modern koşulların yarattığı tabloda da görüldüğü gibi, ortada kendisinden kurtulunulacak bağımsız köylü kalmayınca, kulübelerin "temizlenmesi" başlıyordu; böylece tarım emekçileri, elleriyle ekip biçtikleri topraklar üzerinde başlarını sokacak bir yer bulamaz hale geliyorlardı. Ama biz, "*clearing of estates*" sözlerinin gerçek ve tam anlamını, ancak modern romancıların vaadedilmiş ülkesi İskoç yaylalarında öğrenebiliriz. Orada, bu olay, sistematik bir özellik taşımakta, çok geniş boyutlarda ve tek bir darbeyle yürütülmekte (İrlandalı beyler, bir defada birkaç köyü süpürecek kadar ileri gitmişler; İskoçya'da, Alman prenslikleri büyüklüğünde bölgeler uygulama konusu olmuştur) ve ensonu gaspedilen toprakların mülkiyet şekli ayrı bir özellik taşımaktadır.

İskoç yaylalarında oturan Keltler, her biri yerleştikleri toprağın sahibi olan klanlar halinde örgütlenmişlerdi. Klanın temsilcisi, şefi ya da "büyük adam"ı tıpkı İngiliz kraliçesinin, bütün ulusal toprakların yalnızca unvanından gelen sahibi olması gibi, bu mülkiyetin sözde sahibiydi. İngiliz hükümeti, bu "büyük adamlar"ın çıkardıkları iç savaşları bastırıp, ovalara yaptıkları devamlı saldırıları önleyince, bu klan şefleri, babadan kalma eşkıyalık mesleklerini gene de elden bırakmadılar, yalnızca şeklini değiştirdiler. Kendi yetkelerine dayanarak bu itibari haklarını, özel mülkiyet hakkına dönüştürdüler ve bu durum, klan halkı ile aralarında bir çatışmaya yolaçınca, kaba kuvvet kullanarak bunları yerlerinden atmaya kalkıştılar. Profesör Newman, bu konuda, "Böyle olunca, İngiltere kralı da pekala uyruklarını denize dökmeye kalkışabilirdi",[26] diyor. Pretender'in adamlarının son ayaklanmasından sonra, İskoçya'da başlayan bu hareketin ilk evreleri, sir James Steuart[27] ile James Anderson'un[28] yazılarından izlenebilir. 18. yüzyılda peşleri bırakılmayan Keltlerin ülkeden göç etmeleri yasaklanmıştı; amaç, bunların zorla Glasgow'a ya da diğer manüfaktür kentlerine itilmesiy-

[26] "A king of England might as well claim to drive his subjects into the sea." (F. W. Newman, *l.c.*, s. 132.)

[27] Steuart diyor ki: "Eğer bu toprakların rantını" (bu ekonomik kategoriye, kabile reisine verilen haracı dahil ederek hataya düşüyor), "büyüklükleri ile kıyaslarsanız, çok küçük olduğu görülür. Yok eğer, buraları, beslediği insan yönünden ele alırsanız, yaylalardaki bir malikanenin, aynı değerde iyi ve verimli başka bir yere göre belki on katı insan beslediğini görürsünüz." (*l.c.*, v. I, ch. XVI, s. 104.)

[28] James Anderson, *Observations on the Means of Exciting a Spirit of National Industry etc.*, Edinburgh 1777.

di.[29] Sutherland düşesinin 19. yüzyılda "temizlik" yapmak için uyguladığı bir yöntemi[30] örnek olarak vermek yetecektir. Ekonomi konusunda epeyce bir şeyler bilen bu düşes, yönetimin başına geçer geçmez, köklü bir çareye başvurmaya ve daha önceki benzer süreçlerle nüfusu zaten 15.000'e inen bu ülkeyi bütünüyle bir koyun otlağı haline getirmeye karar verdi. 1814'ten 1820 yılına kadar bu 15.000 kişi, aşağıyukarı 3.000 aile, sistemli olarak izlendi ve yerlerinden atıldı. Bütün köyleri yıkıldı, yakıldı, tarlaları otlağa çevrildi. İngiliz askerleri, bu sürgün hareketini desteklediler ve bunlarla çatışmaya giriştiler. Kulübesinden çıkmak istemeyen bir ihtiyar kadın, kulübenin alevleri arasında yanarak öldü. Böylece bu güzel hanımefendi, ta eski zamanlardan beri klana ait bulunan 794.000 *acre* toprağa elkoymuş oldu. Aile başına 2 *acre* olmak üzere deniz kıyısında 6.000 *acre* kadar toprağı, sürgün ettiği bu kimselere ayırdı. Şimdiye kadar bu 6.000 *acre* toprak bomboş duruyor ve sahiplerine hiçbir gelir getirmiyordu. Asil kalpli düşes, aslında bu toprakları *acre* başına ortalama 2,5 şiline, yüzyıllardır kendi ailesi için kanlarını döken klan halkına kiralayacak kadar ileri gitmişti. Çalınan klan topraklarının tümü, 29 büyük koyun çiftliğine bölündü ve çoğu İngiltere'den getirilmiş çiftlik uşakları olan birer ailenin yönetimine verildi. 1835 yılında, 15.000 İskoçyalı Keltin yerini 131.000 koyun almıştı. Yerlilerin artıkları kıyıya sürüldüler ve balık avlayarak yaşamaya çalıştılar. Ve bir İngiliz yazarın dediği gibi, yarıkarada yarı-suda yaşayan, ama bununla birlikte, ancak yarı yarıya yaşayan amfibiler olup çıktılar.[31]

[29] 1860'da mülksüzleştirilen insanlar, yalan yanlış bahanelerle zorla Kanada'ya gönderildiler. Bazıları dağlara ve çevre adalara kaçtı. Peşlerine polis takıldı, bunlarla çatıştılar ve kaçtılar.

[30] Adam Smith'in yorumcularından Buchanan, "İskoç yaylalarında, diyor, eski toprak mülkiyeti düzeni her gün zorla değiştiriliyor. ... Toprakbeyi, miras yoluyla toprağı işleyen kiracılara" (bu kategori burada yanlış kullanılıyor) "aldırmaksızın toprağını en yüksek kirayı verene kiralıyor ve o da eğer ıslahatçı bir kimse ise derhal yeni bir tarım sistemini benimsiyor. Eskiden küçük kiracılar ya da tarım emekçileri ile kaplı bulunan toprağın üzerinde şimdi verdiği ürünle orantılı sayıda insan yaşıyor, ama yeni ve geliştirilmiş tarım sistemi ve artmış bulunan rant nedeniyle, en az giderle en fazla ürün kaldırılıyor; ve bu anlayış içersinde, işe yaramayan işçilere yol verildiği için nüfus, toprağın besleyeceği değil, çalıştırılabileceği miktara indirgenmiş oluyor. ... Mal ve mülkten yoksun hale gelen çiftçiler, geçimlerini çevre kentlerde ararlar" vb.. (David Buchanan, *Observations on etc., A. Smith's Wealth of Nations,* Edinburgh 1814, vol. IV, s. 144.) "İskoç soyluları, ailelerin ellerinden mallarını ve mülklerini, yabanıl otların kökünü kazırmış gibi aldılar, köylere ve köylülere, vahşi hayvanların sıkıştırdığı Kızılderililerin, intikam almak için kaplanlarla dolu ormanlara saldırması gibi saldırdılar. İnsan, bir koyun postu ya da etiyle trampa edildi ve bazan daha da ucuza gitti. ... Çin'in kuzey eyaletlerine saldıran Moğolların, buradaki yerli halkı yok etmek ve toprağı otlak haline getirmek için danışma kurulu toplamaları, bundan daha mı kötüydü? Bu tasarıyı birçok İskoçyalı yüce topraksahibi kendi ülkelerinde kendi yurttaşlarına karşı uygulamıştır." (George Ensor, *An Inquiry concerning the Population of Nations,* Lond. 1818, s. 215, 216.)

Ama kahraman Keltler, klanın "büyük adamlar"ı için, çok sevdikleri romantik ve dağlık ülkelerinin kefaretini daha da acı bir şekilde ödemek zorunda kaldılar. Kızarttıkları balıkların kokusu büyük adamların burunlarına kadar geldi. Ve bunlar bir kâr kokusunu da birlikte almış olacaklar ki, deniz kıyısını Londra'nın büyük balık tüccarlarına kiraladılar. Keltler ikinci kez yerlerinden sürülüp atıldılar.[32]

Ama ensonu, koyun otlaklarının bir kısmı geyik parkları haline getirildi. İngiltere'de gerçek anlamıyla orman bulunmadığını herkes bilir. Büyüklerin parklarındaki geyikler, Londra belediye meclisi üyesi gibi şişko, ağırbaşlı, evcil hayvanlardır. İskoçya, bunun için, bu "soylu tutkunun" son sığınağıdır. 1848 yılında Somers, "İskoçya yaylalarında" diyordu, "yeni ormanlar, mantar gibi çıkıyor. Burada, Gaick'in bu yanında işte yeni Glanfeshire ormanı ve orada, öte yanında yeni Ardverikie ormanı. Aynı çizgi üzerinde Black Mount'u görürsünüz, yeni yaratılan uçsuz bucaksız bir kır. Doğudan batıya, —Aberdeen yörelerinden Oban kayalıklarına kadar— yanyana dizilmiş bir ormanlar dizisi; yaylaların öbür tarafında ise, yeni, Loch Arcahaig, Glengarry, Glenmoriston vb. ormanları. Küçük çiftçi topluluklarının oturdukları vadilerde koyun yetiştirilmeye başlandı ve bunlar da, daha taşlık ve verimsiz topraklarda geçimlerini sağlamak üzere bu vadilerden sürüldüler. Şimdi koyunların yerini geyikler almakta ve küçük kiracılar ellerindeki bir avuç varlıklarını da yitirerek, daha da verimsiz topraklara sürülmekte ve kapkara bir sefalete düşmektedirler. Geyik ormanları[33] ile insanlar yanyana yaşayamazlar. İkisinden birinin çekip gitmesi gerekir. Geçen yirmibeş yılda olduğu gibi, önümüzdeki yirmibeş yılda da ormanların sayısı ve genişliği artarsa, Keltler, doğdukları topraklar üzerinde yokolup gideceklerdir. ... Buradaki mülksahipleri-

[31] Şimdiki Sutherland düşesi, *Tom Amcanın Kulübesi* yazarı, Mrs. Beecher-Stowe'u, Amerika cumhuriyetindeki zenci kölelere karşı sevgisini göstermek için —her "soylu" İngiliz kalbinin köle sahipleri için çarptığı iç savaş sırasında, kendisi gibi bütün aristokratlar ile birlikte bu sevgiyi büyük bir titizlikle unutmuştu— Londra'da büyük bir debdebe ile ağırlarken, ben, *New York Tribune*'de Sutherlandlı köleler üzerine bazı gerçekleri dile getirmiştim. (Carey, *The Slave Trade,* Philadelphia 1853, s. 203, adlı yapıtında bu yazıdan parçalar almıştır.) Yazımı bir İskoç gazetesi de yayınladı ve gazete ile Sutherlandlı dalkavuklar arasında hoş bir polemiğe yolaçtı.

[32] Bu balık ticaretinin ilginç ayrıntıları Mr. David Urquhart'ın "Portfolio, New Series" adlı yazısında bulunabilir. — Nassau W. Senior'ün ölümünden sonra yayınlanan ve yukarda alıntılar yaptığımız yapıtında, "Sutherlandshire'da olup bitenlerin, insanların tanık oldukları en yararlı temizlik" olduğunu söylüyor. (*l.c.,* [s. 282].)

[33] İskoçya'daki "*deer forests*"ta (geyik ormanları) tek bir ağaç yoktur. Çıplak yamaçlardan önce koyunlar sürülüp çıkartılmış sonra yerlerine geyikler getirilmiş ve buralara "*deer forests*" denilmiştir. Buralarda, ne ağaçlandırma, ne de gerçek orman yetiştirilmesi diye bir şey vardır.

nin bazıları için bu hareket bir tutku ve spor sevgisi sonucu iken, ... daha pratik görüşlü diğerleri için bu geyik yetiştirme işi yalnızca kâr amacıyla yapılmakta. Şurası bir gerçektir ki, ormanlarla kaplı bir sıradağlar dizisi, sahibi için, otlaktan çok daha kârlıdır. ... Geyik ormanı arayan bir avcı, bu işin o denli heveslisidir ki, kesesini boşaltmaya daima hazırdır. ... Bu yüksek yaylalar halkının çektiği ıstırap, Norman krallarının izlediği politikanın verdiği acıdan daha az acılı değildir. Geyik sürüleri gitgide daha büyük bölgelere yayılırken, insanlar günden güne daha daralan bir çember içersine sıkıştırıldılar. ... Halkın özgürlükleri birer birer yok edildi, baskı her gün biraz daha arttı. ... Büyük mülksahiplerinin kesin bir ilke ve tarımsal bir zorunluluk olarak izledikleri, halkın temizlenmesi ve dağıtılması hareketi, tıpkı Amerikan ya da Avustralya bozkırlarında ağaç ve çalıların temizlenmesine benzer; ve bu işlem sessiz sedasız ve tam bir gerçek iş uygulaması gibi sürüp gitmekte..."[34]

[34] Robert Somers, *Letters from the Highlands; or, the Famine of 1847,* London 1848, s. 12-28 *passim.* Bu mektuplar ilk kez *The Times*'ta yayınlandı. İngiliz iktisatçılar, Keltler arasında 1847 yılındaki açlığı, doğal olarak, bunların aşırı nüfusa sahip olmaları ile açıkladılar. Bunlar, daima, "yiyecek stokları üzerinde bir baskı yaratıyorlardı". "Malikanelerin temizlenmesi" ya da, Almanca adıyla "*Bauernlegen*" denilen iş, özellikle Otuz Yıl Savaşından sonra Almanya'da görüldü ve daha 1790 yılında Kursachsen'de köylü ayaklanmalarına yolaçtı. Özellikle Almanya'nın doğusunda yaygındı. Prusya eyaletlerinin çoğunda Frederick II, ilk kez köylülere mülkiyet hakkı sağladı. Silezya'nın elegeçirilmesinden sonra, büyük toprakbeylerine kulübeleri, samanlıkları vb. yeniden yapma, köylülere hayvan ve araç sağlama yükümlülüğünü yükledi. Ordusu için askere, hazinesi için vergi yükümlüsüne gereksinmesi vardı. Kaldı ki, Frederick'in maliye sistemi ve despotluk, bürokrasi ve feodalizm karması yönetiminde, köylülerin sürdürdükleri tatlı yaşam, Frederick'in kaynaklarından Mirabeau'dan alınan şu satırlardan anlaşılabilir: "*Le lin fait donc une des grandes richesses du cultivateur dans le Nord de L'Allemagne. Malheureusement pour l'espèce humaine, ce n'est qu'une ressource contre la misère, et non un moyen de bine-être. Les impôts directs, les corvées, les servitudes de tout genre, écrasent le cultivateur allemand, qui paie encore des impôts indirects dans tout ce qu'il achète ... et pour comble de ruine, il n'ose pas vendre ses productions où et comme il le veut; il n'ose pas acheter ce dont il a besoin aux marchands qui pourraient le lui livrer au meilleur prix. Toutes ces causes le ruinent insensiblement, et il se trouverait hors d'état de payer les impôts directs à l'échéance sans la filerie; elle lui offre une ressource, en occupant utilement sa femme, ses enfants, ses servants, ses valets, et lui-même; mais quelle pénible vie, même aidée de ce secours! En été, il travaille comme un forçat au labourage et à la récolte; il couche à 9 heures et se lève à deux, pour suffire aux travaux; en hiver il devrait réparer ses forces par un plus grand repos; mais il manquera de grains pour le pain et les semailles, s'il se defait des denrées qu'il faudrait vendre pour payer les impôts. Il faut donc filer pour suppléer à ce vide ... il faut y apporter la plus grande assiduité. Aussi le paysan se couche-t-il en hiver à minuit, une heure et se lève à cinq ou six; ou bien il se couche à neuf, et se lève à deux, et cela tous les jours de sa vie, si ce n'est le dimanche. Ces excès de veille et de travail usent la nature humaine, et de là vien qu'hommes et femmes vieillissent beaucoup plutôt dans les campagnes que dans les villes.*" ["Keten, öyleyse Almanya'nın kuzeyindeki ekicinin büyük zenginliklerinden birini oluşturur. İnsan dini için, ne yazık ki, bu bir gönenç aracı değil, yalnızca sefalete karşı bir dayanaktır. Dolaysız vergiler, angaryalar, her türlü bağımlılıklar, satın aldığı her şey için bir de dolaylı vergi ödeyen Alman ekicisinin ezip suyunu çıkarır ... ve, yıkımı tamamlamak için,

Kilise mallarının yağmalanması, devlet mülkünün hileli yollardan elegeçirilmesi, ortak toprakların çalınması, feodal ve klan emlakının gaspedilerek, başıboş bir terör havası içinde modern özel mülkiyet haline getirilmesi, ilkel birikimin birçok sevimli yönteminden birkaçıydı. Kapitalist tarım için gerekli alan elegeçirilmiş;

ürünlerini istediği yerde ve istediği gibi satmaya cesaret edemez; gereksinme duyduğu şeyi, kendisine en iyi fiyatla verebilecek satıcılardan almaya cesaret edemez. Bütün bu nedenler, onu, yavaş yavaş kemirir, ve urgancılık olmasaydı, ödemesi gerektiğinde, dolaysız vergileri bile ödeyemezdi; bu iş, karısını, çocuklarını, hizmetçilerini, uşaklarını ve kendini yararlı bir biçimde kullanarak, ona bir dayanak sağlar: ama, bu dayanaklarla desteklense de ne güç bir yaşam! Yazın, çiftlik ve hasatta, bir kürek mahkumu gibi çalışır; işlerle başedebilmek için, dokuzda yatar, ikide kalkar: kışın, daha büyük bir dinlenme ile güçlerini toplayacaktır; ama eğer vergileri ödemek için satması gerekecek zahireyi elden çıkarırsa, ekmek ve ekim için buğday sıkıntısı çekecektir. Öyleyse bu boşluğu doldurmak için urgan örmek gerek; ve eşyanın doğası, bu işi kazançsız kıldığından, işe hiç ara vermeden devam etmek gerek. Bundan ötürü köylü, kışın gece yarısı, saat birde yatar, ve beşte ya da altıda kalkar; ya da dokuzda yatıp ikide kalkar, ve eğer pazarlar sayılmazsa, bu, ömür boyu böyle gider. Bu aşırı-uykusuzluk ve aşırı-çalışma, insan doğasını yıpratır, ve bunun sonucu erkekler ve kadınlar, kırlarda, kentlerde olduğundan çok daha çabuk yaşlanırlar." (Mirabeau, *l.c.,* t. III, s. 212, *sqq.*)

İkinci baskıya not. — Robert Somers'ın yukarıya bir pasajı aktarılan yapıtının yayınlanmasından 18 yıl sonra, 18 Nisan 1866 yılında, profesör Leone Levi, koyun otlaklarının geyik ormanlarına çevrilmesi konusunda Society of Arts'ta bir konuşma yaptı ve İskoç yaylalarındaki çölleşmeyi anlattı. Diğer şeyler yanında şöyle diyordu: "Nüfusun boşaltılması ve ülkenin otlak haline getirilmesi, harcama yapmadan gelir elde etmenin en uygun yoluydu. ... Bir otlak yerine bir geyik ormanı, yaylalarda görülen en yaygın değişiklikti. Topraksahipleri, bir zamanlar malikanelerinden insanları sürüp çıkardıkları gibi, şimdi de koyunları atıyorlar ve yeni kiracılarına kucak açıyorlardı: vahşi hayvanlar ile tüylü kuşlara. ... İnsan, Dalhousie kontunun malikanesinden çıkıp, Forfarshire'da John o'Groats'un malikanelerine kadar devamlı ormanlık araziden geçip gidebilir. ... Bu korulukların çoğunda, tilki, vahşi kedi, zerdeva, kokarca, sansar, gelincik ve Alp tavşanı çok görülür; buna karşılık, tavşan, sincap ve tarla faresi son zamanlarda kırlara göçmüşlerdir. İskoçya istatistiklerinde üstün nitelikte ve çok geniş mera olarak kayıtlı bulunan muazzam arazilerden çoğu şimdi her türlü ekim ve ıslaha kapatılmış ve yılın çok kısa bir süresinde birkaç kişinin spor zevkine tahsis edilmiştir." *Economist,* Londra, 2 Haziran 1866 tarihli sayısında şöyle diyor: "Geçen hafta çıkan bir İskoç dergisinin haberleri arasında şunu okuyoruz: 'Bu yılki kira sözleşmesinin bitmesi üzerine, geçenlerde, 1.200 sterlin yıllık kira teklif edilen, Sutherlandshire'daki en güzel koyun çiftliklerinden birisi *deer forest* haline getirilecek.' Burada, modern feodalizm içgüdülerinin ... tıpkı Norman fatihlerinin ... Yeni Ormanı yaratmak için 36 köyü yerlebir etmeleri kadar iyi işlediğini görüyoruz. ... Tam iki milyon *acre* arazi. ... İskoçya'nın en verimli topraklarından bazılarını da içersine alarak ... bomboş yatıyor. Glen Tilt'in doğal çayırları, Perth ülkesinin en besleyici otlakları arasındaydı. Ben Aulder geyik ormanları, uçsuz bucaksız Badenach bölgesinin en güzel otlağıydı; Karadağ ormanının bir kesimi İskoç karakoyunu için en mükemmel meraydı. İskoçya'da yalnız spor amacı için boş bırakılan topraklar konusunda bir fikir vermek için, buranın, tüm Perth kontluğundan daha geniş bir alanı kapsadığını söylemek yeterlidir. Ben Aulder ormanının kaynakları, bu zoraki yıkımla uğranılan kayıplar konusunda bir fikir verebilir. İskoçya'nın eski orman bölgesinin onüçte-birinden fazla olmadığı halde, bu arazi 15.000'den fazla koyunu besleyebilir ... ve gene vb.. ... Bütün bu ormanlık arazi şimdi bomboş yatıyor. ... Alman Okyanusunun suları altında kalsaydı bundan beter olmazdı. ... Bu insan eliyle yaratılan çöllere, yasakoyucunun kesin müdahalesi ile bir son verilmelidir."

toprak, sermayenin bir parçası haline getirilmiş ve kent sanayileri için gerekli, "özgür" ve yasa-dışı* proletarya sağlanmıştı.

* Fransızca metinde: *sans feu ni lien* — yersiz yurtsuz. –ç.

YİRMİSEKİZİNCİ BÖLÜM

15. YÜZYILIN SONUNDAN BAŞLAYARAK MÜLKSÜZLEŞTİRİLENLERE KARŞI KANLI YASALAR. ÜCRETLERİN, PARLAMENTO YASALARIYLA DÜŞÜRÜLMEYE ZORLANMASI

FEODAL bağımlıların bağlarının çözülmesiyle ve halkın topraktan zorla uzaklaştırılmasıyla yaratılmış olan proletarya, bu "özgür" proletarya, doğmakta olan manüfaktürler tarafından aynı hızla emilemiyordu. Öte yandan, alışageldikleri yaşam tarzından birdenbire kopartılan bu insanlar, yeni durumlarının gerektirdiği disipline aynı hızla kendilerini uyduramazlardı. Bunlar, bazan eğilimlerine uyarak, ama çoğu zaman da koşulların baskısıyla, *en masse,** dilenci, hırsız, serseri haline geldiler. Böylece, 15. yüzyılın sonuyla 16. yüzyıl boyunca bütün Batı Avrupa'da serseriliğe karşı kanlı yasalar çıkartıldı. Bugünkü işçi sınıfının ataları, zorla serseri ve dilenci haline dönüştürüldüklerinden ötürü, cezalandırılmış oluyorlardı. Yasakoyucu, bunları, "gönüllü" suçlular olarak ele almış ve artık varolmayan eski koşullar altında çalışmaya devam etmelerini, bunların iyi niyetlerine bağlı bir şeymiş gibi görmüştü.

İngiltere'de bu yasa, Henry VII zamanında başladı.

Henry VIII, 1530. — Yaşlı ve çalışamayacak durumdaki dilencilere birer dilencilik belgesi verilir. Buna karşılık, sapasağlam ser-

* Yığın halinde. –ç.

serilere dayak ve hapis cezası. Bir arabanın arkasına bağlanıp, bedenlerinden kan akana kadar kamçılanıyorlar ve sonra, doğdukları yere ya da son üç yıldır durdukları yere dönmeye ve "çalışmaya başlamaya" yemin ettiriliyorlar. Ne acı bir alay! 27 Henry VIII'de eski yasa uygulanmakla birlikte yeni maddelerle pekiştirildi. Serserilik nedeniyle ikinci kez tutuklamada kamçılanma yineleniyor ve bir kulağın yarısı kesiliyordu; üçüncü tutuklamada ise, azılı bir cani ve kamu düşmanı olarak idam edilecekti.

Edward VI. — 1547'de, hükümdarlığının ilk yılında çıkartılan bir yasaya göre, çalışmak istemeyen herhangi bir kimse, kendisini tembel ve aylak bir kimse olarak ihbar edene kölelik etmeye mahkum edilecekti. Efendisi, bu köleyi, ekmek, su, bulamaç ve uygun göreceği et artıkları ile besleyecekti. İş ne kadar pis ve iğrenç olursa olsun, kamçı ve zincir zoruyla onu çalıştırmak hakkına sahipti. Eğer köle 15 gün süreyle ortalıktan kaybolursa, yaşam boyu köleliğe mahkum edilecek ve alnına ya da sırtına S* damgası vurulacaktı; üç kez kaçarsa bu suçtan idam edilecekti. Efendi onu herhangi bir kişisel mal ya da hayvan gibi satabilir, bağışlayabilir ya da kiralayabilirdi. Eğer köle, efendisine karşı bir harekete kalkışırsa, gene idam edilirdi. Sulh yargıçları ihbar üzerine bu haydutları izletmek ve yakalatmak zorundaydı. Eğer bir serseri üç gün süreyle aylaklık edecek olursa doğum yerine götürülür, göğsüne kızgın demirle V** harfi damgalanır, zincire vurularak sokaklarda ya da başka işlerde çalıştırılırdı. Eğer bu serseri, doğum yerini yanlış verirse, yaşamı boyunca, o yerin, orada oturanların ya da oradaki kurumların kölesi haline getirilir ve S harfi ile damgalanırdı. Herkes, serserilerin çocuklarını çırak olarak kullanma hakkına sahipti; bu, erkek çocuklar için 24, kız çocuklar için 20 yaşına kadar devam ederdi. Bunlar eğer kaçacak olurlarsa, bu yaşları doldurana kadar efendilerinin köleleri haline getirilirler ve efendileri bunları diledikleri gibi zincire vurabilir, kamçılar vb.. Efendiler, kölelerini kolayca tanıyabilmek ve iyice seçip emin olabilmek için, bunların boyunlarına, kollarına ya da bacaklarına demir bir bilezik takabilirler.[35] Bu yasanın son kısmı, bazı yoksul kimselerin, bunlara yiyecek-içecek ve iş sağlayabilecek bir kurum ya da kimse tarafından çalıştırılabileceğini öngörmektedir. Bu türden kilise köleleri, İngiltere'de, 19. yüzyılın ortalarına kadar, "devriye" adı altında devam

35 *Essay on Trade etc.*, 1770, yazarı şöyle diyor: "Edward VI'nın hükümdarlığı sırasında İngilizlerin büyük bir ciddiyetle, manüfaktürlerin kurulmasını ve yoksulların çalıştırılmalarını isteklendirdikleri görülüyor. Bunu, şu dikkati çekici yasadan da anlıyoruz: 'Bütün serseriler damgalanacaktır. vb..' " *l.c.*, s. 5.

* *Slave* (köle) sözcüğünün ilk harfi. –*ç*.

** *Vagabond* (serseri) sözcüğünün ilk harfi. –*ç*.

etmiş gitmiştir.

Elizabeth, 1572. — 14 yaşından büyük belgesiz dilencileri, herhangi bir kimse iki yıl süreyle hizmetine almadığı takdirde, bunlar adamakıllı dövülür ve sol kulakları damgalanır; suçun yinelenmesi halinde eğer 18 yaşından büyükseler ve herhangi bir kimse bunları en az iki yıl hizmetine almazsa, idam edilirler; ama üçüncü kez suç işlenmesi halinde bunlar, acımasızca idam edilirler. Buna benzer yasalar: 18 Elizabeth, böl. 13 ve bir diğeri 1597.[36]

James I. — Ortalıkta başıboş dolaşan ve dilenen herkes, hırsız ve serseri ilan edilir. Sulh yargıçları, bunları, ilk suçlarında meydanda kırbaçlatmaya ve 6 aya, ikincisinde 2 yıla kadar hapsetmeye yetkilidir. Hapisteyken de yargıcın uygun göreceği sürede ve sayıda kırbaçlanacaklardır. ... Islah olmayan ve tehlikeli hırsızların sol omuzları üzerine R* harfi damgalanacak ve ağır çalışma cezası ile cezalandırılacaklardır; tekrar dilenirken yakalananlar derhal idam edileceklerdir. Bu hükümler, 18. yüzyıl başına kadar yürürlükte kalmış ve ancak 12 Anne, böl. 23'le yürürlükten kaldırılmışlardır.

17. yüzyılın ortasında Paris'te bir serseriler krallığının kurulduğu Fransa'da da, benzer yasalara raslanır. Louis XVI'nın krallığının başlangıcında bile (13 Temmuz 1777 tarihli buyrukla), 16-60 yaş arasında sağlığı yerinde olup da geçimini sağlayamayan ve bir iş tutmayan kimseler, kürek cezasına mahkum edilirdi. Charles V'in Hollanda için buyruğu (Ekim 1537), Hollanda eyalet ve kentle-

[36] Thomas More, *Utopia*'sında [*Ütopia,* İstanbul 1964, s. 64] şöyle diyor: "Böyle doymak bilmez cimrinin biri, binlerce dönümlük yeri kuşatıveriyor. İçindeki namuslu çiftçileri evlerinden çıkarıyor: Kimini yalan-dolanla, kimini zorla, kimini de türlü yollardan tedirgin edip yerlerini satmak zorunda bırakarak. Doyuracak karınları paralarından çok fazla olan bu köylüler (tarım, fazla kol işi isteyen bir iştir çünkü) çoluk-çocukları, dulları, yetimleri, ana-babaları ve torunlarıyla yollara düşerler. Doğdukları evden, karınlarını doyuran topraktan ağlayarak uzaklaşır zavallılar ve barınacak yer bulamazlar. O zaman kapkacaklarını, pılı-pırtılarını yok pahasına satarlar. Onlar da bitince ne kalır yapılacak: çalmak ve tanrı buyruğuyla asılmak. Yoksulluklarını dilencilikle sürdürmek isteyenler de çıkabilir: Onları da serseri diye yakalayıp zindana atıverirler. Oysa nedir suçları bu insanların? Çalışmaya can attıkları halde kendilerine iş verecek kimseyi bulamamak." Thomas More'un, hırsızlık yapmak zorunda bırakıldığını söylediği bu zavallı kaçaklardan, Henry VIII saltanatı sırasında, "72.000 büyük ve küçük hırsız idam edilmişti" (Holinshed, *Description of England,* vol. I, s. 186.) Elizabeth zamanında, "serseriler, sıralar halinde bağlanırdı ve yıl geçmezdi ki bunlardan üç-dörtyüzü darağacında can vermesin." (Strype, *Annals of the Reformation and Establishment of Religion, and other Various Occurrences in the Church of England during Queen Elizabeth's Happy Reign,* 2. ed., 1725, vol. 2.) Gene bu aynı Strype'e göre Somersetshire'da tek bir yılda, 40 kişi idam edilmiş, 35 hırsızın eli dağlanmış, 37 kişi kırbaçlanmış ve 183 kişi "ıslah olmaz serseri" diye kent dışına sürülmüştür. Bununla birlikte, o, yargıçların ihmali ve halkın budalaca merhameti yüzünden bu büyük mahkum sayısının, gerçek suçlu ve cani sayısının beşte-birini bile bulmadığını, İngiltere'nin diğer kontluklarının bu yönden Somersetshire'dan daha iyi olmadığı gibi bazılarının daha da beter durumda oldukları kanısındadır.

* *Rouge* (hırsız) sözcüğünün ilk harfi. –ç.

rinin ilk yasası (10 Mart 1614) ve Birleşik Eyaletler "Plakaat"ı (26 Haziran 1649) hep aynı nitelikte yasalardı.

Önce zorla toprakları ellerinden alınan, evlerinden atılan ve işsiz-güçsüz serseriler haline getirilen tarımsal nüfus, işte böyle kırbaçlanarak, damgalanarak, müthiş yasalar yoluyla işkence edilerek, ücret sisteminin gerektirdiği disipline sokuluyordu.

Toplumun bir kutbunda emek koşullarının sermaye şeklinde kütleleşip yoğunlaşması, öteki kutbunda ise emek-güçlerinden başka satacak şeyleri olmayan insanların toplanmış olması yetmiyordu. Hatta bunların emek-güçlerini isteyerek satmak durumunda bırakılmaları da yetmiyordu. Kapitalist üretimin ilerlemesi, eğitim, gelenek ve edinilen alışkanlıklarla, bu üretim tarzının koşullarını doğa yasaları gibi apaçık görmeye yatkın bir işçi sınıfını da oluşturuyordu. Kapitalist üretim süreci, bir kez örgütlenmesini tamamladı mı, bütün direnmeleri kırar. Devamlı bir nispi artı-nüfus yaratılması, emek-gücüne olan arz ve talebi ve dolayısıyla ücretleri her zaman sermayenin gereksinmelerine uygun bir düzeyde tutar. Ekonomik ilişkilerin sessiz baskısı, emekçinin, kapitalistin boyunduruğu altına girmesini tamamlar. Ekonomik koşulların dışında doğrudan kuvvet, kuşkusuz hâlâ kullanılır, ama ancak ayrıksın durumlarda. İşlerin olağan gittiği sıralarda, emekçi, "üretimin doğal yasalarına" terk edilebilir; yani üretimin kendi koşullarının yarattığı, güvence altına aldığı ve sürdürdüğü bir bağımlılığa, sermayeye olan bağımlılığına bırakabilir. Oysa kapitalist üretimin tarihsel oluşumu sırasında, durum, başka türlüdür. Yükseliş halindeki burjuvazi, ücretleri "düzenlemek", yani bunu artı-değer yapımına uygun sınırlar içinde tutmak, işgününü uzatmak ve emekçinin kendisini normal bir bağımlılık durumuna sokmak için, devletin gücünü her zaman kullanır. Bu, ilkel birikim denilen şeyin esas öğelerinden biridir.

14. yüzyılın son yarısında ortaya çıkan ücretli emekçiler sınıfı, o sırada ve izleyen yüzyılda, nüfusun ancak çok küçük bir kısmını oluşturuyordu ve taşrada bağımsız küçük köylü mülksahipleri, kentlerde lonca düzeni ile güçlü bir şekilde korunuyordu. Kırda da kentte de, patron (usta, *Meister*) ile işçi, toplumsal bakımdan yanyana idi. Emeğin sermayeye bağımlılığı yalnız şekil yönündendi — yani üretim tarzı henüz özgül kapitalist niteliğini kazanmamıştı. Değişen sermaye, değişmeyen sermayeye geniş ölçüde egemendi. Bu nedenle, ücretli-emeğe duyulan gereksinme, her sermaye birikimi ile hızla ilerliyor, oysa ücretli-emek arzı daha ağır gidiyordu. Sonradan, kapitalist birikim fonuna dönüşen ulusal ürünün büyük bir kısmı, o sırada hâlâ emekçinin tüketim fonuna giriyordu.

Ücretli-emek ile ilgili yasal kurallar (daha baştan beri emekçinin sömürülmesini amaçlamış ve geliştikçe de hep ona karşı düşmanca bir tutum içinde olmuştu),[37] İngiltere'de 1349 yılında Edward III zamanında *Statute of Labourers** ile başlamıştır. Fransa'da 1350 tarihinde kral John adına yayınlanan buyruk da bunun benzeridir. İngiliz ve Fransız yönetmelikleri paralel giderler ve amaçları da özdeştir. Emekçi yasalarının, işgününün zorunlu olarak uzatılmasını amaçlayan yönleri üzerinde, bu konu daha önce ele alındığı için (Onuncu Bölüm, Beşinci Kesim) durmayacağım. *Statute of Labourers,* Avam Kamarasının ısrarlı istekleri üzerine çıkarılmıştır. Bir Tory, saflıkla şöyle diyor: "Eskiden yoksullar, sanayi ile serveti tehdit edecek derecede *yüksek* ücretler istiyorlardı. Şimdi ise, ücretleri, sanayi ile serveti aynı derecede ve belki de bir başka biçimde daha fazla tehdit edecek derecede *düşük.*"[38] Bir yasayla, kentler ile kırsal bölgeler için, parça-başı ve günlük ücretlerin tarifesi saptandı. Tarım emekçileri, yıllığına kiralanacak, kentlerdekiler ise "serbest piyasa" koşullarına göre çalıştırılacaktı. Yasada belirlenenin üzerinde ücret ödenmesi hapis cezasıyla yasaklanmıştı, ama, yüksek ücret alanlar, ödeyenlerden daha şiddetli şekilde cezalandırılıyordu. Örneğin, Elizabeth'in çıraklarla ilgili yasasının 18. ve 19. bölümlerinde, yüksek ücret ödeyenlere on günlük hapis cezası öngörüldüğü halde bu ücreti alan, yirmibir gün hapis cezasına çarptırılıyordu. 1360 tarihli bir yasa, cezaları daha da artırmış ve patronlara yasal ücretler üzerinden dayak yoluyla zorla işçi çalıştırma yetkisini vermişti. Duvarcı ustasıyla dülgerleri karşılıklı olarak bağlayan her türlü birleşme, sözleşme ve yemin, geçersiz ilan edilmişti. Emekçiler arasındaki birleşmeler, 14. yüzyıldan başlayarak, sendikalara karşı çıkartılmış bulunan yasaların yürürlükten kaldırıldığı 1825 yılına kadar ağır bir suç sayılmıştır. 1349 tarihli emekçiler statüsü ile bunu izleyen yasaların asıl niteliğini ortaya koyan gerçek, bütün bunlarda, devlet tarafından ücretler için bir üst sınır çizildiği halde, bir alt sınır konulmamış olmasıdır.

16. yüzyılda emekçilerin durumu, bildiğimiz gibi çok daha beter olmuştu. Ücretler para olarak yükselmişti, ama bu yükseliş paranın değerinin düşmesi ve meta fiyatlarındaki artış oranında ol-

[37] "Yasakoyucu ne zaman patronlar ile işçileri arasındaki anlaşmazlıkları çözümlemeye kalkışsa, danışmanları daima patronlar oluyor." diyor A. Smith, "*L'esprit des lois, c'est la propriété.*" ["Yasaların ruhu mülkiyettir." –ç.] diyor Linguet.

[38] *Sophisms of Free Trade. By a Barrister,* Lond. 1850, s. 206. Sonra alaycı bir şekilde ekliyor: "İşverenler hesabına müdahale etmeye her zaman hazırdık, şimdi çalışanlar için de bir şeyler yapamaz mıyız?"

* Emekçiler Yasası. –ç.

mamıştı. Ücretler bu nedenle aslında düşmüştü. Böyle olduğu halde, ücretlerin düşük tutulması konusundaki yasalarla yürürlükte kaldığı gibi "kimsenin hizmete almak istemediği", insanların kulaklarının kesilmesine ve damgalanmasına devam edilmişti. 5 Elizabeth, böl. 3, Çıraklık Yasası ile, sulh yargıçlarına bazı ücretleri saptamak ve bunları mevsimlere ve meta fiyatlarına göre ayarlama yetkisi verilmişti. James I, bu çalışma yönetmeliklerini, dokumacıları, iplik eğiricilerini ve her türlü işçileri kapsayacak şekilde genişletti.[39] George II ise, emekçilerin manüfaktürlere karşı birleşmelerini engelleyen yasaları genişletti. Manüfaktür döneminde, *par excellence,** kapitalist üretim tarzı, ücretlerle ilgili yönetmeliği hem işlemez ve hem de gereksiz hale getirecek derecede kuvvetlenmişti: ama egemen sınıflar, ne olur ne olmaz düşüncesiyle bu eski silahları bir yana bırakmak istemiyordu. 8 George II bile, Londra ve yöresindeki terzi kalfalarının, genel yas zamanları dışında 2 şilin 7,5 peniden fazla gündelik almalarını yasaklamış, 13 George III, böl. 68, sulh yargıçlarına, ipek dokumacılarının ücretlerini saptama yetkisi vermişti; gene 1796 yılında, sulh yargıcının ücretler konusundaki kararlarının tarımdışı emekçiler için de geçerli olup olmadığının belirlenmesi için daha yüksek derecedeki iki yargıcın kararları gerekli görülmüştü; gene 1799 yılında, parlamentodan çıkan bir yasa ile, İskoçyalı madencilerin ücretlerinin, Elizabeth zamanında çıkan yasa ve 1661 ve 1671 tarihli iki İskoç yasası ile düzenlenmeye devam edilmesi emredilmişti. Bu geçen zaman içinde koşulların ne denli değiştiğini, İngiliz Avam Kamarasında daha önce raslanamayan bir olay ortaya koymaktadır. 400 yılı aşan bir süre, ücretlerin kesinlikle aşamayacakları bir üst sınırla ilgili yasaların çıkarıldığı bu yerde, 1796 yılında, Whitbread, tarım emek-

[39] James I'in, böl. 6, 2 numaralı yasasının bir maddesinden, bazı kumaş yapımcılarının, sulh yargıcı sıfatıyla, kendi işyerlerindeki resmî ücret tarifelerini, gene kendileri saptamak yetkisine sahip bulunuyorlardı, — Almanya'da, özellikle Otuz Yıl Savaşından sonra, ücretleri düşük tutmayı amaçlayan yasalar yaygındı. "Hizmetçi ve emekçi kıtlığı, nüfusu seyrek bölgelerde mülksahipleri için çok sıkıntı vericiydi. Bütün köylülere, bekar erkek ve kadınlara oda kiralamaları yasaklanmıştı; bekar olan ve hizmetkarlık yapmak istemeyen herkes, günlük ücretle köylüler için tohum ekmek ya da hububat alımı ve satımı gibi işlerle uğraşsalar bile, yetkili makamlara ihbar edilecek ve hapse atılacaktır. (*Imperial privileges and sanctions for Silesia,* I, 25.) Bütün bir yüzyıl boyunca küçük Alman prenslerinin buyrukları, kendi ağır yazgılarına razı olmayan ve yasal ücretler ile yetinmeyen ahlaksız ve küstah ayaktakımından yapılan acı şikayetlerle doludur; bireysel topraksahiplerinin, devletin saptadığı ücretten fazlasını vermeleri yasaklanmıştı. Gene de hizmet koşulları, o sırada, yüzyıl sonrasına göre daha iyiydi; Silezya'da çiftlik hizmetkarları 1652 yılında haftada iki kez et yiyorlardı, oysa yüzyılımızda bile, hizmatkarların yılda ancak üç kez et yedikleri bölgeler vardır. Ayrıca, savaş sonrası ücretler, bunu izleyen yüzyıldan daha yüksekti." (G. Freytag.)

* Üstün derecede. –ç.

çileri için yasal en düşük bir ücret önerisinde bulundu. Pitt buna karşı çıkmakla birlikte, "yoksulların durumunun feci" olduğunu itiraf ediyordu. Ensonu 1813 yılında, ücretlerin düzenlenmesi ile ilgili yasalar yürürlükten kaldırıldı. Kapitalistin, fabrikasını, kendi özel yasaları ile yönetmesi ve tarım emekçilerinin ücretlerinin, yoksulluk vergisi ile karşılanabilir en alt düzeyde tutulması karşısında zaten bunlar saçma ve gereksiz duruma gelmişlerdi. Patron ile işçi arasındaki sözleşmeler, bu sözleşmelerin feshi gibi konularda, iş yasalarında bulunan hükümler, sözleşmeyi bazan patrona karşı yalnızca hukuk davası açılmasını, oysa aynı durumdaki işçi için ceza kovuşturması yapılmasını öngörmekte ve bu hükümler bugün (1873) bile yürürlükte bulunmaktadır. İşçi birliklerine karşı barbarca yasalar, proletaryanın tehdit edici tutumu karşısında 1825'te kaldırıldı. Bunlar, gene de bütünüyle temizlenemedi. Eski yasanın bazı güzel parçaları 1859'a kadar sürdü. En sonunda, 29 Haziran 1871 tarihli bir yasa ile, işçi sendikalarının resmen tanınması yoluyla, bu tür yönetmeliğin son izlerinin de silindiği şeklinde bir adım atıldı. Ama, aynı tarihte gene parlamentonun çıkarttığı bir yasa ile (*an act to amend the criminal law relating to violence, threats and molestation*)* eski durum, yeni bir biçim içersinde, tekrar kurulmuş oldu. Bu parlamento elçabukluğu ile, emekçilerin grev ya da lokavt sırasında yararlanabilecekleri hükümleri, genel hukuk alanından çıkartarak, yorumlanmaları, sulh yargıçları olmaları sıfatıyla bizzat fabrikatörlere bırakılan özel ceza yönetmeliği içine soktu. Oysa daha iki yıl önce, aynı Avam Kamarası ve aynı Mr. Gladstone, herkesçe bilinen dürüst bir tutumla, işçi sınıfına karşı bütün özel ceza yönetmeliğinin kaldırılması için bir tasarı getirmişlerdi. Ama bu tasarı, ikinci müzakere aşamasından öteye gidemedi ve ensonu Toryler ile ittifak kuran "büyük liberal partinin", kendisini iktidara getiren proletaryaya karşı çıkma cesaretini bulması üzerine, bu konu da, rafa kaldırılmış oldu. Bu ihanet ile de yetinmeyen "büyük liberal parti", egemen sınıfların hizmetkarlığına daima hazır İngiliz yargıçlarına "devletin güvenliğine karşı girişilecek hareketler" için daha önce çıkartılmış yasaları bulup çıkartma ve bunları, emekçilerin kuracakları birliklere uygulama yolunu açtı. Görüldüğü gibi, İngiliz parlamentosu, emekçilere karşı, kapitalistlerin sürekli bir sendikası davranışını utanmazca bir bencillik içersinde tam 500 yıl sürdürdükten sonra, kitlelerin baskısı altında ve istemediği halde, grevlere ve sendikalara karşı olan yasaları yürürlükten kaldırmıştır.

Devrimin ilk fırtınalı döneminde Fransız burjuvazisi, işçilerin

* Şiddet, tehdit ve tecavüz ile ilgili ceza yasasını değiştiren yasa. -Ç.

elinden daha yeni kavuştukları dernek kurma hakkını geri alma cesaretini bulmuştur. 14 Haziran 1791 tarihli bir kararname ile, işçiler arasında kurulabilecek her türlü derneğin, "özgürlüğe ve insan hakları bildirisine karşı girişilmiş bir fiil" olduğu, 500 *livre* para cezası ve bir yıl süreyle yurttaşlık haklarından yoksun bırakma ile cezalandırılacağı ilan edilmiştir.[40] Sermaye ile emek arasındaki savaşımı, devlet zoruyla, sermayeyi rahatsız etmeyecek sınırlar içinde tutmayı amaç edinen bu yasa, pek çok devrim ve hanedan değişikliğinden daha ömürlü olmuştur. Terör dönemi bile buna el sürmedi. Daha yakınlarda ceza yasasından çıkartıldı. Bu burjuva *coup d'état*'sı için gösterilen bahaneden daha karakteristiği doğrusu bulunamaz. Bu yasayla ilgili komisyonun raportörü Chapelier şöyle diyor: "Ücretlerin şimdikinden biraz daha yüksek olması ... işçilerin gerekli yaşam maddelerini sağlayamamaktan ileri gelen ve neredeyse köleliği andıran mutlak bağımlılık durumuna düşmelerini önleyecek bir düzeyde bulunması, her ne kadar kabul edilebilir ise de", işçilere, kendi çıkarları konusunda bir anlayışa ulaşma ve "neredeyse köleliği andıran mutlak bağımlılığı" hafifletebilecek ortak hareket etme olanağı verilmemelidir; çünkü buna gözyumulursa "*ci-devant maîtres*'inin* ve şimdiki girişimcilerinin özgürlüklerini" ihlal ederler ve eski lonca ustalarının despotluğuna karşı bir birlik kurulması —arkasından ne gelecek dersiniz!— Fransız anayasasının kaldırdığı loncaların yeniden kurulması demek olur.[41]

[40] Bu yasanın I. maddesi şöyle diyor: "*La'anéantissement de toutes espèces de corporations du même état et profession étant l'une des bases fondamentales de la constitution française, il est défendu de les rétablir de fait sous quelque prétexte et sous quelque forme que ce soit.*" ["Aynı iş ve meslekten yurttaşların Fransız Anayasasının ana temellerinden biri olduğundan, hangi biçim ve hangi bahane altında olursa olsun, bunları gerçekte yeniden kurmak yasaktır."] IV. maddede şöyle der: "*si ... des citoyens attachés aux mêmes professions, arts et métiers prenaient des délibérations, faisaient entre eux des conventions tendantes à refuser de concert ou à n'accorder qu'à un prix déterminé le secours de leur industrie ou de leurs travaux, les dites délibérations et conventions ... seront déclarées inconstitutionnelles, attentatoires à la liberté à la déclaration des droits de l'homme, etc.*"; ["Eğer ... aynı meslek, sanat ve işlere bağlı yurttaşlar, karar alır, aralarında beceri ya da çalışmalarının yardımına belirli bir fiyat verilmesini birlikte reddetmeye ya da yalnızca böyle bir fiyat verilmesine yönelen sözleşmeler yaparlarsa, sözü geçen karar ve sözleşmeler ... anayasaya karşı, özgürlük ve insan hakları sözleşmesine aykırı, vb."] olarak, yani eski tüzüklerdeki gibi, hainlik olarak ilan edilir. (*Révolutions de Paris,* 1791, t. III, s. 523.)

[41] Buchez et Roux, *Histoire Parlementaire,* t. X, s. 195, *passim.*

* Eski ustalar. *-ç.*

YİRMİDOKUZUNCU BÖLÜM

KAPİTALİST ÇİFTÇİNİN DOĞUŞU

BURAYA kadar, yasa-dışı bir proletarya sınıfının zorla yaratılmasını, onları ücretli-emekçilere dönüştüren kanlı disiplini; emeğin sömürülme derecesini artırmak suretiyle sermaye birikimini hızlandırmak için polisi harekete geçiren devletin utanç verici eylemini gördük, geriye şu soru kalıyor: peki kapitalistler nerden kaynaklandılar? Çünkü, tarımsal nüfusun mülksüzleştirilmesi, doğrudan doğruya yalnız büyük topraksahiplerini yaratmaktadır. Bununla birlikte, çiftçilerin meydana gelişi sözkonusu olduğunda, yüzyıllarca süren bu yavaş oluşumu, biz, ancak, deyim yerindeyse, el yordamıyla izleyebiliriz. Serflerin yanısıra serbest küçük topraksahipleri, çok farklı koşullar altında toprağa sahip bulunuyorlardı ve bu nedenle, bunların kurtuluşları, çok farklı ekonomik koşullar altında olmuştu. İngiltere'de ilk çiftçi örneği, kendisi de serf olan çiftlik kahyasıydı. Durumu, eski Roma *villicus*'una benziyordu, ama hareket alanı daha dardı. 14. yüzyılın ikinci yarısında, bunun yerini, tohumu, hayvanları ve tarım araçlarını toprakbeyinin sağladığı bir çiftçi aldı. Bunun durumu köylülerden pek farklı değildi. Yalnız daha fazla ücretli-emek sömürüyordu. Çok geçmeden bir *métayer,* bir yarıcı çiftçi halini aldı. Tarım için gerekli olan yatırımın yarısını o, öteki yarısını toprakbeyi sağlıyordu. Elde edilen ürünü sözleşme gereğince paylaşıyorlardı. Bu şekil İngiltere'de hızla ortadan kalkmış ve yerini, sermayeyi kendisi yatıran ve bunu ücretli-emekçi çalıştırarak çoğaltan, artı-ürünün bir kısmını para ya da ayni olarak toprakbeyine kira olarak ödeyen gerçek çiftçi almıştır. 15. yüzyıl boyunca, bağımsız köylü ile çiftlik emekçisi, hem kendisi için ve hem de ücret karşılığı çalışarak kendi emekleriyle zenginleştikleri sürece, çiftçinin durumu da, üretim alanı da, aynı derecede orta halli idi. 15. yüzyılın son otuz yılında başlayıp neredeyse (son on yıl dışında) bütün 16. yüzyıl boyunca devam eden tarımsal devrim, kırsal nüfusun yoksullaşması ölçüsünde onu da zenginleştirdi.[42]

Ortak toprakların gaspı, elindeki hayvan sürülerini büyük ölçüde çoğaltmasını sağladığı gibi, toprağın işlenmesi için neredeyse hiç masraf etmeksizin gübre elde etmesini de kolaylaştırdı. Buna, 16. yüzyılda çok önemli bir öğe daha eklendi. O sırada çiftlikler için kira sözleşmeleri çok uzun süreli, çoğu 99 yıllık oluyordu. Değerli madenlerin, dolayısıyla paranın değerinde gitgide artan ölçülerde düşüş, çiftçilere altın meyveler sağlıyordu. Yukarda tartışılan öteki durumlar dışında, bu, ücretlerin düşmesi sonucunu veriyordu. Bu ücretlerin bir kısmı, şimdi çiftliğin kârlarına ekleniyordu. Hububat, yün, et, kısacası tarımsal ürün fiyatlarındaki sürekli artış, fazladan hiçbir çaba harcamaksızın çiftçinin para-sermayesini çoğaltıyor, oysa ödediği kira (paranın eski değeri üzerinden hesaplandığı için) aslında küçülmüş bulunuyordu.[43]

[42] Harrison, *Description of England* adlı yapıtında şöyle diyor: "Belki de dört sterlinlik eski kira, sözleşmenin sonuna doğru kırk sterline yükseldiği halde, eğer altı-yedi yıllık kira alacağı, elli ya da yüz sterlin olmazsa, çiftçi, kazancının çok az olduğunu düşünürdü."

[43] 16. yüzyılda paranın değerinden kaybetmesinin, toplumun farklı sınıfları üzerindeki etkisi konusunda bkz: *A Compendious or Briefe Examination of Certayne Ordinary Complaints of Diverse of our Countrymen in these our Days, By W. S., Gentleman,* (London 1581). Bu yapıtın diyalog biçiminde oluşu, uzun süre, onun, Shakespeare'e ait olduğu kanısını yarattı ve hatta 1751 yılında onun adıyla yayınlandı. Bu yapıtın yazarı William Stafford'dur. Bir yerinde şövalye şöyle hüküm yürütür:

"Şövalye: Siz benim komşularım, çiftçi, siz bay Tuhafiyeci, siz iyi kalpli Fıçıcı, diğer zanaatçılarla birlikte kendinizi çok iyi geçindirebilirsiniz. Çünkü her şeyin fiyatı eskisine göre na kadar pahalanmışsa, siz de sattığınız malların ve işinizin fiyatını o kadar yükseltiyorsunuz. Ama bizim satacak bir şeyimiz yok ki fiyatını yükseltelim ve satın alacağımız şeylerin fiyatlarını böylece karşılayabilelim." Bir başka yerde şövalye, doktora sorar: "Rica ederim, siz kimleri kastettiniz; ve özellikle bundan kaybı olmayacak kimlerdir sizce? Doktor: Benim kastettiklerim alım-satımla geçimini sağlayanlar, çünkü onlar pahalı aldıklarını zaten gene pahalı satarlar. Şövalye: Size göre bundan sonra kazançlı çıkacaklar kimlerdir? Doktor: Eski fiyatla çiftlik tutan herkes, çünkü bunlar eski kiraya göre para öderler, yeni fiyat üzerinden satarlar; yani ektikleri toprağa az para ödedikleri halde, yetiştirdikleri her şeyi

Böylece bu çiftçiler, hem emekçilerin ve hem de toprakbeylerinin sırtından zenginleştiler. İşte bu yüzden, İngiltere'de, 16. yüzyılın sonunda, günün koşullarına göre zengin bir kapitalist çiftçiler sınıfının bulunmasına şaşmamak gerekir.[44]

pahalı satarlar. Şövalye: Peki öyleyse, bu adamların kazançlarından daha fazla kayba uğrayanlar kimlerdir? Doktor: Bütün soylular, beyzadeler, az bir kirayla ya da yardımla geçinenler, çiftçilik yapmayanlar, alım-satımla uğraşmayan herkes."

[44] Fransa'da ortaçağ başlarında feodal bey yerine vergi ve kira toplayan kahyalar ve bu işi yöneten *régisseur*'ler çok geçmeden baskı, hile ve aldatmacayla, *homme d'affaires* [işadamları –ç.] oldular ve kendilerini kapitalist diye satmaya başladılar. Bu yöneticiler (*régisseurs*) bazan kendileri de soylulardandı. Örneğin: "*C'est li compte que messire Jacques de Thoraisse, chevalier chastelain sor Besançon rent ès-seigneur tenant les comptes à Dijon pour monseigneur le duc et comte de Bourgoigne, des rentes appartenant à la dite chastellenie, depuis le XXV'eme jour de décembre MCCCLIX jusqu'au XXVIII'eme jour de décembre MCCCLX.*" (Alexis Monteil, *Traité de Matériaux Manuscrits etc.*, s. 234, 235.) Burada da görüldüğü gibi, toplumsal yaşamın bütün alanlarında aslan payı her zaman aracıya düşmektedir. Ekonomik alanda, örneğin, bankerler, borsa spekülatörleri, tüccarlar, satıcılar işin kaymağını alırlar; hukuk alanında avukat, müşterileri yolar; politikada temsilci, oy verenden daha önemli, bakan da hükümdardan; dinde ise tanrıyı, "Resulü" geri plana ittiği gibi, onu da, iyi bir çoban ile koyunları arasında aracılık etmesi kaçınılmaz olan rahipler bir köşeye atmışlardır. İngiltere'de olduğu gibi, Fransa'da da, büyük feodal malikaneler, sayısız küçük işletmelere bölünmüş ve bu iş, halkın çok daha zararına olarak gerçekleştirilmiştir. 14. yüzyıl boyunca çiftlikler ya da *terriers*'ler ortaya çıkmıştır. Bunların sayısı sürekli artmış, 100.000'i çok aşmıştır. Bunlar, ürünün 1/12'si ile 1/5'i arasında değişen miktarını nakdi ya da ayni rant olarak ödüyorlardı. Bu çiftlikler, malikanenin değerine ve büyüklüğüne göre *fief, sub-fief,* [~zeamet, tımar –ç.] idiler ve çoğu ancak birkaç *acre*'lık toprağı kapsıyordu. Ama bu çiftçilerin toprak üzerinde oturan kimseler üzerinde bir dereceye kadar yargı hakları vardı; bu da dört dereceliydi. Tarım kesimindeki nüfusun bütün bu küçük despotlar altında nasıl ezildiği anlaşılabilir. Monteil, bir zamanlar, Fransa'da 160.000 yargıç bulunduğunu söylüyor, oysa bugün, sulh mahkemeleri dahil 4.000 mahkeme yetmektedir.

OTUZUNCU BÖLÜM

TARIMSAL DEVRİMİN SANAYİ ÜZERİNDEKİ TEPKİSİ. SANAYİ SERMAYESİ İÇİN İÇ PAZARIN YARATILMASI

TARIMSAL nüfusun sürekli ve ardarda gelen mülksüzleştirilmesi ve bulunduğu yerlerden sürülmesi olayı, gördüğümüz gibi, kentlerdeki sanayiye, lonca kuruluşlarından tamamen bağımsız ve loncaların koyduğu engellerin bulunmadığı bir proletarya kitlesi sağlamıştı; ve bu mutlu durum, ihtiyar A. Anderson'u (James Anderson ile karıştırılmasın), *History of Commerce* adlı yapıtında ortaya koyduğu üzere, tanrının bu işte doğrudan eli bulunduğuna inandırmıştı. İlkel birikimin bu öğesi üzerinde bir an için tekrar durmamız gerekiyor. Bağımsız ve kendine yeterli köylülerin seyrekleşmesi, Geoffroy Saint-Hilaïre'in, göksel maddelerin bir yerde yoğunlaşmasını bir başka yerdeki seyrekleşme ile açıklaması gibi, yalnız sanayi proletaryasının bir yerde toplanması sonucunu doğurmakla kalmamıştı.[45] Üzerinde çalışanların sayısında bir azalma olduğu halde, toprak eskisi kadar ve hatta daha fazla ürün veriyordu; çünkü toprak mülkiyeti koşullarındaki devrimle birlikte, işleme yöntemleri gelişmiş, elbirliği ve üretim araçlarının yoğunlaşma derecesi artmış, tarım ücretli emekçileri daha sıkı[46] bir bi-

[45] *Nations de Philosophie Naturelle,* Paris 1838, adlı yapıtında.

çimde çalıştırıldığı gibi, kendileri için işledikleri tarlaların alanı gitgide daralmıştı. Bu nedenle, tarımsal nüfusun bir kısmının serbest hale getirilmesiyle bunların daha önceki beslenme araçları da serbest hale gelmişti. Şimdi bunlar, değişen sermayenin maddi öğelerine dönüştürülmüştü. Mülksüzleştirilen ve yerlerinden atılan köylü, değeri, yeni efendisinden, sanayi kapitalistinden, ücret biçiminde satın almak zorundaydı. Geçim araçları için söylenenler, yerli tarıma dayalı sanayi hammaddeleri için de geçerlidir. Bunlar, değişen sermayenin bir öğesine dönüştürüldüler. Örneğin, diyelim Frederick II zamanında hepsi de keten eğiren Westphalialı köylülerden bir kısmı zorla mülksüzleştirildi ve topraklarından atıldı, kalan öteki kısmı büyük çiftliklerde gündelikçi haline geldi. Aynı zamanda da bu "serbest bırakılan" insanların şimdi çalışmakta oldukları büyük keten ipliği eğirme ve dokuma yerleri yükseliyordu. Ketenin görünüşü tıpkı eskisi gibidir. Tek bir dokusu bile değişmemiştir, ama içine şimdi yeni bir toplumsal ruh sızmıştır. Artık o, manüfaktür sahibine ait değişmeyen sermayenin bir kısmıdır. Eskiden onu eliyle yetiştiren ve ailesi içersinde eğiren çok sayıda küçük üretici arasında bölünmüş bulunan keten, şimdi, kendi hesabına onu başkalarına eğirten ve dokutan tek bir kapitalistin elinde toplanmıştır. Eskiden keten ipliği eğirmede harcanan fazladan emek, bir yığın köylü ailesinin fazladan geliri halinde gerçekleşir, ya da, diyelim Frederick II zamanında, *pour le roi de Prusse** vergi halini alırdı. Şimdi ise bu emek, birkaç kapitalistin kârı olur. Eskiden bütün ülke yüzeyine dağılmış bulunan iğler ile çıkrıklar, şimdi, emekçiler ve hammadde ile birlikte, birkaç büyük iş barakasında toplanmıştır. Ve iğler, çıkrıklar, hammadde, şimdi, iplikçiler ile dokumacılar için bağımsız birer varlık olan araçlar olmaktan çıkıp, bunlar üzerinde egemenlik kurmaya ve onlardan karşılığı ödenmemiş emeği emmeye yarayan araçlar halini alırlar.[47] Büyük manüfaktürler ve büyük çiftliklere bir gözatan insan, bunların, birçok küçük üretim merkezinin biraraya getirilmesiyle oluşturulduğunu ve sayısız küçük bağımsız üreticinin mülksüzleştirilmesi ile vücuda getirildiğini fark edemez. Gene de halkın sezgisi yanılmamıştı. Devrimin aslanı Mirabeau zamanında, büyük manüfaktürlere, hâlâ, tıpkı bizim tek bir tarla haline getirilmiş birçok tarla için de-

[46] Sir James Steuart'ın üzerinde önemle durduğu bir nokta.

[47] Kapitalist diyor ki: "*Je permettrai, que vous ayez l'honneur de me servir, à condition que vous me donnez le peu qui vous reste pour la peine que je prends de vous commander.*" ["Size emretmek için çektiğim zahmete karşılık, elinizde kalan az şeyi de vermeniz koşuluyla, bana hizmet etmek şerefine ulaşmaya izin veririm."] (J. J. Rousseau, *Discours sur l'Economie Politique,* [Genève 1756, s. 70].)

* Prusya kralı için. –ç.

diğimiz gibi, biraraya getirilmiş işlikler, birleşik manüfaktürler, *manufactures réunies* deniyordu. Mirabeau şöyle diyor: "Biz yalnızca, içinde yüzlerce insanın bir müdürün emrinde çalıştığı ve genellikle *manufactures réunies* denilen büyük manüfaktürlere önem veriyoruz. Çok sayıda işçinin ayrı ayrı ve kendi hesabına çalıştığı yerler neredeyse hiç dikkate alınmıyor ve diğerlerinden çok ayrı tutuluyor. Bu, büyük bir hatadır, çünkü yalnız bu ikinci tür yerler ulusal gönencin gerçekten önemli kaynaklarıdır. ... Geniş işlikler (*manufactures réunie*) bir-iki girişimciyi büyük zenginliğe kavuşturacak, ama işçiler kendilerine az ya da çok ücret ödenen gündelikçiler olarak kalacaklar ve girişimin başarısından herhangi bir pay alamayacaklardır. Buna karşılık, ayrılmış işliklerde (*manufacture séparée*) kimse zengin olmayacak, ama pek çok işçi rahatlıkla geçinecektir; tutumlular ile çalışkanlar küçük bir sermaye biriktirebilecekler, doğum, hastalık, kendileri ya da yakınları için küçük bir miktar ayırabileceklerdir. Tutumlu ve çalışkan işçilerin sayıları artacaktır, çünkü bunlar, iyi hareket etmeyi ve çalışmayı, gelecek için herhangi bir önem taşımayan ve yalnız insanı günden güne biraz daha iyi yaşayabilecek hale getiren küçük ücret artışlarını değil, durumlarını esaslı bir şekilde düzeltecek bir yol olarak göreceklerdir. ... Geniş işlikleri, işçilere kendi kazançları için günü gününe ücret ödeyen birkaç kişinin girişimleri, bu özel kişilere gönenç sağlayabilir, ama bunlar, hiçbir zaman hükümetlerin dikkatine layık birer hedef olmayacaklardır. Çoğu kez küçük tarım faaliyetlerini de birlikte yürüten ayrılmış işlikler, tek serbest çalışma yerleridir."[48] Tarımsal nüfusun bir kısmının mülksüzleştirilmesi ve yerlerinden atılması, sanayi sermayesi için, yalnız, emekçilerle, bunların geçim araçlarını ve emek maddesini serbest hale getirmekle kalmaz, bir iç pazar da yaratmış olur.

Gerçekten de, küçük köylüleri ücretli emekçiye, bunların geçim ve emek araçlarını, sermayenin maddi öğelerine dönüştüren olaylar, aynı zamanda, bu sermaye için bir iç pazar da yaratır. Eskiden köylü ailesi, geçim araçlarını ve hammaddeleri kendisi üretir ve bunların çoğunu gene kendisi tüketirdi. Oysa şimdi bu hammaddeler ve geçim araçları, meta halini almıştır; büyük çiftçi bunları satar, pazarını manüfaktürlerde bulur. İplik, keten bezi, kaba yünlü eşyalar —her köylü ailesinin, hammaddesini kolayca bulabileceği ve kendi kullanımı için eğirip dokuyabileceği bu gibi şeyler— şimdi artık manüfaktür malına dönüşmüş ve kırsal bölgeler de, sürüm

[48] Mirabeau, *l.c.*, t. III, s. 20-109 *passim*. Mirabeau'nun, ayrı işyerlerini, "birleşik" olanlara göre daha ekonomik ve verimli saymasının ve bu ikincileri, hükümetin özeni ile yetiştirilen yapay yabancı bitkilere benzetmesinin nedeni, o sırada Kıta manüfaktürünün büyük kısmının durumları ile açıklanabilir.

pazarları olmuştur. Dağınık zanaatçıların şimdiye kadar kendi hesabına çalışan küçük üreticiler içersinde buldukları çok dağınık müşteriler, şimdi, sanayi sermayesinin sağladığı tek bir büyük pazar içersinde yoğunlaşmıştır.[49] Böylece, kendi kendilerine yeterli köylülerin mülksüzleştirilmesi ve üretim araçlarından ayrılması ile, kırsal ev sanayilerinin yok edilmesi, manüfaktürle tarımın birbirinden ayrılması süreci elele gitmiş oluyor. Ve ancak, kırsal ev sanayilerinin yok edilmesi, bir ülkenin iç pazarına kapitalist üretim tarzının gerektirdiği genişliği ve sürekliliği kazandırabilirdi. Gene de gerçek manüfaktür dönemi, bu dönüşümü, kökten ve bütünüyle gerçekleştirmeyi başaramamıştır. Gerçek anlamda, manüfaktürün, ulusal üretim alanının ancak bir kısmını elegeçirebildiği ve sonal temel olarak, daima, kentlerdeki elzanaatı ile kırsal bölgelerdeki ev sanayisine dayandığı anımsanacaktır. Eğer manüfaktür, bunları, bir biçimde, belli bir kolda ve noktada yok etmişse, hammaddenin belli bir yere kadar işlenmesine olan gereksinmesi nedeniyle, bunları bir başka yerde ortaya çıkarmıştır. Bu nedenle manüfaktür, yardımcı bir çalışma olarak toprağını işlemekle birlikte, sınai faaliyeti asıl iş edinen ve bu ürettiği şeyleri ya doğrudan ya da tüccarlar aracılığı ile manüfaktürlere satan yeni bir küçük köylüler sınıfı oluşturmuştur. İşte bu, İngiliz tarihini inceleyenleri başlangıçta şaşırtan bir olgunun, başlıca olmamakla birlikte, nedenlerinden bir tanesidir. 15. yüzyılın son üçte-birinden sonra kırsal bölgelerde kapitalist çiftliğin yaygın hale gelmesi ve köylülerin gitgide yokolmaları konusunda, belirli aralıklarla devamlı şikayetler görülür. Öte yandan, sayıları azalmış ve daima daha kötü durumda olmakla birlikte, bu köylü tarımına yeniden raslanır.[50] Bunun başlıca nedeni şudur: İngiltere birbirini izleyen dönemlerde bir zaman başlıca tahıl üreticisi, bir başka zaman hayvan yetiştiricisi durumundadır ve buna bağlı olarak köylü tarım işletmelerinin genişliğinde dalgalanmalar olmuştur. Ancak büyük sanayi, ve sonunda, makine ile, kapitalist tarımın sürekli temelini atar, tarımsal nüfusun pek büyük çoğunluğunu köklü bir şekilde mülksüzleştirir ve kırsal ev sanayisinin köklerini —iplikçilik ve dokumacı-

[49] "Yirmi libre yünün, diğer işler arasında, kendi el emekleriyle, bir emekçi ailesinin yıllık giyecek eşyası haline getirildiğini düşünelim; bu, hiçbir sorun yaratmaz; ama bunu pazara getirin, fabrikaya gönderin, oradan aracıya ve satıcıya aktarın, önünüze dağ gibi ticari işlemler ve malın değerinin yirmi katına ulaşan nominal bir sermaye çıkar. ... Böylece, işçi sınıfı, sefil bir fabrika ahalisini, asalak bir esnaf takımını ve hayalî bir ticaret, para ve maliye sistemini yaşatmak zorundadır." (David Urquhart, *l.c.*, s. 120.)

[50] Cromwell'in zamanı bir istisnadır. Cumhuriyetin devamında, her sınıftan İngiliz halk kitleleri, Tudorların zamanında düşmüş oldukları perişan durumdan kurtulmuşlardır.

lık— kazır, tarım ile kırsal ev sanayisinin ayrılmasını tamamlar.[51] Böylece de, ilkin, sanayi sermayesi için, bütün iç pazarı elegeçirir.[52]

[51] Tuckett, modern yünlü dokuma sanayisinin, makinenin kullanılmaya başlaması üzerine, asıl manüfaktürden ve kırsal yerlerde yürütülen ev sanayilerinden doğup geliştiğini biliyor. (Tuckett, *l.c.*, v. I, s. 139-144.) "Saban, boyunduruk, tanrıların icadı ve kahramanların meslekleriydi: dokuma tezgahı, iğ, çıkrık, daha az soylu ana-babadan mı gelir? Çıkrığı sabandan, iği boyunduruktan ayırıyorsunuz ve fabrikaları, yoksul yurtlarını, kredileri, bunalımları yaratıyor, iki düşman ulus elde ediyorsunuz: biri çiftçi, diğeri tüccar." (David Urquhart, *l.c.*, s. 122.) Ama şimdi de bir Carey çıkıyor ve İngiltere'yi, diğer bütün ülkeleri yalnız birer tarım ulusu ve kendisini de onların fabrikatörü haline getirmek istediği için haklı olarak suçluyor. Türkiye'nin bu şekilde mahvedildiğini öne sürüyor, çünkü bu ülkede, "toprağın sahibi ve onu işleyenlere, İngiltere, saban ile dokuma tezgahının, çekiç ile süngünün doğal ittifakını kurarak kendilerini güçlendirmeye izin vermemiştir." (*The Slave Trade,* s. 125.) Ona göre, İngiliz çıkarlarının serbest ticaret propagandasını bu ülkede yapmakla, Türkiye'nin iflasında başrolü oynayanlardan birisi de Urquhart'ın ta kendisidir. İşin en hoş yanı da, büyük bir Rus hayranı olan Carey'in, bu ayrılma sürecine engel olmak için bu ayrılmayı hızlandıran himaye sistemini savunmasıdır.

[52] Mill, Rogers, Goldwin Smith, Fawcett, vb. gibi insansever İngiliz iktisatçılar, John Bright ve Ortakları gibi liberal fabrikatörler, tanrının, Habil'i ne yaptığını Kabil'e sorması gibi, İngiliz toprak aristokrasisine soruyorlar: Bizim binlerce *freeholder*'larımız [mülksahipleri –ç.] nereye gitti? Öyleyse *siz* kendiniz nereden çıkıp geldiniz? Bu *freeholder*'ların yokolup gitmesinden. Sorularınıza niçin şöyle devam etmiyorsunuz: Bağımsız dokumacılar, iplikçiler, zanaatçılar nereye gittiler?

OTUZBİRİNCİ BÖLÜM

SANAYİCİ KAPİTALİSTİN DOĞUŞU

SANAYİCİ[53] kapitalistin doğuşu, çiftçinin doğuşu gibi yavaş yavaş yürüyen bir süreçle olmamıştır. Kuşkusuz, pek çok küçük lonca ustası, daha da fazla bağımsız küçük zanaatçı ve hatta ücretli-emekçi, küçük kapitalist haline gelmiş ve (ücretli-emeği, gitgide artan ölçüde sömürerek ve dolayısıyla birikim sağlayarak) tam kapitalist olup çıkmıştır. Kapitalist üretimin çocukluk döneminde, işler, çoğu kez ortaçağ kentlerinin çocukluk dönemindekileri andırır, ki buralarda, kaçan serflerden hangisinin usta, hangisinin uşak olacağı sorunu çoğu zaman kaçış tarihlerine göre çözümlenirdi. Ne var ki, bu yöntemin kaplumbağa adımları, 15. yüzyılın sonundaki büyük keşiflerin yarattığı yeni dünya pazarlarının gereklerine hiç de uygun düşmüyordu. Ama ortaçağlardan çok farklı ekonomik toplumsal biçimlerde olgunlaşan ve kapitalist üretim tarzı döneminden önce *quand même** sermaye sayılan birbirinden tamamen farklı iki sermaye şekli devralınmıştı — tefeci sermaye ve tüccar

[53] Burada, sanayici, tarımcıya karşıt olarak kullanılmıştır. "Kategorik" anlamda çiftçi, bir fabrikatör kadar sanayici kapitalisttir.
* Gene de. –ç.

sermayesi.

"Bugün, toplumun tüm serveti önce kapitalistin eline geçer ... topraksahibine rantı öder, emekçilere ücretlerini, vergisini ve ondalığını verir ve yıllık emek ürününün büyük, aslında en büyük ve durmadan çoğalan kısmını kendisine alıkoyar. Kapitalistin, bugün, ona bu mülkiyet üzerinde hak tanıyan herhangi bir yasa olmadığı halde, toplumun bütün servetinin ilk elden sahibi olduğu söylenebilir ... bu değişmeye, sermaye üzerinden faiz alınması neden olmuştur ... ve bütün Avrupa'daki yasakoyucuların, bunu, örneğin tefeciliğe karşı çıkartılan yasalar gibi yasalarla önlemeye çalışmaları epeyce merak edilmeye değer bir şeydir. ... Kapitalistin bütün ülkenin serveti üzerindeki gücü, mülkiyet hakkında tam bir değişikliktir ve bu hangi yasayla ya da yasalar dizisi ile sağlanmıştır?"[54] Yazarımızın, devrimlerin yasalarla yapılmadığını anımsaması gerekirdi.

Tefecilik ve ticaret yoluyla meydana gelen para-sermayenin, sanayi sermayesine dönüşmesi, kırsal yerlerde feodal hukuk düzeni, kentlerde lonca örgütleri ile önlenmişti.[55] Bu engeller, feodal toplumun çözülmesi, kırsal nüfusun mülksüzleştirilmesi ve kısmen topraklarından atılması ile ortadan kalkmıştır. Yeni manüfaktürler, kıyı limanlarında ya da içerlerde eski belediyeler ile bunların lonca düzeninin denetiminden uzak yerlerde kurulmuştu. Bu nedenle, İngiltere'de eski ayrıcalıklı kentler (*corporate towns*), bu yeni sanayi fidanlıklarına karşı şiddetli bir savaşıma girişmişlerdir.

Amerika'da altın ve gümüşün bulunması, yerli halkın kökünün kazınması, köleleştirilmesi ve madenlere gömülmesi, Doğu Hint Adalarının elegeçirilmeye ve yağmalanmaya başlanması, Afrika'nın, kara-deri ticaretinin av alanı haline getirilmesi, kapitalist üretim çağının pembe renkli şafak işaretleriydi. Bu pastoral gelişmeler, ilkel birikimin bellibaşlı adımlarıydı. Bunu, savaş alanı bütün yeryuvarlağı olan, Avrupalı ulusların ticaret savaşı izler. Bu savaş, Hollanda'nın İspanya'ya karşı başkaldırmasıyla başlar, İngiltere'de jakobenlere karşı savaşta dev boyutlara ulaşır ve Çin'e karşı afyon savaşı ile hâlâ sürer gider.

İlkel birikimin farklı önemli anları, şimdi, azçok bir tarih sırasıyla, özellikle, İspanya, Portekiz, Hollanda, Fransa ve İngiltere üzerinde dağılmış bulunuyor. Bunlar 17. yüzyılın sonunda, İngilte-

[54] *The Natural and Artificial Rights of Property Contrasted,* Lond. 1832, s. 98-99. Bu yazarı belirtilmeyen yapıtın sahibi: Th. Hodgskin.

[55] Daha 1794 yılında, Leeds'in küçük kumaş yapımcıları, her tüccarın bir fabrikatör olmasını yasaklayan bir yasa çıkartılması için bir dilekçe vermek üzere parlamentoya bir heyet göndermişlerdi. (Dr. Aikin, *l.c.*.)

re'de, sömürgelerin, kamu borçlarını, modern vergi ve himaye sistemlerini kapsayan sistematik bir bütün meydana getirirler. Bu yöntemler, bazan, örneğin sömürge sisteminde olduğu gibi kaba kuvvete dayanırlar. Ama hepsi de, feodal üretim tarzının, kapitalist tarza dönüşüm sürecini yapay bir biçimde hızlandırmak ve bu geçişi kısaltmak için, devlet gücünü, toplumun bu örgütlenmiş kuvvetini kullanırlar. Zor, yeni bir topluma gebe her eski toplumun ebesidir. Zor, kendisi, bir ekonomik güçtür.

Hıristiyanlık konusunda uzman W. Howitt, hıristiyan sömürgecilik sistemi hakkında şöyle diyor: "Hıristiyan denilen bu soyun, dünyanın dörtbir yanında boyunduruğu altına alabildiği halklara karşı gösterdiği vahşet ve zulmün bir benzerine, hiçbir çağda, ne kadar yabanıl, ne kadar kaba ve ne kadar merhametsiz ve utanmaz olursa olsun, başka hiçbir soyda raslanamaz."[56] Hollanda sömürge yönetiminin tarihi —Hollanda 17. yüzyılın başta gelen kapitalist ulusuydu— "en görülmemiş türden ihanetlerin, rüşvetlerin, kırımların ve bayağılıkların tarihidir."[57] Bunların, Cava'da köle olarak kullanmak üzere giriştikleri insan hırsızlığından daha karakteristik bir şey olamaz. Bu amaçla insan hırsızları yetiştiriliyordu. Hırsız, tercüman ve satıcı, bu ticaretin başlıca ajanları, yerli prensler de, başlıca satıcılarıydı. Kaçırılan genç insanlar, köle vapurlarına gönderilecek duruma gelinceye kadar, Celebes'teki gizli zindanlara atılıyordu. Resmî bir raporda şunlar yazılı: "Örneğin Macassar'ın bu kenti, gözü doymaz bir hırsın ve zalimliğin kurbanı olan ve ailelerinden zorla koparılan, zincire vurulmuş talihsiz insanların doldurduğu birbirinden korkunç, gizli zindanlarla doludur." Malaka'yı elegeçirmek için Hollandalılar Portekizli valiyi satın almışlardı. Vali, bunları, 1641 yılında kente soktu. İhanetinin fiyatı olan 21.875 sterlini ödemekten kurtulmak için Hollandalılar hemen vali konağına gidip adamı öldürdüler. Adımlarını attıkları bu yeri kurutup, insandan yoksun hale getirdiler. Cava'nın bir eyaleti Bancuvangi'de 1750 yılında nüfus 80.000'in üzerinde iken, 1811'de 8.000'e indi. Tatlı ticaret!

İngiliz Doğu Hindistan Şirketi, herkesin bildiği gibi, Hindistan'ın politik yönetiminin yanısıra, çay ticaretinin bütün tekelini, genellikle Çin'le olan ticareti ve Avrupa ile yapılan mal taşıma te-

[56] William Howitt, *Colonization and Christianity. A Popular History of the Treatment of the Natives by the Europeans in All Their Colonies,* London 1838, s. 9. Kölelere karşı davranış konusunda iyi bir derleme olan şu yapıt vardır: Charles Comte, *Traité de la législation,* 3. éd., Bruxelles 1837. Burjuvazinin kendi tasavvuruna göre dünyaya dilediği gibi şekil verebildiği yerlerde kendisini ve emekçiyi ne duruma soktuğunu görmek için bu konunun ayrıntıları ile incelenmesi gerekir.

[57] Bu adanın müteveffa vali yardımcısı Thomas Stamford Raffles, *The History of Java,* Lond. 1817. [v. II, s. CXC, CXCI].

kelini de elegeçirmişti. Ama, Hindistan ile adalar arasındaki kıyı ticareti ve Hindistan'ın iç ticareti, şirketin yüksek memurlarının tekelinde idi. Tuz, afyon, hint biberi ve diğer ticaret mallarının tekeli, bitmez tükenmez servet kaynağıydı. Fiyatları bu memurların kendileri saptıyor ve zavallı Hintlileri diledikleri gibi soyuyorlardı. Genel vali bile bu özel ticarete katılıyordu. Koruduğu kimseler, öyle koşullarla sözleşmeler yapıyorlardı ki, simyacıdan daha kurnazcasına hiç yoktan altın elde ediyorlardı. Büyük servetler bir gün içinde mantar gibi yerden bitiyor, ilkel birikim tek kuruş yatırmaksızın sürüp gidiyordu. Warren Hastings'in yargılanması böyle örneklerle doludur. İşte bir tanesi. Hindistan'ın afyon bölgelerinden çok uzak bir yere resmî bir görevle gitmek üzere olan Sullivan adında birisine afyon üzerine bir sözleşme sağlanmıştı. Sullivan, sözleşmesini, Binn adında birisine 40.000 sterline sattı; Binn de aynı gün 60.000'e sattı ve sözleşmeyi yerine getiren en son alıcı, bütün bunlardan sonra büyük bir kazanç sağladığını söyledi. Parlamentoya sunulan listelerden birine göre, 1757-1766 yılları arasında şirket ve memurları, Hintlilerden hediye olarak 6.000.000 sterlin almışlardır. 1769-1770 arasında İngilizler bütün pirinçleri satın aldılar ve çok yüksek fiyatların altında satmaya yanaşmayarak yapay bir kıtlık yaratmayı başardılar.[58]

Yerlilere karşı en korkunç davranılan yerler, doğal olarak, Batı Hint Adaları gibi yalnız ihracata yönelmiş plantasyon sömürgeleri ile, Meksika ve Hindistan gibi yağma alanı haline getirilen zengin ve nüfusu kalabalık ülkelerdi. Ama gerçek anlamıyla sömürge olan ülkelerde bile, ilkel birikimin hıristiyanca niteliği kendini ortaya koymaktan geri kalmıyordu. Protestanlığın o asık yüzlü virtüözleri, New Englandlı Puritenler, 1703 yılında meclislerinin bir kararı ile, her kızılderili başı ve tutsak edilen her kızılderili için 40 sterlin ödül koydu: 1720'de kelle başına ödül 100 sterline yükseldi; 1744'te Massachusetts-Bay, belli bir kabileyi isyancı ilan edince, şu fiyatlar uygulandı: 12 yaş ve daha yukarısı erkek kafası için 100 sterlin (yeni para), erkek tutsak 105 sterlin, kadın ve çocuk tutsak 50 sterlin, kadın ve çocuk kafası 50 sterlin. Birkaç on yıl sonra sömürge sistemi, bu geçen sürede isyankarca alışkanlıklar edinmiş dindar hacıbabaların oğullarından öcünü aldı. İngiliz kışkırtması ve parasıyla, bunlar, kızılderili baltaları altında can verdiler. Britanya parlamentosu, vahşi av tazılarını ve kelle kesilmesini "tanrı ile doğanın kendilerine ihsan ettiği kolaylıklar" olarak ilan etti.

[58] 1866 yılında yalnız Orissa eyaletinde bir milyondan fazla Hintli açlıktan öldü. Buna karşın, gerekli yaşam maddelerini, Hint hazinelerini zenginleştirecek fiyatlarla açlıktan kıvranan halka satmak için girişimlerde bulunulmuştu.

Sömürge sistemi, ticaret ile deniz ulaşımını bir limonluk gibi besleyip olgunlaştırdı. Luther'in "tekelci şirketleri", sermaye birikimi için güçlü araçlardı. Sömürgeler, tomurcuklanan manüfaktürler için pazar üzerindeki tekel aracılığı ile artan bir birikim sağladı. Avrupa dışında düpedüz talan, köleleştirme ve katillik yoluyla elegeçirilen servet, anayurda taşınarak sermayeye çevrildi. Sömürge sistemini ilk kez tam olarak geliştiren Hollanda, daha 1648 yılında ticari gücünün tepe noktasında bulunuyordu. "Güneydoğu ve kuzeybatı Avrupa arasındaki ticaret ile Doğu Hindistan ticaretinin hemen tamamını elinde bulunduruyordu. Balıkçılığı, deniz ticaret filosu, manüfaktürleri, diğer ülkelerden çok daha ilerdeydi. Cumhuriyetin toplam sermayesi belki de geriye kalan Avrupa ülkelerinin toplamından daha önemliydi." Gülich yalnız şunu eklemeyi unutuyor: 1648 yılında Hollanda halkı, geriye kalan Avrupa ülkelerinin hepsinden daha yoksul, daha aşırı-çalışma içinde ve daha zalim bir baskı altındaydı.

Bugün sınai üstünlük ticari üstünlük anlamını taşıyor. Oysa gerçek manüfaktür döneminde, sınai üstünlük sağlayan, ticari üstünlüktür. Sömürge sisteminin o sırada oynadığı üstün rolün nedeni işte budur. Avrupa'nın ihtiyar tanrıları ile dirsek dirseğe kürsüde vaazederken, bir sabah aniden sille-tokat onları aşağı yuvarlayan "acayip tanrı", işte bu sistemdi. Artı-değer yapımını insanlığın tek ve biricik amacı ilan etmişti.

Köklerini daha ortaçağlarda Cenova ve Venedik'te bulduğumuz kamu kredisi, yani devlet borçları sistemi, manüfaktür dönemi sırasında, genellikle bütün Avrupa'yı sardı. Deniz ticareti ve ticaret savaşları ile birlikte sömürge sistemi, bunun için itici bir güç hizmetini gördü. Böylece de ilk kez Hollanda'da kök saldı. Kamu borçları, yani devletin yabancılaşması —bu devlet ister mutlakiyet, ister meşrutiyet ya da cumhuriyet olsun— kapitalist çağa damgasını vurdu. Ulusal zenginlik denilen şeyden, modern halkların ortak mülkiyetine gerçekten giren kısmı, bunların devlet borçlarıydı.[59] Bunun zorunlu sonucu olarak, bir ulus ne kadar borçlu olursa o kadar zengin olur şeklindeki modern öğreti ortaya çıktı. Kamu kredisi, sermayenin *credo*'su* halini aldı. Ve devlet borçlanmasının doğuşu ile birlikte, devlet borçlarına olan inançsızlık, kutsal ruha karşı işlenmiş, bağışlanmayan günahın yerini alır.

Kamusal borçlanma, ilkel birikimin en güçlü kaldıraçlarından biri durumuna gelir. Bir büyücü değneğinin dokunması gibi, kısır

[59] William Cobbett, İngiltere'de bütün kamu kuruluşlarının adlarının başına "*royal*" ("krallık") sıfatının konulduğuna işaret ediyor; buna karşılık olmak üzere, bir de "*national*" ("ulusal") terimi vardır.

* Amentü. –ç.

paraya üreme gücü kazandırır ve onu sermayeye çevirir; ve bunu, sanayide ve hatta tefecilikte kullanıldığında bile kaçınılmaz olan zahmet ve tehlikelerle karşı karşıya bırakmaksızın yapar. Devlet alacaklıları, aslında hiçbir şey vermemişlerdir, çünkü borç verilen meblağ, ellerinde tıpkı nakit para gibi iş görmeye devam eder, kolayca devredilebilir devlet tahvillerine çevrilmiştir. Böylece yaratılan ve yıllık geliriyle geçinen bir aylaklar sınıfı ile, hükümet ve halk arasında aracılık eden bankerlerin aniden biriken servetlerini —ve gene, her devlet istikrazının büyük bir parçasının kendilerine gökyüzünden inen bir sermaye hizmeti sağlayan, vergi mültezimlerinin, tacirlerin ve özel manüfaktürcülerin zenginliklerini— bir yana bırakalım, devlet borçlanması, bir de anonim şirketlerin her türlü menkul hizmetler üzerinde yapılan işlemlerin, borsa oyunlarının, kısacası borsa kumarı ile bankokrasinin doğmasına yolaçmıştır.

Ulusal adlarla süslü büyük bankalar, başlangıçta, hükümetler yanında yeralan ve elde ettikleri ayrıcalıklar sayesinde, devlete borç verecek duruma gelen özel spekülatörlerin kurdukları şirketlerdi. Bu nedenle, devlet borçlarındaki birikmeyi ölçmenin en şaşmaz yolu, gelişmeleri, tam anlamıyla, 1694 yılında İngiltere Bankasının kurulmasından sonra olan bankaların hisse senetlerindeki birbirini izleyen artışlardır. İngiltere Bankası, hükümete, parasını %8'den ikraz etmekle başladı; aynı zamanda, parlamento, kendisine, banknot şeklinde halka tekrar ikrazda bulunmak suretiyle aynı sermayeden para basma yetkisini verdi. Bu banknotları, ticari senetleri iskonto etmekte, mal üzerinden avans vermekte, değerli maden satın almakta kullanabiliyordu. Çok geçmeden bankanın kendi bastığı bu kredi-para, İngiltere Bankasının devlete yaptığı istikrazın ve devlet adına kamu borçlarının faizlerinin ödendiği para haline geldi. Bankanın bir eliyle verdiğini öteki eliyle fazlasıyla alması da yetmiyordu; geriye alırken bile, yatırılan son şiline kadar gene ulusun ebedi alacaklısı olarak kalıyordu. Yavaş yavaş, ülkenin bütün biriktirilmiş madenî servetlerini kaçınılmaz olarak kendisine çeken bir yer ve bütün ticari kredinin çekim merkezi halini aldı. Bu bankokratlar, bankerler, rantiyeler, borsa simsarları, borsa kurtları vb. sürüsünün böyle birdenbire ortaya çıkışının, çağdaşları üzerinde ne gibi bir etki yarattığı, o zamanın yazılarında, örneğin Bolingbrok'un yazılarında görülebilir.[60]

Devlet borçları ile birlikte, çoğu kez, şu ya da bu halktaki ilkel

[60] "Tatarlar eğer Avrupa'yı bugün istila etselerdi, onlara bizdeki bankerlerin ne olduğunu anlatmak epey güç bir şey olurdu." Montesquieu, *Esprit des lois,* t. IV, s. 33, éd. Londres 1769.

birikim kaynaklarından birini gizleyen uluslararası bir kredi sistemi doğdu. Böylece, Venedik soygun sisteminin kötülükleri, Venedik'in çöküşü sırasında büyük paralar ihraç ettiği Hollanda'nın sermaye servetinin gizli temellerinden birini oluşturmuştur. Hollanda ile İngiltere arasında böyle olmuştur. 18. yüzyılın başında Hollanda manüfaktürleri çok geride bırakılmıştı. Hollanda, ticarette ve sanayide ağırlığı olan bir ülke olmaktan çıkmıştı. Bu nedenle, 1701-1776 yılları arasında, özellikle büyük rakibi İngiltere başta olmak üzere dışarıya büyük miktarlarda sermaye ikraz etmek, yaptığı başlıca işlerden biri olmuştu. Bugün de, İngiltere ile Amerika arasında aynı şey olmaktadır. Bugün, Birleşik Devletler'de doğum belgesi olmaksızın ortaya çıkan sermayenin çoğu, daha dün İngiltere'de sermayeleştirilmiş çocuk kanı idi.

Devlet borçlarının, desteğini, yıllık faiz vb. ödemelerini karşılamak zorunda olan kamu gelirlerinde bulması gibi, modern vergilendirme sistemi de, ulusal istikraz sisteminin zorunlu tamamlayıcısı idi. Bu istikrazlar, devlete, vergi yükümlüleri, hemen hissetmeksizin olağanüstü harcamaları karşılama olanağını sağlamakla birlikte, eninde sonunda vergilerin yükselmesini zorunlu kılar. Öte yandan, birbiri ardına yapılan istikrazların birikmesi sonucu vergilerde meydana gelen yükselme, hükümeti, her zaman, yeni olağanüstü harcamalar için yeni istikrazlara zorlar. En gerekli geçim araçlarını vergilendirme (yani böylece fiyatlarını yükseltme) ekseni çevresinde dönen modern maliyecilik, böylece, otomatik ücret artışlarının tohumunu kendi içersinde taşır. Aşırı vergilendirme, bir raslantı olmaktan çok, bir ilkedir. İşte bunun için, Hollanda'da bu sistem ilk kez uygulanmaya başlandığı zaman, büyük yurtsever De Witt, *Özdeyişler*'inde, bunu, ücretli-emekçiyi, uysal, tutumlu, çalışkan ve aşırı işle yüklü hale getirmenin en iyi yolu diye göklere çıkarmıştı. Bunun, ücretli-emekçinin koşulları üzerinde yaptığı yıkıcı etkiler, burada, bizi, bunun sonucu olarak, köylülerin, zanaatçıların ve tek sözcükle bütün alt orta-sınıf unsurların zorla mülksüzleştirilmelerinden daha az ilgilendirmektedir. Bu konuda burjuva iktisatçılar arasında bile görüş ayrılığı yoktur. Sistemin mülksüzleştirme yönündeki etkinliği, onun ayrılmaz parçalarından birisi olan himaye sistemi ile daha da artırılmıştır.

Kamusal borçlar ile buna uygun düşen mali sistemin, servetin sermayeleşmesi ve halk kitlelerinin mülksüzleştirilmesinde oynadığı büyük rol, Cobbett, Doubleday ve başkaları gibi çoğu yazarı, modern halkların sefaletinin temel nedenlerini yanlış olarak burada aramaya yöneltti.

Himaye sistemi, fabrikatör imal etmeye, bağımsız emekçileri

mülksüzleştirmeye, ulusal üretim ve geçim araçlarını sermayeleştirmeye, ortaçağa özgü üretim tarzından modern üretim tarzına geçiş dönemini zorla kısaltmaya yarayan yapay bir araçtı. Avrupa devletleri, bu buluşun patenti için birbirlerine girdiler ve bir kez artı-değer avcılarının hizmetine girince, dolaylı yoldan koruyucu gümrükler, dolaysız yoldan ihraç primleri ile yalnız kendi halklarını bu amaca kurban etmekle kalmadılar. Aynı zamanda, kendilerine bağımlı ülkelerde de, bütün sanayinin zorla kökünü kazıdılar; örneğin, İngilizlerin, İrlanda yünlü manüfaktürüne yaptığı buydu. Kıta Avrupası'nda Colbert örneğinden sonra bu süreç çok daha basitleştirildi. Burada ilkel sanayi sermayesi, kısmen doğrudan devlet hazinesinden geliyordu. "Niçin" diye bağırıyordu Mirabeau, "Saksonya'nın savaştan önceki sanayi zaferinin nedeni uzaklarda aranıyor? 180 milyonluk devlet borcu var!"[61]

Sömürge sistemi, kamu borçları, ağır vergiler, himaye, ticari savaşlar vb., gerçek manüfaktür döneminin bu çocukları, büyük sanayinin çocukluk çağı boyunca dev gibi büyüdüler. Masum insanların uğradıkları büyük katliam, bu sanayinin doğuşunun habercisiydi. Krallık donanması gibi, fabrikalar da, gerekli insanları, zor ve baskı yoluyla sağlıyordu. 15. yüzyılın son üçte-birinden kendi zamanına kadar, tarımsal nüfusun topraklarından yoksun bırakılmasının dehşeti karşısında *blasé** olan; bu süreci, kapitalist tarımın yerleşmesi ve "ekilebilir topraklar ile otlaklar arasındaki gerekli oranın" kurulması için "zorunlu" gördüğünden sevinçle karşılayan sir F. M. Eden, manüfaktür tipi sömürünün fabrika sömürüsüne dönüşmesi, sermaye ile emek-gücü arasında "gerçek ilişkinin" kurulması için, çocuk hırsızlığı ve çocuk köleliğinin zorunluluğu konusunda aynı ekonomik görüş keskinliğini gösteremiyor. Şöyle diyor: "Herhangi bir manüfaktürün başarıyla yürütülebilmesi için yoksul çocuklara elkoymak üzere kulübeler ile işevlerinin yağmalanmasının; gecenin büyük bir kısmında sırayla çalıştırılarak herkes için gerekli, ama genç insanlar için daha da gerekli dinlenmeden yoksun bırakılmalarının; her iki cinsiyetten farklı yaşta ve durumda bir yığın insanın birbirlerini baştan çıkarmaya ve hayasızlaşma örneği olacak şekilde aynı yerde toplanmalarına zorunluluk bulunup bulunmadığının; ve böyle bir manüfaktürün, ulusun ve bireylerin mutluluğuna katkısı olup olmayacağının incelenmesi herhalde kamunun dikkatine değer bir konudur."[62]

"Derbyshire, Nottinghamshire ve özellikle Lancashire kontluk-

[61] Mirabeau, *l.c.*, t. VI, s. 101.
[62] Eden, *l.c.*, vol. I, book II, ch. I, s. 421.
* Umursamaz, bıkkın –*ç*.

larında" diyor Fielden, "su çarklarını çevirebilecek akarsuların kıyılarında yapılan büyük fabrikalarda yeni icat edilen makineler kullanılıyor. Kentlerden uzak bu yerlerde aniden binlerce işçiye gerek duyulmuştur; o zamana kadar nispeten seyrek nüfuslu ve kıraç topraklı Lancashire'da, özellikle şimdi, böyle bir nüfusa gereksinme var. En çok istenen de küçük çocukların ufak ve ince parmakları olduğu için, birdenbire ortaya, Londra, Birmingham ve başka yerlerdeki çeşitli kilise işevlerinden *çırak* sağlanması adeti çıktı. 7 ile 13-14 yaşları arasında onbinlerce küçük ve çaresiz yaratık kuzeye gönderildi. Adete göre çırağını giydirmek, beslemek ve bir "çırak yurdu"nda barındırmak ustaya düşüyordu, çalışmaları izlemek için bir gözcü konuyordu; çocukları elden geldiğince çok çalıştırmak bunun çıkarınaydı, çünkü alacağı para, bunlardan sağlanan işle orantılıydı. Bunun sonucu, kuşkusuz, zulüm ve şiddetti. ... Manüfaktür bölgelerinin çoğunda ve özellikle korkarım benim memleketim olan yerde [Lancashire] fabrika patronlarına terkedilmiş bu masum ve kimsesiz yaratıklara yürek parçalayıcı zulümler yapılıyordu; aşırı çalıştırma yüzünden ölecek hale geliyorlar ... dayak yiyorlar, zincire vuruluyorlar ve son derece geliştirilmiş en dehşet verici yöntemlerle işkenceye tabi oluyorlardı; ... çoğu zaman dayak süresince bir deri bir kemik aç bırakılıyorlar ... hatta bazan ... intihara bile sürükleniyorlardı. ... Derbyshire'ın, Nottinghamshire'ın ve Lancashire'ın herkesin gözünden uzak, güzel ve romantik vadileri, korkunç işkence ve çoğu zaman cinayet yuvaları haline gelmişti. Fabrikatörlerin kârları pek büyüktü, ama bu, yalnızca, onların doymak bilmez iştahlarını kamçılamaktan başka bir şeye yaramıyordu; ve bu yüzden fabrikatörlerin hiçbir sınır tanımayan kârlarını güvenceye almak için tutmak zorunda oldukları en uygun bir yoldu; "gece çalışması" denilen bir yöntem uygulanmaya başlanmıştı; bütün gün çalışan bir grup işçinin yerine gene bütün gece çalışacak başka bir grup hazır tutuluyor; gececilerin daha yeni kalktıkları yataklara gündüzcüler giriyor, gündüzcülerin kalktıkları yataklara ise gececiler. Lancashire'da *yatakları hiç soğutmamak* geleneksel bir uygulama oluyordu."[63]

[63] John Fielden, *l.c.,* s. 5, 6. Fabrika sisteminin daha önceki rezaletleri konusunda bkz: Dr. Aikin (1795), *l.c.,* s. 219 ve Gisborne, *Enquiry into the duties of men,* 1795, v. II. Buharlı makineler, fabrikaları, kırlardaki çağlayanlardan alıp kentlerin ortasına yerleştirince, "perhizkar" artı-değer yapımcıları, işevlerinden köleler aramak zorunluluğundan kurtularak, ellerinin altında hazır bir malzemeyi, çocuğu buldular. 1815 yılında, sir R. Peel ("olasılık bakanı"nın babası), çocukların korunması için hazırladığı tasarıyı parlamentoya sunduğu zaman, *Bullion Commitee*'sinin lumen'i[‡] ve Ricardo'nun yakın dostu Francis Horner, Avam Kamarasında şöyle diyordu: "Bir iflas olayında bu çocuklardan —eğer bu deyimi kullanmaya hakkımız varsa— bir sürüsü satışa çıkartılmış ve sanki malmış gibi bu iş için gazetelere ilan verilmişti. İki yıl önce, King's Bench[‡‡] Mahkemesine çok iğrenç bir dava geti-

Kapitalist üretimin manüfaktür dönemi boyunca gelişmesiyle birlikte, Avrupa kamuoyu, utanç ve vicdan denen şeyin son kalıntılarını da yitirmişti. Uluslar, kapitalist birikim aracı olarak kendilerine hizmet eden her türlü utancı, sinsi bir tebessümle övüyorlardı. Örneğin, saygıdeğer A. Anderson'un, şu bönce *Annals of Commerce*'ını okuyunuz. Burada, Utrecht Barışında İngilizlerin İspanyollardan, Asiento Sözleşmesi ile, o zamana kadar yalnızca Afrika ile adalar* arasında yapılan zenci ticaretinin bundan böyle Afrika ile İspanyol Amerikası arasında yapılması ayrıcalığının koparılması, İngiliz devlet yönetiminin bir zaferi olarak ilan ediliyordu. Böylece, İngiltere 1743 yılına kadar İspanyol Amerikası'na, yılda 4.800 zenci gönderme hakkını elde etmiş oluyordu. Bu, aynı zamanda, İngiliz kaçakçılığı için bir örtü de oluyordu. Liverpool, köle ticareti ile göbek bağlamıştı. Bu, onun ilkel birikim yöntemiydi. Ve hatta bugüne kadar Liverpool, köle ticaretinin cenneti olarak "saygınlığını" devam ettirmiştir ve —Aikin'in (1795) sözü edilen yapıtına göre— "bu durum, Liverpool ticaretinin özelliği olan ve onu bugünkü gönence hızla kavuşturan cesur serüven ruhu ile aynı zamana raslamış; deniz ticaret gemileri ile denizcilere büyük iş alanları sağlamış, ülkenin sınai ürünlerine olan talep geniş ölçüde artmıştır" (s. 339). Liverpool köle ticaretinde, 1730 yılında 15 gemi, 1751'de 53 gemi, 1760'ta 74 gemi, 1770'te 96 gemi ve 1792'de 132 gemi çalıştırmıştır.

Pamuklu sanayisi İngiltere'ye çocuk köleliğini getirdiği gibi, Birleşik Devletler için de, daha önce azçok ataerkil bir nitelik taşıyan kölelik düzenini, ticari bir sömürü sistemi haline getirmesi için bir dürtü olmuştur. Gerçekten de, Avrupa'da ücretli işçilerin örtülü köleliği, yeni dünyada kendisine taban olarak, katıksız ve düpedüz bir kölelik düzeninin bulunmasını gerektiriyordu.[64]

Kapitalist üretim tarzının "ebedi doğal yasalarının" yerleşmesi, emekçiler ile emek koşulları arasındaki ayrılma sürecinin tamamlanması, bir kutupta, toplumsal üretim ve geçim araçlarının ser-

rildi: Bölge yardım kurulu, bir grup çocuğu, Londra'da bir fabrikatörün yanına çırak olarak vermişti; fabrikatör, bu çocukları bir başkasına devretmişti ve ensonu bazı insansever kimseler bunları açlıktan perişan bir durumda bulmuşlardı. [Parlamento] Soruşturma Komitesinde daha müthiş bir olayı öğrenmiş bulunuyorum. ... Daha birkaç yıl önce Londra'da bir yardım kurulu ile Lancashire'daki bir fabrikatör arasında bir anlaşma yapılmıştı; buna göre, 20 tane sağlam çocukla birlikte bir tane de geri zekalı çocuğun kabul edilmesi hükme bağlanmış bulunuyordu."

‡ Lümen, ışık ölçü birimi. –ç.

‡‡ İngiltere'de, eskiden kralın başkanlık ettiği yüksek mahkeme heyeti. –ç.

64 1790 yılında, İngiliz Antillerinde, bir özgür insana karşı on köle, Fransız Antillerinde bire karşı ondört, Hollanda Antillerinde bire karşı yirmiüç köle vardı. (Henry Brougham, *An Inquiry into the Colonial Policy of the European Powers*, Edinb. 1803, v. II, s. 74.)

* İngiliz Batı Hint Adaları. –*Ed.*

mayeye, karşıt kutupta, halk kitlelerinin ücretli-emekçiler, "özgür emekçi yoksullar"[65] modern toplumun yapay ürünleri haline dönüştürülmesi *tantæ molis erat.** Eğer para, Augier'in[66] dediği gibi, "dünyaya, bir yanağında doğuştan kan lekesiyle geliyor"sa, sermaye tepeden tırnağa her gözeneğinden kan ve pislik damlayarak geliyor.[67]

[65] "*Labouring poor*" ["yoksul emekçi" –ç.] deyimi, ücretli emekçiler sınıfı farkedilecek hale geldiği andan itibaren İngiliz yönetmeliğinde görülmektedir. Bu deyim, bir yandan "*idle poor*"a ["aylak yoksul" –ç.] dilencilere vb. karşıt anlamda, öte yandan henüz tüyü yolunmuş tavuğa çevrilmemiş ve hâlâ elinde kendi emek aracı bulunan emekçiler için kullanılmaktadır. Deyim, yasalardan, ekonomi politiğe geçmiş ve Culpeper, J. Child vb. tarafından, Adam Smith'e ve Eden'e devredilmiştir. Bütün bunlardan sonra, insan, "*execrable political cantmonger*" ["iğrenç politik esnaf" –ç.] Edmund Burke "*labouring poor*" deyimine "*execrable political cant*" ["iğrenç politik ikiyüzlülük" –ç.] dediği zaman onun *bonne foi*'sı [iyi niyeti –ç.] konusunda bir fikir edinebilir. Tıpkı, Amerika'da karışıklıklar başladığı zaman, Kuzey Amerika sömürgelerinin hizmetinde, İngiliz oligarşisine karşı liberal rolünü oynadığı gibi, İngiliz oligarşisinin hizmetinde de bu dalkavuk, Fransız Devrimine karşı romantik övgüler düzmüş tam bir vülger burjuva idi. "Ticaretin yasaları, doğanın yasalarıdır ve bu nedenle tanrının yasalarıdır." (E. Burke, *l.c.*, s. 31, 32.) Bu adamın, tanrı ile doğanın yasalarına sadık kalarak kendisini her zaman en iyi pazarda satmasına hiç şaşmamak gerekir. Bu Edmund Burke'nin liberal olduğu zamanlardaki güzel bir portresi Rev. Mr. Tucker'in yazılarında bulunabilir. Tucker, bir papaz ve Tory idi, ama gene de onurlu bir kişi ve uzman bir iktisatçıydı. Bugün egemen olan ve "ticaretin yasalarına" büyük bir sadakatle bağlı bulunan rezilce karakter yoksunluğu karşısında, kendisinden sonra gelenlerden tek bir şeyde, "yeteneklilikte" farklı bulunan bu Burkeler'i tekrar tekrar teşhir etmek bizim başta gelen görevimizdir.

[66] Marie Augier, *Du Crédit Public,* Paris 1842, s. 265.

[67] "Quarterly Reviewer, sermayenin, kargaşalıktan, kavgadan kaçtığını ve ürkek olduğunu söylüyor ki, bu, çok doğrudur, ama sorunu pek eksik olarak ortaya koymaktadır. Sermaye, kâr olmadığı zaman ya da az kâr edildiği zaman hiç hoşnut olmaz, tıpkı eskiden doğanın boşluktan hoşlanmadığının söylenmesi gibi. Yeterli kâr olunca sermayeye bir cesaret gelir. Güvenli bir yüzde 10 kâr ile her yerde çalışmaya razıdır; kesin yüzde 20, iştahını kabartır; yüzde 50 küstahlaştırır; yüzde 100, bütün insanal yasaları ayaklar altına aldırır; yüzde 300 kâr ile, sahibini astırma olasılığı bile olsa, işlemeyeceği cinayet, atılmayacağı tehlike yoktur. Eğer kargaşalık ile kavga kâr getirecek olsa, bunları rahatça dürtükler. Kaçakçılık ile köle ticareti bütün burada söylenenleri doğrular." (T. J. Dunning, *l.c.*, s. 35, 36.)

* O kadar güçtü. –ç.

OTUZİKİNCİ BÖLÜM

KAPİTALİST BİRİKİMİN TARİHSEL EĞİLİMİ

SERMAYENİN ilkel birikimi, yani tarihsel doğuşu nasıl olmuştur? İlkel birikim, köleler ile serflerin doğrudan ücretli-emekçiye dönüşmeleri ve böylece düpedüz bir biçim değişikliğine uğramaları ile olmadıkça, ancak, doğrudan üreticilerin mülksüzleştirilmeleri, yani sahibinin emeğine dayanan özel mülkiyetin çözülüp yokolması anlamına gelir. Özel mülkiyet, ancak, toplumsal, kolektif mülkiyetin antitezi olarak, emek araçları ile emeğin dış koşullarının özel kişilere ait olduğu yerlerde varolur. Ama bu özel kişilerin emekçi olup olmamalarına göre, özel mülkiyetin niteliği farklı olur. Bunun ilk bakışta kendilerini gösteren sayısız çeşitleri, bu iki uç arasında yeralan ara aşamalara tekabül eder. Emekçinin üretim araçları üzerindeki özel mülkiyeti, ister tarımsal, ister manüfaktürel, ister her ikisi olsun, küçük işletmenin temelidir; küçük işletme, gene toplumsal üretim ile emekçinin kendisinin özgür kişiliğinin gelişmesinin temel koşuludur. Kuşkusuz bu küçük üretim tarzı, kölelik, serflik ve diğer bağımlılık ilişkileri altında da vardır. Ama bunun gelişip serpilmesi, tüm canlılığına kavuşması, uygun klasik şeklini alması, ancak emekçinin kendi kullandığı üretim araçlarının özel mülkiyeti ile olur: yani işlediği toprağın köylüsü, ve bir hüner sahibi olarak kullandığı aletlerin zanaatçısı olması gerekir. Bu üretim tarzı, toprağın parçalara bölünmesini, diğer üretim araçlarının dağılmış olmasını öngörür. Bu, üretim araçlarının toplanmasını dıştaladığı gibi, her ayrı üretim süreci içindeki elbirliğini, işbölümünü, toplum tarafından doğa güçlerinin denetimi altına alınmasını ve üretken biçimde kullanılmasını ve toplumsal üretken güçlerin serbestçe gelişmesini dıştalar. Bu üretim tarzı, ancak, dar ve azçok ilkel sınırlar içersinde hareket eden bir üretim sistemi ve toplum ile bağdaşabilir. Bunu sürgit hale getirmek, Pecqueur'ün haklı olarak dediği gibi, "aleladeliğin evrenselliğini ilan etmek" olur. Zaten gelişmesinin belli bir aşamasında, çözülüp dağılmasına yolaçacak maddi öğeleri de yaratmış olur. O andan başlayarak, toplumun göğsünden yepyeni güçler ve tutkular filiz verir, ama eski toplum düzeni bunları engeller ve baskı altına alır. Bu düzenin yok edilmesi gerekir ve yok edilir. Bunun yok edilmesi, yani bireylerin malı olan dağınık üretim araçlarının toplumsal ve yoğunlaşmış birimler haline, pek çok insanın cüce mülkiyetinin birkaç kişinin dev mülkiyeti haline dönüştürülmesi, büyük halk yığınlarının, topraktan, geçim araçlarından ve emek araçlarından yoksun hale getirilmesi, halk yığınlarının bu korkunç ve ıstıraplı mülksüzleştirilmesi işlemi, sermayenin tarihinin başlangıcını oluşturur. Bu, bir dizi zor yöntemini içerir ve biz, bunlardan, yalnızca, ilkel sermaye birikimi yöntemi olarak çağ açıcı olan bazılarını gözden geçirmiş bulunuyoruz. Doğrudan üreticilerin mülksüzleştirilmeleri, acımasız bir vahşetle ve en bayağı, en rezil, en küçültücü, en çirkin tutkuların dürtüsü altında gerçekleştirilmiştir. Yalıtılmış, bağımsız emekçi bireyin, deyim yerindeyse, kendi emek koşullarıyla kaynaşmasının sonucu olan özel mülkiyetin yerini, öbürlerinin itibari olarak özgür emeğinin, yani ücretli-emeğin sömürülmesine dayanan kapitalist özel mülkiyet alır.[68]

Bu dönüşüm süreci, eski toplumu, tepeden tırnağa yeter derecede çözüp ayırır ayırmaz, emekçiler proletaryaya ve onlara ait emek araçları sermayeye çevrilir çevrilmez, kapitalist üretim tarzı, kendi ayakları üzerinde duracak hale gelir gelmez, emeğin daha geniş ölçüde toplumsallaşması, toprak ile diğer üretim araçlarının toplumsal olarak daha fazla sömürülen ve dolayısıyla ortak üretim araçları olarak geniş ölçüde kullanılan üretim araçları haline dö-

[68] "*Nous sommes dans une condition tout-à-fait nouvelle de la société ... nous tendens à séparer toute espèce de propriété d'avec toute espèce de travail.*" ["Toplum için tamamıyla yeni bir durumda bulunuyoruz ... her türlü mülkiyeti, her türlü emekten ayırmaya çalışıyoruz."] (Sismondi, *Nouveaux Principes d'Econ. Polit.*, t. II, s. 434.)

nüştürülmesi ve özel mülksahiplerinin daha fazla mülksüzleştirilmeleri yeni bir biçim alır. Şimdi mülksüzleştirilecek olan kimse, artık, kendi hesabına çalışan emekçi değil, birçok emekçiyi sömüren kapitalisttir. Bu mülksüzleştirme, kapitalist üretimin kendi içinde taşıdığı yasaların işlemesiyle, sermayenin merkezileşmesi ile gerçekleşir. Bir kapitalist, daima birçoklarının başını yer. Emek-sürecinin, gitgide boyutları büyüyen kooperatif şekli, bilimin bilinçli teknik uygulaması, toprağın yöntemli bir biçimde işlenmesi, emek araçlarının ancak ortaklaşa kullanılabilir emek araçlarına dönüştürülmesi, bütün emek araçlarının bileşik toplumsal emeğin üretim araçları olarak kullanılmasıyla sağlanan tasarruf, bütün insanların dünya pazarları ağına sokulması ve böylece kapitalist rejimin uluslararası bir nitelik kazanması, bu merkezileşme ya da birçok kapitalistin birkaç kapitalist tarafından mülksüzleştirilmesi ile elele gider. Bu dönüşüm sürecinin bütün avantajlarını sömüren ve tekellerine alan büyük sermaye sahiplerinin sayılarındaki sürekli azalmayla birlikte, sefalet, baskı, kölelik, soysuzlaşma, sömürü de alabildiğine artar; ama gene bununla birlikte, sayıları sürekli artan, kapitalist üretim sürecinin kendi mekanizması ile eğitilen, birleştirilen ve örgütlenen işçi sınıfının başkaldırmaları da genişler, yaygınlaşır. Sermaye tekeli, kendisiyle birlikte ve kendi egemenliği altında fışkırıp boy atan üretim tarzının ayakbağı olur. Üretim araçlarının merkezileşmesi ve emeğin toplumsallaşması, en sonunda, bunların kapitalist kabuklarıyla bağdaşamadıkları bir noktaya ulaşır. Böylece kabuk parçalanır. Kapitalist özel mülkiyetin çanı çalmıştır. Mülksüzleştirenler mülksüzleştirilirler.

Kapitalist üretim tarzının ürünü olan kapitalist mülkedinme tarzı, kapitalist özel mülkiyeti yaratır. Bu, mülksahibinin emeğine dayanan kişisel özel mülkiyetin ilk yadsımasıdır. Ama kapitalist üretim bir doğa yasasının kaçınılmaz zorunluluğu ile kendi yadsınmasını doğurur. Bu, yadsımanın yadsınmasıdır. Bu, üretici için özel mülkiyetin yeniden kurulması değildir, ama ona, kapitalist dönemde edinilen elbirliği ve toprak ile üretim araçlarının ortak sahipliği temeline dayanan bireysel mülkiyeti sağlar.

Kişisel emekten doğan dağınık özel mülkiyetin kapitalist özel mülkiyete dönüşmesi, halen toplumsallaşmış üretime fiilen dayanan kapitalist özel mülkiyetin toplumsal mülkiyete dönüşmesinden kuşkusuz kıyaslanamayacak kadar daha uzun süreli, daha şiddetli ve çetin bir süreçtir. Birinci durumda, halk yığınlarının birkaç gaspedici tarafından mülksüzleştirilmesi sözkonusuydu; ikincisinde ise, birkaç gaspedicinin halk yığınları tarafından mülksüzleştirilmeleri sözkonusudur.[69]

69 "Sanayinin, burjuvazinin elde olmayarak teşvik ettiği ilerleyişi, emekçilerin rekabetten ileri gelen yalıtılmışlıklarının yerine, birlikteliklerinden ileri gelen devrimci dayanışmalarını kor. Demek ki, modern sanayinin gelişmesi, burjuvazinin ayaklarının altından bizzat ürünleri ona dayanarak ürettiği ve mülkedindiği temeli çeker alır. Şu halde, burjuvazinin ürettiği, her şeyden önce, kendi mezar kazıcılarıdır. Kendisinin devrilmesi ve proletaryanın zaferi, aynı ölçüde kaçınılmazdır." "Bugün burjuvazi ile karşı karşıya gelen bütün sınıflar içersinde yalnızca proletarya gerçekten devrimci bir sınıftır. Öteki sınıflar büyük sanayi karşısında erirler ve ensonu yokolurlar; proletarya ise onun özel ve temel ürünüdür. Alt orta-sınıf, küçük imalatçı, dükkancı, zanaatçı, köylü, bütün bunlar, orta-sınıfın parçaları olarak varlıklarını yokolmaktan kurtarmak için, burjuvaziye karşı savaşırlar. Bunlar, şu halde, devrimci değil, tutucudurlar. Hatta, gericidirler, çünkü tarihin tekerleğini gerisin geriye döndürmeye çalışırlar." (Karl Marx und Friedrich Engels, *Manifest der Kommunistischen Partei,* London 1848, s. 11, 9. ["Komünist Parti Manifestosu", *Komünist Manifesto ve Komünizmin İlkeleri*, s. 122, 120.])

OTUZÜÇÜNCÜ BÖLÜM

MODERN SÖMÜRGECİLİK TEORİSİ[70]

EKONOMİ POLİTİK, biri üreticinin kendi emeğine, diğeri başkalarının emeğinin kullanılması ilkesine dayanan, çok farklı türden iki özel mülkiyet şeklini birbirine karıştırmaktadır. Bunlardan ikincisinin yalnızca doğrudan birincisinin antitezi olmakla kalmayıp, mutlaka onun mezarı üzerinde boy attığını da unutmaktadır. Ekonomi politiğin yurdu Batı Avrupa'da, ilkel birikim süreci, aşağıyukarı tamamlanmış bulunmaktadır. Burada, kapitalist rejim, ya doğrudan bütün ulusal üretim alanını egemenliği altına almıştır, ya da ekonomik koşulların henüz tam gelişmediği yerlerde, eski üretim tarzına bağlı olmakla birlikte, yavaş yavaş çözülmekte olan bu üretim tarzıyla yanyana yaşamaya devam eden toplum katlarını hiç değilse dolaylı olarak denetleyecek durumdadır. Gerçekler, ideolojisinin yüzüne ne kadar yüksek sesle haykırırsa, ekonomi politikçi, bu hazır bulduğu sermaye dünyasına, kapitalizm-öncesi dünyadan devraldığı hukuk ve mülkiyet kavramlarını, o ka-

70 Biz, burada, gerçek sömürgeleri, serbest göçmenlerin yerleştikleri bakir toprakları ele alıyoruz. Birleşik Devletler, ekonomik anlamda, bugün bile ancak Avrupa'nın bir sömürgesidir. Ayrıca bu kategoriye, köleliğin kaldırılması ile daha önceki koşulların tamamıyla değişmiş olduğu eski plantasyonlar da girer.

dar büyük bir çaba ve tatlı dillilikle uygulamaktadır. Sömürgelerde durum başka türlüdür. Orada, her yerde, kapitalist rejim, kendi emek koşullarını, kapitalisti değil, kendisini zengin etmek için kullanan üreticinin direnişiyle çarpışmaktadır. Birbiriyle taban tabana karşıt bu iki ekonomik sistem arasındaki çelişki, pratikte, kendisini bir savaşım ile ortaya koyar. Anayurdun gücüne sırtını dayayan kapitalist, üreticinin kendi bağımsız emeğine dayanan üretim ve mülkedinme tarzlarını yolunun üzerinden zorla temizler. Sermaye dalkavuğu ekonomi politikçiyi, anayurtta, kapitalist üretim tarzı ile bunun karşıtının teorik özdeşliğini öne sürmeye zorlayan aynı çıkar düşüncesi, onu, sömürgelerde, bu karşıtlığı itiraf etmeye, iki üretim tarzının uzlaşmaz karşıtlığını yüksek sesle ilan etmeye zorlar. Bu amaçla, emekçiler mülksüzleştirilmeden ve buna uygun olarak üretim araçları sermayeye dönüştürülmeden, emeğin toplumsal üretme gücünün gelişmesinin, elbirliğinin, işbölümünün, geniş ölçüde makine kullanımının vb. olanaksızlığını tanıtlamaya kalkışır. Sözde ulusal zenginlik adına ve yararına, halkı sefilleştirecek yapay yolların araştırılması peşindedir. İşin burasında, büründüğü o mazur gösterme zırhı, çürümüş ağaç kabuğu gibi parça parça dağılır. E. G. Wakefield'ın büyük meziyeti, sömürgeler[71] konusunda yeni bir şey keşfetmesi değil, ama anayurttaki kapitalist üretim koşullarının gerçeğini buralarda keşfetmiş olmasıdır. Himaye sisteminin, başlangıçta,[72] anayurtta yapay olarak kapitalist imal etme girişimi olması gibi, İngiltere'de bir süre parlamento yasaları ile yürütülmeye çalışılan Wakefield'ın sömürgecilik teorisi de, sömürgelerde, ücretli-işçi imal etmeye yönelmiş bir girişimdi. O, buna, "sistemli sömürgecilik" adını veriyor.

Her şeyden önce Wakefield, sömürgelerde ücretli işçi, kendi özgür iradesi ile kendisini satmak zorunda bulunan başka bir insan yoksa, para, geçim araçları, makineler ve diğer üretim araçları mülkiyetinin, bir adama, henüz bir kapitalist damgası vurmadığını keşfetti. O, sermayenin bir şey olmayıp, şeylerin aracılığı ile kişiler arasında kurulan toplumsal bir ilişki olduğunu keşfetmişti.[73] Bay

[71] Wakefield'ın modern sömürgecilik konusundaki birkaç görüşü, fizyokrat Mirabeau Baba ve hatta çok daha önce İngiliz iktisatçılar tarafından tamamıyla sezilmiştir.

[72] Sonraları bu, uluslararası rekabet savaşımında geçici bir zorunluluk halini almıştır, ama nedeni ne olursa olsun sonuçları aynıdır.

[73] "Bir zenci, bir zencidir. Ancak belirli koşullar altında bir köle durumuna gelir. Bir pamuk eğirme makinesi, pamuk eğirme makinesidir. Ancak belirli koşullar altında, *sermaye* durumuna gelir. Bu koşullardan koparıldı mı, artık sermaye değildir — tıpkı altının kendi kendine *para* olmaması ya da şekerin, şekerin *fiyatı* olmaması gibi. ... *Sermaye* de bir toplumsal üretim ilişkisidir. *Bir burjuva üretim ilişkisi,* burjuva toplumun üretim ilişkisidir." (Karl Marx, "*Lohnarbeit und Kapital, N. Rh. Zeitung*") n° 266, 7 Nisan 1849 [*Ücretli Emek ve Sermaye — Ücret, Fiyat ve Kâr,* s. 35.]

Peel'in, 50.000 sterlin değerinde üretim ve geçim aracıyla birlikte, İngiltere'den kalkıp, ta Batı Avustralya'da Swan nehrine gitmesine acır. Bay Peel, ayrıca, beraberinde erkek ve çocuk 3.000 kişilik bir işçi sınıfı götürecek kadar da ileri görüşlüydü. Gideceği yere varınca, "bay Peel'in yanında, yatağını yapacak ya da nehirden su taşıyacak bir uşak bile kalmamıştı."[74] Zavallı bay Peel, her şeyi önceden düşünmüştü de, İngiliz üretim tarzlarını Swan nehrine taşımayı akıl edememişti!

Wakefield'ın aşağıdaki keşiflerinin anlaşılması için iki noktayı belirtelim: Üretim ve geçim araçlarının, ilk üreticinin mülkiyetinde kaldığı sürece sermaye olmadıklarını biliyoruz. Bunlar, ancak, aynı zamanda, emekçiyi hem sömürme ve hem de boyunduruk altına alma aracı olarak hizmet ettikleri zaman, sermaye halini alırlar. Ama onlardaki bu kapitalist ruh, ekonomi politikçinin kafasında maddi özleri ile o kadar sıkı sıkıya kaynaşmıştır ki, o, bunlara, her durumda ve hatta tam tersi oldukları zaman bile sermaye adını verir. Bu, Wakefield'da da böyledir. Üstelik, üretim araçlarının, kendi hesaplarına çalışan pek çok bağımsız emekçinin bireysel mülkiyeti halinde parçalanmasına, sermayenin eşit olarak bölünmesi der. Ekonomi politikçinin, feodal hukukçudan farkı yoktur. Bu hukukçu da, salt parasal ilişkilere, feodal hukukun sağladığı yaftaları yapıştırdı.

"Eğer" diyor Wakefield, "toplumun bütün üyeleri, sermayenin eşit kısımlarına sahip olsalardı ... hiç kimse kendi elleriyle kullanabileceğinden fazla sermaye biriktirme dürtüsüne sahip olmazdı. Topraksahibi olma tutkusunun, ücretle tutulabilecek bir emekçi sınıfın varlığını engellediği yeni Amerikan sömürgelerinde durum bir dereceye kadar böyledir."[75] Bu nedenle, emekçi, kendisi için biriktirebildiği sürece —bunu, ancak, üretim araçlarının sahibi olarak kaldığı sürece yapabilir— kapitalist birikim ve kapitalist üretim tarzı olanaksızdır. Bunlar için mutlaka gerekli olan bir ücretli-emekçiler sınıfı bulunmamaktadır. Bu durumda, öyleyse, eski Avrupa'da emekçinin, kendi emek koşullarından yoksun bırakılması, yani sermaye ile ücretli-emeğin birarada varlığı nasıl olanaklı oldu? Oldukça özgün türden bir toplumsal sözleşme ile. "İnsanoğlu, sermaye birikimini hızlandırmak için", kuşkusuz Adem'den beri varlığının tek ve son amacı olarak hayalinde beslediği "basit bir yöntemi benimsedi: bunlar kendilerini, sermaye ve emek sahibi olarak iyiye böldüler. ... Bu bölünme, bir uyum ve birleşmenin sonucuydu."[76] Tek sözcükle: büyük insan kitlesi, "sermaye birikimi"

[74] E. G. Wakefield, *England and America,* v. II, s. 33.
[75] *l.c.,* v. I, s. 17.

onuruna, kendisini mülksüzleştirdi. Şimdi insan, bu fanatikçe kendini yadsıma içgüdüsünün, böyle bir toplum sözleşmesinin hayal alanından gerçek aleme çevirebileceği insanlarla koşulların ancak varolabileceği sömürgelerde, özellikle etkili olabileceğini düşünebilir. Ama eğer öyleyse, kendiliğinden ve düzenlenmemiş ve sömürgeciliğin yerine, onun tam karşıtı olan "sistemli sömürgecilik" niçin gerekli görülüyor? Ama —ama— Amerikan Birliğinin kuzey devletlerinde, halkın onda-birinin bile, ücretli-emekçiler tanımı içine girebileceği kuşkuludur. ... İngiltere'de ... emekçi sınıf halkın büyük kısmını oluşturur."[77] Ayrıca, sermayenin zaferi için, emekçi insanlıkta kendini mülksüzleştirme dürtüsü o kadar azdır ki, Wakefield'a göre, kölelik, sömürgeci zenginliğin biricik doğal temelidir. Ne var ki, o kölelerle değil, özgür insanlarla iş görmek zorunda olduğu için, onun sistemli sömürgeciliği yalnızca *pis aller*'dir.* "Saint Domingo'ya yerleşen ilk İspanyollar, hiç İspanyol emekçi bulamadılar. Ama, emekçi olmaksızın sermayeleri yokolup giderdi ya da en azından, her birinin kendi elleriyle kullanabileceği küçük küçük parçalara bölünürdü. İngilizlerin kurdukları son sömürgede —Swan River sömürgesi— bu, fiilen böyle oldu: Burada, sermayeyi kullanabilmek için gerekli emekçi yokluğundan, büyük bir sermaye, tohum, araç ve hayvan sürüsü yokoldu ve hiç kimse kendi elleriyle kullanabileceğinden fazla sermayeyi elde tutmadı."[78]

Halk yığınlarının topraktan mülksüzleştirilmesinin, kapitalist üretim tarzının temelini oluşturduğunu görmüş bulunuyoruz. Oysa bunun tersine özgür bir sömürgenin temeli şudur: Toprağın büyük kısmı hâlâ kamu mülkiyetidir ve bu nedenle her göçmen, daha sonra geleceklerin aynı şeyi yapmalarını engellemeyecek şekilde, bunun bir kısmını özel mülkü ve kişisel üretim aracı haline getirebilir.[79] Hem sömürgelerdeki gönencin ve hem de kökleşmiş düşkünlüğün —sermayenin yerleşmesine karşı çıkışın— sırrı, işte buydu. "Toprağın ucuz, herkesin özgür ve dileyen herkesin kendisi için kolayca bir parça toprak edinebileceği yerde, emekçinin üründeki payı bakımından emek, yalnız pahalı olmakla kalmaz, ne fiyata olursa olsun toplu emek bulmak da güçleşir."[80]

Sömürgelerde emekçinin, üretim araçlarından ve kökleri olan topraktan ayrılması diye bir durumun henüz sözkonusu olmaması,

[76] *l.c.,* v. I, s. 18.
[77] *l.c.,* s. 42, 43, 44.
[78] *l.c.,* v. II, s. 5.
[79] "Sömürgeciliğe konu olabilmesi için, toprağın, yalnız boş ve ekilmemiş olması yetmez, özel mülkiyete dönüştürülebilir, kamu mülkiyeti altında olması da gerekir." (*l.c.,* v. II, s. 125.)
[80] *l.c.,* v. I, s. 247.
* En kötü olasılık. –ç.

ya da tek-tük ya da pek sınırlı ölçülerde görülmesinin yanısıra, ne tarım sanayiden ayrılmış ve ne de köylülüğün kırsal ev sanayisi yok edilmiştir. Bu durumda, sermaye için iç pazar nereden sağlanacaktır? "Köleler ile bunların, sermaye ile emeği belli işlerde biraraya getiren patronları dışında, Amerika nüfusunun hiçbir kesimi, yalnızca tarımla uğraşmaz. Topraklarını işleyen özgür Amerikalılar, daha başka birçok iş yaparlar. Kullandıkları eşyalar ile araçların bir kısmını, çoğu zaman kendileri yaparlar. Kendi evlerini çoğu kez kendileri yaptıkları gibi, emeklerinin ürününü de, ne kadar uzak olursa olsun, pazara kendileri götürürler. İplik eğirir, kumaş dokurlar; sabun ve mum yaptıkları gibi, çoğu zaman kendi kullanacakları ayakkabılar ile elbiseleri de kendileri yaparlar. Amerika'da toprağın işlenmesi, çoğu kez, demircinin, değirmencinin ya da bakkalın ikinci bir işidir."[81] Böylesine garip insanlar içinde, kapitalistler için, "perhiz alanı" nerededir?

Kapitalist üretimin büyük güzelliği şuradadır: Yalnız ücretli işçiyi durmadan ücretli işçi olarak yeniden-üretmekle kalmaz, aynı zamanda, sermaye birikimiyle orantılı olarak her zaman bir nispi ücretli işçi artı-nüfusunu da üretir. Böylece, emeğin arz ve talep yasası doğru çizgi üzerinde tutulur, ücret salınımları, kapitalist sömürü için doyurucu sınırlar içersine alınır ve ensonu, emekçinin kapitaliste toplumsal bağımlılığı, bu vazgeçilmez koşul güvenceye alınmış olur; anayurtta kurnaz ekonomi politikçinin, alıcıyla satıcı arasında, yani aynı derecede bağımsız iki meta sahibi, meta-sermaye sahibi ile meta-emek sahibi arasında serbest bir sözleşme şeklinde gösterdiği bu ilişki, aslında, tam bir bağımlılık ilişkisidir. Ama sömürgelerde bu güzel hayal yıkılır. Burada mutlak nüfus, anayurda göre çok daha büyük bir hızla artar, çünkü pek çok emekçi, bu aleme, hazır yetişmiş insan olarak adımını atar, ama emek pazarı gene de daima gerektiği kadar dolu değildir. Emeğin arz ve talep yasası, parçalanmıştır. Bir yandan eski dünya, durmadan, sömürmeye ve "perhiz"e susamış sermaye yatırır, öte yandan, ücretli-emekçinin ücretli-emekçi olarak düzenli yeniden-üretilmesi, çok münasebetsiz ve kısmen de aşılamayan engellerle karşılaşır. Sermaye birikimine oranla sayıca her zaman fazla ücretli-emekçi üretimine ne olmuştur? Bugünün ücretli-işçisi, yarının kendi hesabına çalışan bağımsız köylüsü ya da zanaatçısıdır. Emek pazarından çekilmiştir, ama işevine de girmemiştir. Ücretli-emekçilerin, sermaye yerine kendi hesabına çalışan, kapitalist beyler yerine kendilerini zenginleştiren bağımsız üreticilere sürekli dönüşümü, kendi bakımından, emek pazarının koşulları üzerinde çok olumsuz

[81] *l.c.*, s. 21, 22.

etkiler yapar. Yalnız ücretli-emekçinin sömürü derecesi, aşırı ölçüde düşük olmakla kalmaz. Ücretli-emekçi bağımlılık ilişkisi ile birlikte, üstelik, perhizci kapitaliste olan bağımlılık duygusunu da kaybeder. İşte size, bizim E. G. Wakefield'ın bu kadar yiğitçe, böylesine dokunaklı ve veciz biçimde çizdiği uygunsuzluklar tablosu. Ücretli-emek arzı, ne sürekli, ne düzenli, ne de yeterlidir diye yakınıyor. "Emek arzı, her zaman, yalnızca küçük değil, güvensiz ve belirsizdir de."[82] "Kapitalist ile emekçi arasında bölüşülen ürün büyük olduğu ölçüde, emekçi de o ölçüde büyük bir pay almakta ve o hızla, o da kapitalist olmaktadır. ... Ömürleri uzun olanlardan bile, çok azı, çok büyük ölçüde servet yığabilir."[83] Emekçiler açık bir şekilde, kapitalistin, emeklerinin büyük bir kısmının karşılığını vermekten kaçınmasına gözyummuyorlar. Kendi sermayeleri ile Avrupa'dan kendi ücretli-işçilerini getirme kararsızlığı da bir işe yaramıyor. Çok geçmeden, bunlar, "ücretli-emekçi ... olmaktan çıkıyorlar; bunlar ... emek pazarında eski patronlarının karşısına rakip olarak çıkmasalar bile, bağımsız topraksahibi oluyorlar."[84] Ne facia! Erdemli kapitalistimiz ta Avrupalardan kendi parasıyla kendi rakiplerini getirmiş oluyor! Dünyanın sonu geldi zaten! Tevekkeli değil, Wakefield, sömürgelerde ücretli-işçilerden yana ne bağımlılık kaldı, ne de bağımlılık duygusu diye boşuna yakınmıyor. Çömezi Merivale, yüksek ücretler nedeniyle, sömürgelerde, "daha ucuz ve daha yumuşakbaşlı emekçilere — kapitalistin onlardan emir almak yerine kendi koşullarını zorla kabul ettirebileceği bir sınıfa büyük gereksinme bulunduğunu" söylüyor. "Eski uygar ülkelerde emekçi özgür olmakla birlikte, doğa yasası ile kapitaliste bağımlı idi; sömürgelerde bu bağımlılığın, yapay yollardan yaratılması gerekir."[85]

[82] *l.c.,* v. II, s. 116.

[83] *l.c.,* v. I, s. 131.

[84] *l.c.,* v. II, s. 5.

[85] Merivale, *l.c.,* v. II, s. 235-314 *passim.* Ilımlı, serbest ticaret yanlısı, vülger iktisatçı Molinari bile şöyle diyor: "*Dans les colonies où l'esclavage a eté aboli sans que le travail forcé se trouvait remplacé par une quantité équivalente de travail libre, on a vu s'opérer la contre-partie du fait qui se réalise tous les jours sous nos yeux. On a vu les simples travailleurs exploiter à leur tour les entrepreneurs d'industrie, exiger d'eux des salaires hors de toute proportion avec la part légitime qui leur revenait dans le produit. Les planteurs, ne pouvant obtenir de leurs sucres un prix suffisant pour couvrir la hausse de salaire, ont été obligés de fournir l'excédant, d'abord sur leurs profits, ensuite sur leurs capitaux mêmes. Une foule de planteurs ont été ruinés de la sorte, d'autres ont fermé leurs ateliers pour échapper à une ruine imminente. ... Sans doute, il vaut mieux voir périr des accummulations de capitaux, que des générations d'hommes* [bu ne içtenlik bay Molinari!] *mais ne vaudrait-il pas mieux que ni les uns ni les autres périssent*" ["Zorunlu çalışmanın, eşdeğer bir miktardaki özgür çalışma ile değiştirilmeksizin, köleliğin kaldırılmış bulunduğu sömürgelerde olayın *her gün* gözlerimizin önünde gerçekleşen karşılığının meydana gelişi görüldü. Bu kez basit emekçilerin sanayi girişimcilerini sömürdükleri, onlardan, ürün

Şimdi Wakefield'e göre sömürgelerdeki bu kötü durumun sonuçları nedir? Üreticiler ile ulusal servetin, "barbarca parçalanıp dağılması eğilimi".[86] Üretim araçlarının, kendi hesabına çalışan sayısız sahip arasında dağılması, sermayenin merkezileşmesinin yanısıra, bileşmiş emeğin bütün temellerini de yok eder. Birkaç yıl alabilecek ve sabit bir sermaye yatırımı gerektirecek her büyük girişim, yürütülmesi yönünden engellerle karşılaşır. Avrupa'da sermaye bir an bile duraksamadan yatırım yapar, çünkü işçi sınıfı, onun, daima gereğinden fazla, daima emrinde canlı bir ekini, parçasını oluşturur. Ama sömürgeler! Wakefield son derece acıklı bir öykü anlatır. Kanadalı ve New York eyaletinden bazı kapitalistlerle konuşmuştur; buralarda göçmen dalgası sık sık durgunlaşıyor ve bir "fazla" emekçi tortusu bırakıyordu. Melodramın kişilerinden birisi "Bizim sermayemiz", diyor, "tamamlanması epeyce uzun bir zaman alacak pek çok girişim için hazırdı, ama çok geçmeden bizi bırakıp gidecek işçilerle bu gibi girişimlere başlayamazdık. Bu göçmenleri, burada, işçi olarak alıkoyabileceğimize güvenseydik, bunu, sevinerek hemen ve hem de yüksek bir fiyatla yapardık: ve hatta bunlar bırakıp gitse bile, gerektiğinde yenilerini bulabileceğimizden emin olsaydık, gene bu işlere girişirdik."[87]

Wakefield, İngiliz kapitalist tarımını ve onun "birleşik" emeğini, Amerikan köylülerinin dağınık tarımcılığı ile karşılaştırdıktan sonra, farkında olmadan, madalyonun öteki yüzünü de bize gösterir. Amerikan halk kitlesini, hali-vakti yerinde, bağımsız, girişken ve daha kültürlü olarak betimler, oysa "İngiliz tarım emekçisi sefil bir yaratık, bir dilencidir. ... Tarımda çalışan serbest emeğin ücreti, Kuzey Amerika ile bazı yeni sömürgeler dışında hangi ülkede, emekçinin yalnızca geçimini sağlamasının ötesine geçmiştir? ...

içinde kendilerinin *hakkı olan pay* ile hiçbir ilişkisi olmayan yüksek ücretler istedikleri görüldü. Şekerlerinden, ücret artışını karşılamak için yeterli bir fiyat elde edemeyen tarım işletmecileri (plantörler), açığı önce kârları, sonra da sermayeleri üzerinden kapamak zorunda kaldılar. Birçok tarım işletmecisi bu biçimde yıkıma uğradı, öbürleri, eli kulağında bir yıkımdan kurtulmak için, atelyelerini kapadılar. ... Kuşkusuz, sermaye birikimlerinin telef olduğunu görmek, insan kuşaklarının telef olduğunu görmekten daha iyidir [...]; ama ne birilerinin, ne de öbürlerinin telef olması daha iyi değil mi?"] (Molinari, *l.c.,* s. 51, 52.) Bay Molinari, bay Molinari! Öyleyse, kutsal on emir, Musa ve peygamberler, arz ve talep yasası nerede kaldı? Mademki Avrupa'da "girişimci", emekçinin hakkı olan paya el uzatıyor, Batı Antiller'de de emekçi, *entrepreneur seine part légitime*'ine [girişimcinin hakkı olan pay – ç.] pekala el uzatır. Sonra izin verirseniz soralım: Sizin de itiraf ettiğiniz gibi kapitalistin Avrupa'da her gün ödemeyi ihmal ettiği bu "*part légitime*" ["hakkı olan pay" –ç.] nedir? Başka yerlerde otomatik olarak işleyen arz ve talep yasasını, oralarda, emekçilerin, kapitalisti "*exploiter*" ["sömürmek" –ç.] kadar "*simple*" ["basit" –ç.] olduğu sömürgelerde polis önlemleriyle rayına oturtmak için şiddetli bir istek duyuyor.

86 Wakefield, *l.c.,* v. II, s. 52.

87 *l.c.,* s. 191, 192.

Kuşkusuz, İngiltere'de, çiftlik beygirleri, değerli bir mal olarak, İngiliz köylülerinden daha iyi beslenirler."[88] Ama, *never mind*!* Ulusal zenginlik bir kez daha, niteliği gereği, halkın sefaleti ile özdeştir.

Peki öyleyse, sömürgelerin anti-kapitalist kanseri nasıl iyileştirilecektir? Eğer bir darbede, bütün toprak, kamu mülkiyetinden özel mülkiyete dönüştürülmek istenseydi, elbette kötülüğün kökleri, ama onunla birlikte sömürgeler de yok edilirdi. Ustalık, bir taşla iki kuş vurmaktır. Öyleyse, hükümet, bakir topraklara arz ve talep yasasının dışında, göçmenleri, toprak satın alabilecek kadar para kazanması ve kendisini bağımsız bir köylü haline getirebilmesi için uzun bir süre ücretle çalışmaya zorlayacak şekilde yapay bir fiyat biçmeliydi.[89] Toprağın, ücretli-işçilerin yanaşamayacakları bir fiyatla satılmasından sağlanan fon, yani kutsal arz ve talep yasasının ayaklar altına alınmasıyla, ücretli-emekten sızdırılan bu para ile, hükümet, bu fonla orantılı olarak Avrupa'dan sömürgelere meteliksiz insanlar getirir ve böylece ücretli-emek pazarını kapitalistler için ağzı ağzına dolu bulundurabilirdi. Bu koşullar altında, *tout sera pour le mieux dans le meilleur des mondes possibles.*** "Sistemli sömürgeciliğin" büyük sırrı buydu. Wakefield, "bu planla" diye zafer çığlığı atıyor, "emek arzı sürekli ve düzenli olmak *zorundadır,* çünkü önce, hiçbir emekçi para kazanmak için çalışmadığı sürece toprak edinmeyeceğine göre, ücret almak için birlikte çalışan bütün göçmen emekçiler, daha fazla emekçi çalıştırılması için çalışmayı bırakan ve topraksahibi haline gelen her emekçi, toprak satın almakla, sömürgeye taze emek getirmek için bir fon sağlamış olacaktır."[90] Devletin koyacağı toprak fiyatı, kuşkusuz "yeterli bir fiyat" olmalı — yani "emekçiyi, bir başkası emek pazarında yerini dolduruncaya kadar, bağımsız topraksahibi haline gel-

[88] *l.c.,* v. I, s. 47, 246.

[89] *"C'est ajoutez-vous, grâce à l'appropriation du sol et des capitaux que l'homme, qui n'a que ses bras, trouve de l'occupation, et se fait un revenu ... c'est au contraire, grâce à l'appropriation individuelle du sol qu'il se trouve des hommes n'ayant que leurs bras. ... Quand vous mettez un homme dans le vide, vous vous emparez de l'atmosphère. Ainsi faites-vous, quand vous vous emparez du sol. ... C'est le mettre dans le vide de richesses, pour ne le laisser vivre qu'à votre volonté."* ["Kollarından başka bir şeyi olmayan insan, ancak toprak ve sermaye temellükü sayesinde iş bulur ve kendine bir gelir sağlar. Tersine, ancak toprağın bireysel temellükü sayesinde, o insan, kendine kollarından başka bir şeyleri olmayan insanlar bulur. ... Bir insanı boşlukta tuttuğunuz zaman, havayı kendinize maledersiniz. Toprağı kendinize malettiğiniz zaman da böyle yaparsınız. Bu, onu ancak kendi isteğinize göre yaşatmak için, zenginlik boşluğu içinde tutmak demektir."] (Colins, *l.c.,* t. III, s. 267-271, *passim.*]

[90] Wakefield, *l.c.,* v. II, s. 192.

* Önemli değil! —*ç.*

** Olası dünyaların en yetkinine, en iyi biçime sokulmuş olurdu. —*ç.*

mekten alıkoyacak"[91] kadar yüksek bir fiyat olmalıdır. Bu "yeterli toprak fiyatı", emekçinin, ücretli-emek pazarından toprağına çekilmesi için kapitaliste ödediği fidye olarak kullanılan kibarca bir laftan başka bir şey değildir. Emekçinin, önce, kapitalistin daha fazla emekçiyi sömürmesini sağlayacak "sermaye"yi üretmesi gerekiyor; sonra, emek pazarında kendisinden boşalan yeri doldurmak üzere hükümetin eski patronu kapitalist için okyanus ötesinden getireceği *locum tenens*'in* masrafını karşılayacaktır.

İngiliz hükümetinin, bay Wakefield'ın özellikle sömürgelerde kullanılmak üzere önerdiği bu "ilkel birikim" yöntemini yıllardır kullanmış olması, çok karakteristiktir. Uğranılan başarısızlık, kuşkusuz, sir Robert Peel'in Banka Yasası kadar tam ve kesindi. Göç akını, yalnızca İngiliz sömürgelerinden Birleşik Devletler'e çevrilmiş oldu. Bu arada, Avrupa'da, kapitalist üretimdeki gelişme, artan hükümet baskısıyla birlikte Wakefield'ın önerisini gereksiz duruma getirdi. Bir yandan, yıllar yılı Amerika'yı yöneten büyük ve bitip tükenmez insan seli Birleşik Devletler'in doğu kesiminde, ardında kalıcı bir tortu bıraktı; Avrupa'dan gelen göç dalgası, buradaki emek pazarına, batıya doğru olan göç akınının alıp götürebileceğinden fazla insan getiriyordu. Öte yandan, Amerikan iç savaşı muazzam bir ulusal borç getirmiş ve onunla birlikte vergi baskısı arttığı gibi, aşağılık bir mali aristokrasi doğmuş, demiryollarının, madenlerin vb. sömürülmesi için spekülatör şirketler büyük parçalar halinde kamu topraklarını yağmalamış, kısacası, çok hızlı bir sermaye merkezileşmesi olmuştur. Böylece, bu büyük cumhuriyet, göçmen işçiler için vaadedilen toprak olmaktan çıkmıştır. Ücretlerin düşürülmesi ve ücretli işçilerin bağımlılığı, normal Avrupa düzeyine indirilmekten uzak olmakla birlikte, kapitalist üretim burada dev adımlarıyla ilerlemektedir. İşlenmemiş sömürge topraklarının, Wakefield'ı bile isyan ettiren bir utanmazlıkla, hükümet tarafından, aristokratlara ve kapitalistlere peşkeş çekilmesi, özellikle Avustralya'da[92] *gold-diggings*'in** çektiği insan seli ve en küçük zanaatçılarla bile rekabet eden İngiliz meta ithalatı ile birlikte bol bir "nispi artı-emekçi nüfus" yaratır ve hemen hemen her posta, "Avustralya emek pazarının dolup taştığı" ve fuhuşun yer yer Londra'daki Haymarket kadar şehvetle geliştiği konusunda cansı-

[91] *l.c.*, s. 45.

[92] Avustralya, kendi kendisinin yasakoyucusu haline gelir gelmez, doğal olarak göçmenler lehinde yasalar çıkarttı, ama İngiliz hükümetinin zaten becerdiği toprak yağması bir engel olarak ortadaydı. "1862 tarihli yeni toprak yasasının ilk ve ana amacı, halkın yerleşmesi için daha fazla kolaylıklar sağlamaktır." (*The Land Law of Victoria,* by the Hon. C. G. Duffy, *Minister of Public Lands,* Lond. 1862 [s. 3].)

* Yerini tutan. *–ç.*

** Altın arayıcılığı. *–ç.*

kıcı haberler getirir.

Her neyse, biz, burada, sömürgelerin durumu ile ilgilenmiyoruz. Bizi ilgilendiren tek şey, eski dünyanın ekonomi politiğinin, yeni dünyada keşfettiği ve damların üzerinden ilan ettikleri sırdır: Kapitalist üretim ve birikim tarzının ve dolayısıyla kapitalist özel mülkiyetin, temel koşul olarak, bizzat kazanılmış özel mülkiyetin yokolması, bir başka deyişle, emekçinin mülksüzleştirilmesidir.

DİZİNLER

KAYNAKLAR DİZİNİ

YAZARLAR

A

ADDINGTON, Stephen, *An Inquiry into the Reasons for and against Enclosing Open Fields,* 2. Baskı, London 1772, — 689.

AIKIN, John, *Description of the Country from 30 to 40 miles round Manchester,* London 1795. — 568, 715, 722.

ANDERSON, Adam, *An Historical and Chronological Deduction of the Origin of Commerce from the Earliest Accounts to the Present Time,* London 1764. — 709, 723.

ANDERSON, James, *Observations on the Means of Exciting a Spirit of National Industry, Chiefly Intended to Promote the Agriculture, Commerce, Manufactures, and Fisheries of Scotland. — In a Series of Letters to a Friend. Written in the year 1775,* Edinburgh 1777. — 534, 692.

— *The Bee,* 18 cilt, Edinburgh 1791, c. III. — 589.

APOCALYPSE. — 97.

APPIAN of Alexandria, *The Roman Civil Wars.* — 690.

(ARBUTHNOT, J.) *An Inquiry, etc.,* (1773). — Bkz: Anonimler Dizini.

ARİSTOTELES, *Ethicorum ad Nicomachum libre decem.* — 70, 71.

— *De Repuclica,* Berlin 1831. — 95, 155, 167, 392.

ASHLEY, Lord, *Ten Hours' Factory Bill. — The Speech of Lord Ashley,* March 15, 1844, London 1844. — 387, 397.

ATHENAEUS of Naucratis, *Deipnosophistarum libre quindecim,* Strasburg 1802. — 109, 138.

AUGIER, Marie, *Du Crédit Public et de son histoire depuis les temps anciens jusqu'à nos jours,* Paris 1842. — 724.

B

BABBAGE, Charles, *On the Economy of Machinery and Manufactures,* London 1832. — 336, 339, 363, 377, 389.

BACON, Francis. Lord Verulam. *The Reign of Henry VII. Verbatim reprint from Kennet's "England", 1719,* London 1870. — 684.

— *Essays or Counsels, Civil and Moral,* London 1597. — 684.

(BAILEY, Samuel.) *A Critical Dissertation on the Nature, Meusures, and Causes of Value: chiefly in reference to the Writings of Mr. Ricardo and his Followers. Essays on the Formation and Publication of Opinions, etc.*'nın yazarı tarafından, London 1825. — 73, 93, 509.

BAILEY, Samuel. *Money and its Vicissitudes in Value; as They Affect National Industry and Pecuniary Contracts: with a Postscript on Joint Stock Banks,* London 1837. — 61, 582.

BALZAC, Honoré de. *Scènes de la vie privée: Gobseck.* — 562.

BARBON, Nicholas, *A Discourse Concerning Coining the New Money Lighter. In Answer to Mr. Locke's Considerations about Raising the Value of Money,* London 1696. — 47, 49, 50, 135, 147-148, 149.

BARTON, John. *Observations on the Circumstances which Influence the Condition of the Labouring Classes of Society,* London, 1817. — 602, 641.

BAYNES. *The Cotton Trade, etc.* — 375.

BECCARIA, Cesare. *Elementi di Economia Pubblica.* "Scrittori Classici Italiani di Economia Politica. Parte Moderna"da c. XI, Milano 1804. — 353.

BELLERS, John. *Essays about the Poor, Manufactures, Trade, Plantations, and Immorality,* London 1699. — 136, 149, 409, 457.

— *Proposals for Raising a College of Industry of All Useful Trades and Husbandry,* London 1696. — 143, 317, 465, 586.

BENTHAM, Jeremy. *Théorie des Peines et des Récompenses.* (*The Theory of Reward and Punishment.*) 3. baskı, Paris 1826. — 582.

BERKELEY, George. *The Querist,* London 1751. — 325, 343.

BIDAUT, J. N. *Du Monopole qui s'établit dans les arts industriels et le commerce, au moyen des grands appareils de fabrication. Deuxième livraison. Du Monopole de la fabrication et de la vente,* Paris 1828. — 311.

BIESE, Franz. *Die Philosophie des Aristoteles,* Berlin 1842. — 392.

BLAKEY, Robert, *The History of Political Literature from the Earliest Times,* c. II, London 1855. — 686.

BLANQUI, Jérôme Adolphe, *Cours d'Economie Industrielle. Année 1837-38,* Paris 1838-39. — 328.

— *Des classes ouvrières en France pendant l'année 1848,* Paris 1849. — 328.

BLOCK, Maurice. *Les Théoriciens du Socialisme en Allemagne. Extrait du Journal des Economistes, Juillet et Août 1872,* Paris 1872. — 25.

BOILEAU, Etienne. *Reglements sur les arts et métiers de Paris, rédigés au 13ième siècle et connus sous le nom du livre des métiers,* Paris 1837. — 463.

BOILEAU, Nicolas. *Satire VIII.* A. M. Morel, docteur de Sorbonne. Œuvres, c. I, Londres 1780. — 621.

BOISGUILLEBERT, Pierre de. *Dissertation sur la nature des richesses, de l'argent et des tributs. c. I: Economistes financiers du XVIIIième siècle,* Paris 1843. — 145.

BOXHORN, M. S. *Institutiones Politicae,* Leyden 1663. — 410.

BROADHURST, J. *Treatise on Political Economy,* London 1842. — 66.

BROUGHAM, Henry, *An Inquiry into the Colonial Policy of the European Powers,* c. II, Edinburgh 1803. — 723.

BRUCKNER, J. *Théorie du système animal,* Leyde 1767. — 588.

BUCHANAN, David. *Inquiry into the Taxation and Commercial Policy of Great Britain,* Edinburgh 1844. — 132.

— *Adam Smith, "Wealth of Nations";* notlar ve ek cilt, D. Buchanan tarafından hazırlanmıştır; c. I-IV. Edinburgh 1814. — 532, 693

BUCHEZ, Philippe, et Pierre ROUXLAVERGNE. *Histoire Parlementaire de la Révolution Française ou Journal des assemblées nationales depuis 1789 Jusqu'en 1815,* c. X, Paris 1834. — 705.

BURKE, Edmund. *A Letter from the Rt. Hon. Ed. Burke to a Noble Lord, on the Attacks Made upon him and his Pension in the House of Lords, by the Duke of Bedford and the Earl of Lauderdale,* London 1796. — 688.

— *Thoughts and Details on Scarcity, Originally Presented to the Rt. Hon. W. Pitt in the Month of November 1795,* London 1800. — 207, 232, 314, 724.

BUTLER, Samuel. *Hudibras.* — 49.

C

CAIRNES, J. E. *The Slave Power,* London 1862. — 198, 261, 323.

CAMPBELL, George. *Modern India. A Sketch of the System of Civil Government,* London 1852. — 346.

CANTILLON, Richard. *Essai sur la Nature du Commerce en Général,* Amsterdam 1756. — 529.

— *The Analysis of Trade, Commerce, Coin, Bullion, Banks and Foreign Exchanges,* London 1759. — 529.

CAREY, Henry Charles. *Essay on the Rate of Wages; with an Examination of the Causes of the Differences in the Condition of the Labouring Population throughout the World,* Philadelphia 1835. — 536.

— *The Slave Trade, Domestic and Foreign: Why It Exists, and How It May Be Extinguished,* Philadelphia 1853. —

506, 694, 713.
CARLI, G. R. *Notes on P. Verri, Meditazioni sulla Economia Politica.* "Scrittori Classici Italiani di Economia Politica. Parte Moderna"da, c. XV. Milano 1804. — 320.
CARLYLE, Thomas. "*Ilias Americana in nuce*", *Macmillan's Magazine,* August 1863. — 252.
CAZENOVE, John. *Notes on "Definitions in Political Economy." by Malthus,* London 1853. — 542, 570
ÇERNİŞEVSKİ. *Mill'e Göre Ekonomi Politiğin Anahtarı,* Petersburg 1865. — 23.
CHALMERS, Thomas. *On Political Economy in Connexion with the Moral State and Moral Prospects of Society,* 2. baskı, 1832. — 156, 165.
CHAMBERLAIN, Joseph. "Speech at Sanitary Congress, Birmingham." *The Times,* 15 Ocak 1875. — 611.
CHERBULIEZ, Antoine, *Richesse ou Pauvrété,* Paris 1841. — 184, 188, 558.
COBBETT, William. *A History of the Protestant Reformation in England and Ireland. Showing how that Event has Impoverished and Degraded the Main Body of the People in Those Countries. In a Series of Letters, Addressed to All Sensible and Just Englishmen,* London 1824. — 685, 718.
COLINS, H. *L'Economie Politique, Source des Révolutions et des Utopies Prétendues socialistes,* c. III, Paris 1857. — 586, 658, 736.
COLUMBUS, Christopher, *Letter from Jamaica,* 1503. — 137.
COMTE, François Charles. *Traité de la Législation.* c. III ve IV, 3. baskı Brussels 1837. — 716.
CONDILLAC, Etienne-Bonnot de. *Le Commerce et le Gouvernement* (1776). "Collection des principaux économistes"te, c. XIV, Paris 1847. — 162.
CORBET, Th. *An Inquiry into the Causes and Modes of the Wealth of Individuals; or the Principles of Trade and Speculation Explained,* London 1841. — 153, 562.
CORBON, Claude Anthime, *Le l'enseignement professionnel,* 2. baskı, Paris 1860. — 465.
COURCELLE-SENEUIL, Jean Gustave, *Traité théorique et pratique des entreprises industrielles commerciales et agricoles ou Manuel des affaires,* 2. baskı, Paris 1857. — 230, 571.
(CUNNINGHAM, J.) *An Essay on Trade and Commerce,* London 1770. — 229, 230, 267, 268, 269, 573, 606, 699.
CUVIER, Georges, *Discours sur les révolutions du globe,* Paris 1863. — 489.

D

DANTE ALIGHIERİ. *Divina Comedia.* — 111.
DARWİN, Charles, *On the Origin of Species by Means of Natural Selection,* London 1859. — 332, 360.
DE LA RIVIÈRE, bkz: *Mercier.*
DE QUINCEY, Thomas. *Thes Logic of Political Economy,* London 1844. — 381.
DESCARTES, René. *Discours de la méthode pour bien conduire sa raison,* Paris 1668. — 376.
DE TRACY, Destutt. *Élements d'idéologie,* c. IV ve V: *Traité de la volonté et de ses effets,* Paris 1826. — 90, 161, 166, 316, 318, 617.
DIODORUS SICULUS. *Historische Bibliothek,* c. I, III. Stuttgart 1828. — 147, 331, 355, 488.
DUCPÉTIAUX, Edouard, *Budgest économiques des classes ouvrières en Belgique. Subsistances, salaires, population,* Brussels 1855. — 638, 640.
DUFFY, Gavan. *The Land Law of Victoria,* London 1862. — 737.
DUNNING, T. J. *Trades' Unions and Strikes: their Philosophy and Intention,* London 1860. — 525, 527, 724.
DUPONT, Pierre. *Chant des Ouvriers,* Paris 1854. — 658.

E

EDEN, Sir Frederic Morton, *The State of the Poor: or an History of the Labouring Classes in England, from the Conquest to the Present Period,* London 1797. — 240, 574, 587, 588, 641, 686, 689, 691, 721.
ENGELS, Friedrich, *Umrisse zu einer Kritik der Nationalökonomie.* "*Deutsch-französische Jahrbücher*"de, Pa-

ris 1844. — 85, 155, 167, 605.
— *Die Lage der arbeitenden Klasse in England,* Leipzig 1845. — 236, 240, 249, 262, 384, 405, 407, 425, 578, 622.
— *Die englische Zehnstundenbill.* "*Neue Rheinische Zeitung Revue*"de, Hamburg 1850. — 283, 292.
ENSOR, George, *An Inquiry Concerning the Population of Nations Containing a Refutation of Mr. Malthus's Essay on Population,* London 1818. — 693.

F

FAWCETT, Henry, *The Economic Position of the British Labourer,* Cambridge and London, 1865. — 531, 583, 622.
FERGUSON, Adam. *An Essay on the History of Civil Society,* Edinburgh 1767. — 130, 343, 349, 350.
FERRIER, François Louis Auguste, *Du Gouvernement considéré dans ses rapports avec le commerce,* Paris 1805. — 71.
FIELDEN, John. *The Curse of the Factory System: or, a short account of the origin of factory cruelties, etc.,* London 1836. — 388, 396, 722.
FLEETWOOD, William. *Chronicon Preciousum: or, an Account of English Gold and Silver Money,* London 1707. 2 baskı, London 1745. — 266.
FONTERET, Antoine Louis, *Hygiène physique et morale de l'ouvrier dans les grandes villes en général, et dans la ville de Lyon en particulier,* Paris 1858. — 351.
FORBONNAIS, Fr. Veron de. *Eléments du commerce,* Leyde 1766. — 100.
(FORSTER, Nathaniel.) *An Enquiry into the Causes of the Present High Price of Provisions,* London 1767. — 267, 409, 488, 689.
FORTESCUE, John, *De laudibus Legum Angilæ,* 1537. — 682, 683.
FRANKLIN, Benjamin, *Works,* Boston 1836. — 62, 167, 182.
FREITAG, Gustav, *Neue Bilder aus dem Leben des deutschen Volkes.* — 703.
FULLARTON, John. *On the Regulation of Currencies, being an Examination of the Principles on which it is Proposed to Restrict Within Certain Fixed Limits the Future Issues on Credit of the Bank of England and of the Other Banking Establishments throughout the Country,* 2. baskı London 1845. — 134, 146, 148.

G

GALIANI, Fernando. *Della Moneta* (1750). "Scrittori Classici Italiani di Economia Politica. Parte Moderna"da, c. III, Milano 1803. — 84, 99, 100, 108, 156, 162, 306, 613.
GANILH, Charles. *La théorie de l'Economie Politique.* Paris 1815. *Des Systèmes d'Economie Politique, de la valeur comparative de leurs doctrines, et de celle qui parait la plus favorable aux progrès de la Richesse,* c. I-II. — 71, 90, 177, 182, 427-428.
GARNIER, Germain. *Abrégé elementaire des principes de l'Economie Politique.* Paris 1796. — 351, 526.
GASKELL, Peter. *The Manufacturing Population of England, etc.,* London 1833. — 417, 425.
GENOVESİ, Antonio. *Lezioni di Economie Civile.* "Scrittori Classici İtaliani di Economia Politica. Parte Moderna"da. c. VIII, Milano 1803. — 156.
GISBORNE, Thomas. *Enquiry into the Duties of Men in the Higher Rank and Middle Classes of Society in Great Britain,* c. II, 1795. — 722.
GLADSTONE, William. Bkz: *Hansard Parliamentary Reports.*
GŒTHE, Johann Wolfgang, *Faust.* — 79, 96, 567, 673.
(GRAY, John.) *The Essential Principles, etc.,* London 1797. — 164. Bkz: Anonim Yapıtlar Dizini.
(GREG, R. H.) *The Factory Question, Considered in Relation to its Effects on the Health and Morals of Those Employed in Factories. And the "Ten Hours Bill",* London 1837. — 283.
GREGOIR, Henri. *Les Typographes devant le Tribunal correctionnel de Bruxelles,* Brussels 1865. — 529.
GROVE, William Robert. *On the correlation of Physical Forces,* London 1846. — 500.

H

HALLER, Carl Ludwig v. *Restauration der Staatswissenschaften,* Berne 1816-

34. — 376.
HANSSEN, Georg. *Die Aufhebung der Leibeigenschaft etc.,* Petersburg 1861. — 234.
HARRIS, James, *Dialogue Concerning Happiness,* London 1741. — 353.
HARRISON, William John. *Description of England.* Prefixed to Hollinshed's *Chronicles,* London 1578. — 683, 707.
HASSALL, Arthur Hill. *Adulterations detected or plain instructions for the discovery of frauds in food and medicine,* 2. baskı, London 1861. — 177, 244.
HEGEL, Georg Wilhelm Friedrich, *Enzyklopädie der philosophischen Wissenschaften,* Berlin 1840. — 68, 182, 257.
— *Grundlinien der Philosophie des Rechts,* Berlin 1840. — 56, 100, 172, 351.
HOBBES, Thomas. *Leviathan; or the Matter, Form and Power of a Commonwealth, Ecclesiastical and Civil,* London 1839-44. — 173.
(HODGSKIN, Thomas.) *Labour Defended Against the Claims of Capital; or the Unproductiveness of Capital Proved. By a Labourer,* London 1825. — 344, 548.
— *The Natural and Artificial Rights of Property, Contrasted,* London 1832. — 715.
HODGSKIN, Thomas. *Popular Political Economy,* London 1827. — 330, 342, 510.
HOLINSHED, Raphael. *Chronicles of England, Scotland, and Ireland,* London 1578. — 683, 700.
HOMER. *Iliad.* — 73.
— *Odyssey.* — 353.
HOPKINS, Thomas. *On Rent of Land and its Influence on Subsistence and Population: with Observations on the Operating Causes of the Condition of the Labouring Classes in Various Countries,* London 1828. — 227.
(HORNE, George.) *A Letter to Adam Smith, LL. D., on the Life, Death, and Philosophy of his Friend David Hume. By one of the People called Christians,* 4. baskı, Oxford 1784. — 589.
HORNER, Leonard. *A Letter to Mr. Senior, etc.,* London 1837. — 223.
— *Suggestions for Amending the Factory Acts to Enable the Inspectors to Prevent Illegal Working, Now Becoming Very Prevalent. In Factories Regulation Acts.* Avam Kamarası emriyle bastırılmıştır, 9. baskı, 1859. — 237.
Ayrıca bkz: Parlamento Raporları Dizininde, *Factories Reports of H. M. Inspectors.*
HOUGHTON, John. *Husbandry and Trade Improved,* c. I-IV, London 1727. — 409.
HOWITT, William. *Colonisation and Christianity: A Popular History of the Treatment of the Natives by the Europeans in all their Colonies,* London 1838. — 716.
HUME, David. *Essays.* — 130.
HUNTER, Julian. *Public Health,* 6., 7., ve 8. Raporlar, London 1864, 1865, 1866. — 627.
HUTTON, Charles. *Course of Mathematics,* c. I-II, London 1841-43. — 360.

I

ISOCRATES. *Busiris.* — 354.

J

JACOB, William. *An Historical Enquiry into the Production and Consumption of the Precious Metals,* London 1831. — 52.
— *A Letter to Samuel Whitbread esq... on the Protection Required by British Agriculture, etc.,* London 1815. — 218.
JONES, Richard. *An Essay on the Distribution of Wealth, and on the Sources of Taxation,* London 1831. — 319.
— *An Introductory Lecture on Political Economy,* London 1833. — 561, 602.
— *Textbook of Lectures on the Political Economy of Nations,* Hertford 1852. — 299, 311, 324, 543, 571.

K

[KAUFMANN, İllarion İgnatyeviç.] "Toçka zreniya politiko-ekonomisçeskoy kritiki u Karla Marksa", *Vestnik Yevropi,* T. 3, St. Petersburg 1872. — 25.
KOPP, Hermann, *Entwicklung der Chemie in der neueren Zeit,* München

1871-74. — 300.

L

LABORDE, Alexandre de. *De l'Esprit d'Association dans tous les intèrêts de la Communauté,* Paris 1818. — 506.

LAING, Samuel. *National Distress, its Causes and Remedies,* London 1844. — 199, 613, 626.

LANCELLOTTI, Secondo. *Farfalloni dè gli Antichi Historici,* Venetia 1636. — 410.

LASSALLE, Ferdinand. *Die Philosophie Herakleitos des Dunkeln von Ephesus,* Berlin 1858. — 113.

— *Herr Bastiat-Schulze von Delitzch, der ökonomische Julian, oder Capital und Arbeit,* Berlin 1864. — 16.

LAW, John. *Considérations sur le numéraire et le commerce,* "Collection des principaux économistes"te, c. I, "Economistes financiers du XVIIIième siècle", Paris 1843. — 100.

LE TROSNE, Guillaume Fr. *De l'intérêt social, etc.,* "Collection des principaux économistes"te, c. II, "Physiocrates", Paris 1846. — 48, 51, 100, 110, 119, 123, 127, 148, 161, 162, 163, 164, 166, 210.

LEVI, Leone. *Lecture before the Society of Arts,* April 1866. — 696.

LIEBIG, Justus v. *Über theorie und Praxis in der Landwirtschaft,* Braunschweig 1856. — 319, 547.

— *Die Chemie, etc.,* 7. baskı, Braunschweig 1862. — 236, 482.

LINGUET, Simon Nicolas Henri, *Théorie des Lois Civiles ou Principes fondamentaux de la Société,* c. II, London 1767. — 230, 324, 587, 702.

LOCKE, John. *Some Considerations on the Consequences of the Lowering of Interest and Raising the Value of Money, Works*'te, c. II, 8. baskı, London 1777. — 47, 100, 131.

LUCRETIUS. *De Rerum Naturae.* — 214.

LUTHER, Martin. *An die Pfarrherrn wider den Wucher zu predigen,* Wittemberg 1540. — 194, 300, 566.

M

MACAULAY, Thomas Babington. *History of England from the Accession of James the Second,* 10. baskı, London 1854. — 267, 681.

MACCULLOCH, John Ramsay. *The Principles of Political Economy with a Sketch of the Rise and Progress of the Science,* 2. baskı, London 1830. — 156, 193, 423, 495, 580.

— *The Literature of Political Economy, a Classified Catalogue of Select Publications in the Different Departments of that Science,* London 1845. — 147, 148, 690.

— *A Dictionary, Practical, theoretical, and Historical of Commerce and Commercial Navigation,* London 1847. — 154.

MACLAREN, James. *A Sketch of the History of the Currency,* London 1858. — 106.

MACLEOD, Henry Dunning. *The Theory and Practice of Banking: with the Elemantary Principles of Currency, Prices, Credit and Exchanges,* c. I, London 1855. — 72, 157.

MALTHUS, Thomas Robert. *An Essay on the Principle of Population,* London 1798. — 482, 588.

— *An Inquiry into the Nature and Progress of Rent and the Principles by which it is Regulated,* London 1815. — 304, 502, 530, 569.

— *Principles of Political Economy Considered with a View to Their Practical Application,* 2. baskı, London 1836. — 212, 553, 561, 562, 569, 605.

— *Definitions in Political Economy,* Cazenove tarafından gözden geçirilmiştir. London 1853. — 547, 553, 561, 562.

MANDEVILLE, Bernard. *The Fable of the Bees, or Private Vices, Publick Benefits,* 5. baskı, London 1728. — 343, 586, 587.

MARTINEAU, Harriet. *A Manchester Strike. A Tale.* "Illustrations of Political Economy" n° VII, London 1832. — 605.

MARX, Karl. *Misère de la Philosophie, Réponse à la Philosophie de la Misere par M. Proudhon,* Paris and Brussels 1847. — 345, 348, 510.

— *Lohnarbeit und Kapital,* "*Neue Rheinische Zeitung*" 1849. — 552, 730.

— *Zur Kritik der Politischen Ökonomie,* Berlin 1859. — 47, 85, 87, 91, 97, 99, 105, 106, 109, 122, 130, 131, 142,

143, 194, 512, 591.
— *Der achtzehnte Brumaire des Louis Bonaparte,* 2. baskı, Hamburg 1869. — 658.
— *Address and Provisional Rules of the International Working Men's Association etc.,* London 1864. — 40-41, 42, 44.
MARX, Karl und ENGELS, Friedrich. *Manifest der Kommunistischen Partei.* London 1848. — 464, 728.
(MASSIE, Joseph). *An Essay on the Governing Causes of the Natural Rate of Interest,* London 1750. — 489.
MAURER, Georg Ludwig v. *Einleitung zur Geschichte der Mark-, Hof-, Dorf- und Stadtverfassung,* München 1854. — 82.
— *Geschichte der Fronhöfe, etc.,* c. IV, 1863. — 234.
MEITZEN, August. *Der Boden und die landwirtschaftlichen Verhältnisse des Preussischen Staates, etc.,* 1866. — 234.
MERCIER DE LA RIVIÈRE. *L'Ordre naturel et essentiel des Sociétés politiques,* "Collections des principaux économistes"te, Paris 1846. — 117, 118, 136, 151, 153, 161, 164, 193.
MERIVALE, Herman. *Lectures on Colonisation and Colonies,* London 1841-42. — 604, 734.
MILL, James. *Elements of Political Economy,* London 1821. — 122, 131, 157, 188, 342, 542, 545, 547.
— *Encyclopaedia Britannica*'nın ekinde "Colony" maddesi, 1831. — 199.
MILL, John Stuart. *System of Logic,* London 1843. — 564.
— *Essays on Some Unsettled Questions of Political Economy,* London 1844. — 131, 573.
— *Principles of Political Economy with Some of Their Applications to Social Philosophy,* London 1848; London 1868. — 131, 359, 482, 491, 492, 583.
— *Reports on Bank Acts. John Stuart Mill's Evidence,* 1857. — 140.
MIRABEAU, Honoré de. *De la Monarchie Prussienne sous Frédéric le Grand,* c. II-IV, London 1788. — 682, 696, 711, 721.
MOLINARI, Gustave de. *Études économiques,* Paris 1846. — 405, 570, 734, 735.
MOMMSEN, Theodor. *Römische Geschichte,* Berlin 1856. — 171, 174
MONTEIL, Amans Alexis. *Traité de matériaux manuscrits de divers genres d'histoire,* c. I, Paris 1836. — 708.
MONTESQUIEU, Charles de. *De l'Esprit des Lois. Œuvres*'de, c. II, London 1767. — 100, 130, 587, 719.
MORTON, John C. *Cyclopaedia of Agriculture, Practical and Scientific*'te "Labourer" maddesi, London 1855. — 364, 527.
— *The Forces Employed in Agriculture,* Society of Arts'ta okunan yazı, 1861. — 364.
MORE, Thomas. *Utopia* (1516), "Arber's Classics" London 1869. — 683, 684, 700.
MUN, Thomas. *England's Treasure by Foreign Trade. Or the Blance of our Foreign Trade is the Rule of our Treasure,* London 1669. — 488.
MURPHY, John Nicholas. *Ireland Industrial, Political, and Social,* 1870. — 669.
MURRAY, Hugh, and WİLSON, James, etc., *Historical and Descriptive Account of British India, etc.,* c. II. Edinburgh 1832. — 331.
MÜLLER, Adam Heinrich. *Die Elemente.* — 131.

N

NECKER, M. *Œuvres,* Paris 1789. — 563.
NEWMAN, Francis William. *Lectures on Political Economy,* London 1851. — 687, 692.
NEWMAN, Samuel Phillips. *Elements of Political Economy,* Andover and New York 1835. — 163, 207.
NEWMARCH, W. — Bkz: *Tooke, Th.*
NEWNHAM, G. B. — *A Review of the Evidence before the Committee of the Corn Laws,* London 1815. — 575.
NIEBUHR, Berthold Georg. *Römische geschichte,* Berlin 1863. — 232.
(NORTH, sir Dudley.) *Discourses upon Trade; Principally Directed to the Cases of the Interest, Coinage, Clipping, Increase of Money,* London 1691. — 128, 131, 140, 376.

O

OLMSTED, Frederick Law. *A Journey in the Seaboard Slave States with Re-*

marks on Their Economy, New York 1856. — 198.
OPDYKE, George. *A Treatise on Political Economy,* New York 1851. — 167.
ORTES, Giammaria. *Della Economia Nazionale libri sei.* c. VII (1777), "Scrittori Classici Italiani di Economia Politica. Parte Moderna"da Milano 1804. — 615.
OTWAY, J. H. *Judgement of Mr. J. H. Otway, Belfast Hilary Sessions, County Antrim* 1860. — 271.
OWEN, Robert. *Observations on the Effects of the Manufacturing System,* 2. baskı, London 1817. — 290, 388.

P

PAGNINI, Giovanni Francesco. *Saggio sopra il giusto pregio delle cose, la giusta valuta della moneta et sopra il commercio dei romani* (1751), "Scrittori Classici Italiani di Economia Politica. Parte Moderna"da, c. II, Milano 1803. — 101.
(PAPILLON, Thomas.) — *The East India Trade, etc.,* — 100.
Ayrıca bkz: Anonim Yapıtlar
PARRY, Charles Henry. *The Question of the Necessity of the Existing Corn Laws Considered, in Their Relation to the Agricultural Labourer, the Tenantry, the Land holder, and the Country,* London 1816. — 574, 575, 642.
PETTY, William. *A Treatise of Taxes and Contributions,* London 1667. — 101, 129, 588-589.
— *Political Anatomy of Ireland,* London 1691. — 149, 174, 266, 304.
— *Quantulumcunque Concerning Money,* 1682, *To the Lord Marquis of Halifax,* London 1695. — 110, 149.
PINTO, Isaac. *Traité de la Circulation et du Crédit,* Amsterdam 1771. — 154.
PLATO. *De Republica.* "Platonis opera omnia"da, 21 cilt, Zürich 1839-41. — 354.
POSTLETHWAYT, Malachy. *First Preliminary Discourse, also Supplement to Universal Dictionary of 1751.* — 268.
— *Britain's Commercial Interest explained and Improved,* London 1755. — 267.
POTTER, Edmund, (*The Times* mektup.) — 548-550, 551.
PRICE, Richard. *Observations on Reversionnary Payments,* c. II, 6. baskı, London 1803. — 641, 690.

Q

QUESNAY, François. *Dialogues sur le Commerce et les Travaux des Artisans.* "Collection des principaux économistes"te, c. II, Paris 1846. xxiii. — 117, 311.
— *Maximes générales du gouvernement économique d'un Royaume agricole* (1758), "Collection des principaux économistes"te, c. II, "Physiocrates" Paris 1846. — 117.

R

RAFFLES, Sir Thomas Stamford. *The History of Java,* c. I, London 1817. — 347, 716.
RAMAZZINI, Bernardino. "De morbis artificum diatriba" (1713).
Encyclopédie des Sciences Medicales'de, 1841. — 351.
RAMSAY George. *An Essay on the Distribution of Wealth,* Edinburgh 1836. — 165, 168, 307, 486, 542, 602.
RAVENSTONE, Piercy. *Thoughts on the Funding System and its Effects,* London 1824. — 412, 486.
READ, George. *The History of Baking,* London 1848 — 246.
REDGRAVE, Alexander. "Report of a Lecture Delivered at Mechanics' Institue in Bradford. December 1871." *Journal of the Society of Arts*'ta, London, Ocak 1872. — 400, 428.
REGNAULT, Elias. *Histoire politique et sociale des Principautés Danubiennes,* Paris 1855. — 235.
REICH, Eduard. *Über die Entartung des Menschen,* 1868. — 351.
RICARDO, David. *On the Principles of Political Economy and Taxation,* 3. baskı, London 1821. — 86, 89, 90, 131, 169, 170, 205, 227, 374, 378, 379, 412, 413, 419, 490, 547, 563, 579, 602.
RICHARDSON, B. W. "Work and Overwork." *Social Science Review*'da, 18 Temmuz 1863, London. — 250, 251.
ROBERTS, George. *The Social History of the People of the Southern Countri-*

543, 564, 568, 583, 593, 702.
SOMERS, Robert. *Letters from the Highlands: or the Famine of 1847,* London 1848. — 695.
SOPHOCLES. *Antigone.* — 138.
(STAFFORD, William.) *A Compendious or Brief Examination of Certaine Ordinary Complaints of Divers of our Countrymen in these our Days, By W. S. Gentleman,* London 1581. — 707.
STEUART, Sir James. *An Inquiry into the Principles of Political Economy. Being an Essay on the Science of Domestic Policy in Free Nations,* c. I, London 1767, 2. baskı, Dublin 1770. — 181, 323, 411.
— *Works,* Ed. Sir J. Steuart, London 1805. — 152, 692.
STEWART, Dugald. *Lectures on Political Economy. Collected Works*'te, c. VIII, Ed. by Sir W. Hamilton, Edinburgh 1855. — 311, 335, 349, 463.
STOLBERG, Christian Graf zu. *Gedichte aus dem Griechischen übersetzt,* Hamburg 1782. — 392.
STORCH, H. Fr. *Cours d'Economie Politique; ou Exposition des Principes qui déterminent la prosperité des nations,* c. II ve III, Petersburg 1815; Paris 1823. — 177, 184, 340, 348, 564, 616.
STRANGE, W. *Health,* 1864. — 253.
STRYPE, John. *Annals of the Reformation and Establishment of Religion and Other Various Occurrences in the Church of England during Queen Elizabeth's Happy Reign,* 2. baskı, 1725. — 700.

T

THIERS, Adolphe. *De la Propriété,* Paris 1848. — 423.
THOMPSON, Benjamin. Bkz: *Rumford.*
THOMPSON, William. *An Inquiry into the Principles of the Distribution of Wealth, Most Conducive to Human Happiness, Applied to the Newly Proposed System of Voluntary Equality of Wealth,* London 1824. — 350
THORNTON, William Thomas. *Overpopulation and its Remedy,* London 1846. — 174, 263, 683.
THUCYDIDES. *History of the Peloponnesian War.* — 353.
THÜNEN, Johann Heinrich v. *Der isolierte Staat, etc.,* Rostock 1863. — 592.
TOOKE, Thomas and NEWMARCH, W. *A History of Prices and of the State of the Circulation from 1793 to 1856,* London 1838-57. — 287.
TORRENS, Robert. *An Essay on the External Corn Trade,* London 1815. — 175.
— *An Essay on the Production of Wealth; with an Appendix, in which the Principles of Political Economy are Applied to the Actual Circumstances of this Country,* London 1821. — 164, 186.
— *On Wages and Combination,* London 1834. — 389.
(TOWNSEND, Joseph.) *A Dissertation on the Poor Laws. By a Well-Wisher of Mankind,* London 1786, 1817. — 616.
TREMENHEERE, H. S. *The Grievances Complained of by the Journeymen Bakers, etc.,* London 1862. Bkz: *Report, etc., Relative to the Grievances, etc.* — 177.
TUCKETT, John Debell, *A History of the Past and Present State of the Labouring Population, Including the Progress of Agriculture, Manufactures and Commerce, Showing the Extremes of Opulence and Destitution among the operative classes, with practical means for their employment and future prosperity,* London 1846. — 350, 685, 713.
TURGOT, Anne-Robert-Jacques, de l'Aulne, *Réflexions sur la Formation et la Distribution des Richesses, Œuvres*'de, c. I, Paris 1844. — 182, 304, 507.

U

URE, Andrew. *The Philosophy of Manufactures: or an Exposition of the Scientific, Moral and Commercial Economy of the Factory System of Great Britain,* 2. baskı, London 1835. — 290, 339, 355, 367, 389, 402, 403, 406, 413, 414, 418, 527, 531, 534.
URQUHART, David. *The Portfolio, a Diplomatic Review,* New Series, London 1843 vb.. — 694, 712.
— *Familiar Words as Affecting England and the English,* London 1855. — 109, 351, 481, 712, 713.

V

VANDERLINT, Jacob. *Money Answers All Things,* London 1734. — 130, 136, 148, 267, 269, 304, 321.

VERRI, Pietro. *Meditazioni sulla Economia Politica* (1773) "Scrittori Classici Italiani di Economia Politica. Parte Moderna"da, c. 15, Milano 1804. — 55, 99, 139.

VISSERING, S. *Handboek van Praktische Staatshuishoudkunde,* Amsterdam 1860-1862. — 480.

W

(WADE, John.) *History of the Middle and Working Classes, etc.,* 3. baskı, London 1835. — 239, 265, 590.

WAKEFIELD, Edward Gibbon. *England and America. A Comparison of the Social and Political State of Both Nations,* London 1833. — 263, 556, 730-737.

— *A View of the Art of Colonisation,* London 1849. — 317.

— *Notes to Adam Smith's "Wealth of Nations"* — 509.

WARD, John. *The Borough of Stokeupon-Trent,* London 1843. — 261.

WATSON, Dr. John Forbes. *Paper Read Before the Society of Arts,* April 17, 1860. — 377.

WATTS, John. *Facts and Fictions of Political Economists, Being a Review of the Principles of the Science,* Manchester 1842. — 525.

— *Trade Societies and Strikes, etc.,* Manchester 1865. — 524, 527.

WAYLAND, Francis. *The Elements of Political Economy,* Boston 1843. — 166, 208.

(WEST, sir Edward.) *Essay on the Application of Capital to Land. By a Fellow of the University College of Oxford,* London 1815. — 518.

— *Price of Corn and Wages of Labour, with Observations upon Dr. Smith's, Mr. Ricardo's and Mr. Malthus's Doctrines upon these Subjects, etc.,* London 1826. — 517.

WILKS, Lieut.-Col. Mark., *Historical Sketches of the South of India, etc.,* London 1810-1817. — 346

WILSON, James. Bkz: *Murray.*

WRIGHT, Thomas. *A Short Address to the Public on the Monopoly of Large Farms,* London 1779. — 689.

X

XENOPHON. *Cyropaedia.* — 354.

Y

YOUNG, Arthur. *Political Arithmetic, Containing Observations on the Present State of Great Britain, and the Principles of her Policy in the Encouragement of Agriculture,* London 1774. — 130, 227, 267, 640.

— *A Tour in Ireland; with General Observations on the Present State of that Kingdom: Made in the Years 1776, 1777 and 1778 and Brought down to the end of 1779,* 2. baskı, London 1780. — 647.

ANONİM YAPITLAR

A

The Advantages of the East-India Trade to England, etc., London 1720. — 310, 330, 334, 335, 338, 353, 409, 487.

C

The Case of our English Wool, London 1685. — 247.

The Character and Behaviour of King William, Sunderland, etc., as Represented in Original Letters to the Duke of Shrewsbury from Somers, Halifax, Oxford, Secretary Vernon, etc., (Sloane MSS.) — 687.

On Combination of Trades, London 1834. — 531.

A Compendious or Brief Examination, etc., Bkz: *Stafford, William.*

Considerations Concerning Taking off the Bounty on Corn Exported, etc., London 1753. — 310.

Considerations on Taxes as They are Supposed to Affect the Price of Labour, etc., (J. Cunningham), London 1765. — 267.

P

The Perils of the Nations. An Appeal to the Legislature, etc., (K. B. Seeley), London 1843. — 691.
A Political Inquiry into the Consequences of Enclosing Waste Lands and the Causes of the Present High Price of Butchers' Meat, London 1785. — 688.
Price of Corn and Wages of Labour, etc., Bkz: *West, Sir Edward.*
A Prize Essay on the Comparative Merits of Competition and Co-operation, London 1834. — 310, 413.
Public Economy Concentrated, or a Connected View of Currency, Agriculture and Manufactures. By an Enquirer into First Principles, Carlisle 1833. — 381.

R

Reasons for a Limited Exportation of Wool, London 1677. — 545.
Reasons for the Late Increase of the Poor Rates: or a Comparative View of the Prices of Labour and Provisions, etc., London 1777. — 640.
Remarks on the Commercial Policy of Great Britain, London 1815. — 530.

S

Some Thoughts on the Interest of Money in General, and Particularly in the Public Funds, London 1749-50. — 51.
Sophisms of Free Trade and Popular Political Economy Examined by a Barrister (I. B. Byles), London 1850. — 265, 702.
The Source and Remedy of the National Difficulties. A Letter to Lord John Russell, London 1821. — 561.

T

The Theory of the Exchanges. The Bank Charter Act of 1844, London 1864. — 143, 621.
Two Letters on the Flour Trade and the Dearness of Corn. By a Person in Business, London 1767. — 689.

GAZETE VE DERGİLER

Bayerische Zeitung, May 9, 1862. — 236.
Bengal Hurkaru, Bi-Monthly Overland Summary of News, July 22, 1861. — 319.
Bury Guardian, May 12, 1860. — 262.
Concordia, March 7, 1872. — 40.
— July 4, 1872. — 41.
— July 11, 1872. — 42.
Daily Telegraph, January 17, 1860. — 240.
Deutsch-Französische Jahrbücher, edited by A. Ruge and K. Marx, Paris 1844. — 85, 155.
Economist, London, March 29, 1845. — 643.
— April 15, 1848. — 227.
— July 19, 1859. — 562.
— January 21, 1860. — 608.
— June 2, 1866. — 696.
Evening Standard, London, November 1, 1886. — 37.
Glasgow Daily Mail, April 25, 1849. — 301.
Journal of the Society of Arts, London, January 5, 1872. — 400.
Macmillan's Magazine, August 1863. — 251.
Morning Advertiser, London, April 17, 1863. — 42.
Morning Chronicle (1845). — 642.
Morning Star, London, April 17, 1863. — 42, 621.
— June 23, 1863. — 250.
— January 7, 1867. — 636.
Neue Rheinische Zeitung, Köln, April 7, 1849. — 730.
Neue Rheinische Zeitung. Politisch-ökonomische Revue. Hamburg, April 1850. — 283.
New York Daily Tribune, February 9, 1853. — 694
The Observer, London, April 24, 1864. — 143.
Pall Mall Gazette. — 622.
Révolutions de Paris, Paris 1791. — 705.
Revue Positiviste, Paris, Nov./Dez. 1863. — 25.
Reynolds' Newspaper, January 1866. — 249.
— February 4, 1866. — 249.

— January 20, 1867. — 636.
Sankt-Peterburgskie Vyedomosti, vom 8 (20.) April 1872. — 24.
Saturday Review. — 24.
Social Science Review, July 18, 1863. — 250.
Spectator, June 3, 1866. — 322.
Standard, October 26, 1861. — 531.
— August 15, 1863. — 251.
— April 5, 1867. — 638.
The Times, London, February 14, 1843. — 620.
— November 5, 1861. — 263.
— November 26, 1862. — 207, 389.
— March 24, 1863. — 287, 548.
— April 17, 1863. — 42, 43-44.
— July 2, 1863. — 250.
— February 26, 1864. — 450.
— January 26, 1867. — 479.
— September 3, 1873. — 574.
— November 29, 1883. — 43.
To-day, February 1884. — 43.
— March 1884. — 44.
Vestnik Yevropi, May 1872. — 26.
Volksstaat, Leipzig. — 24.
— June 1, 1872. — 41.
— August 7, 1872. — 42.
Westminster Review. — 74.
Workman's Advocate, January 13, 1866. — 248.

PARLAMENTO RAPORLARI VE ÖTEKİ RESMİ YAYINLAR

Adulteration of Bread. Report of Select Committee. London, 1855. — 177.
Adulteration of Food. Report of Select Committee. London, 1855. — 574.
Agricultural Labourers (Dublin). Reports by Poor Law Inspectors on Wages, 1870. — 669 vd..
Agricultural Labourers (Ireland). Return of the Average Rate of Weekly Earnings of Agricultural Labourers in Ireland, 1862. — 669 vd..
Agricultural Statistics. Ireland, General Abstracts. Dublin, 1860. — 662 vd..
Agricultural Statistics, Ireland, Tables Showing the Estimated Average Produce of the Crops for the Year 1866. Dublin 1867. — 662 vd..
Bakers' Report on the Grievances of Journeymen Bakers. London, 1862. — 177, 245, 246, 522.
Baking Trade (Ireland) Report of Committee on. London, 1861. — 248.
Bank Acts, Report of Select Committee. July 1858. — 133, 140, 144.
Births, Deaths and Marriages, England, October 1861. Report of Registrar-General. — 263. Ayrıca bkz: *Census.*
Census of England and Wales for the Year 1861. London, 1863, vol. III. — 424, 426, 427, 601, 612, 619, 620, 644.
Children's Employment Commission Reports I-VI of the Commissioners on the employment of children and young persons in trades and manufactures not already regulated by law. — 236, 241, 242, 258, 407-408.
1st Report. London 1863. — 240, 241, 242, 244, 264, 448, 520, 528.
2nd Report. London 1864. — 441, 445, 446, 447, 448, 451, 452, 455, 466, 520, 527.
3rd Report. London 1864. — 178, 252, 382, 439, 444, 445, 455, 468, 521, 522, 527.
4th Report. London 1865. — 253, 254, 255, 256, 258, 260, 339, 387, 417, 456, 457.
5th Report. London 1866. — 382, 414, 434, 442, 444, 457, 458, 459, 461, 462, 466, 467, 468, 520.
6th Report. London 1867. — 651, 659, 660, 662.
Corn Laws, Report of Select Committee, 1813-14. — 529.
Ayrıca bkz: *House of Lords Committee.*
Correspondence with Her Majesty's Missions Abroad, regarding Industrial Questions and Trades' Unions. 1867. — 18.
Factories. Inquiry Commission on the Employment of Children in Factories, London 1833. — 223, 271, 278.
Factories Regulation Acts, 1833. — 271, 275, 276, 278 vd..
— 1859. — 235, 236, 286.
— 1867. — 469, 470.
— 1878. — 480.
Factories, Reports of H. M. Inspectors, etc. — 237, 238 vd., 279.
— *for the half-year ending 31st December, 1841.* London 1842. — 270.
— *for 1844 and the quarter ending 30th April, 1845.* London 1845. — 274, 275, 284, 285, 395, 398.
—*for the half-year ending 30th April, 1848.* London 1848. — 278, 280, 521.
— *for the quarter ending 31st October,*

ADLAR DİZİNİ

Ş

T

U

V

YAZINSAL, İNCİLSEL VE MİTOLOJİK ADLAR

KONU DİZİNİ

A

E

F

G

L

M

Ş

T

U

Ü

ÖTEKİ DİLLERDEKİ SÖZCÜK, TERİM VE DEYİMLER

a posteriori — sonsal
ad libitum — keyfe göre
ad oculus — gözler önüne
adulterations detected — gözler önüne sermek
affinite — yakınlık
ager publicus — kamu toprağı
alias — nam-ı diğer
all bosh — baştan sona zırva
All work and no play — hep çalış ve hiç oynama
amis du commerce — ticaret dostları
an ideal workhouse — bir ideal işevi
a priori — önsel
ateliers nationaux — ulusal işlikler
auri sacra fames — altına duyulan lanetli hırs
beau ideal — eşsiz güzel, ülküsel güzel
bellum omnium, contra omnes — herkesin herkese karşı savaşı
blasé — bıkkın, umursamaz
bonne foi — iyi niyet
border slave-states — sınır devletleri
cœteris paribus — öteki şeyler aynı kalmak koşuluyla
cercle vicieux — kısır döngü
c'est bon! — işte bu güzel!
chevaliers d'industrie — sanayi şövalyeleri
conditio sine qua non — vazgeçilmez koşul
coup d'état — hükümet darbesi
cross examinations — sorguya çekme
culpa levis — küçük günah
de facto — fiilen
"*de te fabula narratur!*" — "bu öyküde senin sözün ediliyor!"
determinatio est negatio — belirleme olumsuzlamadır
differentia specifica — ayırdedici özellik
disjecta membra poetœ — ozanların dağınık dizeleri
"*Do ut des, do ut fasias, facio ut des, facio ut facias*" — "Vermen için veriyorum, yapman için veriyorum, vermen için yapıyorum, yapman için yapıyorum"
droits et devoirs du citoyen — yurttaşın hak ve görevleri
eau-de-vie — ispirtolu içki; (etimolojik anlamda) yaşam-suyu
ecce iterum Crispinus — gene mi sen Crispinus
en chef — şef olarak
en masse — yığın halinde
en style lapidaire — özlü anlatımıyla
équité éternelle — ölümsüz hakkaniyet
ewigen Ideen — ölümsüz ideler
ex officio — mesleki açıdan
execrable political cant — iğrenç politik ikiyüzlülük
execrable political cantmonger — iğrenç politik esnaf
experimenta in corpore vili — değersiz bedenleri üzerinde deney
facile princeps argentariorum — para aleminin ünlü lideri
faux frais — üretken olmadığı halde zorunlu olan maliyetler
fictio juris — varsayılan hükümler
foeda labiorum ministeria — dudakların iğrenç hizmeti
foi éternelle — ölümsüz inanç
genera — gens, cins, nevi, kısım, takım
gens honnetes — seçkin kişiler
glorious revolution — şanlı devrim
gold-diggins — altın arayıcılığı
grâce éternelle — ölümsüz inayet
haute finance — yüksek finans
Hic Rhodus, hic salta! — İşte Rhodos, işte sıçra! (işte deve, işte hendek!)
idle poor — yoksul aylak
immeuble — hareketsizlik

in propria personâ — bizzat
instrumantum vocale — konuşan alet
inter se — olduğu gibi, aynı durumda
jeu d'esprit — zeka oyunu
justice éternelle — ölümsüz adalet
labouring poor — yoksul emekçi
laudator temporis acti — geçmiş zaman aşığı
Le mort saisit le vif! — Ölüm, yaşayanı yakalar!
les dés sont pipés — zarlar hilelidir
licentia poetica — şiirsel serbestlik, şiirsel başıboşluk
locum tenens — yerini tutan
locus standi — tesis yeri
lumen — lümen, ışık ölçü birimi
magnitudo evanescens — büyüklüğün yavaş yavaş kaybolması
membra disjecta — dağınık parçalar
meuble — hareketlilik
mixtum compositum — karmaşık bileşim
modicum — bir tutam, azıcık
modus operandi — çalışma tarzı
modus vivendi — geçici anlaşma
mutatis mutandis — gerekli değişiklikler yapılmış olarak
mutato nomine de te fabula narratur — bu öyküde, bir başka ad altında senin sözün ediliyor; kızım sana söylüyorum gelinim sen işit
mutualité éternelle — ölümsüz dayanışma
naturalite — doğal durum
"*Ne sutor ultra crepidom!*" — "Kunduracı, çizmeden yukarı çıkma!"
nec plus ultra — doruğuna ulaşmış
nervus rerum — eşyanın siniri
never mind — önemli değil
nihil habeo, nihil curo — malı yok, derdi yok
nominibus mollire licet mala — kötülükleri sözcüklerle yumuşatmak yerinde olur
non olet — pis kokmaz
nota bene — önemli not
nulla dies sine lineà — çiziktirmeksizin tek bir gün geçmemeli
obsequium ventris istis (*işçiler*) *perniciosius est* — zevke düşkünlük, onlar (işçiler) için çok zararlıdır
par exellence — üstün derecede
pari passu — eşit adımlarla, aynı hızla
Paris vaut bien une masse — Paris bir ayine değer
part légitime — hakkı olan pay
patria potestas — ana-babalık otoritesi
per se — kendisi
perfectibilité perfectible — yetkinleşebilir yetkinleşebilirlik
perpetuum mobile — devri-daim
personæ dramatis (*dramatist personæ*) — oyundaki kişiler
phanérogamie — çiçeksel döllenme
pia fraus — bağışlanabilir sofuca bir hilekarlık
pis aller — en kötü olasılık
passim — çeşitli yerlerde
post festum — iş işten geçtikten sonra, bayramdan sonra
post tot discrimina rerum — bu kadar felaketten sonra
pour encourager les autres — diğerlerini yüreklendirmek için
prima facie — ilk bakışta
pro tanto — o ölçüde, o kadar
quâ — ki bu tarzda
quand même — gene de, bununla birlikte
Quantum mutatus ab illo! — Ne büyük değişiklik!
quantum sufficit — yeterli nicelik
Quelle horreur! — Ne korkunç!
quid pro quo, qui pro quo — bir şeyin, bir başka şeyin yerini tutması; yanlış anlama
qu'on aime pour lui-même — kendisi için sevilen
raison d'être — varlık nedeni
res sacrosanctæ, extra commercium hominum — insanların alışverişi dışında kutsallaşmış şeyler
retainer — hizmetli, kahya vb.
salto mortale — ölüm perendesi
savant sérieux — alim kişi
savoir faire — işbilir, becerikli
secundum artem — ikinci anayol
"*Segui il tuo corso, e lascia dir le genti*" — "Sen yolunda yürü, bırak ne derse desinler"
Service productifs — üretken hizmetler
sic! — tıpkı böyle!
simple — basit
sine qua non — vazgeçilmez, olmazsa olmaz
sweating system — terletme sistemi
taillable à merci et misécorde — acıma ve merhamete uğramış
tantæ molis erat — o kadar güçtü
ultima Thule — azami sınır
vérités éternelles — ölümsüz gerçekler
vertu neise en pratique — pratik olarak ortaya konan erdem
virement — borç aktarması, hesap aktarması
voila tout — işte hepsi bu
volonté éternelle de Dieu — Tanrının ölümsüz iradesi
young immortals — genç ölümsüzler

AĞIRLIK, UZUNLUK, ALAN, SIĞA VE PARA ÖLÇÜLERİ

AĞIRLIK ÖLÇÜLERİ

Tonne (ton)	=	1016,05	kg.
Hundredweight (cwt.)	=	50,802	kg.
Quarter (qrtr., qrs)	=	12,700	kg.
Stone	=	6,350	kg.
Pfund (pound)	=	453,592	gr.
Unze (ounce)	=	28,349	gr.
Pfund (troy pound)	=	372,242	gr.
Unze (troy ounce)	=	31,103	gr.
Gran (grain)	=	0,065	gr.

UZUNLUK ÖLÇÜLERİ

İngiliz mili	=	1609,329	m.
Yarda	=	91,439	cm.
Foot, ayak	=	30,480	cm.
İnch, parmak	=	2,540	cm.
Elle (Prusya)	=	66,690	cm.

ALAN ÖLÇÜLERİ

acre, akr	=	4046,7	m^2
rood	=	1011,7	m^2
Rute	=	14,21	m^2
Ar	=	100	m^2
jugerum (Mz. jugera)	=	2523	m^2

SIĞA ÖLÇÜLERİ

Bushel	=	36,349	l.
Gallon	=	4,544	l.
Pint	=	0,568	l.

PARALAR*

Pound sterlin (£)	=	20 şilin		20,43 Mark
Şilin	=	12 peni		1,02 Mark
Peni	=	4 farthing		8,51 Fenik
Farthing	=	1/4 peni		2,12 Fenik
Dolar ($)	=	100 sent		4,20 Mark
Frank (fr.)	=	100 santim		80 Fenik
Centim (c. santim) (Fransız ufaklık para)	=			0,8 Fenik
Livre (Fransız gümüş sikkesi)	=	1 frank		80 Fenik
Taler (1873'e kadar Prusya parası)	=	30 gümüş kuruş		3,00 Mark
Guinee (guinca)	=	21 şilin		21,45 Mark
Soverign (İngiliz altın sikkesi)	=	1 sterlin		20,43 Mark
Cent (Sent. Amerikan sikkesi)			ca.	4,2 Fenik
Drahmi (eski Yunan gümüş sikkesi)				
Duka (Avrupa'da altın sikke, İtalyan kökenli)			ca.	9 Mark
Maravedi (İspanyol sikkesi)			ca.	6 Fenik
Rei, reis (Portekiz sikkesi)			ca.	0,45 Fenik

* Mark ve fenik üzerinde hesaplama, 1871 yılına aittir (1 Mark 1/2790 kg. saf altın).

KISALTMALAR

art. (artikel) — makale
Bd. (*Band*) — cilt
b. (book) — kitap
Buch — kitap
cf. — karşılaştır
ch., chap., cap. (*chapter, chapitre, caput*) — bölüm
d.d. (*de dato*) — düzenlendiği günden beri
éd., ed. (*édition*) — baskı, yayın
edit. — yayınlayan
Heft — fasikül
H.o.C. (*House of Commons*) — İngiliz Avam Kamarası
ib., ibid. (*ibidem*) — aynı yerde
id. (*idem*) — aynı
Kap. (*Kapitel*) — bölüm
l.c., (*loco citato*) — adı geçen yapıt, yazı, yer
l., lib. (*liber*) — kitap
M. P. (*Member of Parliament*) — parlamento üyesi
n , no — numara
NB (*nota bene*) — dikkat ediniz, önemli not
p., pag. (page, pagina) — sayfa
partie — kısım
pass. (*passim*) — şurda burda, dağınık olarak
sc. (*scilicet*) — çünkü
sect. (*section*) — kesim
sq. (*sequens*) — izleyen sayfa
sqq., seqq. (*sequentes*) — izleyenler, izleyen sayfalar
S. (*Seite*) — sayfa
t. (*tom, tome*) — cilt
trad. (*traducteur, traduction*) — çeviren, çeviri
v., vol. (*volume*) — cilt

bkz: — bakınız
c. — cilt
–ç. — çeviren
–*Ed.* — yayıncı, editör
karş: — karşılaştırınız
s. — sayfa.

SOL YAYINLARI
Sorumlu Yönetmen: Muzaffer İlhan Erdost
İlhanilhan Kitabevi
Karanfil Sokak 30/1
Kızılay Ankara